GRUNDZÜGE

DER

PALÄONTOLOGIE

(PALÄOZOOLOGIE)

VON

KARL A. VON ZITTEL,
PROFESSOR AN DER UNIVERSITÄT ZU MÜNCHEN.

---

1. ABTEILUNG: INVERTEBRATA.

ZWEITE VERBESSERTE UND VERMEHRTE AUFLAGE.

MIT 1405 IN DEN TEXT GEDRUCKTEN ABBILDUNGEN.

MÜNCHEN UND BERLIN,
DRUCK UND VERLAG VON R. OLDENBOURG.
1903.

Vorwort zur ersten Auflage.

Als ich mich vor zwanzig Jahren mit dem Gedanken beschäftigte, ein auf dem Boden der neueren Anschauungen stehendes Lehrbuch der Paläontologie zu schreiben, lag es zunächst in meiner Absicht, Studierenden und Freunden dieser Wissenschaft eine kurze und übersichtliche Darstellung des Inhaltes der Versteinerungskunde zu bieten. Allein der damalige Mangel eines zusammenfassenden Kompendiums und die Schwierigkeit, aus der überaus umfangreichen, vielsprachigen und ungleichwertigen Literatur das Wichtigere herauszugreifen, veranlafste schon nach dem Erscheinen der ersten Lieferung eine Änderung des ursprünglichen Planes, und an Stelle eines Lehrbuchs entstand das 5 Bände starke Handbuch der Paläontologie.

Was nun anfänglich beabsichtigt war, soll das vorliegende Werk bringen. Es folgt, wie fast alle neueren Lehrbücher der Paläontologie, der im Handbuch eingeschlagenen Methode der Darstellung und Anordnung des Stoffes; aber nur wenige Abschnitte konnten in einfachem Auszug wiedergegeben werden. Die Entwicklung der Paläontologie ist eine so rasche, dafs sich seit dem Erscheinen des Handbuchs in den meisten Gruppen, namentlich bei den Wirbellosen, tiefgreifende Veränderungen vollzogen haben, welche eine vollständige Umarbeitung der betreffenden Teile erheischten, und auch bei den Wirbeltieren haben die letzten Jahre eine Anzahl wichtiger und unerwarteter Entdeckungen geliefert.

Eine Hauptaufgabe der Paläontologie wird stets die Erzielung einer natürlichen, den morphologischen und phylogenetischen Erfahrungen entsprechenden Systematik bilden, derselben wurde darum auch besondere Aufmerksamkeit gewidmet. Da jedoch der gebotene Raum nur eine äufserst knappe Behandlung und lediglich eine Auswahl des Wichtigeren gestattete, so wurde auf den vorhandenen

Formenreichtum innerhalb der verschiedenen Gruppen häufig nur durch einfache Anführung von Namen ohne jede Beschreibung hingewiesen. Dadurch werden die Grundzüge auch für die Besitzer des Handbuchs einen gewissen Wert erhalten, indem sie wenigstens andeutungsweise die neueren Fortschritte und die jetzige Gestaltung des Systems zur Anschauung bringen.

Ausführlichere phylogenetische Erörterungen mufsten in Hinblick auf den beschränkten Raum ausgeschlossen werden, auch wurde auf Wiedergabe oder Aufstellung von Stammbäumen verzichtet, da deren Begründung eine Fülle von Detail beansprucht, welches hier nicht gegeben werden konnte. Da jedoch eine natürliche Systematik zugleich die Verwandtschaftsbeziehungen der Organismen zum Ausdruck bringen mufs, so konnte der Stammesgeschichte durch geeignete Anordnung des Stoffes und durch kurze Andeutungen über die genetischen Beziehungen der Angehörigen verschiedener Gruppen gebührende Rechnung getragen werden.

Die Versteinerungen sind in diesem Werke vorzugsweise als fossile Organismen behandelt, während ihre Bedeutung als historische Dokumente zur Altersbestimmung der Erdschichten nur in zweiter Linie Berücksichtigung finden konnte. Auf die Aufzählung oder Beschreibung einzelner geologisch wichtiger Leitfossilien wurde darum verzichtet, doch sind dieselben bei Auswahl der Abbildung nach Möglichkeit bevorzugt.

Durch Verwendung des ungemein reichen Materials an Klischees aus dem Handbuch, sowie durch Herstellung einer Anzahl neuer Abbildungen, konnten die Grundzüge in ungewöhnlich reichem Mafse mit Illustrationen ausgestattet werden. Der Umfang des Werkes ist dadurch allerdings, obwohl der botanische Teil ausgeschlossen wurde, in unerwünschter Weise angeschwollen; um so dankbarer mufs es anerkannt werden, dafs die Verlagsbuchhandlung den Preis desselben so niedrig als möglich angesetzt hat.

Zu besonderem Danke bin ich auch Herrn Privatdozent Dr. Pompeckj verpflichtet, welcher mich bei Durchsicht der Korrekturbogen bereitwilligst unterstützte.

München im März 1895.

Dr. Karl A. v. Zittel.

Vorwort zur zweiten Auflage.

Seit dem Erscheinen der ersten Auflage der »Grundzüge der Paläontologie« wurde durch meinen ehemaligen Schüler und Freund Dr. Ch. Eastman in Harvard Mass. eine englische Übersetzung oder besser Bearbeitung meines Werkes veröffentlicht. Neben einzelnen Abschnitten, welche in unveränderter Form Eingang in die englische Ausgabe fanden, wurden andere von hervorragenden amerikanischen oder englischen Spezialforschern überarbeitet und teilweise wesentlich umgestaltet. Das englische »Textbook of Palaeontology« weicht namentlich bei den Crinoideen, Bryozoen, Mollusken und Trilobiten nicht unerheblich von den deutschen Grundzügen ab und weist insbesondere in der systematischen Gruppierung des Stoffes bedeutende Änderungen auf. Auch der Umfang einzelner Abschnitte ist in der englischen Ausgabe erheblich vergröſsert. Die bis jetzt erschienenen Klassen der Wirbeltiere (Fische, Amphibien, Reptilien und Vögel), welche einen zweiten Band bilden, schlieſsen sich enger an das deutsche Original an, sind aber ebenfalls von angesehenen Forschern (A. Smith Woodward, Williston, Lucas) überarbeitet und in mancher Hinsicht verbessert und ergänzt.

In der vorliegenden zweiten Auflage der »Grundzüge« habe ich den Verbesserungen der englischen Ausgabe Rechnung getragen, jedoch in der Hauptsache an der ursprünglichen Verteilung des Stoffes und an der in Deutschland eingebürgerten systematischen Gliederung desselben festgehalten. Einzelne Abschnitte, wie die Korallen und Pelmatozoen erheischten allerdings eine vollständige Umarbeitung. Der Umfang des Buches wurde dadurch etwas vergröſsert, und da eine ähnliche Überarbeitung auch bei den Wirbeltieren erforderlich ist, so erschien es rätlich, das schon in erster Auflage etwas zu dickleibige Buch in zwei Abteilungen zu zerlegen, wovon die erste die Invertebraten, die zweite die Wirbeltiere umfafst. Jede Abteilung erhält ihr eigenes Register und bildet gewissermafsen ein selbständiges Werk.

Wie bei der ersten Auflage der Grundzüge, so hatte ich mich auch bei der zweiten der freundlichen Beihilfe der Herren Dr. Broili und Pompeckj bei Durchsicht der Korrekturbogen zu erfreuen. Zu besonderem Dank bin ich ferner Frau Dr. Gordon-Ogilvie verpflichtet, welche mir ein Manuskript über die Strukturverhältnisse der Korallen zur Verfügung stellte, sowie Herrn Professor Dr. Pompeckj, welcher die Abschnitte der Cephalopoden und Trilobiten mit den Ergebnissen der neuesten Forschungen in Einklang gebracht hat.

München im August 1903.

Dr. Karl A. v. Zittel.

Inhalt.

Einleitung.

Begriff und Aufgabe der Paläontologie.

Die **Paläontologie** oder Versteinerungskunde ist die Wissenschaft von den Versteinerungen oder die Lehre von den alten Lebewesen (*λόγος τῶν παλαιῶν ὄντων*). Sie beschäftigt sich mit allen Fragen, welche die Eigenschaften, die systematische Stellung, die Verwandtschaft und Abstammung, die einstige Lebensweise, die räumliche Verbreitung und die zeitliche Aufeinanderfolge jener alten Wesen betreffen, sowie mit den Folgerungen, welche sich aus diesen Untersuchungen für die Entwickelungsgeschichte der Organismen und der Erde überhaupt ergeben.

Unter Versteinerungen (Fossilien, Petrefakten) versteht man diejenigen Überreste oder Spuren von Pflanzen und Tieren, welche vor Beginn der jetzigen geologischen Periode gelebt haben und in den Erdschichten erhalten blieben.

Für die Zugehörigkeit eines in den Erdschichten vorkommenden organischen Überrestes zu den Versteinerungen ist in erster Linie das geologische Alter mafsgebend, während dem Erhaltungszustand oder dem Umstand, ob dieselben von noch jetzt lebenden oder ausgestorbenen Arten herrühren, nur untergeordnete Bedeutung beigelegt werden darf. Wenn auch die Mehrzahl der Versteinerungen mehr oder weniger durchgreifende Veränderungen während des Fossilisationsprozesses erfahren haben und häufig durch ihre Umwandlung in mineralische Substanz den Namen Versteinerungen rechtfertigen, so können doch unter besonders günstigen Bedingungen (z. B. im gefrorenen Boden, in Bernstein, Harz, Torf) urweltliche Tiere und Pflanzen in nahezu unveränderter Form überliefert werden. Die Leichen von Mammut, Rhinozeros im sibirischen Eis, die Insekten, Spinnen und Pflanzen im Bernstein sind echte Versteinerungen, obwohl sie keine Spur von mineralischer Durchtränkung erlitten haben.

Eine nicht unbeträchtliche Anzahl von echten Versteinerungen aus tertiären und pleistocänen Ablagerungen gehört zu noch jetzt existierenden Pflanzen oder Tierarten, während die Reste gewisser in historischer Zeit ausgestorbener Formen (*Rhytina, Alca, Didus, Pezophaps* u. a.) ebenso wenig zu den Versteinerungen gerechnet werden als alle diejenigen organischen Überreste, welche aus Ablagerungen stammen, die unter den jetzt herrschenden topographischen und klimatischen Verhältnissen gebildet wurden.

Die Veränderungen, welche urweltliche Organismen durch den Fossilisationsprozess erleiden, sind teils chemischer teils mechanischer Natur.[1]) Durch Umwandlung oder Zerstörung gewisser Bestandteile und durch Aufnahme fremder Stoffe tritt Verkohlung, Verwesung, Verwitterung oder Versteinerung ein.

1. Die **Verkohlung** ist ein unter Wasser oder bei beschränktem Zutritt von Luft erfolgender Desoxydationsprozess, welchen vorzugsweise Pflanzen durchmachen. Fossile Hölzer und sonstige Gewächse sind häufig in Torf, Lignit, Braunkohle oder Steinkohle; Blätter in ein dünnes Kohlenhäutchen umgewandelt, welches meist noch die feinste Nervatur erkennen läfst. Auch tierische, ursprünglich aus Chitin bestehende Gebilde finden sich ausnahmsweise in verkohltem Zustand (Insekten, Krustaceen, Graptolithen).

2. Die **Verwesung** zerstört in der Regel alle organischen Kohlenstoff- und Stickstoff-Verbindungen vollständig. Abgesehen von seltenen Ausnahmefällen hinterlassen darum die nur aus Weichteilen bestehenden Würmer, Infusorien, die schalenlosen Mollusken, die meisten Hydrozoen, viele Anthozoen, die Embryonen von Wirbeltieren keine Spuren in den Erdschichten. Auch Horn, Haare, Chitin und ähnliche Gebilde verfallen während des Fossilisationsprozesses der Vernichtung. Nur unter besonders günstigen Bedingungen (z. B. in Eis oder gefrorenem Boden) bleiben Fleisch- oder Hautgebilde nahezu unverändert oder sie erleiden in tonigen oder kalkigen Schiefern unter Aufnahme von phosphorsaurem Kalk eine Art von Versteinerung, wobei die feinen Strukturverhältnisse nur wenig verändert werden.[2]) Auch die erhaltungsfähigen mineralischen Bestandteile des tierischen Körpers werden durch Verwesung ihrer organischen Beimengungen beraubt: Knochen verlieren ihren Gehalt an Fett und Leim, Schalen von Mollusken, Echinodermen, Krustaceen ihre Farbstoffe und ihr organisches Substrat. Die durch Verlust ihrer organischen Beimischungen mehr oder weniger porös gewordenen Hartgebilde verfallen später durch allmähliche Auflösung auch der mineralischen Bestandteile der Verwitterung, der völligen Zerstörung oder

3. der **Versteinerung**. Bei diesem Prozess dringen fremde, in Wasser lösliche Stoffe (vorzüglich kohlensaurer Kalk und Kieselerde, seltener Schwefeleisen, Eisenoxydhydrat und andere Substanzen) in alle ursprünglich vorhandenen oder durch Verwesung entstandenen Hohlräume ein und füllen dieselben vollständig aus. Während des Versteinerungsprozesses findet zuweilen auch eine Pseudomorphose statt, indem gewisse mineralische Bestandteile aufgelöst und durch andere Stoffe ersetzt werden. So können Kalkschalen oder Kalkskelette in Kieselerde und umgekehrt Kieselskelette (z. B. von Spongien) in Kalkspat umgewandelt werden.

Füllt sich der ursprünglich von Weichteilen eingenommene Raum z. B. im Innern einer Molluskenschale oder irgend eines anderen Tierkörpers mit eingedrungenem Schlamm aus, und wird durch Verwitterung später die Schale oder Umhüllung zerstört, so entsteht ein

---

[1]) *White, Ch.* Condition of preservation of invertebrate fossils Bull. U. S. geolog. and geographical Survey. vol. V. p. 133.
Trabucco, Giac. La Petrificazione. Pavia. 1887.

[2]) *Reis, O.* Über Petrifizierung der Muskulatur. Arch. mikrosk. Anat. Bd. 41.

innerer Ausgufs oder Steinkern, welcher in manchen Fällen, namentlich bei sehr dünnschaligen Organismen (Ammoniten, Brachiopoden, gewissen Muscheln und Krustaceen), ein getreues Abbild der ursprünglichen Form gewährt und ebenso sicher bestimmt werden kann als die Schale selbst.

Nicht selten hinterlassen fossile Organismen nur die Abdrücke ihrer Schalen oder Skelette, sehr selten ihres ganzen Körpers in den Erdschichten; zuweilen wird ihre Existenz auch lediglich durch Fährten oder Fufsspuren angedeutet.

Mechanische Veränderungen durch Verschiebung, Biegung, Zerquetschung oder sonstige Entstellung erleiden sehr viele Versteinerungen gleichzeitig mit den sie umschliefsenden Gesteinen. Sie beanspruchen besondere Beachtung und müssen bei der Bestimmung fossiler Organismen sorgsam berücksichtigt werden.

Paläontologie und **Biologie.** Obwohl die Überreste der urweltlichen, als Versteinerungen überlieferten Lebewesen nur ein unvollständiges Bild derselben gewähren, fast niemals vollständig erhalten und in der Regel mehr oder weniger verändert sind, so lassen sie sich doch insgesamt in die grofsen Fachwerke der zoologischen und botanischen Systeme einfügen. Sie sind trotz aller Verschiedenheiten nach denselben Grundgesetzen gebaut wie die noch jetzt existierenden Organismen und ihre Bestimmung erfordert stets den sorgfältigen Vergleich mit den nächstverwandten lebenden Pflanzen und Tieren. Die Methode der Untersuchung von Versteinerungen unterscheidet sich nicht von jener, welche der Zoologe oder Botaniker anwendet; allerdings verfügt der Paläontologe nur über die erhaltungsfähigen Bestandteile und mufs nach Analogien mit lebenden Formen die zerstörten Weichteile im Geiste rekonstruieren. Er ist aber auch genötigt, aus den vorhandenen Resten so viel Belehrung zu ziehen, als nur immer möglich, und sieht sich darum nicht nur auf die äufserliche und makroskopische, sondern auch auf die feinere mikroskopische und histiologische Untersuchung angewiesen. In manchen Abteilungen des Pflanzen- und Tierreichs ist die Paläontologie durch ausgiebige Verwertung histiologischer Merkmale der Botanik und Zoologie vorausgeeilt und bei den Wirbeltieren ist die vergleichende Anatomie des Knochengerüstes und der sonstigen erhaltungsfähigen Hartgebilde (Zähne, Hautskelett) wesentlich durch Paläontologen (Cuvier, Owen, H. v. Meyer, Rütimeyer, Marsh, Cope u. a.) auf ihre jetzige Höhe gebracht worden. Das schon von Cuvier mit Glück angewandte Erfahrungsgesetz der Korrelation, wonach alle Teile eines Organismus in gesetzmäfsigem Zusammenhang stehen und nicht verändert werden können, ohne dafs gleichzeitig alle anderen Teile eine entsprechende Umgestaltung erleiden, ist jetzt nicht nur bei den Wirbeltieren, sondern auch bei Wirbellosen und bei Pflanzen derart ausgebildet, dafs häufig ein einziger Knochen, Zahn oder Hautschild, ein unansehnliches Fragment eines Gehäuses, eine Schale, ein Skelettfragment, ein Zweig, Stammstück u. s. w. genügen, um uns eine ungefähre Vorstellung von dem ehemaligen Besitzer dieser Reste zu verschaffen. Die Paläontologie ist darum, soweit sie sich mit der Untersuchung und Systematik der fossilen Organismen beschäftigt, nichts anderes als ein Teil der Zoologie, vergleichenden Anatomie und Botanik und zerfällt in **Paläozoologie** und **Paläo-**

phytologie. Sie hat das Material der beiden biologischen Disziplinen ganz erstaunlich vermehrt, zahlreiche Lücken im System ausgefüllt und unsere Kenntnis über die Mannigfaltigkeit der Organisationsverhältnisse bei Tieren und Pflanzen unendlich bereichert. In den meisten überhaupt erhaltungsfähigen Abteilungen des Tier- und Pflanzenreiches übertrifft die Zahl der fossilen Formen die der noch jetzt existierenden beträchtlich. Bei Foraminiferen, Spongien, Korallen, Echinodermen, Mollusken und Wirbeltieren, bei Gefäfskryptogamen, Cycadeen und Koniferen wäre ein natürliches System undenkbar ohne Verwertung des paläontologischen Materials; denn in einzelnen Gruppen (z. B. Brachiopoden, Cephalopoden, Reptilien, Säugetiere) übertrifft die Zahl der fossilen ausgestorbenen Formen jene der lebenden um das zehn-, hundert- oder tausendfache und dieses Verhältnis verschiebt sich immer mehr und mehr zu Gunsten der Paläontologie, da fast täglich in den verschiedensten Teilen der Erde neue Fundstätten von Versteinerungen entdeckt werden.

Paläontologie und **Geologie.** Obwohl die Versteinerungskunde als biologische Wissenschaft sich nicht wesentlich von Botanik und Zoologie unterscheidet, so steht sie doch auch in ebenso innigem Zusammenhang mit Geologie und ist von jeher von Geologen nicht minder gepflegt worden als von Biologen. Das Material wird ihr fast ausschliefslich durch Geologen geliefert, denn die Versteinerungen finden sich in den geschichteten Gesteinen der Erdkruste und zwar enthalten die ursprünglich als Sedimente im Wasser entstandenen oder die auf dem Festland durch Verwitterung und äolische Einflüsse gebildeten Gesteine keineswegs dieselben fossilen Überreste, sondern jeder Schichtenkomplex, ja häufig jede einzelne Gesteinsbank ist durch besondere Arten ausgezeichnet. Je älter die Gesteine, desto fremdartigeren Charakter besitzen die Versteinerungen, je jünger die Schichten, desto näher stehen die darin vorkommenden Fossilien den noch jetzt existierenden Organismen. Da nun erfahrungsgemäfs Ablagerungen von gleichem Alter auch identische oder doch ähnliche Versteinerungen enthalten, wenn sie unter ähnlichen äufseren Bedingungen (z. B. im Meer oder im Süfswasser) entstanden sind, so liefern die Versteinerungen neben der durch die Aufeinanderlagerung festgestellten Reihenfolge das sicherste Hilfsmittel zur Erkennung gleichaltriger Schichtgesteine. Durch das Studium der aus gleichzeitig entstandenen Gesteinen stammenden Fossilien lassen sich schliefslich die verschiedenen Paläofaunen (d. h. Tiergesellschaften) und Paläofloren, welche im Verlauf der Entwickelungsgeschichte unseres Planeten denselben bewohnt haben, rekonstruieren. Die mit Hilfe der Lagerung und der charakteristischen Versteinerungen (Leitfossilien) chronologisch geordneten Schichtgesteine werden wieder in Unterabteilungen gegliedert, wovon jede einzelne durch besondere organische Überreste gekennzeichnet ist. Die historische Geologie basiert darum der Hauptsache nach auf Paläontologie.

Die Gesamtmächtigkeit aller geschichteten Gesteine mit Ausschlufs der ältesten kristallinischen Schiefergesteine (Gneis, Glimmerschiefer, Phyllit u. s. w.), denen organische Überreste fehlen und über deren Entstehung noch mancherlei verschiedene Meinungen herrschen, beträgt ca. 20—30000 m. Zur Bildung dieses gewaltigen Schichtenkomplexes war eine unermefslich lange Zeit erforderlich, die sich freilich nicht genau berechnen läfst, weil sichere Anhaltspunkte über die Geschwindigkeit der Sedimentbildung in früheren Erdperioden fehlen, und weil sich der Beginn, die Dauer und der Abschlufs geologischer Ereignisse nicht mit astronomischen Vorgängen in Verbindung bringen lassen.

Da jedoch die Erde ehemals von ganz anderen Geschöpfen bewohnt war, als heutzutage, da die verschiedenen Paläofloren und Paläofaunen überall in gleicher Weise aufeinander folgen, da ferner in gewissen Schichten meist zahlreiche oder auch alle Arten gleichzeitig miteinander erscheinen und gleichzeitig verschwinden, so dafs eine Fauna oder Flora nahezu in ihrer Gesamtheit durch die nachfolgende ersetzt wird, so ist es möglich, die geschichteten Gesteine in eine Anzahl von gröfseren und kleineren zeitlichen Abschnitten zu gliedern, welche von den Geologen mit verschiedenen Namen belegt werden. Der Beginn und das Ende irgend einer geologischen Periode (Gruppe, System oder Formation, Formationsabteilung, Stufe, Zone) wird in der Regel durch lokale Unterbrechungen in der Schichtenbildung bestimmt, welche durch Veränderungen in der Verteilung von Wasser und Land, durch vulkanische Eruptionen u. dgl. hervorgerufen wurden. Mit solchen Störungen fand meist auch eine Veränderung in der Flora und Fauna statt. Die gegenwärtig angenommene Einteilung der geschichteten Gesteine ist auf der Tabelle S. 6 zusammengestellt, worin allerdings nur die in den drei vorderen Reihen gebrauchten Bezeichnungen allgemeine Gültigkeit besitzen, während die letzte Kolumne lediglich auf europäische Verhältnisse Bezug hat.

Die Gesteine der archäischen (oder azoischen) Gruppe haben eine Gesamtmächtigkeit von 40—60000 m. Sie gehören dem ältesten und längsten Zeitalter in der Entwickelung unserer Erde an, zeichnen sich durch schieferige und kristallinische Beschaffenheit und durch den Mangel an Versteinerungen aus. Nach der Lagerung bildet im allgemeinen Gneiss die älteste, Glimmerschiefer, Chloritschiefer und Talkschiefer die mittlere, Phyllit (Urtonschiefer) die oberste Abteilung der archäischen Gruppe. Die angeblich schon in der Gneissformation vorkommenden Organismen (*Eozoon*) haben sich als mineralische Gebilde erwiesen.

Die paläozoische oder primäre Gruppe besteht aus dem kambrischen, silurischen, devonischen, karbonischen und permischen System, wovon jedes System (Formation) wieder in mehrere Abteilungen, Stufen und Zonen zerlegt wird. Das kambrische System enthält vorherrschend Krustaceen (Trilobiten), Mollusken, Würmer, einige Pelmatozoen, Cölenteraten, Spongien und sehr undeutlich erhaltene Algen; im Silursystem sind alle Klassen des Tierreichs mit Ausnahme der Amphibien, Reptilien, Vögel und Säugetiere und die Flora durch Algen vertreten. Unter den Tieren herrschen wirbellose Meeresbewohner (namentlich Krustaceen, Mollusken, Echinodermen und Cölenteraten) vor, während die Wirbeltiere nur durch spärliche Reste von Fischen vertreten sind. Sämtliche Arten und fast alle Gattungen sind erloschen und gehören meist ausgestorbenen Familien oder Ordnungen an. Im devonischen, karbonischen und permischen System sind im wesentlichen dieselben Abteilungen des Tierreichs, jedoch vielfach durch andere Gattungen und Familien vertreten. Im Devon entfalten die Fische eine grofse Mannigfaltigkeit, im Karbon beginnen die Amphibien (Stegocephalen), im Perm die Reptilien. Die Flora besteht hauptsächlich aus Gefäfskryptogamen sowie aus spärlichen Koniferen und Cycadeen.

Weltalter (Ära)	Periode		Epoche		
Känozoische Gruppe	Quartär-System		Alluvium	Moderne Ablagerungen	
			Diluvium (Pleistocän)	Postglacial-Stufe	
				Glacial- »	
				Präglacial- »	
	Tertiär-System	Neogen	Pliocän	Sicilische Stufe	(Sicilien)
				Asti- »	(Astien)
			Miocän	Pontische Stufe	(Pontien)
				Sarmatische »	(Sarmatien)
				Tortonische »	(Tortonien)
				Helvetische »	(Helvetien)
				Langhische »	(Langhien)
		Paläogen	Oligocän	Aquitanische Stufe	(Aquitanien)
				Tongrische »	(Tongrien)
			Eocän	Ligurische Stufe	(Ligurien)
				Barton »	(Bartonien)
				Pariser »	(Lutetien)
				Soissonische »	(Suessonien)
				Libysche od Thanet-Stufe	(Thanetien)
Mesozoische Gruppe	Kreide-System		Obere Kreide	Dänische Stufe	(Danien)
				Senon- »	(Senonien)
				Turon- »	(Turonien)
				Cenoman- »	(Cenomanien)
			Untere Kreide	Gault- »	(Albien)
				Apt- u. Oregon-Stufe	(Aptien, Urgonien)
				Barrême- »	(Barrêmien)
				Neocom- »	(Neocomien)
	Jura-System		Oberer Jura (Malm)	Tithon- u. Portland-Stufe	(Portlandien)
				Kimmeridge-Stufe	(Kimmeridgien)
				Oxford- »	(Oxfordien)
				Kelloway- »	(Callovien)
			Mittlerer Jura (Dogger)	Bath- »	(Bathonien)
				Bayeux- »	(Bajocien)
			Unterer Jura (Lias)	Thouars- »	(Toarcien)
				Charmouth- »	(Liasien)
				Semur- »	(Sinemurien)
	Trias-System		Obere Trias (Keuper)	Rhätische »	(Rhätien)
				Norische »	(Norien)
				Karnische »	(Karnien)
			Mittlere Trias (Muschelkalk)	Ladinische »	
				Virgloria- »	(Virglorien)
			Untere Trias (Bunt. Sandstein)	Werfener- »	(Werfenien, Vosgien)
Paläozoische Gruppe	Perm-System (Dyas)		Zechstein Rotliegendes	Thüringer-Stufe	(Thuringien)
				Punjab- »	(Penjabien)
				Autun- »	(Autunien)
	Karbon-System		Produktive Steinkohlen-Formation (Permo-Karbon)	Ural- »	(Uralien)
				Moskau »	(Moscovien)
			Kohlenkalk (Kulm)	Dinant- »	(Dinantien)
	Devon-System		Ober-Devon	Famenn- »	(Famennien)
				Frasne- »	(Frasnien)
				Givet- »	(Givetien)
			Mittel-Devon	Eifler- »	(Eifelien)
			Unter-Devon	Koblenz- »	(Koblenzien)
				Gedinnische »	(Gedinnien)
	Silur-System		Obere Abteilung	Ludlow- »	
				Wenlock- »	
				Ob. Llandovery-Stufe	
			Untere Abteilung (Ordovicische Formation)	Bala- oder Caradoc-Stufe	
				Llandeilo- »	
				Arenig- »	
	Kambrisches System (Cambrium)		Ob. Cambrium	Tremadoc- »	
				Festiniog- »	
				Menevian- »	
			Unt. Cambrium	Harlech- »	
Archäische Gruppe	Urschiefer-System Gneiss-System		Phyllit (Urthonschiefer, Glimmerschiefer, Chloritschiefer etc.) Gneiss.		

Die **mesozoische** Gruppe enthält drei Systeme (Trias, Jura und Kreide). Zahlreiche im paläozoischen Zeitalter verbreitete Gruppen (Tetrakorallen, Graptolithen, Krinoideen, Cystoideen und Blastoideen, Brachiopoden und Trilobiten) sind entweder gänzlich oder gröſstenteils erloschen, andere (Cephalopoden, Lamellibranchiaten, Echiniden) durch ganz andere Genera und Familien vertreten; unter den Wirbeltieren zeichnen sich die Amphibien durch Riesenformen (*Labyrinthodonta*), die Reptilien durch wunderbare Mannigfaltigkeit und teilweise gigantische Grösse aus. Die Vögel beginnen im oberen Jura (*Archäopteryx*), die Säugetiere in der obersten Trias mit kleinen, wahrscheinlich marsupialen Typen. Unter den Pflanzen herrschen in Trias und Jura noch Gefäſskryptogamen, Koniferen und Cycadeen vor; in der mittleren Kreide beginnen die Dikotyletonen.

Die **känozoische** Gruppe besteht aus Tertiär- und Diluvial-System. Unter den Wirbellosen sind die Ammoniten, Belemniten, Rudisten und die meisten Krinoidcen verschwunden, die Amphibien und Reptilien stark zurückgegangen und wie die Invertebraten nur noch durch Repräsentanten aus noch jetzt existierenden Ordnungen vertreten; dagegen gewinnen die Vögel und insbesondere die Säugetiere eine starke Verbreitung und letztere entfalten einen solchen Formenreichtum und eine so rasche Umgestaltung in den verschiedenen Abteilungen des känozoischen Zeitalters, daſs sie hauptsächlich als Leitfossilien verwertet werden. In der Flora herrschen dikotyle Gewächse vor.

Paläontologie und **physikalische Geographie.** Bilden die Versteinerungen die Grundlage der historischen Geologie, so gewähren sie auch die wichtigsten Anhaltspunkte über die Entstehung der sie umschlieſsenden Schichten, über die Verteilung von Wasser und Land, über die klimatischen Verhältnisse und über die Gesetze der geographischen Verbreitung der Organismen in den verschiedenen urweltlichen Perioden. Aus dem Vergleich mit noch jetzt lebenden Formen läſst sich meist mit Sicherheit bestimmen, ob die in einem Gesteinskomplex vorkommenden Versteinerungen von Land-, Süſswasser-, Brackwasser- oder Meeresbewohnern herrühren. Daraus ergeben sich die Bedingungen, unter denen die betreffende Ablagerung entstanden ist. Aus der Verbreitung von marinen oder Süſswasserschichten läſst sich die Verteilung von Wasser und Land in früheren geologischen Perioden ermitteln; Tiefseegebilde können nach ihren fossilen Organismen leicht von Seichtwasser- oder Litoralablagerungen unterschieden werden und auch über die klimatischen Verhältnisse früherer Perioden gewähren die Versteinerungen zuverlässige Andeutungen. Die üppige und gleichförmige Kryptogamenflora der Steinkohlenformation in den verschiedensten Teilen der Erde spricht für ein feuchtwarmes und wenig nach Zonen differenziertes Klima der damaligen Zeit; das Vorkommen von dikotylen Pflanzen von tropischem Habitus in Kreide- und Tertiär-Ablagerungen Grönlands oder von paläozoischen Korallenriffen in hohen Breiten beweist ebenso sicher ein milderes Klima und eine höhere Temperatur des Meerwassers in früheren Erdperioden, wie die Reste von Renntier, Lemming, Moschusochs, Eisfuchs u. a. in diluvialen Ablagerungen Mitteleuropas für eine Eiszeit mit niedriger Jahrestemperatur Zeugnis ablegen.

Die geographische Verbreitung der urweltlichen Organismen zeigt, daſs die heutigen tier- und pflanzengeographischen Reiche und Provinzen zum Teil schon in der Tertiärzeit existierten, und dafs dieselben Gesetze die Verbreitung der Lebewesen heute und in der Vergangenheit beeinflufsten. In den meisten Fällen erweisen sich die Angehörigen der jetzigen Flora und Fauna augenscheinlich als Nachkommen ausgestorbener Formen, die in demselben Verbreitungsgebiet gelebt haben. So schliefsen sich z. B. die fossilen Säugetiere, Vögel und Reptilien der Diluvialzeit in Europa, Asien, Australien, Nord- und Südamerika aufs engste an die noch jetzt in den betreffenden Weltteilen existierenden Formen an. Australien und Süd-Amerika waren schon in der Diluvialzeit die Urheimat der Beuteltiere und Edentaten und Europa, Nordasien und Nord-Amerika bildeten in der Tertiärzeit ein einheitliches tiergeographisches Reich, das die Ahnen der Säugetiere der nördlichen Hemisphäre beherbergte. Ein Verständnis der Propagationsbedingungen unserer heutigen Pflanzen- und Tierwelt wäre ohne Kenntnis der Verbreitung der fossilen Vorläufer ganz undenkbar. Für die Beurteilung der Verteilung von Festland und Meer, der klimatischen Bedingungen, Meeresströmungen u. s. w. in früheren Erdperioden liefert die Verbreitung der fossilen Organismen ebenfalls wichtige Anhaltspunkte.

Paläontologie und **Embryologie** (Ontogenie). Die Entwickelungsgeschichte der jetzt lebenden Pflanzen- und Tierarten von ihren ersten Anfängen bis zum reifen Zustand und endlichen Absterben bildet die Aufgabe der Embryologie oder Ontogenie. Die embryologischen Untersuchungen nehmen gegenwärtig die Aufmerksamkeit der Botaniker und Zoologen ganz besonders in Anspruch und üben auf die Entwickelung dieser Wissenschaften und namentlich auch auf die Systematik einen mafsgebenden Einflufs aus. Die Thatsache, dafs sich die Entwickelung sämtlicher Individuen, Arten und Gattungen einer gröfseren Gruppe von Tieren und Pflanzen wenigstens in den frühesten Stadien in gleichen Bahnen bewegt, und dafs innerhalb einer ganzen Ordnung und Klasse sämtliche Embryonen bis zu einer gewissen Entwickelungsstufe einander so ähnlich bleiben, dafs sie häufig kaum unterschieden werden können, hat unerwartete Verwandtschaftsbeziehungen von Formen klar gelegt, welche im reifen Zustand aufserordentlich verschieden sind. Die früher für beschalte Mollusken gehaltenen Cirrhipeden gehen z. B. aus derselben Nauplius-Larve hervor wie die Copepoden, Phyllopoden und Ostrakoden, obwohl die ausgewachsenen Vertreter dieser Krustaceen-Ordnungen nur geringe Ähnlichkeit miteinander besitzen. Auch die Embryonen sämtlicher Wirbeltiere lassen sich in den frühesten Stadien schwer voneinander unterscheiden und gewinnen erst nach und nach die jede Klasse und Ordnung auszeichnenden Merkmale.

Für die Paläontologie haben die Resultate der embryologischen Forschung eine grofse Wichtigkeit erlangt. Man findet zahlreiche fossile Formen, welche verglichen mit ihren lebenden Verwandten embryonale oder doch sehr jugendliche Merkmale zur Schau tragen. Beispiele von solchen persistenten »Embryonaltypen« sind am häufigsten unter den Wirbeltieren zu finden, weil hier das Skelett schon frühzeitig erhaltungsfähig wird und darum die Jugendzustände lebender Formen mit ausgewachsenen fossilen leicht verglichen werden könnten. Die Erfahrung zeigt nun, dafs die meisten fossilen Fische und Amphibien der ältesten Formationen in Bezug auf Ausbildung der Wirbelsäule zeitlebens im embryonalen Zustand verharrten und es nur zur Verknorpelung oder zu einer unvollständigen Verknöcherung derselben brachten. Die paläozoischen Amphibien (Stegocephalen) atmeten wahrscheinlich das ganze Leben hindurch mit Kiemen und Lungen, während die meisten lebenden Amphibien die Kiemen schon frühzeitig verlieren und sich lediglich der Lungen zur Respiration bedienen. Bei vielen fossilen Reptilien und Säugetieren bleiben gewisse Einrichtungen des Skelettbaues, welche bei verwandten lebenden Formen nur im Embryonalzustande durchlaufen werden, persistent. So stimmt die Form und Zusammensetzung des Schädels bei den meisten älteren fossilen Reptilien und Säugetieren mit Embryonen ihrer recenten Verwandten überein; die ältesten fossilen Paarhufer haben alle vollkommen getrennte Mittelhand- und Mittelfufsknochen, während diese Trennung bei den lebenden Wiederkäuern nur im Embryonalzustand vorkommt, und frühzeitig eine Verschmelzung der beiden mittleren Knochen und eine Verkümmerung der seitlichen eintritt. Auch unter den Wirbellosen gehören fossile Embryonaltypen keineswegs zu den seltenen Erscheinungen. Die paläozoischen Belinuriden entsprechen den jugendlichen Larven des lebenden *Limulus,* viele fossile Seeigel besitzen lineare Ambulacra, während ihre lebenden Verwandten durch petaloide Ambulacra ausgezeichnet sind und die linearen nur vorübergehend im Jugendzustand aufweisen. Viele fossile Krinoideen lassen sich mit Jugendzuständen der lebenden Gattung *Antedon* vergleichen. Nach Jackson gleichen gewisse paläozoische Molluskengattungen in ihren Merkmalen frühen Jugendzuständen der lebenden Austern und Kammmuscheln.

Auch die sogenannten fossilen Mischformen (Kollektivtypen), welche in ein und derselben Form Merkmale vereinigen, die dei lebenden oder geologisch jüngeren Verwandten auf verschiedene Gattungen oder Familien verteilt erscheinen, sind eigentlich nichts anderes als vorgeschrittenere Jugendformen, welche aber die endgültige Differenzierung noch nicht erreicht haben. Die Kollektivtypen gehen den spezialisierteren Formen stets voraus; niemals vereinigen sich dagegen ursprünglich getrennte Merkmale geologisch älterer Formen wieder in irgend einer jüngeren Art oder Gattung. Die Trilobiten, die Amphibien und Reptilien des paläozoischen und mesozoischen Zeitalters, die Säugetiere der älteren Tertiärzeit u. s. w. fallen fast ohne Ausnahme in die Kategorie der Kollektivtypen.

Bei den Wirbeltieren, namentlich bei den *Mammalia,* lassen sich die zeitlich aufeinander folgenden Gattungen gewisser Abteilungen (Huftiere, Raubtiere) mit successiven Entwickelungsstadien ihrer lebenden Verwandten vergleichen, so dafs gewissermafsen die Entwickelungsgeschichte oder Ontogenie eines lebenden Individuums durch eine chronologische Reihe verwandter fossiler Formen bestätigt wird. Diese Erfahrung bildet eine gewichtige Stütze für den schon von Geoffroy St. Hilaire, Serres, Meckel, Fr. Müller in verschiedener Weise ausgesprochenen und neuerdings von Haeckel als »biogenetisches Grundgesetz« genauer formulirten Satz, wonach die Entwickelungsgeschichte (Ontogenie) des Individuums nur eine kurze und vereinfachte Wiederholung (Recapitulation) des langsamen (und vielleicht im Verlauf von Jahrtausenden erfolgten) Entwickelungsganges der Art und des ganzes Stammes darstellt.

Das biogenetische Grundgesetz ist neuerdings vielfach mit Erfolg nicht nur bei Wirbeltieren, sondern auch bei Wirbellosen und zwar sogar bei völlig erloschenen Formen verwertet worden. Bei den Ammoniten z. B. unterscheiden sich die ersten (innersten) Windungen stets durch einfachere Suturlinien und abweichende Verzierung von den späteren Umgängen. Dieselben entsprechen sehr häufig geologisch älteren Formen, ja man weifs, dafs alle Ammonshörner in ihrer Jugend ein Stadium durchlaufen haben, welches wenigstens in Bezug auf die Kammerung der Schale den paläozoischen Goniatiten entspricht. Ein Vergleich der inneren Windungen eines Ammoniten mit der entsprechenden Goniatitenform oder auch mit anderen älteren Ammoniten enthüllt meist Verwandtschaftsbeziehungen, die auf anderem Weg nicht zu ermitteln sind. Bei den Brachiopoden hat Beecher gezeigt, dafs fast jedem Stadium in der Ausbildung der Armgerüste einer lebenden Form irgend eine fossile Gattung entspricht, und dafs die zeitliche Aufeinanderfolge der letzteren auch mit den sukcessiven Entwickelungsstadien bis zu einem gewissen Grade korrespondiert.

Von besonderer Bedeutung ist das Verhältnis der mit sogenannten rudimentären Organen ausgestatteten lebenden Formen zu verwandten fossilen Vorläufern. Als rudimentäre Organe bezeichnet man Gebilde (z. B. Extremitäten, Teile von Extremitäten, Sinnes-, Respirations-, Verdauungs- oder Fortpflanzungs-Organe), welche zwar noch durch verkümmerte Reste angedeutet, jedoch nicht mehr zur Funktion befähigt sind und dadurch für den Organismus jeden physiologischen Wert eingebüfst haben. In der Regel sind die rudimentären Organe im embryonalen Zustand entweder normal oder doch vollkommener ausgebildet als an ausgewachsenen Individuen, so dafs also die Verkümmerung durch eine sogenannte regressive oder rückschreitende Entwickelung stattfindet. Besitzen lebende Formen mit rudimentären Organen fossile Verwandte, so zeichnen sich letztere fast immer durch vollständige Ausbildung der betreffenden Organe aus. Die seitlichen Mittelhand- und Mittelfufsknochen beim Pferd und bei den meisten Wiederkäuern sind z. B. nur durch rudimentäre »Griffelbeine« angedeutet, bei den Embryonen dagegen weit vollständiger entwickelt und bei den älteren fossilen verwandten Formen sogar als normale Knochen ausgebildet, welche wie die mittleren Metapodien Zehen tragen und als Stütz- und Bewegungsorgane funktionieren. Die Handwurzel- und Mittelhandknochen der Vögel befinden sich im Vergleich zu den Embryonen in regressiver Entwickelung; beim ältesten Vogel *(Archäopteryx)* zeigen die entsprechenden Knochen eine das Embryonalstadium lebender Vögel noch übertreffende Ausbildung. Die Vögel haben ihre Zähne wahrscheinlich durch regressive Entwickelung verloren und nur bei einzelnen Formen (Papageie, Sterna, Struthio) beobachtet man im Embryonalzustand noch die Anlage einer Zahnleiste. Bei allen bis jetzt bekannten mesozoischen Vögeln finden sich wohl ausgebildete und zeitlebens funktionierende Zähne. In gleicher Weise beobachtet man, dafs die Bartenwale im Embryonalstadium Zähne besitzen, welche später verschwinden; die älteren fossilen Cetaceen sind ausnahmslos mit persistenten Zähnen ausgestattet. Weitere Beispiele liefsen sich in grofser Menge bei Wirbeltieren und Wirbellosen anführen.

Das biogenetische Grundgesetz wird nicht selten dadurch verschleiert, dafs zwei sehr nahe verwandte Formen sich nicht in gleicher Weise entwickeln, sondern dafs ein Embryo durch besondere Einflüsse zur Beschleunigung (Acceleration) seiner Ausbildung getrieben wird und dadurch gewisse Stadien entweder sehr rasch durcheilt oder auch gänzlich überspringt. Die in jedem Individuum vorhandene geschichtliche (palingenetische) Urkunde kann auf diese Weise fast unterdrückt und unkenntlich werden und dieser Prozefs der Entwickelungsfälschung (Coenogenesis) findet am häufigsten dann statt, wenn das reife Individuum einen hohen Grad von Differenzierung erreicht und der Embryo eine grofse Anzahl von Veränderungen durchzumachen hatte.

Paläontologie und **Phylogenie.** Wenn embryologische Untersuchungen den Zoologen und Botaniker instand setzen, die allmähliche Ausbildung und Spezialisierung eines Organismus in seinen verschiedenen Entwickelungsstadien zu verfolgen und aus diesen Durchgangsphasen die Stammesgeschichte (Phylogenie) derselben zu rekonstruieren, so können derartige Stammbäume doch nur dann als wohl begründet gelten, wenn sie durch palontologische Tatsachen bestätigt werden. Nur dann, wenn sich für die verschiedenen ontogenetischen Entwickelungsstadien auch die korrespondierenden fossilen Embryonal- oder Mischformen nachweisen lassen, die in der entsprechenden chronologischen Reihenfolge auftreten und als genealogische Reihe den Stammbaum der betreffenden Formen verkörpern, hat der letztere die Probe seiner Richtigkeit bestanden. Freilich ist die Palaeontologie nur in wenigen Fällen imstande, dieser Anforderung zu genügen, aber eine Fülle von Tatsachen spricht für die Blutsverwandtschaft morphologisch nahestehender fossiler und lebender Organismen und für eine direkte Abstammung der jüngeren von den älteren.

Die Geologie zeigt mit aller Bestimmtheit, dafs die zahlreichen Floren und Faunen, welche in den Erdschichten begraben liegen, einander um so ähnlicher sind, je näher sie sich im Alter stehen. Sehr häufig wiederholen sich in einer jüngeren Schicht viele der in der unmittelbar vorhergehenden Ablagerung vorkommenden Arten und Gattungen mit nur geringen Abweichungen, so dafs sich der Gedanke einer stattgehabten Umwandlung oder Umprägung der älteren Formen unwillkürlich aufdrängt und sich die jüngere Flora oder Fauna offenbar als die Tochter der vorhergehenden kundgibt. Einen schwerwiegenden Beweis für die Transmutationsfähigkeit und Veränderlichkeit organischer Formen liefern auch die fossilen »Formenreihen«, wovon trotz der Unvollständigkeit der paläontologischen Urkunden doch eine beträchtliche Menge nachgewiesen ist. Man versteht darunter eine gröfsere oder kleinere Anzahl ähnlicher Formen, welche in mehreren aufeinanderfolgenden Ablagerungen vorkommen und eine durch keine nennenswerte Lücke unterbrochene morphologische Serie darstellen. Zuweilen weichen die in einer jüngeren Schicht vorkommenden Individuen von denen der vorhergehenden durch so geringfügige Unterschiede ab, dafs sie kaum den Rang einer Varietät beanspruchen können. Folgen jedoch zahlreiche derartige »Mutationen« aufeinander, so entfernen sie sich schliefslich so weit von ihrem Ausgangspunkt, dafs die Endglieder als selbständige Arten oder Gattungen betrachtet werden. Die besten und zahlreichsten Formenreihen finden sich natürlich bei den durch günstige Erhaltungsbedingungen ausgezeichneten beschalten Mollusken, Brachiopoden, Echiniden, Korallen und bei den Wirbeltieren. Unter den Mollusken bieten insbesondere die Ammoniten enggeschlossene Formenreihen; bei den Wirbeltieren erfolgte die Umwandlung rascher als bei den Wirbellosen, so dafs die einzelnen aufeinanderfolgenden Glieder einer Formenreihe meist schon so verschieden geworden sind, dafs sie als besondere Gattungen angesehen werden. Je mehr sich das paläontologische Material vergröfsert, desto zahlreicher und vollständiger werden die Formenreihen.

Mit Zunahme der fossilen Übergangsformen vermehrt sich aber auch die Schwierigkeit der Feststellung des **Artbegriffes.** Gingen die älteren Systematiker der Linnéschen und Cuvierschen Schule von der Voraussetzung aus, dafs jede Spezies mit einer bestimmten Summe unveränderlicher Merkmale erschaffen worden und keiner wesentlichen Veränderung fähig sei, so betrachten die Anhänger der Descendenz-, Evolutions- oder Transmutationstheorie die Varietäten, Arten, Untergattungen, Gattungen, Familien, Ordnungen, Klassen und Stäme lediglich als Abstraktionen von vorübergehendem, dem Stand unserer jeweiligen Kenntnis entsprechendem Wert, indem sie annehmen, dafs alle organischen Formen sich durch allmähliche Umwandlung aus einer einzigen Urzelle oder aus einer kleinen Anzahl von Urtypen im Laufe der Zeit entwickelt haben.

Nach der Linné-Cuvierschen Schule gehören zu einer Art alle diejenigen Individuen, welche voneinander oder von gemeinsamen Eltern abstammen, und welche letztern ebenso ähnlich sind, als sie sich untereinander gleichen. Die Angehörigen ein und derselben Spezies sind miteinander fruchtbar, während verschiedene Arten sich in der Regel gar nicht paaren oder meist unfruchtbare Bastarde hervorbringen.

In der Descendenzlehre gibt es keine scharfe Begrenzung der Spezies; man rechnet zu ein und derselben Art alle Individuen, welche eine Anzahl beständiger Merkmale gemein haben und nicht durch allseitige Übergänge mit benachbarten Gruppen verbunden sind. Diese Definition ist freilich verschiedener Auslegung fähig, und da die direkte Abstammung der zu einer Spezies gerechneten Individuen nicht immer (in der Paläontologie niemals) durch das Experiment erprobt werden kann, so besteht unter den Systematikern äufserst selten völlige Übereinstimmung über die Abgrenzung von Arten, Gattungen, Familien u. s. f.

Für die Unveränderlichkeit der Spezies bildete Cuviers Kataklysmentheorie eine wesentliche Stütze. Dieselbe behauptete, jede Erdperiode sei durch eine besondere nur ihr eigentümliche Pflanzen- und Tierwelt charakterisiert gewesen; keine Spezies sei zwei aufeinander folgenden Perioden gemeinsam; jede Periode sei durch gewaltige Umwälzungen (Kataklysmen) beendigt und dabei die gesamte organische Welt vernichtet worden; auf dem neu gebildeten Boden seien dann jeweils durch einen besonderen Schöpfungsakt neue Pflanzen und Tiere geschaffen worden, die mit den vorher existierenden und später kommenden in keinerlei Zusammenhang stünden.

Die Cuviersche Kataklysmentheorie kann heute für vollständig überwunden gelten, nachdem die moderne Geologie unter Führung Ch. Lyells nachgewiesen hat, dafs die Entwickelung der Erde ganz allmählich von statten ging, dafs dieselben Kräfte und Gesetze, welche heute die Welt regieren und die Entwickelung der Erde bedingen, auch in früheren Perioden geherrscht haben, und dafs die einzelnen Erdperioden keineswegs scharf geschieden, sondern durch vielfache Übergänge miteinander verbunden seien.

Die schon im Jahre 1802 von J. B. Lamarck und Geoffroy-St. Hilaire aufgestellte und von Goethe, Oken, Meckel in Deutschland verteidigte Abstammungslehre der organischen Wesen gewann darum immer mehr Anhänger, wurde jedoch erst in der zweiten Hälfte dieses Jahrhunderts durch Ch. Darwin und dessen Anhänger zur allgemeinen Geltung gebracht.

Die Paläontologie liefert, wie bereits erwähnt, zahlreiche und sehr gewichtige Beweise zu Gunsten der Abstammungslehre. Die Formenreihen, welche sich häufig durch mehrere Formationen hindurch verfolgen lassen, das Vorkommen von Embryonal- und Mischtypen, die Parallele von Ontogenie mit der chronologischen Aufeinanderfolge verwandter fossiler Formen, die Ähnlichkeit im Alter nahestehender fossiler Floren und Faunen, die

Übereinstimmung der geographischen Verbreitung der jetzigen Organismen mit ihren fossilen Vorläufern und mancherlei andere Tatsachen lassen sich nur begreifen durch die Abstammungslehre.

Als Ursache der Veränderung und Umwandlung der Organismen hatte Lamarck in erster Linie die Übung oder den Nichtgebrauch der Organe, dann den Einfluſs wechselnder Existenzbedingungen und endlich einen jedem Organismus innewohnenden Trieb nach Veränderung und Vervollkommnung betont. Die erworbenen Merkmale werden nach Lamarck durch Vererbung auf die Nachkommen überliefert und befestigt. Geoffroy-St. Hilaire stand im wesentlichen auf demselben Standpunkt, schrieb jedoch den äuſseren Lebensbedingungen den Haupteinfluſs auf die Umänderung der Arten zu.

Die Darwinsche Selektionstheorie stützt sich auf die jedem Organismus eigentümliche Fähigkeit, seine von den Eltern übernommenen Merkmale auf die Nachkommen zu vererben und sich gleichzeitig besonderen Lebensbedingungen anzupassen und sich dadurch zu verändern. Indem im Kampf ums Dasein nur jeweils die anpassungsfähigsten und mit den günstigsten Eigenschaften ausgestatteten Individuen der Vernichtung entgehen, trifft die Natur, nach Darwin, beständig eine Auslese und sucht die dem Organismus nützlichen Eigentümlichkeiten von Generation zu Generation zu steigern und zu verbessern. Durch die Häufung ursprünglich sehr bedeutender aber nützlicher Eigentümlichkeiten, bei fortgesetzter Vererbung von Generation zu Generation entstehen anfänglich differente Varietäten, später Arten und endlich Gattungen, Familien und Ordnungen. Das zoologische oder botanische System ist darum nach Darwin nur der Ausdruck der auf Abstammung begründeten weiteren oder engeren Blutsverwandtschaft der verschiedenen organischen Formen.

Darwins Erklärung der Artbildung durch natürliche Auslese (Zuchtwahl) fand in Wallace, Huxley, E. Haeckel u. a. begeisterte und geistvolle Anhänger, wurde aber von anderen heftig bekämpft. M. Wagner sah in der freien Kreuzung ein unüberwindliches Hindernis für das Aufkommen von Abänderungen und hielt die am häufigsten durch Migration eintretende Isolierung weniger Individuen für ein notwendiges Erfordernis jeder beginnenden Variation oder Artenbildung. Bronn, Nägeli, A. Braun erheben gegen das Darwinsche Prinzip der Auslese den Einwurf daſs viele Organe für ihren Besitzer nutzlos seien und darum auch nicht durch die auf dem Nützlichkeitsprinzip begründete natürliche Zuchtwahl hervorgerufen oder beeinfluſst sein könnten. Nägeli nimmt an, daſs neben der natürlichen Zuchtwahl noch eine jedem Organismus innewohnende Tendenz nach Vervollkommnung die Gestaltung der morphologischen Charaktere bedinge. Jede durch äuſsere oder innere Einflüsse hervorgerufene Abänderung bedeute zugleich eine Differenzierung, eine gröſsere Arbeitsteilung und damit einen Fortschritt.

In ähnlicher Weise wie Nägeli suchte Weismann die Darwinsche Selektionstheorie durch die Hypothese der Kontinuität des Keimplasma zu ergänzen. Nach Weismann enthält das Keimplasma die Fähigkeit zur Hervorbringung aller dem Organismus nützlichen Veränderungen. Nur was in dem Protoplasma und in den Sexualzellen als Keimanlage vorhanden ist, kann nach Weismann auf die Nachkommen übertragen und durch Zuchtwahl weiter ausgebildet werden. Die Kontinuität, d. h. die stete Übertragung eines Teiles des Keimplasma von Eltern auf Nachkommen, bildet somit eine notwendige Voraussetzung der Abstammungslehre. Im Gegensatz zu Weismann, welcher den äuſseren Lebensbedingungen nur geringe Bedeutung für die Umwandlung der Organismen einräumt und insbesondere auch die Vererbung neu erworbener Merkmale bestreitet, knüpft die Schule der »Neo-Lamarckianer« unter der Führung von Herb.

Spencer, Cope, Hyatt, Osborn, Semper, Claus, Roux u. a. wieder mehr und mehr an die Lamarckschen Ideen an und schreibt dem Gebrauch oder Nichtgebrauch sowie den äufseren Einflüfsen eine wesentliche Einwirkung auf die Umgestaltung der Lebewesen zu. Während Semper, Locard, Clessin an zahlreichen Beispielen den Einflufs der äufseren Lebensbedingungen auf die Umgestaltung von Mollusken nachzuweisen suchen und Schmankewitz bei *Artemia* in drastischer Weise die Abänderung durch verschiedenartige Zusammensetzung des Wassers, worin diese Krustaceengattung lebt, hervorrief, betonten Cope, Osborn, Roux u. a. hauptsächlich den Einflufs von Gebrauch oder Nichtgebrauch und reichlicher oder mangelhafter Ernährung. Gebrauch und günstige Ernährung befördern die Entwickelung eines Organes, mechanische Einwirkungen verleihen ihm seine Form. Da gleiche Ursachen nicht nur in der unbelebten Welt sondern auch bei organischen Wesen gleiche Wirkungen hervorufen, so kehren ähnliche Formen der Organbildung allerdings bei sehr verschiedenartigen Tieren und Pflanzen wieder, wenn sie gleichen äufseren Einflüssen und namentlich gleichen mechanischen Einwirkungen ausgesetzt wurden. Daraus erklärten sich leicht die sogenannten Konvergenzerscheinungen, welche durchaus nicht durch Verwandtschaft erklärt werden dürfen. Die Ähnlichkeit der Extremitäten von Fischen, von Ichthyosauren und Walen oder der hochbeinigen Wiederkäuer (Pferde, Elefanten, Raubtiere) beruht ebenso auf Anpassung auf äufsere Lebensbedingungen und Gebrauch wie die Übereinstimmung der Brustbeine bei Fledermäusen, Vögeln und Pterosauriern, wie die spindelförmige Körpergestalt der meisten im Wasser lebenden und freischwimmenden Fische, Reptilien und Säugetiere oder wie die Ähnlichkeit des Gebisses der Beuteltiere mit verschiedenen Ordnungen der Placentalia. Es sind Konvergenzerscheinungen, wodurch zuweilen zwei grundverschiedene Formen ähnliche äufsere Gestalt oder ähnlich ausgebildete Organe erhalten. Die »Kinetogenese«, d. h. die allmähliche Umgestaltung des inneren Skelettes und namentlich der Extremitäten und des Schädels der Säugetiere, wurde von Cope in geistvoller Weise durch Gebrauch, Ernährung und mechanische Einwirkungen erklärt und die einzelnen Entwickelungsstadien vieler Formenreihen an fossilen Gattungen nachgewiesen.

Lebensdauer und **Aussterben.** Erfahrungsgemäfs verhalten sich die verschiedenen Organismen keineswegs gleichartig gegen die Impulse der Aufsenwelt. Manche Gattungen überdauern nahezu unverändert verschiedene Formationen (Foraminiferen, *Cidaris*, *Nautilus*, *Lingula*, *Terebratula*, Insektenfresser) und stehen als persistente oder konservative Typen den variabeln Typen gegenüber, welche nach ihrem erstmaligen Erscheinen sich rasch verändern, einen grofsen Formenreichtum entfalten und gewissermafsen nach allen Seiten Äste und Zweige aussenden, aber nach verhältnismäfsig kurzer Blüteperiode wieder aussterben (Nummuliten, Graptolithen, Cystoideen, Blastoideen, *Tetracoralla*, *Palechinoidea*, *Trilobitae*, *Rudistae*, *Ichthyosauria*, *Pterosauria*, *Dinosauria*, *Amblypoda*, *Toxodontia* etc.) oder aber in ungeschwächter Kraft bis in die Jetztzeit fortdauern (*Spatangidae*, *Clypeastridae*, viele Land und Süfswasser bewohnende Mollusken, Brachyuren, Eidechsen, Schlangen, Wiederkäuer, Affen). Nicht selten gehen anfänglich variable Typen allmählich in persistente über; ihre Umbildungsfähigkeit vermindert sich, sie werden spröde, verlieren die Fähigkeit neue Varietäten, Arten und Gattungen zu bilden, und erhalten sich, indem ihre weniger dauerhaften Verwandten nach und nach aussterben, als isolierte altertümliche Reliquien (*Pentacrinus*, *Tapirus*, *Equus* etc.)

inmitten einer später entstandenen Umgebung. Eine einseitige Ausbildung in gewisser Richtung, übermäfsige Gröfse, aufserordentliche (hypertrophische) Ausbildung oder allzu grofse Differenzierung gewisser Organe pflegt dem Träger in der Regel verderblich zu sein und führt meist seinen Untergang herbei. So dürften viele hoch differenzierte Gruppen (*Dinosauria, Pterosauria, Amblypoda, Toxodontia* etc.) erloschen sein, weil eine weitere Ausbildung ihres Körpers in einer bestimmten, eingeschlagenen Richtung nicht mehr möglich war.

Persistente Typen bringen innerhalb einer geologischen Periode selten eine gröfsere Artenzahl hervor, sehr rasch aufstrebende variable Typen verfallen meist einer baldigen Vernichtung, während langsam und stetig zunehmende Gruppen in ihrer soliden Entwickelung in der Regel auch die Garantie einer langen Existenz besitzen.

Für das Aussterben vieler Pflanzen (Sigillarien, Lepidodendren, Farne etc.) und Tiere (Blastoideen, Tetrakorallen, Trilobiten, Ammoniten, Rudisten, Ichthyosaurier) früherer Erdperioden fehlt vorläufig jede Erklärung. Änderungen in den äufseren Existenzbedingungen, namentlich in der Verteilung von Wasser und Land, im Klima, im Salzgehalt des Wassers, vulkanische Eruptionen, verminderte Nahrung, Ausrottung durch überlegene Feinde mögen in vielen Fällen zur Vernichtung vorhandener Formen geführt haben, aber sehr häufig gebricht es auch an derartigen Anhaltspunkten, um das Verschwinden einzelner Arten oder ganzer Gruppen von Organismen verständlich zu machen. In manchen Fällen scheint lediglich Senilität den Untergang gewisser Formen verursacht zu haben. Sehr alte Stämme gehören meist zu den persistenten und artenarmen Typen. Sie scheinen die Propagationsfähigkeit eingebüfst zu haben und befinden sich, wie das dem Erlöschen nahe Individuum, im Stadium der Altersschwäche. Darwin schreibt die Vernichtung der minder günstig ausgerüsteten Lebewesen dem Kampf ums Dasein zu; allein da nach der Selektionstheorie neue Arten äufserst langsam durch allmähliche Anhäufung vorteilhafter Merkmale entstehen und ebenso vorhandene Formen nur nach und nach durch ihre stärkeren Mitbewerber verdrängt werden, so müfste man, wenn überhaupt die paläontologische Überlieferung vollständiger wäre, in den Erdschichten alle untergegangenen Übergangsformen finden und wenigstens für gewisse, besonders erhaltungsfähige Gruppen vollständige Stammbäume konstruieren können. Wie aber die Erfahrung lehrt, halten nicht allein die meisten jetzt existierenden wild lebenden Pflanzen und Tiere mit grofser Zähigkeit ihre Merkmale fest und lassen seit Jahrhunderten oder Jahrtausenden kaum nennenswerte Veränderungen erkennen, sondern auch die fossilen Arten bleiben innerhalb eines geologischen Zeitabschnittes nahezu konstant. Mit dem Beginn einer neuen, meist auch durch petrographische Verschiedenheit angedeuteten Stufe oder Formationsabteilung verschwindet dagegen in der Regel gleichzeitig eine gröfsere oder geringere Anzahl von Arten vollständig oder dieselben werden durch nahestehende, jedoch mehr oder weniger abgeänderte Verwandte ersetzt. Es gibt demnach offenbar Perioden, wo der Umwandlungsprozefs und die Vernichtung organischer Formen in besonders rascher und energischer Weise erfolgte, und zwischen diesen Umprägungsperioden liegen lange Pausen, in welchen die Arten ziemlich unverändert in bestimmten Formen verharrten.

Die sprungweise Entwickelung der fossilen Pflanzen- und Tierwelt steht jedoch mit der Descendenztheorie keineswegs in Widerspruch.

Die ganze belebte Schöpfung irgend eines Teiles der Erdoberfläche befindet sich normal in einem Gleichgewichtszustand, welcher aus dem fortgesetzten Ringen aller Bewohner miteinander hergestellt wurde. Zur Aufrechterhaltung dieses Gleichgewichts übt die Natur ein strenges Hausregiment aus. Jede Pflanze fordert eine bestimmte Bodenbeschaffenheit, Nahrung, Temperatur, Feuchtigkeit und sonstige Bedingungen für ihre Existenz; ihre Verbreitung und Zahl wird durch diese Verhältnisse in bestimmten Schranken gehalten. Sämtliche Tiere, welche sich von dieser Pflanze ernähren, hängen vollständig vom Gedeihen derselben ab; sie vermehren sich mit deren Zunahme, sie vermindern ihre Zahl mit dem Rückgang der Ernährerin. Sie beeinflufsen aber auch ihrerseits die Existenz ihrer Feinde und diese stehen wieder mit so und so viel anderen Geschöpfen in ähnlicher Wechselbeziehung. Keine Form darf demnach ihre durch das Gleichgewicht gegebene Stellung überschreiten, ohne Störungen im ganzen Haushalt hervorzurufen. Wird die Flora oder Fauna irgend einer Gegend durch das Erlöschen einer Anzahl von Arten oder durch Hinzutritt fremder kräftiger Eindringlinge verändert, so wird das Gleichgewicht gestört; die leeren Plätze im ersteren Falle müssen besetzt, für die neuen Ankömmlinge im zweiten Falle auf Kosten der vorhandenen Bevölkerung Platz geschaffen werden. Erloschen demnach in einer geologischen Periode durch klimatische, orographische oder sonstige Veränderungen eine gröfsere Anzahl von Pflanzen und Tieren, so trat eine Gleichgewichtsstörung in Fauna und Flora ein. Damit aber entbrannte der Kampf ums Dasein unter den überlebenden Formen in ungewöhnlicher Bitterkeit, die äufseren Impulse wirkten umbildend auf dieselben, bis schliefslich mit der Herstellung eines neuen Gleichgewichtszustandes wieder eine Ruhepause für die Artbildung eintrat.

Die ganze Entwickelung der organischen Schöpfung während der verschiedenen geologischen Perioden zeigt in sämtlichen Abteilungen des Pflanzen- und Tierreichs nicht nur eine entschiedene Annäherung an die Jetztzeit, sondern auch ein Streben nach Vervollkommnung. Ist die Descendenztheorie richtig und haben sich alle Organismen von einer Urzelle oder von wenigen sehr einfach gebauten Urformen entwickelt, so bedeutet schon jede Vergröfserung und Differenzierung einen Fortschritt und führt nach und nach zur Ausbildung von mehr oder weniger spezialisierten Organen und zur physiologischen Arbeitsteilung derselben; je höher aber diese getrieben wird, je zweckmäfsiger und besser jedes Organ seine Funktion verrichtet, desto vollkommener nennen wir ein Lebewesen. Die Entwickelung der Schöpfung hat sich übrigens nicht in einfacher und geradliniger Weise, sondern auf höchst komplizierten und vielfach verschlungenen Wegen vollzogen. Vervollkommnung nicht in dem Sinne, dafs die einzelnen Klassen, Ordnungen und Familien in der Reihenfolge ihrer Organisationshöhe auftreten, sondern Vervollkommnung innerhalb der einzelnen Gruppen ist überall unverkennbar. Die biologischen Systeme stellen darum auch nicht das Bild einer Leiter mit zahlreichen Staffeln, sondern eines reich verästelten Baumes dar, dessen oberste Spitzen die jüngsten und meist auch die vollkommensten Formen jedes Zweiges bezeichnen. Wurzeln, Stamm und ein grofser Teil der Krone des Baumes liegen in den Erdschichten begraben und nur die obersten grünen Teile, die Endglieder von Reihen weniger differenzierter Vorläufer, ragen in die heutige Schöpfung hinein.

Übersicht der Stämme, Unterstämme und Klassen des Tierreiches.

I. **Protozoa**		1. Rhizopoda. 2. Flagellata. 3. Infusoria. 4. Sporozoa.
II. **Coelenterata**	*A. Porifera*	1. Spongiae.
	B. Cnidaria	1. Anthozoa. 2. Hydrozoa.
III. **Echinodermata**	*A. Pelmatozoa*	1. Crinoidea. 2. Cystoidea. 3. Blastoidea.
	B. Asterozoa	1. Ophiuroidea. 2. Asteroidea.
	C. Echinozoa	1. Echinoidea. 2. Holothurioidea.
IV. **Vermes**		1. Platyhelminthes. 2. Nemathelminthes. 3. Gephyrea. 4. Rotifera. 5. Annelida.
V. **Molluscoidea**		1. Bryozoa. 2. Brachiopoda.
VI. **Mollusca**		1. Lamellibranchiata. 2. Scaphopoda. 3. Amphineura. 4. Gastropoda. 5. Cephalopoda.
VII. **Arthropoda**	*A. Branchiata*	1. Crustacea.
	B. Tracheata	1. Myriopoda. 2. Arachnoidea. 3. Insecta.
VIII. **Vertebrata**		1. Pisces. 2. Amphibia. 3. Reptilia. 4. Aves. 5. Mammalia.

I. Stamm.

Protozoa. Urtiere.

Die Protozoen sind einzellige, aus Sarkode (Protoplasma) bestehende Organismen von meist geringer, häufig mikroskopischer Gröfse ohne differenzierte Gewebe und Organe. Sie leben im Wasser oder in anderen Organismen, nehmen die Nahrung entweder an jedem beliebigen Teile der Körperoberfläche oder an einem sogenannten Zellenmund (*Cytostom*) auf und stofsen das Unverdauliche an irgend einer Stelle oder an dem Zellenafter (*Cytopyge*), wieder aus. Die kontraktile Sarkode enthält fast immer einen oder mehrere Kerne und weist sehr verschiedene Struktur und Differenzierungserscheinungen auf. Die Protozoen bewegen sich mittels Flimmern, Geifseln, Pseudopodien oder lappiger Fortsätze der Oberfläche und vermehren sich durch Knospung und Teilung, wobei häufig eine vorübergehende Verschmelzung (Konjugation) zweier Teilstücke vorkommt. Sie zerfallen in 4 Klassen: *Rhizopoda, Flagellata, Infusoria* und *Sporozoa* (*Gregarina*), wovon die erste zahlreiche fossile Überreste in den Erdschichten hinterlassen hat.

1. Klasse. **Rhizopoda.** Wurzelfüfser.[1])

Körper aus körnchenreicher, gallertartiger Sarkode bestehend, die lappige, fingerartige oder fadenförmige Fortsätze (Pseudopodien) aussendet und wieder mit der Körpersubstanz zerfliefsen läfst.

Die Rhizopoden haben ihren Namen erhalten wegen der Fähigkeit, an der Körperoberfläche Pseudopodien zu bilden, welche die Bewegung und Nahrungszufuhr vermitteln, aber noch keine konstanten Organe darstellen, sondern nach Bedürfnis entstehen und wieder verschwinden, indem sie mit der Sarkode des Körpers zusammenfliefsen. An den Pseudopodien bemerkt man häufig Körnchenströmung und zuweilen können dieselben miteinander zu Netzen zusammenfliefsen. Meistens scheiden die Rhizopoden kalkige, kieselige oder chitinöse Schalen oder kieselige Gerüste (Skelette) von höchst mannigfaltiger Gestalt aus und diese Schälchen und Gerüste können auf dem Meeresboden ausgedehnte Ablagerungen bilden und haben viele urweltliche marine Sedimentgesteine zusammen.

---

[1]) ***Bütschli, O.***, Protozoen in Bronn's Klassen und Ordnungen des Tierreichs, 1880—1889.

Man unterscheidet 4 Ordnungen: *Amoebina*[1]), *Foraminifera*, *Heliozoa* und *Radiolaria*. Nur die Foraminiferen und Radiolarien besitzen erhaltungsfähige Bestandteile.

1. Ordnung. **Foraminifera.** d'Orb.[2])

(*Polythalamia* Breyn, *Thalamophora* Hertwig.)

Rhizopoden mit feinen, faden- oder bandförmigen, leicht in einander zerfliefsenden Pseudopodien und kalkiger, seltener sandig-kieseliger oder chitinöser Schale.

Die wenig differenzierte, körnchenreiche, meist mit Vakuole versehene Sarkodesubstanz der Foraminiferen wird von einer Schale umschlossen, die in seltenen Fällen chitinöse, häufiger kalkige oder

---

[1]) Zu den Ameobinen zählten Huxley und Haeckel früher auch den sogenannten *Bathybius*, eine netzförmig aus anastomosierenden Strängen bestehende Gallerte, welche in grofser Tiefe des Atlantischen Ozeans vorkommt. Wyv. Thomson und Möbius erkannten den *Bathybius* als Gipsniederschlag, vermischt mit zersetzter organischer Substanz. Sowohl in dem aus kohlensaurem Kalk zusammengesetzten Tiefseeschlamm als auch in dem „*Bathybius*" finden sich in gröfster Menge winzig kleine Kalkkörperchen von verschiedener Form, die auch an der Zusammensetzung der Kreide und der meisten marinen Kalksteine und Mergel früherer Erdperioden wesentlichen Anteil nehmen (*Gümbel, K. W.*, Neues Jahrb. für Mineralogie 1870, S. 753). Ehrenberg bezeichnete diese Körperchen als Morpholite und hielt sie für unorganische Gebilde. Huxley (Journ. of microscop. Science 1868. VIII. No. 6) und Haeckel (Jenaische Zeitschr. 1870. V. 3. S. 18) betrachteten sie anfänglich als Teile des *Bathybius* und nannten sie Kokkolithe (Fig 1). Unter den Kokkolithen werden die einfachen, scheibenförmigen, oben konvexen, unten konkaven Scheiben Discolithen (Fig. 1 *ab*), die aus zwei eng verbundenen Scheiben von verschiedener Gröfse bestehen und von der Seite gesehen, an Manschettenknöpfe erinnern, Cyatholithen (Fig. 1 *c*) genannt. Die Kokkolithen sind nur bei 600—1000 facher Vergröfserung deutlich sichtbar und zeigen in der Regel mehrere, verschieden lichtbrechende Zonen, die sich um einen einfachen, doppelten oder sternförmigen Zentralkern gruppieren. Häufig vereinigen sich zahlreiche Kokkolithen zu frei schwimmenden Kugeln (Kokkosphären) (Fig. 2). Neben den Kokkolithen finden sich zuweilen auch stabförmige, an einem Ende scheibenartig oder kreuzförmig verdickte Kalkkörperchen (Rhabdolithen) (Fig. 3), die sich ebenfalls zu Rhabdosphären zusammengruppieren können. W. Thomson, Wallich und Murray halten die Kokkosphären für einzellige Algen oder Sporangien von Kalkalgen (Murray and Blackman on the nature of Cokkospheres and Rhabdospheres Philos. Trans. **190**. Ser. B. 1898.) Haeckel errichtet dafür die Gruppe der »Kalkocyteen« und stellt sie jetzt zu den Protophyten. Voeltzkow hält die Kokkolithen für Ausscheidungen von Protozoen und Lohman (Archiv für Protistenkunde 1902) weist überzeugend nach, dafs die Kokkospären und Rhabdosphären zu den Flagellaten gehören.

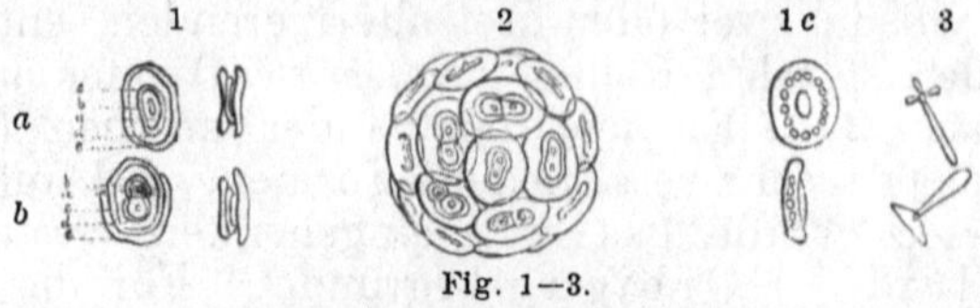

Fig. 1—3.

Fig. 1 *a* u. *b* *Kokkolithen (Cyatholithen)* aus dem Atlantischen Ozean, von oben und der Seite (nach Haeckel).
Fig. 1 *c* *Kokkolithen (Discolithen)* aus dem adriatischen Meer, von unten und der Seite (nach O. Schmidt).
Fig. 2 *Kokkosphären* aus dem Atlant. Ozean (nach Haeckel).
Fig. 3 *Rhabdolithen* aus dem Adriat. Meer (nach O. Schmidt).
Sämtliche Abbildungen in 700facher Vergröfserung.

[2]) Literatur:

d'Orbigny, Alc., Foraminifères fossiles du Bassin tertiaire de Vienne, 1846.
Ehrenberg, C. G., Mikrogeologie 1854 und Abhandlg. Berl. Ak. 1839.
Schultze, M., Über den Organismus der Polythalamien. Leipzig 1854.
Jones, Rup., Zahlreiche Abhandlungen in Annals and Magazine of natural history London.

kieselige Beschaffenheit besitzt und in der Regel durch innere Scheidewände in Kammern abgeteilt wird. Durch eine gröfsere am Schalenende gelegene Öffnung oder durch zahlreiche feine, die Schale durchbohrende Kanälchen tritt die Sarkode an die Oberfläche und bildet meist lange, fadenartige, netzförmig zerfliefsende Pseudopodien mit ausgezeichneter Körnchenbewegung.

Nur wenige mit dünner chitinöser Schale versehene Formen leben im Süfswasser (*Gromia*), alle übrigen bewohnen das Meer. Ihre Gröfse ist meist gering, so dafs sie mit unbewaffnetem Auge zwar noch bemerkt, kaum aber deutlich von einander unterschieden werden können. Vereinzelte Riesenformen (*Nummulites*) erreichen einen Durchmesser von 4—5 cm.

Die Schalen umschliefsen entweder einen einzigen Hohlraum (*Monothalamia*) oder sie sind durch innere Scheidewände in eine kleinere oder gröfsere Anzahl Kammern geteilt (*Polythalamia*). Sie beginnen alle mit einer einfachen Anfangskammer von kugeliger oder verlängert eiförmiger Gestalt und vergröfsern sich rasch, indem an die einfache Öffnung dieser ersten Kammer sich eine neue und an diese wieder andere meist gröfsere Kammern anfügen. Sämtliche Kammern stehen durch eine Öffnung, welche die Sarkode passieren läfst, miteinander in Verbindung. Je nachdem sich die neuen Kammern geradlinig (*Stichostega*), spiralförmig (*Helicostega*), in konzentrischen Ringen (*Cyclostega*), in zwei oder drei alternierenden, entweder geraden (*Enallostega*) oder spiralen Reihen (*Entomostega*) oder unregelmäfsig knäuelförmig nach 2—5 Ebenen umeinander anlegen (*Agathistega*), erhalten die Schalen sehr verschiedene Formen, und auf diese und das Wachstumgesetz wurde das erste eingehendere System der Foraminiferen von Alcide d'Orbigny begründet. Für die Unterscheidung der Arten sind Abweichungen in Gröfse und Gestalt der Schale sowie äufsere Verzierungen durch Streifen, Leisten, Höcker, Dornen, Stacheln u. s. w. von Bedeutung.

Bei vielen Foraminiferen (*Nummulinidae, Miliolidae, Lagenidae, Orbulina u. a.*) beobachtet man einen eigentümlichen Dimorphismus, welcher darin besteht, dafs bei sonst völlig übereinstimmender Form und Verzierung gewisse Individuen eine sehr grofse Anfangskammer (Megasphära), andere

Carpenter, W. B., Introduction to the Study of the Foraminifera. Ray Society 1862.
Reufs, E. A., Zahlreiche Abhandlungen in den Sitzungsberichten der Wiener Akademie von 1860 an.
Schwager, C., Saggio di una Classificazione dei Foraminiferi. Bollet. Comitato geol. 1876.
Brady, W. B., Monograph of carboniferous and Permian Foraminifera. Palaeontograph. Society 1876.
» Report on the Foraminifera. Rep. of the Scient. Results of the Challenger voyage. Zoology XI, 1884.
Fornasini, Carlo, Zahlreiche Abhandlungen über italienische Foraminifera. Boll. Soc. Geol. italiana u. Mem Accad. Bologna seit 1885.
Schlumberger C. und Munier-Chalmus Abhandlungen über einzelne Foraminiferen-Gattungen im Bull. Soc. Géol. de France u. im Bull. de la Soc. zoologique 1892—1901.
Rhumbler L., Entwurf eines natürl. Systems der Thalamophoren. Nachr. d. k. Ges. der Wissenschaften in Göttingen math.-phys. Kl. 1895.
Sherborne, Ch. Dav., An Index of the genera and species of the Foraminifera Smithsonian miscellaneous Collections 1893. 1896.
Egger, J. G., Foraminiferen und Ostrakoden aus den Kreidemergeln der oberbayerischen Alpen. Abhandl. d. k. bayr. Ak. der W. II. Kl. Bd. XXI 1899.

eine winzig kleine (Mikrosphära) besitzen (Fig. 4). Die ersteren bleiben fast immer beträchtlich an Gröfse hinter den mit Mikrosphären versehenen Formen zurück. de la Harpe glaubte diese Erscheinung auf Geschlechtsverschiedenheiten zurückführen zu dürfen, während Munier-Chalmas und Schlumberger annehmen, dafs bei den mit Mikrosphären versehenen Formen während der Entwicklung die ursprünglich überall vorhandene Megasphäre resorbiert und durch eine gröfsere Anzahl kleiner Kammern ersetzt wurde. van den Broeck bekämpft diese Hypothese und glaubt den Dimorphismus durch verschiedenartige Fortpflanzung (Teilung oder Kernknospung) erklären zu dürfen. Schaudinn und Lister haben die Entstehung von mega- und mikrosphärischen Formen durch Generationswechsel erklärt und auch bei lebenden Formen nachgewiesen.

A B

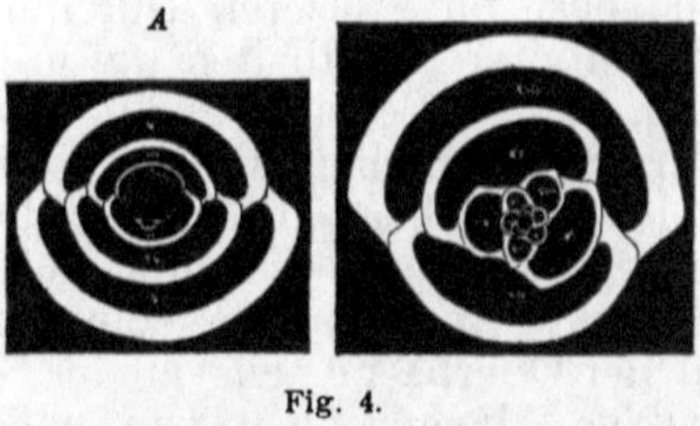

Fig. 4.
Biloculina Brodyi Schlumb. Lebend im Golf von Biscaya. *A* Kleine Form mit *Megasphäre*. *B* Grofse Form mit *Mikrosphäre*. 15/1 (nach Schlumberger).

Von Wichtigkeit ist die feinere Struktur der Schalen, die hauptsächlich von Carpenter und Williamson untersucht und für die Systematik der Foraminiferen verwertet wurde.

Die chitinösen Schalen sind in der Regel einkammerig, dicht und mit einer gröfseren Öffnung versehen. Die kieseligen Schalen bestehen aus kleinen, durch ein kieseliges oder toniges Zement verkitteten Sandkörnchen, denen sich zuweilen auch Kalkstückchen oder sonstige Fremdkörper beimengen. Sie sind einkammerig oder vielkammerig, erreichen zuweilen ansehnliche Gröfse und haben entweder dichte Struktur (Fig. 5 *A*) oder sind neben der einfachen oder siebförmigen Hauptöffnung mit gröberen Kanälen durchbohrt, durch welche Pseudopodien an die Oberfläche gelangen können. (Fig. 5 *B*.) Zuweilen (*Milioliden, Textulariden*) bedecken sich aber auch kalkige Schälchen mit agglutinierten und durch Zement verbundenen Sandkörnchen und bestehen alsdann aus einer inneren kalkigen und einer äufseren sandigkieseligen Schicht (Fig. 6). Bei der Mehrzahl der Foraminiferen ist die Schale aus kohlensaurem Kalk zusammengesetzt. Die kalkigen Schalen haben entweder dichte porzellanartige oder glasig poröse Struktur. Bei den ersteren (*Imperforata*) bildet die Schale eine homogene, bei auffallendem Licht opake Mafse (Fig. 4); bei den porösen

A B

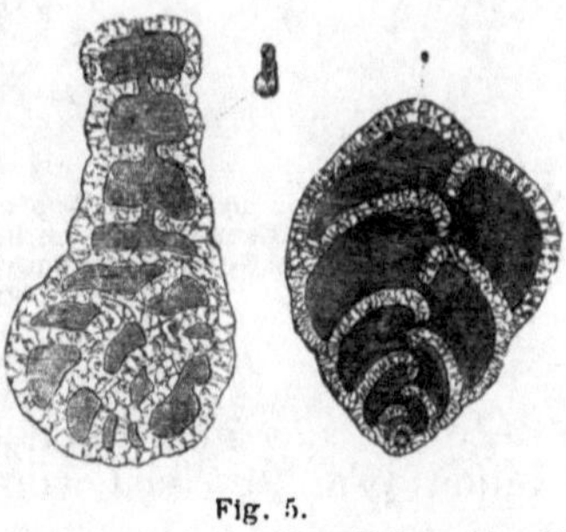

Fig. 5.
A Durchschnitt einer dichten kieselig-sandigen Schale. Stark vergröfsert. (*Haplophragmium irregulare*).
B Durchschnitt einer kieselig-sandigen Schale mit groben Röhrchen. Stark vergröfsert. (*Plecanium gibbosum*.)

A B

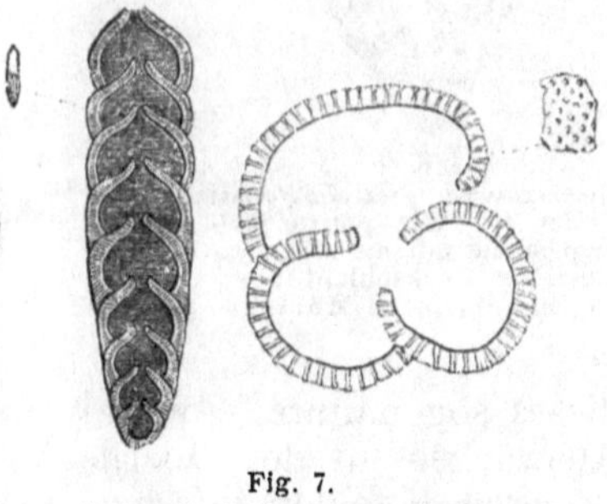

Fig. 7.
A Durchschnitt einer glasig-porösen Schale mit feinen Röhrchen (*Nodosaria rapa* d'Orb.).
B Durchschnitt und Oberfläche einer glasig-porösen Schale mit weiten Röhrchen (*Globigerina*).

(*Perforata*) ist sie glänzend, durchscheinend und mit zahllosen, die Schale in senkrechter Richtung durchbohrenden Röhrchen versehen. Diese an der Oberfläche als feine Poren sichtbaren Kanälchen haben entweder alle gleichen Durchmesser, stehen dicht gedrängt und sind aufserordentlich fein (Fig. 7 *A*) oder sie treten in weiteren Abständen auf und besitzen gröfseren Durchmesser (Fig. 7 *B*). Gewisse glasig-poröse Foraminiferen enthalten aufserdem in bestimmten Teilen der Schale, z. B. in den Scheidewänden oder bei symmetrisch spiral eingerollten Formen im Medianteil der Spiralebene grobe anastomosierende Kanäle, welche im lebenden Zustand der Tiere mit Sarkode erfüllt sind, aber nicht mit den Poren und radialen Röhrchen in Verbindung stehen. (Fig. 8.) Bei manchen komplizierter gebauten Formen kommen teils an der Oberfläche teils in der Schale teils in Vertiefungen und Lücken kalkige Ablagerungen von meist dichter Struktur vor. Zuweilen ist

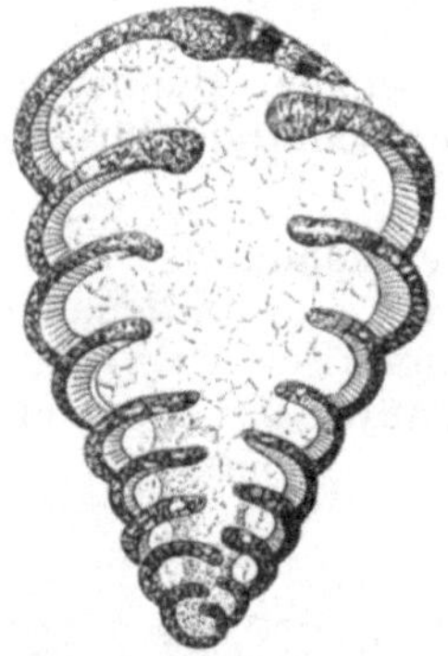

Fig. 6.
Climmacamina textulariformis Möller sp. Die poröse kalkige Schale mit einer sandig-kieseligen Deckschicht überzogen. 20/1 (nach Möller).

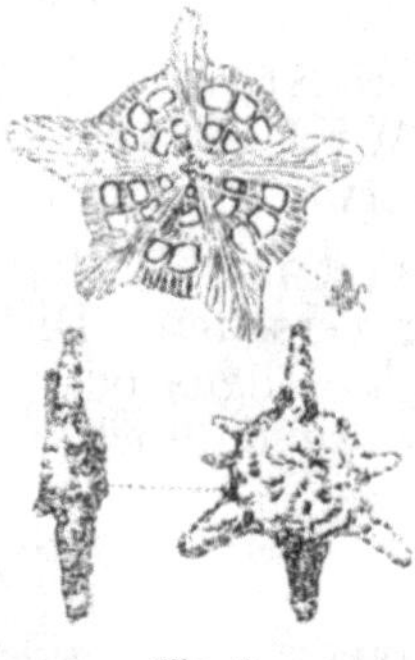

Fig. 9.
Calcarina calcitrapoides Lam. Glasig poröse Schale m. zapfenartigem, von Kanälen durchzogenem Zwischenskelett.

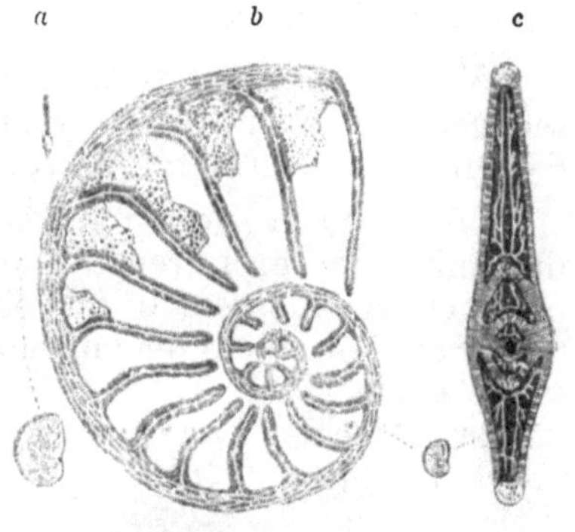

Fig. 8.
Operculina complanata Bast. sp. Aus dem Miocän von Bordeaux. *a* in natürlicher Gröfse, *b* Medianschnitt, *c* Querschnitt, stark vergröfsert.

dieses sogenannte »Zwischenskelett«, das manchmal eigentümliche Auswüchse an der Oberfläche bildet (Fig. 9), auch von weiten, verzweigten Kanälen durchzogen.

Die Fortpflanzung der Foraminiferen erfolgt entweder durch Teilung oder durch kleine Kerne, welche sich im Innern eines Muttertieres bilden, sich mit winzien, aus einer oder mehreren Kammern bestehenden Schalen umgeben und alsdann auswandern, während das verlassene Gehäuse zerfällt.

Die Foraminiferen leben mit wenigen Ausnahmen im Meer; man findet sie in seichtem Wasser in der Nähe der Küsten auf Algen oder auf dem Boden kriechend oder in grofser Tiefe am Boden des offenen Ozeans oder auch freischwimmend in verschiedener Tiefe. Ihre Schälchen bedecken in ungeheurer Menge ausgedehnte Gebiete des Meeresbodens und bilden bis zu einer Tiefe von 2300 Faden den kreideartigen Tiefseeschlamm, ein Gemenge von zersetzten Kalkschalen von Mollusken, Korallen, Bryozoen, von Kokkolithen, Radiolarien, Diatomeen, Spongien und Foraminiferen, unter denen sich gewisse Gattungen (*Globigerina*,

Orbulina, Pulvinulina, Biloculina) durch Häufigkeit auszeichnen (Fig. 10). Im Atlantischen und Pazifischen Ozean herrscht der „Globigerinen-Schlamm", in der Nordsee nahe der norwegischen Küste „Biloculinen-Schlamm" vor. Ähnliche chemische Zusammensetzung und Beschaffenheit wie der heutige Tiefseeschlamm besitzen viele urweltliche Kalksteine und Mergel. Auch die weifse Kreide (Fig. 11) ist offenbar Tiefseeschlamm, aus welchem die kieseligen Elemente nachträglich ausgelaugt und die Globigerinen zum gröfsten Teil durch Textularien ersetzt sind. Gewisse eocäne Kalksteine sind vorwiegend aus Miliolidenschälchen, andere aus Alveolinen oder Nummuliten aufgebaut. Im Karbon spielen die Fusulinen die Rolle felsbildender Organismen, und viele scheinbar homogene oder halbkristallinische, feste Kalksteine verschiedenen Alters lassen in Dünnschliffen ihre Zusammensetzung aus Foraminiferen und sonstigen organischen Überresten sofort erkennen. (Fig. 12.)

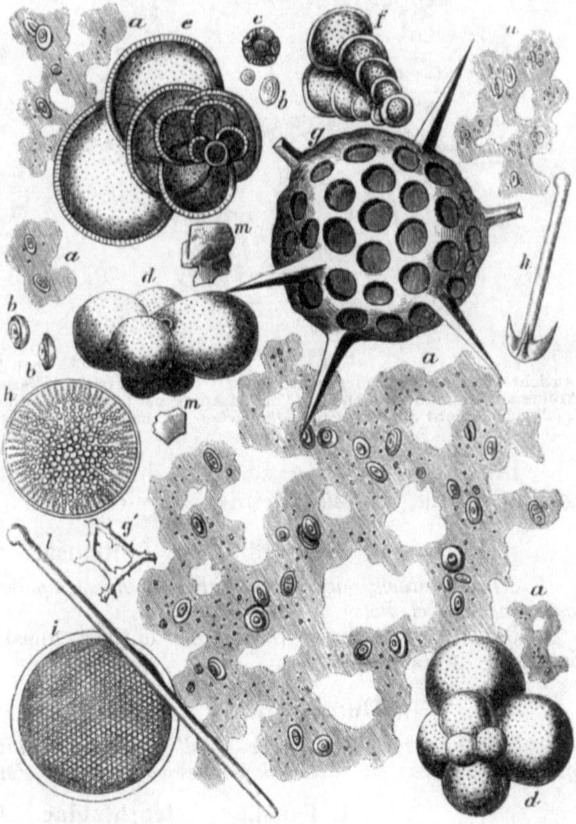

Fig. 10.
Ansicht des Tiefseeschlamms bei 700 facher Vergröfserung. *a Bathybius* mit Kokkolithen. b Einzelne *Discolithen* u. *Cyatholithen*. *c Kokkosphäre*. *d* Globigerinen. *e* Ein *Globigerina* aufgebrochen. *f Textularia*. *g* und *g'* Radiolarien. *h* und *i* Diatomeen-Scheibchen. *k* und *l* Kieselnadeln von Seeschwämmen. *m* Mineralfragmente.

Wohlerhaltene, isolierbare, fossile Foraminiferen finden sich am häufigsten in weichen, mergeligen oder tonigen, zwischen marinen Kalksteinen eingelagerten Schichten oder in reinen Kalksteinen von kreidiger oder erdiger Beschaffenheit.

Die ersten recenten Foraminiferenschalen wurden 1730 von Janus Plancus am Strand bei Rimini entdeckt. Schon 1711 hatte sie Beccari im Pliocän von Bologna gefunden. Sie wurden anfänglich allgemein für Molluskengehäuse gehalten und von Breyn, Soldani, Fichtel, d'Orbigny u. a. als *Cephalopoda foraminifera* im Gegensatz zu den *Cephalopoda siphonifera* beschrieben. Erst Dujardin erkannte 1835 die Foraminiferen als Rhizopoden. Nummuliten werden schon von Herodot und Strabo erwähnt, *Orbitolina* von Saussure beschrieben.

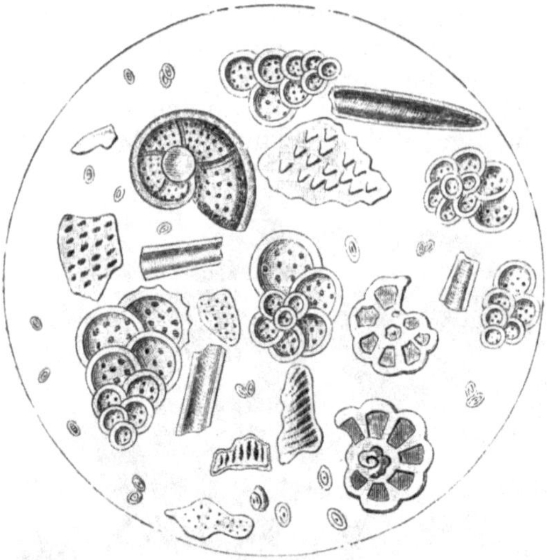

Fig. 11.
Ansicht einer Probe von geschlemmter weifser Schreibkreide aus Meudon in 300facher Vergröfserung bei durchfallendem Licht mit *Textularia, Globigerina* und *Rotalia.*

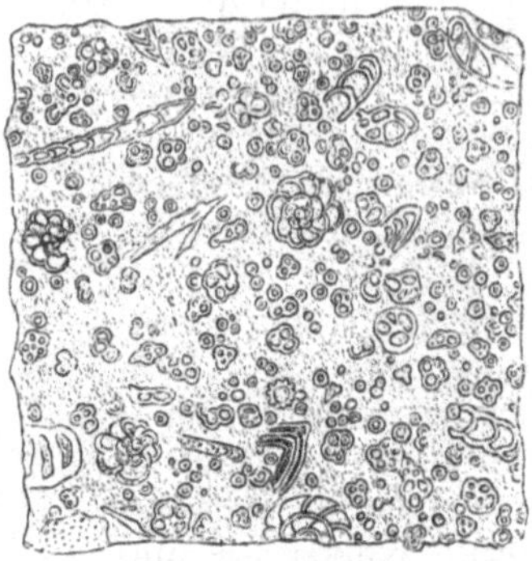

Fig. 12.
Dünnschliff von Plänerkalk aus Böhmen bei durchfallendem Lichte in 50facher Vergröfserung mit Durchschnitten von *Nodosaria. Rotalia, Frondicularia* und sehr vielen isolierten Globigerinenkammern.

Die Foraminiferen zerfallen in die 4 Hauptgruppen: *Chitinosa, Agglutinantia, Porcellanea* und *Vitro-Calcarea.*

A. Unterordnung. **Chitinosa.** Schwager.

Schale chitinös, nicht porös, zuweilen durch agglutinierte Körner verstärkt, an einem oder zwei Polen geöffnet.

Die einzige Familie *(Gromidae)* enthält meist Süfswasserbewohner und ist fossil unbekannt.

B. Unterordnung. **Agglutinantia.** Schwager.

Schale aus agglutinierten Sandkörnern oder kieseligen Fremdkörpern aufgebaut, die durch ein dichtes kieseliges oder toniges Zement verbunden sind.

1. Familie. **Astrorhizidae.** Brady.

Schale sandig-kieselig, rauh, unsymmetrisch; die Sandkörner zuweilen nur lose verbunden; meist unsymmetrisch, häufig von ansehnlicher Gröfse, zuweilen ästig oder mit radialen Fortsätzen, im Innern keine Scheidewände.

A B

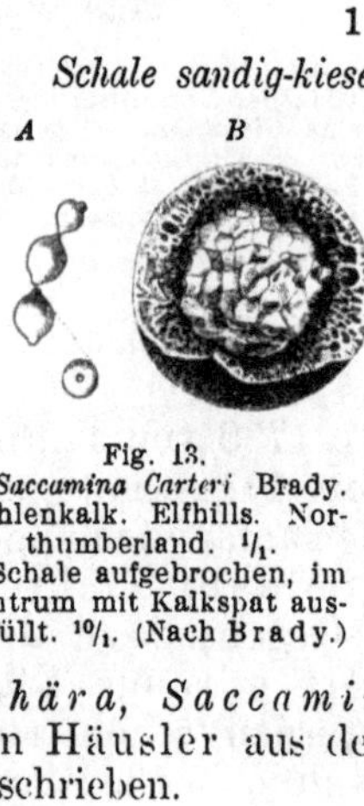

Fig. 13.
A Saccamina Carteri Brady. Kohlenkalk. Elfhills. Northumberland. $^{1}/_{1}$.
B Schale aufgebrochen, im Zentrum mit Kalkspat ausgefüllt. $^{10}/_{1}$. (Nach Brady.)

Häufig in grofsen Tiefen der jetzigen Ozeane. Fossil in paläozoischen und jurassischen Ablagerungen.

Saccamina Sars. (Fig. 13). Schale dick mit labyrinthischen Hohlräumen, kugelig, birn- oder spindelförmig, an einem oder beiden Enden röhrig verlängert, zuweilen zu Ketten vereinigt. Unt. Silur (Ayrshire), Devon (Kanada), Kohlenkalk und lebend. *S. Carteri* Brady erfüllt bei Elfhills in Northumberland ganze Schichten des Kohlenkalks.

Grofse Arten von *Astrorhiza, Psammosphära, Saccamina, Hyperammina* und *Rhabdammina* wurden von Häusler aus dem oberen Jura (Transversarius-Schichten) der Schweiz beschrieben.

2. Familie. **Lituolidae.** Brady.

Schale sandig-kieselig oder aus verschiedenen agglutinierten Fremdkörpern bestehend; mehr oder weniger regelmäſsig gebaut, durch innere Scheidewände mehrkammerig, seltener einkammerig, frei oder festgewachsen. Scheidewände zuweilen labyrinthisch, unregelmäſsig.

Die lebenden Arten bewohnen meist ansehnliche Tiefe.

Thurammina Brady. Schale frei, einkammerig, unregelmäſsig, kugelig, meist mit Höckern oder dornigen Fortsätzen. Ob. Jura und lebend.

Ammodiscus Reuſs. Schale frei, ungekammert, flach, in einer Ebene spiral aufgerollt mit terminaler Mündung. Karbon bis Jetztzeit in allen Formationen,

Trochammina Park. Jones. (Fig. 16). Schale dünn, glatt, aus dichtem ockerartigem Zement mit eingebetteten Sandkörnchen bestehend, schneckenförmig spiral aufgerollt oder kreiselförmig; im Innern unvollkommen gekammert. Lias bis Jetztzeit.

Fig. 14. *Haplostiche horrida* Schwager. Ob. Jura (Impressaton). Gruibingen. Württ.

Fig. 15. *Placopsilina rostrata* Quenst. sp. Ob. Jura. (Impressaton). Reichenbach Württ.

Fig. 16. *Trochammina proteus* Karrer. Wiener Sandstein. Hütteldorf bei Wien.

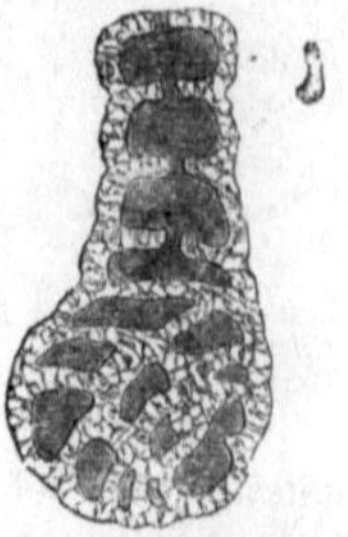

Fig. 17. *Lituola (Haplophragmium) irregulare* Röm. Scaphiten-Pläner. Kröndorf. Böhmen.

Placopsilina d'Orb. (Fig. 15). Schale rauh, sandig, aufgewachsen, aus birnförmigen oder kugeligen, zu Ketten vereinigten oder unregelmäſsig angehäuften Kammern bestehend. Lias bis Jetztzeit.

Rheophax Montf. (*Haplostiche* Reuſs) (Fig. 14). Schale frei, stabförmig oder schwach gebogen, Scheidewände einfach (*Rheophax*) oder labyrinthisch (*Haplostiche*), Mündung terminal. Karbon bis jetzt.

Lituola Lam. (*Haplophragmium* Reuſs) (Fig. 17). Schale frei, bischofsstabförmig oder spiral. Mündung einfach oder siebförmig. Scheidewände einfach (*Haplophragmium*) oder labyrinthisch (*Lituola*). Karbon bis jetzt; besonders häufig in Jura und Kreide.

C. Unterordnung. **Porcellanea.** Schwager.

Schale kalkig, porzellanartig, dicht, zuweilen mit kieseliger Auſsenschicht.

Bei mangelhafter Ernährung (z. B. im Brackwasser) können die Schalen chitinöse oder sandigkieselige Beschaffenheit annehmen oder sich mit einer dünnen homogenen Kieselhülle umgeben. Die meisten lebenden Formen bewohnen seichtes Wasser, nur wenige kommen in groſser Tiefe vor.

1. Familie. **Nubecularidae.** Brady.

Schale ziemlich groſs, meist angewachsen, sehr unregelmäſsig gestaltet, mit einer oder mehreren Öffnungen. Trias bis jetzt.

Die hierher gehörige Gattung *Nubecularia* Defr. findet sich lebend und fossil von der Trias an; besonders häufig im Miocän (Sarmat. Stufe) von Bessarabien.

2. Familie. **Peneroplidae.** Schwager.

Schale spiral oder zyklisch, symmetrisch, meist vielkammerig, seltener einkammerig. Trias bis Jetztzeit.

Cornuspira Schultze (Fig. 18). Schale aus zahlreichen in einer Ebene spiral aufgewundenen Umgängen bestehend mit einfacher terminaler Mündung, im Innern ohne Kammern. Lias bis jetzt.

Peneroplis Montf. (Fig. 19). Schale scheibenförmig, flach, vielkammerig, anfänglich spiral, später gerade und beträchtlich an Breite zunehmend. Scheidewände und Aufsenrand der letzten Kammern von zahlreichen Poren durchstochen. Tertiär und lebend.

Orbiculina Lam. (Fig. 20). Schale scheibenförmig; Umgänge anfänglich spiral, später zyklisch, durch Querscheidewände in zahlreiche Kammern

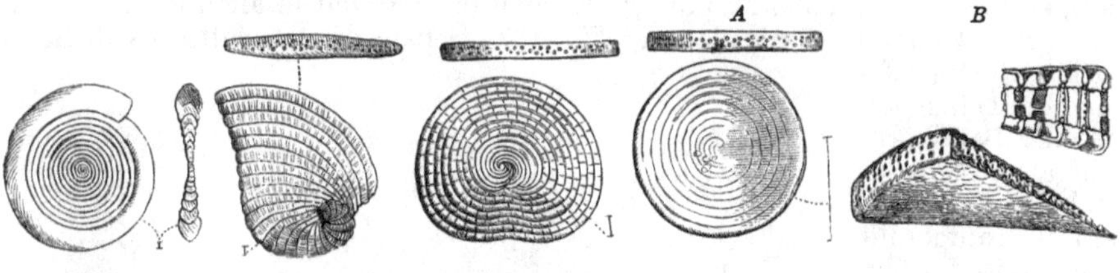

Fig. 18. *Cornuspira polygyra* Reufs. Oligocän klein. Ungarn.
Fig. 19. *Peneroplis planatus* Montf. Mittelmeer.
Fig. 20. *Orbiculina nummismalis* d'Orb. Pliocän. Siena. Italien.
Fig. 21. *A Orbitolites complanata* Lam. Eocän (Grobkalk). Paris. *B* Vergröfserte Ausschnitte von *Orbitolites complanata*.

geteilt; die Scheidewände und die Wandungen der Umgänge durch kleine Öffnungen kommunizierend. Aufsenrand mit Poren. Tertiär und lebend.

Orbitopsella Munier Chalmas. Scheibenförmig, die Kammernringe anfänglich in hufeisenförmiger Spirale, später zyklisch angeordnet. Lias. *Orbitolites praecursor* und *circumvulvata* (Gümb.) der Süd-Alpen.

Dicyclina Mun. Ch. Ob. Kreide.

Spirocyclina Mun. Ch. Scheibenförmig. Die inneren Kammerringe anfänglich deutlich spiral, später konzentrisch angeordnet. Rand scharf, ohne Poren. Untere Kreide. Krim.

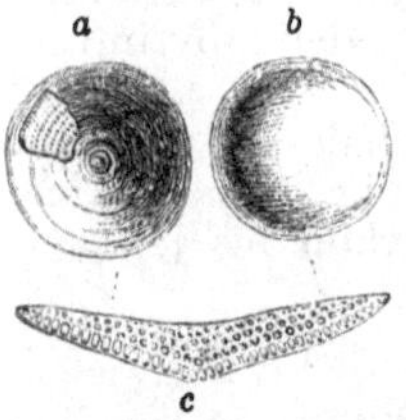

Fig. 22. *Orbitolina concava* Lam. Cenoman. Urschelau. Bayer. Alpen. *a*) Schale von unten, *b*) von oben (nat. Gr.), *c*) Querschnitt (vergr.).

Maeandropsina Mun. Ch. u. Schlumb. Ob. Kreide. Spanien.

Orbitolina Lam. (Fig. 22). Schale kalkig mit agglutinierten Sandkörnchen; oder einer feinmaschigen kieseligen Deckschicht, schüsselförmig bis flach kegelförmig, auf der Unterseite gewölbt, oben etwas ausgehöhlt. Oberfläche dicht, glatt oder konzentrisch gestreift. Schale aus einer Schicht von konzentrischen Ringen gebildet, die durch Querscheidewände in zahlreiche Kammern zerlegt werden. Der äufsere Teil jedes Kämmerchens wird durch sekundäre Scheidewände in Sekundärzellen zerlegt. Sehr häufig in der unteren (*O. lenticularis* Lam.) und mittleren Kreide (*O. concava* Lam.)

Orbitolites Lam. (Fig. 21). Scheibenförmig, symmetrisch, kreisförmig, beiderseits in der Mitte etwas konkav, ziemlich grofs, aus zyklischen Umgängen bestehend, die sich um einige spiral angeordnete Anfangskammern legen. Die einzelnen Ringe durch zahlreiche Radialsepta gekammert und durch symmetrisch angeordnete Öffnungen verbunden. Der Aufsenrand ebenfalls mit vielen Öffnungen. Bei den komplizierteren Formen liegt über den Hauptringen oben und unten noch eine Schicht von niedrigeren Nebenkammern, die ebenfalls in Ringe angeordnet sind und mit den Hauptkammern durch Öffnungen kommunizieren. Kreide (*O. macropora* d'Orb.), Tertiär (*O. complanata* Lam.) und lebend. Zuweilen ganze Schichten erfüllend.

Alveolina Bosc. (*Borelis* Montf.) (Fig. 23). Schale spindelförmig eiförmig oder kugelig, meist in der Richtung der Windungsachse verlängert aus spiral aufgewickelten, sich umhüllenden Umgängen bestehend. Jeder Umgang durch vertikale, senkrecht zur Achse gestellte Scheidewände in niedrige lange Kammern zerlegt, und diese durch quere Septa in kleine Zellen (Nebenkammern) geteilt, wovon jede durch eine runde Öffnung mit den Zellen der nächsten Hauptkammer in Verbindung steht. Bei gewissen lebenden Arten sind die Nebenkammern noch in kleinere Zellen zerteilt. Älteste Formen im Cenoman. Aufserordentlich häufig, zuweilen felsbildend im Eocän (Pariser Grobkalk, Alveolinenkalke von Istrien, Dalmatien, Griechenland, Ägypten, Libysche Wüste).

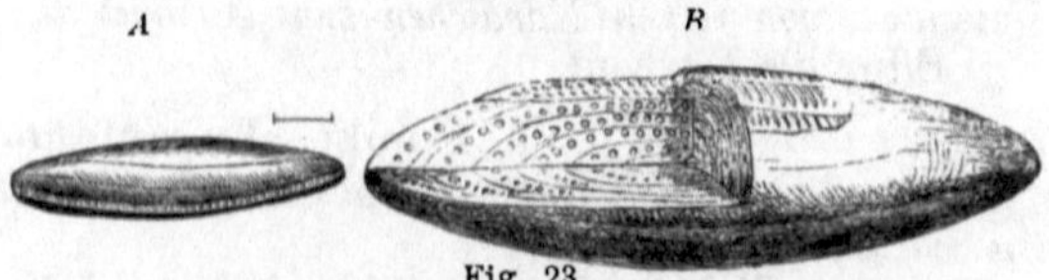

Fig. 23.
Alveolina Bosci d'Orb. Grobkalk. Paris.
A Schale von vorn, *B* dieselbe aufgeschnitten, um den innern Bau zu zeigen; stark vergröfsert.

3. Familie. **Miliolidae.** Carp.

Schale ganz oder anfänglich aus knäuelförmig aufgewickelten Umgängen bestehend. Anfangskammern dimorph. Trias bis Jetztzeit.

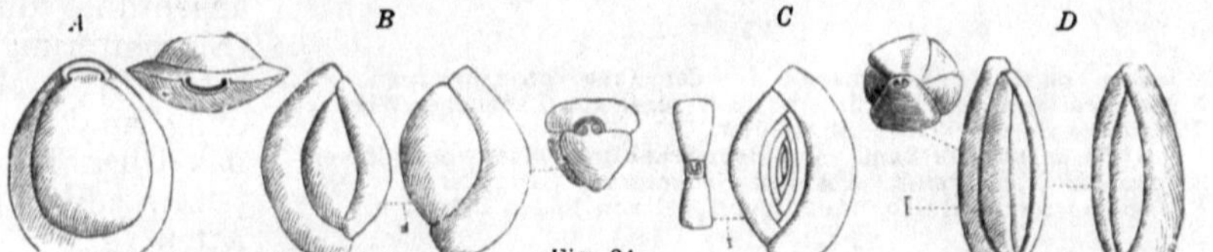

Fig. 24.
A Biloculina inornata d'Orb. Aus dem miocänen Tegel von Baden bei Wien.
B Triloculina gibba d'Orb. Aus oligocänem Sand von Astrupp.
C Spiroculina Badensii d'Orb. Aus dem Tegel von Baden bei Wien.
D Quinqueloculina saxorum d'Orb. Aus eocänem Grobkalk von Grignon bei Paris.

Miliola Schultze (Fig. 24, 25). Umgänge, wie die Fäden eines Knäuels um einige wenige spiral angeordnete Anfangskammern aufgewickelt. Jeder Umgang ist an der Umbiegungsstelle geknickt und bildet daselbst eine innere Scheidewand. Die terminale Mündung wird durch einen zahnartigen Vorsprung hufeisenförmig oder ist durch radiale Furchen dendritisch verzweigt *(Lacazina)*. Sind alle Umgänge in gleicher Ebene aufgewickelt und zugleich äufserlich sichtbar, so entsteht *Spiroloculina* d'Orb.; umhüllen sie sich vollständig: *Biloculina* d'Orb., *Idalina, Periloculina, Lacazina* Mun. Ch. und Schlumb.; wickeln sie sich in drei oder fünf Ebenen auf: *Triloculina* und *Quinqueloculina* d'Orb. Die Gattung *Miliola* in ihren verschiedenen Ausbildungsformen gehört zu den wichtigsten felsbildenden Foraminiferen. Sie setzt im Eocän (Paris, Pyrenäen) mächtige Kalksteinablagerungen zusammen; die Biloculinen bilden noch jetzt in der Nordsee westlich von Norwegen kalkige Absätze. Die ältesten Formen treten in der Trias auf. Hauptverbreitung im Tertiär und in der Jetztzeit.

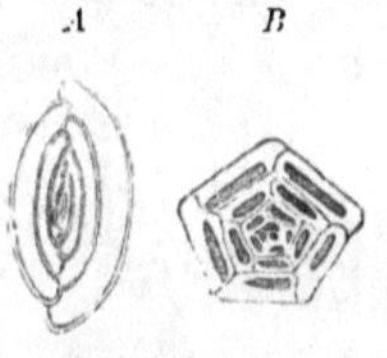

Fig. 25.
A Vertikaler Durchschnitt von *Biloculina inornata* d'Orb. (vergröfsert). *B* Querschnitt durch *Quinqueloculina saxorum* (vergröfsert).

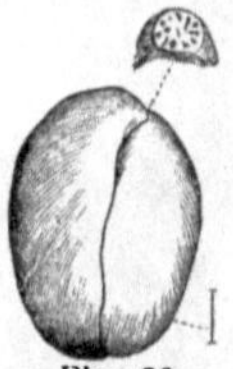

Fig. 26.
Fabularia discolithes Defr. Eocän (Grobkalk). Paris.

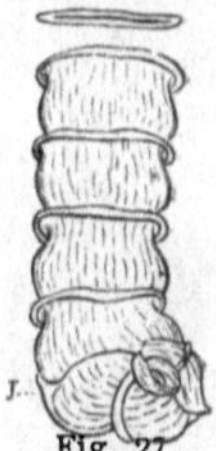

Fig. 27.
Vertebralina mucronata d'Orb. Mittelmeer.

Fabularia Defr. (Fig. 26). Wie *Biloculina*, aber ziemlich grofs. Mündung siebförmig, die Kammern nicht hohl, sondern mit porzellanartiger Kalkmasse ausgefüllt und von zahlreichen, der Windungsachtse parallelen, anastomosierenden Kanälen durchzogen. Häufig im Eocän des Pariser Beckens.

Vertebralina d'Orb. (Fig. 27). Schale anfänglich mit knäuelförmig aufgewickelten Umgängen, später geradlinig verlängert. Tertiär und lebend.

D. Unterordnung. **Vitro-Calcarea.**

Schale kalkig, glasig-porös, seltener kieselig, oder kieselig mit glasig-poröser Unterlage, von feinen Kanälchen zum Austritt der Pseudopodien durchbohrt. Silur bis Jetztzeit.

1. Familie. **Lagenidae.** Carp.

Schale nur von ganz feinen und dichtgedrängten Kanälchen durchbohrt, ohne Zwischenskelet.

Lagena Walk. (Fig. 28 *A*). Schale einkammerig kugelig, eiförmig oder flaschenförmig mit terminaler Mündung. Ober-Silur bis jetzt.

Nodosaria Lam. (Fig. 28 *B*). Schale stabförmig; Kammern geradlinig in einer Reihe angeordnet, durch Einschnürungen getrennt; Mündung rund, terminal. Ober-Silur bis jetzt in zahlreichen Arten.

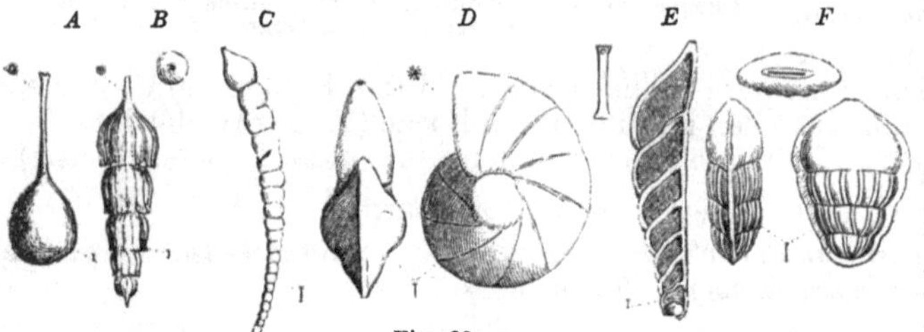

Fig. 28.

A Lagena semistriata Williamson. Aus dem Crag von Antwerpen.
B Nodosaria spinicosta d'Orb. Aus dem Tegel von Baden bei Wien.
C Dentalina elegans d'Orb. Ebendaher.
D Cristellaria rotulata Lam. Aus dem Scaphiten-Pläner von Böhmen.
E Vaginulina recta Reuſs. Aus dem Neokom von Salzgitter.
F Lingulina costata d'Orb. Aus dem Tegel von Baden bei Wien.

Dentalina d'Orb. (Fig. 28 *C*). Wie vorige, aber etwas gebogen. Karbon bis jetzt.

Vaginulina d'Orb. (Fig. 28 *E*). Schale gerade, seitlich zusammengedrückt; Kammern niedrig, mit schrägen Scheidewänden. Trias bis jetzt.

Marginulina d'Orb. Erste Umgänge gebogen oder spiral, die späteren gerade. Mündung spaltförmig. Trias bis jetzt.

Cristellaria Lam. (Fig. 28 *D*). Schale vollkommen spiral mit umfassenden Umgängen. Mündung rund. Trias bis jetzt.

Lingulina d'Orb. (Fig. 28 *F*). Schale gerade, abgeplattet; Kammern geradlinig. Mündung terminal spaltförmig. Trias bis jetzt.

Glandulina d'Orb. (Fig. 29 *A*). Schale kurz eiförmig; Kammern geradlinig, halbumfassend. Mündung rund, terminal, meist röhrig. Trias bis jetzt.

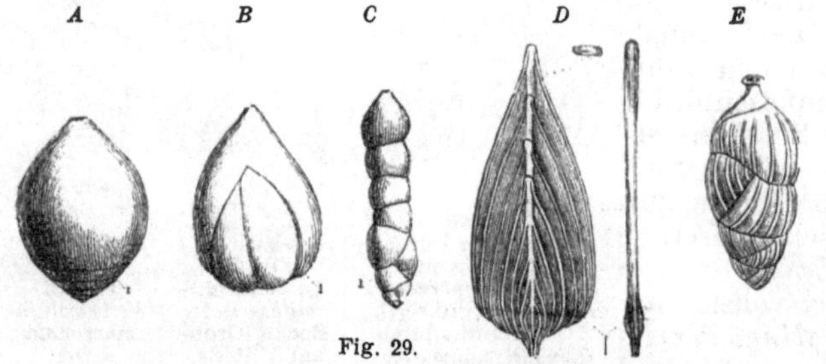

Fig. 29.

A Glandulina inflata Bornem. Aus dem Septarienton von Hermsdorf.
B Polymorphina inflata Williamson. Nordsee (recent).
C Dimorphina sp. Aus dem Pliocän von Siena.
D Frondicularia Goldfussi Reuſs. Aus dem Scaphiten-Pläner von Dülmen.
E Uvigerina pygmaea d'Orb. Aus dem Tegel von Baden bei Wien.

Frondicularia Defr. (Fig. 29 *D*). Schale gerade, stark abgeplattet, breit. Kammern reitend u. seitlich übergreifend. Mündung rund, terminal. Trias bis jetzt.

Polymorphina Williamson (Fig. 29 *B*). Kammern unregelmäſsig spiral angehäuft oder in zwei Reihen geordnet, mehr oder weniger umfassend, sehr mannigfaltig gestaltet. Mündung rund, terminal. Trias bis jetzt.

Dimorphina d'Orb. (Fig. 29 *C*). Die ersten Kammern unregelmäſsig oder in drei Reihen angeordnet, die späteren geradlinig. Kreide bis jetzt.

Uvigerina d'Orb. (Fig. 29 *E*). Kammern ungleich, in drei Reihen angeordnet und in einer Schneckenspirale aufgerollt. Tertiär und lebend.

2. Familie. **Textularidae.** Schultze.

Schale der gröfseren Formen sandig, häufig mit kalkiger, von groben Kanälen durchbohrter Unterlage; kleine Formen glasig porös; die Kammern vollständig oder teilweise in zwei (seltener mehr als zwei) alternierenden Reihen angeordnet.

Textularia Defr. (Fig. 30 *A*). Schale meist länglich keilförmig, gerade oder schraubenförmig spiral. Kammern zweizeilig, durch spaltartige Öffnungen verbunden. Karbon bis jetzt. Besonders häufig in der weifsen Kreide.

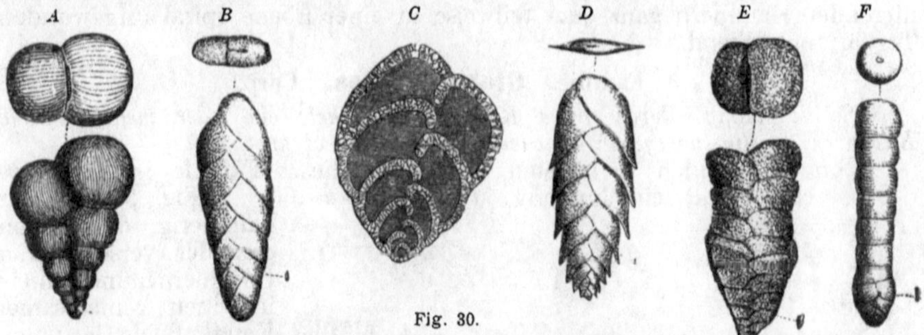

Fig. 30.

A Textularia globifera Reufs. Ob. Kreide. (Senonien), Plattenauer Stollen bei Traunstein.
B Bolivina incrassata Reufs. Ob. Kreide Götzreither Graben bei Siegsdorf.
C Grammostomum (*Vulvulina*) *gramen* d'Orb. Cuba (recent).
D Plecanium gibbum d'Orb. Pliocän. Siena.
E Gaudryina rugosa d'Orb. Ob. Kreide. Götzreuther Graben.
F Clavulina communis d'Orb. Miocän. Baden bei Wien.

Für verschiedene Modifikationen der kalkschaligen Formen wurden die Gattungen *Textularia* s. str., *Grammostomum* (Fig. 30 *C*), *Bolivina* (Fig. 30 *B*), für sandig-kieselige *Plecanium* (Fig. 30 *D*), *Bigenerina*, *Gaudryina* (Fig. 30 *E*), *Clavulina* (Fig. 30 *F*), *Verneuilina* aufgestellt.

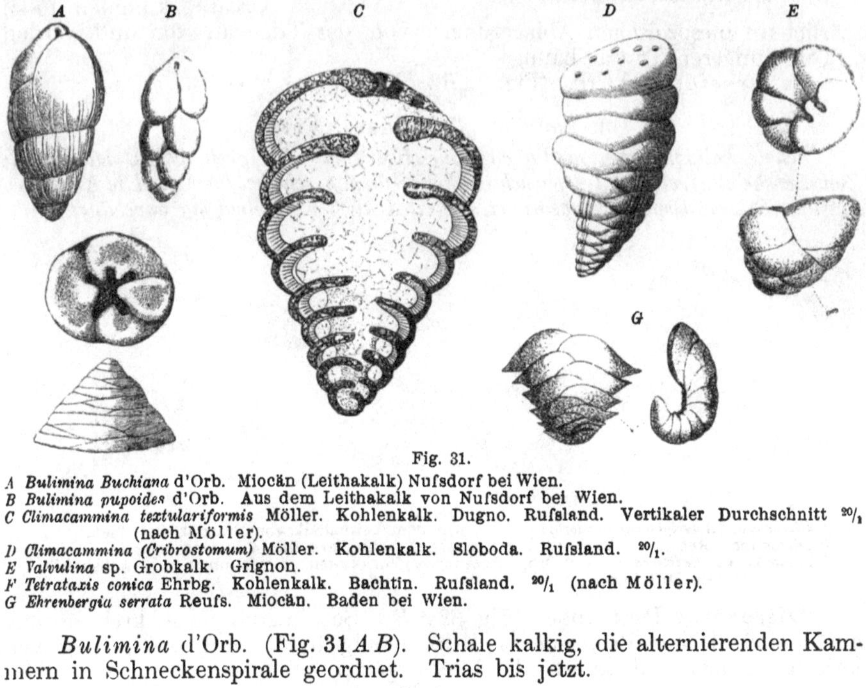

Fig. 31.

A Bulimina Buchiana d'Orb. Miocän (Leithakalk) Nufsdorf bei Wien.
B Bulimina pupoides d'Orb. Aus dem Leithakalk von Nufsdorf bei Wien.
C Climacammina textulariformis Möller. Kohlenkalk. Dugno. Rufsland. Vertikaler Durchschnitt $^{20}/_{1}$ (nach Möller).
D Climacammina (*Cribrostomum*) Möller. Kohlenkalk. Sloboda. Rufsland. $^{20}/_{1}$.
E Valvulina sp. Grobkalk. Grignon.
F Tetrataxis conica Ehrbg. Kohlenkalk. Bachtin. Rufsland. $^{20}/_{1}$ (nach Möller).
G Ehrenbergia serrata Reufs. Miocän. Baden bei Wien.

Bulimina d'Orb. (Fig. 31 *A B*). Schale kalkig, die alternierenden Kammern in Schneckenspirale geordnet. Trias bis jetzt.

Valvulina d'Orb. (Fig. 31 *E*). Schale sandig, auf kalkiger Unterlage, Kammern dreizeilig und schraubenförmig gewunden. Karbon bis jetzt.

Climacammina Brady (*Cribrostomum* Möller). (Fig. 31 *CD*). Schale sandig, auf kalkiger Unterlage. Kammern geradlinig, zweireihig. Mündung siebförmig. Häufig im Kohlenkalk.

Tetrataxis Ehrbg. (Fig. 31 *F*). Schale kalkig. konisch. Die alternierenden Kammern in kreiselförmiger Spirale aufgewunden. Kohlenkalk.

Cassidulina d'Orb. (*Ehrenbergia* Reuſs). (Fig. 31 *G*). Kalkig, die alternierenden Kammern ganz oder teilweise in einer Ebene spiral aufgewunden. Tertiär und lebend.

3. Familie. **Globigerinidae.** Carp.

Schale kalkig, durch grobe Kanäle durchbohrt; ein- oder mehrkammerig, Kammern kugelig, unregelmäſsig oder undeutlich spiral angehäuft.

Von den beiden wichtigsten Gattungen dieser Familie ist *Orbulina* d'Orb. (Fig. 32 *A*) einkammerig, *Globigerina* d'Orb. (Fig. 32 *C*) mehrkammerig; die Öffnungen der verschiedenen Kammern münden meist in einen gemeinsamen Kanal. Beide Gattungen sind häufig mit äuſserst feinen Kalkstacheln bedeckt, die jedoch sehr leicht abfallen und fossil nie erhalten sind. Sie finden sich in ungeheurer Menge im Tiefseeschlamm (Globigerinenschlamm) der jetzigen Ozeane, kommen fossil spärlich in mesozoischen Ablagerungen von der Trias an vor und werden erst im jüngeren Tertiär häufig.

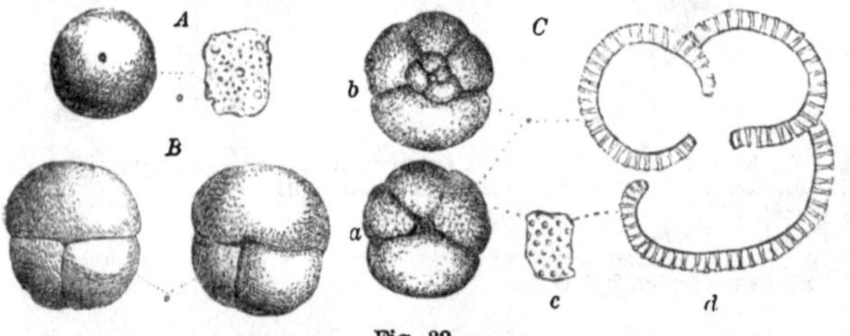

Fig. 32.
A Orbulina universa Lam. Pliocän. Siena.
B Sphaeroidina Austriaca d'Orb. Aus dem Tegel von Baden bei Wien.
C Globigerina conglomerata Schwager. Pliocän. Kar Nikobar.
a Von unten, *b* von oben, *c* ein Stück Schalenoberfläche, *d* ein Durchschnitt vergröſsert.

Sphaeroidina d'Orb. (Fig. 32 *B*). Kreide bis jetzt.

4. Familie. **Rotalidae.** Carp.

Schale kalkig, selten sandig oder kieselig, fein oder grob porös, häufig mit Zwischenskelett, frei oder festgewachsen, kreiselförmig, scheibenförmig. Die Kammern meist in Schneckenspirale angeordnet, zuweilen auch unregelmäſsig angehäuft.

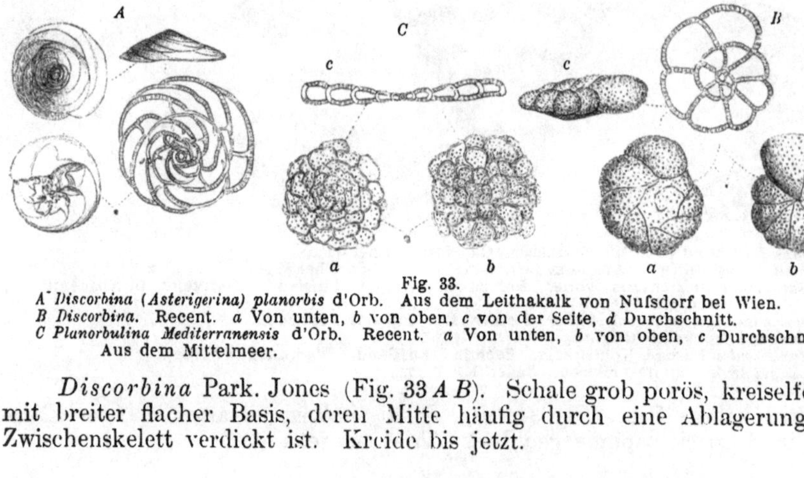

Fig. 33.
A Discorbina (Asterigerina) planorbis d'Orb. Aus dem Leithakalk von Nuſsdorf bei Wien.
B Discorbina. Recent. *a* Von unten, *b* von oben, *c* von der Seite, *d* Durchschnitt.
C Planorbulina Mediterranensis d'Orb. Recent. *a* Von unten, *b* von oben, *c* Durchschnitt. Aus dem Mittelmeer.

Discorbina Park. Jones (Fig. 33 *A B*). Schale grob porös, kreiselförmig mit breiter flacher Basis, deren Mitte häufig durch eine Ablagerung von Zwischenskelett verdickt ist. Kreide bis jetzt.

Planorbulina Park. Jones. (Fig. 33 *C*). Schale grob porös, meist angewachsen, ungleichseitig und abgeplattet; die Kammern in niedriger Spirale angeordnet, die Spirale zuletzt öfters in zyklische Ringe übergehend. Lias bis jetzt. Verschiedene Modifikationen dieser Gattung werden als *Truncatulina, Anomalina, Planulina* d'Orb. unterschieden.

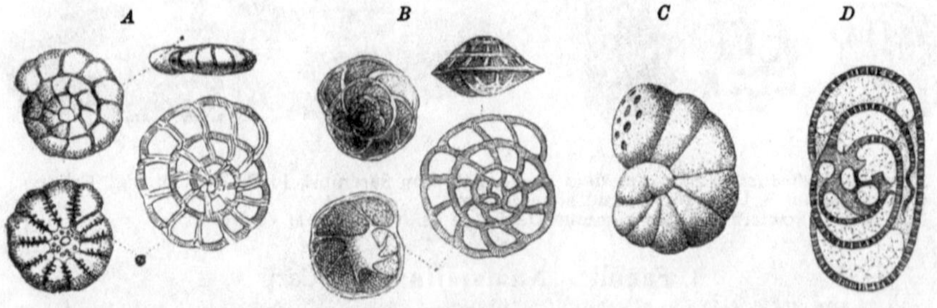

Fig. 34.
A Rotalia Beccarii Lin. Pliocän. Siena. *B Pulvinulina Partschi* d'Orb. Tegel von Baden bei Wien. *C Endothyra Panderi* Möller. Kohlenkalk. Rufsland. $^{20}/_1$. *D Endothyra parva* Möller. Kohlenkalk. Rufsland. Vertikalschnitt. $^{100}/_1$.

Rotalia Lam. (Fig. 34 *A*). Schale fein porös, kreiselförmig, spiral. Die Septa aus zwei Blättern bestehend, die einen Zwischenraum frei lassen, von welchem ästige Kanälchen ausgehen. Basis häufig mit Verdickung (Zwischenskelett). Silur. Oberer Jura bis jetzt.

Pulvinulina Park. Jones. (Fig. 34 *B*). Wie *Rotalia*, jedoch Scheidewände ohne Zwischenkanal. Unterer Lias bis jetzt.

Endothyra Phill. (Fig. 34 *C*). Schale kalkig, aus einer äufseren grobporösen und einer inneren dichten, aus kleinen Kalkkörnchen zusammengesetzten Schicht bestehend; unsymmetrisch spiral. Mündung siebförmig. Häufig im Kohlenkalk. Nach Brady auch lebend.

Calcarina d'Orb. (Fig. 35). Schale ungleichseitig, niedrig, kreiselförmig; die Kammern im Innern spiral angeordnet. Oberfläche durch Zwischenskelett inkrustiert, das alle Vertiefungen erfüllt und zapfen- oder stachelartige Fortsätze bildet, die von groben Kanälen durchzogen sind. Obere Kreide bis jetzt. Besonders häufig im Kreidetuff von Maestricht.

Tinoporus Montf., *Patellina* Williamson.

Die recenten Gattungen *Carpenteria* Gray, *Polytrema* Gray, *Rupertia* Jones etc. zeichnen sich durch höchst irreguläre, meist festgewachsene, grobporöse Kalkschalen aus, die zuweilen ansehnliche Gröfse erreichen und manchmal Fremdkörper oder Sand agglutinieren.

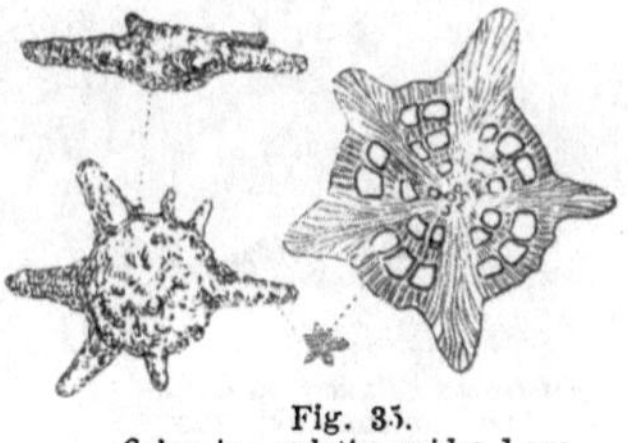

Fig. 35.
Calcarina calcitrapoides Lam. Tuffkreide. Holland. Maestricht

5. Familie. **Fusulinidae.** Möller.

Schale kalkig, porös, vielkammerig, spindelförmig oder kugelig, aus zahlreichen spiralen, symmetrisch eingerollten, involuten Umgängen bestehend. Die Umgänge durch vertikale Scheidewände in Hauptkammern und diese wieder durch Querwände in Sekundärkammern geteilt. Septa einfach oder aus zwei Blättern zusammengesetzt.

Schwagerina Möll. Schale kugelig, fein porös. Septa der Haupt- und Nebenkammern einfach, dünn, nicht gebogen; die Nebenkammern durch eine basale Öffnung mit denen der folgenden Hauptkammer kommunizierend. Häufig im Kohlenkalk von Japan, China, Sumatra, Nord-Amerika, Rufsland, Kärnthen.

Fusulina Fischer. (Fig. 36). Schale spindelförmig, quer verlängert, ähnlich *Alveolina*, grob porös. Die Septa der Hauptkammern wellig gebogen und dadurch sekundäre Nebenkammern bildend. Massenhaft im Kohlenkalk von Europa (Rufsland), Asien und Nord-Amerika.

Fig. 36.
A Fusulina cylindrica Fisch. Aus dem Kohlenkalk von Saraninsk in Rufsland in nat. Gröfse.
B u. *C* Dieselbe Art vergröfsert und angeschnitten.
D Mehrere Kammern mit den kommunizierenden Öffnungen *(a, b)* vergröfsert.

6. Familie. **Nummulinidae.** Carp.

Schale kalkig, fein porös, linsen- oder scheibenförmig, oft von ansehnlicher Gröfse, vielkammerig, entweder aus spiralen Umgängen oder zyklischen Ringen bestehend. Pfeiler von dichtem Zwischenskelett und bei den meisten Formen auch zwischen den Septen und in gewissen Teilen der Schale ein anastomosierendes Kanalsystem vorhanden.

Archaediscus Brady. Schale linsenförmig, unsymmetrisch spiral. Die Umgänge verwachsen in unregelmäfsigen Zwischenräumen und trennen sich darauf wieder, auf diese Weise Kammern bildend. Septa fehlen. Kohlenkalk.

Amphistegina d'Orb. (Fig. 37). Schale linsenförmig, etwas ungleichseitig, spiral. Die Umgänge durch zahlreiche einfache Septen (ohne Kanäle) gekammert; im Zentrum eine keilförmige Ablagerung von Zwischenskelett. Die Umgänge umfassen sich auf der einen Seite vollständig bis zum Zentrum, auf der andern nur unvollkommen durch einen Seitenlappen. Die Kammern sind durch eine Spalte an der Basis miteinander verbunden. Miocän bis jetzt. Besonders häufig im Miocän.

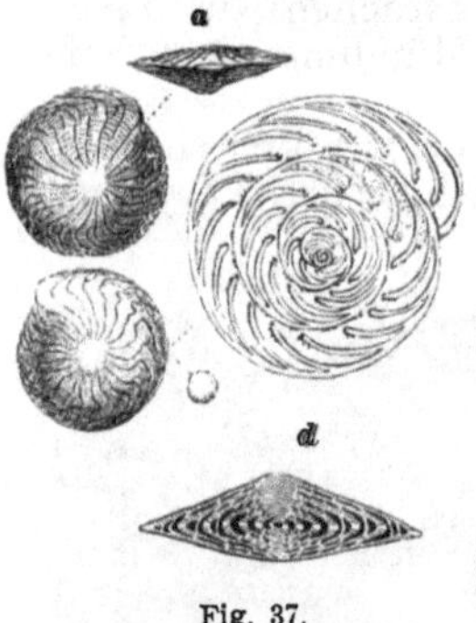

Fig. 37.
Amphistegina Haueri d'Orb.
Aus dem Leithakalk von Nufsdorf bei Wien.
a Von aufsen vergröfsert,
b in natürlicher Gröfse,
c Medianschnitt und
d Querschnitt, stark vergr.

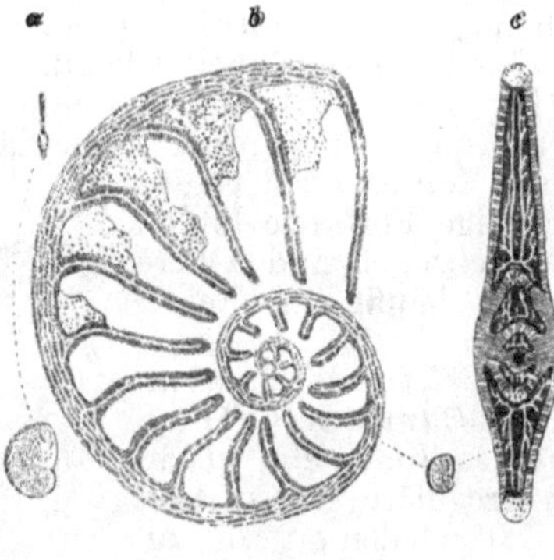

Fig. 38.
Operculina complanata Bast. sp.
Aus dem Miocän von Bordeaux. *a* In nat. Gröfse, *b* Medianschnitt, *c* Querschnitt, stark vergröfsert.

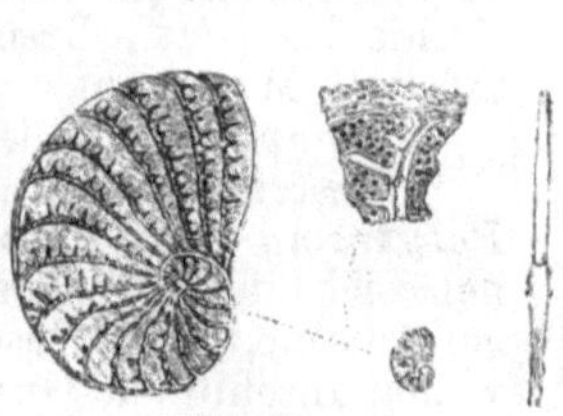

Fig. 39.
Heterostegina costata d'Orb.
Aus dem miocänen Leithakalk von Nufsdorf.

Operculina d'Orb. (Fig. 38.) Schale scheibenförmig, abgeplattet, aus 3—6 rasch anwachsenden, spiralen, sich nicht umhüllenden Umgängen bestehend, die durch Septa in Kammern geteilt sind. Septa und Rückenstrang mit einem mehrfach verästelten, geraden Kanalsystem durchzogen. Kreide bis jetzt; besonders häufig im Eocän.

Heterostegina d'Orb. (Fig. 39). Wie vorige, aber die Kammern durch Sekundärsepta abgeteilt. Tertiär und lebend.

Nummulites d'Orb. (*Phacites* Gesner, *Lenticulites* Lam.) (Fig. 40—42). Schale symmetrisch linsen- oder scheibenförmig, aus zahlreichen spiralen, gekammerten Umgängen zusammengesetzt und meist mit pfeilerartigem Zwischenskelett, das an der Oberfläche kleine Höckerchen bildet. Die Septa

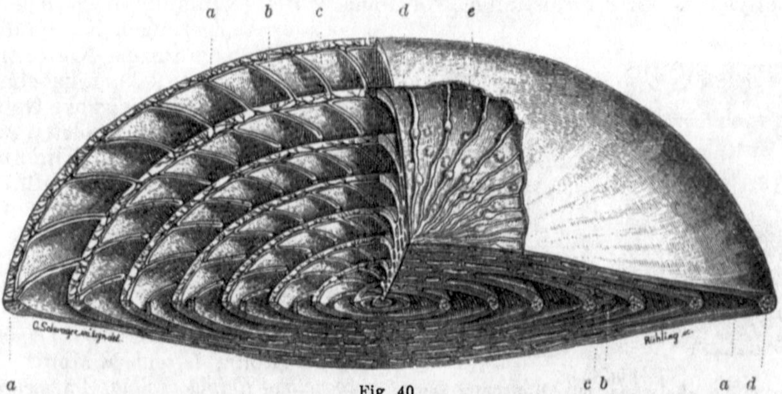

Fig. 40.
Nummulites cfr. Lucasanus Dfr. Vom Kressenberg in Oberbayern. Sehr stark vergröfsert.
a Dorsalstrang mit Kanalsystem, *b* Scheidewand mit intraseptalem Kanalsystem, *c* Kammer-Raum, *d* fein poröse Schale, *e* Pfeilerchen von dichter Struktur (Zwischenskelett).

und der Dorsalstrang enthalten ein grobes, anastomosierendes Kanalsystem, wie *Operculina*. Die Anfangskammer ist kugelig, bald grofs, bald winzig klein. Die Umgänge ruhen entweder einfach aufeinander und sind äufserlich alle sichtbar *(Assilina)* (Fig. 41), oder sie bedecken sich vollständig, indem die seitlichen Flügel bis zum Zentrum reichen *(Nummulina)*. Die Septa besitzen in der Mittelebene über dem vorhergehenden Umgang eine quere spaltförmige Öffnung und verlängern sich auch in die reitenden Seitenflügel der Kammern. Sie verlaufen in der Gruppe der **Radiatae** oder **Striatae** in einfacher oder schwach geschwungener Linie (Fig. 40 und 42 C^1), sind bei den **Sinuatae** mäandrisch hin- und hergebogen (Fig. 42 *A*) und bilden bei den **Reticulatae** (Fig. 42 *B*) durch Querverbindungen ein anastomosierendes Netzwerk. Der Verlauf der seitlichen Septalverlängerungen *(Filet cloisonnaire)*

Fig. 41.
Nummulites (Assilina) exponens Sow.
Eocaen Pyrenäen.

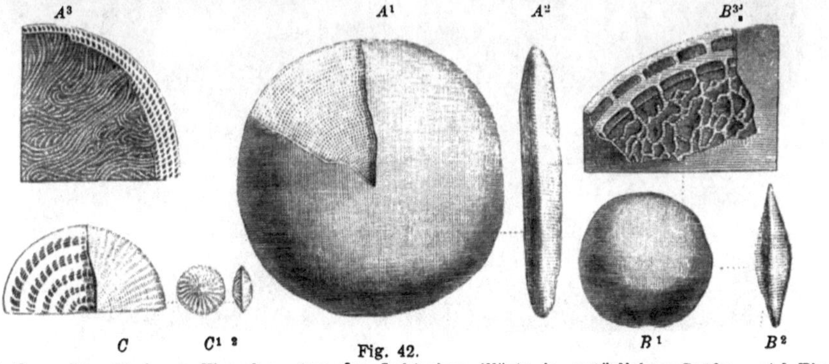

Fig. 42.
$A^{1\,3\,2}$ *Nummulites Gizehensis* Ehrenbg. Aus der Lybischen Wüste in natürlicher Gröfse. A^3 Ein Exemplar mit abgeblätterter Schale, um den Verlauf der Septalverlängerungen zu zeigen.
$B^{1\,2}$ *Nummulites laevigatus* Lam. Aus dem Grobkalk von Paris, in natürlicher Gröfse. C^3 Ein Bruchstück vergröfsert.
C^1 *Nummulites Ramondi* Defr. Aus Nummulitenkalk der Pyrenäen in nat. Gröfse. C^3 vergröfsert.

wird deutlich sichtbar durch Absprengen eines Stückchens der Schale und liefert gute Anhaltspunkte zur Unterscheidung der Arten. Die ältesten

Nummuliten (*N. pristinus* Brady) finden sich ganz vereinzelt im Kohlenkalk und oberen Jura, unterscheiden sich aber durch Mangel eines inneren Kanalsystems im Dorsalstrange von den echten Nummuliten, welche die eocänen Ablagerungen (Nummulitenformation) von Europa, Nord-Afrika, Asien und Zentral-Amerika charakterisieren und häufig ganze Gebirge zusammensetzen. Die gröfsten Arten (*Nummulites Gizehensis* Ehrenberg, *Nummulites orbiculatus* Schafh.) erreichen einen Durchmesser von 60, die kleinsten einen solchen von 2 mm.

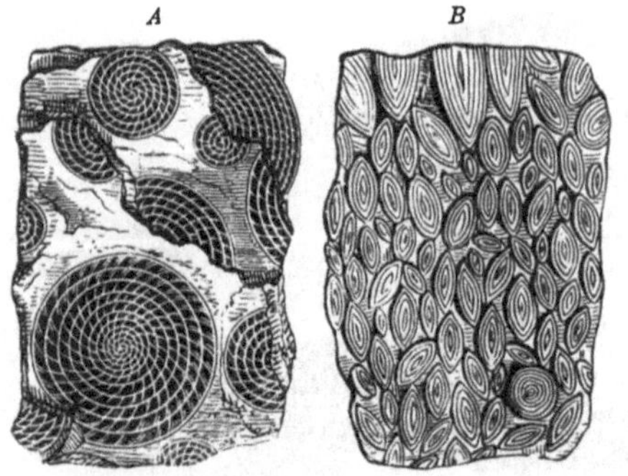

Fig. 43.
A Nummuliten-Kalkstein mit Horizontal-Durchschnitten von *N. distans* Pusch. Von Peyrehorade in den Pyrenäen.
B Nummuliten-Kalkstein mit Querschnitten von *N. Lucasanus* Defr. Von Zakopane in den Karpathen.

Polystomella d'Orb. (Fig. 44), *Nonionina* d'Orb., *Cycloclypeus*. Tertiär und lebend.

Orbitoides d'Orb. (*Hymenocyclus* Bronn, *Lycophrys* Montf., *Discocyclina, Rhipidocyclina, Actinocyclina, Asterocyclina*, Gümbel) (Fig. 45). Schale scheibenförmig, kreisrund oder sternförmig, häufig gebogen, aufsen glatt oder radial gerippt, aus zahlreichen zyklischen Ringen aufgebaut, die sich um eine Anfangsspirale von 3—5 Umgängen herumlegen. Die Ringe sind durch Querscheidewände in kleine vierseitige Kammern zerlegt, und die Septa und der Medianstrang der Kreise mit Kanälen versehen. Über der medianen Hauptreihe von Zellen liegen oben und unten mehrere Schichten von Nebenkammern, die ebenfalls zyklische Anordnung aufweisen. Sehr häufig im Eocän, die Nummuliten begleitend: seltener in oberer Kreide und im Miocän.

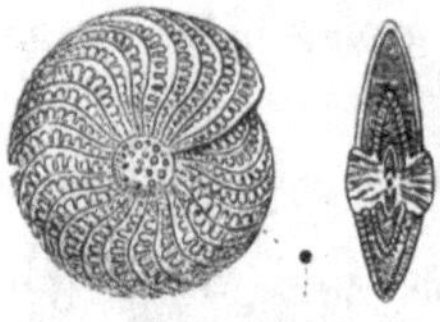

Fig. 44.
Polystomella crispa Lam. Aus dem Pliocän von Siena (stark vergröfsert).

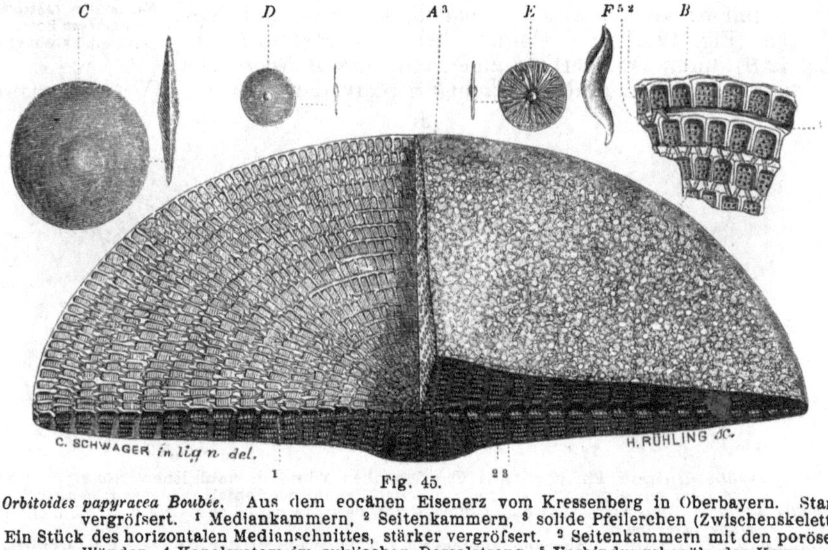

Fig. 45.
A *Orbitoides papyracea* Boubée. Aus dem eocänen Eisenerz vom Kressenberg in Oberbayern. Stark vergröfsert. [1] Mediankammern, [2] Seitenkammern, [3] solide Pfeilerchen (Zwischenskelett).
B Ein Stück des horizontalen Medianschnittes, stärker vergröfsert. [2] Seitenkammern mit den porösen Wänden, [4] Kanalsystem im zyklischen Dorsalstrang, [5] Verbindungskanäle der Kammern.
C Derselbe in natürlicher Gröfse vom Kressenberg.
D *Orbitoides tenella* Gümb. Vom Kressenberg (natürl. Gröfse).
E *Orbitoides variecostata* Gümb. Von San Martino bei Verona (natürl. Gröfse).
F *Orbitoides ephippium* Sow. Vom Kressenberg (natürl. Gröfse).

Die Gattung *Orbitoides* zerfällt nach Schlumberger in die Subgenera:

a) *Orbitoides* s. st. Kammern der medianen Ebene rhombisch. Scheidewände mit groben Poren. Ob. Kreide. O. media.

b) *Orthophragmina* Mun. Chalmas. (*Discocyclina* Gümb.) Median-Kammern rechtseitig. Eocän.

c) *Lepidocyclina*. Gümb. Kammern der Median-Ebene rundlich oder hexagonal. Scheidewände mit feinen Poren. Eocän. Oligocän.

d) *Miogypsina* Sacco. Mediane Kammern lanzettförmig, Embryonalkammern spiral. Miocän.

Zu den Foraminiferen wurde von Dawson, Carpenter und anderen Autoren auch *Eozoon* aus kristallinischem Kalkstein der archäischen Periode (laurentischem Gneis) gerechnet; nach den sorgfältigen Untersuchungen von Möbius[1]) sind jedoch weder *Eozoon* noch *Achaeosphaerina* organische Gebilde sondern mineralische Ausscheidungen.

Geologische Verbreitung der Foraminiferen.

Die Zahl der bis jetzt beschriebenen Arten beträgt ungefähr 2500, wovon etwa $^2/_3$ fossil vorkommen. Bemerkenswert ist die Langlebigkeit vieler Gattungen und Arten. Nach Parker, Jones, Brady u. a. gehen zahlreiche Spezies durch mehrere Formationen verschiedenen Alters hindurch.

Die ältesten Formen kommen in spärlicher Menge im Silur von Petersburg, Sibirien und Schottland vor. Sie sind meist schlecht erhalten, die aus Petersburg nur durch glaukonitische Steinkerne angedeutet und gehören teils zu kieselschaligen (*Placopsilina, Saccamina*) teils zu glasig porösen Gattungen (*Nodosaria, Lagena, Globigerina, Rotalia*). Auch das Devon ist sehr arm an Foraminiferen, dagegen enthält der Kohlenkalk eine reiche und mannigfaltige Fauna von Foraminiferen, ja gewisse Gattungen (*Fusulina, Schwagerina, Saccamina, Endothyra*) setzen zuweilen Kalksteinablagerungen von ansehnlicher Mächtigkeit zusammen. Zahlreiche *Lagenidae* (*Nodosaria, Dentalina* etc.), *Textularidae, Rotalidae* und sogar *Nummulinidae* begleiten die felsbildenden Formen und gehen grofsenteils auch in permische Ablagerungen über. Die aufseralpine Trias enthält fast gar keine Foraminiferen, und auch die reinen alpinen Triaskalke und Dolomite haben meist zu starke Umkristallisation erlitten, als dafs sie deutlich erhaltene Schälchen erkennen liefsen. Immerhin sind in den Nordalpen obertriasische Globigerinenkalke beobachtet worden, und die Mergel von St. Cassian enthalten zuweilen Schälchen von *Cristellaria, Marginulina, Globigerina, Textularia, Biloculina* etc.

Grofse Mengen von meist kleinen glasig porösen oder kieseligen Foraminiferen liefern manche tonige und kalkige Schichten des Lias und der Juraformation; in der Kreide bilden Textularien, Rotalien, Cristellarien, Globigerinen, Milioliden und Kokkolithen die weifse Schreibkreide. Einzelne Bänke des Kreidetuffs von Mastricht bestehen fast ganz aus Calcarinen, im Urgo-Aptien und Cenoman spielen Orbitolinen, in der oberen Kreide Alveolinen die Rolle von Felsbildnern.

Im Tertiär erreichen die Foraminiferen den Höhepunkt ihrer Entwickelung. Die Milioliden setzen bei Paris und in den Pyrenäen

[1]) Palaeontographica. 1878. Bd. 28.

mächtige Schichten des eocänen Grobkalks zusammen und liefern ein treffliches Baumaterial, und ebenso bilden *Alveolina, Operculina, Orbitolites* und *Orbitoides* im Eocän Kalksteine; sie werden aber an geologischer Wichtigkeit weit übertroffen von den Nummuliten, die in ungeheurer Menge die Schichten der eocänen und oligocänen »Nummulitenformation« des mediterranen Gebietes, Kleinasiens und Ost-Asiens erfüllen.

Im jüngeren Tertiär verschwinden die Nummuliten fast ganz; *Amphistegina* erscheint zuweilen noch gesteinsbildend, im ganzen stimmt jedoch die Foraminiferenfauna der mittleren und jüngeren Tertiärzeit ziemlich genau mit der noch jetzt existierenden überein.

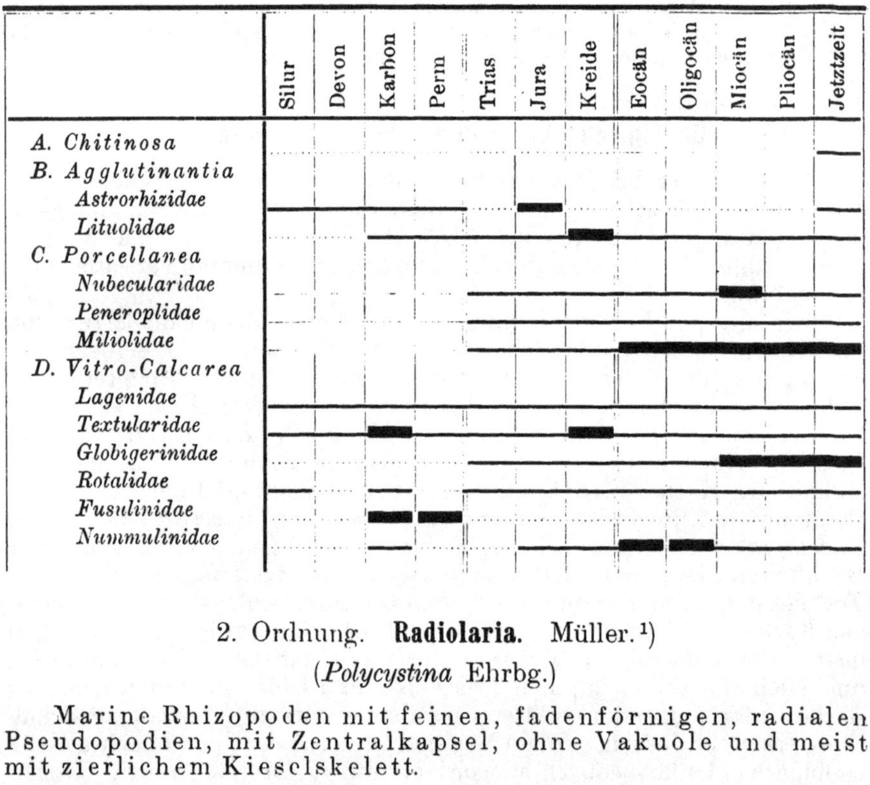

2. Ordnung. **Radiolaria.** Müller.[1]

(*Polycystina* Ehrbg.)

Marine Rhizopoden mit feinen, fadenförmigen, radialen Pseudopodien, mit Zentralkapsel, ohne Vakuole und meist mit zierlichem Kieselskelett.

Die Sarkode der Radiolarien differenziert sich in eine zentrale Kugel von zäherer Substanz (Zentralkapsel), welche von einer mit Poren durchbohrten Membran umhüllt wird und Bläschen, Kerne, Körnchen, Fettkügelchen, seltener Kristalle enthält und in eine äußere gallertartige, die Pseudopodien aussendende Sarkode. Sie leben meist als einzellige Individuen und sind selten zu Kolonien vereinigt.

---

[1]) *Ehrenberg, C. G.*, Mikrogeologie 1854 und Abhandlg. Berliner Akad. 1875. (Radiolarien von Barbados.) — *Haeckel, E.*, Die Radiolarien. Eine Monographie 1862 und Report on the Radiolaria collected by H. M. S. Challenger 1887. — *Hertwig, R.*, Der Organismus der Radiolarien 1879. — *Stöhr, E.*, Palaeontographica XXVI. 1878. (Radiolarien von Sicilien.) — *Rüst, D.*, Palaeontographica XXXI. 1885, XXXIV. 1888 und XXXVIII. 1892. — *Dreyer, F.*, Die Tripoli von Caltanisetta. Jenaische Zeitschr. f. Naturw. 1890 XXIV.

Die meisten Radiolarien scheiden ein Skelett aus, das entweder aus Stäben von Akanthin (einer organischen Substanz) oder von Kieselerde oder aus einem höchst zierlichen, vielgestaltigen Gerüst von glasheller, amorpher Kieselerde besteht. Nur die letzteren kommen fossil vor, lassen sich jedoch wegen ihrer winzigen Gröfse meist nur durch das Mikroskop nachweisen.

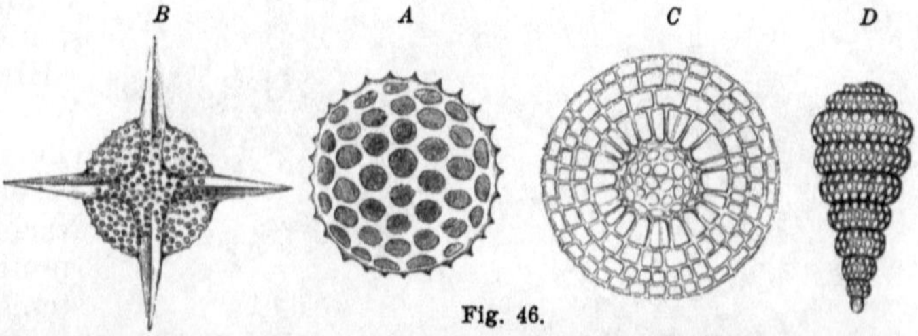

Fig. 46.

Radiolarien aus silurischen und devonischen Ablagerungen: *A Cenosphaera macropora* Rüst. Unt. Silur. Cabrières. Languedoc. *B Staurolonche micropora* Rüst. Unt. Silur. Cabrières. *C Caryosphaera Groddecki* Rüst. Ober-Devon Schaebenholz bei Elbingerode. Harz. *D Lithocampe Tschernyschewi* Rüst. Devon. Ural. In 100—120facher Vergröfserung. (Nach Rüst.)

Haeckel unterscheidet vier Unterordnungen von Radiolarien:

A. *Acantharia.* Membran der Zentralkapsel allseitig durchbohrt. Skelett aus Akanthinstacheln bestehend. Fossil unbekannt.

B. *Spumellaria.* Kapselmembran allseitig durchbohrt. Skelett kugelig, scheibenförmig, zuweilen ganz fehlend. (Fig. 48.)

C. *Nasselaria.* Membran der Zentralkapsel nur an einem Pol durchbohrt. Skelett helm- oder mützenartig, an beiden Polen verschieden. (Fig. 49, 50.)

D. *Phaeodaria.* Zentralkapsel mit röhrig verlängerter Hauptöffnung und feineren Nebenöffnungen. Ein dunkler Pigmentkörper (*Phaeodium*) in der extrakapsulären Sarkode. Skelett aus meist hohlen Kieselstäben bestehend, die zu flaschenförmigen oder verschiedenartig gestalteten Schalen vereinigt sind. Fossil unbekannt.

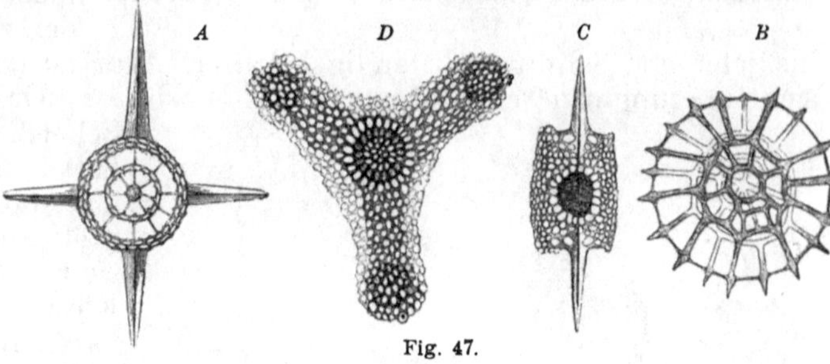

Fig. 47.

Karbonische, jurassische und cretaceische Radiolarien: *A Stauracontium inaequale* Rüst. Karbon. Sicilien. *B Trochodiscus Nicholsoni* Rüst. Karbon. Harz. *C Xiphodictya acuta* Rüst. Aus Liaskoprolithen von Ilsede, Hannover. *D Hymeniastrum rotundum* Rüst. Kreidekoprolithen von Zilli. Sachsen.

Sämtliche Radiolarien bewohnen das Meer und leben in den verschiedensten Tiefen. Sie schwimmen entweder in grofsen Massen insbesondere in den tropischen Meeren, an der Oberfläche, oder sie leben in mittleren und gröfseren Tiefen, häufig sogar in der Nähe des Grundes der Ozeane, wo ihre Skelette und Schälchen namentlich in Tiefen von 2—4000 Faden ausgedehnte Ablagerungen von »Radiolarien-Schlamm« bilden, der aus Kieselerde und kleinen Mengen kohlensauren Kalkes besteht.

Der Formenreichtum bei den Radiolarien ist ein erstaunlich grofser, so dafs die Bestimmung der stets mikroskopisch kleinen Kieselskelette nur mit Hilfe der Speziallitteratur möglich ist. Entgegen früherer Ansicht besitzen die Radiolarien ein hohes geologisches Alter und nehmen an der Zusammensetzung vieler kieseliger und kalkig-kieseliger Gesteine (Kieselschiefer, Hornstein, Jaspis, Wetzschiefer, Aptychenschiefer u. s. w.) wesentlichen Anteil. Nach Barrois sind sie überhaupt die ältesten, bis jetzt bekannten tierischen Organismen, da zahlreiche Spumellarien (*Monosphäriden*) in bituminösem, zwischen präcambrischem Gneis eingelagertem Quarzitschiefer der Bretagne vorkommen. Rauff hält diese archäischen Radiolarien für mineralische Bildungen.

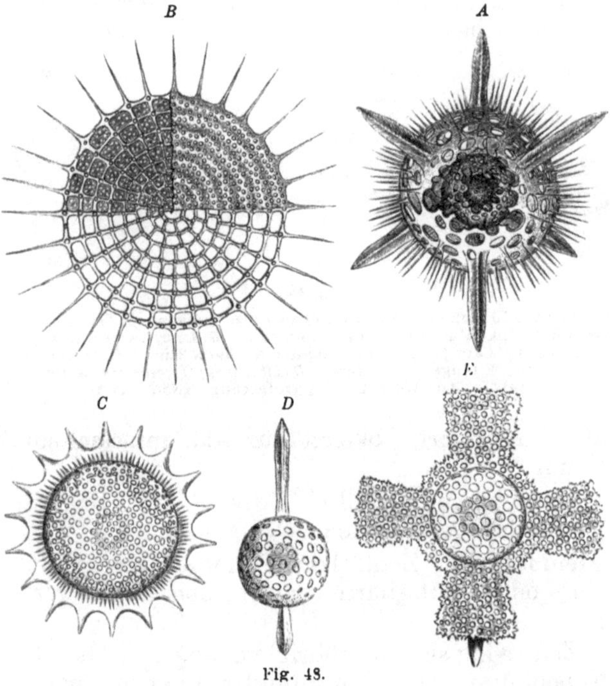

Fig. 48.
Recente und tertiäre Spumelarien: A *Actinomma asteracanthium* Haeck. Lebend. Messina. B *Stylodictya multispina* Haeck. Lebend. Messina. C *Heliodiscus Humboldti* Ehrenbg. Aus Tertiär-Mergel von Barbados. D *Haliomma dixiphos* Ehrenbg. Aus Tertiär-Mergel von Caltanisetta. E *Astromma Aristotelis* Ehrenbg. (Tertiär.) Barbados.

Nach Rüst bleiben die fossilen Radiolarien an Häufigkeit und Formenreichtum nicht hinter den lebenden zurück, sind aber bis jetzt erst sehr unvollständig bekannt. Nur ausnahmsweise haben sich in jungtertiären Ablagerungen (Barbados, Oran, Sicilien) die Schälchen unverändert erhalten und bestehen noch aus amorpher Kieselerde; in älteren Gesteinen haben sie meist einen Teil ihrer Kieselerde an die Nachbarschaft abgegeben und dafür kohlensauren Kalk, Eisen oder Farbstoff aufgenommen; die Kieselerde ist entweder kryptokristallinisch geworden oder in Kalkspat umgewandelt.

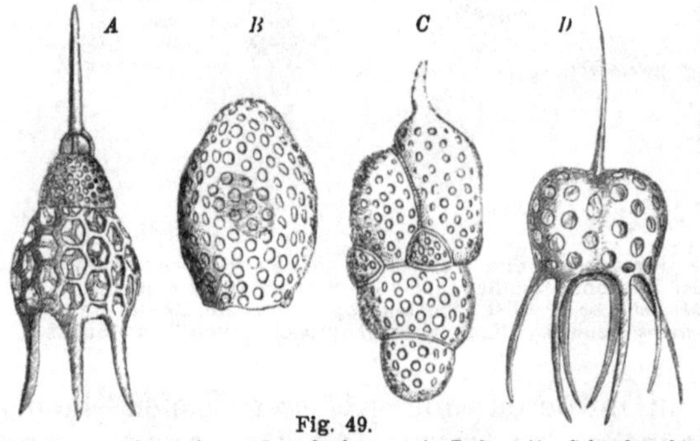

Fig. 49.
Recente und tertiäre Nasselarien: A *Podocyrtis Schomburgki* Ehrbg. Aus Tertiär-Mergel von Barbados. B *Cyrtocalpis Amphora* Haeck. (Lebend.) Von Messina. C *Bothryocampe hexathalamia* Haeck. (Lebend.) Mittelmeer. D *Petalospyris foveolata* Ehrbg. Aus tertiärem Mergel von Barbados.

Die cambrischen Griffelschiefer von Sonneberg in Thüringen enthalten schlecht erhaltene Sphäriden; die meist schwarzen, zuweilen auch rot- oder lichtgefärbten untersilurischen Kieselschiefer von Langenstriegis in Sachsen, Rehau, Steben in Franken, der rote Jaspis von Abington, Schottland, und die kieseligen Schiefer des unteren Silur von Cabrières im Languedoc sind mehr oder weniger reich an Radiolarien, die insgesamt zu den Spumellarien gehören (Fig. 46 *A B*).

Aus devonischem Jaspis von Sibirien, Kieselschiefer von Hessen und Nassau, Mangankiesel von Elbingerode am Harz u. a. O. beschreibt Rüst 46 Spumellarien und 17 Nasselarien (Cystoiden). Die unterkarbonischen Kieselschiefer, Wetzschiefer, Adinole, Bandjaspis und Jaspis vom Harz (Kulm-Formation), Ural und Sicilien haben 155 Arten, darunter 36 Nasselarien, geliefert. Im allgemeinen zeichnen sich die paläozoischen Radiolarien durch ansehnliche Gröfse und häufig auch durch günstigen Erhaltungszustand aus.

Der aufseralpinen Trias scheinen Radiolarien zu fehlen, dagegen kommen solche häufig vor im Hornstein und Kieselkalk der sog. Buchensteiner Schichten von Ungarn, seltener im Reiflingerkalk, in den Wengenerkalken von Storzic in Krain, in den Mergeln von St. Cassian, im Kieselkalk des Rötelstein bei Aussee u. a. O. Sie sind meist von Spongienresten und Foraminiferen begleitet. In grofser Menge finden sich Radiolarien in verkieselten Koprolithen des Lias von Ilsede, Hannover; etwas spärlicher im kieseligen, spongienreichen, unterliasischen Kalkstein des Schafberges in Ober-Österreich. Gewisse Hornsteinbänke des Doggers von Piszke in Ungarn, oberjurassische Kieselknollen von Cittiglio bei Laveno am Lago maggiore und zahlreiche tithonische Jaspise und Aptychenschiefer der Alpen und Apenninen sind erfüllt mit Radiolarienschälchen und zwar finden sich im Jura Spumellarien und Nasselarien nahezu in gleicher Menge. Die untere Kreide (Neokom) von Gardenazza hat nur wenig Formen geliefert, dagegen enthalten Koprolithen aus dem Gault von Zilli, Provinz Sachsen, ferner ein grauer toniger Mergel der mittleren Kreide bei Manitoba in Canada sowie der obere Kreidemergel von Haldem in Westfalen und Vordorf in Braunschweig vorzüglich erhaltene Schälchen in gröfserer oder geringerer Häufigkeit, während dieselben in Feuersteinknollen der oberen Kreide nur sparsam und in schlechter Erhaltung vorkommen. Gewisse eocäne Hornsteine Italiens sind nach Pantanelli mit Radiolarien erfüllt und auch im Flysch treten sie stellenweise in grofser Masse, aber meist schlecht erhalten auf. Bei weitem die berühmtesten Fundstätten fossiler Radiolarien bilden die kalkhaltigen, foraminiferenreichen Tripel von Barbados, von Grotte Caltanisetta und Girgenti in Sicilien, von Oran, Ägina, Zante, Nikobaren u. a. O. der jüngeren (miocänen und pliocänen) Tertiärzeit. Ehrenberg hat aus Barbados allein 278 Arten, Stöhr aus Sizilien 118 Arten beschrieben, die meist noch jetzt existierenden Gattungen von Spumellarien und Nasselarien angehören.

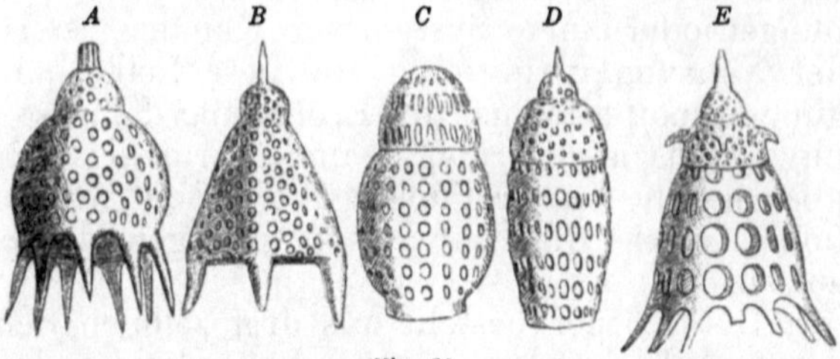

Fig. 50.
Tertiäre Nasselarien von Barbados: *A Anthocyrtis mespilus* Ehrbg. *B Lychnocanium Lucerna* Ehrbg. *C Dictyomitra Montgolfieri* Ehrbg. *D Eucyrtidium elegans* Ehrbg. *E Pterocodon Campana* Ehrbg.

II. Stamm.

Coelenterata. Pflanzentiere.

Die *Coelenterata* oder Zoophyten sind vielgestaltige, zellig differenzierte, fest sitzende oder frei schwimmende Wassertiere von mehr oder weniger deutlich radial symmetrischem Bau mit einer zentralen Leibeshöhle (Gastrovaskularraum), zu welcher eine gröfsere Öffnung (Mund) führt; dieselbe endigt entweder blind oder ist mit seitlichen Ausstülpungen oder einem System von Kanälen versehen, welche den Umtrieb der Nahrung vermitteln. Da diese Leibeshöhle nebst ihren Verzweigungen hauptsächlich der Ernährung dient, so entspricht sie wenigstens physiologisch dem Magen und Darm der höheren Tiere. Sie enthält überdies die Generationsorgane. Eine Afteröffnung fehlt; die Sekretionen sowie die Embryonen gelangen durch die Mundöffnung nach aufsen.

Der Körper besteht aus drei zelligen Schichten (Ektoderm, Mesoderm und Entoderm); zuweilen scheidet das Ektoderm ein kalkiges oder horniges Gerüst aus oder es entwickeln sich im Mesoderm hornige, kieselige oder kalkige Skelettelemente.

Die Vermehrung erfolgt entweder auf geschlechtlichem oder ungeschlechtlichem Wege oder durch Generationswechsel. Bei der ungeschlechtlichen Knospung oder Selbstteilung entstehen Kolonien, deren Einzelindividuen im Zusammenhang bleiben und zuweilen verschiedene physiologische Verrichtungen vollziehen.

Die Coelenteraten wurden zuerst durch Leuckart als selbständiger Tiertypus von den Echinodermen getrennt, mit denen sie von den älteren Zoologen unter der gemeinsamen Bezeichnung Strahltiere (*Actinozoa*) vereinigt worden waren. Sie zerfallen in drei grofse Gruppen oder Unterstämme: *Porifera*, *Cnidaria* und *Ctenophora*, wovon nur die zwei ersteren fossile Überreste hinterlassen haben.

1. Unterstamm. **Porifera.**

Zu den *Porifera* oder Spongien gehören festsitzende Wassertiere von sehr mannigfaltiger Gestalt. Der Körper besteht aus einer einschichtigen Lage von abgeplatteten Ektodermzellen, einem ebenfalls einschichtigen Entoderm aus epithelialen Kragenzellen und aus einem stark entwickelten zelligen Mesoderm, das die Hauptmasse des Weichkörpers bildet, fast immer ein Skelett aus hornigen Spongienfasern oder aus regelmäfsig geformten kieseligen oder kalkigen Körpern ausscheidet, und sämtliche Organe (Muskeln, Generationsstoffe, Nerven) bildet.

Der ganze Körper ist von einem Kanalsystem durchzogen und mit zahllosen oberflächlichen Poren zum Eindringen des nahrungshaltigen Wassers versehen. Die Einlaſsporen kommunizieren durch feine Röhrchen mit subdermalen Hohlräumen (Geiſselkammern), von welchen stärkere Kanäle das Wasser und die Nahrung durch den Körper führen und sich häufig in einer gröſseren Ausfuhrröhre (Magenhöhle, Paragaster) vereinigen. Nesselzellen, Mundtentakeln und radiäre Magentaschen fehlen. Zu den *Porifera* gehört nur die

Klasse **Spongiae.** Seeschwämme.[1])

Die Spongien zeichnen sich durch auſserordentlich mannigfaltige äuſsere Form und Gröſse aus; sie leben als Einzeltiere oder in zusammengesetzten Kolonien von zylindrischer, schlauch-, birn- oder pilzförmiger, knolliger, kugeliger, blattartiger, teller-, schüssel- oder becherförmiger, schirmartiger oder traubiger Gestalt. Sie sind kurz- oder langgestielt oder ungestielt, zuweilen ästig verzweigt, die Äste frei oder netzartig verwachsen. Nichts ist unbeständiger als die von Standort und anderen Existenzbedingungen beeinfluſste äuſsere Gestalt der Spongien. Eine Verwertung des äuſseren Habitus für die Systematik ist darum auch nur im beschränktesten Maſse zulässig. Auch die Gröſse schwankt in weiten Grenzen, von den Dimensionen eines Stecknadelkopfes bis $1\frac{1}{2}$ m.

Die Spongien sind entweder mit ihrer Basis oder durch einen Stiel oder durch ein Bündel von Wurzelnadeln festgeheftet, niemals freischwimmend.

Das den ganzen Körper durchziehende Kanalsystem kompliziert sich bei den sehr dickwandigen Formen auſserordentlich, bleibt aber bei dünnwandigen sehr einfach. Es setzt sich aus zuführenden (Epirhysen) und ableitenden Kanälen (Aporhysen) zusammen. Die winzigen Zufuhrporen (Dermalporen) befinden sich in der Haut. Von

[1]) Literatur: A. über lebende Spongien.

Schmidt, O., Die Spongien des Adriatischen Meeres. Leipzig 1864—66. — Die Spongien der Küste von Algier. Leipzig 1868. — Die Spongien des Meerbusens von Mexiko. Jena 1879—80. — *Haeckel, E.*, Die Kalkschwämme. 1872. — *Schulze, Fr., Eilh.* Untersuchungen über den Bau und die Entwicklung der Spongien. Zeitschr. für wissenschaftl. Zoologie. Bd. XXVII., XXVIII., XXX. — Report on the Hexactinellida. Scient. Res. of the Challenger Voyage. Zool. vol. XXI. 1887. — *Vosmaer, G. C. J.*, in *Bronn's* Klassen und Ordnungen des Tierreichs. 2. Aufl. Spongien (Porifera). Bd. III. 1882—1887.

B. über fossile Spongien.

Goldfus, A., Petrefacta Germaniae Bd. I. 1826—33. — *Michelin, H.*, Iconographie zoophytologique 1840—47. — *Fromentel, E. de*, Introduction à l'étude des éponges fossiles. Mem. Soc. Lin. Normandie 1859. vol. XI. — *Roemer, F. A.*, Die Spongitarien des norddeutschen Kreidegebirges. Palaeontographica 1864. Bd. XII. — *Zittel, K. A.*, Über Coeloptychium. Abh. k. bayer. Ak. mathem. phys. Kl. München 1876. Bd. XII. — Studien über fossile Spongien I., II., III. ibid. 1877. Bd. XIII. — Beiträge zur Systematik der fossilen Spongien I., II., III. Neues Jahrb. für Mineralogie 1877, 1878 und 1879. — *Quenstedt, F. A.*, Petrefaktenkunde Deutschlands. Bd. V. 1877. — *Sollas, W. J.*, Quart. journ. geol. Soc. 1877 XXXIII., u. 1880 XXXVI. — *Hinde, G. F.*, Catalogue of the fossil Sponges of the British Museum. London 1883. — Monograph of the British fossil Sponges. Palaeontogr. Soc. 1877, 78, 93. — *Rauff, H.*, Palaeospongiologia. Palaeontographica 1893. Bd. XL.

diesen gelangt das Wasser durch die ganz feinen Epirhysen in die mit Epithelialzellen ausgekleideten Geifselkammern; es wird dann durch die stärkeren, häufig verzweigten Aporhysen durch den Körper getrieben und sammelt sich wieder in einem sack-, röhren- oder trichterartigen Kanal, der sog. Leibeshöhle (Magenrohr, Paragaster), durch dessen Öffnung (Osculum) es schliefslich ausgestofsen wird. Bei ganz dünnwandigen Spongien fehlen gröfsere Magenröhren, Oscula und ein verzweigtes Kanalsystem; die abführenden Aporhysen endigen direkt in kleinen Poren auf der Innenseite (resp. Oberseite) des Schwammkörpers. Häufig dringt die Magenröhre (Paragaster) tief in die Körpermasse ein, zuweilen ist sie aber auch seicht und nur eine sackartige Verlängerung eines Osculum. Spongien mit weitem und tiefem Paragaster werden als Einzelindividuen betrachtet, solche mit zahlreichen Magenhöhlen und Oscula als Kolonien. Da jedoch alle Magenhöhlen eines Stockes durch Kanäle kommunizieren und die Oscula niemals von Tentakeln umstellt sind, so bleibt die Unterscheidung von starken Abfuhrkanälen und Magenhöhlen stets zweifelhaft und dadurch wird auch die Bestimmung von Person und Stock schwierig.

Die Fortpflanzung erfolgt durch befruchtete Eier, welche sich nach mehrfacher Teilung in eine Gastrula umformen, durch die Oscula ausschwärmen und sich später auf einer Unterlage festsetzen. Neben dieser geschlechtlichen Vermehrung vergröfsern sich die Spongien häufig auch durch Knospen, welche mit dem Muttertier in Verbindung bleiben und zusammengesetzte Stöcke bilden. Vermehrung durch Selbstteilung kommt nicht vor.

Fast alle Spongien scheiden im Mesoderm ein Skelett aus Hornfasern, Kiesel- oder Kalkspiculen aus oder verwenden Fremdkörper zum Aufbau desselben. Nur wenige lebende Formen (***Myxospongiae***) sind skelettlos. Bei den Hornschwämmen (*Ceratospongiae*) besteht das Skelett aus anastomosierenden, zu netzförmigem Geflecht verbundenen Fasern aus Spongin, einer Seide ähnlichen organischen Stickstoffverbindung. Die Fasern sind entweder dicht oder mit Achsenkanal versehen und enthalten in letzterem zuweilen Fremdkörper (Sandkörner, Fragmente von Spongiennadeln, Foraminiferen, Radiolarien etc.).

Die Kieselelemente (Spiculae) finden sich bald in Hornfasern eingeschlossen bald liegen sie frei in dem Zellengewebe des Körpers oder bilden zusammenhängende, in verschiedener Weise miteinander verflochtene oder verschmolzene Gerüste. Bei jeder Gattung wird das Skelett entweder nur aus einer einzigen Sorte oder doch nur aus wenigen, sich gleichmäfsig wiederholenden Kieselkörpern, den Skelettelementen, gebildet. Zu diesen gesellen sich namentlich an der Oberfläche oder in den Wandungen der Kanäle und des Paragasters mehr oder weniger reichlich höchst vielgestaltige zierliche und meist sehr kleine Fleischnadeln, die jedoch durch den Fossilisationsprozefs fast immer zerstört werden. Sämtliche Kieselelemente werden in Zellen ausgeschieden, bestehen aus konzentrischen Schichten von amorpher Kieselerde und enthalten einen Achsenkanal, der zuweilen, namentlich bei kugeligen und sternförmigen Körperchen, verloren geht. Der Achsenkanal ist an frischen Nadeln sehr fein, wird aber durch Maceration erweitert und besitzt an fossilen Kieselelementen oft ein beträchtliches Lumen.

Die außerordentlich mannigfaltigen Kieselgebilde der Spongien (Fig. 51) lassen sich auf wenige Grundformen zurückführen:

a) Einstrahler oder *Monaxone* (Fig. 51 $^{1-10}$ und $^{14-16}$). Gerade oder gebogene, glatte, dornige oder knotige, beiderseits oder einseitig zugespitzte oder abgestumpfte Nadeln, Walzen, Haken, Spangen, Stecknadeln und Doppelanker (Amphidisken). Sie sind stets mit Achsenkanal versehen, welcher entweder an beiden oder an einem Ende frei zu Tage tritt, seltener vollständig geschlossen ist.

Vierstrahler oder *Tetraxone* (Fig. 51 ^{17}). Der normale Vierstrahler hat vier gleichlange Strahlen, welche wie die Lotlinien der vier Flächen eines regelmäfsigen Tetraëders zusammenstofsen. Durch Schwund eines Armes entstehen zuweilen Dreistrahler; durch Verlängerung oder sonstige

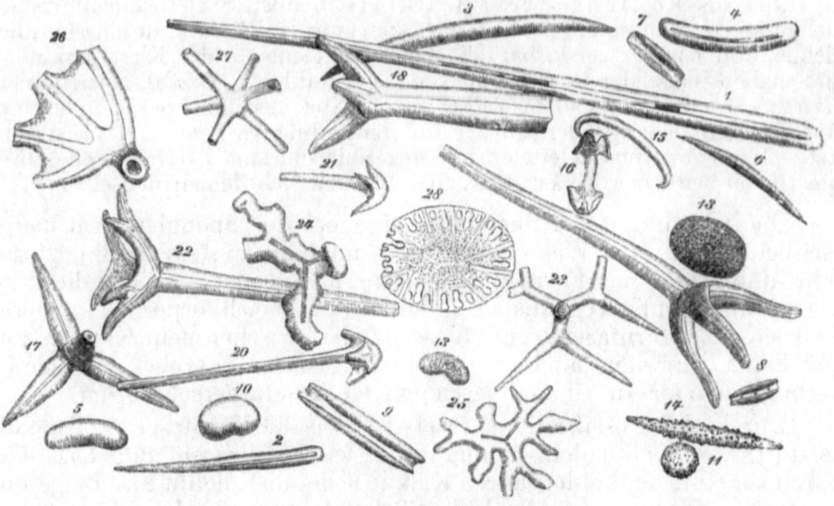

Fig. 51.
Verschiedene Spongiennadeln aus der ob. Kreide von Haldem in Westfalen in 25facher Vergröfserung. 1—6 Einachsige Nadeln und Walzen. 7—9 Einachsige Kieselkörperchen mit weiten Achsenkanälen. 10—13 Walzen und Kugeln. 14 Dornige Nadel. 15 Klammer und 16 grabscheitartige Fleischnadel. 17 Einfacher Vierstrahler (spanischer Reiter). 18—21 Anker mit drei Zinken. 22—23 Gabelanker. 24—25 Vierstrahlige unregelmäfsige Skelettkörperchen. 26 Schirmnadel. 27 Sechsstrahler. 28 Vielachsige Kieselscheibe.

Differenzierung eines Armes Anker *(Triaene)* mit drei einfachen oder gegabelten Zinken (Fig. 51 $^{18-23}$), durch mehrfache Spaltung oder blattartige oder lappige Ausbreitung von drei Armen kurzgestielte Scheibennadeln *(Trichotriaene, Phyllotriaene)* und aus den letztgenannten durch Verkümmerung des einfachen Schaftes zierliche Kieselscheiben (Fig. 51 ^{28}) hervor. Durch abweichende Gabelung des Schaftes entstehen zuweilen *Amphitriaena* oder Kandelaber; durch andere Differenzierung Schirmnadeln (Fig. 51 ^{26}).

Als irreguläre Vierstrahler *(Desmome)* sind die Skelettelemente der Lithistiden (Fig. 53—68) zu betrachten, bei denen sich die Enden der vier Arme in wurzelartige, knorrige Ausläufer zerschlitzen und bei denen durch ungleiche Ausbildung, Spaltung oder Verkümmerung einzelner Arme höchst mannigfaltige irreguläre, wurzelartige und vielfach verästelte Kieselgebilde entstehen können, für welche Rauff eine besondere Nomenklatur aufgestellt hat.

c) Sechsstrahler *(Hexactone* oder *Triaxone)* (Fig. 69—74). Die Grundform ist ein sechsstrahliger Stern mit sechs gleichlangen Armen, welche wie die Achsen eines regulären Octaëders unter einem rechten Winkel zusammenstofsen. Durch Schwund einzelner Arme können sich die Sechsstrahler in Fünf-, Vier- oder Dreistrahler, ja sogar in Stabnadeln umwandeln, denen aber stets ein sechsarmiges Achsenkreuz zu Grunde liegt. Durch Gabelung oder sonstige Differenzierung aller oder einzelner Strahlen entstehen die zierlichsten Kieselgebilde, welche als Fleischnadeln unter der Form von Rosetten, Armleuchtern, Doppelankern, Tannenbäumchen, Besengabeln u. s. w. die Gruppe der Hexactinelliden charakterisieren. Durch Verschmelzung benachbarter Sechsstrahler entstehen mehr oder weniger regelmäfsige Gitterskelette mit kubischen Maschen.

d) Dichte achsenlose und vielachsige Körper von kugeliger, walziger, sternförmiger oder scheibenförmiger Gestalt, die sich auf die drei oben genannten Grundformen nicht zurückführen lassen, kommen nur bei einer beschränkten Anzahl recenter und fossiler Kieselschwämme vor.

Die aus kohlensaurem Kalk bestehenden Skelettelemente zeigen viel geringere Mannigfaltigkeit als die Kieselkörper. Sie sind durchschnittlich kleiner und leichter zerstörbar als die Skelettelemente der Kieselschwämme und haben entweder die Form von Dreistrahlern *(Triode)*, Vierstrahlern *(Tetraxone)* oder Stabnadeln *(Monactone)*. Nur ausnahmsweise findet eine einfache Vergabelung oder sonstige Differenzierung der Drei- und Vierstrahler statt. Jedes einzelne Skelettelement eines Kalkschwamms verhält sich optisch wie ein einheitlicher Kalkspatkristall. Achsenkanäle fehlen denselben.

Die Anordnung der Skelettelemente bei den Spongien wird hauptsächlich durch die Wasserzirkulation im Kanalsystem bedingt. Bei sehr dünnwandigen Formen liegen sie mehr oder weniger dicht gedrängt und häufig regelmäfsig orientiert im Weichkörper, bei anderen sind sie von Hornfasern umschlossen oder zwischen dem Kanalsystem angehäuft, zuweilen auch zu einem irregulären Gewebe miteinander verbunden oder zu einem maschigen Gitternetz verschmolzen.

Durch den Fossilisationsprozefs werden die Hornfasern vollständig zerstört, die Kalknadeln häufig ganz oder teilweise aufgelöst oder durch zugeführten kohlensauren Kalk in scheinbar dichte Faserzüge umgewandelt (*Pharetrones*). Auch die Skelettelemente der Kieselschwämme haben sich nur selten unverändert erhalten; in der Regel ist die ursprünglich amorphe Kieselerde in kristallinische umgewandelt oder auch gänzlich aufgelöst und weggeführt. An Stelle der Kieselelemente bilden sich anfänglich Hohlräume, die nachträglich wieder durch Eisenoxydhydrat, infiltrierte Kieselerde oder am häufigsten durch Kalkspat ausgefüllt werden. Auf diese Weise wird das Skelett fossiler Kieselspongien in Kalkspat umgewandelt und ebenso kann an Stelle von ursprünglichen Kalknadeln Kieselerde treten. Die Unterscheidung fossiler Kiesel- und Kalkschwämme darf darum lediglich auf morphologische Merkmale, nicht aber auf die chemische Zusammensetzung der erhaltenen Skeletteile gestützt werden.

Es lassen sich bei den Spongien vier Unterklassen: *Myxospongiae, Ceratospongiae, Silicispongiae* und *Calcispongiae* unterscheiden. Von diesen stehen die Kalkschwämme den übrigen schroff gegenüber, die drei anderen sind durch Übergänge mit einander verbunden und bilden eigentlich eine einzige, den Calcispongien gleichwertige Gruppe. Den Myxospongien fehlen Skelettgebilde; ihr Körper besteht lediglich aus zelligen Weichteilen. Auch die *Ceratospongia* oder Hornschwämme besitzen keine erhaltungsfähigen Bestandteile. Die Spongienfasern werden vollständig durch den Fossilisationsprozefs zerstört und hinterlassen keine Spuren in den Erdschichten. Die als Hornschwämme beschriebenen Gebilde aus Trias (*Rhizocorallium*), Jura, Kreide (*Spongites Saxonicus, Paramudra*) etc. sind entweder anorganischen Ursprungs oder zoologisch nicht bestimmbar. Alle fossilen Spongien gehören demnach entweder zu den Kiesel- oder Kalkschwämmen. Sie beginnen schon im Kambrium, finden sich aber in gröfster Menge in Trias, Jura und Kreide.

3. Unterklasse. **Silicispongiae.** Kieselschwämme.

Skelett entweder ausschliefslich aus Kieselelementen oder aus Hornfasern mit Kieselnadeln bestehend.

1. Ordnung. **Monactinellida.** Zitt.

(*Monaxonia* F. E. Schulze.)

Sämtliche Skelettelemente einachsig.

Zu den Monaxinelliden gehört die Mehrzahl der jetzt existierenden und meist in geringer Tiefe lebenden Seeschwämme sowie die wenigen überhaupt bekannten Süfswasserspongien (*Spongilla*). Meistens besteht das Skelett wie bei den Hornschwämmen aus anastomosierenden Spongienfasern, die in ihrer Achse Stabnadeln enthalten oder vollständig von einachsigen Kieselgebilden vollgepfropft sind; zuweilen liegen die letzteren auch frei im Weichkörper. In der Regel enthält jede Gattung nur eine oder wenige Sorten von Kieselelementen, die sich in allen Teilen des Körpers gleichmäfsig wiederholen. Es sind Nadeln, Haken, Klammern, Walzen, Spindeln, Amphidisken u. s. w. von der gröfsten Mannigfaltigkeit. Da jedoch die Hornfasern beim Fossilisationsprozefs verwesen und die niemals miteinander verschmolzenen Nadeln oder sonstigen Kieselgebilde später nach allen Richtungen hin zerstreut werden, so findet man in gewissen Ablagerungen zwar grofse Mengen von monaxonen Nadeln, aber fast niemals vollständige, zusammengehörige Skelette. Die isolierten Nadeln lassen sich generisch nur bestimmen, wenn sie besonders charakteristische Gestalt (*Renieria, Esperia* etc.) besitzen. Im untersten Lias der Alpen (Zone des *Am. angulatus*) sind gewisse hornsteinreiche Bänke zuweilen ganz erfüllt mit Stabnadeln. Auch in verschiedenen Horizonten der Kreide- und Tertiärformation kommen Nadeln von Monactinelliden zuweilen massenhaft vor. Aus dem oberen Silur von Tennessee beschreibt Hinde eine *Climacospongia*, bei welcher das Skelett aus in Längszügen aneinander gereihten Nadeln besteht, die durch Quernadeln miteinander verbunden sind. Wahrscheinlich waren die Nadeln ursprünglich in Hornfasern eingeschlossen. Die ebenfalls mit Hornfasern und stecknadelartigen Kieselkörpern versehenen Clioniden bohren labyrinthische Gänge in Muscheln und Schnecken. Derartig durchlöcherte Gehäuse finden sich häufig auch fossil. Isolierte Nadeln von *Renieria, Axinella, Haplistion* wurden von Hinde schon im Kohlenkalk von England nachgewiesen.

2. Ordnung. **Tetractinellida.** Marshall.

(*Tetraxonia* E. Schulze.)

Skelett aus regelmäfsigen Vierstrahlern gebildet, welche sich meist mit einachsigen, vielachsigen oder achsenlosen Kieselgebilden kombinieren. Die Skelettelemente liegen frei im Weichkörper und sind nie zu zusammenhängenden Gerüsten verbunden.

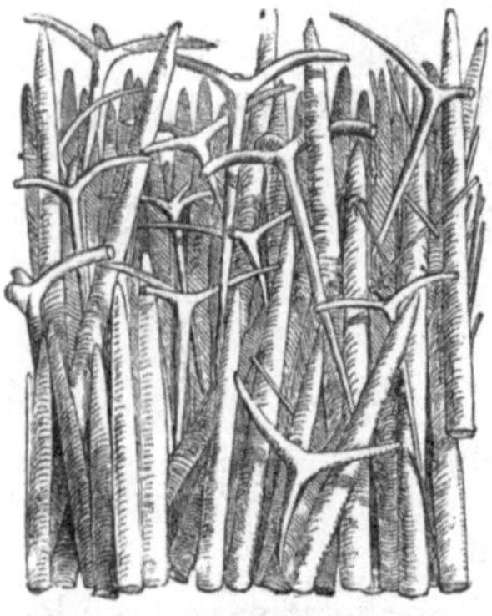

Fig. 52. *Thethyopsis Steinmanni* Zitt. Aus der oberen Kreide von Ahlten in Hannover, in 14facher Vergr.

Die am häufigsten vorkommenden Skelettelemente sind reguläre Vierstrahler, Anker mit einfachen oder gegabelten Zinken, Kugeln und Sterne. Bei gewissen Gattungen (*Geodia*) sind die grofsen Anker und Stabnadeln radial angeordnet und von einer dicken, aus achsenlosen Kugeln bestehenden Rinde umgeben.

Isolierte Nadeln von Tetractinelliden kommen mehr oder weniger häufig mit Monactinelliden im Kohlenkalk, im unteren Lias der Alpen, im Neokom von England, im Hilssandstein des Deister, in der oberen Kreide von Haldem und Cösfeld in Westfalen, im Tertiär und im Pleistocän vor. Noch im Zusammenhang finden sich die Skelettelemente bei den Gattungen *Ophiraphidites* Carter, *Tethyopsis* Zitt. (Fig. 52), *Pachastrella* Schmidt.

3. Ordnung. **Lithistida.** O. Schmidt.

Massive, dickwandige, meist mit kompliziertem Kanalsystem versehene Kieselschwämme. Skelett aus unregelmäfsigen, an den Enden oder auch allenthalben mit knorrigen oder wurzelartigen Fortsätzen versehenen Vierstrahlern oder Einstrahlern (*Desmomen*) bestehend, welche durch Zygose innig miteinander verflochten sind. Aufserdem regelmäfsig geformte vierstrahlige, einachsige oder vielachsige Oberflächen- und Fleischnadeln vorhanden.

Die Lithistiden sind mit den Tetractinelliden eng verknüpft und bilden nach der Ansicht vieler Zoologen mit denselben eine einzige Ordnung.

Durch die solide steinartige Beschaffenheit des Skelettes eignen sich die Lithistiden ganz besonders zur fossilen Erhaltung und erfüllen zuweilen, namentlich in Jura und Kreide, ganze Schichten. In ihrer äufseren Form zeigen sie grofse Mannigfaltigkeit; am öftesten haben sie schüssel-, becher-, birnförmige oder kugelige, knollige, blattartige Gestalt und sind entweder mit ihrer Basis oder mit einem Stiel festgewachsen. Das Kanalsystem weist je nach den einzelnen Gattungen grofse Verschiedenheit auf, ist aber meist wohl entwickelt und mehr oder weniger kompliziert. Die vierarmigen und vierachsigen Skelettelemente sind durch die wurzelartig verzweigten Enden der Arme miteinander verflochten und die Verbindungsstelle, in welcher sich die Enden benachbarter Desmome vereinigen, bildet verdickte Ballen. Bei den einachsigen, meist ganz irregulären Skelettelementen findet allseitige Verflechtung der wurzelartigen Fortsätze statt. Oberflächen- und Fleischnadeln sind nur ausnahmsweise bei besonders günstiger Erhaltung überliefert, fehlen jedoch den lebenden Gattungen niemals und liefern hier sehr wertvolle systematische Merkmale. Die Einteilung der fossilen Lithistiden mufs sich lediglich auf die Skelettelemente und das Kanalsystem stützen, da die kleinen und leicht vergänglichen Fleisch- und Oberflächennadeln fast immer zerstört sind. Man unterscheidet fünf Gruppen (*Tetracladina*, *Eutaxicladina*, *Anomocladina*, *Megamorina* und *Rhizomorina*), welche sich wieder in verschiedene, hier nicht näher zu definierende Familien zerlegen lassen. Die jetzt lebenden Lithistiden finden sich am häufigsten in Tiefen von 100—400 m, kommen aber auch vereinzelt bis 1800 m Tiefe vor.

A. Unterordnung. **Tetracladina.** Zitt.

Skelettelemente mit vier meist gleichartig ausgebildeten, an den Enden in wurzelartige Fasern oder Ausläufer zerschlitzten Armen und vier Achsenkanälen; zu einem maschigen Netzwerk verflochten. Oberflächennadeln entweder tetraxone Gabelanker, deren Zinken häufig an den Enden verästelt sind, gestielte, lappige oder ganzrandige Scheiben oder monaxone Stabnadeln.

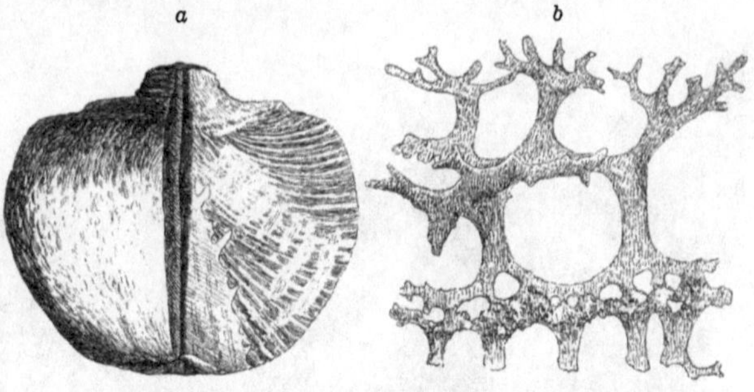

Fig. 53.
Aulocopium aurantium Oswald. Aus dem Diluvium von Sadowitz in Schlesien. *a* Exemplar in halber natürlicher Gröfse, *b* Skelett 60mal vergröfsert.

Die Skelettelemente der *Tetracladina* sind meist regelmäfsige *Tetraclone*, bei denen die vier glatten, seltener knorrigen oder warzigen Arme unter Winkeln von $109^1/_2{}^0$ zusammenstofsen. Kambrium, Silur; sehr selten im oberen Jura *(Protetraclis)*, häufig in Kreide, Tertiär und Jetztzeit.

Aulocopium Oswald (Fig. 53). Halbkugelig oder schüsselförmig, kurzgestielt, auf der Unterseite von einer dichten, runzeligen Kieselhaut überzogen, mit zentralem Paragaster, zahlreichen, der Peripherie folgenden Bogenkanälen und feineren, von aufsen nach der Magenhöhle eindringenden Radialkanälen. Skelett aus etwas irregulären glattarmigen, an den Enden wurzelartig vergabelten Tetraklonen bestehend, die in der Richtung der Radialkanäle in regelmäfsige Reihen angeordnet sind. Im unteren Silur der russischen Ostseeprovinzen und von Illinois und im oberen Silur von Gotland; das Skelett meist verkalkt. Auch als Geschiebe in der norddeutschen Ebene häufig in Chalcedon umgewandelt.

Archaeoscyphia Hinde (Kambrium).

Callopegma Zitt. (Fig. 54). Schüssel- oder trichterförmig, kurzgestielt, dickwandig. Aufsenseite mit kleinen, Innenseite mit gröfseren Kanalöffnungen versehen. Skelett mit glattarmigen, an den Enden zu dicken

Ballen verästelten Tetraklonen bestehend. Oberfläche mit Gabelankern und Stabnadeln. Ob. Kreide.

Phymatella Zitt. (Fig. 55). Ob. Kreide.

Siphonia Park. (Fig. 56). Feigen-, birn- oder apfelförmig, mit kurzem oder langem Stiel. Scheitel mit tiefem Paragaster, in welchen bogenförmige,

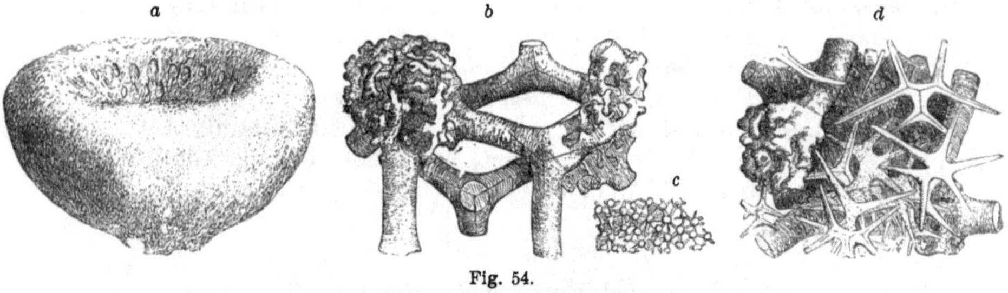

Fig. 54.
Callopegma acaule Zitt. Aus der Senonkreide von Ahlten in Hannover.
a Exemplar in 3/4 nat. Gr. *b* Skelett 40/1. *c* Oberfläche 2/1. *d* Oberfläche mit Gabelanker 40/1.

der Peripherie parallele Kanäle sowie zahlreiche feine Radialkanälchen einmünden. Skelett aus glattarmigen, vergabelten Dichotrideren bestehend.

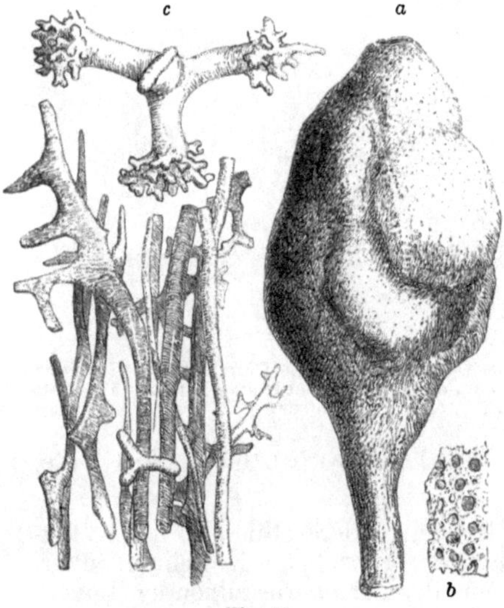

Fig. 55.
Phymatella tuberosa Quenst. sp. Aus der Quadratenkreide von Linden bei Hannover.
a Exemplar in 1/2 nat. Größe. *b* Oberfläche in nat. Größe. *c* Ein Skelettkörperchen 50/1. *d* Skelettkörperchen aus dem Stiel 50/1.

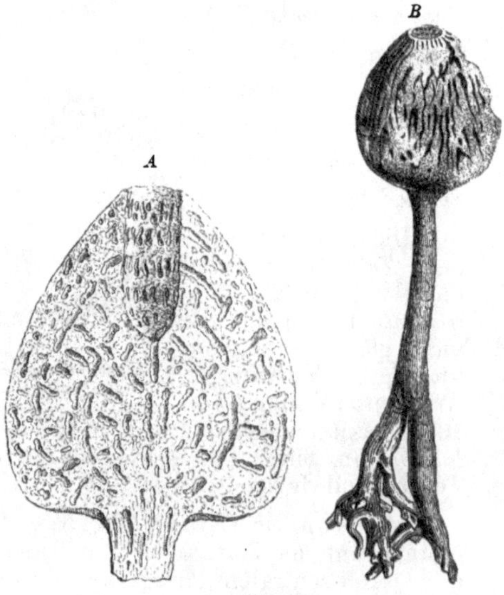

Fig. 56.
Siphonia tulipa Zitt. Aus dem Grünsand von Blackdown.
A Exemplar in nat. Größe vertikal durchgeschnitten. *B* Exemplar mit Stiel und Wurzel 1/2 nat. Gr. (nach Sowerby).

Oberfläche mit monaxonen Nadeln und Gabelankern. Häufig in der mittleren und oberen Kreide.

Hallirhoa Lamx. Wie vorige, jedoch kurz gestielt. Der birnförmige Schwammkörper durch tiefe Einschnürungen mehrlappig. Im Cenoman.

Jerea Lamx. (Fig. 57). Birnförmig, flaschenförmig bis zylindrisch mit abgestutztem oder vertieftem Scheitel, worin eine Anzahl röhrenförmiger, im Zentrum vertikaler, gegen aufsen bogenförmiger Kanäle ausmünden, die von feineren Radialkanälen durchkreuzt werden. Skelett aus Tetraklonen und Dichotrideren zusammengesetzt. Häufig in der mittleren und oberen Kreide.

Polyjerea From., *Astrocladia*, *Thecosiphonia*, *Colymmatina* Zitt., *Turonia* Mich., *Plinthosella* Zitt. (Fig. 59), Kreide. *Discodermia* Boc., *Rhacodiscula* Zitt. etc. Kreide. Tertiär.

Rhagadinia Zitt. (Fig. 60). Ohrförmig, plattig oder schüsselförmig, kurzgestielt. Beide Oberflächen mit unregelmäfsig sich kreuzenden Furchen bedeckt, von welchen Kanäle in das Innere eindringen. Die vierarmigen Skelettelemente sind zuweilen ganz oder nur in den distalen Teilen mit warzigen Höckern bedeckt und an den Enden in wenige Äste vergabelt. Oberfläche mit kurzgestielten, sechslappigen Scheiben und winzig kleinen, vielfach verästelten Tetraklonen bedeckt. Ob. Kreide.

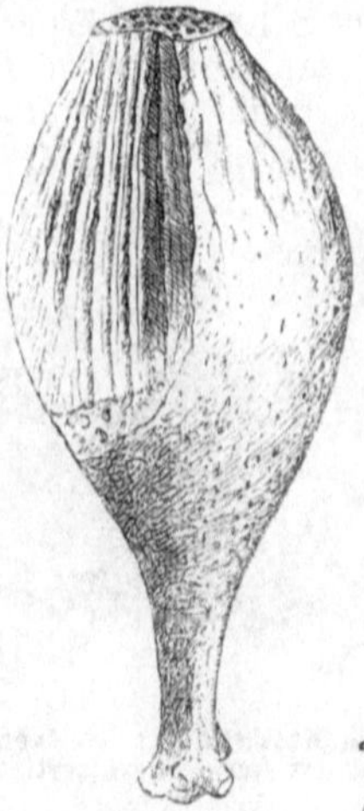

Fig. 57. *Jerea pyriformis* Lamx. Aus dem Grünsand von Kelheim ½ nat. Gr.

Fig. 58. Skelettkörperchen mit gegabelten Ästen von *Jerea Quenstedti* Zitt. Aus der Quadratenkreide von Linden bei Hannover $^{40}/_{1}$.

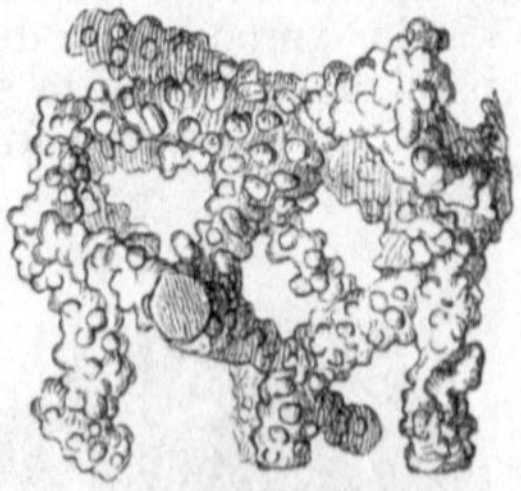

Fig. 59. *Plinthosella squamosa* Zitt. Aus der oberen Kreide von Ahlten in Hannover. Skelett in 80facher Vergröfs.

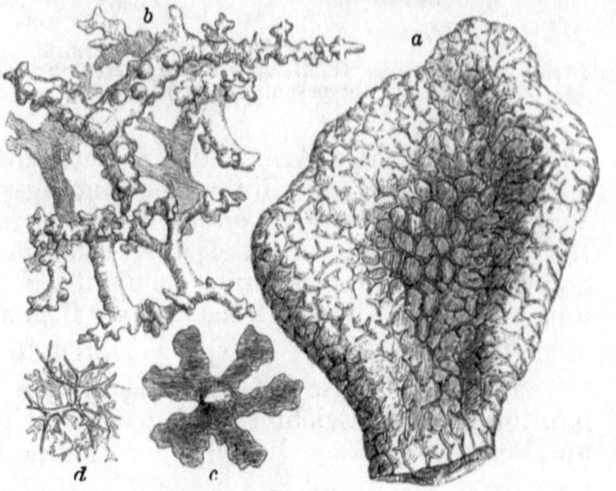

Fig. 60. *Rhagadinia rimosa* Roem. sp. Aus der oberen Kreide von Ahlten. *a* Exemplar in ⅔ nat. Gröfse. *b* Skelett $^{40}/_{1}$. *c* Eine lappige Oberflächenscheibe $^{40}/_{1}$. *d* Kleine Skelettkörperchen aus der Oberfläche $^{40}/_{1}$.

B. Unterordnung. **Eutaxicladina.** Rauff.

Skelett aus Vierstrahlern mit drei gleichstarken, einfachen oder in zwei Äste gespaltenen und distal in wurzelartige Fasern zerschlitzten Armen und einem ganz kurzen, verdickten vierten Arm (Ennomoclone) zusammengesetzt. Achsenkanäle wahrscheinlich in allen Armen. Die Skelettelemente sind stets regelmäfsig parallel oder in alternierenden Reihen angeordnet und bilden durch ihre Zygose ein Gitterwerk mit dreieckigen oder irregulären Maschen und stark verdickten Verbindungsknoten.

Die meisten Gattungen stammen aus silurischen Ablagerungen; einzelne (*Mastosia, Lecanella*) auch aus dem oberen Jura.

Astylospongia Roem. (Fig. 61, 62a). Schwammkörper kuglig, im Scheitel meist mit seichter Vertiefung; Unterseite konvex, nicht angewachsen (wahrscheinlich nur durch Basalnadeln festgeheftet). Die starken Wasserkanäle verlaufen in den äufseren Partien des Schwammkörpers der Peripherie parallel in der Mitte senkrecht; aufserdem zahlreiche feine Radialkanälchen vorhanden, deren Öffnungen die ganze Oberfläche bedecken. Von den vier

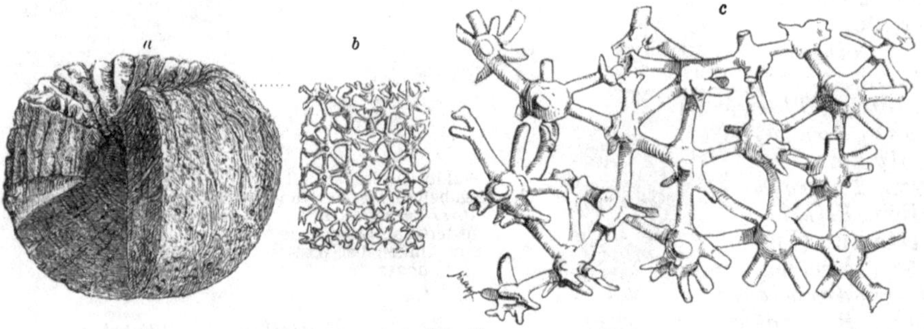

Fig. 61.
Astylospongia praemorsa Goldf. sp. Diluvialgeschiebe aus Mecklenburg. *a* Exemplar in nat. Gröfse angecshnitten. *b* Skelett ¹²/₁. *c* Skelett stark vergröfsert.

glatten verlängerten Armen der Skelettelemente vergabeln sich einzelne oder alle unmittelbar über ihrer Vereinigungsstelle mit dem kurzen Arm. Die Verbindungsstellen der verschiedenen verästelten Arme bilden dicke Knoten. Im unteren Silur der russischen Ostseeprovinzen und im oberen Silur von Schweden und Nordamerika (namentlich in Tennessee), meist in Chalcedon umgewandelt. Auch auf sekundärer Lagerstätte im norddeutschen Diluvium.

Caryospongia, Carpospongia Rauff. Silur. Europa.

Palaeomanon Roem. (*Astylomanon* Rauff.) Wie *Astylospongia*, jedoch napfförmig, mit seichter und weiter Scheitelvertiefung. Ganze Oberfläche mit Poren bedeckt. Obersilur. Nordamerika. *P. cratera* Roem.

Fig. 62.
a Ein isoliertes Skelettelement von *Astylospongia* ¹²⁰/₁.
b Ein isoliertes Skelettelement von *Hindia* ⁸⁰/₁ (nach Rauff).

Caryomanon, Carpomanon Rauff. Ob. Silur. Nordamerika.

Hindia Duncan (Fig. 62b). Schwammkörper kuglig mit poröser Oberfläche, ohne Anheftstelle. Wasserkanäle allseitig vom Zentrum nach der Peripherie ausstrahlend. Die aus drei einfachen, mit knorrigen Höckerchen besetzten Armen und einem kurzen knopfartigen Stiel bestehenden Skelettelemente sind in regelmäfsigen Reihen parallel nach dem Verlauf der radialen Kanäle angeordnet. Ob. Silur. Nordamerika.

C. Unterordnung. **Anomocladina.** Zitt.
(*Didymmorina* Rauff.)

Skelettelemente aus einem kurzen, glatten Stiel mit kugelig verdickten Enden bestehend, von denen je drei, vier oder mehr einfache oder ästige Arme ausgehen, welche sich durch Zygose mit den Armen benachbarter Skelettkörperchen verbinden. Achsenkanal einfach. Oberflächennadeln stabförmig, monaxon. Im oberen Jura und in der Jetztzeit.

Cylindrophyma Zitt. (Fig. 63). Schwammkörper zylindrisch, dickwandig, festgewachsen, mit weiter röhriger, bis zur Basis reichender

Zentralhöhle und zahlreichen, in dieselbe mündenden Radialkanälen. Oberfläche mit kleinen Ostien bedeckt. Im oberen Jura häufig.

Melonella Zitt. Schwammkörper apfelförmig oder halbkuglig mit breiter oder ganz kurz gestielter Basis, die von einer runzligen Kieselhaut bedeckt ist. Zentralhöhle trichterförmig, tief. Die Hauptkanäle verlaufen der Peripherie entsprechend bogenförmig, die feineren Zufuhrkanäle radial. Ob. Jura. *M. radiata* Quenst. sp.

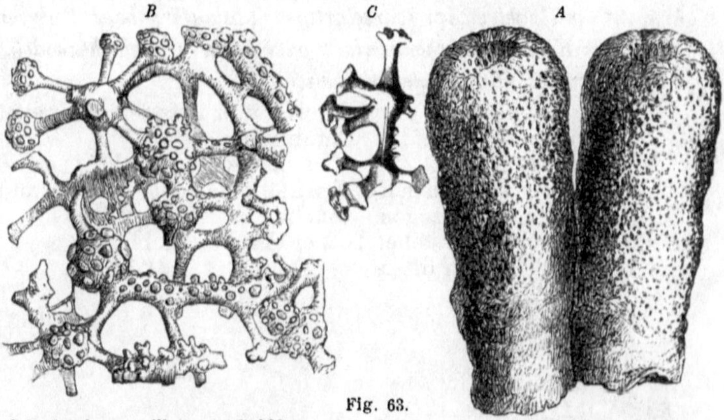

Fig. 63.
Cylindrophyma milleporata Goldf. sp. Aus dem oberen weifsen Jura von Hochsträss. *A* Zwei Individuen 1/2 nat. Gröfse, *B* Skelett in 30 facher Vergröfserung. *C* Ein isoliertes Skelettelement von *Cylindrophyma* 30/1 (nach Rauff).

D. Unterordnung. **Megamorina.** Zitt.

(*Rhabdomorina* Rauff.)

Meist grofse, verlängerte, locker miteinander verflochtene, glatte, gebogene, unregelmäfsig ästige oder nur an den Enden vergabelte Skelettelemente mit einfachem Achsenkanal, dazwischen zuweilen kleine, wurzelartige (rhizomorine) vielfach verästelte Skelettkörperchen. Oberflächennadeln einachsig oder Gabelanker.

In Silur, Karbon, Jura, Kreide und Jetztzeit verbreitet.

Saccospongia Rauff. Silur. *Megalithista* Zitt. Ob. Jura. Nattheim.

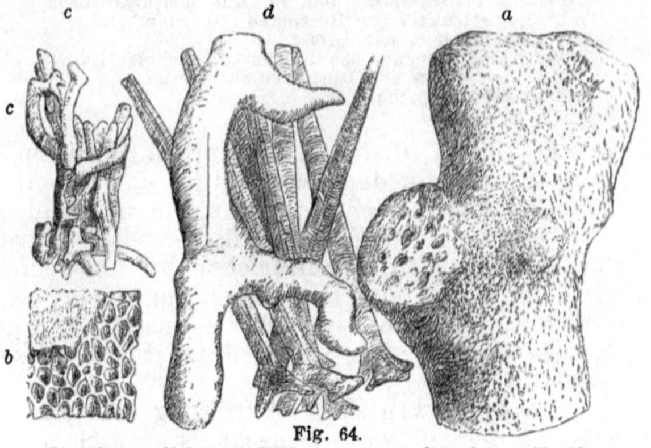

Fig. 64.
Doryderma dichotoma Roem. sp. Aus der oberen Kreide.
a Exemplar in natürlicher Gröfse.
b Oberfläche doppelt vergröfsert.
c Mehrere Skelettkörperchen in 10 facher Vergröfserung.
d Ein Skelettkörperchen und mehrere Gabelanker 30 mal vergr.

Doryderma Zitt. (Fig. 64). Schwammkörper zylindrisch, einfach, ästig, birnförmig oder plattig mit mehreren der Längsachse parallelen Kanalröhren und zahlreichen Radialkanälchen. Skelettelemente grofs, gebogen, mit zwei oder mehr einfachen Ästen. Oberflächennadel ndreizinkige Anker. Ob. Kreide. Norddeutschland, England, Frankreich. Nach Hinde schon im Kohlenkalk.

Carterella Zitt. Kreide.

Isorhaphinia Zitt. Walzenförmig, gestielt mit weiter, bis in die Nähe der Basis reichender Zentralhöhle. Skelettelemente grofs, schwach gebogen, walzig, an den Enden verdickt, selten dichotom gespalten; dieselben sind zu Bündel vereinigt und durch ihre gekrümmten Enden derart miteinander verflochten, dafs sie ein netzförmiges Gewebe bilden. Kreide. *I. texta* Roemer sp.

E. Unterordnung. **Rhizomorina.** Zitt.

Skelettelemente klein, in vier oder drei Hauptarme geteilt, oder einfach, gekrümmt, mit zahlreichen wurzelartigen Ausläufern oder Knorren besetzt. Zentralkanal der Kieselkörperchen einfach oder ästig. Oberflächennadeln einachsig, tetraxon oder denen des Hauptskelettes ähnlich.

Hauptsächlich in Jura, Kreide und Jetztzeit verbreitet.

? *Nipterella* Hinde. Kambrium.

Cnemidiastrum Zitt. (*Cnemidium* p. p. Goldf.) (Fig. 65). Kreisel- oder schüsselförmig mit vertiefter Zentralhöhle. Die dicke Wand von zahlreichen Radialkanälen durchzogen, welche, in senkrechten Reihen übereinanderstehend, Vertikalspalten bilden, die sich nach aufsen öfters vergabeln. Skelettkörper-

a b c

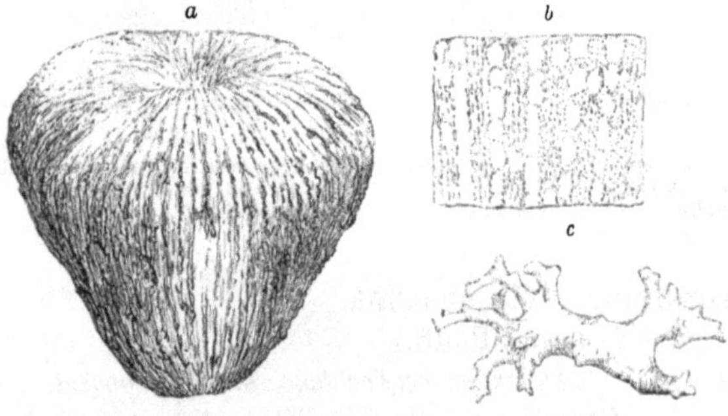

Fig. 65.
Cnemidiastrum stellatum Goldf. sp. Aus oberjurassischem Spongitenkalk von Hossingen. Württemberg.
a Ein Exemplar $1/2$ nat. Gröfse.
b Vertikaler Tangentialschnitt, um die radialen Kanäle in den Vertikalspalten zu zeigen.
c Ein Skelettkörperchen $^{60}/_{1}$.

Fig. 66.
Skelett von *Jereica polystoma* Roem. sp. Aus der ob. Kreide von Ahlten in Hannover $^{60}/_{1}$.

chen gekrümmt, überall mit stumpfen, dornigen Auswüchsen besetzt. Häufig im Spongitenkalk des oberen Jura; das Skelett fast immer verkalkt. *C. rimulosum* Goldf. Nach Hinde schon im Kohlenkalk von England.

Hyalotragos Zitt. Schüssel-, teller- oder trichterförmig, kurz gestielt. Oberseite vertieft, mit zahlreichen Öffnungen kurzer Kanäle besetzt. Aufsenseite fein porös oder mit glatter, runzliger Deckschicht überzogen. Skelettelemente gekrümmt, in mehrere zackige Äste gespalten und mit spärlichen Dornen besetzt. Im oberen Jura (Spongitenkalk) sehr häufig. *H. patella* Goldf. sp.

Platychonia Zitt. Blattförmig oder ohrförmig, wellig gebogen, beiderseits mit feinen Poren bedeckt. Skelettelemente wie bei *Hyalotragos*. Im oberen Jura. *P. vagans* Quenst. sp.

Jereica Zitt. (Fig. 66). Schwammkörper zylindrisch, kreisel-, birn-, keulenförmig, kurz gestielt. Scheitel abgestutzt oder mit seichter Grube, die Mündungen von vertikalen Ausfuhrröhren enthaltend. Oberfläche porös durch die Öffnung der feinen Radialkanäle. Skelettelemente wurzelartig, gebogen, unregelmäfsig verzweigt, mit zahlreichen kurzen Seitenästchen. Ob. Kreide. *J. polystoma* Roem. sp., *J. punctata* Goldf. sp.

Chenendopora Lamx. (Fig. 67). Becher-, trichter- oder napfförmig, gestielt. Innenseite mit vertieften Osculis von engen Kanälen. Skelettelemente stark verästelt mit geteiltem Achsenkanal. Ob. Kreide.

Verruculina Zitt. (Fig. 68). Trichter-, ohr-, napf- oder blattförmig, kurz gestielt oder sitzend. Oscula auf der Oberseite von kragenförmig erhöhten Rändern umgeben. Mittlere und obere Kreide.

Amphithelion Zitt. Wie vorige, aber auf beiden Seiten mit vorragenden Osculis. Kreide.

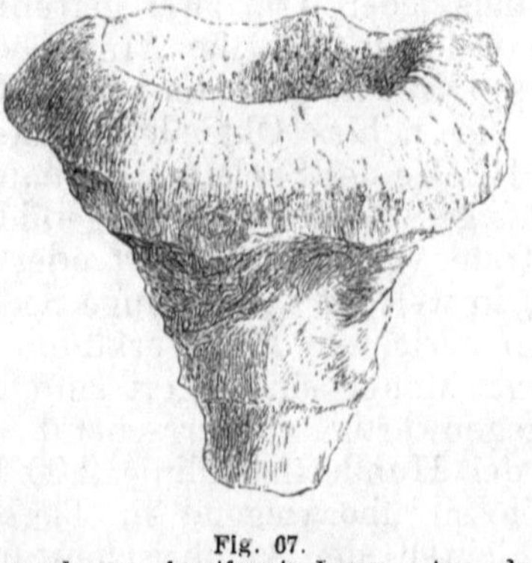

Fig. 67.
Chenendopora fungiformis Lamx. Aus der Senonkreide von Chatellerault. Touraine. $^{1}/_{3}$ natürl. Gröſse.

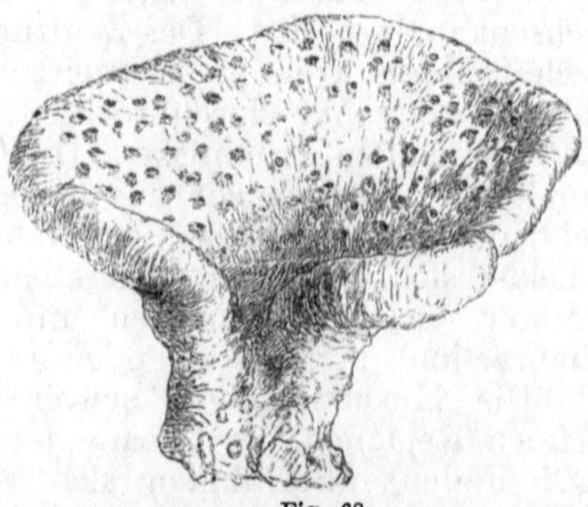

Fig. 68.
Verruculina aurita Roem. sp. Aus der Quadratenkreide von Linden bei Hannover. $^{2}/_{3}$ natürl. Gröſse.

Weitere Gattungen: *Scytalia*, *Coelocorypha*, *Stachyspongia*, *Pachinion*, *Seliscothon* Zitt. etc. in der mittleren und oberen Kreide.

4. Ordnung. **Hexactinellida.** O. Schmidt.

(*Triaxonia* F. E. Schulze.)

Kieselschwämme mit isolierten oder gitterförmig verschmolzenen Skelettelementen von sechsstrahliger Form, denen ein Achsenkreuz aus drei rechtwinklig sich schneidenden Kanälen zu Grund liegt. Oberflächengebilde und Fleischnadeln auſserordentlich mannigfaltig, jedoch stets sechsstrahlig.

Nächst den Lithistiden sind die Hexactinelliden die häufigsten fossilen Kieselschwämme. Sie besitzen ungemein mannigfaltige Gestalt und sind öfters durch einen aus langen, feinen Glasfäden zusammengesetzten Wurzelschopf befestigt oder direkt mit ihrer Basis festgewachsen. Die Wand hat in der Regel nur geringe Dicke und umschlieſst meist eine weite Zentralhöhle; demgemäſs bleibt das Kanalsystem erheblich einfacher als bei den Lithistiden und besteht nur aus kurzen Röhren, welche mehr oder weniger tief von beiden Seiten in die Wand eindringen und in der Regel blind endigen. Zuweilen ist der Schwammkörper aus dünnwandigen Röhren zusammengesetzt, welche sich mäandrisch winden und gröſsere oder kleinere Lücken (Zwischenkanäle) zwischen sich frei lassen.

Die eigentlichen skelettbildenden Kieselelemente unterscheiden sich durch ansehnliche Gröſse und gleichartige Beschaffenheit von den meist winzig kleinen, überaus vielgestaltigen und wunderbar zierlichen Fleischnadeln, die bei den fossilen Formen leider fast niemals erhalten sind. Bei den Lyssacinen liegen die sechsstrahligen Skelettelemente frei in dem Weichkörper oder sind nur teilweise und in unregelmäſsiger Weise miteinander verlötet; bei den *Dictyonina* dagegen tritt eine regelmäſsige Verschmelzung der Skelettelemente in der Art ein, daſs sich stets die Arme benachbarter Sechsstrahler dicht aneinander legen und von einer gemeinsamen Kieselhülle umgeben werden. Dadurch entsteht ein mehr oder weniger regelmäfsiges, aus kubischen Maschen zusammengesetztes Gitterwerk, in welchem die Verschmelzung der Sechsstrahler dadurch sichtbar bleibt, dafs jeder Arm zwei getrennte Achsenkanäle besitzt. Das Zentrum, in welchem sich die Arme jedes Sechsstrahlers kreuzen, ist meist verdickt (Kreuzungsknoten), zuweilen auch in der Art durchbrochen, dafs ein hohles Oktaeder entsteht (Laternennadeln, Lychniske). Die Oberfläche des Skeletts wird häufig durch eine Deckschicht aus unregelmäfsigen Sechsstrahlern gebildet, bei denen der nach aufsen gewendete Strahl verschwunden ist oder es scheidet sich eine dichte Kieselhaut ab, in welcher sternförmige Sechsstrahler, deren nach aufsen und innen gerichtete Äste verkümmern (Stauractine), in gröfserer oder geringerer Menge eingelagert sind.

Die Hexactinelliden bewohnen gegenwärtig vorherrschend die tieferen Regionen der Ozeane jenseits der Hundertfadenlinie (200 bis 3000 Faden). Sie finden sich auch fossil überwiegend in Tiefseeablagerungen und zwar schon in Schichten der kambrischen und silurischen Formation. Ihre Hauptverbreitung fällt in die Jura- und Kreidezeit.

A. Unterordnung. **Lyssacina.** Zitt.

Die Skelettelemente bleiben entweder alle isoliert oder sind nur teilweise in unregelmäfsiger Weise miteinander verlötet. Wurzelschopf häufig vorhanden.

Die Lyssacinen eignen sich wenig zur fossilen Erhaltung, da die Skelettnadeln nur ausnahmsweise durch Verlötung ein zusammenhängendes Gerüste bilden und die Fleischnadeln stets zerstört werden. Dennoch sind sowohl aus paläozoischen Ablagerungen als auch aus dem oberen Jura von Streitberg vollständige, aus grofsen isolierten Sechsstrahlern zusammengesetzte Schwammkörper bekannt, ja die ältesten sicher bestimmbaren Spongien aus dem Kambrium gehören zu den Lyssacinen.

1. Familie. **Protospongidae.** Hinde.

Dünnwandige, sack- bis röhrenförmige oder kuglige Schwämme, deren Wand aus einer Lage von vierstrahligen Sternen (Stauractinen) besteht, die quadratische und subquadratische Maschen umschliefsen. Die Nadelarme folgen einzeilig aufeinander. Die Maschen der grofsen Sternnadeln umschliefsen kleinere Kreuze, so dafs die Maschen in quadratische Felder von verschiedener Gröfse zerteilt werden. Im Kambrium und Silur.

Hierher die Gattungen *Protospongia* Salter und *Phormosella* Hinde.

2. Familie. **Dictyospongidae.** Hall.

Meist grofse, trichterförmige, zylindrische oder prismatische Schwämme mit dünner, oft in Buckeln und Rippen vorspringender Wand, deren Skelett in sehr regelmäfsiger Weise gegittert ist und quadratische Maschen von verschiedener Gröfse bildet, die einander umschliefsen. Die Gitterzüge bestehen aus Bündeln feiner Spiculae. Silur. Devon. Hauptverbreitung im Devon von Nordamerika und Europa.

Dictyophyton, *Uphantaenia* Hall., *Hydnoceras* Conrad etc. finden sich meist als wohlerhaltene Ausgüsse in devonischem Sandstein und Schiefer; die Kieselnadeln sind vollständig aufgelöst.

3. Familie. **Plectospongidae.** Rauff.

Dünnwandige Röhren, deren Skelett aus einem regelmäfsigen Gitter aufsteigender und quer ringförmiger Nadelzüge gebildet wird, die rechteckige und quadratische, jedoch nicht sehr regelmäfsige Maschen umschliefsen. Die Arme der Sternnadeln lagern sich zu Bündeln aneinander. Silur.

Cyathophycus Walcott, *Palaeosaccus*, *Acanthodictya* Hinde. Unt. Silur. *Plectoderma* Hinde. Ob. Silur.

Gattungen incertae sedis.

Pattersonia Miller (*Strobilospongia* Beecher) sind grofse traubige Knollen, *Brachiospongia* Marsh. aus dem unteren Silur von Nordamerika vasenförmige Schwämme mit breitem, aus hohlen Lappen bestehendem Unterrand; dieselben repräsentieren wie *Amphispongia* Salter und *Astroconia* Sollas aus dem oberen Silur von England eigentümliche erloschene Familien von Lyssacinen.

Pyritonema M'Coy (*Acestra* Roem.) aus dem unteren Silur bezeichnet Bündel von langen, dicken Nadeln, die als Wurzelschöpfe gedeutet werden.

Bei *Hyalostelia* Zitt. (*Acanthospongia* Young) aus dem englischen Kohlenkalk ist der Schwammkörper aus ziemlich grofsen, regelmäfsigen Sechsstrahlern und sternförmigen Körperchen mit verdickten Kreuzungsknoten gebildet, an denen die vertikale Achse verkümmert. Der Wurzelschopf besteht aus langen, etwas gebogenen Stabnadeln, die am Ende zuweilen mit vier zurückgebogenen Zinken versehen sind.

Verwandte Gattungen sind *Holasterella* Carter, *Spiractinella* (Fig. 69) und *Acanthactinella* Hinde aus dem Kohlenkalk von Grofsbritannien.

Tholiasterella Hinde (Fig. 70) aus dem Kohlenkalk hat eine dünne Wand, die aus einer Lage grofser, unregelmäfsig verlöteter Sechsstrahler besteht, bei denen in der Regel zwei von den in einer Ebene befindlichen Strahlen sich vom Kreuzungsknoten an in zwei Äste gabeln, so dafs statt vierstrahliger sechsstrahlige Sterne entstehen. Bei *Asteractinella* Hinde (Fig. 71) spalten sich sämtliche in einer Ebene gelegenen Strahlen in zwei oder mehr Äste und bilden dadurch vielstrahlige, höchst mannigfaltige Sterne.

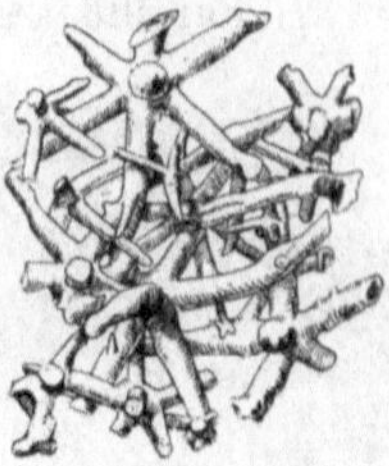

Fig. 70.
Tholiasterella gracilis. Hinde.
Kohlenkalk. Dalry. Ayrshire.
Deckschicht
mit verlöteten Sternnadeln
6/1 (nach Hinde).

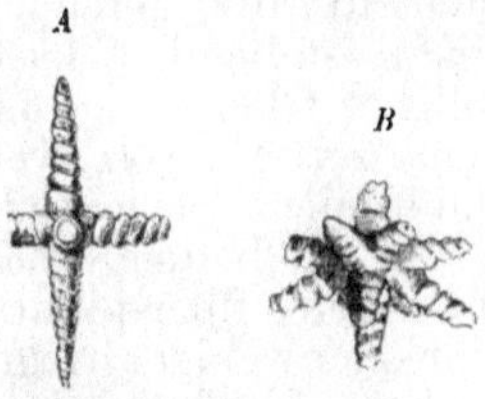

Fig. 69.
Spiractinella Wrightii Carter.
Kohlenkalk. Sligo. Irland.
A Ein einfacher Sechsstrahler.
B Sechsstrahler mit gegabelten Armen 6/1 (nach Hinde).

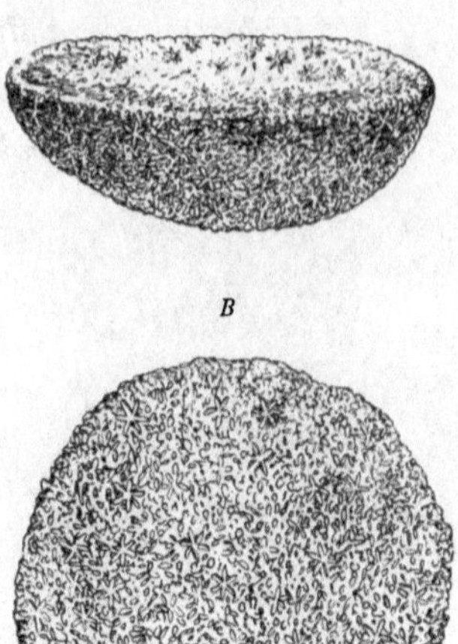

Fig. 72.
Astraeospongia meniscus Rumb.
Ob. Silur. Tennessee.
A Schwammkörper in 2/3 nat. Gröfse von der Seite.
B Von oben.

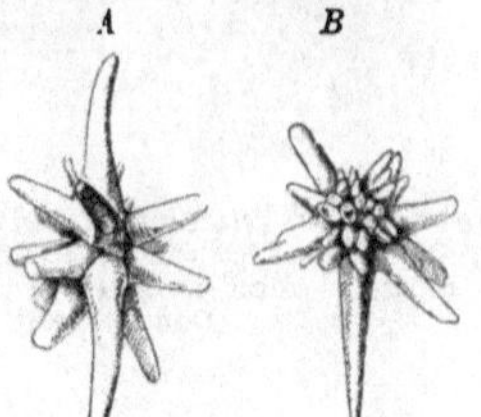

Fig. 71.
Asteractinella expansa Hinde.
Kohlenkalk. Dalry. Ayrshire.
Skelettelemente 6/4
(nach Hinde).

Astraeospongia Roem. (Fig. 72). Der dickwandige Schwammkörper hat die Gestalt einer flachen Schüssel, ist oben konkav, unten konvex, ohne Anheftstelle. Das Skelett besteht aus grofsen, gleichartigen, nicht verschmolzenen Sternen, bei denen sechs Strahlen in einer Ebene liegen; die zwei senkrecht daraufstehenden Strahlen sind zu kurzen, knopfartigen Anschwellungen verkümmert. Häufig im oberen Silur von Tennessee, selten im Devon der Eifel.

Nach Hinde bilden *Tholiasterella* und *Asteractinella* eine selbständige Ordnung (*Heteractinellidae*), und ebenso ist *Astraeospongia* für Hinde der Typus der Ordnung *Octactinellidae*. Ich möchte diese beiden Gruppen als aberrante Hexactinelliden betrachten, bei denen die überzähligen Strahlen durch Spaltung entstanden sind.

B. Unterordnung. **Dictyonina.** Zitt.

Die Sechsstrahler des Stützskelettes verschmelzen zu einem zusammenhängenden Gitterwerk, indem sich jeder Arm eines Hexactons an den entsprechenden Arm eines benachbarten Sechsstrahlers anlegt und beide von einer gemeinsamen Kieselhülle umschlossen werden. Ein Wurzelschopf fehlt.

Die *Dictyonina* haben sich wahrscheinlich aus Lyssacinen (vielleicht aus *Protospongia-* und *Dictyophyton*-artigen Formen) entwickelt. Sie beginnen erst in der Trias und spielen in Jura und Kreide durch ihre Häufigkeit eine wichtige Rolle. Die Gitterskelette sind oft in Kalkspat umgewandelt oder aufgelöst und nur durch Hohlräume angedeutet. Die wichtigeren fossilen Formen verteilen sich auf nachstehende Familien.

1. Familie. **Craticularidae** Rauff (Euretidae Zitt. non Schulze).

Becherförmige, zylindrische, ästige oder plattige Schwämme. Skelett mit undurchbohrten Kreuzungsknoten. Oberfläche ohne besondere Deckschicht, durch Verdichtung der äufseren Skelettlage geschützt, zuweilen mit einem zarten Gewebe verschmolzener Spiculae überzogen. Kanäle einfach, blind im Skelett endend. Jura.

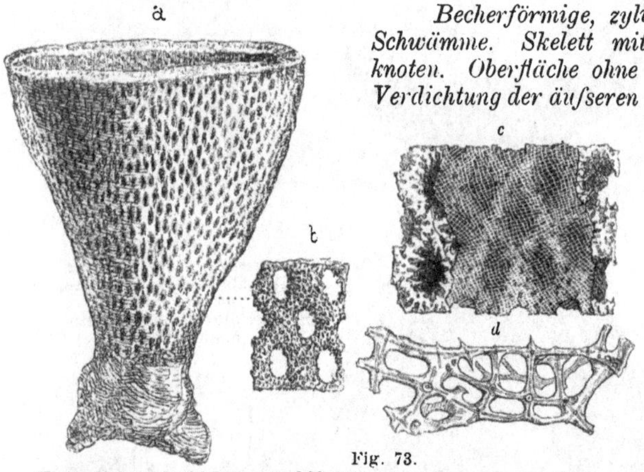

Fig. 73.
Tremadictyon reticulatum Goldf. sp. Aus dem oberen Jura von Streitberg in Franken. *a* Exemplar in 2/5 nat. Gröfse. *b* Oberfläche vergröfsert ohne Deckschicht. *c* Oberfläche mit wohlerhaltener Deckschicht 3/1. *d* Skelett 12/1.

Tremadictyon Zitt. (Fig. 73) becherförmig tellerartig, walzig. Zentralhöhle weit. Ostien der Kanäle auf beiden Seiten in alternierenden Reihen stehend. Basis knollig. Oberfläche mit einem zarten Netz verschmolzener Sechsstrahler, das auch die Kanalöffnungen überspinnt. Gitterskelett mit mehr oder weniger irregulären, kubischen Maschen. Im oberen Jura sehr häufig.

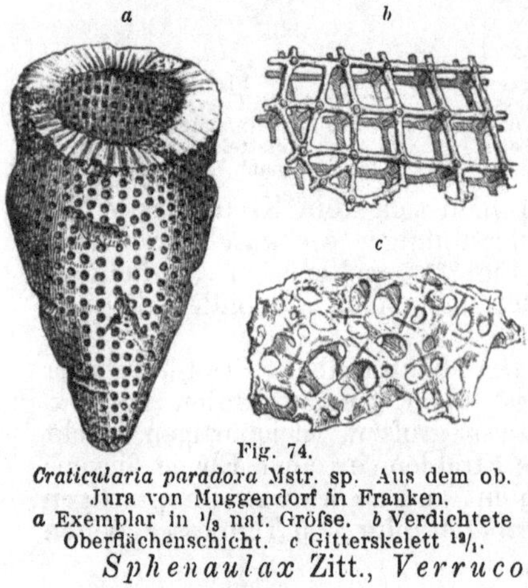

Fig. 74.
Craticularia paradoxa Mstr. sp. Aus dem ob. Jura von Muggendorf in Franken. *a* Exemplar in 1/3 nat. Gröfse. *b* Verdichtete Oberflächenschicht. *c* Gitterskelett 12/1.

Craticularia Zitt. (Fig. 74). Trichterförmig, zylindrisch, plattig, einfach oder ästig. Beide Oberflächen mit rundlichen oder ovalen Kanalostien, welche in vertikalen und horizontalen, rechtwinklig gegeneinander verlaufenden Reihen angeordnet sind. Kanäle kurz, blind. Jura, Kreide und Miocän.

Sporadopyle Zitt. Becher- bis trichter- oder kegelförmig, zuweilen ästig. Äufsere Kanalostien unregelmäfsig oder in Quincunx, innere in vertikalen Reihen angeordnet. Ober-Jura. *Sp. obliqua* Goldf. sp.

Sphenaulax Zitt., *Verrucocoelia* Etall. Jura etc.

2. Familie. **Coscinoporidae** Zitt.

Die dünne Wand der kelch-, becherförmigen, lappigen, ästigen oder sternförmig zusammengefalteten Schwammkörper ist beiderseits von zahlreichen, in alternierenden Reihen angeordneten Öffnungen kurzer, blinder Kanäle bedeckt. Skelett feinmaschig, dicht: Oberflächenschicht durch Verdichtung der äufseren Skelettlage gebildet. Kreuzungsknoten der Sechsstrahler dicht, seltener durchbohrt. Kreide.

Leptophragma Zitt. Becherförmig mit Wurzel. Wand dünn, beiderseits mit kleinen, alternierenden Ostienreihen. Skelett sehr dichtmaschig, die Kreuzungsknoten nicht durchbohrt. Mittlere und obere Kreide.

Pleurostoma Roem., *Guettardia* Mich. Kreide.

Coscinopora Goldf. (Fig. 75). Becherförmig, mit verzweigter Wurzel. Kanalöffnungen rund, klein, in alternierenden Reihen. Skelettelemente teilweise mit durchbohrten Kreuzungsknoten. Wurzel aus langen Kieselfasern bestehend. Oberflächenschicht aus verdickten und verschmolzenen Sechsstrahlern zusammengesetzt. Kreide.

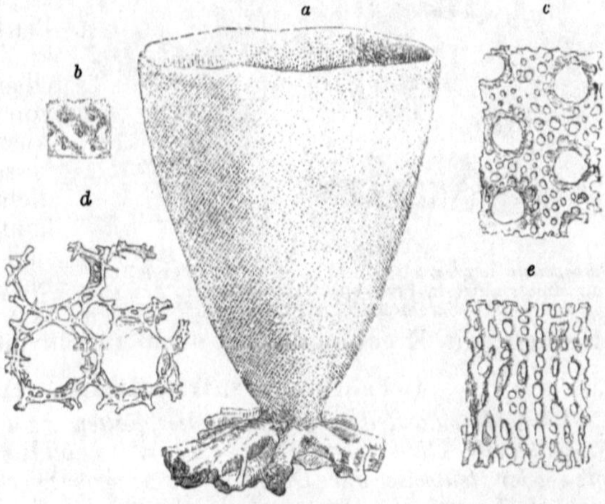

Fig. 75.
Coscinopora infundibuliformis Goldf. Aus der oberen Kreide von Coesfeld in Westfalen.
a Vollständiges Exemplar ½ nat. Gröfse. *b* Oberfläche nat. Gröfse. *c* Oberfläche in 3facher Vergröfserung. *d* Skelett des Bechers $^{12}/_1$. *e* Skelett der Wurzel $^{12}/_1$.

3. Familie. **Staurodermidae** Zitt.

Kreisel-, trichter-, zylinderförmig, seltener ästig oder knollig. Kanalostien auf beiden Seiten in unregelmäfsigen oder alternierenden Reihen. Skelett mehr oder weniger regelmäfsig. Kreuzungsknoten dicht oder durchbohrt. Äufsere oder beide Oberflächen der Wand mit meist grofsen, sternförmigen Nadeln (Stauractinen) versehen, welche sich von denen des übrigen Skelettes unterscheiden und entweder nur lose miteinander verkittet sind oder in einer zusammenhängenden Kieselhaut eingebettet liegen. Jura, Kreide.

Cypellia Zitt. (Fig. 76). Kreiselförmig, schüsselförmig oder ästig, wurzellos. Kanäle unregelmäfsig angeordnet, gekrümmt und verzweigt. Gitterskelett mit unregelmäfsigen Maschen, die Kreuzungsknoten durchbohrt. Oberfläche mit vierstrahligen, grofsen Stauractinen, die durch eine kontinuierliche oder durchlöcherte dünne Haut miteinander verbunden sind. Im Spongienkalk des oberen Jura sehr häufig.

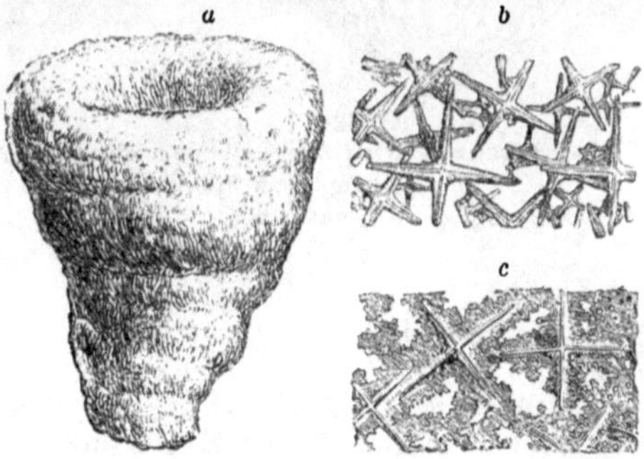

Fig. 76.
Cypellia rugosa Goldf. sp. Aus dem oberen Jura von Streitberg. *a* Exemplar in ½ nat. Gröfse. *b* und *c* Oberflächenschicht $^{12}/_1$.

Stauroderma Zitt. Trichter- oder tellerförmig mit weiter, seichter Zentralhöhle, worin grofse, runde Öffnungen von kurzen Kanälen ausmünden. Oberfläche beiderseits mit einer Deckschicht versehen, worin Sternnadeln liegen, deren nach aufsen und innen gerichtete Strahlen verkümmert sind. Ob. Jura.

Casearia Quenst. Zylindrisch, durch Einschnürungen in ringförmige Abschnitte geteilt, mit röhrenförmiger, tiefer Zentralhöhle und ziemlich dicker Deckschicht mit Sternnadeln. Ob. Jura. *C. articulata* Goldf. sp.

a b

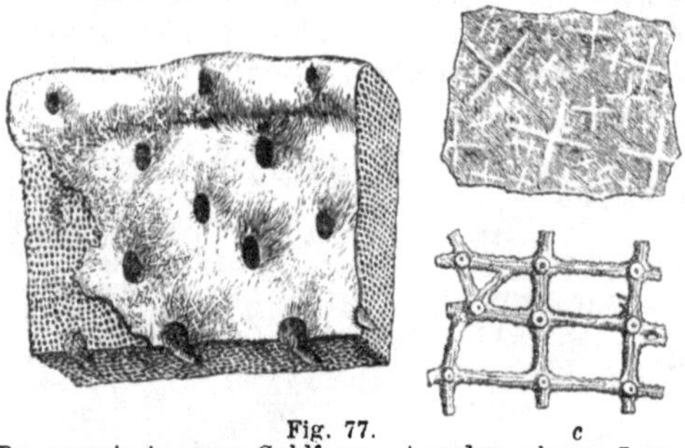

c

Fig. 77.
Porospongia impressa Goldf. sp. Aus dem oberen Jura von Muggendorf in Franken. *a* Fragment in nat. Gr. *b* Deckschicht 6/1. *c* Skelett 12/1.

Porospongia d'Orb. (Fig. 77). Plattig ausgebreitet, seltener knollig oder zylindrisch, auf der Oberseite mit grofsen Öffnungen von kurzen, blind endigenden Ausfuhrröhren. Die mit Osculis versehene Seite ist von einer dichten oder fein porösen Kieselhaut überzogen, worin Kreuznadeln und Achsenkreuze von Sechsstrahlern eingebettet liegen. Gitterskelett mit kubischen Maschen; die Kreuzungsknoten nicht durchbohrt. Oberer Jura.

4. Familie. **Ventriculitidae.** Toulmin Smith.

Wand mäandrisch gefaltet; die Falten radiär angeordnet, meist vertikal. Radialkanäle blind. Die Falten der Wand bilden Vertikalfurchen, die entweder offen oder teilweise mit Deckschicht übersponnen sind. Skelettelemente mit durchbohrten Kreuzungsknoten. Oberflächenschicht durch Verdichtung der äufseren Skelettlage gebildet. Wurzel aus verlängerten, durch Querbrücken verbundenen Kieselfasern ohne Achsenkanal bestehend. Jura und Kreide.

Pachyteichisma Zitt. (Fig. 78). Kreisel- oder schüsselförmig, mit sehr dicker, gefalteter Wand. Die Falten sind aufsen durch tief eindringende, innen durch seichte

a b

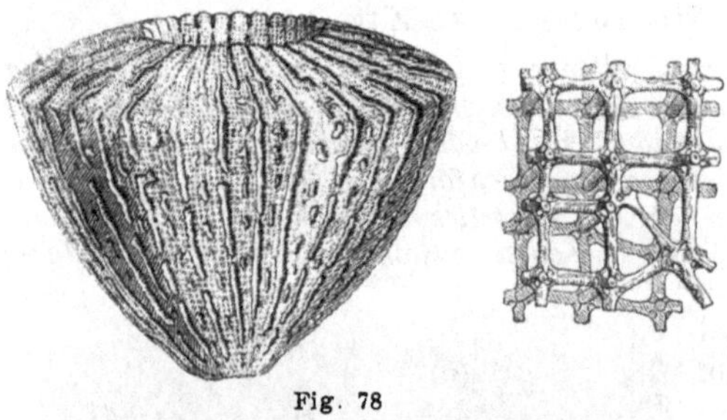

Fig. 78
Pachyteichisma Carteri Zitt. Aus dem oberen Jura von Hohenpölz in Franken.
a Exemplar in 1/2 nat. Gröfse. *b* Skelett 12/1.

a

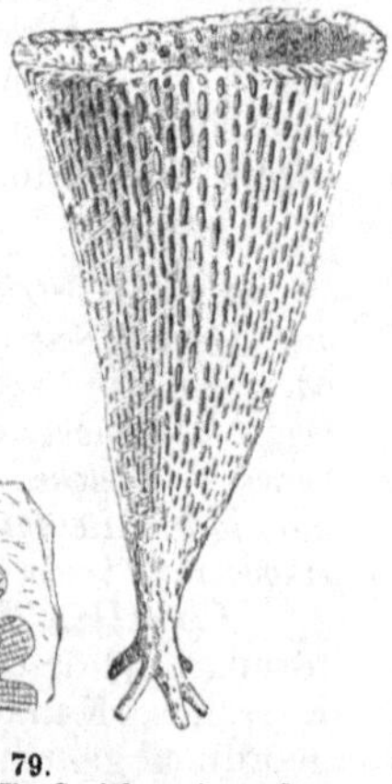

c

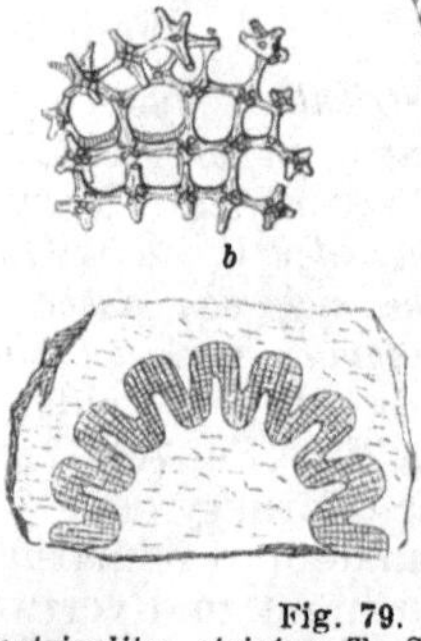

b

Fig. 79.
Ventriculites striatus T. Smith. Aus der Quadratenkreide von Linden bei Hannover. *a* Exemplar in 1/2 nat. Gröfse. *b* Horizontaler Durchschnitt in nat. Gröfse. *c* Skelett 12/1.

Furchen geschieden. Skelett sehr regelmäfsig. Wurzel und Deckschicht fehlen. Ob. Jura.

Ventriculites Mant. (Fig. 79). Schüssel-, teller-, becher-, zylinder- oder trichterförmig mit weiter Zentralhöhle. Wand dünn gefaltet; die Falten innen und aufsen durch Vertikalfurchen getrennt und dicht aneinander gedrängt. Skelet mehr oder weniger regelmäfsig gitterförmig. Verdichtete Deckschicht und Wurzel vorhanden. Häufig in der mittleren und oberen Kreide.

Schizorhabdus, Rhizopoterion, Polyblastidium Zitt., *Sporadoscinia* Pomel, *Lepidospongia* Roem. etc. in der Kreide.

5. Familie. **Coeloptychidae** Zitt.

Schirm- oder pilzförmig gestielt. Wand dünn, mäandrisch gefaltet. Falten radial angeordnet, gegen den Aufsenrand des Schirms gegabelt, auf der Unterseite unbedeckt. Seitenwand und Oberfläche des Schirms von einer porösen Deckschicht überspannt, welche die Falten vollständig verhüllt. Kanalostien auf den Faltenrücken der Unterseiten. Skelett sehr regelmäfsig, die Kreuzungsknoten durchbohrt, die Arme der Sechsstrahler mit feinen, stachligen Fortsätzen.

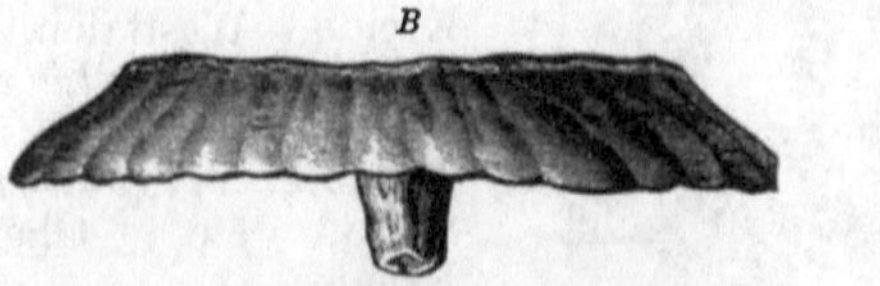

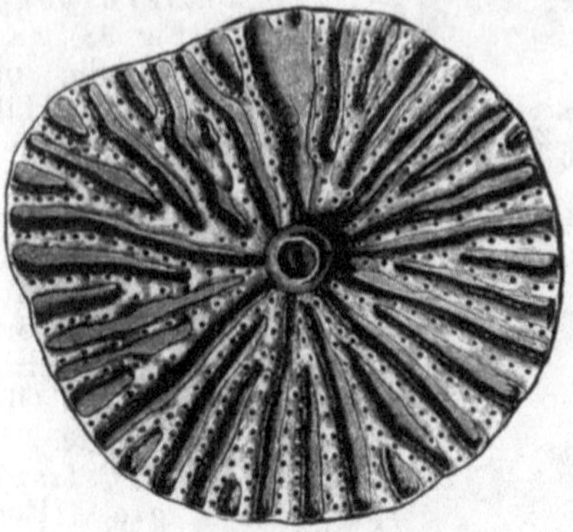

Fig. 80.
Coeloptychium agaricoides Goldf. Ob. Kreide. Vordorf bei Braunschweig.
A Von oben. *B* Von der Seite. *C* Von unten $^2/_3$ nat. Gröfse. *D* Skelett $^{60}/_1$.

Einzige Gattung *Coeloptychium* Goldf. (Fig. 80) in der oberen Kreide von Norddeutschland, England, Südrufsland.

6. Familie. **Maeandrospongidae** Zitt.

Schwammkörper aus dünnwandigen, vielfach verschlungenen und teilweise verwachsenen Röhren oder Blättern zusammengesetzt, welche knollige, birnförmige, becherförmige oder strauchartig verästelte Stöcke bilden. Zwischen den Röhren bleiben gröfsere Löcher oder Zwischenräume frei, die ein sogenanntes Interkanalsystem bilden. Eigentliche Kanäle kaum entwickelt. Deckschicht fehlend oder eine zusammenhängende Kieselhaut auf der Oberfläche bildend.

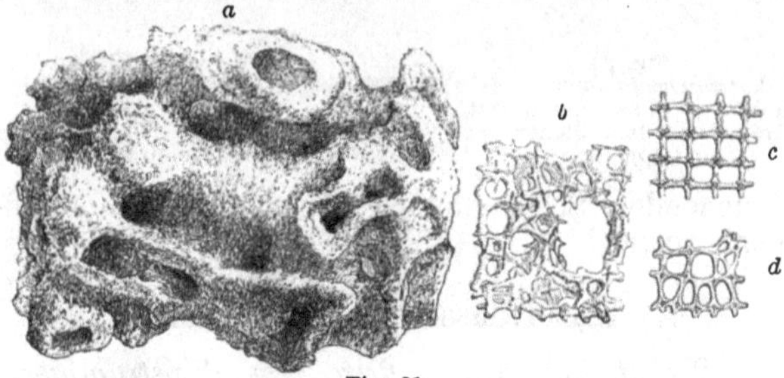

Fig. 81.
Plocoscyphia pertusa Gein. Aus dem Cenoman-Grünsand von Bannewitz.
a Fragment in nat. Gröfse. *b* Oberfläche 5mal vergröfsert.
c Gitterskelett im Innern $^{12}/_1$. *d* Gitterskelett mit dichten Kreuzungsknoten aus der Nähe der Oberfläche $^{12}/_1$.

In der Kreide häufig; auch zahlreiche lebende Gattungen bekannt.

Plocoscyphia Reufs. (Fig. 81). Knollige, kuglige, aus mäandrisch gewundenen, anastomosierenden Röhren oder Blättern bestehende Stöcke.

Wände der Röhren dünn, mit zahlreichen kleinen Kanalostien. Skelett gitterförmig, die Kreuzungsknoten durchbohrt oder undurchbohrt. Kreide.

B

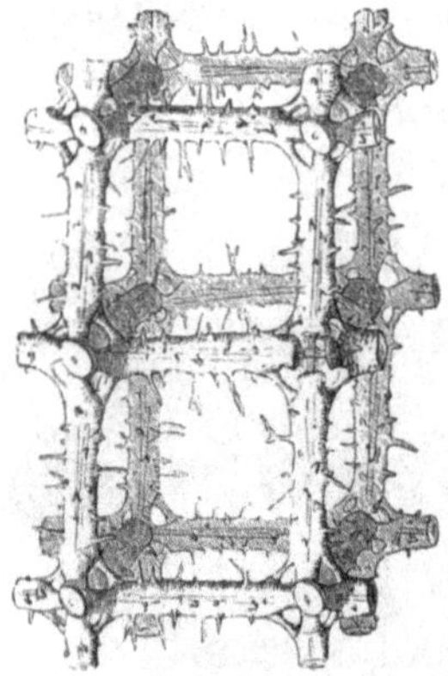

Becksia Schlüter. (Fig. 82). Die dünne Wand des niedrig becherförmigen Schwammes aus vertikalen, radial geordneten und seitlich verwachsenen Röhren bestehend, zwischen denen gröfsere Öffnungen frei bleiben. In der Nähe der Basis bilden die Röhren hohle, stachelartige Fortsätze. Das Gitterskelett sehr regelmäfsig, genau wie bei Coeloptychium. Ob. Kreide. Westfalen.

A

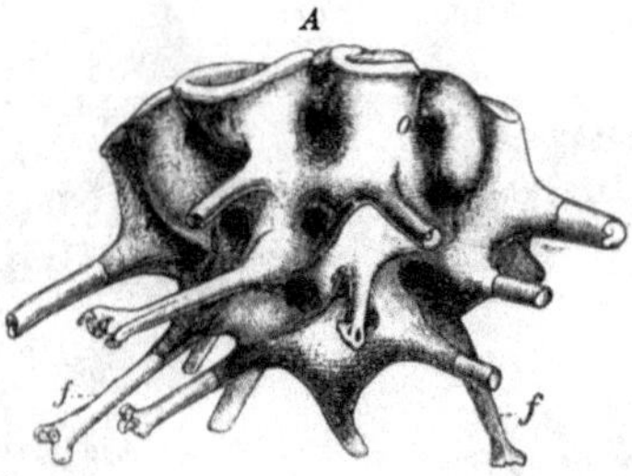

Fig. 82.
Becksia Soekelandi Schlüt. Quadratenkreide, Coesfeld. Westfalen. *A.* Schwammkörper 1/2 nat. Gröfse. ○ Öffnungen. Zwischen den Röhren *f* wurzelartige Röhrenfortsätze. *B.* Skelett 50/1.

Tremabolites Zitt., *Etheridgia* Tate, *Zittelispongia* Sinzoff etc. Obere Kreide.

Camerospongia d'Orb. (Fig. 83). Kuglig, halbkuglig oder birnförmig; ob. Hälfte mit einer glatten Kieselhaut überzogen, im Scheitel mit grofser kreisrunder Vertiefung. Untere Hälfte des Schwammkörpers mit welligen Erhöhungen und Vertiefungen, nach unten in einen Stiel übergehend. Im Innern besteht der Schwammkörper aus dünnwandigen, mäandrisch gewundenen Röhren. Obere Kreide.

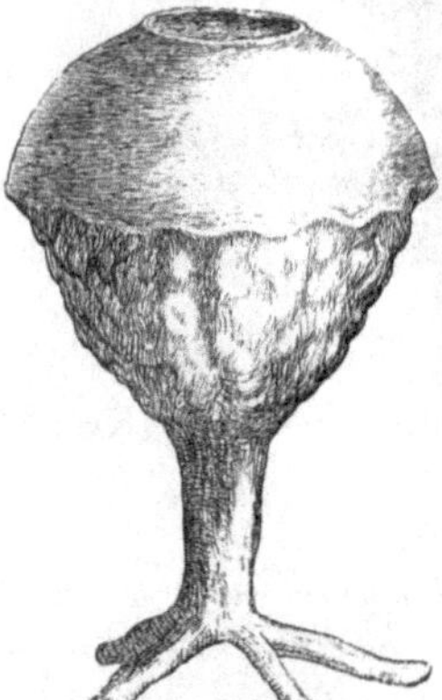

Fig. 83.
Camerospongia fungiformis Goldf. sp. Exemplar in nat. Gröfse aus dem Pläner von Oppeln.

a

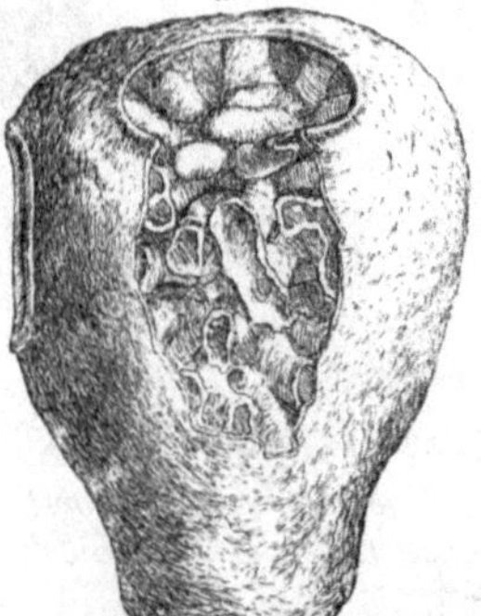

b

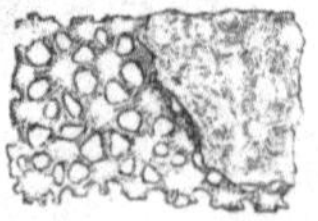

c

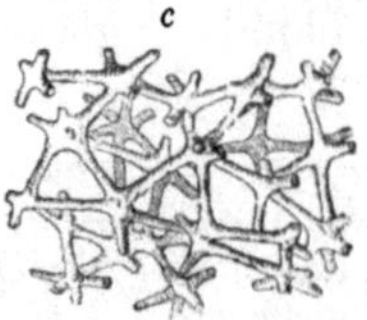

Fig. 84.
Cystispongia bursa Quenst. Aus dem Cuvieri-Pläner von Salzgitter. *a* Exemplar in nat. Gröfse. *b* Deckschicht mit darunterliegender Skelettschicht 12/1. *c* Skelett 12/1.

Cystispongia Roem. (Fig. 84). Wie vorige, jedoch eine dichte Kieselhaut, welche von mehreren grofsen, unregelmäfsig geformten Öffnungen durchbrochen ist, den ganzen, aus Röhren bestehenden Schwammkörper gleichmäfsig umhüllend. Kreide und noch jetzt lebend.

4. Unterklasse. **Calcispongiae.** Kalkschwämme.

Skelett aus Kalknadeln von dreistrahliger, vierstrahliger oder einachsiger Form bestehend.

Die äufsere Form der Kalkschwämme ist ebenso vielgestaltig wie bei den Kieselschwämmen und erinnert am meisten an jene der Lithistiden. Auch das Kanalsystem der dickwandigen Leuconen und Pharetronen besteht ähnlich wie bei den Lithistiden aus einer Zentralhöhle und radialen Abfuhrkanälen, welche in letztere einmünden; dieselben verzweigen sich nach aufsen in zahlreiche Äste, welche in Geifselkammern endigen und von feinen Zufuhrkanälchen gespeist werden. Bei den Syconen wird die Wand von einfachen Radialröhren, bei den dünnwandigen Asconen nur von Löchern durchbohrt.

Die kalkigen Skelettelemente liegen frei im Weichkörper bald einschichtig in einer Ebene (*Ascones*) bald mehr oder weniger deutlich radial, nach dem Verlauf der Kanäle angeordnet (*Sycones*) bald irregulär angehäuft (*Leucones*) bald zu anastomosierenden Faserzügen zusammengedrängt (*Pharetrones*). Am häufigsten sind regelmäfsige Dreistrahler, einachsige, beiderseits zugespitzte Nadeln, etwas spärlicher Vierstrahler.

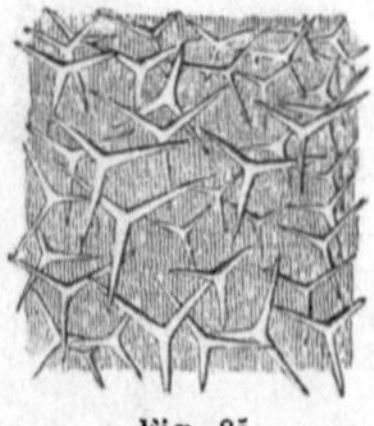

Fig. 85. Dreistrahlige Skelettelemente eines lebenden Asconen $^{80}/_{1}$.

Der Erhaltungszustand der fossilen Kalkschwämme ist wegen der leichten Zerstörbarkeit der Skelettelemente meist ein sehr ungünstiger und zur mikroskopischen Untersuchung ungeeigneter. Die zu Faserzügen vereinigten Dreistrahler und Stabnadeln lassen sich nur in seltenen Fällen deutlich erkennen, sind meistens ganz oder teilweise aufgelöst und zu homogenen oder kristallinischen Kalkfasern umgewandelt (Fig. 88), in denen feine Kalkfädchen von zahlreichen

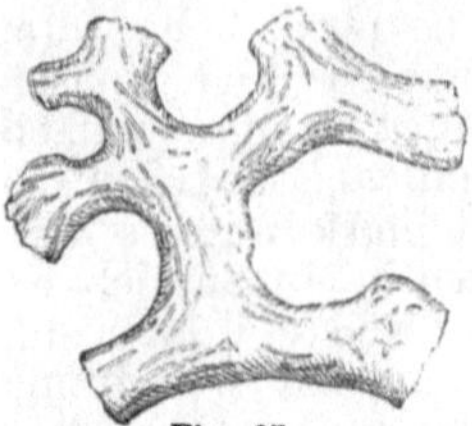

Fig. 87. Faserzüge eines fossilen Kalkschwammes mit teilweise erhaltenen *Spiculae* $^{40}/_{1}$.

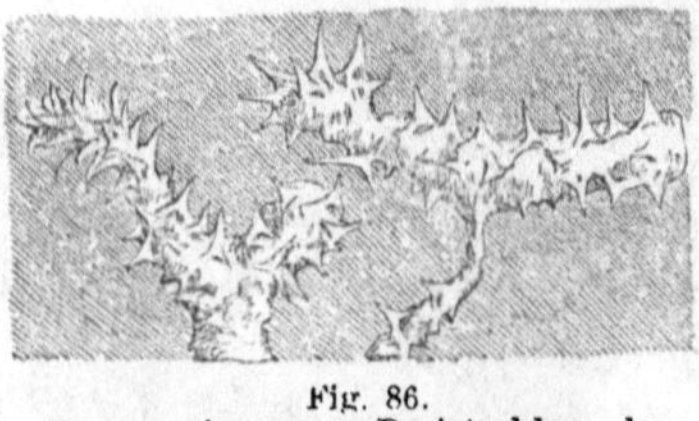

Fig. 86. Fasern eines aus Dreistrahlern bestehenden Kalkschwammes aus dem oberen Jura (*Peronidella cylindrica* Münst. sp.) in 40facher Vergröfserung.

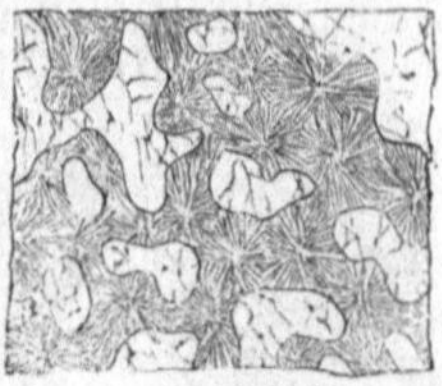

Fig. 88. Fasern eines fossilen Kalkschwammes durch Kristallisation verändert $^{40}/_{1}$.

Kristallisationszentren nach allen Richtungen hin ausstrahlen. Zuweilen wurden solche Kalkskelette nachträglich in Kieselerde umgewandelt. Die kalkige oder kieselige Beschaffenheit eines fossilen Schwammes gewährt darum keinen Aufschlufs über die ursprüngliche Beschaffenheit des Skelettes, da Kieselschwämme infolge des Fossilisationsprozesses ein kalkiges und Kalkschwämme ein kieseliges Skelett erhalten können.

Von den 4 Ordnungen der Kalkschwämme (*Ascones, Leucones, Sycones* und *Pharetrones*) haben nur die zwei letzten für den Paläontologen praktisches Interesse, da von den ersteren entweder keine oder nur ganz vereinzelte fossile Überreste bekannt sind.

1. Ordnung. **Pharetrones.** Zitt.

Wand dick; Kanalsystem wie bei den Lithistiden, zuweilen undeutlich und scheinbar fehlend. Nadeln zu anastomosierenden Faserzügen geordnet; häufig eine glatte oder runzelige Deckschicht vorhanden. Devon bis Kreide. In der Tertiär- und Jetztzeit fehlend.

Eudea Lamx. Zylindrisch, keulenförmig, meist einfach, selten ästig. Zentralhöhle röhrig, eng, bis zur Basis reichend, mit rundem Osculum im Scheitel. Oberfläche mit glatter Dermalschicht, worin Ostien von kurzen Kanälen liegen. Trias und Jura. *E. clavata* Lamx.

Peronidella Zitt. (antea *Peronella* Zitt. non Gray, *Siphonocoelia*, *Polycoelia* From.) (Fig. 89, 90). Zylindrisch, dickwandig, einfach oder ästig. Zentralhöhle röhrig, bis zur Basis reichend; letztere zuweilen mit dichter Deckschicht überzogen, die übrige Oberfläche fein porös. Ein deutliches Kanalsystem fehlt. Die groben, anastomosierenden Skelettfasern bestehen aus dichtgedrängten, zusammengepackten Dreistrahlern und Einstrahlern. Selten im Devon (*Scyphia constricta* Sandb.); häufig in Trias, Jura und Kreide.

Fig. 89. *Peronidella cylindrica* Mst. sp. Aus dem ob. Jura von Muggendorf in 1/2 nat. Größe.

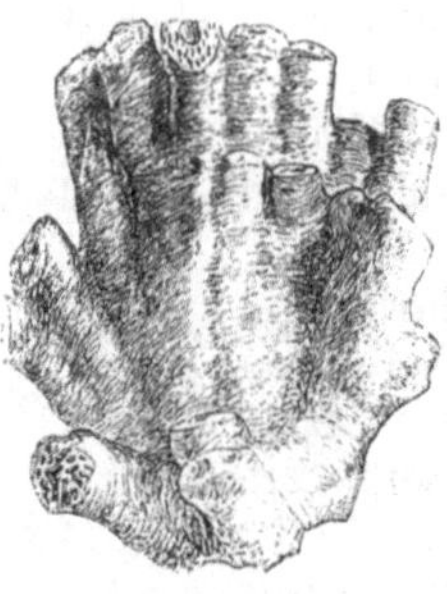

Fig. 90. *Peronidella dumosa* From. sp. Aus dem Hils von Berklingen in Braunschweig. Nat. Größe.

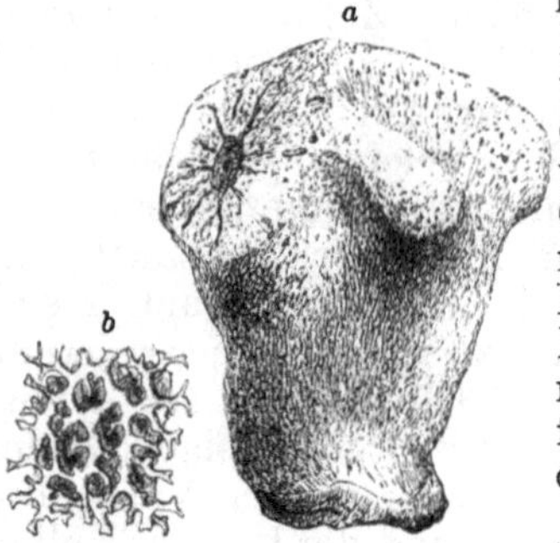

Fig. 91. *Corynella Quenstedti* Zitt. Aus dem Coralrag von Nattheim. *a* Exemplar in nat. Größe. *b* Skelettfasern 4 mal vergrößert.

Eusiphonella Zitt. (Fig. 92). Wie vorige, jedoch dünnwandiger, mit weiter, bis zur Basis reichender Zentralhöhle, deren Wand mit vertikalen Reihen von Radialkanalöffnungen bedeckt ist. Oberfläche porös. Ob. Jura.

Corynella Zitt. (Fig. 91). Kolbenförmig, zylindrisch oder kreiselförmig, dickwandig, einfach oder zusammengesetzt. Zentralhöhle trichterförmig, seicht, nach unten in ein Bündel vertikaler, verzweigter Röhren aufgelöst; die Scheitelöffnung häufig von radialen Furchen umgeben. Oberflächenporen mit stark verästelten Radialkanälen kommunizierend, welche sich nach innen in stärkere Äste vereinigen und in die Zentralhöhle münden. Häufig in Trias, Jura und Kreide.

Fig. 92. *Eusiphonella Bronni* Mst. sp. Aus dem Coralrag von Nattheim. Nat. Größe.

Fig. 93. *Oculospongia tubulifera* Goldf. sp. Aus dem Kreidetuff von Maestricht. Nat. Größe.

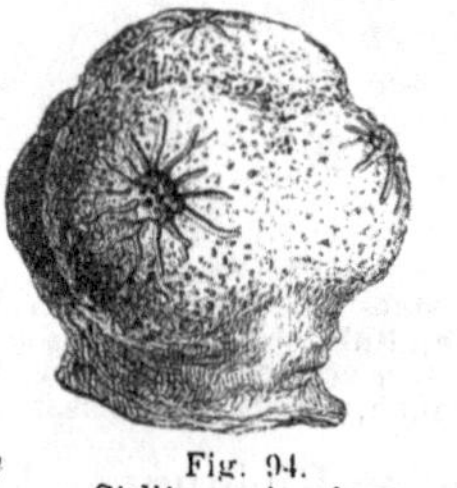

Fig. 94. *Stellispongia glomerata* Quenst. sp. Aus dem Coralrag von Nattheim. Nat. Größe.

Stellispongia d'Orb. (Fig. 94). Meist zusammengesetzte, aus halbkugligen oder birnförmigen, kurzen Individuen zusammengesetzte Stöcke, deren Basis mit dichter Deckschicht überzogen ist. Scheitel gewölbt, mit seichter, von Radialfurchen umgebener Zentralhöhle, an deren Basis und Seiten die Öffnungen der Radial- und Vertikalkanäle münden. Skelett aus kurzen, stumpfen, gebogenen Einstrahlern sowie aus Drei- und Vierstrahlern zusammengesetzt. Trias. Jura.

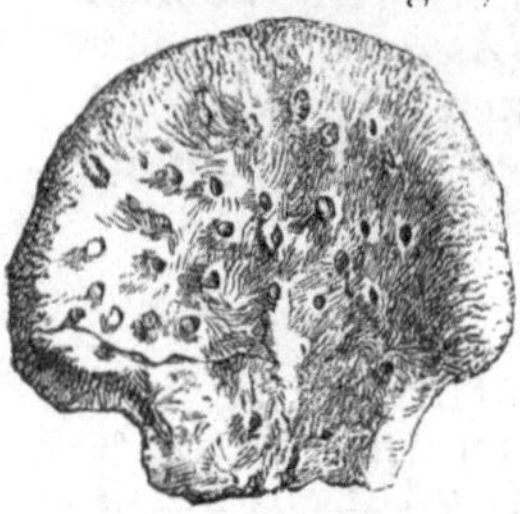

Fig. 95. *Elasmostoma acutimargo* Roem. Aus dem Hils von Berklingen in nat. Größe von oben.

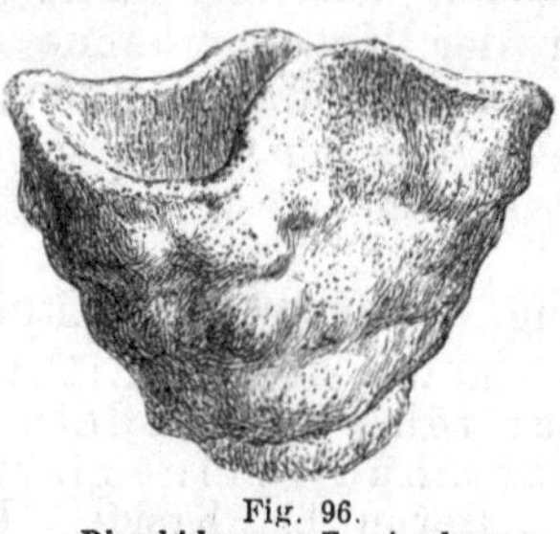

Fig. 96. *Rhaphidonema Farringdonense* Sharpe sp. Unt. Kreide (Aptien). Farringdon. England. 2/3 nat. Größe.

Holcospongia Hinde. Jura. Kreide. *Sestromostella* Zitt. Trias bis Kreide; *Synopella* Zitt. Kreide; *Oculospongia* From. (Fig. 93); *Diplostoma* From. Kreide etc.

Elasmostoma From. (Fig. 95). Blatt-, ohrförmig bis trichterförmig. Obere (resp. innere) Seite mit glatter Deckschicht, worin große seichte Oscula liegen. Unterseite porös. Kreide.

Rhaphidonema Hinde (Fig. 96). Becher-, trichter- oder gewunden blattförmig. Innen-(Ober-)Seite glatt mit sehr kleinen Osculis oder Poren. Aufsenseite rauh, porös. Kanalsystem undeutlich. Trias, Jura, Kreide.

Pachytilodia Zitt. Trichterförmig, dickwandig, Basis mit glatter Deckschicht; sonstige Oberfläche ohne Oscula. Skelett aus sehr groben, anastomosierenden Faserzügen bestehend. Kreide. *Scyphia infundibuliformis* Goldf.

2. Ordnung. **Sycones.** Häckel.

Wand mit einfachen, radial gegen die Magenhöhle gerichteten und in diese mündenden Kanälen. Skelettnadeln regelmäfsig angeordnet.

Meist kleine, zierliche, in seichtem Wasser lebende Formen.

Protosycon Zitt. aus dem oberen Jura von Streitberg stimmt in der Anordnung der Radialkanäle mit den lebenden Syconen überein, ist klein und zylindrisch-konisch.

Zu den Syconen rechnet Rauff auch die von Steinmann (Jahrb. f. Mineralog. 1882. II. 139) als *Sphinctozoa* beschriebenen Kalkschwämme, welche sich durch eine höchst bemerkenswerte Segmentierung, wie sie auch bei der Lithistidengattung *Casearia* vorkommt, von allen übrigen Kalkschwämmen unterscheiden. Die ältesten hierher gehörigen Formen sind *Sollasia*, *Amblysiphonella* und *Sebargasia* Steinm. aus dem Kohlenkalk von Asturien. In der Trias von St. Cassian und der Seelandalp bei Schluderbach kommen *Colospongia* Laube, *Thaumastocoelia*, *Cryptocoelia* Steinm. vor.

In der unteren und mittleren Kreide finden sich *Thalamopora* Roem. und *Barroisia* Steinm. (*Verticillites* Zitt. non Defr., *Sphaerocoelia* Steinm.)

Barroisia (Fig. 97) kommt bald in einfachen, zylindrischen oder keulenförmigen Individuen, bald zu buschigen Stöcken vereinigt vor. Die Oberfläche zeigt häufig Einschnürungen, der Scheitel ist gewölbt und mit zentralem Osculum versehen, die Zentralhöhle röhrenförmig. Die zylindrischen Individuen bestehen aus dünnwandigen, halbkugligen oder flachen Segmenten, die in der Art übereinander folgen, dafs die Decke jedes Segmentes zugleich den Boden des folgenden bildet. Die Wand ist allenthalben von einfachen Röhrenkanälen durchbohrt und besteht aus Faserzügen von dreistrahligen Nadeln. *B. helvetica* Lor. sp. Aptien. La Presta.

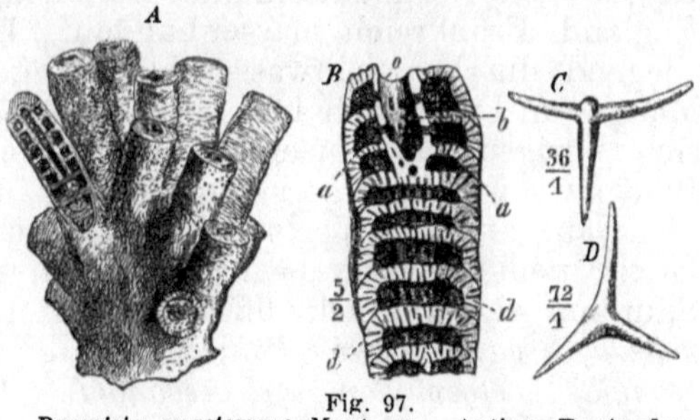

Fig. 97.
Barroisia anastomans Mant. sp. Aptien. Farringdon. Berkshire. ***A*** Ein buschiger Stock zum Teil angeschnitten nat. Gröfse. ***B*** Ein Einzelindividuum schräg durchgeschnitten $^5/_2$. ***a*** Grenzlinie zweier Segmente, ***b*** Zentralröhre, ***o*** terminale Öffnung der Zentralröhre, ***d*** Radialkanäle. ***C, D*** Dreistrahler aus dem Skelett $^{72}/_1$ (nach Steinmann).

Zeitliche und räumliche Verbreitung der fossilen Spongien.

Die phylogenetische Entwicklung der *Myxospongia, Ceratospongia* und eines Teiles der *Silicispongiae* wird wegen der ungünstigen Organisation dieser Formen für die fossile Erhaltung stets in Dunkel gehüllt bleiben. Immerhin beweisen jedoch isolierte Nadeln, dafs *Monactinellida* und *Tetractinellida* schon in den paläozoischen Meeren vorhanden waren;

in Trias, Jura und Kreide setzen sie zuweilen ganze Schichten zusammen und nahmen an der Entstehung von Hornstein, Chalcedon und Feuerstein sicherlich erheblichen Anteil. Im Tertiär finden sich Nadeln, die auf noch jetzt existierende Gattungen zurückgeführt werden können, ziemlich häufig.

Bemerkenswert ist die geologische Verbreitung der drei am besten erhaltungsfähigen Spongiengruppen: der Lithistiden, Hexactinelliden und Kalkschwämme. Die lebenden Vertreter der zwei ersten Ordnungen bewohnen tiefe oder doch mäſsig tiefe Gewässer, die Kalkschwämme bevorzugen seichte Küstenstriche. Da sich auch die fossilen Kalkschwämme fast nur in mergligen, tonigen oder sandigen Ablagerungen von entschieden litoralem Charakter finden, die fossilen Lithistiden und Hexactinelliden aber vorzugsweise in Kalksteinen vorkommen, in denen Kalkschwämme fehlen, so läſst sich daraus schlieſsen, daſs auch die fossilen Spongien ähnlichen Existenzbedingungen unterworfen waren wie ihre jetztlebenden Verwandten.

Von Lithistiden enthält das Cambrium die Gattungen *Archaeoscyphia* und *Nipterella*, das untere und obere Silur von Europa und Nordamerika eine Anzahl *Tetracladina* (*Aulocopium*) und *Eutaxicladina* (*Astylospongia, Palaeomanon, Hindia*) sowie vereinzelte *Rhizomorina*. Im Karbon folgen spärliche Reste von Rhizomorinen und Megamorinen, aber erst im oberen Jura, insbesondere in den Spongitenkalken von Franken, Schwaben, der Schweiz, des Krakauer Gebietes entfalten die Lithistiden einen erstaunlichen Formenreichtum und setzten zuweilen ganze Schichtenkomplexe zusammen. Sie finden sich nur vereinzelt in der unteren Kreide, treten aber im Pläner, Grünsand und der oberen Kreide von Norddeutschland, Böhmen, Polen, Galizien, Südruſsland, England, Frankreich massenhaft auf. Das Tertiär ist fast überall vorwiegend durch Seichtwasserablagerungen vertreten und darum der Mangel an Lithistiden und Hexactinelliden nicht auffallend. Sie finden sich übrigens an einzelnen Lokalitäten wie im oberen Miocän bei Bologna sowie in Algerien und Oran in Nordafrika.

Ganz ähnliche Verbreitung wie die Lithistiden, besitzen auch die Hexactinelliden. Sie beginnen schon im oberen Cambrium und im Silur mit eigentümlich differenzierten Lyssacinen (*Protospongia, Phormosella, Cyathophycus, Palaeosaccus, Plectoderma, Pattersonia, Brachiospongia, Dictyophyton, Astraespongia*). Die gleichen Gruppen dauern auch im Devon fort, wo namentlich *Dictyophyton* und Verwandte in Nordamerika starke Verbreitung erlangen. Der Kohlenkalk enthält einige aberrante Lyssacinen, die Hinde als Heteractinelliden von den Haxactinelliden trennte. Im mesozoischen und känozoischen Zeitalter fällt die geologische Verbreitung der Hexactinelliden fast genau mit jener der Lithistiden zusammen; doch gibt es hin und wieder Ablagerungen, welche vorherrschend aus Hexactinelliden und andere, die fast nur aus Lithistiden zusammengesetzt sind.

Wesentlich abweichend verhalten sich die Kalkschwämme, von denen nur die Pharetronen und Syconen für den Geologen in Betracht kommen. Die ältesten Vertreter derselben finden sich ganz vereinzelt im mittleren Devon und Kohlenkalk. Sie erscheinen in groſser Mannigfaltigkeit in der alpinen Trias (St. Cassian und Seeland-Alp), fehlen dagegen der auſseralpinen Trias fast gänzlich. Im Jura erscheinen sie in mergeligen Schichten des Dogger (Ranville, Schwaben), sowie in gewissen Ablagerungen des weifsen Jura (Terrain à Chailles, Coralrag von Nattheim, Sontheim u. a. O.) in Süddeutschland und der Schweiz. Die untere Kreide, namentlich das Neocom von Braunschweig, des Schweizerischen Juragebirges und des Pariser Beckens, ferner das Aptien von La Presta bei Neuchâtel und Farringdon in Berkshire und die mittlere Kreide (Cenomanien) von Essen, Le Mans und Hâvre zeichnen sich durch ihren Reichtum an wohl erhaltenen Pharetronen und einer geringeren Anzahl sphinctozoer Sykonen aus. Dagegen fehlen beide Gruppen im Tertiär, wo übrigens vereinzelte, isolierte, kalkige Dreistrahler die Anwesenheit von Calcispongien da und dort verraten. Die Pharetronen scheinen mit Schlufs der Kreideformation verschwunden zu sein.[1])

2. Unterstamm.

Cnidaria. Nesseltiere.

Die *Cnidaria* oder *Nematophora* besitzen einen radial symmetrischen Körper mit endständiger, von fleischigen Tentakeln umstellter Mundöffnung. Das Ectoderm (zuweilen auch das Entoderm) ist mit Nesselzellen (Cnidoblasten) erfüllt, welche eine ätzende Flüssigkeit enthalten und in einen fadenförmigen hohlen Fortsatz auslaufen. Das Mesoderm fehlt zuweilen gänzlich, dagegen sind Ectoderm und Entoderm stark entwickelt; ersteres scheidet häufig Kalk und Hornsubstanz aus, beide zusammen liefern die Muskeln und Nerven, das Entoderm die Geschlechtsorgane.

Man unterscheidet zwei Klassen: *Anthozoa* und *Hydrozoa.*

1. Klasse. Anthozoa. Korallentiere.[2])

Meist festsitzende, zylindrische Strahltiere mit einem von Tentakeln umstellten Mund, Schlundrohr und Leibeshöhle. Letztere durch vertikale Fleischlamellen (Mesenterialfalten) in radiale Kammern geteilt. Häufig ein kalkiges oder horniges Skelet vorhanden.

Die einzelnen Korallentiere (Polypen) haben die Form eines zylindrischen Schlauches, an dessen einem Ende in einer fleischigen

[1]) An die Spongien und zwar an die Hexactinelliden wurden von Hinde die in silurischen und devonischen Ablagerungen verbreiteten Receptaculiden angeschlossen. Es sind dies freie, kugelige bis birnförmige, ringsum geschlossene Körper mit zentralem Hohlraum, deren kalkige Wand aus quincunxial angeordneten Elementen zusammengesetzt ist. Letztere bestehen aufsen aus einem rhombischen Täfelchen mit vier kreuzförmigen Tangentialarmen und einem senkrecht nach innen gerichteten Stiel. Die systematische Stellung dieser rätselhaften Fossilien (*Receptaculites, Leptopoterion, Pasceolus, Ischadites, Polygonosphaerites*) ist gänzlich unsicher; sie wurden von Gümbel mit Kalkalgen (Dactyloporiden), von anderen mit Foraminiferen oder Spongien verglichen und von Rauff (Abhandlungen k. bayer. Ak. II. Kl. 1892. Bd. XVII) monographisch bearbeitet. (Vgl. *Girty* 14th Rep. State Geol. Albany 1894).

[2]) Literatur:

Milne-Edwards, H., et *Haime, J.*, Histoire naturelle des Coralliaires. 3 Bände mit Atlas. Paris 1857—1860.

„ Monographie des Polypiers foss. des terrains paléozoiques. Arch. du Museum Paris. vol. V. 1851.

„ Monograph of the British fossil Corals. Palaeontogr. Soc. 1849—64.

Platte die meist spaltförmige oder ovale Mundöffnung sich befindet. Von den mit Tentakeln umstellten Mund führt eine geschlossene Röhre (Schlundrohr) in die Leibeshöhle. Die äufsere Umhüllung (Derma) des Körpers, deren Teile als Seitenwand (Pallium), Mundscheibe (Diskus) und Basalblatt oder Fufs bezeichnet werden, besteht aus Ectoderm und Entoderm und einer dünnen Schicht von Mesoderm. Von der Seitenwand ragen 6, 8 oder mehr radial angeordnete vertikale Blätter (Mesenterialfalten, Sarkosepten) (Fig. 98, 99) in die Leibeshöhle und zerlegen dieselbe in eine Anzahl nach innen geöffneter Kammern (Mesenterialfächer, Radialtaschen), die sich nach oben in hohle Tentakeln verlängern. Die Mesenteriallamellen enthalten die Generationsorgane, sind auf beiden Seiten mit Muskelfasern bedeckt und am krausen Innenrand von Mesenterialfäden eingefafst. Die Muskelfasern verlaufen auf einer Seite der Mesenteriallamellen transversal, auf der anderen Seite longitudinal; letztere bilden meist eine Verdickung (Muskelfahne), deren Anordnung für die Systematik von grofser Wichtigkeit ist, indem sie bei allen Anthozoen eine bilaterale Symmetrie zum Ausdruck bringt und dadurch die Orientierung der Antimeren erleichtert. Teilt man nämlich ein Korallentier in der Richtung der Mundspalte in zwei Hälften, so besitzen bei den Octokorallen (Fig. 98) alle Lamellen der rechten Hälfte ihre Muskelverdickungen auf der rechten, die der linken Hälfte auf der linken Seite; bei den Hexakorallen (Fig. 99) sind die Sarkosepten paarweise gruppiert, indem je zwei benachbarte Septen einander ihre Muskelfahnen zukehren. Von dieser Regel machen häufig zwei, in der Verlängerung der Mundspalte gelegene Septenpaare eine Aus-

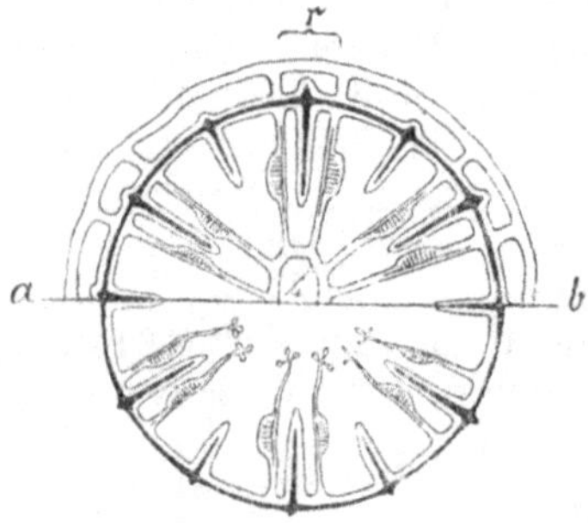

Fig. 99.
Schematischer Querschnitt durch den Weichkörpers einer Hexakoralle. In der oberen Hälfte (über der Linie *a*—*b*) ist der Schnitt durch das Schlundrohr *s*, in der unteren Hälfte unter demselben geführt. Das Kalkskelet ist durch schwarze Linien angedeutet. *r* Richtungssepten (nach R. Hertwig).

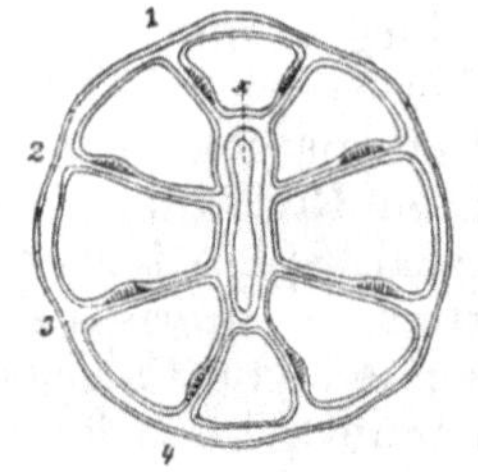

Fig. 98.
Schematischer Querschnitt durch den Weichkörper (einer Octokoralle *Alcyonium*). *x* Schlund, *1, 2, 3, 4* die Mesenteriallamellen der linken Seite (nach R. Hertwig).

Duncan, M., ibid. 1865—69 und 1872. — Revision of the Families and Genera of the Sclerodermic Zoantharia or Madreporaria. Journ. Linnean Soc. London. Zoology. 1884. vol. XVIII.
Fromentel, E. de, Introduction à l'étude des Polypiers fossiles. Paris 1858—1861.
„ Zoophytes. Paléontologie française. 1861—1887.
Reuss, A. E., Sitzungsbericht der Wiener Akad. 1859, 1864, 1865, 1870 und Denkschriften Bd. VII, XXIII, XXVIII, XXIX, XXXI, XXXIII.
Koch, G. v. das Skelet der Steinkorallen. Festschrift für C. Gegenbaur. 1896.
„ über die Entwicklung des Kalkskeletes von Astroides. Mitteilungen aus der zoolog. Station zu Neapel. 1882. III.
„ über das Verhältnis von Skelet und Weichteilen bei den Madreporarien. Morphol. Jahrb. XII. 1887.
Ogilvie Maria. Microscopic and systematic Study of Madreporarian types of corals. Philos. Trans. R. Soc. London 1896. Bd. 187.
Quenstedt, F. A., Petrefactenkunde Deutschlands. Bd. VI. 1885. Röhren- und Sternkorallen.

nahme, indem sie die Muskelfahnen auf den abgewandten Seiten tragen und dadurch als sogenannte Richtungssepten die Sagittalaxe des Körpers anzeigen.

Während gewisse Anthozoen einen vollständig weichen Körper besitzen, scheiden andere kalkige, hornige oder hornig-kalkige Skelette aus. Die einfachste Form der Skelettbildung besteht darin, daſs im Ektoderm winzige, rundliche, zylindrische, nadelförmige oder knorrige Kalkkörperchen (Spiculae) entstehen, die in das Mesoderm eindringen und isoliert in groſsen Massen im Körper verteilt bleiben (viele *Alcyonaria*). Bei manchen Formen (*Corallium*, *Mopsea*, *Tubipora*) werden die Spiculae durch kalkige oder hornige Zwischensubstanz fest miteinander verkittet und bilden entweder Röhren (*Tubipora*) oder, wenn sie hauptsächlich an der Basis ausgeschieden werden, Basalplatten oder Achsen, in deren fleischiger Rinde die Knospen der Kolonie aussprossen (Fig. 100). Zuweilen bestehen diese Achsen auch vollständig aus Hornsubstanz ohne alle Beimischung von Kalkkörperchen.

Fig. 100.
Corallium rubrum Lam. (nach Lacaze-Duthiers). Stück eines Zweiges der roten Edelkoralle der Länge nach aufgeschnitten, und ein Teil der fleischigen Rinde (Coenosark) mit drei Polypen zurückgeschlagen.

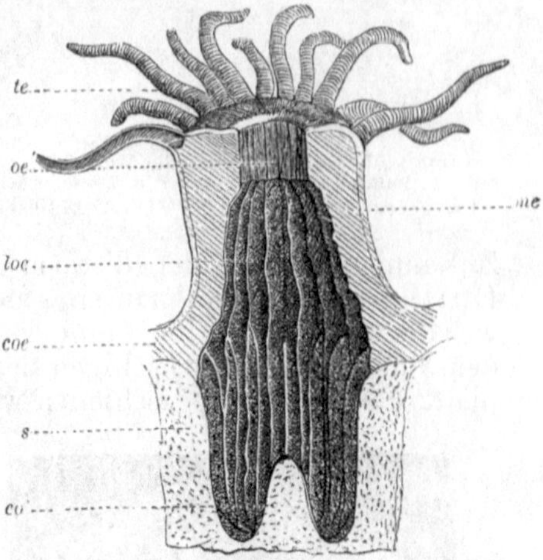

Fig. 101.
Astroides calycularis Lamx. sp. Aus dem Mittelmeer (nach Lacaze-Duthiers). Polypentier mit kalkigem Skelett, der Länge nach durchgeschnitten und vergröſsert.
te Tentakeln. *oe* Magenrohr. *me* Mesenterialfalte. *loc* Mesenterialfächer. *coe* Coenosark. *s* Septa. *col* Säulchen.

Bei den sogenannten Steinkorallen (*Madreporaria*, Fig. 101 u. 102) entsteht ein zusammenhängendes Kalkskelett in der Weise, daſs am unteren Ende des fleischigen Polypen in radialen Einstülpungen des Ektoderms zwischen je zwei Mesenterialblättern kleine rundliche, elliptische oder polygone Kalkkörperchen ausgeschieden werden, welche sich in radialer Richtung aneinander reihen und nach und nach, indem sich immer weitere Kalkkörperchen in vertikaler Richtung auf und neben den zuerst entstandenen einfügen, senkrechte Sternleisten oder Septen (Septa, cloisons) bilden. Gleichzeitig verkalkt auch, wenn das Polypentier aufgewachsen ist, die Basis. Während aber die Basalplatte auſserhalb der fleischigen Umhüllung des Tieres vom Ektoderm ausgeschieden wird und aus einer Menge winziger, dicht zusammengedrängter Kalkkörperchen besteht, erheben sich die Septa auf der Basalplatte und liegen in vertikalen Radialfalten der Rumpfwand. Ebenso kann von der fleischigen Aufsenwand in einer ringförmigen Falte eine kalkige Mauer oder Wand (theca, muraille) ausgeschieden werden (*Euthecalia*, Fig. 103). Eine falsche Wand (Pseudotheca) entsteht in vielen Fällen durch einfache Verdickung und

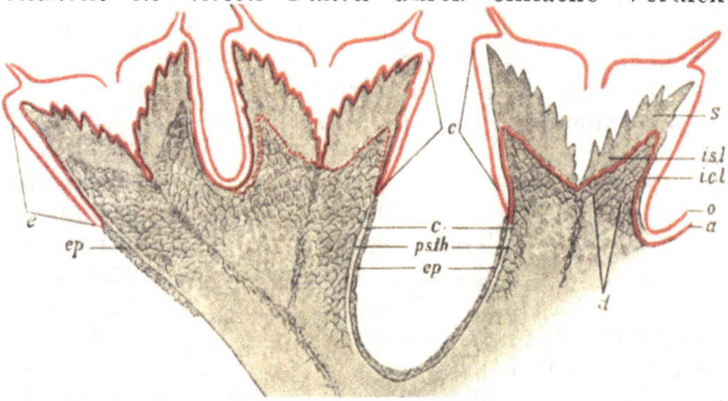

Fig. 102.
Schematischer Querschnitt durch Mussa.
Die rote Linie *o a* und *e* zeigt die Weichteile an. (*o* Oberrand, *a* aborale Begrenzung der Fleischteile, *e* Randplatte), *s* Septum, *c* Rippe (Costa), *isl* Interseptalkammer, *icl* Intercostalkammer, *psth* Pseudothek, *ep* Epithek, *d* Querblättchen (nach Ogilvie).

Zusammenwachsen der distalen Enden der Septen (Fig. 104). Als Epithek bezeichnet man eine meist glatte oder runzelige Deckschicht, welche nach Koch nur eine Fortsetzung der Fufsplatte ist und auf der Aufsenseite der fleischigen Seitenwand durch die sogenannte Randplatte (edge-plate) abgeschieden wird. Sie legt sich häufig unmittelbar

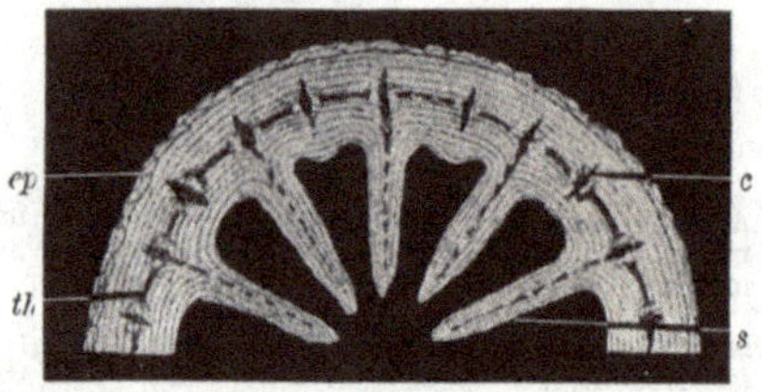

Fig. 103.
Schematischer Querschnitt durch einen Kelch mit dicker Wand (Typus der Euthecalia) *s* Septa, *th* Mauer (Theca), *cp* Epithek, *c* Verkalkungszentra (nach M. Ogilvie).

Fig. 104.
Schematischer Querschnitt durch einen Kelch mit Pseudotheca (Typus der Pseudothecalia). *s* Septum, *c* Costa, *psth* Pseudothek, *ep* Epithek (nach M. Ogilvie).

auf die Mauer oder ist von derselben getrennt, wenn die Septen als sogenannte Rippen (costae) über die Mauer vorragen. Befinden sich auf der Wand vorspringende vertikale Rippen, die den Zwischenräumen der Septen entsprechen, so nennt man dieselben Pseudocostae oder Rugae.

Die Zahl der Mesenterialfalten und der in den Kammern entstehenden Septen zeigt innerhalb der verschiedenen Unterklassen, Ordnungen, Gattungen und Arten grofse Gesetzmäfsigkeit und vermehrt sich in der Regel mit zunehmendem Alter in der Weise, dafs sich gleichzeitig mit den neu gebildeten Kammern immer neue Kreise von Sternleisten einschalten. Zahl und Vermehrung der Septa liefern treffliche systematische Merkmale. In der Regel entstehen zuerst 4, 6, 8 oder 12 Primärleisten, zwischen welchen sich alsdann sukzessive die Zyklen der zweiten, dritten, vierten u. s. w. Ordnung einschalten. Der Oberrand der Septen ist bald gezackt, gezähnelt oder gekörnelt bald glatt und steigt bogenförmig oder schräg von dem vertieften Zentrum der Zelle gegen die Wand an. Der durch den Oberrand der Septen gebildete, offene, in der Mitte eingesenkte Teil des Kalkgerüstes heifst der Kelch (Calyx).

Die Seitenwände der Septen sind selten glatt, häufiger mit zerstreuten Granulationen oder Körnchenreihen bedeckt. Die Körnchen folgen meist parallelen oder etwas divergierenden Längsstreifen auf den Seiten der Septen; diese Längsstreifen heifsen Trabekeln (Poutrailles) (vgl. Fig. 105). Berühren sich diese Trabekeln allseitig, so werden die

Fig. 105.
Längsschnitt durch einen Zacken des Oberrandes von Mussa, von der Seite (stark vergr.) *tr* Trabekeln, *sr* Randzacken, *z* Zuwachslinien (nach Ogilvie).

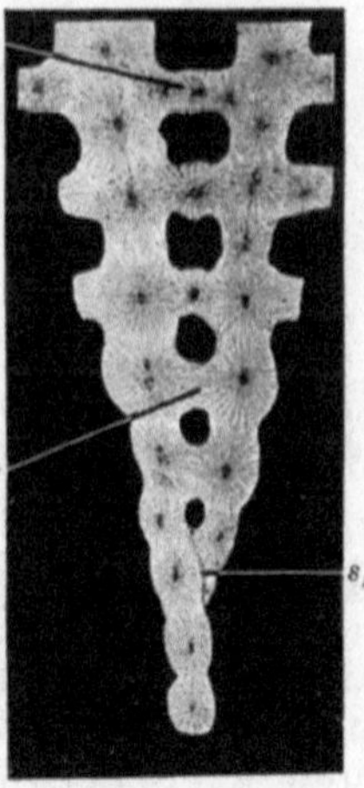

Fig. 106.
Querschnitt durch zwei durch Synaptikeln (*syn*) verbundene Septen (vergr.) (nach M. Oglivie).

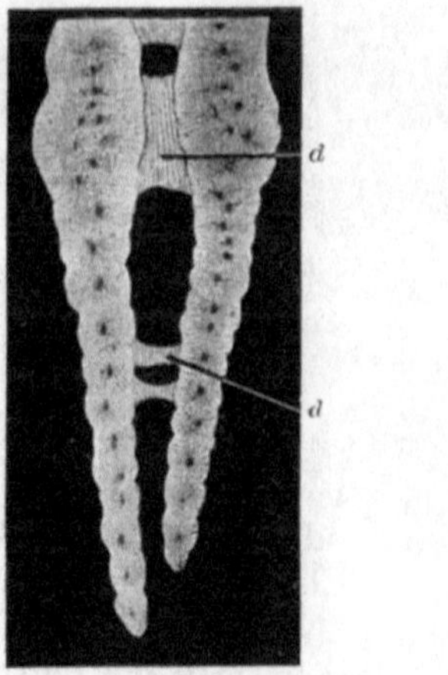

Fig. 107.
Querschnitt durch zwei Septa (*s*), welche durch Querblätter (*Dissepimenta d*) verbunden sind. (Vergr.) (nach M. Ogilvie).

Septen dicht; verschmelzen sie nur teilweise und bleiben Lücken zwischen denselben, so entstehen poröse Septen. Ragen die Körnchen auf den Seiten der Sternleisten als konische oder zylindrische Stäbchen vor, so werden sie Querbälkchen oder Synaptikeln (Fig. 106) genannt. Häufig vereinigen sich die gegenüber stehenden Synaptikeln zweier benachbarten Septen; zuweilen verschmelzen auch die übereinander stehenden Synaptikeln zu vertikalen Leisten (carinae) und verfestigen dadurch den Zusammenhang der Septen. Bei Korallen mit stark entwickelten Synaptikeln oder Querblättern ersetzen diese häufig die alsdann vollständig fehlende Wand (*Athecalia*).

Da sich das Kalkgerüst der Korallen in dem Mafse erhöht, als das Tier nach oben fortwächst, so werden die unteren, von Weichteilen nicht mehr umgebenen Teile nach und nach teils durch verschiedenartige, zwischen den Septen und Rippen ausgeschiedene horizontale oder schräge Kalkblättchen, die sogenannten Querblätter oder Traversen (dissepimenta) (Fig. 107 u. 108), teils durch horizontale, gewölbte oder trichterförmige Böden (Tabulae), die häufig aus der Verwachsung von Traversen hervorgehen, abgeschlossen (Fig. 109). Die Querblätter und Böden sind besonders stark bei zylindrischen Formen entwickelt und bilden häufig ein blasiges oder zelliges Gewebe im innern der Zellen (Fig. 108). Reichen alle oder ein Teil der Septen bis ins Zentrum des Kelches, so können sich ihre inneren Enden zu einem falschen Säulchen verschlingen, zuweilen entsteht aber auch ein echtes Säulchen (Columella, Achse) als ein kompaktes, griffel- oder blattartiges Gebilde, oder es ist aus einem Bündel von griffelförmigen oder gedrehten Stäbchen (Fig. 110) oder aus Schichten dünner Lamellen zusammengesetzt. Unter Pfählchen (palis, paluli) versteht man kleine Vertikallamellen, die sich zwischen das Säulchen und die Enden der Septen entweder in einem (Fig. 110) oder in mehreren Kreisen einschalten.

Fig. 108. *Lonsdaleia floriformis* Lonsd. Mit stark entwickelten Querblättern (Dissepimenta) durch die sogenannte Randplatte (edge plate).

Fig. 110. *Caryophyllia cyathus* Sol. Polyparum der Länge nach durchgebrochen, im Centrum mit einem ächten, von einem Pfählchenkranz umstellten Säulchen.

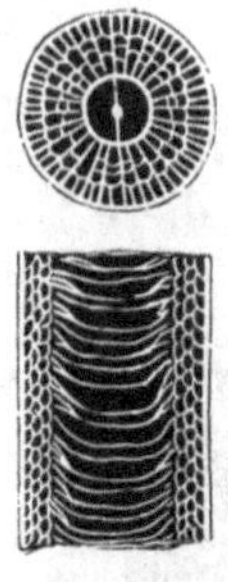

Fig. 109. *Lithostrotion Martini.* Längsschnitt, um die Querböden und peripherischen Querblätter (Dissepimenta) zu zeigen.

Nach dem Vorausgehenden lassen sich die Skelettelemente der Korallen in 1. radiale (septa, costae, pali), 2. in tangentiale (theca, pseudotheca, epitheca) und 3. in basale (tabulae, dissepimenta, synapticulae, columella und dichte blätterige Ausfüllungsmasse) einteilen. Bei zusammengesetzten Stöcken können sich die radialen Septen als Rippen (Costae) sowie die basalen Querblätter und Synaptikeln aufserhalb der Wand fortsetzen und dort ein Zwischenskelett (Cönenchym) bilden, welches die einzelnen Zellen des Stockes miteinander verbindet und von einer fleischigen Ausbreitung des Ektoderms (Cönosark) abgelagert wird.

Mikroskopische Struktur.[1]) Das vom Ektoderm ausgeschiedene kalkige Skelett der Korallen besteht aus winzigen Kristallaggregaten von ovaler, ellipsoidischer, rundlicher, rhombischer oder irregulärer Gestalt, die aus feinen stengeligen Aragonitkristallen zusammengesetzt sind und nicht mehr als ca. 0,1 mm Breite haben (Fig. 111). Beim Wachsen des Skeletts legen sich neue Lagen dieser Kalkkörperchen auf die vorhandenen und bilden Zuwachsschichten

---

[1]) Diesem Abschnitt liegt ein Manuskript von Frau Dr. Ogilvie-Gordon zu Grunde. Auch die vorausgehende Einleitung zu den Anthozoa wurde von Frau Gordon durchgesehen und in mehrfacher Hinsicht ergänzt und verbessert.

(growth-lamellae), deren einzelne Elemente inniger miteinander verbunden sind als mit denen der vorhergehenden oder folgenden

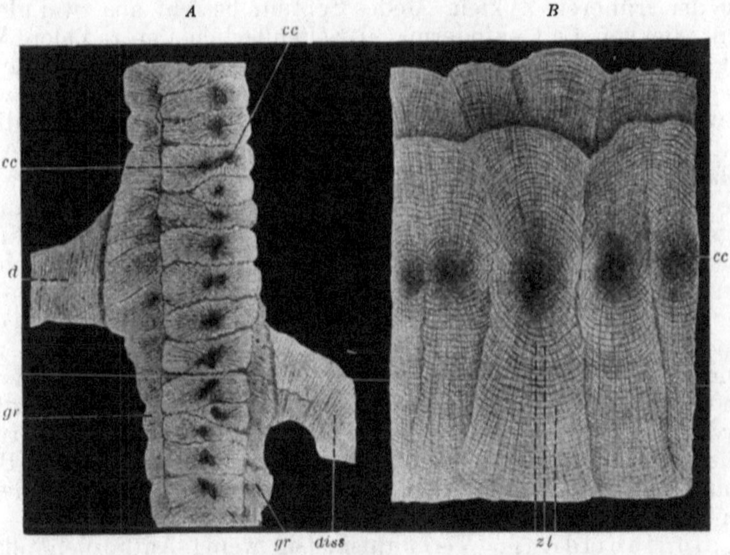

Fig. 111.
Querschnitt durch einen Zahn des Septums von Mussa (stark vergröſsert). *cc* Kalkkörperchen (Skleret̃en) mit Verkalkungszentrum, *zl* Zuwachslinien, die successiven seitlichen Ablagerungen von Kristallen andeutend. *gr* Granulation, *d* Querblätter (nach Ogilvie). A schwach, B stark vergröſsert.

Schichten. Auf den Seitenflächen der Septen erkennt man manchmal diese Zuwachsschichten an feinen, gebogenen Zuwachslinien. Beim weiteren Wachstum des Oberrandes der Septen werden dieselben nahe dem Oberrand durch die neuen Lagen von Kristallaggregaten immer verdickt und erhalten dadurch eine geschichtete Struktur (Fig. 111). Überall, wo die Seitenflächen der Septen gestreift oder gekörnelt sind, stehen die Kristalle in radialer Richtung zu Verkalkungszentren in der Medianebene und bilden auf diese Weise Kristallbüschel (Faszikel). Auch die Granulationen der Septa selbst, die vorspringenden Synaptikeln, die Wand und das Cönenchym bestehen aus einem einfachen oder mehreren verschmolzenen Kristallbüscheln.

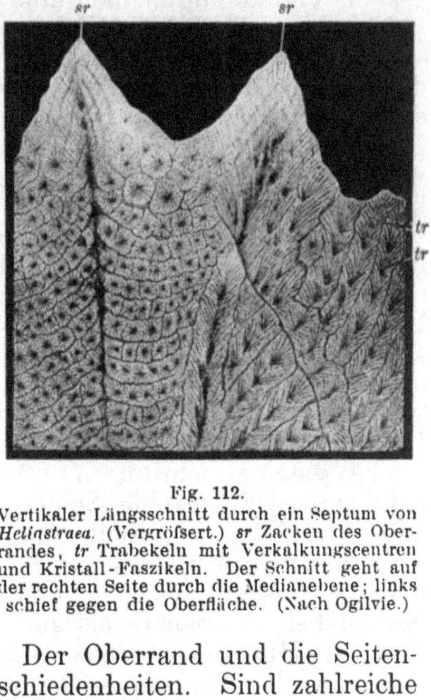

Fig. 112.
Vertikaler Längsschnitt durch ein Septum von *Heliastraea*. (Vergröſsert.) *sr* Zacken des Oberrandes, *tr* Trabekeln mit Verkalkungscentren und Kristall-Faszikeln. Der Schnitt geht auf der rechten Seite durch die Medianebene; links schief gegen die Oberfläche. (Nach Ogilvie.)

Der gezackte Oberrand entspricht der Fortsetzung der seitlichen Längsstreifen der Septen, und läſst in den Zacken den Sitz der Verkalkungszentren erkennen (Fig. 112). Der Oberrand und die Seitenflächen der Septen zeigen groſse Verschiedenheiten. Sind zahlreiche

Septen vorhanden, so sind in der Regel jene der späteren Zyklen am Oberrand schwächer gezackt und auf den Seitenflächen glatter als die der früheren Zyklen. Jedes Septum besteht aus zwei gleichen Hälften, die von den ektodermalen Seitenflächen der radialen Wandeinstülpung abgesondert werden. Im Querschnitt enthalten die nahe der Medianebene gelegenen Schichten diejenigen Kalkelemente, welche am jeweiligen Oberrand abgelagert wurden, während die seitlichen Schichten durch spätere Absätze von Kalkkörperchen entstanden. Die Verkalkungszentren der Medianebene erscheinen in Querschliffen als dunkle Punkte (vgl. Fig. 106 und 107); rücken dieselben nahe zusammen, so entsteht häufig die Erscheinung einer kontinuierlichen dunklen Linie. Diese Linie samt den nebenstehenden Kristallen wurde von einigen Autoren als »Primärstreif oder Primärseptum« bezeichnet, während die lichteren Seitenschichten den Namen »Stereoplasma« erhielten.

Die mikroskopische Struktur der Wand stimmt mit jener der Septen überein, aber die Verkalkungszentren sind tangential ringförmig angeordnet. Auch das Cönenchym besteht wie die Septen aus Gruppen von büschelförmigen Kristallen. Dagegen sind die Basalgebilde (Böden, Dissepimente) und die Epithek aus parallelen Kalklagen ohne Verkalkungszentren zusammengesetzt.

Koloniebildung. Verhältnismäfsig wenig Anthozoen pflanzen sich auf geschlechtlichem Wege fort, indem sie Larven aussenden, welche eine Zeitlang frei schwimmen, sich alsdann festheften und zu Einzelkorallen entwickeln. Viel häufiger findet die Vermehrung auf ungeschlechtlichem Wege durch Knospung oder Teilung statt, wobei die neugebildeten Individuen untereinander und mit der Mutterzelle in Verbindung bleiben und zusammengesetzte Kolonien (Stöcke) von der verschiedensten Form und Gröfse bilden.

Die neuen Zellen entstehen entweder aufserhalb oder innerhalb des Kelches des Muttertieres. Bei der Aufsenknospung brechen die jungen Zellen entweder an der Seitenwand der Mutterzelle aus (Lateralknospen), oder sie entstehen in dem die Zellen eines Stockes verbindenden kalkigen Zwischengewebe (Cönenchym- und Costalknospen). In beiden Fällen können sich die jungen Zellen entweder seitlich frei machen, indem sie nur mit ihrer Basis mit dem Mutterindividuum in Verbindung bleiben, oder sie legen sich dicht aneinander an und berühren sich allseitig mit ihren Aufsenwänden. Es entstehen dadurch teils buschige, ästige, teils massive, knollige, asträoidische Stöcke. In selteneren Fällen bildet die Aufsenwand der Muttertiere an ihrer Basis hohle, kriechende Verlängerungen (Stolonen) oder basale Ausbreitungen, auf welchen sich die jungen Knospen entwickeln. Bei der Innenknospung (Calycinalknospung) erfolgt die Vermehrung innerhalb des Kelches und zwar dadurch, dafs entweder einzelne Septen sich vergröfsern, zusammenwachsen und schliefslich innerhalb des Kelches eine neue Zelle umgrenzen (Septalknospen), oder dafs sich Böden taschenförmig aufbiegen und die Aufsenwände der jungen Zellen bilden (Tabularknospen). Sowohl bei den Septal- als auch bei den Tabularknospen nimmt ein Teil der Mutterzelle sowie ein Stück ihrer ursprünglichen Aufsenwand an der Zusammensetzung der Tochterzellen teil; die Septen oder modifizierten Böden wandeln sich in einen Teil der Wand um, von welcher alsdann Septen nach dem neuen Zentrum der Knospe ausgehen.

Ein besonderer Fall von calycinaler Knospung ist die Verjüngung, wobei nur eine einzige Knospe in dem Mutterkelch entsteht und durch allmähliche Vergröfserung den Platz des letzteren okkupiert, so dafs bei Wiederholung dieses Prozesses ein aus reihenförmig übereinander sitzenden Zellen bestehender Stock gebildet wird, in welchem nur die jüngste und oberste Knospe das lebende Tier enthält.

Die Vermehrung durch Selbstteilung (Fissiparité) macht sich zuerst durch eine Verlängerung oder Verzerrung des Mutterkelches bemerkbar; gleichzeitig schnürt sich die Wand an zwei gegenüberliegenden Seiten ein. Führt die Einschnürung zur Trennung der zwei Hälften, oder verbinden sich zwei gegenüberstehende Septen zu einer neuen Wand, so entstehen ästige oder massive, asträoidische Stöcke, die nicht wesentlich von den durch Knospung gebildeten abweichen. Häufig trennen sich jedoch die durch Selbstteilung entstandenen Individuen nur unvollkommen, bleiben, ohne sich völlig abzuschnüren, seitlich miteinander in Verbindung und bilden alsdann zusammenfliefsende, gerade, bogenförmige oder mäandrisch gewundene Reihen mit mehr oder weniger deutlichen Zentren.

Bei den zusammengesetzten Korallenstöcken verhält sich das Skelett wie bei den einfachen solitären Formen, nur gestalten sich bei unvollständiger Trennung der Individuen infolge von Knospung oder Selbstteilung die Verhältnisse etwas komplizierter. Bei buschigen und asträoidischen Stöcken entwickelt sich häufig aufserhalb der Mauer ein verbindendes Zwischengewebe (Cönenchym). Häufig wird die Verbindung der einzelnen Zellen auch dadurch hergestellt, dafs die Septen über die Wand vorragen und mit denen benachbarter Individuen zusammenfliefsen. Die Interseptalräume sind dann fast immer mit reichlich entwickelten Querblättchen (Traversen) ausgefüllt. Alle innerhalb der Wand befindlichen Gebilde, abgesehen von den Septen, werden als Endothek, die aufserhalb der Wand gelegenen als Exothek bezeichnet.

Lebensweise. Sämtliche Anthozoen bewohnen das Meer und zwar vorherrschend seichte Gewässer. Manche Fleisch-, Horn- und Steinkorallen finden sich aber auch in gröfseren Tiefen von 50—300, ja bis 1500 Faden. Die sogenannten Riffkorallen kommen nur bis zu einer Tiefe von 30—35 m vor und bedürfen einer Wassertemperatur von 18—20° C. Die Korallenriffe der Jetztzeit sind darum auf einen Gürtel zwischen dem 30° nördlicher und südlicher Breite beschränkt und haben entweder die Form von Saumriffen, Wallriffen oder Atollen. An der Zusammensetzung der Korallenriffe beteiligen sich übrigens nicht nur Steinkorallen (*Porites, Madrepora, Turbinaria, Pocillopora,* viele Asträiden und Fungiden) und Alcyonarien (*Heliopora*) sondern auch Hydromedusen (Milleporiden), Kalkalgen (*Lithothamnium, Melobesia*), Mollusken, Echinodermen, Bryozoen und Würmer. Auch in vergangenen Perioden haben die Korallen vielfach Riffe gebaut, wovon jene der känozoischen und mesozoischen Periode zum Teil aus ähnlichen Gattungen wie die der Jetztzeit bestehen, während die paläozoischen hauptsächlich erloschene Gattungen und Familien enthalten, deren Beziehungen zu den lebenden Formen häufig noch unklar sind.

Die Anthozoen werden von den meisten Zoologen in zwei Unterklassen: *Zoantharia* und *Alcyonaria* eingeteilt. Haeckel hat später an deren Stelle die drei Unterklassen: *Tetracoralla, Hexacoralla* und *Octocoralla* gesetzt, wovon jedoch die beiden ersten unbedingt zusammengehören und als Ordnungen der Zoantharia zu betrachten sind.

1. Unterklasse. Zoantharia. M. Edw. und Haime.

Polypen und Polypenstöcke mit zwölf oder mehr einfachen, selten unregelmäfsig verästelten Tentakeln, die sich mit zunehmendem Alter vermehren, meist in mehreren Kreisen um den Mund stehen und in der Regel nach Multiplis der Zahlen 6 oder 4 angeordnet erscheinen.

Von den Alcyonarien unterschieden sich die *Zoantharia* hauptsächlich durch die wechselnde, im Alter zunehmende Zahl der Mesenterialfächer und der Tentakeln, die niemals gefiedert, sondern meist einfach finger- oder schlauchförmig sind. Zu ihnen gehören: 1. die mit horniger Achse versehenen *Antipatharia*, 2. die weichen, skelettlosen Fleischkorallen (*Artiniaria*) und 3. die mit Kalkskelett ausgestatteten Steinkorallen (*Madreporaria*). Nur die letzteren haben fossile Überreste in den Erdschichten hinterlassen.

Die Steinkorallen (*Madreporaria sclerodermata* E. H.) wurden von Milne, Edwards und Haime in fünf Sektionen: *Rugosa, Aporosa, Perforata, Tabulata* und *Tubulosa* zerlegt. Von diesen bilden die *Rugosa* oder *Tetracoralla*, wie sie von Haeckel genannt wurden, eine selbständige Gruppe, denen die *Aporosa* und *Perforata* als *Hexacoralla* gegenüberstehen. Die zwei letzteren Gruppen unterscheiden sich vornehmlich durch ihre Skelettstruktur, sind aber nach den Untersuchungen von M. Ogilvie so eng miteinander verbunden, dafs sie nicht als selbständige systematische Gruppen aufrecht zu erhalten sind. Die *Tabulata*, mit denen die *Tubulosa* jetzt allgemein vereinigt werden, enthalten vorwiegend erloschene Formen und bilden eine sehr heterogen zusammengesetzte Gruppe, deren Angehörige teilweise zu den Hexakorallen, teilweise zu den Alcyonarien, teilweise zu den Hydrozoen und vielleicht auch zu den Bryozoen gehören.

1. Ordnung. Tetracoralla. Haeckel.[1]

(*Zoantharia Rugosa* M. Edw., *Pterocoralla* Frech.)

Ausgestorbene, paläozoische, einfache oder zusammengesetzte Steinkorallen mit vier Systemen bilateral oder radiär angeordneter, gegen die Primärsepten fiederstelliger Septen, ohne Cönenchym, aber mit meist stark entwickelten endothekalen Böden oder Querblättchen und runzeliger Epithek über der Wand.

---

[1]) Litteratur (vgl. auch S. 63 und 64):

Kunth, A., Beiträge zur Kenntnis fossiler Korallen. Zeitschr. d. Deutschen geol. Ges. 1869 und 1870. Bd. XXI und XXII.

Die Tetrakorallen zeichnen sich hauptsächlich durch den Besitz von vier Primärsepten aus, zwischen welche sich vier Systeme später gebildeter Septen einschalten. Die vier Primärsepten sind zuweilen unter sich gleich und alsdann stärker und länger (*Stauria*) oder schwächer und kürzer (*Omphyma*) als die übrigen, oder sie sind ungleich entwickelt. Von den zwei in der Sagittalaxe gelegenen Primärsepten liegt das eine (Hauptseptum) häufig in einer Grube oder Furche (*fossula*) (Fig. 113), während das gegenüberstehende Gegenseptum normal ausgebildet ist oder an Stärke und Länge zurückbleibt; zuweilen befindet sich auch das Gegenseptum in einer Furche und das Hauptseptum ist normal gebildet; die beiden seitlichen Seiten- oder Nebensepta sind stets gleichartig entwickelt. Nicht selten zeigen übrigens alle Septen streng radiale Anordnung, wobei meist ein stärkeres und längeres mit einem schwächeren und kürzeren alterniert. Die Einschaltung der Septen erfolgt nach Kunth in der Art, dafs zwischen dem Hauptseptum (*h* Fig. 113) und den Seitensepten jederseits ein neues Septum entsteht, welches sich dem benachbarten Seitenseptum (*s*) parallel zu stellen sucht. Indem nun der dadurch entstehende Zwischenraum zwischen dem Hauptseptum und den neugebildeten Septen durch weitere, in immer höherem Niveau sich einschaltende Septen ausgefüllt wird, nehmen dieselben eine vom Hauptseptum divergierende, fiederartige Stellung ein. In ähnlicher Weise werden auch die zwei zwischen dem Gegenseptum und den Seitensepten gelegenen Quadranten von fiederstelligen Septen ausgefüllt, die jedoch vom Seitenseptum ausgehen und sich allmählich dem Gegenseptum parallel stellen. Das Wachstumgesetz der Tetrakorallen läfst sich am besten durch Betrachtung der Oberfläche von solchen Exemplaren erkennen, bei denen die Septen durch die Wand durchschimmern, oder an denen die Epithek und Wand durch Abschleifen oder Ätzen beseitigt wurde. Man sieht alsdann drei vom Kelchrand zur Basis verlaufende Linien, welche dem Hauptseptum und den beiden Seitensepten entsprechen, und von denen die Septallinien fiederstellig, schräg nach oben divergierend ausgehen (Fig. 114). Die Reihenfolge, in welcher die Septen in den vier Quadranten erscheinen, ist durch die Nummern in Fig. 113 angedeutet.

Fig. 113. *Menophilum tenuimarginatum* E. H. Aus dem Kohlenkalk von Tournay. $^2/_1$ *h* Hauptseptum, *g* Gegenseptum, *s* Seitensepta.

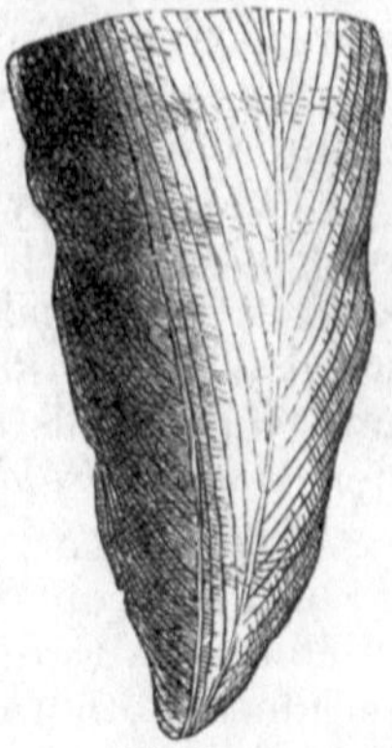

Fig. 114. *Streptelasma corniculum* Hall. Aus untersilurischem Kalk von Cincinnati. Ohio. Nat. Gr.

Dybowski, W. N., Monographie der Zoantharia Rugosa etc. Arch. f. Naturk. Liv-, Est- und Kurlands. 1874. Bd. V.

Koch, G. v. Die ungeschlechtliche Vermehrung der palaeoz. Korallen. Palaeontographica 1883. Bd. XXIX.

Roemer, F., Lethaea palaeozoica. 1883. S. 324—416.

Frech, Fr., Die Korallenfauna des Oberdevons in Deutschland. Zeitschr. d. Deutsch. geol. Gesellschaft 1885.

Schlüter, Clem., Anthozoen des Rheinischen Mitteldevon. Abhandl. preufs. geol. Landes-Anst. 1889. Bd. VIII.

Viele Tetrakorallen pflanzen sich geschlechtlich fort und finden sich nur als Einzelindividuen; die ungeschlechtliche Fortpflanzung erfolgt meist durch calycinale, seltener durch seitliche Knospung, wobei buschige oder massive Stöcke entstehen können.

Zwischen den dichten, am Oberrand glatten oder gezackten Septen sind fast immer zahlreiche Querblätter vorhanden, die zuweilen den ganzen Zellenraum mit blasigem Gewebe erfüllen, und häufig schliefsen horizontale, geneigte oder trichterförmige Böden den zentralen Visceralraum vollständig ab. Die Wand wird meist durch die verdickten und zusammenwachsenden Enden der Septa gebildet; sie ist in der Regel mit dicker, runzeliger Epithek überzogen und mit Längsrugen oder wurzelartigen Fortsätzen versehen. Ein echtes Cönenchym fehlt. Bei einigen Gattungen ist der Kelch mit einem einfachen (*Calceola*) oder aus mehreren Stücken zusammengesetzten (*Goniophyllum*) Deckel versehen.

Zu den typischen Tetrakorallen gehören nur paläozoische Gattungen. Frech stellte allerdings die triasischen Gattungen *Gigantostylis, Pinacophyllum* und *Coccophyllum* zu den Tetrakorallen und ebenso wurden *Holocystis* E. H. und die rezenten Gattungen *Haplophyllum* und *Guynia* als solche beschrieben, jedoch von M. Ogilvie teils zu den *Amphiasträiden* teils zu den *Styliniden* versetzt.

Ortmann, Quelch, Ogilvie und Bourne bekämpfen die Trennung von Tetrakorallen und Hexakorallen, indem sie auf die bilaterale Anordnung der Septen bei den Amphiästräiden und Madreporiden und auf die übereinstimmende Mikrostruktur der Sternleisten in beiden Gruppen hinweisen. Immerhin zeigen die Tetrakorallen eine Vereinigung von Merkmalen und vor allem die fiederstellige Einschaltung der Septen, wie sie bei den Hexakorallen niemals vorkommt.

1. Familie. **Cyathaxonidae.** E. H.

Nur kreisel- oder hornförmige Einzelzellen. Septa regelmäfsig radial geordnet. Böden und Querblättchen fehlen.

Cyathaxonia Mich. (Fig. 115). Spitz, kegelförmig. Hauptseptum in einer Furche gelegen. Septen zahlreich, bis zu dem kräftigen, griffelartigen, stark vorragenden Säulchen reichend. Im Kohlenkalk von Belgien und England.

Fig. 115. *Cyathaxonia cornu* Mich. Aus dem Kohlenkalk von Tournay. Zelle von der Seite aufgebrochen, um die leeren Interseptalkammern zu zeigen. In 2facher nat. Gröfse.

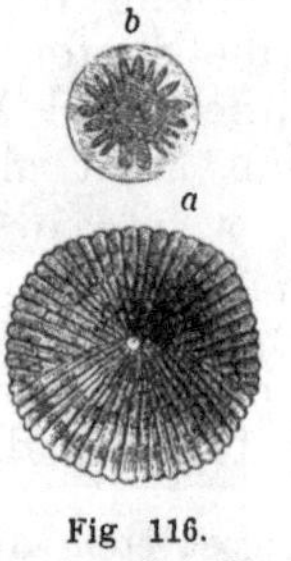

Fig 116. *Petraia radiata* Mstr. Aus dem Devon vom Enkeberg bei Brilon. Nat. Gröfse *a* Zelle von der Spitze gesehen, *b* Zelle unterhalb der Mitte quer durchschnitten.

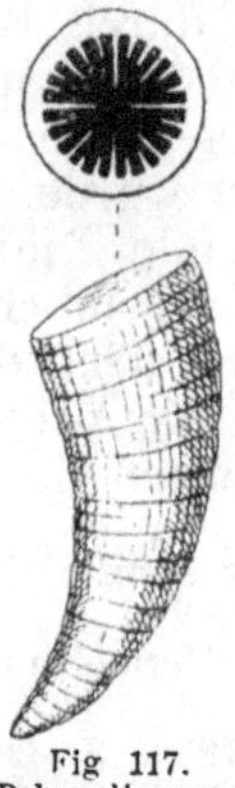

Fig 117. *Polycoelia profunda* Germ. sp. Zechstein Gera. Nat. Gr. (nach Roemer).

Duncanella Nicholson. Kreiselförmig. Septen radial, fast alle gleich lang und gleich stark, im Zentrum des tiefen Kelchs ein falsches Säulchen bildend. Ob. Silur. Nord-Amerika. *D. borealis* Nicholson.

Petraia Münst. (Fig. 116). Kreiselförmig oder konisch. Septa kurz, nur im untersten Teil des sehr tiefen Kelches das Zentrum erreichend. Säulchen fehlt. Silur. Devon. Karbon.

Polycoelia. King. (Fig. 117). Hornförmig. Kelch sehr

tief mit vier bis fast zur Mitte reichenden Primärsepten, zwischen denen je fünf kleinere in jedem Quadranten stehen. Zechstein.

Oligophyllum. Orthophyllum Poita. Silur.

2. Familie. **Zaphrentidae.** E. H.

Einfache, kreiselkegelförmige oder zylindrische, seltener niedrige napfförmige Zellen; Septa zahlreich, deutlich bilateral symmetrisch angeordnet. Kelch mit einer, seltener 2—4 Furchen (Fossulae). Böden vollständig; Querblättchen nur in mäfsiger Menge in den Interseptalräumen vorhanden. Silur bis Perm.

Streptelasma. Hall. (Fig. 118). Kreiselförmig, gekrümmt. Septa zahlreich (80 bis 130), ungleich lang; die gekrümmten Enden der längeren im Zentrum zu einem dicken falschen Säulchen verschlungen. Böden horizontal, zahlreich. Die Primärsepten äufserlich deutlich durch die fiederstellig divergierenden und durchschimmernden Sternleisten erkennbar. Häufig im unteren und oberen Silur.

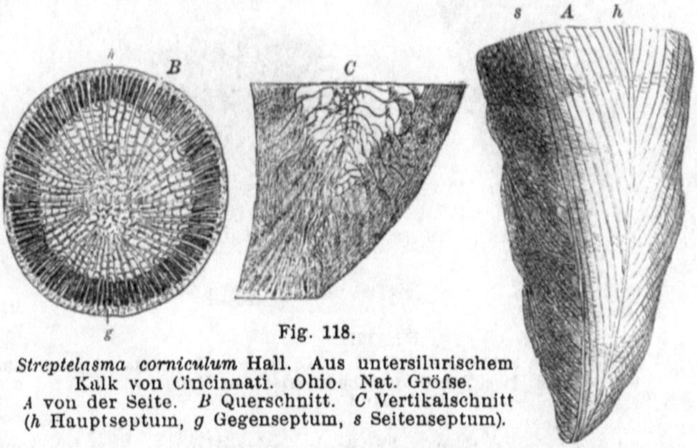

Fig. 118.
Streptelasma corniculum Hall. Aus untersilurischem Kalk von Cincinnati. Ohio. Nat. Gröfse.
A von der Seite. *B* Querschnitt. *C* Vertikalschnitt (*h* Hauptseptum, *g* Gegenseptum, *s* Seitenseptum).

Zaphrentis Raf. (Fig. 119—121). Einfach, kreiselförmig oder subzylindrisch, häufig verlängert. Kelch tief, kreisrund. Septen zahlreich, bis zur Mitte reichend; Hauptseptum in einer tiefen Furche gelegen. Querböden zahlreich, etwas irregulär, bis zur Wand reichend, aufserdem im peripheren Teil Querblättchen. 50—60 Arten vom oberen Silur bis Karbon. Hauptverbreitung im Kohlenkalk.

Fig. 119.
Zaphrentis cornicula Lesueur. Aus devonischem Kalkstein von Ohio.

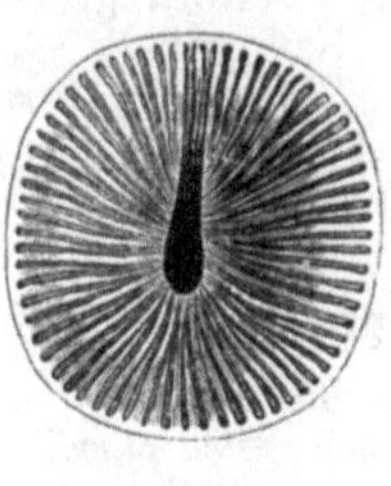

Fig. 120.
Kelch von *Zaphrentis cornu copiae* Mich. Aus dem Kohlenkalk von Tournay, vergröfsert.

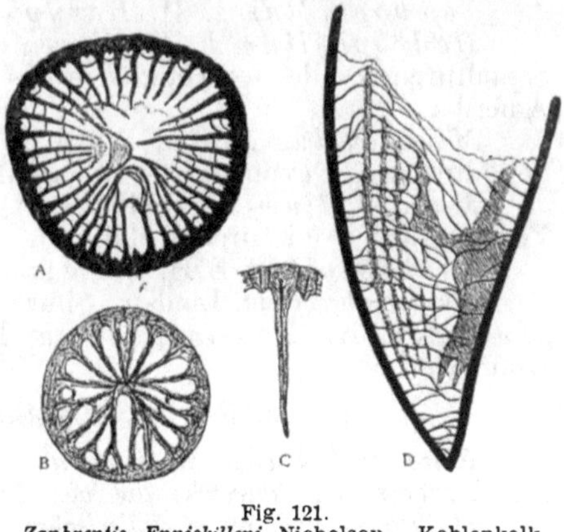

Fig. 121.
Zaphrentis Enniskilleni Nicholson. Kohlenkalk. Irland. *A* Querschnitt durch den oberen, *B* durch den unteren Teil einer Zelle, *C* ein langes und zwei kurze Septen, durch ihre Vereinigung die Aufsenwand bildend, *D* Längsschnitt, um die Böden zu zeigen (nach Nicholson).

Omphyma Raf. (Fig. 122). Einfach, konisch oder kreiselförmig; Wand mit wurzelartigen Fortsätzen. Septa zahlreich, die vier Primärsepten in seichten Furchen. Aufsenwand mit fiederstelliger Streifung. Böden zahlreich. Silur.

Ptychophyllum E. H. Kreiselförmig. Jeder Stock ist aus einer Anzahl trichterförmiger, ineinander geschalteter calycinaler Knospen zusammengesetzt, deren Aufsenränder nach unten mehr oder weniger umgebogen sind. Septen zahlreich, im Zentrum gebogen und zu einem dicken, falschen Säulchen verschlungen; weiter aussen durch Stereoplasma verdickt und durch Zusammenwachsen eine sehr dicke Wand bildend. Silur. (*P. patellatum* Schloth sp.) Devon.

Pholidophyllum Lindstr. Ob. Silur.

a

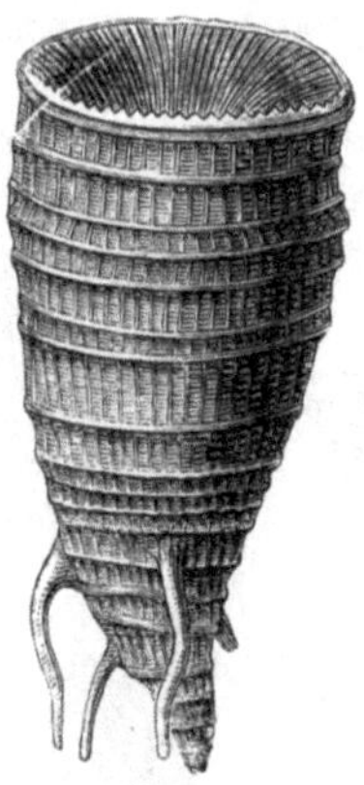

b

Fig. 122.
a Omphyma subturbinata E. H. *b* Kelch von *Omphyma turbinata* E. H. Beide aus obersilurischem Kalk von Gotland.

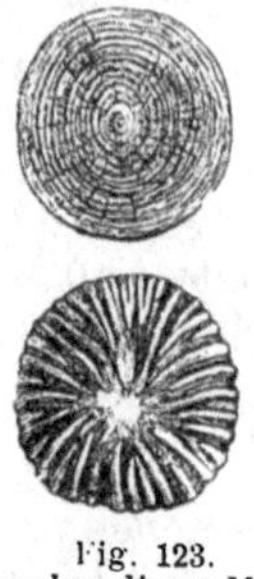

Fig. 123.
Microcyclus discus Meek u. Worth. Devon (Hamilton Group) Nordamerika. Nat. Gröfse. *a* von oben, *b* von unten (nach Nicholson).

Amplexus Sow. Einfach subzylindrisch oder verlängert kreiselförmig. Kelch seicht. Septa wenig zahlreich, kurz, niemals die Mitte erreichend. Böden vollständig, horizontal, meist mit Septalfurche. Silur bis Kohlenkalk.

Aulacophyllum E. H. Kreiselförmig. Septa zahlreich, bis zur Mitte reichend. Hauptseptum in einer starken Furche gelegen. Die benachbarten Septen fiederstellig. Silur. Devon.

Combophyllum E. H., *Baryphyllum* E. H. Devon.

Hadrophyllum E. H. Kissenförmig, mit Epithek. Kelch mit drei Septalfurchen, die des Hauptseptums am breitesten. Devon. Eifel. Nord-Amerika.

Microcyclus Meek u. Worth. (Fig. 123). Wie vorige, jedoch nur eine Septalfurche. Devon, Nord-Amerika.

Menophyllum E. H. (Fig. 104). Kreiselförmig. Hauptseptum in tiefer Furche. Kelch mit drei Septalfurchen. Kohlenkalk.

Lophophyllum E. H. Kohlenkalk. ***Anisophyllum*** E. H. Silur. Devon.

Pycnophyllum Lindstr. Silur. ***Apasmophyllum*** Roem., ***Metriophyllum*** E. H., *Thamnophyllum* Penecke. Devon. ***Pentaphyllum*** de Kon. Karbon.

3. Familie. **Cyathophyllidae.** E. H.

Einzelkorallen oder zusammengesetzte buschige oder massive Stöcke. Septen radial angeordnet, zahlreich; die vier Primärsepten zuweilen durch Stärke ausgezeichnet. Böden und im peripherischen Teil des Visceralraumes blasige Endothek vorhanden.

Cyathophyllum Goldf. (Fig. 124—126). Form höchst mannigfaltig, bald einfach kreiselförmig, subzylindrisch oder zu buschigen, bündelförmigen oder asträoidischen Stöcken vereinigt. Knospung calycinal oder lateral. Septen sehr zahlreich, an Gröfse alternierend, streng radiär geordnet, die längeren bis zum Zentrum reichend. Die Mitte der Zellen mit zahlreichen Böden, der periphere Teil mit blasigem Endothek erfüllt. Gegen 100 Arten im Silur, Devon und Kohlenkalk. Hauptverbreitung im Devon.

Campophyllum E. H. (Fig. 127). Wie vorige, jedoch Septa das Zentrum nicht erreichend. Devon. Kohlenkalk.

Heliophyllum Dana. Meist einfach, kreiselförmig, seltener in buschigen Stöcken. Septa zahlreich, bis zum Zentrum reichend, auf den Seiten mit vorspringenden Vertikalleisten (Carinen). Devon.

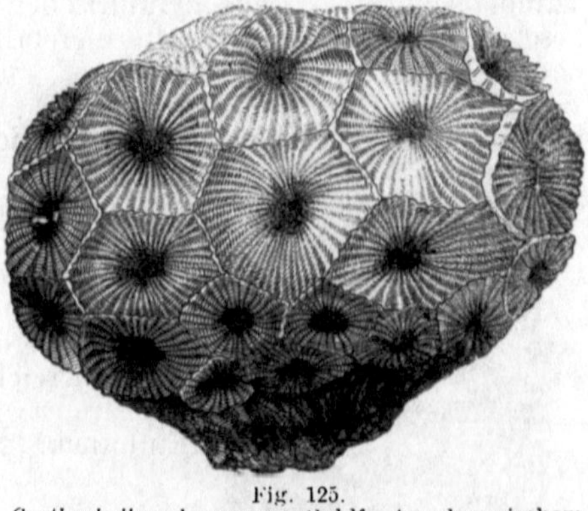

Fig. 125.
Cyathophyllum hexagonum Goldf. Aus devonischem Kalk von Gerolstein. Nat. Größe.

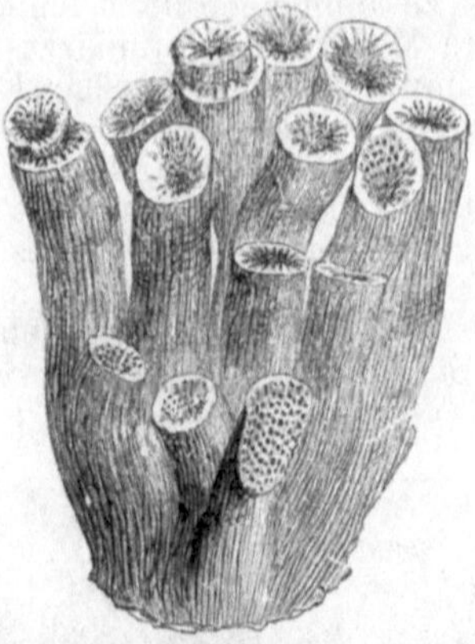

Fig. 124.
Cyathophyllum caespitosum Goldf. Aus devonischem Kalk von Gerolstein. Eifel. Nat. Gröfse.

Palaeocyclus E. H. (Fig. 128). Scheiben- bis niedrig kreiselförmig, mit Epithek. Septa zahlreich, radiär, alternierend, die grofsen bis zur Mitte reichend. Ob. Silur.

Diphyphyllum Lonsd. (Fig. 129). Silur bis Karbon. *Eridophyllum* E. H. Silur. Devon. *Crepidophyllum* Nich., *Craspedophyllum* Dyb. Devon. *Konínckophyllum* Nich. Thoms. *Chonaxis* E. H. Karbon. *Clisiophyllum* Dana. Silur bis Karbon.

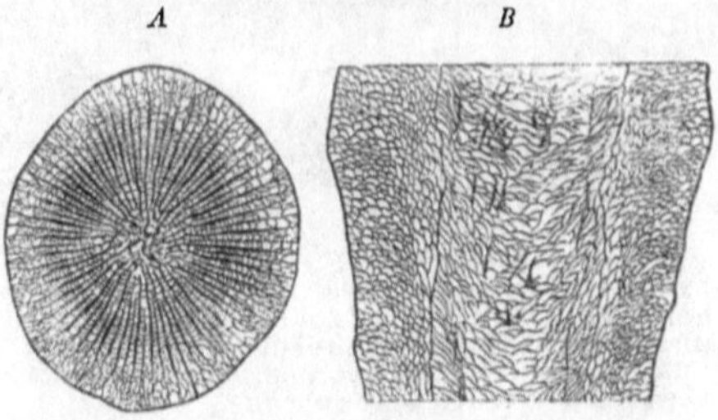

Fig. 126.
Cyathophyllum heterophyllum E. H. Mittel-Devon. Gerolstein. *A* Querschnitt, *B* Längsschnitt (nach Nicholson).

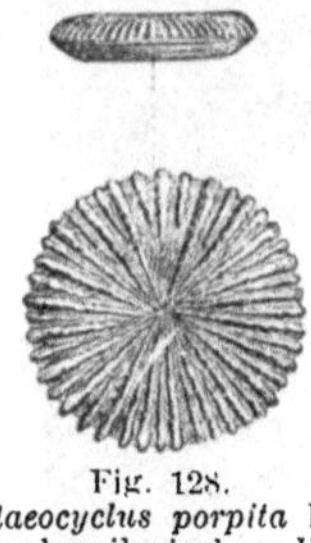

Fig. 128.
Palaeocyclus porpita Lin. Aus obersilurischem Kalk von Gotland.
a Kelch von oben, *b* von der Seite.
Nat. Gröfse.

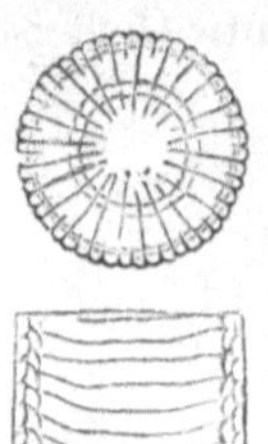

Fig. 129.
Diphyphyllum concinnum Lonsd. Aus dem Kohlenkalk von Kamensk. Ural.

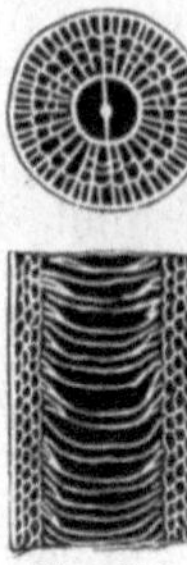

Fig. 130
Eine einzelne Zelle aus einem Stock von *Lithostrotion Martini* E. H. im Horizontal- und Längsschnitt. Kohlenkalk. Hausdorf. Schlesien (nach Kunth.)

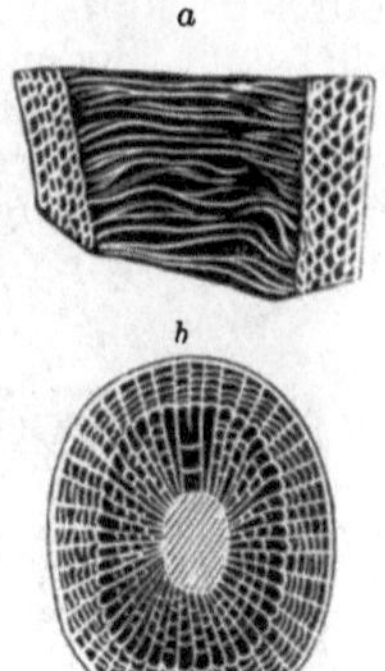

Fig. 127.
Campophyllum compressum Ludw. Aus dem Kohlenkalk von Hausdorf. Schlesien.
a Längsschnitt.
b Querschnitt.

Cyclophyllum Duncan und Thoms. Einfach, zylindro-konisch. Septen zahlreich, die gröfseren ein dickes, von spongiösem Gewebe erfülltes Säulchen bildend. Kohlenkalk.

Aulophyllum E. H., *Aspidophyllum, Rhodophyllum* Nichols. Thoms. Karbon etc.

Lithostrotion Llwyd. *(Stylaxis* M'Coy) (Fig. 130). Buschige oder asträoidische Stöcke aus zylindrischen oder polygonalen Zellen zusammengesetzt. Septen zahlreich, alternierend. Im Zentrum ein griffelartiges Säulchen. Häufig im Kohlenkalk.

Lonsdaleia M'Coy (Fig. 131). Buschige oder asträoidische Stöcke. Septen wohlentwickelt. Säulchen dick, aus zusammengerollten Lamellen bestehend. Die Querblätter bilden eine innere Wand, der Raum zwischen dieser und der Aufsenwand ist mit blasiger Endothek erfüllt. Häufig im Kohlenkalk.

Strombodes Schweigg. Asträoidische, aus niedrigen, polygonalen Zellen bestehende Stöcke. Septa aufserordentlich zahlreich, sehr fein, bis zum Zentrum reichend. Wand unvollkommen entwickelt. Im Innern trichterförmige Böden und blasige Endothek. Silur. *(St. typus* M'Coy sp.) Devon.

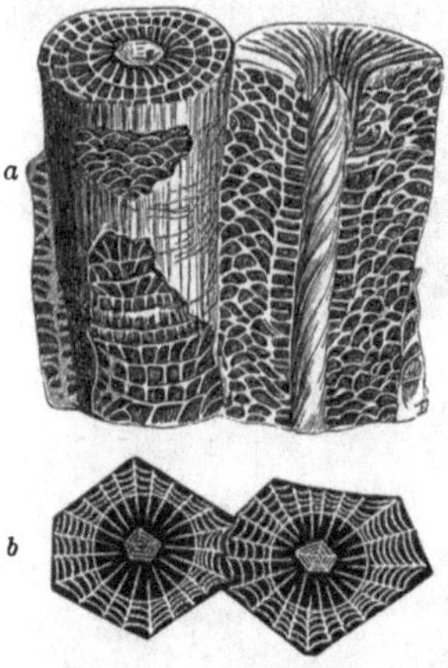

Fig. 131.
Lonsdaleia floriformis Lonsd. sp. Aus dem Kohlenkalk von Kildare, Irland. Nat. Gröfse. *a* Zwei runde Zellen, zum Teil aufgebrochen. *b* Zwei sechsseit. Kelche von oben.

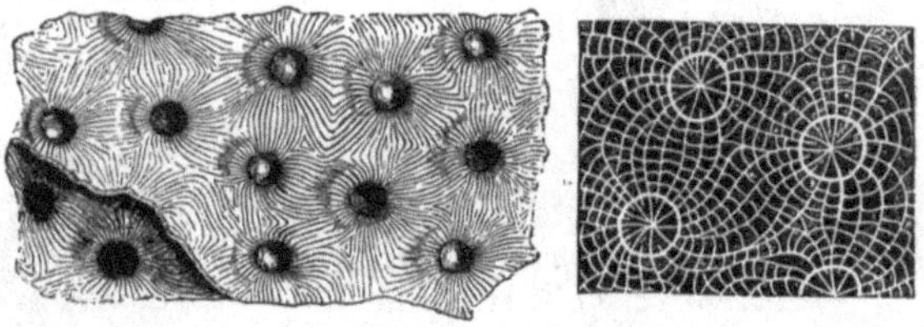

Fig. 132.
Phillipsastraea Hennahi E. H. Aus devonischem Kalkstein von Ebersdorf. Schlesien. *a* Oberfläche, *b* Querschnitt parallel der Oberfläche. Nat. Gröfse.

Pachyphyllum E. H., *Spongophyllum* E. E. Silur. Devon.

Acervularia Schweigger. Asträoidische oder buschige Stöcke. Septa zahlreich, kräftig; eine innere Wand vorhanden. Der zentrale Teil der Zellen mit Böden, der periphere mit blasigem Gewebe erfüllt. Säulchen fehlt. Silur *(A. ananas* Lin. sp.) Devon.

Phillipsastraea E. H. (Fig. 132). Asträoidische Stöcke; die einzelnen Zellen durch übergreifende und die Wand verhüllende Septen verbunden, zwischen denen eine blasige Endothek entwickelt ist. Devon. Karbon.

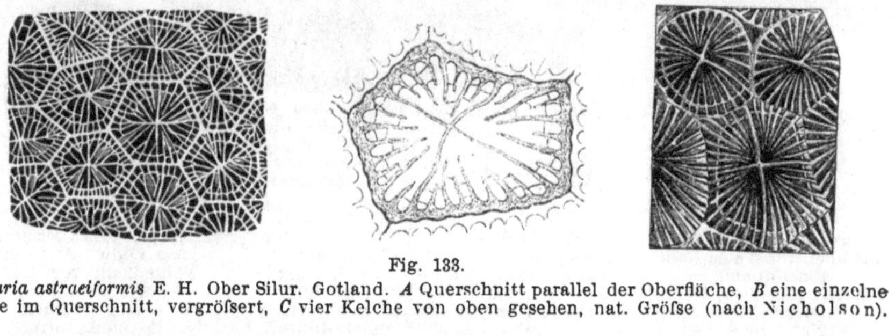

Fig. 133.
Stauria astraeiformis E. H. Ober Silur. Gotland. *A* Querschnitt parallel der Oberfläche, *B* eine einzelne Zelle im Querschnitt, vergröfsert, *C* vier Kelche von oben gesehen, nat. Gröfse (nach Nicholson).

Stauria E. H. (Fig. 133). Asträoidische oder buschige Stöcke. Sternleisten wohl entwickelt; die vier Primärsepten durch Stärke ausgezeichnet und ein Kreuz bildend. Ob. Silur.

Columnaria Goldf. (*Favistella* Dana; *Cyathophylloides, Pycnophyllum* Dyb.) Asträoidische Stöcke, aus hohen, polygonalen Zellen zusammengesetzt. Wand dick. Septa radiär, bis zum Zentrum reichend. Böden horizontal, den ganzen Visceralraum einnehmend, in regelmäſsigen Abständen aufeinander folgend. Querblätter sparsam oder fehlend. Silur. Devon.

Heterophyllia M'Coy. Karbon.

4. Familie. **Cystiphyllidae.** E. H.

Meist einfache Zellen. Septen sehr dünn, zwischen denselben blasige Endothek. Böden fehlen, der zentrale Visceralraum vollständig von blasigen Gewebe ausgefüllt.

Fig. 134. *Cystiphyllum vesiculosum* Goldf. Aus devonischem Kalk. Eifel Natürl. Gröſse.

A B

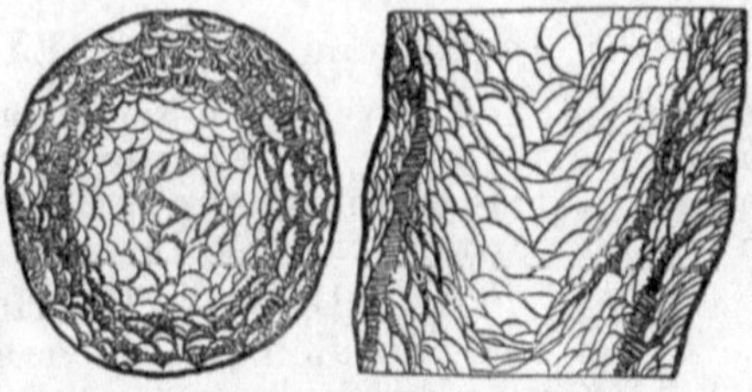

Fig. 135. *Cystiphyllum cylindricum* Lonsd. Ober-Silur. Ironbridge. England. *A* Horizontal-, *B* Vertikalschnitt (nach Nicholson).

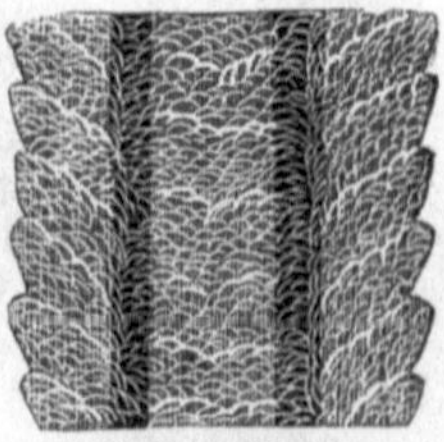

Fig. 136. *Strephodes Murchisoni.* Lonsd. Kohlenkalk. Tournay. (Vertikalschnitt) Ober-Silur.

A B

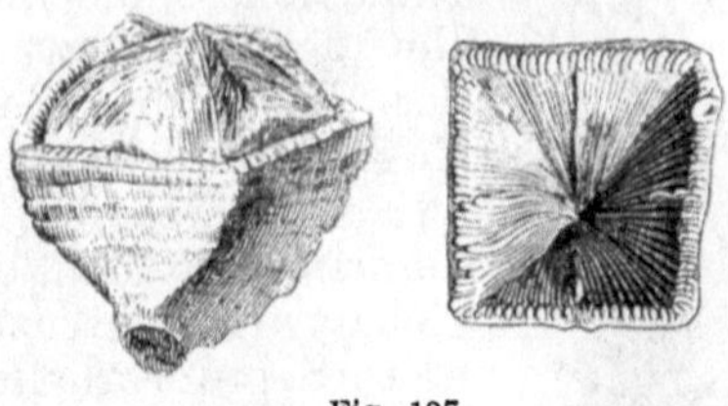

Fig. 137. *Goniophyllum pyramidale* His. sp. Ober-Silur. Gotland. *A* Exemplar mit Deckel. *B* Kelch von oben nat. Gröſse (nach Lindström).

Fig. 138. *Calceola sandalina* Lam. Devon. Gerolstein Eifel. Nat. Gröſse.

Cystiphyllum Lonsd. (Fig. 134, 135). Einfach, sehr selten buschig. Kelch tief, der ganze Visceralraum mit blasigem Zellgewebe ausgefüllt, welches die zahlreichen linearen Septen meist vollständig verhüllt. Silur. Devon.

Strephodes M'Coy (Fig. 136). Septen wohl entwickelt, alternierend, zuweilen ein falsches Säulchen bildend. Silur. Devon. Karbon.

5. Familie. **Calceolidae.** F. Roem.[1])

Einzelkorallen mit zwei oder vier Seitenkanten. Kelch sehr tief. Septa sehr wenig vortretend zahlreich, die Zwischenräume und der Visceralraum mit dichtem Stereoplasma und blasigem Gewebe ausgefüllt. Entweder ein einfacher oder aus mehreren Stücken zusammengesetzter Deckel vorhanden.

Goniophyllum E. H. (Fig. 137). Vierseitig pyramidal, mit starker Epithek. Septen zahlreich, dick, sehr kurz. Ein aus vier paarigen Stücken zusammengesetzter Deckel vorhanden. Ob. Silur.

Rhizophyllum Lindström. Einfach halbkegelförmig oder zylindrisch, auf einer Seite abgeplattet, auſsen runzelig, mit hohlen wurzelartigen Fort-

[1]) Lindström G. om de palaeozoiska formationernas operkel bärende koraller. Bitraug till Svensk Vetensk. Ak. Handl. 1883.

sätzen. Kelch tief mit unvollkommenen Septen. Deckel halbkreisförmig, innen mit einer medianen Leiste und feinen gekörnelten Parallelstreifen. Ob. Silur.

Calceola Lam. (Fig. 138). Halbkreisel- oder pantoffelförmig mit ebener, dreieckiger Grundfläche. Kelch sehr tief, bis zur Spitze reichend. Septa nur als feine Linien angedeutet. Hauptseptum in der Mitte der gewölbten, Gegenseptum in der Mitte der abgeplatteten Seite, Seitensepten in den Ecken. Deckel sehr dick, halbkreisförmig, innen mit Medianseptum und zahlreichen schwächeren Nebenleistchen. Sehr häufig im mittleren Devon von Europa. *C. sandalina* Lam.

2. Ordnung. **Hexacoralla.** Haeckel.

(*Madreporaria Aporosa* und *Perforata* Ed. H.)

Einfache oder zu Stöcken vereinigte Korallen mit 6 (seltener 4, 5, 7 oder 8) Systemen meist radiär, seltener bilateral angeordneter Sternleisten. Interseptalräume mit Synaptikeln, Querblättern oder leer. Böden selten vorhanden. Skelett dicht oder porös.

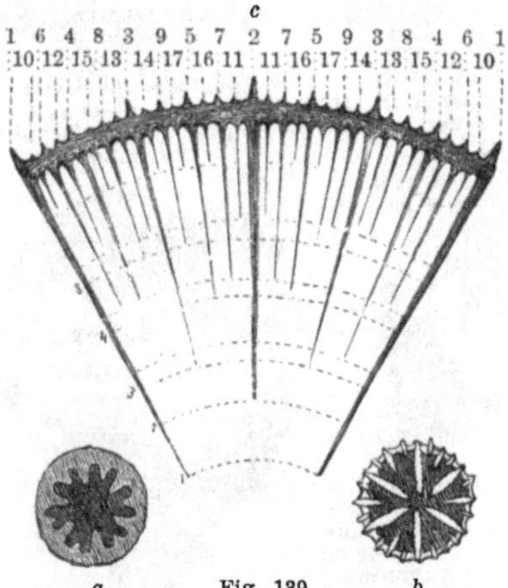

a Fig. 139. *b*
Schema des Milne Edwards u. Haimeschen Einschaltungsgesetzes der Sternleisten bei den hexameren Korallen.
a Ein junger Kelch mit Sternleisten 1. und 2. Ordnung. *b* Ein Kelch mit Sternleisten der 1., 2. und 3. Ordnung. *c* Segment eines Kelches mit 6 Zyklen von Sternleisten. (Die Zahlen über Fig. *c* bezeichnen die Ordnung der Sternleisten. Die punktierten konzentrischen Linien zeigen den Anfang und Abschlufs eines Zyklus an, und zwar stehen die Zahlen links an der Linie, welche das letzte Septum des betreffenden Zyklus berührt.)

Die typischen Hexakorallen unterscheiden sich von den Tetrakorallen durch die sechszählige Anordnung und durch radiale Einschaltung der jüngeren Mesenterialkammern und Septen, von den Alcyonarien aufserdem durch die einfachen, schlauchförmigen Tentakeln. Bei den *Madreporaria* entstehen an der Basis des Polypentiers in der Regel 6, seltener 12 Primärsepta, zwischen welche sich die jüngeren derart einschalten, dafs gleichzeitig alle gleichartig begrenzten Kammern ein neues Septum erhalten. Das Kalkgerüst besteht demnach aus mindestens 6, meist aber aus einer gröfseren Anzahl streng radiär angeordneter Septen; die 6 Primärleisten bilden den ersten Zyklus und zugleich den Rahmen der 6 Systeme, in welche sich successive neue Zyklen von 6, 12, 24 Septen u. s. w. einschalten. Die gleichzeitig gebildeten Septen haben meist gleiche Länge und Stärke und zwar lassen sich die jüngeren fast immer durch schwächere Entwicklung von den älteren unterscheiden. Das von Milne-Edwards und Haime zuerst genauer festgestellte Einschaltungsgesetz (Fig. 139) wird übrigens keineswegs

[1]) Literatur (vgl. S. 63):
Pratz, Ed., Über die verwandtschaftlichen Beziehungen einiger Korallengattungen mit hauptsächlicher Berücksichtigung ihrer Septalstruktur. Palaeontographica XXIX, 1882.
Koby, F., Monographie des Polypiers jurassiques de la Suisse. Abhandl. Schweiz. paläontol. Ges. Bd. VII—XVI 1880—1890 u. XXI, 1895.
Frech, Fr., Die Korallenfauna der Nordalpinen Trias Palaeontographica Bd. XXXVII, 1890/91.

streng eingehalten. Durch Verkümmerung oder Unregelmäfsigkeit in der Einschiebung neuer Septen entstehen zuweilen Hexakorallen mit 4, 5, 7 oder 8 Systemen.

Nach der Beschaffenheit oder dem Fehlen der Wand werden von Heider und Ortmann *Euthecalia*, *Pseudothecalia* und *Athecalia* unterschieden. Die Vermehrung der Hexakorallen erfolgt entweder auf geschlechtlichem Weg, wobei Einzelindividuen entstehen oder ungeschlechtlich durch laterale und basale Knospung oder durch Selbstteilung. Bei den zusammengesetzten Stöcken wird die Verbindung der Zellen zuweilen durch Cönenchym vermittelt. Von endothekalen Gebilden sind Synaptikeln, Querblätter und Böden häufig vorhanden.

1. Familie. **Amphiastraeida.** Ogilvie.

(*Eusmilinae* p. p. E. H., *Axophylliae* p. p. Koby.)

Meist massive oder ästige Stöcke, seltener Einzelkorallen mit echter Wand und starker Epithek. Septa dicht, ganzrandig oder nur schwach gezähnelt, mehr oder weniger deutlich bilateral angeordnet. Visceralraum im peripheren Teil mit blasigen Querblättern, die zuweilen eine innere Wand bilden. Böden fehlend oder vorhanden. Vermehrung durch Knospen am Oberrand der Kelche oder durch Selbstteilung.

Trias bis jetzt; Hauptverbreitung im Jura.

Pynacophyllum Frech. Stock rasenförmig. Septa am Oberrand fein gezähnelt, kurz. Haupt- und Gegenseptum verlängert. Visceralraum mit weit entfernten Böden. Trias.

Coccophyllum Reufs. Stock astroidisch. Zellen durch ihre Wände verbunden, Kelche polygonal. Septen kurz, die Primärsepten wenig deutlich vortretend. Böden zahlreich. Trias, Jura.

Gigantostylis Frech. Trias.

Amphiastraea Etallon. (Fig. 140). Stock astroidisch. Kelche tief. Das Hauptseptum kräftig und verlängert; im Gegensegment mit 3—5 kurze Primärsepten. Die blasige Endothek bildet eine innere Wand. Jura.

Aulastraea Ogilvie (Fig. 141). Stock ästig mit starker Epithek. Die Kelche aufsen von grobblasigem Zellgewebe umgeben. Ob. Jura.

Opisthophyllum Ogilvie. Zylindrische Einzelkorallen. Kelch verlängert, tief. Haupt-, Gegen- und Seitensepten deutlich ausgeprägt. Das Gegensegment des Kelches beträchtlich gröfser als das Hauptsegment. Ob. Jura.

Mitrodendron Quenst., *Sclerosmilia*, *Pseudothecosmilia*, *Cheilosmilia*, *Lingulosmilia* Koby. Ob. Jura.

Stylosmilia E. H. (*Placophyllia* From., *Schizosmilia* Koby) Fig. 142. Stock buschig, aus geraden, dicht nebeneinanderstehenden, aber nur teilweise verwachsenen Zellen bestehend. Vermehrung durch Randknospen. Jura.

Haplosmilia E. H. Buschige Stöcke. Zellen meist mit dichotomem Scheitel. Kelch rund oder länglich. Säulchen blattförmig. Wand mit kammförmigen Rippen. Jura.

Eusmilia E. H. Tertiär. Recent.

Volz, W., Die Korallen der Schichten von St. Cafsian in Tirol. Palaeontograph. Bd. XXIII, 1896.

Reis, O., Die Korallen der Reiter Schichten. Geognostische Jahreshefte II. München 1890.

Ogilvie, M., Die Korallen der Stramberger Schichten. Abhandlungen aus dem paläont. Museum des bayer. Staates, 1896.

Gregory, J. W, The jurassic fauna of Cutch Corals. Mem. geol. Survey East India. ser. IX. II. 1900.

Vaughan, T. W., The Eocene and lower Oligocene Coral Faunas of the U. S. Monographs of the U. S. geol. Survey. XXXIX, 1900.

Selenogyra Ogilvie. *Dendrogyra* E. H. Jura. Recent.

Rhipidogyra E. H. (*Stylogyra* d'Orb.) Fig. 143. Einzelkorallen, seltener zusammengesetzte Stöcke. Kelche verlängert, komprimiert. Septen ganzrandig von verschiedener Dicke. Außenwand mit Rippen. Säulchen blattförmig. Jura bis jetzt.

Fig. 140.
Amphiastraea gracilis Koby.
Ob. Jura. Stramberg. Mähren.
(nach Ogilvie.)

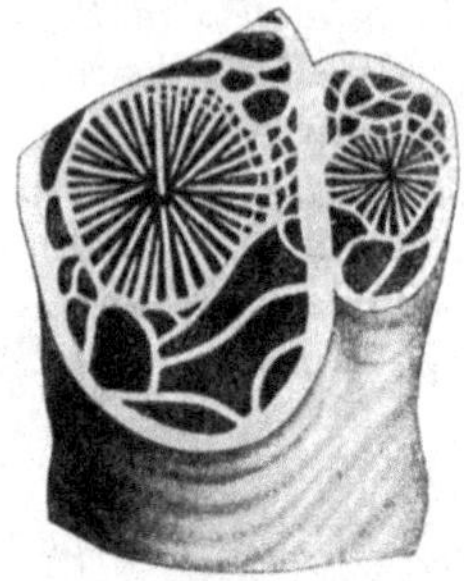

Fig. 141.
Aulastraea Schäferi Ogilvie.
Ob. Jura. Stramberg.
Mähren.

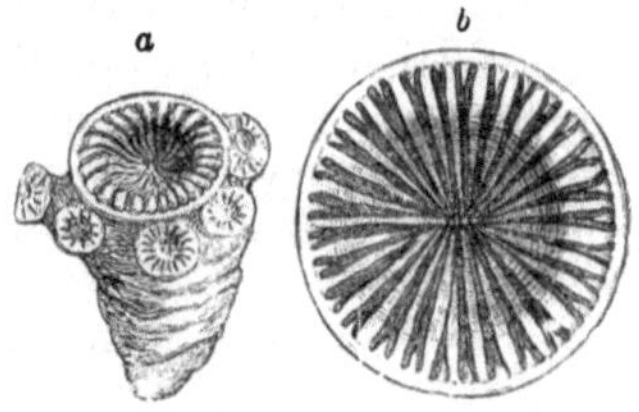

Fig. 142.
Stylosmilia dianthus Goldf. sp.
Coralrag. Nattheim. *a* Junges
Exemplar. Nat. Größe. *b* Kelch
vergrößert.

Phytogyra d'Orb. Jura. Kreide.

Pachygyra E. H. Stock aus gewundenen Zellenreihen bestehend, welche durch Costalcönenchym verbunden sind. Säulchen lamellär. Jura. Kreide.

Barysmilia E. H. Stock massiv, gestielt, oben mit kurzen Knospen bedeckt. Kelche oval, zuweilen in Reihen. Säulchen blattartig. Kreide.

Plocophyllia Reuſs (Fig. 144). Ästige, blättrige oder massive Stöcke.

Fig. 143.
Rhipidogyra crassa From. Koralrag. Gray. Haute Saône. $^1/_2$ nat. Größe.

Fig. 144.
Plocophyllia calyculata Catullo sp. Oligocän. Monte Carlotta bei Vicenza. Nat. Größe.

Die durch Selbstteilung entstandenen Zellen werden frei oder sind zu freistehenden Reihen verbunden. Säulchen fehlt. Tertiär.

Haplophyllum Pourtalès, *Euphyllia* E. H., *Guynia* Duncan. Recent.

2. Familie. **Stylinidae.** Klunzinger.

(*Astracidae* p. p. E. H.)

Stöcke massiv, astroidisch. Septa nicht sehr zahlreich, radiär (4—8, 5—10, 6—12), dicht. Visceralraum in der Mitte mit Böden und Säulchen, in der Peripherie mit Querblättern. Kelche durch Septalcosten, zuweilen durch Cönenchym verbunden. Epithek meistens vorhanden. Trias bis jetzt.

Nach Ogilvie gehört die silurische Gattung *Decaphyllum* E. H. hierher.

Stylina Lam. (Fig. 145). Massive Stöcke. Die Zellen durch übergreifende Rippen verbunden. Septa wohlentwickelt, in 6, 8 oder 10 Systeme geordnet. Säulchen griffelförmig. Vermehrung durch Costalknospen. Querblättchen reichlich. Sehr häufig in Trias, Jura und Kreide.

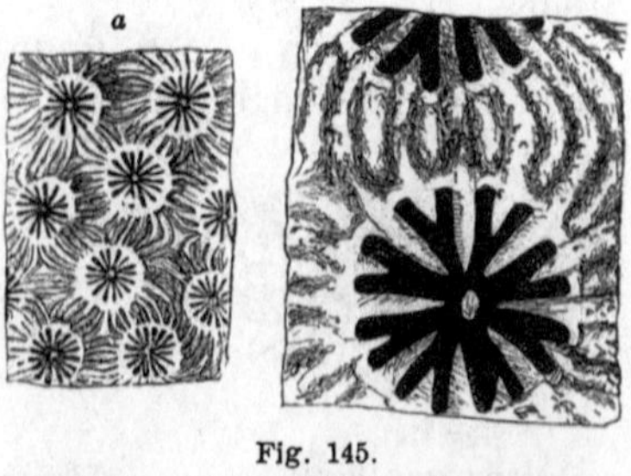

Fig. 145.
Stylina Delabechei E. H. Coralrag. Steeple Ashton. England. *a* Nat. Gröſse, *b* zwei Kelche vergröſsert.

Pentacoenia, *Heterocoenia* E. H., *Convexastraea* d'Orb., *Acanthocoenia* d'Orb. Jura. Kreide.

Goniocora, *Stytosmilia* E. H., *Placocoenia* d'Orb., *Cryptocoenia* E. H., *Heterocoenia* E. H. Jura. Kreide.

Cyathophora Mich. Massive Stöcke. Die Zellen durch Costalsepten verbunden. Septa kurz, das Zentrum nicht erreichend. Säulchen fehlt. Der Visceralraum durch parallele, horizontale Böden abgeschlossen. Jura. Kreide.

Coccophyllum Reuſs. Massive Stöcke. Zellen durch ihre Wände verbunden. Kelche polygonal. Septa zahlreich. Säulchen fehlt. Visceralraum mit Querböden. Trias der Alpen.

Holocystis Lonsd. Massive Stöcke. Kelche durch Rippen verbunden. Von den Septen vier durch Gröſse oder Dicke ausgezeichnet. Visceralraum mit Böden. Kreide.

Phyllocoenia E. H. (*Confusastraea* d'Orb., *Adelastraea* Reuſs). Stöcke massiv. Die rundlichen oder ovalen Zellen unvollkommen durch Rippen verbunden. Septa stark entwickelt, in der Mitte zwischen dem Zentrum und der Wand verdickt. Säulchen rudimentär. Trias bis Tertiär.

Galaxea Oken. Buschige Stöcke; die zylindrischen Zellen durch Schichten schwammiger Perithek verbunden. Lebend.

3. Familie. **Astraeidae.** E. H. (emend.)

Zusammengesetzte astroidische, buschige, mäandrische oder inkrustierende Stöcke, seltener Einzelkorallen. Wand durch Verwachsung der Septen gebildet. Septa zahlreich, dicht, wohl ausgebildet, am Oberrand gezackt oder gezähnelt. Der Visceralraum durch mehr oder weniger reichlich entwickelte Querblättchen nach unten abgeschlossen. Fortpflanzung durch Eier, Knospung oder Selbstteilung. Die meist aus ziemlich hohen Zellen zusammengesetzten, massiven Stöcke entweder unmittelbar durch ihre Wände oder durch übergreifende Septen (Costalsepta) verbunden. Böden und Cönenchym fehlen.

Sehr häufig von der Trias an. Bei weitem die formenreichste Familie unter den Hexakorallen.

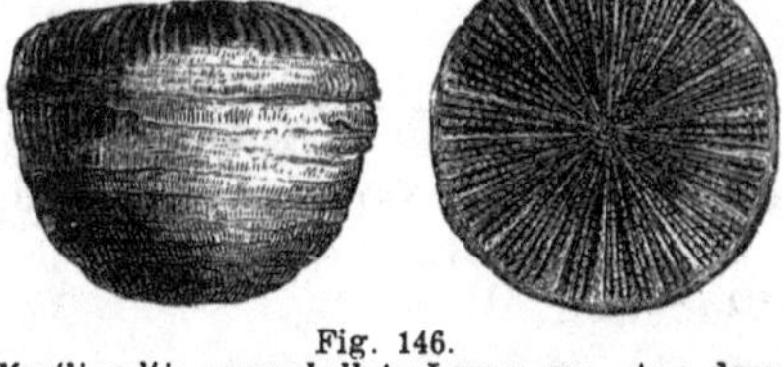

Fig. 146.
Montlivaultia caryophyllata Lamx. sp. Aus dem Grossoolith von Caen. Calvados. Nat. Gröſse.

a) Einfache Zellen.

Montlivaultia Lamx. (Epismilia p. p. From., Oppelismilia Duncan) (Fig. 146). Zylindrisch, konisch, kreisel- oder scheibenförmig, unten zugespitzt oder mit breiter Basis aufgewachsen. Septa zahlreich, am Oberrand gezackt. Säulchen fehlt. Epithek dick, runzelig, leicht abfallend. Häufig in Trias und Jura; spärlicher in Kreide und Tertiär.

Stylophyllum Reuſs. Einzelzellen mit oder ohne calycinale Randknospen oder massive Stöcke. Septen kräftig, nur in der Tiefe vollständig, gegen oben in dicke, vertikale Dornen aufgelöst. Querblättchen blasig. Wand mit Epithek. Alpine Trias.

Stylophyllopsis Frech. Einfach oder schwach verzweigt. Die Septen in der Nähe des Zentrums in isolierte vertikale Dornen aufgelöst. Alpine Trias.

Lithophyllia E. H. Zylindrisch-konisch mit breiter Basis aufgewachsen. Wand mit stacheligen Rippen oder nackt. Säulchen schwammig. Miocän und Recent.

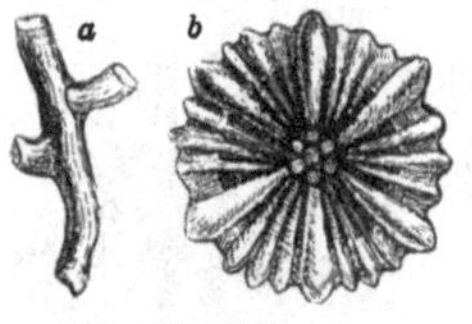

Fig. 147.
Stylocora exilis Reuſs. Miocän. Niederleis. N.-Österreich. *a* Exemplar in nat. Gröſse, *b* Kelch vergröſsert. (Nach Reuſs.)

Circophyllia E. H. (*Antillia* Duncan). Eocän. Recent.

Axosmilia E. H. Jura.

β) Durch laterale Seitenknospen entstandene buschige Stöcke.

Cladocora Ehrbg. Stock aus zylindrischen, langen, allseitig freien Ästen zusammengesetzt. Kelch kreisrund; Septa wohlentwickelt. Säulchen warzig. Ein Pfählchenkranz. Jura bis Jetztzeit.

Stylocora Reuſs (Fig. 147). Äste zylindrisch. Septa kräftig, die des ersten Zyklus am Innenrande pfeilerartig verdickt. Säulchen griffelförmig, einfach und warzig. Kreide. Miocän.

Pleurocora E. H. Kreide.

γ) Stöcke aus Basalen, aus Stolonen oder Basalausbreitungen sprossenden Knospen gebildet.

Rhizangia E. H. (Fig. 148). Zellen durch Stolonen verbunden, kurz, subzylindrisch. Kelche seicht, kreisrund. Säulchen warzig. Kreide. Tertiär.

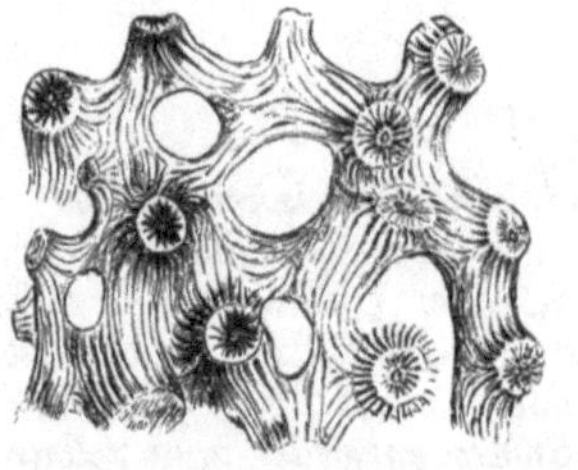

Fig. 148.
Rhizangia Michelnii Reuſs. Aus der mittleren Kreide des Gosautals. Nat. Gr. (nach Reuſs).

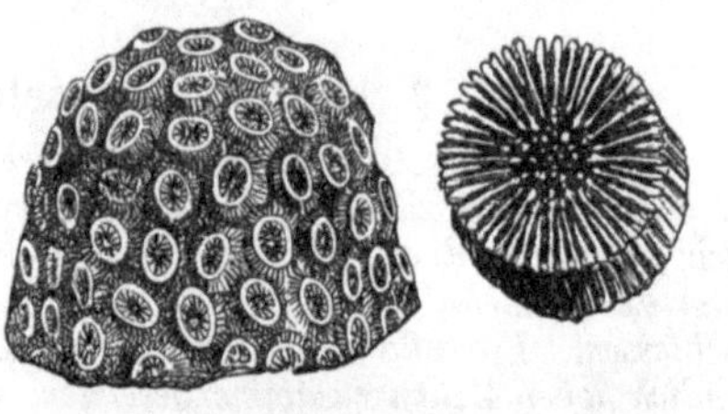

Fig. 149.
Cladangia conferta Reuſs. Miocän. Bischofswart. Mähren. *a* Nat. Gröſse. *b* Ein Kelch vergröſsert (nach Reuſs).

Latusastraea d'Orb. Knospen auf gemeinsamer Basalausbreitung, kurz, stark nach der Seite geneigt, so daſs der Kelch halbkreisförmig wird und die Form einer vorspringenden Lippe annimmt. Jura. Kreide.

Astrangia, *Cryptangia*, *Phyllangia*, *Cladangia* (Fig. 149), *Ulangia* E. H. etc.

δ) Durch Lateralknospen gebildete, massive Stöcke.

Heliastraea E. H. (Fig. 150). Zellen zylindrisch, durch übergreifende Costalsepten, die in jene der Nachbarzellen übergehen, miteinander verbunden. Säulchen schwammig. Zwischen den Septen in und auſserhalb der Wand reichliche Querblättchen. Jura bis Jetztzeit.

Plesiastraea From. Wie vorige, nur mit mehreren Pfählchen vor allen Zyklen mit Ausnahme des letzten. Tertiär und lebend.

Isastraea E. H. (Fig. 151). Zellen prismatisch, dicht gedrängt, durch ihre Wände verbunden. Kelche polygonal. Säulchen schwach oder fehlend. Trias. Jura. Kreide.

Stylastraea From., *Leptastraea*, *Confusastraea*, *Prionastraea* E. H. etc.

Fig. 151.
Isastraea helianthoides Goldf. sp. Aus dem Coralrag von Nattheim. Nat. Gröfse.

b

a

Fig. 150.
Heliastraea conoidea Reufs. Miocän, Enzesfeld bei Wien. *a* Exemplar in nat. Gröfse, *b* mehrere Kelche vergröfsert.

Fig. 152.
Favia caryophylloides From. Aus dem Coralrag von Nattheim. Natürl. Gröfse.

ε) Durch Selbstteilung gebildete massive Stöcke.

Favia Oken (Fig. 152). Stock massiv. Kelche oval oder verzerrt, durch übergreifende Costalsepten verbunden. Säulchen schwammig. Jura bis Jetztzeit.

Goniastraea E. H. Zellen prismatisch, polygonal. Kelch mit wohlentwickelten Septen, schwammigem Säulchen und Pfählchen. Kreide. Tertiär und lebend.

ζ) Durch Selbstteilung entstandene ästige Stöcke.

Calamophyllia Blainv. (*Rhabdophyllia* E. H., *Lithodendron* p. p. Mich.) (Fig. 153). Stock bündelförmig oder buschig. Einzelzellen sehr lang, zylindrisch. Wand sehr dünn gerippt, ohne Epithek. Säulchen fehlt. Trias. Jura. Tertiär. Besonders häufig in der alpinen Trias. *C. clathrata* Emmrich sp.

Thecosmilia E. H. (Fig. 154). Stock buschig; Zellen nach der Selbstteilung vergabelt. Wand dick. Epithek runzelig, leicht abfallend. Säulchen fehlend oder rudimentär. Trias bis Tertiär. Nach Frech nicht verschieden von *Calamophyllia*. Sehr häufig in Trias und Jura.

Hymenophyllia E. H. Kreide.

Symphyllia, *Ulophyllia*, *Dasyphyllia* E. H., *Mussa* Oken etc. Tertiär und Recent.

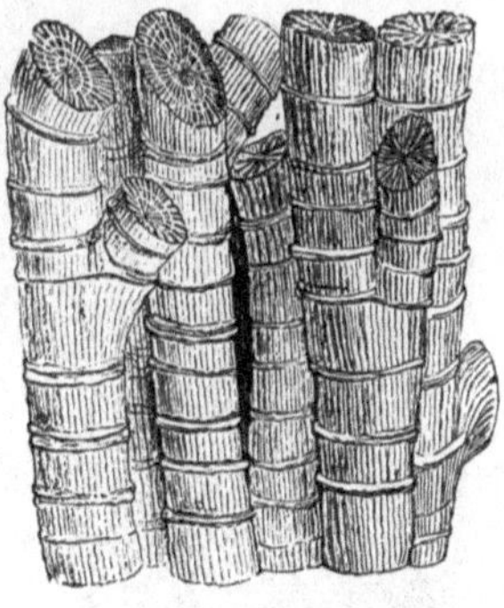

Fig. 153.
Calamophyllia Stokesi E. H. Coralrag. Steeple Ashton. England. Nat. Gröfse.

Fig. 154.
Thecosmilia trichotoma Goldf. sp. Aus dem Coralrag von Nattheim. Nat. Gröfse.

η) Durch Selbstteilung entstandene Stöcke mit zusammenfliefsenden Zellenreihen.

Leptoria E. H. (Fig. 155). Stock massig, aus mäandrischen Reihen zusammenfliefsender Individuen gebildet, die Reihen durch ihre Wände verbunden. Septa gedrängt, fast parallel; Säulchen blattförmig. Jura. Kreide. Tertiär.

Diploria E. H. Wie vorige, aber Reihen nicht direkt durch ihre Wände sondern durch überragende Costalsepten verbunden. Kreide. Tertiär. Lebend.

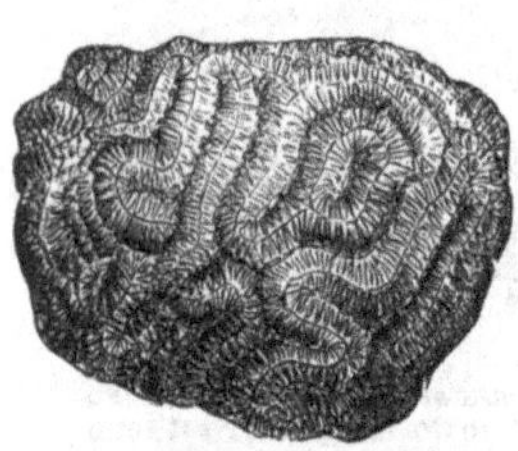

Fig. 155.
Leptoria Konincki Reufs. Obere Kreide. Gosautal. Nat. Gröfse.

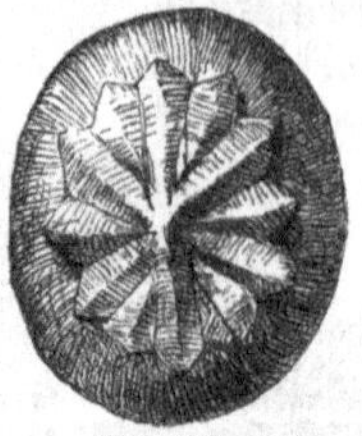

Fig. 156.
Aspidiscus cristatus Koen. Aus der mittleren Kreide von Batna in Algerien. Nat. Gr.

Aspidiscus Koenig (Fig. 156). Stock scheibenförmig, rund oder elliptisch, unten mit runzeliger Epithek bedeckt. Die Zellenreihen strahlen vom Zentrum aus und sind durch scharfe Kämme voneinander geschieden; bei den an der Peripherie gelegenen Zellen sind die äufseren Septen verlängert und bilden einen gestreiften Rand. Kreide.

Weitere Gattungen: *Stiboria* Etallon, *Stelloria* d'Orb., *Maeandrina* Lam. etc.

4. Familie. **Fungidae.** Dana (emend.)

Einzelkorallen oder niedrige, in die Breite ausgedehnte Stöcke. Septa dicht oder porös, wohl entwickelt, zahlreich, radiär geordnet, durch Synaptikeln verbunden. Querblätter fehlen oder spärlich. Wand fehlt (Athecalia), zuweilen eine Pseudothek vorhanden. Epithek vorhanden oder durch Basalstacheln ersetzt. Trias bis jetzt.

a) Unterfamilie. **Funginae.** E. H.

Niedrige Einzelkorallen oder Stöcke. Epithek fehlend oder rudimentär, meist durch Basaldornen ersetzt. Septa dicht, zahlreich gezähnelt. Synaptikeln reichlich vorhanden. Kreide, Tertiär, Recent.

Fungia Dana. Einfach, niedrig, scheibenförmig, Kelch gewölbt, mit spaltförmiger eiverlängerter Mundöffnung, Septa sehr zahlreich, von verschiedener Länge und Stärke, durch einfache oder zu Leisten verschmolzene Synaptikeln verbunden, auf der flachen Unterseite als stachelige Rippen vorragend. Wand fehlt. Lebend und subfossil.

Micrabacia E. H. Kreide, *Cryptabacia* E. H. Recent.

Siderastraea Blv. (*Astraea* E. H.). Stock niedrig, inkrustierend. Fortpflanzung durch randliche Knospen. Kelche klein, subpolygonal, Septa zahlreich, sehr dünn. Recent.

Herpololitha Eschscholtz, *Lithactinia* Lesson etc. Recent.

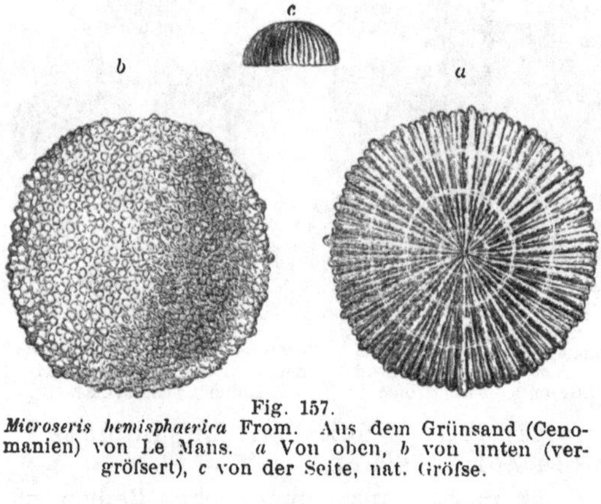

Fig. 157.
Microseris hemisphaerica From. Aus dem Grünsand (Cenomanien) von Le Mans. *a* Von oben, *b* von unten (vergröfsert), *c* von der Seite, nat. Gröfse.

b) Unterfamilie. **Lophoserinae.** E. H.

Einzelkorallen oder niedrige, blattförmige, häufig mäandrische Stöcke. Epithek dicht, Synaptikeln reichlich, jedoch keine Reihen bildend. Septa dicht, seltener mit irregulären Poren. Trias bis jetzt.

Microseris From. (Fig. 157). Einfach, scheibenförmig, kreisrund, oben gewölbt. Septen dicht, radiär, die des ersten Zyklus bis zum Zentrum des Kelches reichend. Unterseite eben, mit Körnern bedeckt. Kreide.

Asteroseris From. Wie vorige, aber ein Säulchen und Pfählchen vorhanden. Kreide.

Cycloseris E. H. Kreide bis jetzt.

Trochoseris E. H. Einfach, kreiselförmig oder zylindrisch, festgewachsen. Wand nackt, fein längs gestreift. Kelch rund oder am Rande lappig. Säulchen warzig. Septa sehr zahlreich, seitlich vielfach verwachsen. Synaptikeln reichlich. Kreide. Tertiär. Recent.

Gyroseris Reufs., *Turbinoseris* Duncan, *Placoseris* From. Kreide.

Podoseris, Gonioseris Duncan. Jura.

Cyathoseris E. H. (Fig. 158). Stock angeheftet, kreiselförmig. Die jungen Zellen durch Costalknospung an der Peripherie entstehend. Gemeinsame Aufsenwand nackt oder gestreift. Kreide. Tertiär.

Thamnoseris Et. Jura.

Lophoseris E. H. (*Pavonia* Lam.), *Mycedium* Oken, *Agaricia* Lam. etc. Recent.

Fig. 158.
Cyathoseris subregularis Reufs. Oligocän. Monte Carlotta bei Vicenza.
a Von oben, *b* von der Seite, nat. Gröfse.

c) Unterfamilie. **Thamnastraeinae.** Reufs.

Einzelkorallen oder häufiger zusammengesetzte massive Stöcke mit zusammenfliefsenden Kelchen. Basalepithek wohl entwickelt, runzelig. Septa aus fächerförmig angeordneten Trabekeln gebildet mit regelmäfsig geordneten Poren. Synaptikeln in horizontalen Reihen. Querblätter reichlich. Trias, Jura, Kreide, Tertiär.

Anabacia E. H. Einfache, freie, scheiben- oder linsenförmige Zellen mit ebener Basis. Oberseite gewölbt mit spaltförmiger Zentralhöhle. Septa sehr zahlreich, dünn, durch Synaptikeln verbunden. Wand fehlt. Jura.

Genabacia E. H. Wie vorige, aber zusammengesetzt, indem um den Zentralkelch ein Kranz von kleineren Kelchen steht. Jura.

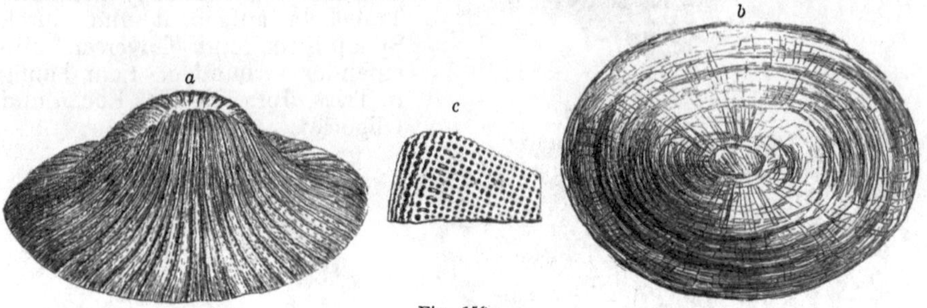

Fig. 159.
Cyclolites undulata Lam. Obere Kreide. Gosautal. *a* Von der Seite, *b* von unten, *c* ein Septum Seite, nat. Gröfse.

Cyclolites Lam. (Fig. 159). Einfach, frei, scheibenförmig, oben gewölbt, unten flach, mit runzeliger Epithek überzogen. Septa sehr dünn, bis zum Zentrum reichend, aufserordentlich zahlreich, durch Synaptikeln und Traversen verbunden, aus vertikalen Reihen von Trabekeln aufgebaut. Sehr häufig in der Kreide; selten in Jura und Eocän.

Procyclolites Frech. Einzelkorallen oder aus zusammengewachsenen Individuen bestehende Stöcke von kreiselförmiger Gestalt. Kelch vertieft. Septa zahlreich, spärlich durchbohrt. Synaptikeln und Querblätter vorhanden. P. triadicus Frech. Alpine Trias (Zlambachschichten).

Omphalophyllia Laube. Einfach, kreiselförmig oder subzylindrisch, festgewachsen mit Epithek. Septa sehr zahlreich, am Oberrand gekörnelt. Kelch seicht. Säulchen griffelförmig. Trias der Alpen.

Trocharaea Et., *Microsolena* Lam., *Dimorpharaea* From. Jura.

Astraeomorpha Reufs. Stöcke knollig, flach ausgebreitet oder ästig, von runzeliger Epithek umgeben. Zellen klein, durch kurze, dicke Costalsepten verbunden. Säulchen griffelförmig. Trias bis Oligocän.

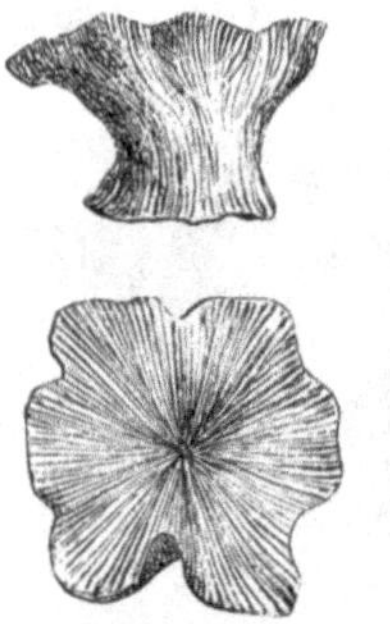

Fig. 160. *Leptophyllia sinuosa* From. Neocomien. St. Dizier. Nat. Gröfse.

Fig. 161. *Latimaeandra seriata* Becker. Aus dem Coralrag von Nattheim. Nat. Gröfse. (Nach Becker.)

Protethmos Gregory. Einzelkorallen von kurzkonischer oder kreiselförmiger Gestalt. Septa kräftig am Innen- und Oberrand durchbohrt; Synaptikeln spärlich. Kelch seicht. Säulchen schwammig. Jura.

Leptophyllia Reufs. (Fig. 160.) Wie vorige, aber ohne Säulchen. Jura. Kreide.

Epistreptophyllum Milasch. (*Lithoseris* Ogilvie). Jura.

Metethmos, Frechia Gregory. Jura. Ost Indien.

Latimaeandra d'Orb. (Fig. 161). Stock lappig und ästig; die Kelche verlängert, in Reihen geordnet, am Rand frei werdend. Septa zahlreich, dünn. Trias bis Kreide.

Comphyllia d'Orb., *Chorisastraea* From. *Dermoseris* Koby. Jura.

Thamnastraea Lesauvage (Fig. 162). Zusammengesetzte, flach ausgebreitete und gestielte oder pilzförmige Stöcke, von einer gemeinsamen, auf die Unterseite beschränkten Wand umgeben. Einzelzellen ohne Wand, durch Kostalsepten verbunden. Säulchen griffelförmig oder rudimentär. Die wohlentwickelten Septen aus fächerartig angeordneten Reihen zylindrischer Trabekeln aufgebaut und durch Synaptikeln und Traversen miteinander verbunden. Sehr häufig in Trias, Jura, Kreide, Eocän und Oligocän.

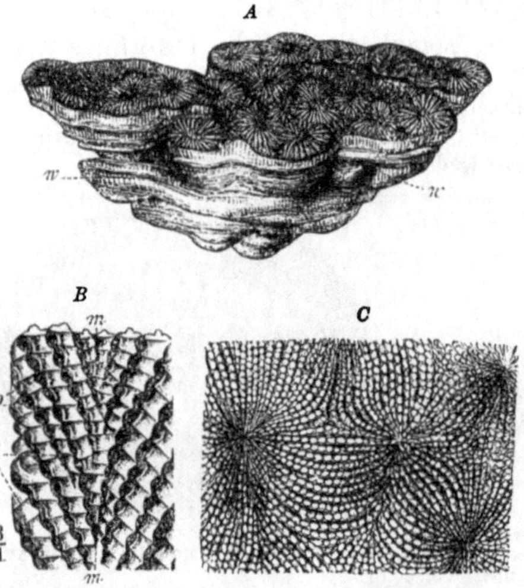

Fig. 162. *Thamnastraea prolifera* Becker. Oberer Jura. Nattheim. Württemberg. *A* Ein Stock 2/3 nat. Gröfse. *w* Die gemeinsame Wand. *B* Ein Kostalseptum von der Seite gesehen, vergröfsert, um den Aufbau aus Trabekelreihen zu zeigen. *m* Verwachsungsstelle von zwei zu benachbarten Zellen gehörigen Septen, *t* Trabekeln, *p* porenartige Zwischenräume der Trabekeln (aus Steinmann-Döderlein). *C. Thamnastraea agaricites* Goldf. Obere Kreide. Gosau. Stück der Oberfläche eines Stockes, nat. Gröfse.

Fig. 163. *Comoseris conferta* Reufs. Oligocän von Monte Carlotta bei Vicenza (in 2 facher Vergröfserung).

Dimorphastraea d'Orb. Wie vorige, aber die Kelche konzentrisch um eine zentrale Zelle angeordnet. Trias bis Tertiär.

Centrastraea d'Orb., *Stibastraea* Et. Jura.

Comoseris d'Orb. (Fig. 163). Wie *Thamnastraea*, jedoch die Kelche durch gewundene Höhenzüge gruppenweise voneinander getrennt. Jura. Tertiär.

Archaeoseris Gregory. Jura.

5. Familie. **Eupsammidae.** E. H.

Einzelkorallen oder durch Seitenknospen entstandene buschige, seltener massive oder inkrustierende Stöcke. Septa zahlreich, mit ihren inneren Enden häufig verwachsen, aus irregulär angeordneten Trabekeln aufgebaut, die zuweilen leere Zwischenräume (Poren) freilassen. Aufsenwand durch Verdickung der Septen gebildet (Pseudothek), zuweilen Epithek vorhanden. Interseptalräume mit Synaptikeln oder Querblätter, selten mit Böden. Silur bis jetzt.

Calostylis Lindström. Einfache, subzylindrische Zellen oder durch einseitige Knospen sich vermehrende Stöcke. Septa sehr zahlreich, schwammig porös, durch Synaptikeln oder Verwachsung verbunden. Säulchen dick. schwammig. Wand mit Epithek. Ob. Silur. Gotland.

Fig. 164.
Eupsammia trochiformis Pallas. Grobkalk. Chaussy bei Paris. Nat. Gröfse.

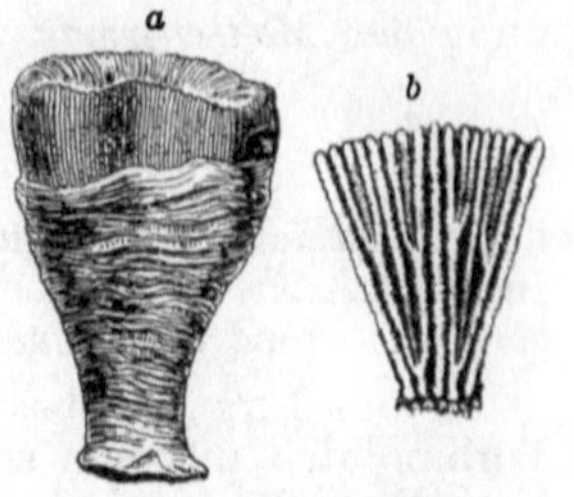

Fig. 165.
Balanophyllia sinuata Reufs. Oligocän. Waldböckelheim. *a* Nat. Gröfse, *b* mehrere Septa vergröfsert.

Haplaraea Milasch. Einfache, zylindrische Zellen, mit breiter Basis festgewachsen. Septa zahlreich, bis zum Zentrum reichend, mit grofsen Poren, zuweilen miteinander verwachsen oder durch Synaptikeln verbunden. Traversen ebenfalls vorhanden. Säulchen fehlt. Jura. Kreide.

Eupsammia E. H. (Fig. 164). Konisch, kreiselförmig, unten zugespitzt, frei. Septa sehr zahlreich in fünf Zyklen, die des letzten Zyklus stärker als jene des vorletzten. Säulchen fehlt oder vorhanden. Eocän bis jetzt.

Balanophyllia Wood (Fig. 165). Subzylindrisch, einfach, mit breiter Basis festgewachsen. Säulchen schwammig. Septa dicht gedrängt, zum Teil verwachsen. Eocän bis jetzt.

Stephanophyllia Mich. (Fig. 166). Einfach, scheibenförmig. Basis horizontal. Kelch kreisrund.

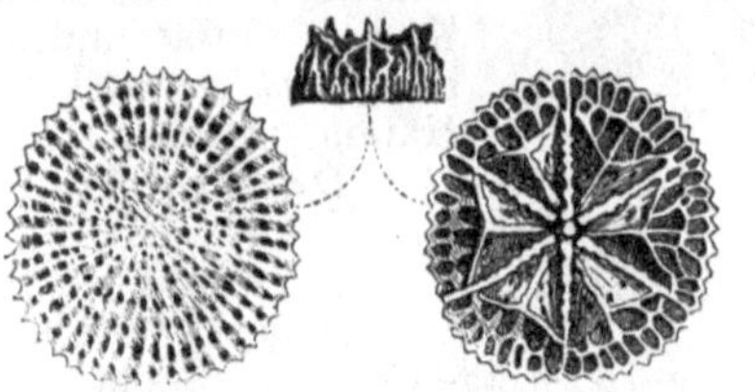

Fig. 166.
Stephanophyllia elegans Bronn sp. Pliocän von Stazzano bei Modena. *a* von oben, *b* von unten (vergröfsert), *c* von der Seite, nat. Gröfse.

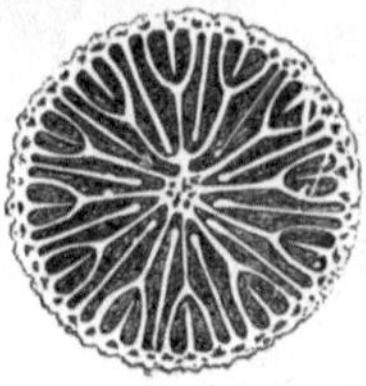

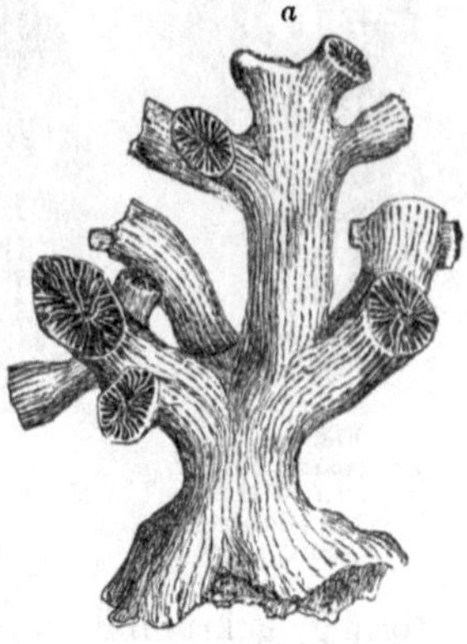

Fig. 167.
Dendrophyllia elegans Duncan. Oligocän von Brockenhurst. England. *a* Exemplar in nat. Gröfse. *b* Querschnitt des Kelches vergröfsert.

Septa zahlreich; die sechs Primärleisten bis zum Zentrum reichend, die übrigen innerhalb jedes Systems mit ihren Innenenden verwachsen. Kreide. Tertiär.

Dendrophyllia Blv. (Fig. 167). Ästige, durch Lateralknospen entstandene Stöcke. Kelche oval. Septa dünn, zahlreich; die des letzten Zyklus bis zum schwammigen Säulchen reichend und mit den konvergierenden Enden der kurzen Septen des vorletzten Zyklus verwachsen. Tertiär. Lebend.

Lobopsammia E. H., *Stereopsammia* E. H., *Astroides* E. H. Recent.

6. Familie. **Archaeocyathidae.**[1]) Walcott.

Einfache kreiselförmige oder subzylindrische Zellen. Septa und Wand löcherig; die inneren Enden der Septen durch eine durchlöcherte Innenwand verbunden, welche einen leeren Zentralraum umschließt. Interseptalräume mit Querbalken.

Die bis jetzt beschriebenen Gattungen (*Archaeocyathus* Billings, *Ethmophyllum* Meek, *Spirocyathus* Hinde, *Protopharetra* Bornem. etc.) finden sich ausschließlich in cambrischen Ablagerungen von Canada, Nord-Amerika, Spanien und Sardinien. Sie bilden vielleicht eine besondere Ordnung der *Madreporaria*.

7. Familie. **Turbinolidae.** E. H. (emend. Ogilvie).

Einzelkorallen mit zahlreichen, langen, ganzrandigen, radiär geordneten Septen. Interseptalräume leer oder mit Querblättern. Meist Säulchen, oft Pfählchen vorhanden. Wand dicht, zuweilen mit Epithek bedeckt. Böden fehlen.

Vom Jura an, besonders häufig im Tertiär und lebend. Die meisten Turbinoliden pflanzen sich geschlechtlich, einzelne aber auch durch Knospen fort, die sich jedoch bald von der Mutterzelle ablösen.

a) Unterfamilie. **Turbinolinae.** Ogilvie.

Kelch rund oder oval, mit griffel- oder bündelförmigem Säulchen. Pfählchen fehlen. Interseptalräume leer. Kreide bis jetzt. Sind wahrscheinlich die Nachkommen der Cyathaxoniden.

Turbinolia Lam. (Fig. 168). Kegelförmig, frei. Kelch kreisrund. Septa über die Wand vorragend. Säulchen griffelförmig. Tertiär und lebend. Häufig im Grobkalk des Pariser Beckens und im Eocän von England.

Sphenotrochus E. H. Keilförmig, frei. Kelch quer verlängert. Säulchen blattförmig. Kreide, tertiär und lebend. *Sph. crispus* Lam. Häufig im Grobkalk.

Dasmia E. H. Kreide. Eocän.

Ceratotrochus E. H. (Fig. 169). Kreiselförmig, gekrümmt, in der Jugend mit der Spitze festgewachsen. Septa sehr zahlreich, über die Wand vorragend. Säulchen bündelförmig. Kreide, Tertiär und lebend.

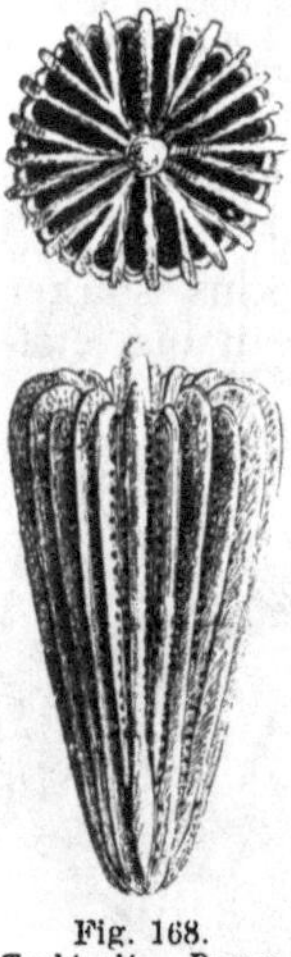

Fig. 168. *Turbinolia Bowerbanki* E. H. Eocän. Highgate England. 6/1.

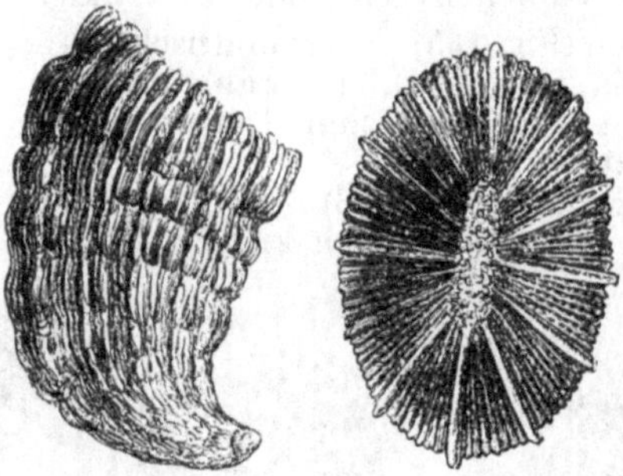

Fig. 169. *Ceratotrochus duodecimcostatus* Goldf. sp. Miocän. Baden bei Wien. Nat. Gröfse.

---

[1]) *Billings*, Palaeozoic Fossils of Canada I. — *Walcott*, Bull. U. S. geolog. Survey Nr. 30. — *Bornemann*, Versteinerungen des Cambrischen Systems von Sardinien 1886 — *Hinde, J. G.*, Quart Journ. geol. Soc. 1889. Bd. 45. S. 125.

b) Unterfamilie. **Trochocyathinae.** Ogilvie.

Kelch rund, Säulchen vorhanden oder fehlend. Pfählchen stets vorhanden in ein oder mehreren Zyklen. Querblättchen spärlich. Wand zuweilen mit Epithek bedeckt. Lias bis jetzt.

Trochocyathus E. H. (Fig. 170). Kreiselförmig. Kelch rund. Septa dick, Säulchen warzig, aus zahlreichen Stäbchen bestehend und von mehreren Pfählchenkränzen umgeben. Vom Lias an bis jetzt in vielen Arten.

Thecocyathus E. H. Niedrig kegelförmig oder scheibenförmig, in der Jugend angewachsen, später frei. Wand mit starker Epithek. Kelch kreisförmig, Septa zahlreich. Säulchen bündelförmig, von mehreren Pfählchenkreisen umgeben. Lias, Jura, Kreide und lebend.

Paracyathus E. H., *Deltocyathus* E. H. (Fig. 171). Tertiär. Lebend. *Discocyathus* E. H. Jura. *Acanthocyathus*, *Bathycyathus* E. H. Tertiär. Recent etc.

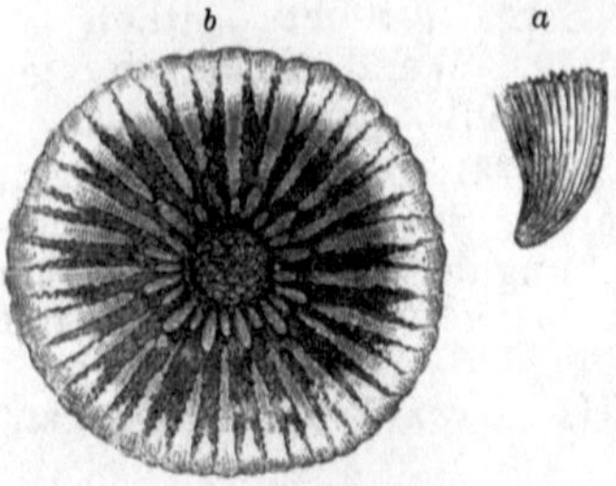

Fig. 170.
Trochocyathus conulus From. Aptien. Haute Marne.
a Nat. Gröſse,
b Kelch vergröſsert.

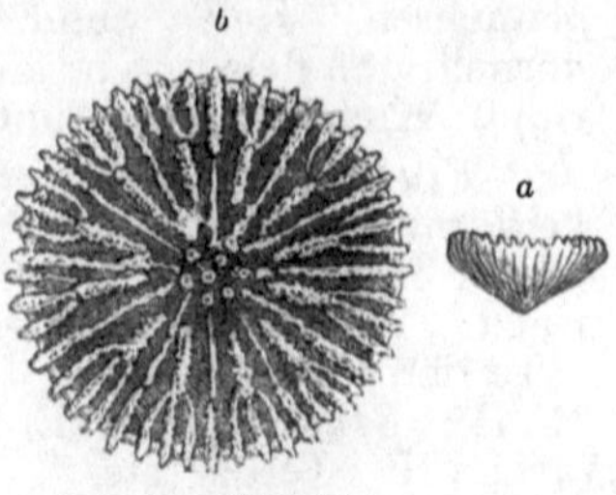

Fig. 171.
Deltocyathus Italicus E. H Miocän. Porzteich. Mähren.
a Nat. Gröſse.
b Kelch vergröſsert.

Fig. 172.
Caryophyllia cyathus Sol. Recent. Vertikal durchgeschnitten. Nat. Gröſse (nach Milne Edwards).

Caryophyllia Stokes. (Fig. **172**). Kreiselförmig, mit breiter Basis festgewachsen. Kelch rund. Säulchen warzig, von einem einfachen Pfählchenkranz umgeben. Kreide. Tertiär. Lebend.

c) Unterfamilie. **Trochosmilinae.** Ogilvie.

Kelch elliptisch oder verlängert. Säulchen blättrig oder fehlend. Pfählchen fehlen. Wand dicht, zuweilen mit Epithek. Interseptalräume meist mit Querblättern. Kreide bis jetzt.

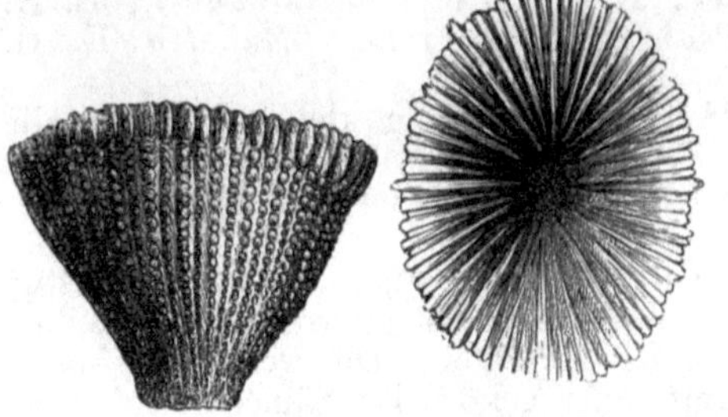

Fig. 173.
Trochosmilia granifera Raime. Turonkreide. Rennes-les-Bains.
a Von der Seite nat. Gröſse. *b* Kelch etwas vergröſsert (nach Fromentel).

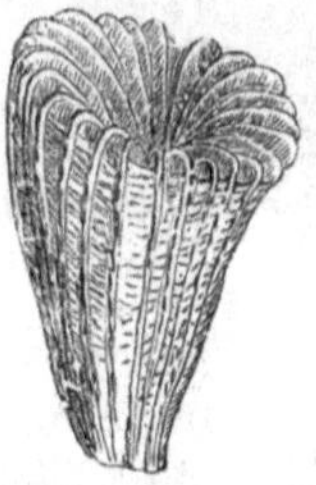

Fig. 174.
Coelosmilia loxa E. H. Aus der weiſsen Kreide von Lüneburg. Nat. Gröſse.

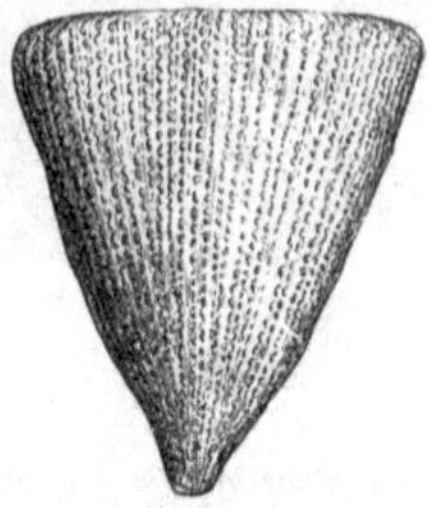

Fig. 175.
Placosmilia cuneiformis E. H. Aus der oberen Kreide von St. Gilgen am Wolfgangsee. Nat. Gr.

Trochosmilia E. H. (Fig. 173). Kreiselförmig, unten zugespitzt oder festgewachsen. Septa zahlreich, bis zum Zentrum reichend. Wand nackt, Rippen gekörnelt. Säulchen fehlt. Querblättchen reichlich. Kreide. Tertiär und Recent.

Coelosmilia E. H. (Fig. 174). Wie vorige, jedoch Querblättchen nur spärlich. Kreide. Lebend.

Pleurosmilia From. Jura.

Placosmilia E. H. (*Phyllosmilia* From.) (Fig. 175). Keilförmig, unten zugespitzt oder kurz gestielt. Kelch seitlich zusammengedrückt, quer verlängert. Septen zahlreich, Traversen reichlich, Säulchen blattförmig. Wand nackt, Rippen gekörnelt. Kreide.

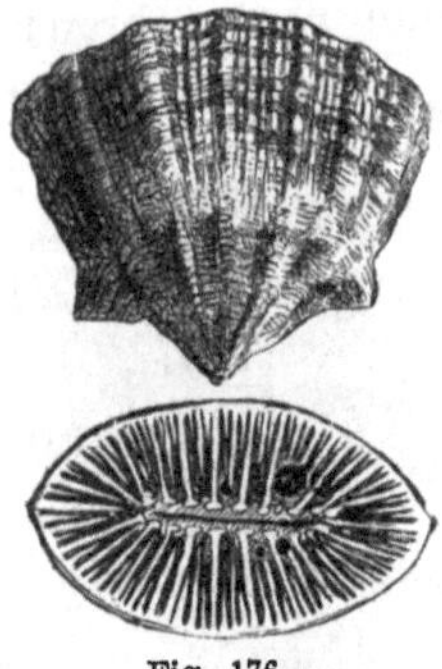

Fig. 176.
Flabellum Roissyanum E. H.
Miocän. Baden bei Wien.
Nat. Gröſse.

Diploctenium Goldf. Kelch zusammengedrückt, stark querverlängert, die Seitenteile abwärts gebogen, so daſs das Polyparium hufeisenförmige Gestalt erhält. Säulchen fehlt. Wand nackt. Rippen dichotom oder trichotom gespalten. Obere Kreide.

Lophosmilia E. H. Tertiär und lebend.

Parasmilia E. H. (*Coenosmilia* Pourtalès, *Cylicosmilia* E. H.) konisch- zylindrisch bis kreiselförmig, aufgewachsen. Kelch rund. Septa gezackt, seitlich gekörnelt. Säulchen schwammig. Wand nackt oder gerippt. Kreide. Eocän und Recent.

Flabellum Lesson. (Fig. 176). Zusammengedrückt, keilförmig, frei oder angeheftet. Septa zahlreich. Querblätter fehlen, durch Verdickung der Septen in der Tiefe des Visceralraums ersetzt. Wand mit Epithek bedeckt und zuweilen mit dornigen Fortsätzen. Tertiär. Lebend.

Smilotrochus E. H. *Stylotrochus* E. H. *Onchotrochus* Duncan. Kreide. *Discotrochus* E. H. Tertiär etc.

8. Familie. **Oculinidae.** E. H.

Stets zusammengesetzte, durch seitliche Knospung entstehende Stöcke. Wand äuſserlich durch kompaktes Cönenchym (Stereoplasma) verdickt. Visceralraum unten eng; Septen wenig zahlreich, die Zwischenräume leer. Vom Lias an bis jetzt; fossil nicht häufig.

Oculina Lam. Kelche unregelmäſsig oder in Spirallinie auf der glatten Oberfläche der Äste verteilt. Septen etwas überragend. Ein warziges Säulchen und ein Kranz von Pfählchen. Tertiär. Lebend.

Agathelia Reuſs. Wie vorige, aber Stock knollig oder lappig. Kreide. Tertiär.

Synhelia E. H. Kreide. *Astrohelia* E. H. Tertiär. *Psammohelia* From. *Euhelia* E. H. Jura etc.

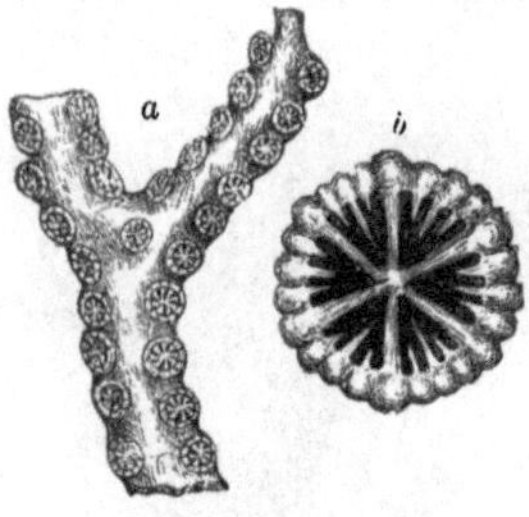

Fig. 177.
Enallohelia striata Quenst.
Coralrag. Nattheim. *a* Nat.
Gröſse, *b* Kelch vergröſsert.

Haplohelia Reuſs. Ästig, klein. Knospen alle nach einer Seite gerichtet. Wand körnig streifig. Septa in drei Zyklen. Säulchen und Pfählchen vorhanden. Oligocän.

Enallohelia E. H. (Fig. 177). Stock ästig. Die Knospen in zwei meist alternierenden Reihen nach einer Seite gerichtet. Die verdickte Wand auſsen gestreift oder gekörnelt. Säulchen schwach. Jura.

9. Familie. **Pocilloporidae.** E. H.

Zusammengesetzte, ästige, lappige oder massive Stöcke mit kleinen, zylindrischen, im Cönenchym eingebetteten Zellen. Cönenchym dicht mit stacheliger Oberfläche. Septa wenig zahlreich, schwach entwickelt, zuweilen rudimentär. Wand dicht. Visceralraum mit horizontalen Böden oder blättriger Ausfüllungsmasse.

Von den zwei hierhergehörigen, noch jetzt lebenden Gattungen *Pocillopora* Lam. und *Seriatopora* Lam. findet sich nur die erstere auch fossil im Tertiär.

10. Familie. **Stylophoridae.** E. H.

Zusammengesetzte massive oder ästige Stöcke. Die Zellen durch dichtes, aber von Hohlräumen durchzogenes Cönenchym verbunden. Septa wohl entwickelt, die Interseptalräume leer. Jura bis Jetztzeit.

Stylophora Schweigger. (Fig. 178). Stöcke ästig oder niedrig massiv, knollig. Kelche klein, tief, in reichlichem, an der Oberfläche stacheligem Cönenchym eingebettet. Septa wenig zahlreich. Säulchen griffelförmig. Jura. Tertiär. Lebend.

a b

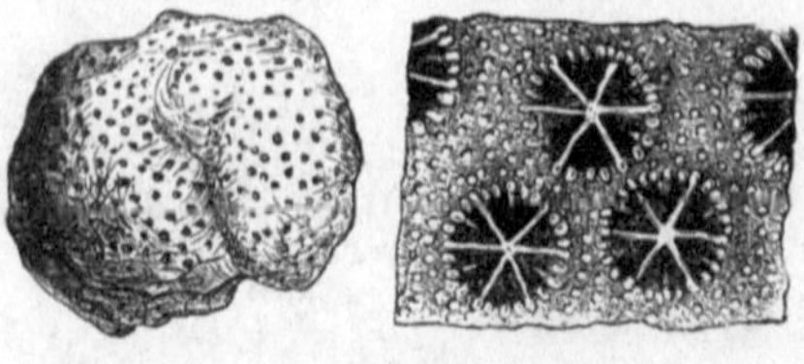

Fig. 178.
Stylophora subreticulata Reufs. Miocän. Grund bei Wien. *a* Stock in nat. Gröfse, *b* Oberfläche stark vergröfsert.

a b

Fig. 179.
Astrocoenia decaphylla E. H. Kreide. Gosautal. *a* Stock in nat. Gröfse, *b* mehrere Kelche vergröfsert.

Astrocoenia E. H. (Fig. 179). Massiv. Zellen polygonal, durch ihre Wände verbunden. Septa zahlreich, lang. Säulchen griffelförmig. Nur Querblättchen im Visceralraum. Trias. Jura. Kreide. Tertiär.

Stephanocoenia E. H. Wie vorige, aber Säulchen von Pfählchen umstellt. Trias bis Jetztzeit.

Stylocoenia E. H., *Psammocoenia* Koby. Jura.

11. Familie. **Madreporidae.** Dana emend. Ogilvie.

Zusammengesetzte, ästige, massive, lappige oder inkrustierende Stöcke mit kleinen, röhrigen Zellen, die in einem schwammigen, von netzförmigen Kanälen durchzogenen Cönenchym liegen. Septa meist nicht sehr zahlreich.

a) Unterfamilie. **Madreporinae.** Dana.

Meist ästige Stöcke. Die Kelche etwas aus dem Cönenchym vorragend. Septa (6—12) radiär, jedoch zwei gegenüberliegende Hauptsepten stärker als die übrigen und im Zentrum zusammenstofsend. Böden und Querblätter fehlen.

Madrepora Lin. (Fig. 180). Aufserordentlich häufig in den Korallenriffen der Jetztzeit, an deren Aufbau diese Gattung wesentlichen Anteil nimmt. Fossil spärlich im Tertiär.

a b

Fig. 180.
Madrepora Anglica Duncan. Oligocän. Brockenhurst. England. *a* Mehrere Kelche vergröfsert, *b* Vertikalschnitt, stark vergröfsert.

b) Unterfamilie. **Montiporinae.** E. H.

Kelche in Vertiefungen des Cönenchyms. Septa (6—12) zuweilen durch Radialstacheln ersetzt. Böden fehlen

Montipora Quoy und Gaimard. Recent.

c) Unterfamilie. **Alveoporinae.** Verill.

Massive Stöcke. Kelche ins Cönenchym eingesenkt. Septa durch Vertikalreihen von Stacheln ersetzt. Wand stark durchlöchert. Poröse Böden im Visceralraum.

Alveopora Quoy und Gaimard (Fig. 181). Tertiär und Recent.
Koninckina E. H. Kreide.

d) Unterfamilie. **Turbinarinae.** E. H.

Kelche etwas aus dem Cönenchym vorragend. Septa (6—30) bald wohl entwickelt bald rudimentär. Pfählchen häufig, zuweilen auch ein Säulchen vorhanden.

Actinacis d'Orb. (Fig. 182). Massige oder ästige Stöcke. Cönenchym reichlich, körnig. Septa kräftig, ziemlich gleichstark. Säulchen warzig; Pfählchen vor allen Septen. Kreide. Tertiär.

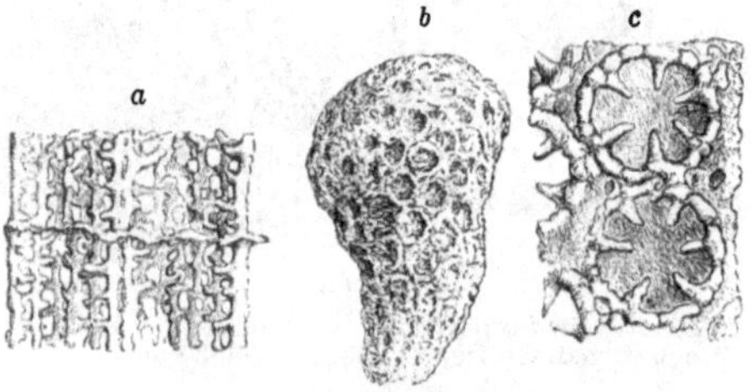

Fig. 181.
a Alveopora spongiosa Dana. Recent. Fidschi-Inseln. Vertikalschnitt durch eine Zelle, vergröfsert, um die durchlöcherte Wand und die Böden zu zeigen. *b Alveopora rudis* Reufs. Nummulitenkalk von Oberburg. Steyermark. Nat. Gröfse. *c* Zwei Kelche, stark vergröfsert. (Fig. *a* nach Dana, *b* nach Reufs.)

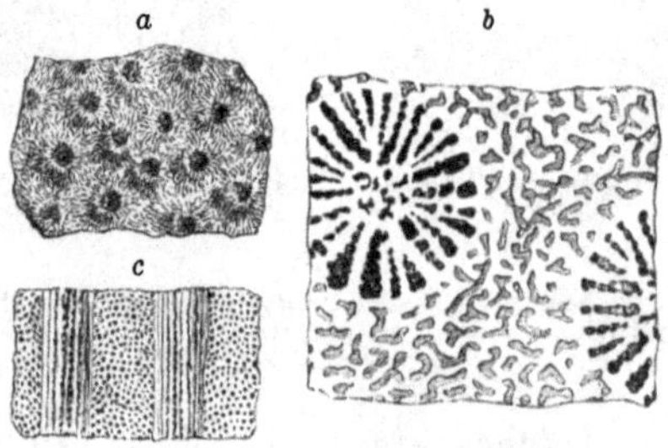

Fig. 182.
Actinacis elegans Reufs. Kreide. Gosautal. *a* Oberfläche in nat. Gröfse, *b* Querschnitt parallel der Oberfläche, vergröfsert, *c* Längsschnitt, vergröfsert (nach Reufs).

Astraeopora Blv. Massive Stöcke. Cönenchym locker, an der Oberfläche stachelig. Septa ungleich entwickelt. Säulchen und Pfählchen fehlen. Tertiär. Lebend.

Dendracis E. H. Tertiär.

Turbinaria Oken (*Gemmipora* Blv.). Stock blattförmig. Cönenchym ziemlich dicht und feinstachelig. Septa gleich grofs. Säulchen schwammig. Kreide. Tertiär. Lebend.

Palaeacis E. H. (*Sphenopoterium* Meek u. Worthen) Carbon.

12. Familie. **Poritidae.** Dana.

Massige, inkrustierende, selten ästige Stöcke. Kelche entweder unmittelbar aneinanderstofsend oder durch Cönenchym verbunden. Daś ganze Skelett aus einem Netzwerk vertikaler und horizontaler Balken aufgebaut, die zuweilen 6—12 dichte Primärsepten, Pfählchen und Säulchen bilden. Cönenchym an der Oberfläche mit erhabenen Leistchen. Die Einzelzellen ohne Wand, dagegen meist Basalepithek vorhanden. Trias bis jetzt.

a) Unterfamilie. **Spongiomorphinae.** Frech.

Skelett aus dicken, durch horizontale Synaptikeln verbundene Trabekeln aufgebaut. Kelche ganz undeutlich vom Cönenchym getrennt, ohne deutliche Septa. Meist sparsame Traversen vorhanden.

Von den hierher gehörigen Gattungen finden sich *Spongiomorpha*, *Heptastylis* und *Stromatomorpha* Frech in der alpinen Trias (Zlambachschichten und Rhät.). Es sind knollige Stöcke von sehr unregelmäfsiger

Gestalt. Bei *Spongiomorpha* und *Heptastylis* sind die sechs Septa durch ziemlich regelmäfsig gestellte Trabekelpfeiler angedeutet und bei *Heptastylis* durch in gleicher Höhe ausgehende Synaptikeln, welche förmliche, durchlöcherte Horizontalschichten bilden, verbunden. Bei *Stromatomorpha* fehlt jede radiäre Anordnung der Septaltrabekeln.

b) Unterfamilie. **Poritinae.** E. H.

Septa wohl entwickelt. Die Kelche direkt aneinander stofsend oder nur durch spärliches Cönenchym verbunden.

Litharaea E. H. (Fig. 183). Stock massig. Kelche subpolygonal. Septa meist in drei Zyklen. Säulchen schwammig. Eocän. Miocän.

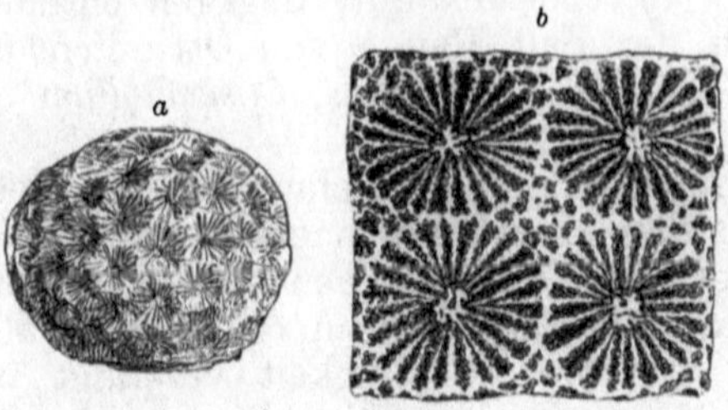

Fig. 183.
Litharaea Websteri E. H. Eocän Bracklesham Bay, England.
a Ein Stock nat. Gröfse.
b Vier Kelche vergröfsert.

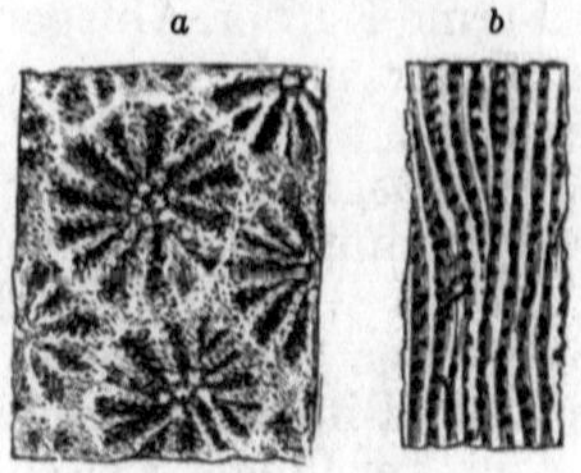

Fig. 184.
Porites incrustans Reufs. Miocän. Mähren.
a Horizontalschnitt, *b* Vertikalschnitt. Beide Figuren stark vergröfsert.

Rhodaraea E. H. Massive Stöcke. Wände der Kelche dick. Pfählchen vorhanden. Miocän und lebend.

Porites Lam. (Fig. 184). Massive oder ästige Stöcke. Kelche seicht, polygonal. Septa netzförmig. Säulchen warzig, von einem einfachen Pfählchenkranz umstellt. Kreide bis jetzt. Die Gattung *Porites* ist einer der wichtigsten Riffbildner der Jetztzeit.

Zeitliche und räumliche Verbreitung der Steinkorallen.

Die ältesten Vertreter der Steinkorallen sind die auf das Cambrium beschränkten Archäocyathinen, deren systematische Stellung noch unsicher ist. Ihr poröses Skelett und der ganze Aufbau der Septen weicht von den typischen Madreporariern so erheblich ab, dafs sie mit keiner der später erscheinenden Formen in genetische Beziehung gebracht werden können. Ihr Verbreitungsbezirk ist Europa und Nordamerika.

Im Silur herrschen die Tetrakorallen in einer Weise vor, dafs neben ihnen nur vereinzelte Poritidae, wie *Protaraea* und *Stylaraea* namhaft gemacht werden können. Die typischen Tetrakorallen erscheinen zuerst, wenn auch in geringer Menge, im unteren Silur (Ordovician) von Nordamerika und Europa (Esthland, Norwegen). Die verbreitetsten Gattungeu sind hier *Streptelasma*, *Cyathophyllum* und *Ptychophyllum*. Das Maximum der Entwicklung nach Zahl der Gattungen und Arten fällt ins obere Silur. Die Kalksteine von Gotland, Dagoe (Esthland), Dudley in Shropshire, Lockport u. a. O. in Nordamerika sind Überreste ehemaliger Korallenriffe, an deren Aufbau Tetrakorallen aus den Gattungen *Cyathophyllum, Heliophyllum, Omphyma, Ptychophyllum,*

Strombodes, Acervularia, Aulacophyllum, Cystiphyllum u. a. nebst Tabulaten, Alcyonarien (Tabulata), Bryozoen und Echinodermen besonders beteiligt waren. Die Insel Gotland hat allein mehr als 50 Arten von Tetrakorallen geliefert. Nicht weniger häufig finden sich dieselben im Devon, namentlich in der mittleren und oberen Abteilung dieser Formation in der Eifel, Westfalen, Nassau, Harz, Boulogne, England, Nordamerika. Besonders verbreitet sind hier *Cyathophyllum, Combophyllum, Zaphrentis, Cystiphillum, Phillipsastraea, Calceola* u. a. Im Kohlenkalk von Belgien, Irland, England, Nordamerika etc. herrschen *Zaphrentis, Amplexus, Lithostrotion, Lonsdaleia, Cyclophyllum* u. a. vor; aus dem Zechstein ist nur die Gattung *Polycoelia* bekannt; dagegen enthalten die Permo-Karbon-Ablagerungen der Salt Range von Ostindien und von Timor auch Arten von *Zaphrentis, Amplexus, Clisiophyllum* und *Lonsdaleia.*

Mit Beginn des mesozoischen Zeitalters verschwinden die Tetrakorallen, um von nun an von den Hexakorallen ersetzt zu werden.

Neben vereinzelten Tiefseeformen, die in den verschiedensten geologischen Formationen vorkommen, findet man die Hexakorallen meist in Riffkalken von sehr variabler Mächtigkeit vereinigt und zwar in der Regel zwischen Ablagerungen von entschieden litoralem Charakter. Die urweltlichen Korallenriffe lassen sich meist mit den Saumriffen oder Wallriffen der Jetztzeit vergleichen, nicht aber mit Atollen, die offenbar ihre Entstehung den besonderen orographischen Verhältnissen des Pazifischen Ozeans zu verdanken haben.

In der Trias enthalten die St. Cassianer, Zlambach und Rhätischen Schichten der Alpen gröſsere Mengen von riffbauenden Hexakorallen, während die auſseralpinen Triasablagerungen, sowie die rein kalkigen und dolomitischen Gesteine der Alpen häufig entweder ganz korallenfrei sind oder nur wenige Reste derselben aufweisen. Die triasische Korallenfauna setzt sich hauptsächlich aus Astraeiden, Amphiastraeiden, Fungiden sowie einigen Poritiden, Eupsammiden und Turbinoliden zusammen.

Im Lias sind Korallenriffe in England, Luxemburg und Lothringen nachgewiesen; der Dogger enthält in Schwaben, im badischen Rheintal, im Schweizerischen Jura, in der Normandie, in England und Ostindien korallenführende Bänke von meist geringer Mächtigkeit. Eine reiche Entwicklung von Korallenkalken bietet dagegen der obere Jura im schweizerischen und französischen Juragebirge, in Lothringen, Südbaden, England und vielen Orten von Frankreich, in Schwaben (Nattheim, Blaubeuern) und Bayern (Kelheim), sowie im ganzen Gebiet der Alpen, Karpathen, Cevennen und Apenninen, wo die obersten sog. Tithonschichten häufig in Gestalt von Korallenkalken ausgebildet erscheinen. Es sind im wesentlichen die gleichen Familien wie in der Trias auch im Jura verbreitet; nur treten die Amphiasträiden, Asträiden und Fungiden noch mehr in Vordergrund.

Die untere Kreide (Neokom) liefert in Frankreich (Haute-Marne und Yonne), in der Krim und in Mexiko Korallenriffe, das Urgonien ist in den schweizerischen und bayerischen Alpen zuweilen korallenführend. Im Turon und Senon der Alpen (Gosau-Schichten), Pyrenäen und der Provence, kommen zahlreiche Riffkorallen meist in Gesellschaft von Rudisten vor; die oberste Kreide enthält nur ausnahmsweise in Holland

(Maestricht) und Dänemark (Faxoe) eine beschränkte Anzahl von riffbauenden Hexakorallen. Im allgemeinen zeigt die Korallenfauna der Kreide noch grofse Übereinstimmung mit jener der Jurazeit, doch spielen die einfachen Turbinoliden, ferner Stylophoriden und Madreporiden eine wichtigere Rolle.

Im älteren Tertiär (Eocän und Oligocän) ist das Vorkommen von Korallenriffen auf den Nord- und Südrand der Alpen und Pyrenäen, auf Arabien Ost- und Westindien beschränkt, während die aufseralpinen europäischen und amerikanischen Ablagerungen derselben Zeit in der Regel nur Einzelheiten aufweisen; im Miocän und Pliocän rücken die eigentlichen Korallenriffe mehr und mehr nach dem Äquator vor (Java, Rotes Meer, Japan), während sich die in Ablagerungen gemäfsigterer Zonen (Wiener Becken, Touraine, Italien) vorkommenden Formen nur sporadisch in der übrigen Fauna verteilt finden. Die Zusammensetzung der tertiären Korallenriffe erinnert vielfach schon an die recenten Riffe, doch treten Fungiden und Astraeiden, namentlich im älteren Tertiär, noch viel stärker in den Vordergrund als in der Jetztzeit.

2. Unterklasse. **Alcyonaria.** M. Edw.

(*Octactinia* Ehrenbg., *Octocoralla* Haeckel.)

Zusammengesetzte Stöcke, selten Einzelpolypen mit acht Mesenterialfächern und acht breiten, gefranzten oder fiederartig gezackten Tentakeln, die in einem Kranz die Mundöffnung umstehen.

Feste Skelettgebilde fehlen nur wenigen Gattungen; dieselben zeichnen sich durch grofse Mannigfaltigkeit aus, liegen entweder isoliert im Ektoderm und Mesoderm oder drängen sich an der Basis zu einer bald hornigen, bald kalkigen Achse zusammen, um welche die Polypen herumstehen. Zuweilen bilden die Kalkkörperchen auch solide Röhren, die beim Weiterwachsen der Tiere unten sukzessive durch Querböden abgeschlossen werden. Die Vermehrung erfolgt entweder geschlechtlich oder ungeschlechtlich durch basale oder laterale Knospung, selten durch Selbstteilung.

Fossil finden sich nur kalkige Achsen, isolierte Skelettkörperchen, Röhren oder Korallenstöcke; die hornigen Skelettbildungen werden durch den Fossilisationsprozefs vollständig zerstört.

Sie beginnen im Silur, gehören aber nur ausnahmsweise zu den häufigeren Versteinerungen.

Familie. **Alcyonidae.** E. H.

Festsitzende, fleischige, lappige oder ästige Stöcke (sehr selten Einzelpolypen) mit isolierten, knorrigen oder nadelartigen Kalkkörperchen (Sklerodermiten) in der Haut.

Isolierte Sklerodermiten entziehen sich wegen ihrer winzigen Gröfse und raschen Zerstörbarkeit leicht der Beobachtung. Sie wurden bis jetzt nur von Poçta (Sitzungsber. Wien. Akad. 1885. Bd. 92) aus der oberen Kreide von Laun in Böhmen nachgewiesen.

Familie. **Pennatulidae.** E. H. Seefedern.

Im Sand oder Schlamm steckende Stöcke mit horniger oder kalkiger Achse. Die Polypen dimorph.

Die schlanken, im Querschnitt rundlichen oder vierseitigen kalkigen Achsen fossiler Pennatuliden sind mit Sicherheit nur aus Trias (*Prographularia* Frech), Kreide (*Pavonaria* Cuv., *Pennatulites* Cocchi, *Glyptosceptron* Böhm, *Paläosceptron* Cocchi) und Tertiär (*Graphularia* E. H.) (Fig. 185) bekannt.

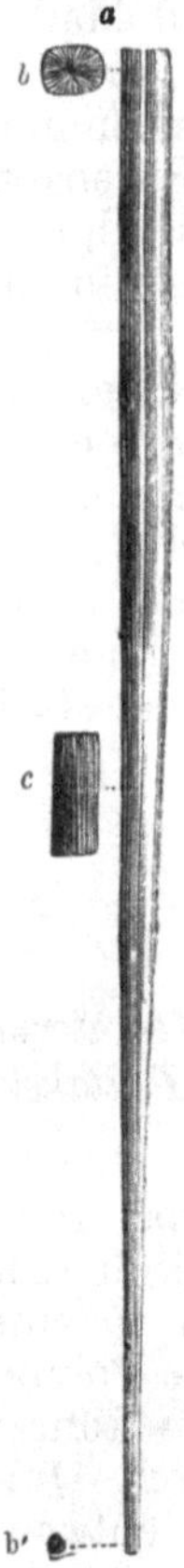

Fig. 185. *Graphularia desertorum* Zitt. Aus eocänem Nummulitenkalk von Farafreh in der lybischen Wüste. *a* Exemplar in nat. Gröfse. *b b'* Querschnitte. *c* Gestreifte Oberfläche vergröfsert.

Familie. **Gorgonidae.** E. H.

Festgewachsene, ästige oder fächerförmige Kolonien mit horniger, kalkiger oder gegliederter, aus hornigen und kalkigen Segmenten bestehender Achse.

Die Gattungen mit horniger, biegsamer Achse (*Gorgonia*, *Rhipidogorgia* etc.) sind nicht erhaltungsfähig. Von *Primnoa*, *Gorgonella* und *Virgularia*, bei denen die Achse aus hornigen und kalkigen Schichten aufgebaut ist, werden vereinzelte fossile Überreste aus dem Tertiär beschrieben. Die Gattung *Isis* besitzt eine Achse, die abwechselnd aus zylindrischen Kalkgliedern und hornigen Verbindungsstücken besteht. Sie kommt im Tertiär, angeblich schon in der Kreide vor. Bei *Moltkia* aus der oberen Kreide besitzen die zylindrischen Kalkglieder grubige Vertiefungen, welche die Abzweigungsstellen von Seitenästen andeuten. Bei der Edelkoralle (*Corallium* Lin.) besteht die rote Achse aus knorrigen Sklerodermiten, welche durch ein mit organischer Substanz imprägniertes krystallinisch-strahliges Kalkzement verbunden werden. Fossile Reste sind selten, finden sich in Kreide und Tertiär.

Familie. **Tubiporidae.** E. H.

Korallenstöcke aus rotgefärbten, kalkigen, parallelen Röhren bestehend, welche durch horizontale Verbindungsplatten zusammengehalten werden.

Die zylindrischen Röhren der lebenden Orgelkoralle (*Tubipora*) bestehen aus knorrigen Skleriten, welche sich direkt miteinander verbinden, aber kleine Zwischenräume frei lassen, die an der Oberfläche als Poren erscheinen. Die Verbindungsböden enthalten horizontale Kanäle, welche durch zahlreiche Öffnungen mit dem Visceralraum der Röhren kommunizieren und neue Knospen bilden. Fossil unbekannt.

Familie. **Helioporidae.** Moseley.[1])

Korallenstock kalkig, aus röhrigen Zellen bestehend, die durch ein stark entwickeltes, aus feineren Röhren zusammengesetztes Cönenchym verbunden sind. Sowohl die Hauptröhren als auch die das Cönenchym bildenden Nebenröhren sind mit zahlreichen horizontalen Böden versehen. Die Hauptröhren besitzen leistenartige Pseudosepten, deren Zahl jedoch nicht mit den Tentakeln übereinstimmt.

Erst durch Moseley[1]) wurde die Zugehörigkeit der Helioporiden zu den Alcyonarien festgestellt. Die Polypen, welche die Hauptröhren bewohnen, haben einen Kranz von acht Tentakeln und acht Mesenterialfächer; die Cönenchymröhren sind von gemeinsamem Cönosark bedeckt. Das Skelett ist wie bei den Hexakorallen aus Kalktrabekeln zusammengesetzt, von deren Verkalkungszentren die Radialfasern büschelförmig ausstrahlen. Die

---

[1]) *Moseley, H. N.*, The Structure and Relations of Heliopora caerulea. Philosophical Transactions 1876. vol. 166. — *Bourne* on the Structure and Affinities of Heliopora caerulea. ibid. 1895. vol. 186, pt. I.

Cönenchymröhren vermehren sich durch Knospung; die Hauptröhren entstehen durch Vereinigung mehrerer Cönenchymröhren.

Heliopora Blainv. (Fig. 186 *AB*). Massive oder ästige Stöcke. Die gröfseren Zellen besitzen 12 bis 25 schwach entwickelte Pseudosepten und sind durch ein Zwischenskelett von feineren Röhren verbunden. Die Böden der Hauptröhren (Autoporen) stehen entfernter als die der Cönenchymröhren. Kreide, Tertiär und lebend.

Polytremacis d'Orb. (Fig. 186 C). Wie *Heliopora*, aber Pseudosepta stärker, zuweilen fast das Zentrum erreichend. Kreide.

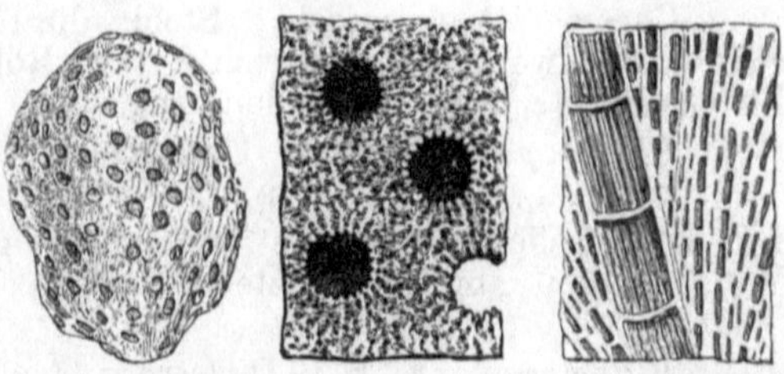

Fig. 186.
Heliopora Partschi Reufs sp. Ob Kreide. St. Gilgen am Wolfgangsee. *A* Exemplar nat. Gröfse. *B* Oberfläche vergröfsert. *C Polytremacis Blainvilleana* Reufs (von Mich.). Ob. Kreide. Gosau. Vertikalschnitt vergröfsert (nach Reufs).

Octotremacis Gregory (*Polysolenia* Reufs non Ehrbg). Miocän. Java.

Familie. **Heliolitidae.** Lindström.[1])

Stock massiv, seltener ästig, aus röhrigem oder blasigem Cönenchym mit darin eingesenkten gröfseren röhrigen Zellen bestehend. Die gröfseren Polypenröhren besitzen eine wohl ausgebildete Wand, meist 12 Septen und Querböden. Auch das Cönenchym besitzt zahlreiche Querböden. Silur. Devon.

Die Heliolitiden zeigen in ihrer Totalerscheinung im makro- und mikroskopischen Bau und in der Art ihrer Vermehrung (Cönenchymknospung) grofse Übereinstimmung mit Heliopora, an welche sie auch von Moseley, Nicholson, Bourne, Gregory u. a. angeschlossen werden. Die Hauptröhren

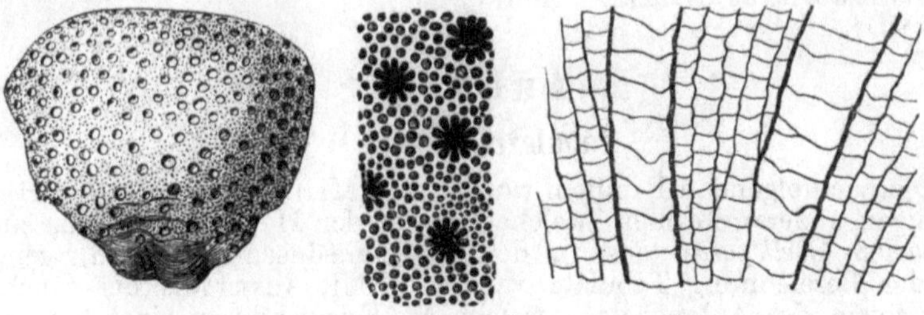

Fig. 187.
Heliolites porosa Goldf. Aus devonischem Kalkstein der Eifel. *A* Exemplar in nat. Gröfse. *B* Oberfläche vergröfsert. *C* Längsschnitt vergröfsert.

entstehen wie bei Heliopora im Cönenchym durch Vereinigung mehrerer Cönenchymröhren. Im Gegensatz zu den Helioporiden besitzen aber die Heliolitidenzellen eine wohl ausgebildete Wand und meist auch 12 dichte, zuweilen bis fast zum Zentrum reichende Septa. Diese Merkmale veranlafsten Lindström, Hinde, Weifsermel, Kiär u. a. zu einer Abtrennung der Heliolitiden von Heliopora, indem sie die Beziehungen zu gewissen Hexakorallen oder zu den in systematischer Hinsicht ebenfalls problematischen Favositiden betonen.

Heliolites Dana (*Stelliporella* Wentzel, *Nicholsonia* Kiär). Fig. 187. Cönenchym reichlich aus polygonalen gleichartigen Röhren mit zahlreichen

[1]) *Kiär, Joh.*, Die Korallenfauna der Etage 5 des norweg. Silursystems. Paläontograph. Bd. XLVI, 1899. — *Lindström, G.*, Remarks on the Heliolitidae. K. Svensk. Vetensk. Akad. Handl. Bd. 32, 1899.

Querböden bestehend. Septa dünn; zuweilen ein zentrales Säulchen vorhanden. Unterer Silur bis Devon. Hauptverbreitung im Ob. Silur. *H. interstinctus* Lin.

Cosmiolithes Lindstr. Stock dünn, blattförmig. Cönenchym aus runden, dickwandigen, ungleich starken Röhren mit konkaven oder schiefen Böden. Septa der Hauptzellen lang. Ob. Silur. *C. ornatus* Lindstr.

Plasmoporella Kiär. Unt. Silur.

Proheliolites Kiär. Stock knollig. Cönenchym sehr spärlich, röhrig. Die Hauptzellen sehr nahe aneinander gerückt mit 12 Septen, die aus Vertikalreihen abwärtsgerichteter Dornen bestehen. Unt. Silur. *P. dubius* Schmidt.

Plasmopora E. H. (*Diploëpora* Quenst.) Cönenchym aus irregulären, unvollständig begrenzten, mit blasigen Querblättern erfüllten Röhren bestehend. Wand der Hauptzellen dick, die 12 Septen wohl entwickelt, über die Wand vorragend und durch eine exothekale Aufsenwand verbunden, eine sogenannte Aureola an der Oberfläche bildend. Silur. Devon.

Propora E. H. (*Lyellia* E. H.) Wie vorige, jedoch Kelche ohne Aureola. Cönenchym blasig mit vertikalen Stäben. Silur.

Familie. **Coccoseridae.** Kiär.

Stöcke massiv. Cönenchym aus vertikalen Stäben bestehend, in welchen zuweilen dünne Röhren mit Querböden eingebettet sind. Hauptzellen ohne Wand mit dicken, kurzen, am Innenrand lappigen Septen und warzigem Säulchen. Silur. Devon.

Coccoseris Eichwald. (*Palaeopora, Palaeoporites* Kiär.) Cönenchym ausschliefslich aus vertikalen Stäben zusammengesetzt. Unt. Silur.

Protaraea E. H. (*Stylaraea* E. H.) Inkrustierende dünne Stöcke. Cönenchym sehr spärlich. Hauptröhren mit horizontalem Boden. Silur. Devon.

Acantholithus Lindstr. Silur.

Anhang.

Tabulata. E. H.[1]

Die nachfolgenden Familien wurden von Milne Edwards und Haime mit einigen anderen Formen (welche teils zu den Hexakorallen teils zu den Alcyonarien (*Heliopora*) teils zu den Hydromedusen (*Millepora*) gehören, unter der Bezeichnung Tabulata vereinigt. Mit Ausschlufs der genannten Typen sowie der Auloporiden, welche M. Edwards zu einer besonderen Sektion (Tubulosa) erhoben hatte, bilden die Tabulaten eine aus ausgestorbenen, meist paläozoischen Gattungen zusammengesetzte Gruppe, deren systematische Stellung noch nicht völlig aufgeklärt ist. Es sind zusammengesetzte, meist aus röhrenförmigen oder prismatischen, dünnen Zellen bestehende Stöcke. Die einzelnen Röhren haben solide, zuweilen von groben

---

[1]) *Lindström, G.*, Affinities of the Anthozoa Tabulata. Ann. Mag. nat. hist. 1876, 4. Ser. XVIII. — Beschreibung einiger obersilurischer Korallen aus Gotland. Bihang till Svensk. Vet. Ak. Handl. Bd. 21 (1896). — *Dybowski*, Die Chätetiden der ostbaltischen Silurformation. Verh. d. k. russ. mineral. Ges. St. Petersburg. 1877. — *Nicholson, H. A.*, On the Structure and affinities of the Tabulata Corals of the palaeozoic Period. London 1879. — On the Structure and affinities of the genus Monticulipora. London 1881. — *Roemer, F.*, Lethaea palaeozoica. 1883 I. S. 416. — *Waagen, W.* u. *Wentzel, W.*, The Saltrange fossils. Palaeontol. Indica. 1866. — *Haug, E.*, Über sog. Chaetetes aus mesozoischen Ablagerungen. N. Jahrb. für Mineral. 1883. I. 171. — *Sardeson, F. W.*, Über die Beziehungen der fossilen Tabulaten zu den Alcyonarien. N. Jahrb. für Mineral. Beilageband X. 1896.

Poren durchstochene Wände und zahlreiche, bald in regelmäfsigen Abständen folgende, bald irreguläre Querböden, die den Visceralraum nach unten abschliefsen. Septen fehlen häufig vollständig oder sind sehr schwach entwickelt, zuweilen durch vertikale Dornenreihen oder schwache Randleisten angedeutet. Die Vermehrung erfolgt entweder durch Seitenknospen oder Knospen in der verdickten Aufsenwand (intramurale Knospung) oder durch Teilung der Röhren.

Während Milne Edwards und Haime die Tabulaten den Zoantharien anreihen, werden dieselben neuerdings wegen ihren Beziehungen zu Heliopora von Nicholson, Sardeson, Bourne u. a. den Alcyonarien zugeteilt. Ob die Familie der Monticuliporiden zu den Boyozoen, wie Lindström, Rominger, Ulrich u. a. meinen, zu stellen ist, steht noch dahin.

Familie. **Favositidae.** E. H.

Massive oder ästige Stöcke. Zellen gleichartig prismatisch, meist lang, durch ihre dicken Wände verbunden, welche von grofsen Poren durchstochen sind. Septen sehr kurz, meist nur durch schwach vorspringende Leisten oder Dornenreihen angedeutet, zuweilen ganz fehlend. Böden in regelmäfsigen Abständen, vollständig, horizontal, seltener schief oder unregelmäfsig blasig. Silur. Devon. Karbon.

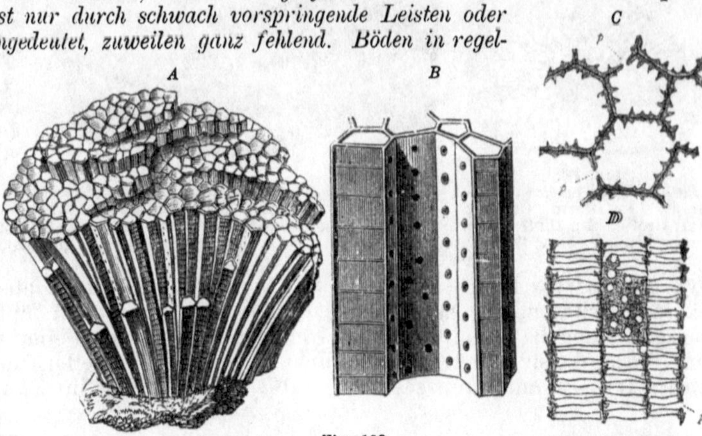

Fig. 188.
Favosites polymorpha Goldf. sp. Devon. Eifel. *A* Stock in nat. Gröfse. *B* Mehrere Zellen vergröfsert und zum Teil aufgebrochen, um die Böden im Innern zu zeigen. *C* Horizontal-, *D* Vertikalschnitt durch mehrere Zellen, um die Septaldornen und Poren (*p*) zu zeigen. (*C* und *D* nach Nicholson.)

Favosites Lam. (*Calamopora* Goldf.) (Fig. 188). Stock massig, seltener ästig. Zellen prismatisch, polygonal, meist sechsseitig. Wände mit entfernt stehenden Poren. Septa sehr schwach, durch Längsstreifen oder Dornenreihen ersetzt, zuweilen fehlend. Böden zahlreich. Sehr häufig im Silur und Devon, seltener im Kohlenkalk.

Calapaecia Billing (*Columnopora*, *Lyopora* Nicholson, *Houghtonia* Rominger). Wie vorige, aber Septa deutlich entwickelt, kurz. Wandporen grofs, in vertikalen Reihen zwischen den Septen. Silur.

Emmonsia E. H. Silur. Devon; *Nyctopora* Nich. Silur; *Syringolites* Hinde. Silur.

Pachypora Lindström (Fig. 189). Stock ästig, aus prismatischen, polygonalen Zellen bestehend, deren Wände auf der Innenseite durch Stereoplasma so stark verdickt sind, dafs die Kelche kreisrund erscheinen. Septa sehr schwach. Wände mit grofsen, aber wenig zahlreichen Poren. Häufig in Silur und Devon.

Fig. 189.
Pachypora Nicholsoni Frech. Mittel-Devon. Eifel. *A* Querschnitt. *B* Vertikalschnitt vergröfsert $^{5}/_{1}$ (*p* Wandporen). Nach Nicholson.

Trachypora E. H. Buschig mit runden Zweigen. Zellen polygonal, Wände durch Stereoplasma sehr stark verdickt, so dafs die Kelche rund

und stark verengt werden und durch ansehnliche Zwischenräume getrennt erscheinen. Wände mit sparsamen und unregelmäfsig angeordneten Poren. Septa durch Dornenreihen angedeutet. Böden in grofsen Abständen. Häufig im Devon.

Striatopora Hall. (Fig. 190). Wie vorige, jedoch die Verengung des Visceralraums durch Stereoplasma mehr in der Tiefe stattfindend, so dafs die Kelche trichterförmig erscheinen. Ob. Silur und Devon.

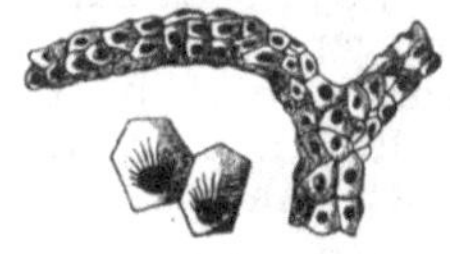

Fig. 190.
Striatopora flexuosa Hall. Ob. Silur. Nord-Amerika.

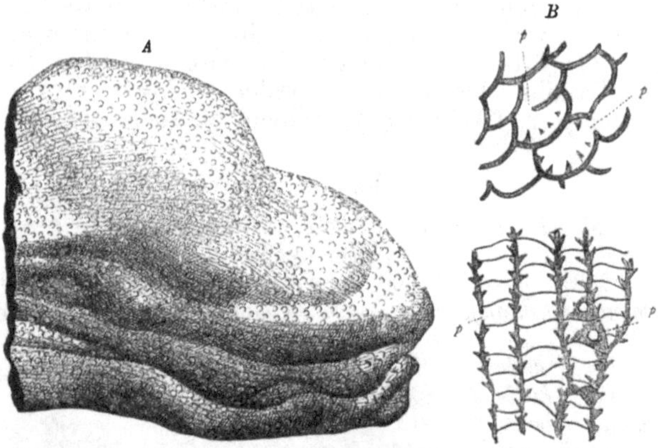

Fig. 191.
A *Alveolites suborbicularis* Lam. Mittel-Devon. Gerolstein. Eifel. Stock in nat. Gröfse. B C *Alveolites Labechei* E. H. Ober-Silur. Ironbridge. England. B Tangential-, C Vertikalschnitt in 6 facher Vergröfserung (nach Nicholson).

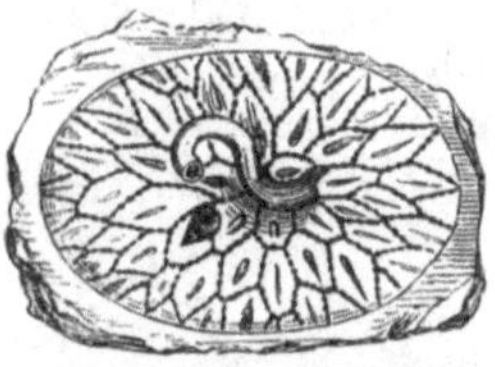

Fig. 192.
Pleurodictyum problematicum Goldf. Unt. Devon. Coblenz. Nat. Gröfse. Im Zentrum ein wurmförmiger Fremdkörper.

Alveolites Lam. (Fig. 191). Stock massig oder ästig, aus engen, dicht aneinanderliegenden, zusammengedrückten Prismenzellen mit schief dreiseitigen oder halbmondförmigen Kelchen bestehend. Septa sehr schwach, nur durch Leisten- oder Dornenreihen angedeutet, zuweilen nur ein einziges entwickelt. Wandporen zerstreut, grofs. Sehr häufig im Silur und Devon.

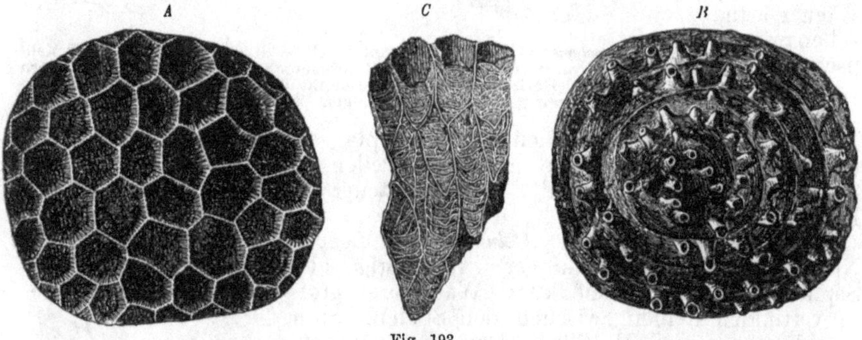

Fig. 193.
Michelinia favosa de Kon. Kohlenkalk. Tournay. Belgien. A Stock von oben, B von unten, C Vertikalschnitt (nach Gaudry).

Ubaghsia Oppenh. Stock massig, Zellen dünn röhrenförmig, unregelmäfsig hexagonal mit 10, 18 oder 24 Septalvorsprüngen. Wand und Böden porös. Ob. Kreide.

Pleurodictyum Goldf. (Fig. 192). Stock niedrig, scheibenförmig, von rundem oder ovalem Umrifs, unten mit runzeligem Epithek überzogen und häufig auf einem wurmartigen Fremdkörper aufgewachsen. Zellen niedrig, unten trichterförmig verengt; polygonal. Septa durch schwache Leisten angedeutet oder fehlend. Die Wände mit zerstreuten Verbindungsporen.

Böden fehlend oder spärlich. Devon. *P. problematicum* Goldf. ist ziemlich häufig im devonischen Spiriferensandstein der Eifel, aber stets als Steinkern erhalten, so daſs die Wände der Zellen als dünne, durch Querfäden verbundene Spalten erscheinen und der Visceralraum mit Sandstein erfüllt ist.

Michelinia de Kon. (Fig. 193). Scheibenförmige oder gewölbte Stöcke, oft von beträchtlicher Gröſse; auf der Unterseite mit runzeliger Epithek überzogen, welche häufig mit wurzelartigen Fortsätzen versehen ist. Zellen polygonal, ziemlich groſs; die zahlreichen Septen durch vertikale Wandstreifen ersetzt. Wandporen ordnungslos zerstreut. Böden sehr zahlreich, schief, gewölbt, nicht vollständig entwickelt, den Visceralraum mit blasigem Gewebe abschlieſsend. Devon und Karbon. *M. favosa* de Kon. ungemein häufig im Kohlenkalk von Belgien.

Familie. **Chaetetidae.** M. Edw. u. H.

Stöcke aus dünnen, prismatischen, gleichartigen Röhren zusammengesetzt, deren dichte Wände miteinander verschmelzen. Kelche etwas unregelmäſsig gestaltet, polygonal ohne Septen, jedoch häufig mit 1—2 (selten 4) dornförmigen Vorsprüngen, welche vertikalen Wandleisten entsprechen. Querböden horizontal, meist in gröſseren Abständen aufeinanderfolgend. Vermehrung durch Teilung.

Chaetetes (Fig. **194** u. **195**). Röhren polygonal, ohne Septen oder mit 1 bis 2 vorspringenden Wandleisten. Sehr häufig im Karbon und Trias. *Ch. radians* Fischer bildet im Kohlenkalk von Moskau ganze Bänke.

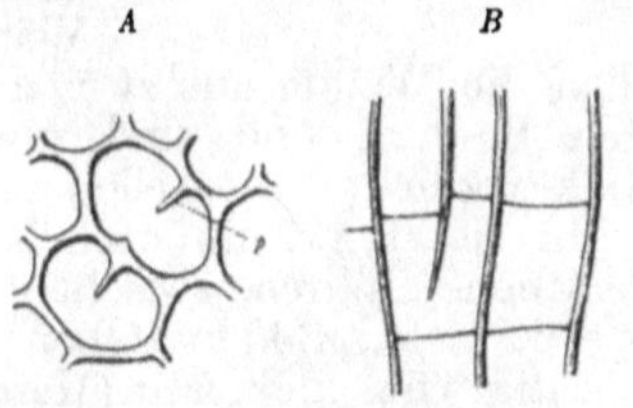

Fig. 194.
Chaetetes septosus Fleming. Kohlenkalk. England. *A* Querschnitt parallel der Oberfläche. *B* Vertikalschnitt vergrössert (nach Nicholson). (*p* Vorspringende, die Teilung anzeigende Dornen.)

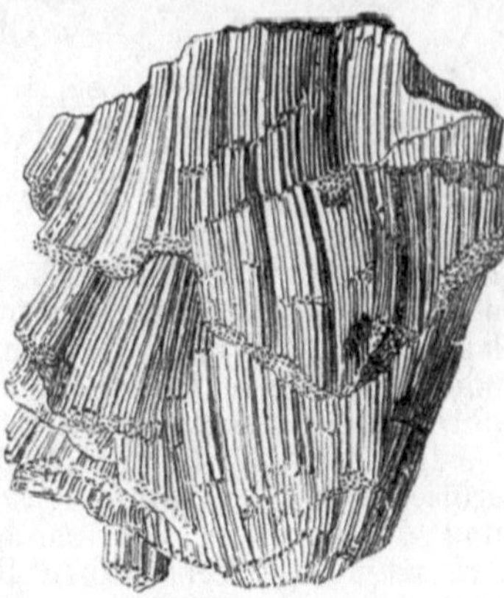

Fig. 195.
Chaetetes radians Fischer. Kohlenkalk. Moskau. Stück eines der Länge nach aufgebrochenen Stockes in nat. Gröſse.

Pseudochaetetes Haug. Zellen durch konzentrische Verdickung der Wand abgerundet. Jura. *P. polyporus* Quenst. sp.

Dania E. H. Wie *Chaetetes*, aber ohne vorspringende Wandleisten. Böden in allen Röhren in gleicher Höhe. Silur.

Tetradium Dana. Röhren mit **4** vorspringenden Randleisten. Silur.

Familie. **Monticuliporidae.** Nicholson.

Stöcke massiv, inkrustierend oder ästig, aus feinen, ungleich starken prismatischen Röhren zusammengesetzt. Wände dicht, allseitig sich berührend, aber nicht verschmolzen. Septen fehlen. Boden horizontal, zuweilen ganz oder teilweise durch blasiges Gewebe ersetzt. Vermehrung durch intramurale Knospung, wobei die jüngeren Röhren (Mesoporen) die gröſseren älteren (Autoporen) häufig als eine Art Cönenchym umgeben. Silur, Devon. Trias.

Die systematische Stellung dieser Familie ist sehr umstritten. M. Edwards und Haime vereinigen *Monticulipora* und Verwandte mit den *Chaetetiden*, von denen sie sich durch Mangel an Wandleisten (Septen), reichlichere Entwicklung der Endothek, ungleiche Stärke der Röhren und intramurale Knospung unterscheiden. Rominger, Lindström, Ulrich u. a. halten die Monticuliporiden für eine erloschene Gruppe der Bryozoen; Nicholson,

Sardeson, Bourne u. a. schlieſsen sie nebst den übrigen Tabulaten an die *Alcyonarien* an. Ulrich rechnet eine Anzahl von Gattungen als *Ceramoporidae*, dem Vorgang Lindströms folgend, zu den *Bryozoa Cyclostomata* und errichtet für die übrigen eine selbständige Bryozoen-Unterordnung *Trepostomata*, die wieder in 7 Familien mit zahlreichen, schwer zu unterscheidenden Gattungen zerspalten wird. Die Monticuliporiden nehmen an der Zusammensetzung der silurischen und devonischen Korallenriffe einen wesentlichen Anteil und haben ihre Hauptverbreitung im unteren Silur.

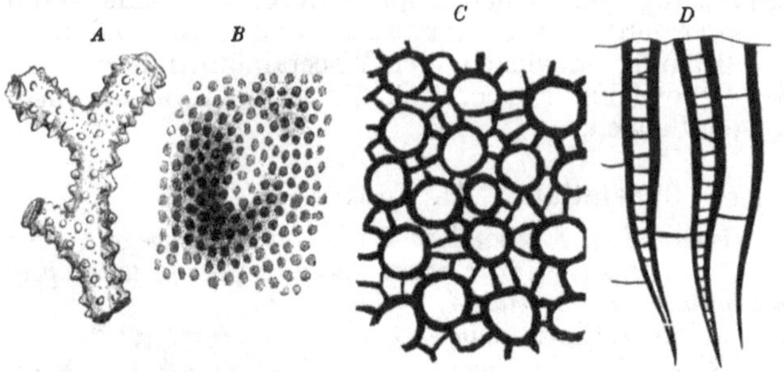

Fig. 196.
Monticulipora (Heterotrypa) ramosa E. H. Unt. Silur. Cincinnati. Ohio. *A* Zweig in natürl. Gröſse. *B* Oberfläche schwach vergröſsert. *C* Schnitt parallel der Oberfläche stark vergröſsert. *D* Vertikalschnitt stark vergröſsert. (*C* und *D* nach Nicholson.)

Monticulipora d'Orb (emend. Nicholson). (Fig. 196—198.) Massive, knollige, halbkugelige, ästige, scheibenförmige oder inkrustierende Stöcke von verschiedenster Form und Gröſse aus zahlreichen, meist ungleichen, feinen Röhrenzellen zusammengesetzt, deren dichte Wände sich berühren. Im Gegensatz zu *Chaetetes* bestehen die Wände aus zwei durch eine dunkle oder lichte Mittellinie getrennten Blättern und sind zuweilen durch Ablagerungen von kohlensaurem Kalk verdickt. Die Zellen zeigen polygonalen oder rundlichen Durchschnitt. In der Regel unterscheidet man gröſsere, mit entfernt stehenden Böden versehene Röhren, zwischen denen mehr oder weniger reichlich kleinere Zellen mit vielen Böden stehen. Häufig sind die gröſseren Zellen (Autoporen) allseitig von kleineren (Mesoporen) umgeben und durch diese voneinander getrennt. Zuweilen kommen auch noch äuſserst feine, dickwandige Röhrchen (Acanthoporen) vor, welche an der Oberfläche kleine Höckerchen bilden. Ungemein häufig im Silur, namentlich im unteren Silur; spärlicher im Devon und in der Trias.

Nicholson unterscheidet folgende Untergattungen:

a) Heterotrypa Nich. (Fig. 196, 197). Zweierlei Röhrenzellen mit horizontalen Böden vorhanden, die gröſseren subpolygonal, durch einen einfachen Kranz von Mesoporen, deren Wände sich nach oben verdicken, getrennt. Acanthoporen gewöhnlich vorhanden. Silur.

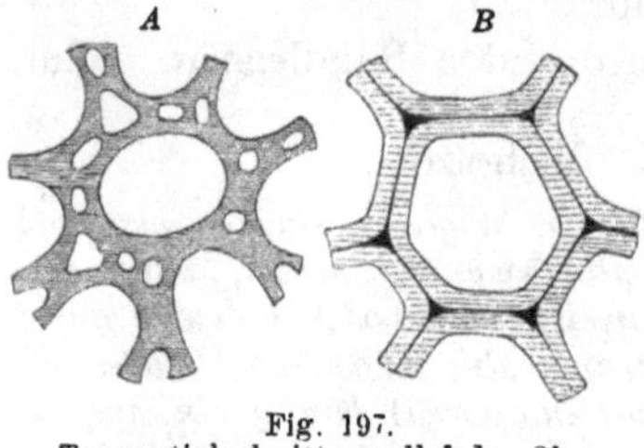

Fig. 197.
Tangentialschnitt parallel der Oberfläche durch einzelne Zellen von *A Monticulipora (Heterotrypa) pulchella* E. H., *B* von *M. (Heterotrypa) ramosa* E. H. vergröſsert (nach Nicholson).

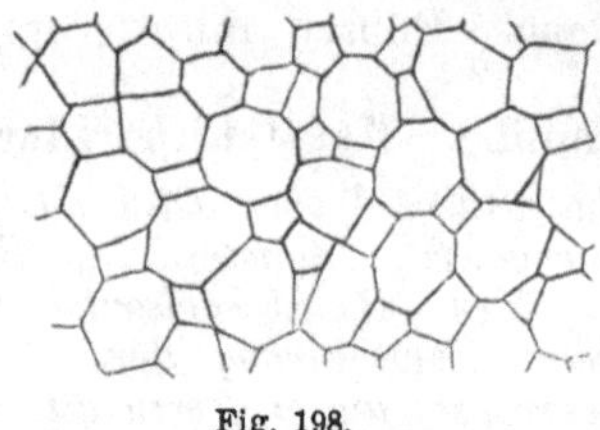

Fig. 198.
Monticulipora (Diplotrypa) Petropolitana Pand. Unter-Silur. St. Petersburg. Tangentialschnitt parallel der Oberfläche vergröſsert (nach Dybowski).

b) Monotrypa Nich. Stöcke aus gleichartigen oder nur wenig in der Gröſse verschiedenen, meist polygonalen und dünnwandigen Zellen zusammengesetzt. Silur. Devon. Trias. *M. Recubariensis* Schaur. sp.

c) Diplotrypa Nich. (*Dianulites* Eichw. Fig. 198.) Zellen ungleichartig, durch dünne Wände verbunden; die gröſseren zu Haufen vereinigt und mit kleineren vermischt. Silur.

d) Prasopora Nichols. (Fig. 199). Zweierlei Röhrenzellen, durch dünne Wände verbunden; die kleineren mit zahlreichen, horizontalen, die gröſseren mit unvollständigen Böden und Blasen. Silur. Devon.

e) Peronopora Nich. Wie vorige, aber Wände verdickt. Silur.

Dekayia E. H., *Dekayella* Ulrich. Silur.

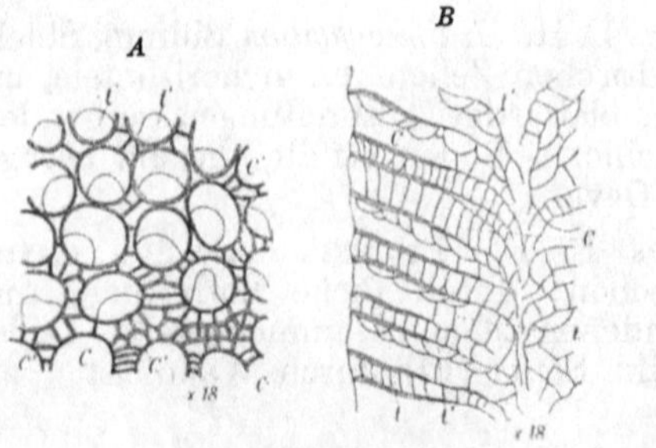

Fig. 199.
Prasopora Selwynii Nichols. Unter-Silur. Ontario. *A* Tangentialschnitt parallel der Oberfläche. *B* Vertikalschnitt (*C* gröſsere Zellen, *t* Böden, *t'* blasenartige Böden) vergröſsert (nach Nicholson).

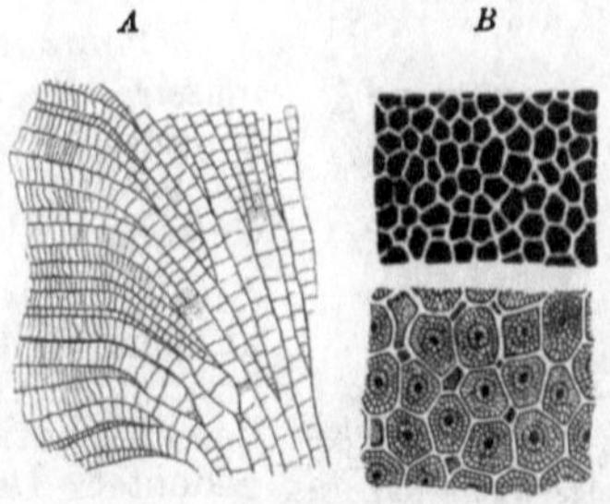

Fig. 200.
Callopora multitabulata Ulrich. Unt. Silur. Minnesota. *A* Vertikalschnitt. *B* Tangentialschnitt $^7/_1$. *C* Desgl. $^{14}/_1$ (nach Ulrich).

Callopora Hall (Fig. 200). Zellen subpolygonal, durch spärliche Mesoporen getrennt Böden horizontal, gegen oben viel dichter gedrängt als in der Tiefe der Röhren. Silur.

Batostoma Ulrich, *Trematopora* Hall, *Constellaria* Daner, *Stellipora* Hall, *Bythopora* Miller, *Batostomella* Ulrich, *Amplexopora* Ulrich etc. Silur. Devon.

Stenopora Lonsd. Ästige oder lappige Stöcke, aus feinen Röhrenzellen bestehend, die sich nach auſsen etwas erweitern, umbiegen und ihre Wände durch ringförmige Auſsenwülste verdicken. Böden sparsam. Im Kohlenkalk und Zechstein häufig.

Geinitzella Waag. und Wentzel. Wie vorige, aber Wände nur wenig verdickt. Kohlenkalk. Zechstein.

Fistulipora M'Coy. Die Stöcke bestehen aus röhrenartigen Autoporen von rundlichem oder dreiseitigem Durchschnitt, welche in einem Cönenchym von kleineren Mesoporen eingebettet liegen. Letztere haben viel zahlreichere Böden als die Autoporen, so daſs das Cönenchym wie ein blasiges, vielzelliges Gewebe erscheint. Die Wand der Autoporen ist auf einer Seite verdickt und bildet häufig zwei septaähnliche Vorsprünge. Häufig im Devon, Karbon und Perm.

Cyclotrypa, *Chilotrypa*, *Strotopora* Ulrich, *Selenopora* Hall etc. Silur.

Familie. **Syringoporidae.** E. H.

Stöcke aus zylindrischen Röhren zusammengesetzt, welche durch seitliche Querröhren oder horizontale Ausbreitungen miteinander verbunden sind, in welche die endothekalen Gebilde der Zellen fortsetzen. Wände dicht, runzelig. Septa schwach entwickelt, durch Wandleisten oder vertikale Dornenreihen angedeutet. Böden reichlich vorhanden, meist unregelmäſsig trichterförmig. Vermehrung durch Basalknospen oder Knospen aus den Verbindungsröhren und Horizontalausbreitungen. Im Silur, Devon und Karbon häufig.

Syringopora Goldf. (Fig. 201). Stöcke häufig von ansehnlicher Gröſse, bündelförmig, aus dünnen, zylindrischen, etwas hin- und hergebogenen und mittels hohler Querröhrchen verbundenen Zellen bestehend. Septa rudimentär. Böden trichterförmig. Junge Stöcke bilden anfänglich ein an *Aulopora* erinnerndes horizontales Netzwerk. Zahlreiche Arten in Silur, Devon und Karbon.

Fig. 201. *Syringopora ramulosa* Goldf. Aus dem Kohlenkalk von Regnitzlosau im Fichtelgebirge. Nat. Gr.

Chonostegites E. H. (*Haimeophyllum* Billing). Stöcke massig, die zylindrischen Zellen durch horizontale, mit Endothek erfüllte, blattartige Ausbreitungen verbunden, im Innern mit schiefen Böden erfüllt, die ein blasiges Gewebe bilden. Devon.

Thecostegites E. H. Inkrustierende Stöcke, aus kurzen, zylindrischen, durch dicke horizontale Ausbreitungen verbundenen Zellen zusammengesetzt. Böden beinahe horizontal. Septa (12) durch Wandleisten angedeutet. Devon.

Familie. **Halysitidae.** E. H. Kettenkorallen.

Stöcke aus langen zylindrischen, seitlich zusammengedrückten Zellen bestehend, die nur an ihren schmalen Enden zu Reihen verwachsen sind und freie, senkrechte Blätter bilden, die sich labyrinthisch durchkreuzen. Wand dicht, mit runzeliger Epithek. Böden zahlreich, horizontal oder konkav. Septa durch zwölf kurze Wandleisten oder Dornenreihen ersetzt oder auch ganz fehlend. Vermehrung durch Stolonenknospen.

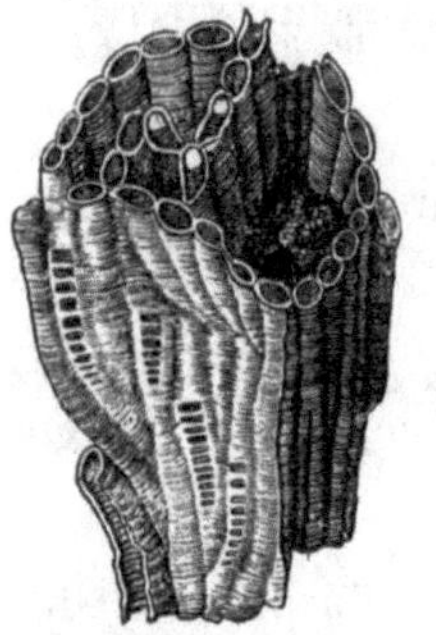

Fig. 202. *Halysites catenularia* Lin. sp. Aus obersilurischem Kalk von Gotland. Nat. Gröſse.

Die einzige Gattung *Halysites* Fischer (*Catenipora* Lam.) (Fig. 202) enthält Arten, die aus lauter gleichartigen Zellen bestehen (*H. escharoides* Lam. sp.), sowie andere, bei denen zwischen den Hauptzellen an der Verbindungsstelle je eine kleinere, mit zahlreicheren Böden versehene Zwischenzelle eingeschaltet ist. Im oberen Silur häufig.

Familie. **Auloporidae.** (*Tubulosa* E. H.)

Kriechende, ästige oder netzförmige Stöcke aus zylindrischen, becher- oder trompetenförmigen Zellen mit dicker, undurchbohrter, runzeliger Wand bestehend. Septa durch schwache Randstreifen angedeutet. Vermehrung durch Basal- oder Lateralknospen. Böden wenig zahlreich. Silur bis Karbon.

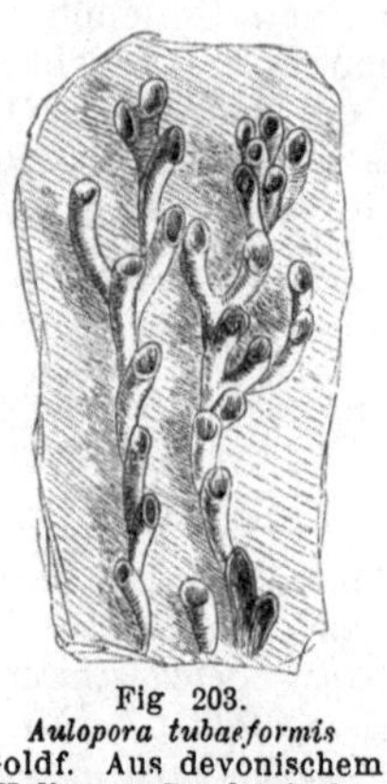

Fig 203. *Aulopora tubaeformis* Goldf. Aus devonischem Kalk von Gerolstein in der Eifel. Nat. Gröſse (nach Goldfuſs).

Aulopora Goldf. (Fig. 203). Sämtliche Zellen der kriechenden Stöcke sind auf einer Unterlage (*Alveolites* oder andere Korallen oder Mollusken) mit ihrer ganzen Unterseite aufgewachsen und im Innern mit gebogenen Böden versehen. Vermehrung durch Basalknospen. Silur bis Karbon.

Cladochonus M'Coy (*Pyrgia* E. H.). Die ästigen Stöckchen sind nur an einer Stelle aufgewachsen und aus trichterförmigen Zellen ohne Böden und Septen zusammengesetzt. Vermehrung durch Seitenknospen. Karbon.

Romingeria Nicholson (*Quenstedtia* Rominger). Niedrige, halb aufrechte, teilweise aufgewachsene, buschige Stöckchen mit zylindrischen Zellen. Böden wenig zahlreich, horizontal. Silur. Devon.

Zeitliche Verbreitung der Anthozoen.

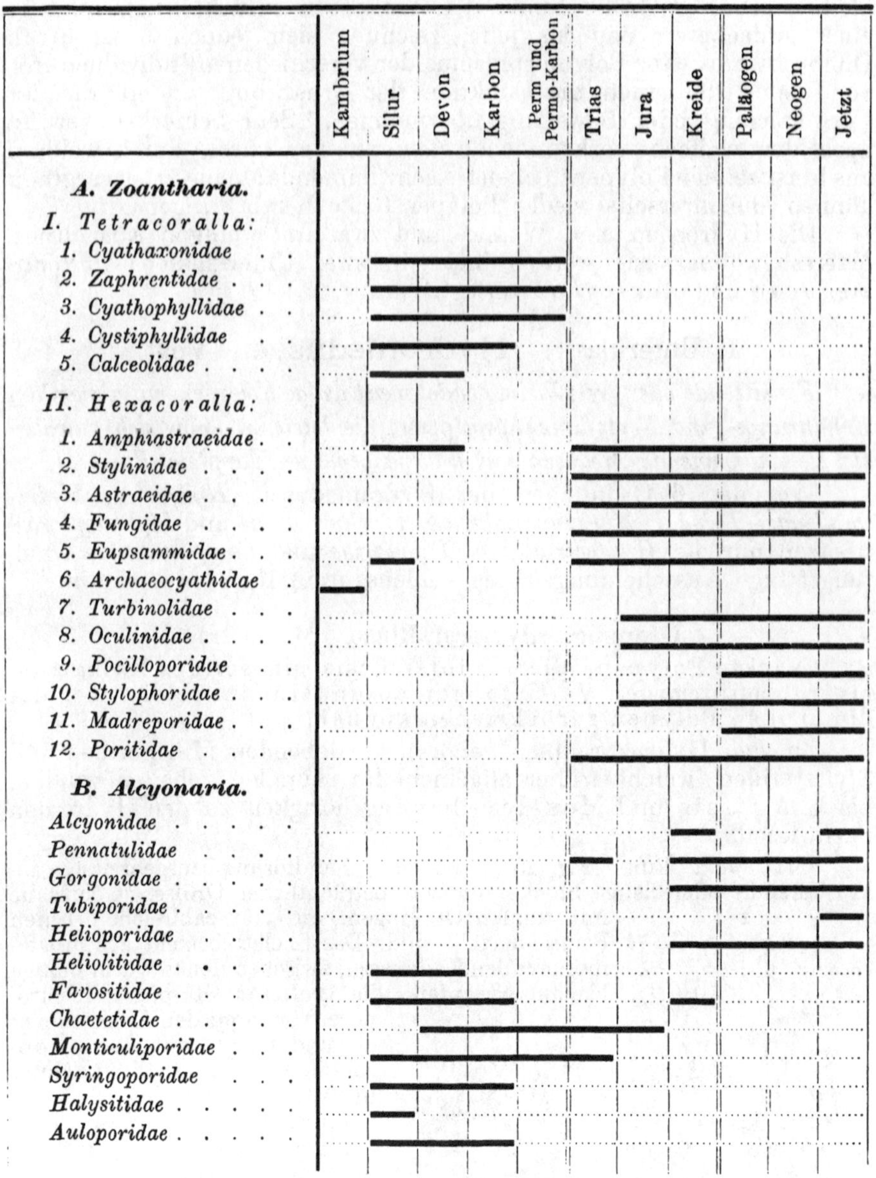

2. Klasse. **Hydrozoa.** Hydren und Quallen.

Festsitzende oder freischwimmende Polypenstöcke oder Einzelpolypen ohne geschlossenes Schlundrohr mit einfacher, nicht radial gekammerter Leibeshöhle.

Die zu den Hydrozoen gehörigen Organismen scheiden nur selten erhaltungsfähige Hartgebilde aus und eignen sich daher wenig zur fossilen Überlieferung. Die zu ästigen Kolonien vereinigten Stöcke bleiben meist an Gröfse hinter den Anthozoen zurück, besitzen häufig auch einfacheren Bau als jene, zeichnen sich jedoch meist durch Dimorphismus oder Polymorphismus der verschiedenen Individuen aus, von denen die einen die Funktion der Ernährung, andere die der Fortpflanzung oder Bewegung übernehmen. Sehr bemerkenswert ist auch der vielfach vorkommende Generationswechsel, durch welchen aus festsitzenden Polypenstöcken freischwimmende Medusen hervorgehen können, die ihrerseits wieder Polypenstöcke hervorbringen.

Die Hydrozoen sind Wasser- und zwar mit wenigen Ausnahmen Meeresbewohner; sie werden meist in zwei Unterklassen: *Hydromedusae* und *Acalephae* zerlegt.

1. Unterklasse. Hydromedusae. Vogt.

Festsitzende oder freischwimmende, meist ästige Kolonien mit dimorphen Ernährungs- und Fortpflanzungspolypen; die letzteren lösen sich zuweilen als freischwimmende Medusen mit knorpeligem, ungelapptem Rand ab.

Von den 6 Ordnungen der Hydromedusen (*Hydrariae, Hydrocorallinae, Tubulariae, Campanulariae, Trachymedusae* und *Siphonophorae*) besitzen nur die *Hydrocorallinae, Tubulariae* und *Campanulariae* erhaltungsfähige Ausscheidungen aus kohlensaurem Kalk oder Chitin.

Ordnung. **Hydrocorallinae.** Moseley.[1])

Nackte Polypen, die an ihrer Basis ein solides Kalkgerüst mit röhrenförmigen Vertiefungen absondern, in welche sich die dimorphen Polypen zurückziehen können.

Zu den Hydrokorallinen gehören die lebenden Milleporiden und Stylasteriden, welche früher allgemein für Korallen gehalten wurden, bis L. Agassiz und Moseley ihre Zugehörigkeit zu den Hydrozoen nachwiesen.

Millepora Lin. (Fig. 204). Massige, handförmig ausgebreitete, inkrustierende oder ästige Stöcke oft von beträchtlicher Gröfse. Oberfläche mit runden Öffnungen, die von zahlreichen feinen Poren umstellt sind. Das Skelett besteht aus anastomosierenden Kalkfasern, zwischen denen wurmfömige Kanäle verlaufen; die gröfseren Öffnungen (Gastroporen) gehören den Nährpolypen an und stehen mit durch horizontale Böden abgeteilten Röhren in Verbindung. Die kleineren Öffnungen der mundlosen Tastpolypen (Dactyloporen) kommunizieren mit den wurmförmigen Kanälen. Tertiär und lebend. Die Milleporen beteiligen sich wesentlich an der Zusammensetzung der jetzigen Korallenriffe, sind aber fossil selten.

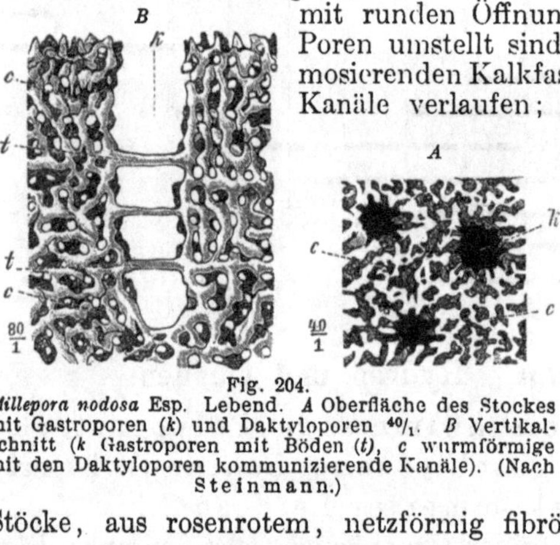

Fig. 204.
Millepora nodosa Esp. Lebend. *A* Oberfläche des Stockes mit Gastroporen (*k*) und Daktyloporen 40/1. *B* Vertikalschnitt (*k* Gastroporen mit Böden (*t*), *c* wurmförmige mit den Daktyloporen kommunizierende Kanäle). (Nach Steinmann.)

Stylaster Gray. Ästige Stöcke, aus rosenrotem, netzförmig fibrösem Cönenchym bestehend, mit

[1]) *Moseley*, Philosophical Transactions 1877. Bd. 167.

kelchartigen Vertiefungen, welche mit Röhren in Verbindung stehen, die durch Pseudosepta und ein Säulchen ausgezeichnet sind. Lebend. Selten fossil im Tertiär.

Ordnung. **Tubulariae.** Allman.[1])

Nackte oder mit Chitinhaut (Periderm) versehene Polypenstöcke. Die Nährpolypen sowie die medusoiden Fortpflanzungspolypen ohne becherförmige Chitinhüllen. An der Basis häufig ein chitinöses oder kalkiges Gerüst (Hydrophyton).

Hydractinia v. Bened. (Fig. 205). Die Basis (Hydrophyton) bildet krustenförmige, häufig auf Schneckenschalen sitzende Ausbreitungen aus Chitin, selten aus kohlensaurem Kalk. Dasselbe besteht aus parallelen Lagen, welche durch senkrechte Pfeiler verbunden und durch hohle Zwischenräume (Interlaminarräume) getrennt sind. Auf der Oberfläche erheben sich hohle Stacheln oder Höcker von verschiedener Gröfse und aufserdem verlaufen auf derselben fein verzweigte Furchen. Die Interlaminarräume stehen durch Röhren mit der Oberfläche in Verbindung. Kreide, Tertiär. Lebend. Verkalkte Formen häufig im Pliocän von Italien.

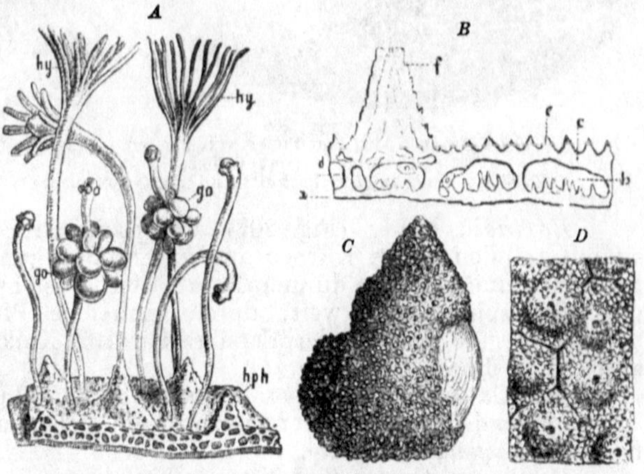

Fig. 205.
A Hydractinia echinata Fleming. Recent. Nordsee. Teil einer parasitischen Kolonie stark vergröfsert. *hy* Hydranthen. *go* Gonophoren. *hph* Hydrophyton; letzteres ist auf einer Schale von *Buccinum undatum* aufgewachsen und vertikal angeschnitten, um die netzförmige Struktur zu zeigen.
B Hydrophyton von *Hydractinia calcarea* Cart. (Recent.) Vertikal angeschnitten und stark vergröfsert (nach Carter). *a* Erste Basallamelle. *b* Interlaminarraum. *c* Zweite Kalklamelle. *d* Pfeiler zwischen der ersten und zweiten Lamelle. *e* Kleine und *f* grofser Pfeiler auf der Oberfläche des obersten Blattes.
C Hydractinia Michelini Fischer. Eine Nassa-Schale inkrustierend. Pliocän. Asti. (Nat. Gröfse.)
D Eine Partie der Oberfläche von *Hydractinia pliocaena* mit ästigen Furchen und warzigen Erhöhungen, stark vergröfsert.

Cyclactinia Vinassa de Regny. Tertiär. (*Kerunia* Mayer-Eymar) C. incrustans Goldf. sp. (*Pliocän*) C. (*Kerunia*) cornuta May. Eym. (Eocän, Ägypten).

Poractinia Vinassa. Crag. England. *P. circumvestivus* Wood sp.

Ellipsactinia Steinm. Unregelmäfsig ellipsoidische Knollen, aus dicken, konzentrischen, durch enge Interlaminarräume geschiedenen Kalkblättern bestehend, die durch spärliche, vertikale Pfeilerchen verbunden sind. Die Lamina bestehen aus äufserst feinen, anastomosierenden Kalkfasern und sind von zahlreichen radialen Röhrchen (Gastroporen) durchbohrt und auf beiden Seiten mit Wärzchen, Grübchen und verzweigten

---

[1]) *Allman, J. G.*, Monograph of the Gymnoblastic or Tubularian Hydroids Roy. Soc. 1871. — *Steinmann, G.*, Über fossile Hydrozoen. Palaeontographica 1877. XXV. — Über triasische Hydrozoen vom östlichen Balkan. Sitzgsber. Wien. Ak. math. phys. Kl. 1893. Bd. 102. — *Canavari, M.*, Idrozoi Titoniani apparten. alla famiglia delle Ellipsactinidi. Mem. Com. Geol. vol. IV. Roma 1893. — *Nicholson, H. A.*, Monograph of the British Stromatoporoids. Palaeont. Soc. 1886—92. — *Bargatzki, A.*, Die Stromatoporen des rheinischen Devons. Bonn. 1881. — *Vinassa de Regny, P. E.*, Studi sulle Idractinie fossili. Mem. Accad. dei Lincei 1899. Cl. sc. fis. 6 Ser. vol. III.

Furchen versehen. Im obersten Jura (Tithon) der Alpen, Karpathen und Apenninen.

Sphaeractinia Steinm. Wie vorige, jedoch aus dünnen, durch weite Interlaminarräume getrennten Kalkblättern mit zahlreichen Verbindungspfeilern bestehend. Im Zentrum häufig ein Fremdkörper. Ob. Jura (Tithon).

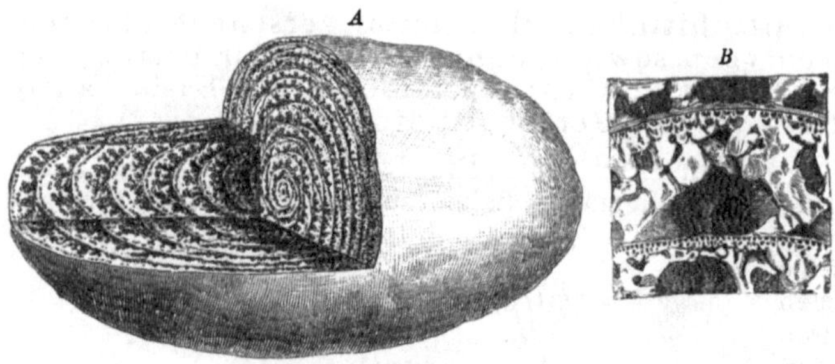

Fig. 206.
A Loftusia Persica Brady. Aus dem Eocän von Persien. Angeschnittenes Exemplar in nat. Gröfse.
B Zwei Umgänge im Durchschnitt und stark vergröfsert.

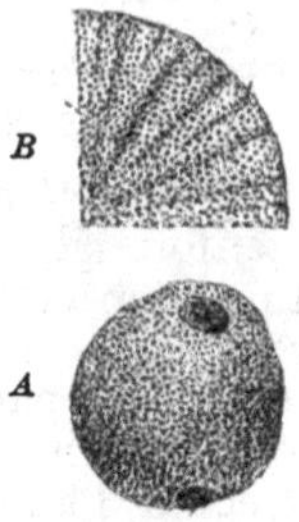

Fig. 207.
Porosphaera globularis Phil. sp. Obere Kreide. Rügen. *A* Exemplar in natürl. Gröfse. (*l* Röhre, ursprünglich von einem Fremdkörper eingenommen.) *B* Querschnitt in doppelter Gröfse mit Radialröhren (nach) Steinmann).

Loftusia Brady (Fig. 206). Ellipsoidische oder stumpf spindelförmige Körper aus spiral oder konzentrisch sich umhüllenden dünnen Kalkblättern bestehend; die Interlaminarräume weit, durch zahlreiche Pfeiler verbunden und infolge der Fossilisation mit Kalkspat ausgefüllt. Eocän. Persien.

Die Gattungen *Parkeria* und *Loftusia* wurden ursprünglich als agglutinierende Foraminiferen beschrieben, stehen aber offenbar *Ellipsactinia* und *Sphaeractinia* sehr nahe.

Parkeria Carp. Kugelige, walnufsartige Körper mit warziger Oberfläche, aus konzentrischen, ziemlich dicken Kalkschichten aufgebaut, welche durch dicke, radiale Pfeiler verbunden werden, die meist mehrere Schichten durchsetzen und die Interlaminarräume in Kammern abteilen. Sowohl die konzentrischen Blätter als auch die Pfeiler bestehen aus feinen, radialen Parallelfasern. Im Zentrum befindet sich häufig ein Fremdkörper. Im Upper Greensand (Cenoman) von Cambridge.

Porosphaera Steinm. (Fig. 207). Kugelige, häufig durch einen ursprünglich vorhandenen und zerstörten Fremdkörper durchbohrte Knollen von Erbsen- bis Haselnufsgröfse, aus anastomosierenden Kalkfasern bestehend, die von zahlreichen radialen Röhren durchzogen sind. Die Öffnungen dieser Röhren bilden an der Oberfläche grofse Poren, von denen zuweilen radiale Furchen (Astrorhizen) ausstrahlen. Ob. Kreide.

Stoliczkaia Duncan. Trias. Himalajah und Balkan.

Heterastridium Reufs (*Syringosphaeria* Duncan). Knollige, rundliche Körper von ansehnlicher Gröfse, aus sehr feinen, anastomosierenden und mehr oder weniger deutlich radialen Kalkfasern aufgebaut. In das ziemlich dichte Skelett dringen von aufsen Zooidröhren ein. Oberfläche mit runden Öffnungen und kleineren, von radialen Furchen umgebenen sternförmigen Poren. Trias der Alpen.

An die lebenden Hydrocorallinen und Hydractinien schliefsen sich die fossilen Stromatoporiden an, welche in vielfacher Hinsicht Merkmale beider Gruppen vereinigen. Dieselben sind auf die paläozoische Periode beschränkt, woselbst sie zuweilen Kalksteinablagerungen von ansehnlicher Mächtigkeit fast ganz allein zusammensetzen;

die in mesozoischen Formationen vorkommenden Hydractinien stehen denselben sehr nahe und dürfen höchst wahrscheinlich als ihre direkten Nachkommen bezeichnet werden.

Die Stromatoporiden bilden kugelige, knollige, horizontal ausgebreitete, bald mit kurzem Stiel angewachsene und auf der Unterseite mit Epithek versehene, bald inkrustierende Skelette, die aus parallelen, wellig gebogenen, konzentrischen, durch engere oder weitere Zwischenräume (Interlaminarräume) geschiedenen Kalkblättern aufgebaut sind. Die benachbarten Blätter werden durch vertikale (resp. radiale) Kalkpfeiler miteinander verbunden, das ganze Kalkskelett (Pfeiler und Laminae) ist in der Regel von äufserst feinen, irregulär verlaufenden Kanälchen durchzogen. Gröfsere Vertikalröhren mit Querböden, in welche sich wahrscheinlich die Polypen, wie bei den Milleporiden zurückzogen, finden sich bei einzelnen Gattungen, fehlen aber bei anderen. Die Oberfläche der Lamellen ist stets mehr oder weniger stark mit Poren und kleinen Höckern, häufig auch mit Furchen versehen, die in radialer Richtung von einem Zentrum ausstrahlen (Astrorhizen). Die Lamellen selbst bestehen zuweilen nur aus einem lockeren Netzwerk von horizontalen Kalkfasern.

Goldfufs hielt die in der Eifel massenhaft vorkommenden Stromatoporen anfänglich für Korallen (Milleporen), später für schwammartige Zoophyten; Rosen glaubte sie als nachträglich verkalkte Hornschwämme deuten zu dürfen. Sandberger und F. Roemer stellten sie zu den Bryozoen, Dawson zu den Foraminiferen, Sollas zu den Kieselspongien (Hexactinelliden), Salter und anfänglich auch Nicholson zu den Kalkschwämmen. Lindström, Carter und Steinmann weisen auf die Übereinstimmung mit *Hydractinia* und *Millepora* hin. Nicholson erklärt jetzt die *Stromatoporoidea* für eine selbständige ausgestorbene, den Hydractinien und Milleporen verwandte Gruppe der Hydrozoen.

Actinostroma Nichols. (Fig. 208). Die vertikalen (resp. radialen) Pfeiler durchsetzen in ziemlich regelmäfsigen Abständen sämtliche oder doch eine gröfsere Anzahl von Lamellen und bilden dadurch im Vertikalschnitt vierseitige Maschen. Die Laminae bestehen aus einem anastomosierenden Netzwerk von Kalkfasern, ihre Oberfläche ist porös und mit hervorragenden Höckerchen (den freien Enden) der Vertikalpfeiler bedeckt. Sehr häufig im Devon der Eifel, Englands, Nordamerikas. *A. clathratum* Nich. (= *Stromatopora concentrica* pp. Goldf.). Selten im oberen Silur.

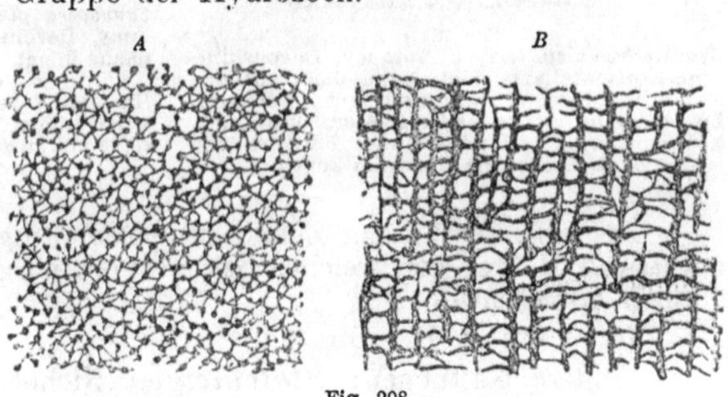

Fig. 208.
Actinostroma intertextum Nichols. Ober-Silur. Wenlock. Shropshire. *A* Tangentialschliff parallel der Oberfläche, zeigt die vertikalen Pfeilerchen und die von denselben ausgehenden, die Laminae bildenden Bälkchen. *B* Vertikalschnitt $^{12}/_{1}$ (nach Nicholson).

Clathrodictyon Nichols. Wie vorige, jedoch die Pfeiler nur von einer Lamelle zur anderen reichend. Häufig im Silur; selten im Devon.

Stromatopora Goldf. emend. Nichols. (*Pachystroma* Murie.) (Fig. 209). Die Pfeiler verbinden sich mit den dicken, konzentrischen Lamellen zu einem netzförmigen, feinmaschigen Gewebe, in welches vereinzelte, mit

Böden versehene Röhren von Gastroporen eingesenkt sind. Häufig im Devon, seltener im Silur.

Als *Caunopora* Lonsd. (Fig. 210) in *Diapora* Barg. werden Stromatoporen bezeichnet, welche durch zahlreiche, in gröſseren und kleineren Abständen in die Skelettmasse eindringende Röhren ausgezeichnet sind. Die Röhren haben oft dicke, selbständige Wände und horizontale oder trichterförmige Böden und sind alsdann Syringoporen, die von Stromatoporen umwuchert wurden. In vielen Fällen scheinen jedoch die Röhren von Zooidien der Stromatoporen selbst herzurühren. Devon.

Hermatostroma Nichols. (Fig. 211). Massive oder blättrige Stöcke aus dicken, parallelen Blättern bestehend, welche durch vertikale Pfeiler verbunden sind, die häufig mehrere Schichten durchsetzen. Sowohl die Pfeiler als auch die horizontalen Blätter weisen eine dunkle Mittellinie auf, welche entweder einen zentralen Kanal oder die Zusammensetzung aus zwei Lamellen andeutet. Devon.

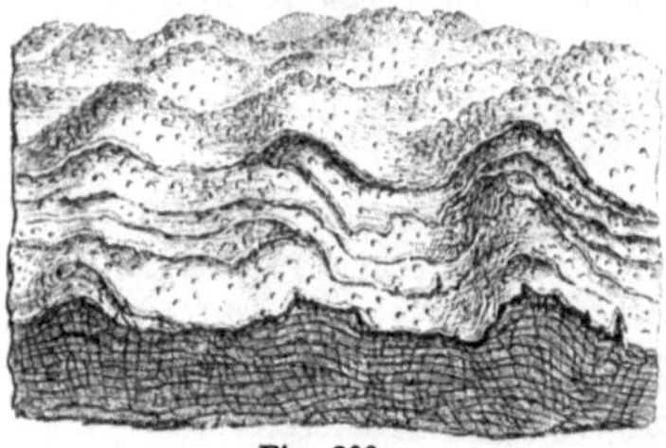

Fig. 209.
Stromatopora tuberculata Nicholson. Devon (Corniferous limestone) von Jarvis, Ontario. Natürl. Gröſse (nach Nicholson).

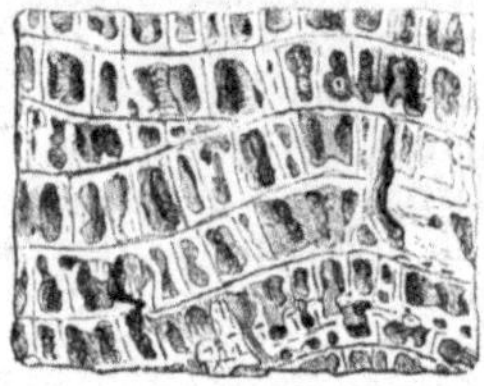

Fig. 211.
Hermatostroma sp. Devon. Torquay. Devonshire. Eine Horizontallamelle aus zwei dicht auf einander liegenden, jedoch durch einen schmalen Zwischenraum geschiedenen Blättern bestehend. *b* Kammer des Interlaminarraums. *c* Pfeiler (mit deutlich sichtbarem Kanal im Zentrum.)

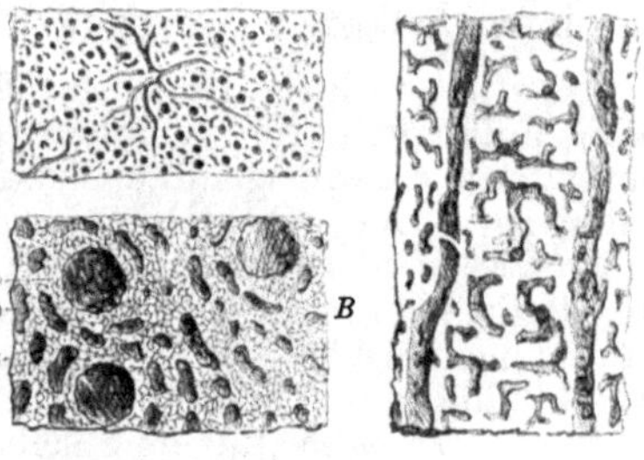

Fig. 210.
Caunopora placenta Phil. Devonkalk von Torquay, Devonshire. *A* Schnitt parallel der Oberfläche in nat. Gröſse. *B* Derselbe stark vergröſsert. *C* Vertikalschnitt vergröſsert.
(In Fig. *B* zeigt *a* den Querschnitt einer vertikalen Röhre, *b* einen angeschnittenen Kanal und *c* die mit äuſserst feinen netzförmigen Kanälchen durchzogenen Kalkfasern an.)

Idiostroma Winch. Zylindrische oder ästige Stöcke mit durch Böden abgeteilter Röhre, von welcher Seitenröhren ausgehen. Skelett netzförmig, ähnlich *Stromatopora*.

Labechia E. H. Ob. Silur.

Weitere Gattungen: *Stylodictyon* Nichols., *Stromatoporella, Syringostroma* Nichols., *Amphipora* Schulz, *Stachyodes* Barg. im Devon von Europa und Nordamerika.

Aus Permo-Karbon von Ost-Indien beschreiben Waagen und Wentzel mehrere Gattungen, wie *Carterina, Disjectopora, Circopora.*

Ordnung. **Campanulariae.** Allman.

(Leptomedusae, Thecaphora, Calyptoblastea.)

Zierliche, pflanzenartige, ästige, festsitzende Kolonien; die Basis, Stiele, sowie die becherförmigen Hüllen der Polypen von einer chitinartigen Hülle umgeben. Die Fortpflanzungspolypen befinden sich in Kapseln (Gonotheken) von ansehnlicher Gröfse und lösen sich zuweilen als freischwimmende Medusen ab.

Obwohl die jetzt lebenden Campanularien (Sertulariden, Plumulariden, Campanulariden) ein erhaltungsfähiges Chitinperiderm besitzen, so sind doch bis jetzt, abgesehen von einigen spärlichen Formen aus dem Pleistocän, keine sicheren fossilen Überreste bekannt. Wohl aber finden sich, in oberkambrischen, silurischen und zuweilen auch in devonischen Ablagerungen zahlreiche, fein verästelte, ursprünglich wohl chitinöse Stämmchen, Büsche und Zweige, die teilweise mit einem verdickten Stamm versehen sind, teilweise aber auch unten in eine feine Spitze auslaufen. Dieselben werden unter der Bezeichnung *Cladophora* Hopk. (*Axonolipa* Frech) zusammengefafst. An besonders gut erhaltenen Exemplaren bemerkt man auf einer Seite der Ästchen kleine, vorspringende Kapseln, die offenbar zur Aufnahme von Polypen dienten. Die Zellen stehen meist durch einen gemeinsamen Kanal im Zusammenhang. Eine feste Achse fehlt den Stielen. Sehr häufig sind die Zweigchen durch Querfäden miteinander verbunden.

Die Gattungen *Dendrograptus*, *Callograptus*, *Thamnograptus*, *Inocaulis* Hall., *Calyptograptus* Spencer etc., *Bryograptus* Lapw. etc. haben einen verdickten Stamm und waren wahrscheinlich festgewachsen; die zahlreichen dünnen, vielfach vergabelten Ästchen sind mit Zellenkapseln versehen und durch Querfäden verbunden.

Dictyonema Hall (*Dictyograptus* Hopkinson) (Fig. 212). Hydrosom, trichter- oder korbförmig, nach unten in eine feine Spitze verlaufend, nicht festgewachsen. Die Ästchen durch Querfäden verbunden und an gut erhaltenen Exemplaren auf der Innenseite mit Zellenkapseln besetzt. Kambrium, Silur, Devon. Besonders häufig im unteren Silurschiefer von Christiania in Norwegen, jedoch meist vollständig zu fächerförmigen Netzen zusammengedrückt.

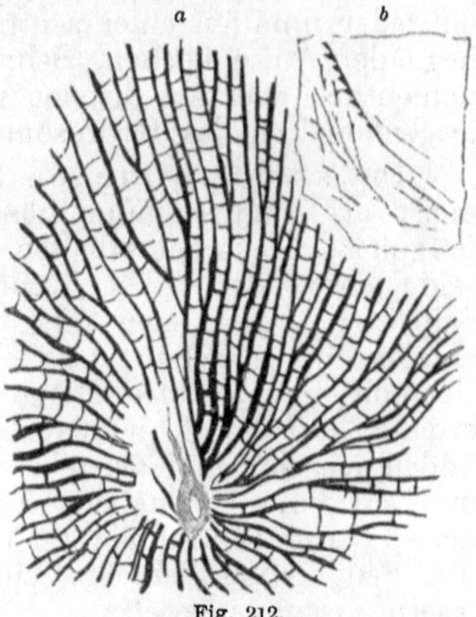

Fig. 212.
a Dictyonema retiformis Hall. Ober-Silur. Niagara. New York. Nat. Gröfse.
b Dictyonema sp. Zweigchen mit Zellen aus dem norddeutsch. Diluvium (nach Dames).

In denselben Schichten wie die *Cladophora* finden sich die in der Regel als

Graptolithen[1])

bezeichneten Fossilien, welche anfänglich für Pflanzen, später für Hornkorallen, Pennatuliden, Foraminiferen, Cephalopoden oder Bryozoen gehalten wurden. Portlock wies zuerst (1843) auf ihre Ähnlichkeit

[1]) *Barrande, J.*, Graptolithes de Bohème. Prague 1850. — *Geinitz, H. B.*, Die Versteinerungen der Grauwackenformation in Sachsen etc., Leipzig 1852 und Die Graptolithen des mineral. Museums in Dresden, 1890. — *Hall, J.*, On the Graptolithes of the Quebec Group. Geol. Surv. Canada. Dec. II. 1865. — *Nicholson, H. A.*, Monograph of the British Graptolitidae. 1872. — *Lapworth, Ch.*, Notes on British Graptolites. Geol. Mag. 1873 u. 1876, sowie verschiedene Abhandlungen im Quart. journ. geol. Soc. 1875, 1881 und in Ann. Mag. nat. hist. 1879 u. 1880. —

mit Sertularien hin und diese Ansicht wurde von Hall, Nicholson, Allman, Hopkinson, Lapworth u. a. durch eingehende Untersuchungen mehr und mehr befestigt. Sie unterscheiden sich von allen jetzt existierenden Hydromedusen und von den offenbar sehr nahe verwandten Cladophoren dadurch, daſs sie nicht festgewachsen sind, (teilweise?) eine Schwimmblase und Zentralplatte besaſsen, mit einer dolchförmigen Embryonalzelle (Sicula) beginnen und in ihrem Periderm stets eine stabförmige Achse besitzen (*Rhabdophora*).

Das chitinöse Hydrosom der Graptolithen hat meist lineare, seltener blattförmige Gestalt und ist entweder einfach oder ästig, gerade, gekrümmt, in seltenen Fällen auch spiral aufgerollt. Eine oder beide Seiten der linearen Körper sind mit schiefen, zahnartig vorspringenden Zellen (Hydrotheken) besetzt, welche durch einen gemeinsamen, mit Cönosark erfüllten Kanal miteinander in Verbindung stehen. Eine stabförmige Achse (Virgula) aus Chitin dient dem Hydrosom zur Stütze und befindet sich bei den einzeiligen Formen in der dem zellentragenden Rand gegenüberliegenden Dorsalseite, bei den zweizeiligen entweder inmitten einer zentralen Scheidewand oder in den gegenüber liegenden Auſsenflächen. Sehr häufig ragt die Achse an beiden Enden, namentlich aber am distalen mehr oder weniger weit über den Zellen tragenden Teil des Hydrosoms heraus.

Die skelettbildende Substanz (Periderm) war biegsam, ist meist als dünnes, bituminös-kohliges, häufig mit Schwefelkies imprägniertes Häutchen erhalten, nicht selten auch in ein grünlich-weiſses, seidenglänzendes Silikat (Gümbelit) umgewandelt. Sie besteht aus drei Schichten, von denen die mittlere am stärksten ist und zuweilen netzförmige Beschaffenheit besitzt (*Retiolites*). Meist liegen die Graptolithen in groſser Menge vollständig platt gedrückt und schlecht erhalten auf den Schichtflächen dunkel gefärbter Tonschiefer; seltener finden sie sich in Kalkstein, welcher die inneren Hohlräume ausfüllt und so die ursprüngliche Form des Hydrosoms unverändert überliefert. Die Chitinhülle ist entweder dicht, glatt, feingestreift oder (bei den Retiolitiden) aus einem gitterförmigen Gewebe von Chitinfasern zusammengesetzt.

Von dem die Virgula begleitenden gemeinsamen zylindrischen Kanal gehen die Zellen (*Hydrothecae, denticles, thecae*) aus und bilden entweder auf einer (Fig. 213), zwei (Fig. 225) oder vier Seiten übereinanderfolgende vertikale Reihen. Bei den zwei- oder vierzeiligen Formen trennen in der Regel eine oder zwei Scheidewände die Kanäle der Zellenreihen voneinander. Die Zellen stehen mehr oder weniger schief zur Längsachse und haben im allgemeinen die Gestalt eines länglich zylindrischen, rechtseitigen oder konischen Sackes. Meist berühren sie sich mit ihren oberen und unteren Begrenzungsflächen, zuweilen ragen sie aber

---

Holm, G., Gotlands Graptoliter. Bihang Svenska Vetensk. Ak Handl. 1890. XVI. — *Perner, Jarosl.*, Étude sur les Graptolites de Bohème. Prague 1894/95. — *Wiman, C.*, Über die Graptolithen. Bull. geol. Inst. Upsala vol. II, Nr. 2, 1895. — *Rüdemann, R.*, Synopsis of the mode of growth and development of the Graptolithic Genus Diplograptus. Amer. Journ. of Sc. ser. III, Bd. 49, 1895 und 14. Report of the Stat. Geologist of New-York for 1894. — *Frech, Fr.*. Lethaea palaeozoica. Graptolithen, Bd. I, 1897.

auch isoliert vor. Jede Zelle kommuniziert unverengt mit dem gemeinsamen Kanal und besitzt eine distale Öffnung, deren Form und Gröſse bei den verschiedenen Gattungen und Arten sehr variiert. Die Mündung ist häufig vierseitig oder rundlich, zuweilen schnüren sich die Zellen auſsen etwas ein, indem sie sich zugleich nach unten krümmen, so daſs sich die verengte Mündung nach auſsen und unten richtet. Nicht selten springen am unteren Rand der Zellenmündungen ein oder zwei Stacheln vor.

Bei den Graptolithen beginnt das Hydrosom mit einem schlanken, nach oben zugespitzten, dolchförmigen Embryonalstückchen, der Sicula (Fig. 214 und 216), aus welcher der ganze Polypenstock hervorgeht.

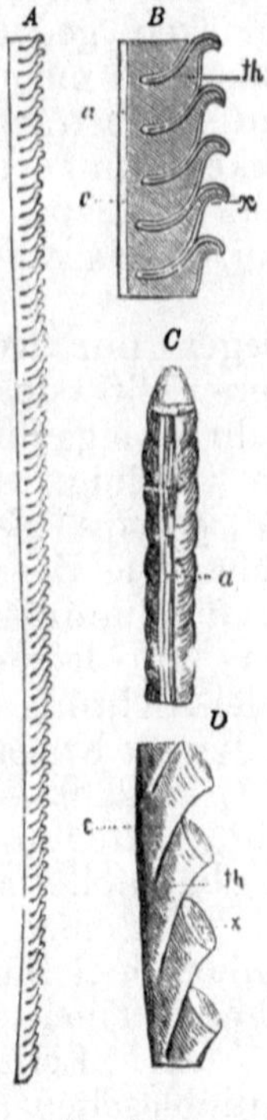

Fig. 213.
A—C Monograptus priodon Bronn. sp. Aus silurischem Kalkstein (*E*) von Prag. *A* Exemplar in nat. Gröſse. *B* Schnitt parallel der Längsachse vergröſsert (*c* Kanal, *a* Achse, *th* Zellen, *x* äuſsere Zellenöffnung.) *C* Rückseite vergrössert. *D Monograptus Bohemicus* Barr. Aus Silurkalk von Prag, vergröſsert. (Buchstaben wie bei Fig. *B*). (Nach Barrande.)

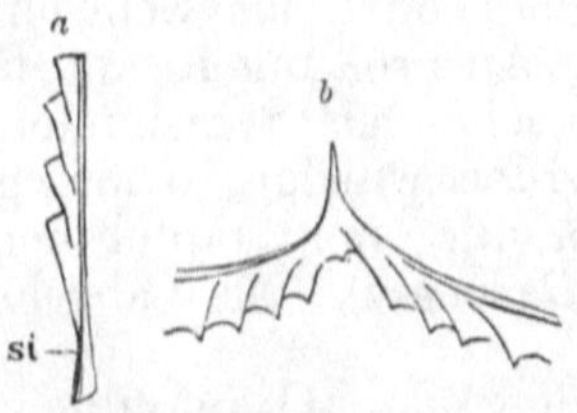

Fig. 214.
a Monograptus gegarius Lapw. Ober-Silur. Dobbs Lin. Schottland. Proximalende mit Sicula (vergröſsert) *b Didymograptus pennatulus* Hall. Unt.-Silur. (Quebec Group.) Pont Lévis. Canada. Proximalende mit Sicula, vergröſsert. (Nach Lapworth.)

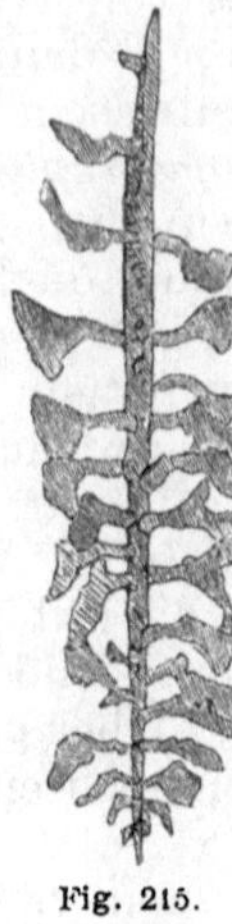

Fig. 215.
Diplograptus Whitefieldt Hall. Beiderseits mit Gonangien besetzt. Natürl. Gröſse. (Nach Hall.)

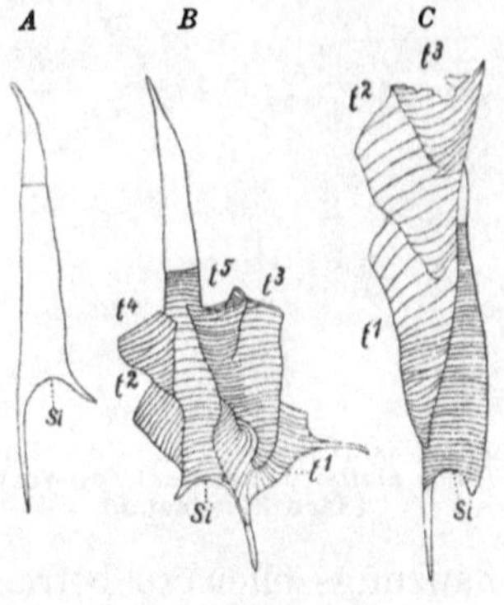

Fig. 216.
A. Diplograptus gracilis Roemer. Sicula. *B. Sicula* mit den 5 ersten Hydrotheken (t^{1-5}). *C. Monograptus (Pristiograptus) dubius Sueſs.* Sicula und die 3 ersten Hydrotheken stark vergröſsert. (Nach Wiman).

Aus dieser dreieckigen Chitinscheibe ragt oben und unten eine Achse (Virgula) vor. Die ersten Zellen sproſsen einseitig oder alternierend auf zwei Seiten aus der Sicula hervor und bilden, indem sie sich in einzeiligen Reihen vermehren, entweder einfache Zweige, die in verschiedenem Winkel divergieren, oder es wachsen die Zellen von zwei oder vier Reihen mit ihrem Rücken aneinander und bilden zwei- oder vierzeilige Hydrosome. Bei den aus einem einzigen Zweig bestehenden Formen entspringt die erste Zelle in der Regel am oberen spitzen Ende der Sicula, bei anderen sproſsen die Zellen in verschiedener

Höhe aus. In der Regel hört die Sicula auf zu wachsen, sobald die ersten Zellen hervorgetreten sind, und verschwindet manchmal gänzlich. Manchmal entwickelt sie auch einen blasigen Basalfortsatz oder eine fadenförmige proximale Virgula oder zwei stachelförmige Fortsätze.

Einzelne Exemplare von zweizelligen Graptolithen besitzen zuweilen ungewöhnlich große ovale oder unregelmäßig ausgebreitete Zellen (Fig. 215). Dieselben werden in der Regel als Kapseln von Fortpflanzungspolypen (Gonangien) oder als Schwimmglocken gedeutet. Eigentümliche flossenartige Ausbreitungen am Siculaende mancher Graptolithen dürften wohl sicher als Schwimmorgane zu betrachten sein. Von Nicholson werden winzige, ovale, glockenförmige oder zugespitzte Chitintäschchen, die in Graptolithenschiefern zuweilen massenhaft vorkommen (*Dawsonia*), als abgelöste Ovarialkapseln gedeutet.

Über die Kolonienbildung der Graptolithen liegen nur wenig Beobachtungen vor. Meist finden sich die Äste vereinzelt oder es sind zwei-, vier- oder mehr Zweige durch eine gemeinsame Sicula vereinigt. Bei manchen Gattungen (*Dichograptus, Tetragraptus, Retiograptus*) bildet eine Zentralplatte den Vereinigungsort für eine größere Anzahl von Hydrosomen. Die letzteren strahlen alsdann in radialer Richtung von der Zentralscheibe aus. Über die Kolonien von *Diplograptus* (Fig. 217) verdankt man Rüdemann interessante Mitteilungen. Hier bilden die Hydrosome büschelförmige Stöcke, indem die Virgulae der einzelnen Äste zu einem gemeinsamen Stiel (Funiculus) verwachsen, welcher in einer vierseitigen Zentralscheibe steckt. Letztere ist von einer Anzahl Chitinbläschen umgeben, die mit dolchförmigen Siculis vollgepfropft sind und offenbar als Fortpflanzungszellen zu betrachten sind. Über der Zentralscheibe und den Gonangien beobachtet man zuweilen noch eine weitere Blase, die wohl als Schwimmglocke funktionierte.

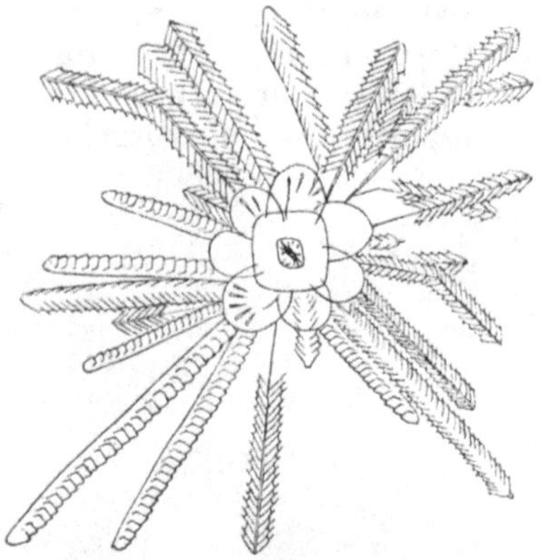

Fig. 217.
Diplograptus pristis Hall. Unt. Silur. (*Utica Slates*) Dolgeville. New-York. (Nach Rüdemann.)

Die Graptolithen kommen ungemein häufig in Schiefern, seltener in Kalksteinen der oberkambrischen und silurischen Formation vor. Sie bewohnten offenbar Meere mit schlammigem Boden und waren meist freischwimmende oder mit der Sicula im Schlamm steckende Tierkolonien. Sie zerfallen in drei Gruppen *Monoprionidae, Diprionidae* und *Retiolitidae.*

A. **Monoprionidae.**

Zellen (Hydrothecae) einseitig nur auf der der Virgula gegenüber liegenden Seite entwickelt.

Monograptus Gein. (*Monoprion* Barr., *Pomatograptus* und *Pristiograptus* Jaekel) (Fig. 213 u. 218). Einfache, unverzweigte, geradlinige oder gebogene, zuweilen schraubenförmig gewundene Hydrosome. Zellen dicht gedrängt, die Mündungen entweder unverengt oder eingeschnürt und abwärts gebogen. Im Mittel- und Ober-Silur häufig.

Rastrites Barr. (Fig. 219). Einfach, spiralgekrümmt. Kanal sehr eng, Virgula dünn. Zellen durch weite Zwischenräume geschieden. Ober-Silur.

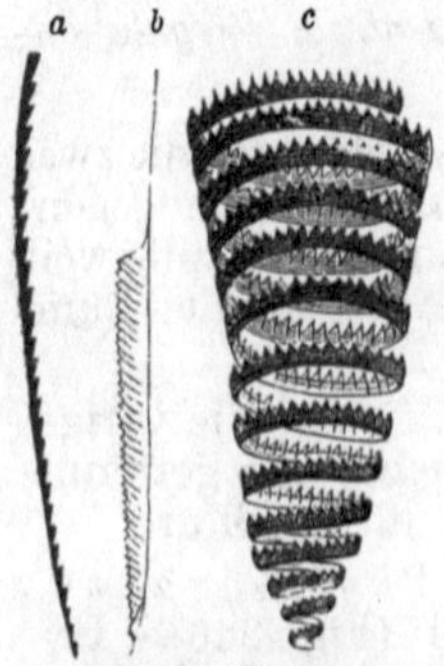

Fig. 218.
a Monograptus Nilssoni Barr. (Nat. Gröfse.) Alaunschiefer v. Gräfenwerth bei Schleitz.
b M. colonus Barr. Mit Sicula. (Nat. Gröfse.) Ober-Silur von Eliotsfield. Schottland. (Nach Lapworth.)
c M. turriculatus Barr. Ob. Silur. Prag. Nat. Gr. (Nach Barrande.)

Fig. 219.
Rastrites Linnéi Barr. Ober-Silur. Zekkowitz bei Prag. (Nach Barrande.)

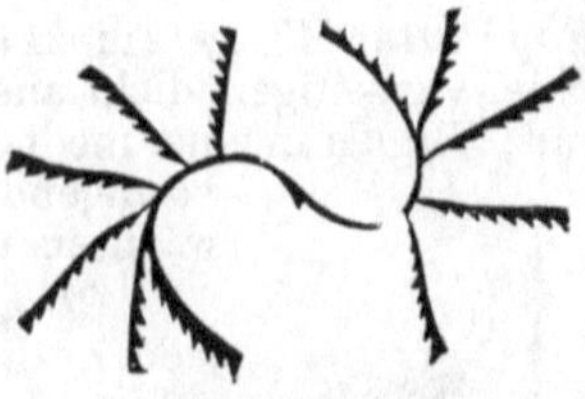

Fig. 220.
Coenograptus gracilis Hall. Unter-Silur. Point Lévis. Canada. (Nach Nicholson.)

Fig. 223.
Dicranograptus ramosus Hall. Unter-Silur. Hudson River. (Nach Hall.)

Fig. 221.
Didymograptus pennatulus Hall. Unter-Silur. Point Lévis. Canada. (Nach Hall.)

Fig. 222.
Tetragraptus bryonoides Hall. Unter-Silur Point Lévis. Canada. (Nach Hall.)

Leptograptus Lapw. Hydrosom mit zwei einfachen, unverzweigten, von einer gemeinsamen Sicula entspringenden, unsymmetrischen Ästen. Unt. Silur.

Coenograptus Hall (Fig. 220). Zwei Hauptäste, von denen in gleichmäfsigen Abständen einfache Nebenäste auf einer Seite ausgehen. Unt. Silur.

Didymograptus M'Coy (Fig. 221 u. 224 *b*). Zwei einfache, symmetrische Äste gehen von einer achselständigen Sicula aus. Zellen rektangulär, dicht gedrängt. Unt. Silur.

Tetragraptus Salter (Fig. 222). Wie vorige, aber mit vier bilateral symmetrischen, kurzen Ästen. Unt. Silur.

Dichograptus Salter (Fig. 224 *a*). Hydrosom mit acht einfachen, einzeiligen Ästen, welche häufig durch eine Zentralscheibe verbunden sind. Unt. Silur.

Dicranograptus Hall (Fig. 223). Die beiden symmetrisch entwickelten Äste sind anfänglich mit ihrer Dorsalseite verwachsen, später frei. Unt. Silur.

Dicellograptus Hopk. Wie vorige, aber die beiden Äste von der Sicula an frei. Silur.

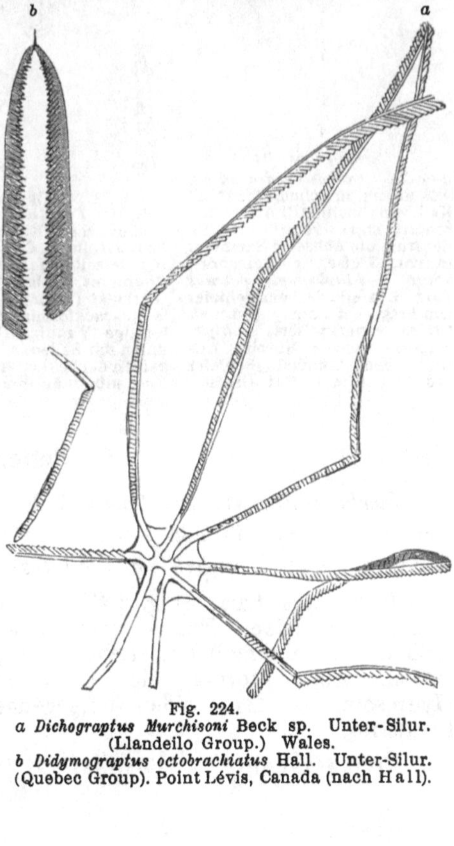

Fig. 224.
a Dichograptus Murchisoni Beck sp. Unter-Silur. (Llandeilo Group.) Wales.
b Didymograptus octobrachiatus Hall. Unter-Silur. (Quebec Group). Point Lévis, Canada (nach Hall).

B. Diprionidae.

Zellen in zwei (oder vier) vertikalen Reihen um eine zentrale Virgula angeordnet.

Diplograptus M'Coy (Fig. 217 u. 225 *df*). Hydrosom stabförmig; die zwei Reihen schief vierseitiger, dicht aneinander gedrängter Zellen einander gegenüberstehend; Virgula in einer medianen Scheidewand gelegen, distal häufig weit vorragend. Sicula von den Anfangszellen umwachsen und verborgen. Silur.

Climacograptus Hall (Fig. 225 *a c*). Wie vorige, jedoch die Zellen durch Zwischenräume getrennt, aufsen etwas eingeschnürt. Unt. u. ob. Silur.

Phyllograptus Hall (Fig. 226). Hydrosom aus vier kurzen, einzeiligen, der ganzen Länge nach mit ihrer Rückseite verwachsenen Reihen von rektangulären Zellen bestehend. Unt. Silur.

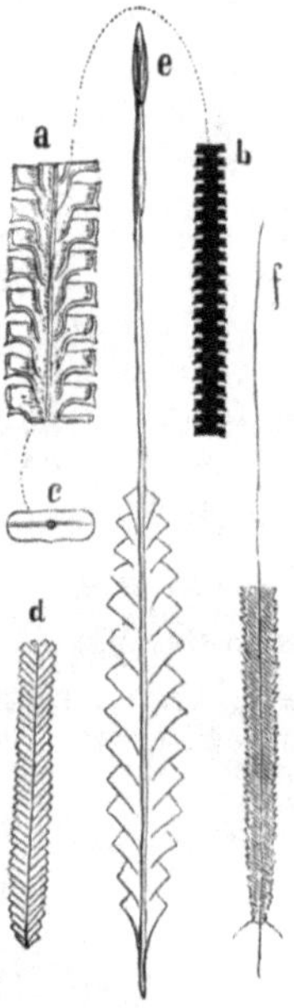

Fig. 225.
a—c Climacograptus typicalis Hall. Aus untersilurischem (Trenton-) Kalk von Cincinnati. *a* Vertikalschnitt stark vergröfsert, im Zentrum die Achse. *b* Exemplar in nat. Gröfse. *c* Querschnitt vergr. *d—e Diplograptus palmeus* Barr. Aus silurischem Schiefer von Prag. — *d* Exemplar in nat. Gröfse, *e* vergröfsert. *f Diplograptus foliaceus* Murch. Aus silurischem Llandeilo-Schiefer von Schottland. Nat. Gröfse.

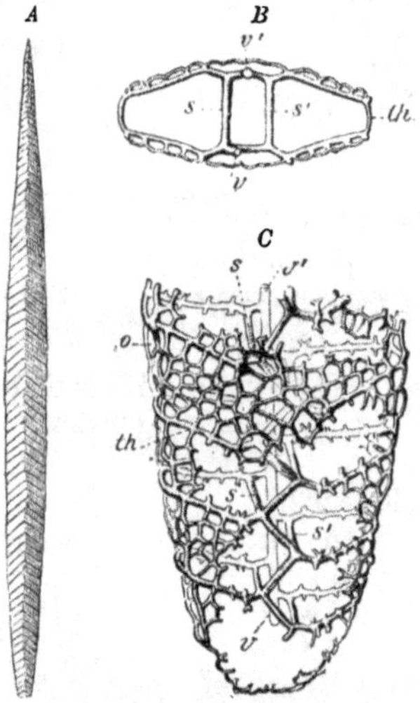

Fig. 227.
Retiolites Geinitzianus Barr. *A* Aus silurischem Kieselschiefer von Feuguerolles. Calvados. Nat. Gr. *B*, *C* Derselbe aus Motala. Schweden. *C* unteres Ende durch Salzsäure entkalkt (vergr.). *B* Querschnitt. (*v* Zickzackförmige Virgula, *v'* stabförmige Virgula, *th* Begrenzungslinien der Zellen, *s*, *s'* Verbindungsbalken der beiden Virgulae, *o* Zellenmündung (nach Holm).

Fig. 226.
Phyllograptus typus Hall. Unt. Silur. Point Lévis. Canada. *a* Mehrere Exemplare in nat. Gröfse, *b* Querschnitt restauriert u. vergröfs. (nach Hall).

C. Retiolitidae.

Sicula unbekannt. Das Cönosark des gemeinen Kanals entwickelt eine Doppelreihe von Zellen. Virgula entweder einfach, zentral oder doppelt entwickelt und in dem durch ein Netzwerk von Chitinfasern verstärkten Periderm gelegen.

Retiolites Barr. (Fig. 227). Hydrosom einfach, abgeplattet, stabförmig, an beiden Enden verschmälert, mit zwei gegenüber gelegenen Reihen von rektangulären, dicht gedrängten Zellen. Von den zwei Virgulae ist eine zickzackförmig, die andere gerade; sie liegen in der Mitte des Hydrosoms in den beiden entgegengesetzten Flächen des netzförmigen Periderms. Silur.

Stomatograptus Holm, *Retiograptus* Hall, *Glossograptus* Emmons.

Zeitliche und räumliche Verbreitung der fossilen Hydrozoa.

Unter den erhaltungsfähigen Hydrozoen beginnen ächte *Hydrocorallinae* in der oberen Kreide, gewinnen im Tertiär eine etwas stärkere Verbreitung, beteiligen sich aber erst in der Jetztzeit in nennenswertem Maſse an dem Aufbau von Korallenriffen oder an der Zusammensetzung zoogener Kalksteine.

Im oberen Jura (Tithon), namentlich des mediterranen Gebietes, haben gewisse Hydractinien (*Ellipsactinia, Sphaeractinia*) eine weite Verbreitung, während das triasische *Heterastridium*, sowie die in der nordeuropäischen Kreide vorkommenden Gattungen *Parkeria* und *Porosphaera* zu den selteneren Vorkommnissen gehören.

Ungemein wichtige kalkbildende Versteinerungen der paläozoischen Aera sind die Stromatoporiden. Sie finden sich im mittleren und oberen Silur von Nordamerika, England, Ruſsland und namentlich im mittleren Devon der Eifel und der Ardennen, in Nassau, Devonshire, im Ural, Spanien u. s. w. in groſser Menge, erreichen zuweilen gewaltige Dimensionen und nehmen am Aufbau der Korallenriffe und Kalksteine der Silur- und Devonzeit einen wesentlichen Anteil. Auch im Kohlenkalk (Permocarbon) von Ostindien spielen sie noch eine namhafte Rolle, fehlen dagegen demselben in der Regel in Amerika und Europa. Die obere Grenze des paläozoischen Zeitalters wird von den Stromatoporen nicht überschritten.

Auch die *Cladophora* und *Rhabdophora*, welche häufig unter der gemeinsamen Bezeichnung Graptolithen zusammengefaſst werden, gehören ausschlieſslich dem oberen Kambrium, den verschiedenen Stufen des Silursystems und dem unteren Devon an. Sie finden sich massenhaft in den obersilurischen Kiesel- und Alaunschiefern des Fichtelgebirges, Thüringens, Sachsens und Böhmens; ferner am Harz, in Polen, Schlesien, den baltischen Provinzen und am Ural; in Schweden und Norwegen; in Cumberland, Wales, Nordengland, Schottland und Irland; in der Normandie und Bretagne, Spanien, Portugal, Sardinien und Kärnthen. In vortrefflicher Erhaltung erscheinen sie in Canada, Neufundland, New-York, Ohio, Tennessee, Wisconsin, Jowa, Virginia; auſserdem in Südamerika (Bolivia) und Australien. Auf sekundärer Lagerstätte auch in den Geschieben der norddeutschen Ebene.

Nach Lapworth verteilen sich die Graptolithen auf sechs Horizonte, wovon der erste dem obersten Kambrium, die drei folgenden dem unteren Silur (Ordovician) und die zwei obersten dem oberen Silur angehören. Die Monoprioniden finden sich vorzugsweise in den zwei obersten Horizonten.

2. Unterklasse. Acalephae. Medusen.[1])

(*Discophora* Huxley.)

Freischwimmende, scheiben- oder glockenförmige Medusen mit abwärts gerichtetem Mund, mit Magentaschen und zahlreichen Radialgefäſsen.

Literatur:

[1]) *Haeckel, E.*, Zeitschrift f. wissenschaftl. Zoologie 1865. Bd. XV und XIX, Neues Jahrb. f. Mineralogie 1866. S. 257, und Jenaische Zeitschr. Bd. VIII. 308. — *Brandt, Al.*, Über fossile Medusen. Mém. Acad. imp. St. Petersbourg. 1871. VII ser.

Die Scheibenquallen sind trotz ihrer zuweilen beträchtlichen Gröfse wegen Mangels an Hartgebilden zur Fossilisation ungeeignet. Nur unter besonders günstigen Bedingungen konnten sie Abdrücke hinterlassen, die eine zoologische Bestimmung ermöglichen. In den Steinbrüchen des lithographischen Schiefers von Pfahlspeunt, Eichstädt und Solnhofen in Franken kommen nicht selten deutliche Abdrücke von Medusen vor, unter denen sich namentlich einige grofse Formen aus der Gruppe der Rhizostomiden, wie *Rhizostomites admirandus* Haeckel (Fig. 228) durch treffliche Erhaltung auszeichnen. Andere Gattungen aus dem lithographischen Schiefer, wie *Saemaeostomites* Haeckel, *Miogramma* und *Cannostomites* Maas gehören gleichfalls zu den Rhizostomiden.

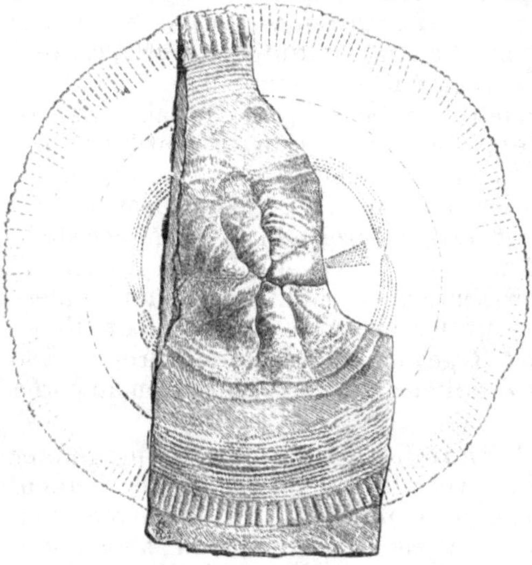

Fig. 228.
Rhizostomites admirandus Haek. Aus dem lithographischen Schiefer von Eichstädt, 1/7 nat. Gröfse. (Die fehlenden Teile der Platte sind nach den erhaltenen ergänzt.

Aus der unteren Kreide (Wernsdorfer Schichten) der Karpathen beschreibt Maas schön erhaltene Medusenabdrücke, welche der lebenden Gattung *Atolla* angeschlossen werden. In Feuersteinknollen aus der oberen Kreide kommen in der norddeutschen Ebene Abdrücke vor, welche fälschlich als Medusen gedeutet wurden, nach Gottsche aber zu den Spongien gehören.

Höchst bemerkenswert sind gewisse, früher von Torell als *Spatangopsis* beschriebene vierstrahlige Körper aus kambrischem Sandstein von Lugnaes in Schweden. Nathorst hält dieselben für Ausgüsse der Gastralhöhle von Medusen. (*Medusina costata.*) Im mittleren Kambrium von Alabama finden sich 4—12 lappige, aus Sandkörnchen bestehende Körper in ziemlicher Häufigkeit, die von Walcott als Ausgüsse von Medusen (*Laotira, Brooksella, Dactyloidites*) gedeutet werden. Im unterkambrischen Sandstein von Böhmen, Esthland und New-York werden runde, mit Radialstrahlen versehene Abdrücke für Medusenspuren gehalten.

---

t. XVI. — *Ammon, L. v.*, Abhandl. k. Bayer. Akad. II. Kl. 1883. Bd. XV. — *Nathorst, A. G.*, K. Svenska Vetensk. Ak. Handling. 1881. Bd. XIX. — *Maas, O.*, Über Medusen aus dem Solenhofer Schiefer und der unteren Kreide der Karpathen. Paläontographica. 1902. Bd. 48. — *Walcott, Ch. D.*, Fossil Medusae. Monographs U. S. geol. Survey. 1898. XXX.

III. Stamm.

Echinodermata. Stachelhäuter.

Zu den Echinodermen gehören radial strahlige oder bilateral symmetrische Tiere, welche ursprünglich, namentlich von Cuvier, mit den Cölenteraten als Strahltiere vereinigt, von Leuckart jedoch als Vertreter eines selbständigen Typus erkannt wurden. Sie besitzen ein wohlentwickeltes, aus Kalkplatten oder Kalkkörperchen zusammengesetztes Hautskelett (Theca), das häufig mit beweglichen Anhängen (Stacheln, Borsten etc.) besetzt ist. Die Grundzahl des Echinodermenstammes ist fünf, indem sich in der Regel alle Hauptorgane, sowie alle wichtigeren Skelettelemente fünfmal wiederholen. Abgesehen von dieser fundamentalen Differenz in der Zahl und Anordnung der Antimeren unterscheiden sich die Echinodermen durch den Besitz eines geschlossenen Darms, eines vielfach verzweigten und mit Wasser erfüllten Ambulacralgefäſs-Systems, durch vollkommenere Entwicklung des Nerven- und Blutgefäſs-Systems und durch ausschlieſslich geschlechtliche Fortpflanzung von den Cölenteraten.

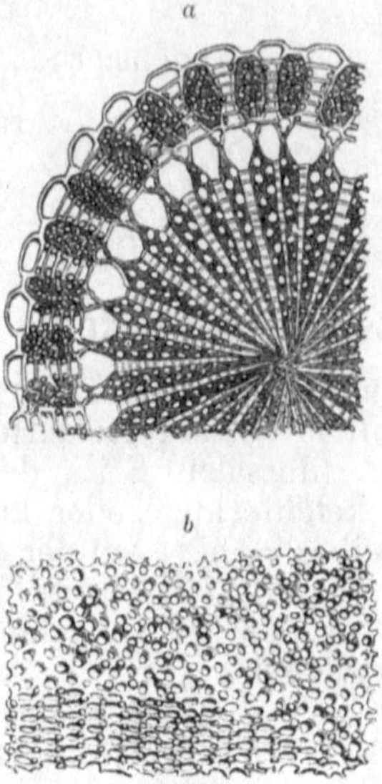

Fig. 229.
a Horizontalschnitt durch einen Echinidenstachel. (Fidschi-Inseln), vergr. *b* Schnitt parallel der Oberfläche durch ein Coronaltäfelchen eines recenten Seeigels (*Sphärechinus*), vergröſsert.

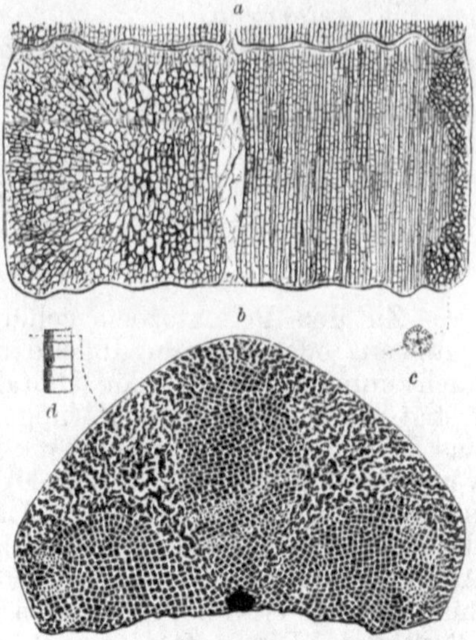

Fig. 230.
Pentacrinus subteres Goldf. Weiſser Jura. Reichenbach. Württemberg. *a* Medianer Vertikalschnitt durch den Stiel nach der in *c* angegebenen Richtung, $^{18}/_1$ vergr. *b* Horizontalschnitt $^{18}/_1$ nach der in *d* angegebenen Richtung geschnitten. *c*, *d* Stiel in nat. Gröſse.

Eine auffällige Verschiedenheit besteht überdies im Bau und in der Struktur des Hautskelettes (Fig. 229, 230). Alle Täfelchen, Platten, Stacheln oder sonstigen Kalkgebilde eines Echinodermen werden in der Haut ausgeschieden und bestehen aus einem Netzwerk mikroskopisch kleiner Kalkkörperchen, welche sich in einem organischen Gewebe ablagern. Indem sich diese Kalkkörperchen in horizontaler Richtung zu siebartigen Platten vereinigen und durch vertikale Pfeilerchen miteinander verbunden sind, entsteht ein zierliches Gitterwerk, das bei allen Echinodermen ziemlich gleichartige Beschaffenheit besitzt. Durch den Fossilisationsprozeſs werden die ursprünglichen Lücken sehr häufig mit kohlensaurem Kalk ausgefüllt und dadurch alle Skeletteile in kristallinischen Kalkspat umgewandelt, welcher sich nach den Blätterdurchgängen spaltet. Jedes einzelne Täfelchen, Stielglied, Armglied eines Seeigels, eines Seesterns oder einer Seelilie erweist sich alsdann als ein selbständiges Kristall-Individuum.

Sämtliche Echinodermen sind Meeresbewohner. Man unterscheidet nach Haeckel drei Unterstämme (*Pelmatozoa, Asterozoa* und *Echinozoa*) mit folgenden Klassen:

A. *Pelmatozoa.*

1. Klasse.	*Crinoidea.*	Seelilien.
2. »	*Cystoidea.*	Beutelstrahler.
3. »	*Blastoidea.*	Knospenstrahler.

B. *Asterozoa.*

1. Klasse.	*Ophiuroidea.*	Schlangensterne.
2. »	*Asteroidea.*	Seesterne.

C. *Echinozoa.*

1. »	*Echinoidea.*	Seeigel.
2. »	*Holothurioidea.*	Seegurken.

A. Pelmatozoa.[1]) Leuckart.

Zu den Pelmatozoen gehören Echinodermen, welche entweder zeitlebens oder in ihrer Jugend mittels eines gegliederten Stieles oder auch unmittelbar mit der aboralen (dorsalen) Seite des Körpers befestigt sind. Eine beutelförmige, kelchförmige oder kugelige Kapsel aus Kalktäfelchen umschliefst die Leibeshöhle. Auf der oberen (oralen, ventralen) Seite befinden sich Mund und After, sowie die zum Mund führenden Ambulacralgefäfse. Am distalen Ende der Ambulacralfurche der Kelchdecke entspringen in der Regel gegliederte Arme, oder die Ambulacralfurchen verlängern sich auf die Seiten des Kelches und sind beiderseits von gegliederten Fäden (Pinnulis) eingefafst (*Cystoidea, Blastoidea*). Die untere (dorsale, aborale) Seite wird aus einem oder zwei Kränzen von Basaltäfelchen gebildet, die entweder auf dem Stiel ruhen oder eine Centrodorsalplatte umschliefsen.

Die Pelmatozoen zerfallen in die drei Unterklassen: *Crinoidea, Cystoidea* und *Blastoidea.* Nur von den Crinoiden existiert noch eine kleine Anzahl recenter Gattungen, die beiden anderen Unterklassen sind vollständig erloschen und auf paläozoische Ablagerungen beschränkt.

1. Klasse. **Crinoidea.** Seelilien. Haarsterne.[2])

(*Brachiata* Bronn, *Actinoidea* F. Roem.)

Meist langgestielte, festgewachsene, seltener ungestielte, zuweilen freischwimmende Pelmatozoen mit regelmäfsig getäfeltem Kelch und wohl entwickelten, beweglichen Armen.

---

[1]) πέλμα = Stiel (eines Apfels).

[2]) Literatur:

Miller, J. S., A natural history of the Crinoidea or lily-shaped animals. Bristol 1821.

Von den drei Hauptteilen werden Kelch und Arme unter der Bezeichnung Krone dem Stiel gegenübergestellt.

1. Der Kelch (calyx) ist eine aus Kalktäfelchen zusammengesetzte, meist becher-, schüssel- oder kugelförmige Kapsel, welche die wichtigsten Weichteile umschliefst. Er ruht in der Regel mit seinem unteren, dorsalen (abactinalen) Teil auf einem Stiel (Fig. 231) oder ist in seltenen Fällen unmittelbar festgewachsen, zuweilen auch frei; die entgegengesetzte, ventrale (actinale) getäfelte oder häutige Kelchdecke enthält Mund und die Ambulacralfurchen und entspricht darum der Unterseite der Seesterne und Seeigel. Gewöhnlich ist nur die untere und seitliche Wand des Kelches (Dorsalkapsel, dorsal cup) sichtbar, weil die am Oberrand beginnenden Arme die Decke verhüllen. Die Dorsalkapsel des Kelches besteht aus zwei oder mehr Täfelchenkränzen, deren Orientierung von ihrer Lage zu den Ambulacralorganen abhängt.

Fig. 231. Gestielte Seelilie (*Euspirocrinus*) mit dizyklischer Basis und Analinterradius. *a* Interradialia analia, *b* Basalia, *ib* Infrabasalia. (Nicht durch den Spiegel gezeichnet.)

a) Als Basis werden zwei oder ein Kranz von Täfelchen bezeichnet, welche zwischen dem obersten Stielglied und dem in der Richtung der Ambulacra (resp. Arme) gelegenen (radialen) Tafelkranz gelegen sind. Ist nur ein einziger Kranz von fünf Basaltäfelchen (Basalia) vorhanden

Müller, Joh., Über den Bau des Pentacrinus caput medusae. Abhandl. Berliner Akad. 1841.

Austin, T. u. *T.*, Monograph on recent and fossil Crinoidea. 4°. London 1843—49.

Hall, J., Palaeontology of New York, vol. I. II. III. 1847, 1852 u. 1859

de Koninck et *le Hon.*, Recherches sur les Crinoides du terrain carbonifère de la Belgique. Bruxelles 1854.

Beyrich, E., Die Crinoiden des Muschelkalks. Abhandl. Berl. Akad. 1857.

Schultze, L., Monographie der Echinodermen des Eifler Kalks. Denkschr. d. k. k. Akad. d. Wissenschaften. Wien 1866.

Quenstedt, F. A., Die Asteriden und Encriniden nebst Cysti- u. Blastoideen. Petrefaktenkunde Deutschlands. Vol. IV. Leipzig, 1874—76.

Angelin, N. V., Iconographia Crinoideorum in Stratis Sueciae Siluricis fossilium. Holmiae 1878.

Carpenter, Herb., Report on the Crinoidae. I u. II. Rep. on the Scientific. Result. of the Voyage of H. M. S. Challenger. 1884. vol. XI. u. 1888. vol. XXVI.

Wachsmuth, Ch., and *Springer, Fr*, Revision of the Palaeocrinoidea. I—III. Philadelphia 1879—86.

» Discovery of the ventral Structure of Taxocrinus etc. Proceed. Ac. Nat. Sciences Philad. 1888

» The perisomatic plates of Crinoids. ibid. 1890.

» North American Crinoidea Camerata. Mem. Mus. Compar. Zoology. Harvard. vol. XX u. XXI. 1897.

Loriol, P. de, Paléontologie Française. Crinoides jurassiques. I u. II. 1882—1889.

Neumayr, M., Die Stämme des Tierreichs. Bd. I. 1889.

Agassiz, Al., Calamocrinus Diomedae. Mem. Mus. comp. Zool. 1892. XVII.

Bather, F. A., British fossil Crinoids. Ann. Mag. nat. hist. 6. ser. V. VI. VII. 1890—92.

» The Crinoidea of Gotland. p. I. K. Svenska Vetensk. Ak. Handlinger. Bd. 25. 1893.

» Pelmatozoa in Ray Lankaster. Treatise on Zoology. pt. III. London 1900.

Jaeckel, O., Entwurf einer Morphogenie u. Phylogenie der Crinoiden. Sitzungsber. Ges. naturf. Freunde. Berlin 1894. S. 101—121.

» Beiträge zur Kenntnis der paläozoischen Crinoiden Deutschlands. Paläontol. Abh. von Dames. Neue Folge. vol. III. 1895.

(monozyklische Basis), so liegen dieselben stets interradial, d. h. in der Verlängerung der Zwischenräume der Arme; besteht die Basis aus zwei Tafelkränzen, so entspricht der obere nach Lage und Ausbildung den Basaltafeln der monozyklischen Basis, der untere Kranz dagegen hat radiale Lage. H. Carpenter bezeichnet darum in der dizyklischen Basis die Täfelchen des oberen Kranzes richtig als Basalia, die des unteren Kranzes als Infrabasalia. Die ersteren wurden früher von J. Müller Parabasalia, von de Koninck u. a. Subradialia genannt. Die normale Zahl der Basalia und Infrabasalia ist fünf, allein durch Verwachsung von zwei oder mehr Täfelchen des dem Stiel unmittelbar aufliegenden Kranzes kann die Zahl der monozyklischen Basalia oder der Infrabasalia auch auf vier, drei oder zwei herabsinken. Eine mehr oder weniger vollständige Verkümmerung der Basaltäfelchen im Verlauf der ontogenetischen Entwicklung wird bei *Antedon* beobachtet und dürfte in ähnlicher Weise auch bei einzelnen mesozoischen Gattungen *(Eugeniacrinus, Phyllocrinus)* erfolgt sein. Bei manchen ungestielten Crinoideen *(Marsupites* [Fig. 234], *Uintacrinus)* umschliefst die dizyklische Basis eine zentrale Tafel (Centrodorsalplatte), welche wahrscheinlich den Stiel ersetzt. Die Basalia sind untereinander und mit den darüber folgenden Täfelchen durch glatte, seltener gestreifte Berührungsflächen und durch Bindegewebsfasern unbeweglich verbunden.

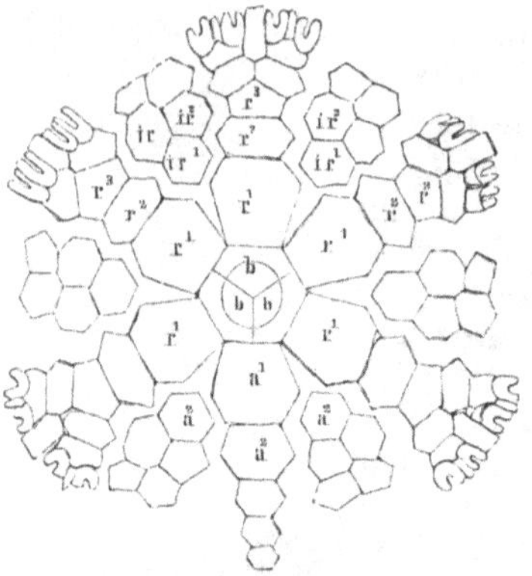

Fig. 232.
Projektion eines Crinoidenkelches mit dreiteiliger Basis (*b*), mit 5×3 einfachen Radialia (*r*), 4 gleichen Interradien (*ir*) und einem 5. ungleichen Analinterradius (*a*).

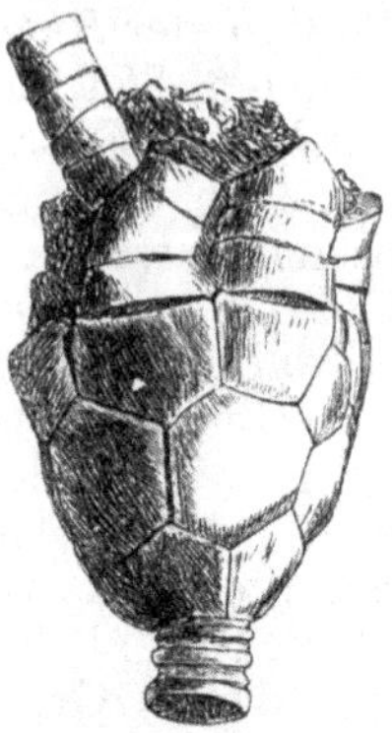

Fig. 233.
Poteriocrinus mit dizyklischer Basis und einem einzigen Kranz von Radialia.

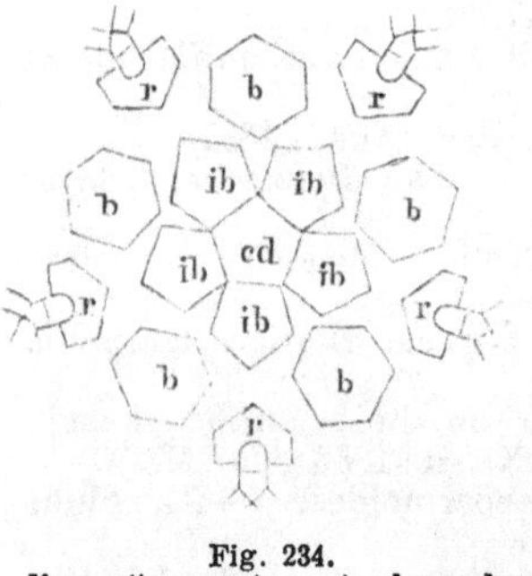

Fig. 234.
Marsupites ornatus. Analyse des Kelches (*cd* Centrodorsale *ib* Infrabasalia, *b* Basalia, *r* Radialia).

b) Über der Basis folgt ein Kranz von fünf (sehr selten von vier oder sechs) Radialtafeln (Radialia), in deren Verlängerung nach oben die Arme liegen. Sie setzen bei fast allen mesozoischen und lebenden Crinoideen die seitliche Wand der Dorsalkapsel zusammen und tragen häufig unmittelbar die fünf (beziehungsweise vier) Arme. Bei einigen der ältesten Formen sind ein oder mehrere Radialia durch eine Quersutur in zwei Stücke (Supra-Radiale und Infra-Radiale) zerlegt. Radialia und Basalia verbinden sich miteinander durch glatte oder feingestreifte Suturflächen, welche äufserlich durch Nähte angedeutet sind. Folgen *(Camerata)* über dem unteren Radialkranz noch weitere, durch Sutur unbeweglich verbundene Täfelchen in der Richtung der Arme, so werden dieselben als Radialia zweiter, dritter, vierter u. s. w Ordnung bezeichnet. R^1 bedeutet immer den untersten Radialkreis. Die R^2 oder R^3 besitzen häufig einen aus zwei dachförmig zusammenstofsenden Flächen gebildeten Oberrand, wovon jede Fläche wieder eine Reihe von Täfelchen tragen kann. Man nennt derartige Kelchtäfelchen Radialia axillaria und die zwei darüber folgenden, durch Gabelung eines Radius entstandenen Täfelchenreihen Radialia distichalia oder kurzweg Distichalia, wobei dann wieder Distichalia der ersten, zweiten, dritten u. s. w. Ordnung unterschieden werden. Durch Distichalia axillaria können sich auch die Distichalreihen wieder gabeln und vier Reihen sogenannter Palmaria bilden. Grenzen die Distichal- oder Palmarreihen seitlich nicht unmittelbar aneinander an, sondern sind durch Zwischentäfelchen getrennt, so heifsen letztere Interdistichalia und Interpalmaria. Diejenigen Radialplatten, welche mit den darüber folgenden Täfelchen nicht durch einfache Sutur unbeweglich verbunden sind, sondern oben eine schräg abgestutzte oder hufeisenförmige »Gelenkfläche« mit einer erhabenen Querleiste besitzen, heifsen Radialia articularia. Jede Gelenkfläche besitzt innerhalb des Querriffs zwei Gruben zur Aufnahme von Muskelballen und aufserhalb derselben eine schmale Querfurche für elastisches Bindegewebe (Ligament). In der Regel ist die Querleiste in der Mitte vom achsialen Dorsalkanal durchbohrt. Bei den meisten Crinoideen besitzt schon das unterste *R* eine Gelenkfläche und die Dorsalkapsel enthält nur eine Zone von *R*.

Carpenter, Bather und Jaekel beschränken die Bezeichnung Radialia auf den untersten Radialkranz und nennen die folgenden radial gelegenen einfachen Täfelchen bis zur ersten Axillarplatte (inklusive) Costalia; wobei wieder Costalia der ersten, zweiten und dritten Ordnung unterschieden werden. Wachsmuth und Springer rechnen alle Costalia zu den Armgliedern, bezeichnen sie als Brachialia und unterscheiden feste mit den Kelchplatten unbeweglich verbundene und freie Armglieder.

Bei den meisten paläozoischen Crinoideen beobachtet man zwischen zwei Radien ein oder mehrere eingeschaltete Interradialtäfelchen, (Interbrachialia Wachsm. und Springer), in deren Verlängerung nach oben sich die Afteröffnung befindet. Legt man durch diesen Analinterradius nach dem gegenüberliegenden Radius eine Ebene, so wird der Kelch in zwei symmetrische Hälften zerlegt, wobei der dem After gegenüber liegende unpaare Radius als vorderer, die seitlichen als rechte und linke bezeichnet werden. Interradialia können aber nicht nur in der Fortsetzung der Afteröffnung, sondern zwischen allen Radialia auftreten und dadurch die Dorsalkapsel des Kelches mehr oder weniger erweitern; sie liegen bald lose nebeneinander, haben irreguläre Gestalt und Anordnung oder sie sind wie die Radialia fest aneinandergefügt und regelmäfsig angeordnet. Folgen mehrere Radialkränze übereinander, so vermehren sich auch in entsprechender Weise die Interradialia, bei denen ebenfalls *IR* verschiedener Ordnung und Interradialia distichalia unterschieden werden. Der Analinterradius unterscheidet sich von den übrigen Interradien häufig durch bedeutendere Zahl, Gröfse und Lage der Täfelchen. Alle Interradialia sind untereinander und mit den Radialia durch unbewegliche Nähte verbunden.

Die obere Grenze der Dorsalkapsel wird von verschiedenen Autoren verschieden bestimmt. Viele Autoren rechnen alle über dem unteren Radialkranz gelegenen Täfelchen, auch wenn sie seitlich fest miteinander verbunden sind, zu den Armen; nach Schultze u. A. beginnen die Arme unveränderlich da, wo sie freie Beweglichkeit erlangen, also über der ersten Gelenkfläche eines Radiale.

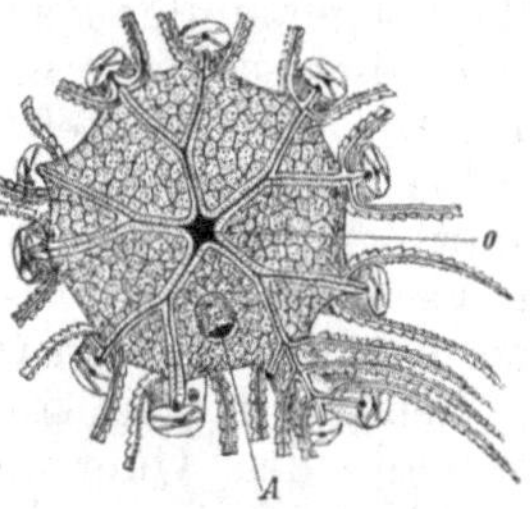

Fig. 235.
Kelchdecke von *Pentacrinus caput-medusae* mit sehr dünnen Kalktäfelchen, zentralem Mund (*o*), offenen Ambulacren und exzentrischem After (*A*).

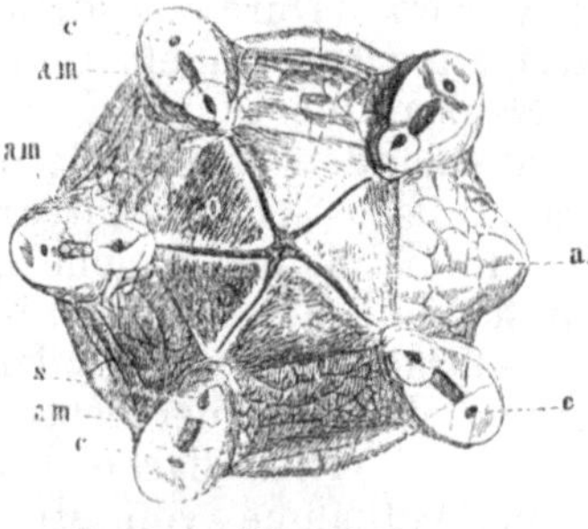

Fig. 236.
Kelchdecke von *Hyocrinus*, vergröfsert. *o* Oralplatten. *p* Mund (*Peristoma*). *s* Saumplättchen. *c* Dorsaler Kanal in den Armgliedern. *am* Ambulacralfurchen in den Armen und in der getäfelten Decke. *an* After. (Nach Wyville Thomson.)

c) Die obere oder ventrale (actinale) Seite des Kelches wird durch die Kelchdecke (tegmen calycis) gebildet. Dieselbe breitet sich entweder als eine lederartige Haut (ventrales Perisom), worin häufig eine grofse Anzahl dünner Kalkplättchen eingelagert ist (Fig. 235, 236), oder als eine getäfelte, gewölbeartige Scheibe zwischen der Basis der Arme aus. Sie enthält häufig eine äufserlich sichtbare, mehr oder weniger zentrale Mundöffnung, sowie eine meist excentrische, interradiale Afteröffnung. Die Mundöffnung führt in die Speiseröhre und den dicken Darm, welcher den gröfseren Teil des Kelchhohlraumes ausfüllt, sich anfänglich nach unten richtet und dann nach mehreren Windungen in der Afteröffnung der Kelchdecke endigt. Bei gewissen fossilen Crinoideen (*Actinocrinidae*) war der Darm von einem sehr dünnwandigen, fein porösen, gegen unten zu einer Röhre verjüngten Hohlzylinder umgeben, der in vertikaler Richtung die Mitte der Leibeshöhle einnimmt. (Fig. 244).

Bei allen lebenden Crinoideen führen vom Mund fünf (resp. vier) offene Ambulacralfurchen (*am*) nach der Basis der Arme, die entweder einfach bleiben oder sich nach aufsen im gleichen Mafse wie die Arme vergabeln. Im Grunde dieser mit Epithel ausgekleideten Furchen befindet sich ein mit Wasser erfülltes Ambulacralgefäfs, über dem ein Blutgefäfs und ein Nervenstrang in gleicher Richtung verlaufen. Die Ambulacra senden an beiden Seiten alternierende schwellbare Tentakeln aus und vereinigen sich in einem die Mundöffnung umgebenden Ringkanal, von welchem ein oder fünf kurze, offene

Schläuche (Steinkanäle) in die Leibeshöhle herabhängen und das Ambulacralsystem von hier mit Wasser speisen. In den Ecken der Mundöffnung liegt bei *Thaumatocrinus*, *Rhizocrinus*, *Hyocrinus* (Fig. 236), *Calamocrinus* und sehr vielen fossilen Crinoideen je eine dreieckige Oralplatte. Die Spitzen dieser fünf Platten sind gegeneinander gerichtet, und zwischen ihnen verlaufen die Ambulacra. Die Oralplatten haben sehr verschiedene Gröfse, fehlen an ausgewachsenen Exemplaren von *Antedon* und *Pentacrinus*, werden aber erst während der Entwickelung resorbiert und haben bei den Embryonen dieser Gattungen noch ansehnliche Gröfse. Bei manchen paläozoischen Crinoideen (*Larviformia* Fig. 248, 249) wird die Kelchdecke ganz oder gröfstenteils aus fünf grofsen Oralplatten gebildet, welche seitlich entweder durch Furchen getrennt sind oder direkt aneinander stofsen. Häufiger nehmen die Oralplatten nur die Mundecken ein und die übrige zwischen den Ambulacralfurchen

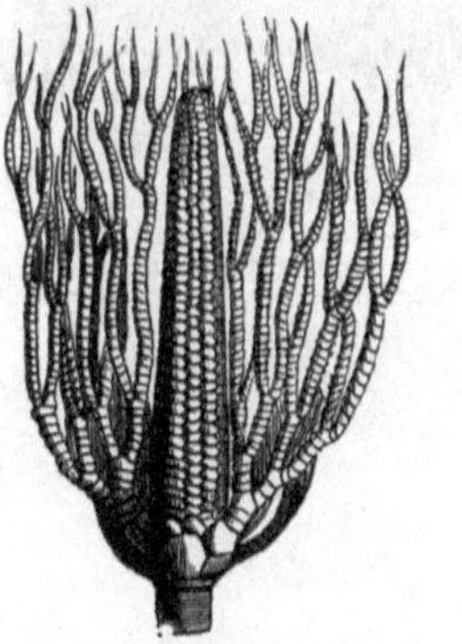

Fig. 237.
Lecythocrinus Eifelianus Müller mit röhrenförmig verlängerter Afterröhre (nach Schultze).

Fig. 238.
Dorycrinus quinquelobus Hall sp. mit solid getäfelter Kelchdecke und exzentrischem After.

Fig. 239.
Kelchdecke von *Coccocrinus rosaceus* Roem. mit solid getäfelter Kelchdecke und grofsen Oralplatten in 2facher nat. Gröfse (nach Schultze).

gelegene Fläche ist mit mehr oder weniger unregelmäfsig angeordneten Interambulacraltäfelchen bedeckt (*Hyocrinus*, Fig. 236). Bei den paläozoischen Fistulaten, vielen Cameraten und bei dem lebenden *Calamocrinus* befindet sich die Afteröffnung entweder am Gipfel oder an der Basis einer ballon- oder rüsselförmigen getäfelten Afterröhre (*Proboscis*, Fig. 237). Von den Interambulacraltäfelchen der Kelchdecke sind einzelne oder auch viele (bei *Calamocrinus* alle dem Mund benachbarten) porös (Respirationsporen) und führen der Leibeshöhle Wasser zu; zuweilen befinden sich auch spaltartige Poren zwischen den Täfelchen der Afterröhre (*Fistulata*) oder es ist eine einzige perforierte Oralplatte (Madreporit) in dem Analinterradius vorhanden. Bei allen Crinoideen mit offenen Ambulacralfurchen sind die letzteren seitlich eingefafst von keilförmigen, vertikal stehenden Seitenplatten (Ambulacralplatten) von verschiedener Gröfse und Form, welche bewegliche, meist dreiseitig zugespitzte oder gerundete Saumplatten (Deckplatten, covering plates) tragen. Bei dem paläozoischen *Taxocrinus* (Fig. 240) und wahrscheinlich bei allen *Flexibilia* legen sich die Saumplättchen in alternierenden Reihen über die Ambulacralfurchen und bilden eine zweireihige, zuweilen auch drei- und vierreihige von der Armbasis nach dem Mund verlaufende

Täfelchen-Decke. Der Mund ist alsdann entweder eine von fünf Oralplatten umgebene sichtbare Öffnung (*Taxocrinus*, Fig. 240) oder die Oralplatten stofsen aneinander, bedecken die Mundöffnung vollständig, so dafs der Mund subtegminal wird, und die Ambulacra äufserlich nicht mehr erkennbar sind. (Fig. 243.)

Eine sehr bemerkenswerte Modifikation der Kelchdecke tritt bei den paläozoischen *Camerata* ein. Hier erlangen die meist sehr zahlreichen Kelchtäfelchen beträchtliche Dicke und fügen sich wie die

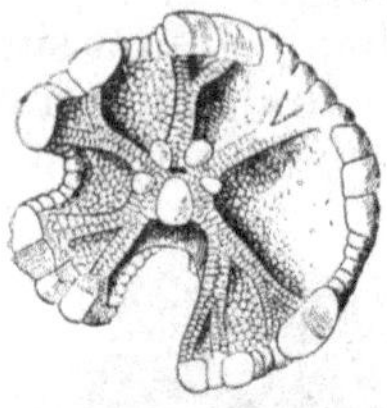

Fig. 240.
Kelchdecke von *Taxocrinus intermedius* Wachsm. und Spr. (nach Wachsmuth und Springer).

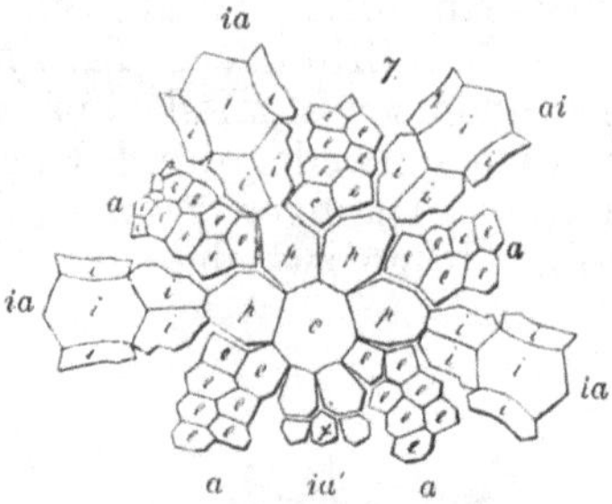

Fig. 241.
Kelchdecke von *Platycrinus Halli* in eine Ebene projiziert (nach Wachsmuth und Springer) *a* Ambulacrale, *ia* interambulacrale Felder, *ia'* Analinterradius, *e* Saumplättchen der Ambulacrale. *i* interradiale Täfelchen, *p* die vier vorderen, *o* die anale Oralplatte, *x* Täfelchen des analen Interambulacralfeldes.

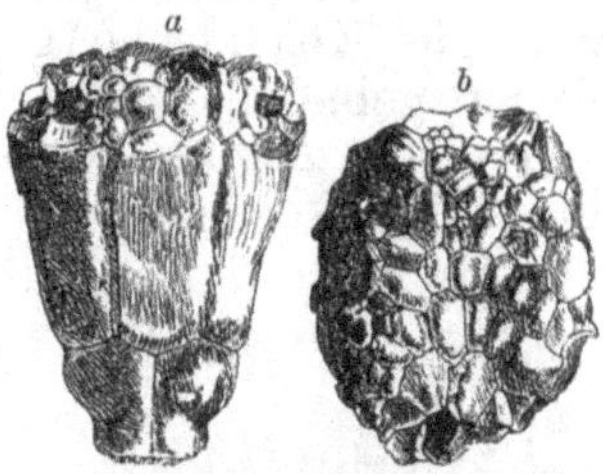

Fig. 242.
Hexacrinus elongatus Goldf. Kelch mit getäfelter Decke *a* Von der Seite, *b* von oben

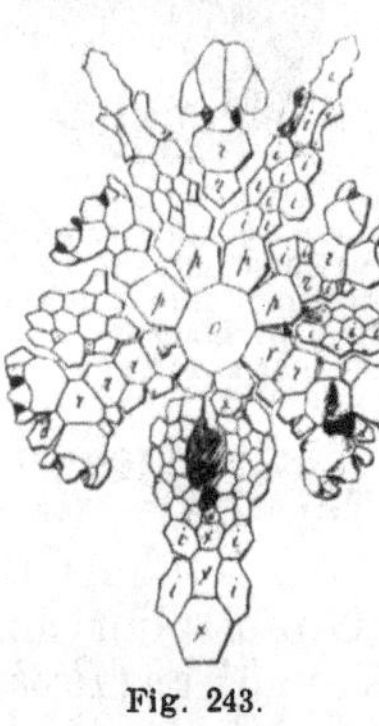

Fig. 243.
Kelchdecke von *Agaricocrinus Americanus* (nach Wachsmuth).
r Einzeilige Ambulacralplatten, *i* Interambulacralplatten, *o* anale Oralplatte, *p* vordere und seitliche Oralplatten, *x* Plättchen des Analinterrad.

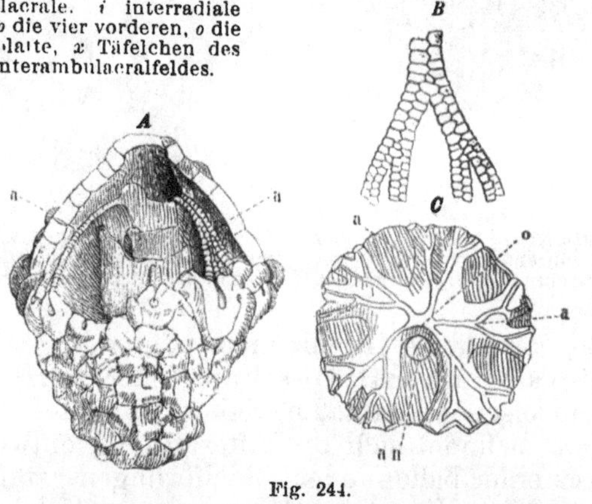

Fig. 244.
Actinocrinus proboscidialis Hall. *A* Kelchdecke teilweise aufgebrochen, um die von den Armen kommenden getäfelten Röhren der Ambulacralgefäfse (*a*) zu zeigen. *B* getäfelte Oberseite der unterirdischen Ambulacralröhren. *C* Scheitel eines Steinkerns mit den Eindrücken der Zufuhrkanäle (*a*) von den Armen nach dem Munde (*o*), After (*an*).

Steine eines Gewölbes zu einer sehr soliden, unbeweglichen, mehr oder weniger konvexen Decke zusammen, aus welcher zuweilen eine gleichfalls solid getäfelte Afterröhre hervorragt. Im Zentrum dieses Gewölbes lassen sich öfter fünf gröfsere Platten erkennen, wovon die des Analinterradius von den übrigen in Dimensionen und Form abweicht und meist zwischen die übrigen eingeschoben erscheint. Wachsmuth betrachtet diese fünf Platten als Oralia. Die übrigen Deckentäfelchen lassen sich nach ihrer Lage als Interambulacralia und Ambulacralia unterscheiden, doch bilden die letzteren nicht immer zwei alternierende Reihen (Fig. 241), sondern verlaufen häufig auch einreihig von der Armbasis bis zu den Zentral-Platten. In allen Fällen sind übrigens die Ambulacral- und Oralplatten unbeweglich mit den übrigen Kelchplatten verbunden. Form, Gröfse und Anordnung der als Oralplatten gedeuteten zentralen Gewölbtafeln variieren beträchtlich, sogar innerhalb ein und derselben Gattung und selbst bei den Individuen einer Art. Sie werden zuweilen so klein, dafs sie sich von den übrigen Deckenplatten nicht unterscheiden, und wenn sich aufserdem überzählige Täfelchen zwischen dieselben einschalten, die interambulacralen Platten die ambulacralen verdrängen und sich direkt berühren, so entsteht ein mit gröfseren oder kleineren Täfelchen gepflastertes, konvexes Gewölbe, worin einzelne oder auch alle Täfelchen stark verdickt und mit Höckern, Körnern, zuweilen sogar mit langen Stacheln bewehrt sein können. Bei derartigen Crinoideen enthält die Dorsalkapsel meist zwei oder mehr Reihen von Interradialplatten, welche ganz allmählich in die Interambulacralplatten der Decke übergehen, so dafs eine scharfe Grenze zwischen den Seiten und der Decke des Kelches nicht existiert. Die mit geschlossenem Deckengewölbe versehenen Crinoideen besitzen stets nur eine, meist exzentrische Öffnung in der Decke, welche unzweifelhaft der Afteröffnung entspricht. Der Mund liegt bei denselben subtegminal und zwar verlaufen die durch die überwuchernden Interambulacralplatten aus der Decke verdrängten Ambulacra unterirdisch und sind zuweilen von besonderen, winzigen Täfelchen umgeben, welche tunnelartige Röhren bilden, die sich unter den Oralplatten in einem auf der Unterseite mit fünf interambulacralen Poren versehenen Ring vereinigen und an der Basis der Arme in die Ambulacralfurchen der letzteren einmünden (Fig. 244). Die Austrittsöffnung der subtegminalen Ambulacra in die Arme befindet sich stets unmittelbar vor der Armbasis in der Kelchdecke.

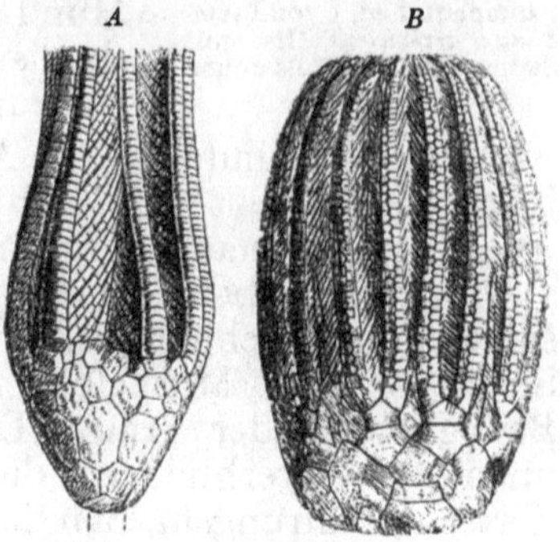

Fig. 245.
A Carpocrinus comtus Ang. sp. mit einzeiligen, *B Callicrinus costatus* His. mit zweizeiligen Armen (nach Angelin).

2. Die Arme (Brachia) der Crinoideen bilden die unmittelbare Fortsetzung der Radialzonen und sind mit dem obersten Kelchradiale durch eine Gelenkfläche verbunden. Sie bestehen aus Armplatten (Brachialia), welche entweder in einfacher oder zweizeiliger, alternierender Reihe angeordnet sind. Danach heifsen die Arme einzeilig (Fig. 245 A) oder zweizeilig (Fig. 245 B). Häufig besitzen die Brachialia keilförmige Gestalt und folgen so aufeinander, dafs abwechselnd die breite Seite nach rechts oder nach links zu liegen kommt. Es entstehen dadurch wechselzeilige Arme mit Zickzacknähten. Jeder wechsel- oder zweizeilige Arm beginnt einzeilig. Die Arme bleiben selten einfach, sie sind meist ein- oder mehrfach gegabelt und zuweilen sogar sehr stark verästelt. Diejenigen Armglieder, über denen eine Gabelung eintritt, haben oben zwei dachförmig zusammenstofsende Gelenkflächen und heifsen Brachialia axillaria. Zur genaueren Bezeichnung der einzelnen Armglieder hat Bather eine sorgfältig ausgearbeitete

Terminologie vorgeschlagen. Sehr häufig sind die beiden von einem Axillarglied ausgehenden Äste gleich stark und gleichmäſsig verzweigt, nicht selten bleibt aber auch der eine Ast klein und einfach, während sich der andere stärkere weiter vergabelt. Sowohl die einfachen als auch die vergabelten Arme sind in der Regel auf der nach innen gewendeten Ventralseite rechts und links mit kurzen, dünnen, gegliederten Anhängen (Pinnulae, Fiederfädchen) besetzt, welche im wesentlichen wie die Arme gebaut sind, und in denen sich bei den lebenden Gattungen die Generationsorgane entwickeln. Als Interbrachialia bezeichnet man die an der Basis der Arme zwischen den beginnenden Ästen eingeschalteten Ausfüllungsplatten.

Die Arme und Pinnulae sind ihrer ganzen Länge nach auf der Ventralseite mit einer ziemlich tiefen Rinne (Ambulacralfurche, Tentakelrinne) versehen, welche zu unterst eine radiäre Ausstülpung der Leibeshöhle, darüber den Genitalstrang, das Wassergefäſs, Blutgefäſse und ein Nervenbändchen enthält; über diesen Organen ist die Ambulacralfurche mit Epithel ausgekleidet und auſserdem mit zwei Reihen vom Wassergefäſs ausgehender schwellbarer Tentakeln besetzt. Auf ihren verschmälerten Seitenrändern stehen kleine Seitenplatten (Ambulacralplatten) und auf diesen meist bewegliche Saumplättchen (covering plates), die sich in alternierenden Reihen nebeneinander legen und die Ambulacralfurche vollständig bedecken können (Fig. 246). Die Ambulacralfurchen der Arme münden direkt in die Ambulacralgänge der Kelchdecke und führen durch lebhafte Epithelialbewegung dem Mund die aus Diatomeen, Infusorien, mikroskopischen Crustaceen, Larven etc. bestehende Nahrung zu.

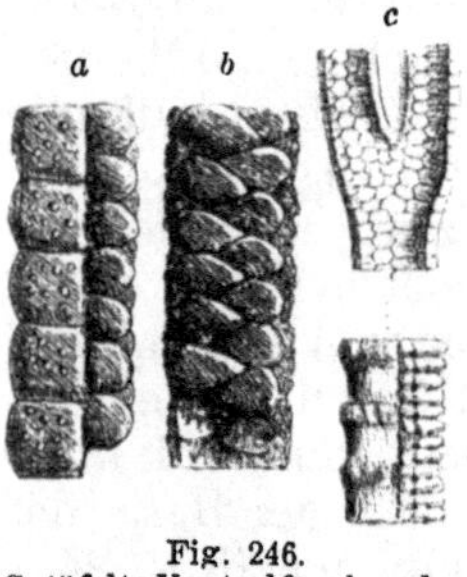

Fig. 246.
Getäfelte Ventralfurchen der Arme: *a* und *b* von *Cyathocrinus ramosus* Ang. mit Saumplättchen, *c* von *Gissocrinus arthriticus* His. mit Saum- und Deckplättchen (vergröſsert).

Die Verbindung der Armglieder wird entweder durch Gelenkflächen oder Sizygialnähte bewerkstelligt. Im ersteren Fall besitzt jeder der aneinander liegenden Flächen zweier Armglieder ein oder auch zwei erhabene, meist schiefe Leisten; die durch die Leisten entstehenden Zwischenräume zwischen zwei Gliedern sind mit elastischer Substanz oder Muskelballen ausgefüllt und gestatten eine gewisse Beweglichkeit der Arme. Durch Sizygialnähte werden zwei Glieder unbeweglich verbunden; die beiden glatten, feingestreiften und punktierten Berührungsflächen legen sich unmittelbar aneinander und sind nur durch ein dünnes Häutchen geschieden. Das Armglied, welches unter einer Sizygialnaht liegt, heiſst Hypozygale, das obere Epizygale. Die mittels Sizygien verbundenen Brachialia verwachsen leicht miteinander und zählen physiologisch als einfaches Glied, indem stets nur das epizygiale Pinnulae trägt. Die Pinnulae stehen meist in alternierenden Reihen auf beiden Seiten der Arme.

Bei den lebenden und vielen fossilen Crinoideen sind sämtliche Armglieder in ihrem dorsalen Kalkkörper von einem, zuweilen doppelten Kanal (axial cord) durchzogen, welcher elastische Fasern und einen Nervenstrang enthält. Letzterer sendet häufig feine Verzweigungen nach allen Richtungen aus. Der Dorsalkanal der Armglieder setzt auch in die Radialia und Basalia fort und verläuft bei Formen mit dicken Kelchplatten im Innern derselben, bei dünnplattigen Crinoideen in seichten Furchen auf der nach innen gerichteten Seite der Täfelchen. Bei allen genauer untersuchten Gattungen beginnen diese Achsenkanäle in dem in der Basis des Kelchs befindlichen zentralen sogenannten »gekammerten dorsalen Organ«, verlaufen von da in die Basalplatten, gabeln sich darin in zwei Äste, welche in die Radialia und Brachialia fortsetzen und meist im ersten Radiale durch einen Ringkanal verbunden sind (Fig. 288).

3. Der Stiel (columna) erreicht bei manchen Gattungen (*Pentacrinus*) eine Länge von mehreren Metern, bleibt bei anderen kurz oder verkümmert auch ganz, so daſs der Kelch entweder direkt festgewachsen ist (*Cyathidium*) oder überhaupt jeder Anheftungsstelle entbehrt (*Astylocrinus, Uintacrinus, Marsupites, Antedon*). Er besteht aus zylindrischen, kreisrunden, elliptischen oder kantigen (und zwar meist fünfkantigen) Gliedern von gleicher oder verschiedener Gröſse, die in seltenen Fällen aus je fünf symmetrisch angeordneten Stücken bestehen. In gewissen Abständen ist der Stiel zuweilen mit wirbelförmig angeordneten Nebenranken (Cirrhen) besetzt. Das untere Ende des Stiels ist bald zu einer knolligen Wurzel verdickt oder verästelt, oder es verjüngt sich allmählichin eine Spitze, in deren Nähe meist feine Seitenranken entspringen. Das Wachstum des Stiels erfolgt teils durch Vergröſserung, teils durch Einschaltung neuer Glieder am oberen Ende. Die neu gebildeten, unter der Kelchbasis befindlichen Glieder unterscheiden sich meist durch geringere Höhe und Durchmesser von den älteren. Zuweilen endigt aber auch der Stiel oben in einer groſsen, polygonalen Platte (Centrodorsalplatte), welche sich zwischen dem Basalkranz einschiebt und an der unteren Umgrenzung des Kelches teilnimmt.

Sämtliche Stiel- und Rankenglieder sind von einem zentralen Kanal von rundlichem oder fünflappigem Querschnitt durchzogen, welcher die Verlängerung eines im unteren Teil des Kelches befindlichen gekammerten dorsalen Organes bildet, das als zentrales Nervensystem gedeutet wird und zugleich einen als Herz bezeichneten Gefäſsstrang enthält. Der Stielkanal ist ringsum von festen, elastischen Bindegewebfasern umgeben, welche die einzelnen Glieder zusammenhalten. Auſserdem sind die Stielglieder durch ebene, meist radiär gestreifte oder in verschiedener Weise mit Erhöhungen und Vertiefungen versehenen Artikulationsflächen verbunden, zwischen denen ebenfalls elastisches Bindegewebe befestigt ist. Bleiben die Artikulationsflächen glatt und legen sich dicht aneinander, so entsteht eine unbewegliche Sizygialverbindung. Zuweilen kommt auch (*Rhizocrinus, Bourguetocrinus*) durch eine erhabene, meist schiefe Querleiste eine bewegliche Gelenkverbindung der einzelnen Glieder zustande. Die obersten Stielglieder lassen manchmal Nähte erkennen, welche für eine ursprüngliche Zusammensetzung derselben aus fünf Stücken sprechen. Diese Nähte alternieren stets mit denen der Infrabasalia oder bei monozyklischer Basis mit den Basalia.

Die Ontogenie ist nur von einer einzigen lebenden Gattung (*Antedon*) bekannt, bietet aber für die Beurteilung vieler Verhältnisse der fossilen Crinoideen wichtige Anhaltspunkte. Die Eier durchlaufen ihre ersten Entwickelungsstadien noch in den Ovarialkapseln der Pinnulae. Die frei gewordene Larve besitzt vier Wimperstreifen, einen seitlich gelegenen Mund und gleicht am meisten den Embryonen gewisser Anneliden. Im Innern der Gastrulalarve entstehen zuerst zehn siebförmig durchlöcherte Kalkplättchen, welche sich um den vorderen Teil des Darms in zwei symmetrisch übereinander liegende Kränze von fünf Täfelchen gruppieren; am unteren Pol entstehen eine Anzahl dünner Kalkringe, die hinten mit einer gröfseren Platte abschliefsen. Die zehn vorderen Täfelchen vergröfsern sich allmählich und bilden die Anlage des Kelches, die Kalkringe des Stieles werden durch vertikale Kalkstäbchen verbunden. Die bisher frei schwimmende Larve setzt sich fest, die Wimperstreifen verschwinden, die äufsere Protoplasmasubstanz bildet eine Oberhaut und die Mundöffnung befindet sich inmitten des vorderen Täfelchenkranzes. Die fünf den Mund umgebenden Platten heifsen darum Oralia. Der untere Täfelchenkranz besteht aus fünf Basalia, welche auf dem obersten Ring des Stieles (Centrodorsale) ruhen. In den fünf Ecken, wo je zwei Oralia und zwei Basalia zusammenstofsen, bilden sich nun fünf kleine Platten (Radialia), die rasch an Gröfse zunehmen und die Oralia in die Höhe drängen. Zugleich entsteht im gleichen Niveau mit den Radialia eine sechste, sogenannte Analplatte, die mit den Oralia nach und nach in die Kelchdecke geschoben wird. Auf den Radialplatten setzen sich später Reihen länglicher, walzenförmiger Armglieder (Brachialia) an, deren Vermehrung sehr rasch erfolgt. Die Larve ist nun in das sogenannte Pentacrinus-Stadium getreten. Gleichzeitig mit der Entwicklung der Arme und des Stieles erfolgt eine Reduktion der Oralia und der Analplatte, die nach vollständiger Ausbildung des Hautskelettes gänzlich verschwinden. Auch die Basalia werden von dem sich vergröfsernden obersten Stielglied (Centrodorsale) überwuchert, verschwinden äufserlich und hinterlassen nur noch ein Rudiment in Form einer kleinen, ringförmigen Rosette. Schliefslich löst sich der Stiel von dem knopfförmigen, mit Ranken besetzten Centrodorsale ab und das fertige Tier erhält freie Ortsbewegung.

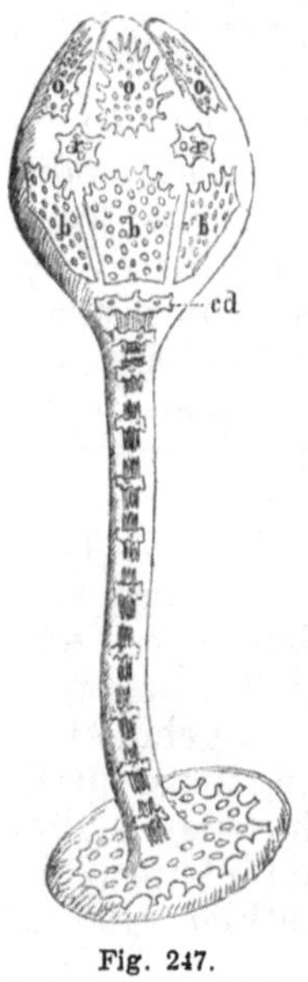

Fig. 247.
Larve von *Antedon rosaceus* (nach Wyv. Thomson). *b* Basalia, *r* Radialia, *o* Oralplatten, *cd* Centrodorsalplatte.

Die Entwicklung von Antedon zeigt, dafs die Basalia, Oralia und der Stiel die primitivsten Elemente des Skelettes darstellen; erst später folgen Radialia und Brachialia. Ähnliches beobachtet man an vielen paläozoischen Crinoideen, bei denen namentlich die Basalia und der Stiel stark entwickelt sind, während die Radialia häufig an Gröfse hinter den Basalia zurückbleiben, und die Arme nur geringe Stärke erlangen.

Lebensweise. Die noch jetzt existierenden Crinoideen leben gesellig in mäfsig tiefem oder sehr tiefem Wasser (Seichtwasser bis 3000 Faden). Auch die fossilen Formen scheinen in grofser Zahl beisammen gelebt zu haben, doch sind die Erhaltungsbedingungen für die meist zarten, zerbrechlichen und aus lose verbundenen Täfelchen und Gliedern zusammengesetzten Kalkskelette nicht sonderlich günstig. Man findet am häufigsten Stielglieder, seltener Kronen. In paläozoischen Ablagerungen sind die Crinoideen oft mit Riffkorallen vergesellschaftet. Die zerstreuten Stiel- und Armglieder bilden nicht selten im Silur, Devon, Karbon, Trias und Jura mehr oder weniger mächtige Schichten von Crinoideen- oder Trochitenkalken.

Systematik. Der erste Klassifikationsversuch von J. S. Miller berücksichtigte vornehmlich die Form und Verbindung der Kelchtafeln und zerlegte danach die Crinoideen in vier Gruppen: *C. articulata, semiarticulata, inarticulata* und *coadunata.* Joh. Müller verwertete hauptsächlich die bewegliche (gelenkartige) oder feste Verbindung der Radialia, die Stärke der

Kelchplatten, die Beweglichkeit der Arme und die getäfelte oder häutige Beschaffenheit der Kelchdecke für die Systematik und verteilte darnach die ihm bekannten Crinoideen in die zwei Hauptgruppen: *Articulata* und *Tessellata*, denen noch die *Costata* mit der einzigen Gattung *Saccoma* und die *Testacea* mit *Haplocrinus* beigefügt wurden. Austin und F. Roemer unterscheiden die zwei unhaltbaren Gruppen der gestielten und ungestielten Crinoideen. Von besonderer Wichtigkeit wurden die Untersuchungen von Wachsmuth und Springer über den Bau des Kelches und namentlich der Kelchdecke fossiler Crinoideen. Die anfänglich aufgestellten Hauptabteilungen *Palaeocrinoidea* und *Stomatocrinoidea* (= *Neocrinoidea* Carp.), welche im wesentlichen den *Tessellata* und *Articulata* J. Müllers, sowie den *Hypascocrina* und *Epascocrina* Neumayrs entsprechen, wurden später von Wachsmuth und Springer aufgegeben und die Crinoideen (1888) in vier Gruppen (*Camarata, Inadunata, Articulata* und *Canaliculata*) zerlegt, wovon die *Canaliculata* ziemlich genau den Müllerschen Articulaten entsprechen.

Zu den *Camarata* (besser *Camerata*) gehören die paläozoischen mit solid getäfelter Kelchdecke und subtegminalem Mund versehenen Formen; zu den *Inadunaten* die nur aus einem Kranz von Radialia bestehenden Kelche, auf welchen sich die Arme frei erheben. Die *Inadunata* zerfallen nach Wachsmuth und Springer in die zwei Unterabteilungen: *I. larviformia*, deren Kelchdecke nur aus wenigen Tafeln (meist nur aus 5 Oralplatten) zusammengesetzt ist, und *I. fistulata*, bei denen die zahlreichen dünnen Kelchplättchen eine häufig ballonförmig oder rüsselartig verlängerte Decke bilden. Die *Articulata* haben eine aus dünnen Täfelchen bestehende bewegliche Kelchdecke.

Jaekel zerlegte (1894) die Crinoidea in zwei Hauptabteilungen: *Cladocrinoidea* und *Pentacrinoidea*. Von diesen entsprechen die ersteren ziemlich genau den *Camerata*. Sie stammen nach Jaekel von Cystoideen mit zahlreichen Kelchplatten ab, haben im Kelch stets interradiale Platten und besitzen zweizeilige Arme, die mit echten Pinnulis besetzt sind. Bei den *Pentacrinoidea* ist der Kelch im wesentlichen aus den Basalia und Radialia zusammengesetzt, die Arme sind meist einzeilig oder wechselzeilig, vielfach gegabelt und statt mit echten Pinnulis mit feinen, häufig verästelten Seitenzweigchen (Ramulis) versehen. Die *Pentacrinoidea* werden von Jaekel in 5 Unterordnungen: *Fistulata, Larvata, Costata, Articulosa* (= *Articulata* W. u. Spr.) und *Articulata* (= *Canaliculata* W. u. Spr.) zerlegt.

Bather (1900) legt auf die Zusammensetzung der Basis das Hauptgewicht und teilt danach die Crinoidea in zwei Ordnungen *Monocyclica* und *Dicyclica* ein, in denen sich die homologen Familien der *Inadunata* und *Camerata* als parallele phyletische Entwicklungsstadien wiederholen. Aufserdem enthalten die *Monocyclica* die Familien der *Larviformia* und *Adunata*, die *Dicyclica* die *Flexibilia* und *Articulata*.

In einer prachtvollen Monographie der *Crinoidea Camerata* von N.-Amerika haben Wachsmuth und Springer einen trefflichen Überblick der Organisation der Crinoideen überhaupt geliefert und ihre systematische Einteilung fester begründet.

1. Ordnung. **Larviformia.**

(*Inadunata larviformia* Wachsm., *Haplocrinacea* Neumayr, *Larvata* Jaekel.)

Dorsalkapsel aus Basis und einem einzigen Kranz von *R* zusammengesetzt. Kelchdecke aus fünf dreieckigen, eine Pyramide bildenden Platten (Oralia) bestehend. Ambulacra und Mund subtegminal. Arme (5 selten 10) von der Basis an unverästelt, ohne Pinnulae. Silur bis Karbon.

Meist kleine Formen mit embryonalen Merkmalen und sehr einfach gebautem Kelch.

1. Familie. **Haplocrinidae.** F. Roem.

K kugelig oder birnförmig, klein, irregulär; drei R aus zwei Stücken zusammengesetzt, die übrigen einfach. Oralia grofs, drei- bis fünfeckig, seitlich zusammenstofsend, eines durchbohrt. Die fünf Arme schwach, einzeilig.

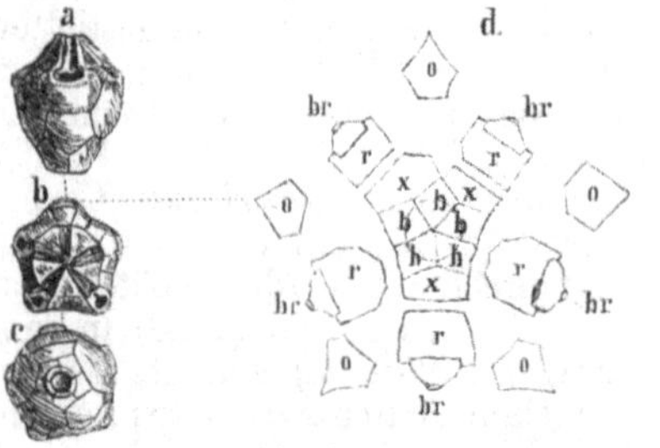

Fig. 248.
Haplocrinus mespiliformis Goldf. Devon. Gerolstein. Eifel. *a* Kelch von der Seite, *b* von oben, *c* von unten, *d* Analyse des Kelches (*b* Basalia, *x* die drei zwischen den Basalia und den Radialia gelegenen unsymmetrischen Täfelchen, *r* Radialia, *br* unterste Armglieder, *o* Oralplatten im Scheitel).

Haplocrinus Steininger (Fig. 248). *B* 5, *R* 5 ungleich, davon 3 aus einem kleineren unteren und einem gröfseren oberen Stück bestehend; am oberen Rand mit Artikulationsausschnitt für die kleinen, einzeiligen, unvergabelten Arme, welche sich in tiefe Furchen zwischen den grofsen fünfeckigen, zugespitzten und seitlich zusammenstofsenden Oralia legen. Eine Oralplatte ist nach Wachsmuth von einer feinen Öffnung (After) durchbohrt. Mund subtegminal. *St* kurz, aus niedrigen Gliedern bestehend. Nicht selten im mittleren Devon der Eifel, Nassau, und im oberen Devon von Nordamerika.

2. Familie. **Allagecrinidae.** Etheridge u. Carp.

K sehr klein, aus 5 B und 5 ungleich grofsen R zusammengesetzt. Die gröfseren R tragen zwei Arme, die kleineren nur einen. Kelchdecke durch 5 O gebildet.

Allagecrinus Eth. u. Carp. *K* mit 3 verschmolzenen *B*, 5 *R* und 5 *O*. Letztere bilden eine Pyramide. *A* aus hohen, einzeiligen Gliedern bestehend. Im Kohlenkalk von Schottland und Nordamerika.

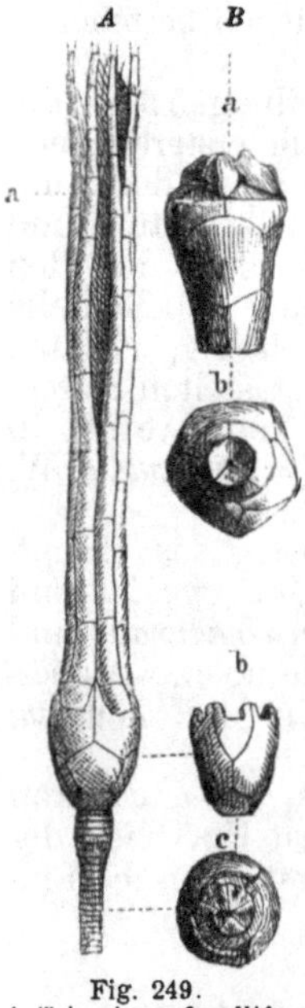

Fig. 249.
A Triacrinus flagellifer Angelin. Ober-Silur. Gotland. *a* vollständiges Exemplar mit Armen von der Analseite, *b* Kelch von der Seite, *c* von unten (natürl. Gröfse nach Angelin). *B Triacrinus altus* Müll. Devon. Gerolstein. Eifel. *a* Kelch von der Seite, *b* von unten (nat. Gr.).

3. Familie. **Triacrinidae.** Angelin.

K klein, kugelig oder becherförmig, aus dicken Täfelchen gebildet. B 3—5, R 5 sehr ungleich. Kelchdecke mit 5 ungleichen, in geschlossener Pyramide zusammenstofsenden O. Die 5 Arme lang, einzeilig. Stiel rund. Silur. Devon.

Triacrinus Münster (*Pisocrinus* de Kon.) (Fig. 249). *B* 3 oder 5 ungleich, *R* 5 sehr ungleich; nur die zwei grofsen vorderen Seitenradialia berühren die *B*, die zwei hinteren seitlichen werden von einer sieben- oder fünfseitigen *IRA*-Platte getragen. Die tief ausgeschnittenen Artikulationsflächen der *R* sind jederseits durch eine vorragende Leiste begrenzt. Kelchdecke sehr selten erhalten, angeblich mit 5 ungleich grofsen *O*. Arme lang, einfach, aus hohen zylindrischen Gliedern bestehend. Ob. Silur (Gotland, Dudley und Tennessee) und Devon (Eifel, Fichtelgebirge).

Calycanthocrinus Follmann. Unt. Devon. Rheinisches Schiefergebirg.

4. Familie. **Symbathocrinidae.** Wachsm. u. Spr.

K klein, schüsselförmig, aus 3 oder 5 B und 5 gleichartigen R bestehend. Kelchdecke aus 5 assymmetrischen O zusammengesetzt, dazwischen eine dünne zentrale Afterröhre, die aber nicht durch IRA gestützt wird. Die Artikulationsfläche der R nimmt den ganzen Oberrand ein, ist schräg und mit Transversalleiste versehen. A 5 ungeteilt. Stiel rund. Devon. Karbon.

Symbathocrinus Phillips. *B* 3 ungleich grofs. *R* 5 vier- oder fünfseitig, hoch. Das Oraltäfelchen über der Afteröffnung ist gröfser als die übrigen. Arme lang, ungeteilt, aus ziemlich hohen, einzeiligen Gliedern bestehend, die eine scharfe Dorsalkante bilden. Karbon. Nordamerika und Grofsbritannien.

Phimocrinus Schultze (Devon) hat 5 *B; Stylocrinus* Sandb. (Devon) unterscheidet sich nur durch die schräg nach innen und unten, statt nach innen und oben gerichteten Artikulationsflächen der *R*.

Stortingocrinus Schultze (Devon), *Lageniocrinus* de Kon. (Karbon).

5. Familie. **Cupressocrinidae.** d'Orb.

K ziemlich grofs, niedrig, schüsselförmig, aus 5 gleichgrofsen B und 5 R zusammengesetzt. IR fehlen. Die B umschliefsen eine fünfeckige Centrodorsalplatte, die wahrscheinlich aus 5 IB entstanden ist. Am oberen Rand des Kelches liegt an der Basis der Arme ein eigentumliches, ringförmiges Gerüst, das bald als Kelchdecke bald als »Konsolidationsapparat« zur Anheftung von Muskeln gedeutet wird. Es besteht aus fünf blumenblattähnlichen, horizontalen, oben abgestutzten und eine grofse zentrale Öffnung umschliefsenden interradialen Platten, welche seitlich verwachsen und nur eine runde Öffnung zum Durchtritt des Ambulacralgefäfses zwischen sich frei lassen. Eine dieser Platten (die anale) ist durchbohrt. Die fünf Arme sind ungeteilt, aus breiten und dicken, aufsen mit Dorsalkante versehenen, innen ausgehöhlten, durch einfache Sutur fest verbundenen Armgliedern bestehend, die von einem Nervenkanal durchzogen sind, welcher auch die Gelenkfläche der R durchbohrt. Br¹ ist niedrig, leistenförmig. Die Armglieder sind an ihren beiden Innenrändern jederseits mit einer Reihe dicht gedrängter, nach innen eingekrümmter, gegliederter Täfelchen besetzt. Stiel stark mit zentralem Hauptkanal und vier peripherischen Kanälen.

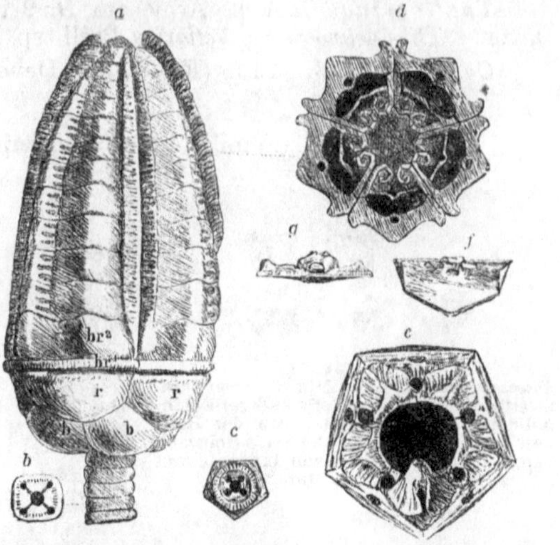

Fig. 250.
Cupressocrinus crassus Goldf. Devon. Gerolstein. Eifel. *a* vollständiger Kelch mit Armen (nat. Gröfse). *b* Querschnitt des Stieles. *c* Centrodorsalplatte. *d* Querschnitt der Arme mit wohl erhaltenen, spiral eingekrümmten Pinnulis und getäfelter Decke der Ambulacralfurchen; der Nahrungskanal in den Dorsalplatten ist ringsum geschlossen. *e* Kelch von oben gesehen, mit den fünf Oralplatten (Konsolidationsapparat), wovon die nach unten gerichtete die Afteröffnung enthält. *f* Ein Radialtäfelchen mit Ambulacralloch, dessen innere Begrenzung abgebrochen ist. *g* Obere Stirnansicht eines Radialtäfelchens, Ring des Ambulacralloches unversehrt.

Die einzige Gattung *Cupressocrinus* Goldfufs (Fig. 250) findet sich im mittleren Devon (Eifel, Nassau, Westfalen, Harz; England). *C. crassus, elongatus, abbreviatus* Goldf.

2. Ordnung. **Costata.** J. Müller (emend. Jaekel).

Kelch nur aus 5 dünnen, stets ungeteilten *R* und einer aus 3 oder einer Platte bestehenden Basis zusammengesetzt. *IR* und Analia und Afterröhre fehlen. Kelchdecke aus 5 Oralia und zuweilen aus diesen und kleinen rundlichen Suboralien gebildet. Arme mit ungeteilten alternierenden Seitenästen. Silur bis jetzt.

1. Familie. **Hapalocrinidae.** Jaekel.

K aus einem Kranz großer, spatenförmiger R und einem dreiteiligen, bisweilen verschmolzenen Basalkranz. Kelchdecke von 5 großen O gebildet, zuweilen Suboralia vorhanden. Die 5 Arme teilen sich über dem zweiten Glied in zwei Hauptäste, die sich mitunter noch einmal gabeln und mit alternierenden Pinnulis (Ranuli) mit langen Gliedern besetzt sind. Stielglieder lang, in der Mitte verdickt, häufig mit Cirrhen. Silur. Devon.

Hapalocrinus Jaekel. Die 10 schlanken Arme ungeteilt mit langen dünnen Pinnulis. Unt. Devon. Bundenbach. *H. elegans* Jaekel.

Agriocrinus Jaekel. Die 10 Arme in wechselnder Höhe einmal gegabelt, aufsen mit Stacheln versehen. Unt. Devon. *A. (Cyathocrinus) gracilis* F. Roemer.

Thallocrinus Jaekel. Arme am *Br* 2 in zwei Äste geteilt. Ob. Silur. Devon. *Th. (Actinocrinus) retiarius* Phill. sp. Ob. Silur.

Coccocrinus J. Müll. (Fig. 239). Devon (Eifel). Silur. Nordamerika.

2. Familie. **Plicatocrinidae.** Zittel.

K aus 4, 6 oder 8 (selten 5 oder 7) hohen, dünnen R und einer trichterförmigen, vier- bis sechskantigen, ungeteilten Basis zusammengesetzt. Leibeshöhle weit und tief. Kelchdecke unbekannt. Die R tragen ein axillares Br, von dem je zwei unverästelte, aus gelenkig verbundenen Gliedern bestehende Arme mit alternierenden, ungegliederten, dorsalkantigen, ventral gefurchten Pinnulis ausgehen. Stiel dünn, mit runden, zylindrischen Gliedern.

Die einzige Gattung *Plicatocrinus* Münst. (Fig. 251) findet sich selten im oberen Jura der fränkisch-schwäbischen Alb. Die ziemlich dünnen *R* haben eine hufeisenartig ausgeschnittene Gelenkfläche und eine mediane Dorsalkante.

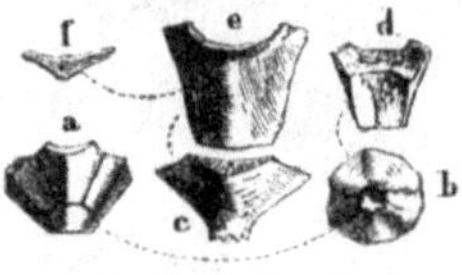

Fig. 251.
Plicatocrinus hexagonus Münst. Ober-Jura. Streitberg. Franken. *a* Vollständiger Kelch. *b* Unterer Täfelchenkranz, von der Basis gesehen; *c* derselbe von der Seite (schwach vergr.). *d* Ein Radiale von innen, *e* von aufsen, *f* von unten.

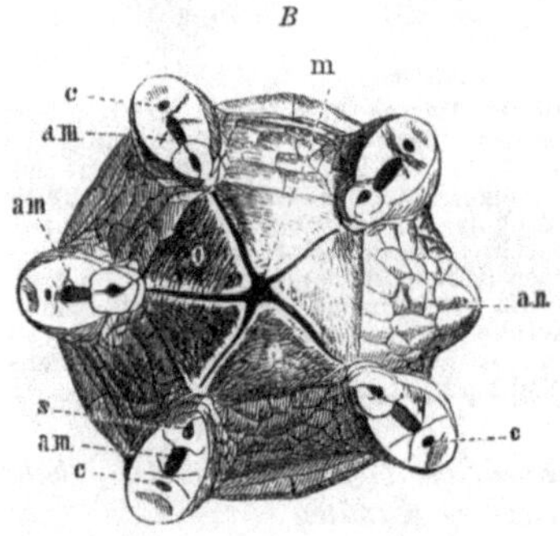

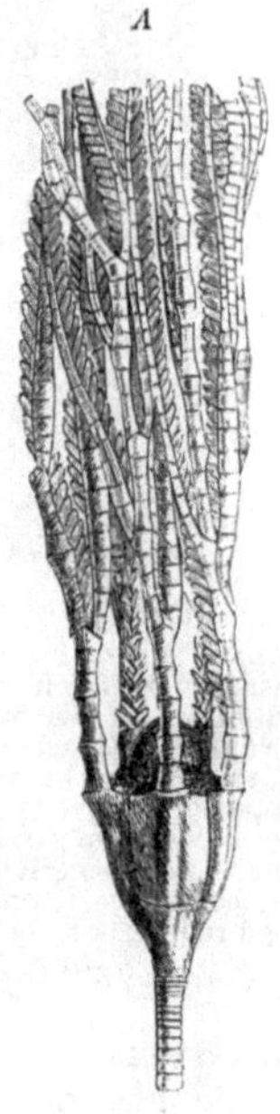

Fig 252.
Hyocrinus Bethellianus Wyv. Thomson. Aus dem Atlantischen Ozean. *A* Exemplar in doppelter nat. Gröfse. *B* Kelchdecke stark vergr *am* Ambulacralfurchen der Arme, *c* Axialkanal der Armglieder, *an* After, *m* Mund, *o* Oralplatten (nach Wyville Thomson).

3. Familie. **Hyocrinidae.** Carpenter.

K hoch, aus 3 dünnen B u. 5 R zusammengesetzt. Kelchdecke mit 5 großen dreieckigen O und einer größeren Anzahl Suboralia. Die 5 Arme schlank, lang, gegen oben mit alternierenden Seitenästen und zahlreichen Pinnulis. Recent.

Einzige Gattung *Hyocrinus* Wyv. Thoms. (Fig. 252.)

4. Familie. **Saccocomidae.** d'Orb.

K klein, ungestielt, halbkugelig, seitlich von 5 sehr dünnen, aufsen mit medianer Dorsalkante verzierten R umgrenzt, welche ein winziges B umschliefsen. A 5 × 2, entfernt stehend, dünn distal, mit alternierenden, ungeteilten, eingerollten Seitenästen. Br² axillar. Armglieder zylindrisch, an der Ventralseite jederseits mit einem flügelartigen oder dornförmigen, dünnen Fortsatz besetzt, welche wahrscheinlich eine Ventralrinne begrenzten. Das ganze Skelett zeigt gitterförmige, grobmaschige Beschaffenheit.

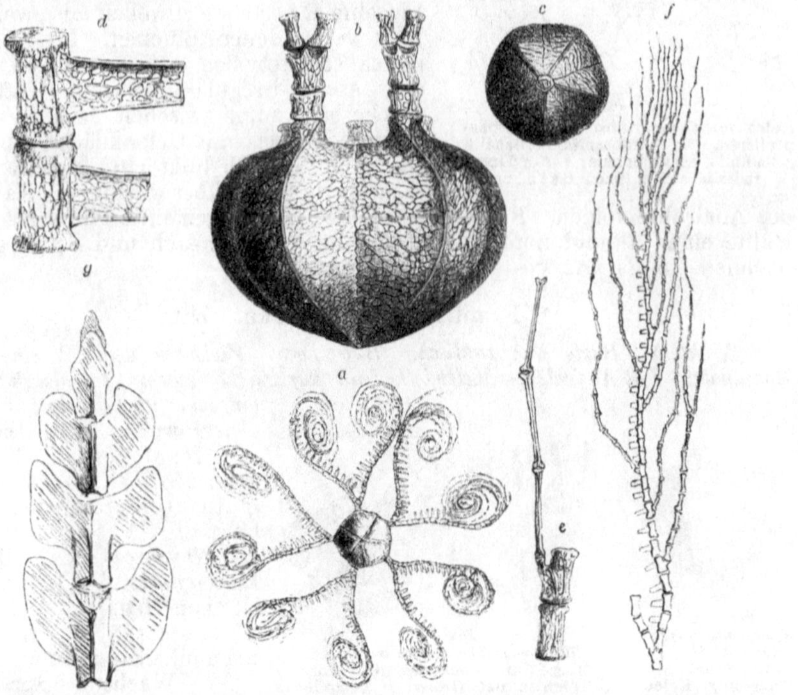

Fig. 253.
Saccocoma pectinata Goldf. Aus dem lithographischen Schiefer von Eichstädt. Franken.
a Exemplar in nat. Gröfse. *b* Kelch von der Seite, vergröfsert. *c* Kelch von unten, vergröfsert. *d* Zwei untere Armglieder, vergröfsert. *e* Zwei mittlere Armglieder mit Seitenast, vergröfsert. *f* Ein Arm mit Seitenästen, nicht aufgerollt, schwach vergröfsert. *g* Untere Armglieder von *Saccocoma tenella* Goldf., vergröfsert.

Die einzige Gattung *Saccocoma* Ag. findet sich in grofser Häufigkeit im lithographischen Schiefer von Eichstädt und Solnhofen in Bayern. Sie gehört zu den freischwimmenden Crinoideen, deren Verwandtschaft mit den Plicatocriniden erst durch Jaekel (Zeitschr. d. d. geol. Ges. 1892. XLIV.) klargestellt wurde.

3. Ordnung. **Fistulata.**

(*Inadunata fistulata* Wachsm. u. Spr., *Cyathocrinacea* Neumayr.)

Kelch aus Basis und einem Kranz von *R* zusammengesetzt, zwischen welche sich in der Regel im Analinterradius eine *IRA* einschaltet. Kelchdecke mit dünnen, leicht auseinanderfallenden Täfelchen, im Analinterradius in der Regel in eine hohe, ballonartige oder kurze konische Röhre ausgezogen; die Ambulacralfurchen durch alternierende Saumplättchen bedeckt; Mund subtegminal, meist von fünf Oralplatten umgeben. Afteröffnung entweder am oberen Ende oder auf der Vorderseite der Analröhre gelegen. Arme von R^1 an frei, ein- oder zweizeilig, meist verästelt, mit oder ohne Pinnulae. Silur bis Perm.

Die *Fistulata* zeichnen sich hauptsächlich durch ihre ballonartige oder konische Ventralröhre aus, deren Täfelchen häufig von kleinen, runden oder schlitzförmigen Öffnungen durchbohrt sind. Die Afteröffnung befindet sich nach Wachsmuth am Grund der Ventralröhre. Einzelne *R* bestehen zuweilen aus zwei durch Naht verbundenen Stücken. Im Analinterradius schaltet sich meist zwischen die R^1 eine etwas irregulär geformte Platte ein, welche sich unten zwischen die *B* einschiebt, oben rechts das mit Gelenkfläche versehene rechte hintere R^1, links ein Analinterradiale (Anal plate) trägt, über welcher die Täfelchen der Analröhre folgen. Bather betrachtet die erstgenannte Platte als untere Hälfte eines R^1 und nennt sie Radianale; Wachsmuth und Springer bezeichnen sie als »Äzygos plate«. (Fig. 254.)

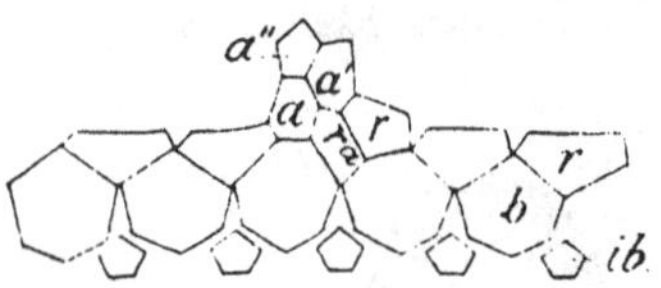

Fig. 254.
Kelch von *Cromyocrinus* in eine Ebene projiziert. *ib* Infrabasalia, *b* Basalia, *r* Radialia, *ra* Radianale, *a a' a''* Interradialia analia (nach Bather).

1. Familie. **Hybocrinidae.** Zitt.

K klein. Basis monozyklisch. B 5 hoch. Zwischen dem R ein grofses Radianale. I R A fehlen. Kelchdecke mit kurzem konischem Ventralsack. Arme einfach, unverzweigt, einzeilig, ohne Pinnulae. Unt. Silur.

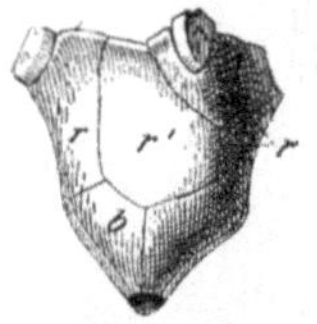

Fig. 255.
Hoplocrinus dipentas Grewingk. Unter-Silur. St. Petersburg. Kelch von der Analseite (nach Grewingk).

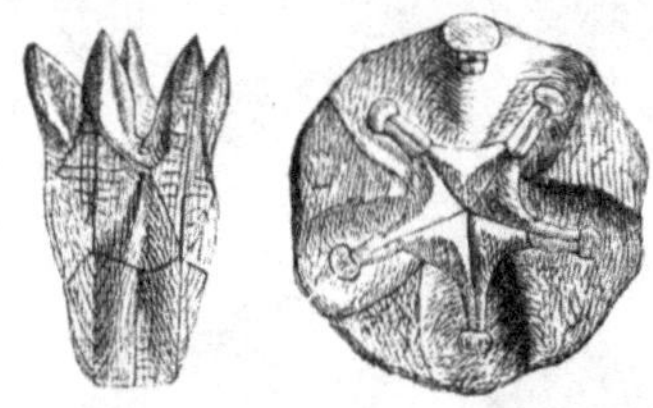

Fig. 256.
Stephanocrinus angulatus Conrad. Ober-Silur. Lockport. New York. *a* Kelch in nat. Gröfse. *b* Kelchdecke vergröfsert mit abgebrochenen Spitzen. (Nach J. Hall.)

Hoplocrinus Grewingk (Fig. 255) *Baerocrinus* Volborth. Unt. Silur. St. Petersburg.

Hybocrinus Billings, *Hybocystis* Wetherby. Silur. Nordamerika.

2. Familie. **Stephanocrinidae.** Wachsm. Spr.

K kantig, becherförmig aus 3 hohen B, 5 R und 5 kleinen IRA bestehend. Die R oben tief ausgeschnitten. Im Grund der Ausschnitte liegen die Ambulacralfurchen, seitlich bedeckt von zwei Reihen engverbundener Plättchen, die wie zwei einfache Platten erscheinen. Die Kelchdecke durch 5 grofse dreieckige Oralia geschlossen. Am Ende der Ambulacralfurchen Gelenkflächen für angeblich 5 in zwei Äste gespaltene, zweizeilige, sehr dünne Arme. Ob. Silur.

Einzige Gattung *Stephanocrinus* Conrad (*Rhombifera* Barr.) (Fig. 256) im oberen Silur von Nordamerika und im unteren Silur (D) von Böhmen.

3. Familie. **Heterocrinidae.** Zitt. emend. Wachsm. Spr.

Kelch klein. Basis monozyklisch. B 5. R öfters aus zwei, durch horizontale Naht geteilten, Stücken bestehend. RA links die Afterröhre, rechts eine grofse Superradialplatte stützend. A einzeilig, lang, nach oben in dünne Zweigchen vergabelt. Unt. Silur.

Heterocrinus Hall (*Stenocrinus* Wachsm. u. Spr.), *Jocrinus* Hall, *Ectenocrinus*, *Ohiocrinus* W. Spr. Silur. Nordamerika.

Herpetocrinus Salter (*Myelodactylus* Ang., *Ophiocrinus* Charlesw.). Silur. Europa. *Anomalocrinus* M. W. (*Ataxocrinus* Lyon) Unt. Silur. Nordamerika.

4. Familie. **Calceocrinidae.** Meek. u. W. emend. Bather.

Basis monozyklisch. B 5. Die R^1 in 3 Radien geteilt. Krone umgebogen und mit dem rechten Hinter-IR dem Stiel angelagert. IRA eine lange Afterröhre stützend. A 3 oder 4 mit feinen Nebenästchen. Silur bis Karbon.

Calceocrinus Hall (*Cheirocrinus* Salter), Silur u. Devon. Nordamerika u. Europa.

Castocrinus Ringueb., *Euchirocrinus* M. W. Silur. Nordamerika.

Halysiocrinus Ulrich emend. Bath. Karbon. Nordamerika.

5. Familie. **Catillocrinidae.** Wachsm. u. Spr.

Basis monozyklisch. Kelch sehr unsymmetrisch, B und R sehr ungleich in Form und Gröſse. Die Arme stehen über zwei R, die 5 oder 6 mal so groſs als die übrigen sind; sie sind einfach, viereckig. Afterröhre aus langen Platten zusammengesetzt, auf der Vorderseite mit Schlitz.

Catillocrinus. Karbon. Nordamerika. *Mycocrinus* Schultze. Devon. Eifel.

6. Familie. **Gasterocomidae.** Wachsm. u. Spr.

K klein. Basis dizyklisch; I B klein, zuweilen in eine Platte verschmolzen, die von einer groſsen viereckigen Öffnung durchbohrt ist. R groſs, die Artikulationsfläche hufeisenförmig, nach auſsen gerichtet. Afteröffnung tief herabgerückt, zwischen 2 R gelegen. Kelchdecke solid getäfelt. Devon.

Gasterocoma Goldf. (*Epactocrinus* Müll.) (Fig. 257). *K* kugelig. Die 5 *B* umschlieſsen eine fünfseitige Centrodorsalplatte. Kelchdecke ohne Afterröhre. After zwischen den *R*, darunter oder darüber ein vierseitiges *IRA*. St. vierkantig, mit zentralem und vier Nebenkanälen. Devon. Eifel.

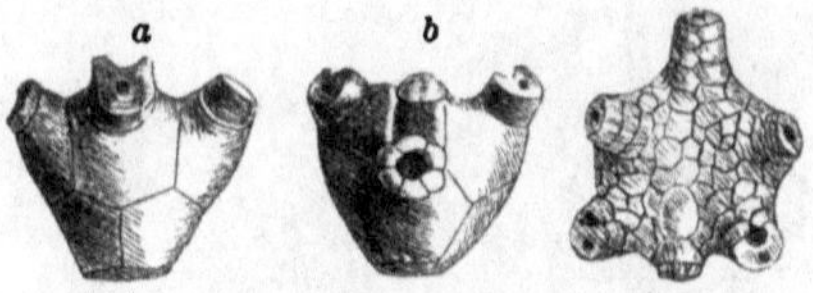

Fig. 257.
Gasterocoma antiqua Goldf. Devon. Prüm. Eifel. *a* Kelch von der Seite, *b* Kelch von der Afterseite, *c* Kelchdecke (2 mal vergr.). (Nach L. Schultze.)

Nanocrinus Müller, *Achradocrinus* Schultze, *Scoliocrinus* Jaekel. Devon. Rheinland.

Hypocrinus Beyr. Permo-Karbon. Timor.

7. Familie. **Cyathocrinidae.** Roem. emend. Wachsm. Spr.

Basis dizyklisch. R oben mit schmalen, hufeisenförmigen Gelenkflächen, dazwischen in der Regel 1—2 IRA und häufig auch ein RA. Kelchdecke mit 5 Oralplatten, hoher Ventralröhre, davor eine Madreporenplatte. Die Ambulacralfurchen mit alternierenden Täfelchen bedeckt. A lang, nach oben vielfach dichotom vergabelt, einzeilig, ohne Pinnulae, mit wohl entwickelten Saumplättchen; die Armglieder nicht gelenkig verbunden. Silur bis Karbon.

Dendrocrinus Hall. *K* hoch, unsymmetrisch. *IB* 5. *B* groſs, das hintere oben abgestutzt und die Analplatte tragend. *R* fünfseitig, das *RA* unter dem rechten hinteren *R* stehend. Ventralröhre hoch. Arme lang, ästig, ohne Pinnulae. Stiel fünfseitig. Im unteren Silur von Nordamerika häufig; eine einzige Art im oberen Silur.

Homocrinus Hall (Fig. 258). Wie *Dendrocrinus,* jedoch das *RA* nach links geschoben und die Analplatte stützend. Ob. Silur (Nordamerika), Devon (Rheinland).

Palaeocrinus Billings, *Carabocrinus* Billings. Unt. Silur. Kanada.

Bactrocrinus Scheur. Devon. Eifel.

Porocrinus Billings (Fig. 259). *IB* 5, hoch, *B* sechseckig. Ein *IR* und *RA* vorhanden. Jedes *R* trägt einen einfachen Arm. In den Winkeln sämtlicher oder eines Teiles der Kelchtäfelchen befinden sich je drei gegeneinander konvergierende Bündel von parallelen Fältchen, die irrtümlich mit den Hydrospiren der Cystoideen verwechselt wurden. Stielglieder sehr niedrig. Unt. Silur. Kanada. Rufsland.

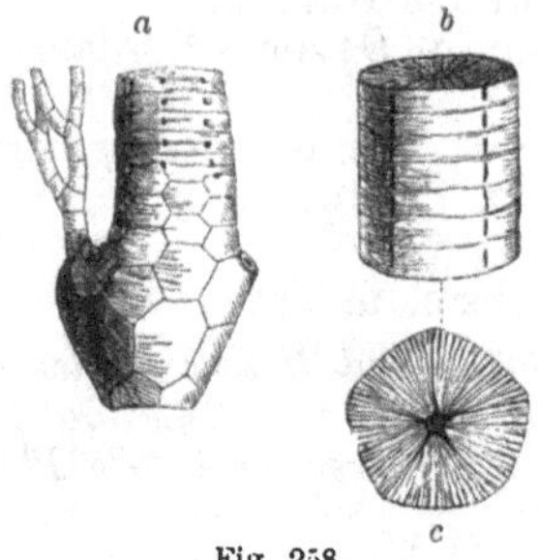

Fig. 258.
Homocrinus curtus Müll. sp. Devon. Schönecken. Eifel (nach Schultze). *a* Kelch von der Analseite, mit Proboscis und einem Arm. *b* Stiel von der Seite. *c* Gelenkfläche eines Stielgliedes.

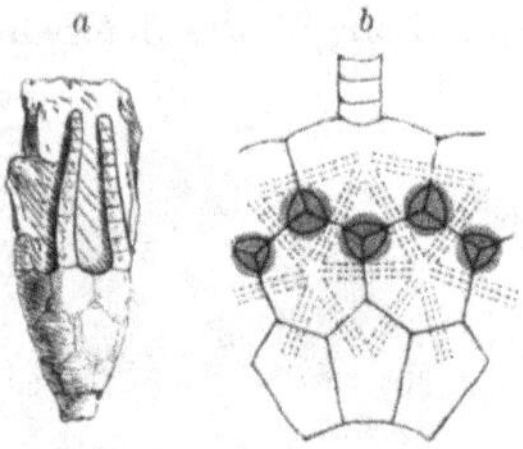

Fig. 259.
a Porocrinus conicus Billings. Unter-Silur. City of Ottava. Canada (nat. Gröfse nach Billings).
b P. radiatus Beyr. Unter Silur. St. Petersburg. Mehrere Kelchtäfelchen mit Porenrauten stark vergröfsert (nach Beyrich).

Fig. 260
Cyathocrinus. Analyse des Kelches (nach Bather).

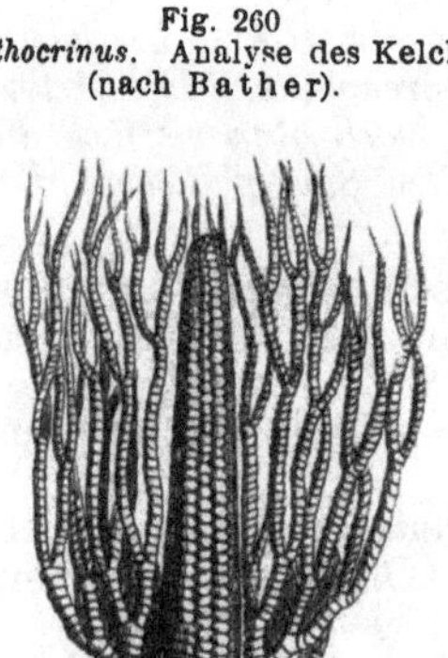

Fig. 262.
Lecythocrinus Eifelianus Müll. Devon. Eifel. Restauriert (nach Schultze).

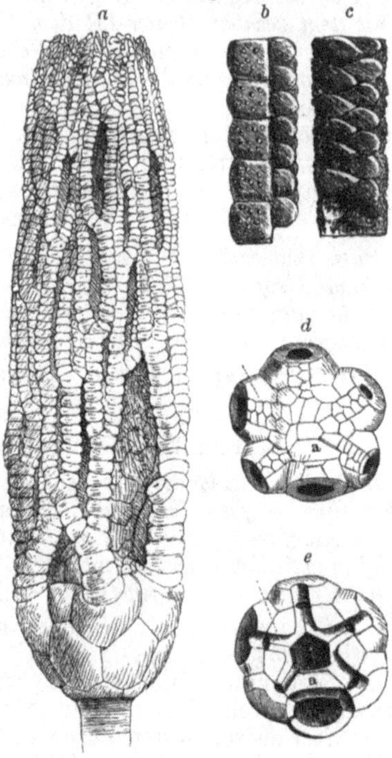

Fig. 261.
Cyathocrinus longimanus Ang. Ober-Silur. Gotland. *a* Kelch mit Armen in nat. Gr. (nach Angelin). *b* Armfragment von *C. ramosus* Ang. von der Seite und *c* von innen (vergr.). Gotland. *d* Kelchdecke von *C. malvaceus* Hall. vollständig erhalten, aus dem Kohlenkalk von Burlington. *e* Dieselbe nach Entfernung der auf den Interambulacralplatten liegenden Kelchtäfelchen. (Nach Meek und Worthen.)

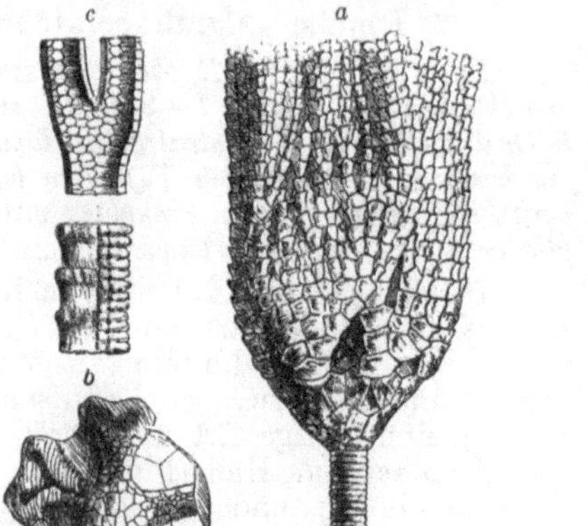

Fig. 263.
Gissocrinus arthriticus Phill. Ober-Silur. Gotland. (Nach Angelin.) *a* Vollständiges Exemplar mit Armen (nat. Gr.). *b* Kelchdecke von *G. punctuosus* Ang. (nat. Gr.). *c* Armglieder von innen und von der Seite (vergröfsert).

Cyathocrinus Miller emend. Wachsm. Spr. (Fig. 260, 261). *K* becherförmig. *IB* 5, niedrig. *B* grofs, das hintere oben horizontal abgestutzt und die Analplatte tragend. *R* grofs, alle gleich, ungeteilt, Artikulationsfläche $^1/_3$ bis $^1/_2$ der Breite einnehmend. Stiel rund, mit abwechselnd gröfseren und kleineren Gliedern. Silur bis Zechstein. Europa. Nordamerika.

Lecythocrinus Müll. (Fig. 262). Wie *Cyathocrinus*, aber *IB* winzig klein, rudimentär. Devon (Eifel).

Gissocrinus Ang. (Fig. 263). Wie *Cyathocrinus*, aber nur 3 *IB* vorhanden. Ob. Silur (England, Gotland).

Sphaerocrinus Roem. Rheinland u. England. *Parisocrinus* W. u. Sp. Devon u. Karbon. *Codiacrinus, Achradocrinus* Schultze. Devon (Eifel).

Botryocrinus Ang.

Arachnocrinus M. W. Ob. Silur.

Gastrocrinus, Cosmocrinus, Rhadinocrinus Jaekel. Devon. Rheinland.

Euspirocrinus (Fig. 219), *Streptocrinus* W. Sp. (*Ophiocrinus* Ang.), *Petalocrinus* Weller. Ob. Silur (Gotland). *Thenarocrinus, Mastigocrinus* Bather. Ob. Silur (England, *Barycrinus* W. Spr., *Vasocrinus* Lyon, *Atelestocrinus* W. Spr. Karbon (Nordamerika).

8. Familie. **Crotalocrinidae.** Ang. emend. Bather.

Dorsalkapsel aus 5 IB, 5 B, 5 R und einem kleinen in die Kelchdecke geschobenen IRA zusammengesetzt. R oben mit schmaler, halbmondförmiger Gelenkfläche. Kelchdecke schwach gewölbt, solid getäfelt mit 5 ungleichen Oralplatten, mehreren Reihen von kleinen Ambulacralplatten, je 4 Doppelreihen von Interambulacralplatten und einem aus vielen kleineren Plättchen zusammengesetzten Analradius, worin eine kurze, conische fein getäfelte Afterröhre liegt. Arme von der Basis an stark vergabelt, dicht gedrängt und die zu einem Radius gehörigen seitlich teilweise oder vollständig verwachsen; im letzteren Falle breite, eingerollte Blätter bildend. Pinn. fehlen. Alle Armglieder mit Dorsalkanal. Stiel kreisrund, dick, mit verdickter oder verästelter Wurzel.

E A

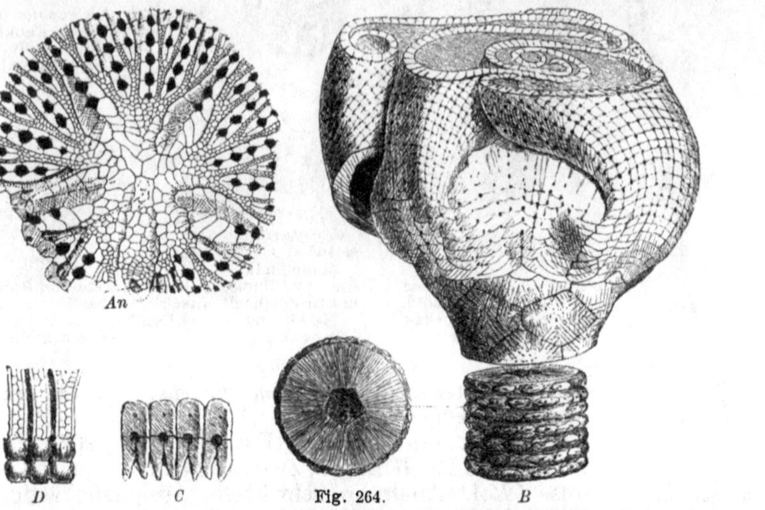

D C Fig. 264. B

Crotalocrinus pulcher Hisinger (*Anthocrinus Loveni* Joh. Müll.). Ober-Silur. Gotland. *A* Kelch mit Armen (nat. Gröfse). *B* Stiel. *C* Vier nebeneinander liegende Armglieder eines Blattes. *D* Die Armstücke von der Rückenseite, um die Verbindung derselben zu zeigen; gegen oben sind die Dorsalstücke weggebrochen und nur die Saumplatten und die Decktäfelchen der Ambulacralrinne von unten zu sehen. *E* Kelchdecke (vergr. nach Bather). Gotland.

Die beiden hierher gehörigen Gattungen *Crotalocrinus* Austin (*Anthocrinus* Müller) (Fig. 264) und *Enallocrinus* d'Orb. finden sich im oberen Silur von England und Gotland.

9. Familie. **Poteriocrinidae.** Roem. emend. Wachsm.

Basis dizyklisch. IB zuweilen sehr klein und durch den Stiel verdeckt. B 5. R oben schief abgestutzt mit breiter Gelenkfläche. Im Analinterradius 1—2 IRA und häufig ein RA. Kelchdecke mit meist hoher getäfelter Ventralröhre. Arme

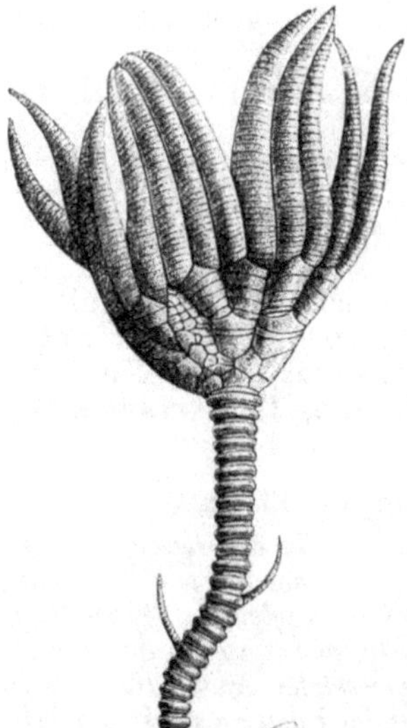
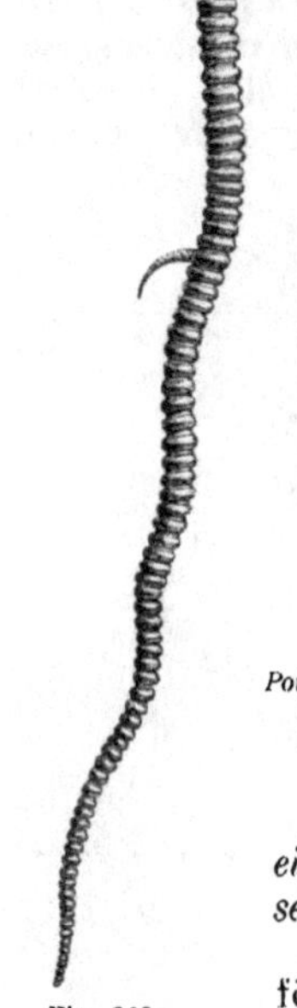

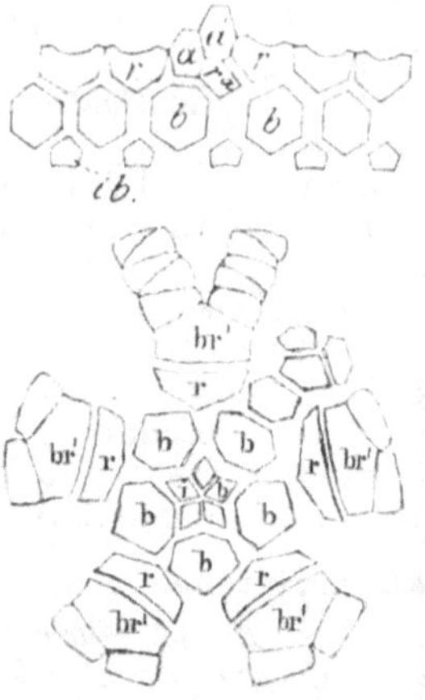

Fig. 265.
Analyse des Kelches von *Poteriocrinus* (*Scaphiocrinus*).

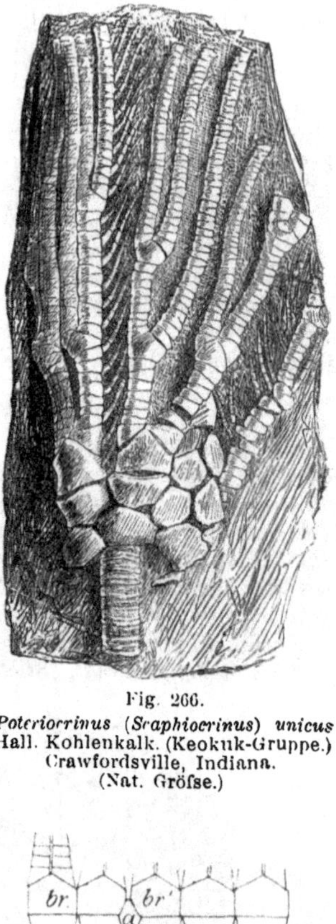

Fig. 266.
Poteriocrinus (*Scaphiocrinus*) *unicus* Hall. Kohlenkalk. (Keokuk-Gruppe.) Crawfordsville, Indiana. (Nat. Gröfse.)

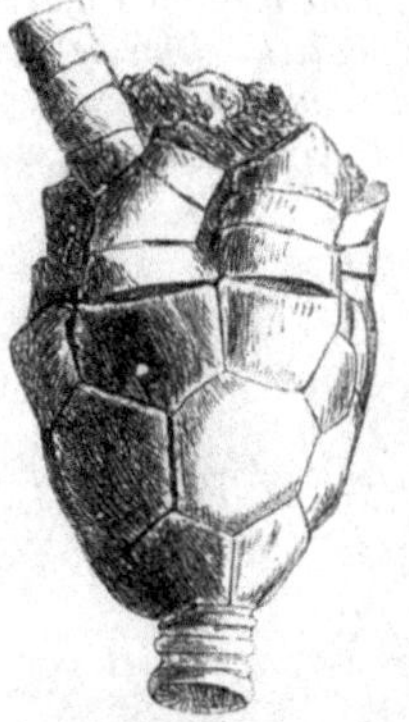

Fig. 267
Poteriocrinus (*Scaphiocrinus*) *multiplex* Trautschold. Kohlenkalk. Moskau. (Nat. Gröfse.)

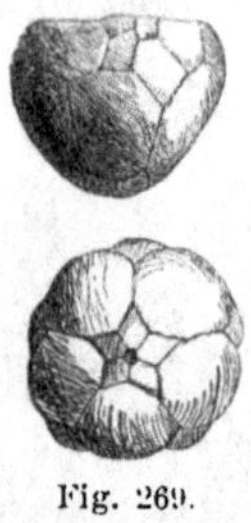

Fig. 269.
Cromyocrinus globulus M. W. Kohlenkalk. Chester. Illinois, nat Gröfse (nach Meek und Worthen).

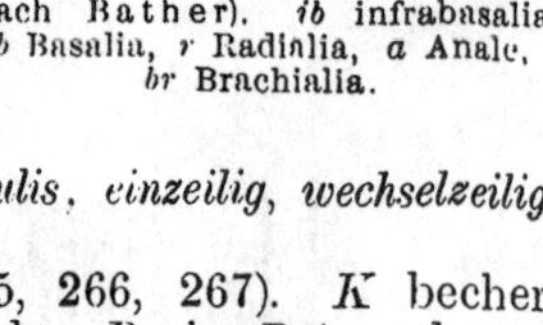

Fig. 270.
Kelchanalyse von *Graphiocrinus* (nach Bather). *ib* infrabasalia, *b* Basalia, *r* Radialia, *a* Anale, *br* Brachialia.

Fig. 268. *Woodocrinus macrodactylus* de Kon. Kohlenkalk. Yorkshire (nach de Koninck).

einfach oder verästelt, mit langen Pinnulis, einzeilig, wechselzeilig, seltener zweizeilig. Devon. Karbon.

Poteriocrinus Miller (Fig. 265, 266, 267). *K* becherförmig. 5 *IB*. *B* hoch. Zwischen den *R* ein *RA* und zwei grofse *IRA*. Analröhre sehr hoch. Arme lang, ästig, wechselzeilig. Stiel rund oder rundlich, fünfseitig. Devon. Karbon.

Subgenera. *Scaphiocrinus* Hall, *Hydriocrinus* Trautschold, *Scytalocrinus*, *Decadocrinus* W. Spr. Karbon.

Lophocrinus v. Meyer. Devon. Rheinland. Nassau.

Woodocrinus de Kon. (*Philocrinus* de Kon.) (Fig. 268). *K* niedrig. *IB* 5 klein, keilförmig. *B* grofs, sechsseitig. Zwischen den *R* ein *RA* und ein *IRA*, auf welches eine gröfsere Anzahl Täfelchen der Analröhre folgen.

Kelchdecke mit keulenförmigem Ventralsack. *A* 20 dick, aus einzeiligen, sehr niedrigen Gliedern bestehend. Pinnulae lang. Stiel rund, mit vereinzelten Nebenranken, gegen unten zugespitzt. Karbon. England. Nordamerika. *W. macrodactylus* de Kon.

Zeacrinus Hall. Wie *Woodocrinus*, aber Ventralsack kantig, pyramidal. *K* niedrig. Das *RA* grofs, ganz in den Analradius geschoben, darüber zwei *IRA*. *A* distal stark verästelt, anfänglich einzeilig, später wechselzeilig. Karbon.

Coeliocrinus White, *Hydreionocrinus* de Kon., *Tribrachiocrinus* M'Coy. Karbon.

Cromyocrinus Trautsch. (*Eupachycrinus* M. W. (Fig. 269). *IB* 5 klein. *B* sehr grofs. Zwischen den *R* ein *RA* und 3 *IRA*. *A* 10—14, ein- bis zweizeilig, unverästelt. Karbon (Rufsland, Nordamerika). *C. simplex*. Trautsch.

Graphiocrinus de Kon. (Fig. 270). 5 *IB*. Zwischen den *R* nur eine einzige Platte (*IA*). *A* 10, einzeilig. Karbon. Nordamerika.

Bursacrinus Meck u. W. (*Synyphocrinus* Trautsch.), *Phialocrinus* Trautsch., *Ceriocrinus* White, *Aesiocrinus, Delocrinus, Ulocrinus* Miller und Gurley. Karbon.

Erisocrinus M. W. *IB* 5 klein. Die Analplatte klein, nicht zwischen, sondern über den *R* stehend. *A* 10, stark, einzeilig, unverästelt. Karbon. Nordamerika.

Stemmatocrinus Trautsch. Wie *Erisocrinus*, aber *IA* fehlend oder winzig. *IB* zu einer fünfeckigen Platte verschmolzen. *A* zweizeilig. Karbon. Rufsland.

Agassizocrinus Troost (*Astylocrinus* Roem.) (Fig. 271). *K* schüssel- oder birnförmig, in der Jugend mit kurzem Stiel, später ungestielt. Die 5 grofsen *IB* zu einem dicken Knopf verwachsen. *B* grofs, etwas ungleich; im Analinterradius ein *RA* und zwei Analplatten. *R* klein. *A* stark, wechselzeilig. Karbon. Nordamerika.

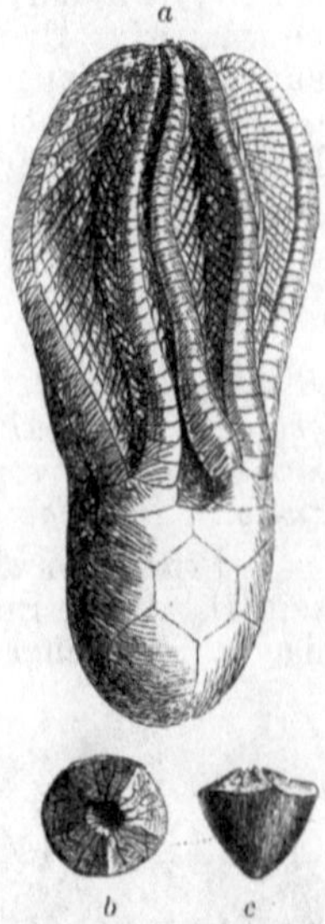

Fig. 271.
a *Agassizocrinus dactiliformis* Troost. Kohlenkalk (Chester Beds), Indiana. Vollständiges Exemplar mit Armen (nat. Gröfse). b c *A. laevis* F. Roem. Basalknopf von der Seite und von oben. Kohlenkalk. Chester. Illinois. Nat. Gröfse. (Nach Meek und Worthen.)

10. Familie. **Marsupitidae.** d'Orb.

Dorsalkapsel dizyklisch, grofs, ungestielt, aus dünnen, grofsen Platten zusammengesetzt. Der Stiel durch eine fünfseitige, dünne Centrodorsalplatte repräsentiert. 5 IB. 5 B und 5 R. IR fehlen. R oben mit schmaler, hufeisenförmiger Gelenkfläche und Dorsalkanal. A vergabelt einzeilig mit Dorsalkanal.

Einzige Gattung *Marsupites* (Fig. 272) Mant. in der oberen (weifsen) Kreide von England und Norddeutschland.

Fig. 272.
Marsupites ornatus Sow. Obere Kreide von Lüneburg. a Kelch in nat. Gröfse. b Radialtäfelchen mit den ersten Armgliedern. c Oberer Teil der Arme.

4. Ordnung. **Camerata.**

Wachsm. und Spr.

(*Sphaeroidocrinacea*. Neumayr. *Cladocrinoidea*. Jaekel.)

Die Täfelchen des Kelches durch einfache, glatte Suturflächen unbeweglich verbunden. Häufig mehrere Zonen von *R* übereinander. Interradialia stets im Analinterradius und meist auch in allen übrigen Interradien vorhanden, zuweilen in die Kelchdecke heraufgerückt. Kelchdecke ein solides, aus fest verbundenen Täfelchen bestehendes Gewölbe bildend. Mund subtegminal. Die Deckplatten der Ambulacra nehmen an der Zusammensetzung der Kelchdecke teil. Afteröffnung exzentrisch oder subzentral, häufig am Ende einer rüsselförmigen Verlängerung gelegen. Arme ein- oder zweizeilig mit Pinnulis. Silur bis Karbon.

1. Familie. **Platycrinidae.** F. Roem.

Dorsalkapsel, aus einer monozyklischen Basis und einem Kranz von 5 grofsen R zusammengesetzt. Die IR in die aus fest verbundenen, meist dicken Platten getäfelte Kelchdecke geschoben; in sämtlichen IR vorhanden. Arme 10, 20 oder mehr, entweder von der Basis oder vom axillaren Br^3 an frei, selten distal verzweigt. Pinnulae wohl entwickelt. Silur bis Karbon.

Platycrinus Mill. (Fig. 273 u. 241). *B* 3 ungleich. *R* hoch, grofs, seitlich durch Sutur verbunden, am Oberrand mit hufeisenartiger Gelenkfläche. Zwischen der Basis der Arme liegt im vorderen und den beiden seitlichen Interradien je eine grofse mittlere und zwei schmälere interradiale Platten, die im Analradius entweder durch eine gröfsere oder kleinere Zahl abweichend gestalteter Täfelchen ersetzt sind. Diese *IR* nehmen an der Zusammensetzung der Kelchdecke teil und stofsen mit ihren inneren Enden entweder direkt an die fünf grofsen, etwas hervorragenden zentralen Scheitelplatten (Oralia), oder sind durch kleinere eingeschaltete Platten davon getrennt. Zwischen den interradial geordneten Täfelchen verlaufen in der Verlängerung der Arme meist 1—2 Reihen von Ambulacralplättchen, die mit den vorigen fest verbunden sind. Afteröffnung entweder exzentrisch (*Pleurocrinus*) oder am Ende einer kurzen, dicken Röhre (*Platycrinus* s. str.). Arme anfänglich wechsel-, später zweiteilig. Stiel etwas gedreht aus niedrigen, quer elliptischen Gliedern zusammengesetzt, gegen unten zugespitzt und mit Nebenranken versehen. Die Querdurchmesser der oberen und unteren Gelenkfläche jedes Gliedes liegen nicht in gleicher Richtung. Häufig im Kohlenkalk von Europa und Nordamerika, sehr selten im Devon. *P. laevis* Mill., *P. hemisphaericus* M. und W.

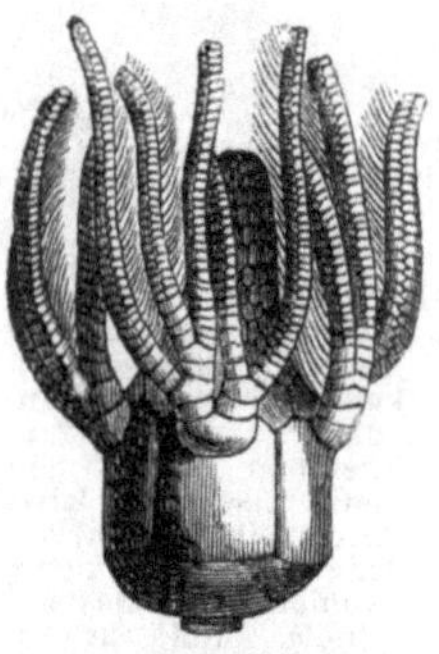

Fig. 273. *Platycrinus trigintidactylus* Austin. Kohlenkalk von Tournay. (Restauriert nach de Koninck.)

Marsupiocrinus Phill. Die niedrigen R^2 und R^3, welche Br^1 und B^2 bei *Platycrinus* entsprechen, sind fest mit dem Kelch verbunden. Kelchdecke mit zahlreichen kleinen Täfelchen ohne Afterröhre. Stiel rund mit weitem Zentralkanal. Ob. Silur (England, Gotland und Nordamerika).

Culicocrinus Joh. Müll. (Devon), *Cordylocrinus* Ang. Ob. Silur.

2. Familie. **Hexacrinidae.** Wachsmuth und Spr.

Dorsalkapsel aus monozyklischer Basis, 5 grofsen R und einem den R in Gröfse und Form ähnlichen IRA zusammengesetzt. Alle übrigen Merkmale wie bei den Platycriniden. Devon. Karbon.

Hexacrinus Austin (Fig. 274). *B* 3. *R* 5 sehr hoch und grofs, das *IRA* nur wenig von den *R* verschieden. Kelchdecke mäfsig gewölbt. After exzentrisch, niemals am Ende einer verlängerten Röhre. Arme wechselzeilig. Stiel rund. Häufig im Devon (Eifel, England).

Dichocrinus Münst. Wie *Hexacrinus*, aber mit 2 *B*. Karbon. (Belgien, England, Nordamerika.)

Hystricrinus Hinde (*Arthroacantha* Williams). Wie *Hexacrinus*, jedoch Oberfläche der Kelchtäfelchen mit beweglichen, kurzen Stacheln bedeckt. Devon (Nordamerika).

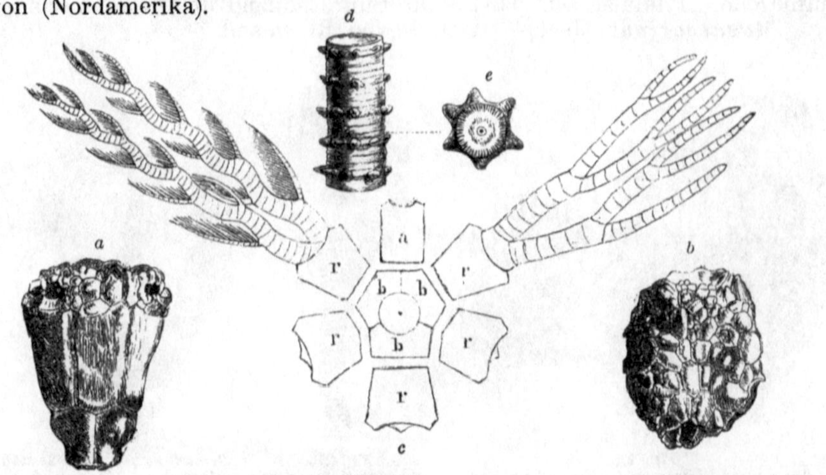

Fig. 274.
Hexacrinus elongatus Goldf. Devon. Pelm. Eifel. *a* Von der Seite, *b* von oben (nat. Gröfse). *c* Analyse des Kelches und der Arme, *d*, *e* Stiel von *H. spinosus* Müll. Eifel. (Nach L. Schultze).

Talarocrinus W. und Spr., *Pterotocrinus* Lyon und Cafs., *Acrocrinus* Sandell. Karbon. Nordamerika.

3. Familie. **Actinocrinidae.** Roem.

Basis monozyklisch. Die 3 B bilden ein Sechseck. R 5×3 *und eine wechselnde Zahl von R. dist., die seitlich fest verbunden sind. IR zahlreich in sämtlichen Interradien, zwischen* R^2 *beginnend und nach oben durch Axillarplatten in mehrere Reihen geteilt. Sämtliche Kelchtäfelchen ganz allmählich in die gewölbte, solid getäfelte, zuweilen mit Proboscis versehene Kelchdecke übergehend. Arme 5 bis 30 und mehr, unverzweigt, ein- oder zweizeilig, mit langen Pinnulis.* Silur. Devon. Karbon.

a) Unterfamilie. **Batocrinidae.** Wachsm. und Spr.

Auf das siebenseitige IRA^1 *folgt ein zweites medianes Analtäfelchen, das von zwei seitlichen* IRA^2 *umgeben ist.*

Periechocrinus Austin (*Trochocrinites* Portlock, *Geocrinus* d'Orb, *Saccocrinus* Troost). K. hoch, urnenförmig, aus dünnen, länglichen Täfelchen zusammengesetzt. *R* (5×3) häufig mit medianer Längsrippe. *IRA* zahlreich. $IR\begin{cases}4\\3\\1\end{cases}$. Kelchdecke aus kleinen, unregelmäfsig angeordneten Täfelchen bestehend. Arme zweizeilig, verästelt, ziemlich lang, zahlreich. Pinnulae lang. Stiel rund mit weitem Zentralkanal. Ob. Silur bis Karbon. Nordamerika. England.

Megistocrinus Ow. Shum. K. niedrig, kugelig, aus dicken Täfelchen bestehend. A. zweizeilig, paarig angeordnet. Devon. Karbon. Nordamerika.

Carpocrinus Müller (*Habrocrinus*, *Pionocrinus*, *Leptocrinus* Angelin) Fig. 275. *R* 2×5. *IR* $\frac{2}{1}$. IRA^1 sehr grofs, darüber zahlreiche kleinere Analtäfelchen. Kelchdecke mit 5 zentralen Oralplatten und deutlich angeordneten Radial- und Interradialtäfelchen. *A* 10, lang, einzeilig, ungeteilt. Ob. Silur. Gotland, England.

Desmidocrinus Ang. (Fig. 276). Wie vorige, aber Arme zahlreich. Ob. Silur Gotland, England.

Barrandeocrinus Ang. *B* 3. *R* 5 × 3, dazwischen *IR*. A. zweizeilig, zurückgebogen, seitlich verwachsen und mit ihrer Dorsalseite dem Kelch aufliegend. Pinnulae sehr lang. Ob. Silur, Gotland und Nordamerika.

Macarocrinus Jaekel. Unt. Devon Rheinland.

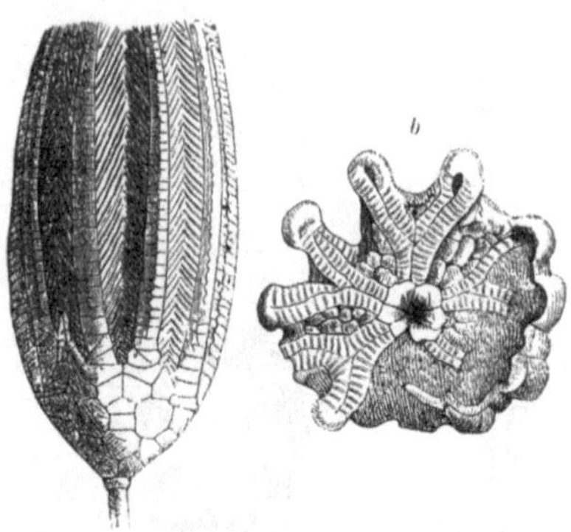

Fig. 275.
a Carpocrinus (Habrocrinus) comtus Ang. Ober-Silur. Gotland. Exemplar mit Armen von der Analseite (nach Gr.). *b H. ornatus* Ang. Kelchdecke. (Nach Angelin.)

Fig. 276.
Desmidocrinus heterodactylus Ang. Ober-Silur. Gotland Nat. Gr. (Nach Angelin.)

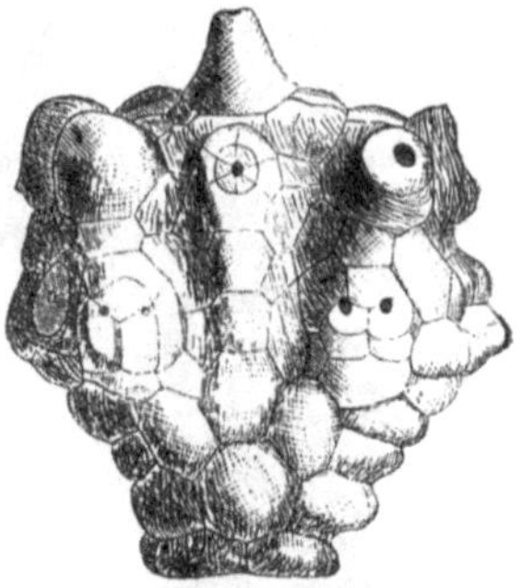

Fig. 277.
Dorycrinus quinquelobus Hall var. *intermedia*. Meek und Worth. Kohlenkalk. Burlington. Iowa. Von der Analseite (nat. Gröfse). (Nach Meek und Worth.)

Agaricocrinus Troost (Fig. 243). K. niedrig, auf der Unterseite eben oder vertieft. *R* 5 × 3 und mehrere Distichalia. $IR\ \frac{2}{1}$. *IRA* zahlreich. Kelchdecke hoch gewölbt, sehr massiv, fast pyramidal, mit dicker knopfförmiger Zentralplatte, die von 4 *O* umgeben ist und je einer verdickten, halbkugeligen Platte am Beginn der Arme. Karbon. Nordamerika. *A. americanus* Roemer sp., *A. pentagonus* Hall.

Dorycrinus Roemer (Fig. 277). Kelchtafeln dick, glatt. Arme durch vertiefte Zwischenräume getrennt. Kelchdecke hoch gewölbt, im Scheitel und auf den fünf ambulacralen Feldern je eine sehr dicke Platte, auf welcher ein dicker Stachel sitzt. After exzentrisch, nicht verlängert. Kohlenkalk (Nordamerika) und Devon (Eifel).

Fig. 278.
Batocrinus pyriformis Shum. sp. Kohlenkalk. Burlington. Iowa. Nat. Gröfse. (Nach Meek u. Worth.)

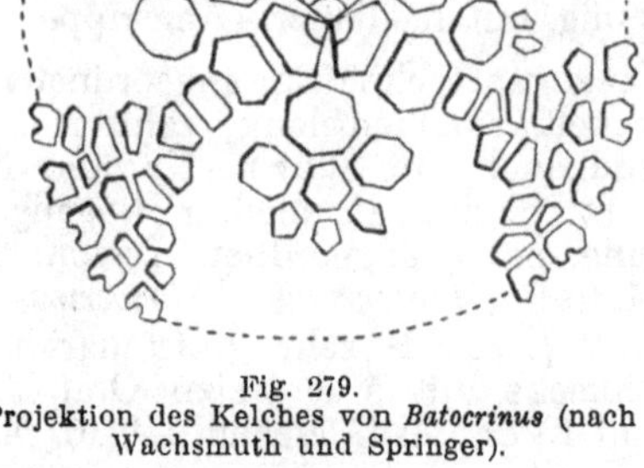

Fig. 279.
Projektion des Kelches von *Batocrinus* (nach Wachsmuth und Springer).

Batocrinus Casseday (Fig. 278, 279). K. birnförmig, die Kelchtäfelchen nicht skulptiert, R^1 sechs- oder fünfeckig, R^2 niedrig vierseitig; *IR* wenig zahlreich. Die (10—30) einfachen, zweizeiligen Arme an ihrer Basis zusammenstofsend, nicht durch Interbrachialtäfelchen getrennt. Kelchdecke in eine lange, fast zentrale Afterröhre ausgezogen. Zahlreiche Arten im Kohlenkalk von Nordamerika. *B. pyriformis* Shum. etc.

Eretmocrinus, Alloprosallocrinus Lyon und Casseday. Karbon. Nordamerika.

Dizygocrinus, Lobocrinus Wachsm. Spr. Karbon. Nordamerika.

b) Unterfamilie. **Actinocrinidae.** Wachsm. und Spr.

IRA^1 sechsseitig, darüber 2 IRA^2, ohne ein mittleres Analtäfelchen.

Actinocrinus Mill. (Fig. 280). *K* birnförmig oder eiförmig; die Täfelchen der Dorsalkapsel radialstrahlig verziert. R^1 sechsseitig, hoch, dazwischen ein grofses, sechsseitiges *IRA*. R^2 ebenso hoch als breit, R^3 axillar, darüber 1—3 *R* dist. und interdist. *IR* $\frac{2}{1}$ und darüber *IR* dist., die allmählich in die gewölbte, aus zahlreichen soliden Täfelchen bestehende Kelchdecke

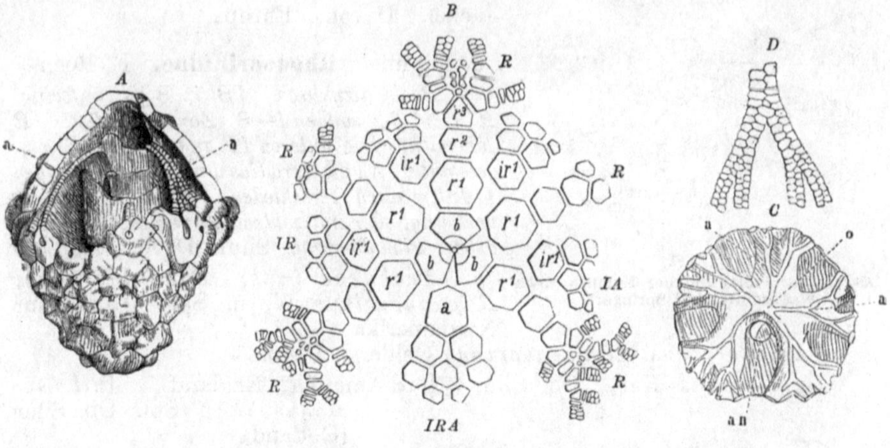

Fig. 280.
Actinocrinus proboscidialis Hall. Kohlenkalk. Burlington, Iowa. *A* Kelch aufgebrochen, im Innern die tunnelartigen, getäfelten Ambulacralröhren *a* sowie in der Mitte das gefaltete Organ (? Ösophagus) sichtbar. *B* Projection des Kelches. *C* Scheitel eines Steinkerns mit den Eindrücken der Zufuhrkanäle (*a*) von den Armen nach dem Mund (*o*). *an* After. *D* Getäfelte Oberseite der Ambulacralröhren. (Nach Meek und Worthen.)

übergehen. After subzentral, zuweilen am Ende einer verlängerten Röhre. *A* 10 × 30 nicht verästelt, meist von 5 vorspringenden Lappen am Kelch entspringend, zweiteilig. Pinnulae lang und fein. Stiel rund mit gestrahlten Gelenkflächen. Kanal fünflappig. Häufig im Kohlenkalk von Europa und Nordamerika.

Amphoracrinus Austin. Wie *Actinocrinus*, aber Kelch-Täfelchen körnelig verziert. Kelchdecke hoch gewölbt; an der Basis der Arme mit abwärts gebogenen Verlängerungen. Kohlenkalk (Europa, Nordamerika).

Cactocrinus, Teleiocrinus Wachsm. Sp., *Steganocrinus, Physetocrinus, Strotocrinus* M. und W., Kohlenkalk, hauptsächlich in Nordamerika.

4. Familie. **Reteocrinidae.** Wachsm. und Spr.

B monozyklisch oder dizyklisch. B 4 oder 5. IB 5, wenn vorhanden. R^1 durch ein grofses IRA^1 getrennt, über welchem eine Reihe hoher ziemlich gleich grofser IRA folgt; daneben, sowie in den übrigen Interradien zahlreiche kleine Täfelchen. Kelchdecke mit kleinen Plättchen gepflastert. Unt. Silur.

Reteocrinus Billings, *Xenocrinus* S. A. Miller. Unt. Silur (Nordamerika).

5. Familie. **Dimerocrinidae.** Bather.

(*Thysanocrinidae.* Wachsm. u. Spr. *Glyptocrinidae* p. p. Zitt. *Glyptasteridae.* Angelin.

Basis dizyklisch. Die 5 R nur im Analinterradius durch ein IRA getrennt. Über diesen folgen mehrere Reihen von IRA. Silur und Devon von Nord-Amerika und Europa.

Dimerocrinus Phill. (Fig. 281) (*Thysanocrinus* Hall, *Glyptaster* Hall, *Eucrinus* Ang.). Ob. Silur (Nordamerika, Gotland, England).

Fig. 281.
Dimerocrinus Projektion der Kelches (nach Wachsmuth und Springer).

Hyptiocrinus, Idiocrinus, Ptychocrinus W. und Spr. *Lampterocrinus* Roem, *Siphonocrinus* S. A. Miller. Ob. Silur (Nordamerika).

Spyridiocrinus Oehlert, *Orthocrinus* Jaekel. Devon. Europa.

6. Familie. **Rhodocrinidae.** F. Roem.

Basis dizyklisch. IB 5, B 5, fünfseitig. R 5 × 3, sowie 1—3 Zonen R dist. IR zahlreich. Die unteren IR zwischen die R^1 eingeschaltet. Analinterradius wenig von den übrigen I Interradien verschieden. Arme 5—10 unverzweigt oder mit zahlreichen, einfachen Seitenästen; Pinnulae lang. Silur. Devon. Karbon.

Archaeocrinus, Diabolocrinus, Raphanocrinus W. u. Spr. Unt. Silur Nordamerika.

Thyladocrinus, Diamenocrinus Oehlert. Devon.

Lyriocrinus Hall. Ob. Silur (Nord-Amerika, England). *Anthemocrinus* W. u. Spr. Ob. Silur (Gotland).

Rhipidocrinus Beyrich (Fig. 282). Dorsalkapsel

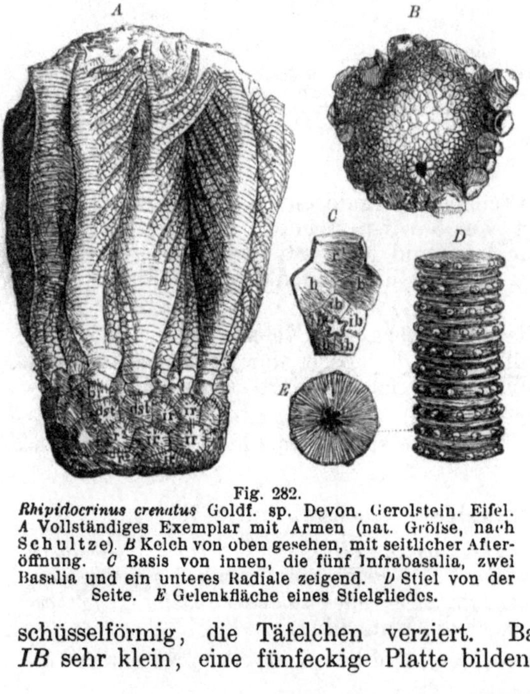

Fig. 282.
Rhipidocrinus crenatus Goldf. sp. Devon. Gerolstein. Eifel. *A* Vollständiges Exemplar mit Armen (nat. Größe, nach Schultze). *B* Kelch von oben gesehen, mit seitlicher Afteröffnung. *C* Basis von innen, die fünf Infrabasalia, zwei Basalia und ein unteres Radiale zeigend. *D* Stiel von der Seite. *E* Gelenkfläche eines Stielgliedes.

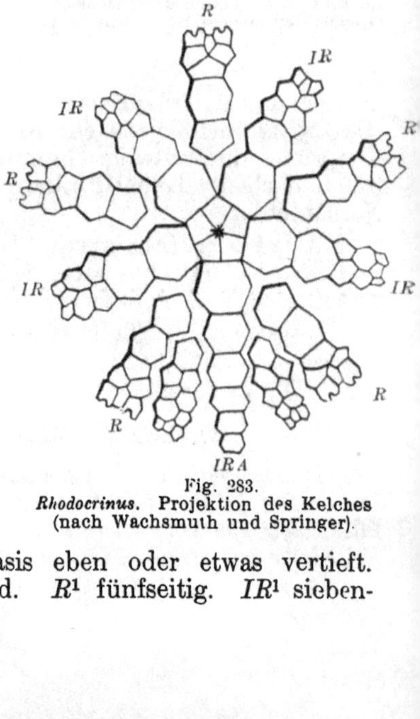

Fig. 283.
Rhodocrinus. Projektion des Kelches (nach Wachsmuth und Springer).

schüsselförmig, die Täfelchen verziert. Basis eben oder etwas vertieft. *IB* sehr klein, eine fünfeckige Platte bildend. R^1 fünfseitig. IR^1 siebenseitig. Kelchdecke mit zahlreichen, soliden Täfelchen. After exzentrisch. Arme aus sehr breiten, niedrigen, einzeiligen Gliedern bestehend, beiderseits mit zahlreichen, zweizeiligen Nebenästen versehen, welche Pinnulae tragen. Stiel dick, rund, mit niedrigen Gliedern, Zentralkanal fünflappig. Häufig im Devon (Eifel).

Ollacrinus Cumberl. (*Gilbertsocrinus* Phil.; *Goniasteroidocrinus* Lyon und Casseday). Kelchdecke mit interradialen, getäfelten, röhrenförmigen, an den Enden vergabelten, nach abwärts gerichteten Fortsätzen. Karbon.

Rhodocrinus Mill. (Fig. 283.) Wie *Rhipidocrinus*, jedoch Arme dünn, unverästelt, zweizeilig, mit langen Pinnulis. Karbon.

Acanthocrinus F. Roem. Wie *Rhodocrinus*, aber Kelchplatten mit Stacheln versehen. Devon.

7. Familie. **Melocrinidae.** Roemer (emend. Wachsm. u. Spr.).

Basis monozyklisch. B 3, 4 oder 5. R 5 × 3, darüber 2—3 R. dist. Die untersten IR zwischen R^2 *eingeschaltet. Arme mit zahlreichen Nebenästen und Pinnulis.* Silur. Devon.

Patelliocrinus Ang. (Fig. 284). *B* 3. Analinterradius wie die übrigen Interradien mit 3 *IR*. Kelchdecke mit wenig grofsen Täfelchen. *A* wechsel- oder zweizeilig. Ob. Silur. Gotland.

Allocrinus W. u. Spr., *Macrostylocrinus* Hall. Silur.

Glyptocrinus Hall (*Pycnocrinus* S. A. Miller) (Fig. 285) *B* 5. *IR* zahlreich, nach oben in 2 oder 4 Reihen vergabelt. Kelchtäfelchen mit radialstrahligen Leistchen verziert. *A* schlank, einzeilig, vergabelt. Kelchdecke aus zahlreichen kleinen Täfelchen zusammengesetzt. Unt. Silur. Nordamerika.

Stelidiocrinus Ang. (*Harmocrinus* Ang.). Ob. Silur. Gotland.

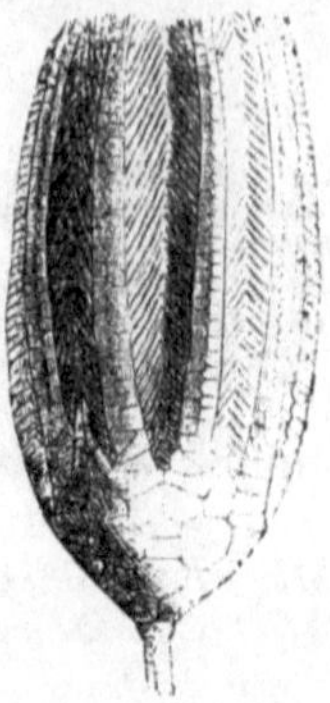

Fig. 284. *Patelliocrinus leptodactylus* Ang. sp Ober-Silur. Gotland. (Nat. Grofse.) Nach Angelin.

Fig. 285. *Glyptocrinus decadactylus* Hall. Unter-Silur. (Trenton-Gruppe) Cincinnati. Ohio. Nat. Gröfse.

Melocrinus Goldf. (*Ctenocrinus* Bronn, *Astrocrinus* Conr., *Castanocrinus* und *Cytocrinus* F. A. Roem.) (Fig. 286, 287). *K* birn- oder melonenförmig. *B* 4. *R* sechsseitig. *IR* zahlreich. Kelchdecke mit subzentralem oder exzentrischem After (*Melocrinus*) oder mit Afterröhre (*Ctenocrinus*). *A* 5 × 2, einzeilig, paarweise nebeneinander stehend und mit ihren einander zugekehrten Seiten verwachsen; auf den entgegengesetzten Seiten mit zahlreichen einfachen, Pinnulae tragenden Nebenzweigen besetzt. Stiel rund oder elliptisch; Glieder niedrig, Zentralkanal rund. Ob. Silur (Gotland). Devon (Eifel, Rheinland). Die im devonischen Spiriferensandstein häufig vorkommenden Hohlabdrücke der Stiele von *M.* (*Ctenocrinus*) *typus* Bronn, bei denen der Zentralkanal und die Zwischenräume zwischen den gestrahlten Gelenkflächen mit Gestein ausgefüllt wurden, sind unter dem Namen »Schraubensteine« bekannt.

Mariacrinus Hall. (*Zenkericrinus* Waagen u. Jahn). Silur. Devon.

Cloriocrinus Quenst. (*Corymbocrinus* Ang., *Polypeltes* Ang.). Ob. Silur. Gotland und England.

Trybliocrinus Geinitz (*Spyridiocrinus* Oehlert). Devon.

Scyphocrinus Zenker. *K* grofs, länglich birnförmig. *B* 4. *IR* zahlreich, nach oben wie die *R* in mehrere Reihen zerspalten und allmählich in die kleingetäfelte Kelchdecke übergehend. Stiel rund, aus niedrigen Gliedern zusammengesetzt. Die Wurzel ist kugelig angeschwollen, fein getäfelt und mit inneren Scheidewänden versehen. Sie wurde von Hall als *Camarocrinus*, von Barrande als *Lobolithus* beschrieben und zu den Cystoideen gestellt.

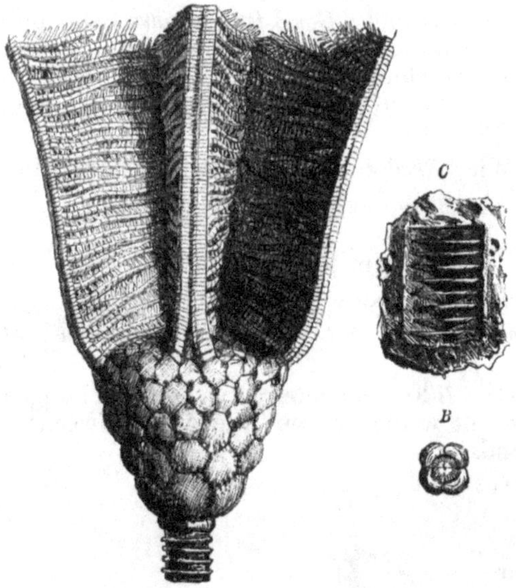

Fig. 287.
Ctenocrinus typus Bronn. Devon (Spiriferen-Sandstein). Daun. Eifel. *B* Basis. *C* Steinkern eines Stielfragments, sog. Schraubenstein.

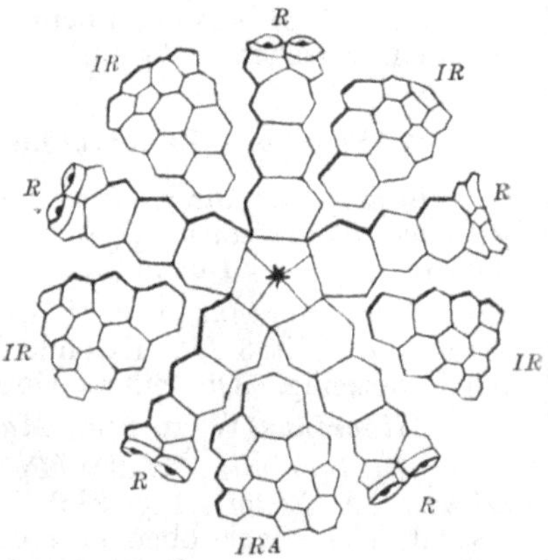

Fig. 286.
Melocrinus. Projektion des Kelches (nach Wachsmuth und Springer).

Dolatocrinus Lyon (*Caccabocrinus* Hall), *Technocrinus* Hall, *Stereocrinus* Barris. Devon. Nordamerika.

8. Familie. **Calyptocrinidae.** Angelin.

K regelmäſsig, alle Interradien und Radien gleich. B 4. R 5 × 3. 5 R dist. und 5 × 3 IR. Kelchdecke flaschenförmig verlängert, mit zentraler Öffnung, regelmäſsig getäfelt. A 20, zweizeilig, nie länger als die Zentralröhre, paarweise entweder zwischen rippenartigen Vorsprüngen des oberen Kelchrandes oder in besonderen Nischen gelegen, die durch vertikal und radial auf der Kelchdecke stehende Platten gebildet werden. Ober-Silur. Devon.

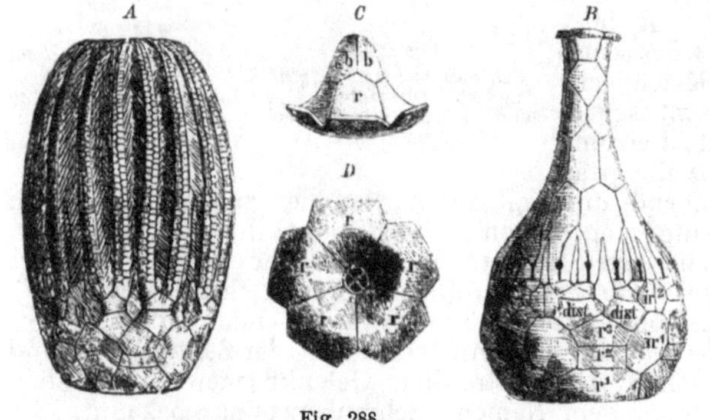

Fig. 288.
Callicrinus costatus His. sp. Ober-Silur. Gotland. *A* Kelch mit Armen. *B* Kelch mit wohlerhaltenem Scheitel ohne Arme. *C* Basis von innen. *D* Basis von unten. (Nat. Gröfse, nach Angelin).

Callicrinus Angelin. (Fig. 288). Basis tief ausgehöhlt. *B* winzig klein. R^1 grofs, die untere Hälfte umgebogen und den Hohlkegel der Basis bildend. R^3 axillar, darüber je 2 *R dist.* und zwischen diesen ein schmales, nach oben zugespitztes Interdistichale, das die Armpaare voneinander trennt. Ob. Silur. Gotland.

Eucalyptocrinus Goldf., (*Hypanthocrinus* Phill.) (Fig. 289, 290). Dorsalkapsel wie bei *Callicrinus*, aber die schmalen Interdistichalia tragen grofse, flügelartige Platten, welche sich an die Zentralröhre der Decke anlegen und zehn Nischen für die Armpaare bilden. Ob. Silur (Gotland, Nordamerika), Devon (Eifel).

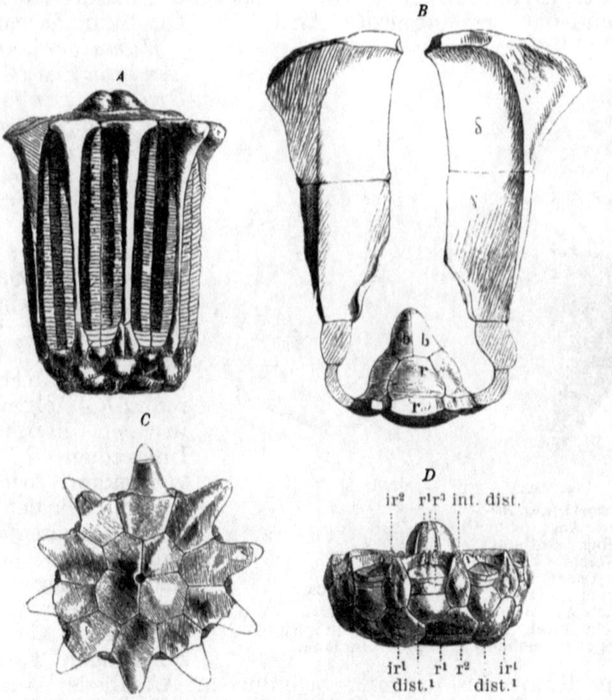

Fig. 289.

Eucalyptocrinus rosaceus Goldf. Devon. Gerolstein. Eifel. *A* vollständiges Exemplar mit Armen. *B* Idealer Durchschnitt eines Kelches (*b* Basalia, *r'* erstes Radiale, *γ* unteres, *δ* oberes Nischenstück). *C* Kelchdecke *D* Kelch ohne Arme (*r*[1] u. [2] 1. und 2. Radiale, *ir* Interradialia, *dist.* Distichalia radialia, *int. dist.* Interdistichalia). Nach L. Schultze.

Fig. 290.

Eucalyptocrinus (Hypenthrinus) regularis His. Ober-Silur. Gotland. Vollständiger Kelch mit Armen. In einer Nische sind die Arme weggenommen, um die innere getäfelte Kelchdecke zu zeigen.

4. Ordnung. **Flexibilia.** Zittel.

(*Articulata* Wachsm. non Müller; *Ichthyocrinacea* Neum.; *Articulosa* Jaekel.)

Dorsalkapsel aus Basis und einem Kranz von *R* bestehend. *IR* vorhanden oder fehlend. Die 3 unteren Armglieder berühren sich oder sind durch Interbrachialia verbunden und nehmen an der Zusammensetzung der Kelchdecke teil. Kelchdecke zwischen die Arme heraufgerückt, ursprünglich häutig und beweglich, aus zahlreichen, dünnen, lose nebeneinander liegenden schuppenartigen Plättchen zusammengesetzt; die Ambulacralfurchen mit zwei alternierenden Reihen von Saumplättchen bedeckt oder offen. Mund von fünf Oralplatten umgeben. After exzentrisch. Arme distal stark geteilt und eingekrümmt, einzeilig; alle Brachialia mit Dorsalkanal und durch Gelenke verbunden, ohne oder mit Pinnulae. Silur bis Kreide.

1. Familie. **Ichthyocrinidae.** Wachsm. Spr.

Basis dizyklisch. IB 3 klein, selten über dem Stiel sichtbar. B 5. R oben mit breiter Gelenkfläche. IRA meist vorhanden. Kelchdecke mit centralem Mund, meist ohne Proboscis. Arme ohne Pinnulae. Stiel rund, mit sehr niedrigen Gliedern. Silur bis Karbon.

Ichthyocrinus Conrad (Fig. 291). *IB* winzig klein. *IR* und *IBr* fehlen. Ob. Silur und Karbon. Nordamerika und Europa.

Lecanocrinus Hall (Fig. 292). Wie vorige, aber im Analinterradius ein rhombisches *RA* und darüber eine grofse Analplatte. Ob. Silur. Devon.

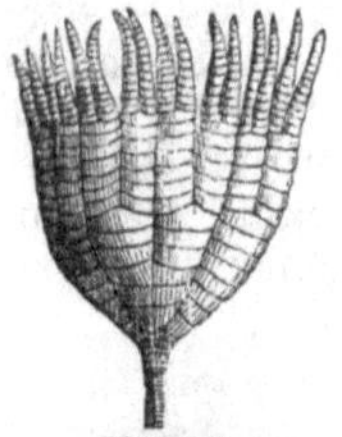

Fig. 291. *Ichthyocrinus laevis* Conrad, aus obersilurischem Kalk (Niagara Group) von Lockport. New-York (nach Hall).

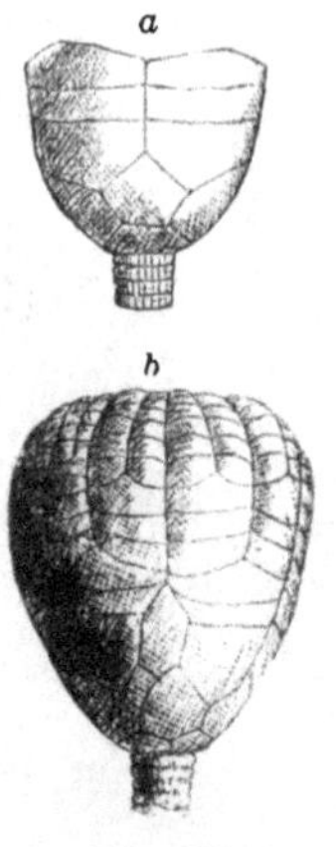

Fig. 292. *Lecanocrinus Billingsi* Ang. Ober-Silur. Gotland. *a* Kelch. *b* Kelch mit Armen von der Analseite (vergr., nach Angelin, nicht durch den Spiegel gezeichnet).

Fig. 293. *Taxocrinus Meeki* Worthen. Kohlenkalk. Crawfordsville. Indiana.

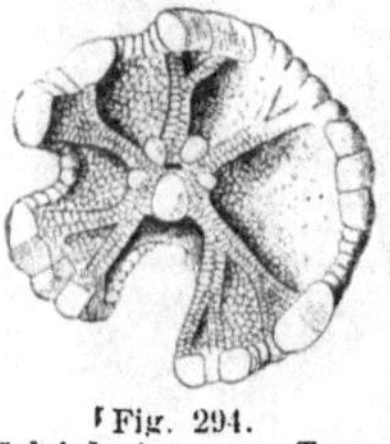

Fig. 294. Kelchdecke von *Taxocrinus* (nach Wachsmuth).

Homalocrinus, *Anisocrinus*, *Calpiocrinus*, *Cyrtidocrinus*, *Pycnosaccus* Ang., *Lithocrinus* W. Spr. Ob. Silur (Gotland).

Taxocrinus Forbes (Fig. 293, 294). *IB* 3 klein. Zwischen den *R* ein grofses *IRA*, auf welches mehrere *IRA* folgen; in den übrigen Interradien *IBr* vorhanden oder fehlend. Die unteren (primären) Armglieder besitzen häufig an ihrer unteren Gelenkfläche einen zahnartigen Fortsatz, welcher in eine Rinne des darunter befindlichen Armgliedes pafst und zuweilen als selbständiges Plättchen entwickelt ist. Silur. Devon. Karbon. Nordamerika und Europa.

Forbesiocrinus de Kon., *Onychocrinus* Lyon u. Cass., *Mespilocrinus* de Kon. Karbon.

2. Familie. **Uintacrinidae.** Zitt. (emend. Springer).[1]

K monozyklisch oder dizyklisch. Ungestielt, aus dünnen Täfelchen zusammengesetzt. Die 5 B umschliefsen eine fünfseitige Centrodorsalplatte oder 5 winzige IB und eine Centralplatte. R 5. Die unteren Br durch mehrere Reihen von IBr verbunden. Kelchdecke mit kleinen schuppigen Plättchen bedeckt und einer zentralen, konischen Afterröhre. Mund exzentrisch; Ambulacralfurchen offen. Arme lang, dünn, einzeilig, verästelt mit zahlreichen, langen Pinnulis.

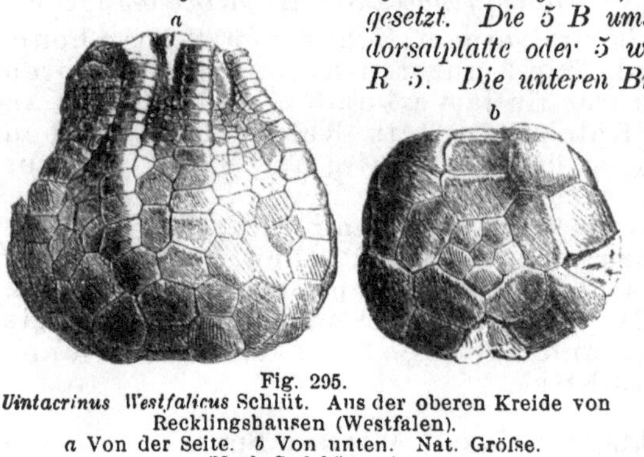

Fig. 295. *Uintacrinus Westfalicus* Schlüt. Aus der oberen Kreide von Recklinghausen (Westfalen). *a* Von der Seite. *b* Von unten. Nat. Gröfse. (Nach Schlüter.)

Die einzige Gattung *Uintacrinus* Grinnell (Fig. 295) in der oberen Kreide von Kansas, Westfalen und England.

[1]) *Bather, F. A.*, Proceed. zool. Soc. London 1895, p. 974 u. Geol. Mag. 1896. Dec. IV. vol. III. p. 443. — *Springer, Fr.*, Memoirs of the Museum of comp. Zoology 1901. vol. XXV. I.

5. Ordnung. **Articulata.** J. Müller.

(*Neocrinoidea* H. Carp., *Canaliculata* Wachsm. u. Spr., *Pentacrinacea* Neum.)

Kelch regulär, aus dicken Platten zusammengesetzt; *IR* selten vorhanden. *IB* fehlend oder klein und meist mit dem obersten Stielglied verbunden. *B* und *R* durch Sutur, die *R*, wenn mehr als eine Zone vorhanden, oben und unten gelenkig verbunden. Kelchdecke häutig oder mit lose nebeneinander liegenden Täfelchen bedeckt; Ambulacralfurchen und Mund offen. Oralia in der Jugend stets, häufig auch im ausgewachsenen Zustand vorhanden. Arme einzeilig, wechselzeilig, selten zweizeilig, mit Pinnulis. Trias bis Jetztzeit.

Zu den *Articulata* gehören fast alle lebenden, tertiären und die meisten mesozoischen Crinoideen. Sie sind ausgezeichnet durch offene Ambulacra und unbedeckten Mund, sowie durch die zur Aufnahme eines Nervenstranges und Bindegewebfasern dienenden Kanäle, welche nicht nur den Körper aller *Br*, sondern auch die *R* und *B* durchsetzen. Diese Axialkanäle (Fig. 296) gehen vom gekammerten »Dorsalorgan« aus, treten zuerst in die Mittelebene der *B* ein, teilen sich jedoch innerhalb der *B* in zwei Äste, welche in zwei darüber liegende *R* fortsetzen und von da in die Brachialia verlaufen. Im ersten Radialkranz werden die radialen Axialkanäle, die in der Jugend in offenen Rinnen der Innenfläche verlaufen und erst später vollständig umschlossen sind, durch einen Ringkanal miteinander verbunden.

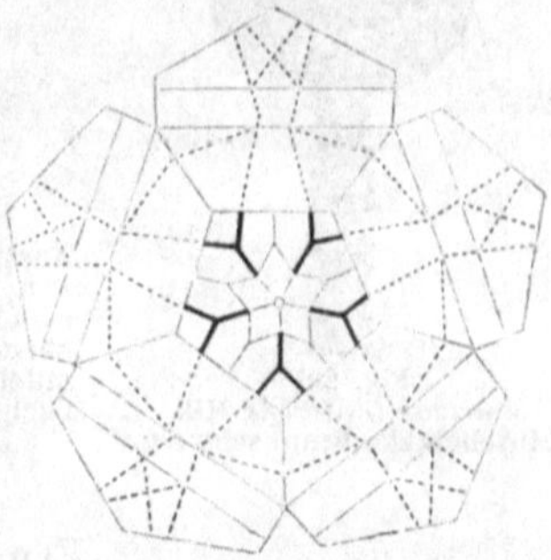

Fig. 296.
Verlauf der inneren Axialkanäle im Kelch und in den Armen von *Encrinus*. (Nach Beyrich.) (Die Kanäle sind punktiert, wenn sie im Innern der Täfelchen verlaufen, dagegen mit schwarzer Linie angedeutet, wo man dieselbe auf der Innenseite des Kelches oberflächlich beobachten kann.)

1. Familie. **Encrinidae.** Roem.

Dorsalkapsel niedrig, schüsselförmig, mit dizyklischer Basis. IB 5 sehr klein, unter dem obersten Stielglied versteckt. B 5 grofs. R 5 oben abgestutzt, die breite Gelenkfläche mit Querriff. IR fehlen. Kelchdecke gewölbt und getäfelt. A 5 × 2 oder 5 × 4, kräftig, ungeteilt, dicht nebeneinander liegend, zweizeilig oder wechselzeilig. Stiel rund, meist ohne Seitenranken, das untere Ende zu einer verdickten Scheibe ausgebreitet. Trias.

Encrinus Miller (Fig. 297, 298). Über R^1 folgt ein niedriges, breites Br^1, darauf ein axillares Br^2. *A* 10—20, anfänglich einzeilig, später zweizeilig, mit langen Pinnulis. Stiel rund, ohne Cirrhen, die Gelenkflächen radial gestreift oder am Rand radial gekerbt. Zentralkanal rund. Häufig in der Trias, namentlich im Muschelkalk. Die Stielglieder von *E. liliiformis* Lam. bilden nicht selten mehrere Meter mächtige Kalksteinschichten (Trochitenkalk).

Dadocrinus Meyer (vgl. Könen, Nachr. d. K. Ges. d. Wissenschaften, Göttingen 1895, S. 283). Wie *Encrinus*, aber kleiner. Arme lang, wechselzeilig. Trias. *D. gracilis.* Meyer.

Holocrinus Wachsm. u. Spr. Trias. Stiel mit Cirrhen. H. Wagneri W. Spr.

Fig. 297.
Encrinus liliiformis Mill.
Muschelkalk. Braunschweig.

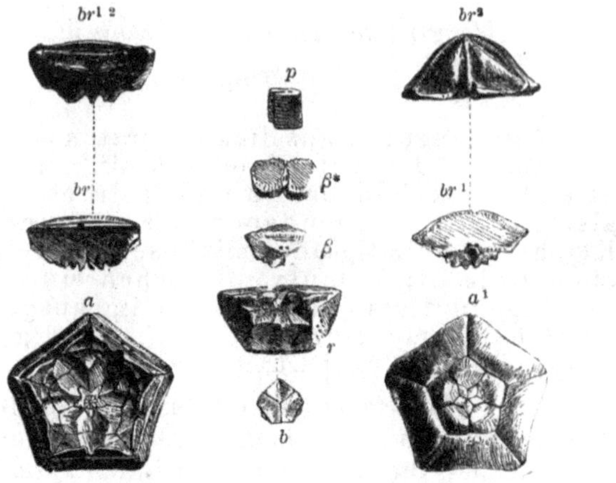

Fig. 298.
Analyse des Kelches und der Arme von *Encrinus*. *a* und *a*¹ Kelch von innen und unten. *b* Basale. von innen, etwas abgerieben. *r* Radiale ¹ von innen *br* Erstes Armglied (R^2 auct.) von unten (Gelenkfläche). br^1 Dasselbe von oben (Syzygialnaht). $br^{1\,2}$ Brachiale $^{1\,u.\,2}$ miteinander verwachsen von unten und innen, br^2 Axillare Gelenkfläche von Brachiale ². β Einreihiges, β^* zweireihiges Armglied mit doppeltem Kanal. *p* Ein Pinnula-Glied (vergröfsert).

2. Familie. **Apiocrinidae.** d'Orb.

K regulär, aus sehr dicken Tafeln bestehend. B 5 grofs. R 5 × 1—3. Zuweilen IR in allen fünf Interradien vorhanden, die jedoch erst über R^1 beginnen. Kelchdecke getäfelt. Mund und After unbekannt. A 5 × 2, einzeilig, mäfsig vergabelt, mit langen Pinnulae. Stiel lang, kreisrund, seltener pentagonal, ohne Seitenranken, am unteren Ende mit verdickter Wurzel. Die Gelenkflächen der Stielglieder vollständig oder nur am Rand radial gestreift. Jura, Kreide und Jetztzeit.

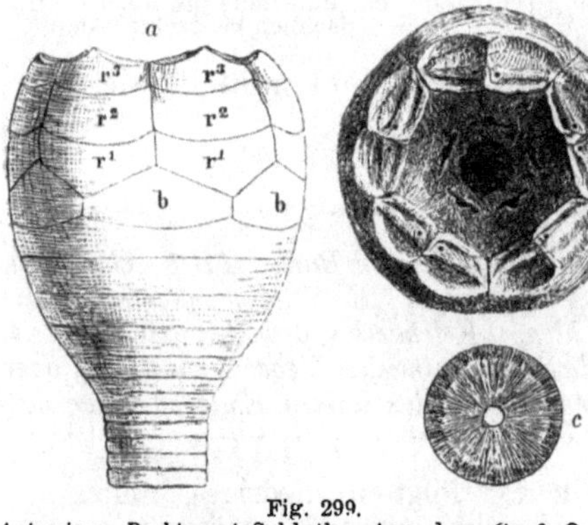

Fig. 299.
Apiocrinus Parkinsoni Schloth Aus dem Grofs-Oolith von Ranville. Calvados *a* Kelch mit den obersten Stielgliedern von der Seite, *b* von Oben *c* Gelenkfläche eines Stielgliedes (nat. Gröfse).

Apiocrinus Miller (Fig. 299, 300, 301). *K* birnförmig, von einem langen, runden Stiel getragen, dessen niedrige Glieder am oberen Ende immer breiter werden und allmählich in den *K* übergehen. Das oberste Stielglied (Centrodorsale) hat fünf erhabene Radialkanten, von denen die Seiten dachförmig abfallen. *B* 5 breiter als hoch. *R* 5 × 3, seitlich durch Naht, in radialer Richtung durch oben ausgehöhlte und am Innenrand mit erhabener Querleiste versehene Flächen unbeweglich verbunden. R^3 axillar. Bei einzelnen Arten schalten sich zwischen den zwei oberen Radialkränzen kleine, durch Sutur verbundene *IR* ein. Die oberen Stielglieder liegen nur in der Peripherie dicht aufeinander und lassen gegen innen einen Zwischenraum frei. Lias, Jura und untere Kreide. Die Stielglieder bilden namentlich in den Alpen nicht selten Crinoideenkalke.

Guettardocrinus d'Orb. Wie *Apiocrinus*, aber die zwei unteren *Br* seitlich durch *IR* unbeweglich verbunden und an der Kelchbildung teilnehmend. Einzige Art (*G. dilatatus* d'Orb.) im oberen Jura.

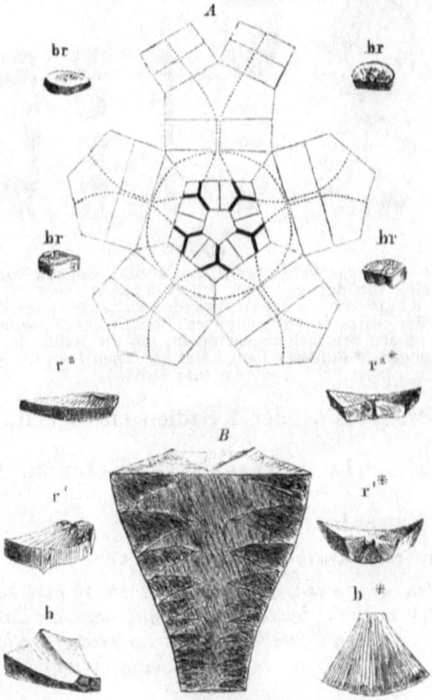

Fig. 300.

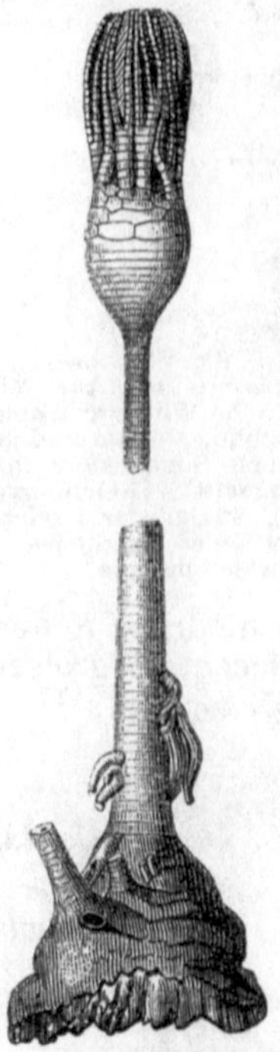

Fig. 301.

Fig. 300.

Apiocrinus Parkinsoni Schloth. Ranville. *a* Analyse des Kelches und Verlauf der Kanäle (die mit punktierten Linien bezeichneten Kanäle verlaufen im Innern der Tafeln, die ununterbrochenen Linien stellen die auf der Innenseite der Basalia sichtbaren Gabelkanäle dar). *B* oberer Teil des Stieles mit Centrodorsalplatte, in der Mitte durchgeschnitten, um die Zwischenräume zwischen den Gliedern zu zeigen. *b* Basaltäfelchen von oben und innen, *b** dasselbe von unten. r^1 Erstes Radiale von aufsen, r^{1*} dasselbe von innen. r^2 Zweites Radiale von aufsen, r^{2*} dasselbe von innen (die Kanäle der Radialtäfelchen sind nur an angeschliffenen oder stark abgeriebenen Täfelchen, wie die gezeichneten, sichtbar). *br* Armglieder.

Fig. 301.

Apiocrinus Roissyanus d'Orb. Aus dem Coralrag von Tonnerre (Yonne). (Restauriert nach d'Orbigny.)

Millericrinus d'Orb. *K* aus einer grofsen, fünfseitigen Centrodorsalplatte, 5 grofsen *B* und 5 *R* mit breiter, abgestutzter oberer Gelenkfläche versehen, auf welche die beweglichen Arme folgen. Zuweilen 5 winzige, rudimentäre *IB* vorhanden. Lias bis untere Kreide.

Acrochordocrinus Trautschold. Jura. Unt. Kreide.

Calamocrinus Ag. Recent Galapagos-Inseln.

3. Familie. **Bourgueticrinidae.** Loriol.

K klein, birnförmig, mit seichter Leibeshöhle, aus 5 B und 5 × 1—3 R bestehend. Kelchdecke häutig mit 5 Oralplatten. A 5, dünn, einzeilig, mit sehr langen Pinnulae. Stiel mit zahlreichen Seitenranken, aus hohen, zylindrischen, gelenkig verbundenen Gliedern zusammengesetzt; die Gelenkflächen mit erhabenem Querriff. Jura bis Jetztzeit.

Bourgueticrinus d'Orb. (Fig. 302). *K* durch eine sehr grofse, hohe Centrodorsalplatte gestützt; die obersten Stielglieder verdickt. Ob. Jura. Kreide. Tertiär.

Rhizocrinus Sars. (*Conocrinus* d'Orb. non Troost) (Fig. 303). *B* 5 sehr hoch und dick, häufig verschmolzen, auf dünnem Stiel ruhend. Nur ein

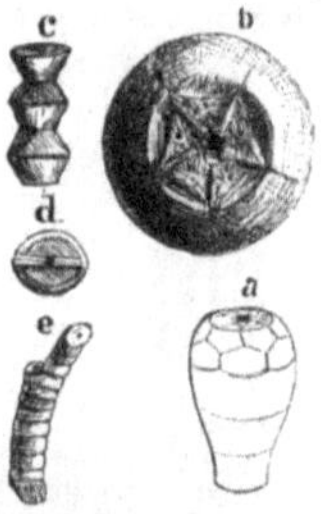

Fig. 302.
Bourgueticrinus ellipticus Mill. Weifse Kreide. Wiltshire. *a* Kelch mit Centrodorsalplatte und den zwei oberst. Stielgliedern (nat. Gr.) *b* Oberseite des Kelches (vergröfsert). *c* Stielglieder. *d* Gelenkfläche eines Stelgliedes. *e* Seitenranke.

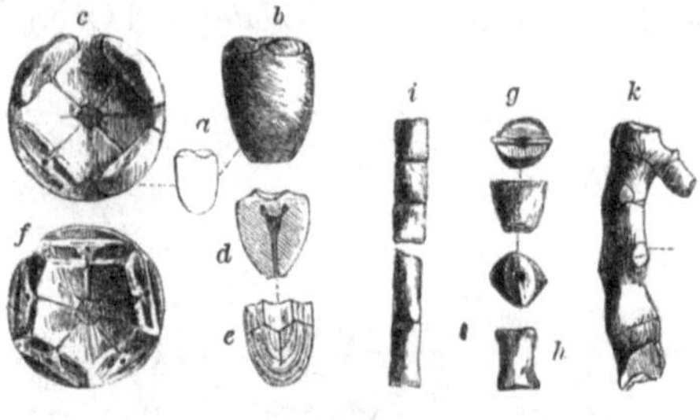

Fig. 303.
Rhizocriuns pyriformis Goldf. sp. Eocän. Gegend von Verona. *a* Kelch von der Seite (nat. Gr.); *b* derselbe vergr.; *c* von oben mit 3 aufsitzenden ersten Armgliedern. *d* Zweites Exemplar, in der Mitte durchgeschnitten (nat. Gr) *e* Dasselbe, an der Oberfläche schwach angeschliffen, um die Nähte der *R* und *B* zu zeigen. *f* Fünfstrahliger Kelch von oben (vergr.). *g—k* Stielglieder (nat. Gröfse).

Kranz niedriger *R* vorhanden. Öfters 4, 6 oder 7 Radien entwickelt. Eocän und Recent in grofsen Tiefen.

Mesocrinus H. Carp. Kreide. *Bathycrinus* Wyv. Thomson. Recent.

4. Familie. **Eugeniacrinidae.** Zitt.

(*Coadunata* Miller, *Holopocrinidae p. p.* Jaekel.)

Dorsalkapsel nur aus 5 (selten 4) dicken, fest verbundenen R bestehend. B fehlen. Kelchdecke unbekannt. Br[1] *niedrig, leistenförmig, mit dem axillaren Br*[2] *durch Syzygialnaht verbunden oder verschmolzen. Arme einzeilig, plump, eingerollt.*

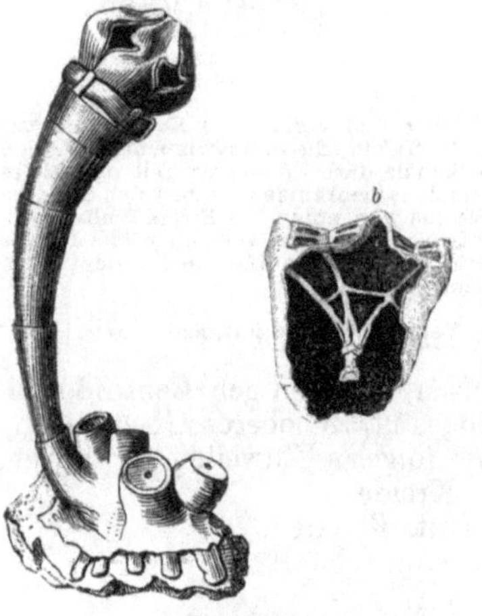

Fig. 304.
a Eugeniacrinus caryophyllatus Mill. Aus dem oberen Jura, restauriert, ohne Arme (nach Fraas). *b* Kelch aufgebrochen mit den verkieselten Axialkanälen. (Nach Jaekel.)

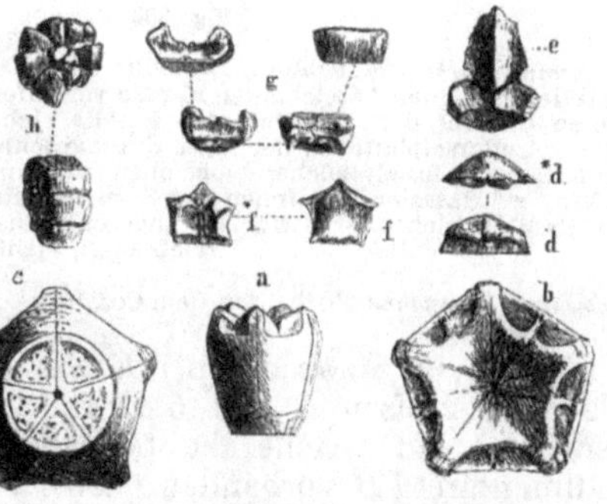

Fig. 305.
Eugeniacrinus caryophyllatus Mill. Ob. Jura. Streitberg. Franken. *a* Kelch mit oberstem Stielglied (Centrodorsale), nat. Gr. *b* Kelch von oben; *c* derselbe von unten, $^3/_2$. *d* Unterstes Armglied (R^2 auct.) von innen, *d** dasselbe von oben. *e* Zweites Armglied von innen (nat. Gröfse). *f—h E. nutans* Goldf., ebendaher. *f* Die zwei ersten Armglieder mit einander verwachsen von aufsen, *f** von innen. *g* Ein Armglied von vier Seiten. *h* Eingerollter Arm vom Rücken und von der Seite.

Stiel kurz, rankenlos, aus wenigen, hohen, zylindrischen Gliedern mit gekörnelten oder gestreiften Gelenkflächen bestehend. Wurzel verdickt und ausgebreitet. Lias, Jura und untere Kreide von Europa.

Eugeniacrinus Miller (Fig. 304, 305). *K* klein, schüsselförmig, mit seichter Leibeshöhle. *R* sehr dick, innig verbunden, zuweilen verschmolzen. Aus dem Verlauf der Achsialkanäle (Fig. 305) geht hervor, dafs die *B* ins Innere der *R* gedrängt und von diesen vollständig umhüllt wurden. Der mediane Teil des Br^2 ist bald dachförmig, bald in eigentümlicher Weise zu einem dreieckigen, geraden oder einwärts gebogenen Fortsatz, an dessen Seiten sich die Gelenkflächen für die Arme befinden, verlängert. Das oberste Stielglied zuweilen mit fünf schwachen Radialleisten. Häufig im oberen Jura, insbesondere im Spongitenkalk von Süddeutschland, der Schweiz, Frankreich und den Karpathen. Seltener im Dogger und in der unteren Kreide der Alpen.

Jaekel (Zeitschr. d. d. geolog. Ges. 1891. XLIII) zerlegt *Eugeniacrinus* in die Gattungen *Cyrtocrinus, Sclerocrinus, Tetanocrinus, Eugeniacrinus* und *Gymnocrinus*, welche sich durch Abweichungen des Br^2, der Artikulationsflächen der *R* und der Arme unterscheiden.

Eudesicrinus Loriol. Die 5 *R* werden nur durch zwei kurze, dicke Stielglieder getragen. Lias.

Tetracrinus Münst. Nur 4 (selten 3 oder 5) *R* vorhanden, welche sich auf einen runden Stiel mit ungleichen, tonnen- oder scheibenförmigen Gliedern stützen. Das oberste Stielglied besitzt 4 (3 oder 5) starke radiale Leisten und wird von Jaekel als Basis betrachtet, obwohl demselben Achsialkanäle fehlen. Ob. Jura.

Phyllocrinus d'Orb. *K* kugelig; die oberen Gelenkflächen der *R* schmal, seitlich durch sehr hohe Fortsätze begrenzt. Ob. Jura und untere Kreide, besonders in der mediterranen Provinz.

5. Familie. **Holopidae.** Zitt.

Dorsalkapsel becherförmig, aus 5 verschmolzenen R gebildet, welche mit breiter Fläche unmittelbar festgewachsen sind oder von einem ungeteilten Basalkranz getragen werden. Kelchdecke mit 5 grofsen, dreieckigen Oralplatten und zahlreichen kleinen Randplättchen. A 5 × 2, einzeilig, ungeteilt, stark eingerollt, aus sehr dicken Gliedern bestehend.

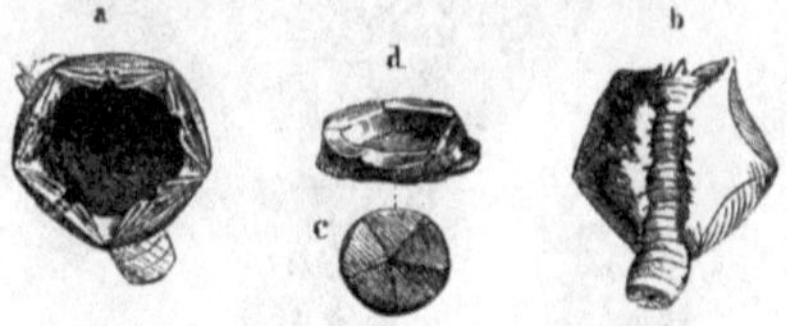

Fig. 306.
Cotylederma docens E. Deslongch. Aus dem oberen Lias von May. Calvados. *a* Kelch von oben, *b* von unten (nat. Gr.). *c, d C. lineati* Quenst. Lias δ, Asselfingen. Baden. *c* Centrodorsalplatte. *d* Unterer verschmolzener Täfelchenkranz (Basalia). Nat. Gr.

Von den hierher gehörigen Gattungen findet sich *Cyathidium* Steenstr. (*Micropocrinus* Menegh.) in der Kreide und im Tertiär, *Holopus* d'Orb. lebend in grofser Tiefe, *Cotylederma* Quenst. (Fig. 306) im Lias.

6. Familie. **Pentacrinidae.** d'Orb.

K klein, schüsselförmig, aus 5 B und 5 R zusammengesetzt, darüber 2—3 einfache Br. Kelchdecke häutig, mit eingelagerten, sehr dünnen Kalktäfelchen. Arme kräftig, meist sehr stark verästelt, mit Pinnulis. Stiel lang, fünfkantig, selten zylindrisch, mit wirtelförmig gestellten Nebenranken. Die Gelenkflächen der Stielglieder mit fünfblättriger Zeichnung. Trias bis Jetztzeit.

Pentacrinus Miller (*Isocrinus* Meyer, *Extracrinus* Austin, *Chladocrinus* Ag., *Cainocrinus* Forbes) (Fig. 307). Die Leibeshöhle wird von den *B, R* und den zwei untersten *Br* umgeben. Br^2 axillar. Die *R* zuweilen mit einer nach unten gerichteten, spornförmigen Verlängerung. *A* einzeilig, sehr stark verästelt. Stiel fünfkantig, mit zahlreichen Nebenranken, am unteren Ende nicht verdickt; die Gelenkflächen mit fünfblättriger Rosette. Trias bis Jetztzeit. Am häufigsten im Lias. Prachtvoll erhaltene Kronen mit Armen und Stiel im unteren Lias von England und im oberen Lias von Boll und

Metzingen in Württemberg. Im Tübinger Museum befindet sich eine Platte mit 24 vollständigen langgestielten Kronen von *P. subangularis* Mill. Als *Extracrinus* unterscheidet Austin Formen mit 5 kleinen *IB*, bei denen die *A* nur auf einer Seite mit Nebenästen versehen sind. Lias. Jura. *E. subangularis* Mill. sp.

Metacrinus H. Carp. Über den *R* mehr als 2 (bis 7) einfache *Br*. *A* mäſsig verästelt. Lebend.

Balanocrinus Ag. Stielglieder rund, am Rand gekerbt und fünf von der Mitte ausstrahlenden, quergekerbten Streifen. Lias. Jura. Kreide.

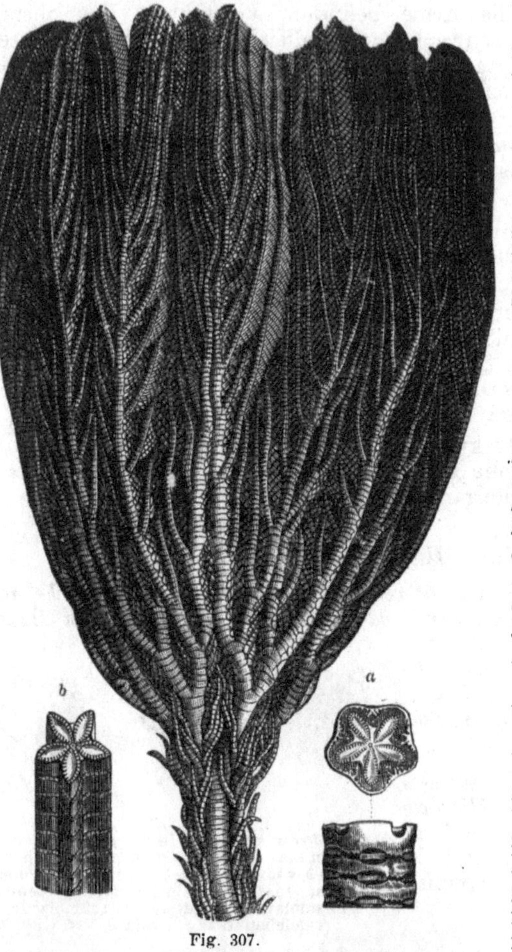

Fig. 307.
Pentacrinus (Extracrinus) Briareus Mill. Aus dem unteren Lias von Lyme Regis, England (nach Goldfuſs). *a* Stielglieder von *P. subangularis* Mill. aus dem oberen, *b* von *P. basaltiformis* Mill. aus dem mittleren Lias.

9. Familie. **Comatulidae.** d'Orb.

In der Jugend gestielt und festgeheftet, später freischwimmend, ungestielt. K aus einer knopfförmigen, mit Ranken besetzten Centrodorsalplatte, 5 mehr oder weniger verkümmerten B und 5 R bestehend, darüber 2 oder mehr Br. Kelchdecke häutig, seltener mit dünnen Täfelchen. Leibeshöhle sehr leicht. A 5—20 und mehr, wechselzeilig, nicht vergabelt, mit Pinnulae.

Die *B* sind anfänglich bei der Larve (Fig. 235) groſse, getrennte Platten, die nach und nach verkümmern und zu einer ringförmigen, äuſserlich unsichtbaren Rosette umgewandelt werden: nicht selten ist die zentrale Rosette mit fünf leistenförmigen, radialen Fortsätzen versehen, welche in Furchen liegen und als kleine interradiale Zapfen zwischen den *R* und dem Centrodorsale vorragen. Letzteres ist mit zahlreichen Ranken besetzt, deren vertiefte, grubige Anheftstellen die Oberfläche der fossilen Zentralknöpfe bedecken. Über 180 meist in seichtem Wasser lebende Arten. Fossil vom Lias an.

Antedon Fréminv. (*Alecto* Leach, *Comatula* Lam., *Pterocoma* Ag., *Decacnemos* Bronn., *Comatulina* d'Orb., *Hertha* Hag., *Solanocrinus, Glenotremites* Goldf.) (Fig. 308). Mund zentral. Centrodorsalplatte hoch, dick, halbkugelig oder fünfkantig, mit zahlreichen Cirrhen. *A* 10 oder mehr. Br^2 axillar. Lias bis Jetztzeit.

Eudiocrinus H. Carp. (*Ophiocrinus* Semp.). Wie *Antedon*, aber nur 5 ungeteilte *A*. Eine fossile (Neocom) und fünf lebende Arten.

Actinometra Müller (*Comaster* Goldf., *Phanogenia* Lovèn). Mund exzentrisch. Basalknopf niedrig, scheibenförmig, mit nur einer (seltener zwei) Reihen von Cirrhen. Jura bis Jetztzeit.

Atelecrinus, Promachocrinus, Thaumatocrinus H. Carp. Rezent.

Thiollierocrinus Etallon. Centrodorsalknopf unten mit elliptischer Gelenkfläche für persistente Stielglieder. Jura und Kreide.

Zeitliche und räumliche Verbreitung der Crinoideen.

Mit Ausnahme der meist in der Nähe der Küste oder in geringer Tiefe lebenden Comatuliden, wovon über 180 rezente Arten beschrieben sind, gehören die übrigen, noch jetzt existierenden Gattungen (*Pentacrinus, Metacrinus, Rhizocrinus, Bathycrinus, Calamocrinus, Hyocrinus, Holopus*) zu den exquisiten Tiefseebewohnern und sind teilweise erst in wenigen Exemplaren bekannt.

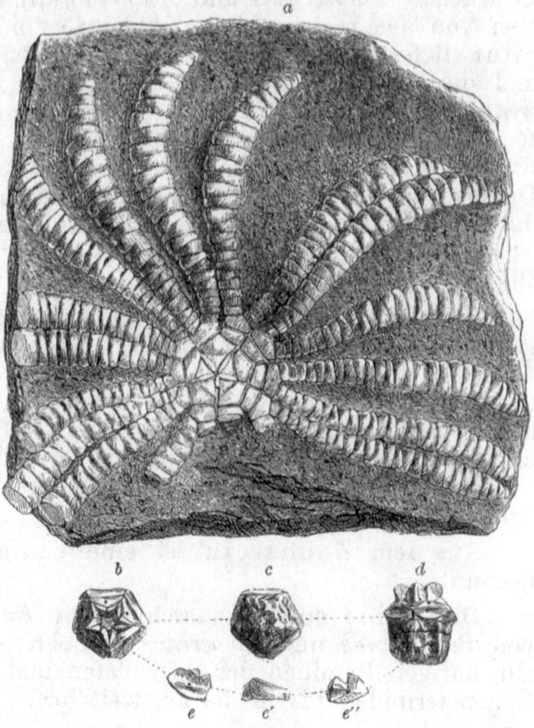

Fig. 308.
a Antedon (Solanocrinus) costatus Goldf. Ober-Jura, Diceraskalk von Kelheim, Bayern. Exemplar mit sämtlichen Armen von der Rückenseite. Der Basalknopf und die Pinnulae fehlen; etwas verkleinert.
b c d A. scrobiculatus Goldf. Aus dem Weifsen Jura von Streitberg in Franken. Kelch in nat. Gröfse *b* von oben, *c* von unten und *d* von der Seite. *e* Ein Armglied.

Die fossilen Crinoideen erreichten schon in paläozoischen Ablagerungen den Höhepunkt ihrer Entwicklung, und namentlich die Abteilungen der *Larviformia* und *Camerata* sind gänzlich, die *Fistulata* und *Flexibilia* mit Ausnahme der Gattungen *Marsupites* und *Uintacrinus* ebenfalls auf die paläozoischen Formationen beschränkt, während die *Articulata* erst in der Trias beginnen und bis in die Jetztzeit fortdauern. Sie wurden darum auch von Herb. Carpenter unter der Bezeichnung *Neocrinoidea* den übrigen älteren Formen (*Palaeocrinoidea*) gegenüber gestellt. Die *Costata* enthalten paläozoische, mesozoische und eine rezente Gattung.

Meist besitzen die Crinoideen eng begrenzte räumliche Verbreitung, finden sich aber in gewissen Ablagerungen so massenhaft, dafs ihre zerfallenen Reste, namentlich die Stielglieder, gesteinsbildend auftreten und zuweilen Schichten von mehreren Metern Mächtigkeit fast ausschliefslich zusammensetzen. Während übrigens die rezenten Genera vorherrschend den tieferen Meeresregionen angehören, lebten die paläozoischen Formen offenbar vielfach in seichtem Wasser und finden sich insbesondere häufig in Gesellschaft von Riffkorallen. Unter den mesozoischen Crinoideen dürften die meist mit Glasschwämmen (Hexactinelliden und Lithistiden) vergesellschafteten Eugeniacriniden und Plicatocriniden in ansehnlicher Tiefe, die *Encrinidae, Apiocrinidae, Saccocomidae, Plicatocrinidae* und *Pentacrinidae* dagegen in seichterem Wasser gelebt haben.

Die ältesten spärlichen und meist schlecht erhaltenen Reste von Crinoideen finden sich schon im Cambrium (*Dendrocrinus*). Nach Jaekel gehören auch die unvollkommen bekannten Gattungen *Eocystis, Lichenoides, Palaeocystis* und *Acanthocystis*) zu den Crinoideen, werden aber von den meisten Autoren den Cystoideen zugezählt. Das untere Silur liefert in England Stielglieder von verschiedenen Gattungen und die Gegend von Petersburg Kelche von *Hybocrinus* und *Baerocrinus.* In Nordamerika sind die Kalksteine der Trenton- und Hudson River-Gruppe zuweilen reich an Crinoideen-Resten. Eine erstaunliche Fülle vorzüglich erhaltener Formen findet sich im oberen Silur von Dudley und Wenlock in England und in den gleichalterigen Schichten der Insel Gotland (43 Genera mit 176 Arten). Auch in Nordamerika ist das obere Silur (Niagara-Gruppe) in New York, Wisconsin, Indiana, Illinois und Tennessee reich an Crinoideen.

Für devonische Formen bilden die Eifel, das Rheinische Schiefergebirg, Nassau, Westfalen, die Ardennen, das Departement Mayenne, Asturien und Nordamerika die Hauptfundorte. Reich an teilweise trefflich erhaltenen Crinoideen sind der Kohlenkalk von Tournay und Visé in Belgien, Yorkshire, Irland, Rufsland (Gegend von Moskau) und ganz besonders Nordamerika, wo die Lokalitäten Burlington (Jowa) und Crawfordsville (Indiana) eine besondere Berühmtheit erlangt haben.

Aus dem Zechstein ist eine einzige Gattung (? *Cyathocrinus*) bekannt.

Die Trias enthält ausschliefslich *Encrinidae* und einige Arten von *Pentacrinus* und *Apiocrinus.* In Jura und Kreide erscheinen alle übrigen Familien der Articulaten und dauern mit Ausnahme der Eugeniacriniden bis in die Jetztzeit fort.

Uber die Stammesgeschichte der Crinoideen sind verschiedene Hypothesen aufgestellt worden. Die meisten Autoren sind geneigt, sie von Cystoideen abzuleiten und in den letzteren die primitiven Vorläufer der Crinoideen zu sehen. Allein die neueren Untersuchungen von Jaekel zeigen, dafs die Cystoideen einen ganz selbständigen, höchst eigenartig differenzierten Ast des Pelmatozoenstammes darstellen, welcher sich unabhängig neben den Crinoideen entwickelt hat. Nur für die Ordnung der *Camerata* hält Jaekel die Abstammung von gewissen Cystoideen für möglich, während alle übrigen Ordnungen keinerlei phyletische Beziehungen zu den Crinoideen erkennen lassen.

Übersicht über die zeitliche Verteilung der Crinoideen.

	Kambrium	Silur	Devon	Karbon	Perm	Trias	Jura	Kreide	Tertiär	Jetztzeit
A. *Larviformia*:										
1. *Haplocrinidae*			▬							
2. *Allagecrinidae*			▬							
3. *Triacrinidae*		▬	▬							
4. *Symbathocrinidae*			▬	▬						
5. *Cupressocrinidae*			▬							
B. *Costata*:										
1. *Hapalocrinidae*			▬							
2. *Plicatocrinidae*							▬			
3. *Hyocrinidae*										▬
4. *Saccocomidae*							▬			
C. *Fistulata*:										
1. *Hybocrinidae*		▬								
2. *Stephanocrinidae*		▬								
3. *Heterocrinidae*		▬	▬	▬						
4. *Calceocrinidae*		▬	▬	▬						
5. *Catillocrinidae*			▬	▬						
6. *Gasterocomidae*			▬	▬	▬					
7. *Cyathocrinidae*	▬	▬	▬	▬	▬					
8. *Crotalocrinidae*		▬								
9. *Poteriocrinidae*			▬	▬						
10. *Marsupitidae*								▬		
D. *Camerata*:										
1. *Platycrinidae*		▬	▬	▬						
2. *Hexacrinidae*			▬	▬						
3. *Actinocrinidae*		▬	▬	▬						
4. *Reteocrinidae*		▬								
5. *Dimerocrinidae*		▬	▬							
6. *Rhodocrinidae*		▬	▬	▬						
7. *Melocrinidae*		▬	▬							
8. *Calyptocrinidae*		▬	▬							
E. *Flexibilia*:										
1. *Ichtyocrinidae*		▬	▬	▬						
2. *Uintacrinidae*								▬		
F. *Articulata*:										
1. *Encrinidae*						▬				
2. *Apiocrinidae*						▬	▬	▬		▬
3. *Burgueticrinidae*							▬	▬	▬	▬
4. *Eugeniacrinidae*							▬	▬		
5. *Holopidae*							▬	▬	▬	▬
6. *Pentacrinidae*						▬	▬	▬	▬	▬
7. *Comatulidae*							▬	▬	▬	▬

2. Klasse. **Cystoidea.** Beutelstrahler.[1])

Ausgestorbene, kurzgestielte, seltener ungestielte und festgewachsene Pelmatozoen, deren Theka aus meist zahlreichen unregelmäſsig, seltener pentamer angeordneten Täfelchen zusammengesetzt ist. Arme schwach entwickelt, zuweilen gänzlich fehlend, niemals verästelt, ohne Pinnulae. Eine zentrale Mund- und eine exzentrische Afteröffnung auf der Oberseite der Theka. Meist auch offene oder mit Täfelchen gedeckte Ambulacralfurchen vom Mund ausstrahlend. Die Kelchtafeln häufig von feinen Kanälen durchsetzt.

Die Theka hat kugelige, beutelförmige, eiförmige, elliptische, seltener zylindrische oder scheibenförmige Gestalt und ist ringsum von vier-, fünf-, sechseckigen oder polygonalen, durch Sutur verbundenen Täfelchen umgeben, deren Zahl zwischen 13 und mehreren Hunderten schwankt, und die nur ausnahmsweise eine regelmäſsig pentamere Anordnung erkennen lassen. Eine scharfe Unterscheidung zwischen Dorsalkapsel und Kelchdecke sowie zwischen Radial- und Interradialtafeln ist selten möglich; die lateralen Täfelchen gehen allmählich in die der Oberseite über und sind nur bei wenigen Formen in regelmäſsig aufeinander folgende Kränze geordnet. Dagegen ist die meist aus einem Täfelchenkranz zusammengesetzte Basis durch eine Insertionsstelle für den Stiel oder für die direkte Anheftung auf einer Unterlage kenntlich. Im Scheitel befindet sich eine zentrale oder subzentrale Öffnung, die zuweilen mit kleinen Täfelchen (Oralplatten) bedeckt erscheint, und in welche meist zwei bis fünf einfache oder verzweigte Ambulacralfurchen einmünden. Auſser dieser Mundöffnung befindet sich eine stets exzentrische, zuweilen durch eine Täfelchenpyramide oder eine unbestimmte Anzahl kleiner Plättchen gedeckte Afteröffnung im Scheitel (von Leop. v. Buch, Volborth, Forbes und Hall als Ovarialöffnung gedeutet), und zwischen beiden beobachtet man bei einzelnen Gattungen eine dritte, kleinere Öffnung (*Gonoporus* Haeckel, *Parietalporus* Jaekel), die in der Regel als Genitalöffnung betrachtet wird (Fig. 309). Bei *Aristocystites* und einigen anderen Formen kommt noch eine vierte kleine, schlitzförmige

---

[1]) *v. Buch, Leop.*, Über Cystideen. Abhandl. Berl. Akademie. 1845. — *Volborth, A. v.*, Über russische Sphaeroniten. Verhandlungen mineralog. Gesellschaft St. Petersburg 1845—46. — *Forbes, Edw.*, On British Cystideae. Memoirs of the geolog. Survey of Great Britain. 1848. vol. II. pt. 2. — *Müller, Joh.*, Über den Bau der Echinodermen. Abhandl. Berl. Akad. 1853. — *Hall. J.*, 20th u. 24th annual Report on the New York State Museum. 1868 u. 1878. — *Billings, E.*, On the Cystidea of the lower Silurian Rocks of Canada. Geological Survey of Canada. Figures and Descriptions of Canadian organic remains. 1858. Dec. III. — *Billings. E.*, On the Structure of the Crinoidea, Cystidea and Blastoidea. Amer. Journ. of Sciences 1869 vol. 48. und 1870 vol. 49. — *Barrande, Joachim,* Système Silurien du centre de la Bohême vol. VII. pt 1. Cystidées. 1887. — *Bather, F. K.* in *R. Lankaster*. Treatise of Zoology. pt. III. 1900. — *Haeckel, E.*, Amphorideen und Cystideen. Beiträge zur Morphologie und Phylogenie der Echinodermen. Jena 1896. — *Jaekel, O.*, Über die Organisation der Cystideen. Verhandlungen der Deutschen zoolog. Gesellschaft 1895. S. 109. — Stammesgeschichte der Pelmatozoen. Bd. I. 1899. — Über Carpoidea. Zeitschrift der Deutschen geolog. Gesellschaft 19. Bd. 52.

Öffnung neben dem Mund vor, die als Steinkanalöffnung (*Madreporit*) gedeutet wird.

Die Struktur der Thekalplatten weist höchst bemerkenswerte Eigentümlichkeiten auf. Bei den Thecoiden und Carpoiden bestehen sämtliche Täfelchen, wie bei den Crinoideen, aus einer einheitlichen Kalkschicht von geringer oder gröfserer Dicke. Bei den Hydrophoriden dagegen sind alle oder einige Täfelchen porös und in eigentümlicher Weise mit Kanälen versehen. Bei *Aristocystites*, *Craterina*, *Glyptosphaerites*, *Echinosphaerites* u. a. erscheinen sämtliche Täfelchen aufsen von einer äufserst dünnen, meist glatten, dichten oder porösen Deckschicht überzogen. Die mehr oder weniger verdickte Mittelschicht enthält zahlreiche Kanäle, welche (*Aristocystites*, *Craterina* etc.) teils in gerader teils in etwas gebogener Richtung von aufsen nach innen verlaufen (Fig. 310) und sich in seltenen Fällen in zwei Äste gabeln. Jeder Kanal endigt entweder beiderseits in einer einfachen oder aufsen zuweilen auch in zwei kleinen runden Öffnungen, die bald als blinde Poren unter der dünnen Deckschicht liegen oder dieselbe durchbohren und frei münden. Nach Jaekel sind stets die äufseren Öffnungen von zwei Kanälen entweder durch schwach vertiefte Furchen (Porengänge) unter der epidermalen Deckschicht oder durch eine grubige, umwallte Vertiefung miteinander verbunden und bilden auf diese Weise an der Oberfläche Doppelporen (Fig. 311). Zuweilen liegen diese Poren auch auf einer warzigen Erhöhung.

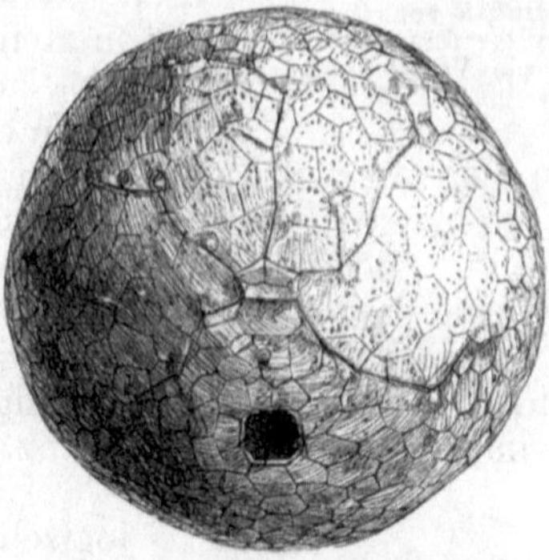

Fig. 309. *Glyptosphaerites Leuchtenbergi* Volb. Kelch mit Ambulacralfurchen getäfelter Mundöffnung, seitlich gelegener grofser Afteröffnung und kleiner Genitalöffnung zwischen Mund und After.

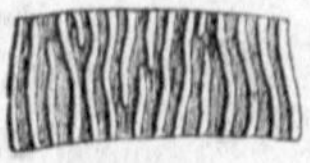

Fig. 310. Kanäle, die Mittelschicht von *Aristocystites* durchsetzend.

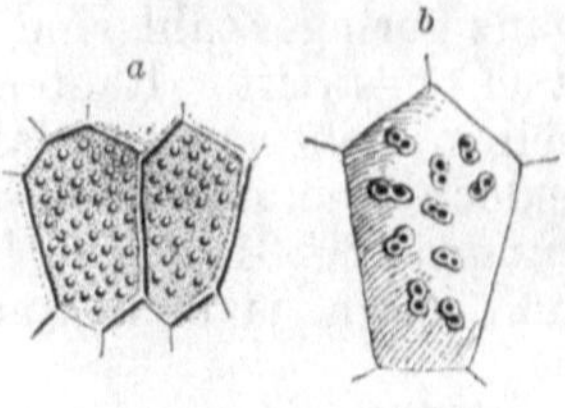

Fig. 311. *a* Innere Ansicht von zwei Täfelchen von *Aristocystites* mit den einfachen Porenöffnungen. *b* Doppelporen auf der Aufsenseite der Kelchtäfelchen von *Glyptosphaerites*.

Noch häufiger als diese vertikalen oder schiefen Kanäle finden sich sowohl bei Gattungen mit vielen als auch mit wenigen Täfelchen sogenannte Porenrauten (Fig. 312). Hier beobachtet man meist rhombenförmig angeordnete Poren, die stets in der Weise auf zwei benachbarte Täfelchen verteilt sind, dafs die Sutur der letzteren entweder die lange oder kurze Diagonale des Rhombus bildet. Die Poren befinden sich an den Enden horizontaler, in der Mittelschicht eingebetteter Röhren, welche je zwei gegenüber gelegene Poren verbinden und dadurch eine parallele Querstreifung der Rauten hervorrufen. Zuweilen ragen die ringsum geschlossenen Röhren als erhabene, gestreifte Rauten auf der Oberfläche vor, meist liegen sie jedoch unter der dünnen, glatten Deckschicht verborgen und werden erst durch Verwitterung oder Abreibung der Oberfläche sichtbar. Hin und wieder sind sie auch ihrer ganzen Länge nach offen und bilden parallele Schlitze. Die kleinen Öffnungen an den Enden der Röhren stehen mit kurzen, nach aufsen und innen gerichteten Kanälchen in Verbindung, deren Enden entweder von den Deckschichten übersponnen sind oder als runde Poren auf der Aufsen und Innenseite frei münden. Bei manchen Gattungen sind die zwei gegenüberliegenden Endporen durch 2—3 Röhren verbunden, zuweilen fehlen die Randporen auch ganz oder es stehen eine ganze Anzahl von Poren reihenförmig auf den horizontalen Röhren.

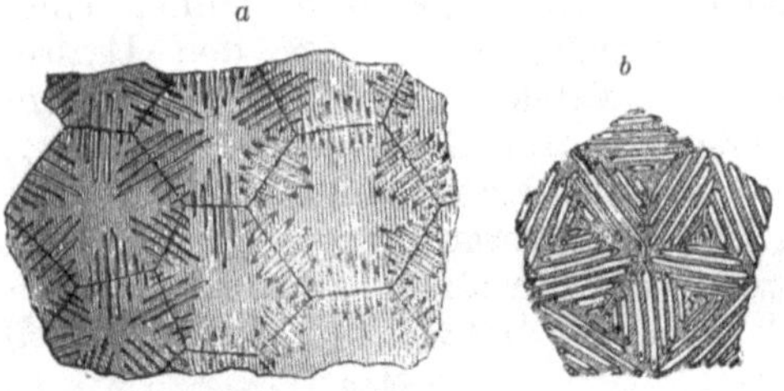

Fig. 312.
Porenrauten *a* von *Echinosphaerites* und *b* von *Caryocrinus* (vergr.). Auf Fig. *a* ist links die dünne Oberflächenschicht abgerieben, so dafs die Verbindungsröhren offen liegen.

Die gestreiften Rauten finden sich bald auf sämtlichen bald nur auf einzelnen oder allen Seitentäfelchen des Kelches. In ganz geringerZahl sind bei einzelnen Gattungen statt der Porenrauten auch gestreifte Rautenhälften (pectinated rhombs) vorhanden. Dieselben gehören ebenfalls zwei benachbarten Kelchtäfelchen an, sind jedoch stets durch einen Zwischenraum voneinander geschieden (*Callocystites*, Fig. 313). Die beiden Hälften besitzen häufig ungleiche Gröfse und Form, ja manchmal kann eine derselben ganz fehlen.

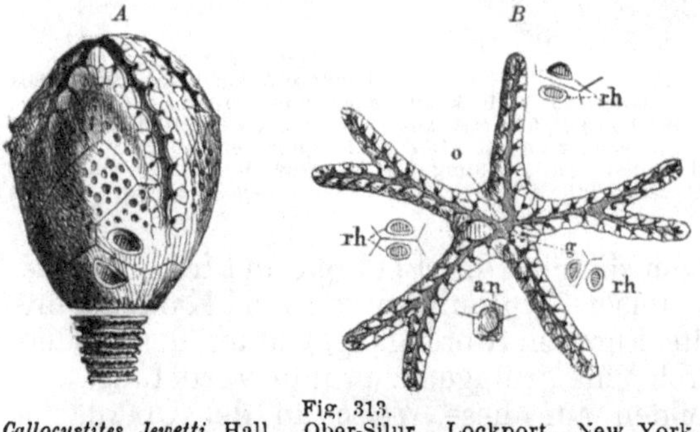

Fig. 313.
Callocystites Jewetti Hall. Ober-Silur. Lockport. New York. A Von der Seite (nat. Gröfse). B Ambulacralfurchen und zwei gestreifte Rautenhälften (*o* Mund, *an* After, *g* Genitalöffnung, *rh* gestreifte Rhomben.

Über die physiologische Bedeutung dieser Kanäle und Poren, welche von Billings die Bezeichnung Hydrospiren, von Jaekel den Namen Hydrophoren erhalten haben, gewähren die feinen Untersuchungen Jaekels ziemlich sicheren Aufschlufs. Man hat sie mit den Poren in der Kelchdecke der Crinoideen verglichen und angenommen, dafs sie der Leibeshöhle Wasser zuführten und gleichzeitig zur Respiration dienten. Den Austritt von Ambulacralfüfschen, wie früher angenommen wurde, konnten sie sicher nicht gestatten, da sie häufig von einer dünnen Deckschicht überzogen und nach aufsen abgeschlossen sind. Nach Haeckel stehen sie in keiner Beziehung zum Ambulacralsystem. Er hält sie für Hohlräume im Kalkskelett, die mit Bindegewebe und Blutgefäfsen erfüllt waren und vielleicht mit der Respiration in Beziehung standen.

Indem die Hydrophoren der Cystoideen wie die Kelchporen der Crinoideen der Leibeshöhle Wasser zuführen, speisen sie zugleich das Ambulacral-Gefäfssystem. Dieses besteht auch bei den Cystoideen aus einem den Mund umgebenden Ringgefäfs, von welchem in der

Regel 2, 3, 4 oder 5 Ambulacralfurchen ausstrahlen. Bei den Carpoiden und bei einigen Hydrophoriden (*Aristocystites*) fehlt jede Spur von Ambulacralfurchen. In solchen Fällen war der Mund wahrscheinlich von freien Armen (Brachiolen) umstellt, in welche sich die radiären Ambulacralgefäfse direkt verlängerten. Zuweilen bilden die Ambulacralfurchen nur kurze Ausstülpungen des Mundes (*Echinosphaerites*), meist aber erscheinen sie als einfache oder verzweigte offene oder von Saumplatten begrenzte Furchen auf der Oberfläche der Theka. Sie haben sehr verschiedene Länge, reichen zuweilen fast bis zur Basis, sind häufig aber auch auf die Oberseite beschränkt. Sie durchbohren die Theka niemals, sondern liegen auf besonders gestalteten Thekaltäfelchen oder auch in seichten Furchen der Theka (*Callocystis, Pseudocrinetes,* Fig. 313). Da derartige Ambulacralfurchen auf einer oder zwei Reihen von Täfelchen ruhen, welche auf der Theka liegen, und von diesen abgelöst werden können, da sie überdies von seitlichen Saumplättchen bedeckt und umgeben sind, auf denen sich zuweilen fein gegliederte, einfache fadenförmige Fortsätze (Pinnuletten) erheben, so hat man dieselben vielfach als zurückgebogene, dem Kelch aufruhende Arme gedeutet. Die von Barrande entdeckten sogenannten »Hydrophores palmées« (Fig. 314) sind kurze distal fächerförmig vergabelte Ambulacralfurchen, welche vom ovalen Ringgefäfs ausgehen und an ihren Enden Gelenkflächen für winzige Pinnuletten erkennen lassen. Neumayr hatte diese Bildungen für subtegminale Ambulacralgefäfse gehalten.

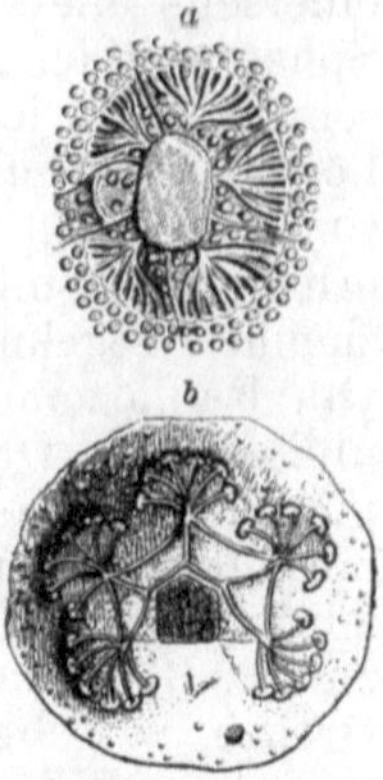

Fig. 314. *a*, *b*. Fächerförmig verästelte Ambulacralfurchen (*Hydrophores palmées*) nach Barrande.

Die Arme (Brachiolen oder Finger) der Cystoideen sind schwach entwickelt, zuweilen sogar fehlend und in wechselnder Zahl (2, 3, 6, 9 bis 13) vorhanden. Die fünfzählige Symmetrie der normalen Echinodermen macht sich bei vielen Cystoideen weder im Bau des Kelches noch in der Zahl der Arme geltend. Letztere sind niemals verästelt, aus ein- oder zweizeilig angeordneten Gliedern zusammengesetzt, auf der Innenseite mit Ventralfurche und Saumplättchen versehen.

Bei manchen Gattungen erreichen die den Armen der Crinoideen homologen Thekalfortsätze ansehnliche Länge, bei anderen bleiben sie ungemein schwach und sind eher den Pinnulis als echten Armen von Crinoideen vergleichbar. Haeckel nennt die freien Cystoideen Arme »Brachiolen«, Jaekel bezeichnet sie als Finger. Sie sind niemals verästelt und bestehen fast immer aus zwei dorsalen Täfelchenreihen, die neben der Ambulacralfurche mit Saumplättchen besetzt sind. Bei den der Theka aufliegenden, zurückgeschlagenen Armen ist die Ambulacralseite nach aufsen gekehrt und zuweilen jederseits mit einer Reihe alternierend angeordneter, gegliederter Anhänge besetzt, welche sich auf kleinen Gelenkflächen neben der Ambulacralfurche erheben und wie die Finger gebaut sind. Haeckel nennt diese Gebilde Pinnuletten.

Der Stiel zeichnet sich meist durch geringe Länge aus, öfters fehlt er ganz. Zuweilen sind die Kelche mit der ganzen Unterseite

(*Thecoiden*) oder mittels eines höckerigen Vorsprungs am Boden befestigt. Der Stiel scheint nur in seltenen Fällen als Anheftungsorgan gedient zu haben, denn er verjüngt sich meist am unteren Ende in eine Spitze und dient nach Haeckel als Schwimmorgan. Er besteht entweder wie bei den Crinoideen aus einer Anzahl niedriger, prismatischer oder zylindrischer Glieder, welche einen weiten Kanal umschliefsen und bald durch horizontale, gestreifte Berührungsflächen verbunden, bald wie die Züge eines Fernrohrs ineinander geschoben sind, oder er ist in seinem oberen Teil, zuweilen auch ganz aus vertikalen Reihen von alternierend angeordneten Täfelchen zusammengesetzt. Diese Täfelchen umschliefsen in der Regel (*Dendrocystites*) einen sehr weiten Zentralraum, welcher noch als Fortsetzung der Leibeshöhle betrachtet werden kann.

Die Cystoideen sind die ältesten und in mancher Hinsicht primitivsten Pelmatozoen. Ihre Abstammung liegt im Dunkel. Zeigen einerseits die vieltäfeligen, ganz irregulär gebauten Aristocystiden, Sphaeronitiden, Camarocystiden und Echinosphaeritiden mit ihren schwach entwickelten oder ganz fehlenden Armen ein von Crinoideen höchst abweichendes Aussehen, so schliefsen sich anderseits die Cryptocriniden, einzelne Caryocriniden und die leider ungenügend erhaltenen kambrischen Gattungen *Macrocystella* und *Lichenoides* durch ziemlich regelmäfsige Anordnung der Kelchtäfelchen und Andeutung von Radialzonen an die Crinoideen an. Auch im Bau der Brachiolen und in der Drehung des Darmkanals findet Jaekel Anknüpfungspunkte zwischen Cystoideen und gewissen Crinoideen, so dafs sich nach diesem Autor wenigstens die Camerata von den Cystoideen ableiten lassen. Viel enger sind die verwandtschaftlichen Beziehungen zu den Blastoideen, ja in manchen Fällen ist es schwierig, eine scharfe Grenze zwischen diesen beiden Gruppen zu ziehen. Die von verschiedener Seite betonten Verwandtschaftsbeziehungen von *Agelacrinus* mit Seesternen, von *Mesites* mit den ältesten Echinoiden (*Cystocidaris*) dürften auf einer Überschätzung äufserlicher Merkmale beruhen, denen keine genealogische Bedeutung zukommt.

Die Systematik der von Leop. v. Buch (1844) zum erstenmal als selbständige Abteilung der Echinodermen unter der Bezeichnung Cystideen zusammengefafsten Formen blieb wegen der verhältnismäfsigen Seltenheit, des häufig schlechten Erhaltungszustandes, der ungewöhnlich verschiedenartigen Differenzierung der einzelnen Formen und des ungenügenden Verständnisses mancher Organisationsverhältnisse lange Zeit in sehr unbefriedigendem Zustande. Joh. Müller legte auf die Struktur der Täfelchen das Hauptgewicht und unterschied danach eine mit Doppelporen und eine mit Rhombenporen versehene Gruppe, denen F. Roemer später noch eine dritte porenlose (*Aporita*) beifügte. Diese drei Gruppen enthalten teilweise recht heterogene Elemente und entsprechen keineswegs den Anforderungen einer natürlichen Systematik. Noch weniger befriedigen die von Barrande, Neumayr und Steinmann vorgeschlagenen Einteilungen.

Nachdem die Zahl der bekannten Cystoideen bedeutend gewachsen war, versuchten in neuester Zeit Bather und Jaekel nach phylogenetischen und vergleichend anatomischen Prinzipien die

Cystoideen in natürliche Gruppen zu zerlegen. Haeckel stellte den eigentlichen typischen Cystoideen als gleichwertige Klasse die *Amphoridea* gegenüber, die primitivere Formen (*Aristocystidae, Echinosphaeritidae, Anomacystidae*) enthalten soll, während unter der Bezeichnung *Cystoidea* die differenzierten Typen zusammengefaſst werden. Jaekel und Bather trennten zuerst die *Thecoidea* (*Agelacrinidae, Thecocystidae*) als selbständige Klasse von den Cystoideen ab und später zerlegte Jaekel die ehemaligen Cystoideen Leop. v. Buchs in drei Klassen: *Thecoidea, Carpoidea* und *Cystoidea*. Die Gruppen Jaekels sind wohl begründet, werden jedoch hier als Ordnungen der alten v. Buchschen Klasse *Cystoidea* behandelt und statt der neuerdings so verschiedenartig gedeuteten Bezeichnung *Cystoidea sensu str.* der Ordnungsname *Hydrophoridae* eingeführt.

1. Ordnung. **Thecoidae.** Jaekel.

(*Edrioasteridae* Billings emend. Bather.)

Theka kugelig, sack-, becher- oder scheibenförmig; aus zahlreichen, schuppenartigen, irregulär angeordneten beweglichen Täfelchen zusammengesetzt, ungestielt und meist mit der ganzen Unterseite aufgewachsen, seltener frei. Auf der Oberseite mit 5 vom zentralen, durch Täfelchen bedeckten Mund ausstrahlenden einfachen, geraden oder gebogenen Ambulacren, die durch zwei Reihen von Saumplatten bedeckt sind. After exzentrisch, durch eine Täfelchenpyramide geschlossen. Arme oder Pinnuletten fehlen.

Die hier als Thecoiden zusammengefaſsten Formen wurden von den meisten Autoren den Cystoideen beigesellt, von Billings aber teilweise zu den Asteriden versetzt und von Neumayr und Steinmann als Stammformen der Seesterne, von Forbes als Vorläufer der Seeigel betrachtet. Nach den sorgfältigen Untersuchungen von Bather und Jaekel sind diese Hypothesen unhaltbar. Über die Speisung des Ambulacralsystems herrscht noch Unsicherheit. Nach Jaekel fehlen Hydrophoren in der Theka vollständig, dagegen haben Billings und Bather bei Edrioaster zwischen den Saumplättchen der Ambulacra Poren beobachtet, welche die Theka durchbohren und eine Wasserzufuhr in die Leibeshöhle ermöglichen.

Die Thecoiden bilden einen selbständigen Ast des Cystoideenstammes, welcher im Kambrium beginnt, im unteren Silur den Höhepunkt seiner Entwickelung erreicht und im Karbon ausstirbt.

1. Familie. **Thecocystidae.** Jaekel.

Theka fünfseitig, kugelig, sack- oder becherförmig, frei oder mit einem Teil der Unterseite aufgewachsen. Täfelchen klein, schwach verkalkt, zuweilen verdickt und teilweise verschmolzen. Ambulacra kurz, gerade oder spiral verlängert. Kambrium und Unter Silur. Europa und Nordamerika.

Stromatocystis Pompeckj (Jahrb. geol. Reichs-Anst. 1896. vol. XLV). *Th.* gerundet fünfeckig, mit halbkugeliger Oberseite und flach gewölbter Unterseite, frei. Täfelchen klein, polygonal, porös, wahrscheinlich in eine bewegliche Lederhaut eingebettet. Ambulacra gerade, sehr schmal, von zwei Reihen alternierender Saumplättchen überdacht. Kambrium. Böhmen.

Cyathocystis F. Schmidt. Becherförmig aufgewachsen, die Seiten des Kelches dicht, nicht getäfelt. Amb. kurz, gerade, Mund von 5 grofsen interradialen Platten umgeben, Kelchrand durch einen Kranz kleiner Randplättchen begrenzt. After mit Klappenpyramide, dem Rande genähert. Unt. Silur. Esthland. *C. Plautinae* Schmidt.

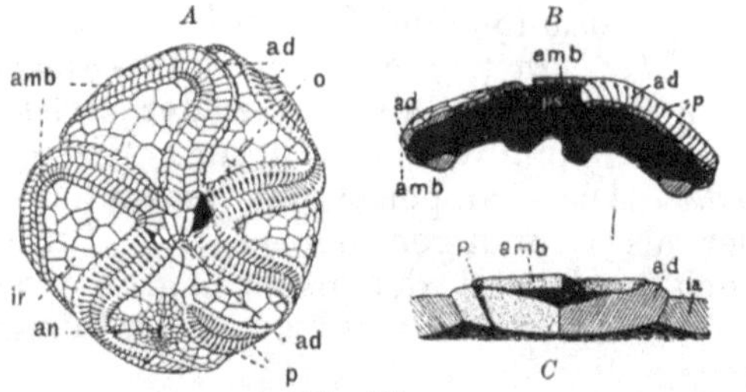

Fig. 315.
Edrioaster Bigsbyi Billings. Unt. Silur. Ottawa. Kanada, *A* Theka von oben. *B* Querschnitt durch den rechten vorderen Radius und den linken hinteren Interradius. *C* Schnitt durch ein Ambulacrum. Nat. Gr. (nach Bather) amb. Ambulacral (Saum-) Platten, *ad* Adambulacralplatten, *ir* Interradialplatten, *p* Poren, *o* Mund, *ps* Mundöffnung bedeckt durch eine Ambulacralplatte, *an* After.

Thecocystites Jaekel. Unt. Silur. Nordamerika.

Cytaster J. Hall. Theka niedrig, gerundet, fünfseitig, mit kleiner runder Fläche angewachsen, mit zahlreichen unregelmäfsig polygonalen Plättchen getäfelt. Amb. kurz, breit, gerade. Unt. Silur. Nordamerika.

Edrioaster Billings. (Fig. 315.) Theka kugelig, mit kleiner Fläche aufgewachsen, mit ziemlich grofsen polygonalen Platten getäfelt. Amb. lang, gebogen; zwischen den Saumplättchen Poren. After in der Mitte eines Interradius. Unt. Silur. Nordamerika u. England.

Dinocystis Jaekel. Unt. Silur. Ardennen.

2. Familie. **Agelacrinidae.** Hall (emend. Jaekel).

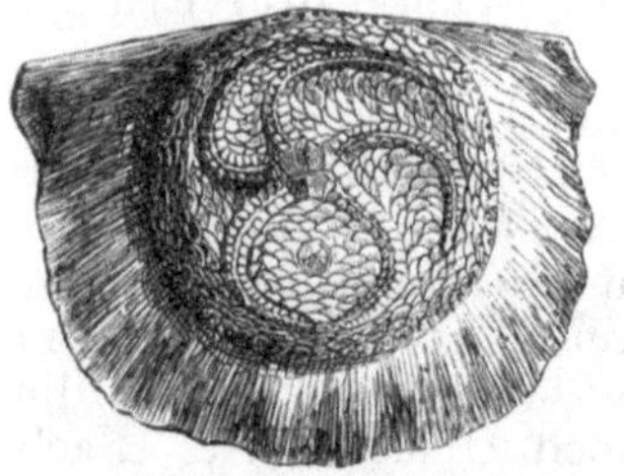

Fig. 316.
Agelacrinus Cincinnatiensis F. Roem. Unter-Silur. Cincinnati, Ohio. Exemplar in natürl. Gröfse aufgewachsen auf *Strophomena alternata.*

Th. mützen- oder hutförmig mit konvexer Oberseite: Unterseite eben, mit ganzer Fläche aufgewachsen, aus schuppig übereinander greifenden Täfelchen bestehend. Amb. lang, gerade oder spiral gedreht mit grofsen Saumplatten. After mit Klappenpyramide. Unt. Silur bis Karbon. Europa und Nordamerika.

Agelacrinites Vanuxen (*Agelacrinus* Hall, *Haplocystites* F. Roem, *Agelacystis* Haekel) (Fig. 316). Thekalplatten schuppig übergreifend, im mittleren Teil gröfser als in der flachen Randzone. Amb. lang, spiral. Unt. Silur bis Karbon.

Hemicystites Hall. Amb. kurz, gerade. Silur.

2. Ordnung. **Carpoidae.** Jaekel.

Theka seitlich symmetrisch, häufig zusammengedrückt, Vorder- und Rückseite meist ungleich. Ambulacra und Brachiolen meist schwach entwickelt oder fehlend (?). Thekaltäfelchen ohne Hydrophoren. Stiel wohl entwickelt, gegen unten zugespitzt. Kambrium und Silur.

Als *Carpoidea* hat Jaekel eine Anzahl von Formen vereinigt, welche bisher allgemein für typische Cystoideen galten und mit diesen auch in der Zusammensetzung und dem Habitus der Theka grofse Übereinstimmung zeigen. Sie unterscheiden sich hauptsächlich durch den Mangel an Hydrophoren und durch die eigentümliche Beschaffenheit des Stieles. Ihre Verbreitung erstreckt sich auf das Kambrium und untere Silur.

1. Familie. **Anomalocystidae.** H. Woodw.

(*Heterostelea* Jaekel.)

Theka stark komprimiert. Ambulacra fehlen. Stiel zweizeilig getäfelt, zuweilen mit blasigen oder borstenartigen Genitalanhängen.

Ceratocystis Jaekel. Dorsalseite flach, Ventralseite schwach gewölbt. Thekalplatten ziemlich grofs, unten zwei Hörner bildend. After seitlich. Kambrium. Böhmen. *C. Perneri* Jaekel.

Balanocystites Barr. Unt. Silur.

Anomalocystis Hall (*Enoploura* Wetherby). Theka oval; Täfelchen auf der gewölbten Ventralseite kleiner und zahlreicher als auf der flachen Rückenseite. After tief gelegen. Brachiolen fadenförmig. Stiel kurz, oben weit, nach unten zugespitzt. Kambrium. Silur. Böhmen. Nordamerika.

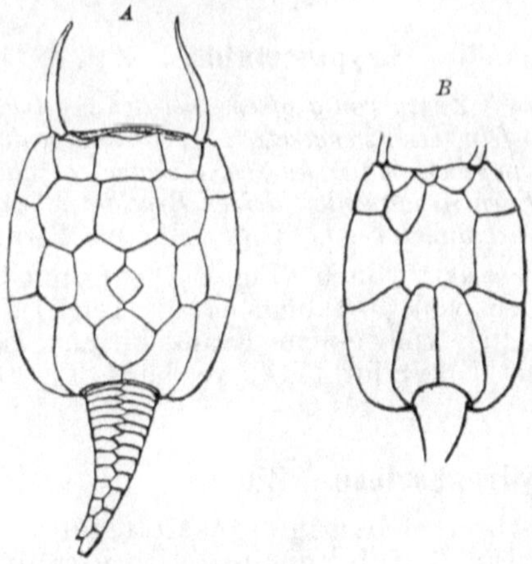

Fig. 317.
Placocystites Forbesianus de Koninck. *A* Ventralseite, *B* Dorsalseite (nach Jaekel).

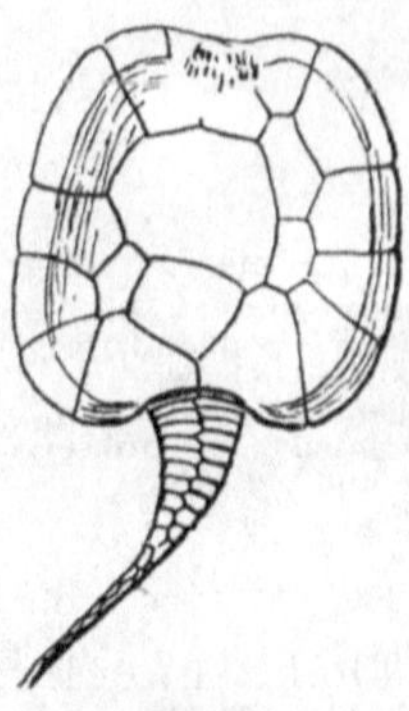

Fig. 318.
Mitrocystites mitra Barr. Unt. Silur. Wosek. Böhmen. Dorsalseite (nach Jaekel).

Placocystites de Kon. (*Atelocystis* Haeckel) (Fig. 317). Theka oval, Seitenränder scharf, Oberrand gerade. Täfelchen auf Vorder- und Hinterseite symmetrisch angeordnet. Unt. Silur. Böhmen.

Trochocystites Barr. Theka ellipsoidisch, stark zusammengedrückt; seitliche Randplatten grofs, die vordere und hintere Fläche mit kleinen polygonalen Täfelchen bedeckt. Mund und After im Scheitel. Stiel aus mehreren Längsreihen von Täfelchen bestehend. Kambrium. Böhmen, Spanien, Nord-Frankreich.

Mitrocystites Barr. Wie vorige, aber eine Seite mit ziemlich grofsen, die andere mit kleinen Täfelchen bedeckt. Unt. Silur. Böhmen.

Mitrocystella Jaekel, *Ateleocystites* Billings, *Rhipidocystis* Jaekel. Unt. Silur. Böhmen und Nordamerika.

Dendrocystites Barr. Theka beutelförmig, wenig zusammengedrückt, klein getäfelt. Mund im Scheitel, daneben eine dicke, kurze, zweizeilige Brachiole. After seitlich, tief unten. Stiel im mittleren Teil mit dicken, wechselseitig geordneten Platten. Unt. Silur. Böhmen. Esthland.

Eocystis Billings (*Protocystis* Hicks). Kambrium.

2. Familie. **Malacocystidae.** Bather.

(*Eustelea* Jaekel.)

Theka kugelig oder zusammengedrückt, aus polygonalen, mäfsig grofsen, irregulär angeordneten Täfelchen zusammengesetzt. Ambulacra in zwei einfachen oder gegabelten Radien auf der Theka liegend oder auf freien einzeiligen Brachiolen erhoben, die ebenso wie die Ambulacralrinnen linksseitige Pinnuletten abgeben. Stiel aus ringförmigen Gliedern bestehend, ohne Anhangsorgane. Unt. Silur. Nordamerika und Böhmen.

Malacocystites Billings (emend. Jaekel). Kugelig. After im Scheitel. Zwei mehrfach gegabelte Ambulacra auf einzeiligen Plattenreihen vom Mund ausstrahlend, ohne Pinnuletten (?). Unt. Silur. Kanada. *M. Murchisoni* Bill.

Canadocystis Jaekel. Unt. Silur. C. (*Malacocystites Barrandei* Bill.)

Amygdalocystis Billings. *Th.* zusammengedrückt, oval, aus ca. 30 radial verzierten Täfelchen zusammengesetzt. Von dem subzentralen Mund gehen zwei einfache, lange, etwas gebogene, mit Pinnuletten besetzte Ambulacra aus, die der Theka aufliegen. Unt. Silur. Kanada.

Comarocystites Billings. Unt. Silur.

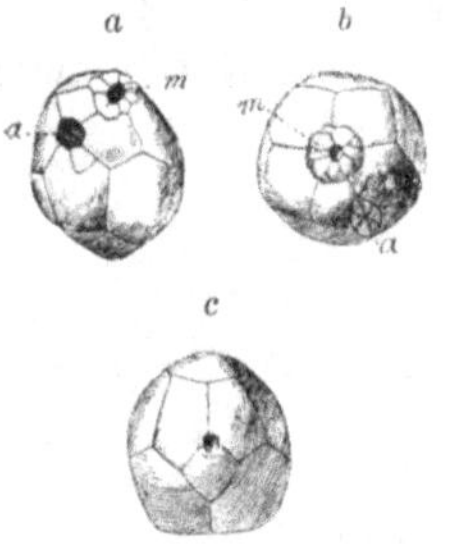

Fig. 319.
Cryptocrinus cerasus v. Buch. Unter-Silur. Pulkowa bei St. Petersburg.
a Von der Seite, *b* von oben, *c* von unten (nat. Gröfse) (*m* Mund, *a* After).

3. Familie. **Cryptocrinidae.** Zitt.

Theka aus 3 Zonen von grofsen, ziemlich regelmäfsig angeordneten Tafeln zusammengesetzt. Scheitel mit zentraler Mundöffnung, umgeben von 5 kurzen, dichotom gegabelten Ambulacra mit den Ansatzstellen kleiner Brachiolen. After exzentrisch. Stiel dünn, rund. Unt. Silur bis Perm.

Cryptocrinus v. Buch (Fig. 319). *K* mit 3 *B* und zwei Zonen von je 5 ungleich grofsen Tafeln. Mund und After von einem Kranz kleiner Täfelchen umgeben. Unt. Silur. St. Petersburg. *C. cerasus* v. Buch.

3. Ordnung. **Hydrophoridae.** Zitt.

Theka kugelig, birn- oder beutelförmig, gestielt oder ungestielt. Alle oder ein Teil der Täfelchen mit Doppelporen oder Porenrauten versehen. Mund, im Scheitel, aufserdem After und Genitalporus, zuweilen auch Madreporenöffnung vorhanden. Ambulacra 2—5, entweder ganz kurz und sofort in Brachiolen übergehend oder verlängert und als einfache oder verzweigte, mit Pinnuletten besetzte Furchen der Theka aufgelagert. Brachiolen stets zweizeilig, unvergabelt, mit Saumplättchen, aber ohne Pinnulae. Kambrium bis Devon.

Die *Hydrophoridae* entsprechen genau der Klasse der *Cysboidea* Jaekels und zerfallen nach diesem Autor in die zwei Gruppen der *Dichoporita* (*Rhombifera)* und *Diploporita*. Sie enthalten die Mehrzahl der v. Buchschen Cystoideen und unterscheiden sich von den beiden anderen Ordnungen durch die charakteristische Entwickelung von Poren und Kanälen in den Thekalplatten.

A. Unterordnung. **Rhombifera.** Zitt.

(*Dichoporita* Jaekel.)

Alle oder einzelne Thekalplatten mit Porenrauten versehen.

1. Familie. **Echinosphaeritidae.** Neumayr.

K kugelig, oval beutel- oder schlauchförmig, sitzend oder kurzgestielt, aus zahlreichen, irregulär geordneten Täfelchen bestehend. Sämtliche Täfelchen mit Porenrauten. Ambulacralfurchen kurz. Brachiolen 2—5, frei, ziemlich kräftig, selten erhalten. Stiel, wenn vorhanden, aus mehreren Längsreihen von alternierenden Täfelchen zusammengesetzt, kurz. Silur.

Echinosphaerites Wahlenb. (*Deutocystites* Barr, *Trinemacystis, Citrocystis* Haeckel) (Fig. 320). Kugelig, ungestielt. Scheitel mit Mund und kurzen Ambulacralfurchen. Afteröffnung durch eine getäfelte Pyramide bedeckt. Die horizontalen Kanäle der Porenrauten in die Thekaltäfelchen eingebettet

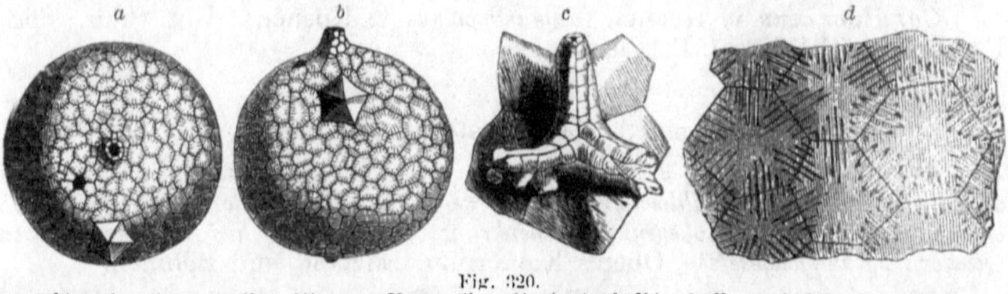

Fig. 320.
Echinosphaerites aurantium His. sp. Unter-Silur (Vaginatenkalk). Pulkowa bei St. Petersburg. *a* Von oben, *b* von der Seite, *c* Mund mit getäfelten Ambulacralfurchen und Armen (vergröſsert), *d* Kelchtäfelchen vergröſsert, mit Porenrauten; letztere sind auf der linken Seite etwas abgerieben, so daſs die Kanäle an die Oberfläche gelangen.

und von einer dünnen Deckschicht überzogen. Sehr häufig im unteren Silur von Ruſsland, Skandinavien und Böhmen. *E. aurantium* His. sp.

Arachnocystites Neumayr. Wie vorige, aber Brachiolen (meist drei) kräftig, bis 10 cm lang. Stiel nach unten zugespitzt. Unt. Silur (D). Böhmen. *A. infaustus* Barr. sp.

Caryocystites v. Buch (*Heliocrinites* Eichw., *Orocystites* Barr., *Heliocystis* Haeckel) (Fig. 321). Thekaltafeln verhältnismäſsig groſs, die Porenrauten an der Oberfläche erhaben, vorragend; ungestielt. Unt. Silur. Ruſsland, Skandinavien, England, Böhmen. *C. granatum* Wahlbg.

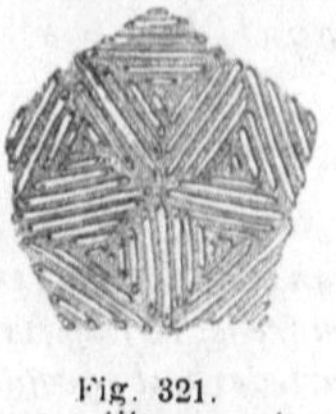

Fig. 321.
Caryocystites granatum Wahlenbg. sp. Unter-Silur. Oeland Eine Partie der Oberfläche mit Hydrospiren, in nat. Gröſse.

Amorphocystis Jaekel. Schlauchförmig, in der Mitte angeschwollen. Mund schlitzartig mit 2 Brachiolen. Unt. Silur. Esthland. *A. Buchi* Jaekel.

2. Familie. **Caryocrinidae.** Jaekel.

Theka kugelig, ei- oder becherförmig, aus einer mäſsigen Anzahl in 4 Querzonen (Basalia, Lateralia und Scheitelplatten) angeordneter Tafeln zusammengesetzt: alle Seitentafeln mit Porenrauten versehen; Ambulacra einfach oder distal vergabelt. Brachiolen 3—13, frei, auf den oberen Lateralplatten sich erhebend. After in der Kelchdecke. Stiel stets entwickelt, zuweilen lang, aus scheibenförmigen oder zylindrischen Gliedern bestehend. Silur.

Hemicosmites v. Buch. Theka aus 4 Basalplatten, zwei Zonen von je 6 und 9 Seitentafeln und einer Zone von 6 Scheitelplatten bestehend. Im Scheitel drei kurze Ambulacralfurchen, an deren Enden die Gelenkflächen der *B* sich befinden. Unt. Silur. Ruſsland. *H. pyriformis* v. Buch.

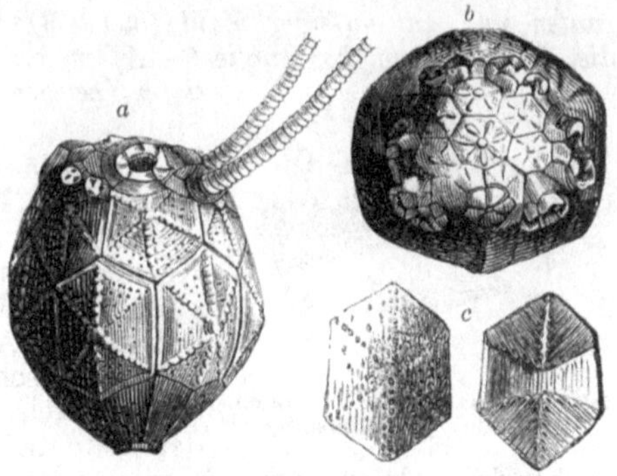

Fig. 322.
Enneacystis ***Caryocrinus ornatus*** Say. Ober-Silur. Lockport New York. *a* Kelch mit Armen von der Seite. *b* Scheitel (nat. Gröſse). *c* Kelchtäfelchen der zweiten Reihe mit Hydrospiren von auſsen und innen.

Caryocrinus Say (*Enneacystis* Haeckel) (Fig. 322). Theka aus 4 Basaltafeln, zwei Zonen von 6 und 8 Seitentafeln und 6 oder mehr kleinen Scheitelplatten bestehend. Alle seitlichen und basalen Tafeln mit Porenrauten; die Scheitelplatten porenlos.

Arme 6—13, schwach, am Aufsenrand der Kelchdecke aufsitzend. Mund und Ambulacra subtegminal. Afteröffnung mit getäfelter Pyramide, am Aufsenrand des Scheitels gelegen. Stiel lang, aus zylindrischen Gliedern bestehend. Ob. Silur. Nordamerika (New York und Tennessee).

Corylocrinus v. Koenen (*Juglandocrinus* v. Koenen). Unt. Silur. Süd-Frankreich (Cabrières), Portugal.

3. Familie. **Macrocystellidae.** Bather.

Die Thekalplatten in 3 oder 4 Zonen, ziemlich regelmäfsig pentamer angeordnet und mit rhombenbildenden Schlitzen versehen. Zahlreiche dünne Brachiolen erheben sich auf dem oberen Täfelchenkranz. Stiel lang, aus scheibenförmigen Gliedern zusammengesetzt. Oberes Kambrium. England und Böhmen.

Macrocystella Callaway (*Mimocystis Barr.*) Ob. Kambrium. England und Böhmen.

Lichenoides Barr. Kambrium. Böhmen.

Die Gattungen *Rhombifera* Barr. aus dem unteren Silur von Böhmen und *Tiaracrinus* Schultze (*Staurosoma* Barr.) aus dem Devon sind unvollständig bekannt und bilden nach Jaekel eine besondere Familie *Tetracystidae*.

4. Familie. **Chirocrinidae.** Jaekel.

Th. oval, aus vier, ziemlich regelmäfsig angeordneten Täfelchen (4 Basalia und 3 Zonen von je 5 Lateralplatten) zusammengesetzt. Porenrauten zahlreich, unregelmäfsig verteilt. Oberseite abgestutzt, Basis eingesenkt. Ambulacra pentamer, wiederholt gegabelt. Brachiolen kurz. Afteröffnung grofs, in halber Höhe der Seitenwand. Stiel dünnwandig mit verdickter, blasiger, fein getäfelter Wurzel.

Einzige Gattung *Chirocrinus* Eichw. (*Glyptocystites* p. p. Billings, *Homocystites* Barr.) im unteren Silur von Kanada und Rufsland, Schweden und Böhmen.

5. Familie. **Scoliocystidae.** Jaekel.

Theka ei- oder birnförmig, aus 4 Zonen Täfelchen bestehend. Porenrauten nur in mäfsiger Zahl (meist 3) vorhanden. Brachiolen im Scheitel, um die Mundöffnung konzentriert. After klein, in halber Höhe der Seitenwand oder tiefer gelegen. Stiel mit tonnenförmigen Gliedern. Silur.

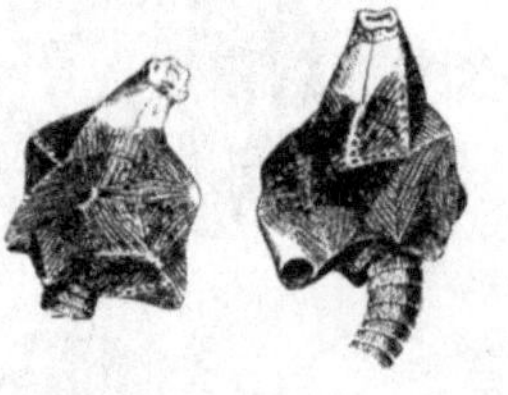

Fig. 323. *Echinoencrinus striatus* v. Buch. Unter-Silur. St. Petersburg.

Echinoencrinus v. Meyer (*Sycocystites* v. Buch, *Gonocrinites* Eichw.) (Fig. 323). *K* aus 4 *B* und drei Zonen von je 5 Tafeln zusammengesetzt. Die Kelchtäfelchen alle mit radial vom Zentrum ausstrahlenden Rippen oder Leisten verziert. Scheitel mit kurzen Ambulacralfurchen und Ansatzflächen für 5—10 schwache Brachiolen. After aufserhalb des Scheitels, zwischen die erste und zweite Reihe der Seitentafeln herabgedrückt. Drei Porenrauten vorhanden, davon zwei über der Basis, dem After gegenüber, die dritte rechts über dem After. Stiel rund, kurz, nach unten zugespitzt. Unt. Silur. Rufsland. *E. angulosais* Pander.

Erinocystis, *Glaphyrocystis* Jaekel. Rufsland.

Scoliocystis Jaekel. Unregelmäfsig oval, oben und unten verjüngt; Basis nicht eingedrückt. Die Täfelchen des obersten Kranzes klein. Brachiolen wenig zahlreich. Unt. Silur. Rufsland. *S. pumila* Eichw. sp.

Prunocystites Forbes. Ob. Silur. England. *P. Fletcheri* Forbes.

Schizocystes Jaekel (*Echinocystis* Haeckel von Thomson). Ob. Silur. England. *Sch. (Echinoencrinites) armata* Forbes.

6. Familie. **Pleurocystidae.** Miller u. Gurley (emend. Jaekel).

Th. komprimiert, aus 4 Basalia und 3 etwas irregulären Lateralplattenkränzen zusammengesetzt. Basis eingedrückt. Auf der konvexen Seite 3 Porenrauten. Analfeld auf der abgeplatteten Rückseite, sehr grofs, mit winzigen Täfelchen bedeckt. Um den Mund drei kräftige Brachiolen. Stiel hohl, rund.

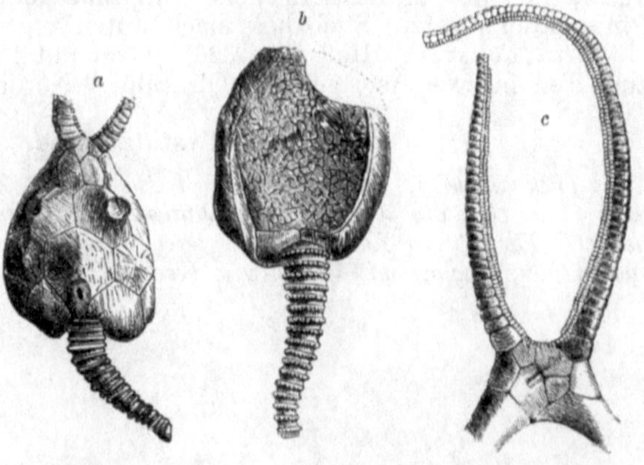

Fig. 324.
Pleurocystites squamosus Billings. Unt. Silur. Ottawa, Kanada. *a* Von der Rückseite, *b* von der Analseite, *c* Arme vergröfsert (nach Billings).

Die einzige Gattung *Pleurocystites* Billings (Fig. 324) im unteren Silur von Kanada und England.

7. Familie. **Callocystidae.** Bernard.

Theka aus 3—4 Zonen von grofsen Tafeln zusammengesetzt, mit 3—5, aus getrennten Hälften bestehenden Porenrauten (pectinated rhombs). Mund spaltförmig im Scheitel, davon ausstrahlend 2—5 lange, entweder auf dem Kelch aufliegende oder in denselben eingebettete, einfache, seltener distal gegabelte, jederseits mit Saumplatten und Pinnuletten besetzte Ambulacra. After klein, von winzigen Täfelchen umgeben. Stiel wohl entwickelt, nach unten zugespitzt. Silur.

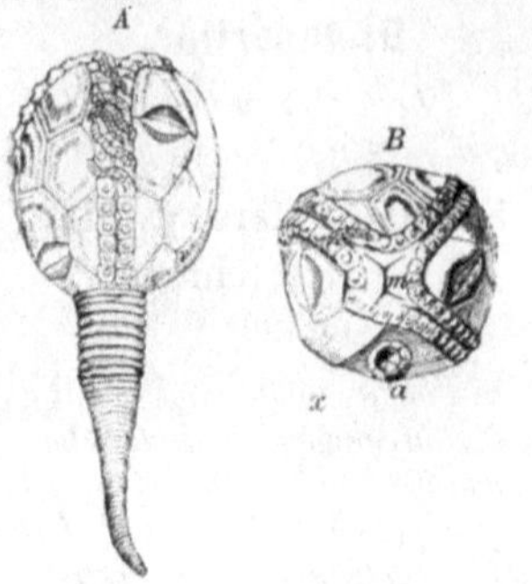

Fig. 325.
Pseudocrinites (Staurocystis) quadrifasciatus Pearce. Ober-Silur. Tividale. England.
A Kelch von der Seite und *B* vom Scheitel (*m* Mund und *a* After). Von den vier dem Kelch aufliegenden Armen ist einer (*x*) in der Nähe des Scheitels weggebrochen, so dafs die darunter befindliche etwas abgeplattete Oberfläche des Kelches sichtbar wird.

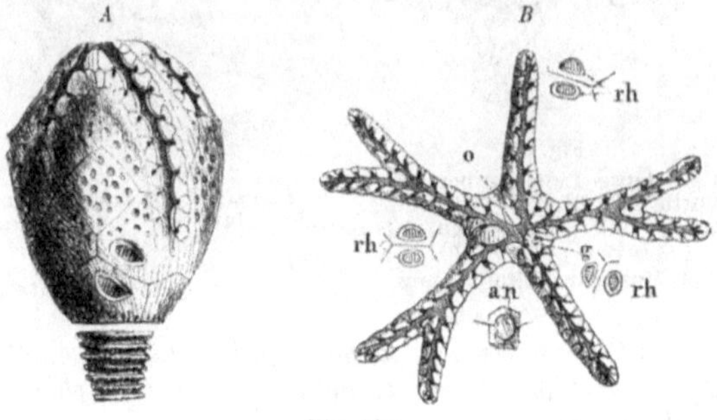

Fig. 326.
Callocystites Jewetti Hall. Unter-Silur. (Niagara-Gruppe) Lockport, New York. *A* Exemplar in nat. Gröfse. *B* Scheitel und Ambulacralfurchen vergröfsert. (Kopie nach Hall).

Apiocystites Forbes (*Lepocrinites* Conrad, *Lepadocrinus* Hall). Oval, die Thekalplatten granuliert. Eine basale und zwei obere Porenrauten. Amb. niedrig, ungeteilt, mit entfern stehenden Pinnuletten. Ob. Silur. England Gotland, Nordamerika.

Hallicystis Jaekel, *Sphaerocystites* Hall. Ob. Silur. Nordamerika.

Pseudocrinites Pearce (*Staurocystis* Haeckel) (Fig. 325). Theka eiförmig, zwei- bis vierseitig, aus 4 Zonen polygonaler Tafeln bestehend. After auf die Seite herabgerückt. Von den drei Porenrauten befindet sich eine über der Basis, die zwei anderen rechts und links vom After. Ambulacra 2—4, dem Kelch aufliegend, bis zur Basis reichend, mit zahlreichen zweizeiligen gegliederten Pinnuletten besetzt. Stiel dick, nach unten zugespitzt. Ob. Silur. England.

Callocystites Hall (Fig. 326). Oval mit 4 Porenrhomben. Ambulacra zum Teil in zwei Äste geteilt. Ob. Silur. Nordamerika.

8. Familie. **Cystolastidae.** Jaekel.

Theka kugelig, regelmäfsig aus 4 Basalia, 2 Zonen von je 5 Lateralplatten und 4 zwischen die oberen Lateralplatten eingeschalteten Deltoidplatten zusammengesetzt. Die oberen Lateralia mit tiefen Einschnitten, worin die 5 breiten, einfachen, ursprünglich mit Pinnuletten besetzten Ambulacra eingebettet liegen. After in der Seitenwand. Zwei Porenrauten zwischen Basalia und unteren Lateralia; aufserdem die Ambulacra von halben Porenrauten begrenzt. Stiel unbekannt. Unt. Silur.

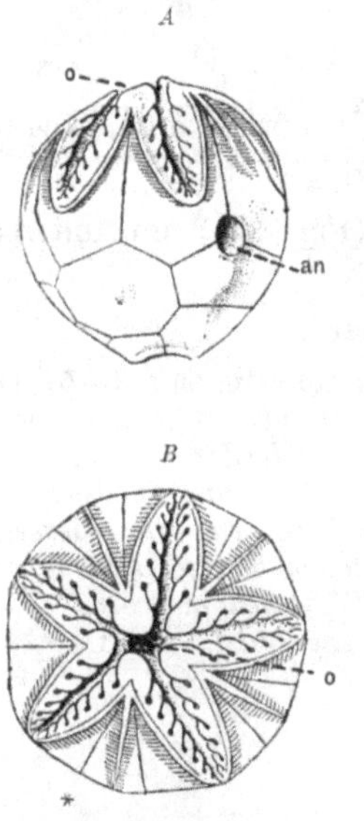

Fig. 327.
Cystoblastus Leuchtenbergi Volborth. Unt. Silur. St. Petersburg.
A Von der Seite, *B* von unten (nach Volborth).
o Mund, *an* Afteröffnung.

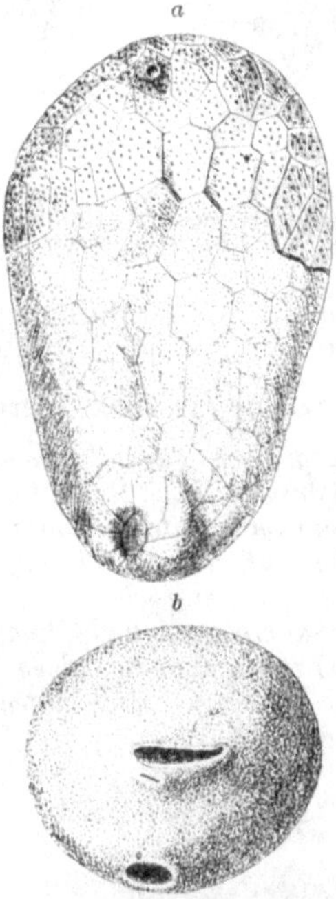

Fig. 328.
Aristocystites Bohemicus Barr. Unter-Silur (D_d4). Zahorzan. Böhmen.
a Von der Seite, *b* vom Scheitel (nach Barrande).

Die einzige Gattung *Cystoblastus* Volborth (Fig. 327) findet sich sehr selten im unteren Silur von Esthland und St. Petersburg. *C. Leuchtenbergi* Volborth.

2. Unterordnung.

Diploporita.

Thekalporen mit Doppelporen.

1. Familie. **Aristocystidae.** Neumayr (emend. Jaekel).

Theka oval, sackförmig, aus zahlreichen, polygonalen, irregulär angeordneten, mit Doppelporen bedeckten Täfelchen bestehend, ungestielt. Poren durch wurmförmige Höfe verbunden, mit dünner Deckschicht überzogen. Mund und After im Scheitel, dazwischen Genitalporus und Madreporit. Ambulacra fehlend. Neben dem Mund Ansatzfläche für 2 oder 4 (bis jetzt nicht beobachtete) Brachiolen. Unt. Silur.

Aristocystites Barr. (Fig. 328). Birnförmige Thekaltäfelchen, klein. Neben dem Mund zwei Gelenkflächen für Brachiolen. Unt. Silur. Böhmen.

Trematocystis Jaekel. Thekaltäfelchen ziemlich grofs. Um den Mund 4 Brachiolen. Ob. Silur. Nordamerika.

2. Familie. **Sphaeronidae.** Jaekel.

(*Pomocystidae* Haeckel.)

Theka aus polygonalen, irregulär angeordneten, mit unregelmäfsig verteilten Doppelporen versehenen Täfelchen bestehend, ungestielt. Mund von 5 Platten umgeben, welche die 5 kurzen, mehrfach gegabelten Ambulacra (Hydrophores palmées) tragen. After, Gonoporus und Madreporit im Scheitel. Unt. Silur.

Sphaeronites Hisinger (*Pomocystis* Haeckel) (Fig. 229). Kugelig oder oval, mit breitem Ansatz aufgewachsen. Täfelchen klein, zahlreich. Oralfeld klein mit 5 wenig gegabelten Ambulacralstrahlen. Unt. Silur. Schweden. *Sph. pomum* Gill.

Eucystis Angelin (*Proteocystites* Barr). Oval, Täfelchen ziemlich grofs. Ambulacra unregelmäfsig gegabelt. Unt. Silur (England, Böhmen und Schweden). Devon (Harz, Böhmen).

Archegocystis Jaekel. Unt. Silur. Böhmen.

Calix Rouault. Verlängert konisch, gegen unten verjüngt, aus zahlreichen, polygonalen Täfelchen bestehend. Scheitel unbekannt. Unt. Silur. Bretagne, Spanien, Portugal.

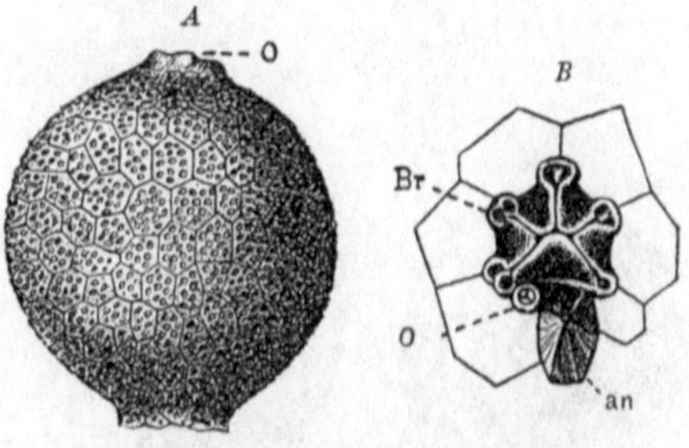

Fig. 329.
Sphaeronites globulus Ang. Unt. Silur. Schweden. *A* Theka von der Seite. *B* Scheitel vergr. *O* Mund, *an* After, *Br* Ansatzstellen für die Brachiolen.,

Codiacystis Jaekel (*Craterina* Barr). Oval oder sackförmig, untere Fläche eingedrückt. Radiärstämme der Ambulacra wiederholt dichotom gegabelt. Unt. Silur. Böhmen.

3. Familie. **Gomphocystidae.** Jaekel.

Theka birnförmig, allmählich in einen weiten, kurzen Stiel übergehend. Ambulacra pentamer, spiral gedreht und nur links mit Pinnuletten. Diploporen mit offenem, ovalem Höfchen. Unt. Silur.

Pyrocystis Barr. Th. aus zahlreichen irregulär geordneten Täfelchen bestehend. Poren auf die mittleren Teile der Täfelchen beschränkt. Amb. spiral. Unt. Silur. Böhmen. *P. pirum* Barr.

Gomphocystites Bill. Ambulacra lang, spiral, darunter die Thekalplatten in spiralen Reihen angeordnet. Ob. Silur. Nordamerika u. Gotland.

4. Familie. **Glyptosphaeridae.** Jaekel.

Th. kugelig oder apfelförmig, aus zahlreichen irregulären Polygonaltäfelchen bestehend. Ambulacra 5, lang, in feinen Rinnen der Theka eingefügt, beiderseits mit Seitenzweigen, an deren Enden sich Pinnuletten erheben. Mund mit grofsen Deckplatten. Stiel kurz, mehrzeilig.

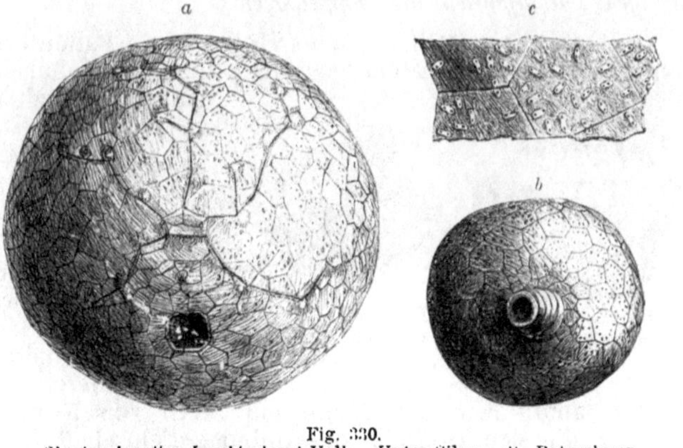

Fig. 330.
Glyptosphaerites Leuchtenbergi Volb. Unter-Silur. St. Petersburg. *a* Exemplar von oben in nat. Gröfse. *b* von unten mit Stiel, etwas verkleinert (nach Volborth). *c* Einige Kelchtäfelchen mit Doppelporen, vergröfsert.

Einzige Gattung *Glyptosphaerites* J. Müller (Fig. 330). Unt. Silur. Rufsland, Schweden.

5. Familie. **Protocrinidae.** Bather.

(*Dactylocystidae* Jaekel.)

Theka oval, birn- oder apfelförmig, aus dicken, unregelmäfsig geordneten Platten bestehend, gestielt oder frei. Die 5 Ambulacra auf der Theka beiderseits mit Seitenrinnen, welche auf besonderen Saumplatten Pinnuletten tragen. Mund zentral, After mit Klappenpyramide. Unt. Silur.

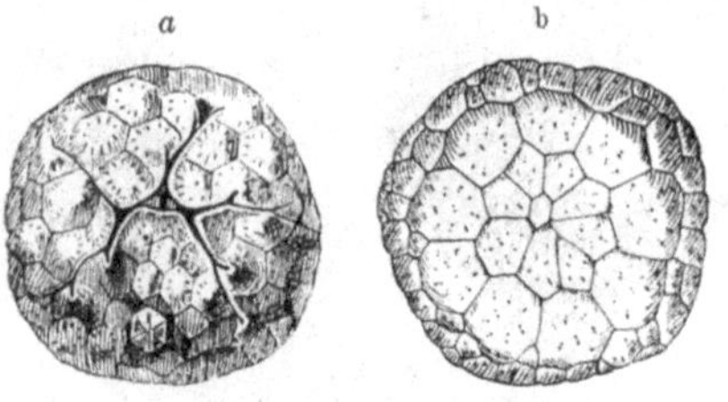

Fig. 331.
Protocrinites oviformis Eichw. Unter-Silur. Pulkowa bei St. Petersburg. *a* von oben, *b* von unten (nach Volborth).

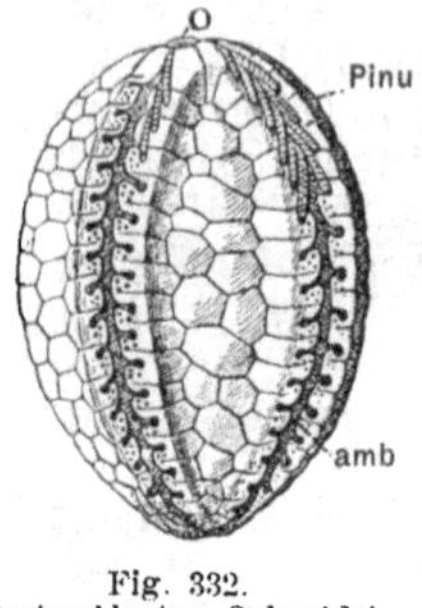

Fig. 332.
Proteroblastus Schmidti Jaekel. Unt. Silur. Esthland. *O* Mund, *amb* Ambulacra, *Pinu* Pinnuletten (nach Volborth).

Protocrinites Eichwald (*Fungocystites* Barr) (Fig. 331). Apfel- oder keulenförmig schwach gestielt oder im Alter frei. Unt. Silur. Rufsland, Böhmen.

Proteroblastus Jaekel (*Dactylocystis* Jaekel) (Fig. **332**). Wie vorige, aber gestielt. Ambulacra gerade, lang, mit alternierenden Seitenrinnen und kurzen, kräftigen Pinnuletten. Unt. Silur. Esthland. *D. Schmidti* Jaekel.

6. Familie. **Mesocystidae.** Jaekel.

Theka kugelig oder oval, deutlich gegen den zylindrischen Stiel abgesetzt, aus zahlreichen irregulären, polygonalen Platten bestehend. Ambulacra auf besonderen Täfelchen in die Theka eingefügt, erst in einiger Entfernung vom Mund beiderseits mit radialen Seitenrinnen, an deren Enden sich Gelenkflächen für Pinnuletten befinden. Interradialfelder um den zentralen Mund mit 5 dichten Deltoidplatten, die übrigen Thekalplatten mit Doppelporen.

Mesocystis Bather (*Mesites* Hoffmann). Ballonförmig mit eingedrückter Basis, gestielt. Thekalplatten sehr zahlreich. Ambulacralfelder sehr schmal, lang, aus alternierenden Plättchen zusammengesetzt. After seitlich. Unt. Silur. St. Petersburg; sehr selten. *M. Puseyrewskii* Hoffm. sp.

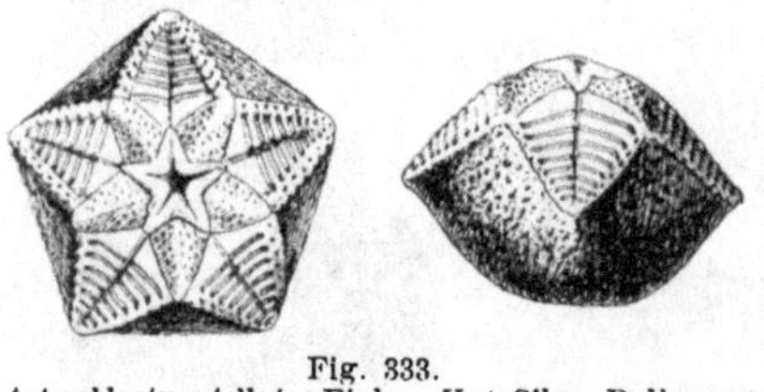

Fig. 333.
Asteroblastus stellatus Eichw. Unt. Silur. Pulkowa. Rufsland. Nat. Gröfse (nach Schmidt).

Asteroblastus Eichw. (*Asterocystis* Haeckel) (Fig. 333). Theka gerundet, konisch bis knospenförmig; Scheitel mit 5 breiten dreieckigen Ambulacralfeldern, von deren Medianrinne zahlreiche alternierende Seitenrinnen ausgehen, deren Enden mit Pinnuletten besetzt sind. Um den Mund ein Stern von 5 interradialen, dreieckigen Platten, die sich zwischen die Ambulacra einschalten. Alle seitlichen kleinen Thekalplatten mit Doppelporen. Unt. Silur. Rufsland.

Zeitliche und räumliche Verbreitung der Cystoideen.

Die Cystoideen bilden eine gänzlich erloschene und zugleich die älteste Ordnung der *Pelmatozoa*. Sie beginnen bereits im Kambrium mit einer Anzahl meist schlecht erhaltener und zum Teil systematisch unsicherer Formen (*Protocystites, Macrocystella, Eocystites, Lichenoides, Trochocystites*), erreichen im Silur den Höhepunkt ihrer Entwickelung und verschwinden im Karbon. Von den 250 bis jetzt beschriebenen Arten gehören nur wenig mehr als ein Dutzend dem Devon und Karbon an.

Während einzelne Gattungen (*Echinosphaerites, Aristocystites, Caryocrinus, Caryocystites*) in gewissen Schichten gesellig vorkommen und zuweilen ganze Bänke erfüllen, gehören viele andere Formen zu den seltenen Erscheinungen. In der Regel fehlen die zarten Arme und Pinnulae vollständig und auch die Stiele sind häufig von den Kelchen getrennt.

Das Hauptlager für Cystoideen bildet die untere Abteilung der Silur-Formation in der Umgebung von St. Petersburg, in Schweden (Oland, Ostgotland), in Wales und in Böhmen (Etage D). In Böhmen sind die meisten Formen nur als Steinkerne und Abdrücke in sandigtonigem Schiefer erhalten. Sehr reich an untersilurischen Cystoideen erweisen sich die Schichten der Chazy- und Trenton-Gruppe in Kanada, New York, Ohio und Indiana. In den obersilurischen Kalksteinen von Dudley und Tividale in England finden sich treffliche Exemplare von *Pseudocrinites, Apiocystites, Echinoencrinus* und *Anomalocystites*; ähnliche zum Teil vikarierende Genera (*Lepadocrinus, Callocystites, Caryocrinus*) kommen im oberen Silur (Niagara-Gruppe) von Nordamerika vor. Aus dem Devon kennt man nur spärliche Reste von *Proteocystites, Anomalocystites, Agelacrinus* und *Tiaracrinus*; der Kohlenkalk liefert noch *Agelacrinus* und *Lepadocrinus.*

3. Klasse. **Blastoidea.** Knospenstrahler.[1])

Ausgestorbene, kurzgestielte oder ungestielte, knospenförmige Pelmatozoen mit regelmäfsig gebautem, fünfstrahligem, aus 13 Hauptstücken zusammengesetztem Kelche. Arme durch Ambulacralfeder mit Pinnuletten ersetzt, unter oder neben denen jederseits Respirationsröhren liegen.

Der Kelch hat knospenförmige, birn- oder eiförmige, häufig fünfkantige Gestalt und besteht aus 13, durch Sutur unbeweglich verbundenen Kalktäfelchen, die in drei Zonen regelmäfsig übereinander liegen und eine weite Leibeshöhle umschliefsen (Fig. 334). Die dorsale, dem Stiel aufruhende Basis wird aus zwei gleich grofsen und einem kleineren, stets im linken vorderen Interradius gelegenen Täfelchen gebildet. Über den drei Basalia folgen fünf meist gleich grofse, vom oberen Rand her mehr oder weniger tief ausgeschnittene Radialia (Gabelstücke), und auf diesen ruhen alternierend fünf interradial gelegene, dreieckige oder trapezförmige Deltoid- oder

---

[1]) *Say, Th.*, Über Pentremites. Silliman Amer. Journ. Sc. and Arts 1820. vol. II. 36. — *Roemer, Ferd.*, Monographie der fossilen Crinoideenfamilien der Blastoideen. Berlin 1852 (Aus Troschels Archiv für Naturgeschichte XVII.). — *Etheridge, Rob.*, and *Carpenter, Herb.*, Catalogue of the Blastoidea in the geological departement of the British Museum. London 1886.

Interradialtafeln, welche der Hauptsache nach die Kelchdecke zusammensetzen, häufig aber auch an der Umgrenzung der Seiten teilnehmen. In der Regel bilden die radialen Gabelstücke den gröfsten Teil der Seitenwände. Bei einzelnen Gattungen (*Elaeocrinus*, *Granatocrinus*) vergröfsern sich aber die interradialen Deltoidplatten so stark, dafs sie fast die ganzen oder doch über die Hälfte der Seiten einnehmen und die Gabelstücke auf die Basalfläche zurückdrängen.

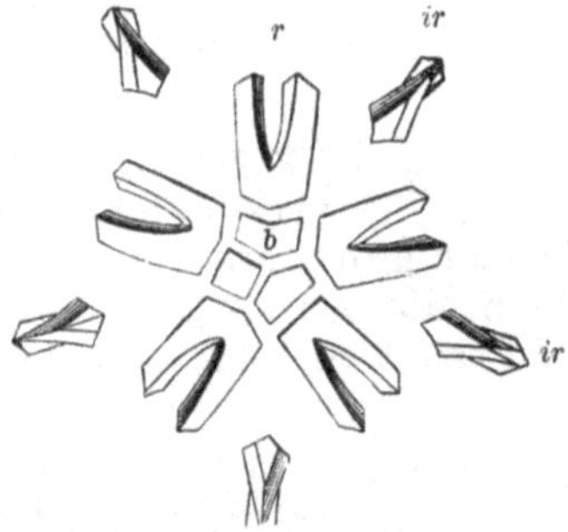

Fig. 334.
Analyse des Kelches von *Pentremites florealis*. *b* Basalia, *r* Radialia, *ir* Interradialia.

Der Raum zwischen den schräg abfallenden Rändern der Radialausschnitte und der Interradialia wird von fünf länglich dreieckigen, breit blattförmigen oder schmal linearen Ambulacralfeldern (Pseudoambulacralfelder nach Roemer) ausgefüllt, welche im Scheitel beginnen und bis zum unteren Ende des Ausschnittes der Radialia reichen.

Im Zentrum des Scheitels befindet sich stets eine fünfstrahlige Mundöffnung, welche wahrscheinlich bei lebenden Blastoideen überall mit einer gröfseren Zahl kleiner beweglicher Täfelchen bedeckt war, die jedoch nur in sehr seltenen Fällen in fossilem Zustand erhalten blieben (Fig. 335). Eine zweite exzentrische Öffnung (*After*)

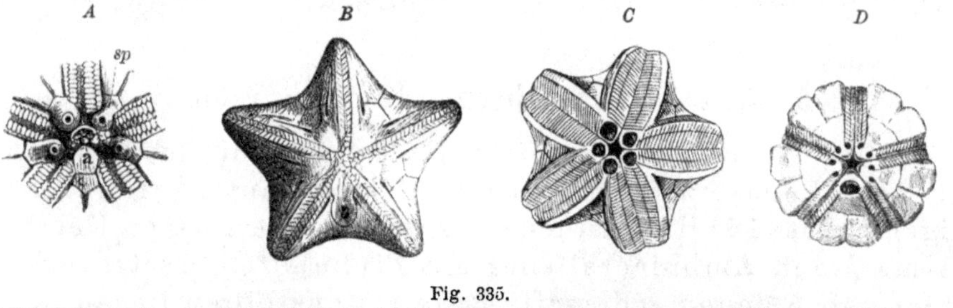

Fig. 335.
A Scheitel von *Granatocrinus* vollständig erhalten, Mund und After (*a*) durch Täfelchen bedeckt. Die Spiracula (*sp*) einfach.
B Scheitel von *Orophocrinus*, Mund mit kleinen Täfelchen bedeckt, Afteröffnung unbedeckt. Die Spiracula spaltförmig neben den Ambulacralfeldern.
C Scheitel von *Pentremites* mit zentraler Mundöffnung und 5 Spiracula, wovon das eine die Afteröffnung mit einschliefst.
D Scheitel von *Cryptoblastus melo* mit zentraler Mundöffnung, grofser Afteröffnung und 8 Spiracula (nach Carpenter).

durchbohrt die hintere Interradialplatte und ist zuweilen ebenfalls durch ein oder mehrere Plättchen bedeckt. Häufig sieht man am Scheitelende jedes der Ambulacralfelder eine oder zwei Öffnungen (Spiracula), welche mit den Respirationsröhren kommunizieren. Bei *Pentremites*, *Granatocrinus*, *Pentremitidea*, *Mesoblastus* sind beim gewöhnlichen Erhaltungszustand (Fig. 335 *C*, 336 *A*) eine zentrale fünfstrahlige Mundöffnung und fünf peripherische Öffnungen (Spiracula) vorhanden, wovon eine (die hintere) etwas gröfser als die übrigen ist und die Afteröffnung einschliefst. Die vier kleineren Spiracula sind durch eine mediane Leiste am Ende der Deltoidplatten in zwei, die gröfsere durch zwei Leisten in drei Öffnungen geteilt. Bei *Elaeacrinus, Cryptoblastus* (Fig. 335 *D*), *Schizoblastus* u. a. bleiben die Spiracula getrennt, so daſs am Scheitelende jedes Pseudoambulacralfeldes zwei Öffnungen stehen. Bei den Codasteriden fehlen die Spiracula im Scheitel vollständig und sind häufig durch longitudinale Spalten neben den Ambulacralfeldern ersetzt (Fig. 335 *B*).

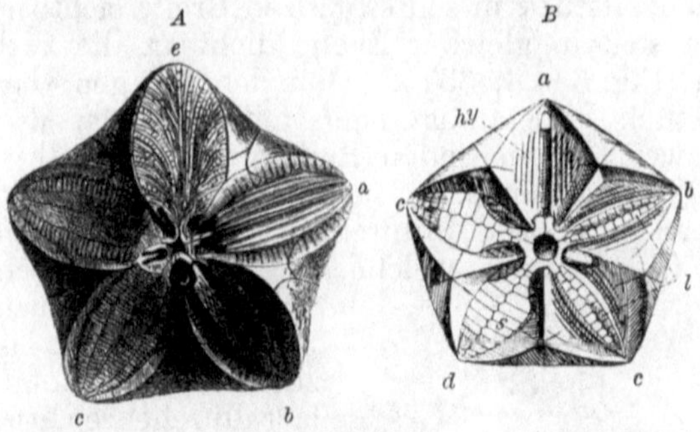

Fig. 336.

A Kelch von ***Pentremites Godoni*** Defr. von oben gesehen und vergröſsert, mit verschiedenartig erhaltenen Ambulacralfeldern. *a* Ambulacralfeld nach Beseitigung des Lanzettstückes und der Seitentäfelchen mit den im Grund gelegenen Röhrenbündeln (Hydrospiren). *b* Dasselbe mit erhaltenem, an der Oberfläche verwittertem und glattem Lanzettstück. *c* Lanzettstück und Porentäfelchen erhalten; *d* ebenso, jedoch die Querstreifung auf dem Lanzettstück verwischt. *e* Ambulacralfeld mit erhaltenen Pinnulis (nach F. Roemer)

B Kelch von ***Phaenoschisma acutum*** Sow. von oben gesehen und vergröſsert, mit verschiedenartig erhaltenen Ambulacralfeldern. *a* Ambulacralfeld nach Beseitigung des Lanzettstückes und der Seitentäfelchen mit den die Radialia und Interradialia durchbohrenden Spalten der Hydrospiren *hy*. *b* u. *c* Ambulacralfelder mit Lanzettstück *l* ohne Seitenplättchen. *d, e* Ambulacralfelder mit wohlerhaltenen Seitenplättchen *s*, welche das Lanzettstück verhüllen (nach Etheridge und Carpenter).

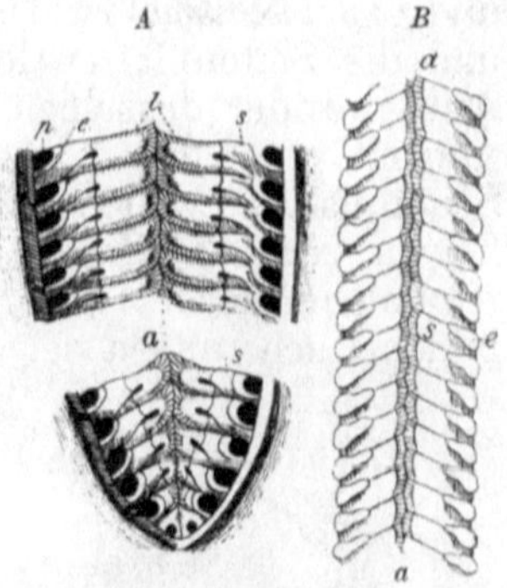

Fig. 337.

Stücke eines Ambulacralfeldes (nach Etheridge u Carpenter). A Von *Pentremites* (*a* Ambulacralfurche, *l* Lanzettstück, *s* Seitenplättchen, *e* äuſsere (supplementäre) Seitenplättchen, *p* Randporen (stark vergröſsert).

B Von *Elaeacrinus* (nach Roemer).

Die Ambulacralfelder sind bald vertieft, bald eben, bald ragen sie etwas über die sie begrenzenden Radialia und Interradialia vor. Ihre Zusammensetzung ist ziemlich kompliziert (Fig. 337). Die Mitte derselben wird stets eingenommen von einem schmalen, linearen, unten zugespitzten Lanzettstück, das im Scheitel beginnt und bis zum Ende des Ausschnittes der Radialia reicht. Es schaltet sich mittels eines verschmälerten Fortsatzes zwischen die Enden der Interradialia ein und bildet mit diesen den Scheitel des Kelches. Auf der Oberseite des Lanzettstückes befindet sich eine offene mediane, zum Mund führende Rinne, welche offenbar als Ambulacralfurche zu deuten ist. Es ist von einem innerlichen Kanal durchbohrt, der im Scheitel in einen die Mundöffnung umgebenden, jedoch in den Scheiteltäfelchen eingeschlossenen Ringkanal mündet. Diese innerlichen Kanäle dürften den Achsialkanälen der Crinoideen entsprechen und einen Nervenstrang enthalten. Bei manchen Gattungen (*Pentremites, Orophocrinus*) liegt unter dem Lanzettstück noch ein zweites, ungemein dünnes, schmales Kalkplättchen (Unterlanzettstück). Das Lanzettstück füllt niemals die ganze Breite des Pseudoambulacralfeldes aus, sondern läſst jederseits eine schmälere oder breitere Rinne frei, welche durch kleine, parallel geordnete, quer verlängerte Seitenplättchen (Porenstücke nach Roemer) vollständig oder teilweise ausgefüllt wird. Zwischen die Seitenplättchen schalten sich auſsen zuweilen noch winzige »äuſsere Seitenplättchen« (Supplementär-Porenstücke nach

Roemer) ein. Wenn sich die Seitenplättchen an die schräg nach innen abfallenden Begrenzungsflächen der Pseudoambulacralfelder direkt anlegen, so verschmälern sie sich aufsen meist beträchtlich und lassen eine Reihe porenartiger Lücken zwischen sich frei. Sind solche Randporen vorhanden, so werden sie immer von den winzigen äufseren (supplementären) Seitenplättchen begrenzt. Bei *Pentremites* und *Cryptoschisma* ist das Lanzettstück in seiner ganzen Breite sichtbar, und die Seitenplatten legen sich in gleicher Ebene dicht an die zwei Aufsenränder desselben an (Fig. 336 *A*, 337 *A*). Bei den übrigen Gattungen wird das Lanzettstück vollständig oder teilweise von den Seitenplatten, welche in zwei alternierenden Reihen auf demselben liegen, verhüllt (Fig. 337 *B*) und kommt meist nur in der medianen Ambulacralfurche zum Vorschein. Die Suturen der Seitenplättchen bilden nach aufsen seichte Querfurchen, welche als Querstreifen auch auf das Lanzettstück fortsetzen und bis zur medianen Ambulacralfurche reichen. Durch Verwitterung kann diese Querstreifung verschwinden (Fig. 337 *A*, *B*).

Fig. 338.
a Eine Pinnula von *Pentremites* vergröfsert.
b Granatocrinus Norwoodi mit vollständig erhaltenen Pinnulis (nach Meek und Worthen).

Fig. 339.
Pentremites sulcatus Say, aus dem Kohlenkalk von Illinois. Kelch horizontal, etwa im unteren Dritteil der Pseudoambulacralfelder durchgeschnitten und $^1/_2$ mal vergröfsert. *hy* Hydrospiren, *l* Lanzettstücke, *p* Porenstücke, *r* Radialstücke (Gabelstücke).

Kleine Grübchen oder Höckerchen auf den Seitenplatten bezeichnen die Ansatzstelle von dünnen, anfänglich zweizeilig, später einzeilig gegliederten Pinnulae, welche jedoch nur äufserst selten erhalten sind. Sie bedecken, wenn vorhanden, die Ambulacralfelder vollständig und ragen über die Kelchdecke vor (Fig. 338). Die Querfurchen auf den Ambulacralfeldern stehen mit den Pinnulis in Verbindung.

Hebt man an einem Blastoiden die Seitenplättchen und das Lanzettstück ab, so findet man im Grund der Ambulacralfelder auf der rechten und linken Seite derselben je ein Röhrenbündel oder eine einzelne Röhre (Hydrospiren), welche der Seitenbegrenzung der Ambulacralfelder parallel laufen, an ihrem unteren Ende beginnen und im Scheitel endigen. Bei *Pentremites* und verwandten Gattungen besteht jeder der beiden Röhrenbündel aus 5—8 seitlich abgeplatteten, frei in die Leibeshöhle herabhängenden Röhren, welche unter den Seitenplättchen liegen und mit den zwischen denselben befindlichen Randporen kommunizieren (Fig. 339). Bei *Granatocrinus* (Fig. 340 *A*, *B*) sind jederseits entweder nur eine einzige oder zwei innen angeschwollene Röhren, bei *Elaeacrinus* je zwei, bei *Troostocrinus* und *Mesoblastus* (Fig. 340 *C*) je drei, bei *Orophocrinus* (Fig. 340 *D*) je 5—7 vorhanden. Bei *Phaenoschisma* (Fig. 336 *B*) und *Codaster* (Fig. 345) durchbohren die Röhren als Schlitze die angrenzenden Radial- und Interradialplatten und liegen offen neben den Lanzettstücken. Bei einigen

Gattungen (*Granatocrinus, Mesoblastus*) sind die Röhrenbündel durch ein dünnes, lineares, jederseits neben dem Lanzettstück gelegenes, mit einer Porenreihe versehenes Plättchen bedeckt. Jeder Röhrenbündel endigt in der Regel im Scheitel in einer runden Öffnung (Spiraculum). Da jedoch die Spiracula von zwei benachbarten Pseudoambulacralfeldern am Ende der Deltoidplatten häufig zusammenstofsen, so können sie sich vereinigen und statt zehn Öffnungen sind alsdann nur fünf vorhanden, wovon freilich jede aus zwei Hälften besteht. Bei den Codasteriden fehlen die runden Spiracula, da die Röhren der Hydrospiren entweder nach aufsen offene Spalten darstellen oder sich in einen Schlitz neben den Pseudoambulacralfeldern öffnen.

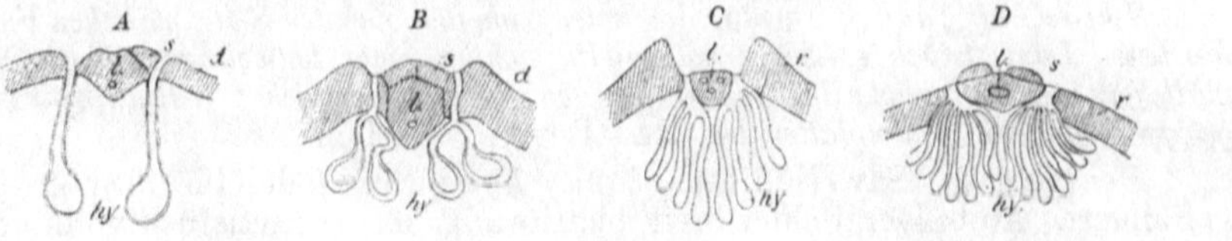

Fig. 340.

Querschnitt durch ein Ambulacralfeld mit den darunter liegenden Röhren (Hydrospiren) *A* von *Granatocrinus, Derbyensis*, *B* von *Granatocrinus Norwoodi*, *C* von *Mesoblastus lineatus*, *D* von *Orophocrinus verus* vergröfsert (nach Etheridge nud Carpenter). *hy* Hydrospiren, *l* Lanzettstücke, *r* Radialstücke, *s* Seitenplättchen.

Die Bedeutung dieser sogenannten Hydrospiren ist unsicher. Sie entsprechen offenbar den Porenrauten der Cystoideen, sind aber auf die Ränder der Pseudoambulacralfelder lokalisiert. Sie erhielten ohne Zweifel von aufsen durch die seitlichen Poren oder durch schlitzartige Offnungen Wasser zugeführt und dienten wahrscheinlich der Respiration. Ob sie gleichzeitig, wie Roemer und Forbes vermuten, als Eierstöcke und Eileiter fungierten, läfst sich schwer entscheiden, doch hat Hub. Ludwig auf ihre Homologie mit den Genitalbursen der Ophiuriden hingewiesen.

Bei den meisten Blastoideen umschliefst die Basis eine runde Insertionsstelle für einen dünnen Stiel, der jedoch äufserst selten noch in Verbindung mit dem Kelch gefunden wurde. Er besteht wie bei den Crinoideen aus zylindrischen Gliedern, welche einen zentralen Kanal enthalten.

Die Blastoideen wurden häufig wegen der vermeintlichen Ähnlichkeit ihrer Ambulacralfelder mit den Ambulacren der Echiniden mit letzteren verglichen, allein die angebliche Verwandtschaft beider Gruppen beruht auf einer vollständigen Mifsdeutung äufserlicher Merkmale. Die Zusammensetzung des Kelches, das Vorhandensein eines Stieles und gegliederter Pinnulae weist den Blastoideen ihren Platz unter den Pelmatozoen an, und zwar stehen sie unter diesen den Cystoideen am nächsten. Die Pseudoambulacralfelder entsprechen offenbar den niederliegenden und dorsal am Kelch festgewachsenen Armen, die Röhrenbündel (Hydrospiren) den Porenrauten gewisser Cystoideen. Auch Mund und After haben bei beiden Ordnungen gleiche Lage. Immerhin bilden die Blastoideen eine eigenartige und wohl umgrenzte Ordnung, deren erste spärliche Vertreter (*Troostocrinus*) im oberen Silur von Nordamerika erscheinen. Sie werden etwas häufiger im Devon der Eifel, von Nassau, Spanien und Nordamerika, erlangen aber ihre Hauptverbreitung erst im Kohlenkalk.

In Europa (Belgien, Irland, Yorkshire, Derbyshire) sind Blastoideen überall ziemlich selten, dagegen finden sie sich in Nordamerika und zwar namentlich im Flufsgebiete des Mississippi (Chester-Gruppe) in grofser Menge und vorzüglicher Erhaltung. Etheridge und Carpenter unterscheiden 19 Gattungen mit ca. 120 Arten.

A. **Regulares.** Eth. u. Carp.

Ambulacralfelder und Radialplatten alle gleichartig. Stiel vorhanden.

1. Familie. **Pentremitidae.** d'Orb.

Scheitel mit fünf Spiracula, die unten von den obersten Seitenplättchen begrenzt werden. Lanzettstück entweder vollständig sichtbar oder teilweise durch die Seitenplättchen bedeckt, welche bis zum Rand der Ambulacra reichen. Hydrospiren tief gelegen, von den Seitenplatten bedeckt. Devon. Karbon.

Pentremites Say (Fig. 341, 342). *K* eiförmig oder birnförmig. Basis verlängert. Ambulacralfelder breit, blattförmig, das Lanzettstück vollkommen sichtbar, beiderseits von den Seitenplatten begrenzt. Unterlanzettstück vorhanden. Hydrospiren mit 3—9 Röhren. Häufigste Gattung im Karbon von Nordamerika. In Europa nicht mit Sicherheit bekannt. *P. Godoni* Defr., *P. sulcatus* Roem., *P. pyriformis* Say etc.

Pentremitidea d'Orb. *K* keulenförmig. Basis stark verlängert. Scheitel konvex oder abgestutzt. Ambulacra schmal, kurz. Lanzettstück durch die Seitenplättchen vollständig bedeckt. Deltoidstücke sehr klein, äufserlich nicht sichtbar. Im unteren und mittleren Devon (Eifel, Ardennen, Spanien und England). *P. Pailleti* Vern., *P. Eifelensis* Roem., *P. clavata* Schultze.

Mesoblastus Eth. Carp. *K* Basis eben. Ambulacra sehr schmal, lang, bis zur Basis reichend; Lanzettstück bedeckt. Deltoidplatten sichtbar. Karbon. Belgien, England. *M. crenulatus* Roem. sp.

Fig. 341. *Pentremites Godoni* Defr. Kohlenkalk. Illinois. Nat. Gröfse.

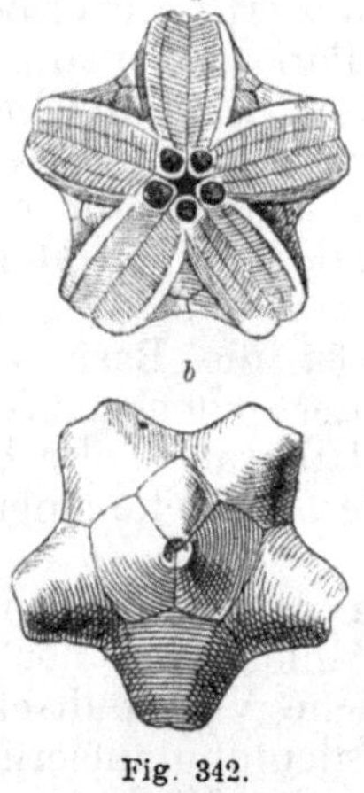

Fig. 342. *Pentremites sulcatus* Roem. Karbon. Illinois. *a* Kelch von oben, *b* von unten ²/₃. (Nach Roemer.)

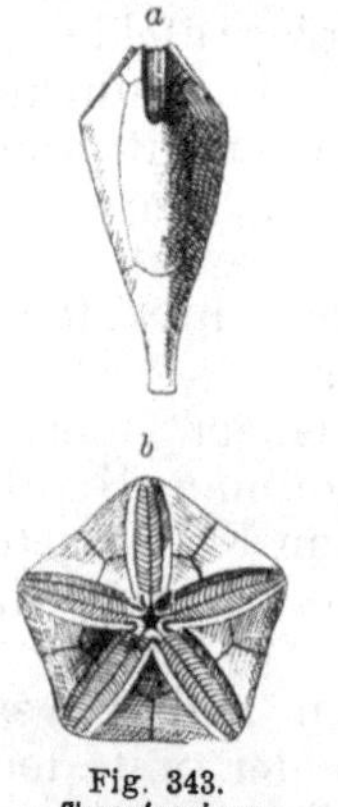

Fig. 343. *Troostocrinus Reinwardti* Troost sp. Ob. Silur. Tennessee. (Nach Roemer.) *a* Kelch von der Seite (nat. Gröfse), *b* Scheitel (vergr.).

2. Familie. **Troostoblastidae.** Eth. u. Carp.

Scheitel mit fünf durch die Spitze der Deltoidplatten geteilten Spiracula. Ambulacra sehr schmal. Lanzettstück vollständig von den Seitenplatten bedeckt, welche den Rand der Radialia und der kleinen, auf den Scheitel beschränkten Deltoidplatten nicht berühren. Ob. Silur. Devon. Karbon.

Troostocrinus Shumard (Fig. 343). Keulenförmig. Scheitel eine fünfflächige Pyramide mit fünf schmalen, lanzettförmigen Ambulacra. Ob. Silur. Nordamerika.

Metablastus Eth. Carp. Ob. Silur. Devon. Karbon. *Tricoelocrinus* M. u. W. Karbon.

3. Familie. **Nucleoblastidae.** Eth. u. Carp.

K eiförmig oder kugelig mit ebener oder ausgehöhlter Basis. Scheitel mit zehn Spiracula zwischen den Enden der Deltoid- und Lanzettstücke. Ambulacra linear, sehr lang, bis zur Basis reichend. Devon. Karbon.

Elaeacrinus Roem. (*Nucleocrinus* Conr.) (Fig. 344). *B* versteckt. *R* klein. Die Seiten des Kelches fast ganz von den grofsen und breiten Deltoidplatten gebildet, wovon eine breitere oben die grofse Afteröffnung enthält. Mund durch Täfelchen gedeckt. Lanzettstück unter den Seitenplättchen verborgen. Randporen fehlen. Devon. Nordamerika.

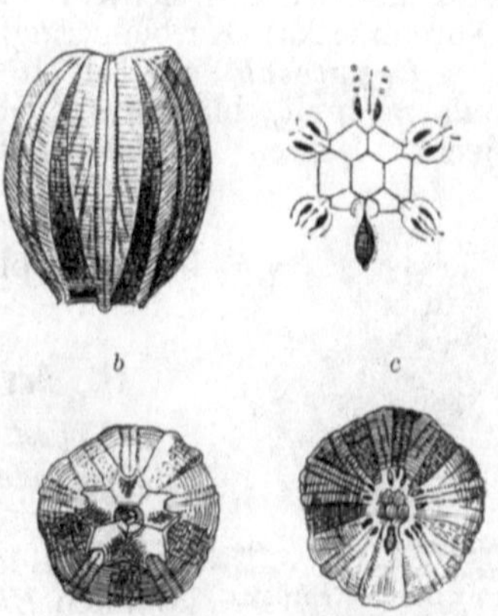

Fig. 344.
Elaeacrinus Verneuili Troost sp. Unt. Devon. Columbus. Ohio. *a* Von der Seite, *b* von unten, *c* von oben, *d* Scheitel, vergröfsert (nach F. Roemer).

Cryptoblastus Eth. u. Carp. (Fig. 335 *D*). *R* sehr grofs, die Seiten des Kelches bildend. Deltoidplatten klein. Karbon. Nordamerika.

Schizoblastus, Acentrotremites Eth. u. Carp. Karbon von Irland, England und Nordamerika.

4. Familie. **Granatoblastidae.** Eth. u. Carp.

K kugelig oder eiförmig mit flacher oder konkaver Basis und linearen, sehr langen Ambulacren. Spiracula die Deltoidstücke durchbohrend.

Die beiden Gattungen *Granatocrinus* Troost (Fig. 338, 340 *A. B*) und *Heteroblastus* Eth. u. Carp. finden sich im Kohlenkalk von England und Nordamerika.

5. Familie. **Codasteridae.** Eth. u. Carp.

K keulenförmig. Basis verlängert. Alle oder ein Teil der Hydrospirenschlitze durchbohren die Kelchplatten beiderseits neben den Ambulacren und sind entweder von aufsen sichtbar oder teilweise verdeckt. Spiracula durch seitliche Schlitze ersetzt. Devon. Karbon.

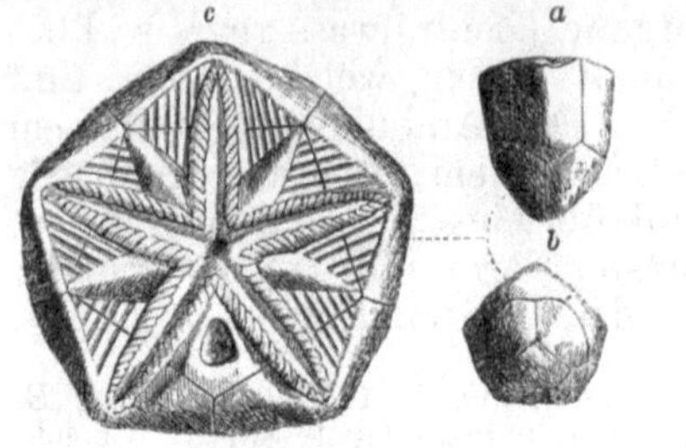

Fig. 345.
Codaster acutus M'Coy. Kohlenkalk. Derbyshire. *a* Kelch von der Seite, *b* von unten (nat. Gr.), *c* von oben, (vergr.) (nach F. Roemer).

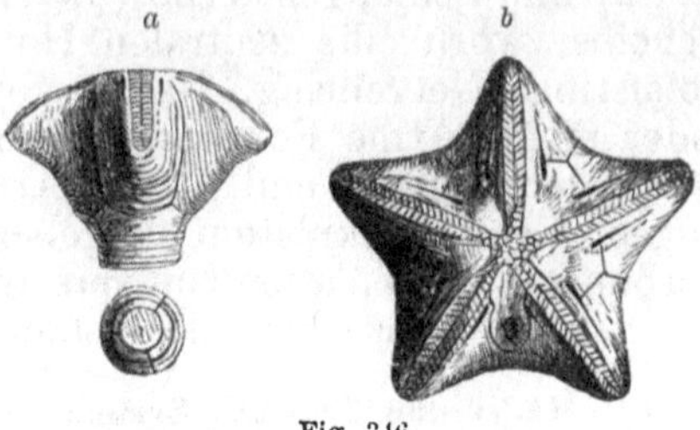

Fig. 346.
Orophocrinus (Codonites) stelliformis Owen u. Shum. sp. Kohlenkalk. Burlington. Iowa. *a* Exemplar in nat. Gröfse. *b* Scheitel vergr. (Nach Meek und Worthen.)

Phaenoschisma Eth. u. Carp. (Fig. 336 *B*). *K* keulenförmig mit ebenem, abgeplattetem Scheitel. Deltoidstücke klein. Ambulacra breit; das Lanzettstück meist durch die Seitenplättchen bedeckt. Die Röhrenbündel der Hydrospiren durchbohren die schrägen Seitenränder der Ambulacra und sind teilweise als parallele Schlitze neben den Seitenplättchen sichtbar. Devon. *Ph. acutum* Sow. sp. (Karbon), *Ph. Archiaci* Eth. Carp. (Devon).

Codaster M'Coy (*Codonaster* Roem.) (Fig. 345). *K* umgekehrt konisch mit ebener Decke. Deltoidplatten im Scheitel, spitz dreieckig. Ambulacra schmal, auf den Scheitel beschränkt; das Lanzettstück sichtbar. Die Schlitze der Hydrospiren durchbohren die Radialia neben den Ambulacren und sind alle deutlich sichtbar. Im Analinterradius fehlen die Schlitze. Devon (Nordamerika), Karbon (England).

Cryptoschisma Eth. u. Carp. *K* keulenförmig, oben abgeplattet. Ambulacra breit, blattförmig, die Röhrenschlitze unter den Seitenplatten verdeckt. Devon. *C. Schultzi* d'Arch. Vern. Spanien.

Orophocrinus Seeb. (*Codonites* M. u. W.) (Fig. 346). Ambulacra schmal, linear. Die Hydrospiren vollständig verborgen. Spiracula (10) schlitzförmig, neben den Ambulacren. Karbon. Nordamerika. Irland.

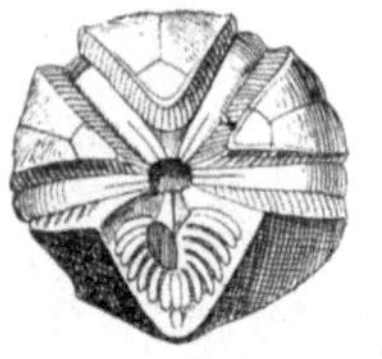

Fig. 347. *Eleutherocrinus Cassedayi* Shum. u. Yand. Unt. Devon. Kentucky. Scheitel 2/1 (nach Etheridge und Carpenter.)

B. **Irregulares.** Eth. u. Carp.

Ungestielte Blastoideen, bei denen ein Ambulacrum und das entsprechende Radiale durch Gröfse und Form von den übrigen abweichen.

Von den drei sehr seltenen hierher gehörigen Gattungen kommen *Eleutherocrinus* Shum und Yandell (Fig. 347) im Devon von Nordamerika, *Astrocrinus* Austin und *Pentephyllum* Haughton im Kohlenkalk von England vor.

B. **Asterozoa.** Sterntiere.[1])

Ungestielte, sternförmige oder fünfeckig scheibenförmige Echinodermen mit nach unten gerichtetem Mund; aus Zentralscheibe und Armen zusammengesetzt. Ambulacralfüfschenreihen auf die Unterseite beschränkt. Hautskelett aus lose verbundenen, sehr mannigfaltig gestalteten Kalkplatten mit beweglichen Stacheln oder Borsten, bestehend.

Zu den *Asterozoa* gehören die zwei Klassen der Seesterne (*Asteroidea*) und Schlangensterne (*Ophiuroidea*). Beide besitzen eine zentrale Scheibe, worin die zentralen Hauptorgane (Zentralwassergefäfs, Blutgefäfsring, Nervenring, Darm, Genitalien) liegen, welche in die fünf (oder mehr) Arme Fortsätze aussenden. Das Ambulacralgefäfssystem ist in der Scheibe und in den Armen von einem Apparat regelmäfsig angeordneter Kalkplatten umgeben und überdies die Haut durch lose verbundene Kalkplatten von verschiedenster Form und Gröfse verstärkt, die teilweise bewegliche Kalkstacheln oder Borsten tragen.

[1]) *Müller* und *Troschel*, System der Asteriden. Berlin 1842. — *Billings, E.*, Figures and Descriptions of Canadian organic remains. Geol. Survey Canada. Dec. III. 1858. — *Forbes, Ed.*, Monograph of the Echinodermata of the British tertiaries. Palaeontographical Society 1852. — *Wright, Thom.*, Monograph of the fossil Echinodermata from the Oolitic Formation. ibid. vol. II. — *Quenstedt, F. A.*, Petrefaktenkunde Deutschlands. Bd. IV. 1874—76. — *Stürtz, B.*, Beiträge zur Kenntnis paläozoischer Seesterne. Palaeontographica Bd. 32 u. 36. 1886, 1890. — *Stürtz, B.*, Über versteinerte und lebende Seesterne. Verhandl. d. naturf. Ver. für Rheinl. u. Westfalen. 5. Folge Bd. X. 1892. — *Sladen, W. P.*, Report on the Asteroidea collected during the Voyage of H. M. S. Challenger. vol. XXX. 1889. — Monograph of the British foss. Asteroidea from the Cretaceous Format. Palaeontogr. Soc. 1890. Bd. 44. — *Neumayr, M.*, Morphologische Studien über fossile Echinodermen (Sitzungsber. Wien. Ak. Bd. 84, 1881).

Fossile Sterntiere beginnen schon in oberkambrischen und silurischen Ablagerungen und finden sich in allen Formationen. In der Regel gehören Seesterne zu den seltenen Versteinerungen und kommen meist nur in tonigen, kalkigen oder sandigen Ablagerungen vor, welche in geringer Tiefe abgelagert wurden. Sie bilden unter den Echinodermen den einförmigsten und dauerhaftesten Typus. Schon im Silur sind die zwei Klassen der *Ophiuroidea* und *Asteroidea* durch wohl differenzierte Formen vertreten und stimmen zum Teil in allen wesentlichen Merkmalen mit ihren noch jetzt lebenden Verwandten überein. Bemerkenswert ist freilich die Tatsache, dafs viele paläozoische Ophiuren und Asterien durch alternierende Anordnung ihrer Ambulacralplatten von allen jüngeren Formen abweichen. Die mangelnde oder unvollständige Verschmelzung der Armwirbel bei paläozoischen Ophiuren läfst sich als embryonales Merkmal deuten; die ventrale Lage der Madreporenplatte bei paläozoischen Asterien, der Mangel an Ventralschildern der Arme bei paläozoischen Ophiuren sprechen für eine wenig scharfe Trennung der beiden Hauptabteilungen der *Asterozoa*, die übrigens auch heute noch durch gewisse Zwischenformen (*Brisinga*) eng miteinander verknüpft sind.

Kehrt man bei einem Seestern oder einer Ophiure den Mund nach oben, so entspricht die Oberseite offenbar der Kelchdecke, die dorsale Scheibe der Basis eines Pelmatozoen. In dieser Stellung haben auch die drei Hauptorgane (Ambulacral-, Blutgefäfs- und Nervenstrang) bei Asteroideen und Pelmatozoen genau dieselbe Lage. Die Homologie eines Asterozoenarms mit den Armen eines Crinoideen, Cystoideen oder den Ambulacren eines Blastoideen kann somit kaum zweifelhaft sein. Auf die Feststellung einer Homologie der Täfelchen des Hautskeletts mufs jedoch verzichtet werden, da sich dasselbe in den verschiedenen Unterklassen offenbar frühzeitig differenziert hat.

Auch die Embryonalentwicklung von Pelmatozoen und Asterozoen bietet keine Anhaltspunkte zu spezielleren Vergleich. Immerhin spricht die Übereinstimmung der Hauptorgane für einen gemeinsamen Ursprung. Die Asterozoen lassen sich noch am ehesten mit gewissen Cystoideen (*Agelacrinidae* und *Callocystidae*) vergleichen. Eine direkte Ableitung derselben von Cystoideen erscheint jedoch aus morphologischen und geologischen Gründen unstatthaft, da *Asterozoa* und *Cystoidea* gleichzeitig auftreten und bereits im unteren Silur vollkommen differenziert nebeneinander stehen.

1. Klasse. **Ophiuroidea.** Schlangensterne.[1])

Afterlose Seesterne mit langen, dünnen, zylindrischen Armen, die ringsum von Hautschildern oder lederartiger Haut bedeckt sind und von einer zentralen Scheibe scharf

[1]) *Lyman, Th.*, Ophiuridae and Astrophytidae. Illustr. Catalogue of the Museum of compar Zoology. Cambridge. I. 1865. II. Supplem. 1875. — *Lyman, Th.*, Ophiuridae and Astrophytidae. New and old. Bull. Mus. comp. Zool. Cambridge. vol. III. 1874. — *Böhm, G.*, Ein Beitrag zur Kenntnis fossiler Ophiuren. Freiburg 1882. — *Gregory, J. W.*, On the classification of the Palaeozoic Echinoderms of the group Ophiuroidea. Proceed. Zool. Soc. London 1896.

absetzen. Darm und Genitalorgane auf die Scheibe beschränkt.

Die Schlangensterne unterscheiden sich von den eigentlichen Seesternen durch ihre zylindrischen, schlangenartig biegsamen Arme, die von der Scheibe scharf abgegrenzt sind und zum Kriechen verwendet werden. Dieselben sind bei den Euryaliden von einer lederartigen Haut, bei den Ophiuriden meist von vier Reihen von Hautschildern (Rückenschilder, zwei Reihen Seitenschilder und Bauchschilder, scutella dorsalia, lateralia und ventralia) umgeben, welche sich dicht aneinander legen und eine zierlich getäfelte Oberfläche bilden. Auf den Lateralschildern stehen in der Regel bewegliche Stacheln. Im Innern werden die Arme durch eine Reihe aufrechter, wirbelartiger, aus zwei fest verbundenen Hälften bestehender Kalkscheiben ausgefüllt (Fig. 348), an deren Basis in einem medianen Ausschnitt ein Wassergefäfs und darunter ein Blutgefäfs und ein Nervenstrang verlaufen. Sowohl die

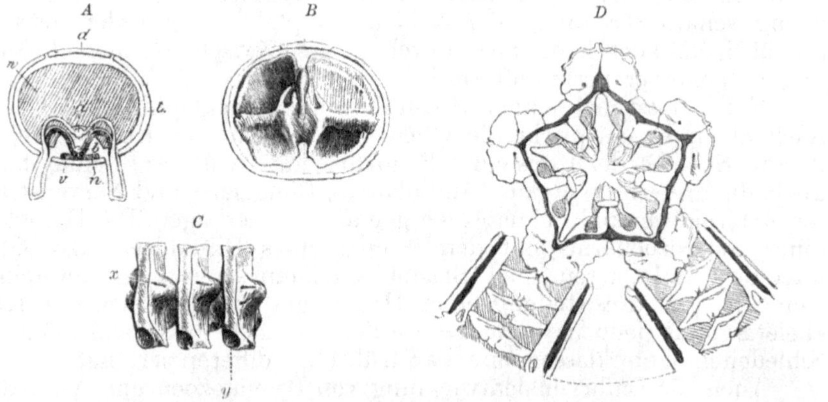

Fig. 348.

A Ein Ophiurenarmwirbel vertikal durchgeschnitten. *w* Wirbelscheibe, *a* Ambulacralgefäfs nebst den beiden Saugfüfschen, *b* ventrales Blutgefäfs, *n* Nervenstrang, *d* Dorsalschild, *l* Lateralschild, *v* Ventralschild.

B Ein Ophiurenarmwirbel von der adoralen Seite, vom Hautskelett umgeben.

C Drei Wirbel eines Ophiurenarmes von der Seite gesehen und vergröfsert. *x* Austrittsöffnung des Wassergefäfszweiges, darunter die Wiedereintrittsstelle; *y* Grube für den Intervertebralmuskel.

D Inneres Mundskelett einer Ophiure nebst zwei noch in der Scheibe gelegenen Armstücken von der Unterseite (vergröfsert). Neben den Armen befinden sich die von zwei Leisten begrenzten Genitalspalten; die dunkel gehaltene pentagonale Linie zeigt die Rinne für den zentralen Nervenring an.

dem Mund zugekehrten (adoralen), als auch die den Spitzen der Arme zugewendeten (aboralen) Flächen der Wirbel sind in der Mitte verdickt und gelenkig miteinander verbunden, die Zwischenräume durch Muskelsubstanz ausgefüllt. Das Wassergefäfs sendet in jede Wirbelscheibe zwei Seitenschläuche aus, welche die Ambulakralscheiben durchbohren und auf der Unterseite in Poren neben den Vertikalschildern als Tastfüfschen an die Oberfläche treten. Sehr häufig sind die Poren von winzigen Tentakelschuppen (squamae tentaculares) umgeben.

In die Zentralscheibe treten die Wirbel unverändert ein, nur die ersten erweitern sich etwas und ihre sich trennenden Hälften bilden nebst einigen anderen Stücken das Mundgerüst, auf dessen Unterseite das zentrale Ringgefäfs des Ambulacralsystems verläuft (Fig. 348 *D*).

Die Zentralscheibe enthält den mächtig angeschwollenen, blind endigenden Magendarm, die um den fünfspaltigen Mund gelegenen Ringe des Ambulacral-, Blut- und Nervensystems, sowie die zehn Genitaldrüsen, deren spaltförmige Öffnungen jederseits neben den Armwirbeln auf der Unterseite der Scheibe liegen und seitlich von einer Kalkleiste (Bursalspange) begrenzt werden.

Die Haut, welche die Scheibe oben und unten überzieht, ist in der Regel mit Täfelchen bedeckt. In den fünf Mundecken der Unterseite liegen die meist durch Gröfse ausgezeichneten **Mundschilder** (scuta buccalia), die nach innen von zwei schmalen **Seitenmundschildern** (scuta adoralia) begrenzt werden (Fig. 349). Vor diesen liegt zuweilen noch jederseits ein **scutellum orale**. Ein Mundschild zeichnet sich durch poröse Beschaffenheit aus und wird »**Madreporenplatte**« genannt.

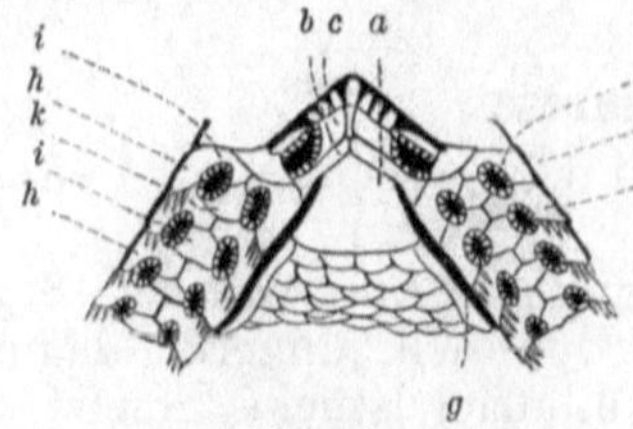

Fig. 349.
Teil der Unterseite der Zentralscheibe von *Ophioglypha*. *a* Mundschild (*scutum buccale*). *b* Seitenmundschild (*scutum adorale*). *c* Mundeckstück (*scutellum orale*). Die beiden *scut. oralia* sind mit Mundpapillen besetzt. *g* Genitalspalte. *h* Seitenschilder (*scutella lateralia*). *i* Poren zum Austritt der Ambulacralfüfse mit kleinen Schüppchen besetzt. *k* Stacheln.

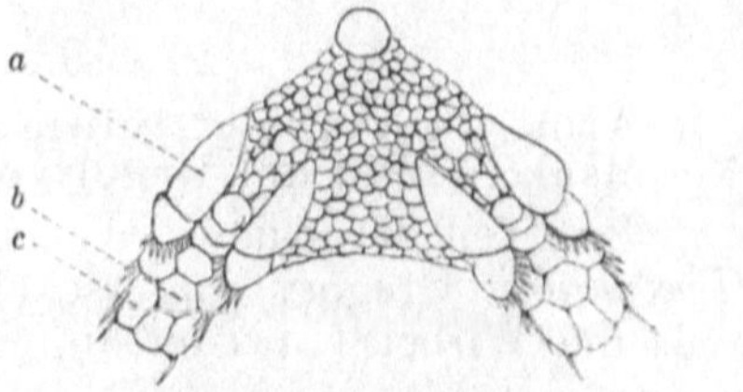

Fig. 350.
Oberseite eines Teiles der Scheibe von *Ophioglypha*. *a* Radialschild (*scutum radiale*), *b* Rückenschild, *c* Seitenschild.

Die Fläche der Interbrachialfelder auf der Unterseite, sowie die dorsale Decke sind entweder mit schuppigen Kalktäfelchen oder mit Körnern versehen. Auf der Oberseite liegen zuweilen an der Eintrittstelle der Arme in die Scheibe fünf Paar gröfsere Täfelchen (scutella radialia) (Fig. 350).

Von den zwei Ordnungen der *Ophiuroidea* (*Euryaleae* und *Ophiureae*) finden sich fossile Vertreter bereits in paläozoischen Ablagerungen. Der Erhaltungszustand gestattet jedoch nicht immer eine genaue zoologische Bestimmung, zu welcher vor allem die Beschaffenheit der Genitalspalten, sowie die Täfelung der Mundregion erforderlich ist.

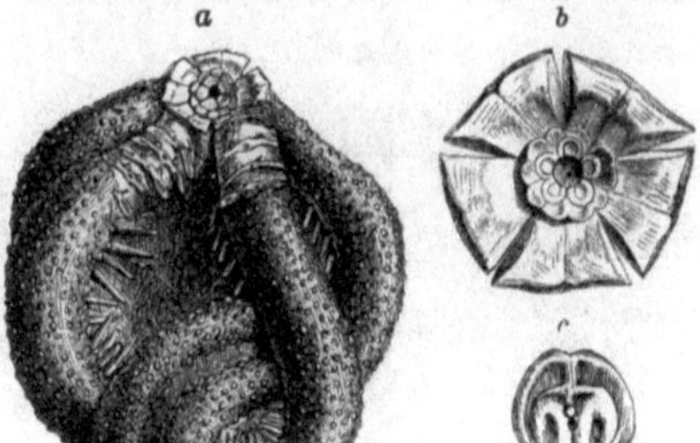

Fig. 351.
Onychaster flexilis Meek u. Worthen. Aus dem Kohlenkalk (Keokuk group). Crawfordsville, Indiana. (Nach Meek und Worthen.)
a Exemplar in nat. Gröfse mit zusammengefalteten Armen; die Scheiteldecke ist beseitigt, so dafs man das innere Mundskelett von oben sieht; ebenso fehlt den Armen in der Nähe der Scheibe die gekörnelte Haut.
b Mundskelett von innen (vergröfsert).
c Ein Armwirbel (vergröfsert).

1. Ordnung. **Euryaleae.**

Medusenhäupter.

Arme dichotom verästelt, seltener einfach gegen den Mund eingerollt, von einer gekörnelten oder feinschuppigen Haut umgeben. Mundschilder fehlen häufig. Genitalspalten zuweilen in Porenreihen aufgelöst. Eine oder mehrere Madreporenplatten auf der Unterseite.

Die vergabelten Arme der Euryaliden gehen aus einfachen Armen hervor.

Onychaster M. u. W. (Fig. 351) aus dem Kohlenkalk von Nordamerika hat fünf einfache, runde, beschuppte und mit Stacheln besetzte Arme; bei *Eucladia* Woodw. aus dem oberen Silur hat jeder Arm fünf Paar Nebenzweige. *Helianthaster* Roem. aus dem unterdevonischen Dachschiefer von Bundenbach im Birkenfeldschen hat 16 unverzweigte, lange Arme und eine grofse Zentralscheibe.

Vielleicht gehören die rohen Abdrücke von *Euryale liasica* Quenst. aus dem Angulatensandstein von Nürtingen ebenfalls zu den Euryaliden.

2. Ordnung. **Ophiureae.**

Arme unverzweigt, einfach, ringsum von Schildern bedeckt. Mundschilder in der Regel vorhanden.

Ein Teil der paläozoischen Ophiuren (*Ophio-Encrinasteriae* Stürtz, *Lysophiurae* Gregory) unterscheidet sich von den jüngeren dadurch, dafs die Wirbel entweder durch zwei Ambulacralstücke ersetzt oder dafs die in der Mittelebene getrennten Wirbelhälften miteinander alternieren; auch fehlen stets die Mundschilder, sowie die ventralen Täfelchen der Arme. Die Scheibe ist häutig, stachelig oder schuppig. Zu den *Ophio-Encrinasteriae* gehören u. a. die Gattungen *Protaster* Forbes aus dem Silur von England und Nordamerika. *Taenisura* Gregory (Silur), *Eugaster*, *Ptilonaster* Hall (Devon), *Palaeophiura*, *Bundenbachia* Stürtz aus dem devonischen Schiefer von Bundenbach.

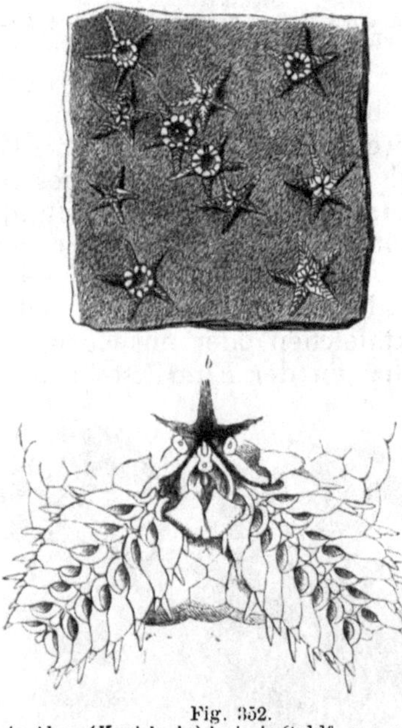

Fig. 352.
Aspidura (Hemiglypha) loricata Goldf. sp. *a* Platte mit zahlreichen Exemplaren aus dem Muschelkalk von Waschbach (Württemberg), nat. Gröfse. (Nach Quenstedt.) *b* Unterseite vergr. (nach Pohlig).

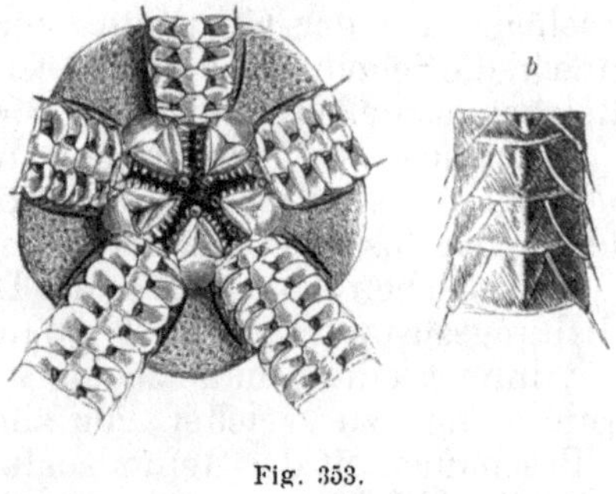

Fig. 353.
Ophiocten Kelheimense Böhm. Aus dem lithographischen Schiefer von Kelheim (Bayern). *a* Scheibe von unten (vergröfsert), nach einem trefflich erhaltenen Exemplar im Münchener Museum. *b* Arm von oben (vergröfsert).

Eine zweite Familie paläozoischer Ophiuren (*Protophiureae* Stürtz, *Streptophiurae* Bell) hat teilweise noch unvollständig verwachsene, jedoch nicht alternierende Wirbelhälften; es fehlen denselben die Mundschilder, die Radialschilder der Scheibe, die Rückenschilder und zuweilen auch die ventralen Schilder der Arme. Hierher gehören

Ophiurina Lymani Stürtz, *Furcaster palaeozoicus*, *Eoluidia*, *Palastropecten* Stürtz, *Eospondylus*, *Microspondylus* Gregory u. a. aus dem devonischen Dachschiefer von Bundenbach.

Die Ophiuren der mesozoischen Ablagerungen schliefsen sich in allen wesentlichen Merkmalen eng an die lebenden Formen an und lassen sich bei günstiger Erhaltung ohne Schwierigkeiten in die rezenten Familien einteilen. Bei den meisten sind zwei Genitalspalten in jedem Interbrachialfeld vorhanden, doch besitzt die Gattung *Ophioderma* Müll. und Trosch. mit je vier Genitalspalten schon in der Trias und im Lias (*O. Egertoni* Brod. sp.) von England, vielleicht sogar schon im Muschelkalk fossile Vertreter.

Im Muschelkalk sind *Aspidura* Ag. (Fig. 352) und *Acrura* Ag. stellenweise häufig. Im Lias, Dogger und Malm kommen Arten der rezenten Gattungen *Ophiolepis* Müll. Trosch., *Ophiocten* (Fig. 353), *Ophioglypha* und *Ophiomusium* Lyman vor. Von den unter dem Gattungsnamen *Geocoma* d'Orb. beschriebenen Arten sind einige, wie *G. socialis* Heller aus dem Callovien von La Voulte oder *G. libanotica*

Fig. 354.
Geocoma carinata Goldf. *a* Exemplar in nat. Gröfse aus dem lithographischen Schiefer von Zandt bei Solnhofen. *b* Gekörnelte Oberseite der Scheibe in der Mitte eingedrückt und vertieft (vergr.) *c* Unterseite eines Armes (vergröfsert).

König aus der Kreide von Hakel im Libanon nicht näher definierbar; andere, wie *G. carinata* Goldf. (Fig. 354) stehen der lebenden Gattung *Amphiura* sehr nahe. *Ophiurella elegans* Ag. aus dem lithographischen Schiefer wird von Lütken zu *Ophiocoma*, andere unter verschiedenen Gattungsnamen beschriebene Arten aus Jura und Kreide zu *Ophioglypha* Lyman gestellt.

Die generisch nicht genauer bestimmbaren fossilen Formen werden meist unter der Kollektivbezeichnung *Ophiurites* zusammengefafst.

2. Klasse. **Asteroidea.** Seesterne.[1])

Seesterne mit unten abgeplatteten Armen. Die Arme enthalten Ausstülpungen des Darms, der Leber und der Genitalien und besitzen auf der Unterseite eine tiefe, offene Ambulacralfurche.

---

[1]) Literatur vgl. S. 186.

Bei den Seesternen sind die fünf (zuweilen auch 8, 10, 12, 20 und mehr) Arme Ausstülpungen der Zentralscheibe, aus welcher sie mehr oder weniger weit hervorragen. Das Hautskelett besteht entweder aus aneinander stofsenden Platten oder aus einem Netz von Kalkbalken, welche durch eine lederartige Haut verbunden sind. Die Platten oder Balken tragen häufig bewegliche Borsten, Höcker und Stacheln oder besitzen körnelige Verzierung. Auf der Rückseite befindet sich meist eine zentrale oder subzentrale Afterpore, und in einem (zuweilen auch in zwei oder mehr) der Interbrachialräume eine labyrinthisch gefurchte poröse Madreporenplatte, durch welche Wasser in den sogenannten Steinkanal gelangt und von diesem nach dem um den Mund verlaufenden Wassergefäfsring geführt wird. Feine Poren und Spalten auf dem Rücken und neben der Ambulacralfurche werden als Respirationsorgane gedeutet.

Fig. 355. Augenplatte von *Goniaster*. Aus dem weifsen Jurakalk von Streitberg $^2/_1$. **a** Von innen. **b** von aufsen.

Fig. 356. Ein isoliertes Ambulacralplättchen von *Goniaster*. Aus dem weifsen Jura von Streitberg (nat. Gr.).

Im Zentrum der Unterseite liegt der Mund, welcher durch fünf Paar in den Ecken vorspringende Oralplatten fünfspaltig erscheint. Die Spalten sind mit Papillen besetzt. Vom Mund gehen auf der Unterseite nach jedem Arm breite Furchen aus, welche sich nach und nach verengen und an der Spitze durch eine einfache, auf der Unterseite ausgeschnittene Platte (Augenplatte) abgeschlossen werden (Fig. 355). Jede Ambulacralfurche enthält zwei Reihen schräg gestellter, länglicher Ambulacralplatten (Fig. 356, 357), welche in der Mitte durch Muskelfasern verbunden sind und ein nach unten und aufsen abfallendes Dach bilden, unter dessen First zuerst ein Wassergefäfs, dann ein radiales Blutgefäfs und ein Nervenstrang verlaufen. Dieselben sind den Wirbelhälften bei den Ophiuren homolog. Die Form der Ambulacralplatten ist für jede einzelne Gattung charakteristisch. Bei allen lebenden

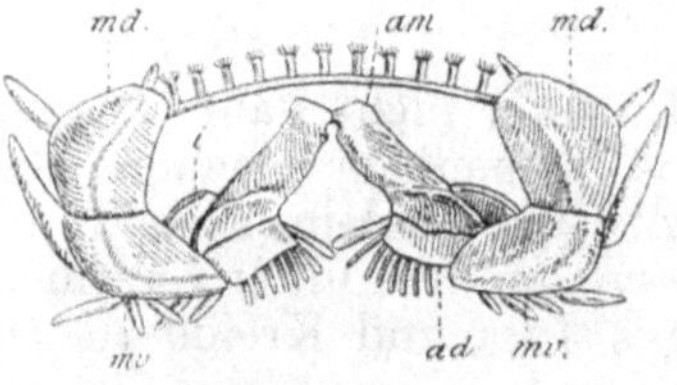

Fig. 357. *Astropecten aurantiacus* Phil. Aus dem Mittelmeer. Querschnitt eines Armes (vergröfsert). **am** Ambulacralplatten, **ad** Adambulacralplatten, **mv** untere Randplatten, **md** obere Randplatten.

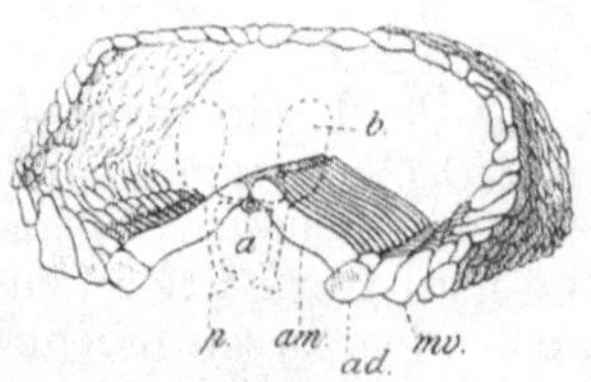

Fig. 358. *Uraster* (*Asteracanthion*) *rubens* Lin. sp. Nordsee. Querschnitt eines Armes (vergröfsert). **am** Ambulacralplatten, **ad** Adambulacralplatten, **mv** untere Randplatten. Das Wassergefäfs (*a*) nebst Ampullen (*b*) und Ambulacralfüfschen (*p*) ist durch punktierte Linien angedeutet.

Seesternen stofsen sie über dem Ambulacralgefäfs mit ihren Enden aneinander; bei den paläozoischen Formen dagegen bilden sie alternierende Reihen und haben nur geringe dachförmige Neigung. Jedes radiale Ambulacralgefäfs sendet zwischen jedem Adambulacralplattenpaar einen Seitenast aus, von dem nach unten schlauchartige, schwellbare Ambulacralfüfschen, nach oben und innen blasenartige Ampullen entspringen. Letztere treten durch spalten- oder porenartige Öffnungen zwischen zwei Ambulacralplatten in das Innere der Arme (Fig. 358). Die Ambulacralplatten sind unten jederseits von einer Reihe sogenannter Adambulacralplatten begrenzt, an welche sich bei manchen Gattungen die grofsen unteren Randplatten (Fig. 357) anlegen. Intermediäre Ausfüllungsplatten heifsen die zuweilen zwischen den unteren Randplatten und den Adambulacralplatten eingeschalteten Rückenplatten die auf der Dorsalseite befindlichen Kalkkörper.

Vollständig erhaltene fossile Seesterne gehören fast allenthalben zu den seltenen Versteinerungen, nur einzelne Lokalitäten (Bundenbach) liefern eine gröfsere Menge ziemlich kompletter Exemplare; häufiger finden sich Abdrücke oder isolierte Platten. Die ältesten Formen beginnen bereits im Silur.

1. Ordnung. **Encrinasteriae.** Bronn.

Paläozoische Seesterne mit schwach geneigten, in der Mitte der Ambulacralfurchen alternierend zusammenstofsenden Ambulacralplatten. Madreporenplatte auf der Unterseite.

Von den zahlreichen, hierher gehörigen Gattungen besitzen *Aspidosoma* Goldf. (Fig. 359) aus dem unteren Devon von Rheinpreufsen und Bundenbach, *Palaeaster* Hall (*Archasterias* J. Müll.) (Fig. 360) aus dem Silur, Devon und Karbon von Nord-Amerika und Europa,

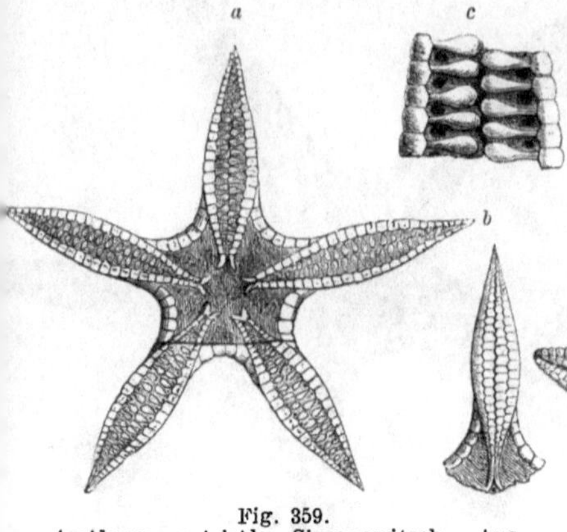

Fig. 359.
Aspidosoma petaloides Simonowitsch. Aus dem unterdevonischen Sandstein der Hohenreiner Hütte bei Niederlahnstein. (Nach Simonowitsch.) *a* Exemplar in natürl. Gröfse von der Unterseite. *b* Arm von der Oberseite. *c* Arm von der Unterseite (vergr.).

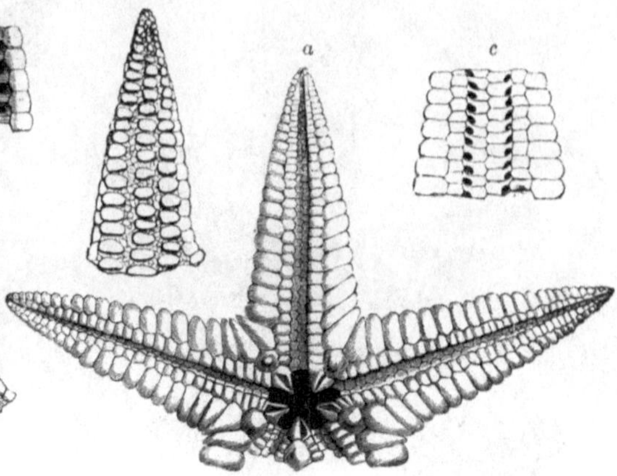

Fig. 360.
Palaeaster Eucharis Hall. Devon. Hamilton. New York. (Nach J. Hall.) *a* Exemplar in nat. Gröfse von unten. *b* Arm von oben. *c* Arm von unten (schematisch).

Urasterella M'Coy (*Stenaster* Billings) aus dem unteren Silur von Nordamerika, *Palasterina* M'Coy aus dem oberen Silur von England, *Salteraster, Palaeostella* Stürtz aus dem Devon von Bundenbach u. a. grofse Randplatten, die meist in zwei Reihen angeordnet sind, während den Gattungen *Palacoma* Salter (Ob. Silur), *Palasteriscus, Loriolaster, Cheiropleraster* Stürtz aus dem Devon von Bundenbach solche Randplatten fehlen.

2. Ordnung. **Euasteriae.** Zittel. (Asteriae verae Bronn.)

Ambulacralplatten dachförmig geneigt, in der Mitte der Ambulacralfurchen direkt zusammenstofsend. Madreporenplatte auf der Dorsalseite.

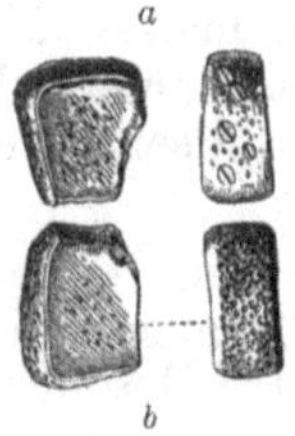

Fig. 361.
Goniaster impressae Quenst. Aus dem weifsen Jura und von Reichenbach im Thäle. *a* Obere, *b* untere Randplatten in nat. Gröfse.

Auch die *Euasteriae* werden nach dem Vorhandensein oder Fehlen von Randplattenreihen in die zwei Gruppen der *Phanerozonia* und *Cryptozonia* eingeteilt. Beide beginnen schon in paläozoischen Ablagerungen.

A. **Phanerozonia.** Sladen.

Arme mit grofsen ventralen und dorsalen Randplatten. Ambulacralplatten breit.

Der kleine fünfarmige *Xenaster* Simonowitsch aus devonischem Spiriferensandstein des Rheingebietes dürfte der älteste bekannte Vertreter dieser formenreichen Gruppe sein. Auch *Astropecten* Linck (Fig. 357) mit fünf langen, abgeplatteten Armen, vierseitigen Adambulacralplatten und zwei Reihen grofser Randplatten kommt nach Stürtz schon im Devon von Bundenbach vor. Eine Anzahl fossiler Arten dieser noch jetzt verbreiteten Gattung sind vom Lias an bis ins jüngste Tertiär beschrieben.

Im Muschelkalk findet sich *Trichasteropsis* Eck mit verhältnismäfsig schwachen Randplatten.

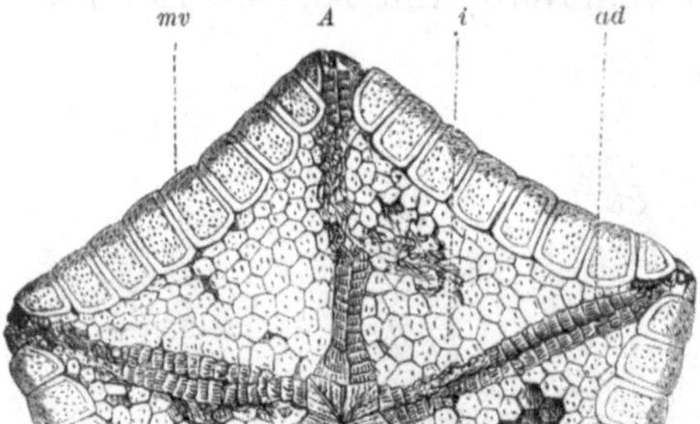

Fig. 362.
Goniaster Parkinsoni Forbes. Lower Chalk. Sussex. *A* Von der Unterseite, *B* von der Seite (nach Forbes). *ad* Adambulacralplatten, *i* interradiäre Ausfüllungsplatten, *mv* Ventrale Randplatten.

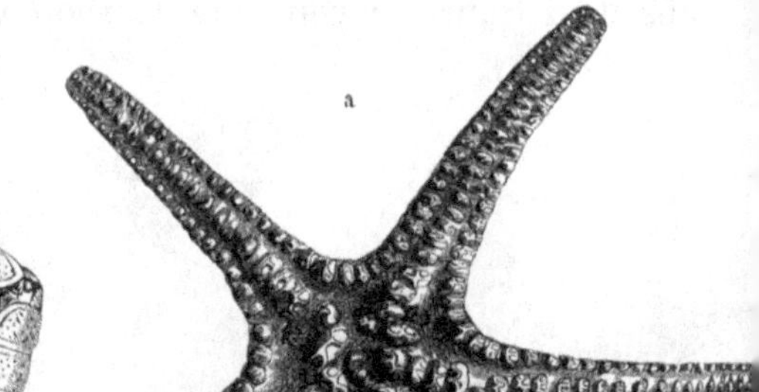

Fig. 363.
a Pentaceros jurassicus Zitt. Aus dem lithographischen Schiefer (ob. Jura) von Bemfeld bei Ingolstadt ($^1/_2$ nat. Gröfse). *b P. thoracifer* Gein. Randplatte aus dem Pläner von Plauen (Sachsen). *c P primaevus* Zitt. Aus dem ob. Jura von Streitberg.

Goniaster Ag. (*Pentagonaster* Linck) (Fig. 361, 362) hat kurze, kaum über die Scheibe vorragende Arme und zahlreiche kleine, intermediäre Ausfüllungsplättchen auf der Ventral- und Dorsalseite. Jura bis Jetztzeit.

Metopaster, Mitraster Sladen. Kreide.

Leptaster Lor. und *Luidia* Forbes kommen im Jura vor, und auch vom lebenden *Pentaceros* Linck (*Oreaster* M. T.) mit grofsen, höckerigen Plattenreihen auf der Dorsalseite (Fig. 363) finden sich in Jura, Kreide und Tertiär fossile Arten.

Im oberen Jura von Württemberg, der Schweiz etc. finden sich nicht selten isolierte sechsseitige Platten von verschiedener Dicke und Gröfse (*Sphaerites*), wovon einige starke konische Stacheln tragen (Fig. 364), während andere glatt oder mit mehreren Grübchen versehen sind (Fig. 365). Die zoologische Stellung dieser Platten ist bis jetzt nicht mit Sicherheit ermittelt.

Fig. 364.
Sphaerites scutatus Goldf.
Ob. Jura Sontheim (Württemberg).

B. Cryptozonia. Sladen.

Arme ohne oder nur mit kleinen ventralen Randplatten. Ambulacralplatten schmal, zahlreich.

Von den paläozoischen Repräsentanten dieser Gruppe schliefsen sich die Gattungen *Lepidaster* Forbes (Silur) und *Roemeraster* Stürtz (Devon) an die lebende Gattung *Linckia*, *Echinasterella* Stürtz (Devon) an die *Echinasteridae*, *Medusaster* Stürtz aus Bundenbach an *Asterias* Lin., *Protasteracanthion* Stürtz von Bundenbach an *Brisinga* an.

Vom vielarmigen *Solaster* Forbes ist eine fossile Art aus dem Grossoolith von England, von *Rhopia* Gray eine Spezies aus dem Neokom bekannt. *Tropidaster* Forbes findet sich im mittleren Lias.

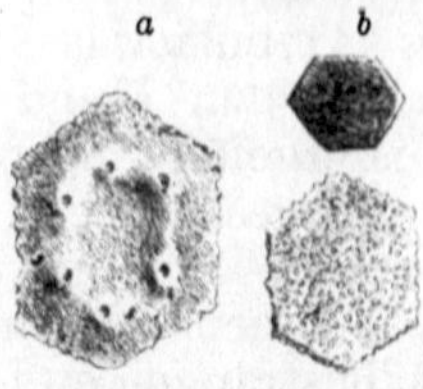

Fig. 365.
a Sphaerites tabulatus Goldf.
b Sphaerites punctatus Goldf.
Ob. Jura Streitberg, Franken.

C. Echinozoa.

Armlose, ungestielte Echinodermen von kugeliger, eiförmiger, scheibenförmiger oder walzenförmiger Gestalt; die Weichteile von einem getäfelten Hautskelett oder einer lederartigen Haut mit eingestreuten Kalkkörperchen umgeben.

Hierher die zwei Klassen der *Echinoidea* (Seeigel) und *Holothurioidea* (Seewalzen).

1. Klasse. Echinoidea. Seeigel.[1])

Kugelige, scheibenförmige oder ovale Echinodermen, deren Eingeweide von einer soliden, getäfelten, mit beweglichen Stacheln bedeckten Schale umschlossen sind. Mund auf der Unterseite. After im Scheitel oder zwischen Scheitel und Mund. Die fünf Ambulacra von Porenreihen durchbohrt.

1) *Agassiz, L.* et *Desor, E.*, Description des Echinides foss. de la Suisse. Neuchâtel 1839—40. — *Desor, E.*, Synopsis des Echinides fossiles. Paris et Wiesbaden 1855—59. — *d'Orbigny, Alc.*, Paléontologie française. Terr. crét. Echinides irreguliers. 1856—1857. vol. VI. — *Cotteau, G.*, Paléontologie française. Terr. crét. vol. VII. Terr. jur. vol. IX et X. Terr. tert. vol. II. — *Cotteau, Péron* et *Gauthier*, Echinides fossiles de l'Algerie. Paris 1876—91. — *Agassiz, Al.*, Revision of the Echini. Cambridge 1872—74. — *Wright, Th.*, Monograph of the fossil Echinod. of the oolitic and cretaceus Formations. Palaeont. Soc. 1875—81. —

Die Schale (Corona) der Seeigel besteht aus Kalktäfelchen, welche durch Sutur verbunden und zu einer meist unbeweglichen, seltener schwach verschiebbaren Kapsel zusammengefügt sind. Diese Kapsel ist von zwei gröfseren Öffnungen durchbohrt, wovon die eine, der Mund (peristoma), stets auf der Unterseite und zwar bald zentral, bald exzentrisch gelegen ist, während die zweite, der After (Periproct), entweder dem Mund gegenüber im Scheitel oder in der Mittelebene der Hinterhälfte an einer beliebigen Stelle ausmündet. Vom Mund beginnt ein dicker Darmkanal, welcher in drei Abschnitte, Speiseröhre, Magen und Enddarm zerfällt und nach mehreren Windungen in der Afteröffnung endigt. Der Darmkanal wird durch Muskeln an der Innenseite der Schale befestigt.

Der Scheitel (Apex) ist in der Regel aus einem Kranz von zehn Täfelchen zusammengesetzt und enthält stets eine poröse, zur Speisung des Ambulacralsystems bestimmte Madreporenplatte. Von dieser wird das Wasser durch den »Steinkanal« nach dem Zentralgefäfs des Ambulacralsystems geführt, welches innerhalb der Schale ringförmig den Mund (resp. die Speiseröhre) umgibt und fünf radiäre Wassergefäfse nach dem Scheitel aussendet. Das Wassergefäfssystem ist im wesentlichen wie bei den Asterozoen beschaffen. Das Ringgefäfs erweitert sich in den fünf Interambulacralräumen zu schwellbaren Poli'schen Blasen, welche als Wasserreservoir dienen, und die fünf Radialstränge senden in regelmäfsigen Abständen Seitenäste aus, von denen kleinere Ampullen nach innen und schlauchartige Fortsätze nach aufsen ausgehen. Da jedoch das ganze Ambulacralsystem im Gegensatz zu dem der Asterozoen innerhalb und nicht aufserhalb der Schale liegt, so müssen die nach aufsen gerichteten Schläuche (Ambulacralfüfschen, Tentakeln) die Schale durchbohren. Meistens gabelt sich der die Schale durchbohrende Schlauch in zwei Äste, die sich aufsen wieder vereinigen, so dafs jedem Saugfüfschen oder Tentakel ein Porenpaar entspricht. Durch die Ambulacralstränge erhält somit die Schale fünf vom Mund zum Scheitel verlaufende Felder, die seitlich durch Porenzonen (Fühlergänge) begrenzt sind.

Diese Ambulacralfelder oder Ambulacra bestehen bei allen lebenden und den meisten fossilen Seeigeln aus zwei alternierenden, durch Zickzacknähte verbundenen Reihen von Täfelchen, und ebenso sind die fünf Interambulacra durch zwei Täfelchenreihen ausgefüllt. Die normale Zahl von 20 oder besser 2 × 10 meridionalen Täfelchen-

---

Loriol, P. de, Echinologie helvetique I. II. III. 1868—75. — *Dames, W.*, Die Echiniden der vicentinischen und veronesischen Tertiärablagerungen. Palaeontographica XXV. 1877. — *Quenstedt, F. A.*, Petrefaktenkunde Deutschlands. Bd. III. Echiniden. 1872—75. — *Lovèn, Sven.*, Etudes sur les Echinoidées. Svenska Vetensk. Handl. 1874. Bd. XI. on Pourtalesia ibid. 1883. Bd. XIX. — *Schlüter, Clem.*, Die regulären Echiniden der norddeutschen Kreide. Abh. zur geol. Spez.-Karte von Preufsen. Bd. IV. 1883 u. Neue Folge Heft 5. 1892. — *Ebert, Th.*, Die Echiniden des nord- und mitteldeutschen Oligocän. ibid. 1889. — *Duncan, P. M.* and *Sladen*, Monograph of fossil Echinoidea of Western Sind. Palaeont. Indica. Ser. XIV. 1882—84. — *Duncan, P. M.*, A Revision of the genera and great groups of the Echinoidea. Journ. Linn. Soc. London Zoology. vol. XXIII. 1889. — *Gregory, J. W.*, Revision of the British fossil cainozoic Echinoidea. Proceed. Geologist Association. 1891. vol. XII. — *Clark, W. B.*, Mesozoic Echinodermata of the United States. Bull. U. S. Geol. Survey Nr. 97. 1893.

reihen wird nur bei den paläozoischen Palechinoideen, bei *Tiarechinus* und der cretaceischen Gattung *Tetracidaris* übertroffen und von *Bothriocidaris* nicht vollständig erreicht. Sämtliche, zuweilen auch nur die auf der Unterseite austretenden schwellbaren Ambulacralfüſschen fungieren als Lokomotionsorgane, indem sie sich am Boden festsaugen und den Körper nachschleppen; bei vielen Seeigeln mit blattförmigen Ambulacren wandeln sich die Saugfüſschen in gefiederte Tentakeln um und dienen zur Respiration. Zuweilen treten auch in den Mundecken buschige Mundkiemen hervor, die vom Wassergefäſs versorgt werden.

Unter dem ambulacralen Zentralring befindet sich ein netzförmiges Blutgefäſsgeflecht, von welchem fünf radiale Äste in der Richtung der fünf Ambulacralstränge, sowie zwei dem Darm folgende Gefäſse ausgehen. Der zentrale Nervenring mit seinen fünf, die Ambulacralgefäſse begleitenden Radialsträngen liegt zu unterst.

Unter dem Scheitel befinden sich in den Interambulacralfeldern die fünf (zuweilen auch vier oder zwei) groſsen Genitaldrüsen.

Sämtliche Täfelchen (assulae, plaques coronales) einer Ambulacral- oder Interambulacralreihe stoſsen mit parallelen Nähten aneinander und sind durch Zickzacknähte mit den Täfelchen der Nachbarreihe verbunden. Die Zahl der Täfelchen stimmt in allen ambulacralen, sowie in allen interambulacralen Reihen überein, dagegen sind die porenlosen Täfelchen der *IA* in Gröſse, Form und Zahl ganz unabhängig von den Porentäfelchen der *A*. Bei den Citariden enthalten z. B. die sehr schmalen Ambulacralreihen je 50—60 winzige Täfelchen, die breiten *IA* nur je 4—5 groſse Platten. Die Porenzonen, welche die *A* seitlich begrenzen, bestehen entweder aus gleichen, runden, oder aus zwei ungleichen Poren, wovon eine rund, die andere quer verlängert ist. Sind zwei Poren durch eine Furche verbunden, so heiſsen sie gejocht. Die Ambulacra sind entweder einfach (Ambulacrum simplex oder perfectum) und verlaufen bandförmig und ununterbrochen vom Scheitel zum Mund, oder sie sind blattförmig, petaloid (Ambulacrum circumscriptum), wenn die Porenzonen vom Scheitel anfänglich divergieren, sich auf der Oberseite der Schale aber wieder gegeneinander neigen und auf diese Weise blattförmige Felder (Petalodien) um den Scheitel bilden. Zuweilen berühren sich die konvergierenden Enden der Petalodien in der Mitte und schlieſsen dieselben ab, meist jedoch bleiben sie mehr oder weniger weit entfernt und nach unten geöffnet. Sind die Petalodien stark verlängert, unten offen und seitlich von ungejochten Porenpaaren begrenzt, so heiſsen die Ambulacra subpetaloid. Am Ende der Petalodien hören die Poren selten vollständig auf (*Clypeaster*), sondern lassen sich meist noch bis zum Mund verfolgen, allein die Porenzonen werden entweder einreihig oder winzig klein und differieren in Zahl und Anordnung auffällig von denen der Petalodien. Zuweilen verschwinden die Poren am Ende der Petalodien auf der Oberseite ganz und beginnen erst wieder in der Nähe des Mundes. Meist verändern auch die Täfelchen der petaloiden Ambulacra unterhalb der Petalodien ihre Gröſse und Form, so daſs die Ambulacren aus zwei ungleichen Teilen zusammengesetzt erscheinen. Der von den Porenstreifen umschlossene Teil der Ambulacra wird Zwischenporenfeld oder Mittelfeld (zone interporifère) genannt.

Bei den regulären Seeigeln, bei welchen der After dem Mund gegenüber im Scheitel liegt, sind alle *A* und *IA* untereinander gleich, bei den irregulären Formen mit aufserhalb des Scheitels gelegenem After, unterscheiden sich häufig das vordere Ambulacrum und das hintere *IA* ganz erheblich von den übrigen gleichnamigen Feldern.

Die porentragenden Täfelchen der einfachen Ambulacra haben häufig alle gleiche Gröfse und Form. Zuweilen schalten sich aber auch kleine, mit Poren versehene Halbtäfelchen, welche die Mitte der Ambulacra nicht erreichen, zwischen zwei normale Plättchen ein, und öfters verschmelzen 5—10 kleine Täfelchen zu sogenannten Grofsplatten mit 2—5 oder mehr Porenpaaren, an welchen die Nähte der einzelnen Plättchen meist nur am Aufsenrand deutlich sichtbar sind. Alle neu entstehenden Täfelchen schalten sich unter dem Scheitelschild ein.

Das Scheitelschild (appareil apical, abactinal System) befindet sich stets auf der gewölbten Oberseite und nimmt dort eine zentrale oder subzentrale Lage ein. Bei den regulären (endozyklischen Seeigeln umschliefst es die Afteröffnung, bei den irregulären (exozyklischen) Formen liegt der After aufserhalb des Scheitels im hinteren Interambulacrum. Das Scheitelschild besteht normal aus zehn alternierenden Täfelchen, wovon die fünf gröfseren am oberen Ende der Interambulacra, die fünf kleineren am Ende der Ambulacra stehen. Letztere sind meist drei- oder fünfseitig und von einer äufserst feinen Öffnung durchbohrt. Sie heifsen gewöhnlich Augentäfelchen (plaques occellaires), weil irrtümlich angenommen wurde, dafs sich am Ende des Radialnervs ein dem Auge entsprechender Kristallkörper befände. Nachdem diese Annahme widerlegt, nennt man die Täfelchen Radialia. Die fünf interradialen, sogenannten Genitaltäfelchen (Eiertäfelchen) haben am häufigsten irregulär fünf- oder sechsseitige Form und liegen über den Genitaldrüsen. Sie besitzen in der Regel eine, bei den paläozoischen und einigen jüngeren Seeigeln auch 3—5 Poren, die Mündung des Ausfuhrkanals der Genitaldrüsen. Verkümmern eine zwei Genitaldrüsen, so bleiben die entsprechenden Täfelchen des Scheitelschildes undurchbohrt, ja in manchen Fällen fehlt das hintere Genitaltäfelchen gänzlich. Eines der Genitaltäfelchen, und zwar bei den Irregulären stets das im rechten vorderen Interradius gelegene, zeichnet sich durch poröse, schwammige Beschaffenheit aus und dient als Siebplatte (Madreporenplatte) für das in den Steinkanal eindringende Wasser. Auch bei den regulären Seeigeln befindet sich, wie Lovèn scharfsinnig nachgewiesen, die Madreporenplatte im vorderen linken Interambulacrum. Es kann danach jeder Seeigel orientiert und in zwei symmetrische Hälften zerlegt werden, wobei die Körperachse durch die Mitte des vorderen unpaaren Amb., des hinteren Interamb. und durch Scheitel, Mund und After verläuft.

Bei den regulären Seeigeln (Fig. 366) alternieren die Genital- und Radialtäfelchen regelmäfsig miteinander und umschliefsen die zentrale Afterlücke (Periproct), welche bald von einer verschiedenen Anzahl kleiner, bald von 2—3 gröfseren Kalktäfelchen bedeckt ist.

Bei den irregulären Seeigeln (Fig. 367) stofsen die Scheiteltäfelchen direkt aneinander und bilden bald ein rundliches, kompaktes, bald ein etwas in die Länge gezogenes Scheitelschild. Die Madreporenplatte zeichnet sich häufig durch ansehnliche Gröfse aus. Ein zerrissenes Scheitelschild besitzen die Dysasteriden, bei welchen die beiden hinteren Amb. nicht im gemeinsamen Zentrum zusammenlaufen, sondern durch einen weiten Zwischenraum von den drei vorderen getrennt bleiben (Fig. 367 *a*). Der Raum zwischen den 4 vorderen Genitaltäfelchen und den 2 hinteren Radial-(Ocellar)-Täfelchen wird durch überzählige, eingeschaltete Plättchen ausgefüllt.

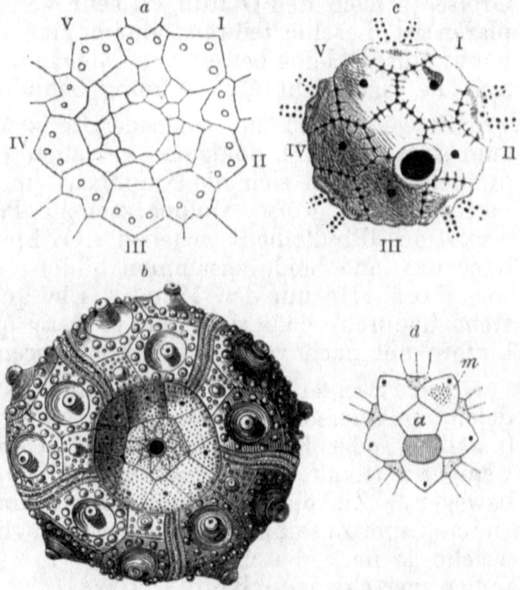

Fig. 366.
Scheitelschild regulärer Seeigel *a* von *Palaëchinus* (vergr.), *b* von *Cidaris* (nat. Gröfse), *c* von *Salenia* (vergr.), *d* von *Peltastes* (vergr.). (Die *I A* felder sind mit I—V bezeichnet.)

Bei den Clypeastriden und Conoclypeiden und vielen Echinolampiden besteht das Scheitelschild aus 5 winzigen Radialtäfelchen am Ende der Amb. und einer einzigen grofsen, porösen fünfeckigen Zentralplatte, welche wahrscheinlich aus der Verschmelzung der 5 Genitalplatten entstanden ist und in ihren Ecken meist auch die 5 oder 4 Genitalporen enthält. (Fig. 367 *e*, *f*.)

In manchen Fällen dient nicht nur eine einzige Genitalplatte zum Einlafs des Wassers in den Steinkanal, sondern es können auch noch ein oder zwei Nachbartäfelchen poröse Beschaffenheit annehmen und als Madreporenplatten fungieren.

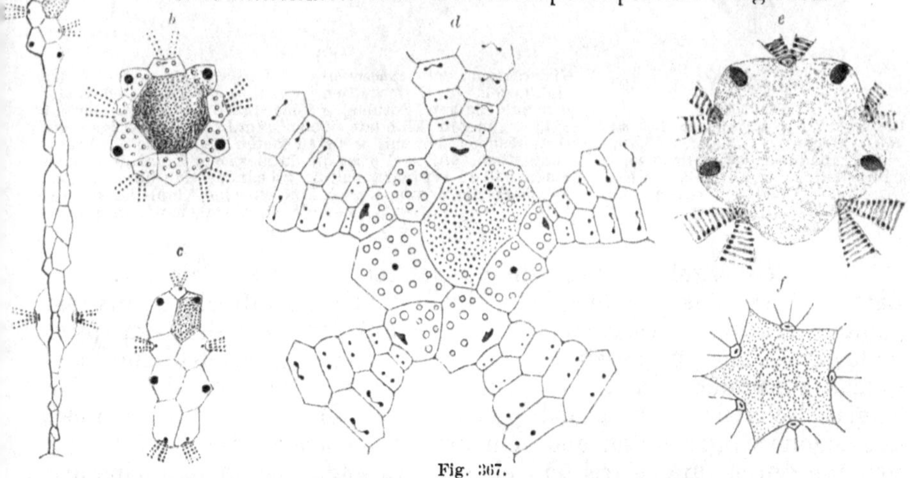

Fig. 367.
Scheitelschild irregulärer Seeigel *a* von *Collyrites*, *b* von *Holectypus*, *c* von *Hyboclypeus*, *d* von *Micraster* (stark vergröfsert), *e* von *Conoclypeus*, *f* von *Clypeaster*.

Das Peristom (Mundlücke, actinal system), häufig auch kurzweg Mund genannt, liegt stets auf der Unterseite, entweder zentral oder exzentrisch und alsdann meist nach vorne gerückt. Die Form der Öffnung ist rund, fünfeckig, zehneckig, oval oder zweilippig, ihre Gröfse je nach den Gattungen sehr verschieden. An lebenden Exemplaren ist dieselbe teilweise durch eine häutige Membran bedeckt, die häufig durch kleine bewegliche Täfelchen verstärkt wird, und in welcher sich die eigentliche Mundöffnung befindet.

Zuweilen sind die Ecken des Peristoms mit 5 oder 10 Einschnitten zum Austritt der Mundkiemen versehen (*Glyphostomata*). Bei den Cassiduliden vertiefen sich die Ambulacra in der Nähe des Peristoms und besitzen darin grofse, wohlentwickelte Porenstreifen; zwischen diesen vertieften »Phyllodien« erheben sich lippenförmige Wülste (bourrelets buccaux) und beide zusammen bilden einen fünfblättrigen Stern, die sog. Floscelle um den Mund. Ein quer zweilippiges Peristom entsteht dadurch, dafs sich der vordere quere Rand einsenkt und der hintere mit nach vorne konvexer Begrenzung erhaben hervortritt.

Viele Seeigel besitzen als Kauapparat ein kräftiges, aus 5 pyramidalen, im Querschnitt dreieckigen, häufig hälftig geteilten Kinnladen (maxillae) oder Kiefern bestehendes Gerüst, worin sich 5 mehr oder weniger vertikale, schmale, etwas gebogene, unten zugespitzte »Zähne« bewegen. Zu diesen Hauptstücken kommen zuweilen noch einige andere, zum Zusammenhalten der beweglichen Teile bestimmte Stücke, welche je nach den Familien verschiedene Beschaffenheit annehmen.

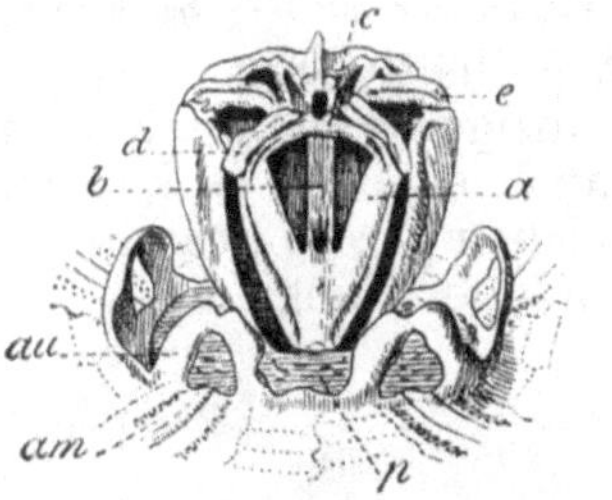

Fig. 368.
Kiefergerüst von *Psammechinus miliaris* (Recent). *a* Kiefer, *b* Zahn, *c* Ergänzungsstück, *d* Rotulae, *e* Bügelstück, *au* Auricula, *am* Ambulacralfeld, *p* Peristom (nach F. Bertrand).

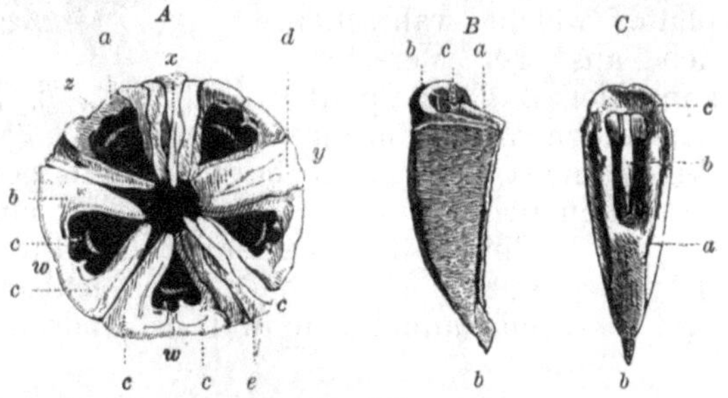

Fig. 369.
Kiefergerüst von *Sphaerechinus*. *A* Obere Grundfläche des Hohlkegels (*a* Kieferhälften, *b* Zahn, *c* Ergänzungsstücke, *d* radiale Balken [Rotulae], *e* Bügelstücke [Kompafs]. Der mit *z* bezeichneten Kinnlade fehlen sämtliche Deckstücke der Grundfläche; den mit *w* bezeichneten liegen nur die Ergänzungsstücke auf; bei *y* ist die Sutur zweier Kinnladen durch einen Balken verdeckt, und bei *x* befinden sich über den Balken noch die Kompasse). *B* Eine einzelne Kinnlade, von der Seite; *C* von aufsen in nat. Gr. (Buchstaben wie in Fig. *A*).

Bei den regulären Seeigeln bezeichnet man das Kiefergerüst als Laterna Aristotelis (Fig. 368. 369). Es besteht aus 5 aufrechten, aus zwei Hälften zusammengesetzten Kiefern (Kinnladen) von dreiseitig pyramidaler Gestalt (*a*), deren Spitzen nach unten gewendet sind, und welche zusammen einen hohlen Kegel bilden. Sie umschliefsen den langen, schmalen, etwas gebogenen Zahn (*b*), dessen mit Schmelz überzogene Spitze unten aus dem Peristom vorragt. Die Kiefer legen sich mit ihren quergestreiften, ebenen Aufsenflächen dicht aneinander an und bilden zusammen einen umgekehrten Kegel. An der oberen breiten Grundfläche des Gerüstes bemerkt man noch die sog. Ergänzungsstücke oder Gelenkepiphysen (*c*), die 5 radialen Balken (*d*)

(Rotulae, Falces), und über diesen die zur Anheftung von Muskeln dienenden Bügelstücke oder Kompasse (*e*).

Den irregulären *Atelostomata* fehlt das Kiefergebifs gänzlich. Bei den *Gnathostomata* ist es entweder ähnlich zusammengesetzt, wie bei den *Regulares* (*Discoidea, Conoclypeus*) oder es besteht (*Clypeastridae*) aus fünf niedrigen, dreieckigen, massiven, aus zwei symmetrischen Hälften zusammengesetzten Kiefern und fünf schmalen, gebogenen Zähnen (Fig. 370). Die Kieferpaare haben in diesem Falle niemals alle gleiche Gröfse (Heterognathi).

Existiert ein fester Kauapparat, so ist der Rand des Peristoms stets mehr oder wenig nach innen gebogen und mit ohrförmigen Fortsätzen (Auriculae) versehen, welche paarig am Ende der Amb. oder Interamb. stehen und entweder getrennt bleiben oder sich mit ihren oberen (inneren) Enden vereinigen und so eine Art von Torbogen bilden (Fig. 368 *au*). Diese Auriculae (apophyses myophores) dienen zur Befestigung von Muskeln, welche den Kauapparat bewegen. An fossilen Seeigeln sind die Kiefer höchst selten erhalten und äufserlich kaum sichtbar.

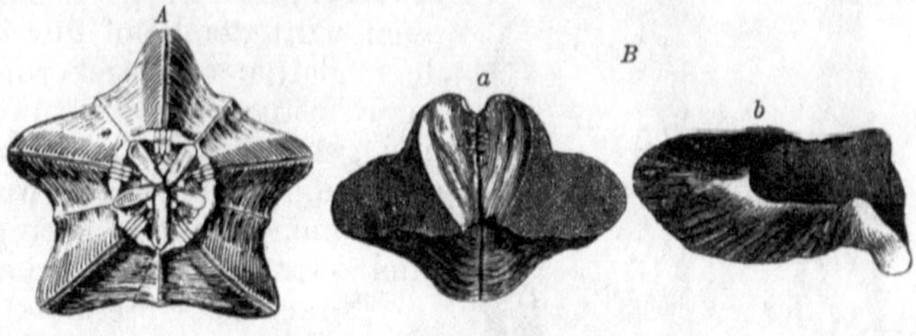

Fig. 370.
A Kiefergerüst von *Clypeaster* (nach Lovén).
B Clypeaster Aegyptiacus. *a* Ein einzelner aus zwei Hälften bestehender Kiefer von vorn, *b* eine Kieferhälfte von der Seite.

Die Afterlücke oder das Periproct hat meist rundliche Form und ist an lebenden Exemplaren mit einer Membran überzogen, die mit kleinen Kalktäfelchen bedeckt ist. In der Mitte dieser Membran liegt die Afteröffnung (anus). Bei den regulären Seeigeln (*Endocyclica*) befindet sich die Afterlücke dem Mund gegenüber innerhalb des Scheitelschildes, bei den irregulären (*Exocyclica*) verläfst sie den Scheitel und liegt entweder in der Medianachse des Körpers hinter dem Scheitel auf der Oberseite oder auf dem Hinterrand oder zwischen Hinterrand und Peristom. Die Lage der Afterlücke bildet bei den Exocyclica ein wertvolles systematisches Merkmal.

Warzen. Stacheln. Die Täfelchen der Seeigel sind fast immer mit warzenartigen Erhöhungen oder Körnern bedeckt, welche bewegliche Stacheln oder Borsten tragen. Nach der Gröfse bezeichnet man dieselben als Hauptwarzen, Sekundärwarzen, Miliarwarzen und Granulationen. Letztere (granules) sind einfache kleine halbkugelige oder irreguläre Körner. Bei den eigentlichen Warzen unterscheidet man den halbkugeligen Warzenkopf (mamelon), der bald glatt, bald mit einem zentralen Grübchen versehen ist und dann durchbohrt heifst, sodann den Warzenhals (Warzenkegel), die abgestutzte konische Erhöhung, auf welcher der Warzenkopf ruht. Beide sind durch eine ringförmige Einschnürung von einander geschieden. Der Oberrand des Warzenhalses (anneau) kann glatt oder strahlig gekerbt sein. Die gröfseren Warzen sind in der Regel von einem glatten, etwas vertieften, rundlichen Höfchen (areola) umgeben, das meist durch einen erhöhten Ring von Körnchenwarzen (*cercle scrobiculaire*) eingefafst ist.

Die Stacheln (radioles, épines) (Fig. 371) sind bewegliche, durch elastische Bänder auf den Warzenköpfen befestigte und mit diesen artikulierende Anhänge von stab-, keulen-, stachel-, spatelförmiger Gestalt, zuweilen von bedeutender Gröfse, manchmal aber auch entsprechend den Dimensionen der Warzen nur winzige, borstenartige Stäbchen. Sie dienen dem Körper als Stütze und werden bei der Lokomotion benutzt. Ihre vertiefte Gelenkfläche (acetabulum), womit sie auf den Warzen ruhen, ist von einem glatten oder gekerbten Rand umgeben und dient dem etwas verdickten Stachelkopf als Basis; nach oben wird der Kopf durch einen vorragenden, glatten oder gekerbten Ring, welcher zur Befestigung von Bändern dient, begrenzt und geht dann in den etwas eingeschnürten Stachelhals über, auf welchen der eigentliche meist rauhe, dornige oder gestreifte Stiel oder Körper des Stachels folgt.

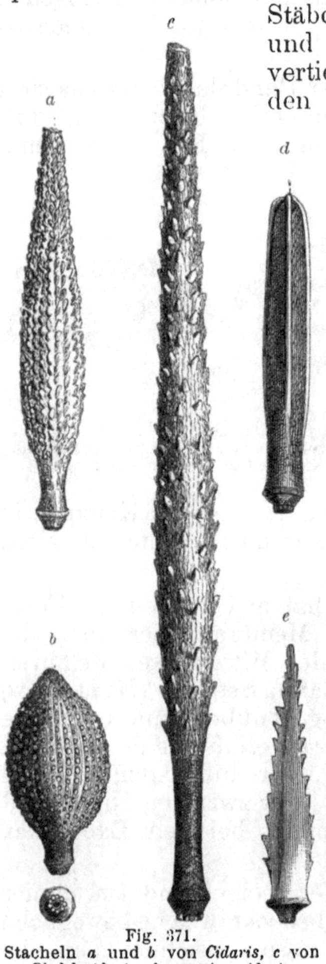

Fig. 371.
Stacheln *a* und *b* von *Cidaris*, *c* von *Rhabdocidaris*, *d* von *Acrocidaris*, *e* von *Porocidaris*.

Fasciolen (Semitae) sind glatte, mit feinen Borsten besetzte Streifen, welche nur bei den Spatangiden vorkommen. Dieselben unterbrechen die sonstige Skulptur der Oberfläche und umschliefsen bald die petaloiden Ambulacra, bald den After, bald verschiedene andere Regionen der Oberfläche.

Die Pedicellarien sind mikroskopisch kleine Greiforgane, die Sphaeridien winzige, in der Nähe des Mundes befindliche Geschmacksorgane. Beide sind fossil schwer erhaltungsfähig; doch konnten fossile Pedicellarien zuweilen nachgewiesen werden.

An Formenreichtum werden die jetzt existierenden Seeigel, deren es vielleicht 300 Arten gibt, ganz erheblich von den fossilen übertroffen. Die Zahl von 2500 Spezies dürfte für die letzteren kaum zu hoch gegriffen sein. Sie unterscheiden sich durch den Mangel an Armen fundamental von Pelmatozoen und Asterozoen und wenn auch die Hauptorgane (Ambulacralgefäfs, Blut- und Nervensystem, Darm) bei Pelmatozoen, Asterozoen und Echinoiden im wesentlichen homologe Lage und Ausbildung aufweisen, so bietet das Hautskelett der drei Gruppen doch nur geringe Anhaltspunkte zum Vergleich. Den Ambulacralsträngen fehlen bei den Seeigeln die tragenden Armglieder, Wirbelscheiben oder Ambulacralplatten. Sie verlaufen frei auf der Innenseite der Schale und sind von Ambulacraltäfelchen bedeckt, welche höchstens mit den Saumplättchen der Pelmatozoen oder den Adambulacralplatten der Seesterne verglichen werden können. Auf die Homologie des Scheitelschildes der Seeigel mit der Basis der Pelmatozoen wurde von Lovèn und Herb. Carpenter grofses Gewicht gelegt, allein gegen die phyletische Verwertung der Homologie von Basalia und Genitaltäfelchen, von Radialia und Ocellartäfelchen und von Centrodorsalplatte mit dem bei jugendlichen Regulares innerhalb des Periproctes gelegenen gröfseren Täfelchen sind von Neumayr und Semon, welche in diesen Erscheinungen nur Konvergenzbildungen erblicken, gewichtige Bedenken erhoben worden.

Die Ontogenie der Seeigel weist in ihren frühen Entwicklungsstadien mancherlei Übereinstimmung mit den Larven von Ophiuren und Seesternen auf, hat aber sehr wenig mit jener von Pelmatozoen gemein. Von grofsem Interesse sind die Veränderungen, welche das Hautskelett während seiner Entwicklung durchmacht; z. B. die Vermehrung der Stachelwarzen, die Veränderungen der Täfelchenzahl in der Afterlücke bei gewissen regulären Seeigeln (*Echinidae*), die allmähliche Abplattung mancher Scutellinen, die Umwandlung der anfänglich einfachen Ambulacra bei *Echinolampidae*, die Verlegung der Afterlücke bei vielen Cassiduliden u. s. w. sind Erscheinungen, welche zum Vergleich mit fossilen Formen auffordern, bei denen jene transitorischen Erscheinungen meistens als dauernde Einrichtungen angetroffen werden.

Lebensweise. Sämtliche Seeigel leben im Meer; viele in ganz seichtem Wasser unmittelbar an der Küste, andere aber auch in den tiefsten Abgründen des Ozeans. Fossile Formen erscheinen als Seltenheiten schon im Silur, werden im Devon, Karbon und Trias etwas häufiger, bis sie im Jura, in Kreide und im älteren Tertiär den Höhepunkt ihrer Entwicklung erreichen und von da wieder an Mannigfaltigkeit abnehmen. Die fossilen Schalen zeichnen sich häufig durch vorzüglichen Erhaltungszustand aus; aber auch Fragmente gestatten wegen des radiären oder seitlich symmetrischen Baues und der damit zusammenhängenden Wiederholung isomerer Teile meist eine genaue systematische Bestimmung. Die Arten besitzen meist eine kurze geologische Lebensdauer und dienen darum häufig als Leitfossilien für bestimmte Schichten.

Die Echinoideen zerfallen nach der Zahl der meridionalen Täfelchenreihen in die zwei Unterklassen der *Palechinoidea* und der *Euechinoidea*.

1. Unterklasse. **Palechinoidea.**

Schale aus mehr, selten aus weniger als 20 Täfelchenreihen zusammengesetzt. Peristom zentral, Kiefergebifs vorhanden.

Mit Ausnahme von zwei Gattungen (*Tiarechinus*) und *Tetracidaris* gehören sämtliche Gattungen paläozoischen Ablagerungen an.

1. Ordnung. **Cystocidarida.** Zitt.[1])

Schale kugelig oder eiförmig. Amb. schmal mit vier Reihen von Porentäfelchen durchbohrter Medianplättchen. *IA* breit mit zahlreichen, dünnen, unregelmäfsig angeordneten und ungleichen

[1]) *Gregory, J. W.*, On Echinocystis and Palaeodiscus. Quart. journ. geol. Soc. London. 1897. Bd. LIII. S. 123.

Täfelchen, die mit Warzen und kleinen Stacheln bedeckt sind. Mund zentral mit Kiefergebifs. After interradial in der Nähe des Scheitels. Scheitelschild unbekannt. Madreporenplatte aufserhalb des Scheitels im Analinterambulacrum.

Cystocidaris Zitt. (*Echinocystites* W. Thoms.) im oberen Silur von Schottland.

? *Palaeodiscus* Salter. Silur. Schottland.

2. Ordnung. **Bothriocidarida.** Zitt.

Schale kugelig. After im Scheitel, dem Mund gegenüber. Amb. mit zwei, *IA* mit einer Täfelchenreihe. Scheitel mit zehn alternierenden, einfach perforierten Täfelchen, die Radialtäfelchen gröfser als die Genitaltäfelchen.

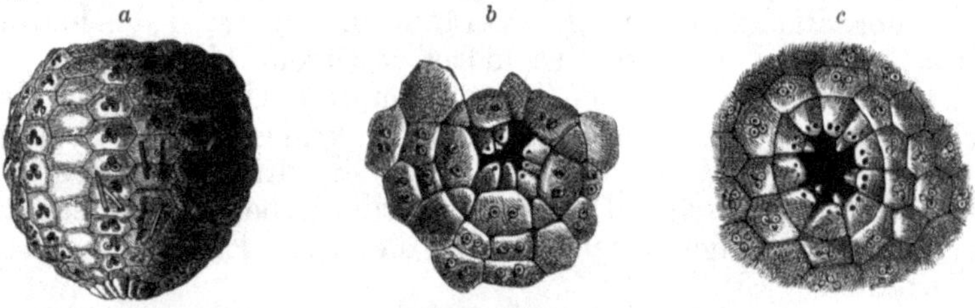

Fig. 372.
Bothriocidaris Pahleni F. Schmidt. Unt. Silur. Nömmis, Esthland. *a* Nat. Gröfse *b* Scheitel, vergr., *c* Mund vergr. (Nach F. Schmidt.)

Einzige Gattung *Bothriocidaris Eichw.*, Fig. 372 im unteren Silur von Esthland.

3. Ordnung. **Perischoëchinida.** M'Coy.

Schale kugelig oder eiförmig. After im Scheitelschild. Mund zentral mit Kiefergebifs. *IA*, zuweilen auch *A* mit mehr als zwei Täfelchenreihen.

1. Familie. **Lepidocentridae.** Lovèn.

IA täfelchen beweglich verbunden, durch abgeschrägte Ränder übereinandergreifend. Stachelwarzen klein.

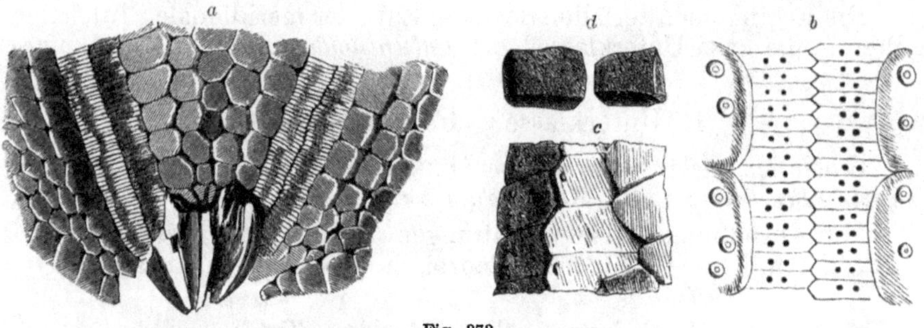

Fig. 373.
a Lepidocentrus Rhenanus Beyr. Abdruck der inneren Seite der Schale nebst Kiefergebifs. Devonischer Sandstein von Wipperfürth, nat. Gröfse (nach Joh. Müller). *b—d Lepidocentrus Mülleri* Schultze. Devonkalk. Gerolstein. Eifel. (*b* Ambulacralfeld, vergr., *c* mehrere Interambulacralplatten von aufsen, nat. Gröfse, *d* zwei isolierte Interambulacralplatten mit abgeschrägten Kanten, nat. Gröfse.)

Lepidocentrus Joh. Müll. (Fig. 373). *IA* mit 5 oder mehr grofsen beweglichen Täfelchenreihen. *A* mit 2 Reihen niedriger alternierender Plättchen. Devon.

Pholidocidaris M. u. W., *Perischodomus* M'Coy., *Rhoëchinus* Keeping. Kohlenkalk.

2. Familie. **Melonitidae.** Zitt.

IA mit 5—7, A mit 2—6 durch Sutur verbundenen Täfelchenreihen. Stachelwarzen winzig. Von den alternierenden Scheiteltäfelchen sind die gröſseren Genitalplättchen stets mit mehreren Öffnungen, die kleineren Radialplatten zuweilen mehrfach durchbohrt.

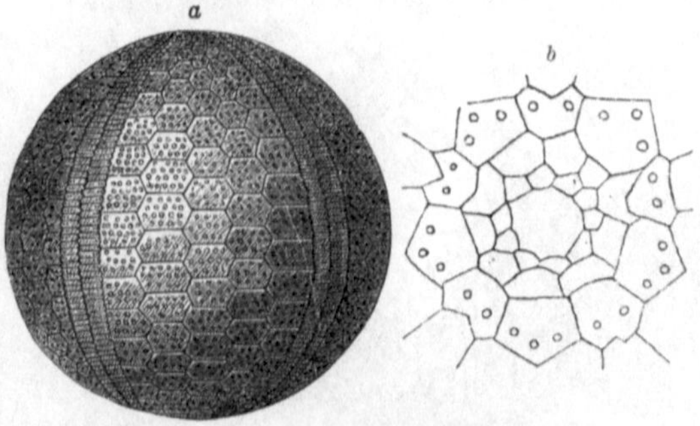

Fig. 374.
Palaëchinus elegans M'Coy. Kohlenkalk. Irland. *a* Exemplar in nat. Gröſse, *b* Scheitelschild vergröſsert (nach Baily).

Palaëchinus Scouler (Fig. 374). Schale kugelig. *A* schmal mit zwei Reihen niedriger Porentäfelchen. *IA* mit 4—7 Täfelchenreihen. Genitaltäfelchen mit drei, Ocellartäfelchen mit zwei Poren. Ober-Silur und Karbon von England und Nordamerika.

Melonites Nordwood und Owen (Fig. 375). Schale groſs, elliptisch-eiförmig. *A* etwas vertieft, breit, mit 6 oder 12 Reihen kleiner Porentäfelchen. *IA* breit mit 7—8 Tafelreihen, welche sich gegen den Scheitel auf 4 oder

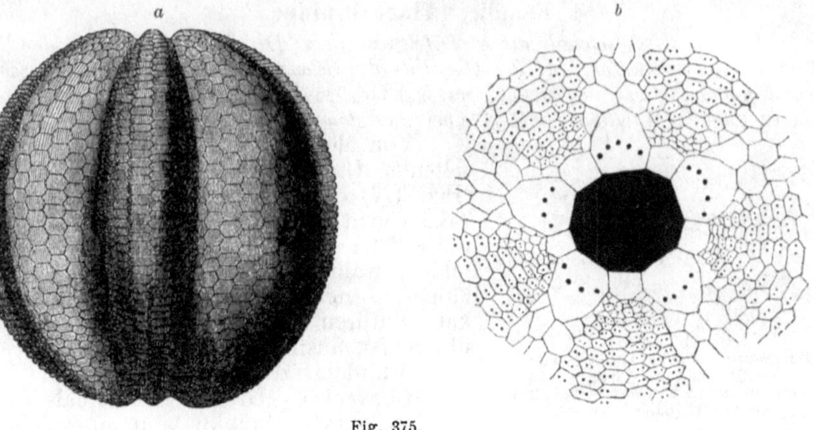

Fig. 375.
Melonites multipora Norw. Kohlenkalk. St. Louis. Missouri. *a* Exemplar 1/2 nat. Gröſse, *b* Scheitel vergröſsert (nach Meek und Worthen).

2 Reihen reduzieren. Stachelwarzen winzig. Kohlenkalk von Nordamerika, Moskau, Derbyshire und Dep. Allier.

Oligoporus, Lepidesthes M. u. W. Karbon. Nordamerika.

3. Familie. **Archaeocidaridae.** M'Coy.

IA mit 4—8 A, mit zwei Täfelchenreihen und je einem Porenpaar. Die IAplatten mit je einer groſsen Stachelwarze. Stacheln kräftig. Devon, Karbon und untere Kreide.

Archaeocidaris M'Coy (*Palaeocidaris* Desor) (Fig. 376). *IA* platten in 4—8 Reihen, sechsseitig, etwas verschiebbar und übergreifend, mit starken Primärwarzen, die von einem Höfchen und Körnelring umgeben sind.

Stacheln lang, zylindrisch, mit Dornen besetzt. Kohlenkalk von Belgien, Irland, Rufsland, Nordamerika.

Xenocidaris Schultze. Nur keulenförmige Stacheln bekannt. Devon. Eifel.

Lepidocidaris M. W., *Lepidechinus* Hall. Karbon. Nordamerika.

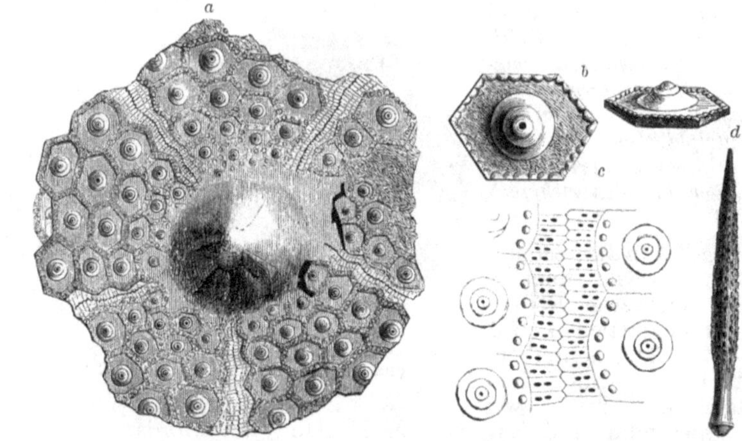

Fig. 376.
Archaeocidaris Wortheni Hall. Kohlenkalk. Burlington. Iowa. (Nach Hall.) *a* Schalenfragment von der Unterseite mit Kiefergebifs, nat. Gröfse. *b* Ein Interambulacraltäfelchen von oben und von der Seite. *c* Ambulacralfeld, vergröfsert. *d* Ein Stachel, nat. Gröfse.

4. Familie. **Tiarechinidae.** Zitt.

IA mit 3, A schmal mit 2 Täfelchenreihen. Die IAtäfelchen auf der Unterseite mit Stachelwarzen, auf der Oberseite der Schale mit Körnchenwarzen. Scheitelschild ungewöhnlich ausgedehnt, mit runder, zentraler Afteröffnung. Die IA beginnen an der Mundlücke mit je einer Peristomalplatte.

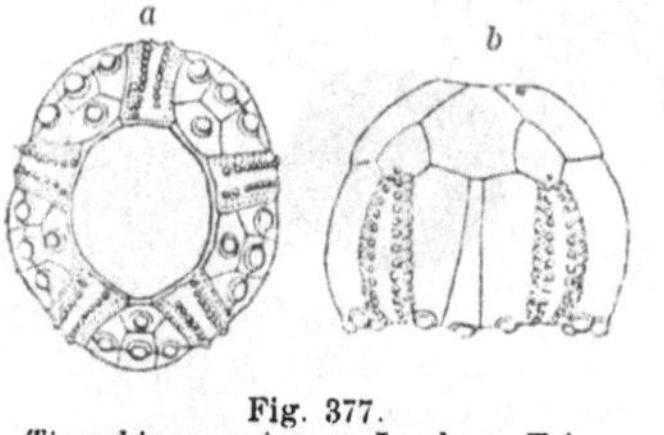

Fig. 377.
Tiarechinus princeps Laube. Trias. St. Cassian. Tirol.
a Von unten, *b* von der Seite, stark vergröfsert (nach Lovén).

Von den zwei winzig kleinen und sehr seltenen Gattungen *Tiarechinus* Neumayr (Fig. 377) und *Lyssechinus* Gregory aus der Trias von St. Cassian besitzt die erstere in den *IA* nur 4 Täfelchen, wovon eines den Peristomrand bildet, während die drei anderen, stark verlängerten nebeneinander liegen, durch vertikale Suturen getrennt sind und das ganze übrige *IA* ausfüllen. Die Ambulacra reichen vom Mund bis zum Scheitel.

Lyssechinus Gregory hat schmale, fast auf die Unterseite beschränkte Amb., auf welche eine sehr grofse zum Scheitelschild gehörige Radialplatte folgt. Die *IA* sind unter dem Scheitel aus 3 Reihen von Täfelchen zusammengesetzt, die am Unterrand auf zwei und am Peristom auf eine Platte reduziert sind.

2. Unterklasse. **Euechinoidea.** Bronn.

Seeigel mit 10 ambulacralen und 10 interambulacralen Täfelchenreihen.

1. Ordnung. **Regulares.** Desor.

(*Endocyclica* Wright.)

Reguläre, fünfstrahlige Seeigel mit je 5 unter sich gleichen *A* und *IA*. Mund zentral mit Kiefergebifs (Laterna Aristotelis), After innerhalb des Scheitelschildes. Alle 5 Genitaltäfelchen einfach durchbohrt.

A. Unterordnung. **Holostomata.** Pomel.

Peristom grofs, rundlich, ohne Einschnitte, mit regelmäfsig in Reihen angeordneten Täfelchen bedeckt, welche die Fortsetzung der A und IA bilden; die Täfelchen der Amb.-Reihen mit Poren. Auriculae am Ende der IAfelder.

1. Familie. **Cidaridae.** Wright.

A schmal, bandförmig, mit zahlreichen kleinen, niedrigen, einfachen Porentäfelchen. IA sehr breit mit zwei Reihen von grofsen, mit starken Stachelwarzen besetzten Tafeln. Mundkiemen innerlich. Stacheln sehr kräftig. Karbon bis Jetztzeit. Hauptverbreitung in Jura und Kreide.

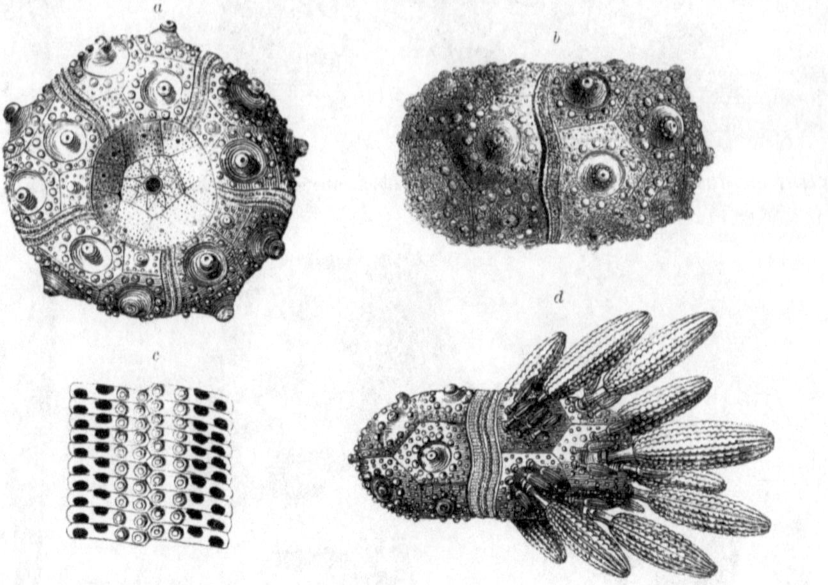

Fig. 378.
Cidaris coronata Goldf. Aus dem weifsen Jura (γ) von Hossingen, Württemberg. *a* Exemplar mit vollständig erhaltenem Scheitelschild, von oben; *b* von der Seite. *c* Stück eines Af., stark vergröfsert. *d* Teilweise restaurierte Ansicht mit Stacheln.

Cidaris Klein (Fig. 378—380). *A* schmal, etwas wellig gebogen; jedes Täfelchen mit einem Paar ungejochter Poren. Stacheln kräftig, stabförmig, zylindrisch, keulen-, eichel- oder spindelförmig, meist mit Körnern oder Dornen besetzt, die in Längsreihen angeordnet sind. Mehr als 200 Arten, davon die ältesten (*Eocidaris* Desor) selten im Karbon, Zechstein und Trias. Hauptverbreitung in Jura und Kreide; selten in Tertiär- und Jetztzeit.

Rhabdocidaris Desor (Fig. 381. 382). Wie *Cidaris*, jedoch Poren gejocht, Stacheln lang, stabförmig, dornig. Hauptverbreitung in Jura und Kreide; selten tertiär und lebend. Einzelne Arten erreichen ansehnliche Gröfse. *R. nobilis* Münst., *R. princeps* Goldf.

Leiocidaris Desor. Wie *Rhabdocidaris* aber Stachelwarzen undurchbohrt. Stacheln grofs, glatt, zylindrisch. Kreide, Tertiär, Recent.

Dorocidaris A. Ag. Wie Cidaris, aber Stachelwarzen undurchbohrt. Recent.

Stephanocidaris A. Ag., *Phyllacanthus* Brandt. *Goniocidaris* Desor. Recent.

Porocidaris Desor (Fig. 383) *A* breit, gerade, mit gejochten Poren. Stachelwarzen durchbohrt und gekerbt. Höfchen mit radialen Furchen, die an der Peripherie zuweilen in Poren enden. Stacheln abgeplattet, am Rand gezackt. Tertiär. Recent.

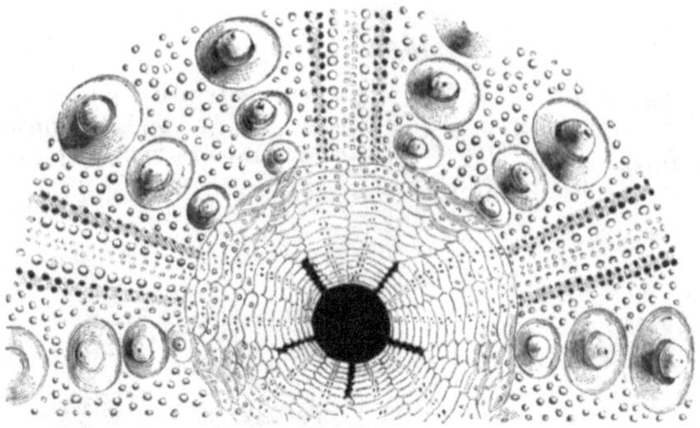

Fig. 379.
Cidaris tribuloides Lam. Recent. Peristom mit Täfelchenbedeckung, vergröfsert.

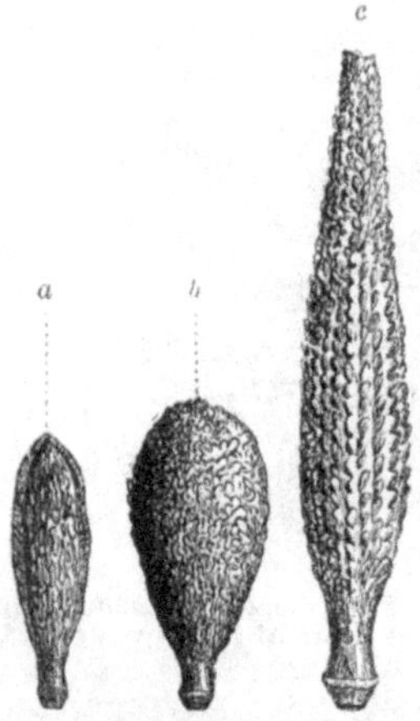

Fig. 380.
Stacheln *a* von *Cidaris aluta* Ag., *b* von *Cidaris dorsata* Braun. Trias. St. Cassian. Tirol, *c* von *Cidaris florigemma* Phil. Coralrag. Wiltshire.

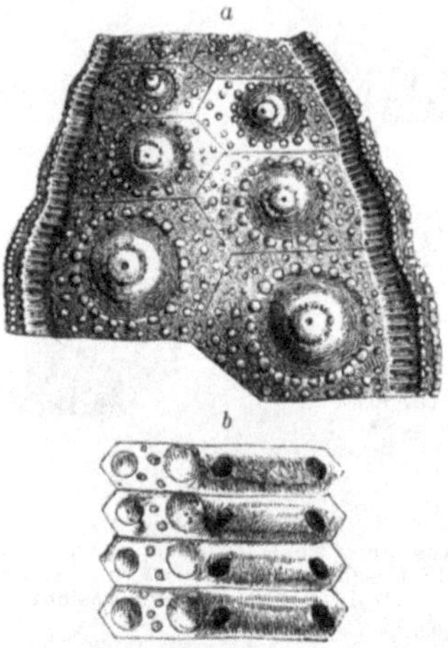

Fig. 381.
Rhabdocidaris d'Orbignyana Desor. Aus dem obersten weifsen Jura von Kelheim-Winzer. Bayern. *a* Schalenfragment in nat. Gröfse. *b* Ambulacraltäfelchen, vergr.

Fig. 382.
Stachel von *Rhabdocidaris horrida* Merian. Aus dem Dogger.

Orthocidaris Cott. Scheitelschild klein, pentagonal. Amb. schmal, gerade. *IA* sehr breit, mit zahlreichen Täfelchen. Stachelwarzen klein, entfernt stehend, durchbohrt. Unt. Kreide.

Temnocidaris Cott. Ob. Kreide. *Polycidaris* Quenst. Ob. Jura.

Diplocidaris Desor. Amb. schmal, gerade, jederseits mit zwei alternierenden Reihen von Doppelporen eingefafst. *IA* breit, Stachelwarzen grofs, durchbohrt. Ob. Jura.

Tetracidaris Cotteau (Fig. 384). *IA* mit 4 Täfelchenreihen. *A* jederseits von zwei Porenpaaren eingefafst. Stachelwarzen der *I* Amb. durchbohrt und gekerbt. Unt. Kreide (Barrêmien), Castellane, Basses Alpes.

Fig. 383.
Porocidaris Schmiedeli Goldf. Interambulacraltäfelchen und Stachel aus Nummulitenkalk vom Mokkatam bei Cairo.

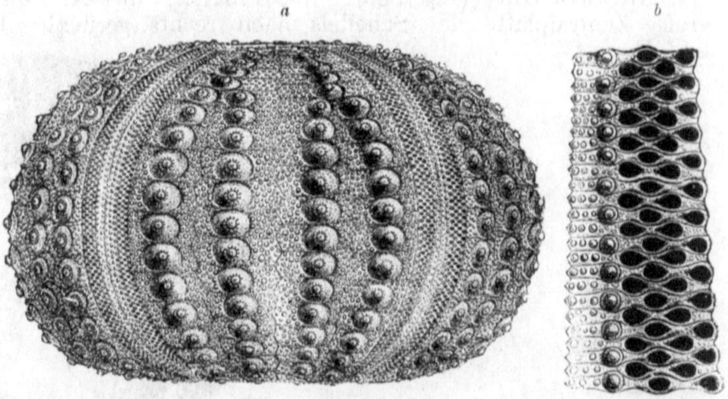

Fig. 384.
Tetracidaris Reynesi Cotteau. Aus dem Neocomien von Vergons bei Castellane. Basses Alpes. *a* Exemplar $^1/_2$ nat. Gröſse. *b* Ein Stück vom Ambulacralfeld vergröſsert. (Nach Cotteau.)

2. Familie. **Echinothuridae.**

Täfelchen der A und IA dünn, schuppenartig übereinandergreifend und etwas beweglich. A breit, mit einfachen oder zusammengesetzten Porentäfelchen und wie die IA mit kleinen Warzen bedeckt. Peristom getäfelt, die Amb.-Täfelchen mit Poren. Stacheln dünn, kurz, stabförmig. Mundkiemen teils innerlich teils äuſserlich.

Von den zwei fossilen Gattungen *Pelanechinus* Keeping (Dogger) und *Echinothuria* Woodw. (Ob. Kreide) sind nur wenige, unvollständige Exemplare bekannt. Die lebenden Genera *Asthenosoma* Grube (*Calveria* Wyv. Thomson), *Phormosoma* Wyv. Thomson leben in groſser Tiefe.

B. Unterordnung. **Glyphostomata.** Pomel.

A schmäler oder ebenso breit als IA. Amb.-Täfelchen einfach oder zusammengesetzt, häufig mit mehreren Porenpaaren. Peristom mit 10 Einschnitten für äuſserliche Mundkiemen, entweder mit häutiger Membran oder mit undurchbohrten Schüppchen bedeckt. Auriculae am Ende der Amb.-Felder.

3. Familie. **Salenidae.** Desor.

A schmal oder mäſsig breit, meist aus kleinen, einfachen Täfelchen zusammengesetzt, IA breit, mit zwei Reihen groſser Primärwarzen. Scheitelschild groſs, innerhalb des Kranzes von Genital- und Radialtäfelchen mit ein, zwei oder mehr überzähligen Platten, welche die Afteröffnung etwas aus dem Zentrum des Periproctes drängen. Peristom rundlich, mit schwachen Einschnitten, von undurchbohrten Kalkschüppchen bedeckt, um die Mundöffnung 10 perforierte Buccaltäfelchen. Mundkiemen äuſserlich.

Die Saleniden sind bezüglich ihres Scheitelschildes persistente Jugendformen, da sämtliche reguläre Seeigel ursprünglich eine groſse Zentralplatte innerhalb des Scheitels besitzen, die nach und nach resorbiert wird. Jura bis Jetztzeit.

Peltastes Ag. (Fig. 366*d*). Sch. klein, rundlich. *A* sehr schmal, wellig gebogen. *IA* breit. Scheitelschild sehr groſs, verziert, mit einer einzigen Zentralplatte vor dem After. Madreporenplatte mit Spaltöffnung. Ob. Jura. Kreide und Recent.

Salenia Gray (Fig. 385). Wie *Peltastes*, aber Afteröffnung durch die grofse Zentralplatte des Scheitels nach rechts gerückt. Kreide, Miocän und Recent.

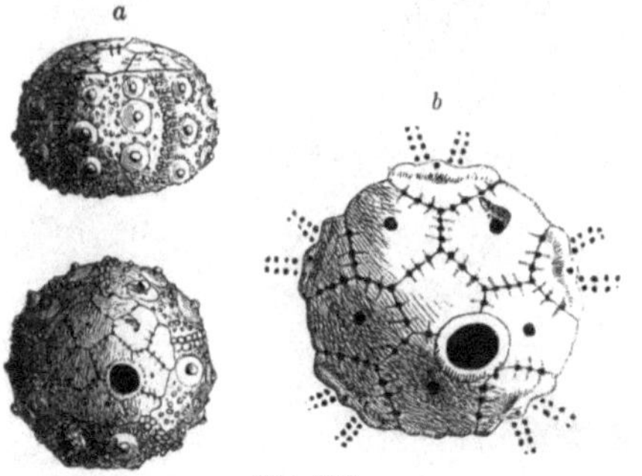

Fig. 385.
Salenia scutigera Grey. Weifse Kreide. Charente. (Nach Cotteau.) *a* Exemplar in nat. Gröfse von der Seite und von oben. *b* Scheitelschild vergröfsert.

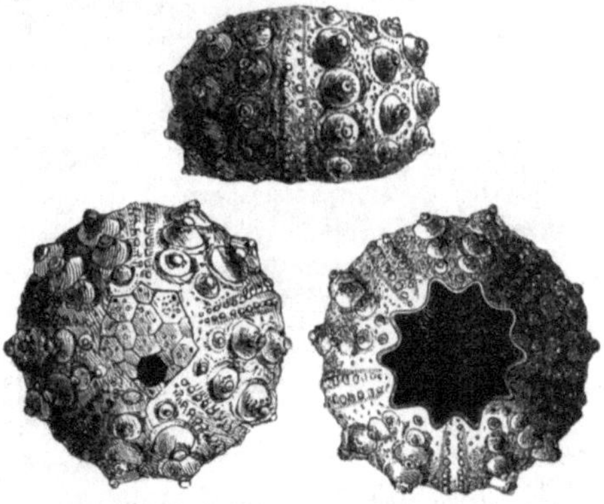

Fig. 386.
Acrosalenia hemicidaroides Wright. Dogger. Stanton, Wiltshire. Nat. Gröfse. (Nach Th. Wright).

Goniophorus Ag., *Heterosalenia* Cotteau (Kreide).

Acrosalenia Ag. (Fig. 386) *A* mäfsig breit, mit zwei Reihen kleiner Warzen; die *A* täfelchen in der Nähe des Scheitels zusammengesetzt. *IA* mit zwei Reihen grofser Primärwarzen. Scheitel mit 1—4 eingeschalteten Täfelchen vor dem After. Stacheln stabförmig, dünn, glatt. Zahlreiche Arten in Lias, Jura und Kreide.

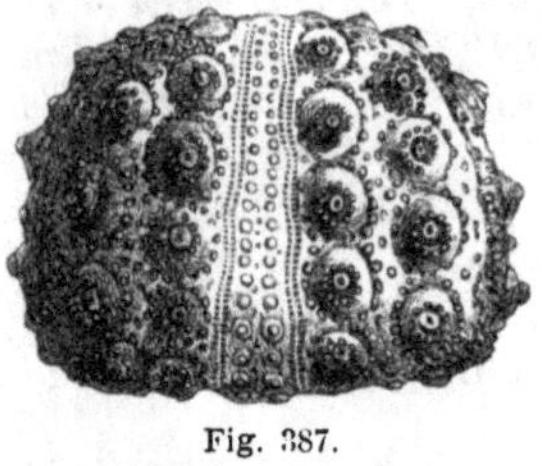

Fig. 387.
Hemicidaris crenularis Lam. sp. Coralrag. Chatel Censoire. Yonne. Nat. Gröfse.

4. Familie. **Diadematidae.** Wright.

A schmäler als IA, aus zusammengesetzten Tafeln mit mehreren Porenpaaren bestehend. Porenpaare der A eine einfache Zone jederseits bildend, nur in der Nähe des Mundes und Scheitels zuweilen in Doppelreihen. Mundmembran mit kleinen Plättchen bedeckt. Zechstein bis Jetztzeit. Hauptverbreitung in Jura, Kreide und Tertiär.

Hemicidaris Ag. (Fig. 387). *A* etwas gebogen, viel schmäler als *IA*, auf der Unterseite mit zwei Reihen Stachelwarzen, die auf der Oberseite in

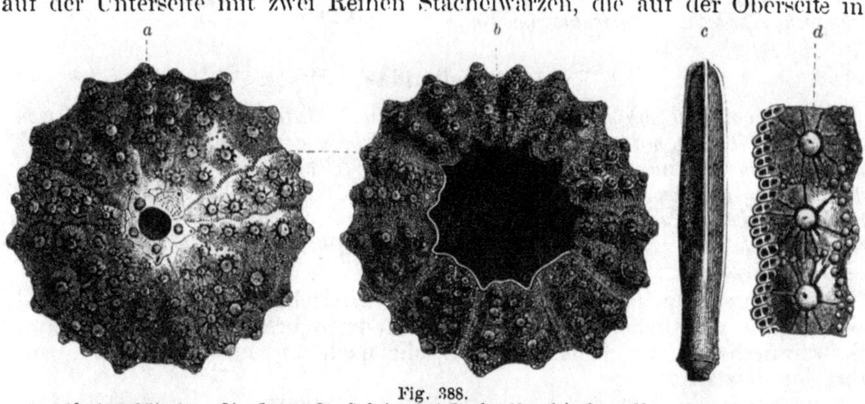

Fig. 388.
Acrocidaris nobilis Ag. Ob. Jura. St. Sulpice bei Locle, Neuchâtel. *a* Von oben, *b* von unten. *c* Stachel (nat. Gröfse). *d* Drei ambulacrale Grofsplatten (vergröfsert).

Körnchenwarzen übergehen. *IA* mit zwei Reihen grofser, gekerbter und durchbohrter Warzen. Stacheln sehr grofs, zylindrisch oder keulenförmig, längsgestreift. Häufig im oberen Jura und in der unteren Kreide, erlischt im Eocän.

Hypodiadema Ag. Wie vorige, jedoch klein; die *A* gerade und die Warzen auf der Oberseite nicht kleiner werdend. Zechstein und Trias.

Pseudocidaris Et. Ob. Jura, unt. Kreide.

Acrocidaris Ag. (Fig. 388). Porenstreifen einfach, wellig gebogen, am Peristom verdoppelt. *A* schmäler als *IA*, beide mit zwei Reihen starker, gekerbter oder perforierter Primärwarzen. Stacheln kräftig, kantig. Jura und untere Kreide.

Goniopygus Ag. Scheitelschild grofs, sculptiert. Peristom sehr grofs. Kreide. Eocän.

Glypticus Ag. (Fig. 389). *A* schmal, mit zwei Warzenreihen. *IA* mit irregulär zerrissenen Warzen. Im Ob. Jura häufig.

Pseudodiadema Desor (Fig. 390). Klein oder mittelgrofs, niedrig. *A* wenig schmäler als *IA*, beide mit zwei Reihen gekerbter und perforierter Primärwarzen. Porenstreifen am Peristom verdoppelt, in der Nähe des Scheitels einfach. Sehr verbreitet in Jura und Kreide, selten tertiär.

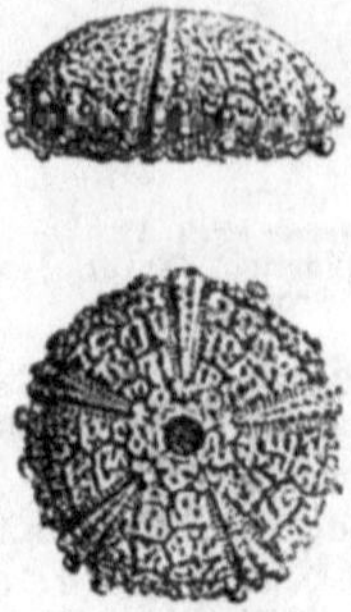

Fig. 389. *Glypticus hieroglyphicus* Goldf. Coralrag. (Terrain à chailles.) Fringeli, Schweiz. Nat. Gröfse.

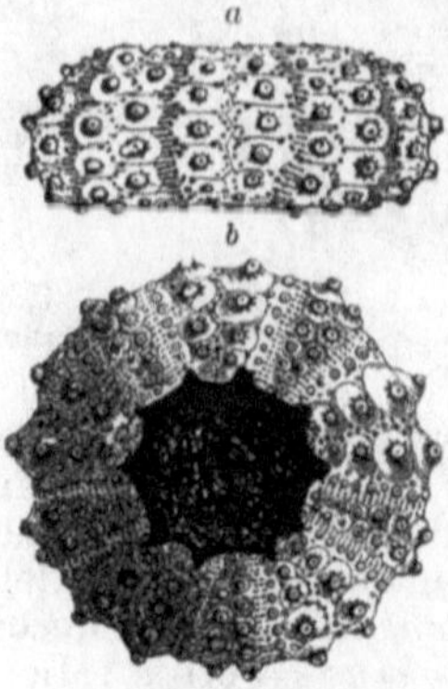

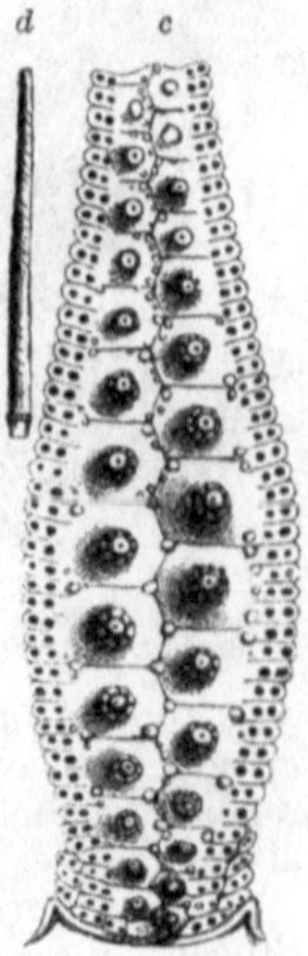

Fig. 390. *Pseudodiadema neglectum* Thurm. Aus dem Berner Jura. *a* Von der Seite, *b* von unten, natürl. Gröfse. *c* Ambulacralfeld, vergröfsert. *d* Stachel natürl. Gröfse.

Diplopodia M'Coy. Wie Pseudodiadema, aber *A* schmal, Porenstreifen am Peristom und Scheitel verdoppelt. Jura. Kreide.

Diadema Schynv. (Recent), *Microdiadema* Cotteau (Lias), *Diademopsis* Desor (Lias), *Magnosia* Mich. (Jura, Kreide), *Cottaldia* Desor (Kreide, Tertiär, Recent).

Fig. 391.
Codiopsis doma Desm. sp. Mittlere Kreide. (Tourtia.) Tournay, Belgien. *a* und *b* Exemplar in nat. Gröfse von der Seite und von unten. *c* Scheitelschild vergröfsert.

Heterodiadema Cotteau. Wie *Pseudodiadema*, aber Scheitelschild sehr ausgedehnt, stark in das hintere *IA* verlängert. Kreide. *H. libycum* Cott.

Hemipedina Wright. Wie *Diplopodia*, aber Stachelwarzen nicht gekerbt. Scheitelschild ausgedehnt. Jura, Kreide und Recent.

Codiopsis Ag. (Fig. 391). *A* und *IA* nur auf der Unterseite mit Stachelwarzen, auf der Oberseite mit Körnchen. Kreide.

Orthopsis Cotteau (Kreide), *Codechinus* Desor (Kreide).

Cyphosoma Ag. (Fig. 392). Rund, niedrig. Ambulacraltäfelchen mit 3—7 bogenförmig geordneten Porenpaaren, die in der Nähe des Scheitels und Mundes in Doppelreihen stehen. *IA* etwas breiter als *A* und wie diese mit zwei Reihen von undurchbohrten und ungekerbten Stachelwarzen. Jura und Kreide von Europa. Eocän (Kleinasien).

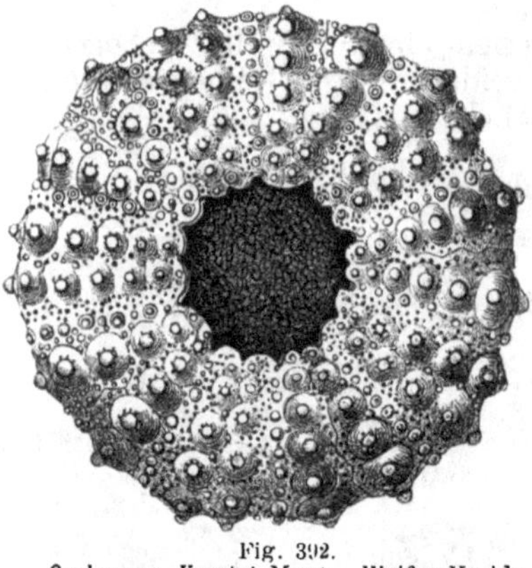

Fig. 392. *Cyphosoma Koenigi* Mant. Weifse Kreide. Sussex. Unterseite. Nat. Gröfse.

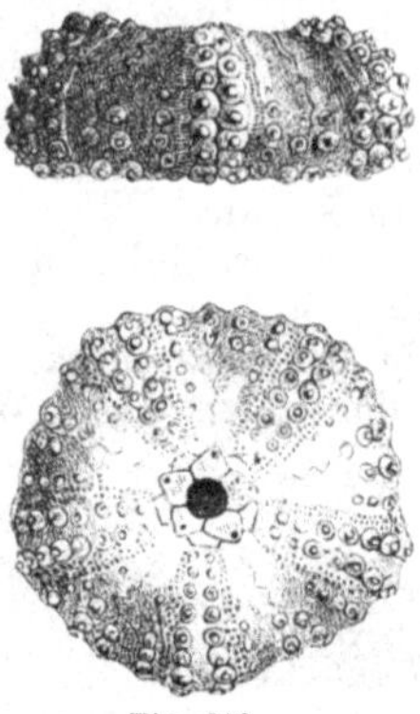

Fig. 393. *Coelopleurus equis* Ag. Eocän Biarritz. Natürl. Gröfse.

Micropsis Cotteau. Kreide und Eocän.

Arbacia Gray (Recent).

Coelopleurus Ag. (Fig. 393). *IA* nur auf der Unterseite mit ungekerbten und undurchbohrten Stachelwarzen, auf der Oberseite in der Nähe des Scheitels glatt. Eocän, Miocän und lebend.

Glyphocyphus Haime. Klein, niedrig. Scheitelschild grofs. **A** schmal, gerade, mit zwei Reihen gekerbter und perforierter Hauptwarzen und zahlreichen Körnchenwarzen. *IA* breit, die zwei Hauptwarzenreihen etwas stärker als in den *A*. Quersuturen der Täfelchen vertieft. Kreide. Eocän.

Temnopleurus Ag. (Tertiär, Recent), *Dictyopleurus* Duncan und Sladen (Eocän), *Temnechinus* Forbes (Miocän, Pliocän, Recent). *Salmacis* Ag. (Eocän, Pliocän, Recent).

5. Familie. **Echinidae.** Wright.

A ebenso breit als IA. Porenstreifen der A breit, aus 2, 3 oder mehr Doppelreihen von Poren bestehend. A-Tafeln zusammengesetzte Grofsplatten. Mundmembran häutig oder mit winzigen Kalkschüppchen.

a) Oligopori. Drei Porenpaare auf jedem Ambulacraltäfelchen.

Pedina Ag. *A* schmal. Warzen klein, durchbohrt, ungekerbt. Jura.

Micropedina Cotteau (Kreide), *Pseudopedina* Cott. (Dogger), *Astropyga* Gray (Recent) etc.

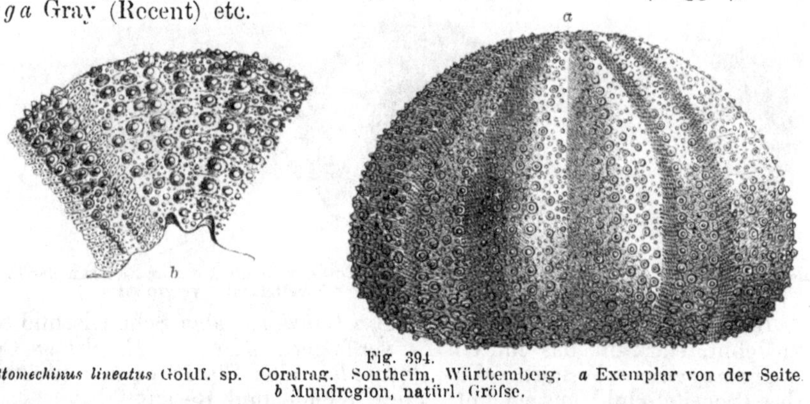

Fig. 394. *Stomechinus lineatus* Goldf. sp. Coralrag. Sontheim, Württemberg. *a* Exemplar von der Seite *b* Mundregion, natürl. Gröfse.

Stomechinus Desor (Fig. 394). *A* schmäler als *IA*, beide mit zahlreichen Reihen von ungekerbten und undurchbohrten Stachelwarzen von gleicher Gröfse bedeckt. Jura und unt. Kreide.

Leiopedina Cott. (*Chrysomelon* Laube). Melonenförmig. *A* schmal, mit zwei Reihen von kleinen Warzen. *IA* breit, mit 2 Warzenreihen von gleicher Stärke wie in den *A*, dazwischen zahlreiche Körnchenwarzen. Eocän.

Echinus Desor, *Psammechinus* Ag. (Tertiär, Recent), *Stirechinus* Desor (Pliocän), *Glyptechinus* Loriol (Unt. Kreide), etc.

β) *Polypori*. Mehr als drei Porenpaare auf jedem Ambulacraltäfelchen.

Sphaerechinus Desor. Warzen in *A* und *IA* gleich grofs, in zahlreichen Reihen. Pliocän und Recent.

Strongylocentrotus Brandt (Fig. 395). Doppelporen in Bogen um die Amb.-Warzen. Warzen ungleich grofs, Haupt- und Sekundärreihen bildend. Pliocän. Recent.

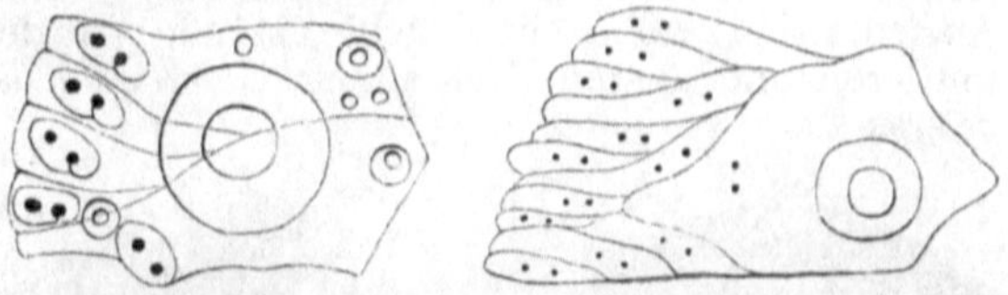

Fig. 395. *Strongylocentrotus Droebachensis.* Eine ambulacrale Grofsplatte.

Fig. 396. *Stomopneustes variolaris.* Ambulacrale Grofsplatte aus 13 Primärtäfelchen zusammengesetzt.

Stomopneustes Ag. (*Heliocidaris* Desor) (Fig. 396). Doppelporen in drei Reihen. Miocän. Recent.

Phymechinus Desor (Ob. Jura), aufserdem zahlreiche recente Genera, wie *Echinometra* Rondelet, *Acrocladia* Ag., *Podophora* Ag. etc.

2. Ordnung. **Irregulares.** Desor.
(*Exocyclica* Wright.)

Seitlich symmetrische Seeigel von sehr verschiedener Gestalt mit exzentrischem After. Mund zentral oder etwas vor der Mitte.

Nach der Anwesenheit oder dem Fehlen eines Kiefergebisses werden die zwei Unterordnungen der *Gnathostomata* und *Atelostomata* unterschieden.

A. Unterordnung. **Gnathostomata.** Loriol.

Kiefergebifs und Auriculae vorhanden. Mund und Scheitel zentral. Amb. einfach oder blattförmig, alle gleich.

1. Familie. **Holectypidae.** Duncan.
(*Echinoconidae.* d'Orb.)

Amb. einfach, bandförmig, vom Scheitel bis zum Mund reichend, schmäler als die IA, aus kleinen, einfachen Porentäfelchen und eingeschalteten Halbtäfelchen zusammengesetzt. Scheitelschild kompakt aus fünf Genital- und fünf Radialtäfelchen bestehend, das hintere Genitaltäfelchen meist undurchbohrt, zuweilen fehlend. Peristom innen mit einem Auricularring. Die Auriculae kurz, am Ende der Amb. stehend, durch interradiale Platten verbunden. Kiefergerüst umgekehrt konisch, die Kieferhälften ausgehöhlt, alle von gleicher Gröfse und Form. Stachelwarzen klein. Jura und Kreide. Sämtliche Gattungen ausgestorben.

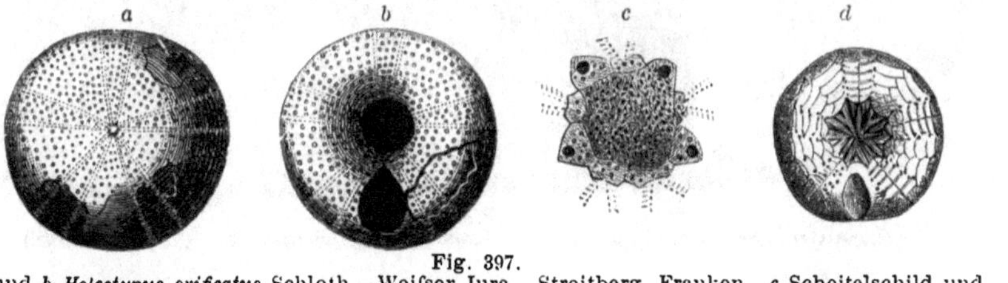

Fig. 397.
a und *b* *Holectypus orificatus* Schloth. Weifser Jura. Streitberg, Franken. *c* Scheitelschild und *d* Unterseite von *H. depressus* Leske sp. Aus dem Dogger (nach Cotteau).

Holectypus Desor (Fig. 397). Porenstreifen linear, sehr schmal. Madreporenplatte sehr ausgedehnt. Periproct grofs, auf der Unterseite, zwischen

Mund- und Hinterrand. Stachelwarzen auf *A* und *IA* gleich grofs. Häufig im Dogger, Malm und unt. Kreide.

Discoidea klein (Fig. 398). Wie *Holectypus*, jedoch *A* auf der Unterseite, innerlich von 10, vom Peristom ausstrahlenden Radialleisten begrenzt, die an Steinkernen als tiefe Furchen erkennbar sind. Häufig in allen Stufen der Kreideformation.

Echinoconus Breyn (*Galerites* Lam.). Schale kegelförmig, unten eben. Periproct oval, inframarginal. Wärzchen und Stacheln sehr klein. Kiefer unbekannt (nach Duncan fehlend), jedoch Auricularring wohl entwickelt. Häufig in der mittleren und oberen Kreide. *E.* (*Galerites*) *albogalerus* Lam. sp.

a b

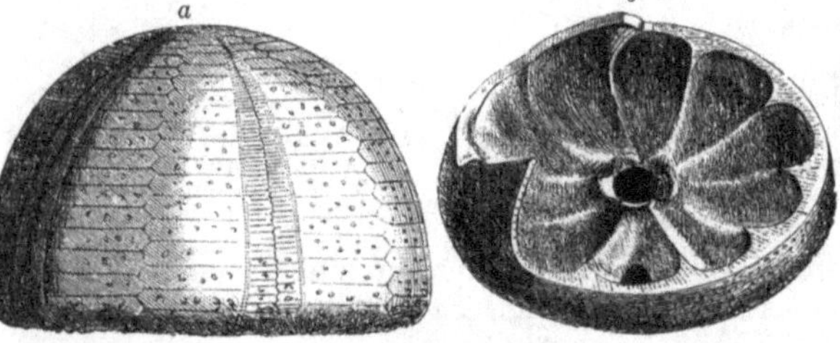

Fig. 398.
Discoidea cylindrica Ag. Mittlere Kreide von Lüneburg. *a* Von der Seite. *b* Ein Exemplar aufgebrochen, um die Scheidewände im Innern zu zeigen. Natürl. Gröfse.

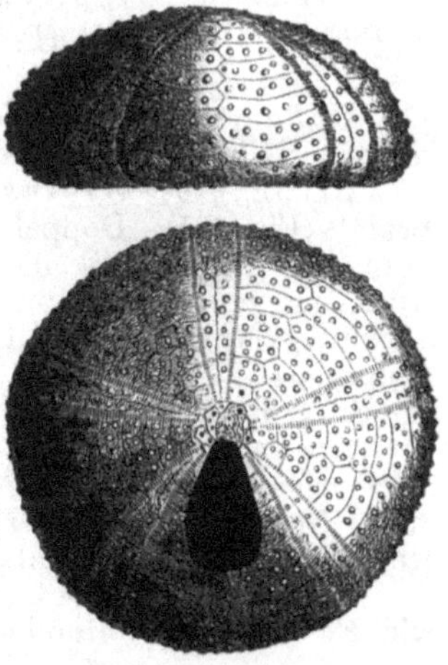

Fig. 399.
Pygaster umbrella Ag. Junges Exemplar aus dem Oxfordien von Chatillon-sur-Seine. Nat. Gröfse. (Nach Cotteau.)

Pygaster Ag. (Fig. 399). Niedrig, Peristom mit 10 Einschnitten. Afterlücke sehr grofs, unmittelbar hinter dem Scheitelschild gelegen. Jura. Kreide.

Pileus Desor. Grofs, scheibenförmig. After auf der Oberseite, in der Nähe des Hinterrandes. Ob. Jura.

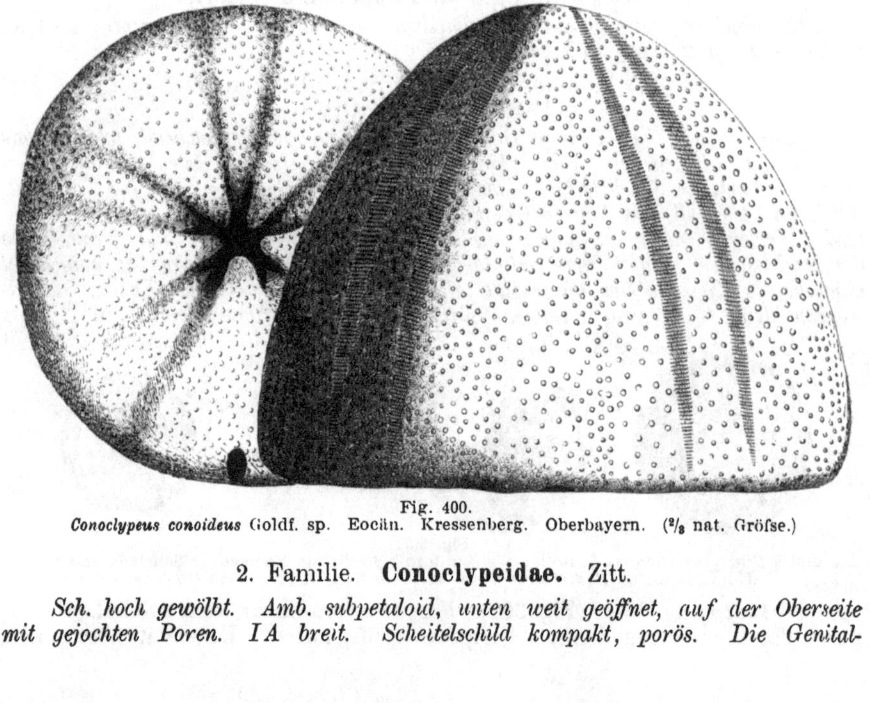

Fig. 400.
Conoclypeus conoideus Goldf. sp. Eocän. Kressenberg. Oberbayern. ($^2/_3$ nat. Gröfse.)

2. Familie. **Conoclypeidae.** Zitt.

Sch. hoch gewölbt. Amb. subpetaloid, unten weit geöffnet, auf der Oberseite mit gejochten Poren. IA breit. Scheitelschild kompakt, porös. Die Genital-

täfelchen, wovon nur vier durchbohrt, nicht oder nur am Rand durch Nähte geschieden. Peristom fünfeckig, mit Auricularring. Kieferhälften kräftig, gekrümmt, alle gleich grofs. After inframarginal. Warzen und Stacheln klein.

Von den zwei hierhergehörigen Gattungen *Conoclypeus* Ag. [Fig. 400] und *Oviclypeus* Dames erreicht *Conoclypeus* zuweilen bedeutende Gröfse und ist im Eocän in zahlreichen Arten weit verbreitet; angeblich schon in der obersten Kreide.

3. Familie. **Clypeastridae.** Ag.

Sch. niedrig, schild- oder scheibenförmig. A petaloid oder subpetaloid. Scheitelschild fast ganz von der Madreporenplatte gebildet, die Genitaltäfelchen nicht durch Nähte geschieden. Genitalporen zuweilen aufserhalb des Scheitels. Peristom rundlich, von keilförmigen Täfelchen umgeben. After inframarginal oder marginal. Kiefergebifs aus 10 massiven, niedrigen Hälften gebildet, die des hinteren, unpaaren IA gröfser oder kleiner als die übrigen. Warzen sehr zahlreich, winzig klein. Kreide bis Jetztzeit.

Fig. 401. *Fibularia subglobosa* Goldf. sp. Obere Kreide. Mastricht. (Nat. Gröfse.)

a) Unterfamilie **Fibularinae.** Gray.

Kleine, ovale Formen mit kurzen, unten offenen Petalodien. Die A innerlich auf der Unterseite durch niedrige radiale Septen begrenzt.

Fig. 402. *Echinocyamus placenta* Goldf. sp. (*E. Siculis* Ag.) Pliocän. Sicilien. (Nat. Gröfse.)

Fibularia Lam. (Fig. 401). Oval oder kugelig, aufgebläht. Petalodien kurz, weit offen, mit gejochten Poren. After neben dem Peristom. Oberste Kreide und Recent.

Sismondia Desor. Oval oder rundlich, fünfseitig, mit breitem, aufgetriebenem Rand. Petalodien lang, bis zum Rand reichend. *A* innerlich durch radiale Verdickungen begrenzt. Eocän. Miocän.

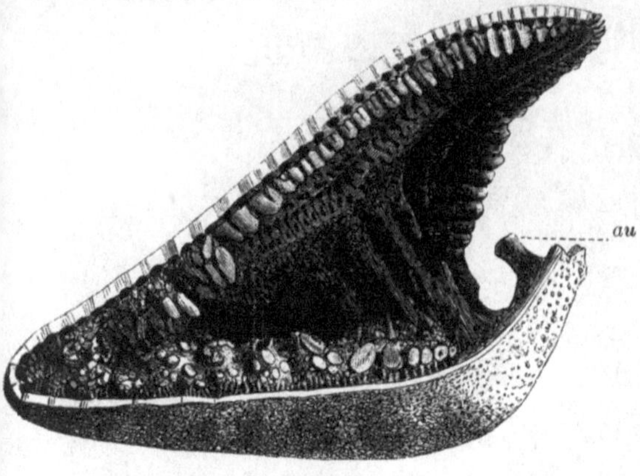

Fig. 403. *Clypeaster Aegyptiacus* Mich. Bruchstück aus dem Pliocän von Gizeh bei Cairo, um die im Innern vorhandenen Kalkausscheidungen zu zeigen. *au* Auricula.

Echinocyamus v. Phels. (Fig. 402). Niedrig, oval. Petalodien kurz, weit offen, mit wenigen, ungejochten Poren. Peristom mit hohen Aurikeln. Kreide, Tertiär und lebend.

Scutellina Ag., *Lenita* Desor. Eocän.

b) Unterfamilie **Clypeastrinae.** Ag.

Meist grofse, scheibenförmige Seeigel mit gewölbter Oberseite. Petalodien breit, unten beinahe geschlossen, von Porenstreifen mit gejochten Poren begrenzt. Genitalporen zuweilen aufserhalb des Scheitelschildes. Peristom fünfeckig, zentral. Afterlücke klein, inframarginal. Das Innere der Schale, namentlich in der Nähe des Randes, mit einer dicken, sekundären Kalkschicht überzogen, von welcher radiäre Pfeiler, Zapfen, Nadeln und sonstige Fortsätze ausgehen, welche die Decke mit der Basis verbinden.

Häufig im Miocän, Pliocän und Recent; seltener im oberen Eocän. Die Gattung *Clypeaster* Lam. (Fig. **403**, **404**) enthält die gröfsten bis jetzt bekannten Seeigel. Die lebenden Arten halten sich in seichtem Wasser auf.

Laganum Klein. Miocän, Pliocän und Recent.

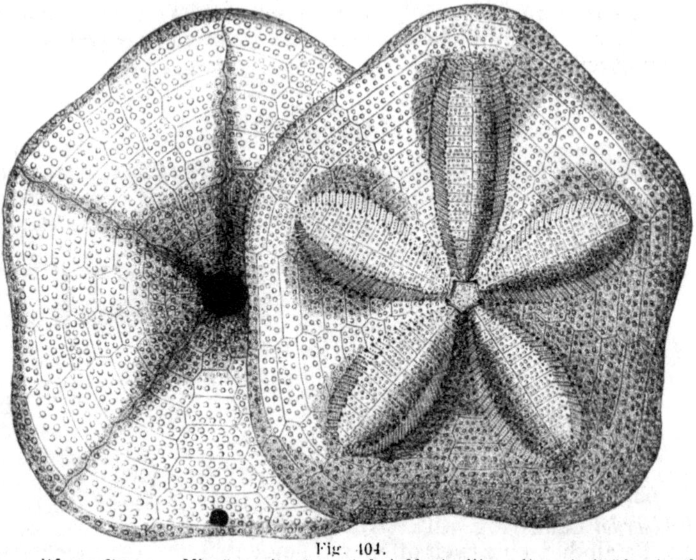

Fig. 404.
Clypeaster grandiflorus Bronn. Miocän. Boutonnet bei Montpellier. $^1/_2$ nat. Gröfse (nach Desor.)

c) Unterfamilie **Scutellinae Ag.**

Flache, scheibenförmige Seeigel. Schale zuweilen durch Einschnitte lappig oder von 2 oder mehr Löchern durchbohrt. Petalodien ausgezeichnet blattförmig;

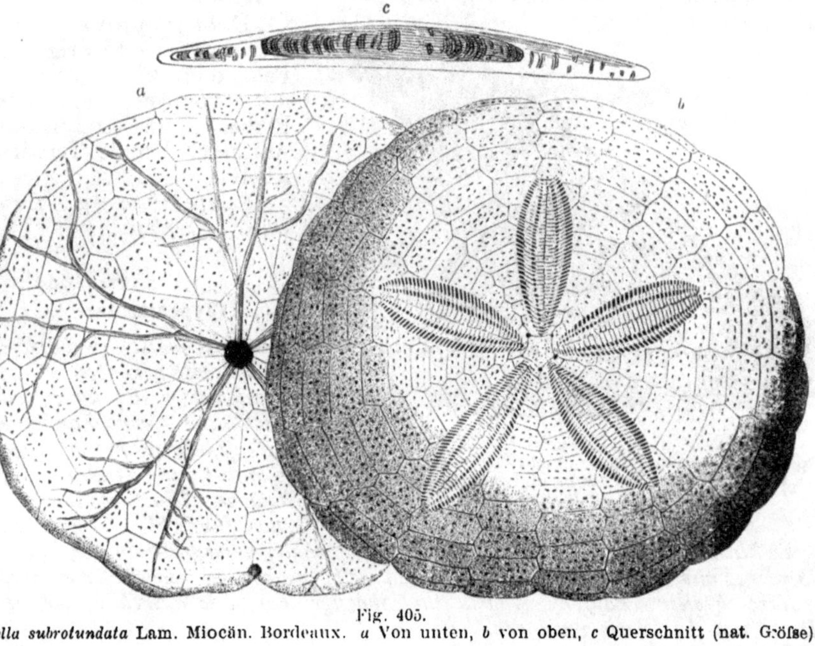

Fig. 405.
Scutella subrotundata Lam. Miocän. Bordeaux. *a* Von unten, *b* von oben, *c* Querschnitt (nat. Gröfse).

Unterseite mit ästigen oder bogigen Ambulacralfurchen (Porenfascien). Peristom von 10 keilförmigen Täfelchen (Rosette) umgeben. Tertiär und lebend.

Scutella Lam. (Fig. 405). Sehr niedrig, scheibenförmig, ganzrandig, ohne Einschnitte oder Löcher. Peristom klein, After sehr klein, inframarginal. Das Innere in der Nähe des Randes durch cavernöse Kalkablagerung und Pfeiler teilweise ausgefüllt. Tertiär und lebend.

Amphiope Ag. (*Echinodiscus* Breyn). Wie *Scutella*, jedoch in der Verlängerung der beiden hinteren Petalodien ein rundes oder ovales Loch. Miocän bis jetzt.

Encope Ag., *Melitta* Klein. Miocän bis jetzt.

B. Unterordnung. **Atelostomata.** Loriol.

Kiefergebiſs und Auriculae fehlen.

Man unterscheidet die drei Familien *Cassidulidae*, *Holasteridae* und *Spatangidae*.

1. Familie. **Cassidulidae.** Ag.

Peristom zentral oder subzentral, meist mit Floscelle. After zwischen Scheitel und Mund. Amb. alle gleich, einfach oder petaloid. Scheitelschild kompakt mit 5 Genital- und 5 Radialtäfelchen, die Madreporenplatte zuweilen stark ausgedehnt. Warzen und Stacheln klein.

a) Unterfamilie **Echinoneïnae.** Desor.

Amb. einfach, alle gleich. Peristom zentral, ohne Floscelle. Scheitel mit 4 Genitalporen.

Jura und Kreide; tertiär und lebend; unterscheiden sich von den Holectypiden lediglich durch den Mangel eines Kiefergebisses.

Hyboclypeus Ag. (Fig. 406). Porenstreifen schmal, auf der Unterseite verschwindend. Scheitelschild verlängert, die paarigen Radialplättchen einander gegenüberliegend. After dicht hinter dem Scheitelschild, in einer Furche. Dogger.

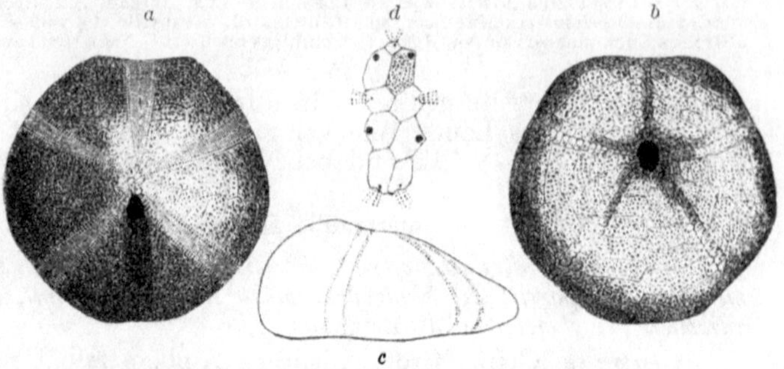

Fig. 406.
Hyboclypeus gibberulus Ag. Dogger. Solothurn. *a*, *b*, *c* Exemplar in nat. Gröſse von drei Seiten, *d* Scheitelschild, vergröſsert.

Galeropygus Cott., *Pachyclypeus* Desor. Jura.

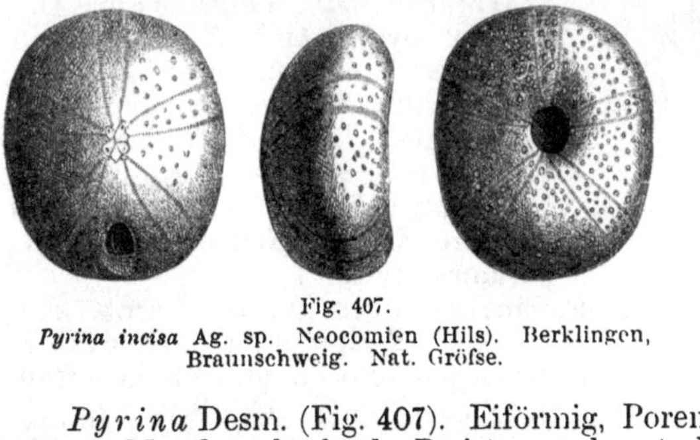

Fig. 407.
Pyrina incisa Ag. sp. Neocomien (Hils). Berklingen, Braunschweig. Nat. Gröſse.

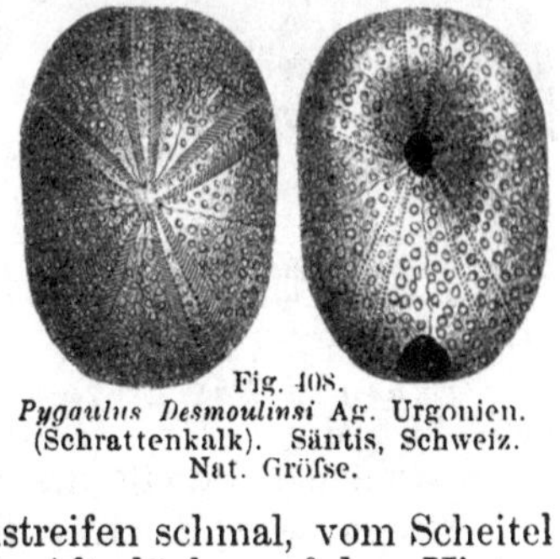

Fig. 408.
Pygaulus Desmoulinsi Ag. Urgonien. (Schrattenkalk). Säntis, Schweiz. Nat. Gröſse.

Pyrina Desm. (Fig. 407). Eiförmig, Porenstreifen schmal, vom Scheitel bis zum Mund verlaufend. Peristom subzentral; Afterlücke auf dem Hinterrand. Ob. Jura; häufig in Kreide, selten im Eocän.

Caratomus Ag. Kreide. *Echinoneus* v. Phels Recent. *Amblypygus* Ag. Tertiär.

Pygaulus Ag. (Fig. 408). Wie *Pyrina*, aber Poren gejocht, After inframarginal. Häufig in unterer und mittlerer Kreide.

b) Unterfamilie **Nucleolitinae.** Bernard.

Amb. subpetaloid. Peristom ohne Floscelle. Scheitelschild mit 4 durchbohrten und einem undurchbohrten Genitaltäfelchen, hinter dem sich zuweilen noch zwei bis drei überzählige Plättchen einschalten; die zwei hinteren Radialtäfelchen meist stark vergröfsert. Jura bis jetzt.

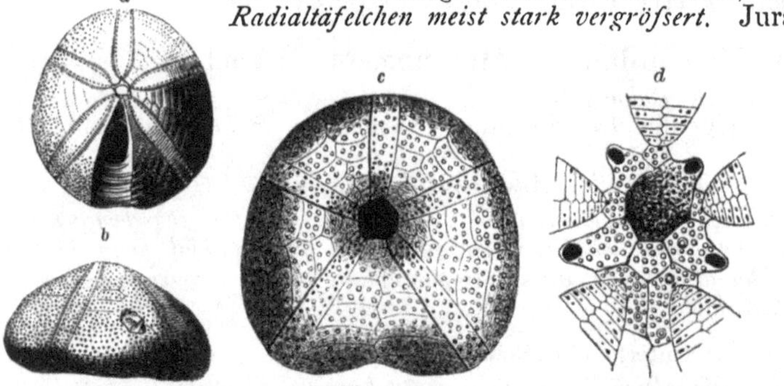

Fig. 409.
a, b Echinobrissus clunicularis Lwyd sp. Cornbrash. Egg, Aargau. Nat. Gröfse.
c, d Echinobrissus scutatus Lam. sp. Ob. Oxford. Trouville, Calvados.
c Grofses Exemplar von unten, *d* Scheitelschild, vergröfsert. (Nach Cotteau.)

Echinobrissus Breyn (Fig. 409). Oval oder rundlich vierseitig, hinten abgestutzt. *A* subpetaloid mit gejochten Poren, auf der Unterseite die Porenstreifen schwach entwickelt. After in einer hinter dem Scheitel beginnenden Furche der Oberseite gelegen. In Jura und unterer Kreide häufig.

Nucleolites Lam. Wie vorige, aber Poren nicht gejocht. Tertiär in Australien und Java. Lebend bei Neu-Seeland.

c) Unterfamilie **Echinolampinae.** Lor.

Amb. petaloid, unten offen. Peristom mit Floscelle. Scheitelschild kompakt mit 4 Genitalporen; die Madreporenplatte stark ausgedehnt, die 4 Genitaltäfelchen zuweilen verschmolzen. Jura bis jetzt.

Clypeus Klein. Grofs, niedrig. Amb. petaloid mit gejochten Poren. After hinter dem Scheitel, meist in einer Furche. Dogger.

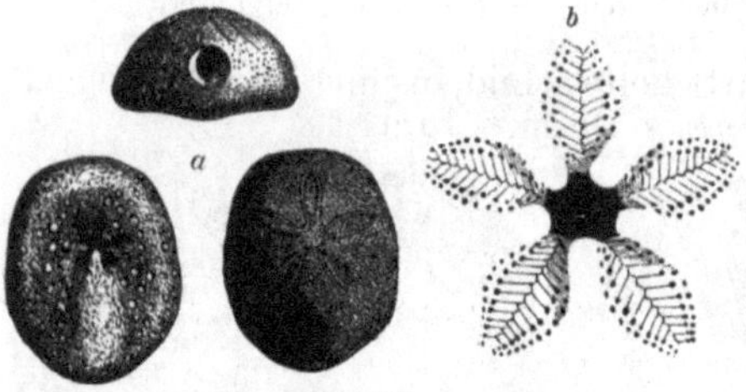

Fig. 410.
Cassidulus lapis-cancri Lam. *a* Exemplar in nat. Gröfse von drei Seiten, *b* Floscelle, vergröfsert.

Bothriopygus d'Orb., *Catopygus* Ag. Kreide. *Eurhodia* d'Arch., *Paralampas* Duncan und Sladen. Eocän.

Cassidulus Lam. (Fig. 410). Klein, oval. Amb. kurz, petaloid. Peristom mit deutlicher Floscelle; After auf der schräg abfallenden Oberseite. Kreide. Tertiär.

Rhynchopygus d'Orb. (Tertiär, Recent), *Pygorhynchus* d'Orb. (Obere Kreide, Eocän), *Ilarionia* Dames (Eocän).

Echinanthus Breyn. Mittelgrofs, länglich, oben gewölbt. Amb. kurz, petaloid. Mund vor der Mitte, mit Floscelle. Periproct länglich oval, in einer vertikalen Furche des Hinterrands gelegen. Eocän und obere Kreide.

Echinolampas Gray (Fig. 411). Meist grofs, oval. Amb. mit schmalen Porenstreifen, unten offen. Peristom beinahe zentral, fünfeckig, mit Floscelle. Periproct quer oval, inframarginal. Häufig tertiär und lebend.

Pygurus d'Orb. (Fig. 412). Niedrig herzförmig; Amb. lang, petaloid, die äufseren Poren spaltförmig. Auf der Unterseite Poren rund. Peristom mit Floscelle. Periproct inframarginal, oval, von einer kleinen Ebene umgeben, am Ende eines schnabelartigen Vorsprungs des Hinterrandes. Jura und Kreide.

Studeria, *Necatopygus* D., S. Eocän. *Conolampas* Ag., *Neolampas* Ag. Recent.

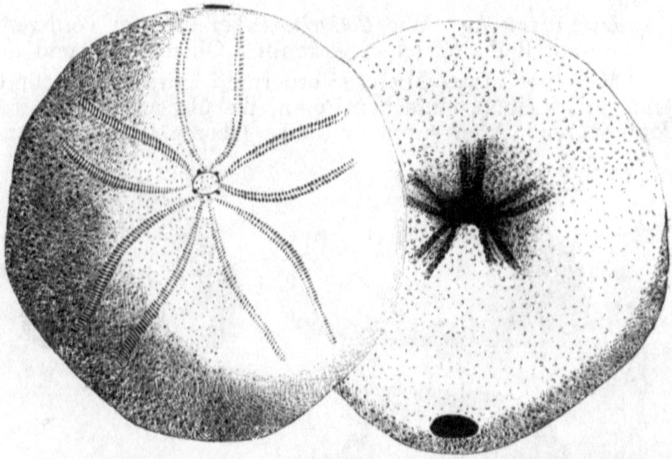

Fig. 411.
Echinolampas Kleini Goldf. Oligocän. Doberg bei Bünde. (Nat. Gröfse.

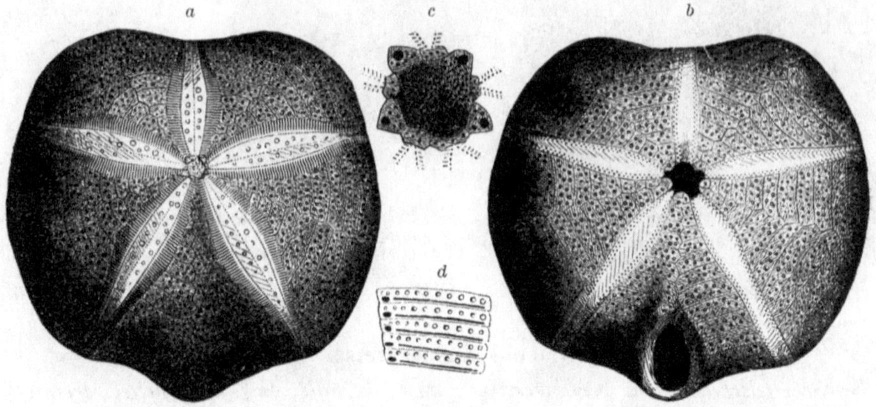

Fig. 412.
Pygurus Royerianus Cott. Kimmeridge. Tönnjesberg bei Hannover. *a* Exemplar in ³/₄ nat. Gröfse von oben, *b* von unten, *c* Scheitelschild, vergröfsert, *d* Ambulacraltäfelchen, vergröfsert.

2. Familie. **Holasteridae.** Lor.

Ovale, hochgewölbte Seeigel. Amb. einfach mit sehr schmalen Porenstreifen. Scheitelschild mehr oder weniger verlängert. Peristom ohne Floscelle, nach vorne gerückt, quer zweilippig oder rundlich zehneckig. After inframarginal oder marginal. Warzen und Stacheln sehr klein.

a) Unterfamilie **Dysasterinae.** Gras.

Scheitelschild stark in die Länge gezogen, zerrissen, die 4 vorderen Genital- und die 3 vorderen Radialplatten durch überzählige, eingeschaltete Täfelchen von den zwei hinteren Radialtäfelchen getrennt und dadurch die drei vorderen von den zwei hinteren Amb. ziemlich weit entfernt. Peristom rundlich zehneckig. Jura. Kreide.

Collyrites Desm. (Fig. 413). Oval, aufgebläht. Porenstreifen der Amb. schmal. Die vier vorderen durchbohrten Genitaltäfelchen im Scheitel sind durch zwei zwischengeschobene Radialtäfelchen getrennt. After oval, auf dem Hinterrand. Sehr häufig im Dogger, Malm und in der unteren Kreide.

Dysaster Ag. Wie *Collyrites*, aber die vier vorderen Genitaltäfelchen nicht durch Radialtäfelchen getrennt. Oberer Jura und untere Kreide.

Metaporhinus Mich. Vorderrand etwas ausgeschnitten, das vordere Amb. mit kleinen, einfachen Poren, die übrigen Amb. mit zirkumflexartigen Porenpaaren. After supramarginal. Oberer Jura und untere Kreide.

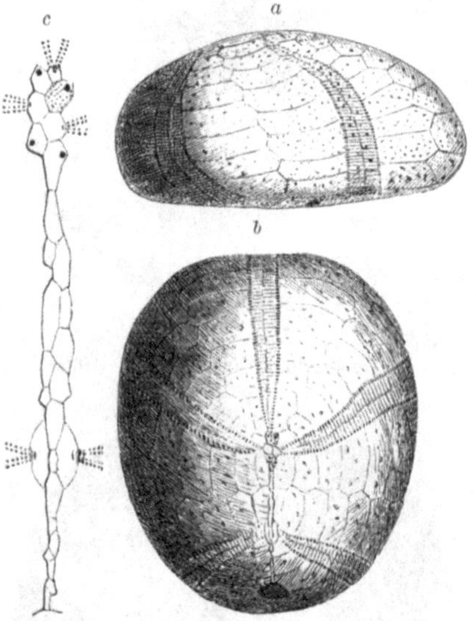

Fig. 413.
Collyrites elliptica Desm. Brauner Jura (Callovien), Mamers (Sarthe). *a* und *b* Exemplar in nat. Gröfse von oben und von der Seite, *c* Scheitelschild, vergröfsert.

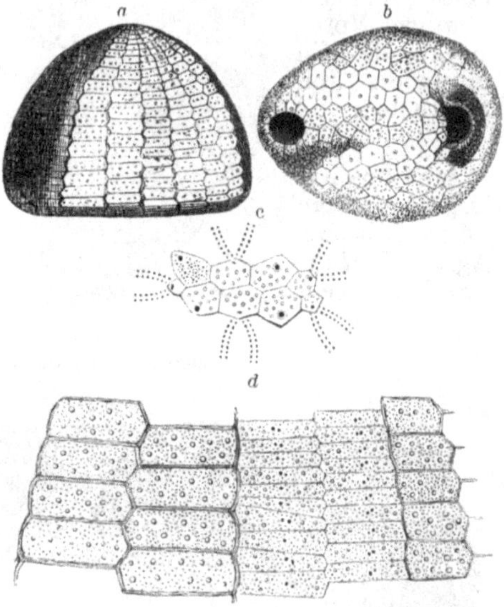

Fig. 414.
Ananchytes ovata Leske sp. Weifse Kreide. Haldem, Westfalen. *a* und *b* Exemplar in $1/3$ nat. Gröfse von der Seite und von unten. *c* Scheitelschild, vergr. *d* Ambulacral- und Interambulacraltafeln von der Seite der Schale in nat. Gröfse.

b) Unterfamilie **Ananchytinae.** Desor.

Scheitelschild etwas verlängert oder kompakt, alle Amb. im Scheitel vereinigt. Peristom quer, oft zweilippig; zuweilen Fasciolen vorhanden.

Ananchytes Mercati (*Echinocorys* Breyn) Fig. 414. Eiförmig, oben hoch gewölbt, unten eben. Porenstreifen schmal, gerade. Porenpaare winzig. Scheitelschild etwas verlängert; die vier durchbohrten Genitaltäfelchen durch zwei Radialplättchen getrennt. Peristom zweilippig. Periproct oval, inframarginal. Sehr häufig in der oberen Kreide. *A. ovata* Leske sp. erreicht oft ansehnliche Gröfse.

Stenonia Desor. Wie *Ananchytes*, aber Scheitelschild kompakt, die Täfelchen der Schale gewölbt. Häufig in der oberen Kreide (Scaglia) der Südalpen und des Apennin. *St. tuberculata* Defr. sp.

Offaster Desor. Klein, eiförmig, aufgebläht. Vorderes Amb. in seichter Furche. Peristom undeutlich zweilippig. After im Hinterrand. Ob. Kreide. *O. pilula* Ag. sp.

Holaster Ag. (Fig. 415). Oval herzförmig. Scheitelschild verlängert, die vier vorderen Genitaltäfelchen durch zwei Radialia getrennt. Amb. ziemlich breit, das vordere in seichter Furche. After marginal. Häufig in der unteren, mittleren und oberen Kreide. Im Tertiär von Belgien und Australien.

Cardiaster Forbes. Wie *Holaster*, aber vorderes Amb. in tiefer, kantig begrenzter Furche. After von einer abgeplatteten Fläche umgeben. Randfasciole vorhanden. Kreide.

Coraster, *Stegaster* Seunes, *Infulaster* Hag., *Hagenowia* Duncan. Ob. Kreide.

Hemipneustes Ag. Grofs, auf der Oberseite hoch gewölbt. Vorderes Amb. in tiefer, bis zum Scheitel reichender Furche. Paarige Amb. von ungleichen Poren begrenzt; die vorderen Streifen bestehen aus Paaren kleiner runder Poren, in den hinteren Streifen sind die äufseren Poren quer verlängert und mit den inneren gejocht. After im Hinterrand. Ob. Kreide. *H. radiatus* Lam. sp.

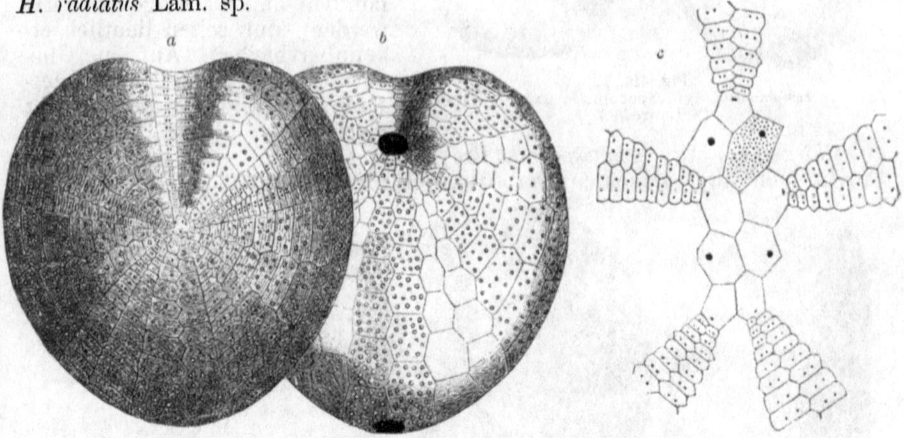

Fig. 415.
a, b Holaster subglobosus Ag. Cenomanien. Rouen. Nat. Gröfse. *c H. suborbicularis* Defr. Scheitelschild, vergröfsert.

Hierher auch die recenten Gattungen *Urechinus*, *Cystechinus*, Al. Ag., *Calymne* Wyv. Thomson.

3. Familie. **Spatangidae.** Ag.

Meist herzförmige Seeigel mit weit nach vorne gerücktem, quer zweilippigem, selten fünfeckigem Peristom und petaloiden Amb.; das vordere Amb. ungleich entwickelt. Scheitelschild kompakt. After in der hohen abgeplatteten Hinterfläche, Stachelwarzen von verschiedener Gröfse.

Die Spatangiden bilden die formenreichste und höchststehende Gruppe der *Atelostomata.* Ihre Amb. zeigen die gröfste Differenzierung, und auch die Verdrängung des radialen Körperbaues durch bilaterale Symmetrie ist am weitesten getrieben. Im Scheitel sind vier, drei oder nur zwei Genitaltäfelchen durchbohrt, die Madreporenplatte ist je nach den einzelnen Gattungen in sehr verschiedener Weise ausgedehnt. Besonders charakteristisch für die meisten Spatangiden ist das Auftreten von Fasciolen, unter denen die Fasciolae peripetalae die Petalodien, die F. internae den Scheitel mit dem vorderen Amb. umgeben; die F. marginales umziehen die Schale in halber Höhe oder über dem Rand, die F. laterales zweigen sich von den F. peripetalae ab und vereinigen sich unter dem After, die F. subanales bilden einen Ring unter dem After.

Als *Prymnodesmia* werden die mit Fasciolen versehenen, als *Prymnadeta* die fasciolenlosen Spatangiden bezeichnet.

Durch das Vorrücken des Mundes in die Nähe des Vorderrandes wird die Verteilung der Täfelchen namentlich in den drei hinteren Interamb. eine höchst unregelmäfsige. Man bezeichnet als Plastron den von Warzen eingefafsten, häufig etwas erhöhten, auf der unteren Seite gelegenen Teil des hinteren Interamb., und zwar besteht dasselbe gewöhnlich aus einer bogenförmigen Mundplatte, auf welche zwei grofse Sterna und darauf zwei Paar Episternalplatten folgen.

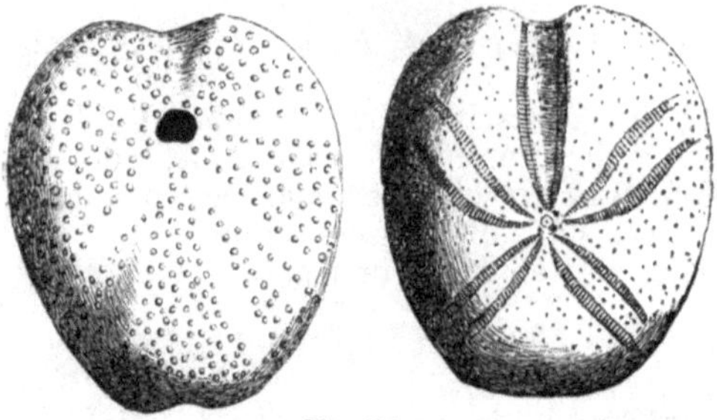

Fig. 416.
Toxaster complanatus Ag. Neocom. Auxerre, Yonne. (Nat. Gröfse.)

Die Bestimmung fossiler Spatangiden, welche erst in der unteren Kreide beginnen und in der Jetztzeit ihren Höhepunkt erreichen, ist häufig schwierig, weil die Fasciolen, die in erster Linie zur Unterscheidung der Unterfamilien und Gattungen benutzt werden, nur selten deutlich erkennbar bleiben. Auf eine Gliederung der Spatangiden in Unterfamilien wurde darum Verzicht geleistet.

Toxaster Ag. (*Echinospatagus* Breyn) Fig. **416**. Vorderes Amb. in breiter Furche von zwei schmalen Porenstreifen mit gejochten Poren eingefafst.

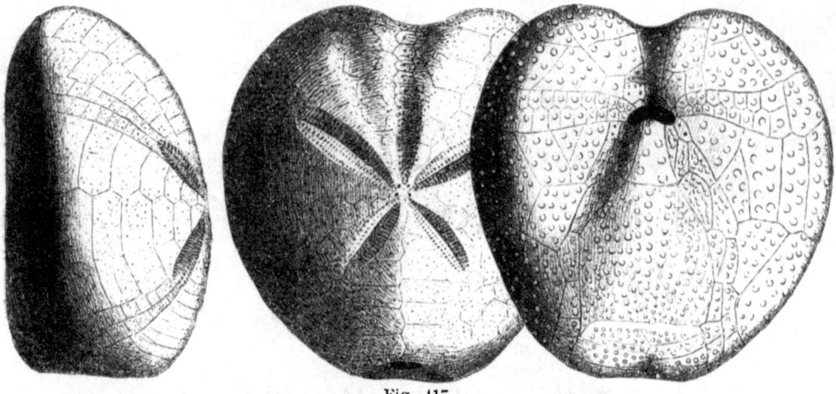

Fig. 417.
Micraster cortestudinarium Goldf. Weifse Kreide. Meudon bei Paris. Nat. Gröfse.

Peristom fünfeckig. After oval. Fasciolen fehlen. Warzen klein, gekerbt und durchbohrt. Häufig in der unteren und mittleren Kreide.

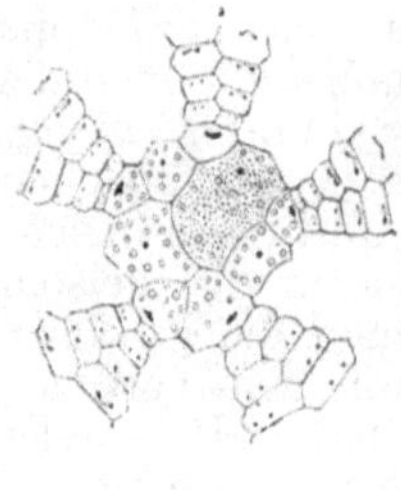

Fig. 418.
Scheitelschild von *Micraster coranguinum* Lam.

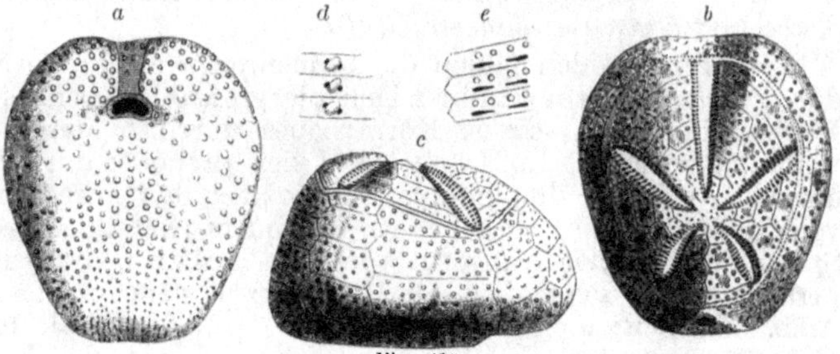

Fig. 419.
Hemiaster Orbignyanus Desor. Mittlere Kreide. Martigues, Provence. (Nach d'Orbigny.)
a, b, c Exemplar in nat. Gröfse von unten, oben und der Seite. *d* Poren des vorderen unpaaren Ambulacrums. *e* Poren der paarigen Ambulacra. Vergr.

Enallaster d'Orb. Die beiden Porenstreifen der zwei vorderen paarigen Amb. sehr ungleich, die vorderen aus kleinen, dachförmig gegeneinander geneigten Poren zusammengesetzt, die hinteren aus einer Reihe kleiner und einer Reihe quer verlängerter Poren bestehend. Porenstreifen der beiden hinteren Amb. gleichmäfsig. Fasciolen fehlen. Peristom beinahe zweilippig. Kreide.

Heteraster d'Orb. Unt. Kreide. *Palaeostoma* Lovèn. Eocän und Recent.

Micraster Ag. (Fig. 417, 418). Herzförmig oder oval, vorderes Amb. in seichter Rinne, jederseits von kleinen runden Doppelporen eingefaſst. Paarige Amb. vertieft, die zwei vorderen länger als die hinteren, mit gejochten

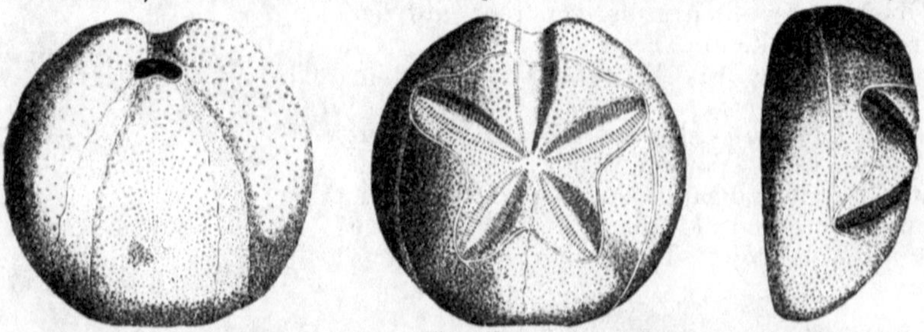

Fig. 420.
Linthia Heberti Cott. Eocän. Lonigo bei Vicenza. 3/4 nat. Gröſse. (Nach Dames.)

Porenpaaren. Unter dem After eine Fasciola subanalis. Häufig in der mittleren und oberen Kreide.

Epiaster d'Orb. Wie *Micraster*, aber ohne Fasciole. Mittlere und obere Kreide.

Isaster Desor, *Macraster* Roemer. Kreide. *Cyclaster* Cotteau. Eocän.

Hemiaster Desor (Fig. 419). Vorderes Amb. in seichter Furche mit kleinen runden paarigen Poren. Die vorderen paarigen Amb. viel länger als die hinteren; Poren gejocht. Fasciola peripetala. Häufig in Kreide und Tertiär; auch recent.

Rhinobrissus A. Ag., *Tripylus* Phil, *Meoma* Gray. Recent.

Linthia Merian (Fig. 420). Vorderes Amb. in tiefer Furche von kleinen Doppelporen eingefaſst. Paarige Amb. vertieft, die beiden vorderen länger als die hinteren, mit gejochten Poren. Fasciola peripetala und lateralis. Kreide. Tertiär und lebend.

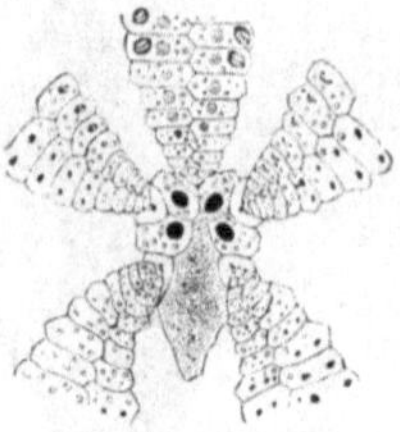

Fig. 421.
Brissopsis lyrifera Forb. Scheitelschild vergröſsert (nach Lovèn.)

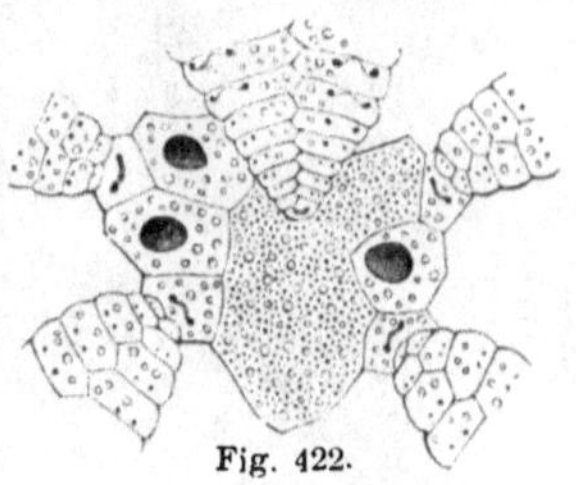

Fig. 422.
Scheitelschild von *Schizaster fragilis* stark vergröſsert (nach Lovèn).

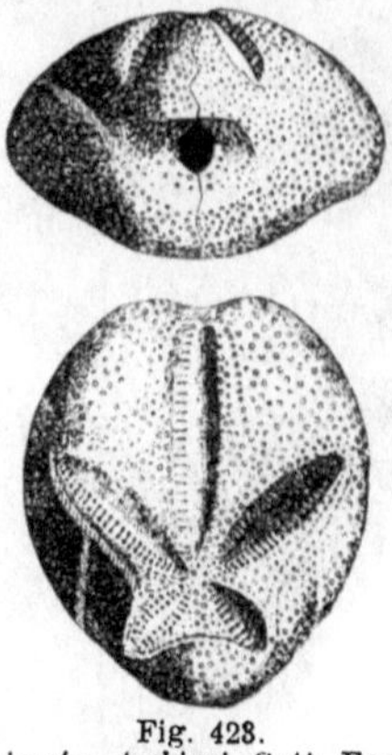

Fig. 423.
Schizaster Archiaci Cott. Eocän. San Giovanni Illarione bei Vicenza.

Brissopsis Ag. (*Deakia* Pavay) (Fig. 421). Vorderes Amb. in Furche, die paarigen vertieft, ungleich. Poren in der Nähe des Scheitels verkümmert. Fasciola peripetala und subanalis. Tertiär und lebend.

Brissus Klein, *Faorina* Gray, *Moira* Al. Ag., *Metalia* Gray (Tertiär, Recent).

Schizaster Ag. (Fig. 422, 423). Wie *Linthia*, aber Scheitel hinter die Mitte gerückt und paarige Amb. sehr ungleich. Tertiär und lebend.

Pericosmus Ag., *Prenaster* Desor, *Gualteria* Desor, *Brissomorpha* Laube, *Brissopatagus*, *Peripneustes* Cotteau. Tertiär.

Agassizia Val., *Echinocardium* Gray, *Breynia* Desor etc. Tertiär und Recent.

Macropneustes Ag. (Fig. 424). Grofs, herzförmig. Scheitel zentral und etwas vor dem Zentrum. Vorderes Amb. verwischt in ganz seichter Furche. Paarige Amb. mit gejochten Poren, nicht vertieft. Fasc. peripetala. Warzen auf der Oberseite ziemlich grofs, zerstreut, auf der Unterseite sehr klein. Tertiär.

Eupatagus Ag., *Maretia* Gray. Tertiär, Recent.

Hemipatagus Desor (Fig. 425). Herzförmig, niedrig. Vordere Amb. verwischt in seichter Furche. Paarige Amb. nicht vertieft. Die vier vorderen *I* Amb. auf der Oberseite mit grofsen Warzen. Tertiär.

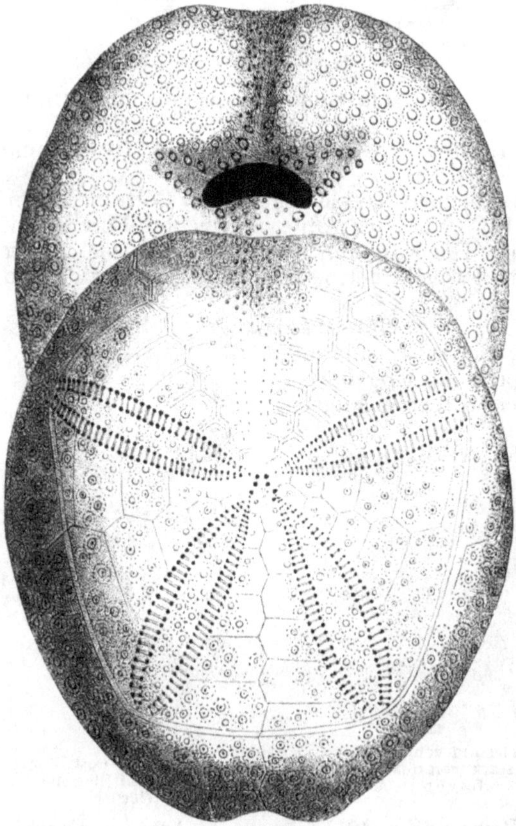

Fig. 424.
Macropneustes Meneghinii Desor. Eocän. Monte Spiado bei Vicenza.

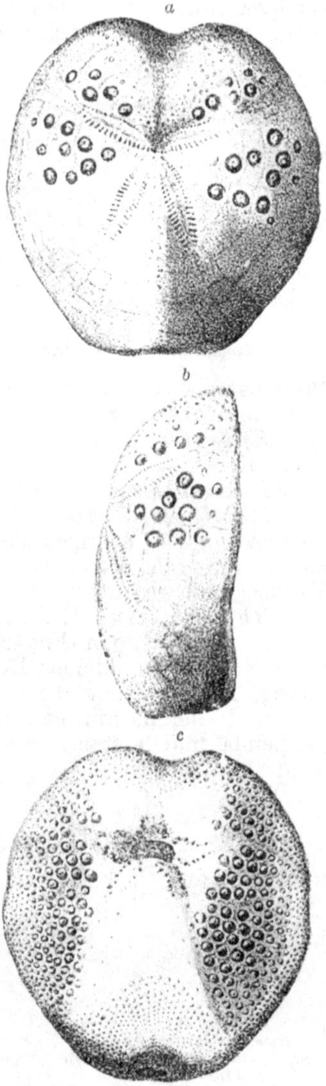

Fig. 425.
Hemipatagus Hofmanni Goldf. Oligocän. Doberg bei Bünde. *a* Von oben, *b* von der Seite, *c* von unten. Nat. Gr. (Nach Goldfufs.)

Spatangus Klein. Wie *Hemipatagus*, jedoch alle *I* Amb. mit grofsen Warzen und Fasciola subanalis. Tertiär. Recent.

Räumliche und zeitliche Verbreitung der Echinoidea.

Die recenten Seeigel leben meist gesellig und bevorzugen felsigen oder sandigen Boden an oder in der Nähe der Küsten. Sie graben sich zuweilen mit ihren Kiefern Löcher oder Gruben in den Boden oder sogar in festes Gestein (Granit), und gewisse Familien, wie die Clypeastriden, sind vollständig auf Küstenstriche beschränkt. Eine nicht unbeträchtliche Anzahl von regulären Seeigeln, sowie zahlreiche *Atelostomata* bewohnen aber auch gröfsere Tiefe, zwischen 4—600 Faden, ja einzelne Formen wurden aus Tiefen von 2900 Faden herausgeholt.

Die fossilen Seeigel erscheinen zuerst im Silur (*Bothriocidaris, Cystocidaris*), jedoch sehr spärlich und in ganz fremdartigen Formen. Im Devon und Karbon sind die Perischoechiniden mit überzähligen Täfelchenreihen in Europa und Nordamerika weit verbreitet, gehören aber ebenfalls mit wenigen Ausnahmen zu den seltenen Vorkommnissen. Im Zechstein, vielleicht schon im Kohlenkalk, finden sich dürftige Spuren von echten Cidariden (*Eocidaris*), aber erst im Mesozoikum verdrängen die Euechinoideen vollständig die Palechinoideen, von denen nur noch die triasischen Gattungen *Tiarechinus* und *Lysechinus* vorhanden sind. Abgesehen von diesen sind aus der Trias bis jetzt nur reguläre Seeigel bekannt, die gröfstenteils aus den Alpen stammen. Einige darunter zeichnen sich durch kräftige Stacheln aus, die stellenweise in grofser Häufigkeit vorkommen, vollständige Schalen sind aber fast überall selten. Im Lias von Europa finden sich nur wenige reguläre, sowie die seltenen ältesten irregulären Seeigel (*Galeropygus, Pygaster*).

Ausnehmend reich an regulären Seeigeln, ferner an Holectypiden, Cassiduliden und Dysasterinen sind die Dogger- und Malm-Ablagerungen in Frankreich, England, Schweiz, Deutschland, in den Alpen und Nordafrika. Die untere Kreide desselben Gebietes zeigt keine durchgreifende Veränderung im Gesamtcharakter der Echinoideenfauna gegenüber der Juraformation; dagegen erhält die mittlere und obere Kreide in Europa, Nordafrika, Asien und Nordamerika durch das reichliche Vorkommen von Holasteriden und Spatangiden ein charakteristisches Gepräge.

Im Tertiär nehmen die Cidariden beträchtlich ab, die Holectypiden sind erloschen, die Clypeastriden und Spatangiden treten mehr und mehr in Vordergrund und allmählich tauchen in immer gröfserer Zahl noch lebende Gattungen auf. Tertiäre Seeigel sind über die ganze Erdoberfläche verbreitet; besonders reiche Fundstellen bieten die eocänen Nummulitenschichten in Europa, Nordafrika, Kleinasien und Indien.

In phylogenetischer Hinsicht dürfen die Perischoechiniden wohl als die Vorläufer und Ahnen der Regulares gelten, unter denen die Cidariden wieder den primitivsten und stabilsten Typus darstellen, während die *Glyphostomata* schon eine viel gröfsere Umbildungsfähigkeit aufweisen.

Ob die irregulären Euechiniden von dem silurischen *Cystocidaris* oder von den regulären Euechinoideen abgeleitet werden dürfen, ist noch sehr zweifelhaft; jedenfalls stehen die mit Kiefergebifs versehenen Holectypiden den Regulares noch in vielfacher Hinsicht sehr nahe, und aus ihnen sind sicherlich durch Verlust des Kiefergebisses die Cassiduliden hervorgegangen, als deren weitere Ausbildung die Holasteriden und Spatangiden zu betrachten sind. Auch die Clypeastriden lassen sich wahrscheinlich als eigentümlich differenzierter Seitenzweig von den Holectypiden (*Discoidea*) ableiten.

Bemerkenswert sind die Parallelen von Ontogenie und Phylogenie in verschiedenen Abteilungen der Seeigel.

Zeitliche Verbreitung der Echinoidea.

	Silur	Devon	Karbon	Perm	Trias	Jura	Kreide	Paläogen	Neogen	Jetzt
I. Palechinoidea:										
1. *Cystocidarida*	▬									
2. *Bothriocidarida* . . .	▬									
3. *Perischoechinida* . . .		▬	▬	▬	▬					
II. Euechinoidea:										
1. *Regulares*.										
A. *Holostomata:*										
1. *Cidaridae*			?	▬	▬	▬	▬	▬	▬	▬
2. *Echinothuridae* . .						▬	▬			▬
B. *Glyphostomata:*										
1. *Salenidae*						▬	▬	▬	▬	▬
2. *Diadematidae* . . .				–	–	▬	▬	▬	▬	▬
3. *Echinidae*						▬	▬	▬	▬	▬
2. *Irregulares*.										
A. *Gnathostomata:*										
1. *Holectypidae* . . .						▬	▬			
2. *Conoclypeidae* . . .							▬	▬		
3. *Clypeastridae* . . .							▬	▬	▬	▬
B. *Atelostomata:*										
1. *Cassidulidae* . . .						▬	▬	▬	▬	▬
2. *Holasteridae* . . .						▬	▬	▬	▬	▬
3. *Spatangidae* . . .							▬	▬	▬	▬

2. Klasse. **Holothurioidea.** Seegurken.

Die Holothurien entfernen sich durch ihre sackförmige Gestalt und den Mangel eines geschlossenen Hautskelettes weit von allen übrigen Echinodermen und sind zur Fossilisation sehr wenig geeignet. Nur die kleinen, isolierten, in der lederartigen Haut zerstreuten Kalkkörperchen haben sich hin und wieder unter besonders günstigen Umständen erhalten, gestatten aber meist keine generische Bestimmung. Vereinzelte Rädchen oder kreuzförmige Kalkkörperchen aus dem Kohlenkalk von England, aus dem Lias und Dogger von Lothringen, aus dem oberen Jura von Franken und aus der Kreide von Böhmen rühren wohl sicher von Holothurien her, lassen sich aber meist nicht näher bestimmen. Dagegen wurden von Schlumberger eine Anzahl mikroskopischer Kalkkörperchen aus dem eocänen Grobkalk von Paris beschrieben, welche mit ziemlicher Sicherheit auf die Gattungen *Synapta*, *Chiridota* und *Myriotrochus* zurückgeführt werden können.

IV. Stamm.

Vermes. Würmer.[1])

Unter allen grofsen Abteilungen des Tierreichs ist keine so wenig zur Fossilisation geeignet als jene der in der Regel aller Hartgebilde entbehrenden, fufslosen, häufig langgestreckten und in aufeinanderfolgende Segmente gegliederten Würmer. Abgesehen von vereinzelten, in Braunkohle oder in Bernsteininsekten aufgefundenen Eingeweidewürmern, haben nur Angehörige der Klasse der Anneliden Überreste in den Erdschichten hinterlassen. Unter diesen sind die Chaetopoden oder Borstenwürmer in erster Linie zu nennen. Die unter der Bezeichnung *Tubicola* zusammengefafsten Formen bauen kalkige Röhren von meist unregelmäfsiger Gestalt, die häufig auf irgend einer Unterlage aufgewachsen sind und aus konzentrischen Lagen von kohlensaurem Kalk bestehen, zwischen welchen blasige Zwischenräume frei bleiben. Zuweilen sind die konzentrischen Lagen auch von feinen, ästigen Kanälchen durchzogen. Die meisten fossilen Tubicolen werden unter der Bezeichnung *Serpula* Lin. (Fig. 426) zusammengefafst. Es sind solide, unregelmäfsig gebogene, zuweilen spiral aufgerollte, freie oder festgewachsene

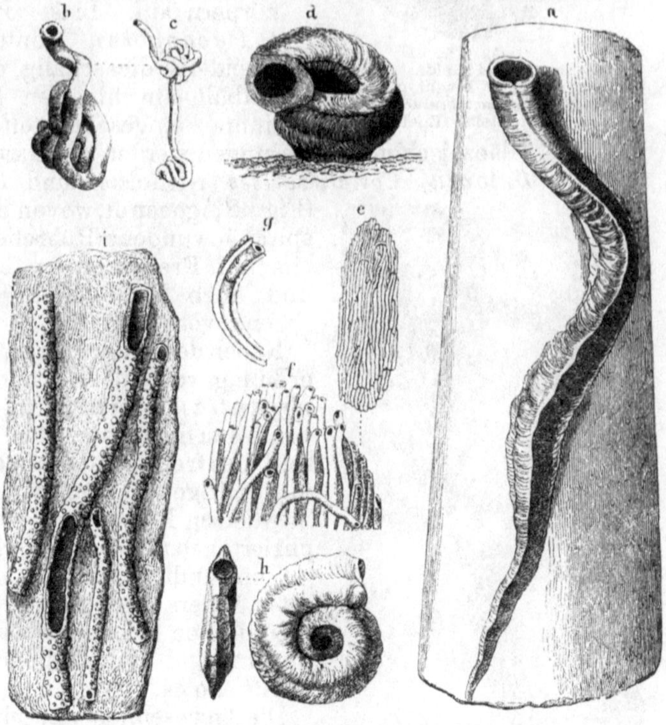

Fig. 426.
a Serpula limax Goldf. Dogger. Franken. *b, c S. gordialis* Schloth. Mittlere Kreide. Bannewitz bei Dresden. *d S. convoluta* Goldf. Dogger. Stuifen, Württemberg. *e S. socialis* Goldf. Dogger. Lahr, Baden. *f* Dieselbe vergr. *g S. septemsulcata* Reich. Mittlere Kreide. Bannewitz. *h S.* (*Rotularia* Defr.) *spirulaea* Lam. Eocän. Monte Berici bei Vicenza. *i Terebella lapilloides* Münst. Malm. Streitberg.

[1]) *Ehlers, O.*, Über fossile Würmer aus dem lithograph. Schiefer in Bayern. Paläontogr. XVII. — *Hinde, G. J.*, On Annelid jaws from the Cambro-Silurian, Devonian etc. Quart. journ. geol. Soc. Lond. 1879. XXXVI. 1880. XXXVII. und Bihang K. Svensk. Vet. Ak. Handlingar 1882. Bd. 1882. — *Zittel* und *Rohon*, Über Conodonten. Sitzgsber. k. bayer. Akad. Wiss. 1886. — *Nathorst, A. G.*, Om spår af nagra Evertebretade Djur och dera paleontolog. Betydelse. K. Svensk. Vet. Ak. Handlingar 1881. Bd. XVIII. u. Bd. XXI. (1886).

Röhren, welche sich häufig zu Gruppen vereinigen. Alle Serpeln sind Meeresbewohner. Die fossilen Formen beginnen schon im Silur, werden aber erst in Jura, Kreide und im Tertiär so häufig, dafs sie entweder in grofser Menge als Schmarotzer andere Fossilien bedecken oder auch ganze Schichten erfüllen (Serpulitenkalk im Hils von Braunschweig, Serpulitensand von Bannewitz, Sachsen).

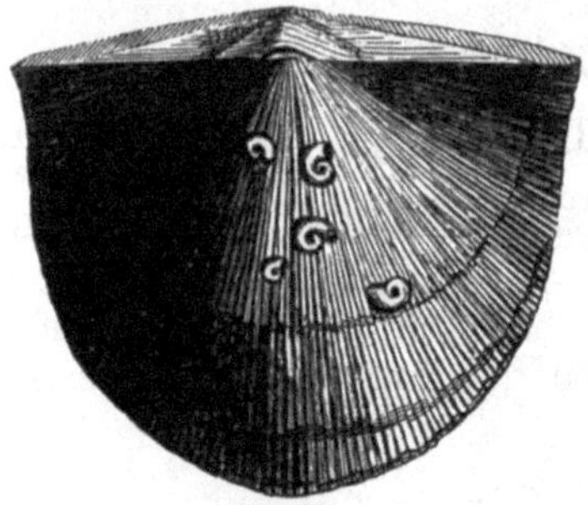

Fig. 427. *Spirorbis omphalodes* Goldf. sp. Aufgewachsen auf einer Brachiopoden-Schale (*Streptorhynchus umbraculum*). Devon. Gerolstein. Eifel.

Die Gattung *Terebella* Cuv. (Fig. 426 *i*) baut ihre Röhren aus verkitteten Kalksandkörnchen oder sonstigen Fremdkörpern auf. Lias. Jura.

Pycgopolon Montf. aus der oberen Kreide ist dickschalig, quer gerunzelt und enthält am hinteren Ende eine zweite dünne, eingeschachtelte Röhre.

Aus paläozoischen Ablagerungen werden die Gattungen *Cornulites* Schloth, *Ortonia, Conchicolites* Nicholson und *Spirorbis* Daudin (Fig. 427) genannt, wovon die letztere winzige, spiral gewundene Röhrchen bezeichnet, welche auf Fremdkörpern aufgewachsen sind und auch heute noch häufig auf Algen sitzend vorkommen.

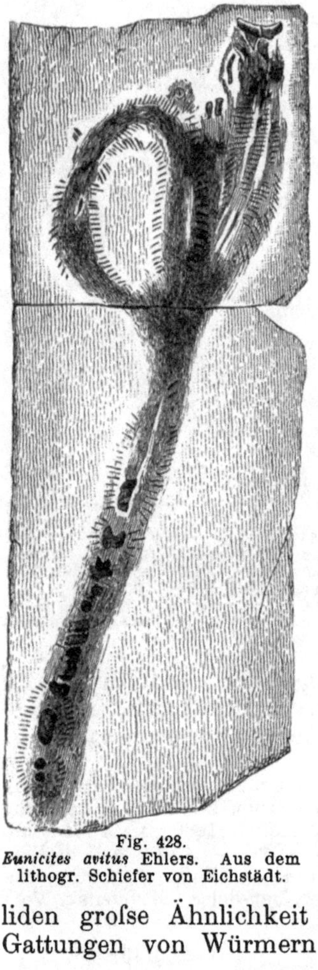

Fig. 428. *Eunicites avitus* Ehlers. Aus dem lithogr. Schiefer von Eichstädt.

Neben den Tubicolen hat eine zweite Unterordnung von Chaetopoden, die der marinen *Errantia*, Überreste in den Erdschichten von verschiedenem Alter hinterlassen. Es sind dies frei lebende, langgestreckte Würmer mit kräftigen Borstenbündeln auf ihrem segmentierten Körper und mit verkalkten, kompliziert gebauten Kauwerkzeugen.

Vollständige Abdrücke der Gattung *Eunicites* Ehlers (Fig. 428) finden sich im lithographischen Schiefer des oberen Jura von Bayern und im eocänen Kalkschiefer des Monte Bolca.

Die Anwesenheit von schmarotzenden Myzostomiden in Stielgliedern jurassischer Crinoideen wurde von Graaff nachgewiesen.

Von besonderem Interesse sind die winzigen, isolierten Kieferchen, welche G. J. Hinde zuerst in unter- und obersilurischen Ablagerungen von Canada und Grofsbritannien, dann aber auch im Devon und Karbon an vielen Orten Nordamerikas und Europas entdeckte. Es sind kleine, schwärzlich gefärbte, lebhaft glänzende, aus kohlensaurem und phosphorsaurem Kalk zusammengesetzte Plättchen von höchst variabler Form (Fig. 429), welche mit Unterkiefern von lebenden Anneliden grofse Ähnlichkeit besitzen und die Anwesenheit zahlreicher Gattungen von Würmern bekunden. Auch die bereits von Pander vortrefflich beschriebenen und für Fischzähne gehaltenen mikroskopisch kleinen »Conodonten« (Fig. 430) aus dem Kambrium (Oboluston) von St. Petersburg, sowie aus dem Devon und Kohlenkalk von Rufsland sind nach Zittel und Rohon Kiefer von Anneliden.

Als Exkremente von Anneliden dürfen wohl am besten die zu wirren Knäueln verschlungenen Lumbricarien (Fig. 431) aus dem lithographischen Schiefer Bayerns gedeutet werden.

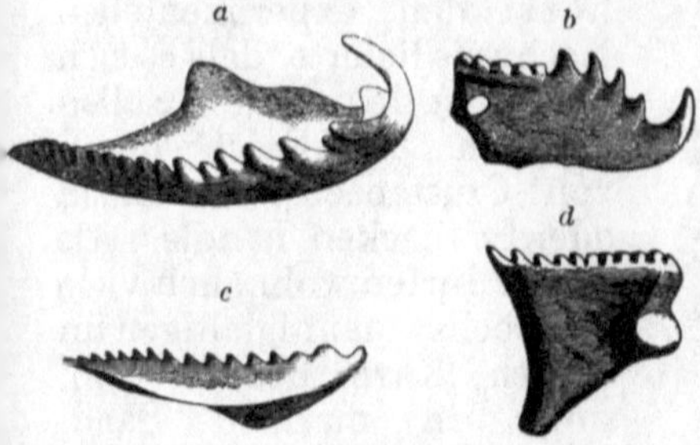

Fig. 429.
Fossile Annelidenkiefer aus paläozoischen Ablagerungen. *a Lumbriconereites basalis* H. $^{10}/_{1}$. Ob.-Silur. Dundas. Canada. *b Oenonites rostratus* H. $^{15}/_{1}$. Toronto. *c Eunicites varians* Grinell. $^{6}/_{1}$. Toronto *d Arabellites scutellatus* Hinde ($^{16}/_{1}$). Unter-Silur. Toronto.

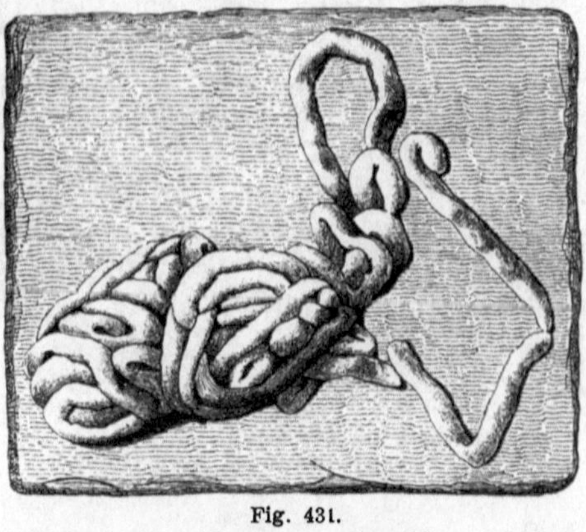

Fig. 431.
Lumbricaria Colon Münst. Aus dem lithogr. Schiefer von Solnhofen. Nat. Gröfse.

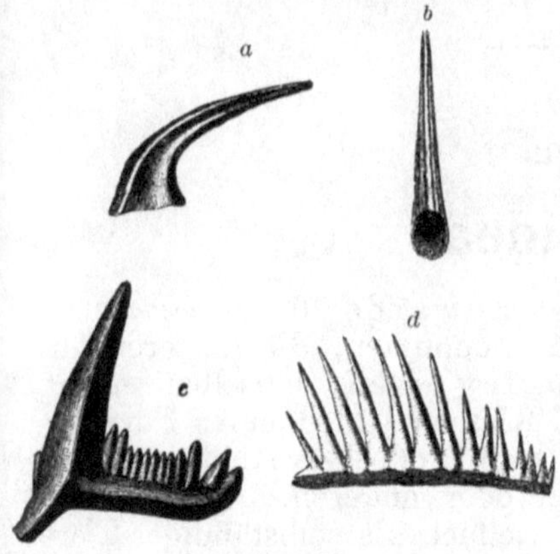

Fig. 430.
Conodonten, stark vergr. *a, b Paltodus truncatus* Pand. (nach Pander). *c Prioniodus elegans* Pand., stark vergröfsert, aus dem Cambrium von St. Petersburg. *d Polygnathus dubius* Hinde. Devon. North Evans. New York. $^{20}/_{1}$.

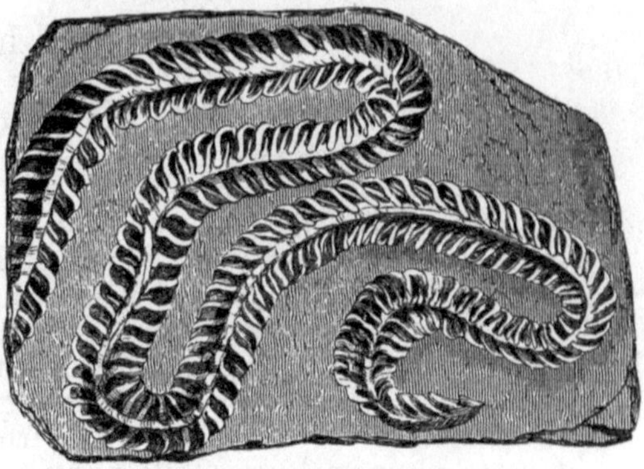

Fig. 432.
Nereites Cambrensis M'Leay. Aus cambrischen Schiefern von Llampeter, Wales. Nat. Gröfse.

Als Spuren oder Überreste von Würmern wurden von Geologen eine Menge hohler oder mit Gesteinsmasse ausgefüllter Röhren aus kambrischen und silurischen Ablagerungen beschrieben, die in stets gleicher Form wiederkehren und unter den Namen *Scolithus, Arenicola, Histioderma, Planolites, Diplocraterion, Spiroscolex, Scolecoderma* etc. in der Literatur figurieren. Derartige Gebilde sind selbstverständlich zoologisch unbestimmbar, mögen aber von Würmern herrühren.

Auch die schlangen- oder wurmförmigen, meist mehrfach gewundenen Abdrücke, welche unter der Bezeichnung »Nereiden« aus kambrischen, silurischen, devonischen und karbonischen Schiefergesteinen bekannt sind und daselbst häufig ganze Schichtflächen bedecken, wurden früher vielfach für Abdrücke von Würmern (*Nereites* [Fig. 432], *Nemertites, Myrianites, Nemapodia, Crossopodia* [Fig. 433], *Phyllodocites, Naites* etc.) oder auch von Algen gehalten, bis Nathorst den experimentellen Nachweis lieferte, dafs es sich hierbei in den meisten Fällen lediglich um Kriechspuren von Crustaceen, Anneliden oder Schnecken handle. Als solche dürfen wohl auch viele der höchst mannigfaltigen im Flysch, Karpathensandstein, sowie in marinen Sandsteinen der Kreide- und Juraformation ungemein häufigen wurmartigen Gebilde (Hieroglyphen) zu deuten sein.

Fig. 433.
Crossopodia (*Crossochorda*) *scotica* M'Coy. Unter-Silur von Bagnoles, Normandie.

V. Stamm.

Molluscoidea.

Als *Molluscoidea* vereinigte Milne Edwards die *Bryozoa* und *Tunicata*, wovon die ersteren bisher für Zoophyten, die letzteren für Mollusken gehalten worden waren. Huxley schlofs denselben später noch die *Brachiopoda* an. Diese drei Klassen bilden einen Formenkreis, welcher zwischen den Würmern und Mollusken steht und von manchen Zoologen direkt an die einen oder anderen angeschlossen wird. Die *Tunicata* werden neuerdings vielfach als selbständiger Tiertypus und als die Vorläufer der Wirbeltiere betrachtet. Da dieselben keine erhaltungsfähigen Teile besitzen, so haben sie für den Paläontologen kein praktisches Interesse.

Die typischen *Molluscoidea* scheiden entweder eine kalkige Schale aus oder besitzen eine häutige oder hornige Epidermis; ihre Respirationsorgane liegen vor dem Mund und sind als Tentakeln oder fleischige spirale Anhänge ausgebildet. Der Mund führt in einen geschlossenen Nahrungskanal; das Nervensystem ist wohl entwickelt und geht von einem zentralen, meist zwischen Mund und After gelegenen Ganglienknoten aus. Die Fortpflanzung erfolgt entweder geschlechtlich oder durch Knospung. Die Entwicklungsgeschichte (Ontogenie) der *Molluscoidea* stimmt am meisten mit jener der Anneliden überein.

Sämtliche *Molluscoidea* sind Wasserbewohner, die Brachiopoden ausschliefslich marine Geschöpfe.

1. Klasse. **Bryozoa.** Moostierchen.[1])

Kleine, durch Knospung sich vermehrende und zu vielgestaltigen Kolonien vereinigte Tiere, welche in häutige oder kalkige Zellen (Zoöcien) eingeschlossen sind und am vorderen Ende des Körpers einen von Tentakeln umgebenen Mund besitzen. Darm wohl entwickelt, lang, Afteröffnung neben dem Mund. Zwitter.

Die Bryozoen oder Polyzoen gleichen in ihrer äufseren Erscheinung am meisten gewissen Korallen (Tabulaten) oder Hydrozoen, von denen sie sich aber durch Besitz eines geschlossenen Darms, eines hochentwickelten Nervensystems und durch die feinen, um den Mund gestellten Respirationstentakeln unterscheiden. Sie leben äufserst selten vereinzelt, bilden in der Regel durch Knospung zusammengesetzte Stöcke von rindenartiger, knolliger, buschförmiger, scheibenförmiger, ästiger u. s. w. Gestalt und sind häufig von dünnwandigen, röhrigen oder sackförmigen Kalkhüllen umgeben.

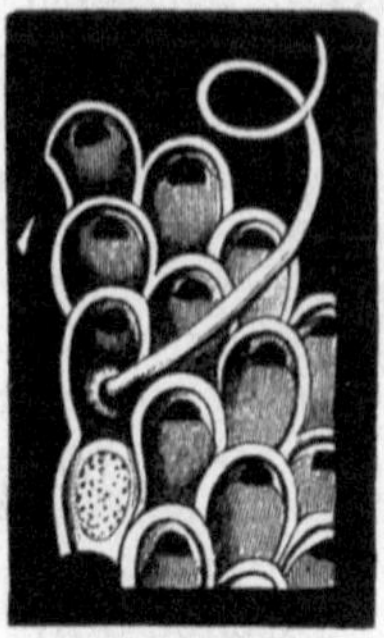

Fig. 434. *Selenaria maculata* Busk. Recent. Ein Stück der Oberseite mit einem Vibraculum und einer Ovicelle, vergr. (Nach Busk.)

Jedes Einzeltierchen ist entweder von den übrigen Mitbewohnern der Kolonie abgeschlossen oder steht durch feine, die Wand durchbohrende Kanälchen (Sprossenkanäle), seltener durch einen gemeinsamen Kanal mit den Nachbarn in Verbindung. Ein Cönosark oder ein davon abgeschiedenes Cönenchym, wie bei den Cölenteraten, kommt niemals vor. Am vorderen Ende des Körpers befindet sich die Mundscheibe (Lobophor), mit einem Kreis oder einer hufeisenförmig angeordneten Reihe von hohlen Tentakeln, die zur Respiration und zur Nahrungszufuhr dienen.

Die Mundöffnung bildet den Anfang des Nahrungskanals, welcher aus Speiseröhre, Magen und Darm besteht und nach einer starken Aufwärtsbiegung in der Afteröffnung endigt. Die Afteröffnung befindet sich in der Regel aufserhalb des Tentakelkranzes *(Ectoprocta)*, selten innerhalb desselben *(Entoprocta)*. Zwischen Mund und After liegt ein Nervenknoten, welcher feine Nervenfäden nach den Tentakeln und nach dem Schlund absendet. Die Leibeshöhle um den Darm ist mit Flüssigkeit erfüllt und von zahlreichen Längs- und Quermuskeln durchzogen. Der vordere Teil des Körpers kann durch diese Muskeln in die Zelle zurückgezogen werden. Von den Generationsorganen liegen die Eier im oberen, die Spermatozoen im unteren Teil der Leibeshöhle. Die Eier entwickeln sich entweder in einem besonderen, den Zellen anhängenden Sack *(Marsupium)* oder in einer äufserlichen Anschwellung *(Gonocyste)*; zuweilen auch in besonderen, zwischen die normalen Zoöcien, eingeschalteten Eierzellen *(Ovicelle)*.

Als Avicularien und Vibracula (Fig. 434) bezeichnet man eigentümliche Gebilde in der Nähe der Zellenöffnungen, wovon die

---

[1]) *d'Orbigny, Alc.*, Paléontologie française. Terr. crét. t. V. 1850–51. — *Haime, J.*, Description des Bryozoaires foss. de la formation jurassique. Mem. Soc. géol. Fr. 1854. 2. ser. t. V. — *Hagenow, v.*, Die Bryozoen der Mastrichter Kreidebildungen. Cassel 1851. — *Busk, G.*, Catalogue of the marine Polyzoa in

ersteren Ähnlichkeit mit einem Vogelköpfchen, die letzteren mit einem Peitschenstiel besitzen. Die Avicularien bestehen aus einem gröfseren helmförmigen, geschnäbelten Stück und einem beweglichen Unterkiefer. Sie können sich öffnen und zuschnappen und dienen wie die Vibracula zum Festhalten kleiner Organismen, die den Bryozoen als Nahrung dienen. Eine Pore (Spezialpore), zuweilen auch eine Verdickung bezeichnet auf der Oberfläche der Zellen die Stelle, wo ein Avicularium oder Vibraculum safs.

Die Embryonen schwärmen entweder durch die Mundöffnung, aus, oder bei der ungeschlechtlichen Vermehrung sprossen die jungen Knospen entweder an der Basis, auf der Seite oder am oberen Ende der Mutterzelle hervor; die Art und Weise, wie sich die jungen Knospen aneinander reihen, bedingt die äufsere Gestalt der Bryozoenstöcke.

Die Systematik der Bryozoen befindet sich in einem wenig befriedigenden Zustand. Nitsche unterschied zwei Hauptgruppen, wovon die eine *(Eutoprocta)* die Afteröffnung innerhalb des Tentakelkranzes besitzt, während dieselbe bei den *Ectoprocta* aufserhalb des Tentakelkranzes mündet. Zu den Entoprocta gehört nur die kleine Gruppe der *Pedicellinea* Allm., zu den *Entoprocta* alle übrigen Bryozoen. Letztere werden von Allman in zwei Ordnungen zerlegt. Bei den *Phylactolaemata* bilden die Tentakeln einen hufeisenförmigen Kranz auf der Mundscheibe *(Lophophor)*, bei den *Gymnolaemata* sind die Tentakeln kreisförmig angeordnet. Nur bei den Gymnolaemata kommen verkalkte Zellen vor, die zur Aufstellung der Unterordnungen: *Cryptostomata*, *Cyclostomata* und *Cheilostomata* Veranlassung boten.

Die umfassendste Klassifikation der fossilen Bryozoen von d'Orbigny beruht auf ganz künstlichen Prinzipien; da überdies die Abbildungen in der Paläontologie Française an Genauigkeit sehr viel zu wünschen übrig lassen, so war eine gründliche Umarbeitung des d'Orbignyschen Systems durch Pergens und Canu ein dringendes Bedürfnis.

1. Unterordnung. **Cryptostomata.** Vine.

Zoöcien kurz, birnförmig, oblong, quadratisch oder sechsseitig, zuweilen röhrenförmig mit rundlicher terminaler Mündung. Avicularien, Vibracula und Ovicellen fehlen. An ausgewachsenen Kolonien ist die Zellenmündung häufig an der Basis

---

the Collection of the British Museum. I. Cheilostomata. 1852. II. Cyclostomata. 1875. — *Busk, G.*, Monograph of the fossil Polyzoa of the Crag. Palaeontograph. Soc. 1857. — *Reufs, F. A.*, Denkschr. k. k. Ak. Wissensch. Wien. Ed. XXIII, XXV, XXVII, XXIX, XXXIV. — **Hincks, Th.*, History of the British marine Polyzoa. 2. vol. London 1880. — *Waters, W. A.*, Über tertiäre und recente Bryozoa in Ann. Mag. nat. hist. 1879—92. — *Vine, G. R.*, Reports on fossil Polyzoa. British Assoc. Rep. 1881—85. — **Busk, G.*, Report on the Polyzoa. Scient. Results of the Challenger Voyage. vol. X. (Cheilostomata) 1884 u. vol. XVII (Cyclostomata) 1886. — *Ulrich, E. O.*, American palaeozoic Bryozoa. Journ. Cincinnati Soc. nat. hist. vol. V. 1882—84. — *Ulrich, E. O*, Contributions to American Palaeontology. vol. I. Cincinnati 1886. — *Ulrich, E. O.*, Lower Silurian Bryozoa (Geol. Survey of Minnesota. vol. III. 1892). — *Marsson, Th.*, Die Bryozoen der weifsen Schreibkreide der Insel Rügen. Paläont. Abhandl. von Dames u. Kayser Bd. IV. I. 1887. — *Pergens, E.*, Bull. Soc. Belge de Géol. Pal. et Hydrol. 1889. III. 1891. V. 1892, VI. — *Canu, M. F.*, Revision des Bryozoaires du Cretacé figurés par d'Orbigny. Bull. Soc. géol. de France. 1900. XXVIII. S. 334. — *Simpson, G. A.*, Handbook of the Genera of the North American Palaeozoic Bryozoa. 14th Annal. Rep. of the State Geologist. Albany. 1895. — *Gregory, W.*, Catalogue of the jurassic and cretaceous Bryozoa in the British Museum. London 1896 u. 1899 *eines verlängerten Stieles in eine poröse Grundmasse eingebettet und der Stiel durch eine vertikale Scheidewand oder ein Halbseptum abgeteilt.*

Zu den Cryptostomata gehören nur paläozoische Formen. Sie sind die Vorläufer der Cyclostomen und Cheilostomen und bilden bald netzförmige, bald buschige, bald blattförmige Kolonien. Die ältesten Vertreter finden sich im unteren Silur, die jüngsten im Perm.

In der Familie der *Ptilodictyonidae* Ulrich bestehen die Stöcke aus zwei, mit ihrer Rückseite verwachsenen Blättern und bilden schmale, an den Enden zugespitzte oder breite, blattförmige Kolonien. Zellenöffnungen oval. Hierher die Gattungen *Ptilodictya* Lonsd. *Escharopora*, *Phaenopora* Hall, *Stichotrypa* Ulrich etc. Die Familien der *Rhinidictyonidae*, *Cystodictyonidae*, *Arthrocystidae* und *Rhabdomesidae* Ulrich enthalten vorwiegend silurische und devonische Gattungen.

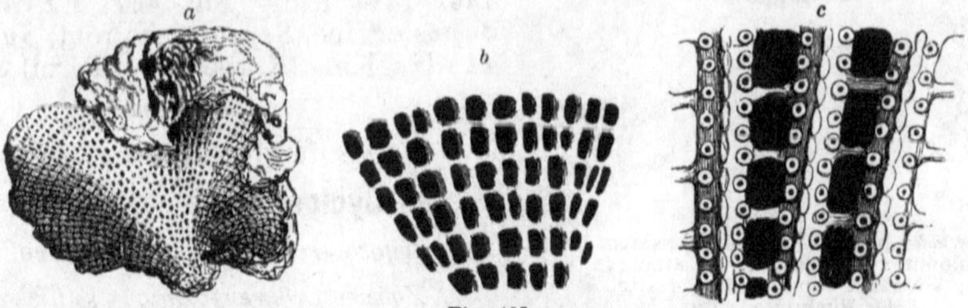

Fig. 435.
Fenestella retiformis Schloth. Zechstein-Dolomit. Pöfsneck, Thüringen. *a* Fragment eines Stockes in nat. Gröfse, *b* Rückseite, schwach vergröfsert. *c* Eine Partie der zellentragenden Vorderseite, stark vergröfsert.

Die Familie der *Fenestellidae* King enthält trichter-, fächer-, blatt- oder netzförmige, aus zahlreichen parallelen und schwach divergierenden Ästchen zusammengesetzte Stöcke, welche entweder durch Querbrücken oder Anastomose miteinander verbunden sind. Die Öffnungen der kurzen, schlauchartigen Zellen münden stets nur auf einer Seite der Ästchen.

Die Fenestelliden kommen stellenweise so massenhaft vor, dafs sie förmliche Bryozoenriffe bilden.

Fenestella Lonsd. (Fig. 435) beginnt schon im Silur, hat aber im Kohlenkalk und Zechstein ihre Hauptverbreitung. Die Stöcke haben Trichter- oder

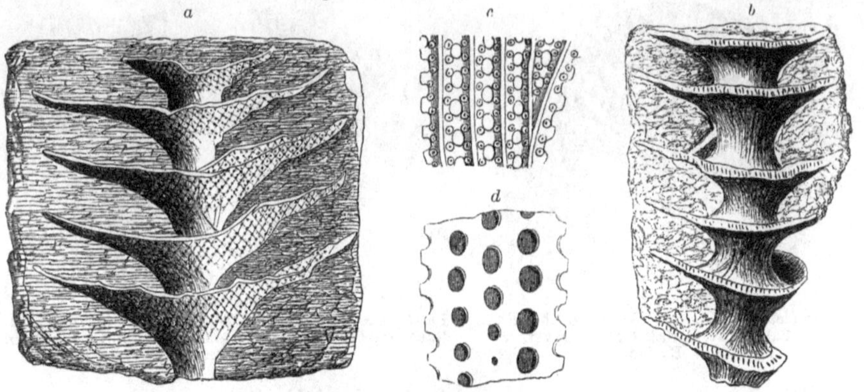

Fig. 436.
Archimedes Wortheni Hall. sp. (*Archimedipora Archimedis* d'Orb.). Kohlenkalk. Warsow, Illinois. *a* Fragment mit wohlerhaltenen Ausbreitungen in nat. Gröfse (nach F. Roemer). *b* Schraubenförmiges Fragment (nach Quenstedt). *c* Innere (obere) Seite der Ausbreitungen, vergröfsert (nach Roemer). *d* Äufsere (untere) Seite derselben (nach Hall).

Fächerform und erreichen zuweilen ziemlich ansehnliche Gröfse. Die etwas kantigen Zweige zeigen auf einer Seite zwei Reihen runder Zellenöffnungen, die andere Seite des Stockes, sowie die Verbindungsstäbchen sind zellenlos.

Archimedes Lesueur (Fig. 436) besteht aus zahlreichen Fenestella-artigen Trichtern, welche schraubenförmig um eine zentrale Achse gelagert sind. Häufig im Kohlenkalk von Nordamerika.

Zahlreiche andere Gattungen, wie *Carinopora* Nicholson (Devon), *Phyllopora* King, *Polypora* M'Coy (Silur bis Perm), *Ptilopora* M'Coy, *Goniocladia* Ether. (Karbon) etc. gehören dieser Familie an.

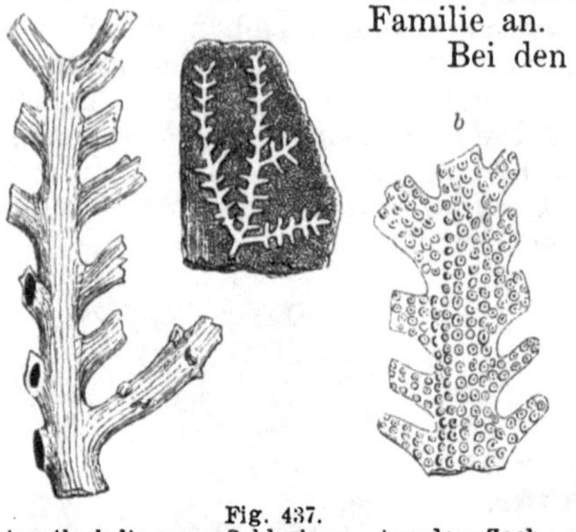

Fig. 437.
Acanthocladia anceps Schloth. sp. Aus dem Zechsteindolomit von Pöfsneck. *a* Stock in nat. Gröfse, *b* ein Ast von der Vorderseite, *c* von der Rückseite, vergr.

Bei den *Acanthocladidae* sind die Stöcke in einer Ebene ausgebreitet, aus mehreren Hauptästen zusammengesetzt, von denen an beiden Rändern freie Nebenäste ausgehen. Die Zellen stehen auf einer Seite des Stockes. Hierher *Acanthocladia* King (Fig. 437). *Pinnatopora* Vine, *Septopora* Prout, *Synocladia* King (Karbon und Perm) u. a.

2. Unterordnung.

Cyclostomata. Busk.

(*Bryozoaires centrifugines* d'Orb.

Zoöcien röhrenförmig, seitlich zusammengewachsen, seltener frei und entfernt stehend. Mündung terminal, ohne Deckel, nicht verengt, meist rundlich, seltener polygonal. Avicularien und Vibracula fehlen.

Die *Cyclostomen* haben ihre Hauptverbreitung in den mesozoischen Formationen. Einige Vorläufer (*Stomatopora*, *Berenicea* u. a.) erscheinen schon im Silur; sie nehmen im Tertiär an Formenreichtum ab und sind gegenwärtig nur noch durch wenig mehr als 100 Species vertreten. Für die Systematik der Cyclostomata sind die Arbeiten von Busk noch immer mafsgebend. Pergens hat die von d'Orbigny aufgestellten Gattungen und Familien einer Revision unterworfen.

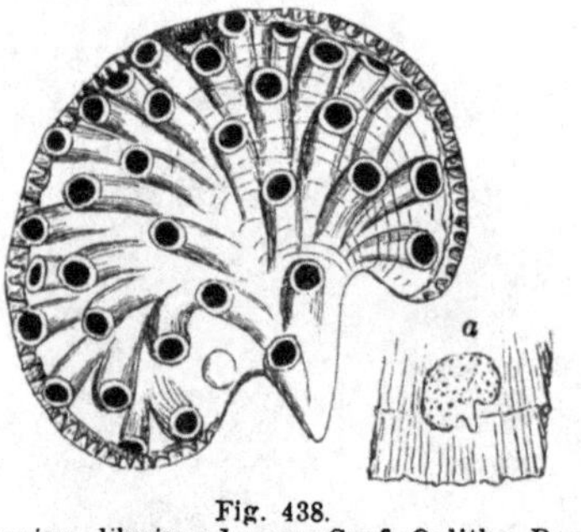

Fig. 438.
Berenicea diluviana Lamx. Grofs-Oolith. Ranville, Calvados. *a* Nat. Gröfse, *b* vergr. (nach Haime).

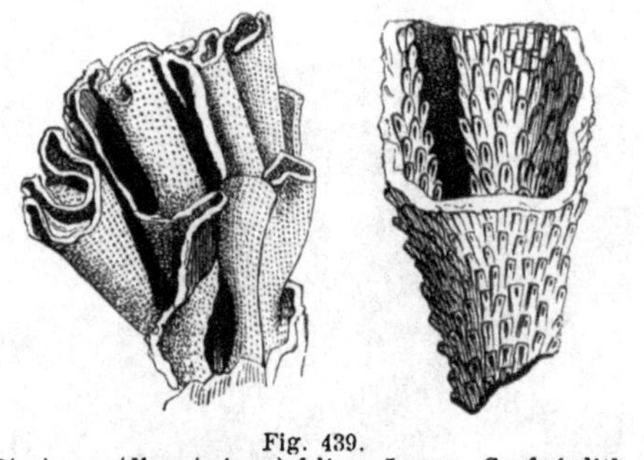

Fig. 439.
Diastopora (*Mesenteripora*) *foliacea* Lamx. Grofs-Oolith. Ranville, Calvados. *a* Fragment in nat. Gröfse *b* ein Stück desselben, vergröfsert

Die *Diastoporidae* (Busk) sind kreis- oder fächerförmige, inkrustierende oder gestielte, lappigblättrige oder ästige Kolonien mit röhrigen Zellen, die an ihrem unteren Teil verwachsen, weiter oben aber frei werden. Häufig in Jura, Kreide und im Tertiär, seltener in den jetzigen Meeren.

Berenicea Lamx. (Fig. 438). Inkrustierende Blätter mit bogigem Umrifs; die anfangs liegenden, später aufrechten und frei werdenden Zellen alle nach einer Seite gerichtet. Jura bis Jetztzeit.

Diastopora Lamx. (Fig. 439). Blättrige oder baumförmige, zuweilen inkrustierende Stöcke, bald einschichtig, bald mehrschichtig, häufig aus zwei mit dem Rücken verwachsenen Blättern bestehend. Jura und Kreide häufig, seltener tertiär und lebend.

Defrancia Bronn (*Lichenopora* Defr.) (Fig. 440). Stock scheiben- oder pilzförmig, mit der Unterseite oder nur mit kurzem Stiel aufgewachsen. Die röhrenförmigen Zellen oben zu radialen, durch Zwischenfurchen getrennten Rippen verwachsen. Jura bis jetzt.

Buskia Reufs (Fig. 441). Zahlreiche *Defrancia* ähnliche Stöcke zu einer zusammengesetzten Kolonie verbunden. Oligocän.

Weitere hierher gehörige Gattungen sind *Discosparsa, Discoporella, Radiocavea, Radiotubigera* etc.

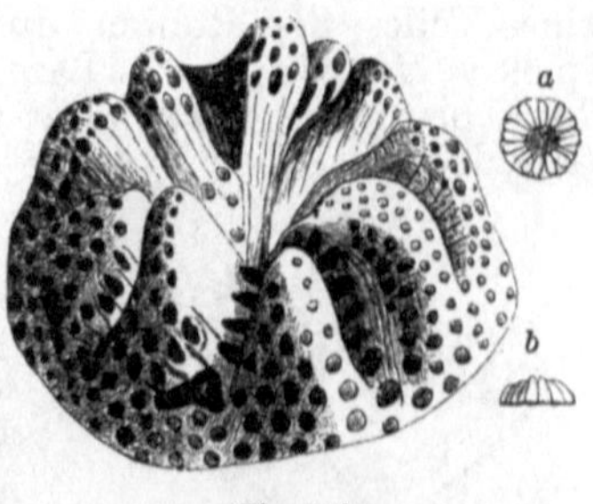

Fig. 440.
Defrancia diadema Goldf. sp. Obere Kreide. Mastricht. *a* Stock in nat. Gröfse von oben, *b* von der Seite, *c* Oberseite, vergröfsert.

Die *Tubuliporidae* sind kriechende, mit einer Seite angewachsene Stöcke, deren röhrige Zellen entweder ein- oder zweireihig oder unregelmäfsig angeordnet sind und sich mit ihren Enden frei erheben. Hierher gehören die Gattungen *Stomatopora* Bronn (*Alecto* Lamx.) (Fig. 442), (Silur, Devon, Jura, Kreide, tertiär und lebend), *Proboscina* Andouin, *Tubulipora* Lamx. etc. aus mesozoischen und tertiären Ablagerungen.

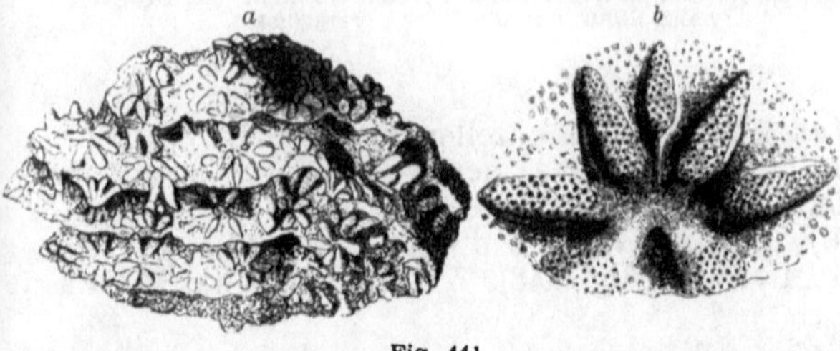

Fig. 441.
Buskia tabulifera Roem. sp. Oligocän. Astrupp, Westfalen. *a* Stock in nat. Gröfse, *b* eine Unterkolonie, vergröfsert.

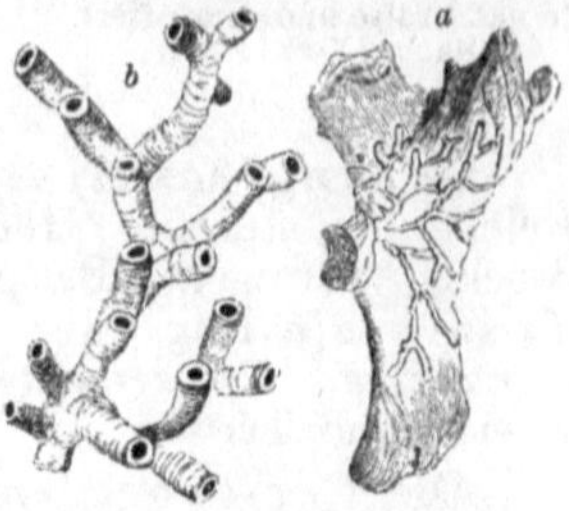

Fig. 442.
Stomatopora dichotoma Lamx. sp. Grofs-Oolith. Ranville. *a* Nat. Gröfse, *b* vergröfsert.

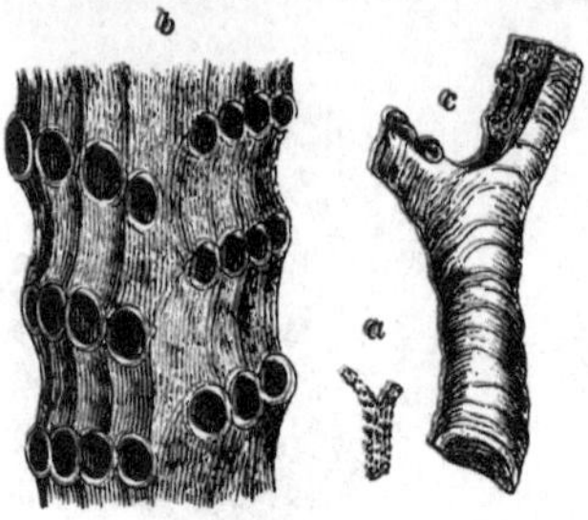

Fig. 443.
Idmonea dorsata Hagw. Ob. Kreide. Mastricht. *a* Zweig in nat. Gröfse, *b* Vorderseite, *c* Rückseite, stark vergröfsert. (Nach Hagenow.)

Fig. 444.
Entalophora virgula Hagw. Pläner. Plauen. Sachsen.

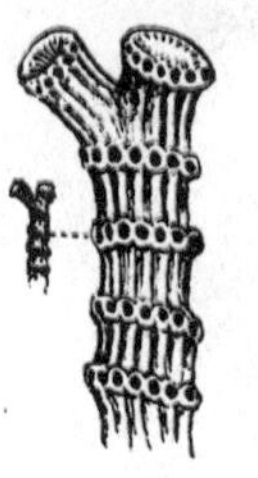

Fig. 445.
Spiropora verticillata Goldf. Ob. Kreide. Mastricht. (Nach Hagenow.)

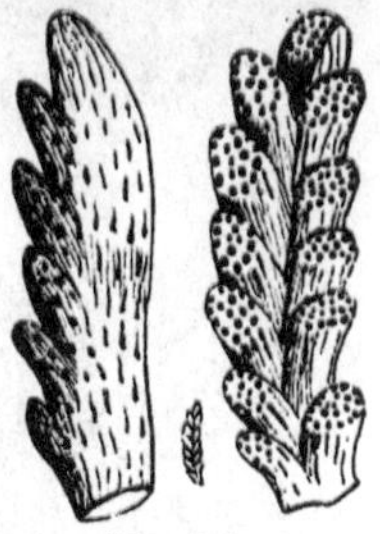

Fig. 446.
Truncatula repens Hagw. Ob. Kreide. Mastricht. Zweigchen von der Rückseite und der Vorderseite, vergröfsert. (nach Hagenow).

Die *Idmoneidae* bilden aufrechte, baumförmige, meist ästige Stöcke, bei denen die röhrigen Zellen alle auf der Vorderseite münden. Beispiele: *Idmonea* Lamx. (Fig. 443), *Hornera* Lamx. (Kreide bis jetzt).

Bei den nahestehenden *Entalophoridae* sind die Röhrenzellen stets in Reihen angeordnet und münden entweder auf einer Seite oder ringsum an den Stämmchen oder Ästen. Zuweilen sind die Öffnungen eines Teiles der Röhren durch dünne, kalkige Deckel geschlossen. Beispiele: *Entalophora* Lamx. (Fig. 444), *Spiropora* Lamx. (Fig. 445), Jura bis jetzt, *Terebellaria* Lamx. (Jura, Kreide), *Nodelea* d'Orb. (Kreide etc.).

Fig. 447.
Fasciculipora incrassata d'Orb. Ob. Kreide. Meudon bei Paris. In nat. Gröfse und vergröfsert. (Nach d'Orbigny.)

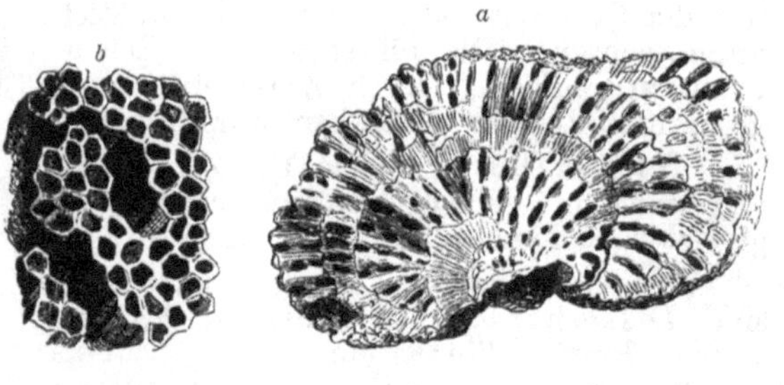

Fig. 448.
Fascicularia (Theonoa) aurantium M. Edw. Crag. Sussex.
a Stock in vertikaler Richtung durchgebrochen, nat. Gröfse.
b Ein Stück der Oberfläche, vergröfsert.

Bei den *Frondiporiden* sind die Röhrenzellen zu Bündeln gruppiert, welche als stumpfe Höcker oder Äste aus den verschieden gestalteten Stöcken vorragen. Beispiele: *Frondipora* Imperato, *Osculipora* d'Orb. *Truncatula* Hag. (Fig. 446), *Fasciculipora* d'Orb. (Fig. 447), *Plethopora* Hag., *Fascicularia* M. Edw. (Fig. 448), *Theonoa* Lamx. etc. aus Kreide und Tertiär.

Die *Cerioporiden* bilden inkrustierende, knollige, lappige, seltener baumförmige Kolonien, aus dichtgedrängten und engverwachsenen Röhrenzellen, deren Öffnungen nicht erhaben vorragen, sondern über die ganze Oberfläche verteilt sind. Zuweilen sind die gröfseren Öffnungen von kleineren umgeben. Die Cerioporiden stehen in ihrem Aufbau und in

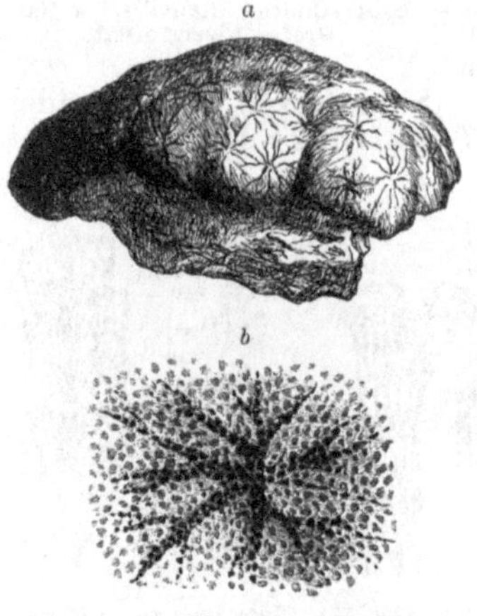

Fig. 449.
Ceriopora astroides Münst. sp. Ober-Trias. St. Cassian, Tyrol.
a Stock in nat. Gr., *b* Oberfläche vergr.

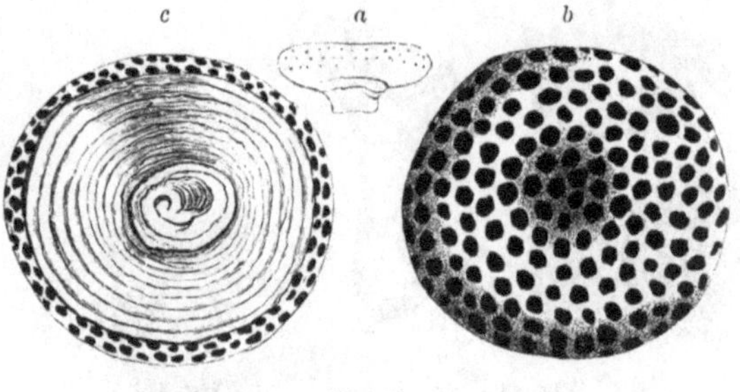

Fig. 450.
Ceriopora spongites Goldf. Grünsand. Essen.
a Nat. Gröfse, *b* von oben, *c* von unten, vergröfsert.

ihrer allgemeinen Erscheinung den Monticuliporiden (S. 95) nahe und sind nicht immer sicher von denselben zu unterscheiden. Sie finden sich aufserordentlich häufig in der alpinen Trias, in Jura und Kreide, seltener in Tertiär- und Jetztzeit. Beispiele: *Ceriopora* Goldf. (Fig. **449**. **450**), *Radiopora* d'Orb. (Fig. **451**), *Alveolaria* Busk, *Heteropora* Bl. (Fig. **452**), *Petalopora* Lonsd. etc.

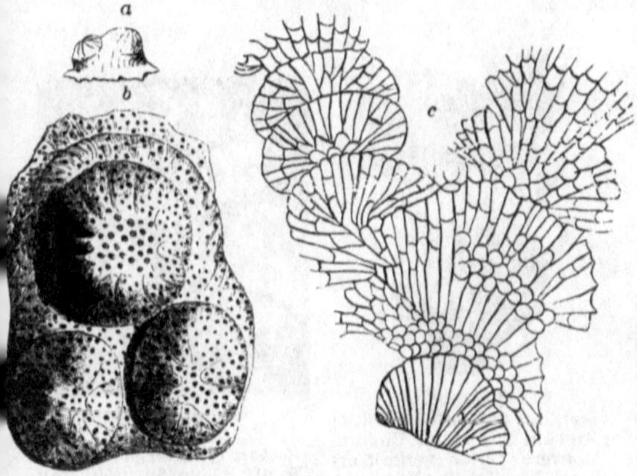

Fig. 451.
Radiopora stellata Goldf. sp. Pläner. Plauen, Sachsen.
a Stock in nat. Gröfse, *b* vergröfsert, *c* Vertikalschnitt durch ein Exemplar aus dem Grünsand von Essen.

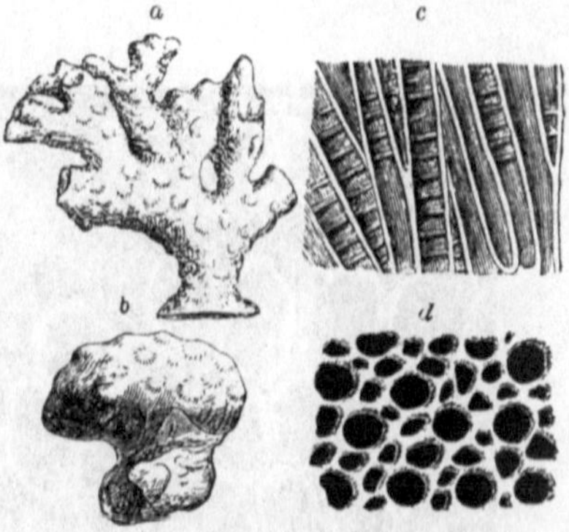

Fig. 452.
Heteropora pustulosa Mich. Grofs-Oolith. Ranville, Calvados. (Nach Haime.)
a, *b* Stöcke in nat. Gröfse, *c* Vertikalschnitt, *d* Oberfläche, vergröfsert.

3. Unterordnung. **Cheilostomata.** Busk.

(*Bryozoaires cellulinés* d'Orb.).

Zellen oval, elliptisch oder krugförmig, seitlich aneinander gereiht. Mündung auf die Vorderseite der Zelle gerückt, meist mit beweglichem chitinösem Deckel. Avicularien, Vibracula und Ovicellen meist vorhanden.

Die *Cheilostomata* beginnen zuerst im Jura, entfalten von der oberen Kreide an einen erstaunlichen Formenreichtum und übertreffen an Mannigfaltigkeit und Artenreichtum wenigstens in der Tertiär- und Jetztzeit bei weitem die *Cylostomata*. Nicht alle *Cheilostomata* haben eine vollständig verkalkte Hülle; einige (*Flustridae*) bleiben hornig und sind nicht zur Fossilisation geeignet, bei anderen (*Membraniporidae*) ist die Vorderwand häutig, die übrige Hülle verkalkt; bei fossilen Vertretern derselben erscheinen darum die Zellen auf der Vorderseite vollständig offen. Avicularia und Vibracula kommen häufig bei Cheilostomen vor und geben sich an fossilen Formen durch Spezialporen kund. Auch Ovicellen sind öfters als bei *Cyclostomata* entwickelt. Bei der ungeschlechtlichen Vermehrung sprossen die jungen Zellen in der Regel am vorderen Ende oder zu beiden Seiten der Mutterzelle hervor und gruppieren sich zu mehr oder weniger regelmäfsigen Reihen. Meistens

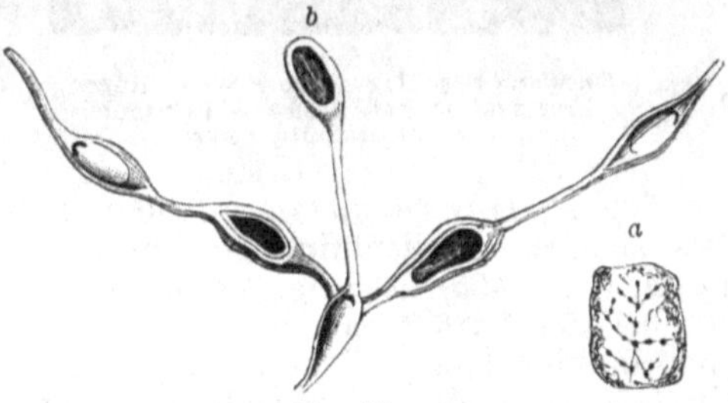

Fig. 453.
Hippothoa labiata Novak. Cenoman. Velim, Böhmen.
a Stock in nat. Gröfse, *b* mehrere Zellen, zum Teil mit durchbrochener Vorderwand, stark vergr. (nach Nowak).

Fig. 454.
Salicornaria rhombifera Goldf. sp. Oligocän. Kaufungen bei Kassel. Vergröfsert. (Nach Reufs.)

stehen die Zellen durch zahlreiche Sprossenkanäle miteinander in Verbindung.

Die Systematik der *Cheilostomata* befindet sich in ebenso unbefriedigendem Zustand als die der *Cyclostomata*.

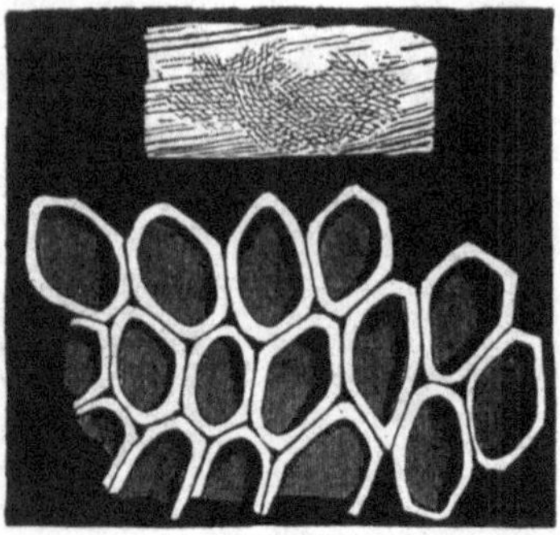

Fig. 455.
Eine inkrustierende Kolonie von *Membranipora* mit Zellen, deren ganze Stirnwand unverkalkt ist (vergröfsert).

Fig. 456.
Lepralia coccinea Johnston. Miocän. Eisenstadt, Ungarn. Mehrere Zellen vergröfsert (nach Reufs). Die Mündung ist gezackt, unterhalb der vorderen Ecken steht jederseits ein grofses Avicularium und über 3 Zellen befinden sich Ovicellen (*o*).

Fig. 457.
Eschara (*Escharipora*) *rudis* Reufs. Oligocän. Söllingen. Oberfläche vergr. (Die Zellen am Rand mit gestrahlten Grübchen und in der Nähe der Mündung mit Spezialporen.)

Die Gattungen *Salicornaria* Cuv. (Fig. 454), *Cellularia* Busk und *Scrupocellaria* van Beneden gehören zur Gruppe der *Articulata*, bei denen die baumförmigen Stöckchen in Segmente gegliedert sind, welche durch biegsame hornige oder verkalkte zellenfreie Zwischenglieder verbunden werden.

Fig. 458.
Retepora cellulosa Lin. Crag. Suffolk.

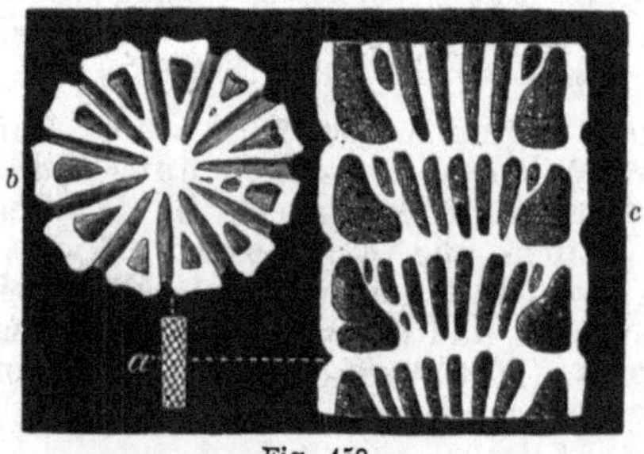

Fig. 459.
Vincularia virgo Hagw. Ob. Kreide. Rügen. *a* Fragment in nat. Gröfse, *b* Horizontal-, *c* Vertikalschnitt, vergr.

Unter den *Inarticulata*, bei denen die Zellen alle fest verbunden sind, vertreten die kriechenden Hippothoiden (Fig. 453) die Tubuliporiden unter den *Cyclostomata*.

Die inkrustierenden *Membraniporiden* sind mit ihrer Rückseite aufgewachsen, so dafs sich alle Zellenöffnungen nach einer Seite richten. Bei *Membranipora* (Fig. 455) ist die Vorderseite unvollständig oder gar nicht verkalkt, bei der formenreichen Gattung *Lepralia* (Fig. 456), die von d'Orbigny in eine Menge Genera zerspalten worden war, ist die Vorderwand kalkig, die Mündung häufig durch Stacheln oder Fortsätze verziert.

Die *Eschariden* bilden aufrechte blättrige oder netzförmige Stöcke, die entweder aus einer oder aus zwei mit ihrer Rückseite verwachsenen Zellenschichten bestehen. Unter den zahlreichen Gattungen dieser Familie sind besonders *Eschara* Busk (Fig. 457), *Retepora* Imperato (Fig. 458) häufig. Die Membraniporiden und Eschariden beginnen im Dogger und haben ihre Hauptverbreitung in der oberen Kreide, im Tertiär und in der Jetztzeit.

Bei den *Vinculariden* bestehen die Stöcke aus runden Stämmchen und Zweigen, die ringsum von alternierenden Zellen umgeben sind. Hierher die Gattungen *Vincularia* Defr. (Fig. 459) und *Myriozoum* Donati (Fig. 460).

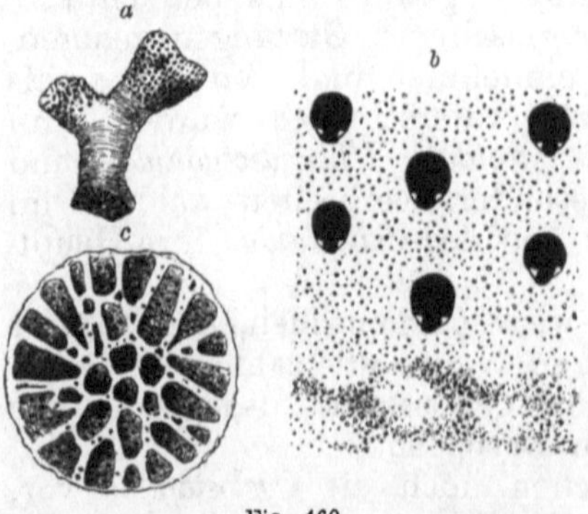

Fig. 460.
Myriozoum punctatum Phil. sp. Miocän. Ortenburg, Niederbayern. *a* Stock in nat. Gröſse, *b* Oberfläche vergr.; in der oberen Hälfte sind die Zellenmündungen offen, in den unteren von einer Kalkrinde überzogen. *c* Querschnitt durch einen Ast.

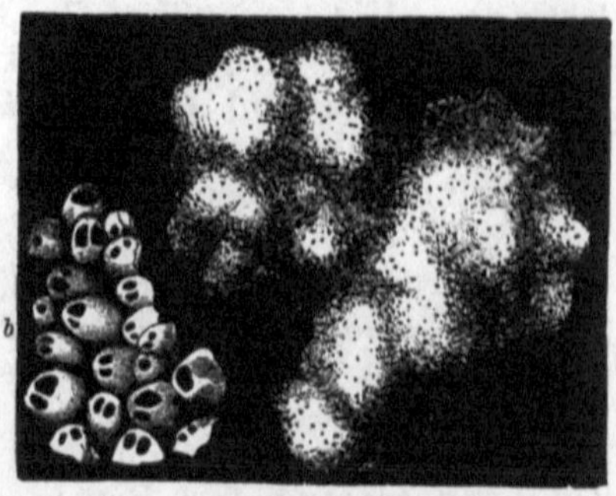

Fig. 461.
Cellepora conglomerata Goldf. Oligocän. Astrupp bei Osnabrück. *a* Stock in nat. Gröſse, *b* Oberfläche vergröſsert.

Die *Selenariidae* bilden meist freie napf- oder schüsselförmige, kreisrunde Scheiben, bei denen die Zellenöffnungen alle nach einer Seite gerichtet sind. Die Gattung *Lunulites* Lamx. (Fig. 462) ist häufig in oberer Kreide und im Tertiär; *Selenaria* Busk (Fig. 434) tertiär und lebend. Die *Celleporiden* entsprechen den Cerioporiden unter den *Cyclostomata* und bilden wie jene knollige oder unregelmäſsig ästige Stöcke, deren irregulär angehäufte Zellen häufig in vielen Lagen übereinander geschichtet sind.

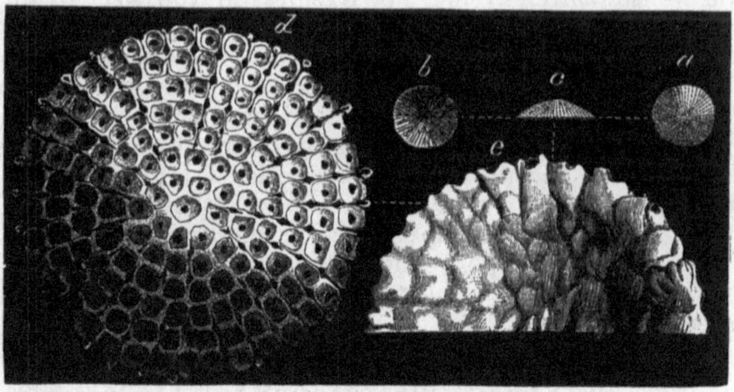

Fig. 462.
Lunulites Goldfussi Hagw. Ob. Kreide. Lüneburg. *a, b, c* Exemplar in nat. Gröſse, *d* Oberseite vergröſsert, *e* Unterseite vergröſsert.

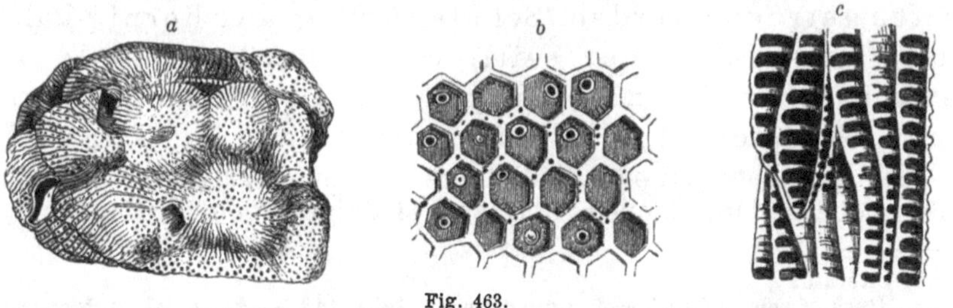

Fig. 463.
Cumulipora angulata Mstr. Oligocän. Doberg bei Bünde. *a* Stock in nat. Gröſse, *b* Oberfläche vergröſsert, *c* Vertikalschnitt vergröſsert. (Nach Reuſs.)

Cellepora Fabricius (Fig. 461) und *Cumulipora* Münst. (Fig. 463) gehören zu den im Tertiär sehr verbreiteten *Cheilostomata*.

Zeitliche Verbreitung der Bryozoa.

Schon in paläozoischen Ablagerungen gab es eine beträchtliche Menge Bryozoen, die gröfstenteils zu erloschenen Gattungen gehören, eine gesonderte Stellung im System einnehmen und von Vine, als besondere Unterordnung, *Cryptostomata*, unterschieden wurden. Im Silur und Devon sind die *Ptilodictyonidae, Rhinodictyonidae* und *Cystodictyonidae* und *Ceramoporidae* besonders verbreitet, während im Karbon und Perm die *Fenestellidae* und *Acanthocladidae* ihre Hauptentwicklung erreichen.

Trias und Lias entfalten vorzugsweise Cerioporiden, der Dogger von Lothringen, Süddeutschland, England, Normandie zahlreiche *Diastoporidae, Tubuliporidae, Frondiporidae* und *Cerioporidae;* dagegen ist der obere Jura verhältnismäfsig arm an Bryozoen.

Im Neocom und Gault herrschen noch die *Cyclostomata* vor, erst im Cenoman nehmen die *Cheilostomata* in gröfserer Zahl an der Zusammensetzung der Bryozoenfauna teil, die vorzüglich reich entwickelt ist bei Le Mans, le Havre, Essen, in Sachsen, Böhmen und Norddeutschland.

Ganz aufserordentlich reich an Bryozoen ist die obere Kreide, namentlich der obere Pläner in Norddeutschland, Sachsen und Böhmen, die weifse Schreibkreide, der Kreidesand von Aachen und der Kreidetuff von Mastricht. d'Orbigny beschreibt nicht weniger als 547 Arten obercretaceischer *Cyclostomata* und ca. 300 *Cheilostomata.*

Im Tertiär überwiegen die *Cheilostomata.* Die eocänen und oligocänen Ablagerungen am Nord- und Südfufs der Alpen zeichnen sich durch Bryozoenreichtum aus (Granitmarmor von Bayern, Priabona, Mossano im Vicentinschen); auch das Oligocän von Norddeutschland, das Miocän der Touraine, des Rhonetals, von Oberschwaben und im Wiener Becken sind reich an Bryozoen. Im Pliocän von Italien, Rhodus, Cypern und im Crag von England und Belgien finden sich fast nur noch recente Gattungen und vielfach auch noch jetzt existierende Arten.

2. Klasse. **Brachiopoda.** Armkiemener.[1])

Zweischalige, symmetrische, niemals zu Kolonien vereinigte Meeresbewohner mit zwei spiral aufgerollten, fleischigen Mundarmen, die häufig von kalkigen Gerüsten getragen werden. Schalen kalkig oder hornig-kalkig, meist ungleich, aber seitlich symmetrisch, bald aufgewachsen, bald in der Jugend, bald zeitlebens durch einen hornigen Stiel auf einer Unterlage befestigt.

Die Brachiopoden oder Palliobranchiata sind zartgebaute, von zwei gefäfsreichen Mantellappen und zwei kalkigen oder kalkig-hornigen

---

[1]) Literatur:
v. Buch, Leop., Über Terebrateln. Berlin 1834. 4°. — *King, W.*, A Monograph of Permian fossils. Palaeontographical Society 1849. — *Davidson, Thom.*, Monograph of British fossil Brachiopoda. vol. I—VI. Palaeontographical Society 1851—1886. (Davon die allgemeineren Betrachtungen in Introduction a. a. O. vol. I und in

Schalen bedeckte Tiere, welche sich nur auf geschlechtlichem Wege fortpflanzen und manchmal ansehnliche Gröfse erreichen. Die meist dünnen Schalen sind in der Regel ungleich grofs, jedoch vollkommen symmetrisch, so dafs sie durch einen Medianschnitt in zwei gleiche Hälften zerlegt werden. Zuweilen ist eine Schale (*Crania, Thecidium*) direkt aufgewachsen, häufiger tritt entweder zwischen dem verschmälerten Hinterende der beiden Schalen oder durch eine Öffnung in oder unter dem Schnabel der Unterschale ein muskulöser Stiel hervor, welcher zur Befestigung des Tieres dient. Mit zunehmendem Alter schliefst sich die Schnabelöffnung nicht selten, der Stiel verkümmert, und die Schalen werden frei. In seltenen Fällen (*Glottidia*) bleiben die Brachiopoden schon von frühester Jugend an frei.

Während des Lebens liegt die in der Regel durchbohrte, fast immer gröfsere Ventralschale unten, die kleinere Dorsalschale oben. Bei der Beschreibung werden jedoch die Schalen stets so orientiert, dafs der Hinterrand (Schlofsrand) mit der Schnabelöffnung nach oben, der Vorderrand (Stirnrand) nach unten gestellt werden. Eine Linie vom Wirbel zum Stirnrand gibt die Länge, eine Senkrechte darauf in der Richtung von vorne nach hinten die Dicke, eine Senkrechte in der Richtung von rechts nach links die Breite der Schale. Am Hinterrand sind beide Schalen entweder nur durch Muskeln (*Inarticulata*) oder durch ein sogenanntes Schlofs (*Articulata*), d. h. durch zwei zahnartige Vorsprünge (Schlofszähne) der Ventralschale, welche sich in Gruben (Zahngruben) der kleinen Schale einfügen, miteinander verbunden. Zwischen den zwei Schlofszähnen springt ein mehr oder weniger entwickelter Schlofsfortsatz vor. Beide Klappen stofsen am Schlofs-, Stirn- und an den Seitenrändern durch Nähte (Commissuren) aneinander.

Die Schale umhüllt in geschlossenem Zustand den Weichkörper vollkommen; wenn sie sich öffnet, trennen sich die Seiten- und Stirnrand-Kommissuren, die Schlofsränder dagegen bleiben fest verbunden. Unmittelbar unter jeder Schale und an diese angeheftet, liegt, ein dünnes, durchscheinendes, häufig aus drei Schichten zusammengesetztes, fleischiges Mantelblatt. Die innere Zellenschicht des Mantels besteht aus Wimperzellen, die mittlere ist knorpelartig, die äufsere enthält Blutgefäfse und Genitalorgane. Zuweilen liegen kleine, ästige Kalkkörperchen (Spiculae) oder siebartig durchlöcherte und

---

General Summary vol. V. Bibliography vol. VI). — *Quenstedt, F. A.*, Petrefaktenkunde Deutschlands. Bd. II. Brachiopoden. 1871. — *Deslongchamps-Eudes, Eug.*, Paléontologie Française. Terr. jurass. vol. IV. — *Barrande, Joach.*, Système silurien du Centre de la Bohême vol. V. 1879. — *Waagen, W.*, Salt Range fossils. vol. I. Palaeontologica Indica ser. XIII. Mem. geol. Surv. of East India. 1882—85. — *Oehlert* in *Fischer* Manuel de Conchyliologie. Paris 1887. — *Hall, J.*, and *Clarke, J.*, Palaeontology of the State of New York. vol. VIII. Introduction to the study of palaeozoic Brachiopoda. Albany 1892. — *Beecher, Ch. E.*, and *Clarke, J.*, The development of some Silurian Brachiopoda. Mem. New York State Mus. vol. I. 1889. — *Beecher, Ch. E.*, Development of the Brachiopoda I. II. Amer. Journ. Sc. and Arts. 1891. vol. XLI. u. 1892. XLIV. — *Bittner, Al.*, Brachiopoden der alpinen Trias. Abh. k. k. geol. Reichs-Anst. Wien. Bd. XIV. 1891. u. Bd. XVII. 1892. — *Hall, J.*, and *Clarke, J. M.*, An Introduction to the Study of the Brachiopoda. Report of the New York State Geologist I u. II. 1892 u. 1893. — *Schuchert, C. A.*, Classification of the Brachiopoda. Amer. Geologist. vol. XI. XIII. 1893, 94. Synopsis of American fossil Brachiopoda. Bull. U. S. Nat. Museum. 1896.

vielfach zerschlitzte Kalkscheibchen in groſser Menge in der äuſseren Mantelschicht, aus welcher häufig kurze, zylindrische, blinde Röhren hervorragen, welche in feine Vertikalkanäle der Schale eindringen und bis zu deren Oberfläche gelangen. Die Schalen solcher Formen erhalten ein feinpunktiertes Aussehen. Die beiden Mantellappen entsprechen in Gröſse und Form genau den beiden Schalen und umschlieſsen die Mantelhöhle, wovon die hintere, unter den Wirbeln gelegene Abteilung nach vorn von einer häutigen Membran abgeschlossen wird und die eigentlichen Eingeweide, d. h. den Nahrungskanal, die Leber, das Herz, das zentrale Nervenganglion und die Muskeln enthält. In der Mittelebene der Membran befindet sich eine zweilippige Mundöffnung, welche nach hinten in die Speiseröhre, den Magen und Darm fortsetzt. Bei den *Articulata* (*Apygia*) ist der von zwei groſsen Leberlappen umgebene Magendarm kurz und endigt blind, bei den *Inarticulata* (*Pleuropygia*) macht er mehrere Windungen und mündet seitlich vom Mund in die vordere Abteilung der Leibeshöhle.

Fig. 464. *Camarophoria Humbletonensis* Howse. Zechstein von Humbleton, England. Steinkern mit Eindrücken von Blutgefäſsen. (Nach Davidson.)

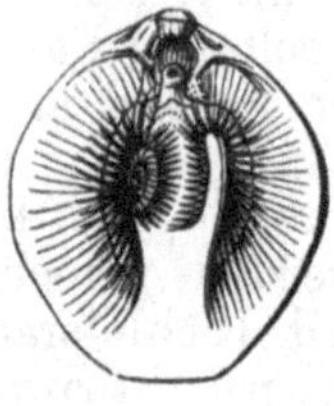

Fig. 465. *Terebratula vitrea* mit fleischigen, einfach zurückgekrümmten Spiralarmen.

Dorsal vom Darm liegt das birnförmige Herz, von welchem je zwei vielfach verzweigte Gefäſse in die beiden Mantellappen, zwei andere in die spiralen Mundlappen ausgehen. In die zuweilen stark erweiterten Blutgefäſse der Mantellappen dringen aus der Leibeshöhle dicke, paarig entwickelte Bänder und Wülste ein, welche weibliche oder männliche Geschlechtsorgane enthalten. Deutliche Eindrücke dieser Blutgefäſse und Genitalstränge beobachtet man häufig auf der Innenseite der Schale oder auf fossilen Steinkernen von Brachiopoden (Fig. 464). Das Nervensystem besteht aus einem Schlundring mit zwei Ganglienknoten, von dem feine Nervenfäden in den Mantel, die Arme, die Muskeln und den Stiel ausgehen.

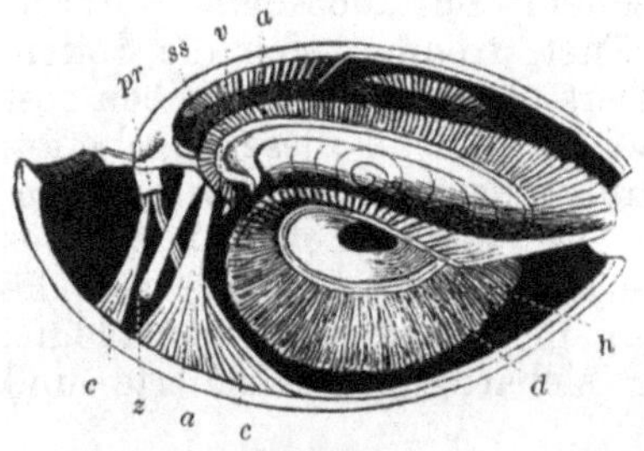

Fig. 466. *Waldheimia flavescens* etwas vergröſsert und in der Mitte durchgeschnitten mit Spiralarmen, Darm und Muskeln. *d* Spirale Mundanhänge. *h* Gefranster Saum der Arme. *pr* Schloſsfortsatz. *z* Darm. *v* Mund. *ss* Septum. *a* Schlieſsmuskeln (adductores). *c* und *c'* Schloſsmuskeln (divaricatores). (Nach Davidson.)

Der gröſsere Teil der von den Mantellappen umschlossenen Leibeshöhle wird von den spiralen Mundanhängen, den sogenannten Armen eingenommen. Es sind dies zwei bewegliche, spiralig gebogene oder um sich selbst zurückgekrümmte fleischige Lappen von ungemein zarter Beschaffenheit (Fig. 465. 466), welche häufig durch ein feines, kalkiges Armgerüst gestützt werden. Zahlreiche Blutgefäſse durchziehen die mit einem breiten Saum beweglicher Fransen besetzten Organe, welche gleichzeitig zur Respiration und zur Herbeistrudelung von Nahrung dienen. An der Respirationstätigkeit nimmt übrigens auch der von Blutgefäfsen durchzogene Mantel teil.

Das Öffnen und Schliefsen der Schalen, sowie die Befestigung des Stieles wird bei den Brachiopoden lediglich durch Muskeln bewirkt, deren Zahl und Anordnung bei den zwei Hauptgruppen der Brachiopoden erheblich differiert. Bei den *Articulata* sind in der Regel mehrere Muskelpaare vorhanden, wovon die Divaricatores (Diductores) das Öffnen, die Adductores das Schliefsen der Schalen besorgen, während die Adjustores oder Stielmuskeln zur Befestigung des Stieles dienen.

Da die Anheftungsstellen der Muskeln auf der Innenseite der Schale mehr oder weniger deutliche Eindrücke hinterlassen, welche auch an fossilen Schalen erhalten bleiben, so verdienen sie eine speziellere Beachtung. Die Adductores (Fig. 467*A*) verlaufen quer von einer Schale zur andern und hinterlassen in der Mittelebene der gröfseren Ventralschale (*B*) einen in der Mitte geteilten Eindruck (*a*), auf der kleineren Dorsalschale vier paarig geordnete Eindrücke (*a*, *a'*). Die zum Öffnen dienenden zwei Paar Divaricatores (*d*) befestigen sich mit ihren dünnen Enden an dem vorspringenden Schlofsfortsatz (*pr*); das Hauptmuskelpaar (divaricatores anteriores *d*) heftet sich auf der Innenseite der grofsen Ventralschale mit seinen verbreiterten Enden beiderseits neben und vor der Basis des Schliefsmuskels an, während das andere, kleinere Paar (divaricatores accessorii *d'*) zwei kleine Anheftstellen (*d'*) hinter dem Schliefsmuskeleindruck besitzt. Neben den Muskeln zum Öffnen und Schliefsen kommen noch Stielmuskeln (Adjustores, Pediculares *p*) bei denjenigen Gattungen hinzu, welche ein solches Anheftungsorgan besitzen. Kleine Eindrücke (*p'*) dieser Muskeln sieht man in der Dorsalklappe unter dem Schlofsfortsatz. In der grofsen Ventralklappe liegen die vorderen Eindrücke (*p*) zwischen den vorderen und hinteren Divaricatoren, die hinteren (*p'*) im Grund der Schale unter dem Schlofs.

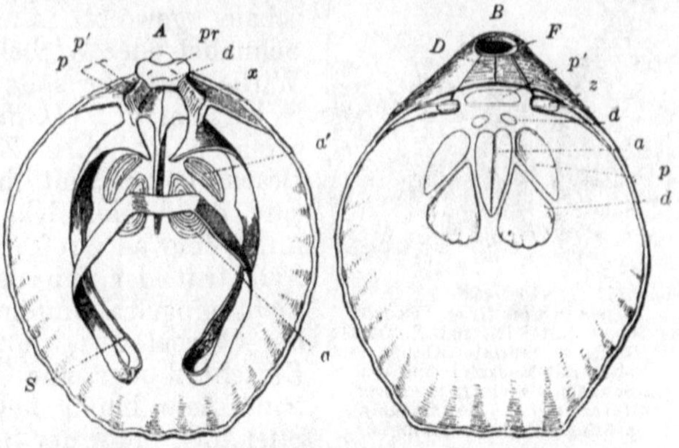

Fig. 467.
Waldheimia flavescens Val. Australien (nach Davidson).
A Dorsalschale, *B* Ventralschale von innen. *F* Schnabelloch (Foramen), *D* Deltidium, *S* Armgerüst, *pr* Schlofsfortsatz, *x* Schlofsplatte, *z* Schlofszahn, *a*, *a'* Eindrücke der Adductores (Schliefsmuskeln), *p*, *p'* Eindrücke der Stielmuskeln (Adjustores), *d*, *d'* Eindrücke der Divaricatores (Schlofsmuskeln).

Der ganze Muskelapparat der Articulaten arbeitet mit erstaunlicher Präzision. Dadurch, dafs der Schlofsfortsatz der kleinen Klappe seitlich unbeweglich zwischen den Schlofszähnen eingeklemmt ist, sich aber wie eine Tür in ihren Angeln frei in der Richtung der Mittelachse der Schale auf- und abwärts bewegen kann, bedarf es nur einer schwachen Kontraktion der Divaricatoren, um den Schlofsfortsatz etwas nach innen und vorne zu ziehen und dadurch die Klappen am Stirnrand und an den Seiten zu lüften.

Bei den Inarticulaten ist der Muskelapparat noch mannigfaltiger und komplizierter als bei den Articulaten. Hier (Fig. 468) liegen die den Divaricatoren entsprechenden Muskeln (*c*) nicht in der Mitte, sondern in der Nähe der Seitenränder und bewirken eine laterale Verschiebung der beiden Klappen. Sie heifsen darum Gleitmuskeln. Die Adductores (*a*) sind in der Ventralschale weit auseinandergerückt, und neben ihnen befinden sich die Eindrücke (*p*) der Stielmuskeln (Adjustores). Bei den verschiedenen Familien der Inarticulaten machen sich übrigens erhebliche Verschiedenheiten in der Anordnung und Zahl der Muskeln bemerkbar.

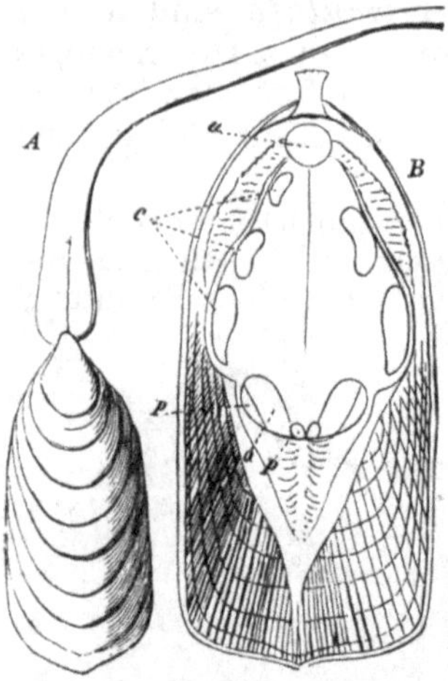

Fig. 468.
Lingula anatina Brug. Recent.
A Schale mit Stiel, natürl. Gröfse.
B Gröfsere ventrale Klappe von innen mit Muskeleindrücken.
a Schliefsmuskeln (adductores), *c* Divaricatores (Gleitmuskeln), *p* Stielmuskeln (adjustores).

Die Schale der Brachiopoden besteht aus zwei, meist ungleich grofsen, selten gleich grofsen Klappen. In der Regel ist die unten liegende Ventralklappe gröfser als die Dorsalschale, gewölbt, am Hinterrand zu einem Schnabel oder Wirbel eingekrümmt, und der Wirbel entweder spitz oder von einem runden Schnabelloch (*Delthyrium*) zum Austritt des Stieles durchbohrt. Zuweilen, namentlich bei Brachiopoden mit hornig-kalkiger Schale, sind die beiden Klappen gleich grofs oder nur wenig an Gröfse verschieden. In diesem Fall tritt der Stiel entweder zwischen den nicht eingekrümmten Wirbeln hervor, oder der Wirbel der Ventralschale besitzt einen Einschnitt oder eine Öffnung für dessen Austritt. Sehr häufig liegt die Öffnung für den Stiel auch unter der Schnabelspitze und greift zuweilen sogar auf die kleinere Dorsalschale über. Die anfänglich meist dreieckige Stielöffnung wird bei sehr vielen Brachiopoden im Lauf der Entwicklung teilweise oder auch ganz durch ein Deltidium oder Pseudodeltidium geschlossen. Das Deltidium besteht aus zwei Stücken, welche als schmale, leistenartige Kalkplättchen an beiden Seiten der Öffnung beginnen, sich allmählich vergröfsern bis sie in der Mitte unter oder über dem Schnabelloch zusammenstofsen oder letzteres umfassen. Bleiben die beiden Plättchen völlig getrennt, so heifst das Deltidium discretum (Fig. 469 *b. c.*), stofsen sie unter dem Schnabelloch zusammen, so heifst das Deltidium sectans (Fig. 467), wird die Stielöffnung unten und oben vom Deltidium umgeben, so ist dasselbe amplectans (Fig. 469 *a*). Jedes D. sectans oder amplectans beginnt in der Jugend mit einem D. discretum. Bei vielen Orthisiden, Stringocephaliden (Fig. 469 *c*) und Spiriferiden wird die dreieckige Schnabelöffnung entweder durch zwei über der Öffnung zusammenstofsende und dann immer weiter gegen den Schlofsrand wachsende Plättchen

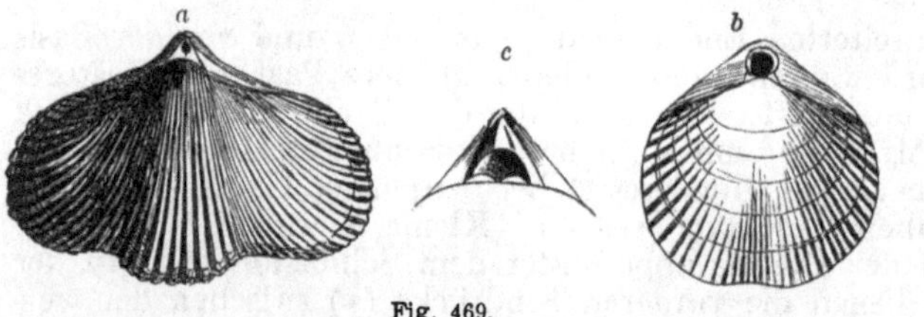

Fig. 469.
a Rhynchonella vespertilio mit Deltidium amplectens. *b Terebratella dorsata* mit Deltidium discretum. *c Stringocephalus Burtini* (jung) mit Deltidium discretum, jedoch die beiden Hälften über der Öffnung verwachsen.

oder durch eine einzige Platte (Pseudodeltidium) teilweise oder ganz geschlossen (Fig. 470). Mit der Vergröfserung des Pseudodeltidiums geht eine Verkümmerung des Stieles Hand in Hand, und bei vollständigem Verschlufs der Öffnung verschwindet derselbe gänzlich. Chilidium nennt man eine nur bei den paläozoischen Strophomeniden vorkommende Platte, welche den Schlofsfortsatz der Dorsalklappe bedeckt. Zwischen Schlofsrand und Wirbel befindet sich häufig auf der ventralen oder auch auf beiden Klappen eine abgeplattete, dreieckige Area (Fig. 470) von verschiedener Höhe, die aufsen von den zwei Schnabelkanten begrenzt wird. Sind die Schnabelkanten gerundet, und wird der Schlofsrand durch zwei winklig zusammenstofsende Schlofskanten gebildet, so entsteht eine sog. falsche Area. Bei vielen Formen mit gebogenem Schlofsrand und niedrigem Deltidium fehlt die Area.

Von den Rändern, mit welchen die zwei Schalen der Brachiopoden zusammenstofsen, zeigt der hintere oder Schlofsrand bei den Articulaten einen besonderen Apparat zur Befestigung der Klappen. Die gröfsere Ventralschale (Fig. 467) besitzt neben dem Deltidium jederseits einen zapfenartigen Vorsprung (Schlofszahn), welcher sich in eine Zahngrube der Dorsalschale einfügt; nach innen werden die Zahngruben durch die Schlofsplatten begrenzt, und letztere häufig durch vertikale oder schiefe, bis zum Grunde der Schale reichende Zahnplatten (Zahnstützen) gestützt. Auch die Schlofszähne der Ventralklappe sind häufig durch Zahnplatten verstärkt. Aufser den Zahnplatten, die manchmal eine beträchtliche Stärke erlangen, kommen zuweilen noch andere Leisten oder Scheidewände im Innern der Schalen vor, die meist zur Anheftung von Muskeln oder des Brachialapparates dienen. Am häufigsten zeigt sich ein Medianseptum von verschiedener Höhe und Länge, das unter dem Wirbel beginnt und zuweilen bis zum Stirnrand verläuft. Als Spondylium wird eine im hinteren Teil der Ventralschale befindliche Querplatte bezeichnet, die häufig durch ein Medianseptum gestützt wird (*Orthisina*) oder zwei Septen der Zahnstützen verbindet (*Merista*). Andere Leisten oder Blätter sind bei einzelnen Gattungen (*Trimerella, Thecidium, Megathyris* etc.) entwickelt und verleihen denselben ein charakteristisches Gepräge.

Fig. 470. *Cyrtina heteroclyta* mit hoher Area und Pseudodeltidium auf der grofsen Schale.

Von besonderer Wichtigkeit in systematischer Hinsicht sind die Armgerüste (Fig. 471), durch welche bei vielen Articulaten die fleischigen Spiralarme gestützt und getragen werden. Diese Brachialapparate sind stets am Schlofsrand der kleinen Dorsalschale befestigt und haben höchst mannigfaltigen Bau; sie erhalten ihre definitive Gestalt erst, wenn die Schale vollständig ausgebildet ist, und erleiden während der Entwickelung derselben zuweilen sehr beträchtliche Veränderungen.

Das einfachste Armgerüst besteht (*Rhynchonellidae*) aus zwei kurzen oder etwas verlängerten, gekrümmten Fortsätzen (Crura), welche von den Schlofsplättchen der Dorsalschale entspringen. Bei den *Helicopegmata* heften sich an die Crura zwei dünne, spiral gewundene Bänder, welche je nach der Art ihrer Aufrollung und nach der Zahl ihrer

Umgänge sehr verschiedene hohle Spiralkegel bilden (Fig. 471 *b. c. d.*). Zuweilen bestehen die spiralen Bänder aus zwei parallelen, auf- oder aneinander liegenden Blättern, wovon das eine etwas über das andere vorragt. Derartige Spiralkegel werden »diplospir« genannt (Fig. 471 *b*). Die zwei Spiralkegel sind meist durch eine Querbrücke (jugum) miteinander verbunden. Bei den Terebratuliden bilden die an die Crura angehefteten Kalkbänder kürzere oder längere, frei in die Schale herabhängende Schleifen (Fig. 471 *e—g*). Die beiden vom Schlofsgegen den Stirnrand »absteigenden« Äste oder Schenkel vereinigen sich an ihren distalen Enden entweder direkt durch eine Querbrücke oder biegen sich in einiger Entfernung vom Schlofsrand um, kehren als rücklaufende Schenkel wieder nach hinten zurück und sind dann durch

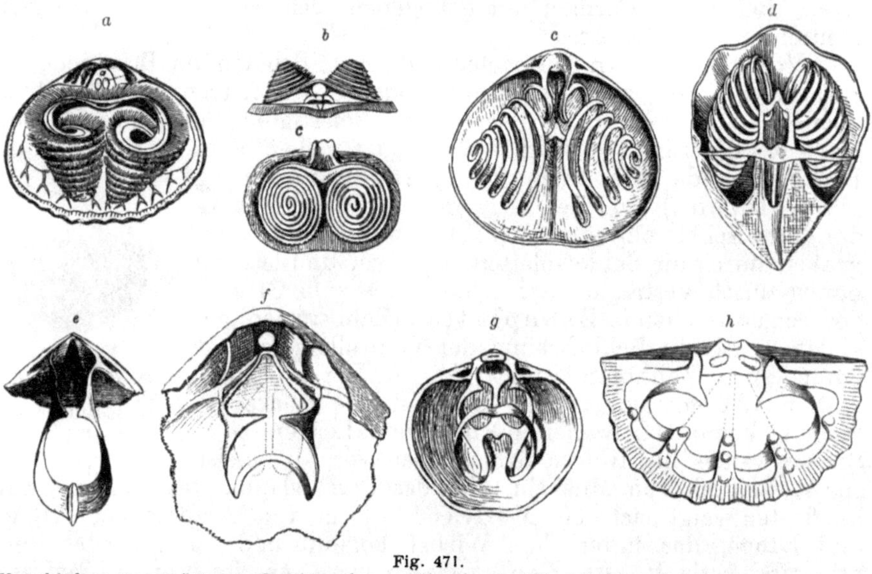

Fig. 471.

Verschiedene Armgerüste von Brachiopoden. *a Rhynchonella* (die fleischigen Spiralarme an zwei einfachen gekrümmten Haken [Crura] befestigt). *b Thecospira*, kalkige Spiralkegel von aufsen nach innen eingerollt. *c Nucleospira* und *d Cyrtia*, die kalkigen Spiralkegel von innen nach aufsen eingerollt. *e—h* Schleifenartige Armgerüste (*e Centronella, f Dielasma, g Terebratella, h Megathyris*).

ein Querband miteinander verbunden. Öfters heften sich die Schleifen auch durch quere Fortsätze an das Medianseptum der kleinen Schale an. Bei den Megathyriden (Fig. 471 *h*) und Stringocephaliden verlaufen die an die Crura befestigten Bänder parallel dem Aufsenrand der Schale und vereinigen sich in der Medianebene; zuweilen sind sie durch ein Medianseptum oder durch mehrere radiale Leisten im Innern der Dorsalschale gestützt. Die ganze Gestalt der Armgerüste ist offenbar abhängig von der Art der Einrollung der fleischigen Spiralarme. Bei der lebenden *Rhynchonella* (Fig. 471 *a*) bilden die Arme spirale Hohlkegel, und denkt man sich dieselben durch ein kalkiges Band gestützt, so erhält man genau das Armgerüst von *Atrypa*. Bei den Terebratuliden haben die fleischigen Arme zuerst die Gestalt einer Schleife und rollen sich erst mit ihren distalen Enden spiral ein; hier erhalten nur die Schleifen kalkige Träger, während bei den Spiriferiden auch die distalen Teile zu hohlen Spiralkegeln verkalken.

Die Veränderungen der Armgerüste während der ontogenetischen Entwicklung gewähren wichtige Anhaltspunkte über die verwandtschaftlichen Beziehungen der einzelnen Gattungen. Bei den mit Kalkspiralen versehenen *Helicopegmata* nimmt die Zahl der Umgänge mit dem Alter zu. Noch auffallender sind die Armgerüstveränderungen bei den Terebratuliden. Nach Oehlert und Beecher durchläuft das Armgerüst der lebenden Gattung *Waldheimia* Stadien, welche successive dem persistenten Armgerüst von *Gwynia, Cistella, Bouchardia, Megerlea, Magas, Magasella* und *Terebratella* entsprechen, und Friele hat gezeigt, dafs Entwicklungsstadien des Gerüstes von *Macandrewia cranium* zuerst mit den Gattungen *Platidia* und *Centronella*, darauf mit *Magas, Megerlea* und *Terebratella* korrespondieren.

Die Kenntnis des Armgerüstes ist fast immer zu einer sicheren Gattungsbestimmung erforderlich. Bei fossilen Brachiopoden bietet indefs die Untersuchung des inneren Baues der Schalen meist grofse Schwierigkeiten, da dieselben in der Regel fest geschlossen und mit Gesteinsmasse oder Kalkspat ausgefüllt sind. An manchen Lokalitäten sind Schalen und Armgerüste verkieselt; ist die Ausfüllungsmasse solcher Schalen in verdünnter Salzsäure löslich, so erhält man mühelos vorzügliche Präparate, welche auch die feinsten Details der Armgerüste erkennen lassen. Zuweilen kommen auch hohle Schalen mit wohlerhaltenen, jedoch häufig etwas inkrustierten Armgerüsten vor, die sich durch vorsichtiges Aufschlagen freilegen lassen. Sehr oft ist man darauf angewiesen, die kleine Schale abzusprengen und mit einer scharfen Präpariernadel die Ausfüllungsmasse zu entfernen. Es erfordert diese Manipulation nicht nur grofse Geschicklichkeit, sondern auch günstige Erhaltungsbedingungen. Das Armgerüst mufs vollständig erhalten und die Ausfüllungsmasse nicht zu hart sein. Versagen alle Mittel, so bleibt noch immer das Anschleifen auf einer mit Schmirgel bestreuten Glasplatte übrig; man schleift zuerst die kleine Schale ab, bis sich die ersten Spuren des Gerüstes zeigen, reinigt und poliert die Schliffläche und zeichnet das erhaltene Bild genau ab; darauf wird etwas weiter geschliffen, abermals gereinigt und gezeichnet und so schliefslich aus einer gröfseren Anzahl von Parallelschliffen das Bild des ganzen Armgerüstes rekonstruiert.

Die äufsere Form und Verzierung der Schale liefern ebenfalls wichtige Unterscheidungsmerkmale. Meist sind beide Klappen ungleich; die untere, gröfsere stärker gewölbt als die kleinere Dorsalschale, die zuweilen ganz flach oder sogar konkav wird. Einer Einsenkung (sinus) in der Nähe des Stirnrandes entspricht meist eine wulstartige Erhöhung (jugum, bourrelet) auf der anderen Schale. Die Verzierung der Oberfläche besteht am häufigsten aus einfachen oder dichotom gegabelten radialen Rippen, Falten oder feinen Streifen und Linien, zuweilen auch aus Stacheln oder röhrigen Fortsätzen. Als *Loricatae* bezeichnete L. v. Buch solche Brachiopoden, bei denen radiale Falten oder Rippen regelmäfsig verteilt sind und wo einer erhabenen Rippe auf dem Stirnrand der einen Schale eine vertiefte Rinne auf der anderen entspricht; bei den *Biplicatae* wird ein Medianwulst oder Sinus jederseits durch eine grobe Falte begrenzt, bei den *Cinctae* stofsen zwei Rippen oder Falten der beiden Schalen so zusammen, dafs der Stirnrand nicht wie bei den Biplicaten eine wellige, sondern eine gerade Linie bildet. An jugendlichen Exemplaren sind Rippen und Falten schwächer und weniger zahlreich als an ausgewachsenen, und auch die Wülste und Buchten kaum entwickelt. Im senilen Zustand verdicken sich die Schalen und erhalten staffelförmige Zuwachsstreifen.

Spuren von Färbung (radiale Bänder oder Flecken) lassen sich zuweilen auch an fossilen Brachiopoden beobachten.

Die Struktur der Schale weicht erheblich von jener der Mollusken ab. Bei den Articulaten besteht sie im wesentlichen aus einem Kalkblatt von geringer Dicke, das aus parallelen, schief gegen die Oberfläche gerichteten Kalkspatprismen (Fig. 472) zusammengesetzt ist. Bei den Thecideiden verschmelzen die Prismen so innig miteinander, dafs eine fast homogene Struktur entsteht. Sehr häufig wird die Prismenschicht von senkrechten, nach aufsen mehr oder weniger trompetenartig erweiterten Kanälen durchzogen, welche Fortsätze der Mantellappen enthalten. Da jedoch die Kalkschale aufsen von einer dichten, organischen, chitinartigen Epidermis (Periostracum) überzogen ist, so kommunizieren diese Kanäle nicht mit der Aufsenwelt. An fossilen und an recenten, durch Kalilauge von der Epidermis befreiten, Schalen machen sich die Kanalöffnungen als feine, mit der Lupe sichtbare Punkte der Oberfläche bemerkbar (Fig. 473). Man unterscheidet nach dem Vorhandensein oder Fehlen von solchen Kanälchen punktierte und nichtpunktierte oder faserige Schalen.

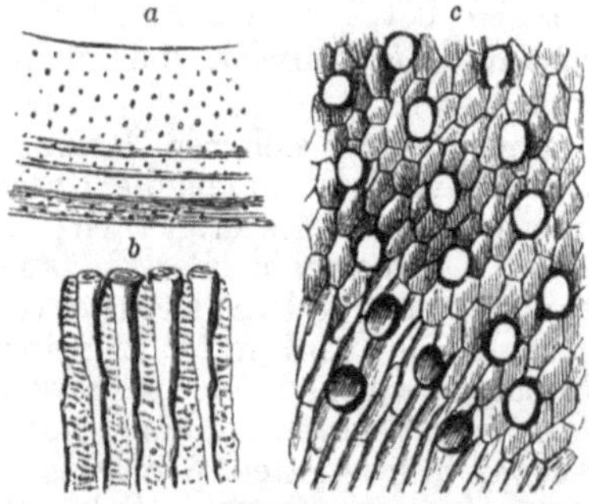

Fig. 473.
a Punktierte Oberfläche einer *Terebratula* (schwach vergröfsert). *b* Vertikalschnitt durch die Schale von *Waldheimia flavescens*, um die gegen aufsen trompetenartig erweiterten, nach innen verengten Kanäle zu zeigen (in 100facher Vergröfserung). *c* Innenfläche einer punktierten Schale von *Waldheimia* mit den Öffnungen der Vertikalkanäle und den schiefen Kalkprismen in 100facher Vergröfserung (nach Carpenter).

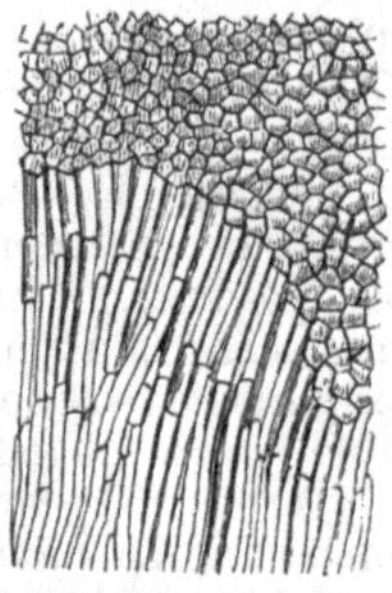

Fig. 472.
Prismatische Faserstruktur der Schale von *Rhynchonella psittacea* in 100facher Vergröfserung. (Nach Carpenter.)

Unter den Inarticulaten besitzen die Craniiden und Trimerelliden dicke Schalen aus konzentrischen Lagen von kohlensaurem Kalk. Bei Crania dringen von innen vertikale, distal verästelte Kanäle in die homogene Kalkschicht ein, bei den Linguliden und Oboliden besteht die Schale aus abwechselnden Schichten von phosphorsaurem (mit kohlensaurem) Kalk und einer hornartigen glänzenden organischen Verbindung (Keratin). Die Kalkschichten sind prismatisch und von zahlreichen feinen Röhrchen durchbohrt (Fig. 474).

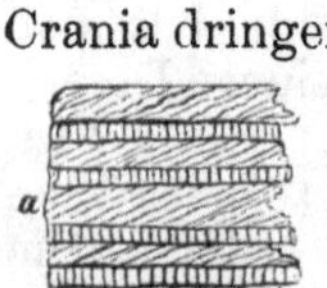

Fig. 474.
Vertikalschnitt durch eine Lingula-Schale, um die abwechselnd hornigen (*a*) und kalkigen (*b*) Schichten zu zeigen, stark vergröfsert. (Nach Gratiolet.)

Die Ontogenie ist bis jetzt von *Cistella*, *Terebratulina*, *Terebratula*, *Lacazella*, *Glottidia* und *Discinisca* bekannt und stimmt in den ersten Entwicklungs- und Larvenstadien mit Bryozoen und Anneliden überein. Die erste Anlage der Schale, das sogenannte Protegulum, beginnt schon frühzeitig und hat nach Beecher bei allen Brachiopoden übereinstimmende Gestalt. Es besteht aus zwei halbkreisförmigen, durch einen geraden Schlofsrand verbundenen Klappen, bleibt zuweilen auf den Wirbelspitzen junger, aber bereits vollständig ausgebildeter Schalen noch längere Zeit sichtbar, oder hinterläfst daselbst einen deutlichen Abdruck, wird aber in der Regel sehr bald durch das entstehende Schnabelloch und durch Abreibung zerstört.

Die cambrische Gattung *Paterina* stellt nach Beecher ein persistentes Protegulum dar; bei den Linguliden tritt der Stiel noch zwischen den beiden Klappen heraus, bei *Obolus* und *Discina* sind bereits auf beiden Klappen Ausschnitte für denselben vorhanden, die sich jedoch bei weiterer Entwicklung teilweise wieder schliefsen. Mit der Entwicklung des Stieles finden auch Veränderungen in der Ausbildung der beiden Schalen statt; tritt der Stiel zwischen denselben heraus *(Lingulidae)*, so behalten sie nahezu gleiche Gröfse und Gestalt; rückt der Stiel ganz in die Ventralschale, so gewinnt diese ansehnlichere Gröfse. Die Schnabelöffnung bildet sich in verschiedener Weise aus und wird später wieder durch ein Deltidium oder Pseudodeltidium eingeschränkt oder auch gänzlich geschlossen. Der Brachialapparat entwickelt sich meist erst vollständig, wenn die Schalen ihre definitive Gestalt erlangt haben.

Lebensweise. Sämtliche Brachiopoden sind Meeresbewohner und finden sich in allen Zonen und Tiefen, am häufigsten in gröfserer Tiefe, doch lieben die mit Hornschale versehenen Formen *(Lingulidae, Discinidae)* seichtes Wasser und schlammigen oder sandigen Boden, während die Articulaten und Craniaden, vorzugsweise in mittleren Tiefen von 50, 100 bis 500 Faden vorkommen. Sie scheinen meist gesellig zu leben und werden in der Regel in gröfserer Zahl durch das Schleppnetz hervorgeholt. Man kennt etwa 130—140 lebende Arten, denen ca. 6000 fossile gegenüberstehen.

Systematik. Der erste Klassifikationsversuch von Leop. v. Buch berücksichtigte vorzüglich die Beschaffenheit der Schnabelregion, die Anwesenheit oder den Mangel eines Stieles und eines Deltidiums, sowie die äufsere Gestalt und oberflächliche Verzierung der Schale. Deshayes teilte die Brachiopoden zuerst in die zwei Gruppen *Articulés* und *Libres* ein. Die systematische Wichtigkeit der inneren Schalenmerkmale: des Schlosses, der Muskeleindrücke, der Scheidewände und namentlich des Armgerüstes betonte zuerst King (1846); die von King vorgeschlagene Klassifikation wurde von Th. Davidson weiter ausgebaut und verbessert. Die musterhaften Monographien Davidsons bilden noch heute die Grundlage für fast alle systematischen Arbeiten über fossile und lebende Brachiopoden. Der neueste, von amerikanischen Paläontologen vielfach angenommene Klassifikationsversuch von Beecher (1889) stützt sich auf embryologische Merkmale und teilt die Brachiopoden in *Atremata*, *Neotremata*, *Protremata* und *Telotremata* ein. Die beiden ersten Ordnungen entsprechen den Inarticulaten, die zwei letzten den Articulaten. Bei den Atremata tritt der Stiel zwischen den beiden Klappen hervor und ist nie von Schale umgeben. *(Obolidae, Lingulidae, Trimerellidae)*; bei den Neotremata ist die Stielöffnung auf die Ventralschale beschränkt und öfters durch ein Deltidium modifiziert *(Acrotretidae, Siphonotretidae, Discinidae, Craniidae)*. Auch bei den mit Schlofs versehenen Protremata befindet sich die Stielöffnung lediglich in der Ventralschale und ist mit Deltidium versehen, das aus einem Prodeltidium hervorgeht; Armgerüste fehlen *(Strophomenidae, Thecidiidae, Productidae, Pentameracea)*; bei den Telotremata befindet sich die Stielöffnung in den frühesten Jugendstadien zwischen den beiden Klappen und rückt erst später in die Ventralschale, wo sie von einem Deltidium begrenzt ist. Armgerüste vorhanden *(Rhynchonellacea, Terebratulacea)*.

1. Ordnung. **Inarticulata.** (Desh.) Huxley.

(*Lyopomata* Owen, *Pleuropygia*, *Ecardines* Bronn, *Tretenterata* King.)

Die zwei hornig kalkigen oder kalkigen Klappen ohne Schloſsverbindung, lediglich durch Muskeln zusammengehalten. Magendarm neben der Mundöffnung in einer Afteröffnung endigend. Arme sehr entwickelt, fleischig. Armgerüst fehlt.

1. Familie. **Obolidae.** King.

Schale kalkig-hornig, etwas ungleichklappig, rundlich oder oval, glatt; Schloſsrand beiderseits verdickt, die Ventralschale am Schloſsrand über die Dorsalschale vorragend, mit quergestreifter Area unter dem Wirbel und Furche zum Austritt des Stieles. Muskeleindrücke kräftig, die der seitlichen Gleitmuskeln groſs, einfach.

Diese ausgestorbene paläozoische Familie enthält die ältesten Vertreter der Brachiopoden und ist vorzugsweise in cambrischen und silurischen Ablagerungen verbreitet.

Obolus Eichw. (*Ungula, Ungulites* Pand., *Aulonotreta* Kutorga, *Acritis, Schmidtia* Volborth) (Fig. 475). Schale kreisrund oder oval, mäſsig gewölbt, glatt. Schloſsrand verdickt, die Ventralschale mit schwachem Medianseptum. *O. Apollinis* Eichw. ungemein häufig im cambrischen »Unguliten-Sandstein« von St. Petersburg.

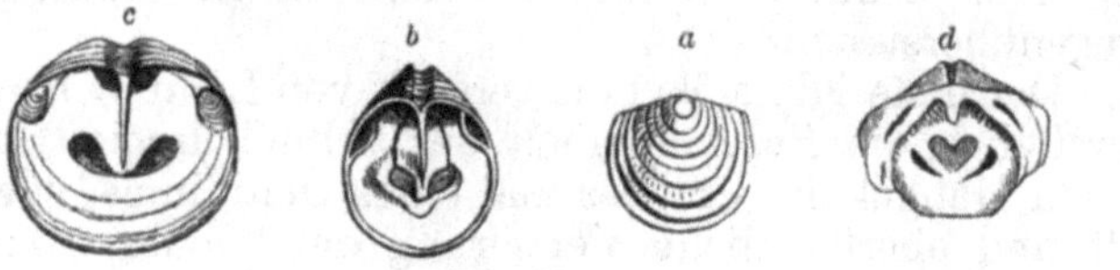

Fig. 475.
Obolus Apollinis Eichw. Cambrium. St. Petersburg. *a* Kleine Schale von auſsen, *b*, *c* groſse, *d* kleine Schale von innen. Nat. Gröſse.

Fig. 476.
Spondylobolus craniolaris M'Coy. Unt.-Silur. Irland. (Nat. Gröſse.) (Nach Davidson.)

Obolella, Kutorgina Billings, *Paterina* Beecher, *Mikwitzia* Schmidt. Kambrium.

Lingulella Salt. Schale breit, länglich vierseitig oder dreiseitig. Ventralschale zugespitzt, unter dem Wirbel eine dreieckige Area mit Stielfurche. Gleitmuskeln kleiner und weniger randständig als bei *Obolus*. Kambrium bis Devon. In Europa und Nordamerika. *L. Davisii* M'Coy.

Lingulepis Hall. Schale klein, oval dreiseitig, Ventralschale zugespitzt, mit ziemlich hoher Area und Medianseptum. Kambrium. Nordamerika. *L. pinnaeformis* Hall.

Leptobolus Hall, *Paterula* Barr., *Spondylobolus* M'Coy (Fig. 476). Silur.

Neobolus Waagen. Permo-Karbon. Indien.

2. Familie. **Lingulidae.** King.

Schale hornig-kalkig, fast gleichklappig, länglich vierseitig, oval oder subtriangulär, am Hinterrand verschmälert, winklig und etwas klaffend. Stiel lang, kräftig, zwischen den Schalen vortretend. Die fünf paarigen Muskeleindrücke klein, symmetrisch um die zentrale Region angeordnet; der unpaare Adductor in der Mitte vor dem Wirbel gelegen.

Hauptentwicklung im Silur und Devon, weniger häufig im Mesozoicum und in der Jetztzeit.

Lingula Brug. (*Glossina* Phill.) (Fig. 477, 478). Schale dünn, zusammengedrückt, glänzend, meist glatt oder fein konzentrisch, seltener radial gestreift, am Stirnrand breit, am Hinterrand verschmälert, die Wirbel spitz. Häufig in silurischen und devonischen (vielleicht schon in kambrischen?) Ablagerungen; seltener vom Karbon an, jedoch in allen Formationen bis zur Jetztzeit vorhanden.

Glottidia Dall. Recent.

Dignomia Hall. In einer oder in beiden Schalen ein starkes Medianseptum. Silur. Devon. *D. alveata* Hall.

Lingulops Hall (Silur, Devon), *Lingulasma* Ulrich (Silur), *Barroisella*, *Thomasina* Hall und Clarke (Silur).

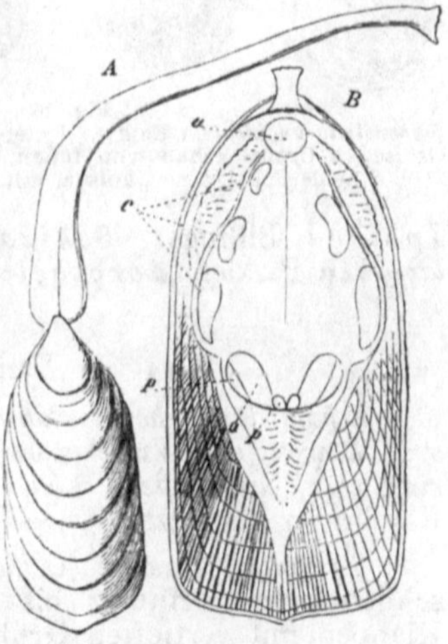

Fig. 477.
Lingula anatina Brug. Lebend.
A Schale mit Stiel, *B* grofse Schale von innen.

3. Familie. **Trimerellidae.** Dav. u. King.

Schale kalkig, dick, ungleichklappig, von mäfsiger Gröfse. Ventralschale mit hoher dreieckiger, quergestreifter Area und Furche zum Stielaustritt. Schlofsrand dick. Beide Schalen mit einem Medianseptum, das ein ziemlich breites konkaves oder gewölbtes Kalkblatt trägt. Seitliche Gleitmuskeln lang, die mittleren Muskeleindrücke auf der zentralen Platte.

Im oberen Silur von Europa (Gotland, Livland, England, Nordamerika).

Trimerella Billings (*Gotlandia* Dall) (Fig. 479) Zentralplatte gewölbt und seitlich eingerollt. Ober-Silur.

Fig. 478.
Lingula Lewisii Sow.
Ob. Silur. Gotland.

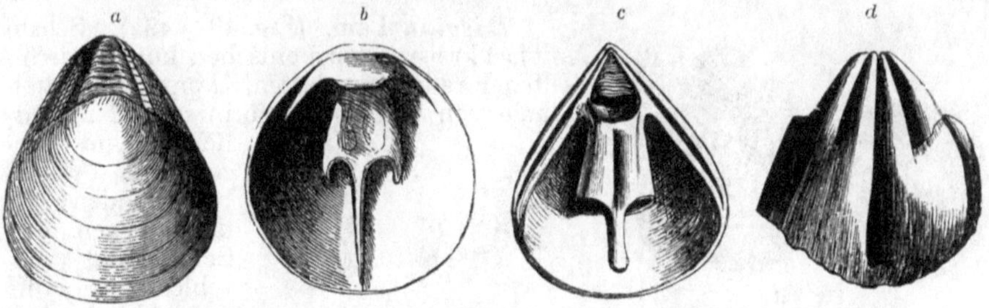

Fig. 479.
Trimerella Lindstroemi Dall sp. Ober-Silur. Gotland. 1/2 nat. Gröfse. *a* Beide Schalen von aufsen, *b* innere Ansicht der kleinen, *c* der grofsen Schale, *d* Steinkern. (*a*, *b* nach Davidson, *c*, *d* nach Lindström.)

Monomerella Billings, Zentralplatten herzförmig, schwach konkav. Ob. Silur. *M. prista* Billings.

Dinobolus, *Rhinobolus* Hall. Ob. Silur. *Lakhmina* Oehlert (*Davidsonella* Waagen). Kambrium.

4. Familie. **Siphonotretidae.** Kutorga.

Schale kalkig-hornig, ungleichklappig. Ventralschale mit quergestreifter Area, der Wirbel von einer runden Stielöffnung durchbohrt. Seitliche Muskeleindrücke fehlen. Im Kambrium und Silur.

Siphonotreta Vern. (Fig. 480). Schale länglich oval, mäfsig gewölbt; Oberfläche mit hohlen Stacheln bedeckt oder punktiert. Ventralschale mit dreieckiger Area. Die runde, auf der Rückseite des Wirbels befindliche Stielöffnung steht mit einer Röhre in Verbindung, die unter dem Schloſsrand mündet. Unt. Silur.

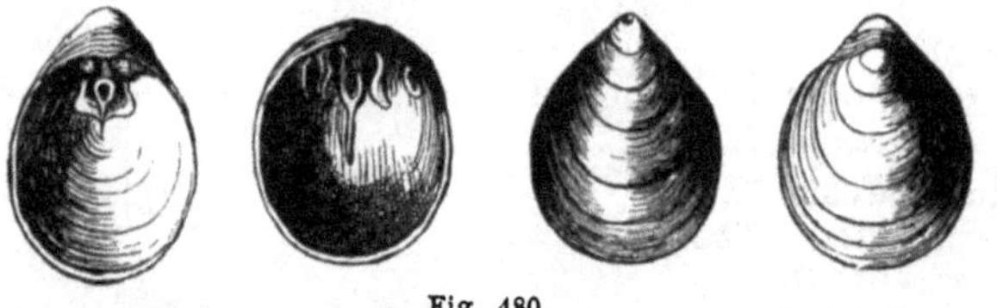

Fig. 480.
Siphonotreta unguiculata Eichw. Unter-Silur. St. Petersburg. Nat. Gröſse. *a* Groſse Schale von innen, *b* kleine Schale von innen, *c*, *d* beide Schalen von auſsen, mit abgeriebener Oberfläche.

Acrotreta Kutorga. Ventralschale stark gewölbt, mit sehr hoher dreieckiger Area, darin eine seichte Medianfurche. Schnabelspitze mit runder Öffnung. Kambrium. Silur.

Conotreta Walcott, *Iphidea* Billings. *Schizambonia* Walcott, *Helmerensia*, *Keyserlingkia* Pander, *Acrothele* Linnarson. Kambrium.

5. Familie. **Discinidae.** Gray.

Schale dünn, hornig-kalkig, firniſsglänzend, ungleichklappig, kreisrund oder oval, konvex, die Wirbel subzentral. Ventralschale mit einer schlitzförmigen oder rundlichen, hinter dem Wirbel beginnenden Stielöffnung. Muskeleindrücke kräftig. Kambrium bis jetzt.

Trematis Sharpe (*Orbicella* d'Orb). Ventralschale gewölbt. Die groſse schlitzförmige Öffnung bis zum Schloſsrand reichend. Oberfläche beider Klappen mit vertieften Grübchen bedeckt. Silur. England. Nord-Amerika.

Schizocrania Hall und Whitf. Schale konzentrisch oder radial gestreift. Ventralklappe mit sehr groſser, dreieckiger, vom Schloſsrand bis zum zentralen Wirbel reichender Stielöffnung. Unt. Silur. Nord-Amerika.

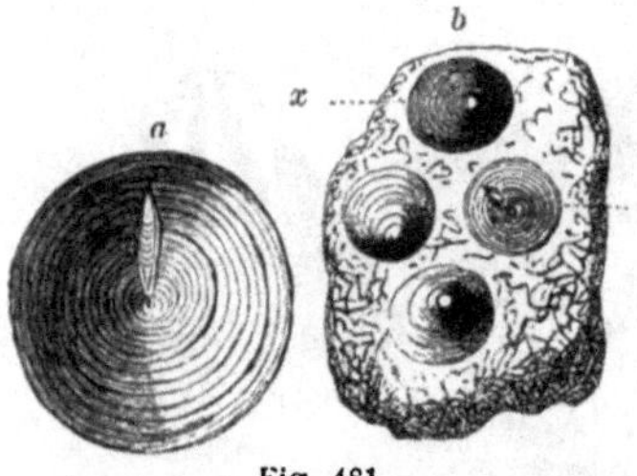

Fig. 481.
a Discina (*Orbiculoidea*) *Circe* Billings. Unter-Silur. Belleville, Canada. Unterschale in nat. Gröſse. (Nach Billings). *b Discina* (*Orbiculoidea*) *nitida* Phil. Kohlenkalk. Missouri, Nord-Amerika. (*x* Oberschale, *y* Unterschale, nat. Gr.)

Discina Lam. (Fig. 481. 482). Schale mit fast kreisrunden, konischen, konzentrisch-, seltener radial gestreiften Klappen. Ventralschale von einer schlitzförmigen oder rundlichen, am subzentralen Wirbel beginnenden, jedoch gegen den Schloſsrand geschlossenen Öffnung durchbohrt. Silur bis Jetztzeit.

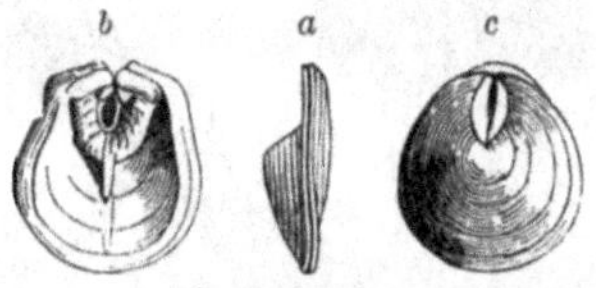

Fig. 482.
Discinia (*Discinisca*) *lamellosa* Brod. Recent. Peru *a* Beide Schalen von der Seite. *b* Unterschale von innen. *c* Unterschale von auſsen.

Die Gattung *Discina* wurde neuerdings hauptsächlich nach der Beschaffenheit der Stielöffnung in mehrere Subgenera zerlegt, wovon *Schizotreta* Kutorga, *Oehlertella*, *Lindstroemella*, *Roemerella* Hall kambrische, silurische und devonische Formen, *Orbiculoidea* d'Orb. die paläozoischen und mesozoischen Arten mit hochgewölbter Dorsalschale enthalten; die Namen *Discina* s. str. und *Discinisca* Dall werden auf tertiäre und recente Formen beschränkt.

6. Familie. **Craniidae.** Forbes.

Schale kalkig, ohne Stielöffnung, die ungleichen Klappen konisch oder abgeplattet. Ventralschale aufgewachsen, kleiner als die Oberschale. Innere Schalenränder breit, glatt oder gekörnelt. Jede Schale mit starken Muskeleindrücken, davon zwei vor dem Schloſsrand, zwei in der Nähe der Schalenmitte; zwischen den zwei subzentralen Muskeleindrücken der Unterschale ein dreieckiger Vorsprung (Rostellum). Schalenstruktur dicht von distal geästelten Kanälchen durchsetzt.

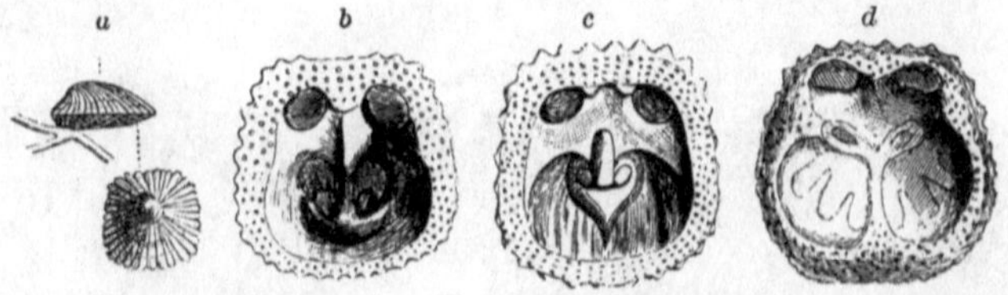

Fig. 483.
Crania Ignabergensis Retzius. Oberste Kreide von Ignaberga in Schonen. *a* Exemplar in nat. Gröſse von der Seite und von oben, *b* und *c* Innenseite der Unterschale, *d* Innenseite der Oberschale vergröſsert.

Die vom Silur bis in die Jetztzeit fortdauernde Gattung *Crania* Retz. (Fig. 483 bis 485) wird nach der Beschaffenheit der Muskeleindrücke und des dreieckigen Vorsprungs der Ventralschale in mehrere Subgenera (*Craniella* Oehlert, *Cardinocrania* Waagen, *Ancistrocrania*, *Craniscus* Dall, *Pholidops* Hall, *Pseudocrania* M'Coy) zerlegt. Hauptverbreitung in der Kreide. Die vier Muskeleindrücke und der nasenförmige Vorsprung der Ventralschale erinnern an einen Totenkopf.

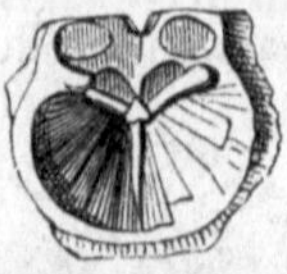

Fig. 484.
Crania (*Craniscus*) *velata* Quenstedt. Ob. Jura. Oerlinger Tal. Unterschale von innen, nat. Gröſse. (Nach Quenstedt.)

Fig. 485.
Crania (*Ancistrocrania*) *Parisiensis* Defr. Ob. Kreide. *a* Oberschale von der Seite, *b* von innen, *c* Unterschale von innen. Nat. Gröſse.

2. Ordnung. **Articulata.** Huxley.

(*Arthropomata* Owen, *Apygia, Testicardines* Bronn, *Clistenterata* King.)

Beide Schalen durch Schloſs verbunden, stets kalkig, mit oder ohne Armgerüst. Magendarm (bei den lebenden Gattungen) blind endigend.

Die Articulaten zerfallen in vier Unterordnungen: *Aphaneropegmata, Helicopegmata, Ancistropegmata* und *Ancylopegmata.*

A. Unterordnung. **Aphaneropegmata.** Waagen.

Armgerüst fehlt.

1. Familie. **Strophomenidae.** King.

Schale ungleichklappig. Schloſsrand gerade, meist lang, darüber in jeder Schale eine dreieckige Area. Stielöffnung eine dreieckige Spalte unter dem Wirbel der Ventralschale, häufig durch ein Pseudodeltidium teilweise oder ganz geschlossen. Ventralschale mit zwei starken Schloſszähnen, welche den Schloſsfortsatz der Dorsalschale umfassen. Muskeleindrücke kräftig. Kambrium bis Lias. Hauptverbreitung in Silur und Devon.

Orthis Dalm. (*Hysterolithus* Aldr., *Orthambonites* Pander, Fig. 486—89). Schale vierseitig bis oval, meist radial gestreift oder gerippt. Beide Schalen entweder konvex oder die obere flach. Schloſsrand gerade; Area jederseits mit offener Deltidialspalte. Die starken Schloſszähne der Ventralklappe

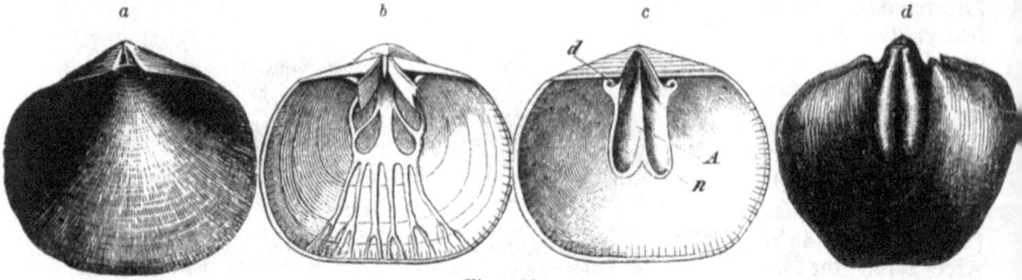

Fig. 486.
Orthis (Schizophoria) striatula Schloth. sp. Devon. Gerolstein, Eifel. *a* Von auſsen, *b* Dorsalschale von innen, nat. Gröſse, *c* Ventralschale von innen. *d* Steinkern von *Orthis (Hysterolithus) vulvaria* Schloth. aus dem Spiriferensandstein von Niederlahnstein, nat. Gröſse.

und die Schloſsplättchen der Dorsalklappe durch Zahnstützen getragen. Im Innern beider Klappen häufig ein Medianseptum vorhanden. Silur bis

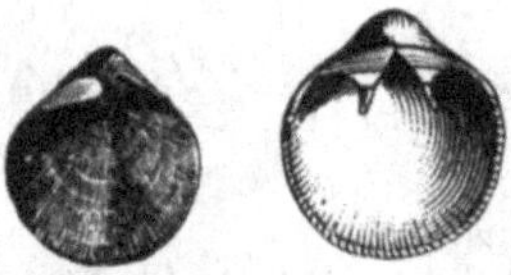

Fig. 487.
Orthis (Dalmanella) elegantula Dalm. Ob. Silur. Gotland. Nat. Gröſse.

Fig. 489.
Orthis (Platystrophia) lynx Eichw. Unter-Silur. Cincinnati, Ohio. Nat. Gröſse.

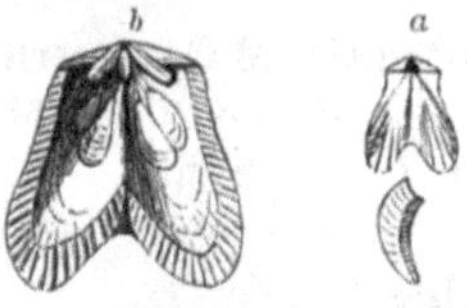

Fig. 488.
Orthis (Dicoelosia) biloba Lin. sp. Ob. Silur. Gotland. *a* Nat. Gr. *b* Kleine Schale von innen, vergr.

Perm. Im Silur allein über 400 Arten. Die Gattung *Orthis* wird von Hall und Clarke in 15 Subgenera (*Plectorthis, Hebertella, Schizophoria, Platystrophia, Bilobites, Dicoelosia, Orthostrophia, Dallmanella* etc.) zerlegt. Für die aus kambrischen Ablagerungen stammenden, ältesten Formen, bei denen die Deltidialspalte durch ein Pseudodeltidium geschlossen ist, werden die Gattungen *Billingsella, Protorthis* und *Polytoechia* Hall aufgestellt.

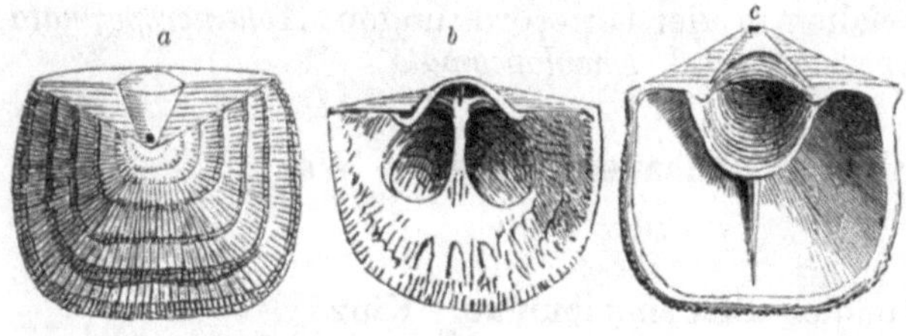

Fig. 490.
a Orthisina ascendens Pand. Unter-Silur. Pawlowsk bei St. Petersburg Nat. Gr. *b, c Orthisina squamata* Pahlen. Unter-Silur. Kuckers, Esthland. *b* Kleine Schale von innen, *c* groſse Schale von innen (nach Pahlen).

Scenidium Hall (*Mystrophora* Kayser) Silur Devon.

Orthisina d'Orb. (*Clitambonites, Pronites, Hemipronites, Gonambonites* Pander) (Fig. 490). Beide Schalen konvex, faserig; Area der Ventralschale hoch, das Pseudodeltidium von einer runden oder ovalen Stielöffnung durchbohrt. Zahnstützen der Ventralschale verwachsen und zu einem löffelförmigen, konkaven Fortsatz (Spondylium) des Schloſsfortsatzes umgestaltet, welcher zur Befestigung von Muskeln dient und durch ein Medianseptum gestützt wird. Unt. Silur.

Strophomena (Raf.) Blainv. (*Rafinesquina* Hall) (Fig. 491). Schale punktiert, konvex-konkav, quer vierseitig bis halbkreisförmig, radial gestreift. Schloſsrand gerade, lang, der gröſsten Breite der Schale entsprechend. Ventralschale schwach konvex, Dorsalschale konkav. Beide Schalen mit Area, stark genähert, so daſs nur ein enger Raum für die Weichteile übrig bleibt. Wirbel der groſsen Schale in der Jugend durchbohrt, später geschlossen und spitz; die dreieckige Stielspalte durch ein Pseudodeltidium geschlossen, Schloſszähne divergierend und durch Zahnplatten gestützt, die zwei groſsen Muskeleindrücke durch ein Medianseptum getrennt. Dorsalschale mit kurzem, zweilappigem Schloſsfortsatz. Blutgefäſseindrücke, zuweilen auch Eindrücke der spiral eingerollten fleischigen Arme, namentlich im Innern der Ventralschale deutlich sichtbar. Sehr verbreitet in zahlreichen Arten im Silur, Devon und Karbon; die ältesten Vertreter dieser Gattung (*Kutorgina* Billings, *Billingsella* Hall und Cl.) aus dem Kambrium sind nach Schuchert Vertreter besonderer Familien.

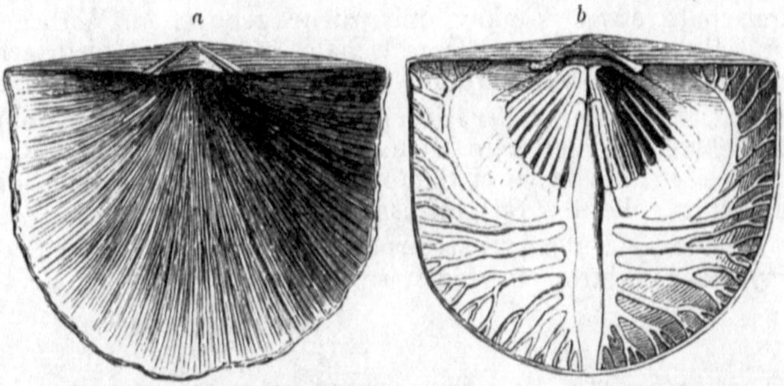

Fig. 491.
a Strophomena (*Rafinesquia*) *alternata* Conrad. Unter Silur. Cincinnati, Ohio. Nat. Gr. *b Str. expansa* Sow. sp. Groſse Klappe von innen mit Muskel- und Gefäſseindrücken.

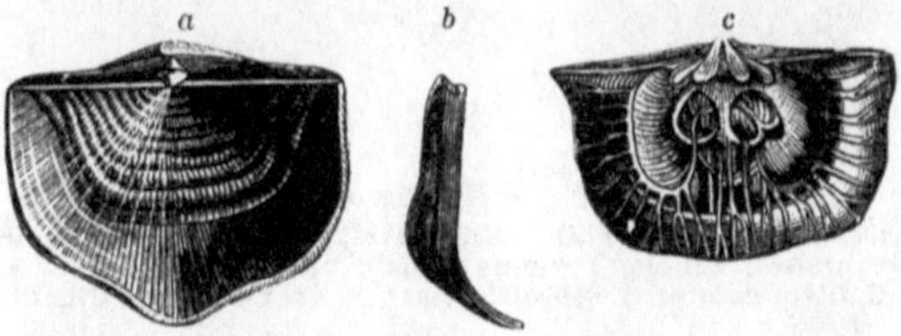

Fig. 492.
Strophomena (*Leptagonia*) *rhomboidalis* Wahlenbg. Ob. Silur. Gotland. *a* Schale von vorn, *b* von der Seite, *c* Innenseite der kleinen Klappe.

Das Subgenus *Leptagonia* (M'Coy Fig. 492) zeichnet sich durch querrunzlige Verzierung und durch die starke Umbiegung des Randes der Ventralschale aus; bei *Strophodonta* Hall (*Douvillina* Oehlert) ist der Schloſsrand fein gezähnt; bei *Strophonella* Hall der Rand der Dorsalschale umgebogen und die Ventralschale konkav.

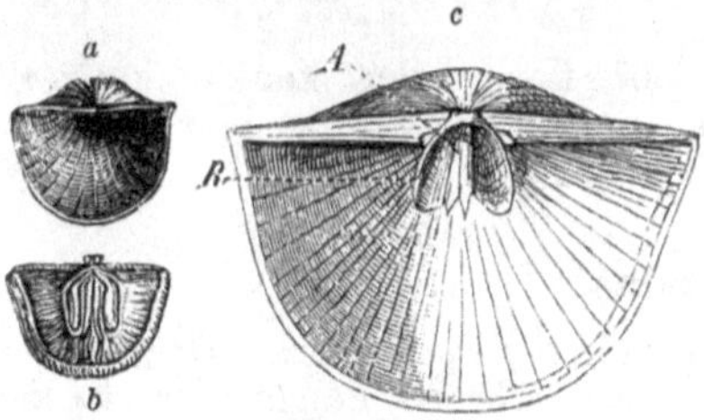

Fig. 493.
Leptaena transversalis Dalm. Ob. Silur. Gotland. *a* Schale von auſsen, *b* kleine Klappe von innen, nat. Gröſse, *c* groſse Klappe von innen, vergr. (*A* Adductores, *R* Divaricatores.)

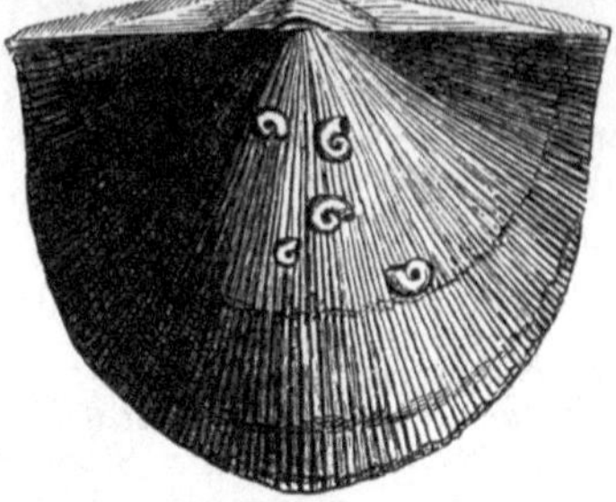
Fig. 494.
Orthothetes umbraculum Schloth. sp. Devon. Gerolstein. Eifel. Nat. Gröſse.

Leptaena Dalm, emend. Davids. (*Christiania* Hall, *Plectambonites* Pander) (Fig. 493) hat eine konvexe Ventral- und eine konkave Dorsalschale; der Schloſsfortsatz der Oberschale ist dreilappig, die Muskeleindrücke sind tief, verlängert. Silur bis Karbon.

Leptella Hall, *Leptaenisca* Beecher. Silur.

Tropidoleptus Hall (Silur, Devon), *Vitulina* Hall (Devon).

Orthothetes Fischer (*Hipparionyx* Vanux.) (Fig. 494. 495). Schale bikonvex oder konvex-konkav, radial gestreift. Schlofsrand sehr lang. Ventralschale etwas konkav, mit zurückgebogenem Wirbel, mäfsig hoher Area und Pseudodeltidium. Dorsalschale konvex mit niedriger Area und Medianseptum. Silur bis Karbon.

Das Subgenus *Streptorhynchus* King hat eine hohe Area in der Ventralschale, dagegen kein Medianseptum; der starke Schlofsfortsatz der Dorsalklappe wird von zwei Septen gestützt, welche auch die Muskeleindrücke umgeben. Perm. *St. pelargonatus* Schloth sp.

Derbyia Waagen (Karbon bis Perm) unterscheidet sich von *Streptorhynchus* nur durch ein Medianseptum in der Ventralschale, bei *Meekella* White und St. John (Karbon) sind die Schlofszähne der Ventralschale durch starke Zahnplatten gestützt.

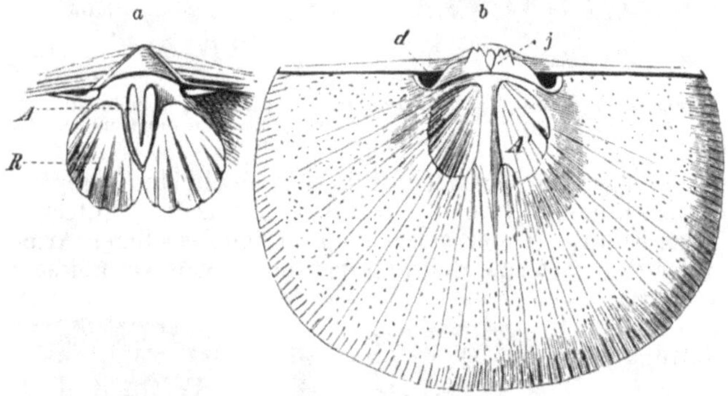

Fig. 495.
Orthothetes crenistria Phill. Kohlenkalk. Wexford. *a* Innerer Schlofsrand der grofsen Schale, *b* kleine Schale von innen (*A* und *A'* Adductores, *R* Divaricatores, *j* Schlofsfortsatz, *d* Zahngruben). Nach Davidson.

Fig. 496.
Davidsonia Bouchardiana de Kon. Devon. Gerolstein. Eifel. Innenseite der gröfseren aufgewachsenen Klappe mit spiralen Anschwellungen. $^2/_1$.

Kayserella Hall. Devon. Kleine Orthothetes ähnliche Schalen mit hoher Area. *K.* (*Orthis*) *lepida* Schnur.

Triplesia Hall, *Mimulus* Barr, *Streptis* Dav. (Silur).

Davidsonia Bouchard (Fig. 496.) Schale quer verbreitert, halbkreisförmig, beiderseits mit Area und Pseudodeltidium. Ventralschale aufgewachsen; im Innern zwei flach konische Spiraleindrücke (wahrscheinlich von fleischigen Armen) mit 5—6 Umgängen. Muskeleindrücke unmittelbar vor dem Schlofs. Devon.

Cadomella Mun.-Chalmas. Schale sehr flach oder konkav-konvex. Zwischen den zwei Stofszähnen der Ventralschale ein napfförmiger Fortsatz zur Insertion der Divarikatoren. Ob. Lias. *C. Moorei* Davids.

2. Familie. **Productidae.** Gray.

Schale frei oder mit der gewölbten Unterschale festgewachsen; Dorsalschale flach oder konkav. Schlofsrand gerade, lang. Oberfläche der Schale oder nur die Schnabelkanten mit hohlen Stacheln besetzt. Schlofszähne kräftig oder verkümmert; Schlofsfortsatz vorragend. Muskeleindrücke mehr oder weniger tief; aufserdem in der Dorsalschale zwei nierenförmige, aufsen durch eine erhabene Leiste begrenzte Eindrücke (Spiralarme?), denen im Innern der Ventralschale zuweilen schwache, spirale Eindrücke entsprechen. Silur bis Perm.

Chonetes Fischer (Fig. 497). Schale quer verlängert, halbkreisförmig, konkav-konvex. Beide Schalen mit Area und Pseudodeltidium. Ventralschale mit starken Schlofszähnen, die Schnabelkanten mit Röhren besetzt, welche mit dem Innern kommunizieren. Dorsalschale mit gespaltenem Schlofsfortsatz und mehr oder weniger deutlichen, nierenförmigen Brachialeindrücken. Silur bis Perm.

Subgenera: *Chonetina* Krotow, *Anoplia, Chonostrophia, Chonopectus* Hall, *Chonetella* Waagen.

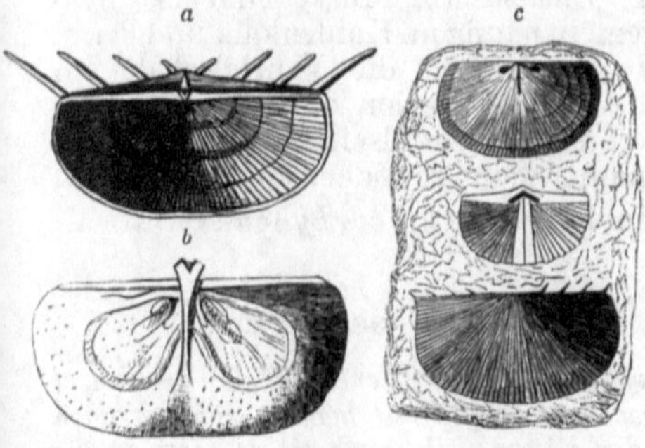

Fig. 497.
a Chonetes striatella Dalm. sp. Ober-Silur. Gotland. Nat. Gröfse. *b Chonetes* sp. Innenseite der kleinen Schale, nat. Gröfse (nach Davidson). *c Ch. sarcinulata* de Kon. Devon (Spiriferensandstein) von Koblenz. Nat. Gröfse.

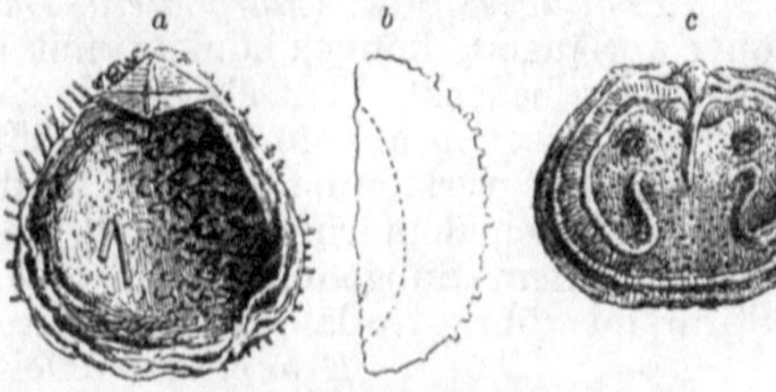

Fig. 498.
Strophalosia Goldfussi Münst. sp. Zechstein. Gera. *a* Exemplar in Vorderansicht. *b* Seitenprofil. *c* Steinkern mit Brachialeindrücken der kleinen Schale. Nat. Gröfse.

Fig. 499.
Productus horridus Sow. Zechstein. Gera. $^1/_4$ nat. Gröfse.

Productella Hall. Ventralschale hoch gewölbt, Dorsalschale konkav; beide Klappen mit niedriger Area. Ventralschale mit zwei Schlofszähnen und dreieckiger Deltidialspalte. Brachialeindrücke deutlich. Devon.

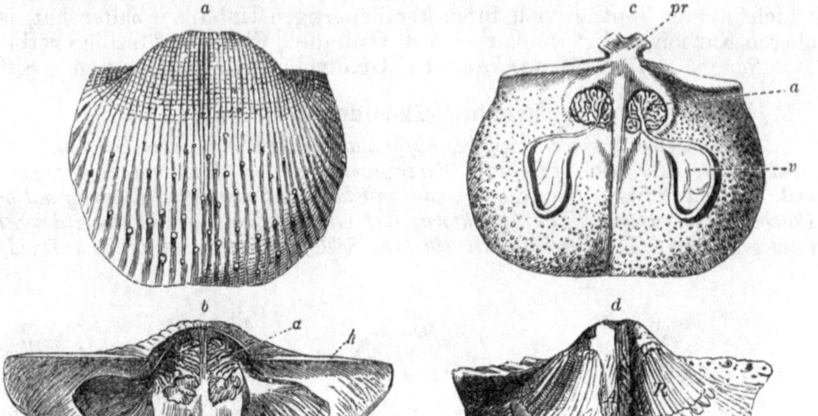

Fig. 500.
a Productus semireticulatus Martin Kohlenkalk. Visé, Belgien. Nat. Gröfse *b Productus giganteus* Mart. sp. Kohlenkalk. England. Innenseite der Dorsalschale (nach Woodward). *c* und *d Pr. horridus* Sow. *c* kleine Schale von innen in nat. Gröfse aus dem Zechstein von Pöfsneck. (*a* Adductores, *pr* Schlofsfortsatz, *h* Schlofsrand, *v* nierenförmige Brachialeindrücke). *d* Steinkern aus dem Zechstein von Sunderland, die Innenseite der grofsen Schale zeigend (*A* Adductores, *R* Divaricatores).

Strophalosia King (*Orthothrix* Geinitz, *Leptaenalosia* King) (Fig. 498). Schale konvex-konkav, mit hohlen Stacheln bedeckt; Schlofsrand mäfsig lang, gerade; darüber in jeder Klappe eine Area mit Pseudodeltidium. Ventralschale mit zwei Schloſszähnen, mit dem Wirbel aufgewachsen.

Productus Sow. (*Marginifera, Daviesiella* Waagen (Fig. 499, 500.) Schale quer verlängert, konvex-konkav, mit röhrigen Stacheln oder kurzen, hohlen Fortsätzen bedeckt. Ventralschale hoch gewölbt, mit groſsem, eingekrümmtem Wirbel. Area linear, ohne Deltidialöffnung. Dorsalschale konkav oder flach. Schloſszähne verkümmert, selten kräftig (*Daviesiella*). Muskeleindrücke dendritisch. Brachialeindrücke deutlich. Ungemein häufig im Kohlenkalk und Perm.

Bei dem Subgenus *Proboscidella* Oehlert ist die Ventralschale am Stirnrand röhrig verlängert und mit der Schnabelregion aufgewachsen; bei *Etheridgina* Oehlert ist die Ventralschale durch Stacheln auf Fremdkörpern, namentlich Crinoideenstielen, befestigt.

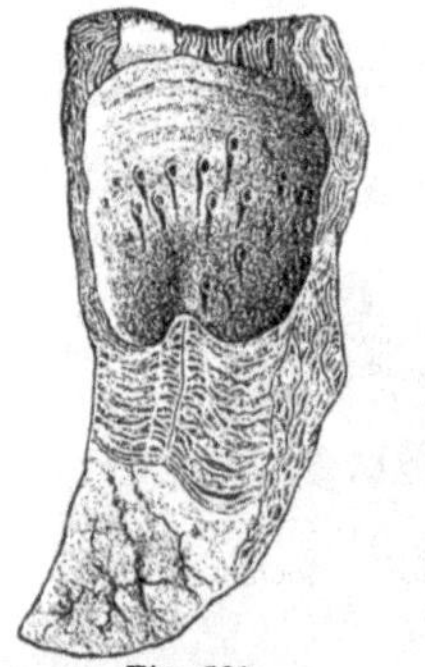

Fig. 501.
Richthofenia Lawrenciana Waagen. Perm. Karbon. Saltrange, Ostindien. Vertikalschnitt durch die Ventralschale (nach Waagen).

Aulosteges Helmersen, *Aulacorhynchus* Dittmar. Karbon.

3. Familie. **Richthofeniidae.** Waagen.

Schale sehr ungleichklappig. Ventralschale verlängert kegelförmig, festgewachsen, häufig mit hohlen, röhrenartigen Fortsätzen bedeckt; der untere Teil durch ein zelliges, an die Böden der Tetrakorallen erinnerndes Kalkgewebe ausgefüllt; Schloſsrand gerade, ohne Zähne. Muskeleindrücke vertieft, durch ein schwaches Septum getrennt. Oberschale deckelförmig, mit geradem Schloſsrand und wohl entwickeltem Schloſsfortsatz.

Die Gattung *Richthofenia* Waagen (Fig. 501) dieser höchst sonderbaren Familie, welche wahrscheinlich durch übermäſsige Wucherung der äuſseren Schalenschicht in der Ventralschale ihren korallenartigen Habitus erhalten hat, ist im oberen Karbon und Permokarbon von Ostindien, China und Sizilien verbreitet.

Scacchinella, Megarhynchus Gemmellaro. Permokarbon. Sizilien.

4. Familie. **Thecideidae.** Gray.

Meist kleine, ungleichklappige, aufgewachsene, seltener freie Schalen. Schloſsrand gerade oder leicht gebogen. Ventralschale in der Regel mit dreieckiger Area und Pseudodeltidium, undurchbohrt oder mit kleinem Schnabelloch; häufig mit ganzer Fläche aufgewachsen. Die Adduktoren auf einem löffelartigen Fortsatz des Schloſsrandes gelegen. Dorsalschale mit starkem Schloſsfortsatz und breitem Rand, von

Fig. 502.
Thecidea vermicularis Schloth. sp. Oberste Kreide. Maestricht. Dorsalschale $^2/_1$ (nach Suess).

Fig. 503.
Thecidea mediterranea Risso. Mittelmeer. Dorsalschale mit Armen von innen (nach Woodward). $^2/_1$.

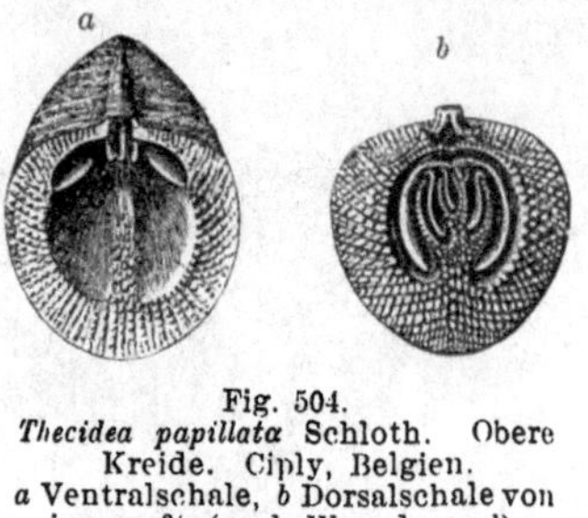

Fig. 504.
Thecidea papillata Schloth. Obere Kreide. Ciply, Belgien. *a* Ventralschale, *b* Dorsalschale von innen, $^2/_1$ (nach Woodward).

welchem radiale Septen ausgehen; der Rand und die Septen sind entweder von einem vielfach durchbrochenen, aus ästigen Kalkstäbchen bestehenden Blatt umhüllt oder die Kalkspiculae finden sich in den Zwischenräumen der Septen angehäuft. Permokarbon bis jetzt.

Die Thecideiden wurden früher mit den Megathyriden vereinigt und an die Terebratuliden angeschlossen. Sie besitzen jedoch kein Armgerüst (das Kalkblatt und die Spiculae der Dorsalschale werden vom Mantel ausgeschieden) und stehen in ihrem ganzen Bau den Strophomeniden nahe. Die Schalen bestehen aus einer dichten, von Kanälen durchbohrten Kalkschicht und einer äufseren Epidermis.

Die typische Gattung *Thecidea* Defr. (*Thecidium* Sow.)

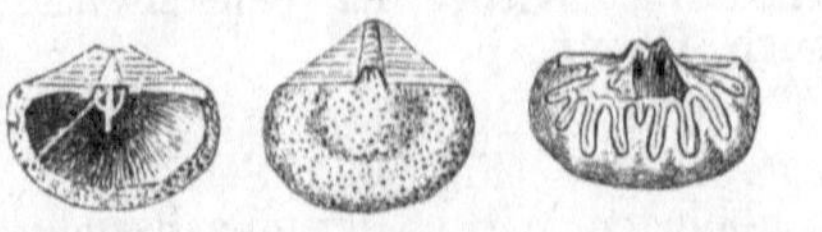

Fig. 505.
Thecidea digitata Goldf. Grünsand. Essen a. d. R. *a* Ein vollständiges Exemplar von aufsen, *b* grofse Schale von innen, *c* kleine Schale von innen, nat. Gröfse.

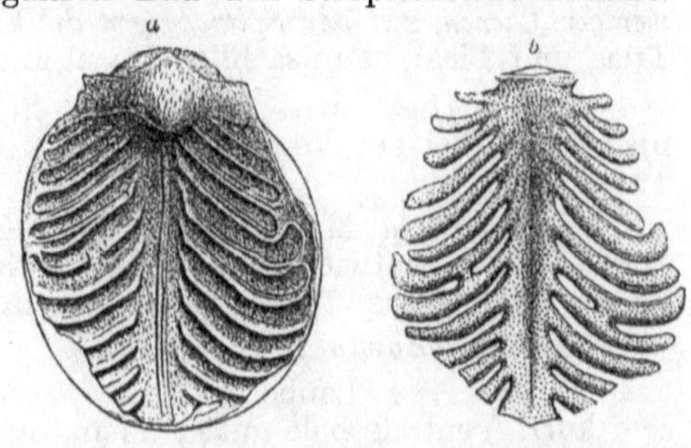

Fig. 506.
Oldhamina decipiens Waagen. Productuskalk. Saltrange, Ostindien. *a* Innenseite der ventralen, *b* der dorsalen Schale (nach Waagen).

(Fig. 502—505) enthält meist kleine, zuweilen winzige Formen, die in der Trias beginnen. Die zahlreichsten Arten liefert die Kreide. Munier-Chalmas zerlegt die Gattung *Thecidea* hauptsächlich nach der Beschaffenheit der Dorsalschale in die Subgenera *Lacazella, Thecidiopsis, Thecidella, Eudesella* und *Davidsonella.*

Oldhamina Waagen (Fig. 506). Schlofsrand kurz, gerade, ohne Area. Ventralschale grofs aufgewachsen, gewölbt, mit Medianseptum und zahlreichen, vom Rand schräg nach innen gerichteten Seitensepten. Dorsalschale rudimentär, aus einem schmalen Mittelstück bestehend, von welchem zahlreiche, schmale Seitenlappen ausgehen, welche sich zwischen die Septen der Ventralschale einfügen. Permokarbon. Indien und China.

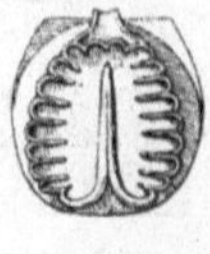

Fig. 507.
Pterophloios Emmrichi Gümbel. Rhät. Kössen. Tyrol. Dorsalschale (nat. Gröfse).

Lyttonia Waagen. Permokarbon.

Pterophloios Gümbel (Fig. 507). Ventralschale konzentrisch gestreift, gewölbt, aufgewachsen mit geradem Schlofsrand und hoher Area. Dorsalschale flach, im Innern mit starkem, aus zwei vom Stirnrand ansteigenden Ästen zusammengesetztem Medianseptum und zahlreichen (8—10), von dem breiten Seitenrand fast rechtwinklig nach innen gerichteten Septen. Ob. Trias (Rhätische Stufe) der Alpen.

B. Unterordnung. **Helicopegmata.** Waagen.

Armgerüst aus zwei spiral eingerollten Kalkbändern bestehend, die meist durch eine an die Crura befestigte Schleife miteinander verbunden sind.

Die Helicopegmata bilden, wie bereits Neumayer betonte, keine einheitliche, natürliche Abteilung, sondern enthalten Formen, die sich an verschiedene Unterordnungen der Artikulaten anschliefsen, von denen sie sich hauptsächlich durch vollständigere Entwickelung der distalen Teile des Armgerüstes auszeichnen. So entsprechen die Koninckiniden den Strophomeniden und Productiden, die Atrypiden den Rhynochonelliden, die Spirigeriden den Terebratuliden.

1. Familie. **Koninckinidae.** Davidson.

Kleine, konvex-konkave, faserige Schalen mit geradem Schlofsrand und meist niedriger Area. Wirbel der Ventralschale mit kleiner, runder Stielöffnung oder undurchbohrt. Pseudodeltidium vorhanden. Brachialgerüst aus zwei an den Cruren angehefteten und durch eine kurze Querbrücke verbundenen, diplospiren Spiralbändern bestehend, welche sich zuerst nach aufsen umbiegen und einen mehr oder weniger flachen, mit der Spitze gegen die Ventralschale gerichteten Hohlkegel bilden. Trias und Lias; hauptsächlich im alpinen Gebiet verbreitet.

Koninckina Suess (Fig. 508). Schlofsrand lang, gerade; Area sehr niedrig, Wirbel der Ventralschale stark eingekrümmt, häufig undurchbohrt. Trias. Lias.

Koninckella Mun.-Chalm. Schlofsrand mäfsig lang, Area in beiden Schalen wohl entwickelt, mit Pseudodeltidium. Wirbel der Ventralschale durchbohrt. Trias. Lias. *K. liasina* Bouch. Chant. sp.

Koninckodonta Bittner. Trias.

Amphiclina Laube (? *Amphiclinodonta* Bittner (Fig. 509). Schlofsrand sehr kurz. Ventralschale mit geradem, durchbohrtem Wirbel, darunter Pseudodeltidium in der Area. Seiten- und Stirnrand der dorsalen Schale mit verdicktem Saum. Trias; selten im Lias.

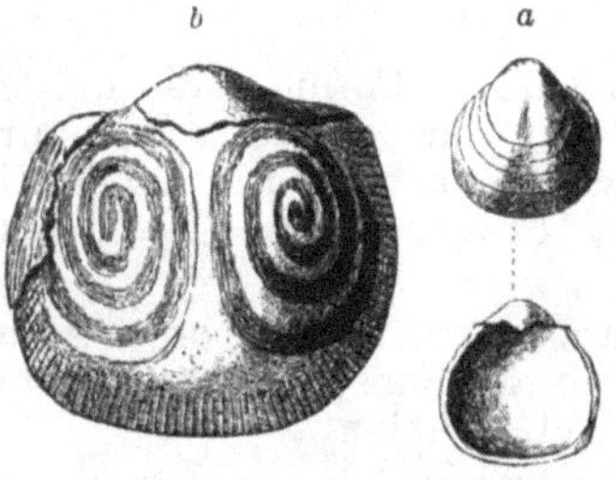

Fig. 508. *Koninckina Leonhardi* Wissm. sp. Obere Trias. St. Cassian, Tirol. *a* Nat. Gröfse, *b* vergröfsert.

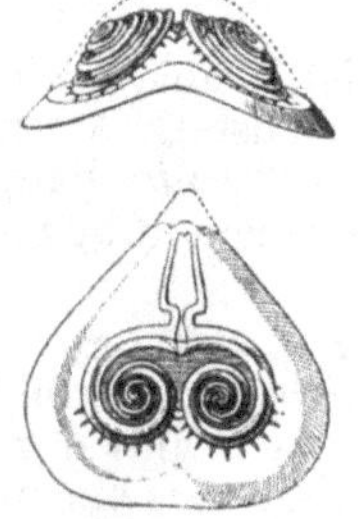

Fig. 509. *Amphiclina.* Armgerüst restauriert (nach Bittner).

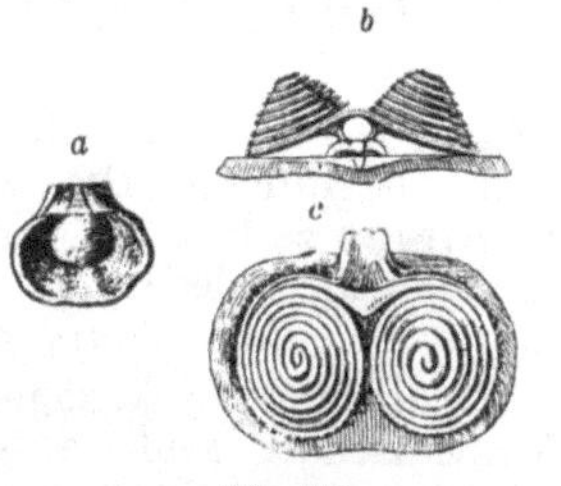

Fig 510. *Thecospira Haidingeri* Suess sp. Rhätische Stufe. Starhemberg, Niederösterreich. *a* Nat. Gröfse, *b*, *c* Armgerüst vergröfsert. (nach Zugmeyer).

Thecospira Zugmeyer (Fig. 510). Schale klein, äuferlich wie *Thecidea.* Ventralschale mit mäfsig hoher Area, Pseudodeltidium und geradem, undurchbohrtem Wirbel. Spiralkegel der flachen Dorsalschale mit zahlreichen Umgängen. Trias (Rhät.) der Alpen.

2. Familie. **Atrypidae.** Dall.

Schale faserig, bikonvex. Schlofsrand gebogen, ohne Area. Ventralschale mit runder Stielöffnung, darunter Deltidium. Armgerüst aus zwei einfachen spiralen Bändern bestehend, welche sich von den Cruren zuerst nach aufsen biegen, dem Aufsenrand folgen und dann Hohlkegel bilden, deren Spitzen gegen die Mitte der Dorsalschale konvergieren. Silur. Devon.

Atrypa Dalm. (*Spirigerina* d'Orb., *Coelospira* Hall) (Fig. **511**). Schale radial gerippt, seltener glatt. Ventralschale mit rundem Schnabelloch. Das Verbindungsband der zwei Spiralkegel heftet sich neben den Cruren an den ersten Umgang der spiralen Schleife an und ist gegen den Stirnrand V förmig geknickt. Zahlreiche Arten im Silur und Devon.

Subgenera: *Grünewaldtia, Karpinskya* Tschernishew (Devon).

Zygospira Hall (*Anazyga* Davids, *Orthonomala* Hall, *Hallina* Schuchert) (Fig. 512). Wie *Atrypa,* aber Spiralkegel stärker konvergierend, mit weniger Umgängen, das Verbindungsband ziemlich tief am ersten Umgang beginnend. Unt. Silur.

Glassia Davids. (Fig. **513**). Schale glatt, klein. Wirbel eingekrümmt. Ventralschale mit Medianseptun. Spitzen der Spiralkegel gegen das Centrum der Dorsalschale, ihre Basis nach aufsen gerichtet. Verbindungsbrücke wie bei *Atrypa*. Silur.

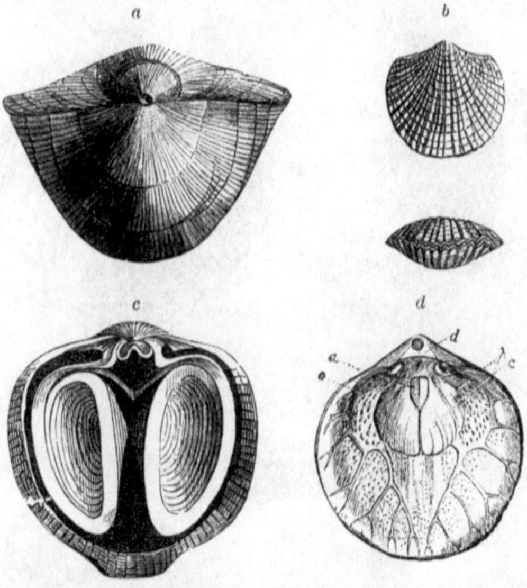

Fig. 511.
Atrypa reticularis Lin. sp. Mittel-Devon. Gerolstein, Eifel. *a* Grofses Exemplar von der Schnabelseite, *b* kleines Exemplar von vorn und von der Stirn. *c* Innere Ansicht der kleinen Klappe mit Spiralkegeln und Verbindungsschleife *d* Grofse Schale von innen mit Muskel- u. Gefäfseindrücken (*d* Deltidium, *a* Adductores, *c* Divaricatores, *p* Stielmuskeleindruck, *o* Ovarien).

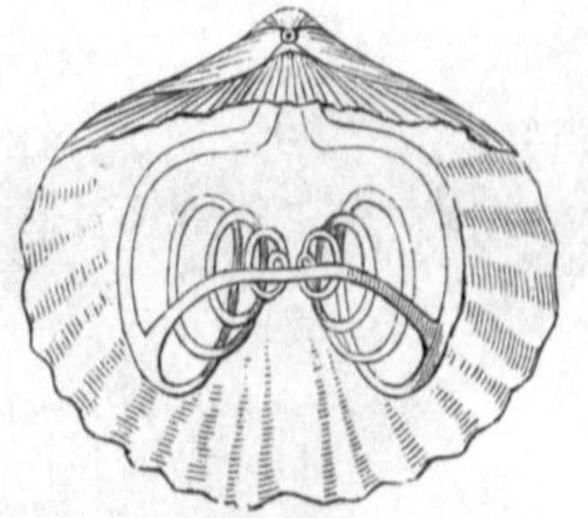

Fig. 512.
Zygospira modesta Hall. Unter-Silur. Cincinnati, Ohio. $^3/_1$ (nach Hall).

Fig. 513.
Glassia obovata Sow. sp. Ober-Silur. Wenlock. England. Ventralschale aufgebrochen. $^3/_1$ (nach Davidson).

3. Familie. **Spiriferidae.** King.

Schale bikonvex, faserig, seltener punktiert. Spiralkegel von innen nach aufsen aufgerollt; zuweilen diplospir, die Spitzen nach aufsen, die Basen nach innen gerichtet. Silur bis Lias.

Das Armgerüst der Spiriferiden besteht jederseits aus einem an die Crura befestigten und wie bei den Terebratuliden gegen den Stirnrand absteigenden Schleifenschenkel, dessen umgebogenes, distales Ende sich in der Richtung von innen nach aufsen spiral aufrollt. Die beiden Hohlkegel bleiben entweder getrennt oder sind in der Regel entweder durch ein einfaches Querbändchen oder durch zwei winklig zusammenstofsende und mit Fortsätzen versehene Lamellen verbunden. Diplospire Armgerüste kommen nur bei mesozoischen Gattungen vor.

Spirifer Sow. (*Trigonotreta* Koenig, *Delthyris* Dalm.) (Fig. **514**). Schale faserig, radial gefaltet oder gestreift. Ventralschale mit mäfsig hoher Area, starken Zahnstützen, die Deltidialspalte nur teilweise vom Pseudodeltidium verschlossen. Die Querbrücke zwischen den zwei einfachen Spiralkegeln nicht geschlossen, sondern aus zwei kurzen, spornförmigen, sich nicht berührenden Fortsätzen der absteigenden Schenkel bestehend. Aufserordentlich häufig im Silur, Devon und Karbon.

Subgenera: *Martinia* M'Coy, *Verneuilia* Hall und Cl. (Devon, Karbon), *Martiniopsis* Waagen, *Syringothyris* Winchell (Karbon), ***Reticularia*** M'Coy (Silur bis Karbon), *Suessia* Desl. (Lias).

Spiriferina d'Orb. (*Mentzelia* Quenst.) (Fig. **515**). Schale punktiert, Ventralschale mit starken Zahnstützen und hohem Medianseptum. Spiralkegel einfach, durch einfaches Querband verbunden. Karbon bis Lias.

Cyrtia Dalm. (Fig. 516). Wie *Spirifer*, aber Area der Ventralschale ungemein hoch mit Pseudodeltidium, worin eine runde Stielöffnung. Silur.

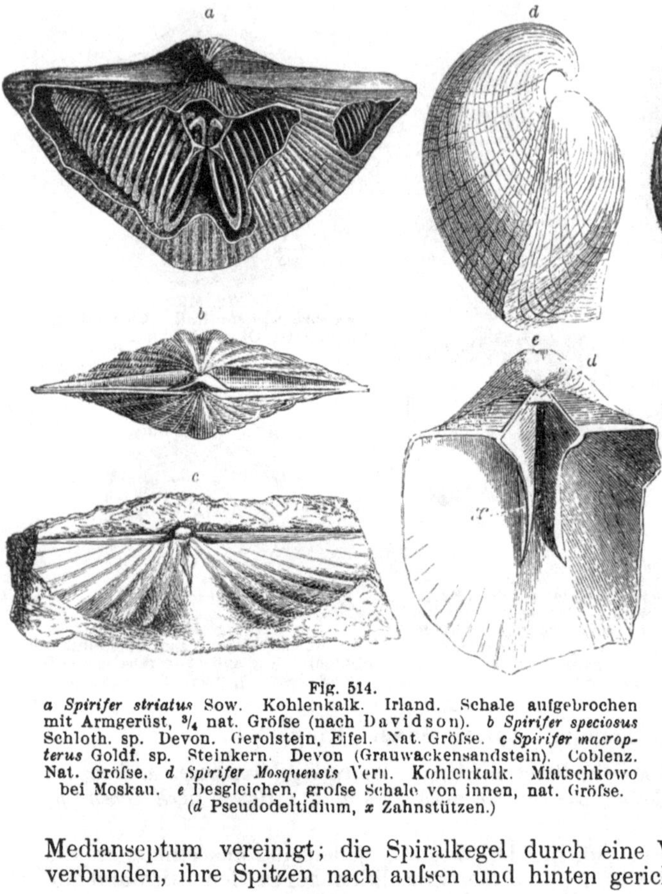

Fig. 514.
a Spirifer striatus Sow. Kohlenkalk. Irland. Schale aufgebrochen mit Armgerüst, $^3/_4$ nat. Gröſse (nach Davidson). *b Spirifer speciosus* Schloth. sp. Devon. Gerolstein, Eifel. Nat. Gröſse. *c Spirifer macropterus* Goldf. sp. Steinkern. Devon (Grauwackensandstein). Coblenz. Nat. Gröſse. *d Spirifer Mosquensis* Vern. Kohlenkalk. Miatschkowo bei Moskau. *e* Desgleichen, groſse Schale von innen, nat. Gröſse. (*d* Pseudodeltidium, *x* Zahnstützen.)

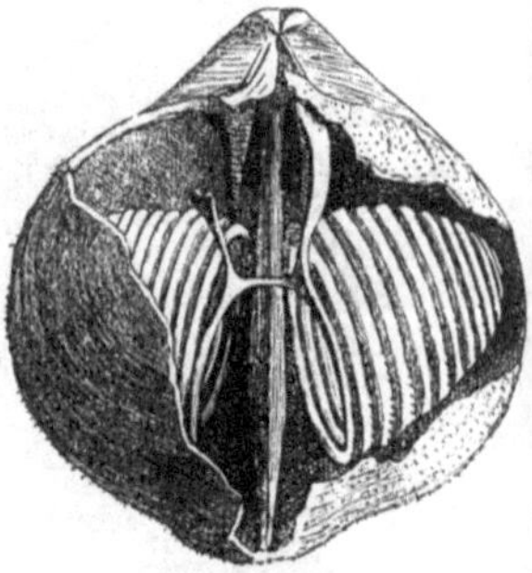

Fig. 515.
Spiriferina rostrata Sow. sp. Mittlerer Lias von Ilminster. Nat. Gröſse (nach Davidson).

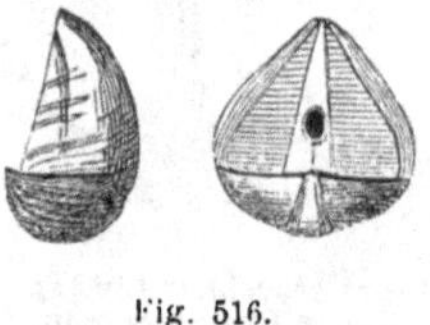

Fig. 516.
Cyrtia exporrecta Dalm. Ob. Silur. Gotland. Nat. Gröſse.

Cyrtina Davids. (*Cyrtotheca* Bittner) (Fig. 517). Schale punktiert, äuſserlich wie *Cyrtia*, aber Zahnstützen der Ventralschale in einem Medianseptum vereinigt; die Spiralkegel durch eine V förmige Querbrücke verbunden, ihre Spitzen nach auſsen und hinten gerichtet. Silur bis ?Trias.

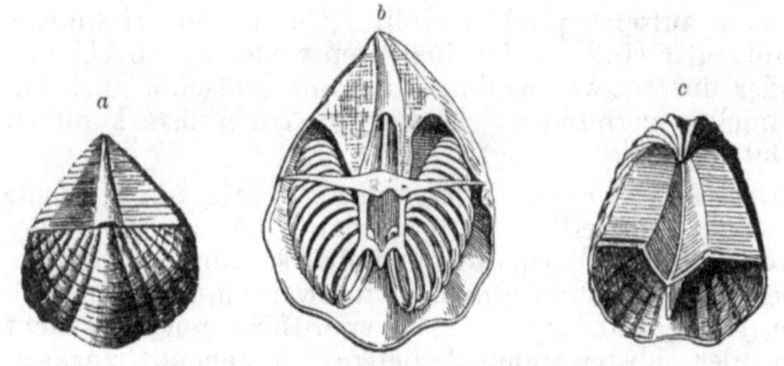

Fig. 517.
a Cyrtina heteroclyta Defr. sp. Devon. Gerolstein, Eifel. Nat. Gröſse. *b* Schale aufgebrochen mit Armgerüst, $^3/_2$ (nach Davidson). *c Cyrtina carbonaria* M'Coy. Kohlenkalk. Kendal, Irland. Nat. Gröſse. Groſse Schale von innen. Das Pseudodeltidium ist weggebrochen, so daſs die Zahnplatten und das Medianseptum deutlich zu sehen sind.

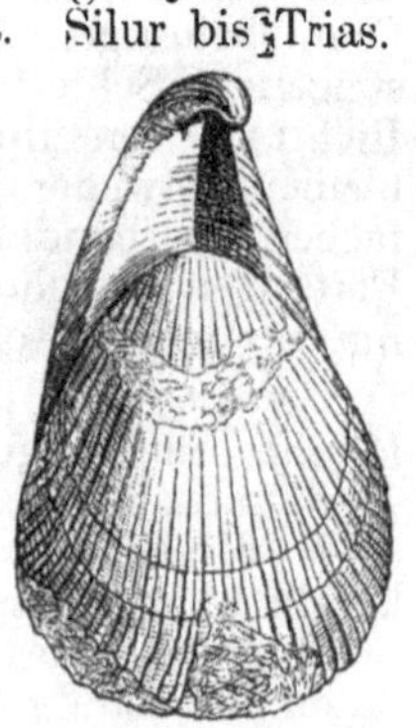

Fig. 518.
Uncites gryphus Schloth. Devon. Benzberg bei Köln. Nat. Gröſse.

Uncites Defr. (Fig. 518). Schale faserig, gestreift. Ventralschale mit weit vorragendem Wirbel, Schloſsrand gebogen, kurz. Deltidialplatten zusammenstoſsend, tief konkav. Spiralkegel durch einfache Querbrücke verbunden. Devon.

Daya Dav. (Fig. 519). Ob. Silur.

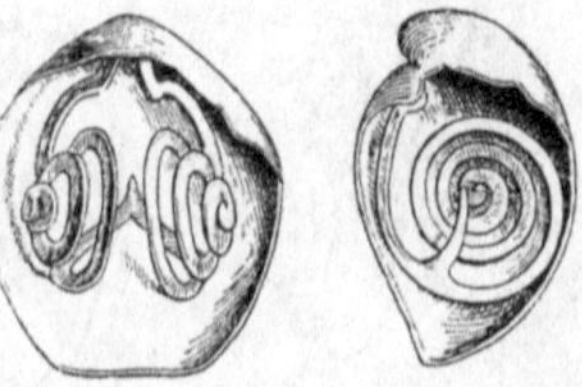

Fig. 519.
Daya navicula Sow. sp. Ober-Silur. Ludlow, Shropshire. $2^1/_2$ mal vergröſsert (nach Davidson).

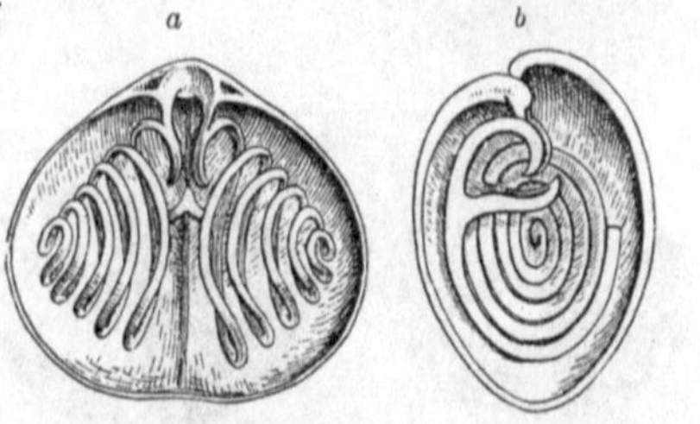

Fig. 520.
Nucleospira pisum Sow. Ob Silur. Wenlock, England. *a* Dorsalschale von innen mit Armgerüst. *b* Beide Schalen mit Armgerüst, vertikal durchgeschnitten, vergröſsert, $^5/_2$ (nach Davidson).

Nucleospira Hall (Fig. 520). Schale glatt, punktiert Schloſsrand gebogen. Ventralschale mit spitzem, eingekrümmtem Wirbel, darunter die Stielöffnung; beide Schalen mit Medianseptum. Crura nach innen gebogen,

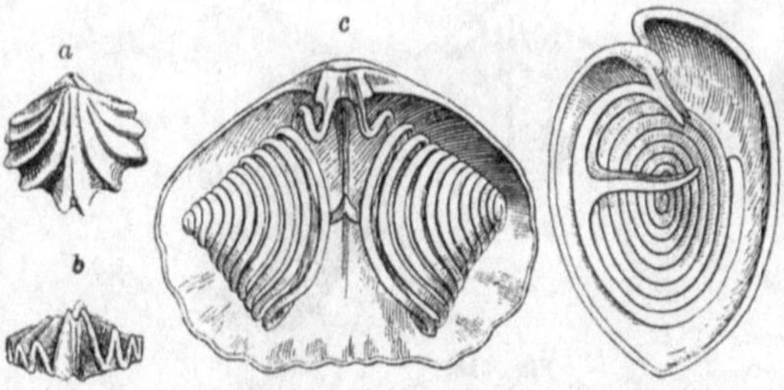

Fig. 521.
a, b Retzia (Ptychospira) ferita v. Buch. Devon. Gerolstein, Eifel. Nat. Gröſse. *c, d Retzia (Rhynchospira) Salteri* Dav. Ober-Silur. Wenlock, Shropshire. *c* Dorsalschale mit Armgerüst von innen, *d* beide Schalen mit Armgerüst in der Mitte durchgeschnitten, $^3/_1$ (nach Davidson).

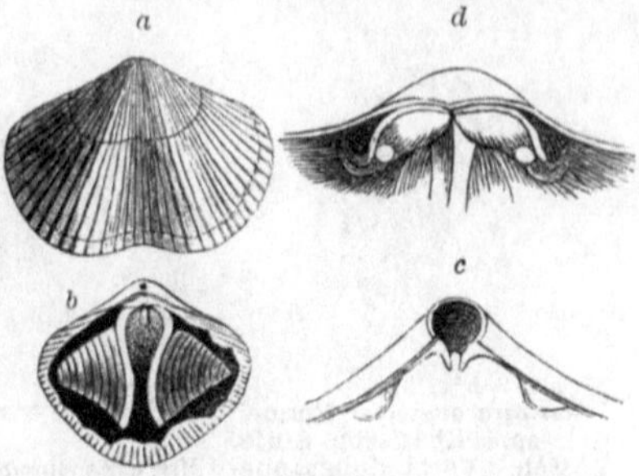

Fig. 522.
Retzia (Trematospira) hirsuta Hall. Devon. Louisville, Kentucky. *a* Exemplar in nat. Gröſse, *b* desgl. mit Armgerüst, *c* Schloſsrand der groſsen, *d* der kleinen Klappe, vergröſsert. (Nach J. Hall.)

die daran befestigten, absteigenden Schenkel der einfachen Spiralkegel anfänglich wieder gegen den Schloſsrand zurückgekrümmt, das Verbindungsband aus zwei von den Schleifenarmen ausgehenden, gegen die Ventralschale konvergierenden und in spitzem Winkel zusammenstoſsenden Armen bestehend. Silur. Devon.

Fig. 523.
Retzia (Plicigera) trigonella Schloth. sp. Muschelkalk. Recoaro, Ober-Italien. (Nat. Gröſse.)

Retzia King (*Acambona* White, *Trigeria* Bayle, *Uncinella* Waagen, *Trematospira, Parazyga, Rhynchospira, Eumetria, Hustedia* Hall) (Fig. 521, 522). Schale radial gerippt. Ventralschale mit vorragendem, durchbohrtem Wirbel, darunter Deltidium; Schloſsrand kurz, gebogen. Spiralkegel einfach. Silur bis Trias.

Subgenera: *Hindella* Dav. (Silur). *Plicigera* Bittner (Fig. 523). Schale faserig, radial gerippt oder gefaltet. Trias.

Didymospira Salomon (*Pexidella, Diplospirella, Euractinella, Anisactinella* Bittner). Wie Retzia, aber Spiralkegel diplospir. Alpine Trias.

Spirigera d'Orb. (*Athyris*, *Seminula* M'Coy) (Fig. **524, 525**). Schale faserig, glatt oder konzentrisch verziert. Schloſsrand gebogen, ohne Area. Wirbel der Ventralschale wenig vorragend mit rundem Schnabelloch, Deltidium

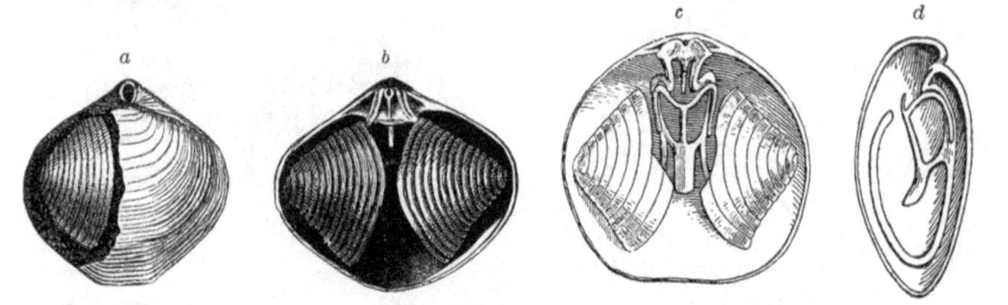

Fig. 524.
Spirigera concentrica v. Buch sp. Devon. *a* Exemplar mit teilweise zerbrochener kleiner Schale, *b* Innenansicht der kleinen Schale mit Spiralkegeln (nat. Gröſse), *c*, *d* Armgerüst von vorne und von der Seite (nach Davidson).

verkümmert. Die Schloſszähne durch Zahnplatten gestützt. Schloſsplatte der Dorsalschale von einer runden Öffnung durchbohrt, Medianseptum fehlend oder schwach entwickelt. Crura nach innen konvergierend; die

Fig. 525.
Spirigera oxycolpos Emmrich sp. Rhätische Stufe. Kössen. Verbindungsapparat der beiden Spiralkegel (nach Zugmeyer).

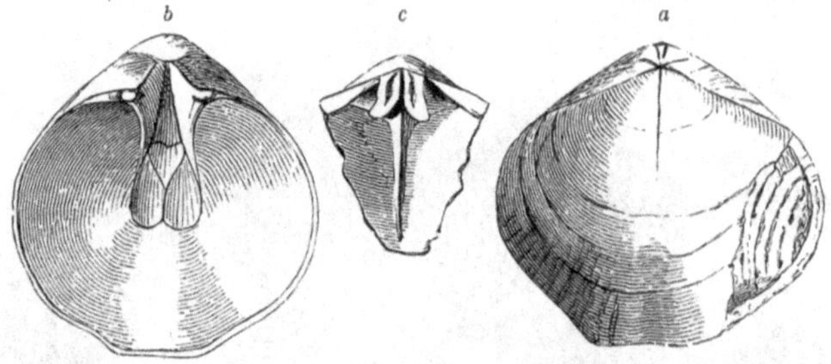

Fig. 526.
Meristina tumida Dalm. sp. Ober-Silur. Gotland. *a* Exemplar in nat. Gröſse. *b* Inneres der groſsen Schale. *c* Fragment der kleinen Schale von innen mit wohlerhaltenem Schloſsrand und Medianseptum.

daran befestigten Schenkel der einfachen Spiralkegel biegen sich zuerst nach hinten und dann erst gegen den Stirnrand um. Die Verbindung beider Kegel wird durch zwei von den absteigenden Schenkeln ausgehende

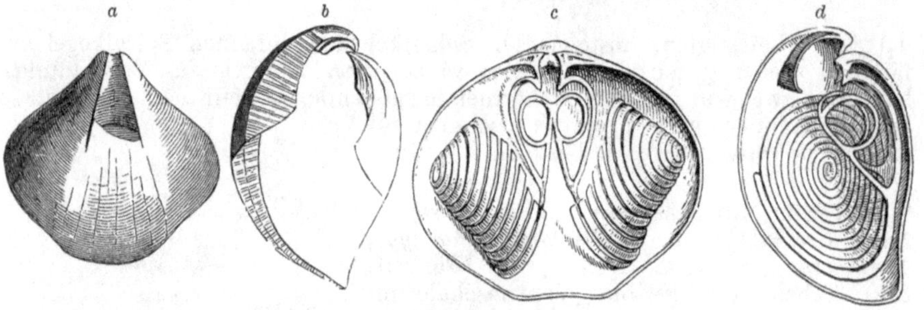

Fig. 527.
Merista herculea Barr. sp. Unt. Devon (F²). Konieprus, Böhmen. *a* Groſse Schale von der Rückseite in der Nähe des Schnabels aufgebrochen, um den »Schuhheber« sichtbar zu machen. Nat. Gröſse. *b* Schale aufgebrochen, mit den Mediansepten, die Spiralkegel fehlen (nach Barrande). *c*, *d* Armgerüst von vorne und von der Seite, etwas vergröſsert (nach Davidson).

Fortsätze bewerkstelligt, die sich zu einer schildförmigen Medianscheibe vereinigen; von dieser entspringt ein medianer, nach hinten und gegen die Ventralschale gerichteter Stab, der zwei divergierende, anfänglich rückwärts gerichtete und dann umgebogene Äste aussendet. Silur bis Trias. Hauptverbreitung in Devon und Karbon. Jüngste Art (*Sp. oxycolpos* Emmr.) im Rhät.

Subgenera: *Actinoconchus* M'Coy (Karbon), *Cleiothyris* King (Karbon, Perm), *Spirigerella* Waagen (Karbon), *Amphitomella*, *Dioristella* Bittner (Trias).

Anoplotheca Sandb. (*Bifida* Dav.) Devon. *Charionella* Billings. ? *Clorinda* Barr (Silur).

Meristina Hall, (*Whitfieldia* Dav.) (Fig. 526). Schale glatt, bikonvex. Schnabel in der Jugend durchbohrt, später geschlossen, starkt gekrümmt. Schloſsrand gebogen, ohne Area. Ventralschale mit starken, verlängerten Zahnplatten, Dorsalschale mit Medianseptum. Die Verbindung der beiden einfachen Spiralkegel wird durch zwei nach der Ventralschale gerichtete, konvergierende Stäbe hergestellt, welche nach ihrer Vereinigung jederseits ein ringförmiges, geschlossenes Band absenden. Silur.

Merista Suess (*Camarium* Hall). (Fig. 527.) Wie vorige, jedoch die verlängerten Zahnplatten der Ventralschale durch eine gewölbte Platte (Schuhheber) verbunden.

Meristella Hall. (*Charionella* Billings, *Gonocoelia* Hall) Devon.

C. Unterordnung. **Ancistropegmata.** Zitt.

(*Campylopegmata* p. p. Waagen.)

Armgerüst aus zwei einfachen, gekrümmten Haken (Crura) bestehend.

1. Familie. **Porambonitidae.** Davidson.

Beide Schalen hochgewölbt. Schloſsrand kurz, gerade, mit niedriger, dreieckiger Area. Stielöffnung eine dreieckige Deltidialspalte. Schloſszähne der ventralen und Schloſsplatten der dorsalen Schale durch Zahnplatten gestützt. Crura kurz. Silur bis Karbon.

Porambonites Pand. (Fig. 528). Beide Schalen hochgewölbt, fast gleich groſs, glatt; die Oberfläche mit vertieften Grübchen bedeckt. Area niedrig, Schloſsrand kurz. Stielöffnung die Wirbel beider Schalen durchbohrend.

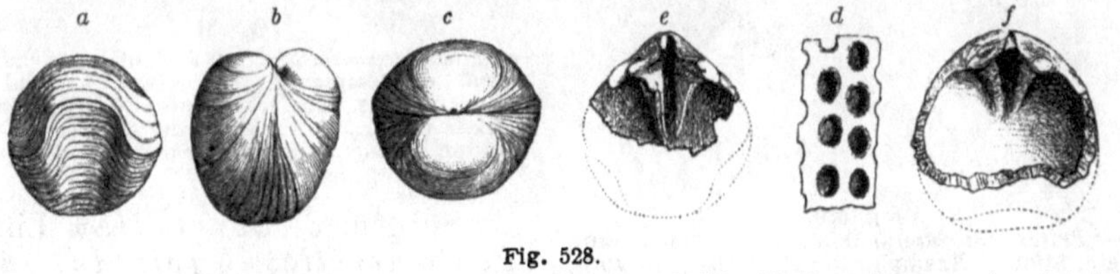

Fig. 528.
Porambonites aequirostris Schloth. sp. Unter-Silur (Vaginatenkalk). St. Petersburg. *a, b, c* Schale in nat. Gröſse, von der Stirn, von der Seite und von vorne, *d* Oberfläche mit Grübchen, vergröſsert. *e* Innenseite der ventralen, *f* der dorsalen Klappe.

Ventralklappe mit starken Schloſszähnen und zwei konvergierenden, in einem kurzen Medianseptum vereinigten Zahnplatten. Dorsalschale mit zwei getrennten Zahnplatten. Unt. Silur.

Enteletes Fisch. (*Syntrielasma* Meek). Beide Klappen radial gefaltet oder gestreift, hochgewölbt. Ventralschale mit hohem Medianseptum zwischen den beiden konvergierenden Zahnplatten. Zahnplatten der Dorsalschale divergierend. Karbon. Perm.

Camarella Billings, *Parastrophia* Hall und Cl., *Noetlingia* Hall und Cl. Unt. Silur.

2. Familie. **Pentameridae.** M'Coy.

Schale faserig. Schloſsrand gebogen, ohne Area. Ventralschale mit dreieckiger Deltidialspalte unter dem Wirbel. Schloſszähne der ventralen und Schloſsplatten der dorsalen Klappe durch starke Zahnplatten gestützt, die der Dorsalschale zu einem hohen Medianseptum vereinigt. Crura mehr oder weniger verlängert. Silur bis Perm.

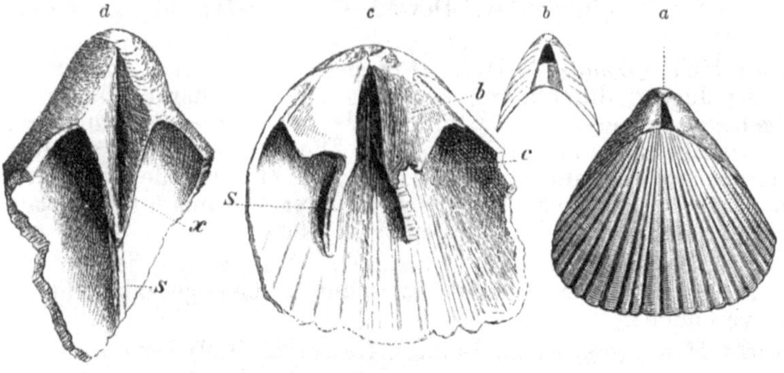

Fig. 529.
Pentamerus conchidium Dalm. Ober-Silur. Gotland. *a* Exemplar in natürlicher Gröſse. *b* Schnabel mit erhaltenem Deltidium. *c* Inneres der kleinen Schale. *d* Inneres der groſsen Schale. (*x* Zahnstützen, *s* Medianseptum der Ventralschale, *b*, *c* Zahnplatte, *s* septaartige Stützen.)

Pentamerus Sow. (Fig. 529, 530). Meist groſse oder mittelgroſse Formen, mit hochgewölbter Ventralschale und stark eingekrümmtem, vorragendem Wirbel. Das hohe Medianseptum der Ventralschale besteht aus zwei dicht nebeneinander liegenden Blättern, die sich beim Zerschlagen der Schalen leicht voneinander ablösen. Häufig in Silur und Devon.

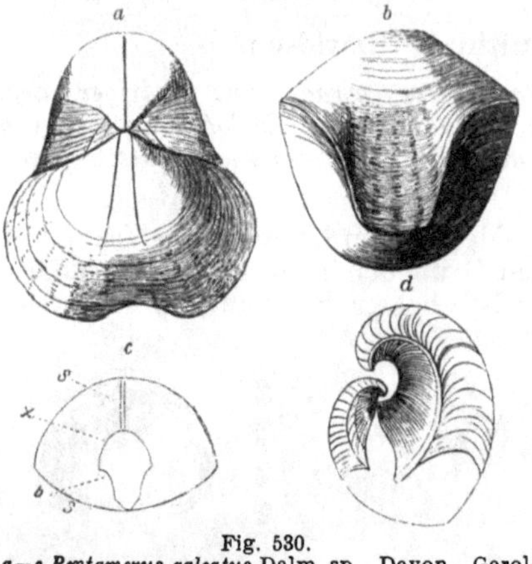

Fig. 530.
a—c Pentamerus galeatus Dalm. sp. Devon. Gerolstein, Eifel. *a* Exemplar in nat. Gröſse von vorn, *b* dasselbe, Stirnansicht. *c* Durchschnitt unterhalb des Schloſsrandes. *d* Längsdurchschnitt in der Mittellinie von *Pentamerus Knightii* Sow. $^1/_2$ nat. Gröſse. Ob. Silur.
(Bedeutung der Buchstaben bei *c* wie in Fig. 529.)

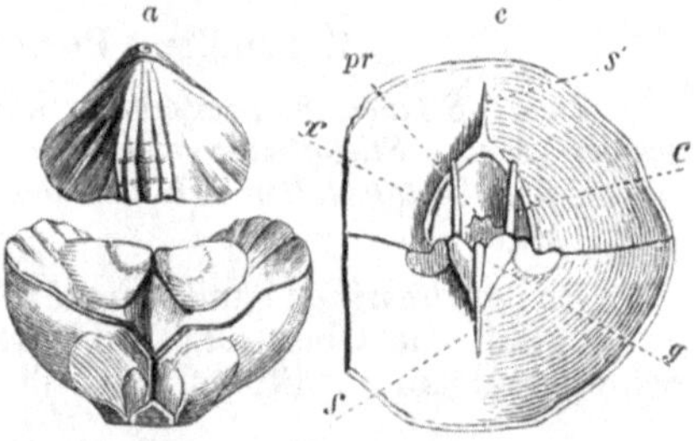

Fig. 531.
a—c Camarophoria Schlotheimi v. Buch. Zechstein. Gera. *a* Exemplar in nat Gröſse. *b* Steinkern *c* Inneres einer Schale, vergröſsert (*pr* Schloſsfortsatz, *c* Crura, *x* Zahnplatten der groſsen, *g* Zahnplatten der kleinen Klappe, *s* und *s'* Mediansepta.

Subgenera: *Conchidium* Linné. *Pentamerella*, *Gypidula*, *Amphigenia* Hall, *Sieberella* Oehlert. *Stricklandinia* Bill. Silur. Devon.

Camarophoria King (*Stenoschisma* Dall) (Fig. 531). Wirbel der Ventralschale wenig vorragend. Die Zahnplatten in beiden Klappen konvergierend und durch Mediansepten gestützt. Crura lang, dünn. Karbon. Perm.

3. Familie. **Rhynchonellidae.** Gray.

Schale faserig, selten punktiert, bikonvex. Schloſsrand gebogen, selten gerade. Stielöffnung unter dem spitzen Wirbel vom Deltidium umgeben oder begrenzt. Zahnstützen fehlen oder schwach entwickelt. Silur bis Jetztzeit.

Rhynchonella Fisch. (*Hypothyris* Phill., *Cyclothyris* M'Coy) (Fig. 532 bis 535). Schale faserig, meist radial gerippt oder gefaltet, Stirnrand mit Wulst und Bucht. Schloſsrand gebogen, ohne Area. Ventralschale mit spitzem Wirbel, die runde Stielöffnung ganz oder teilweise vom Deltidium umgeben; Schloſszähne von kurzen divergierenden Zahnplatten gestützt. Dorsalschale mit kurzen Cruren und häufig mit schwach entwickeltem Medianseptum. Silur bis Jetztzeit, gegen 600 Arten beschrieben, die meisten aus Trias, Jura und Kreide.

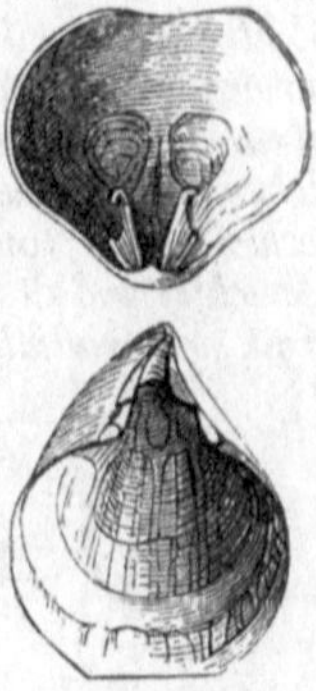

Fig. 532. *Rhynchonella* (*Hemithyris*) *psittacea* Lam. sp. Recent. Mittelmeer, nat. Gr.

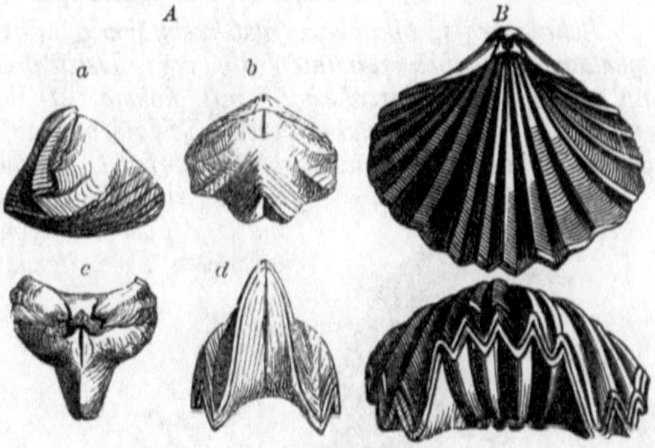

Fig. 533. *A Rhynchonella loxia* Fisch. Ob. Jura. Moskau. *a, b, c* Beschaltes Exemplar, *d* Steinkern, nat. Gröſse. *B Rhynchonella quadriplicata* Quenst. Brauner Jura. Bopfingen, Württemberg.

Diese äuſserst formenreiche Gattung ist in zahlreiche Subgenera zerlegt worden, indem der Name *Rhynchonella* s. str. auf die Formen mit Deltidium amplectens, Zahnstützen in der Ventralschale und schwachem Medianseptum in der Dorsalschale beschränkt wird. Bei *Hemithyris* d'Orb. ist ein schwach entwickeltes Deltidium sectans vorhanden; *Acanthothyris* d'Orb. (Jura) hat röhrenartige Fortsätze auf der Oberfläche, *Rhynchopora* King (Perm) punktierte Schale, *Halorella* Bittner (Trias) scharfe Schnabelkanten, *Austriella* Bittner (Trias) glatte Oberfläche, kleinen Wirbel und ohrenartige Verlängerungen des Schloſsrandes, *Norella* Bittner (Trias) eine Stirnbucht in der Dorsalschale. *Peregrinella* Oehlert (Neocom) ist sehr groſs, ohne Stirnsinus, radial gerippt mit geradem Schloſsrand und niedriger Area. Bei *Eatonia* Hall (Silur) und *Terebratuloidea* Waagen (Karbon) fehlen die Zahnplatten in der Ventralschale; die erstere hat gespaltene Crura, die zweite ein Deltidium sectans.

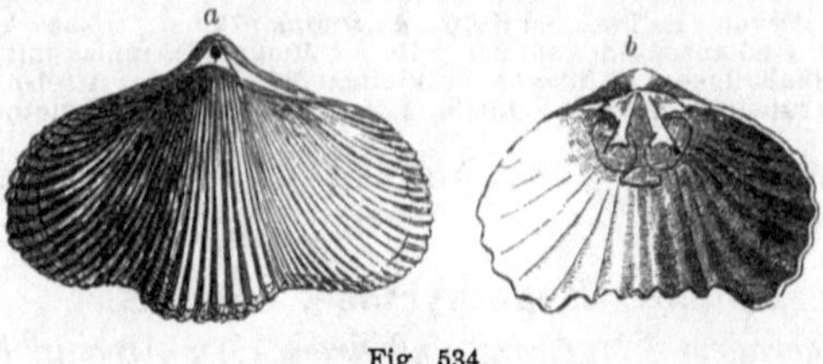

Fig. 534. *a Rhynchonella vespertilio* Brocchi. Ob. Kreide. Villedieu, Touraine. Nat. Gröſse. *b* Innere Ansicht der kleinen Schale von *Rhynchonella lacunosa* Schloth. sp. von Engelhardsberg, Franken.

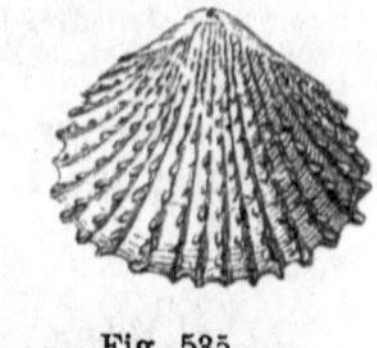

Fig. 535. *Rh.* (*Acanthothyris*) *spinosa* Schloth. sp. Brauner Jura. Auerbach, Oberpfalz.

Rhynchotrema, *Rhynchotreta* Hall. Silur, Devon. *Uncinulus* Bayle, *Wilsonia* Kayser. Silur. Devon.

Rhynchonellina Gemmellaro. Oberfläche fein radial gestreift, Schloſsrand gerade, mit niedriger Area und Deltidium sectans. Crura ungemein lang. Medianseptum der Dorsalschale schwach. Lias. Jura.

Dimerella Zitt. Schloſsrand gerade, Area dreieckig, Deltidium sectans. Septum der Dorsalschale sehr hoch, bis zur Ventralschale reichend. Trias.

D. Unterordnung. **Ancylopegmata.** Zitt.

(Ancylobrachia Gray, *Campylopegmata* p. p. Waagen.*)*

Armgerüst bildet eine an die Crura befestigte Schleife. Schale stets punktiert.

1. Familie. **Stringocephalidae.** King.

Schale grofs, bikonvex, fast kreisförmig, glatt. Ventralschale mit spitzem, vorragendem Schnabel, darunter die vom Deltidium begrenzte Stielöffnung. Schlofsrand gebogen. Ventralschale mit hohem Medianseptum. Dorsalschale mit ungewöhnlich starkem und langem Schlofsfortsatz, welcher mit seinem gespaltenen distalen Ende das Ventralseptum umfafst. Brachialschleife an lange Crura angeheftet, zuerst nach hinten gerichtet und dann dem Aufsenrand der Schale folgend, breit, mit radialen, nach innen gerichteten Fortsätzen.

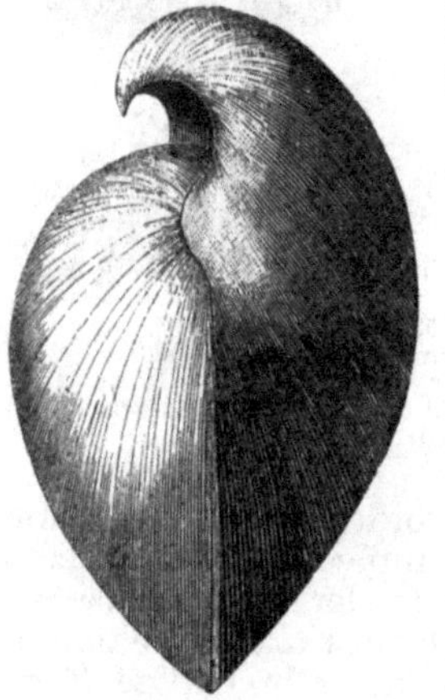

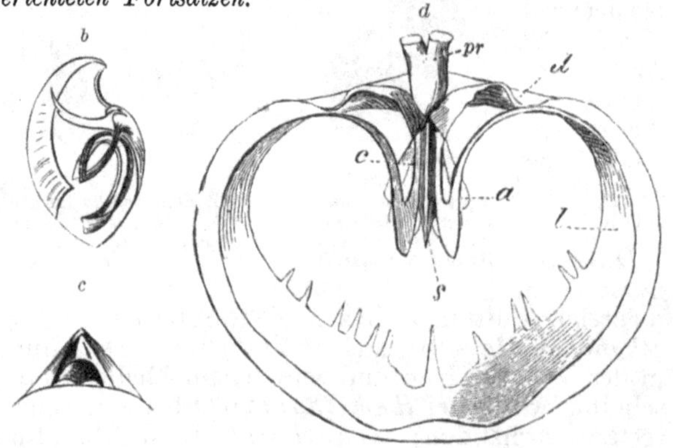

Fig. 536.
Stringocephalus Burtini Defr. Devon. Paffrath bei Köln. *a* Exemplar $^2/_3$ nat. Gröfse. *b* Stark verkleinerte Schale mit Armgerüst und Mediansepten von der Seite. *c* Junges Exemplar mit grofser Schnabelöffnung und den drei Deltidialstücken *d* Inneres der kleinen Schale in nat. Gröfse, etwas restauriert. (*pr* Schlofsfortsatz, *d* Zahngruben, *c* Crura, *l* Schleife, *s* Medianseptum, *a* Adductores.) Nach Suess.

Die einzige Gattung *Stringocephalus* Defr. (Fig. 536) findet sich ausschliefslich im Devon.

2. Familie. **Megathyridae.** Oehlert.

Schale klein, mit geradem Schlofsrand und dreieckiger Area in beiden Klappen. Stielöffnung grofs, auf die Dorsalschale übergreifend. Deltidium discretum. Ventralschale mit hohem Medianseptum, Dorsalschale mit Medianseptum, zuweilen auch mit mehreren Radialsepten. Brachialschleife dem Aufsenrand der Schale folgend. Jura bis Jetztzeit.

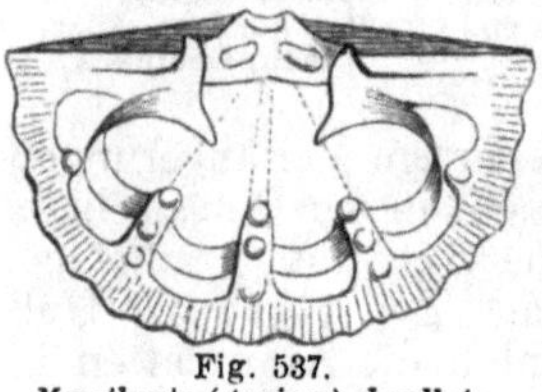

Fig. 537.
Megathyris (Argiope) decollata Chem. sp. Mittelmeer. Inneres der kleinen Schale, stark vergröfsert $(^4/_1)$. Nach Davidson.

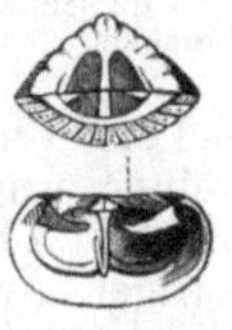

Fig. 538.
Cistella bilocularis Deslongch sp. Cenoman. La Manche. Nat. Gröfse.

Megathyris d'Orb. (*Argiope* Desl.) (Fig. 537). Dorsalschale mit Medianseptum und jederseits zwei radialen Septen. Jura und Jetztzeit.

Cistella Gray (Fig. 538). Dorsalschale mit einfachem Medianseptum. Kreide bis Jetztzeit.

Zellania Moore. Lias. *Gwynia* King. Recent.

3. Familie. **Terebratulidae.** King.

Schale punktiert. Schlofsrand gebogen, seltener gerade. Schnabel der Ventralschale mit runder Stielöffnung, darunter Deltidium sectans. Armgerüst eine gegen den Stirnrand gerichtete Schleife. Silur bis jetzt.

Terebratula Klein (*Liothyris* Douvillé) (Fig. 539—544). Schale glatt, selten gerippt, am Stirnrand der Dorsalschale häufig mit einer von zwei Falten begrenzten Bucht (Biplicatae); Schnabelkanten gerundet. Brachialschleife kurz, die distalen Spitzen der Crura niemals zu einer geschlossenen

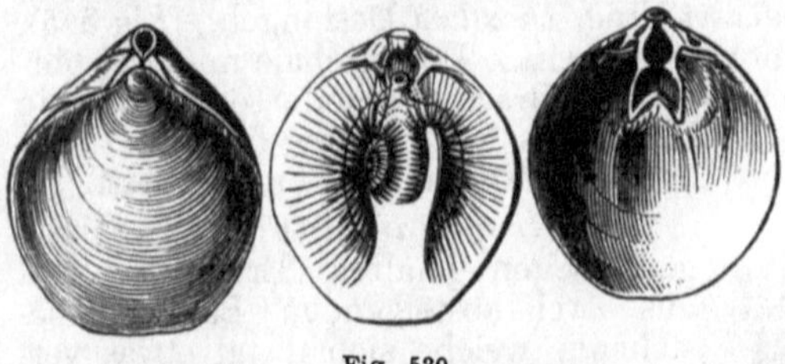

Fig. 539.
Terebratula vitrea Linn. sp. Mittelmeer. (Nat. Gr.)

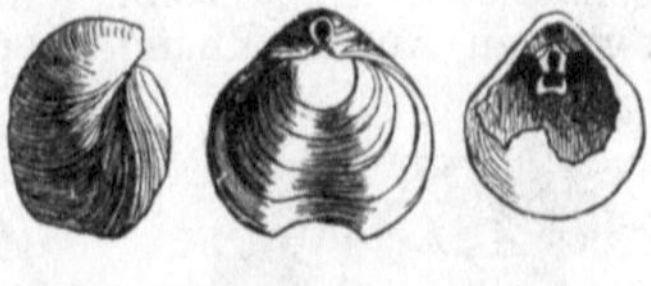

Fig. 540.
Terebratula (Glossothyris) nucleata Schloth. Ob. Jura. Engelhardsberg, Franken. (Nat. Gr.)

Querbrücke verwachsen. Devon bis jetzt; Hauptverbreitung in Trias, Jura und Kreide.

Die aufserordentlich grofse Menge von Arten hat auch hier Veranlassung zur Errichtung zahlreicher Subgenera gegeben. *Dielasma* King (Fig. 541)

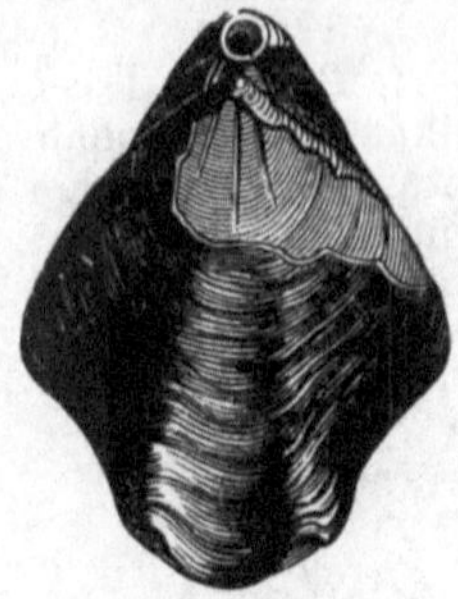

Fig. 541.
Terebratula Phillipsi Morris. Mittlerer Jura, Egg bei Aarau. Nat. Gr.

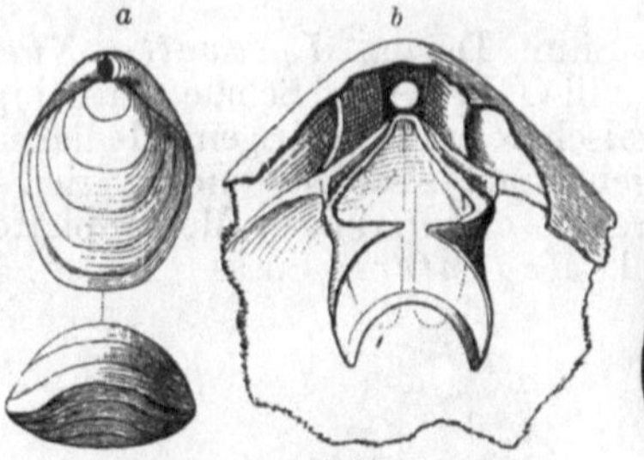

Fig. 542.
Terebratula (Dielasma) elongata Schloth. Zechstein. Humbleton, England. *a* Exemplar in nat. Gröfse. *b* Innere Ansicht mit Armgerüst, stark vergröfsert. (Nach Davidson.)

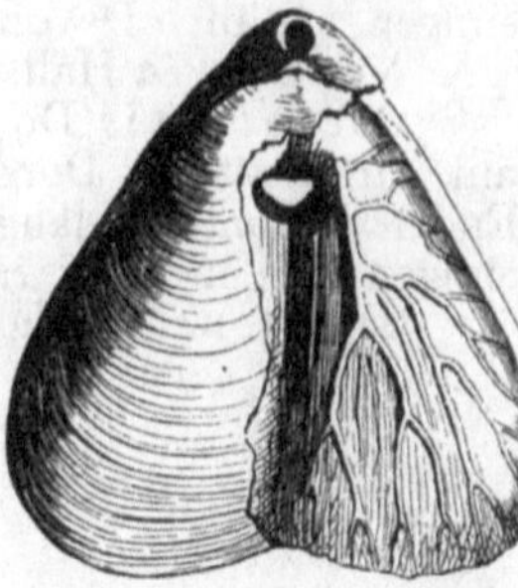

Fig. 543.
Terebratula (Pygope) diphya Colonna. Tithon. Trient. Süd-Tirol. (Nat. Gr.)

enthält die ältesten Terebrateln aus Devon, Karbon und Perm und zeichnet sich durch starke Zahnstützen in der Ventralschale und meist durch ein schwaches Medianseptum in der Dorsalschale aus; *Dielasmina* und *Hemiptychina* Waagen (Permo-Karbon) haben gefaltete Schale und Zahnstützen.

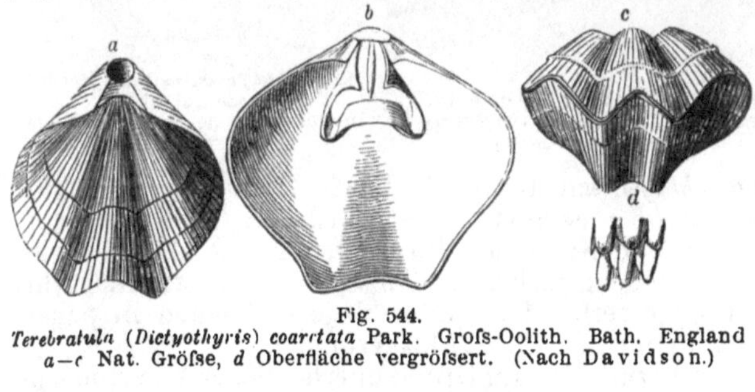

Fig. 544.
Terebratula (Dictyothyris) coarctata Park. Grofs-Oolith. Bath. England *a—c* Nat. Gröfse, *d* Oberfläche vergröfsert. (Nach Davidson.)

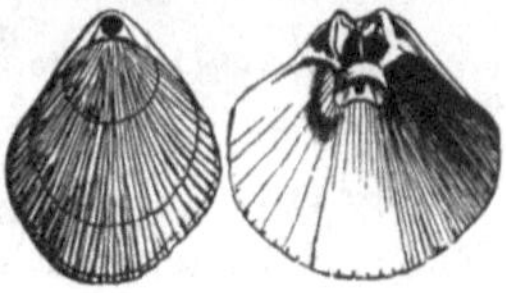

Fig. 545.
Terebratulina substriata Schloth. sp. Ober-Jura. Nattheim, Württemberg. Nat. Gröfse.

Rhaetina Waagen (Rhät) ist biplikat, hat nur in der Dorsalschale Zahnstützen und ein schwaches dorsales Medianseptum; bei *Zugmeyeria* Waagen (Rhät) finden sich Zahnstützen in der Ventralschale. *Dictyothyris* Douv. (Fig. 544) hat radial gestreifte und mit hohlen Fortsätzen bedeckte Schale. *Pygope* Link (*Glossothyris* Douvillé) (Fig. 540, 543) enthält die mit ganz kurzem Armgerüst und Stirnsinus in der dorsalen Schale versehenen Formen, die zuweilen durch Zusammenwachsen der beiden Seitenflügel von einem Loch durchbohrt sind; sie entspricht der Gruppe der Nucleaten und Diphyen Quenstedts.

Terebratulina d'Orb. (*Agulhasia* King, *Disculina* Deslongch.) (Fig 545). Schale schwach gewölbt, fein dichotom gestreift. Dorsalschale mit zwei ohrförmigen Ausbreitungen neben dem Wirbel. Brachialschleife sehr kurz, die Cruralfortsätze zu einer hinteren Querbrücke verbunden. Jura bis jetzt.

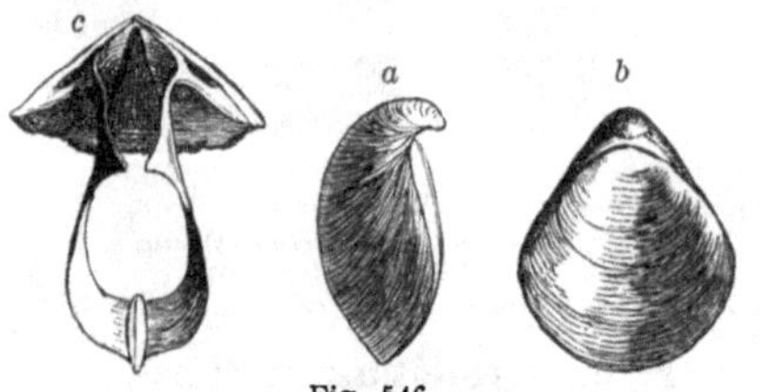

Fig 546.
Centronella glans-fagea Hall. Devon. Erie County. *a*, *b* Exemplar in nat. Gröſse, *c* Armgerüst vergr.

Centronella Bill. (Fig. 546). Schale glatt, selten gefaltet. Brachialschleife aus zwei absteigenden Bändern bestehend, welche sich distal etwas verbreitern und in einer schmalen vertikalen Medianplatte vereinigen. Devon.

Rensselaeria Hall. Schale groſs. Brachialschleife aus zwei knieförmig geknickten Bändern bestehend, die sich distal in einer langen, geraden, etwas ausgehöhlten Medianplatte vereinigen. Silur. Devon.

Newberria Hall. Silur. Devon. *Juvavella, Nucleata* Bittner. Trias.

Coenothyris Douvillé (Fig. 547). Schale glatt, biplikat. Ventralschale mit Zahnplatten. Dorsalschale mit niedrigem Medianseptum. Die distalen Enden der mäſsig langen Brachialschleife biegen sich rückwärts und vereinigen sich in einer freien schildförmigen Medianplatte. Trias.

Cryptonella Hall, *Meganteris* Suess. Devon.

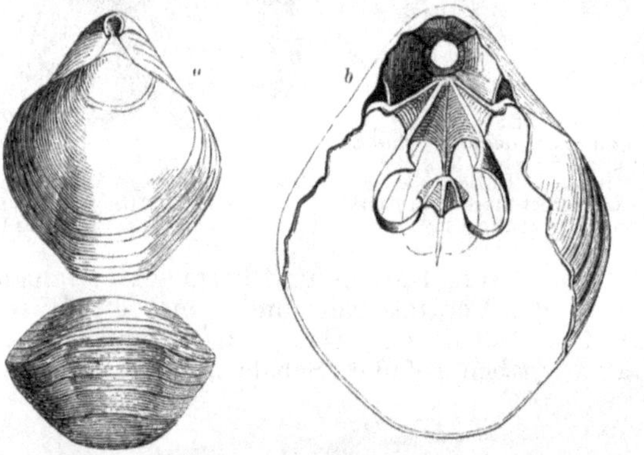

Fig. 547.
a Coenothyris vulgaris Schloth. sp. Muschelkalk. Würzburg.
b Armgerüst, restauriert und vergröſsert nach angeätzten Exemplaren von Recoaro (zum Teil nach Koschinsky).

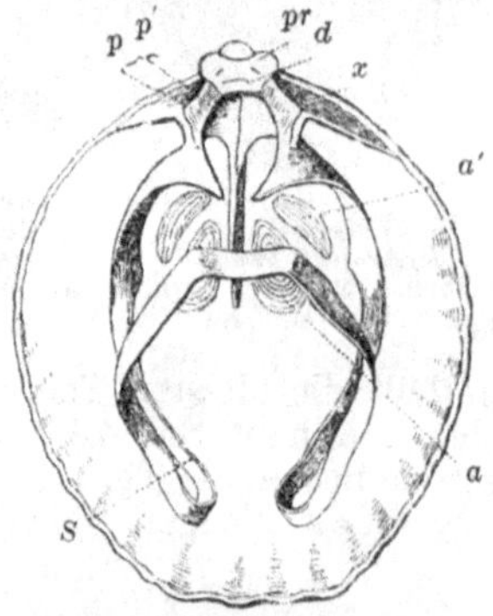

Fig. 548.
Waldheimia flavescens Val. Recent. Australien.
Innenansicht der kleinen Schale, etwas vergröſsert.

Waldheimia King (*Magellania* Bayle, *Neothyris* Douvillé) (Fig. 548). Schale glatt, seltener gerippt oder gefaltet. Dorsalschale mit Medianseptum. Brachialschleife lang, bis in die Nähe des Stirnrandes reichend, jederseits aus einem absteigenden und einem rücklaufenden Schenkel bestehend; die letzteren durch eine Querbrücke verbunden. Silur bis jetzt. Selten in paläozoischen, ungemein häufig in mesozoischen Ablagerungen.

Auch diese Gattung wurde zum Teil auf Grund unerheblicher Verschiedenheiten in zahlreiche Subgenera zerlegt. *Eudesia* King (Dogger) zeichnet sich durch radial gerippte Schale, groſses Schnabelloch und Zahnstützen in der Ventralschale aus. Bei *Zeilleria* Bayle (Trias, Jura, Kreide) (Fig. 549) stoſsen zwei oder mehr schwache Falten der beiden Schalen symmetrisch am Stirnrand zusammen; bei *Aulacothyris* Douvillé (Trias, Jura) (Fig. 550) hat die Dorsalschale einen Mediansinus, bei *Antiptychina* Zitt. (Jura, Kreide) springt in dem Stirnsinus der Dorsalschale eine Medianfalte vor. Weitere Sektionen werden als *Flabellothyris, Fimbriothyris, Microthyris, Epicyrta* Deslongch., *Plesiothyris* Douvillé, *Camerothyris, Cruratula* Bittner etc. bezeichnet.

Hinniphoria Suess. Tithon.

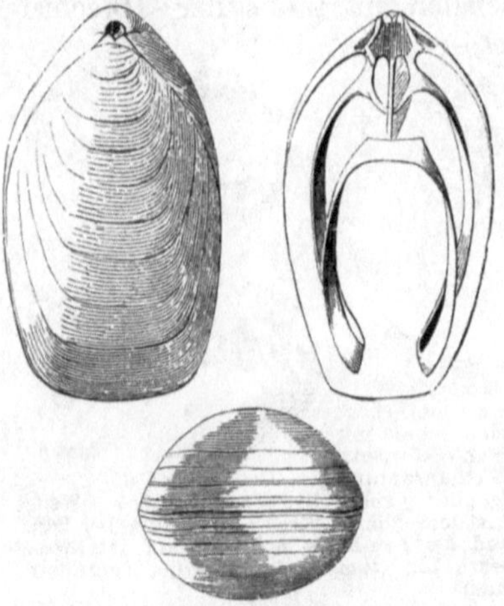

Fig. 549.
Waldheimia (Zeilleria) lagenalis Schloth. sp. Cornbrash. Rushdon. England. (Nat. Gr.) Nach Davidson.

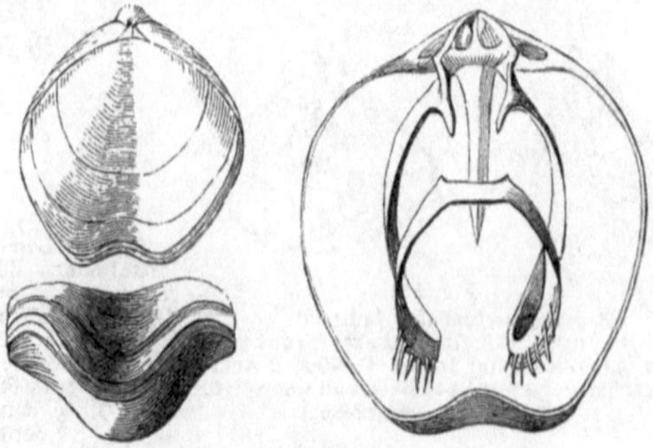

Fig. 550.
Waldheimia (Aulacothyris) resupinata Sow. Mittl. Lias. Ilminster, England. (Nach Deslongchamps.)

Terebratella d'Orb. (*Ismenia* King., *Waltonia* Dav., *Magasella* Dall.) (Fig. 551). Schale radial gerippt oder glatt. Schloſsrand gerade oder schwach gebogen mit niedriger Area. Brachialschleife wie bei *Waldheimia*, jedoch die absteigenden Schenkel durch eine Querbrücke am Medianseptum befestigt. Lias bis jetzt.

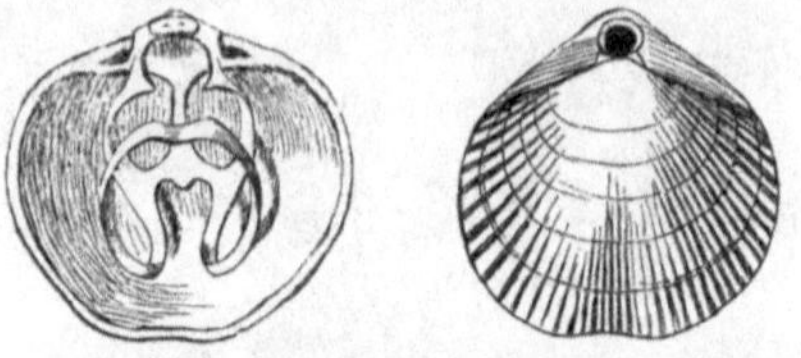

Fig. 551.
***Terebratella dorsata* Lam. sp. Recent. Chile. Nat. Gröſse.**

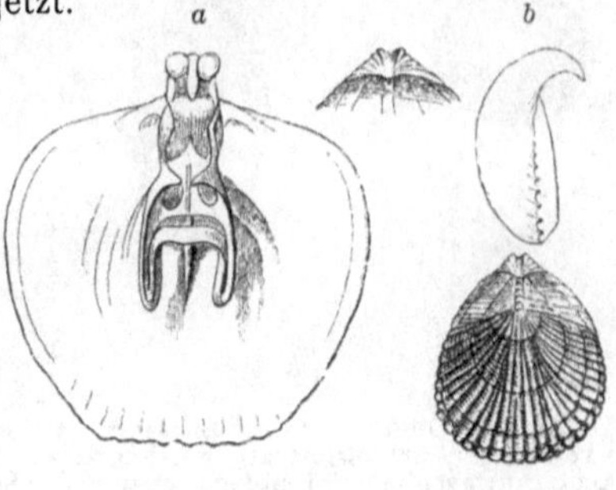

Fig. 552.
***a Trigonosemus Palissyi* Woodw. Ob. Kreide. Ciply, Belgien. Nat. Gröſse. (Nach der Natur.) *b Trigonosemus elegans* Defr. Weiſse Kreide. England. Inneres der kleinen Schale mit Armgerüst, vergröſsert. (Nach Davidson.)**

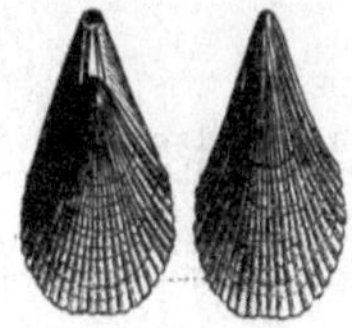

Fig. 553.
***Lyra Neocomiensis* d'Orb. Unt. Kreide. Morteau Doubs. Nat. Gröſse.**

Trigonosemus König (*Fissurirostra* d'Orb.) (Fig. 552). Radial gerippt. Ventralschale mit eingekrümmtem Wirbel, winzigem Schnabelloch und hohen dreieckiger Area. Brachialapparat wie bei *Terebratella*. Kreide.

Lyra Cumberl. (*Terebrirostra* d'Orb.) (Fig 553). Wie vorige, jedoch Schnabel der Ventralschale stark verlängert, innerlich durch Zahnplatten abgeteilt. Kreide.

Megerlea King (*Mühlfeldtia* Bayle (Fig. 554, 555). Schale meist radial gestreift oder gefaltet. Schloſsrand gerade, mit niedriger Area. Die absteigenden Schenkel der Brachialschleife durch eine Brücke mit dem Medianseptum verbunden, die rücklaufenden Schenkel verbreitert und mit den absteigenden verwachsen. Jura bis jetzt.

Kingena Davids. (Fig. 557). Schale glatt oder mit Grübchen bedeckt. Schloſsrand gebogen, ohne Area. Ventralschalen mit Zahnstütze. Brachial-

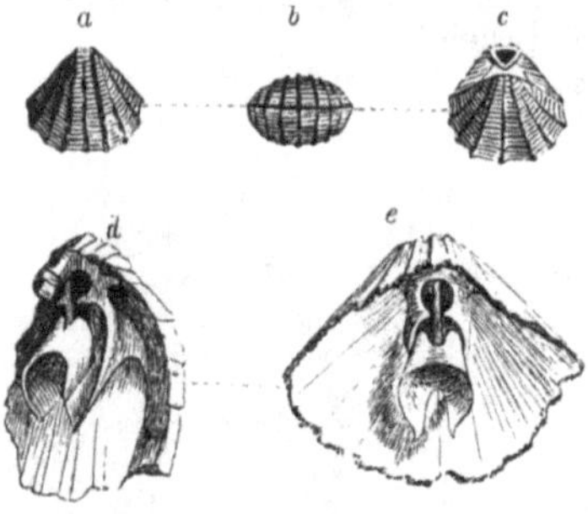

Fig. 554.
Megerlea pectunculus Schloth. sp. Ob. Jura. Engelhardsberg, Franken. *a*, *b*, *c* Exemplar in nat. Gröſse, *d* Armgerüst der kleinen Schale von der Seite. *e* von vorn, vergröſsert.

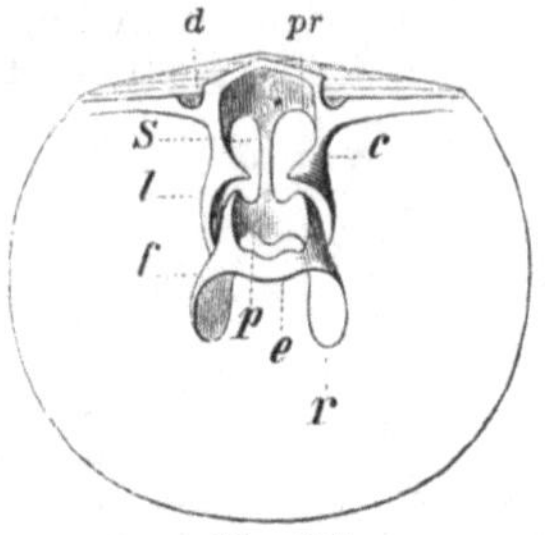

Fig 555.
Megerlea truncata Gmel. sp. Mittelmeer. Kleine Schale mit Armgerüst. (*pr* Schloſsfortsatz, *d* Zahngruben, *s* Medianseptum, *c* Crura, *l* absteigender, *f* rückwärtsgerichteter Ast der Schleife, *e* Verbindungsband der beiden Äste *f*, *p* Querbrücken zum Septum.)

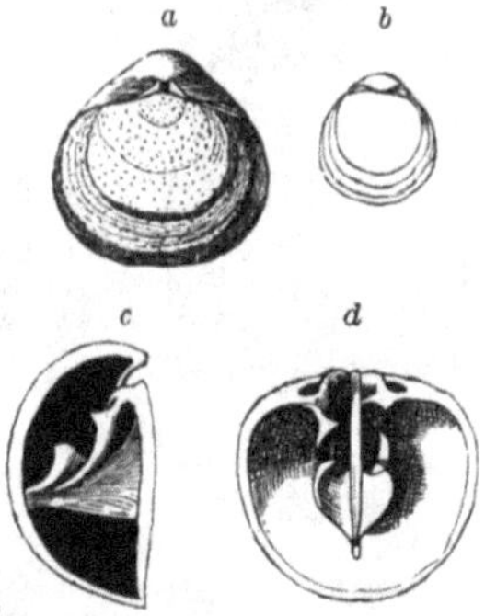

Fig. 556.
Magas pumilus Sow. Weiſse Kreide. Meudon bei Paris. *a*, *b* Exemplare nat. Gröſse, *c*, *d* Armgerüst vergröſsert.

schleife wie bei *Megerlea*, jedoch rücklaufende Schenkel, meist nur an ihren distalen Enden mit mit absteigenden verwachsen. Jura. Kreide.

Magas Sow. (Fig. 556). Wie vorige, aber Armgerüst an einem sehr hohen, die Ventralschale erreichenden Medianseptum der Dorsalklappe befestigt. Kreide.

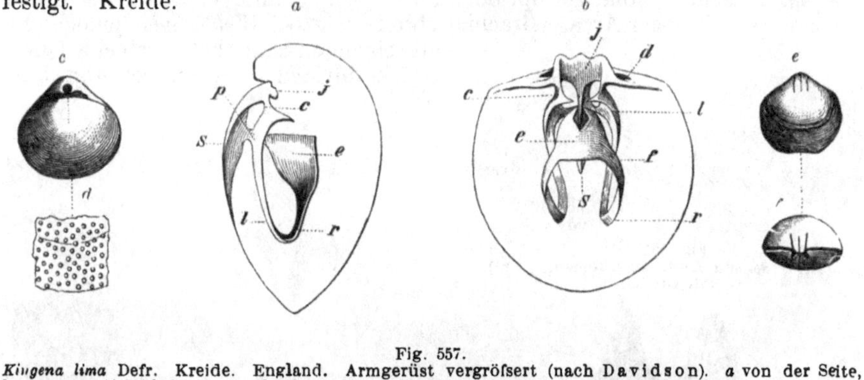

Fig. 557.
Kingena lima Defr. Kreide. England. Armgerüst vergröſsert (nach Davidson). *a* von der Seite, *b* von vorn (*j* Schloſsfortsatz, *d* Zahngruben, *s* Medianseptum, *c* Crura, *l* absteigender, *f* aufsteigender Ast der Armschleife, *r* Umbiegungsstelle der Schleife, *e* Verbindungsband, *p* Querbrücke zur Anheftung am Septum). *c* Exemplar aus dem Galeritenpläner von Salzgitter, nat. Gröſse. *d* Oberfläche vergr. *e*, *f* *K Friesenensis* Schrüfer sp. Ob. Jura. Gruibingen Württemberg. Nat. Gröſse.

Subgenera: *Rhynchora* Dalm., *Rhynchorina* Oehlert, ? *Mannia* Dewalque. Kreide.

Die Gattungen *Kraussina*, *Bouchardia* Davids., *Platidia* Costa, *Dyscolia* Fischer existieren noch jetzt.

Zeitliche und räumliche Verbreitung der Brachiopoden.

Durch Häufigkeit, weite räumliche, lange zeitliche Verbreitung und günstige Erhaltung nehmen die Brachiopoden eine ganz hervorragende Stellung unter den fossilen Resten von Wirbellosen ein und liefern eine groſse Menge der wichtigsten geologischen Leitfossilien. Ihre Schalen bestehen, abgesehen von den hornig-kalkigen Formen, aus Kalkspat und widerstehen den zerstörenden Einflüssen des Fossilisationsprozesses besser als die gröſstenteils aus Aragonit bestehenden Schalen der Mollusken. Allerdings wird der Wert der Brachiopoden als Leitfossilien durch die groſse Ähnlichkeit der Arten ein und derselben Gattung, sowie durch die Schwierigkeit, manche Genera ohne Kenntnis ihres inneren Baues richtig zu bestimmen, etwas herabgedrückt.

Von den beiden groſsen Abteilungen sind die Inarticulaten entschieden die älteren, doch treten vereinzelte Repräsentanten der Articulaten *(Billingsella, Orthisina, Camarella)* auch schon in kambrischen Ablagerungen auf und machen es wahrscheinlich, daſs die beiden Gruppen unabhängig voneinander sich weiter entwickelt haben und wenigstens nicht durch bekannte Bindeglieder miteinander zusammenhängen.

Im untersten Kambrium (Olenellus-Schichten) sind bereits zehn Brachiopoden-Genera vorhanden, die sich über Nordamerika und Europa verbreiten. Ihre Zahl steigt erheblich im oberen Kambrium, und im Silur erreichen die Brachiopoden mit ca. 2600 Arten den Höhepunkt ihrer Entwicklung. Nordamerika, Europa (Böhmen, Groſsbritannien, Schweden, Ruſsland, Portugal) sind die Hauptgebiete für silurische Brachiopoden; doch liefern auch Südamerika, Australien, China und Ostsibirien zahlreiche Formen.

Das Devon bleibt an Brachiopodenreichtum nur wenig hinter dem Silur zurück, obwohl eine erhebliche Anzahl von Gattungen, namentlich aus der Gruppe der Inarticulaten, bereits verschwunden sind. Die Eifel, Rheinland-Westfalen, der Harz, Belgien, Devonshire, Boulogne sur Mer, Cabrière in den Cevennen, Asturien und der Ural sind die Hauptfundstätten in Europa, während in Asien China, in Nordamerika die nördlichen Vereinigten Staaten und Canada die gröſste Menge devonischer Brachiopoden liefern.

Der Kohlenkalk von Europa, Nordamerika, Ostasien und die sogenannten Permo-Karbon-Ablagerungen der Salt-Range-Kette und Armeniens sind ungemein reich an Brachiopoden, unter denen die Productiden, Strophomeniden, Spiriferiden und Rhynchonelliden vorherrschen.

Im Zechstein sinkt die Zahl der Brachiopoden in Europa auf ca. 30 Arten herab; dagegen erlangen in der alpinen Trias die Terebratuliden, Rhynchonelliden, Koninckiniden und Spiriferiden eine mächtige Entwicklung.

In Jura und Kreide herrschen Terebratuliden, Rhynchonelliden und Thecideiden fast ausschlieſslich, und namentlich die beiden ersten Familien sind durch eine erstaunliche Fülle von Arten vertreten; die Spiriferiden und Koninckiniden sterben im Lias aus.

Im Tertiär macht sich ein gewaltiger Rückgang bemerkbar. Die daselbst vorkommenden Arten gehören fast ausschlieſslich zu noch jetzt existierenden Gattungen und überragen an Zahl nur wenig die der Jetztzeit, so daſs sie für den Geologen alle praktische Bedeutung verlieren.

Zeitliche Verbreitung der Brachiopoden.

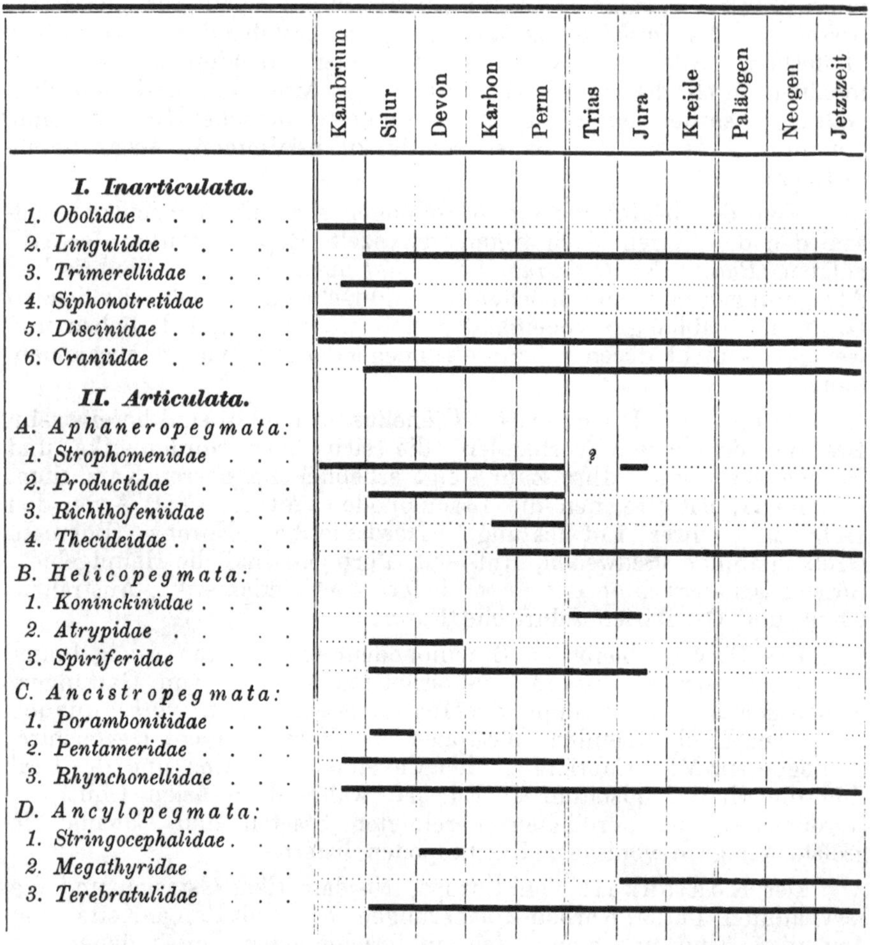

VI. Stamm.

Mollusca. Weichtiere.[1]

Die Weichtiere *(Mollusca, Malacozoa)* bilden eine wohlumgrenzte Gruppe von Invertebraten mit weichem, ungegliedertem Körper. Derselbe ist von einer Duplikatur der Haut (dem sogenannten Mantel) umhüllt, welcher sehr häufig eine einfache oder zweiklappige, selten

[1]) Literatur:
Deshayes, G. P., Traité élèment. de Conchyliologie. Paris 1835—39. 3 vol.
Woodward, S. P., Manual of the Mollusca. 4. edition with Appendix by R. Tate. 1880.
Philippi, R. A., Handbuch der Conchyliologie und Malakozoologie. Halle 1853.
Fischer, P., Manuel de Conchyliologie et de Paléontologie conchyliologique. Paris 1887.

eine mehrklappige Schale absondert. Neben den beschalten gibt es übrigens auch zahlreiche nackte Mollusken. Zur Respiration dienen Kiemen, zuweilen auch Lungen; ein Herz mit ein oder zwei Vorkammern treibt das Blut durch ein reich verzweigtes Gefäſssystem; Darm und Magen durchziehen den Körper und sind von Nieren, Leber und verschiedenartigen Drüsen umgeben. Das Nervensystem

Bronn, H. G., Die Klassen und Ordnungen des Tierreichs. Bd. III. Malacozoa. Bearbeitet von *Keferstein*. 1862—66.
Adams, H. u. *A.*, The genera of recent Mollusca. 2 vol. London 1858.
Tryon, G. W., and *Pilsbry, H. A.*, Manual of Conchology. vol. I—XVI. 1879—1896.

Sowerby, J., Mineral Conchology of Great Britain. London 1812—30.
Goldfuſs A., Petrefacta Germaniae. 1826—40.
Hall, J., Palaeontology of New York. vol. I—V. Albany 1847—85.
M'Coy, Fr., British palaeozoic fossils in the Museum of Cambridge. London 1851—55.
Worthen, A. H., Geological Survey of Illinois. Palaeontology. vol. I—VII. 1866 bis 1883.
Sandberger, G. u. *F.*, Die Versteinerungen des Rheinischen Schichtensystems in Nassau. 1850—56.
M'Coy, Fr., A Synopsis of the characters of the carboniferous limestone fossils of Ireland. London. 4°. 1862.
Waagen, W., Salt range fossils. Mem. geol. Survey of India. Palaeont. Indica. Ser. XIII. 1880—87.
Geinitz, H. B., Die Dyas. Leipzig 1864.
Laube, G., Die Fauna von St. Cassian. Denkschr. Wien. Ak. d. W. Bd. XXV. 1866.
Loriol, P. de, Monographien über die Fauna der oberen Juraschichten der Schweiz, der Haute-Marne, der Yonne, von Boulogne-sur-Mer, Valfin, Tonnerre, der unteren Kreide (Neocomien) des Mont Salève, des Urgonien von Landeron, des Gault von Cosne etc.
Quenstedt, F. A., Der Jura. Tübingen 1858.
Morris and *Lycett*, A Monograph of the Mollusca of the Great Oolite and Supplement. Palaeont. Society. 1850. 1854. 1863.
Pictet et *Campiche*, Description des Fossiles du terrain cretacé de St. Croix. Matér. pour la Paléontologie Suisse. sér. V. vol. I—IV. 1858—71.
Holzapfel, Mollusken der Aachener Kreide. Palaeontographica 1887. Bd. XXXIV.
White, Ch., A Review of the non-marine fossil Mollusca of North America. Ann. Rep. U. S. geol. Survey. Washington 1883.
Deshayes, G. P., Coquilles fossiles des environs de Paris. 3 vol. 1824—37.
» Description des animaux sans vertèbres decouverts dans le Bassin de Paris. 3 vol. Texte u. 2 vol. Atlas. Paris 1860—66.
Sandberger, Frid., Die Conchylien des Mainzer Beckens. Wiesbaden 1860—63.
» Die Land- und Süſswasser-Conchylien der Vorwelt. Wiesbaden 1875.
Coſsmann, Catalogue illustré des coquilles fossiles de l'Eocène des environs de Paris. Ann. Soc. Malacol. de Belgique. vol. XXIII. XXIV. 1888. 1889.
Gregorio, Ant., Monographie de la Faune eocènique de l'Alabama Palermo 1890.
Dall, W. H., Contributions to the Tertiary Fauna of Florida. I—III. (Trans. Wagn. Inst. Sc. vol. III) 1890—95.
v. Koenen, A., Das norddeutsche Unter-Oligocän und seine Mollusken-Fauna. Abhandl. zur geolog. Spezialkarte von Preuſsen. Bd. X. 1889—93.
Hoernes, M., Die fossilen Mollusken des Tertiärbeckens von Wien. Abhandlungen d. geol. Reichs-Anst. Bd. IV. 1870.
Grateloup, Catalogue zoologique des débris foss. du Bassin de Gironde 1838 und Atlas 1840.
Brocchi, Conchiologia fossile subappenina. 2 Bde. 1814.
Philippi, E. A., Enumeratio Molluscorum Siciliae. 1844.
Wood, Scarles, A Monograph of the Crag Mollusca. Palaeont. Soc. 1851—56.
Fontannes, F., Les Mollusques pliocènes de la Vallée de Rhône et du Rousillon. Lyon 1879—83.
Bellardi, L. und *Sacco, F.*, I Molluschi terziari del Piemonte e della Liguria. Torino 1872—94.

besteht mindestens aus drei Paar, durch Kommissuren verbundene Nervenknoten und von den reich differenzierten Generationsorganen finden sich die männlichen und weiblichen bald in getrennten Individuen, bald in hermaphroditischen Zwittern entwickelt. Die Fortpflanzung erfolgt ausschliefslich auf geschlechtlichem Wege.

Die Mollusken zerfallen in fünf Klassen (*Lamellibranchiata*, *Scaphopoda*, *Amphineura*, *Gastropoda* und *Cephalopoda*). Von diesen werden die Scaphopoden, Amphineuren und Gastropoden häufig unter der Bezeichnung *Glossophora* oder *Cephalophora* den Muscheln und Cephalopoden als gleichwertige Gruppe gegenübergestellt.

Die Mollusken liefern die zahlreichsten und wichtigsten Leitfossilien. Sie sind überhaupt die häufigsten Versteinerungen, namentlich in mesozoischen und känozoischen Ablagerungen, und ihr Studium wird darum von den Geologen auch besonders bevorzugt. Mit Ausnahme der zur fossilen Erhaltung wenig geeigneten Amphineuren beginnen alle Klassen bereits im Kambrium.

1. Klasse. **Lamellibranchiata.** Muscheln.[1])

(*Bivalvia* Linn., *Conchifera* Lam., *Pelecypoda* Goldf.)

Kopflose, meist seitlich symmetrische Tiere mit zweilappigem Mantel, paarig entwickelten grofsen Kiemenblättern und zwei durch Ligament verbundenen kalkigen Schalen.

Die Muscheltiere sind meist symmetrisch, oval oder quer verlängert, seitlich etwas zusammengedrückt, von zwei fleischigen Mantellappen umhüllt, die ihrerseits wieder von zwei kalkigen Schalen bedeckt werden. Unter den Mantellappen befinden sich jederseits blattförmige Kiemenblätter, zwischen denen der Rumpf mit Mund, Herz, Darm, Afterröhre, Generationsorganen und meist auch ein kräftiger muskulöser Lappen, der Fufs, ihren Platz finden. Der Mund befindet sich am vorderen, der After am hinteren Ende des Tieres, die Schalen bedecken die rechte und linke Seite.

Die beiden Mantellappen sind am Oberrand miteinander verbunden, vorn, hinten und unten getrennt, oder teilweise verwachsen.

---

[1]) Literatur (vgl. S. 250) aufserdem:

Neumayr, M., Beiträge zu einer morpholog. Einteilung der Bivalven. Mit Vorwort von *E. Suefs*. Denkschr. Wiener Ak. math.-naturw. Kl. Bd. LVIII. 1891.

Barrande, J., Système Silurien du centre de la Bohême. Acephales. 4 Bände. Text und Atlas. Paris u. Prag 1882.

Hall, J., Geol. Survey of the State of New York Paläontology. vol. V. pt. I. II. Albany 1884. 1885.

de Koninck, Faune du calcaire carbonifère de la Belgique. vol. VI. 5. partie. 1886. (Annales du Musée d'hist. nat. de Belgique.)

Bittner, Alex., Revision der Lamellibranchiaten von St. Cassian. Abhandl. der k. k. geol. Reichsanstalt. Wien. Bd. XVIII, 1895.

Böhm, G., Die Bivalven der Stramberger Schichten. Palaeont. Mitteilungen aus dem Museum des Bayer. Staates. Bd. II. 1883.

Stoliczka, Ferd., Cretaceous fauna of Southern India. vol. III. The Palaecypoda. Mem. geol. Survey of East India. 1871.

Zittel, K. A., Die Bivalven der Gosaugebilde. Denkschr. d. k. k. Ak. d. Wiss. Wien. 1865—66. Bd. XXV.

Woods, H., Cretaceous Lamellibranchia. Palaeont. Soc. 1899.

Wood, S., Monograph of the Eocene Bivalves of England. Palaeont. Soc. 1861—71.

Ihre Aufsenfläche legt sich dicht an die Innenseite der beiden Schalen an und nur ein mit Gefäfsen, Drüsen, Pigment, zuweilen auch mit Tentakeln versehener Saum ragt frei vor. Die Grenze des festanliegenden Teiles des Mantels wird auf der Innenseite der Schale durch die mehr oder weniger deutlich markierte Mantellinie angedeutet. Dieselbe ist hinten und vorn von einem Muskeleindruck begrenzt.

Die Muskeln (Adductores) bestehen aus einem dicken Bündel von Fasern, die sich quer von einer Schale zur anderen erstrecken und dieselben durch ihre Kontraktion fest verschliefsen. In der Regel sind zwei fast gleich grofse Schliefsmuskeln vorhanden (Homomyaria oder Dimyaria), wovon der eine in der Nähe des vorderen Randes über dem Mund, der andere nahe am Hinterende des Oberrandes über dem After gelegen ist. Zuweilen ist auch nur ein einziger, sehr grofser, subzentraler oder dem Hinterrand genäherter Schliefsmuskel vorhanden und der vordere ganz verkümmert (Monomyaria), oder der vordere ist klein, sehr schwach entwickelt, der hintere grofs und häufig subzentral (Heteromyaria).

Fig. 558.
Saxicava arctica Lam. Tier mit fast vollständig verwachsenen Mantellappen. (*p* Fufs, *s* oberer oder Kloaken-Sipho, *s'* Kiemen-Sipho.)

Bei verwachsenen Mantellappen ist das Tier wie in einem Sack eingeschlossen, doch gestatten mindestens zwei schlitzförmige Öffnungen den Austritt gewisser Organe und das Einströmen des Wassers. Meist beschränkt sich die Verwachsung der Mantellappen nur auf gewisse Regionen. Hinten befinden sich stets zwei Öffnungen, wovon die untere zum Einströmen von Wasser dient, während die obere die Exkremente ausführt. Sehr häufig verlängern sich die Ränder der beiden hinteren Öffnungen röhrenförmig und bilden zwei sogenannte Siphonen (Fig. 558), wovon der untere Kiemen- oder Atmungs-Sipho, der obere After-Sipho heifsen. Sie bleiben entweder getrennt oder können teilweise, zuweilen auch ganz miteinander verwachsen und mehr oder weniger weit aus der Schale vorragen.

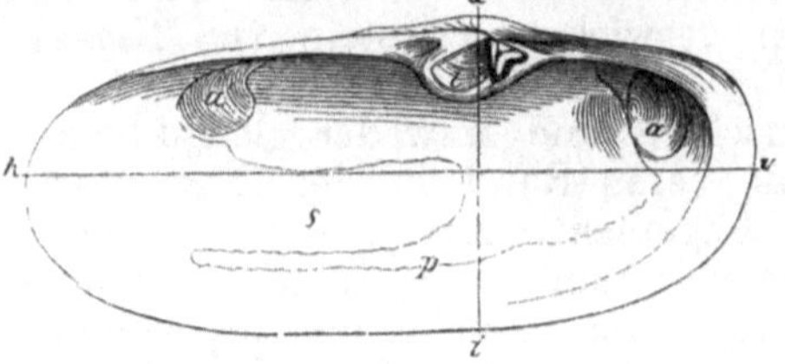

Fig. 559.
Lutraria elliptica Roissy. Linke Schale von innen ($^2/_3$ nat. Gröfse). (*p* Mantellinie, *s* Mantelbucht, *a* vorderer, *a'* hinterer Muskeleindruck, *v h* Länge, *u i* Höhe.)

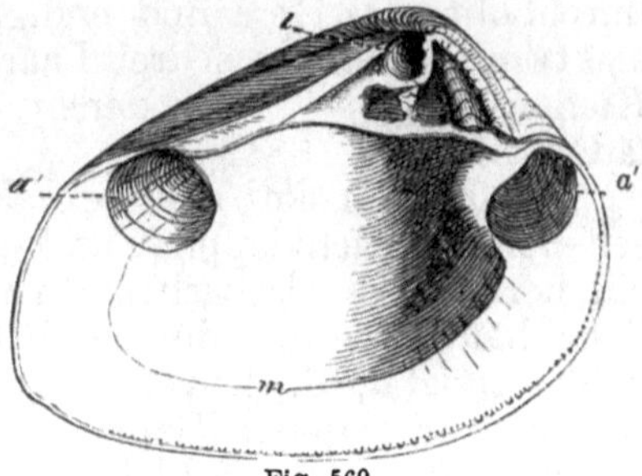

Fig. 560.
Crassatella plumbea Chem. sp. Linke Schale von innen (*m* Mantellinie, *a* vorderer, *a'* hinterer Muskeleindruck, *l* innere Bandgrube).

Erlangen die Siphonen ansehnliche Gröfse und umgeben sie sich mit einer dicken, hornigen Epidermis, so ragen sie beständig aus der hinten klaffenden Schale vor. In diesem Falle, sowie überall da, wo die Siphonen ganz oder teilweise zurückgezogen werden können, verursachen die Anheftstellen der Muskelfasern, welche die Retraktion bewirken, in der Mantellinie eine mehr oder weniger tiefe, hintere

Einbuchtung (Sinupalliata, Fig. 559). Bildet der Manteleindruck eine einfache, ununterbrochene Linie (Integripalliata, Fig. 560), so fehlen entweder die Siphonen ganz, oder sie sind klein und besitzen keine Retraktormuskeln.

Am Unterrand der Vorderseite ragt zwischen den getrennten oder mit einem Schlitz versehenen (Fig. 558) Mantellappen ein seitlich zusammengedrückter, beilförmiger bis wurmförmiger muskulöser Fuſs vor, der stets vollständig in die Schale zurückgezogen werden kann. Er dient zum Kriechen, Springen oder Einbohren in Sand, Schlamm, Holz oder festes Gestein und ist bei Bohrmuscheln häufig mit winzigen Kieselkörperchen bedeckt. Die zum Zurückziehen und Bewegen des Fuſses dienenden Muskeln hinterlassen häufig über und neben den Schlieſsmuskeln kleinere (accessorische) Eindrücke in der Schale. Bei vielen Muscheln besitzt der Fuſs an seiner unteren Fläche eine Furche, welche mit einer hornige Fasern absondernden Drüse in Verbindung steht. Vereinigen sich diese Fäden zu einem Büschel (Byssus), so können sich die Tiere damit an fremde Körper anheften. Meist steht die starke Entwicklung des Byssus in umgekehrtem Verhältnis zur Stärke des Fuſses; bei manchen Gattungen (*Ostreidae*) verkümmern Fuſs und Byssus zugleich.

Die paarig entwickelten Kiemen liegen unter den Mantellappen und bestehen jederseits aus zwei dünnen, gitterartigen Blättern (*Tetrabranchiata*), die manchmal auch durch feine parallele Fäden ersetzt sein können. Das äuſsere Kiemenpaar bleibt häufig hinter dem inneren an Gröſse zurück und verkümmert zuweilen vollständig (*Dibranchiata*).

Das Blut wird den Kiemen durch ein mit zwei Ohren versehenes Herz zugetrieben, das unter dem Oberrand liegt. Vor dem Herzen befindet sich der Mund, eine mit lappigen Anhängen versehene Querspalte, ohne Kiefer oder Reibplatten, die in eine kurze Speiseröhre und darauf in den Magen führt. Ein stark verlängerter, von Leber, Nieren und Geschlechtsdrüsen umlagerter Darm erstreckt sich unter mehrfachen Windungen in den Fuſs, steigt darauf wieder in die Höhe, durchbohrt das Herz und endigt im oberen Aftersipho. Das Nervensystem besteht aus drei Paar Ganglienknoten (Schlund-, Fuſs- und Kiemen-Ganglien), von denen ein verwickeltes System von Nervenfäden ausgeht.

Die beiden Schalen der Muscheln sind entweder gleichklappig, seltener ungleichklappig, und am oberen Rand in der Regel durch ein hornartiges elastisches Band (Ligament) miteinander verbunden. Sehr häufig besitzt der verdickte Oberrand auch einen besonderen Schloſsapparat, d. h. vorspringende Zähne, welche in entsprechende Gruben der anderen Klappe passen; er heiſst deshalb auch Schloſsrand. Über dem Schloſsrand ragen die Wirbel oder Buckeln (nates, umbones) vor. Sie bezeichnen den ältesten Teil der Schale, von wo das Wachstum begann, und krümmen sich meist nach vorn (prosogyr), seltener nach hinten (opisthogyr) oder nach auſsen (spirogyr).

Eine vom Wirbel nach dem Unterrand gezogene Linie (Fig. 559 *u. i*) bezeichnet die Höhe (resp. Breite), die Entfernung vom vorderen zum hinteren Rand die Länge und eine an der Stelle der stärksten Wölbung auf die Länge gezogene Senkrechte die Dicke einer Schale. Eine vom Mund nach der Afteröffnung gezogene Linie fällt in der

Regel mit der Länge der Schale zusammen; bei den Anisomyariern bildet jedoch die vom Vorderrand nach dem Hinterrand gezogene Linie einen Winkel mit der oroanalen Achse des Tieres. Die vor den Wirbeln gelegene Vorderseite der Schale ist in der Regel kürzer als die Hinterseite; doch kommt ausnahmsweise auch das gegenteilige Verhältnis vor (*Donax*).

Bei ungleichklappigen Schalen unterscheiden sich die zwei Klappen häufig nur durch verschiedene Gröſse und Wölbung; zuweilen werden die Differenzen aber auch sehr beträchtlich. Eine Klappe kann kegelförmige oder zylindrische, die andere deckelförmige Gestalt annehmen (*Rudistae*); die Wirbel entfernen sich alsdann sehr weit vom Schloſsrand und erhalten zentrale oder subzentrale Lage.

Bei gewissen Bohrmuscheln (*Clavagellidae, Pholadidae*) sondern die sehr stark verlängerten Siphonen eine kalkige Röhre ab, an deren vorderem Ende die Schale entweder frei liegt (*Fistulana, Teredo*) oder sie verwächst ganz oder teilweise mit derselben (*Aspergillum, Clavagella*).

Das Band oder Ligament[1]), welches mit wenigen Ausnahmen (*Pholadidae*) die beiden Schalen der Muscheln verbindet, ist bald äuſserlich sichtbar (Fig. 561), bald innerlich eingeschlossen in einer besonderen Grube des Schloſsrandes (Fig. 560), zuweilen auch halb innerlich, halb äuſserlich. Es besteht aus einer äuſseren, dunkel gefärbten, in Salzsäure und Kalilauge unlöslichen, nicht elastischen Rinde und einer inneren, sehr elastischen, an feinen Kalknädelchen reichen, in Salzsäure brausenden und in Kalilauge löslichen Substanz, welche sich auszudehnen sucht und dadurch die Schalen öffnet, wenn sie nicht durch die Kontraktion der Schlieſsmuskeln zusammengehalten werden. Bei den mit innerlichem Band versehenen Muscheln ist die äuſsere Schicht häufig äuſserlich noch etwas sichtbar (*Anatina, Mya, Mactra*), die innere Bandmasse dagegen in einem löffelartigen Fortsatz oder in einer Grube zwischen den Schloſszähnen gelegen; sie umschlieſst zuweilen ein kleines Kalkstückchen (*Anatina*). Manchen Muscheln mit innerem Ligament (*Spondylidae, Nuculidae*) fehlt die äuſsere Bandschicht vollständig; bei den Austern besteht der mittlere Teil des halb innerlichen, halb äuſserlichen Bandes aus elastischer Masse, die seitlichen Teile aus Rindenschicht. Bei den Perniden ist das Band geteilt und in zahlreiche getrennte Gruben des Schloſsrandes eingepaſst. Bei den Arciden befestigt sich das sehr dünne äuſserliche Band auf einer ebenen dreieckigen Area unter den Wirbeln. Die Bandsubstanz wird durch den Fossilisationsprozeſs meist zerstört und ist nur ausnahmsweise an fossilen Muscheln noch wohl erhalten.

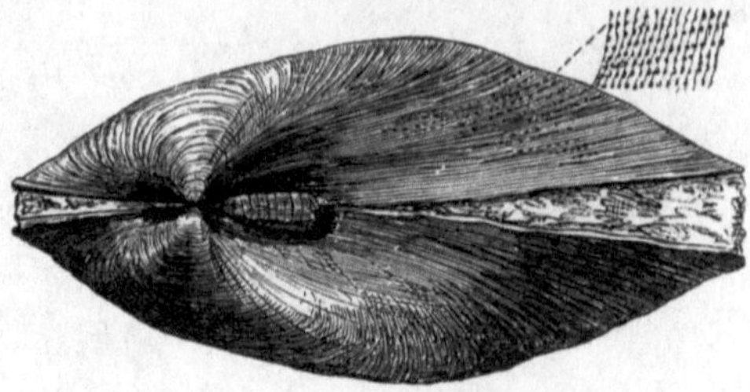

Fig. 561.
Homomya calciformis Ag. Mit wohlerhaltenem äuſserem Ligament.

Das innerliche Band liegt fast immer unmittelbar unter den Wirbeln und ist zuweilen vorn und hinten von Schloſszähnen umgeben

[1]) *Reis, O.*, Das Ligament der Bivalven. Jahreshefte des Ver. für vaterländ. Naturkunde in Württemberg. Jahrg. 1902. Bd. 58.

(amphidet); das äufserliche beginnt in der Regel hinter den Wirbeln und liegt in einer meist kurzen Furche zwischen den beiden Klappen (opisthodet); es wird häufig durch vertikale Leisten des Schlofsrandes (Bandnymphen oder Fulcra) gestützt. Bei den Aviculiden, Myaliniden, Ambonychiden, Mytiliden und Pinniden erstreckt sich das lineare Band über den ganzen Schlofsrand.

Zur festeren Verbindung der beiden Schalen besitzen sehr viele Muscheln am Oberrand ein Schlofs (cardo, charnière, hinge), das aus Zähnen und Zahngruben besteht, welche sich auf den schmäleren oder breiteren vertikalen Flächen des Oberrandes, der Schlofsplatte, befinden und eine Verschiebung der Klappen verhindern. Die Beschaffenheit des Schlofsrandes liefert sehr wichtige systematische Merkmale. Er ist dysodont (Fig. 562), wenn Zähne vollständig fehlen und die Schalen nur durch das Band zusammengehalten werden (*Ostreidae, Mytilidae*); man nennt ihn kryptodont, wenn leichte Kerben und Grübchen den Beginn eines Schlosses andeuten (*Praecardiidae*), taxodont (Fig. 563), wenn zahlreiche schmale, gleichartige, senkrecht oder schräg zum Schlofsrand gestellte Kerbzähne in entsprechende Grübchen der anderen Klappe sich einfügen (*Nuculidae, Arcidae*). Sind nur wenige Zähne und Gruben symmetrisch zu beiden Seiten neben dem Rand vorhanden, so heifst das Schlofs isodont (*Spondylidae*) (Fig. 601).

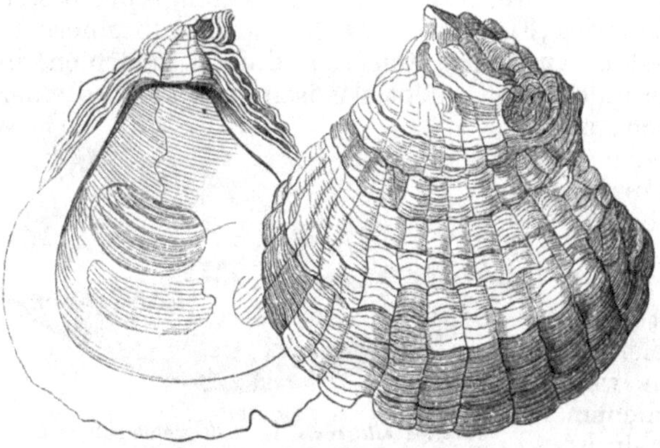

Fig. 562.
Dysodontes Schlofs (*Ostrea digitalina*).

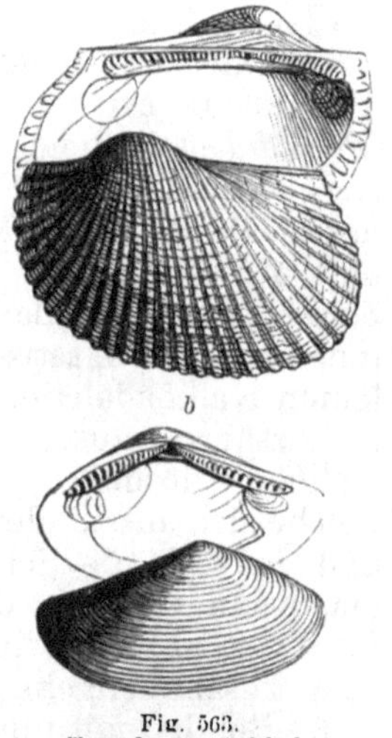

Fig. 563.
Taxodontes Schlofs
a von *Arca* mit äufserem Ligament, *b* von *Leda* mit innerem Ligament.

Das heterodonte Schlofs (Fig. 564) besitzt in jeder Klappe eine beschränkte Anzahl leistenförmiger, konischer oder hakenförmiger Zähne, die durch Zahngruben von einander getrennt sind. Die mittleren, unter den Wirbeln stehenden und mehr oder weniger divergierenden Zähne werden als Schlofs- oder Kardinalzähne von den häufig dem Schalenrand parallelen vorderen und hinteren Seitenzähnen unterschieden. Jeder Zahn eines heterodonten Schlosses füllt eine Zahngrube der Gegenklappe aus. Zuweilen spaltet sich ein dreieckiger Schlofszahn in zwei divergierende Äste (*Trigonia, Mactra*) und fügt sich in eine einfache Grube der Gegenschale ein. Man nennt diese Ausbildung des Heterodontenschlosses schizodont.

Das pachyodonte Schlofs ist eine besondere Modifikation von Heterodontie. Es besteht aus 1—3 unsymmetrischen, zapfenförmigen, plumpen Vorsprüngen, welche sich in Gruben oder scheidenartige Alveolen der Gegenklappe einfügen (*Caprinidae, Rudistae*).

Bei dem desmodonten Schlofs (Fig. 565) fehlen in der Regel eigentliche Schlofszähne, dagegen ragen meist dünne, blattartige Vorsprünge in vertikaler oder horizontaler Richtung unter den Wirbeln vor und nehmen das innerliche oder halbinnerliche Band zwischen sich auf. Zuweilen verdicken sich die vorderen oder hinteren Ränder dieser Ligamentträger zu einem schwachen zahnartigen Vorsprung.

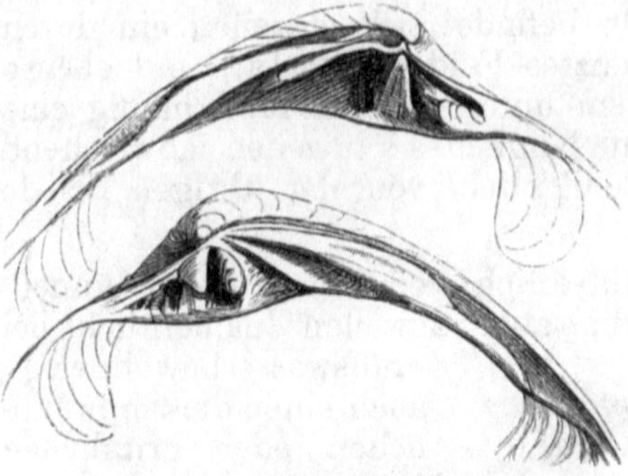

Fig. 564.
Heterodontes Schlofs von *Cyprina*, linke und rechte Schale.

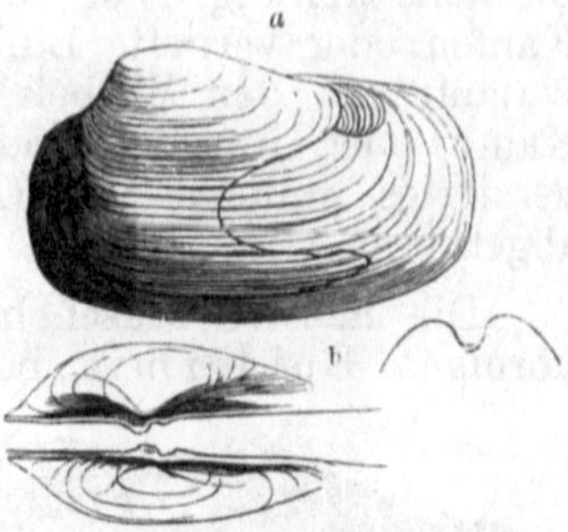

Fig. 565.
Desmodontes Schlofs von *Pleuromya*.

Obige, von Neumayr[1]) aufgestellte und begründete Terminologie des Bivalvenschlosses wurde von Dall[2]) weiter ausgeführt und von letzterem die *Heterodonta* in die Gruppen *Diogenodonta, Cyclodonta, Teleodonta* zerlegt. Auch die ursprünglich aus fremdartigen Elementen zusammengesetzte Abteilung der *Desmodonta* erfuhr durch Bittner, Dall u. a. mancherlei Änderung.

Um eine kurze und präzise Bezeichnung der Schlofselemente zu ermöglichen, schlugen Steinmann und Döderlein Formeln vor, worin *C* die Kardinalzähne, *o* die diesen entsprechenden Zahngruben der anderen Schale, *l* die Seitenzähne und *m* die Vertiefungen zu ihrer Aufnahme in der anderen Schale bedeuten. Mit *x* werden nicht näher bestimmbare Vorsprünge des Schlofsrandes bezeichnet. *L* bedeutet die linke, *R* die rechte Klappe. Die Formel beginnt stets am hinteren Ende und endigt am vordern. Beispiel:

Astarte borealis $\frac{L\,m\,o\,1\,o\,1\,l}{R\,l\,1\,0\,1\,0\,m}$

Mit der Entwicklung des Schlosses haben sich besonders F. Bernard[3]) und v. Vest[4]) beschäftigt. Danach beginnt das Schlofs bei den meisten Lamellibranchiaten mit einer Anzahl von Kerben, welche sich vor und hinter dem Ligament entwickeln und das sogenannte *Provinculum*, ein dem krypto-

---

[1]) *Neumayr, M.*, Zur Morphologie des Bivalvenschlosses. Sitzungsber. Wiener Ak. 1883. Bd. LXXXIII und Denkschriften der Wiener Akademie 1891. Bd. LVIII.

[2]) *Dall, W. H.*, On the hinge of the Pelecypods and its development etc. Amer. Journ. Sc. [3]. 1889. vol. XXXVIII.

[3]) *Bernard, Fel.*, Sur le developpement et la Morphologie de la coquille chez les Lamellibranches. Bull. Soc. geol. Fr. 3. ser. vol. XXIII u. XXIV.

[4]) *v. Vest. W.*, Über die Bildung und Entwicklung des Bivalvenschlosses. Verhandlg. des Siebenbürg. Vereins f. Naturwissenschaften. Hermannstadt. Bd. 48. 1895 u. 1896.

donten Schlofs ähnliche Bildung, hervorrufen. Unter diesem entstehen sodann vordere und hintere Leisten, welche den Schlofsrand verdicken und deren innere Enden sich allmählich zu hakenförmigen Zähnen umgestalten. Die verschiedenartigen Modifikationen, aus welchen das definitive Schlofs hervorgeht, sind von Bernard eingehend geschildert und darauf eine von der Steinmann'schen abweichende Terminologie der einzelnen Elemente des Schlosses begründet.

Von äufserlichen Merkmalen ist die Verzierung durch konzentrische oder radiale Streifung, Berippung oder Faltung, durch Knoten oder Stacheln beachtenswert. Unverzierte Schalen zeigen stets eine feine, das periodische Zunehmen andeutende konzentrische Zuwachsstreifung. Vor den Wirbeln befindet sich zuweilen ein durch Kanten oder vertiefte Linien begrenztes Feld (Lunula), und ebenso verläuft von den Wirbeln nach dem unteren Hinterrand häufig eine Kante oder Furche, wodurch ein längliches, zuweilen abweichend verziertes hinteres Feld (Area, Schildchen) von der übrigen Schale abgetrennt wird.

Die meisten Muscheln sind äufserlich von einer meist dünnen, hornigen Epidermis bedeckt, die aber zuweilen (namentlich bei Süfswasserbewohnern) auch einen dicken bräunlichen oder grünlichen Überzug bilden kann.

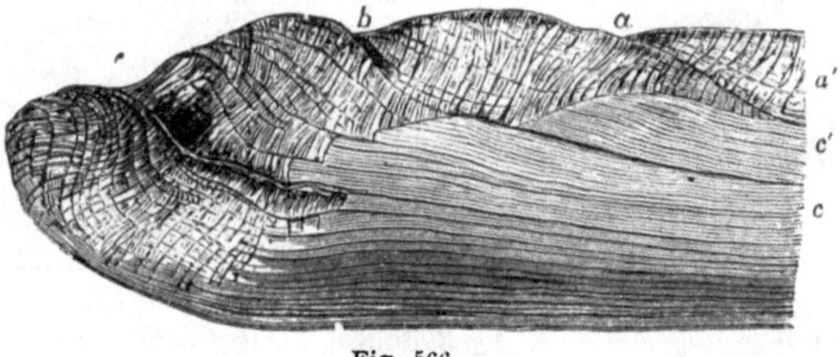

Fig. 566.
Vertikaler Schnitt durch die Schale von *Unio*. Die äufsere faserig-prismatische Schicht (e, b, a, a') bildet mehrere Absätze, welche die successive Entstehung der Schale veranschaulichen; c, c' innere blättrige Schicht (stark vergröfsert, nach Carpenter).

Die Kalkschale selbst wird teils von der Aufsenfläche der Mantellappen, teils vom Mantelsaum abgesondert und besteht demgemäfs aus zwei histiologisch verschiedenen Schichten. Die äufsere, vom Mantelsaum gebildete Schicht ist aus prismatischen Zellen zusammengesetzt, welche in der Regel vertikal gegen die Oberfläche gerichtet sind (Fig. 566) und nur bei den Rudisten dieser parallel stehen. Die Prismen variieren sehr in Stärke und Länge. Die gröfsten sind bei *Inoceramus* und *Pinna*, die feinsten bei Anatiniden und Myiden beobachtet. Bei Mytiliden und bei vielen mit porzellanartigen Schalen versehenen Heterodonten (*Veneridae*, *Cardiidae* etc.) fehlt die äufsere Prismenschicht, bei Pectiniden und Limiden ist sie nur an jugendlichen Schalen schwach entwickelt. Die innere Schalenschicht besteht aus zahlreichen, sehr dünnen, parallel übereinander gelagerten, zuweilen etwas wellig gebogenen Blättern und zeigt entweder porzellanartige oder perlmutterartige Beschaffenheit. Perlen haben die Struktur der inneren Schalenschicht und bilden sich als Umhüllung von Fremdkörperchen auf der Innenseite der Schale oder im Mantel.

Die äufsere Schalenschicht zeigt die physikalischen Merkmale von Kalkspat, die innere von Aragonit. Letztere ist leichter löslich als erstere und darum an fossilen Muscheln zuweilen zerstört, während sich die äufsere Schicht noch erhalten hat.

Über die Entwicklungsgeschichte (Ontogenie) der Schalen geben die Untersuchungen von R. T. Jackson[1]) den besten Aufschlufs. Danach bildet der Embryo schon frühzeitig einen kleinen, aus zwei dünnen ovalen oder dreieckigen glatten, leicht konzentrisch gestreiften oder gekörnelten Schalen zusammengesetzten »Prodissoconch« (Fig. 567). Die beiden Schalen bestehen aus homogener Kalksubstanz und sind durch einen anfänglich geraden zahnlosen oder etwas gekerbten, später gebogenen Schlofsrand, sowie zwei Schliefsmuskeln miteinander verbunden. Die Wirbel des Prodissoconch sind bei den Anisomyarien nach hinten, bei den meisten Homomyarien nach vorn gekrümmt. Der Prodissoconch nimmt die Wirbelregion der sich später bildenden definitiven Schale ein und erhält sich als eine kleine zweischalige Kappe (Fig. 568) einige Zeit oder er wird abgerieben oder fällt frühzeitig ab. Die Übereinstimmung der Embryonalschale bei den verschiedenartigsten Gattungen der Lamellibranchiaten spricht für ihre gemeinsame Abstammung. Von Interesse ist auch der Umstand, dafs zahlreiche paläozoische Muscheln aus verschiedenen Ordnungen durch ihre dünnen Schalen und zahnlosen oder nur leicht gekerbten Schlofsrand an embryonale Prodissoconchen erinnern. Neumayr wollte dieselben darum als besondere Ordnung »*Palaeoconchae*« allen Muscheln gegenüberstellen. Die während der Entwicklung der definitiven Schalen (Dissoconch) eintretenden Veränderungen, namentlich die durch Festheftung einer Klappe bewirkten Modifikationen, wurden von Jackson bei den Anisomyariern eingehend untersucht und daraus wichtige Ergebnisse für die Verwandtschaft der verschiedenen Familien erzielt.

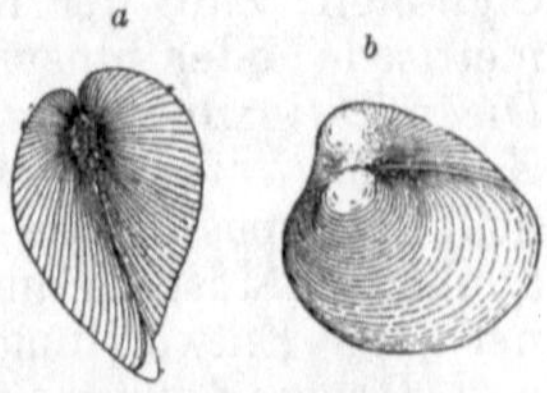

Fig. 567.
Prodissoconch von *Ostrica Virginica* (*a* von der Seite, *b* von oben, vergr.) nach Jackson.

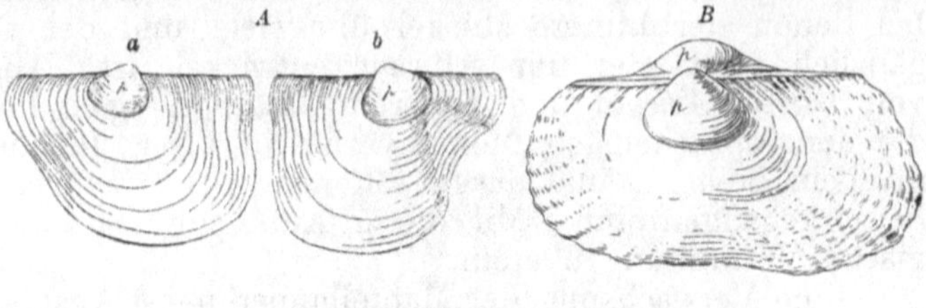

Fig. 568.
A Junge Schale von *Avicula* mit aufsitzendem Prodissoconch (*p*). (*a* Linke, *b* rechte Schale.)
B Desgleichen von *Arca pexata.*

Lebensweise. Die überwiegende Mehrzahl der Muscheln sind Meeresbewohner, höchstens $^1/_5$ der lebenden Art hält sich in süfsem oder brackischem Wasser auf. Die wichtigsten Vertreter der Süfswassermuscheln sind die Nayadiden und Cyreniden. Die marinen Muscheln leben in sehr verschiedener Tiefe; die dickschaligen, reich verzierten und bunt gefärbten meist in seichtem Wasser, in der Nähe der Küste und auf steinigem oder sandigem Grund. Die Tiefseeformen sind in der Regel dünnschalig, farblos, weifs oder rötlich, jedoch weit weniger zahlreich als die Seichtwasserbewohner. Die

[1]) *Jackson, R. T.*, Phylogeny of the Pelecypoda. The Aviculidae and their allies. Mem. Boston. Soc. Nat. hist. 1890. vol. IV. No. 8.

warmen Zonen beherbergen eine gröſsere Menge von Muscheln als die gemäſsigten und kalten.

Systematik. Für die Unterscheidung der Hauptgruppen der Lamellibranchiaten, von denen ca. 5000 lebende und ca. 10000 fossile Arten bekannt sein mögen, hat man verschiedene Merkmale, wie Zahl und Ausbildung der Schlieſsmuskeln, Vorhandensein oder Fehlen der Siphonen, Zahl der Kiemenblätter, Entwicklung des Schlosses, symmetrische oder unsymmetrische Ausbildung der Schalen verwertet. Die mit einem oder zwei sehr ungleichen Schlieſsmuskeln versehenen *Anisomyaria* (= *Monomyaria* und *Heteromyaria*) bilden eine natürliche Gruppe, welche den *Homomyaria* mit zwei gleichen oder doch ähnlichen Muskeln gegenüberstehen. Letztere lassen sich am besten nach der Entwicklung des Schlosses in *Taxodonta*, *Heterodonta* und *Desmodonta* einteilen.

1. Ordnung. **Anisomyaria.** Neumayr.

(*Monomyaria* und *Heteromyaria* auct.)

Hinterer Muskel kräftig, viel stärker als der häufig ganz verkümmerte vordere. Die vier Kiemenblätter gleichmäſsig entwickelt. Mantellappen getrennt. Siphonen fehlen. Fuſs klein oder ganz verkümmert.

Die Ordnung der Anisomyarier enthält alle bisher unter der Bezeichnung *Monomyaria* und *Heteromyaria* zusammengefaſsten Muscheln, bei denen der hintere Muskel überwiegt und der vordere entweder gänzlich fehlt oder nur schwach entwickelt ist. Aus der Ontogonie von *Ostrea*, *Avicula* und anderen Gattungen geht hervor, daſs auch die ausgesprochensten Monomyarier in ihrer Jugend zwei Schlieſsmuskeln besaſsen und darum offenbar aus zweimuskeligen Urformen hervorgegangen sind. Mit dieser Auffassung stimmt auch die geologische Verbreitung überein.

Eine Verwachsung der Mantellappen nebst Ausbildung von kurzen Siphonen kommt nur bei den in brackischem und süſsem Wasser lebenden Gattungen *Dreissensia* und *Dreissensiomya* vor.

1. Familie. **Aviculidae.** Lam.[1])

Schale ungleichklappig, innen perlmutterglänzend. Rechte Klappe meist flacher und kleiner als die linke. Schloſsrand zahnlos oder mit wenigen schwachen Kerbzähnen, lang, gerade, hinten meist in einen flügelartigen, vorne in einen kurzen, ohrförmigen Fortsatz verlaufend. Band linear an der ganzen Länge des Schloſsrandes in einer oder mehreren seichten Rinnen befestigt. Vorderer Muskeleindruck klein oder verkümmert. Silur bis jetzt. Marin.

Die Aviculiden erreichen schon in paläozoischen Ablagerungen den Höhepunkt ihrer Entwicklung und enthalten nach Jackson die primitivsten Formen der Anisomyarier, aus welchen sich alle übrigen ableiten lassen.

Rhombopteria Jackson (Fig. 569). Schale rhomboidisch, schief. Hinterer Flügel durch keine Einbuchtung des Hinterrandes von der übrigen Schale geschieden. Vorderes Ohr kurz. Zwei Muskeln und hintere Leistenzähnchen vorhanden. Silur.

---

[1]) Frech, Fr., Die devonischen Aviculiden Deutschlands. Abh. z. geol. Spezialkarte von Preuſsen, Bd. IX. 1891.

Leptodesma Hall. Devon.

Pterinea Goldf. (Fig. 570). Linke Schale gewölbt, rechte flach. Schloſsrand lang, breit, hinten in einen Flügel, vorn in ein kurzes Ohr ausgezogen; Band in mehreren, dem Schloſsrand parallelen Furchen. Unter dem Wirbel zwei oder mehr taxodonte Schloſszähnchen, sowie einige schräg nach hinten und unten divergierende leistenartige hintere Seitenzähne. Hinterer Muskeleindruck groſs, vorderer kleiner, aber kräftig entwickelt, unter dem vorderen Ohr gelegen. Silur bis Karbon. Hauptverbreitung im Devon von Europa und Nordamerika.

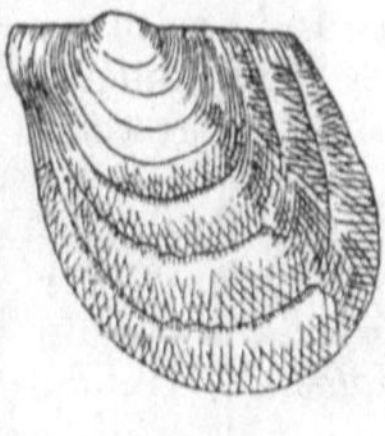

Fig. 569. *Rhombopteria mira* Barr. sp. Ob. Silur (E.) Prag. (Nach Jackson.)

a b

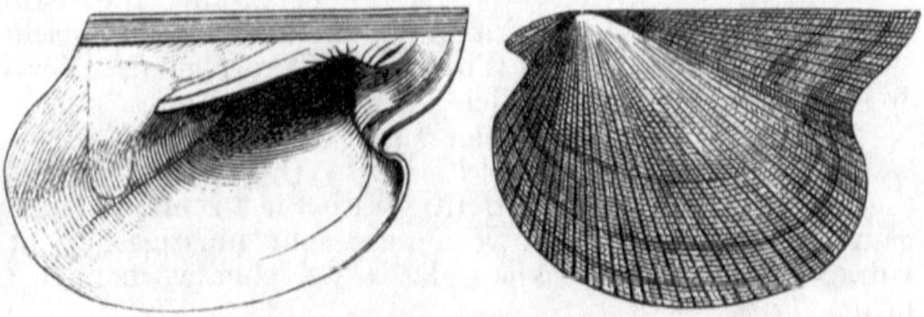

Fig. 570. a *Pterinea laevis* Goldf. Linke Schale von innen. Devonische Grauwacke. Niederlahnstein, Nassau. (Nat. Gröſse.) b *Pterinea lineata* Goldf. Ebendaher (von auſsen).

Actinodesma Sandb. (*Glyptodesma*, *Ectenodesma* Hall, *Dolichopteron* Maurer). Wie *Pterinea*, aber beide Flügel stark verlängert und in Spitzen ausgezogen. Devon.

Kochia Frech (*Onychia* Sandb., *Loxopteria* Frech) Devon.

Avicula Brug. (*Pteria* Scopoli) (Fig. 571. 572). Wie *Pterinea*, jedoch Schloſsrand zahnlos oder nur mit einem schwachen Schloſszähnchen. In der Regel nur der hintere Muskel entwickelt. Silur bis jetzt.

Fig. 571. *Avicula contorta* Portlock. Rhätische Stufe Reit im Winkel.

Fig. 572. *Avicula* (*Oxytoma*) *costata* Sow. Groſs-Oolith. Luc, Calvados.

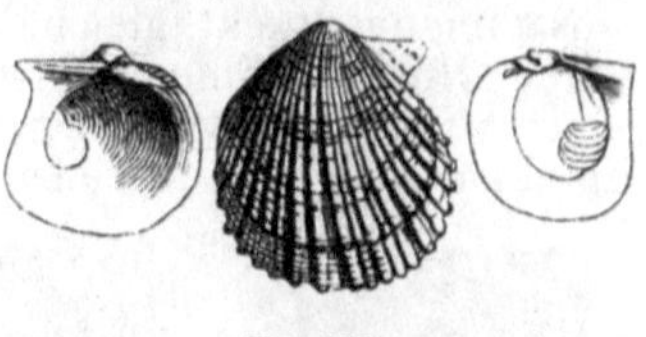

Fig. 573. *Pseudomonotis echinata* Sow. sp. Cornbrash. Sutton, England.

Subgenera. *Actinopteria*, *Leiopteria*, *Vertumnia* Hall (Devon), *Pteronites* M'Coy (Devon, Karbon), ? *Rutotia* de Kon (Karbon), *Oxytoma* (Perm bis jetzt), *Meleagrina* Lam. (Jura bis jetzt).

Limoptera Hall (*Monopteria* M. W., *Myalinodonta*, *Paropsis* Oehlert). Wie *Avicula*, jedoch vorderer Flügel verkümmert. Hinterer Flügel groſs. Devon. Karbon.

Pteroperna Morr. und Lyc. (Dogger.)

Pseudomonotis Beyr. (*Eumicrotis* Meek) (Fig. 573). Linke Schale gewölbt, rechte flach. Vordere Ohren winzig, abgerundet oder ganz verkümmert. Devon bis Kreide. *Ps. Clarai* Wiſsm. Trias. *P. echinata* Sowsp. (Dogger.)

Aucella Keys. (Fig. 574). Schief verlängert, ungleichklappig, dünnschalig, konzentrisch verziert, Schloſsrand kurz, zahnlos, gestreift. Linke Schale gewölbt mit eingekrümmtem Wirbel und dreieckigem Ausschnitt des Schloſsrandes unter dem Wirbel. Rechte Schale flach, mit kleinem, löffelförmigem vorderen Ohr. Oberer Jura und unterste Kreide. Besonders häufig in Rußland und dem arktischen Polargebiet.

Cassianella Beyr. (Fig. 575). Linke Schale hochgewölbt, mit vorragendem, eingekrümmtem Wirbel, rechte etwas gedreht, flach oder konkav, ohne Byssusausschnitt. Schloßrand mit kleinen vertikalen Schloßzähnchen und einem leistenartigen vorderen und hinteren Seitenzahn. Bandfeld breit, unter den Wirbeln eine dreieckige Bandgrube. Trias.

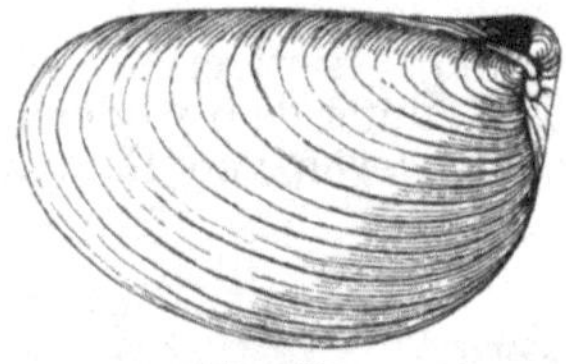

Fig. 574.
Aucella Mosquensis Keys. Oberer Jura. Moskau.

Monotis Bronn (Fig. 576). Schale gleichklappig, radial gerippt. Schloßrand zahnlos. Wirbel wenig vorragend. Vorderes Ohr undeutlich, gerundet, hinteres kurz, schief abgestutzt oder ausgeschnitten. Trias.

Halobia Bronn (*Daonella* Mojs.) (Fig. 577). Gleichklappig, flach, zusammengedrückt, radial gestreift. Wirbel fast zentral. Ohren fehlen entweder ganz (*Daonella*), oder nur vorne ein sehr niedriges, nicht über die Schale vorragendes, lang dreieckiges glattes Feldchen vorhanden (*Halobia*). Häufig in der Trias.

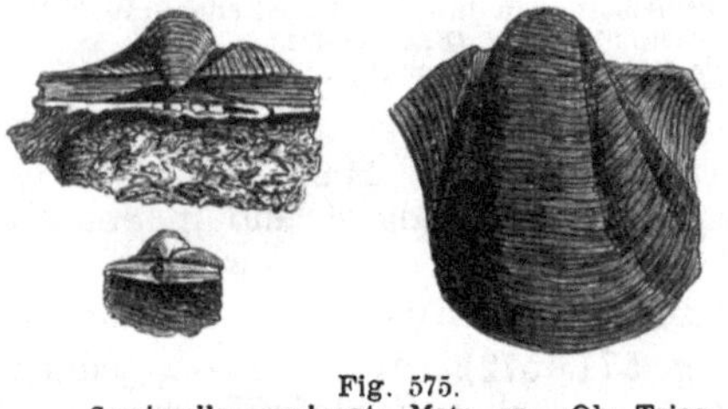

Fig. 575.
Cassianella gryphaeata Mstr. sp. Ob. Trias. St. Cassian, Tirol.

Fig. 576.
Monotis salinaria Schloth. sp. Roter Alpenkalk. Berchtesgaden. (2/3 nat. Gr.)

Posidonomya Bronn (*Ablacomya* Steinm.) (Fig. 578). Schale dünn, zusammengedrückt, gleichklappig, konzentrisch gefurcht. Schloßrand gerade, ohne Ohren, zahnlos; Wirbel subzentral, kaum vorragend. Silur bis Jura; über 50 Arten beschrieben. Findet sich meist gesellig und erfüllt namentlich im Lias und Jura zuweilen ganze Schichten.

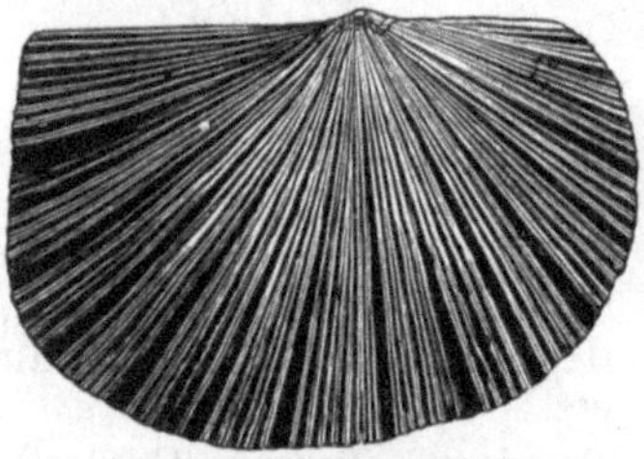

Fig. 577.
Halobia (Daonella) Lommeli Wissm. Unt. Keuper. Wengen. Südtirol.

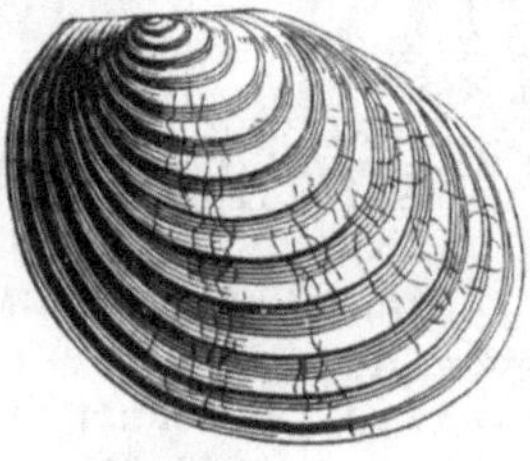

Fig. 578.
Posidonomya Becheri Bronn. Culmschiefer. Herborn, Nassau. (Nat. Größe.)

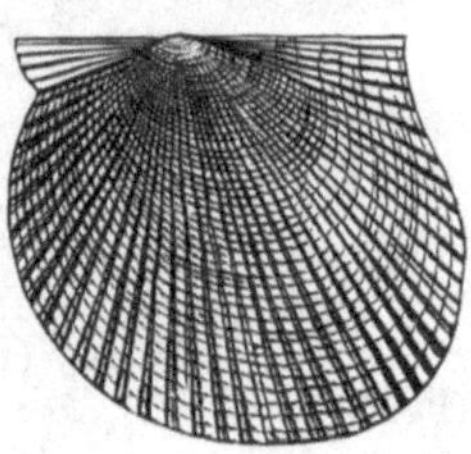

Fig. 579.
Aviculopecten papyraceus Sow. Steinkohlenschiefer. Werden, Westfalen.

Aviculopecten M'Coy (Fig. 579). Schale radial gerippt oder gestreift. Rechte Schale mit Byssusausschnitt. Schloßrand lang, vorne und hinten mit Seitenohren. Band in mehreren seichten, vom Wirbel nach vorn und hinten divergierenden Furchen gelegen. Silur bis Karbon.

Subgenera. *Pterinopecten* Hall, *Orbipecten* Frech (= *Lyriopecten* Hall von Conr.). Devon.

Crenipecten Hall (*Pernopecten* Winch.). Wie *Aviculopecten*, aber Schloßrand mit zahlreichen Kerbzähnchen. Karbon.

2. Familie. **Ambonychiidae.** Miller.

Schale gewölbt, gleichklappig, schief oval. Wirbel am vorderen Ende des geraden Schloſsrandes, darunter zwei oder mehr Leistenzähnchen. Band in parallelen, dem Schloſsrand folgenden Furchen. Hinterseite verbreitert, zwei ungleiche Muskeln vorhanden. Silur. Devon.

Ambonychia Hall (Fig. 580). Gleichklappig, meist radial gerippt, vorn steil abfallend. Unter dem Wirbel zwei schräge, leistenartige Zähnchen, auſserdem mehrere leistenförmige Seitenzähne. Silur.

Subgenera. *Megaptera* Meek, *Anomalodonta* Miller (Silur).

Gosseletia Barrois (*Cyrtodontopsis* Frech). Wie *Ambonychia*, aber dickschaliger, häufig konzentrisch gestreift; Schloſszähne zahlreicher und stärker. Devon.

Mytilarca (*Plethomytilus*), *Byssopteria*, *Palaeopinna* Hall. Devon.

Cyrtodonta Billings (*Cypricardites* Conr., *Palaearca*, *Megalomus* Hall, *Vanuxemia* Billings). Quer rhomboidisch, dickschalig; Wirbel angeschwollen, eingekrümmt. Unter dem Wirbel 2—8 schiefe Zähnchen, auſserdem einige lange, leistenförmige, dem Schloſsrand folgende hintere Seitenzähne vorhanden. Häufig im Silur und Devon von Nordamerika und Australien.

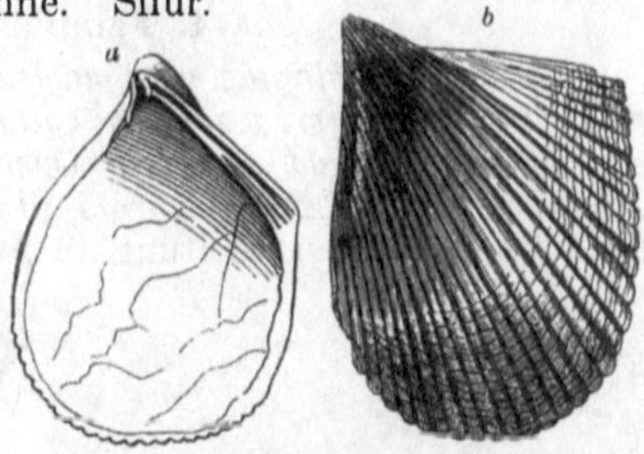

Fig. 580.
a Ambonychia bellistria Hall. Unter-Silur. Cincinnati. Rechte Schale von innen (nach Miller) *b Ambonychia rabiuta* Hall. Ebendaher. (Nat. Gröſse.)

3. Familie. **Pinnidae.** Gray.

Schale gleichklappig, dreieckig, mit spitzen, terminalen Wirbeln, hinten weit klaffend. Schloſsrand gerade, zahnlos. Band lang, linear, halb innerlich. Hinterer Muskeleindruck groſs, subzentral, vorderer sehr klein. Äuſsere Prismenschicht stark entwickelt, innere Perlmutterschicht sehr dünn. Devon bis jetzt. Marin.

Fig. 581.
Pinna pyramidalis Mstr. Quadersandstein. Schandau. ($^1/_3$ nat. Gr.)

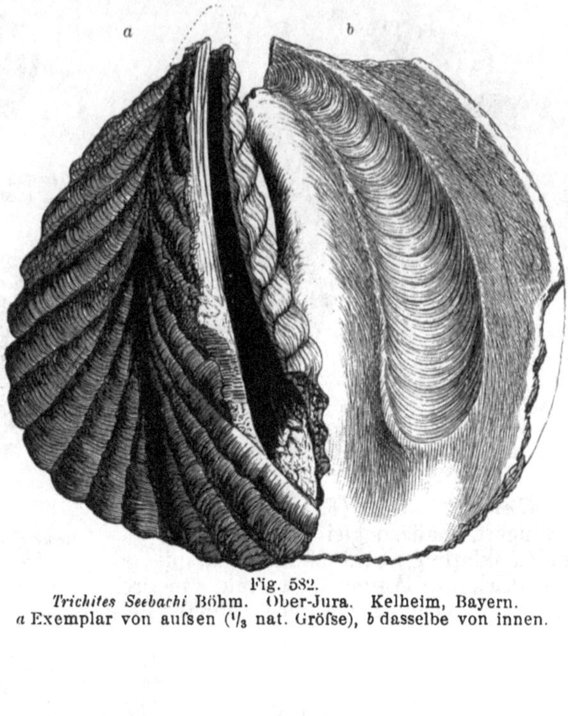

Fig. 582.
Trichites Seebachi Böhm. Ober-Jura. Kelheim, Bayern.
a Exemplar von auſsen ($^1/_3$ nat. Gröſse), *b* dasselbe von innen.

Aviculopinna Meek. Vor den Wirbeln ragt ein ganz kurzes Flügelchen vor. Karbon und Perm.

Pinna Lin. (Fig. 581). Schale dünn, glasig, dreieckig. Wirbel spitz, hinten weit klaffend. Devon bis jetzt.

Trichites Plott (*Pinnigena* Saussure) (Fig. 582). Schale sehr dick, grofs, fast ganz aus der grobfaserigen Prismenschicht bestehend. Vorderrand klaffend. Muskeleindruck sehr grofs. Jura. Kreide.

4. Familie. **Pernidae.** Zittel.

Schale gleichklappig oder ungleichklappig. Schlofsrand gerade, hinten zuweilen flügelartig verlängert, zahnlos, gekerbt oder mit leistenartigen Zähnen. Band in eine gröfsere Anzahl isolierter Quergruben des Schlofsrandes eingefügt. Einziger Muskeleindruck subzentral, grofs. Innere Schalenschicht perlmutterglänzend. Perm bis jetzt. Hauptverbreitung in Jura und Kreide. Marin.

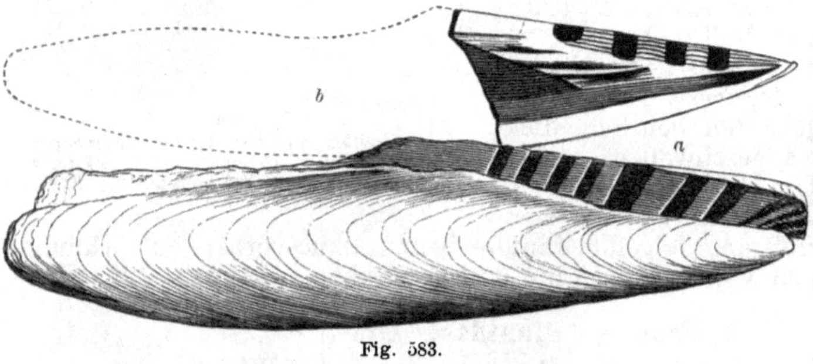

Fig. 583.
a Gervillia aviculoides Sow. Oxfordton. Dives, Calvados.
b Gervillia linearis Buvignier (Schlofs).

Fig. 587.
Inoceramus (Actinoceramus) sulcatus Park. Gault. Perte du Rhône. (Nat. Gröfse.)

Bakewellia King. Schief verlängert, klein, etwas ungleichklappig. Schlofsrand hinten flügelartig, mit mehreren entfernten Bandgruben, unter dem Wirbel 3—4 Leistenzähne. Zechstein.

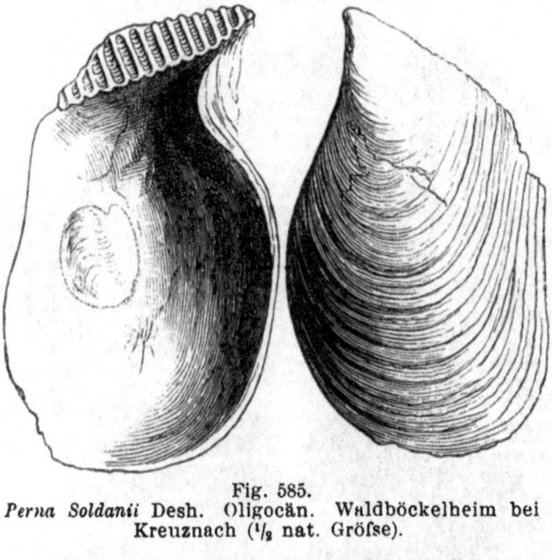

Fig. 585.
Perna Soldanii Desh. Oligocän. Waldböckelheim bei Kreuznach (1/2 nat. Gröfse).

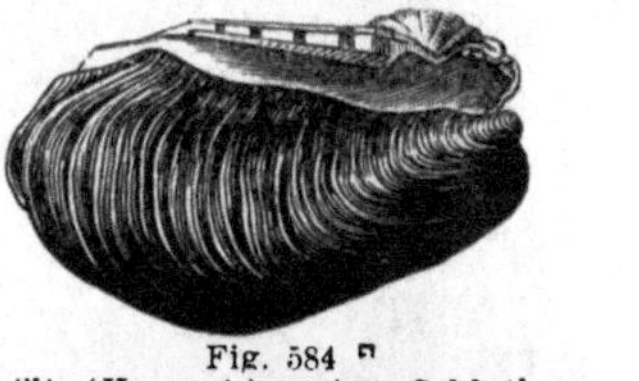

Fig. 584.
Gervillia (Hoernesia) socialis Schloth sp. Muschelkalk. Würzburg.

Fig. 586.
Inoceramus Cripsi Mant. Kreide. Gosau, Ober-Österreich. (1/2 nat. Gröfse.)

Gervillia Defr. (Fig. 583). Schief verlängert, nahezu gleichklappig oder ungleichklappig. Schlofsrand dick, mit undeutlichem Hinterflügel und mehreren Bandgruben. Wirbel spitz, terminal, darunter mehrere schiefe Leistenzähne. Trias bis Eocän.

Subgenera: a) *Hoernesia* Laube (Fig. 584). Schale ungleichklappig, gekrümmt. Bandgruben wenig zahlreich, unter den Wirbeln ein starker, dreieckiger, durch ein Septum gestützter Zahn und davor mehrere Kerbzähnchen. Trias.

b) *Odontoperna* Frech. Schale vierseitig, wenig schief, unter dem Wirbel 2—3 kurze Leistenzähne. Trias. *O.* (*Perna*) *Bouéi* Hauer.

Perna Brug. (*Isognomon* Klein, *Mulletia* Fischer). (Fig. 585.) Gleichklappig, oval bis vierseitig. Innere Schalenschicht dick, blättrig, perlmutterglänzend. Wirbel spitz, terminal. Schloſsrand breit, zahnlos, mit einer Reihe senkrechter Bandgruben. Vorderrand mit Byssusausschnitt. Trias bis jetzt.

Pernostrea Mun. Chalmas. Jura.

Inoceramus Sow. (*Catillus* Brgt., *Haploscapha* Conr., *Neocatillus* Fischer) (Fig. 586. 587). Rundlich eiförmig, mehr oder weniger ungleichklappig, konzentrisch, seltener radial verziert. Wirbel vorragend, dem Vorderende genähert. Schloſsrand zahnlos, mit sehr zahlreichen, schmalen, vertikalen Bandgruben. Äuſsere prismatische Schalenschicht sehr dick, innere Perlmutterschicht dünn. Jura. Kreide. Hauptverbreitung in der mittleren und oberen Kreide.

Subgenera: *Actinoceramus* Meek (Fig. 587), *Volviceramus* Stol., *Anopaea* Eichw.

Crenatula Lam. Dünnschalig, schief verlängert, glatt. Schloſsrand mit mehreren kallösen Kerben. ? Jura. Pliocän und Recent.

5. Familie. **Limidae.** d'Orb.

Schale schief oval, häufig etwas nach vorn verlängert, gleichklappig, am Vorderrand etwas klaffend. Schloſsrand zahnlos oder mit schwachen Kerbzähnchen, vorn in ein kurzes, hinten in ein etwas längeres Ohr ausgezogen. Bandgrube dreieckig, unter den Wirbeln dreieckig, halb äuſserlich, halb innerlich. Nur ein Muskeleindruck vorhanden. Karbon bis jetzt. Marin.

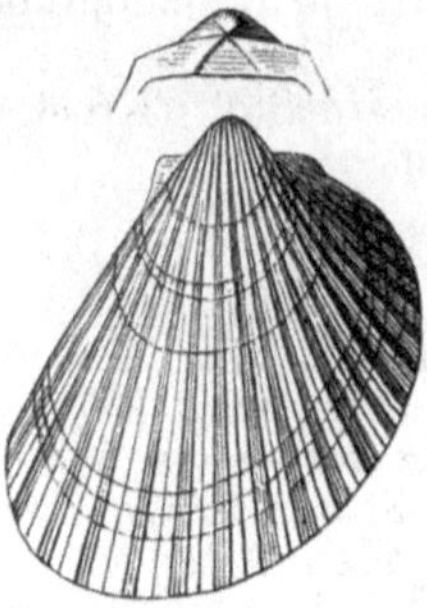

Fig. 588.
Lima (*Radula*) *pectinoides* Sow. Unt. Lias. Balingen, Württemberg. (Nat. Gr.)

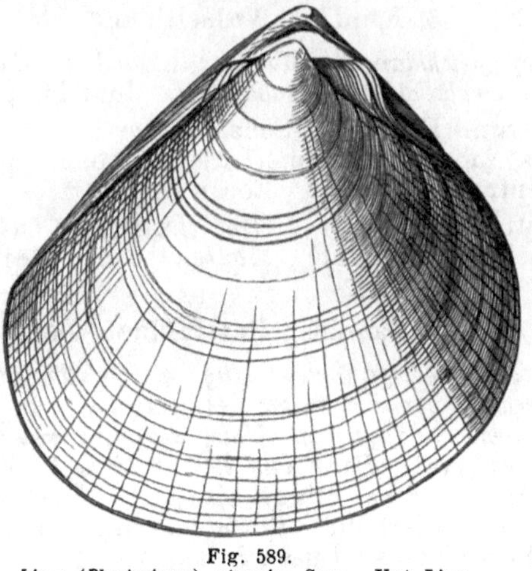

Fig. 589.
Lima (*Plagiostoma*) *gigantea* Sow. Unt.-Lias. Göppingen. (2/3 nat. Gröſse.)

Fig. 590.
Lima (*Limatula*) *gibbosa* Sow. Unt.-Oolith. Bayeux, Normandie.

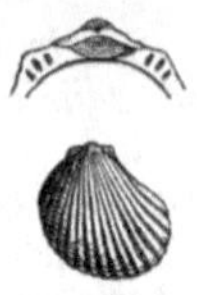

Fig. 592.
Lima (*Limea*) *duplicata* Goldf. Groſs-Oolith. Langrune, Normandie.

Lima Brug. (Fig. 588—592). Schale gewölbt, radial gerippt oder gestreift, selten glatt. Wirbel spitz, voneinander abstehend. Schloſsrand zahnlos. Karbon bis jetzt. Hauptverbreitung in Trias, Jura und Kreide (über 300 Arten).

Von den zahlreichen Untergattungen enthält *Mysidioptera* Salomon triasische, gerippte oder glatte Formen mit einer dreieckigen, schief nach hinten gerichteten Bandgrube, *Radula* Klein (Fig. 588) die kräftig radial gerippten, *Plagiostoma* Sow. (Fig. 589) die glatten oder radial gestreiften, *Limatula* Wood (Fig. 590) die in der Mitte gerippten, seitlich glatten, *Ctenostreon* Eichw. (Fig. 591) die sehr dickschaligen, grob radialgefalteten Formen, *Limea* Bronn. (Fig. 592) kleine Schalen mit Kerbzähnchen vor und hinter der Bandgrube.

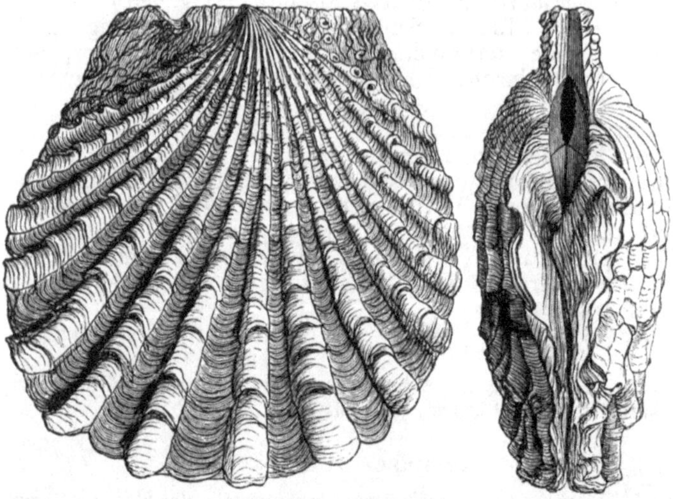

Fig. 591.
Lima (Ctenostreon) proboscidea Sow. Oxfordton.
Dives, Normandie.

Fig. 593.
Vulsella Caillaudi Zitt.
Unt.-Eocän. Minieh,
Ägypten. ($^2/_3$ nat. Gr.)

6. Familie. **Vulsellidae.** Stol.

Marine, fast gleichklappige Muscheln. Band in einer einzigen, unter den Wirbeln gelegenen Grube. Muskel subzentral. Jura bis jetzt.

Vulsella Lam. (Fig. 593). Schale höher als lang, etwas unregelmäſsig. Schloſsrand kurz, zahnlos, mit einer dreieckigen, vorspringenden Bandgrube unter den subzentralen Wirbeln. Eocän bis jetzt.

Weitere Gattungen *Eligmus* Desl. (Dogger), *Chalmasia* Stol. (Kreide), *Nayadina* Mun.-Chalm. (Kreide), *Malleus* Lam. Recent.

7. Familie. **Pectinidae.** Lam.

Schale oval oder rund, fast gleichseitig, gleich- oder ungleichklappig. Schloſsrand zahnlos, gerade, vor und hinter den zentralen, wenig vorragenden Wirbeln, mit einer ohrförmigen Verlängerung. Unter dem vorderen Ohr der rechten Klappe meist ein Byssusausschnitt. Band innerlich in dreieckiger, kleiner Grube. Nur ein Muskeleindruck vorhanden. Silur bis jetzt. Die lebenden Arten häufig bunt gefärbt, reich verziert und oft von ansehnlicher Gröſse, in allen Meeren verbreitet. Die Pectiniden sind nach Jackson Abkömmlinge der Aviculiden.

Pecten Klein (Fig. 594—600). Schale frei, fast gleichseitig radial gerippt, gestreift oder glatt. Devon bis jetzt. Hauptverbreitung im Tertiär.

Subgenera. a) *Streblopteria* M'Coy. Karbon.

b) *Pleuronectites* Schloth. Glatt, rechte Schale gewölbt, mit tiefem Byssusausschnitt, linke Klappe flach. Trias. *S. laevigatus* Schloth.

c) *Camptonectes* Ag. (Fig. 594). Oberfläche mit feinen gekrümmten, divergierenden Radialstreifen. Jura. Kreide.

d) *Entolium* Meek (Fig. 595). Glatt, dünn, gleichklappig. Ohren gleich grofs, vom Wirbel an winklig ansteigend. Byssusausschnitt fehlt. Karbon bis Kreide.

Fig. 594. *Pecten (Camptonectes) lens* Sow. Brauner Jura. Balin bei Krakau. (Nat. Gröfse.)

Fig. 595. *Pecten (Entolium) cornutus* Quenst. Malm. Hohenzollern. (Nat. Gröfse.)

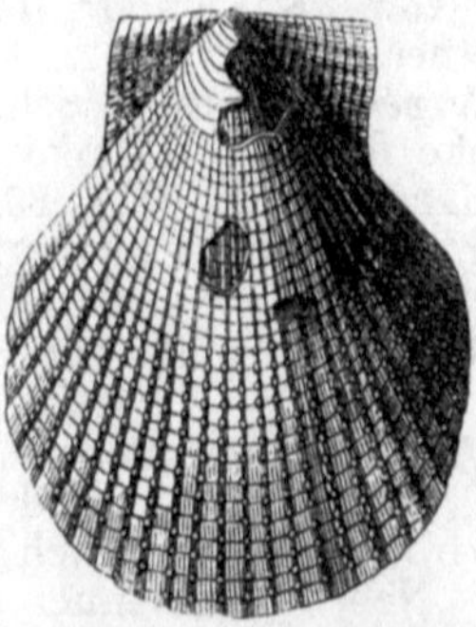

Fig. 597. *Pecten (Chlamys) subtextorius* Goldf. Coralrag. Nattheim.

Fig. 598. *Pecten (Chlamys) varius* Lin. Pliocän. Rhodus.

e) *Amussium* Klein (Fig. 596). Glatt oder fein radial gestreift, dünn, etwas klaffend, im Innern mit radialen Rippen. Lias bis jetzt.

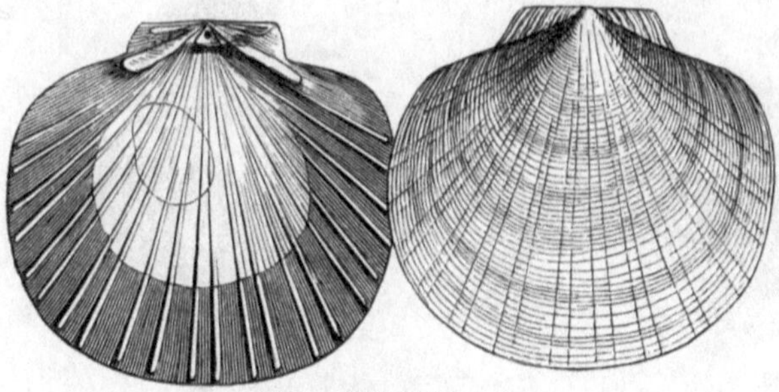

Fig. 596. *Pecten (Amussium) cristatus* Bronn sp. Miocän. Baden bei Wien. (Nat. Gröfse.)

Fig. 599. *Vola quinquecostata* Sow. sp. Grünsand (Cenomanien). Rouen. (Nat. Gröfse.)

f) *Chlamys* Bolten (Fig. 597. 598). Etwas ungleichklappig, radial gestreift oder gerippt; vordere Ohren gröfser als die hinteren. Rippen schuppig oder quergestreift. Von der Trias an.

g) *Pallium* Martini. Starke Radialrippen, kleine Ohren. Schlofsrand mit undeutlichen Zahnkerben. Tertiär. Recent.

h) *Vola* Klein (*Janira* Schum., *Neithea* Drouet) (Fig. 599). Schale ungleichklappig, radial gerippt, geschlossen. Rechte Klappe hoch gewölbt, linke flach oder konkav. Ohren grofs. Kreide, Tertiär und lebend. Hauptverbreitung in der Kreide.

Hinnites Defr. (Fig. 600). Radial gerippt oder blätterig. Rechte Schale in der Jugend frei, im Alter aufgewachsen. Ohren ungleich. Trias bis jetzt.

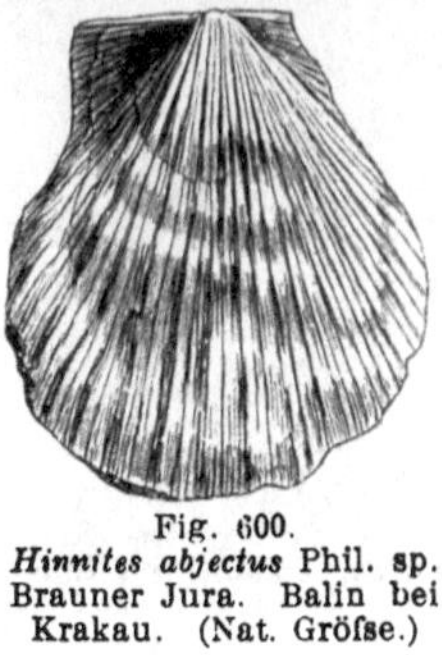

Fig. 600. *Hinnites abjectus* Phil. sp. Brauner Jura. Balin bei Krakau. (Nat. Gröfse.)

8. Familie. **Spondylidae.** Gray.

Rechte Schale festgewachsen. Band innerlich in einer länglichen Querfurche unter den Wirbeln. Schlofsrand isodont, in jeder Klappe mit zwei Zähnen. Hinterer Muskeleindruck grofs, zuweilen ein kleiner vorderer Fufsmuskel vor-

handen. Trias bis jetzt. Marin. Nach Jackson Abkömmlinge der Pectiniden.

? *Pachypteria* de Kon. Karbon. *P.* (*Ostrea*) *nobilissima* de Kon.

Prospondylus Bittner. Trias.

Terquemia Tate (*Carpenteria* Desl.). Schale am Rand gefaltet. Rechte Schale aufgewachsen, linke flach oder konkav. Trias und Lias.

Plicatula Lam. (*Harpax* Park) (Fig. 601). Schale flach oder mäßsig gewölbt, häufig mit hohlen Stacheln verziert. Schloßzähne divergierend, leistenförmig. Area unter den Wirbeln klein. Trias bis jetzt. Hauptverbreitung in Jura und Kreide.

Fig. 601. *Plicatula pectinoides* Lam. Mittlerer Lias. Nancy.

Spondylus Lang (Fig. 602. 603). Schale gewölbt, radial gerippt, mit Blättern und Stacheln. Unter den Wirbeln eine ziemlich hohe, dreieckige Area. Neben dem innerlichen Band jederseits ein starker, etwas gekrümmter, hakenförmiger Schloßzahn. Jura bis jetzt. Hauptverbreitung in Tertiär und Jetztzeit.

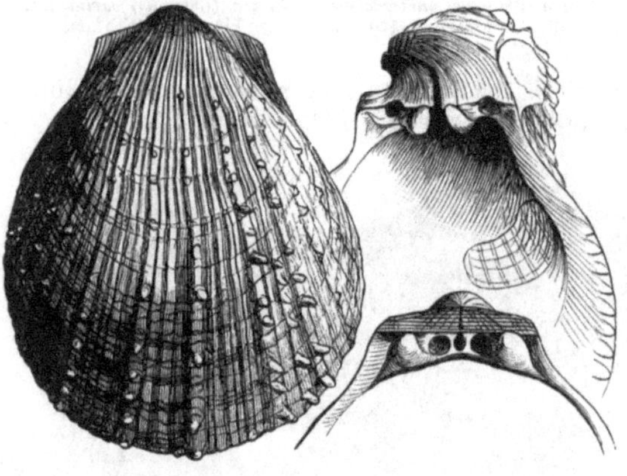

Fig. 603. *Spondylus tenuispina* Sandb. Oligocän. Waldböckelheim bei Kreuznach. (Nat. Größe.)

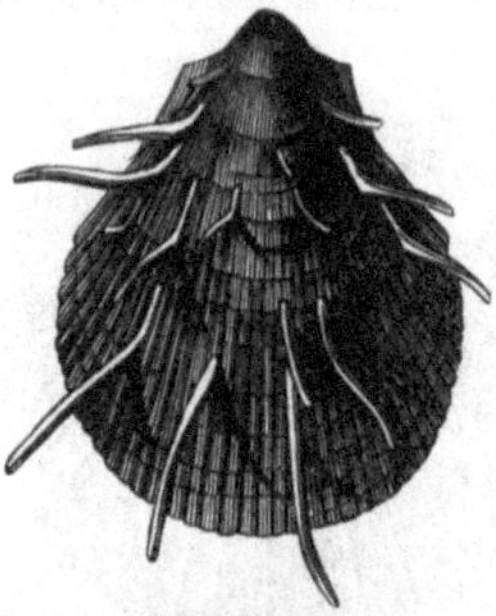

Fig. 602. *Spondylus spinosus* Sow. sp. Aus dem Plänerkalk von Strehlen bei Dresden. (2/3 nat. Größe.)

9. Familie. **Dimyidae.** Fischer.

Schale klein, rundlich, flach, festgewachsen. Band innerlich, unter den Wirbeln. Schloßrand in beiden Schalen mit zwei divergierenden Leisten oder zahnlos. Zwei Muskeleindrücke vorhanden, der vordere kleiner als der hintere. Trias bis jetzt. Marin.

Einzige Gattung *Dimya* Rouault (= *Dimyodon* Mun.-Chalm.) (Fig. 604).

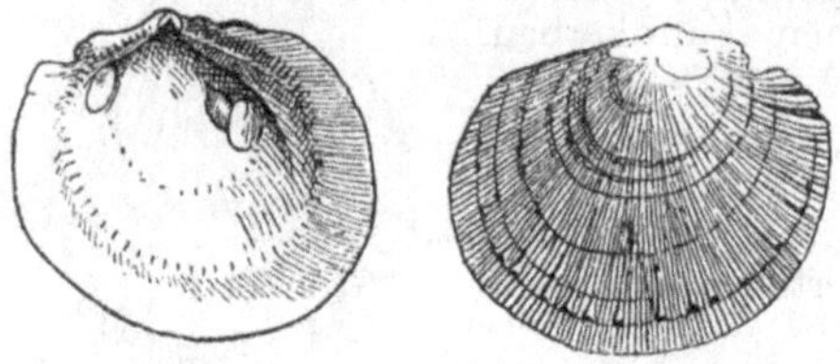

Fig. 604. *Dimya Deshayesiana* Rouault. Eocän. Pyrenäen. Rechte Schale von innen und außen, vergr. (3/2) nach Rouault.

10. Familie. **Anomiidae.** Gray.

Schale meist dünn, innen perlmutter- oder glasglänzend, in der Jugend durch einen verkalkten, die rechte Schale durchbohrenden Byssus festgewachsen. Schloßrand zahnlos. Band innerlich. Nur ein Muskeleindruck vorhanden. Devon bis jetzt. Marin.

Anomia Lin. Schale unregelmäſsig, rundlich oder länglich, dünn. Rechte Unterschale von einem groſsen Loch durchbohrt oder mit tiefem Ausschnitt des Schloſsrandes. Linke Schale gewölbt, im Innern mit vier Muskeleindrücken, wovon drei dem Byssus angehören. Schloſsrand mit querer Bandgrube. Häufig in Tertiär und Jetztzeit, seltener in Jura und Kreide.

Limanomia Bouch. Devon.

Carolia Cantraine (*Hemiplacuna* Gray) (Fig. **605**). Schale rundlich, zusammengedrückt, fein radial gestreift. Rechte Schale mit ovalem Loch, das sich an alten Exemplaren fast schlieſst. Band quer, in der rechten Klappe auf einer erhabenen gebogenen Leiste, in der linken in einer Furche gelegen. Eocän.

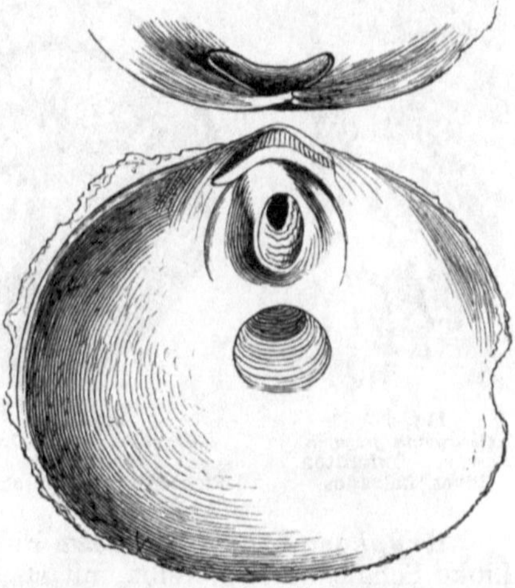

Fig. 605.
Carolia placunoides Cantr. Eocän. Wadi el Tih bei Cairo, Ägypten. (2/3 nat. Gröſse.) Beide Schalen von innen.

Placuna Brug. (*Placunema* Stol., *Pseudoplacuna* Mayer). Schale groſs, rundlich, zusammengedrückt, dünn, fast durchscheinend. Wirbel der rechten Schale von einem winzigen Loch durchbohrt, das sich später schlieſst. Band innerlich auf zwei divergierenden Leisten der rechten und zwei Furchen der linken Schale. Lebend und tertiär.

Placunopsis Morris und Lyc. Schale rundlich oder oval; gröſsere Klappe gewölbt, kleinere flach, frei oder aufgewachsen, undurchbohrt. Jura.

Semiplicatula Desh., *Saintia* Rainc. (Eocän.)

11. Familie. **Ostreidae.** Lam.

Schale ungleichklappig, dick, blätterig, mit sehr stark entwickelter Prismenschicht, mit der gröſseren linken (selten rechten) Klappe in der Jugend oder zeitlebens festgewachsen. Wirbel subzentral, gerade oder gekrümmt. Schloſsrand zahnlos. Band in einer dreieckigen Grube unter den Wirbeln, halb innerlich. Nur ein subzentraler Muskel vorhanden. Trias bis jetzt. Ungemein häufig in mesozoischen und tertiären Ablagerungen. Die Ostreiden stammen nach Jackson von *Perna* ähnlichen Muscheln ab.

Ostrea Lin. (Fig. 606). Schale aufgewachsen, unregelmäſsig, konzentrisch blätterig oder mit groben radialen Falten und Rippen. Die beiden Klappen verschieden gewölbt und meist verschieden verziert. Wirbel gerade. Bandgrube dreieckig, quergestreift. Hierher die meisten lebenden und zahlreiche fossile Arten, insbesonders aus dem Tertiär. Einzelne Formen (*O. Virginica, crassissima, gigantea, longirostris*) erreichen beträchtliche Gröſse.

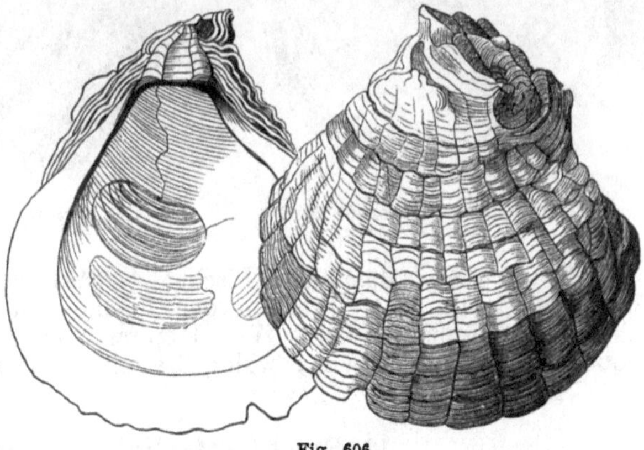

Fig. 606.
Ostrea digitalina Dubois. Miocän. Wiener Becken.

Alectryonia Fischer (*Dendrostrea* Swainson, *Actinostreon* Bayle (Fig. 607). Linke Schale aufgewachsen. Beide Klappen mit kräftigen Rippen oder Falten, Schalenränder wellig oder zickzackartig gefaltet. Trias bis jetzt. Besonders häufig in Jura und Kreide.

Fig. 607. *Alectryonia gregaria* Sow. sp. Oxfordton. Dives, Calvados.

Fig. 608. *Gryphaea arcuata* Lam. Unt.-Lias. Pfohren bei Donaueschingen.

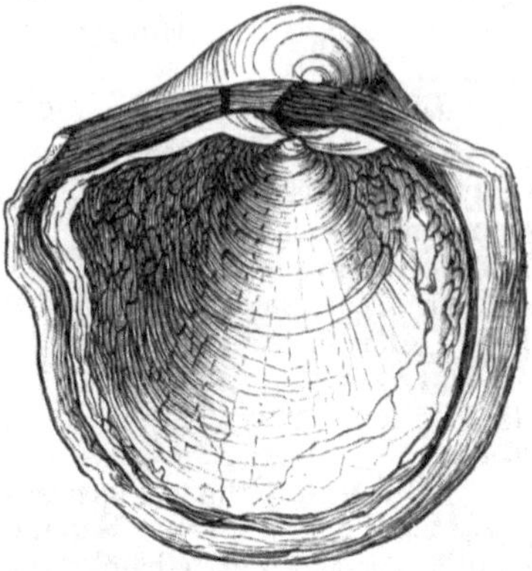

Fig. 609. *Gryphaea vesicularis* Lam. Weiſse Kreide. Rügen.

Gryphaea Lam. (*Pycnodonta* Fisch., *Gryphaeostrea* Conrad) (Fig. 608. 609). Linke Schale hoch gewölbt, mit stark einwärts gekrümmtem Wirbel; in der Jugend mit dem Wirbel festgewachsen, später frei. Rechte Schale flach, deckelförmig. Vorzugsweise in Lias, Jura und Kreide, seltener im Tertiär und lebend.

Fig. 610. *Exogyra columba* Lam. Grünsand. Regensburg.

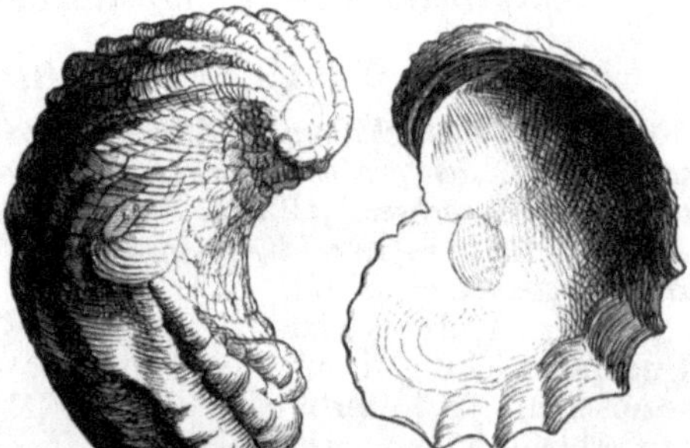

Fig. 611. *Exogyra flabellata* Goldf. sp. Cenoman. Kloster St. Paul, Ägypten.

Exogyra Say (*Amphidonta* Fischer, *Ceratostreon, Aëtostreon, Rhynchostreon* Bayle) (Fig. 610. 611). Frei, in der Jugend mit dem Wirbel der Unterschale festgewachsen. Beide Wirbel spiral nach der Seite gedreht. Bandgrube schmal. Unterschale gewölbt, die andere flach. Ob. Jura und Kreide.

12. Familie. **Myalinidae.** Frech.

Schale gleich- oder ungleichklappig, schief oval, hinten verbreitert, vorne zuweilen mit kleinem Ohr. Wirbel terminal oder weit nach vorne gerückt. Schloſsrand gerade, zahnlos. Band in parallelen, dem ganzen Schloſsrand folgenden Furchen. Unter den Wirbeln eine Byssusspalte. Zwei Muskeln. Silur bis Jura.

Myalina de Kon. Dickschalig, schief, oval oder dreiseitig. Schloſsrand breit, lang parallel gestreift. Unter den spitzen terminalen Wirbeln befindet sich ein kräftig vertiefter, vorderer Muskeleindruck. Silur. Devon.

Hoplomytilus Sandb., *Myalinoptera* Frech, *Ptychodesma*, *Mytilops*, *Modiella* Hall. Devon. *Leiomyalina* Frech, *Aphanaia*, *Posidoniella* de Kon., *Liebea* Waagen, *Atomodesma* Beyr, *Anthracoptera* Salter. Karbon.

Pergamidia Bittner. Dickschalig, gleichklappig, hoch gewölbt. Vorderes Ohr deutlich, steil abfallend. Schloſsrand unter dem Wirbel mit Einschnitt. Trias (Kleinasien).

Mysidia Bittner. Wie vorige, aber vorderes Ohr verkümmert. Trias.

13. Familie. **Modiolopsidae.** Fischer.

Ausgestorbene, marine, sehr ungleichseitige, vorne kurze und etwas verschmälerte, hinten mehr oder weniger verlängerte, glatte, konzentrisch, seltener fein radial gestreifte, meist ziemlich dickschalige, innen nicht perlmutterglänzende Muscheln. Wirbel dem Vorderrande genähert oder terminal. Band äuſserlich, lang, hinter den Wirbeln. Schloſsrand etwas verdickt, zahnlos oder mit einem schwachen leistenartigen Kardinal- und Seitenzahn, zuweilen auch unter den Wirbeln quer gestreift. Vorderer Muskeleindruck kleiner, aber tiefer als der hintere. Silur bis Kreide.

Die Stellung der hierher gehörigen Muscheln ist zweifelhaft. Die kräftige Entwicklung des vorderen Muskeleindrucks unterscheidet sie von den Mytiliden und Myaliniden, mit denen die Schalen in der äuſseren Form am meisten Ähnlichkeit besitzen. Sie werden von manchen Autoren zu den *Homomyaria*, und zwar in die Nachbarschaft von *Cardita* gestellt, als deren Vorläufer sie wahrscheinlich auch zu betrachten sind. Ob die lebende Gattung *Prasina* Desh. hierher gerechnet werden darf, ist durchaus unsicher.

Modiolopsis Hall (Fig. 612). Länglich oval, vorne und hinten gerundet; Wirbel subterminal. Schloſs zahnlos. Kambrium (?) und Silur.

Modiomorpha Hall. Wie vorige, aber Schloſs mit einem leistenförmigen, schräg nach hinten gerichteten Zahn. Devon.

Megambonia Hall. Aufgebläht, oval, Vorderseite kurz, durch eine Einbuchtung von der verlängerten Hinterseite geschieden. Schloſsrand mit leistenartigen Seitenzähnen. Silur.

Nyassa Hall. Ähnlich *Modiola*, vorne gerundet, hinten verlängert. Schloſsrand unter den Wirbeln etwas verdickt und quer gestreift, hinten mit dünnem, leistenförmigem Seitenzahn. Devon.

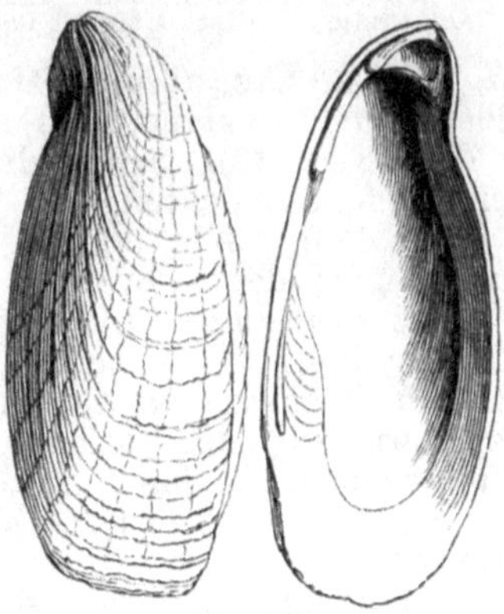

Fig. 613.
Myoconcha striatula Goldf.
Unter-Oolith. Bayeux, Calvados.
(Nat. Gröſse.)

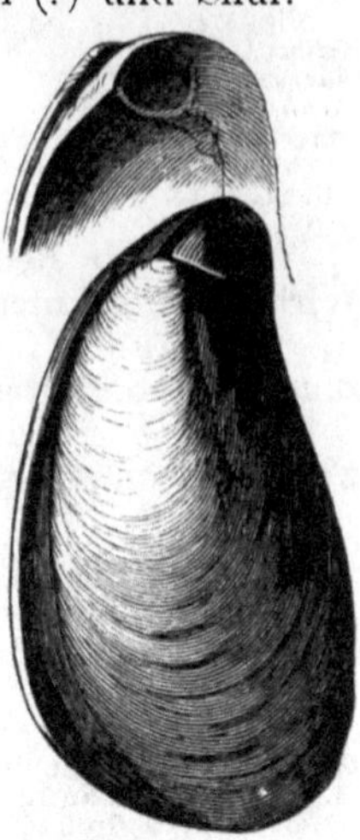

Fig. 612.
Modiolopsis modiolaris
Conr. sp. Unter-Silur
Cincinnati.

Myoconcha Sow. (Fig. 613). Dickschalig, schwach gewölbt, vorne verschmälert, hinten stark verlängert. Wirbel fast terminal. Schloſs zahnlos oder meist in der rechten Klappe mit einem langen leistenartigen Kardinalzahn und schwachem, langem Seitenzahn. Karbon bis Kreide.

Hippopodium Sow. Sehr dickschalig, gewölbt, länglich eiförmig; Oberfläche konzentrisch runzelig. Schloſsrand verdickt, zahnlos oder mit einem langen stumpfen und schiefen Kardinalzahn. Beide Muskeleindrücke stark vertieft. Lias und Jura.

14. Familie. **Mytilidae.** Lam. Miesmuscheln.

Gleichklappige, länglich eiförmige bis oval dreiseitige, meist dünne Muscheln mit dicker Epidermis, ohne Prismenschicht. Wirbel am vorderen Ende. Schloſsrand in den Hinterrand verlaufend, zahnlos oder schwach gekerbt. Band lang, in seichter Rinne hinter den Wirbeln. Vorderrand mit Byssusspalte. Vorderer Muskel klein. Trias bis jetzt.

Die Mehrzahl der hierher gehörigen, offenbar von den Myaliniden abstammenden Formen haben marine Lebensweise und halten sich in seichtem Wasser auf; einige (*Dreissensia*) finden sich auch in brackischem und süſsem Wasser. Sie leben gesellig und sind mit starkem Byssus versehen.

Mytilus Lin. (Fig. 614. 615). Schale schief, dünn, länglich, vorn zugespitzt, meist glatt; innen mit dünner Porzellanschicht. Schloſsrand zahnlos. Trias bis jetzt.

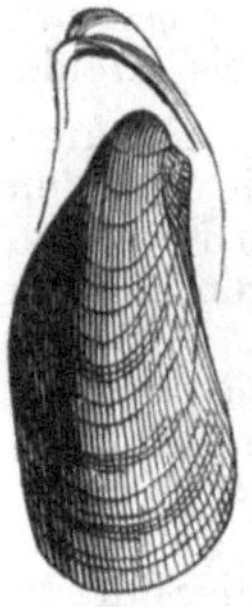

Fig. 614. *Mytilus* (*Arcomytilus*) *asper* Sow. Groſs-Oolith. Langrune, Calvados. (Nat. Gröſse.)

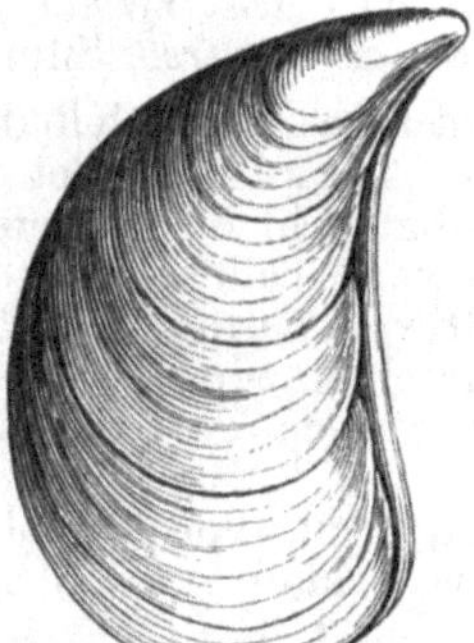

Fig. 615. *Mytilus sublaevis* Sow. Groſs-Oolith. Minchinhampton. (Nat. Gröſse.)

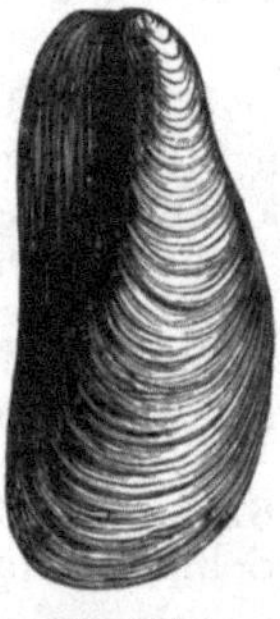

Fig. 616. *Modiola imbricata* Sow. Brauner Jura. Balin bei Krakau. (Nat. Gröſse.)

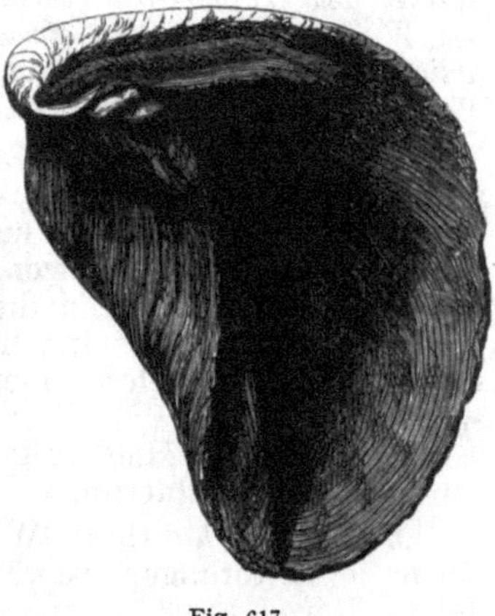

Fig. 617. *Pachymytilus petasus* d'Orb. Coralrag. Coulange-sur Yonne. (2/3 nat. Gröſse.)

Septifer Récluz. Wie *Mytilus*, aber radial gestreift, unter den spitzen Wirbeln eine kurze Platte zur Aufnahme des Fuſsmuskels. Tertiär. Recent.

Pachymytilus Zitt. (Fig. 617). Schale dreieckig, sehr dick. Wirbel zugespitzt, darunter eine tiefe Einbuchtung des Vorderrandes. Ob. Jura.

Modiola Lam. (Fig. 616). Wie *Mytilus*, aber länglich oval, vorne wenig verschmälert und abgerundet. Devon bis jetzt.

Fig. 619. *Dreissensia Brardi* Faujas. Miocän. Weissenau bei Mainz. (Nat. Gröſse.)

Lithodomus Cuv. (*Lithophagus* Mühlf.) (Fig. 618). Fast zylindrisch, an beiden Enden abgerundet; bohren sich in Steinkorallen, Conchylien etc. ein und leben in zylindrischen oder keulenförmigen Höhlen, deren Ausfüllungen häufig fossil vorkommen.

Crenella Brown, *Modiolaria* Lovèn. Tertiär, Recent.

Dreissensia van Beneden (*Tichogonia* Roſsm.) (Fig. 619). Abgerundet dreieckig oder viereckig glatt, mit Epidermis bedeckt. Unter den terminalen Wirbeln eine Platte, worin sich der kleine, vertiefte, vordere Byssusmuskel inseriert. Rechte Schale zuweilen mit schwachem Zahn. Mantellappen verwachsen, Siphonen vorragend. Lebend in brackischen und süſsen Gewässern von Europa, Asien, Südamerika, Westindien und Afrika. Eocän bis jetzt.

Dreissensiomya Fuchs. Wie vorige, aber mit Mantelbucht. Miocän.
Congeria Partsch (Fig. 618). Wie *Dreissensia*, jedoch hinter dem vorderen Muskeleindruck ein kleiner löffelartiger Vorsprung zur Aufnahme eines

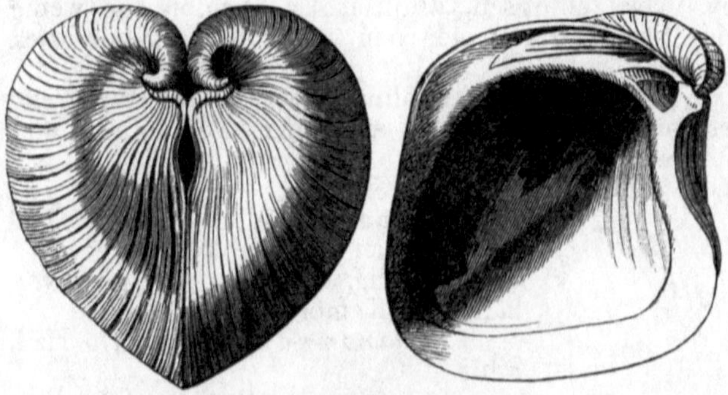

Fig. 618.
Congeria subglobosa Partsch sp. Ober-Miocän. Inzersdorf bei Wien.

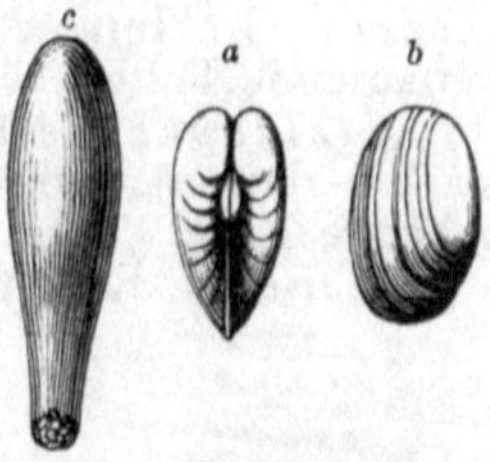

Fig. 620.
Lithodomus inclusus Phil. sp. Grofs-Oolith. Minchinhampton. *a*, *b* Schale von der Seite und vom Rücken (nat. Gröfse), *c* mit Schlamm ausgefüllte und erhärtete Wohnungsröhre.

zweiten Muskels. Tertiär bis lebend. Sehr häufig im Miocän und Pliocän von Osteuropa (Congerienschichten).

2. Ordnung. **Homomyaria.**

(*Dimyaria* Lam., *Isomyaria* Ray Lankaster).

Beide Schliefsmuskeln von gleicher oder nahezu gleicher Gröfse. Vier oder zwei Kiemenblätter vorhanden. Mantellappen getrennt oder verwachsen.

A. Unterordnung. **Taxodonta.** Neumayr.

(*Arcacea* Lam., *Polyodonta* Blv.)

Schale gleichklappig. Muskeln gleich. Schlofsrand jederseits mit einer gröfseren Anzahl gleichartiger, in Reihen geordneter Zähne besetzt. Band äufserlich oder innerlich. Mantellappen meist vollständig getrennt, seltener verwachsen und zwei kurze Siphonen bildend. Fufs mit Byssus oder Längsfurche. Vier Kiemenblätter. Kambrium bis jetzt.

Die Taxodonten gehören zu den primitivsten und ältesten Vertretern der Lamellibranchiaten. Sie erlangen schon im Silur eine ansehnliche Verbreitung und werden von Pelseneer für die Ahnen aller übrigen Muscheln gehalten, während Neumayr nur die Anisomyarier und Heterodonten von ihnen ableitet und sie selbst aus den Paläoconchen hervorgehen läfst. Sämtliche Taxodonten sind Meeresbewohner.

1. Familie. **Nuculidae.** Gray.

Schale oval oder länglich, klein, hinten meist mehr oder weniger verlängert, glatt, konzentrisch oder wellig gestreift, mit Epidermis überzogen; innen perlmutter- oder seidenglänzend. Band innerlich oder äufserlich. Schlofsrand mit zwei vom Wirbel divergierenden Reihen von kammförmigen Kerbzähnchen, die häufig durch das innerliche, in einer dreieckigen Grube unter den Wirbeln gelegene Band voneinander getrennt sind. Manteleindruck ganz oder mit Bucht.

Die Mantellappen sind entweder völlig getrennt oder hinten verwachsen und bilden im letzteren Falle (*Yoldia*, *Leda*) zwei kurze Siphonen. Fufs scheibenförmig, ohne Byssus; Kiemen klein, kammförmig.

Die Nuculiden gehören zu den ältesten Muscheln. Sie haben schon im Silur eine starke Verbreitung und gehen von da durch alle Formationen bis in die Jetztzeit.

Cucullella M'Coy. Oval-elliptisch, dünnschalig. Schlofsrand wenig gebogen. Im Innern eine vom Wirbel gegen den vorderen Muskeleindruck verlaufende Falte. Silur.

Cleidophorus Hall (*Adranaria* Mun.-Chalmas) (Fig. 621). Hinterseite stark verlängert und verschmälert. Im Innern eine kurze, vom Wirbel ausgehende Falte. Silur. Devon.

Redonia Rouault, *Cadomia* Tromelin. Silur.

Ctenodonta Salter (Fig. 622). Oval oder länglich, glatt. Schlofsrand gebogen oder winklig. Keine innere Leiste vorhanden. Kambrium bis Karbon.

Tellinomya, *Palaeoneilo* Hall. Silur.

Lyrodesma Conr. (*Actinodonta* Phil.) Oval. Schlofsrand mit nur 6—8 kräftigen, divergierenden und quer gestreiften Zähnen. Band äufserlich. Manteleindruck ganz. Silur.

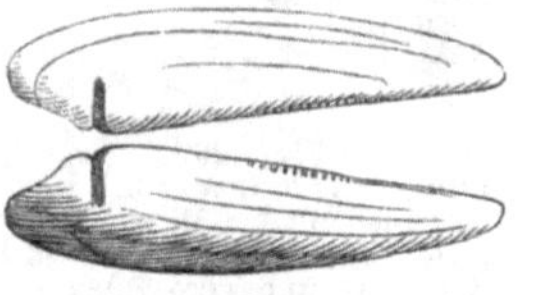

Fig. 621. *Cleidophorus cultratus* Sandb. Steinkern aus dem Spiriferensandstein. Niederlahnstein, Nassau. (Nat. Gröfse.)

Fig. 622. *Ctenodonta pectunculoides* Hall. Unt. Silur. Cincinnati. (2/1, nach Hall.)

Anuscula Barr. (*Babinka* Barr.), *Myoplusia* Neumayr. Silur.

Cytherodon Hall. Silur. Devon.

Nucula Lam. (Fig. 623). Dreieckig oder oval. Schlofsrand winklig, mit zwei divergierenden Reihen von Kerbzähnen. Band innerlich in einer dreieckigen Grube unter den Wirbeln. Manteleindruck ganzrandig. Silur bis jetzt. Über 200 fossile und ca. 70 lebeden Arten.

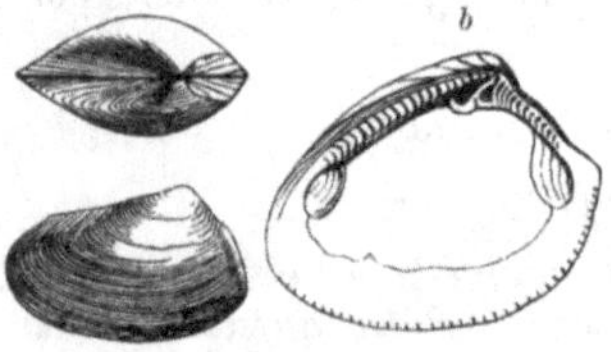

Fig. 623. *a Nucula strigilata* Goldf. Ob. Trias. St. Cassian. Tirol. 1/1. *b Nucula nucleus* Lin. Miocän. Grufsbach bei Wien. 1/1.

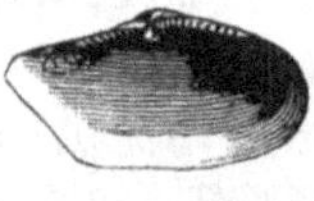

Fig. 624. *Yoldia arctica* Gray. Diluvium. Bohuslän, Schweden. (Nat. Gröfse.)

Fig. 625. *Leda rostrata* Lam. sp. Opalinusschichten. Milhaud, Aveyron. (Nat. Gröfse.)

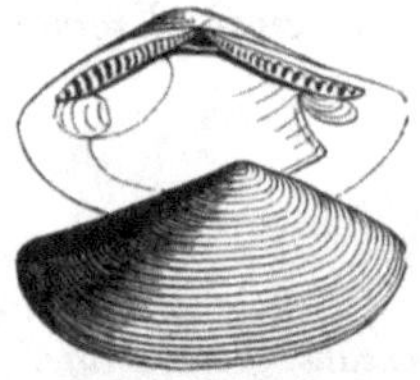

Fig. 626. *Leda Deshayesiana* Duchatel. Oligocän. Rupelmonde, Belgien. (Nat. Gröfse.)

Hoteria Bittner. Trias.

Yoldia Möller (Fig. 624). Wie *Nucula*, aber hinten etwas klaffend. Mantelbucht vorhanden. Kreide bis jetzt.

Leda Schum. (Fig. 625. 626). Schale hinten geschnäbelt, verlängert und häufig gekielt. Schlofs und Band wie bei *Nucula*. Mantelbucht seicht. Silur bis jetzt.

Malletia Desm., *Tindaria* Bell. Tertiär. Recent.

2. Familie. **Arcidae.** Lam.

Schale länglich oval bis rundlich; Band meist auf einer ebenen, gefurchten dreieckigen Area unter den Wirbeln befestigt, seltener innerlich, in einer einzigen Grube gelegen. Schlofsrand gerade oder gebogen, mit zahlreichen kammförmigen, auf den Seiten häufig leistenförmigen Zähnen besetzt. Innere Schalenschicht porzellanartig. Manteleindruck einfach. Silur bis jetzt.

Macrodon Lycett (*Parallelodon*, *Grammatodon*, Meek u. W.,) (Fig. 627). Schale verlängert, oval vierseitig. Wirbel weit vorn; Bandarea niedrig, parallel gestreift. Schloſsrand gerade, lang, unter den Wirbeln mit einigen schiefen Querzähnchen, hinten mit langen, dem Schloſsrand parallelen Leistenzähnen. Devon bis Tertiär. Hauptverbreitung im Kohlenkalk.

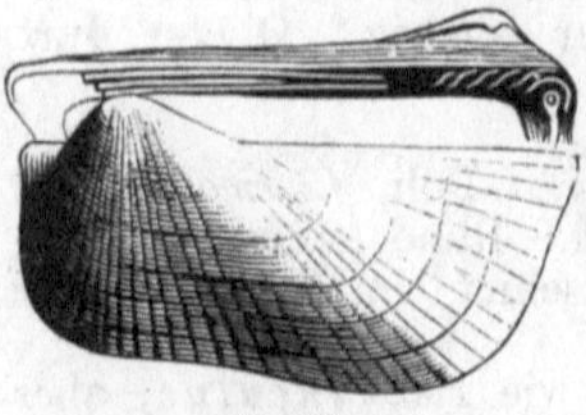

Fig. 627.
Macrodon Hirsonensis Morris und Lyc. Groſs-Oolith. Minchinhampton. (1/2 nat. Gröſse.)

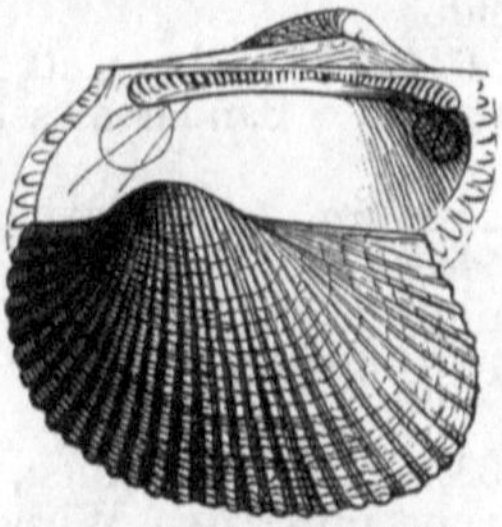

Fig. 628.
Arca (Anomalocardia diluvii) Lam. Pliocän. Siena.

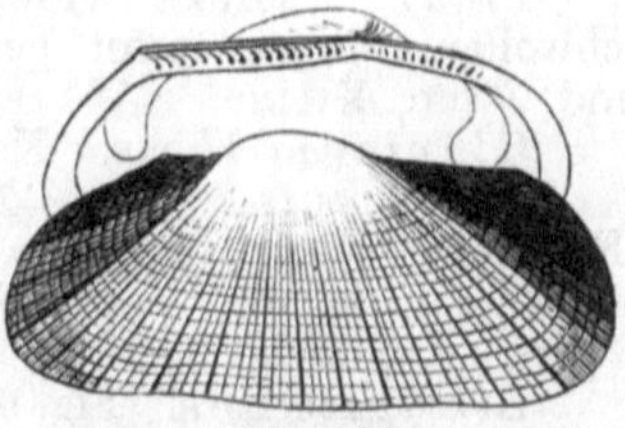

Fig. 629.
Arca (Barbatia) barbata Lin. Miocän Grund bei Wien. (Nat. Gröſse.)

Arca Lam. (Fig. 628, 629). Schale oval bis vierseitig, meist radial gerippt. Wirbel vor der Mitte, darunter eine dreieckige Area mit knieförmig geknickten Furchen zur Anheftung des äuſserlichen Bandes. Schloſsrand gerade, mit zahlreichen, gleichartigen, etwas schiefen Kerbzähnen. Silur bis jetzt. Etwa 150 lebende und über 500 fossile Arten bekannt.

Subgenera: *Byssoarca* Swainson, *Litharca* Gray, *Barbatia* Gray, *Scaphula* Benson, *Argina* Gray etc.

Carbonarca Meek und Worth.

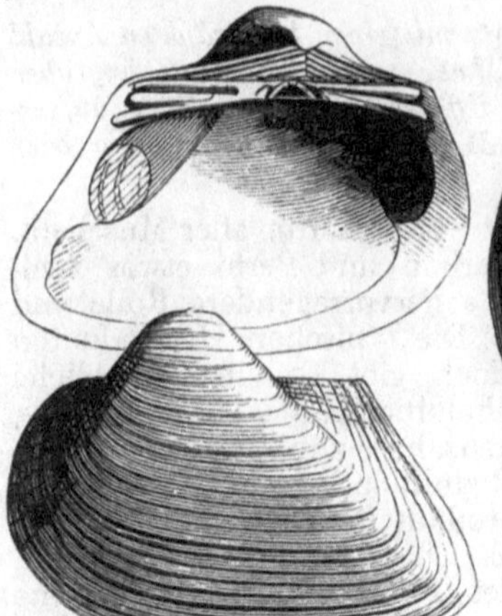

Fig. 630.
Cucullaea Hersilia d'Orb. Oxfordton. Vieil St. Remy, Ardennen. (Nat. Gr.)

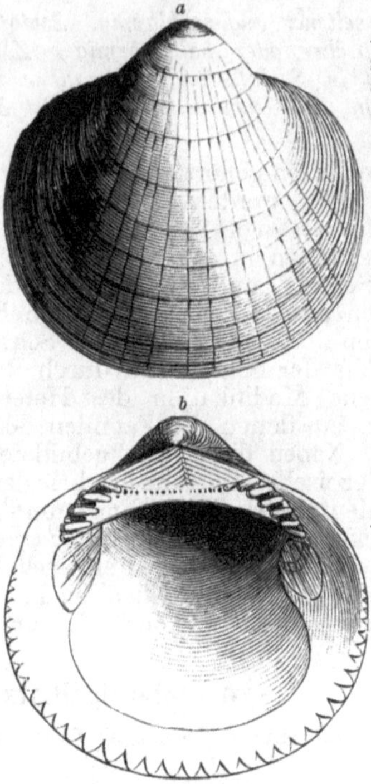

Fig. 633.
Limopsis aurita Brocchi. Pliocän. Piacenza. (Nat. Gröſse.)

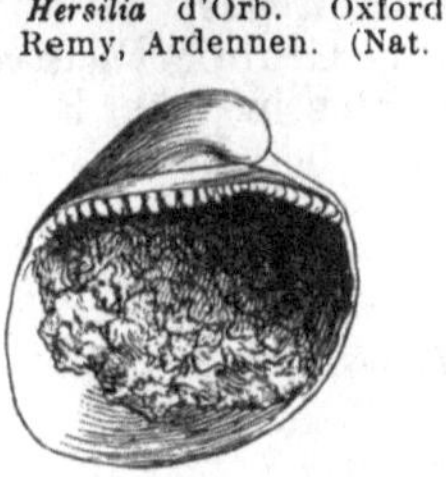

Fig. 631.
Isoarca cordiformis Ziet. Ober-Jura. Nattheim. (Nat. Gröſse.)

Fig. 632.
Pectunculus obovatus Lam. Oligocän. Weinheim bei Alzey. (Nat. Gröſse.)

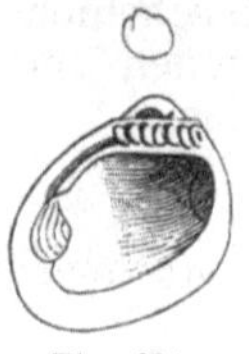

Fig. 634.
Nuculina ovalis Wood sp. Miocän. Forchtenau bei Wien.

Wirbel angeschwollen, gekrümmt, hinten kantig. Schloſsrand gebogen, vorne mit zwei schiefen Zähnen. Karbon.

Cucullaea Lam. (*Idonearca* Conr.) (Fig. 630). Schale rhombisch bis trapezförmig, gewölbt. Bandarea mit geknickten Furchen. Schloſsrand gerade, in der Mitte mit kleinen Querzähnchen, seitlich mit 2—5 etwas chiefen oder dem Schlofsrand fast parallelen Leistenzähnen. Hinterer Muskeleindruck zuweilen auf einer dünnen, vorspringenden Platte. Jura bis jetzt. Hauptverbreitung in Jura und Kreide.

Isoarca Münst. (Fig. 631). Schale glatt, bauchig. Wirbel angeschwollen, eingekrümmt gerundet. Bandarea sehr niedrig. Oberer Jura und untere Kreide.

Glyptarca Hicks. Kambrium.

Pectunculus Lam. (*Trigonoarca* Conr., *Axinaea* Poli, *Cnisma* Mayer) (Fig. 632). Fast kreisförmig und nahezu gleichseitig. Rand gekerbt. Bandarea dreieckig mit geknickten Furchen. Zähne schief, in bogenförmiger Reihe. Kreide bis jetzt.

Limopsis Sassi (Fig. 633). Klein, rundlich, wie *Pectunculus*, aber Band in einer dreieckigen Grube unter den Wirbeln. Trias bis jetzt.

Trinacria Mayer (*Trigonocoelia* Desh.). Wie vorige, aber dreieckig, Hinterseite gekielt, verlängert. Eocän.

Nuculina d'Orb. (Fig. 634). Klein, oval; Schlofsrand mit queren Kerbzähnen und einem leistenartigen vorderen Seitenzahn. Band linear. Miocän und Pliocän.

B. Unterordnung. **Heterodonta.** Neumayr.

Schale gleich-, seltener ungleichklappig. Schlofs mit einer beschränkten Anzahl leistenförmiger, konischer oder hakenförmiger Zähne, welche durch Zahngruben getrennt und häufig in Schlofs- und Seitenzähne differenziert sind. Band äufserlich, selten innerlich. Siphonen selten fehlend. Manteleindruck ganzrandig oder mit Bucht.

Zu den Heterodonten gehört gegenwärtig etwa die Hälfte aller Muscheln. Sie beginnen im Silur, werden in Devon, Karbon und Perm etwas zahlreicher, spielen aber erst von der Trias an eine hervorragendere Rolle und befinden sich von da an in steter Zunahme. Die typischen Heterodonten besitzen kräftige Schlofs- und Seitenzähne, doch gibt es eine erhebliche Anzahl von Formen aus den verschiedensten Familien (*Najadidae, Cardiidae, Lucinidae*), bei denen die Schlofszähne oder Seitenzähne, zuweilen sogar beide, verkümmern, so dafs der Schlofsrand durch Reduktion zahnlos wird. Eine höchst eigentümliche Modifikation des Heterodontenschlosses stellen die Pachyodonten dar, zu denen die Familien der Chamiden, Capriniden und Rudisten gehören. Neben diesen rückgebildeten Formen gibt es auch eine Anzahl meist paläozoischer Gattungen, bei denen das sehr dünne Schlofs nur schwache Andeutungen von Zähnen und zwar meist nur Querkerben oder stumpfe Höcker aufweist (*Praecardiidae, Lunulocardiidae*). Neumayr bildet für diese kryptodonten Formen eine selbständige Gruppe *Palaeoconchae*, doch scheinen sie mit gewissen Familien der Heterodonten in naher Beziehung zu stehen und dürften als deren Vorläufer am besten bei diesen eingereiht werden.

A. Integripalliata.

Manteleindruck ganzrandig. Siphonen kurz, nicht retraktil, zuweilen fehlend.

1. Familie. **Anthracosiidae.** Amalitzky.

Ausgestorbene, meist länglich ovale bis oval dreieckige, glatte oder fein konzentrisch gestreifte Muscheln, mit vor der Mitte gelegenen Wirbeln und äufserlichem Band. Ränder glatt. Schlofs sehr variabel, unvollkommen entwickelt, in der Regel jederseits mit einem stumpfen, wenig vorspringenden Schlofszahn, zuweilen auch mit einem langen hinteren Seitenzahn, fast ganz zahnlos oder mit zahlreichen, kryptodonten, irregulären, häufig gespalteten Querzähnchen.

Hinter dem vorderen Muskeleindruck ein kleiner Fufsmuskeleindruck. In limnischen und brackischen Ablagerungen der Devon-, Steinkohlen-, Perm- und Triasformation.

Amnigenia Hall. Devon (Old red). Nordamerika und Rheinpreufsen.

Anthracosia King. (Fig. 635). Schale dünn, meist klein, länglich oval. Schlofsrand verdickt, jederseits mit einem stumpfen, länglichen Kardinalzahn und schwach entwickeltem leistenartigen hinteren Seitenzahn. In der produktiven Steinkohlenformation, im Rotliegenden und in den limnischen Permablagerungen von Rufsland häufig.

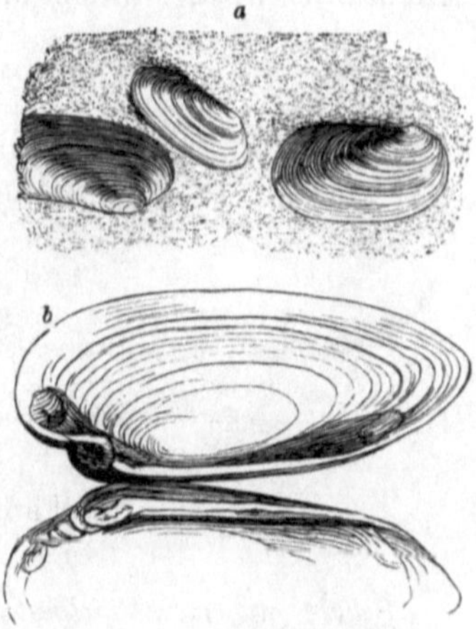

Fig. 635.
a Anthracosia (*Unio*) *carbonaria* Goldf. sp. Rotliegendes. Niederstaufenbach bei Kusel, Rheinbayern.
b Anthracosia Lottneri Ludw. sp. Steinkohlenschiefer. Hannibalzeche bei Bochum. (Nach Ludwig.)

Anthracomya Salter (*Nayadites* Dawson), *Asthenodonta* Whiteaves. *Carbonicola* M'Coy. Steinkohlenformation.

Palaeomutela Amalitzky (*Oligodon* Amal.). Schlofsrand mit zahlreichen, unregelmäfsigen Querzähnchen und Streifen bedeckt. In brackischen oder limnischen Mergeln der Permformation Rufslands.

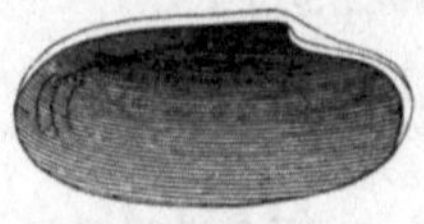

Fig. 636.
Anoplophora lettica Quenst. sp. Trias. Friedrichshall. (Nach Alberti.)

Anoplophora Sandb. emend. v. Koenen (*Uniona* Pohlig Fig. 636). Rechte Schale mit sehr stumpfem, dickem Schlofszahn, welcher sich in eine Einsenkung des linken Schlofsrandes einfügt. Linke Schale mit langem, hinterem Seitenzahn. Trias (Lettenkohle). *A. donacina* Schloth., *A. lettica* Quenst. sp.

2. Familie. **Cardiniidae.** Zitt.

Schale verlängert oder oval, glatt oder konzentrisch gestreift. Band äufserlich. Schlofszähne kräftig oder verkümmert. Hintere Seitenzähne lang, vordere kurz. Keine accessorischen Fufsmuskeleindrücke vorhanden. Nur fossil in marinen Schichten der Trias und im Lias.

Trigonodus Sandberger (Fig. 637). Oval bis trapezoidisch, hinten verlängert. Schlofsrand links mit einem starken dreieckigen, zuweilen gespaltenen Kardinalzahn, einem kurzen schrägen vorderen und zwei langen leistenartigen hinteren Schlofszähnen, rechts mit einem Schlofszahn, einem sehr kurzen schrägen vorderen und einem leistenartigen langen hinteren Seitenzahn. Trias, namentlich im Lettenkohlendolomit und in den Raibler Schichten.

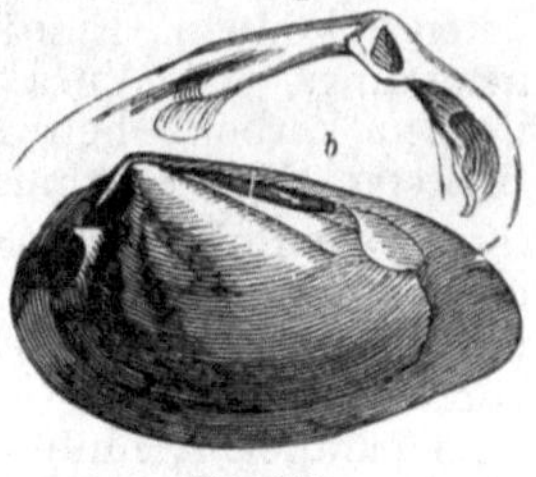

Fig. 637.
Trigonodus Sandbergeri Alberti. Trias (Lettenkohle). Zimmern, Württemberg. *a* Schlofs nach einem Guttapercha-Abdruck. *b* Steinkern. (Nat. Gröfse.)

Heminajas Neumayr. Trias. *H.* (*Myophoria*) *fissidentata* Wöhrmann.

Pachycardia Hauer. Länglich oval, fast dreieckig, konzentrisch gestreift oder glatt; Wirbel gekrümmt, fast terminal, sehr genähert; Vorderseite angeschwollen, steil abfallend, mit Lunula; Hinterseite verschmälert und etwas zusammengedrückt. Schlofszähne 2 : 2 kräftig, divergierend, der vordere rechts schwächer und fast marginal. Aufserdem ein verlängerter hinterer Seitenzahn in jeder Klappe. In der alpinen Trias. *P. rugosa* Hauer.

Cardinia Ag. (*Thalassites* Quenst.) (Fig. 638). Oval oder verlängert, dick, vorne kurz, abgerundet. Schloſszähne sehr schwach oder fehlend. Vordere Seitenzähne kurz, hintere dick, leistenartig. Im unteren Lias häufig.

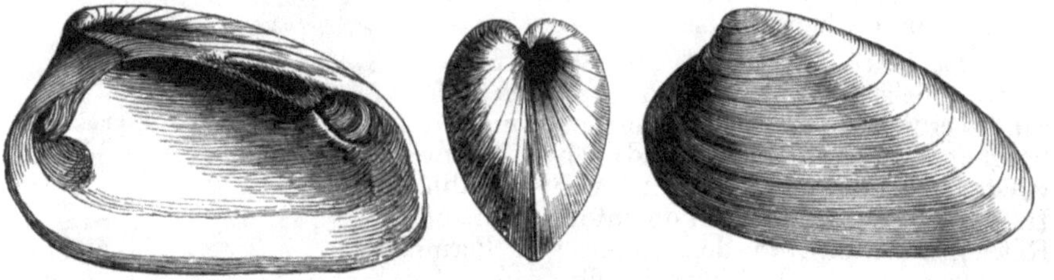

Fig. 638.
Cardinia hybrida Sow. Unt. Lias. Ohrsleben bei Halberstadt.

3. Familie. Nayadidae. Lam.
(*Unionidae* auct.)

Schale ungemein vielgestaltig, meist oval oder verlängert, geschlossen, mit dicker dunkelgrüner oder schwärzlichbrauner Epidermis bedeckt, darunter eine dünne Prismenschicht, und unter dieser die innere Perlmutterschicht. Ränder glatt. Wirbel weit nach vorne gerückt, meist korrodiert. Band äuſserlich. Schloſszähne, wenn vorhanden, dick, etwas unregelmäſsig radial oder quer gestreift; hintere Seitenzähne lang, leistenförmig oder fehlend. Hinter dem vorderen Muskeleindruck zwei, und vor dem hinteren Muskeleindruck ein kleiner Fuſsmuskeleindruck.

Sämtliche Nayadiden leben im Süſswasser und sind in nahezu 1000 Arten fast über die ganze Erde, am zahlreichsten in Nordamerika und Südchina verbreitet. Die Tiere besitzen einen groſsen beilförmigen Fuſs, vier Kiemenblätter und meist getrennte Mantellappen. Nur bei *Mutela, Castalia, Spatha* etc. verwachsen die Mantellappen hinten und bilden zwei kurze Siphonen. Fossile Formen erscheinen zuerst im Perm, gewinnen aber erst in der jüngeren Kreide und im Tertiär gröſsere Häufigkeit.

Über die Entstehung der Nayadiden herrschen verschiedene Ansichten. Neumayr[1]) glaubte sie von den Trigonien, Pohlig von triasischen Vorläufern (*Anoplophora*), v. Wöhrmann[2]) von *Trigonodus* und Verwandten ableiten zu können. Eine ältere, wahrscheinlichere, schon von King und M'Coy, neuerdings von Amalitzky und Whiteaves vertreten Hypothese sieht in den karbonischen Anthracosien die Ahnen unserer heutigen weit verbreiteten Südwassermuscheln.

Unio Philippson (Fig. 639). Schale vielgestaltig, glatt, seltener mit Höckern oder Falten verziert, meist dick. Schloſs variabel, in der Regel rechte Schale mit einem plumpen oder blattartigen, radial gestreiften, und einem schwachen, vorderen Schloſszahn, sowie einem sehr langen, leistenartigen, dem Schloſsrand parallelen, hinteren Seitenzahn, der sich zwischen zwei entsprechende Leistenzähne der linken Klappe einfügt; letztere besitzt auſserdem unter den Wirbeln zwei gestreifte divergierende Schloſszähne. Vorderer Muskeleindruck hoch gelegen.

Die Gattung *Unio* ist von den Conchyliologen in eine groſse Menge von Subgenera zerlegt worden, die sich jedoch auf die fossilen Formen kaum

---

[1]) Neumayr M. Über die Herkunft der Unioniden. Sitzungsber. Wien. Ak. 1889. Bd. 98.

[2]) Wöhrmann S. v., Über die systematische Stellung der Trigoniden und die Abstammung der Nayaden. Jahrb. geol. Reichsanst. 1893. Bd. 43.

anwenden lassen. Die ältesten echten Unionen finden sich in Süſswasserablagerungen des permischen Systems von Texas; ferner im oberen Jura (lusitanische Stufe) von Portugal; in Purbeck und Wealdenschichten, sowie in den Atlantosaurus Beds von Colorado, Wyoming und Montana. Sie werden zahlreicher in der oberen Kreide von Europa und Nordamerika und im Eocän; erlangen aber ihre Hauptentwicklung erst in der sogen. levantinischen Stufe von Slavonien, Croatien, Rumänien und Griechenland, wo namentlich Formen von amerikanischem und chinesischem Gepräge vorkommen.

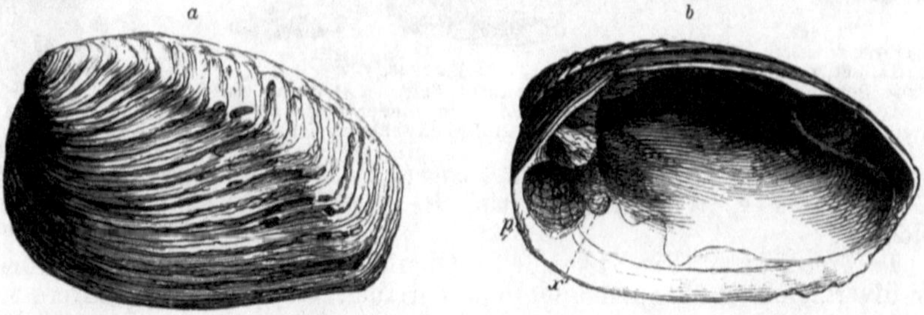

Fig. 639.
Unio Stachei Neumayr. Kongerienschichten. Sibinj, Slavonien. (*p* und *x* Hilfsmuskeleindrücke.)

Anodonta Cuvier. Sehr dünnschalig. Schloſsrand zahnlos. Eocän bis jetzt, weniger häufig als *Unio*.

Spatha Lea. Obere Kreide und jetzt.

Die Gattungen *Castalia* Lam., *Mycetopus* d'Orb., *Mutela* Scopoli (*Iridina* Lam.), *Leila* Gray etc. sind fossil nicht nachgewiesen.

4. Familie. **Trigoniidae.** Lam.

(*Schizodonta* Steinmann.)

Schale gleichklappig, oval dreieckig bis viereckig. Wirbel weit nach vorne gerückt, meist rückwärts gekrümmt, dahinter das kurze äuſsere Ligament. Oberfläche glatt oder reich verziert. Linke Schale mit einem plumpen, dreieckigen, häufig gespaltenen (schizodonten) Kardinalzahn und zwei leistenförmigen, divergierenden Seitenzähnen. Rechte Klappe mit zwei /\förmig divergierenden Kardinalzähnen. Die Schloſszähne häufig seitlich quer gerieft. Muskeleindrücke kräftig. Schale innen perlmutterglänzend. Die Mantellappen getrennt. Siphonen fehlen. Fuſs scheibenförmig, mit Medianfurche. Vier ungleich groſse Kiemenblätter. Devon bis jetzt. Hauptverbreitung in mesozoischen Ablagerungen. Die ältesten Vertreter dieser Familie zeigen groſse Übereinstimmung mit den Astartiden.

Curtonotus Salter (*Kefersteinia* Neum.). Oval; Wirbel fast terminal. Linke Schale mit einem plumpen, dreieckigen Kardinalzahn, rechte mit zwei divergierenden Leistenzähnen. Devon.

Protoschizodus de Kon. Karbon.

Schizodus King (Fig. 640). Schief oval oder trapezförmig, glatt. Der groſse Dreieckzahn der linken Klappe tief ausgeschnitten, die Zähne seitlich nicht gerieft. Vorderer Muskeleindruck durch keine Leiste gestützt. Im Perm häufig.

Myophoria Bronn (*Neoschizodus* Gieb.) (Fig. 641. 642). Schief oval bis trapezförmig, glatt, häufiger mit einer vom Wirbel zum unteren Hinterrand verlaufenden Kante, welche eine von dem vorderen, konzentrisch oder radial gerippten Teil abweichend verzierte hintere Area begrenzt. Wirbel kaum gedreht, der Dreieckzahn der linken Schale bald gespalten, bald einfach, häufig, aber nicht immer, wie die leistenartigen Seitenzähne fein quer gestreift. Muskeleindrücke durch schwache Leisten verstärkt. Sehr häufig in der Trias.

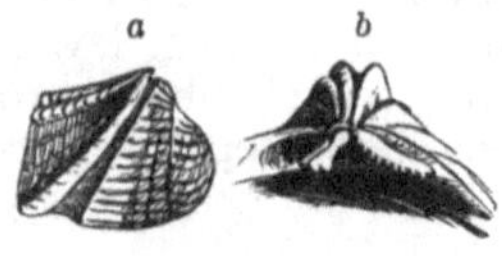

Fig. 642.
Myophoria decussata Mstr.
Ob. Trias. St. Cassian, Tirol.
a Rechte Schale von aufsen (nat. Gröfse). *b* Schlofs mit gestreiften Zähnen (vergr.).

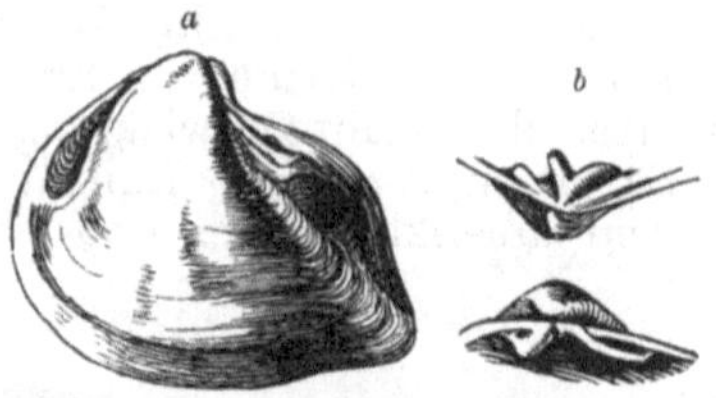

Fig. 640.
Schizodus obscurus Sow. *a* Steinkern aus dem Zechstein von Niederrodenbach bei Hanau (nat. Gröfse). *b* Schlofs (nach King).

Fig. 641.
Myophoria laevigata Alb. sp. Schaumkalk. Rüdersdorf bei Berlin. (Nat. Gröfse.) Schlofszähne nicht gestreift.

Myophoriopsis, Wöhrm. (*Astartopsis* Wöhrm.) *Grünewaldia* v. Wöhrmann, Trias. ***Remondia*** Gabb. Kreide.

Trigonia Brug. (Fig. 643*a*—646). Oberfläche mit konzentrischen, radialen oder divergierenden Rippen oder Knotenreihen versehen; die hintere Area meist kantig begrenzt und abweichend von der übrigen Schale verziert. Wirbel fast terminal, rückwärts gekrümmt. Dreieckzahn der linken Schale tief gespalten und wie die divergierenden Seitenzähne und Schlofszähne der rechten Schale auf den Seiten quer gerieft. Muskeleindrücke tief durch Leisten gestützt. Lias bis jetzt. Sehr häufig in Jura und Kreide, äufserst selten im Tertiär. Lebend im Australischen Meer.

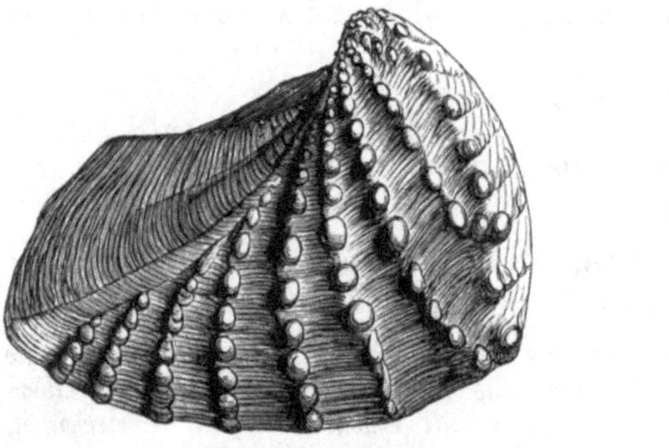

Fig. 643*a*.
Trigonia navis Lam. Unterer brauner Jura. Gundershofen, Elsafs.

Fig. 643*b*.
Trigonia daedalea Park. Mittlere Kreide (Hervien). Meule de Bracquegnies, Belgien. (Nat. Gröfse.)

Fig. 644.
Trigonia costata Sow. Brauner Jura. Württemberg. (1/2 nat. Gröfse.)

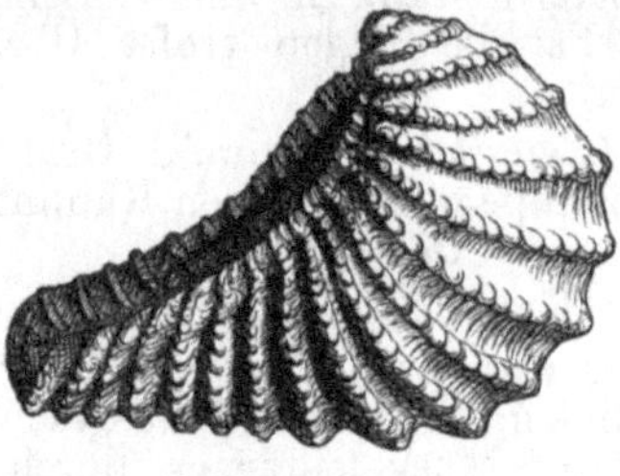

Fig. 645.
Trigonia cfr. *aliformis* Park. Senonkreide. Vaels bei Aachen. (Nat. Gröfse.)

Fig. 646.
Schlofs von *Trigonia pectinata* Lam. Recent. Australien.

5. Familie. **Astartidae.** Gray.

Dickschalige, gleichklappige, marine Muscheln mit kräftigen Schloſszähnen (meist 2, seltener 1 bis 3 in jeder Klappe); vordere Seitenzähne fehlen, hintere leistenartig, rudimentär oder fehlend. Band äuſserlich. Muskeleindrücke oval, über dem vorderen häufig ein Fuſsmuskeleindruck. Silur bis jetzt. Hauptentwicklung in Trias, Jura und Kreide. Die paläozoischen Gattungen besitzen meist leistenartige hintere Seitenzähne.

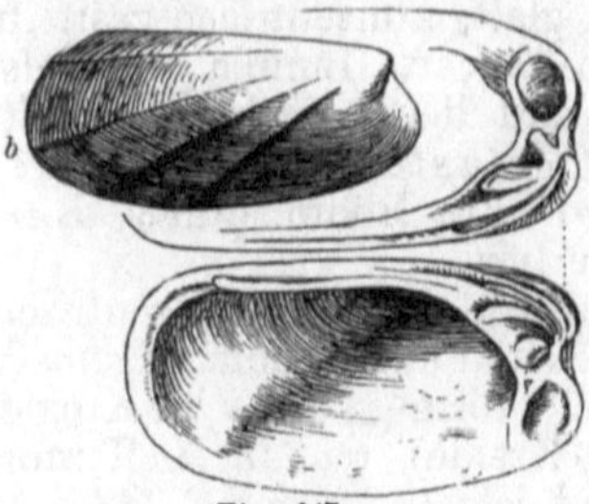

Fig. 647.
Pleurophorus costatus King.
a Beschaltes Exemplar aus dem Zechstein von Byers Quarry, England, $^2/_1$ (nach King).
b Steinkern aus dem Zechstein von Gera (nach Geinitz).

Fig. 649.
Venericardia imbricata Lam. Eocän. Grignon bei Paris.

? *Anodontopsis* M'Coy (*Pseudaxinus* Salter, *Orthodontiscus* Meek), ? *Matheria* Billings. Silur.

? *Pachydomus* Morris (*Megadesmus* Sow.), ? *Guerangeria* Oehlert, *Prosocoelus*, *Mecynodon* Keferst., *Goniophora* Phill., *Cypricardinia* Hall, *Cypricardella* Hall (*Microdon* Hall). Devon.

Pleurophorus King (Fig. 647). Quer verlängert, vierseitig; Wirbel terminal. Oberfläche mit einigen schräg nach hinten gerichteten Radialrippen oder glatt. Schloſszähne 2 : 2 stark divergierend, auſserdem je ein langer, leisten-

Fig. 648.
Cardita (Palaeocardita) crenata Mstr.
Ob. Trias.
St. Cassian, Tirol.

Fig. 650.
Astarte Voltzi Ziet.
Dogger. Gundershofen, Elsaſs.
(Nat. Gröſse.)

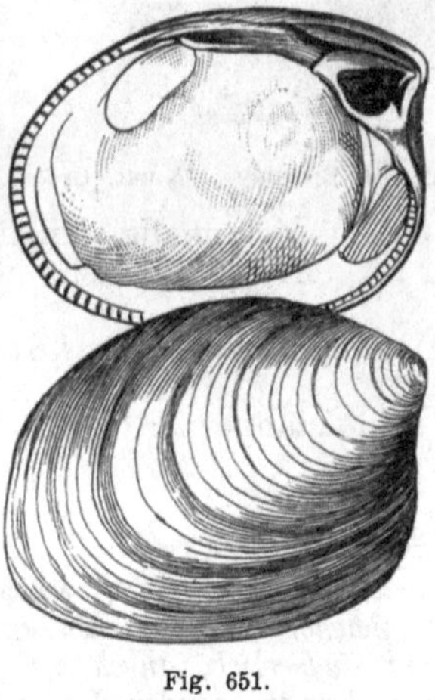

Fig. 651.
Astarte (Crassinella) obliqua Desh. Unt. Oolith. Bayeux. Calvados.

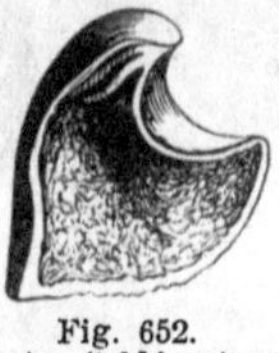

Fig. 652.
Opis Goldfussiana d'Orb. Ob. Jura Nattheim.

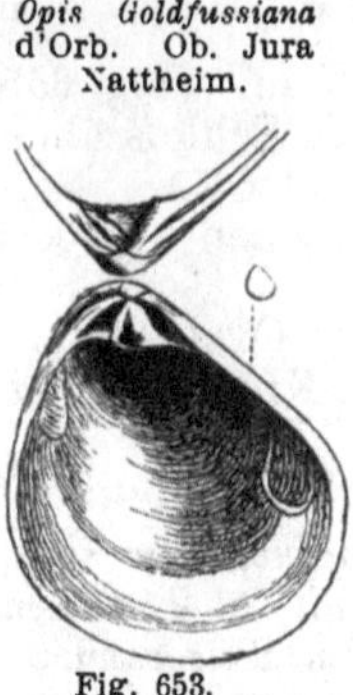

Fig. 653.
Goodallia miliaris Defr. sp. Grobkalk. Grignon.
(Nach Deshayes.)

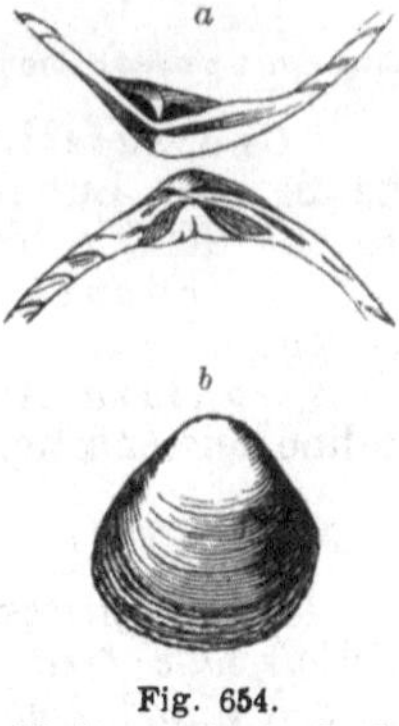

Fig. 654.
Woodia profunda Desh.
Eocän.
(Sables inférieures.)
Aizy bei Laon.

förmiger hinterer Seitenzahn. Devon bis Trias; Hauptverbreitung im Perm.

Cardita Brug. Länglich vierseitig, trapezoidisch, mit stark nach vorne gerückten Wirbeln, und mit radialen, etwas schuppigen Rippen verziert, meist mit Lunula. Ränder gekerbt. Schloſszähne (2 : 2—3) sehr schief, fast leistenförmig. Trias bis jetzt.

Subgenus: *Palaeocardita* Conr. (Fig. 648). Wie vorige, aber mit hinterem Seitenzahn. Trias bis Kreide.

Venericardia Lam. (Fig. 649). Rundlich dreieckig oder herzförmig, radial gerippt. Schloſszähne schief, leistenförmig. Seitenzähne fehlen. Kreide. Tertiär bis jetzt.

Astarte Sow. (*Crassina* Lam.) (Fig. 650). Rundlich dreieckig, kreisförmig oder oval, schwach gewölbt, dick; auſsen glatt, konzentrisch gestreift oder gefurcht. Unter den Wirbeln eine schwach vertiefte Lunula. Schloſszähne 2 : 2, der vordere der rechten Schale groſs und dick. Karbon bis jetzt.

Subgenera: *Astartella* Hall (Karbon), *Coelastarte* Böhm, *Praeconia* Stol., *Crassinella* Bayle (Fig. 651), *Prorokia* Böhm. (Jura), *Eriphyla* Gabb. (Kreide), *Grotriania* Speyer. Tertiär.

Opis Defr. (Fig. 652). Dreiseitig, herzförmig, glatt oder konzentrisch gefurcht. Wirbel stark vorragend, nach vorne gekrümmt. Lunula ungemein tief, kantig begrenzt. Schloſszähne (2 : 1) lang, leistenförmig. Trias bis Kreide.

Opisoma Stol. (Jura), *Seebachia* Neumayr (Kreide), *Goodallia* Turton (Fig. 653), *Woodia* Desh. (Fig. 654). Tertiär und jetzt.

6. Familie. **Crassatellidae.**

Schale oval oder länglich. Oberfläche konzentrisch gestreift oder gefurcht. Schloſszähne 1—3 in jeder Klappe; Seitenzähne fehlen oder schwach entwickelt. Band innerlich, in einer Grube unter den Wirbeln. Kreide bis jetzt. Marin.

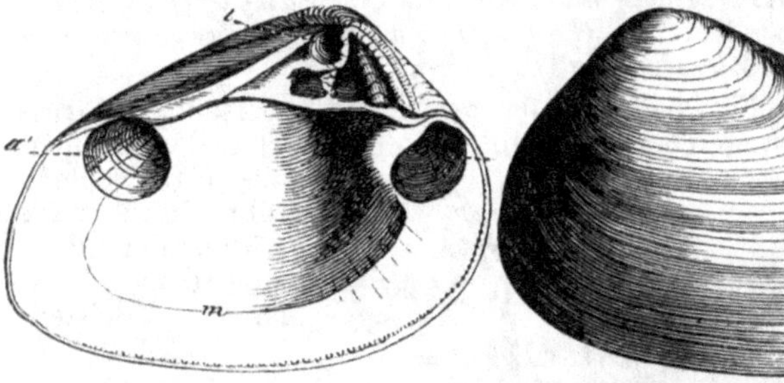

Fig. 655. *Crassatella plumbea* Chem. sp. Grobkalk. Damery bei Epernay. (2/3 nat. Gröſse.)

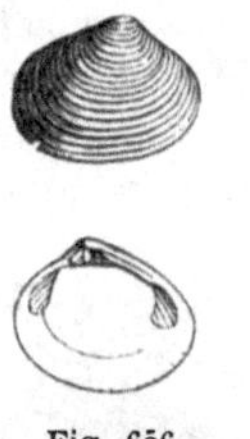

Fig. 656. *Crassatella Bronni* Merian. Oligocän. Weinheim bei Alzey. (Nat. Gr.)

Crassatella Lam. (Fig. 655, 656). Dickschalig, länglich oval, vorne häufig mit Lunula. Schloſszähne 2 : 2. Etwa 70 fossile und 36 lebende Arten. Kreide bis jetzt.

Triodonta Koenen (Oligocän), *Ptychomya* Ag., *Stearnsia* White (Kreide).

Gouldia Ad. Oval, klein. Schloſszähne 2 : 1—2. Vordere Seitenzähne leistenartig. Kreide bis jetzt.

7. Familie. **Megalodontidae.** Zitt.[1])

Schale gleichklappig, sehr dick, meist glatt oder fein konzentrisch gestreift. Schloſsplatte breit, mit 2 : 2 starken, ungleichen Schloſszähnen und zuweilen einem vorderen und hinteren Seitenzahn. Band äuſserlich, durch dicke Fulcra gestützt. Hinterer Muskeleindruck meist auf einer hervorragenden Leiste gelegen, vorderer klein. Devon bis Jura.

---

[1]) Gümbel, C. W., Die Dachsteinbivalve. Sitzungsber. Wiener Akad. 1862. Bd. XLV. — Hoernes R., Materialien zu einer Monographie der Gattung *Megalodus*. Denkschr. Wiener Akad. 1880. XL. — Böhm G., *Megalodon, Pachyerisma* und *Diceras*. Ber. naturforsch. Gesellsch. Freiburg 1891. VI.

Die Megalodontiden beginnen im Devon und endigen im Jura. Hauptverbreitung in der alpinen Trias. Sie stehen einerseits den Astartiden, anderseits den Pachyodonten, und zwar der Gattung *Diceras* nahe. Sie werden vielfach als Vorläufer der letzteren betrachtet. Nach G. Böhm zeigt *Pachyerisma* genetische Beziehungen zu *Cardium*.

Fig. 657.
Megalodon (Eumegalodon) cucullatus Goldf. Devon. Paffrath bei Köln. (Nat. Gröfse.)

Fig. 658.
Megalodon (Neomegalodon) triqueter Wulfen sp. Trias-Dolomit. Bleiberg, Kärnthen.

Megalodon Sow. (*Tauroceras, Lycodus* Schafh., *Conchodon* Stoppani) (Fig. 657—659). Schale gewölbt, oval oder dreiseitig gerundet, glatt oder konzentrisch gestreift. Wirbel nach vorne gekrümmt. Schlofsrand sehr breit. Rechte Klappe mit zwei ungleichen, stumpfen, länglichen, durch eine tiefe Zahngrube getrennten Schlofszähnen; unmittelbar vor dem kleineren Vorderzahn befindet sich der halbmondförmige, kleine, aber sehr

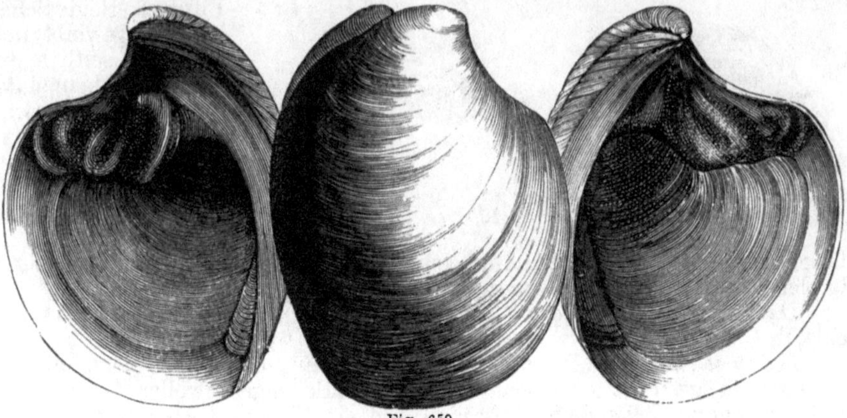

Fig. 659.
Megalodon (Neomegalodon) Gümbeli Stopp. Rhätische Stufe. Elbigenalp, Tirol. (Nach Gümbel.)

stark vertiefte vordere Muskeleindruck. Linke Klappe ebenfalls mit einem grofsen hinteren und einem kleineren vorderen Schlofszahn. Seitenzähne fehlen. Hinterer Muskeleindruck in beiden Klappen schwach vertieft, länglich, auf einer vorragenden Leiste. Die älteste devonische Art (*Eumegalodon cucullatus* Goldf. Fig. 657) hat runzelige, undeutlich geteilte Schlofszähne und glatte gerundete Schale. Die triasischen Arten erreichen zuweilen bedeutende Gröfse und sind meist durch eine vom Wirbel bis zum hinteren Unterrand verlaufende Kante ausgezeichnet, die Schlofszähne glatt, der hintere rechte meist durch eine Längsfurche verdoppelt (*Neomegalodon* Gümb.). Sie finden sich in ungeheurer Menge hauptsächlich im sogen. Dachsteinkalk (Dachsteinbivalve) der Nordalpen und im oberen Hauptdolomit der Südalpen, sowie in Raibler und rhätischen Schichten.

Pachyerisma Morris und Lyc. (*Pachymegalodon* Gümb.). Äufsere Form wie bei *Megalodon*. Schlofsplatte sehr breit. Vorderer Muskeleindruck halbkreisförmig, viel gröfser als bei *Megalodon*, stark vertieft; hinterer Muskeleindruck auf einer Leiste. Neben den beiden Schlofszähnen jederseits noch ein kräftiger hinterer Seitenzahn, sowie ein rundlicher vorderer Seitenzahn. Trias bis oberer Jura.

Durga Böhm. Wie vorige, aber ohne hintere Muskelleiste. Lias.

Protodiceras Böhm. Lias. *P.* (*Megalodon*) *pumilus* Gümb.

8. Familie. **Isocardiidae.** Gray.

Schale porzellanartig, gleichklappig, frei, geschlossen, mit angeschwollenen, nach aufsen und vorne gekrümmten Wirbeln. Band äufserlich, vor den Wirbeln in zwei Äste gespalten, die in Furchen bis zu den Wirbelspitzen fortsetzen. Muskeleindrücke ziemlich stark vertieft. Schlofszähne leistenförmig, dem Schlofsrand parallel. Mantellappen des Tiers geschlossen mit einer vorderen Öffnung für den Fufs und einer hinteren für den Sipho. Trias bis jetzt.

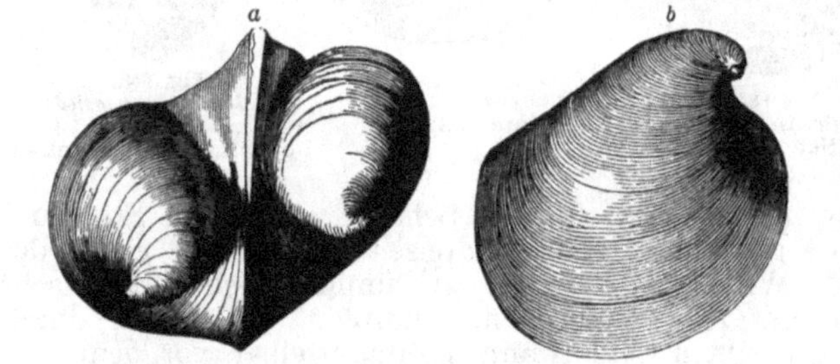

Fig. 660.
Isocardia striata d'Orb. Portlandkalk. Cirey, Haute-Marne. (Nach Loriol.)

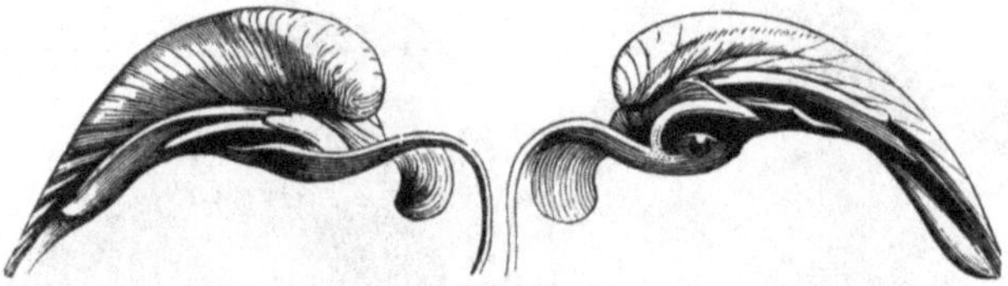

Fig. 661.
Schlofs von *Isocardia lunulata* Nyst. Crag. Antwerpen.

Physocardia v. Wöhrm. (*Craspedodon* Bittner). Beide Schalen stark gewölbt, mit kräftigen seitlich gedrehten Wirbeln, glatt. Rechte Sch. mit einem gebogenen, leistenförmigen Schlofszahn, linke mit zwei liegenden Schlofszähnen, wovon der untere stärker als der obere. Seitenzähne fehlen. Alpine Trias (St. Cassianer und Raibler Schichten). *Ph. Ogilviae* v. Wöhrm.

Dicerocardium Stopp. Ob. Trias. (Hauptdolomit) Alpen und Himalajah.

Isocardia Lam. (Fig. 660, 661). Herzförmig oder oval, hochgewölbt, konzentrisch gestreift oder glatt. Wirbel stark angeschwollen. Jederseits zwei verlängerte, liegende Schlofszähne und ein hinterer leistenartiger Seitenzahn. Jura bis jetzt.

9. Familie. **Chamidae.** Lam.

(*Pachyodonta* p. p. *Neumayr*).

Schale dick, ungleichklappig mit nach vorne eingerollten Wirbeln, bald mit der linken, bald mit der rechten Klappe aufgewachsen. Die festgewachsene Schale zuweilen kegelförmig. Das Band liegt hinter den Wirbeln in einer vertieften Furche zwischen den Schalen, gabelt sich aber nach vorne und verläuft jederseits in einer Rinne bis zur Wirbelspitze. Schlofs in einer Schale mit zwei stumpfen, durch eine Zahngrube getrennten Zähnen, in der andern mit einem zwischen zwei Zahngruben gelegenen Zahn. Muskeleindrücke grofs, häufig auf besonderen Leisten gelegen. Mantellinie ganzrandig. Schale aus einer dünnen Prismen- und einer dicken inneren Porzellanschicht zusammengesetzt. Oberer Jura bis jetzt. Marin.

Das Tier der einzigen lebenden Gattung *(Chama)* hat zwei Paar ungleiche Kiemenblätter, einen bogenförmigen, nicht vorstreckbaren Fufs, verwachsene Mantellappen, welche drei entfernte Öffnungen frei lassen, eine vordere für den Fufs, eine untere hintere für die Kiemen- und eine obere hintere für die Afterröhre.

Fig. 662.
Diceras arietinum Lam. Coralrag. St. Mihiel, Meuse. (²/₃ nat. Gröfse.)

Die Chamiden bilden mit den Capriniden und Rudisten die Gruppe der Pachyodonten (Neumayr) und stellen wahrscheinlich einen infolge der Befestigung einer Schale eigentümlich differenzierten Seitenzweig der Heterodonten dar. Sie haben sich möglicherweise aus den Isocardiiden entwickelt.

Die Einkrümmung der Wirbel nach vorne und die Lage des Bandes bestimmen stets mit Sicherheit rechte und linke Klappe. Die zwei Schlofszähne können jedoch bald der rechten, bald der linken Schale angehören, die andere Klappe besitzt alsdann nur einen Zahn. Bei den normalen Formen ist die linke Schale aufgewachsen, bei den inversen die rechte. Einzelne Gattungen *(Chama, Diceras)* besitzen normale und inverse Arten.

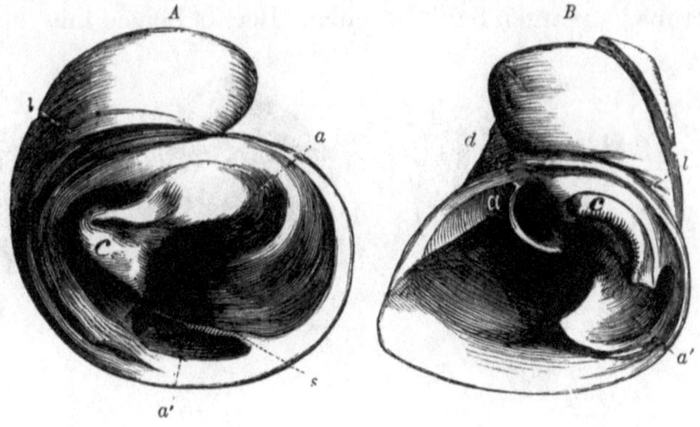

Fig. 663.
A Linke (angeheftete) Schale von *Diceras arietinum* Lam. St. Mihiel, Meuse. (²/₃ nat. Gröfse.) *B* Rechte Schale von *Diceras Zitteli* Munier-Chalmas. Tithon. Stramberg. (²/₃ nat. Gröfse.) (*a* Vorderer, *a'* hinterer Muskeleindruck, *c* grofser Schlofszahn, *d* Zahngrube, *l* Bandfurche, *s* Leiste für den hinteren Muskeleindruck.)

Diceras Lam. (*Heterodiceras, Plesiodiceras* Mun.-Chalmas, *Pseudodiceras* Gemmellaro (Fig. 662. 663). Schale dick, glatt, ungleichklappig, beiderseits gewölbt, mit dem Wirbel der gröfseren (bald rechten, bald linken) Klappe aufgewachsen, normal oder invers. Wirbel stark vorragend, spiral nach aufsen und vorne gedreht. Band hinten durch starke Nymphen gestützt, vorne gespalten. Schlofsplatte dick, rechte Klappe mit einem mächtigen, gebogenen, verlängerten, dem Schlofsrand fast parallelen Zahn und einem schwächeren liegenden vorderen, linke mit einem einzigen grofsen, ohrförmigen, unten ausgebuchteten Schlofszahn, dahinter eine verlängerte Zahngrube. Der hintere Muskeleindruck auf einer vorragenden Leiste. Oberer Jura.

Apricardia Guéranger. Cenomanien. Turonien.

Requienia Mathéron (Fig. 664*a*). Sehr ungleichklappig, glatt, mit dem spiral gedrehten Wirbel der linken Klappe aufgewachsen. Rechte Klappe deckelförmig, flach, mit spiralem Wirbel. Schloſszähne sehr schwach. Hinterer Muskeleindruck auf einer Leiste. Untere Kreide, hauptsächlich im Urgonien von Süd-Europa, der Alpen und Texas verbreitet. *R. ammonia* Goldf.

Subgenus: *Toucasia* Mun.-Chalmas (Fig. 664 *b*, *c*). Wie vorige, jedoch beide Schalen mit Kiel. Urgonien. *T. Lonsdalei* Sow.

Matheronia Mun.-Chalmas. Urgonien. Cenomanien.

Fig. 664.
a Requienia ammonia Goldf. Urgonien. Orgon, Vaucluse. (1/8 nat. Gröſse.) *b, c* Kleines Exemplar von *Requienia (Toucasia) Lonsdalei* Sow. sp. Ebendaher. *b* Linke, *c* rechte Schale von innen. (Nat. Gröſse.)

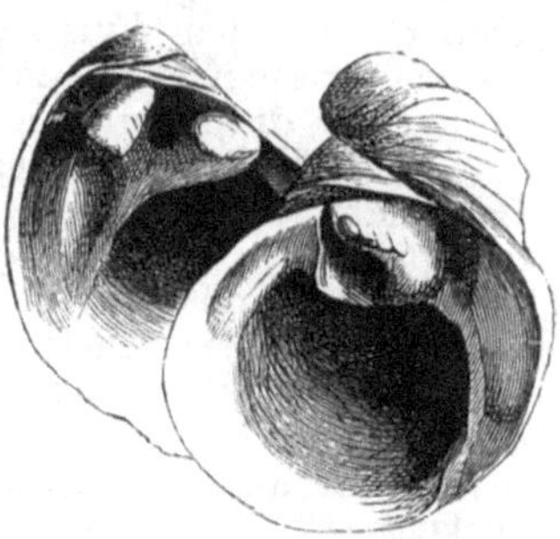

Fig. 666.
Monopleura varians Math. Urgonien. Orgon, Vaucluse. Beide Schalen in nat. Gröſse von innen.

Bayleia Mun.-Chalm. Turon. *B. Pouechi* Mun.-Chalmas.

Monopleura Mathéron (Fig. 665. 666). Sehr ungleichklappig, glatt, gestreift oder gerippt, stets invers, mit der rechten entweder spiral eingekrümmten oder kegelförmig verlängerten Schale aufgewachsen. Linke Klappe deckelförmig, konisch oder flach mit zwei kräftigen, durch eine Zahngrube getrennten Schloſszähnen. Rechte Schale mit einem schrägen, zwischen

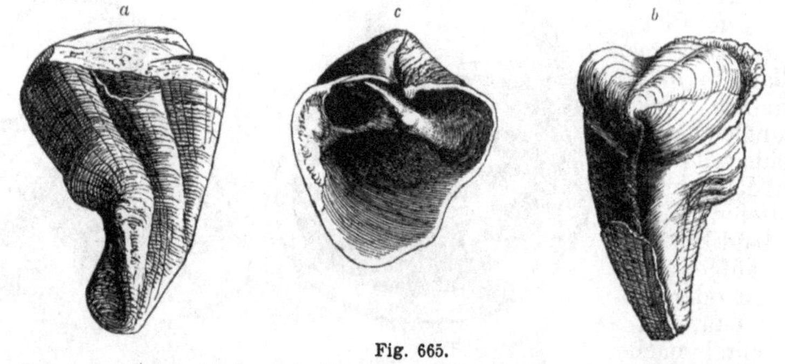

Fig. 665.
Monopleura trilobata d'Orb. Schrattenkalk. Orgon, Vaucluse. *a, b* Exemplar in nat. Gröſse von vorn und hinten. *c* Unterschale von innen (nat. Gröſse).

zwei Zahngruben gelegenen Zahn. Band äuſserlich, jederseits in einer vom Schloſsrand nach den Wirbeln verlaufenden Rinne. Hinterer Muskel auf einer Leiste. Untere Kreide (Urgonien) von Süd-Europa und Texas.

Himeraelites di Stef. (Unt. Kreide).

Valletia M. Ch. (Neocom), *Gyropleura* Douvillé (Cenoman bis Senon), *Caprotina* d'Orb (Fig. 667). Neocom bis Turon.

Chama Lin. (Fig. 668). Ungleichklappig, mit der linken, seltener mit der rechten Schale aufgewachsen. Wirbel nach vorne gekrümmt. Band in einer Rinne hinter den Wirbeln, nach vorne häufig gespalten und bis zur Wirbelspitze fortsetzend. Oberfläche mit hervorragenden konzentrischen

Blättern oder Stacheln verziert. Schloſszähne stumpf, etwas gekerbt, verlängert. Muskeleindrücke groſs, nicht auf Leisten gelegen. Kreide bis jetzt; hauptsächlich im Eocän.

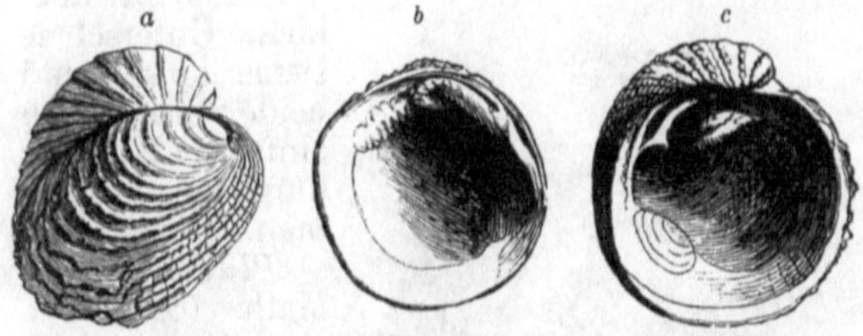

Fig. 668.
Chama squamosa Lam. Eocän. Hampshire. (Nat. Gröſse.)

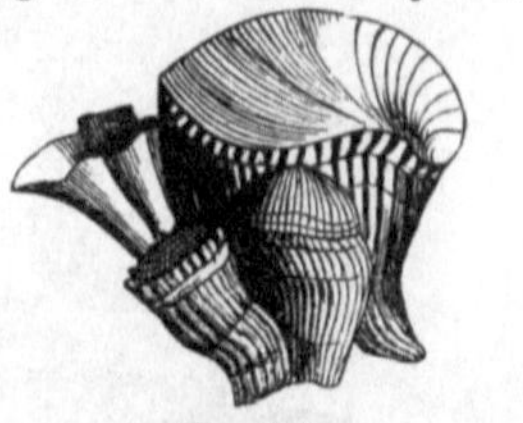

Fig. 667.
Gruppe bestehend aus *Caprotina semistriata* d'Orb., *C. striata* d'Orb. und einem glatten Radioliten aus dem Grünsand von Le Mans (nach d'Orbigny.)

10. Familie. **Caprinidae.** Fischer.[1])

(Pachyodonta p. p. *Neumayr).*

Schale sehr ungleichklappig, dick, invers. Die aufgewachsene rechte Klappe konisch oder spiral, mit einem starken, zwischen zwei Gruben gelegenen Schloſszahn; linke Schale frei, eingekrümmt oder spiral, der dicke Schloſsrand mit zwei, durch eine Grube getrennten Zähnen, wovon der vordere stärkere durch ein vertikales Septum gestützt wird. Band äuſserlich. Hinterer Muskeleindruck auf einer in den Schloſsrand verlaufenden Leiste. Äuſsere Schalenschicht prismatisch, dünn, innere porzellanartig, dazwischen in einer oder in beiden Klappen eine von zahlreich parallelen Kanälen durchzogene oder mit zelligen Maschen ausgefüllte Mittelschicht. Nur in der Kreide.

Fig. 669.
Längsdurchschnitt der grösseren Schale von *Caprina adversa*, um die Zwischenkammern in der inneren Schalenschicht zu zeigen.

Fig. 670.
Querschnitt durch die gröſsere freie Schale von *Caprina communis*, um die parallelen Kanäle in der mittleren Schalenschicht zu zeigen.

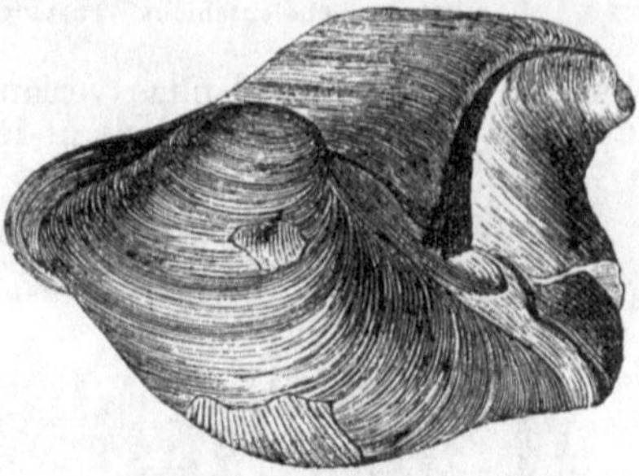

Fig. 671.
Plagioptychus Aguilloni d'Orb. Kreide. Gosau. ($^2/_3$ nat. Gröſse.)

Caprina d'Orb. (*Gemmellaria* M.-Ch. *Cornucaprina* Futterer) (Fig. 669. 670). Sehr ungleichklappig, dickschalig, mit der Spitze der kegelförmigen, rechten Klappe aufgewachsen; linke Schale gröſser, spiral eingerollt. Band hinter den Wirbeln gelegen. Innere Schalenschicht der Unterschale aus konzentrischen Schichten zusammengesetzt, die zuweilen Hohlräume zwischen sich frei lassen (Fig. 669). Die Mittelschicht der freien spiralen Schale von zahlreichen einfachen, weiten Parallelkanälen vom Schloſsrand bis zum Wirbel durchzogen (Fig. 670). Schloſszahn der aufgewachsenen Klappe sehr stark, zwischen dem

[1]) *Gemmellaro, G. G.*, Caprinellidae della Ciaca dei dintorni di Palermo. 1865. — *Munier-Chalmas*, Prodrome d'une classification des Rudistes. Journal de Conchyliologie. 1873. XXI. 71—75. — *Douvillé, H.*, Bull. Soc. géol France. 1886. 3 ser. XVI. S. 389. 1887. XV. S. 756. 1888. XVI. S. 699. 1889. XVII. S. 627. 1890. XVIII. S. 324. 1891. XIX. S. 506. — *White, Ch.*, Bulletin of the U. S. geol. Survey. 1884 Nr. 4. 1885 Nr. 22. — *di Stefano, G.*, Studii stratigrafici e paleontologici sul systema cretaceo di Sicilia. I. Gli Strati con Caprotina. Palermo. 1888. II. Calcari con Polyconites di Termini-Imerese. 1898 (Palaeontograph. Ital. vol. IV).

hinteren Muskeleindruck und dem Aufsenrand eine Reihe von Vertiefungen. Cenoman. Die typische Art (*C. adversa* d'Orb.) erlangt eine beträchtliche Gröfse.

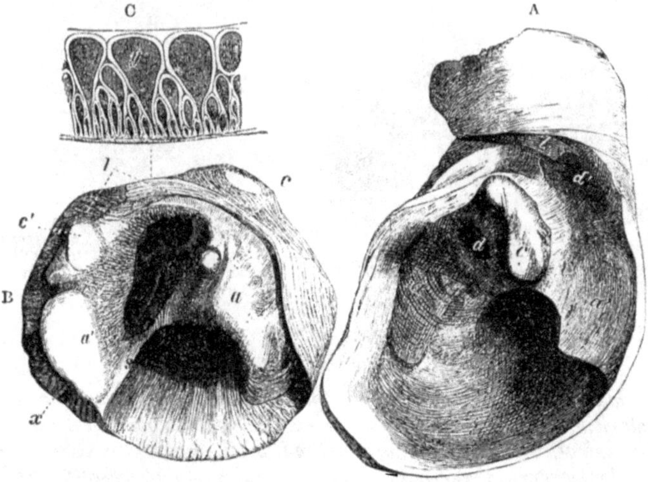

Fig. 672.
Plagioptychus Aguilloni d'Orb. (*Pl. Coquandi* Math.) aus dem Rudistenkalk von Le Beausset, Var. *A* rechte, *B* linke Klappe ein und desselben Individuums von innen (2/3 nat. Gröfse). (*a* vorderer, *a'* hinterer Adduktor, *l* Ligamentfurche, *c* vorderer, *c'* hinterer Schlofszahn der linken Klappe, *d'* Zahngrube, *s* Septum der linken Klappe.) *C* Querschnitt durch die kleine Schale in der Nähe des Randes (vergröfsert.) (*y* Kanäle der mittleren Schalenschicht. Postanger bei St. Gilgen.

Schiosia Böhm. Wie *Caprina*, aber kleine Unterschale etwas spiral und beide Schalen von einfachen Kanälen durchzogen. Cenoman. Ober-Italien.

Plagioptychus Math. (*Sphaerucaprina* Gemmellaro, *Orthoptychus* Futterer Fig. 671. 672). Rechte Klappe konisch oder eingerollt, mit dem Wirbel aufgewachsen, linke Klappe gewölbt, mit eingekrümmtem Wirbel. Band äufserlich in einer tiefen Rinne hinter den Wirbeln nach vorne gegabelt und jederseits in einer Furche bis zur Wirbelspitze verlängert. Schlofs und Schalenstruktur ähnlich *Caprina*, jedoch die freie Schale in der inneren Schalenschicht mit weiten Parallelkanälen, deren Begrenzungswände sich nach aufsen mehrfach verästeln und dadurch eine gröfsere Anzahl in dreieckigen, nach innen zugespitzten Räumen verteilter, feiner peripherischer Parallelkanäle bilden. Cenoman. Turon.

Fig. 673.
Caprinula Baylei Gemm. Kreide von Addauran bei Palermo. 1/2 nat. Gröfse (nach Gemmellare).

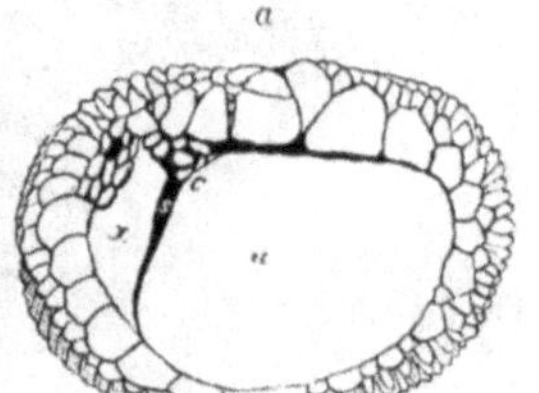

Fig. 674.
a Querschnitt durch die untere, *b* durch die obere Schale von *Caprinula Boissyi* d'Orb. (*c* Zähne, *x* Zahngruben, *u* Wohnkammer des Tieres, *s* Septum). 2/3 nat. Gröfse (nach Woodward).

Polyconites, Sellaea di Stef. Unt. Kreide Sicilien.

Caprinula d'Orb. (*Chaperia* Mun.-Chalmas) (Fig. 673. 674). Rechte Schale verlängert, aufgewachsen, konisch oder mit eingekrümmtem Wirbel; linke Klappe spiral eingerollt, kleiner. Beide Schalen von zahlreichen parallelen Kanälen durchzogen, wovon die peripherischen erheblich kleineren Durchmesser besitzen als die inneren. Schlofs ähnlich *Caprina*. Cenoman. Turon. Besonders häufig in Portugal, Sicilien und Texas.

? *Ichthyosarcolites* Desm. (*Caprinella* d'Orb). Kreide. *I. triangularis* Desm.

Coralliochama White. Rechte Schale konisch, verlängert, aufgewachsen, linke kleiner, mit eingekrümmtem Wirbel. Vorderer Schloſszahn sehr kräftig, durch ein Septum gestützt; hinterer Schloſszahn schwach. Radialkanäle wie bei *Plagioptychus*, nach innen durch eine grobzellige Schalenschicht begrenzt. Unterschale mit einer dünnen äuſseren Prismenschicht und einer blätterigen Innenschicht, dazwischen eine sehr dicke, aus vertikalen, polygonalen, hohlen Zellen zusammengesetzte Mittelschicht. Kreide. Californien. *C. Orcutti* White.

11. Familie. **Rudistae.** Lam.[1])

(*Pachyodonta p. p.* Neumayr. *Hippuritidae* Woodw).

Sehr ungleichklappige, dicke, mit der Spitze der verlängert kegelförmigen rechten Klappe aufgewachsene Schalen; linke Klappe niedrig, konisch oder flach deckelförmig. Ligament innerlich (oder fehlend). Oberschale durch mächtige, zapfenförmige Zähne in die Unterschale eingefügt und nur in vertikaler Richtung beweglich. Muskeleindrücke in der Deckelschale an vorragenden Apophysen befestigt. Marin. Nur in der Kreide.

Die Unterschale besteht aus zwei Schichten; davon wird die äuſsere, welche meist eine beträchtliche Dicke erlangt, aus aufrechten, der Längsachse parallelen Prismen gebildet, die durch zahlreiche horizontale Böden abgeteilt sind. Auf den Querböden bemerkt man wie auf dem Oberrand radiale Gefäſseindrücke. Im Gegensatz zu der gegitterten äuſseren Schalenschicht ist die innere porzellanartig und besteht aus dicht aufeinander liegenden parallelen Blättern. Bei sehr rasch wachsenden, zylindrischen Formen bleiben nicht selten zwischen den Blättern Hohlräume frei, welche den Luftkammern der Cephalopoden gleichen und den Hohlräumen im Innern groſser Austern entsprechen (Fig. 681); die äuſsere prismatische Schicht widersteht der Verwitterung besser als die innere und ist zuweilen noch vollständig erhalten, während die innere aufgelöst und weggeführt ist. Die Steinkerne des vom Tier bewohnten Hohlraumes liegen dann, durch einen leeren Zwischenraum getrennt, frei in den Schalenhüllen.

Die Oberschale ist ebenfalls aus einer meist wenig dicken prismatischen Auſsenschicht und einer porzellanartigen Innenschicht zusammengesetzt. Bei *Hippurites* ist erstere von einem komplizierten Kanalsystem durchzogen.

Die Rudisten entfernen sich in ihrem ganzen Habitus und Bau am weitesten von den normalen Lamellibranchiaten. Ihre Beziehungen zu den Chamiden, und namentlich zu *Monopleura* und *Caprotina*, wurden zuerst von Quenstedt erkannt und später von Woodward, Bayle, Zittel, Munier-Chalmas, Douvillé u. a. bestätigt. Ältere Autoren hatten die Rudisten bald für Vertreter einer besonderen Klasse, bald für Cephalopoden, Cirripeden, Brachiopoden, Korallen oder Anneliden gehalten. Die Mehrzahl der Rudisten lebte gesellig; sie erfüllen häufig ganze Schichten, wobei die Spitzen der Unterschalen meist nach unten gerichtet sind. Trotz ihrer Häufigkeit ist es aber ungemein schwierig, ja in vielen Fällen sogar unmöglich, die beiden Schalen voneinander zu trennen und das Innere zu präparieren. Von manchen Arten ist darum auch das Schloſs erst unvollkommen bekannt.

Biradiolites d'Orb. (*Radiolites* Bayle) (Fig. 675). Schale kegelförmig, bikonisch oder zylindrisch. Unterklappe konisch, gerade, mehr oder weniger

[1]) *d'Orbigny, Alcide,* Paléontologie française. Terr. crétacés. 1847. vol. IV. — *Woodward, S. P.*, Quart. journ. geol. Soc. 1855. XI. S. 40 und Manuel of the Mollusca. 1866. — *Bayle*, Bull. Soc. géol. France 1855. 2. sér. XI. 1856. XIII. 1857 XIV. — *Zittel, K.*, Die Bivalven der Gosaugebilde. Denkschr. Wiener Akad. 1864. Bd. XXIV. — *Douvillé H.*, Études sur les Rudistes. Mém. Soc. géol. France. Paléontologie, 1890 bis 1896 und Classification des Radiolites; Sur un nouveau genre de Radiolites, Bulletin Soc. géol. de France 1903, 4. Serie. vol. II. — *Parona, C. F.*, Sopra alcune Rudiste Senoniane dell'Appennino meridionale. Mem. Acad. Torino. Ser. II. t. 50. 1900.

verlängert, vertikal gerippt oder aus horizontalen Blättern zusammengesetzt, häufig mit zwei glatten oder längs gestreiften, vom Oberrand bis zur Spitze verlaufenden Bändern, die nach Douvillé die Lage der After- und Atemröhre bezeichnen. Äufsere Schalenschicht dick, aus polygonalen, grofsen vertikalen Prismen zusammengesetzt. Oberschale deckelförmig, flach oder konisch mit zentralem oder exzentrischem Wirbel. Auf der Innenseite der Deckelschale ragen zwei lange, schmale, aufsen längsgeriefte Zähne vor (Fig. 675 *c*, *c'*), die durch einen ziemlich breiten Zwischenraum getrennt sind; dieselben passen in zwei scheidenförmige, nach innen und unten offene, innen

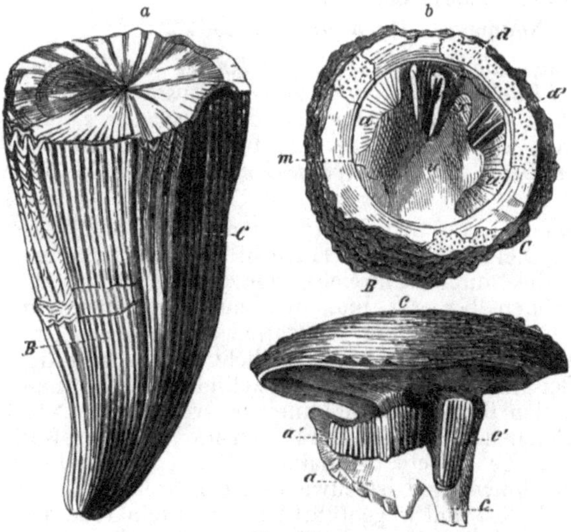

Fig. 675.
a, *b* *Biradiolites cornu-pastoris* d'Orb. Mittlere Kreide (Carentonien) von Pyles bei Périgeux. $^1/_2$ nat. Gröfse (nach Bayle). *a* Schale mit Deckel von aufsen. (*B*, *C* die beiden feiner gerippten Bänder.) *b* Innere Ansicht der Unterschale von oben gesehen. (*d* Vordere, *d'* hintere Zahnalveole, *a* vorderer, *a'* hinterer Muskeleindruck, *B*, *C* gestreifte Bänder der Aufsenwand, *m* Mantellinie, *u* Wohnkammer und leerer Raum zwischen den Zahnalveolen.)
c Deckelklappe von *Radiolites Bournoni* Desm. sp. Obere Kreide (Dordonien). St. Mametz, Dordogne. $^1/_3$ nat. Gröfse (nach Bayle). (*c* Vorderer, *c'* hinterer Schlofszahn, *a* vordere, *a'* hintere Muskelapophyse.)

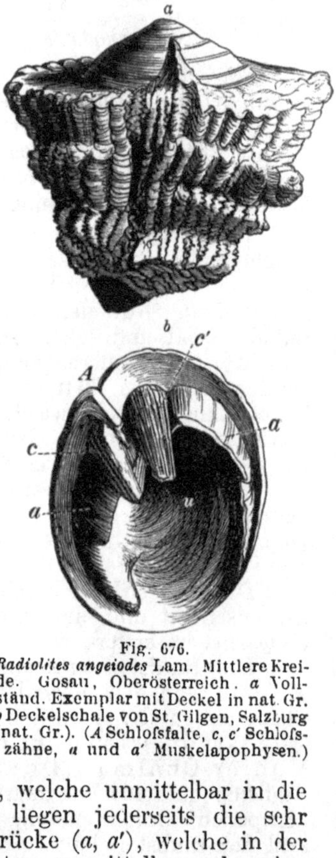

Fig. 676.
Radiolites angeiodes Lam. Mittlere Kreide. Gosau, Oberösterreich. *a* Vollständ. Exemplar mit Deckel in nat. Gr. *b* Deckelschale von St. Gilgen, Salzburg (nat. Gr.). (*A* Schlofsfalte, *c*, *c'* Schlofszähne, *a* und *a'* Muskelapophysen.)

vertikal gestreifte Alveolen (*d d'*) der Unterschale, welche unmittelbar in die Wand eingefügt sind. Neben diesen Alveolen liegen jederseits die sehr grofsen, ungleichen, wenig vertieften Muskeleindrücke (*a*, *a'*), welche in der Oberschale auf starken und breiten, längsgefurchten, unmittelbar neben den Schlofszähnen vorragenden Apophysen befestigt sind. Ligament unbekannt. Mittlere und obere Kreide von Europa und Texas.

Bei dem Subgenus *Lapeirousia* Bayle, (*Rad. Jouanettia* Desm.) sind die beiden glatten Bänder innerlich durch zwei vorspringende Pfeiler ersetzt; bei *Synodontites* Pirona die zwei Zähne der Oberschale verwachsen. *Sauvagesia* Douvillé besitzt eine Schlofsfalte.

Joufia Böhm. Ob. Kreide. Venetien.

Radiolites Lam. (*Sphaerulites* Delamétherie *Birostrites* Lam., *Jodamia* Defr., *Dipilidia*, *? Agria* Math.) (Fig. 676. 677). Äufsere Form und Struktur wie *Biadiolites*, jedoch mit zwei glatten oder quer gestreiften Längsbändern. Obere Schale zwischen den beiden Schlofszähnen mit einer einspringenden Falte (Schlofsfalte). Unterschale ebenfalls mit einer Schlofsfalte, in deren zweischneidigen Oberrand sich die Falte der Oberschale einfügt. Die

Schloſszähne der Oberschale werden in der Unterklappe von zwei freistehenden vertikalen, innen gestreif ten Alveolen (*d d'*) aufgenommen, die meist durch Quersepten mit dem Innenrand der Schloſsfalte verbunden sind. Die beiden Gruben (*x* u. *x'*) neben der Schloſsfalte werden, wie Pethö und Douvillé nachgewiesen, teilweise von einem innern Ligament ausgefüllt, das sich vor dem inneren Ende der Schloſsfalte in der Oberschale befestigt. Die Muskeleindrücke (*a'* und *a*) sind vertikal gestreift und wie bei *Biadiolites* beschaffen. Sehr häufig in der Kreide (vom Urgon bis Senon) in Europa, Nordafrika, Kleinasien, Palästina, Indien, Nord- und Südamerika. Am verbreitetsten in der mittleren und oberen Kreide.

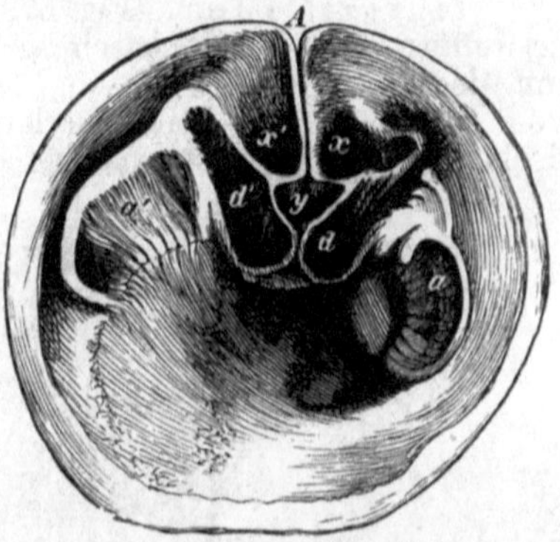

Fig. 677.
Verkieselte Unterschale von *Radiolites foliaceus* Lam. Aus dem Carentonien von Ile d'Aix, Charente. ²/₃ nat. Gröſse (nach Goldfuſs). (*A* Schloſsfalte, *d* vordere, *d'* hintere cannelierte Zahnalveole, *a* vorderer, *a'* hinterer Muskeleindruck, *x* und *x'* leere Gruben zu beiden Seiten der Schloſsfalte, *y* V förmige Grube am inneren Ende der Schloſsfalte.)

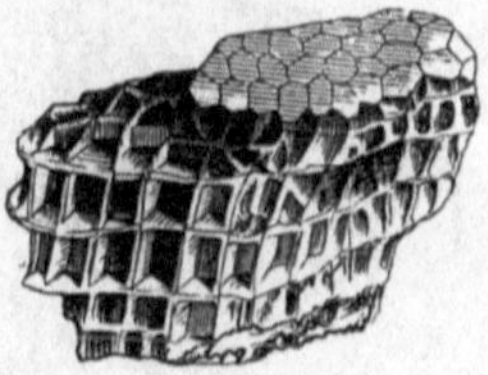

Fig. 678.
Äuſsere Schalenschicht der Unterklappe von *Radiolites* mit sehr groſsen hohlen Prismen. Kreide vom Monte Gargano, Italien. (Nat. Gröſse.)

Bayle hatte die mit Schloſsfalte versehenen Formen als *Sphaerulites*, die ohne Schloſsfalte als *Radiolites* bezeichnet, dabei aber übersehen, daſs Lamarck den Namen *Radiolites* einer Art mit Schloſsfalte beigelegt hatte.

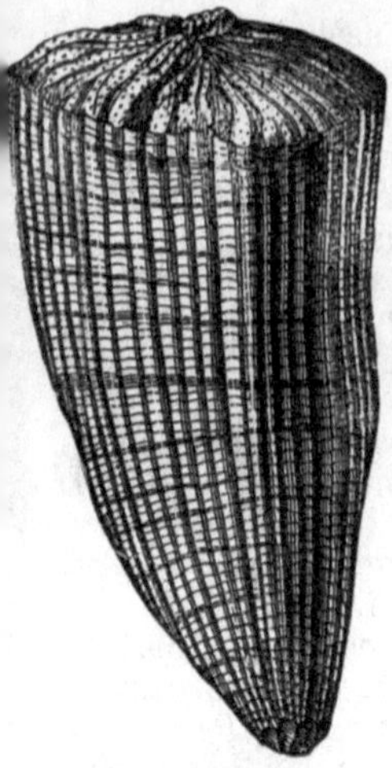

Fig. 679.
Hippurites Gosaviensis Douvillé. Kreide. Gosautal in Oberösterreich. (¹/₂ nat. Gröſse.)

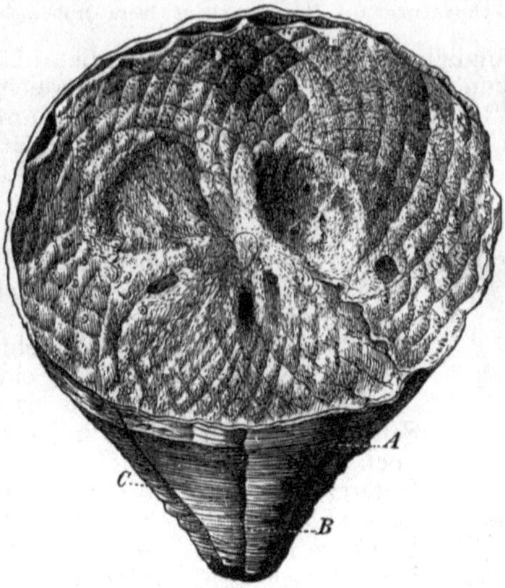

Fig. 680.
Hippurites Oppeli Douvillé. Nefgraben bei Ruſsbach, Salzburg. (¹/₂ nat. Gröſse.) (*A* Furche der Schloſsfalte, *B* Furche des vorderen, *C* des hinteren Pfeilers.)

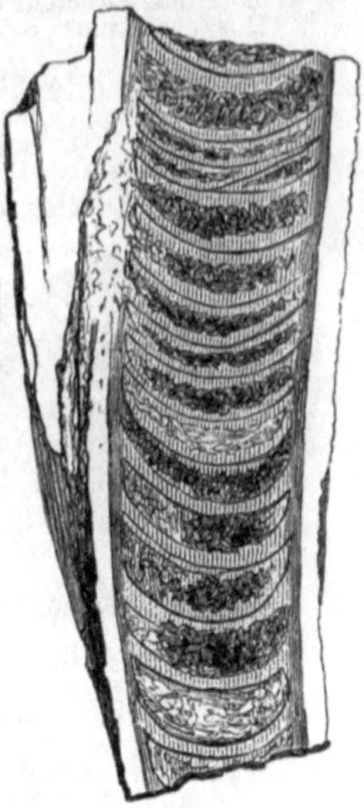

Fig. 681.
Hippurites organisans Montf. Vertikaler Durchschnitt einer zerbrochenen Schale ohne Wohnkammer, um die Querböden und Zwischenkammern zu zeigen. (Nat. Gröſse.)

Bournonia Fischer. Wie *Radiolites*, jedoch ohne Schloſsfalte und Ligament. Obere Kreide. *Rad. Bournoni.* d'Orb.

Die Gattungen *Dipilidia*, *Birostrites* und *Jodamia* sind auf innere Steinkerne von *Sphaerulites* basiert.

Hippurites Lam. (Fig. 679—683). Unterschale verkehrt kegelförmig, kreiselförmig oder zylindrisch, gerade oder gebogen, zuweilen bis 1 m lang, mit der Spitze festgewachsen, der Länge nach gerippt oder glatt, mit drei vom Oberrand zur Spitze verlaufenden Längsfurchen (*ABC*). Oberschale deckelförmig, flach oder niedrig konisch, mit zentralem Wirbel, häufig von

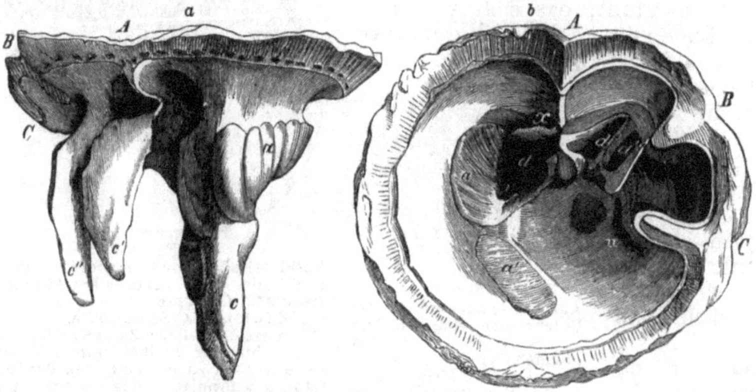

Fig. 682.
Hippurites radiosus Desm. Obere Kreide (Dordonien) von Royan, Charente. 2/3 nat. Gr. (nach Bayle).
a Deckelschale. (*c* Vorderer Schlofszahn, *c'* und *c''* hintere Zähne, *a* polsterförmige Apophyse des Muskeleindrucks, *A* Schlofsfalte, *B* Furche, dem vorderen, *C* dem hinteren Säulchen der Unterschale entsprechend.
b Innere Ansicht der Unterschale von oben gesehen. (*A* Schlofsfalle, *B* vorderes, *C* hinteres Säulchen, *d* Alveole des vorderen, *d'* und *d''* der beiden hinteren Zähne der Oberschale, *a* und *a'* zweiteiliger Muskeleindruck, *u* Wohnkammer des Tieres, *x* kleine, leere Grube neben der Schlofsfalte.)

zwei runden oder länglichen Löchern durchbohrt, die Aufsenschicht mit Poren (den Mündungen von kurzen Kanälchen) bedeckt, welche in stärkere, vom Wirbel nach dem Rand ausstrahlende Radialkanäle einmünden. Die dicke Aufsenschicht der Unterschale ist häufig bräunlich gefärbt und besteht aus dünnen horizontalen Parallelblättern, die wieder aus vertikalen Prismen zusammengesetzt sind. Die innere weifse Schalenschicht ist porzellanartig und enthält im unteren Teil der Schale zuweilen leere Zwischenräume. Den drei Furchen der Oberfläche entsprechen im Innern drei vorspringende, durch Duplikatur beider Schalenschichten entstehende Falten, wovon die vordere (Schlofsfalte *A*) dünner, länger oder auch kürzer ist als die beiden hinteren Säulchen (*B C*), welche am Innenende verdickt und oben mit einem Knöpfchen gekrönt sind. Bei den Untergattungen *d'Orbignya* Woodw. (*Hipp. bioculatus* Lam.) und *Batolites* Montf. (*Hipp. organisans* Lap.) verkümmert die Schlofsfalte; bei *Pironaia* Menegh. springen hinter den beiden Säulchen eine Anzahl accessorischer Falten vor. Die zwei hinteren Säulchen sind nach Douvillé den zwei glatten Bändern von *Radiolites* homolog und bezeichnen die Lage der After- und Atemröhren; ihre verdickten Köpfe passen in die beiden Löcher der Oberschale. Das vordere Säulchen ist in der Tiefe mit dem inneren Ende der Schlofsfalte durch eine Querwand verbunden und von dieser geht eine zweite Querwand nach dem Rande aus, so dafs zwischen Schlofsfalte und vorderem Säulchen zwei Gruben (*d''* und *d'*) zur Aufnahme von Zähnen der Oberschale entstehen. Zwei weitere Septa beginnen am inneren Ende

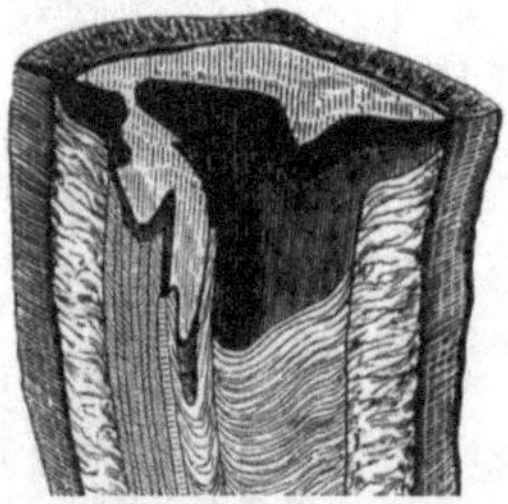

Fig. 683.
Hippurites cornu-vaccinum Goldf. Gosau. (1/2 nat. Gröfse.) Vertikaler Durchschnitt, um die Einfügung der Schlofszähne sowie die beiden Schalenschichten zu zeigen.

der Schloſsfalte und richten sich divergierend nach der vorderen Wand, woselbst sich über denselben die zwei groſsen nahe an einander gerückten Muskeleindrücke (*a a'*) befinden. Die Grube *d* nimmt den vorderen Hauptzahn der Oberschale auf, die Grube *x* enthält nach Woodward das innere Ligament, allein Douvillé konnte Ligamentreste bis jetzt nur am inneren Ende der Schloſsfalte beobachten, woselbst dasselbe ein vertikales Band zu bilden scheint. In den Alveolen der Schloſszähne zwischen der Schloſsfalte und dem Pfeiler *A* sind kleine accessorische Muskeleindrücke.

Der Schloſsapparat der Deckelklappe ist sehr schwierig zu präparieren und erst von wenigen Arten bekannt. Die Schloſsfalte bildet einen schwachen, einspringenden Kiel. Der vordere zapfenförmige Zahn (*c*) besitzt in der Nähe seiner Basis zwei polsterartige Erhöhungen (*a* und *a'*), welche den Muskeleindrücken der Unterschale entsprechen. Hinter dem Vorderzahn ragen auf gemeinsamer hufeisenförmiger Basis zwei weitere dicht nebeneinander gelegene Zähne (*c' c''*) vor, welche sich in die Gruben *d'* und *d''* der Unterschale einfügen. Die Hippuriten sind ungemein häufig in der mittleren und oberen Kreide der Alpen und Pyrenäen, der Provence, Charente, ferner von Istrien, Dalmatien, Griechenland, Sicilien, Kleinasien, Persien und Algerien. Sie finden sich hauptsächlich in litoralen Seichtwasserbildungen. Für die Unterscheidung der Arten sind die Beschaffenheit des Schlosses der Unterschale und die Form und Verteilung der Poren auf der Deckelschale maſsgebend.

Barrettia Woodw. Kreide. Jamaica und Guatemala.

Fig. 684. *Scintilla Parisiensis* Desh. Mittl. Meeressand. Auvers. ($^2/_3$ nat. Gröſse, nach Deshayes.)

12. Familie. **Galeommidae.** Gray.

Kleine, dünne, mehr oder weniger klaffende Schalen. Schloſs zahnlos oder mit 1—2 schwachen Kardinalzähnchen in jeder Klappe. Band innerlich. Tertiär und jetzt. Marin.

Galeomma Turton, *Scintilla* Desh. (Fig. 684), *Passya* Desh. etc.

13. Familie. **Erycinidae.** Desh.

Schale klein, oval oder dreieckig, dünn, gleichklappig, geschlossen, glatt oder fein gestreift. Kardinalzähne stark divergierend. Seitenzähne vorhanden oder fehlend. Band innerlich, zwischen den Schloſszähnen. Tertiär bis jetzt; eine einzige Art aus der Kreide.

Erycina Lam. (Fig. 685), *Spaniodon* Reuſs, *Kelliella* Sars, *Lasaea* Leach., *Montacuta* Turton, *Hindsiella* Stol., *Pythina* Hinds. Tertiär und lebend.

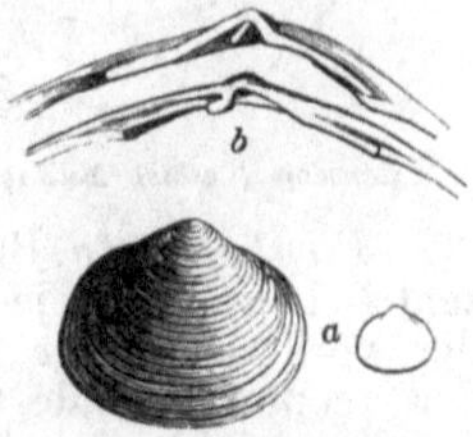

Fig. 685. *a Erycina pellucida* Lam. Grobkalk. Parnes. (Nach Deshayes.) *b* Schloſs von *E. Foucardi* Desh. Unt. Meeressand. Hérouval. (Stark vergr. nach Deshayes.)

14. Familie. **Tancrediidae.** Fischer.

Schale dreieckig, gleichklappig mit äuſserem Band. Rand glatt. Schloſs mit ein bis zwei schwachen Kardinal- und einem leistenförmigen hinteren Seitenzahn. Trias bis Kreide.

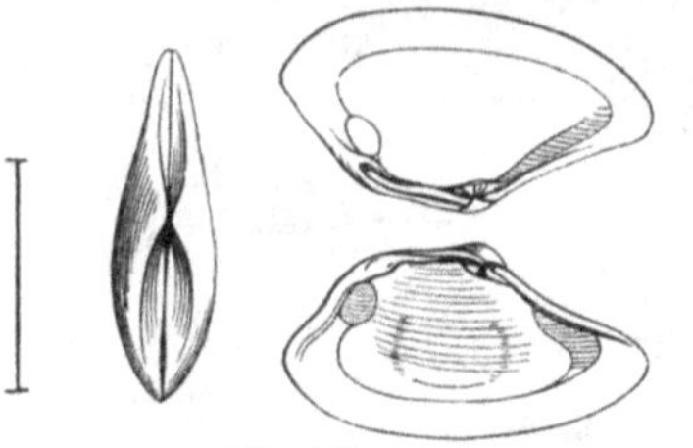

Fig. 686. *Tancredia securiformis* Dunker sp. Unt. Lias. Hettingen, Lothringen. Nat. Gröſse. (Nach Terquem.)

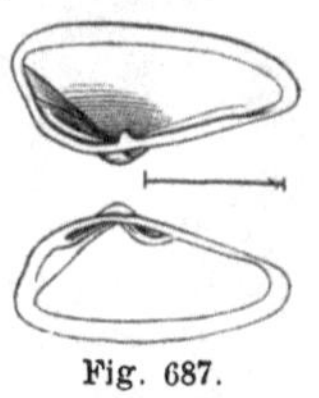

Fig. 687. *Tancredia (Palaeomya) corallina* Zitt. u. Goub. Coralrag. Glos, Calvados.

Tancredia Lyvett (*Hettangia* Terquem, *Palaeomya* Zittel und Goub.) Fig. 686 und 687. Sch. vor den Wirbeln verschmälert und meist länger als Hinterseite, zuweilen hinten etwas klaffend. Trias bis Kreide; am verbreitetsten im Jura.

15. Familie. **Lucinidae.** Desh.

Schale rundlich oder quer oval, geschlossen, mit Epidermis. Schloſs veränderlich, in der Regel mit zwei divergierenden Kardinal- und wohlentwickelten vorderen und hinteren Seitenzähnen, zuweilen aber auch zahnlos. Band äuſserlich. Silur bis jetzt. Hauptverbreitung im Tertiär und Jetztzeit. Marin.

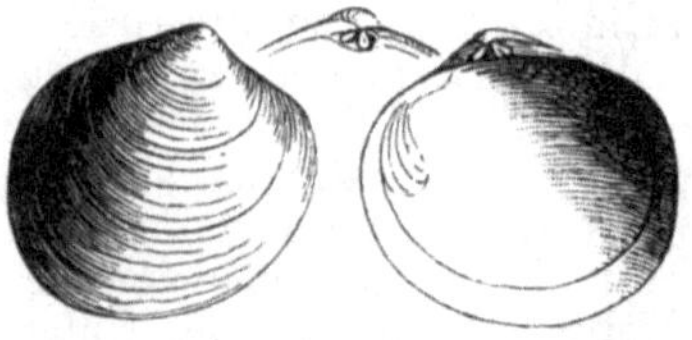

Fig. 688.
Diplodonta dilatata Phil. Pliocän. Rhodus. (Nat. Gröſse.)

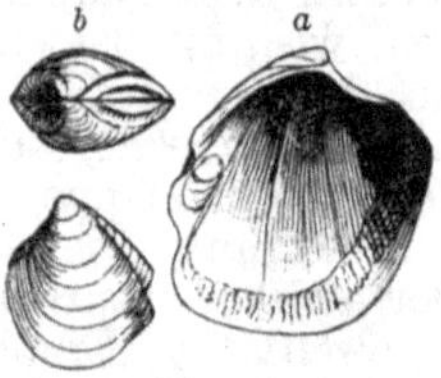

Fig. 689.
a Axinus (Cryptodon) sinuosus Don. Miocän. Grund bei Wien. (Nat. Gröſse.) *b Axinus unicarinatus* Nyst. Septarienton. Freienwalde bei Berlin.

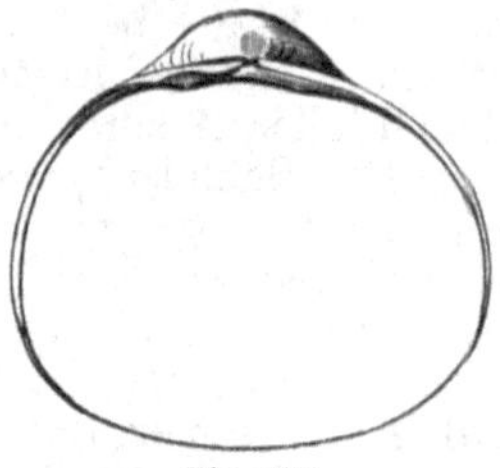

Fig. 690.
Unicardium excentricum d'Orb. Kimmeridge. Cap de la Hève bei Havre. (Nat. Gröſse.)

Die typischen Lucinen haben nur zwei Kiemen, einen dünnen, wurmförmigen Fuſs und zwei kurze Siphonen. Die Gattungen der Unterfamilie der Ungulinen (*Ungulina, Diplodonta* etc.) unterscheiden sich durch den Besitz von vier ungleich entwickelten Kiemenblättern.

Fig. 691.
Gonodon (Corbis) Mellingi Hauer. Ob. Trias. Sarize am Predil bei Raibl. (Nat. Gröſse.)

Diplodonta Bronn (Fig. 688). Rundlich, gewölbt, dünnschalig, konzentrisch gestreift, jederseits mit zwei divergierenden Schloſszähnen, wovon der vordere in der linken, der hintere in der rechten Schale gespalten. Muskeleindrücke gleichgroſs. Tertiär und lebend.

Ungulina Daudin. Tertiär und lebend.

Axinus Sow (*Cryptodon* Turton) (Fig. 689). Dünnschalig, oval, konzentrisch gestreift,

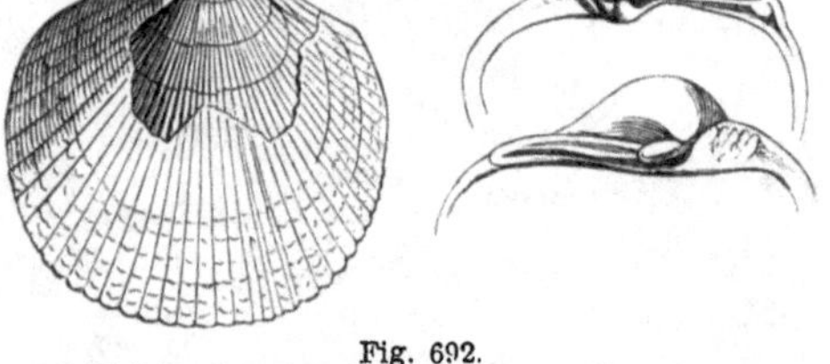

Fig. 692.
Mutiella coarctata Zitt. Turonkreide, Gosau. (Nat. Gröſse.)

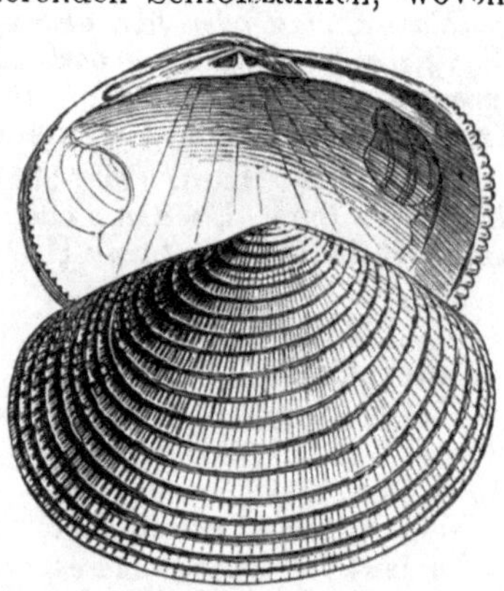

Fig. 693.
Corbis lamellosa Lam. Grobkalk. Grignon. (Nat. Gröſse.)

hinten mit einer vom Wirbel zum Hinterrand verlaufenden Furche. Lunula vorhanden. Schloſs zahnlos oder rechts mit einem schwachen Kardinalzahn. Muskeleindrücke gleichartig. Eocän bis jetzt.

? *Paracyclas* Hall. Fast kreisrund, dünnschalig, konzentrisch gestreift. Wirbel wenig vorragend; Lunula fehlt. Schloſs unbekannt. Silur. Devon. *P.* (*Lucina*) *proavia* Goldf.

Unicardium d'Orb. (Fig. 690). Fast kreisrund, gewölbt, konzentrisch gestreift. Wirbel eingekrümmt. Schloſsrand dünn, mit einem schwachen Kardinalzahn. Muskeleindrücke elliptisch. Trias bis Kreide.

Corbicella Morris und Lycett. Jura. *Sportella* Desh. Eocän.

Gonodon Schafh. (*Corbis* p. p. auct.) (Fig. 691). Rund, gewölbt, ziemlich dickschalig, konzentrisch gestreift. Rechte Klappe mit zwei kräftigen, divergierenden Schloſszähnen, welche einen dreieckigen Schloſszahn der linken Klappe einschlieſsen; zuweilen auch mit einem schwachen leistenartigen hinteren Seitenzahn. Muskeleindrücke oval. Trias. Jura.

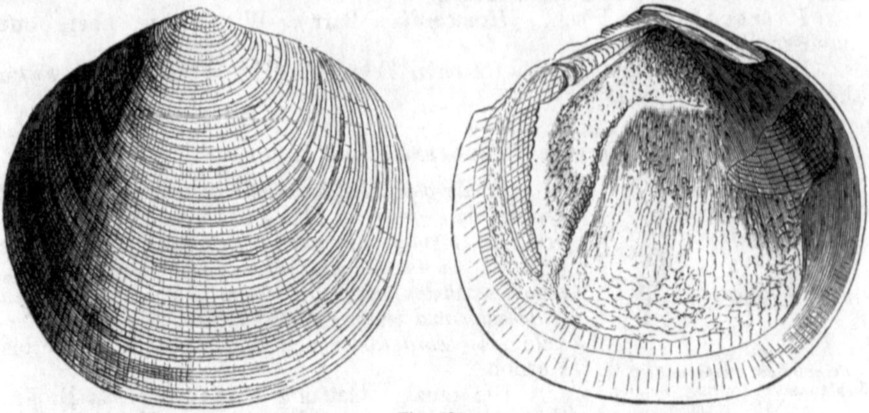

Fig. 694.
Lucina (Miltha) gigantea Desh. Grobkalk. Grignon. (2/3 nat. Gröſse.)

Sphaeriola, *Mutiella* Stol. (Fig. 692), *Sphaera* Sow. Kreide.

Corbis Cuv. (*Fimbria* Megerle) (Fig. 693). Rundlich oder quer oval, gewölbt, dickschalig; Oberfläche mit konzentrischen Blättern oder Furchen

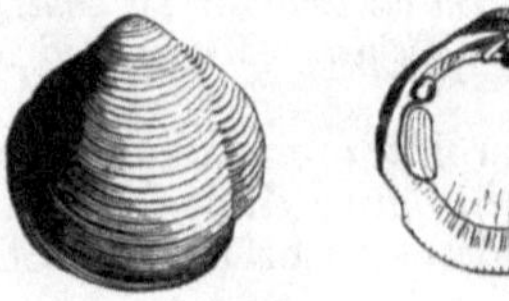

Fig. 695.
Lucina (Myrtea) columbella Lam, Miocän. Steinabrunn bei Wien.

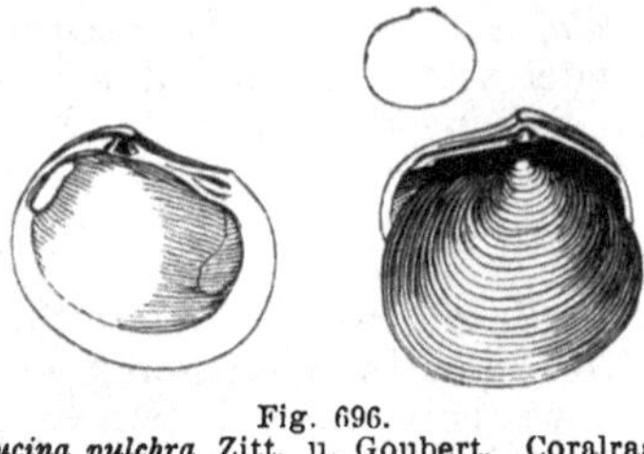

Fig. 696.
Lucina pulchra Zitt. u. Goubert. Coralrag. Glos, Calvados. (2/1 nat. Gröſse.)

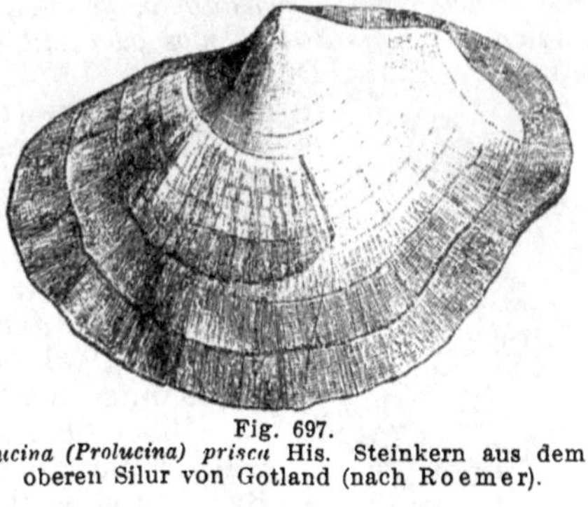

Fig. 697.
Lucina (Prolucina) prisca His. Steinkern aus dem oberen Silur von Gotland (nach Roemer).

und radialen Streifen verziert, gegittert. Schloſszähne 2 : 2, kurz, auſserdem jederseits ein vorderer und hinterer Seitenzahn. Muskeleindrücke oval, wenig verschieden. Jura bis jetzt.

Lucina Brug. (Fig. 694—697). Kreisförmig oder linsenförmig, häufig mit Lunula, konzentrisch, seltener radial verziert. Meist 2 Schloſs- und 2 Seitenzähne in jeder Klappe, die jedoch teilweise oder ganz verkümmern können. Vorderer Muskeleindruck schmal, lang, hinterer oval, kleiner. Etwa 100 lebende und circa 300 fossile Arten von der Trias an.

. Subgenera. *Dentilucina* Fischer, *Myrtea* Turton, *Miltha* Ad., *Codakia* Scopoli, *Loripes* Poli, *Prolucina* Dall.

16. Familie. **Lunulicardiidae.** Fischer.

Meist gleichklappige, dreieckige Schalen mit terminalem Wirbel, von welchem eine scharfe Kante nach dem Unterrande verläuft, wodurch vorne eine abgeflachte Area abgegrenzt wird. Schlofsrand gerade, lang. Schlofs, Muskeleindrücke und Mantellinie unbekannt. Silur. Devon.

Lunulicardium Münst. Dreieckig. Vorderseite mit Byssusspalte. Ob. Silur. Devon. *L. semistriatum* Münst.

Patrocardium Fisch. (*Hemicardium* Barr.). Wie vorige, aber ohne Byssusspalte. Silur.

Weitere Gattungen *Amita* (*Spanila, Tetinka*), *Mila, Tenka, Babenka* (*Matercula*) Barr. Silur.

17. Familie. **Conocardiidae.** Neumayr.

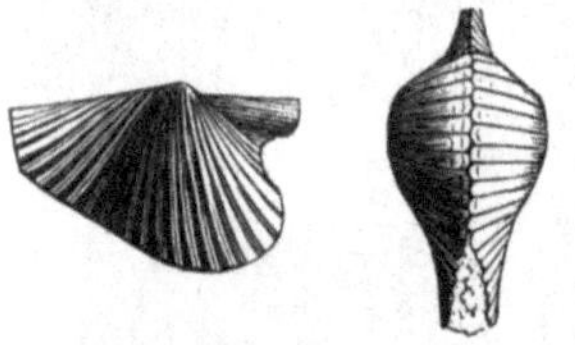

Fig. 698. *Conocardium alaeforme* Sow. Kohlenkalk. Tournay, Belgien. (Nat. Gröfse.)

Schale gleichklappig, verlängert dreieckig, radial gerippt, mit gekerbtem Rand. Vorderseite abgestutzt, breit herzförmig, röhrenartig verlängert; Hinterseite geflügelt, nach unten klaffend. Schlofsrand sehr lang, gerade, zahnlos oder mit einem schwachen vorderen Seitenzahn und einem Schlofszähnchen. Auf der Hinterseite eine schräge, lange innerliche Leiste. Silur bis Karbon.

Die einzige Gattung *Conocardium* Bronn. (Fig. 698) (*Pleurorhynchus* Phill., *Rhipidocardium* Fischer) ist nach Neumayr aus den *Lunulicardien* hervorgegangen, nimmt aber eine ganz isolierte Stellung ein. Gegen 50 Arten bekannt.

18. Familie. **Praecardiidae.** Hoernes.

Schale dünn, gleichklappig, gewölbt, quer eiförmig, radial, seltener konzentrisch verziert. Schlofsrand zahnlos oder mit schwachen Kerbzähnchen. Muskeleindrücke schwach. Silur. Devon.

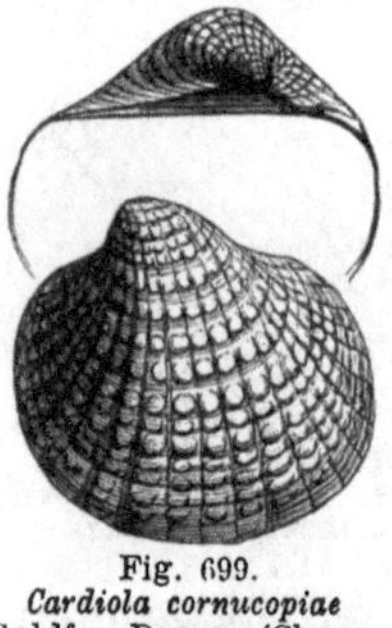

Fig. 699. *Cardiola cornucopiae* Goldf. Devon (Clymenienkalk). Ebersreuth, Fichtelgebirge. (Nat. Gröfse.)

Praecardium Barr. Gewölbt, grob radial gerippt. Unter den vorragenden Wirbeln eine dreieckige Area mit einigen parallelen vertikalen Kerbzähnen. Silur. Devon.

Paracardium Barr. Wie vorige, jedoch fein gerippt. Schlofsrand winklig. Silur. Devon.

Panenka Barr. (*Puella, Pentata* Barr., *Silurocardium* Leym.). Oval oder gerundet vierseitig, radial gerippt, vorne unter den Wirbeln meist eine kleine Lunula. Keine Area über dem geraden oder etwas winkligen, zahnlosen Schlofsrand; Bandgrube linear. Silur. 236 Arten von Barrande beschrieben.

Regina Barr. (*Kralowna* Barr.), *Praelima* Barr. Silur.

Praelucina Barr. Kreisrund, fast gleichseitig, ohne Lunula und Area. Wirbel wenig vorragend, fein radial und konzentrisch gestreift. Silur.

Buchiola Barr. (*Glyptocardia* Hall.) Devon. *B.* (*Cardiola*) *retrostriata* v. Buch.

Cardiola Brod. (Fig. 699). Hochgewölbt, eiförmig; Wirbel angeschwollen und gekrümmt, mit groben, welligen, konzentrischen Rippen und radialen

Streifen. Unter den Wirbeln eine dreieckige Area. Schlofsrand unter den Wirbeln mit schwachen Kerbzähnchen. Silur. Devon.

Slava Barr. (*Gloria* Barr.). Silur. Devon. Böhmen.

Dualina Barr. Rechte (selten linke) Klappe gewölbt, mit stark nach vorne gekrümmtem Wirbel; linke flacher mit kaum gekrümmtem Wirbel, radial gerippt. Ob. Silur; seltener im Devon. Böhmen.

Antipleura Barr. Wie vorige, aber weniger ungleichklappig, die Wirbel der beiden Schalen nach entgegengesetzter Richtung gekrümmt. Silur. Böhmen.

Dalila Barr. Schalen fast gleichseitig, rund oder elliptisch, ungleichklappig, fein radial gerippt. Die eine Klappe gewölbt, die andere flach. Wirbel wenig vorragend. Silur. Böhmen.

19. Familie. **Cardiidae.** Lam.

Schalen gleichklappig, herzförmig, oval, zuweilen hinten verlängert, meist radial verziert. Ränder gekerbt. Band äufserlich. Schlofs in jeder Klappe mit zwei konischen, kreuzweise gestellten Schlofszähnen und einem vorderen und hinteren Seitenzahn. Bei einigen brackischen Formen verkümmern die Zähne. Muskeleindrücke oval. Trias bis jetzt.

Die Tiere besitzen vier Kiemenblätter, zwei kurze Siphonen und einen langen zylindrischen oder geknickten Fufs. Der Mantel verwächst nur unter den Siphonen. Die Herzmuscheln leben gegenwärtig in grofser Zahl in den

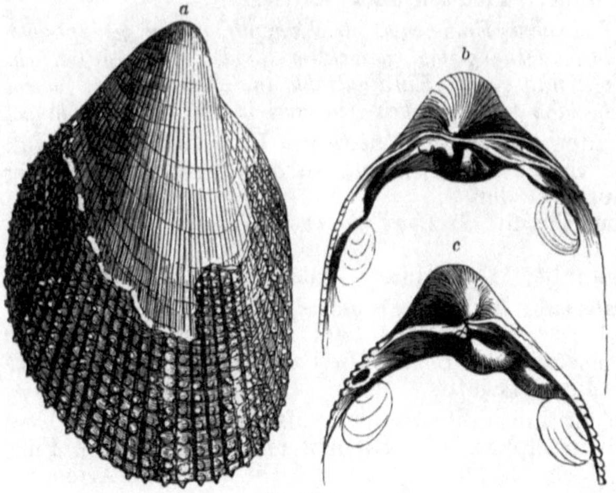

Fig. 700.
Cardium productum Sow. Turonkreide. St. Gilgen, Salzburg.
(Nat. Gröfse.)

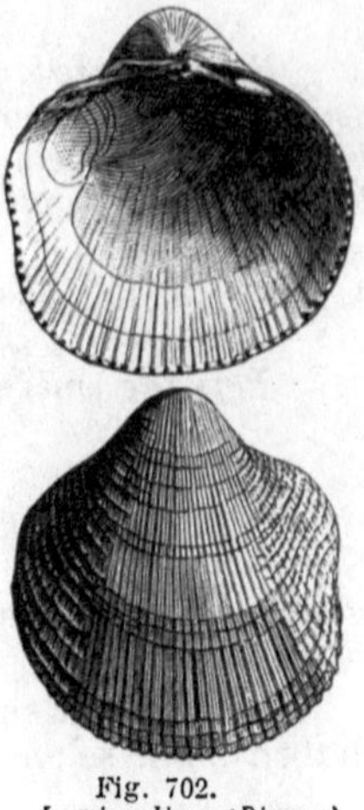

Fig. 702.
Laevicardium (Discors) discrepans Bast. Miocän. Dax bei Bordeaux.
(Nat. Gröfse.)

Meeren aller Zonen. Im Schwarzen und Kaspischen Meere gehen einzelne Arten in das brackische und süfse Wasser über, erleiden jedoch hierbei namhafte Veränderungen. Die Siphonen verlängern sich und verwachsen, es entsteht eine Mantelbucht, die Schalen klaffen hinten, das Schlofs verkümmert, und der Fufs wird kürzer und breiter. Solche brackische und limnische Formen sind schon im Miocän stark verbreitet.

Cardium Lin. (Fig. 700). Gewölbt herzförmig oder länglich oval, radial gerippt oder gestreift, meist geschlossen, Wirbel vorspringend, aber schwach gekrümmt. Ränder gekerbt. Schlofs jederseits mit zwei kräftigen Schlofszähnen und vorne und hinten mit einem Seitenzahn. Etwa 200 recente und mehrere Hundert fossile Arten von der Trias an.

Protocardia Beyr. (Fig. 701), *Laevicardium* Swains. (Fig. 702), *Hemicardium* Cuv. etc.

Limnocardium Stol. (Fig. 703). Oval oder quer verlängert, hinten abgestutzt und meist klaffend. Schlofszähne schwach, Seitenzähne entfernt, kräftig. Manteleindruck meist mit kurzer Bucht. In brackischen Miocänablagerungen, namentlich in der sarmatischen und pontischen Stufe von Osteuropa. Lebend in brackischen Buchten des Kaspischen und Schwarzen Meeres und des Aralsees.

Fig. 701.
Protocardia bifrons Reufs Turonkreide. Strobl-Weissenbach am Wolfgangsee. (Nat. Gröfse.)

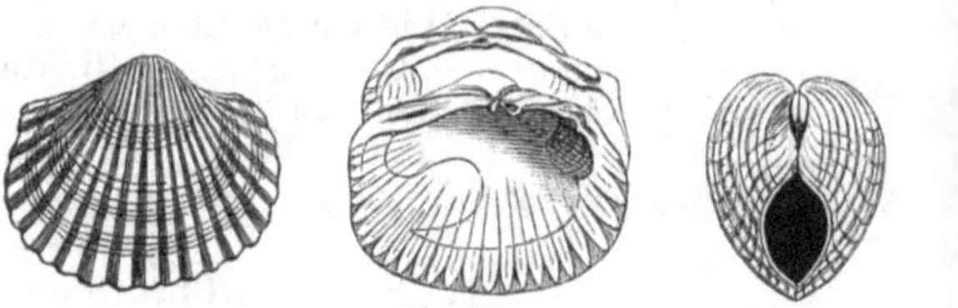

Fig. 703.
Limnocardium conjungens Partsch. Congerienschichten. Brunn bei Wien. (Nat. Gröfse.)

Subgenera. *Prosodacna* Tourn. (*Psilodon* Cobalescu), *Didacna*, *Monodacna* Eichw., *Uniocardium* Capellini, *Arcicardium* Fischer.

Adacna Eichw. Länglich oval, dünn, hinten abgestutzt, vorne und hinten klaffend. Schlofs- und Seitenzähne rudimentär oder fehlend. Mantelbucht tief. Siphonen sehr lang. Miocän und lebend im Kaspischen Meer.

20. Familie. **Tridacnidae.** Cuvier.

Schale porzellanartig, frei, ohne Epidermis, gleichklappig, radial gerippt, vor den Wirbeln mit grofser Byssusöffnung und gezacktem Rand. Band äufserlich, hinter den Wirbeln. Schlofs mit einem Kardinalzahn in jeder Schale, einem leistenförmigen hinteren Seitenzahn in der linken und zwei in der rechten Klappe.

Von den beiden recenten Gattungen *Tridacna* Brug. und *Hippopus* Lam. erreicht die erstere riesige Dimensionen, so dafs die Schalen häufig als Weihwasserkessel benutzt werden.

Byssocardium Mun. Chalm., *Lithocardium* Woodw. Eocän.

21. Familie. **Cyrenidae.** Adams.

Schale oval oder herzförmig, konzentrisch gestreift, mit starker Epidermis. Schlofs jederseits mit 2—3 Schlofszähnen und links mit einfachem, rechts mit doppeltem Seitenzahn vorne und hinten. Band äufserlich. Manteleindruck einfach oder mit schwacher Bucht. Lias bis jetzt.

Die Cyreniden leben in brackischem oder süfsem Wasser. Die Tiere haben zwei, selten nur einen Siphon, vier Kiemen und einen grofsen Fufs. Die lebenden Arten finden sich vorzüglich in warmen Regionen in schlammigen Ästuarien, einige fluviatile Formen rücken aber auch bis in die gemäfsigten und kalten Zonen vor.

Fig. 704.
Corbicula fluminalis Müll. sp. Diluvium. Teutschental bei Halle.

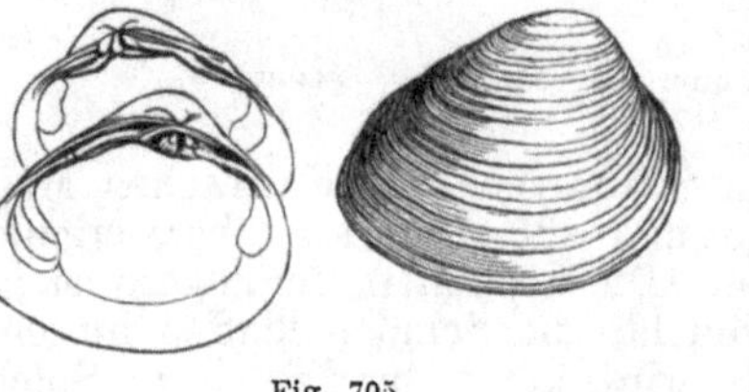

Fig. 705.
Cyrena (Corbicula) semistriata Desh. Oligocäner Cyrenenmergel. Flonheim bei Alzey. (Nat. Gröfse.)

Cyrena Lam. Rundlich, quer oval oder dreieckig, konzentrisch verziert. Schlofs in jeder Klappe mit drei Schlofszähnen und kräftigen, häufig leistenförmigen Seitenzähnen. Lias bis jetzt. Hauptverbreitung in Kreide, Tertiär- und Jetztzeit. Gegen 300 Species.

Subgenus: *Corbicula* Meg. (Fig. 704, 705). Wie *Cyrena*, aber die leistenförmigen Seitenzähne quer gestreift.

Sphaerium Scopoli (*Cyclas* Brug.). Dünnschalig, kreisrund, gewölbt, fast gleichseitig. Schloſszähne 2 : 2, schwach, Seitenzähne leistenförmig. Lebend im Süſswasser von Europa und Nordamerika. Fossil von der oberen Kreide an.

Pisidium Pfeiffer. Wie vorige, aber länglich oval, ungleichseitig. Eocän bis jetzt.

Galatea Brug., *Fischeria* Bernardi. Recent.

22. Familie. **Cyprinidae.** Lam.

Schale oval oder länglich, gewölbt. Schloſs mit 2—3 Kardinalzähnen und einem hinteren Seitenzahn. Band äuſserlich. Bandnymphen stark. Manteleindruck ganz, selten mit seichter Bucht. Marin.

Die Siphonen der Tiere sind kurz, die Mantellappen vorne getrennt; der Fuſs konisch zugespitzt. Vier Kiemenblätter. Die Schalen der Cypriniden unterscheiden sich von den Astartiden lediglich durch die wohlentwickelten hinteren Seitenzähne und meist kräftigeren Schloſszähne; sie haben wahrscheinlich dieselbe Abstammung und trennten sich erst von der Juraformation an bestimmter voneinander. Die Stellung der paläozoischen Vorläufer ist darum strittig; sie werden teils bei der einen teils bei der anderen Familie untergebracht.

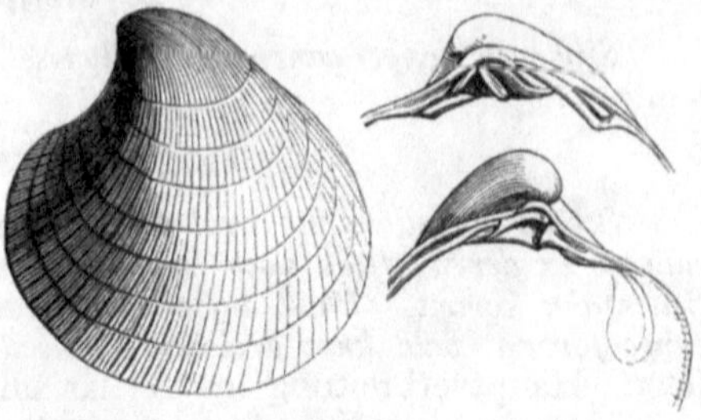

Fig. 706. *Anisocardia elegans* Mun.-Chalm. Kimeridge. Cap de la Hève. (Nat. Gröſse.)

Cypricardia Lam. (*Libitina* Schum.). Schale ungleichseitig, quer verlängert, trapezoidisch, konzentrisch, seltener radial verziert. Hinterseite häufig mit Kiel. Jederseits mit drei divergierenden Schloſszähnen, wovon der hintere rechts häufig gespalten, sowie einem starken hinteren Seitenzahn. Jura bis jetzt.

Roudairia Mun.-Chalmas. Wie vorige, jedoch hinten mit scharfem Kiel und glatter Area, vorne konzentrisch gefaltet. Der vordere Schloſszahn in beiden Klappen ist leistenartig und folgt dem Schalenrand. Hinterer rechter Schloſszahn gespalten. Ob. Kreide.

Fig. 707. *Cyprina Islandica* Lin. Diluvium. Bohuslän, Schweden.

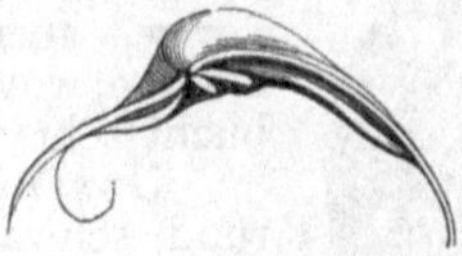

Fig. 709. Schloſs der rechten Schale von *Cyprina* (*Venilicardia*) *cordiformis* d'Orb. Gault. Seignelay, Yonne.

Fig. 708. *Cyprina tumida* Nyst. Crag. Antwerpen.

Anisocardia Mun.-Chalmas (Fig. 706). Oval oder trapezoidisch, gewölbt, glatt oder radial gestreift; Hinterseite zuweilen gekielt. Rechte Klappe mit einem starken hinteren, häufig gespaltenen und einem nach vorne divergierenden vorderen Schloſszahn, sowie einem hinteren Seitenzahn;

links ein dreieckiger, nach vorne verlängerter vorderer und ein hinterer Schloſszahn, auſserdem ein hinterer Seitenzahn. Jura. Tertiär.

Plesiocyprina Munier-Chalmas. Jura. *Cicatrea* Stol. Kreide, *Coralliophaga* Blv., *Basterotia* Mayer (*Anisodonta* Desh.). Tertiär und lebend.

Cyprina Lam. (Fig. 707, 708). Rundlich oder oval, hoch gewölbt, konzentrisch gestreift. Wirbel vorragend, mäſsig gekrümmt. Schloſs rechts mit drei divergierenden Kardinalzähnen, wovon der hintere öfters gespalten, und einem entfernten hinteren Seitenzahn; links mit drei Schloſszähnen, wovon der mittlere am stärksten, der vordere liegend, dem Rande parallel, der hintere schwach leistenförmig. Jura bis jetzt. Hauptverbreitung in Jura und Kreide.

Subgenera: *Venilicardia* Stol. Kreide (Fig. 709), *Pygocardia* Mun.-Chalmas. Tertiär.

B. **Sinupalliata.**

Siphonen lang, ganz oder teilweise zurückziehbar. Mantelbucht mehr oder weniger tief.

23. Familie. **Veneridae.** Gray.

Schale porzellanartig, oval oder länglich, meist solid. Schloſs mit 2—3 Schloſszähnen, zu denen öfters noch ein vorderer Lunularzahn, selten auch ein schwacher Seitenzahn kommt. Band äuſserlich. Bandnymphen stark. Mantelbucht bald tief zungenförmig, bald kurz dreieckig, zuweilen kaum angedeutet. Marin. Jura bis jetzt. Hauptverbreitung im Tertiär und in der Jetztzeit.

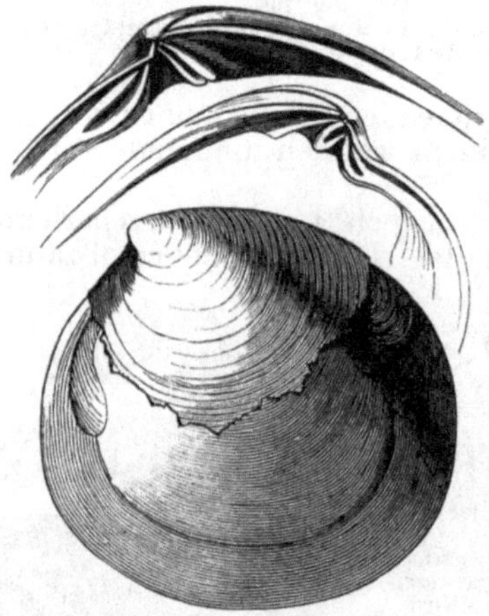

Fig. 710.
Cyprimeria discus Math. sp. Kreide. Gosautal.

Die älteren jurassischen Vertreter lassen sich nicht scharf von den Cypriniden unterscheiden, aus denen die Veneriden offenbar hervorgegangen sind.

Pronoë Ag. Linsenförmig zusammengedrückt. Schloſszähne 3 : 3, divergierend, auſserdem ein hinterer Seitenzahn. Mantelbucht kaum angedeutet. Jura.

Cyprimeria Conr. (Fig. 710). Wie vorige, aber Schloſs rechts nur mit zwei Zähnen, wovon der hintere gespalten. Mantelbucht sehr seicht. Kreide.

Dosinia Scopoli (*Artemis* Poli). Kreisrund, schwachgewölbt, konzentrisch gestreift oder gefurcht, mit tiefer, wohl umgrenzter Lunula. Schloſszähne 3 : 3. Mantelbucht tief, aufsteigend, zugespitzt. Kreide bis jetzt.

Cyclina Desh. Kreide bis jetzt, *Meroë* Schum. (*Sunetta* Link), *Circe* Schum. (Fig. 711), *Grateloupia* Desm. Tertiär bis jetzt. *Ptychomya* Ag. Kreide.

Venus Lin. (Fig. 712). Oval, rundlich bis dreieckig oder herzförmig, dick, glatt, konzentrisch oder radial verziert. Ränder glatt oder fein gekerbt. Schloſsplatte breit, jederseits mit drei einfachen divergierenden Schloſszähnen. Mantelbucht kurz, winklig. Jura bis jetzt. Etwa 200 lebende Arten und fast ebenso viele fossile. Diese höchst formenreiche Gattung wurde in zahlreiche Subgenera zerspalten (*Mercenaria* Schum., *Chione* Megerle, *Gemma* Desh. etc.).

Cytherea Lam. (Fig. 713, 714). Wie *Venus*, jedoch linke Klappe auſser den drei Kardinalzähnen noch mit einem vorderen liegenden Lunularzahn.

Schloſszähne zuweilen gespalten. Jura bis jetzt. Hauptverbreitung im Eocän. Von den zahlreichen Untergattungen sind *Meretrix* Lam., *Doine* Gray und *Tivela* Link am häufigsten.

Tapes Megerle (*Pullastra* Sow.) (Fig. 715). Quer oval, mehr oder weniger verlängert. Schloſsplatte schmal, jederseits mit divergierenden oder fast parallelen, häufig gespaltenen Schloſszähnen. Mantelbucht tief. Kreide bis jetzt. Etwa 150 lebende Arten.

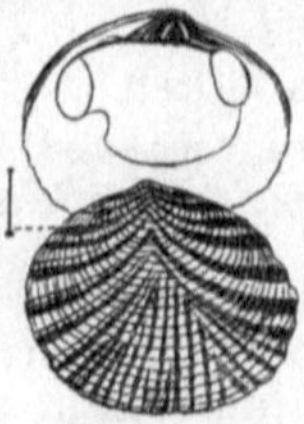

Fig. 711. *Circe eximia* Hörnes. Miocän. Enzesfeld bei Wien.

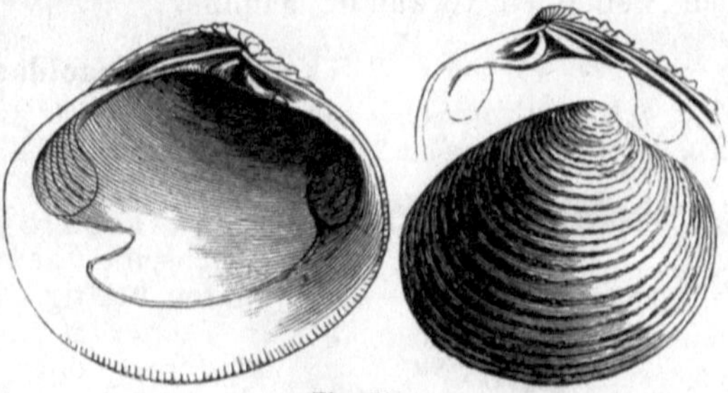

Fig. 712. *Venus cincta* Eichw. Miocän. Gainfahrn bei Wien.

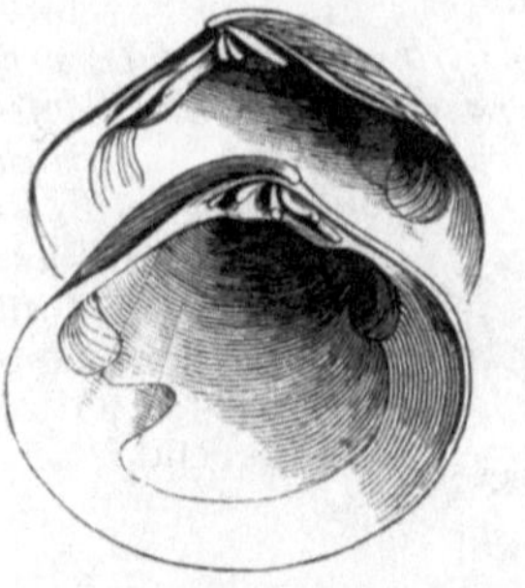

Fig. 713. *Cytherea semisulcata* Lam. Grobkalk. Grignon bei Paris.

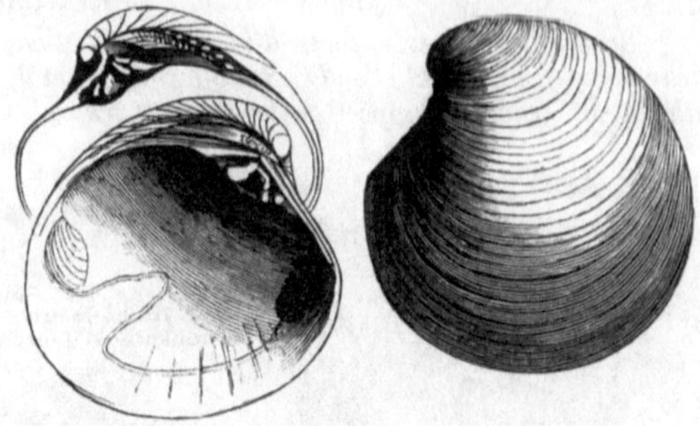

Fig. 714. *Cytherea incrassata* Sow. sp. Oligocän. Weinheim bei Alzey.

Von den Untergattungen zeichnen sich *Baroda* (Fig. 716) und *Icanotia* Stol. (Fig. 717) aus der Kreide durch langgestreckte Form der Schale und durch leistenartige Beschaffenheit des hinteren Schloſszahnes aus.

Oncophora Rzehak. Wie *Tapes*, jedoch Mantelbucht sehr kurz; Schloſs rechts mit zwei, links mit drei ungespaltenen divergierenden Zähnen; vorderer Muskeleindruck hinten durch eine wulstige Leiste begrenzt. In miocänen Brackwasserschichten.

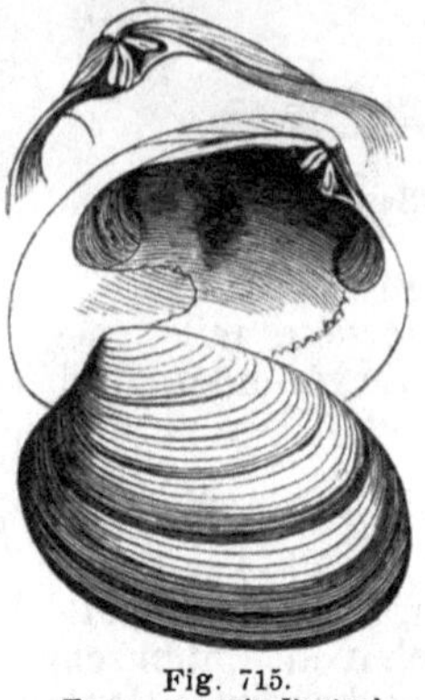

Fig. 715. *Tapes gregaria* Partsch. Sarmatische Stufe. Wiesen bei Wien.

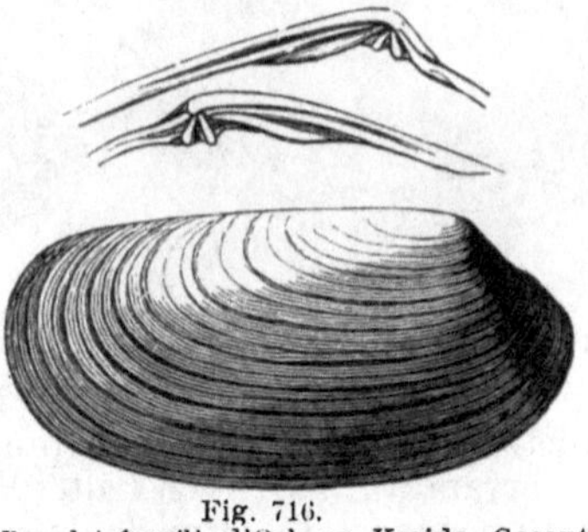

Fig. 716. *Tapes (Baroda) fragilis* d'Orb. sp. Kreide. Gosautal.

Fig. 717. *Tapes (Icanotia) impar* Zitt. Kreide. Gosau.

Venerupis Lam. Länglich vierseitig, auſsen mit konzentrischen Blättern verziert. Schloſszähne 2 : 2—3 kräftig. Tertiär. Lebend.

Die in Felsen oder Muscheln sich einbohrende Gattung *Petricola* Lam. bildet mit einigen anderen lebenden Formen nach Fischer eine besondere, den Veneriden verwandte Familie.

24. Familie. **Donacidae.** Desh.

Schale quer dreieckig oder keilförmig, geschlossen, vorne verlängert. Band äußerlich, kurz. Schloßzähne 1—2 in jeder Klappe und meist auch Seitenzähne vorhanden. Mantelbucht kurz, oval. Jura bis jetzt. Marin.

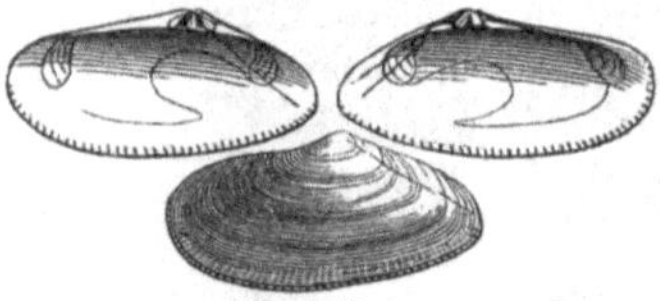

Fig. 718.
Donax lucida Eichw. Sarmatische Stufe. Wiesen bei Wien.

Isodonta Buv. (*Sowerbya* d'Orb.). Fast gleichseitig, gewölbt. Seitenzähne vorne und hinten kräftig. Mantelbucht tief. Lias. Jura.

Donax Linn. (Fig. 718). Länglich oval, keilförmig oder dreieckig. Vorderseite länger, als die abgestutzte Hinterseite. Schloßzähne 2:2—1. Seitenzähne schwach. Etwa 100 lebende und einige tertiäre Arten.

25. Familie. **Tellinidae.** Lam.

Schale quer verlängert, dünn, hinten etwas verschmälert oder abgestutzt und mehr oder weniger klaffend. Schloßrand schmal, mit 1—2 divergierenden Schloßzähnen in jeder Klappe; Seitenzähne vorhanden oder fehlend. Band äußerlich auf erhöhten Nymphen. Mantelbucht tief und breit. Jura bis jetzt, hauptsächlich tertiär und lebend.

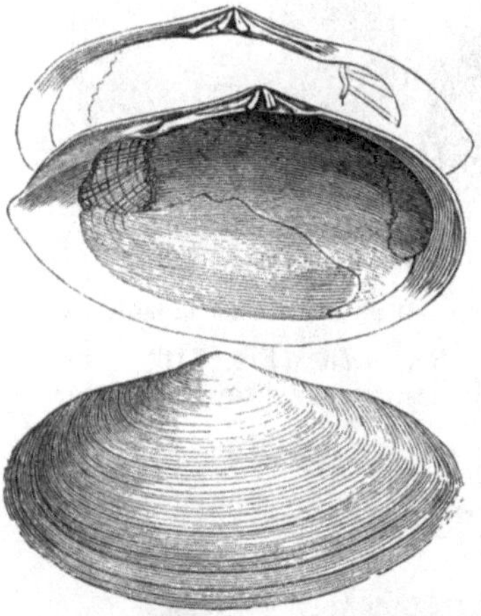

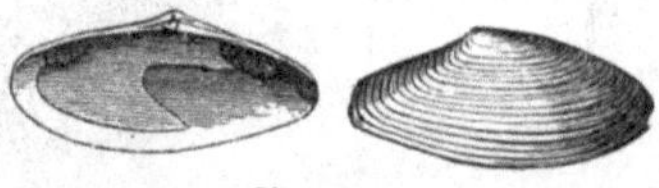

Fig. 720.
Tellina rostralina Desh. Grobkalk. Damery bei Epernay.

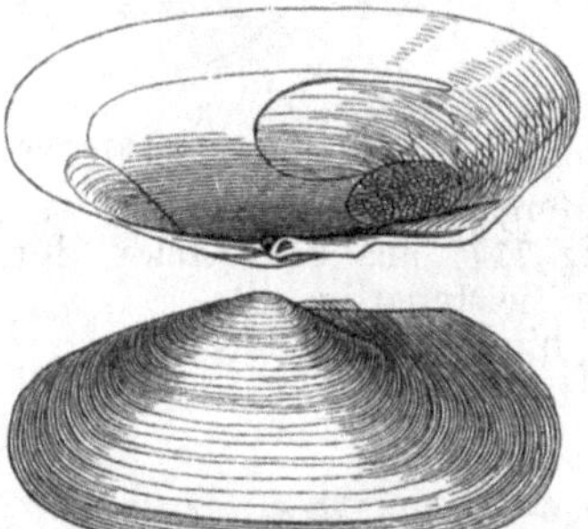

Fig. 719.
Tellina planata Lam. Miocän. Pötzleinsdorf bei Wien.

Fig. 722.
Psammobia effusa Desh. Grobkalk. Parnes.

Fig. 721.
Tellina (Linearia) biradiata Zitt. Kreide. Gosau.

Tellina Linn. (Fig. 719, 720). Quer verlängert bis oval, zusammengedrückt, etwas ungleichklappig, Hinterseite mit einer vom Wirbel zum Hinterrand verlaufenden Falte. Vorderseite gerundet. Wirbel häufig subzentral, wenig vorragend. Zwei Schloßzähne und jederseits ein Seitenzahn in jeder Klappe. Jura bis jetzt.

Subgenera: *Macoma* Leach, *Strigilla* Turton, *Tellidora* Mörch, *Linearia* Conrad (*Arcopagia* d'Orb.) (Fig. 721) etc.

Gastrana Schum. (*Fragilia* Desh.). Miocän und lebend.

Quenstedtia Morris u. Lyc. Länglich oval, hinten schief abgestutzt. Wirbel wenig vorragend. Nur ein Schloßzahn vorhanden. Mantelbucht seicht. Jura.

Asaphis Modeer, *Sanguinolaria* Lam. Tertiär. Recent.

Psammobia Lam. (*Gari* Schum.) (Fig. 722). Quer verlängert, zusammengedrückt, vorne und hinten schwach klaffend. Hinterseite abgestutzt. Schloßzähne 2 : 2 oder 2 : 1. Seitenzähne fehlen. Kreide (?), Tertiär und lebend.

26. Familie. **Solenidae.** Lam.

Schale scheidenförmig, stark verlängert, vorne und hinten weit klaffend. Schloſszähne 2 : 2, klein, die hinteren häufig gespalten. Seitenzähne fehlen. Band äuſserlich. Kreide bis jetzt. Marin. Die angeblich paläozoischen und triasischen Formen gehören zu den Solenopsiden.

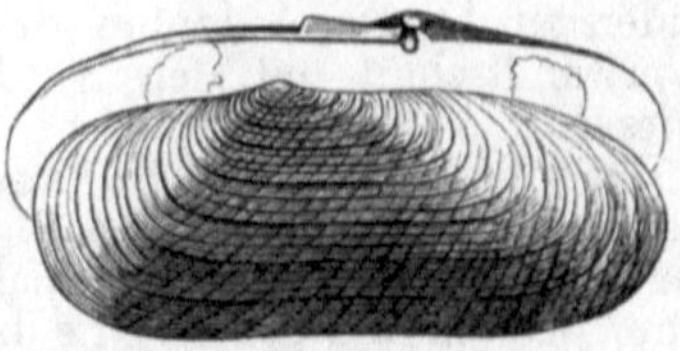

Fig. 723. *Solecurtus Deshayesi* Desm. sp. Eocän. Grignon bei Paris. (Nat. Gröſse.)

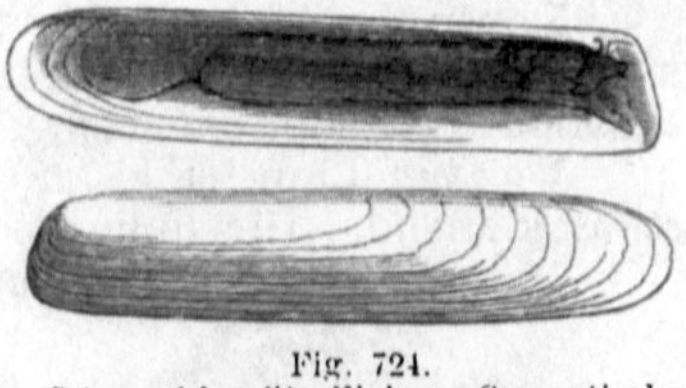

Fig. 724. *Solen subfragilis* Eichw. Sarmatische Stufe. Pullendorf, Ungarn.

Solecurtus Blv. (Psammosolen Risso) (Fig. 723). Wirbel subzentral, quer verlängert, vorne und hinten gerundet. Schloſszähne genähert. Kreide bis jetzt.

Pharella Gray, *Ceratisolen* Forbes, *Siliqua* Megerle, *Cultellus* Schum. (Fig. 725). Tertiär und lebend.

Ensis Schum. Stark verlängert, schwach gebogen, vorne und hinten gerundet, klaffend. Wirbel fast am Vorderende. Schloſszähne 2 : 1. Mantelbucht kurz. Tertiär und lebend.

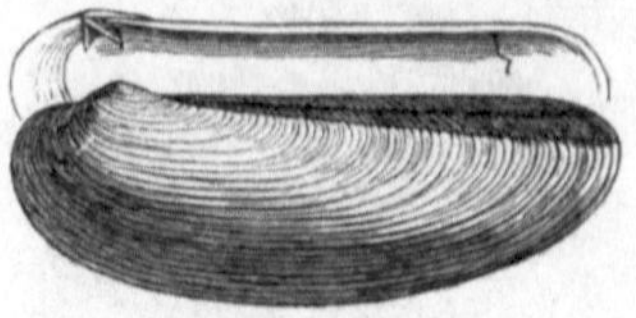

Fig. 725. *Cultellus Grignonensis* Desh. Grobkalk. Grignon bei Paris.

Solen Linn. (*Vagina* Schum.) (Fig. 724). Scheidenförmig, gerade, vorne und hinten abgestutzt, weit klaffend. Wirbel terminal. Tertiär und lebend.

27. Familie. **Scrobiculariidae.** Adams.

Schale dünn, rundlich oder dreieckig, etwas klaffend, hinten öfters gebogen. Schloſszähne 1—2 klein; Seitenzähne vorhanden oder fehlend. Band innerlich, in einer schiefen Grube unter den Wirbeln gelegen. Mantelbucht tief. Tertiär und lebend. Marin.

Syndosmya Schum. (*Abra Leach*) (Fig. 726). Rundlich, fast gleichseitig; Hinterseite mit schwacher Falte. Schloſszähne 2 : 2, auſserdem vorne und hinten ein Seitenzahn. Tertiär und lebend.

Fig. 726. *Syndosmya apelina* Ren. sp. Miocän. Grund bei Wien.

Semele Schum. (*Amphidesma* Lam.), *Cumingia* Sow. Tertiär und lebend.

Scrobicularia Schum. Oval, dünn, fast gleichseitig, zusammengedrückt. Schloſszähne 1—2 in jeder Klappe. Band in einer dreieckigen Grube, teilweise äuſserlich sichtbar. Tertiär. Lebend.

28. Familie. **Mesodesmidae.** Desh.

Schale dick, oval, quer verlängert oder dreieckig, gsschlossen. Band innerlich in dreieckiger Grube. Ein einziger (selten zwei Schloſszähne) in jeder Klappe. Mantelbucht klein. Tertiär und lebend. Marin.

Mesodesma Desh. (*Paphia* Lam.), *Ervilia* Turton (Fig. 727). Tertiär und lebend.

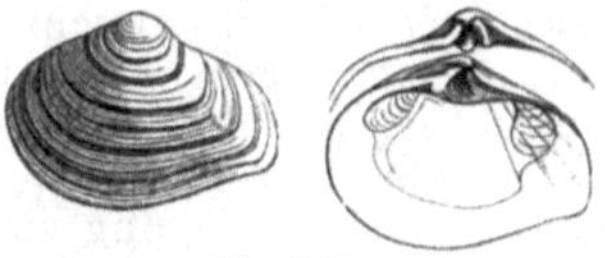

Fig. 727. *Ervilia Podolica* Eichw. Sarmatische Stufe. Wiesen bei Wien. (Nat. Gr.)

29. Familie. **Mactridae.** Desh.

Schale oval, dreieckig oder quer verlängert, gleichklappig, geschlossen oder hinten und vorne klaffend. Band innerlich in einer groſsen dreieckigen Bandgrube, davor in der linken Klappe ein dreieckiger, ∧förmiger Spaltzahn, der sich in eine entsprechende Grube der rechten Klappe einfügt; Seitenzähne kräftig oder fehlend. Mantelbucht bald tief, bald seicht. Kreide bis jetzt. Marin.

Die Tiere haben vier Kiemenblätter, einen langen zugespitzten Fufs und vorragende verwachsene Siphonen.

Neumayr stellt die Mactriden zu den Desmodonten, doch hat Bittner in überzeugender Weise ihre Verwandtschaft mit den Syndesmyiden und anderen Heterodonten nachgewiesen.

Mactra Linn. (Fig. 728). Dreieckig oder oval, geschlossen oder hinten etwas klaffend. Die linke Schale hat vor der dreieckigen Bandgrube einen mehr oder weniger tief gespaltenen Schlofszahn, dem in der rechten eine dreieckige Grube entspricht, die vorne von einem dünnen schrägen Leistenzahn begrenzt wird. Seitenzähne sehr kräftig, stark verlängert, in der linken Schale je einer vorn und hinten, in der rechten je zwei.

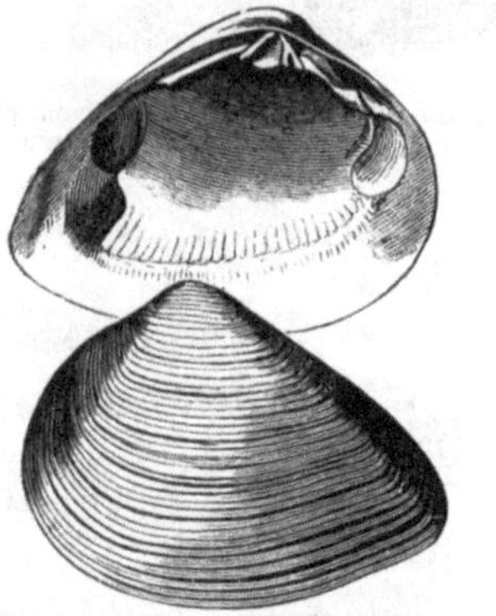

Fig. 728.
Mactra Podolica Eichw. Sarmatische Stufe. Wiesen bei Wien.

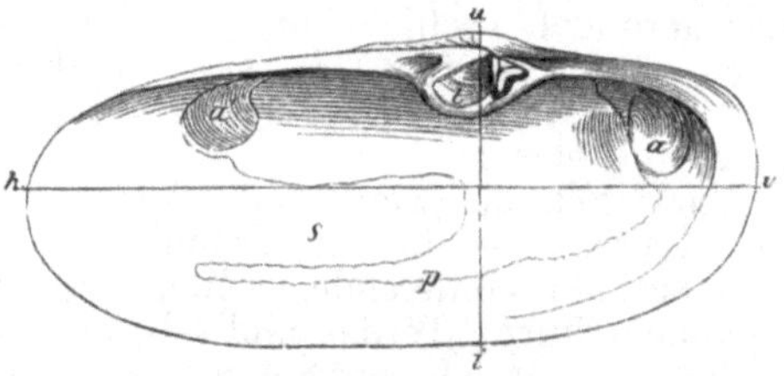

Fig. 729.
Lutraria elliptica Roissy. Pliocän. Rhodus. (2/3 nat. Gröfse.)

Aufser dem inneren Band noch ein kurzes äufseres Bändchen vorhanden. Mantelbucht meist wenig tief. Kreide bis jetzt.

Mactrella, Mactrinula, Raeta, Eastonia, Spisula Gray etc. Tertiär und lebend.

Lutraria Lam. (Fig. 729). Stark verlängert, vierseitig, vorne und hinten klaffend. Bandgrube beiderseits in einem löffelartigen über den Schlofsrand vorspringenden Fortsatz gelegen, davon in der linken Klappe ein kräftiger Spaltzahn, in der rechten ein dünner Leistenzahn. Seitenzähne fehlen. Mantelbucht tief. Tertiär und lebend.

Cardilia Desh. Tertiär und lebend.

C. Unterordnung. **Desmodonta.** Neumayr emend. Zittel.

Dünnschalige, gleich- aber ungleichklappige Muscheln mit zahnlosem Schlofsrand oder nur mit zahnartigen Fortsätzen unter den Wirbeln. Seitenzähne fehlen. Band äufserlich, halb oder ganz innerlich, im letzteren Fall häufig durch löffelartige Fortsätze des Schlofsrandes getragen. Muskeleindrücke schwach vertieft. Manteleindruk ganzrandig oder mit Bucht.

Neumayr fafste unter der Bezeichnung *Desmodonta* nur Formen mit ausgeprägter Mantelbucht und langen Siphonen zusammen und stellte alle mit ganzrandigem Manteleindruck versehene, meist paläozoische Genera, obwohl sie in allen sonstigen Merkmalen übereinstimmen, zu den *Palaeoconchae*.

Nach Ausschlufs der mit echten Schlofszähnen versehenen Mactriden, sowie nach Beifügung der paläozoischen Intregipalliaten bilden die Desmodonten einen natürlichen Formenkomplex, welcher sich als selbständige Parallelreihe neben den Heterodonten entwickelt hat.

A. **Intregipalliata.**

1. Familie. **Solenopsidae.** Neumayr.

Schale dünn, gleichklappig, langgestreckt, vierseitig, mit weit nach vorn gerückten Wirbeln. Vom Wirbel verläuft eine Kante, Rippe oder Furche nach der hinteren unteren Ecke. Schloſsrand zahnlos. Band äuſserlich, linear. Manteleindruck ganz. Silur bis Trias. Marin.

Sanguinolites M'Coy. Stark verlängert, Hinterrand schief abgestutzt. Wirbel schwach vorragend; von da eine diagonale Kante zur Basis des Hinterrandes. Oberfläche mit konzentrischen oder geknickten Streifen verziert. Vorderer Muskeleindruck durch eine Leiste gestützt. Karbon.

Promacrus Meek., *Prothyris* Meek. Karbon.

Arcomyopsis Sandb. (*Cimitaria* Hall.). Stark verlängert, etwas gebogen. Wirbel vorragend. Hinterrand schief abgestutzt. Die hintere Area radial, die übrige Oberfläche konzentrisch verziert. Devon.

Fig. 730. *Solenopsis pelagica* Goldf. Devon. Eifel.

Phthonia, Pholadella Hall. Devon.

Orthonota Conrad, *Orthodesma* Hall. Silur.

Solenopsis M'Coy (*Palaeosolen* Hall.) (Fig. 730). Stark verlängert, scheidenförmig, glatt; Vorderseite kurz, gerundet; die lange Hinterseite klaffend. Devon bis Trias.

2. Familie. **Vlastidae.** Neumayr.

Schale dünn, sehr ungleichklappig, mit stark vorspringendem Wirbel, glatt oder konzentrisch gestreift. Schloſsränder zahnlos, bogenförmig geschweift, unter dem Wirbel in einem stumpfen einspringenden Winkel zusammenstoſsend und dadurch eine klaffende Spalte bildend.

Hierher die zwei Gattungen *Vlasta* und *Dux* Barr. (= *Vevoda* Barr.) aus dem oberen Silur (E_2) von Böhmen.

3. Familie. **Grammysiidae.** Fischer.

Schale dünn, gleichklappig, oval oder quer verlängert, beiderseits gewölbt, meist glatt oder konzentrisch verziert. Wirbel vor der Mitte. Band äuſserlich. Schloſsrand zahnlos, zuweilen verdickt. Manteleindruck ganzrandig. Silur bis Jetztzeit. Hauptverbreitung in Devon und Karbon.

Die zahlreichen hierher gehörigen Gattungen sind offenbar die Vorläufer und Ahnen der modernen Desmodonten ohne Zähne und Ligamentlöffel.

Grammysia Vern. (*Sphenomya* Hall.) (Fig. 731). Quer verlängert, gewölbt, konzentrisch gestreift oder gerunzelt. Wirbel am Vorderrand, eingekrümmt, darunter eine tiefe Lunula. Schloſsrand gerade, verdickt, zahnlos. Vom Wirbel zum Unterrand verlaufen mehrere Furchen oder stumpfe Falten. Ob. Silur und Devon.

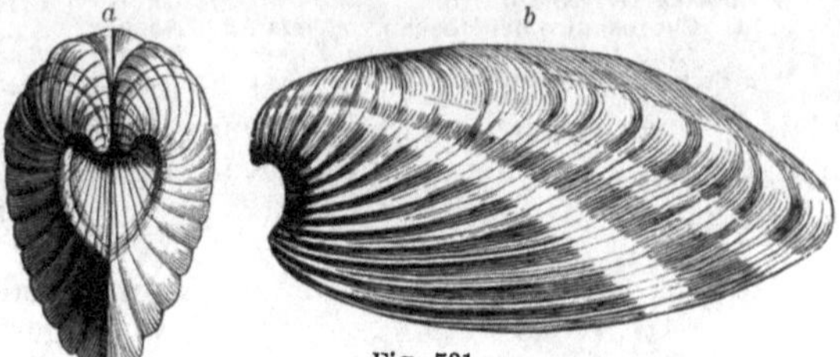

Fig. 731. *Grammysia Hamiltonensis* Vern. Spiriferensandstein. Lahnstein, Nassau. Nat. Gröſse. (Nach Sandberger.)

Protomya Hall. Wie vorige, jedoch ohne die vom Wirbel zum Unterrand verlaufenden Furchen.

Elymella, Glossites, Euthydesma, Palaeanatina, ? Tellinopsis Hall. Devon.

Leptodomus M'Coy. Silur.

Cardiomorpha de Kon. Oval, herzförmig, aufgebläht, glatt oder konzentrisch gestreift. Wirbel fast terminal, stark vorragend, sehr genähert, nach vorne eingekrümmt. Schloſsrand dünn, gebogen. Silur bis Karbon.

Isoculia M'Coy. Wie vorige, aber mit groben konzentrischen Falten verziert. Karbon.

Broeckia de Kon., *Chaenomya* Meek., *Sedgwickia* M'Coy. Karbon.

? *Fordilla* Barr. Klein, oval, fein konzentrisch gestreift, schwach gewölbt. Kambrium. Vielleicht zu den Crustaceen (*Estheria*) gehörig?

Edmondia de Kon. Quer oval, gewölbt, konzentrisch gestreift, vorne etwas klaffend. Schlofsrand zahnlos, mit einer schmalen Leiste unter dem Wirbel. Karbon.

Clinopistha Meek. und Worth. (*Dystactella* Hall.). Devon. Karbon.

Solenomya (*Solemya*) Lam. Schale scheidenförmig mit dicker glänzender Epidermis, vorne und hinten klaffend, glatt oder mit schwach vertieften radialen Streifen. Schlofsrand zahnlos. Band von verdickten Leisten getragen. Karbon bis jetzt; überall selten.

B. Sinupalliata.

4. Familie. **Pleuromyidae.** Zitt.

Schale sehr dünn, gleichklappig, quer verlängert, glatt oder konzentrisch gestreift, mit winzigen Körnchenreihen bedeckt, hinten, zuweilen auch vorne etwas klaffend. Schlofsrand zahnlos oder jederseits mit einem ganz schwachen Fortsatz, welcher sich über oder unter den entsprechenden Fortsatz der anderen Schale legt. Band linear, halb innerlich, zwischen den etwas übergreifenden Schalenrändern gelegen. Muskeleindrücke schwach. Mantelbucht tief. Carbon bis Kreide. Hauptverbreitung im Jura.

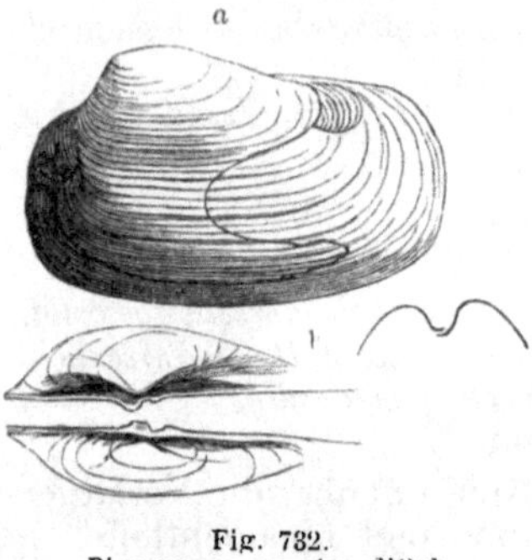

Fig. 732. *Pleuromya peregrina* d'Orb. Ob. Jura. Choroshowo bei Moskau. (Nat. Gröfse.) *a* Steinkern, *b* Schlofs.

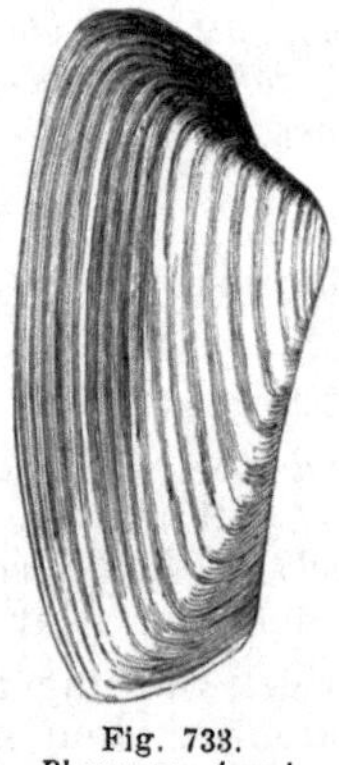

Fig. 733. *Pleuromya tenuistriata* Ag. Dogger. Zajaczki. Polen. (Nat. Gröfse.)

Fig. 734. *Gresslya latirostris* Ag. Unt. Oolith. Tannie. Sarthe. (Nat. Gröfse.)

Allorisma King. Gleichklappig, verlängert, gewölbt, wenig klaffend. Vorderseite kurz, zuweilen mit Lunula. Schlofs zahnlos. Karbon und Perm.

Fig. 735. Schlofs von *Ceromya* cfr. *Aalensis* Quenst. Dogger. Kneuttingen, Lothringen. ($^1/_2$ nat. Gröfse.)

Pleuromya Ag. (*Myacites auct.*) (Fig. 732, 733). Vorderseite kurz, gerundet oder steil abfallend; Hinterseite verlängert, etwas klaffend. Schlofsrand jederseits mit einem dünnen horizontalen Vorsprung, wovon sich jener der rechten Klappe über den der linken legt. Hinter diesem Vorsprung ist jederseits ein schwacher Einschnitt. Band halb äufserlich, linear. Trias bis untere Kreide, ungemein häufig, jedoch meist schlecht in der Form von Steinkernen erhalten.

Gresslya Ag. (Fig. 734). Wie vorige, jedoch rechte Schale am Schlofsrand etwas vorragend und über die linke übergreifend. Vorderseite kurz, breit. Im Innern der rechten Klappe eine vom Wirbel etwas schräg nach hinten verlaufende schwache Schwiele, an welche sich das lineare, fast ganz verdeckte und zwischen den Schalen gelegene Band anschliefst. Auf den Steinkernen bildet die Schwiele eine Furche. In Lias und Jura sehr häufig.

Ceromya Ag. (Fig. 735). Herzförmig aufgebläht, die rechte Schale am Schlofsrand etwas höher als die linke. Wirbel weit vorne, angeschwollen, ungleich, nach aufsen gedreht. Vorderseite kurz, breit, Hinterseite verlängert und etwas zusammengedrückt. Schlofsrand zahnlos, rechts unter dem Wirbel mit einem stumpfen, länglichen Vorsprung, hinter welchem eine schräg nach hinten verlaufende innere Schwiele beginnt. Band zwischen den beiden Hinterrändern. Jura. Meist als Steinkern erhalten.

5. Familie. **Panopaeidae.** Zitt.

Schale gleichklappig, dünn, quer verlängert, vorne schwach, hinten stark klaffend, meist konzentrisch gestreift oder runzelig. Schlofsrand zahnlos oder jederseits mit einem zahnartigen Vorsprung unter den Wirbeln. Band äufserlich, kurz, durch kräftige Nymphen getragen. Mantelbucht tief. Trias bis jetzt. Marin.

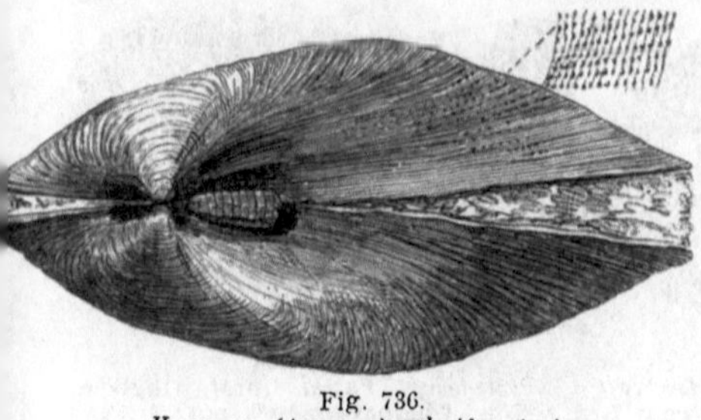

Fig. 736.
Homomya (Arcomya) calceiformis Ag.
Unt. Oolith. Les Moutieux bei Bayeux.
(2/3 nat. Gröfse.)

Fig. 737.
Goniomya Duboisi Ag. Unt. Oolith. Bayeux.
a Schale in nat. Gröfse. *b* Punktierte Oberfläche der Schale, vergröfsert.

Die Siphonen des Tieres sind sehr lang, retraktil und verwachsen, der Fufs sehr klein, die vier Kiemenblätter ungleich.

Homomya Ag. (*Myacites* p. p. Schloth., *Arcomya* Ag.) (Fig. 736). Dünnschalig, quer verlängert, gewölbt, glatt oder konzentrisch gefurcht, zuweilen auf der Hinterseite mit schwacher Kante; äufsere Schalenschicht mit feinen Körnchenreihen. Schlofsrand zahnlos. Band kurz, dick. Häufig in Trias, Jura und Kreide.

Goniomya Ag. (*Lysianassa* Mstr.) (Fig. 737). Wie vorige, aber Oberfläche mit V förmig geknickten Rippen verziert. Lias bis Kreide.

Machomya, *Plectomya* Loriol, *Mactromya* Ag. Jura. Kreide.

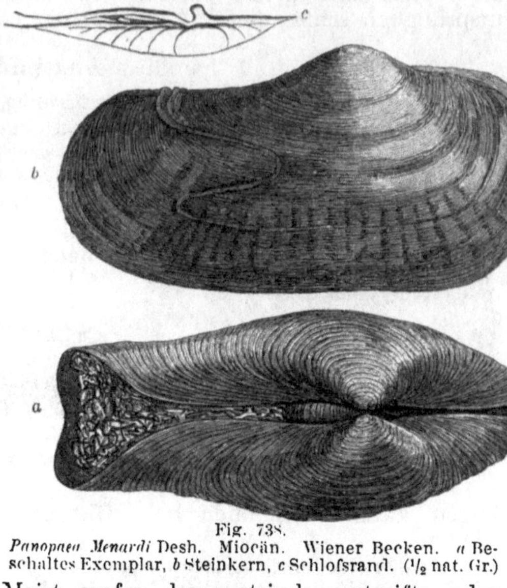

Fig. 738.
Panopaea Menardi Desh. Miocän. Wiener Becken. *a* Beschaltes Exemplar, *b* Steinkern, *c* Schlofsrand. (1/2 nat. Gr.)

Panopaea Menard (*Glycimeris* p. p. Klein) (Fig. 738). Meist grofse, konzentrisch gestreifte oder runzelige, vorne schwach, hinten weit klaffende Muscheln. Schlofsrand jederseits mit einem zahnartigen Vorsprung, dahinter die kurzen, wulstig vorspringenden Bandnymphen. Kreide bis jetzt.

Cyrtodaria Daudin (*Glycimeris* Lam.), *Saxicava* Fleuriau (*Hiatella* Daudin). Tertiär und lebend.

6. Familie. **Pholadomyidae.** Fischer.

Schale sehr dünn, gleichklappig, quer oval, hoch gewölbt, hinten, zuweilen auch vorne etwas klaffend; Wirbel mehr oder weniger vorragend. Vorderseite kurz, gerundet. Oberfläche mit radialen, häufig knotigen Rippen verziert, die von konzentrischen Streifen oder Runzeln gekreuzt werden. Schlofs zahnlos oder jederseits mit schwachem, länglichem Vorsprung. Band dünn, äufserlich, kurz. Muskel- und Manteleindrücke schwach. Mantelbucht mäfsig tief. Lias bis jetzt.

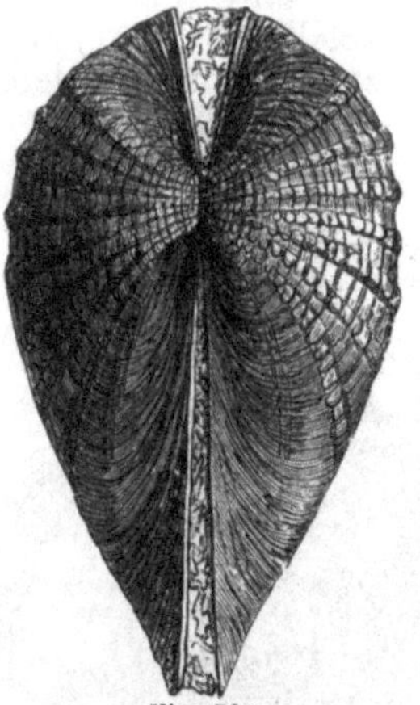

Fig. 739. *Pholadomya Murchisoni* Sow. Dogger. Piezchnow, Polen. (Nat. Gröfse.)

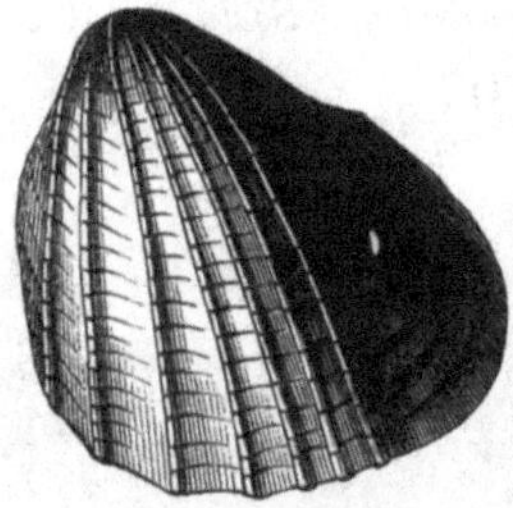

Fig. 740. *Pholadomya deltoidea* Ag. Dogger. England. (1/2 nat. Gr.)

Fig. 741. *Pholadomya Puschi* Goldf. Oligocän. Tölz, Oberbayern. (2/3 nat. Gröfse.)

Die einzige Gattung *Pholadomya* Sow. (Fig. **739—741**) ist gegenwärtig noch durch eine sehr seltene Art (*Ph. candida* Ag.) in den Antillen vertreten. Sie beginnt im unteren Lias und entwickelt in Jura, Kreide und im Tertiär eine grofse Anzahl von Arten, die meist in kalkig-tonigen, ursprünglich schlammigen Ablagerungen vorkommen.

7. Familie. **Anatinidae.** Gray.

Schale dünn, innen häufig perlmutterartig, gleich- oder ungleichklappig, etwas klaffend. Schlofsrand dünn, jederseits mit einem löffelartigen Fortsatz zur Aufnahme des innerlichen Bandes, das häufig ein bewegliches Kalkstück (Knöchelchen) umschliefst. Das Band verlängert sich nicht selten nach hinten und ist äufserlich teilweise sichtbar. Trias bis jetzt.

Die Mantellappen des Tieres sind fast ganz verwachsen und lassen nur vorne eine ffnung für den kleinen Fufs und hinten eine zweite für die zwei langen, dünnen Siphonen frei. Die meisten Gattungen gehören der Jetztzeit an.

Fig. 743. *Thracia incerta* Ag. Ob. Jura. Pruntrut, Schweiz. (Nat. Gröfse.)

Fig. 742. *Anatina producta* Zitt. Kreide. Gosautal.

Anatina Lam. (*Platymya*, *Cercomya* Ag., *Plicomya* Stol.) (Fig. 742). Schale sehr dünn, fast gleichklappig, konzentrisch gestreift oder gerunzelt, quer verlängert. Hinterseite verschmälert, klaffend, meist kürzer als die

Vorderseite. Schloſsrand jederseits mit einem nach innen gerichteten, ausgehöhlten, löffelartigen Fortsatz für das innerliche Band, welcher hinten durch eine vom Wirbel schräg nach unten verlaufende Leiste gestützt wird. Mantelbucht tief. Jura bis jetzt.

Thracia Leach (*Corimya* Ag.) (Fig. 743). Ungleichklappig, oval, zusammengedrückt, hinten verschmälert, abgestutzt. Schloſsrand unter den Wirbeln etwas ausgeschnitten, dahinter verdickt und jederseits mit einem schwachen horizontalen Vorsprung zur Aufnahme des gröſstenteils äuſserlich sichtbaren und nach hinten verlängerten Bandes. Trias bis jetzt.

Liopistha Meek. (*Cymella, Psilomya* Meek.) (Fig. 744). Gleichklappig, oval, bauchig, konzentrisch oder radial gestreift, hinten zusammengedrückt, klaffend. Wirbel stark vorragend, eingekrümmt. Schloſsrand jederseits mit einem horizontalen Bandfortsatz und einem zahnartigen Vorsprung; das Band nach hinten verlängert und teilweise äuſserlich. Kreide.

Fig. 744.
Liopistha frequens Zitt. Kreide. Gosau.
(Nat. Gröſse.)

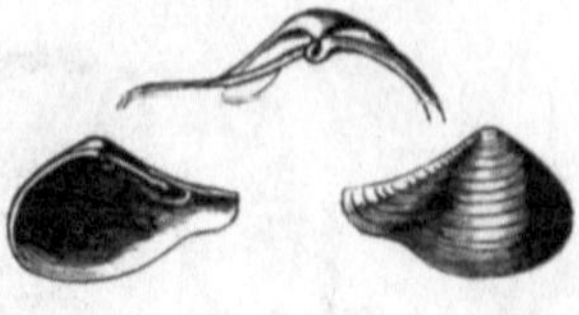

Fig. 745.
Neaera cuspidata Oliv. Miocän.
Baden bei Wien. (Nat. Gröſse.)

Neaera Gray (*Cuspidaria* Nardo) (Fig. 745). Quer oval, etwas ungleichklappig, hinten stark verschmälert, geschnäbelt und klaffend. Schloſsrand jederseits mit einem kleinen löffelartigen Fortsatz für das innere Band, welches ein Knöchelchen umschlieſst. Rechter Schloſsrand hinten mit vorragender Bandnymphe. Mantelbucht seicht. Trias bis jetzt.

Corburella Lycett. Dogger, *Spheniopsis* Sandb. Tertiär.

Die Gattungen *Periploma* Schum., *Lyonsia* Turton, *Poromya* Forbes, *Pandora* Brug. finden sich tertiär und lebend, zahlreiche andere nur in den heutigen Meeren.

8. Familie. **Myidae.** Desh.

Schale gleich- oder ungleichklappig, ziemlich dick, porzellanartig, mit starker Epidermis. Band innerlich, durch einen spatelförmigen horizontalen Fortsatz der linken Klappe getragen. Mantelbucht bald tief, bald seicht. Marin oder brackisch. Trias bis jetzt.

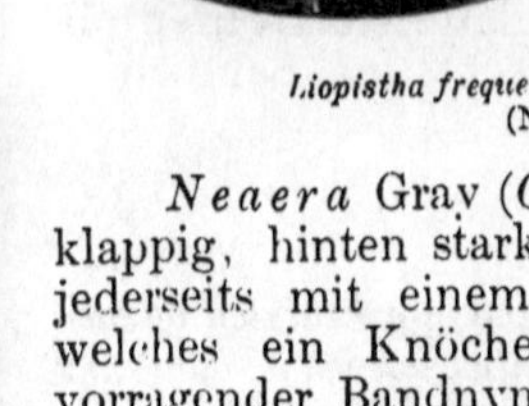

Fig. 746.
Corbula gallica Lam.
Grobkalk. Damery.
Schloſs in nat. Gröſse.

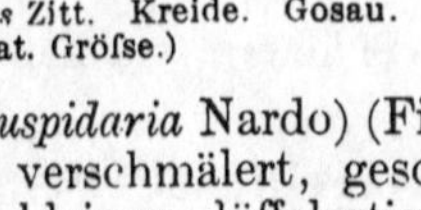

Fig. 747.
a Corbula carinata Duj.
Miocän.
Pötzleinsdorf bei Wien.
b Corbula angustata Sow.
Kreide. Gosau.

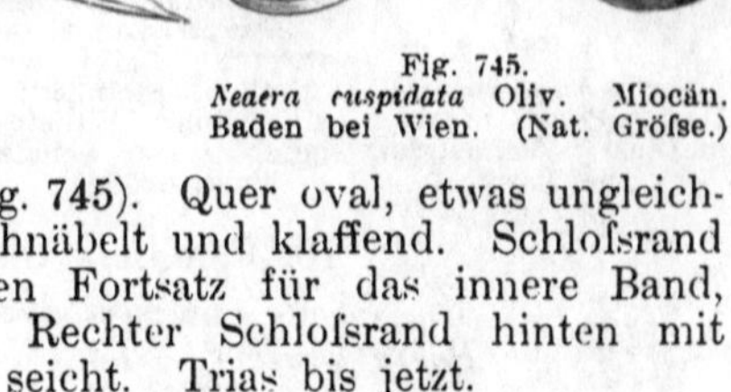

Fig. 748.
Mya arenaria Lin. Diluviale Glacialbildungen.
Bohuslän, Schweden.

Corbula Brug. (Fig. 746. 747). Meist klein, oval, geschlossen, sehr ungleichklappig. Rechte Klappe viel gröſser als linke, hoch gewölbt mit vorragendem Wirbel, einem starken Schloſszahn und dahinter eine tiefe Grube, in welche sich der abgeplattete, spatelförmige Bandfortsatz der kleineren linken Klappe einfügt. Mantelbucht schwach. Trias bis jetzt, in marinen und brackischen Gewässern.

Potamomya Hinds, *Corbulomya* Nyst, *Anisothyris* Conrad (*Pachyodon* Gabb.), *Sphenia* Turton, *Tugonia* Gray. Tertiär und lebend.

Mya Linn. (*Platyodon, Cryptomya* Conrad) (Fig. 748). Quer eiförmig, fast gleichklappig, vorne und hinten klaffend. Linke Schale unter dem Wirbel mit grofsem, abgeplattetem, spatelförmigem, horizontalem Bandfortsatz, welcher sich in eine Grube unter dem Wirbel der rechten Klappe einfügt, woselbst der Bandlöffel an die Schale angeheftet ist. Muskeleindrücke klein. Mantelbucht tief. Tertiär und lebend.

9. Familie. **Gastrochaenidae.** Gray.

Schale dünn, gleichklappig, vorne und unten sehr weit klaffend, entweder frei oder in einer kalkigen Röhre oder in Bohrlöchern liegend. Band äufserlich, kurz. Schlofsrand zahnlos. Karbon bis jetzt. Marin.

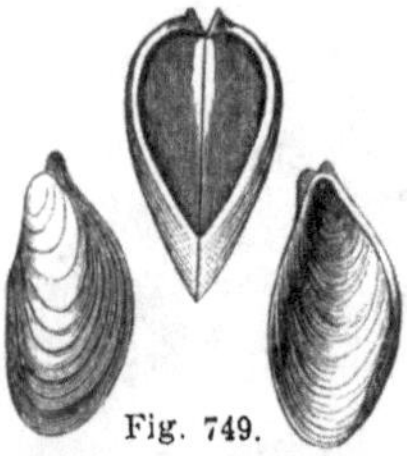

Fig. 749. *Gastrochaena angusta* Desh. Eocän. (Sables moyens). Valmandois bei Paris.

Fig. 750. *Gastrochaena Deslongchampsei* Laube. Dogger. Balin bei Krakau. Steinkern einer Röhre mit eingeschlossener Schale (nat. Gröfse).

Von den zwei hierher gehörigen Gattungen bohrt sich *Gastrochaena* Spengler (*Rocellaria* Fleuriau, *Rupellaria* Ag.) (Fig. 749, 750) birnförmige oder zylindrische Höhlungen in Steine, Muscheln oder Korallen, während *Fistulana* Brug. lange glatte Kalkröhren absondert, die aufrecht im Sand oder Schlamm stecken.

10. Familie. **Clavagellidae.** Fischer.

Schale aus zwei dünnen kleinen Klappen und einer hinten offenen Röhre bestehend. Von den zwei Schalen sind entweder beide oder nur eine mit der Röhre verwachsen. Kreide bis jetzt. Marin.

Clavagella Lam. (*Bryopa* Gray, *Stirpulina* Hol.) (Fig. 751). Von den zwei ovalen Klappen ist die linke mit der kalkigen, keulenförmigen oder zylindrischen Röhre verwachsen. Das Vorderende wird durch eine Wand abgeschlossen, die mit einer Spalte und am Rand häufig mit einem Kranz von Stacheln versehen ist. Kreide bis jetzt. Selten.

Aspergillum Lam. (*Brechites* Guettard). Beide Schalen mit der langen zylindrischen, vorne siebförmig durchlöcherten und mit Spalte versehenen Röhre verwachsen. Pliocän und lebend.

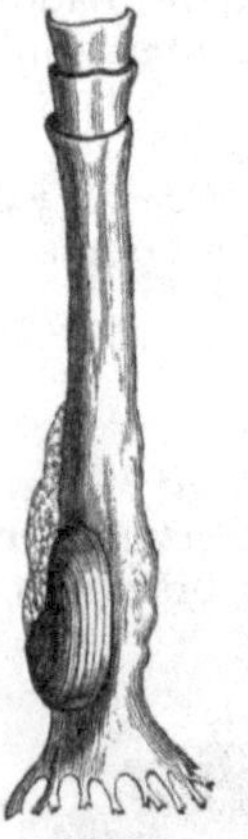

Fig. 751. *Clavagella (Stirpulina) Caillati* Desh. Eocän. Grignon (nach Deshayes).

11. Familie. **Pholadidae.** Leach.

Die vorne weit klaffenden, gleichklappigen, ovalen, verlängerten oder kugeligen Schalen haben einen zahnlosen Schlofsrand. Ein Band fehlt, dagegen sind die Wirbel mit accessorischen Kalkplatten bedeckt.

Die Pholaden sind Bohrmuscheln, welche sich in Holz, Stein oder sonstige Körper eingraben und ihre geraden oder gebogenen Bohrlöcher häufig mit kalkigen Wandungen auskleiden, die mit den Schalen verwachsen können. Das Bohren wird entweder durch eine drehende Bewegung der mit Stacheln und Rauhigkeiten versehenen Schale, teils des mit Kieselkörnchen besetzten Fufses bewerkstelligt. Jura bis jetzt. Marin.

Pholas Linn. (Fig. 752). Schale quer verlängert, vorne und hinten klaffend, rauh verziert. Schlofsrand mit einem löffelartigen Fortsatz unter den Wirbeln zur Aufnahme des Fufsmuskels. Wirbel durch 1—3 accessorische Platten bedeckt. Jura bis jetzt. Die Pholaden bohren sich mit Vorliebe in Steine ein.

Jouanettia Desm., *Martesia* Leach (Fig. 753), *Turnus* Gabb. (Fig. 754).

Teredo Linn. (Fig. 755). Schale klein, dreilappig, vorne und hinten weit klaffend. Im Innern jederseits eine lange vom Wirbel gegen den Unterrand verlaufende Leiste zur Anheftung des Fufsmuskels. Die Schalen liegen in kalkigen, vorne geschlossenen, subzylindrischen Röhren. Die Siphonen sind hinten mit pfeilspitzartigen Anhängen besetzt.

Die *Teredo* (»Schiffsbohrwürmer«) bohren sich Höhlen in Holz und richten oft grofsen Schaden in Häfen an. Fossil findet man meist nur die mit Gestein ausgefüllten Röhren, welche am häufigsten in fossilem Holz vorkommen. Jura bis jetzt.

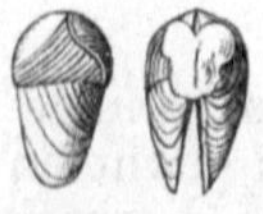

Fig. 753. *Martesia conoidea* Desh. Eocän. Anvers bei Paris. (Nat. Gröfse.)

Fig. 755. *a* Schale von *Teredo Norvegica* Spengl, von innen und aufsen. Recent. *b, c* Pfeilspitzenartige Anhängsel der Siphonen. *d* mit Gestein ausgefüllte Röhren von *Teredo Tournali* Leym. Eocän. Kressenberg.

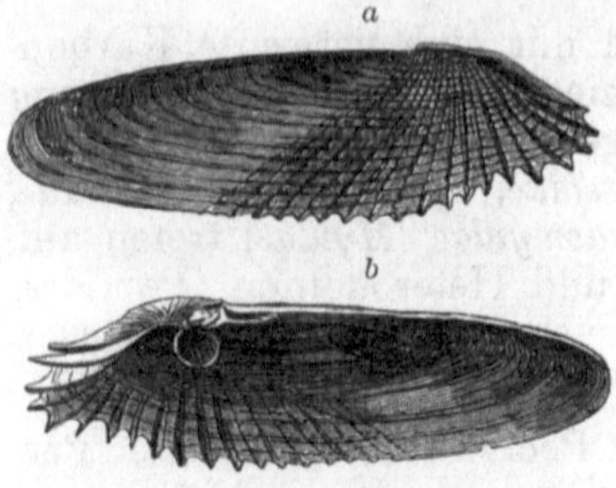

Fig. 752. *Pholas Levesquei* Watelet. Eocän. Cuise la Mothe.

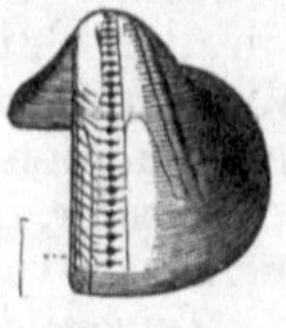

Fig. 754. *Turnus (Xylophagella) elegantulus* Meek. Aus der oberen Kreide von Idaho, Nordamerika (stark vergröfsert, nach Meek).

Teredina Lam. Wie *Teredo*, jedoch die Schalen vollständig mit einer dicken Kalkröhre verwachsen. Eocän.

Zeitliche Verbreitung der Lamellibranchiata.

Die ältesten Muscheln finden sich, allerdings noch überaus sparsam, im Kambrium. Kleine, länglich ovale Schälchen von *Fordilla* Barr. wurden zuerst aus dem Potsdamsandstein von Troy im Staate New-York beschrieben, doch ist es zweifelhaft, ob diese Gattung zu den Muschelkrebsen oder zu den Grammysiiden gehört. Auch aus kambrischem Schiefer von Thüringen, aus der Olenellus-Zone von Nordamerika und aus den oberkambrischen Tremadoc-Schiefern von Wales sind schlecht erhaltene Abdrücke von *Modiolopsis, Ctenodonta, Palaearca* und *Glyptarca* bekannt.

Im Silur gewinnen die Taxodonten, einige Familien der *Anisomyaria (Aviculidae, Ambonychiidae, Myalinidae, Modiolopsidae* und *Pectinidae)*, heterodonte Astartiden, Lunulicardiiden, Conocardiiden, Präcardiiden und die desmodonten Solenopsiden, Vlastiden und Grammysiiden bereits eine starke Verbreitung. Die meisten silurischen *Heterodonta* und *Desmodonta* zeichnen sich durch sehr dünne Schale, zahnlosen oder nur schwach gekerbten Schlofsrand und den Mangel einer Mantelbucht aus. Neumayr wollte sie darum zu einer Unterordnung (*Palaeoconchae*) vereinigen und daraus die jüngeren Desmodonten und einen Teil der Heterodonten ableiten; allein die verschiedenen Familien der Palaeoconchen lassen sich meist mit ganz bestimmten Gruppen von Heterodonten oder Desmodonten in so nahe Beziehungen bringen, dafs deren Vereinigung keine systematischen Vorteile gewährt.

Im Devon treten nur wenige neue Familien den schon im Silur vorhandenen bei, dagegen gewinnen im Karbon die brackischen Anthracosiiden eine ansehnliche Verbreitung, die Trigoniiden, Astartiden, Luciniden, ferner die Pinniden, Pectiniden und Limiden nehmen an Formenreichtum zu, und unter den Desmodonten erscheinen die ersten Sinupalliaten (*Allorisma*).

Die Permische Formation enthält nur eine verarmte Karbonfauna, dagegen beginnt in der Trias ein auffallende Umgestaltung der Lamellibranchiaten. Viele alte Gattungen verschwinden oder werden durch andere ersetzt; neue Familien (*Ostreidae, Spondylidae, Dimyidae, Mytilidae, Cardiniidae, Panopaeidae, Pholadomyidae; Myidae*) treten auf, und gewisse Gruppen der Anisomyarier und Heterodonten (*Pernidae, Megalodontidae, Astartidae, Trigoniidae*) zeichnen sich durch grofsen Formenreichtum aus.

Im Jura spielen die Ostreiden, Pectiniden, Limiden, Perniden, Mytiliden unter den Anisomyariern, die Trigoniiden und integripalliaten Heterodonten, unter den Desmodonten die Pleuromyiden, Panopaeiden, Pholadomyiden, Anatiniden und Myiden eine hervorragende Rolle.

Der Charakter der Kreidefauna wird in erster Linie durch das massenhafte Auftreten von Pachyodonten (*Chamidae, Caprinidae* und *Rudistae*) beeinflufst, in den übrigen Abteilungen bildet die Kreide nur eine Fortsetzung des Jura; doch nehmen unter den Heterodonten die Sinupalliaten erheblich zu. Sehr bezeichnende Kreidemuscheln sind die Gattungen *Inoceramus* und *Vola*.

Im Tertiär findet eine allmähliche Annäherung an die Jetztzeit statt. Die Capriniden und Rudisten sind verschwunden, die Anisomyarier stark im Rückgang. Unter den Heterodonten überwiegen die Sinupalliaten, bei den Desmodonten treten die stark differenzierten Myiden, Anatiniden, Gastrochaeniden, Clavagelliden und Pholadiden mehr in Vordergrund.

Ob die Lamellibranchiaten aus Würmern hervorgegangen sind, wie vielfach angenommen wird, läfst sich auf paläontologischer Grundlage nicht entscheiden, dagegen dürften die Aviculiden die Ahnen der Anisomyarier enthalten und ihrerseits vielleicht aus Taxodonten hervorgegangen sein, die in ihrem anatomischen Bau und im Schlofs die primitivsten Merkmale bewahrt haben. Auch die Heterodonten und Desmodonten besitzen bereits im Silur Vorfahren, welche zwar noch an *Taxodonta* erinnern, aber doch schon eine selbstständige Differenzierung erlangt haben. Über die speziellere Verteilung der fossilen Lamellibranchiaten gibt die beifolgende Tabelle Aufschlufs.

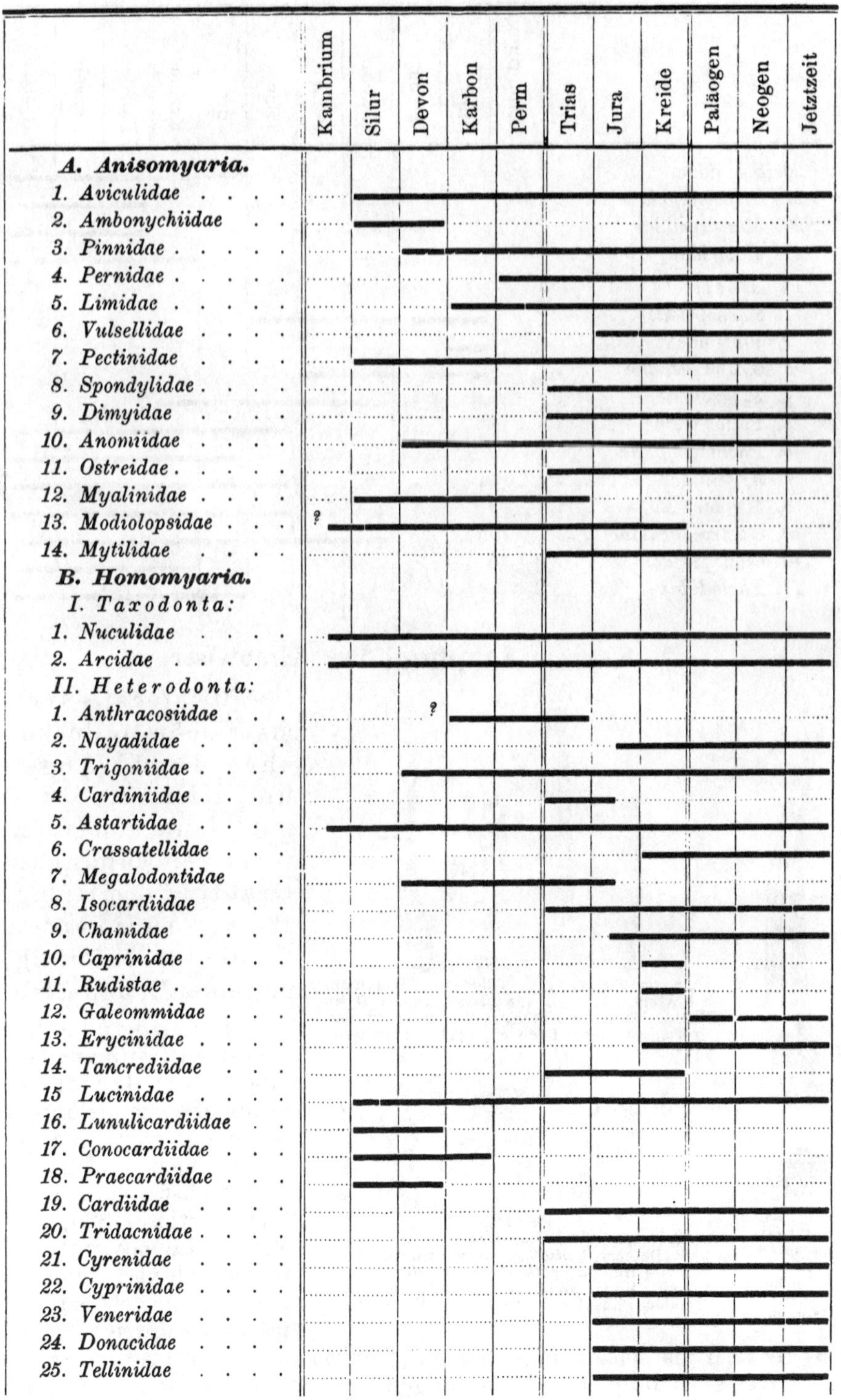
Kambrium
Silur
Devon
Karbon
Perm
Trias
Jura
Kreide
Paläogen
Neogen
Jetztzeit
A. Anisomyaria.
1. Aviculidae
2. Ambonychiidae
3. Pinnidae
4. Pernidae
5. Limidae
6. Vulsellidae
7. Pectinidae
8. Spondylidae
9. Dimyidae
10. Anomiidae
11. Ostreidae
12. Myalinidae
13. Modiolopsidae
14. Mytilidae
B. Homomyaria.
I. Taxodonta:
1. Nuculidae
2. Arcidae
II. Heterodonta:
1. Anthracosiidae
2. Nayadidae
3. Trigoniidae
4. Cardiniidae
5. Astartidae
6. Crassatellidae
7. Megalodontidae
8. Isocardiidae
9. Chamidae
10. Caprinidae
11. Rudistae
12. Galeommidae
13. Erycinidae
14. Tancrediidae
15 Lucinidae
16. Lunulicardiidae
17. Conocardiidae
18. Praecardiidae
19. Cardiidae
20. Tridacnidae
21. Cyrenidae
22. Cyprinidae
23. Veneridae
24. Donacidae
25. Tellinidae

	Kambrium	Silur	Devon	Karbon	Perm	Trias	Jura	Kreide	Paläogen	Neogen	Jetztzeit
26. Solenidae								—	—	—	—
27. Scrobicularidae									—	—	—
28. Mesodesmidae									—	—	—
29. Mactridae								—	—	—	—
IV. Desmodonta:											
1. Solenopsidae		—	—	—	—	—					
2. Vlastidae		—									
3. Grammysiidae		—	—	—	—						
4. Pleuromyidae				—	—	—	—	—			
5. Panopaeidae						—	—	—	—	—	—
6. Pholadomyidae							—	—	—	—	—
7. Anatinidae						—	—	—	—	—	—
8. Myidae						—	—	—	—	—	—
9. Gastrochaenidae				—	—	—	—	—	—	—	—
10. Clavagellidae								—	—	—	—
11. Pholadidae							—	—	—	—	—

2. Klasse. **Scaphopoda.** Grabfüfser.

Fig. 756. *Dentalium sexangulare* Lam. Pliocän. Asti. Piemont.

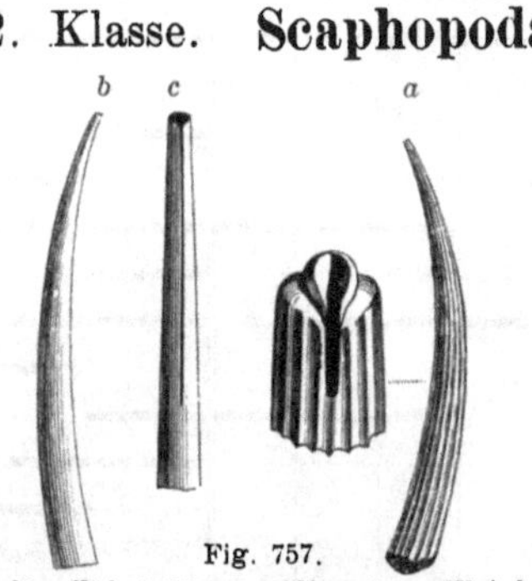

Fig. 757.
a Antalis Kickxi Nyst. Oligocän. Weinheim bei Alzey. *b, c D. (Fustiaria) lucidum* Desh. Eocän. Cuise la Mothe. *b* Exemplar in nat. Gröfse, *c* hinteres Ende mit Spalt, vergröfsert.

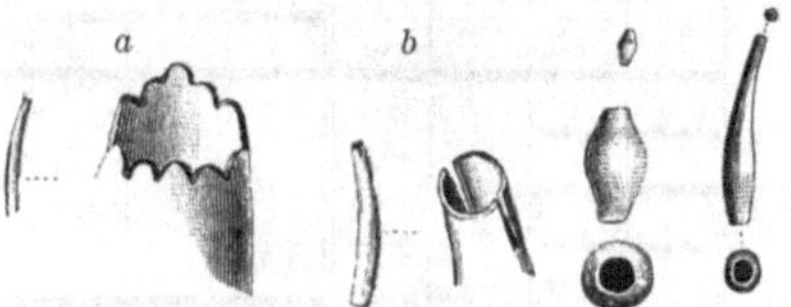

Fig. 758.
a Siphonodentalium denticulatum Desh. Grobkalk. Damery. *b Dischides bilabiatus* Desh. Grobkalk. Grignon. *c Gadila gadus* Mont. Tortonien. Monte Gibbio bei Sassuolo. *d Cadulus ovulum* Phil. Tortonien. Monte Gibbio bei Sassuolo.

Bilateral - symmetrische Mollusken ohne Kopf, Augen und Kiemen. Mund mit Radula und fadenförmigen Anhängen. Grabfufs dreilappig, Herz rudimentär. Schale röhrenförmig, an beiden Enden offen.

Die wenigen hierher gehörigen Gattungen erinnern durch ihre röhrenförmige Schale an Röhrenwürmer (*Serpula*), zu denen sie auch von Cuvier gerechnet wurden. Deshayes wies (1825) ihre Verwandtschaft mit den Schnecken nach, von denen sie jedoch so beträchtlich abweichen, dafs sie Bronn als selbständige Klasse (*Scaphopoda*) unterschied. Lacaze Duthiers betonte die Beziehungen zu den *Lamellibranchiata* und nannte die Klasse *Solenoconchae*. Der Mangel eines gesonderten Kopfes, die Form des Fufses, die Mundanhänge und das ungelappte Velum des Embryo sprechen für Verwandtschaft mit den Muscheln; die Röhrenschale, die Radula und die einfache Genitaldrüse weisen auf die Gastropoden hin. Darm, Magen und Leber sind wohl entwickelt, das Nervensystem symmetrisch. Kiemen fehlen; die Respiration wird durch die Körperoberfläche besorgt. Die lebenden Scaphopoden bewohnen die tieferen Regionen des Ozeans und bohren sich in Schlamm und Sand ein. Fossile Formen beginnen schon im Silur. (*Laevidentalium* Cossm.)

Die wichtigste Gattung *Dentalium* Linn. (Fig. 756) hat verlängert röhrenförmige, gegen hinten verengte Schale und ist bald glatt, bald der Länge nach gestreift oder gerippt, seltener quer gestreift. Silur bis jetzt.

Antalis Ad. (*Entalis* Gray non Sow.) (Fig. 757) hat am hinteren Ende einen kurzen, *Fustiaria* Stol. einen langen Schlitz, bei *Siphonodentalium* Sars (Fig. 758*a*) ist das hintere Ende der kleinen, glatten Röhren mit mehreren kurzen, bei *Dischides* Jeffreys (Fig. 758*b*) mit zwei Einschnitten versehen. *Gadila* Gray (Fig. 758*c*) ist in der Mitte angeschwollen, an beiden Enden verengt, *Cadulus* Phil. (Fig. 758*d*) ebenso, aber die hintere Mündung gekerbt.

3. Klasse. **Amphineura.** Wurmmollusken.

Wurmähnliche, bilateral-symmetrische Mollusken von gestreckter oder länglich ovaler Gestalt, mit oder ohne Sohle, nackt, mit Kalkstacheln oder gegliederter, mehrklappiger Rückenschale. Kopf undeutlich abgesetzt ohne Augen und Tentakeln. Nervensystem aus Schlundring und vier Längsstämmen bestehend. Zunge mit Radula.

Als *Amphineura* bezeichnete Ihering dickhäutige, früher allgemein für Würmer angesehene, langgestreckte marine Weichtiere (*Chaetoderma*. *Neomenia* etc.), sowie die mit gegliederter Schale versehenen Chitoniden. Die ersteren bilden jetzt die Ordnung der *Aplacophora*, die letzteren die Ordnung der *Polyplacophora*.

Ordnung. **Polyplacophora.** Blv. Käferschnecken.

(*Placophora* Ihering., *Loricata* Schum.)

Körper länglich oval, auf dem Rücken mit acht beweglich verbundenen Kalkplatten. Fufs breit, söhlig. Kiemen zahlreich, klein, blattförmig, jederseits in einer Reihe zwischen Mantel und Fufs gelegen. Herz mit drei Kammern. Geschlechter getrennt.

Fig. 760. *Chiton virgifer* Sandb. Waldböckelheim bei Kreuznach. Eine Endplatte und eine Mittelplatte; letztere mit den beiden vorspringenden hinteren Lappen.

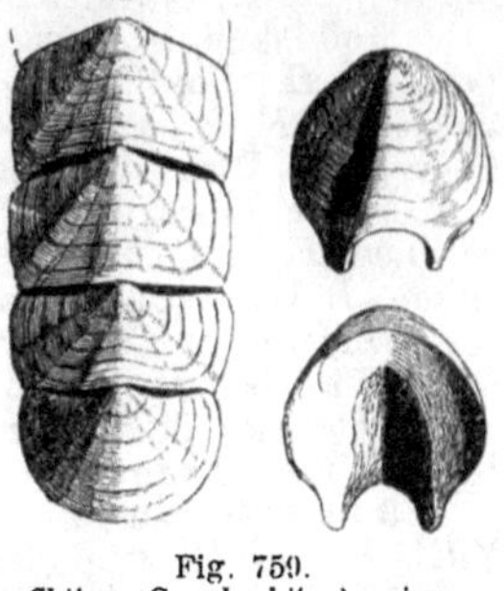

Fig. 759. *Chiton (Gryphochiton) priscus* Mst. Kohlenkalk. Tournay, Belgien. *a* Mehrere Platten aneinandergereiht. *b* Eine Endplatte von aufsen und innen. (Nat. Gröfse.)

Die einzige Familie der Chitoniden unterscheidet sich von allen übrigen Mollusken durch ihre aus acht hintereinander liegenden, beweglichen Kalkplatten bestehende Schale. Die Platten sind in der Mitte gewölbt oder nach der Längsachse gekielt; die beiden terminalen halbkreisförmig, die intermediären quer vierseitig mit zwei vorspringenden Lappen am Hinterrand. Sämtliche Platten sind von einem hornigen, meist mit Stacheln besetzten, breiten Saum eingefaſst.

Die Chitoniden bewohnen die Littoral- und Laminarienzone und heften sich mit ihrem breiten Fuſs an Steinen an. Sie sind in allen Meeren verbreitet, am häufigsten in den Tropen. Etwa 400 recente Arten bekannt, die früher alle der Gattung *Chiton* Lin. zugezählt wurden, jetzt aber in zahlreiche Genera und Subgenera zerteilt werden. Fossile Chitonen sind überall selten und meist nur durch vereinzelte Platten vertreten. Sie beginnen schon im Silur (*Helminthochiton* Salter) und sind am zahlreichsten im Devon und Karbon. (*Gryphochiton* Gray, ***Rhombichiton***, ***Glyptochiton*** de Kon., ***Pterochiton*** Carp. etc.).

4. Klasse. **Gastropoda.** Schnecken.[1])

Weichtiere mit gesondertem Kopf, söhligem, selten flossenartigem Fuſs und ungeteiltem Mantel, welcher eine einfache spiral gewundene oder napfförmige Schale absondert.

Die Schnecken besitzen im Gegensatz zu den Muscheln einen mehr oder minder deutlich abgesonderten Kopf, welcher in der Regel Fühler, Augen und Gehörblasen trägt und das aus zwei starken Nervenknoten bestehende Cerebral- oder Schlund-Ganglion enthält. Die Unterseite des Tieres wird meist von einem breiten, söhligen Kriechfuſs gebildet, der jedoch bei den Heteropoden zu einer vertikalen, seitlich zusammengepreſsten Flosse umgewandelt ist und bei den Pteropoden durch zwei flügelartige Schwimmlappen neben dem Kopf ersetzt wird. Die Basis des Kriechfuſses erlangt zuweilen ansehnliche Ausdehnung; bei manchen

---

[1]) Literatur (vgl. S. 250 u. 251) auſserdem:

Ihering, H. v., Vergleichende Anatomie des Nervensystems und Phylogenie der Mollusken. Leipzig 1877.

Troschel, H., Das Gebiſs der Schnecken. Bd. I u. II. Berlin 1856—1878.

Quenstedt, F. A., Petrefaktenkunde Deutschlands. Bd. VII. Gastropoden. 1881.

Koken, E., Über die Entwicklung der Gastropoden vom Kambrium bis zur Trias. Neues Jahrb. für Mineralogie 1889. Beilage Bd. VI.

Billings, E., Palaeozoic fossils. Vol. I u. II. Montreal 1865—1874.

Salter, J. W., A Catalogue of the collection of Cambrian and Silurian fossils in the Museum of Cambridge. 1873. 4°.

Lindström, G., On the Silurian Gastropoda and Pteropoda of Gotland. K. Svenska Vetensk. Akad. Handl. 1884. Bd. XIX.

De Koninck, Faune du calcaire carbonifère de la Belgique. 1882—1885. vol. VI. 3 et 4ème partie (Ann. Mus. d'hist. nat. de Belgique).

Kittl, E., Die Gastropoden der Schichten von St. Cassian. Ann. d. k. k. naturhist. Hof-Museums in Wien. 1891—1892.

Koken, E., Die Gastropoden der Trias um Hallstadt. Abhandlg. geol. Reichs-Anst. Wien. Bd. XLVI. 1896.

D'Orbigny, Alc., Paléontologie française. Terr. jur. II u. III., 1850—1882 u. Terr. crét. II. 1842—43.

Morris and *Lycett*, Mollusca from the Great Oolite. Univalves. Palaeontogr. Soc. 1850.

Hudleston, W. H., A Monograph of the British jurassic Gasteropoda. Pal. Soc. 1887—1894.

Formen (*Strombidae*) kann derselbe durch kräftige Kontraktion zum Springen verwendet werden.

Der Mantellappen erhebt sich wie eine Kapuze auf dem Rücken; er reicht bis zum Kopf und sondert an seiner schleimigen Oberseite meist eine Schale ab, welche den Eingeweidesack und die Atemhöhle bedeckt und häufig auch bei Kontraktion des Tieres den ganzen Körper aufnehmen kann. Die Verbindung von Tier und Schale wird durch einen Muskel bewerkstelligt, welcher sich bei spiralen Gehäusen an der Spindel, bei napfförmigen an der Innenfläche der Schale anheftet.

Das Nervensystem besteht aus zwei Cerebralganglien, aus den paarigen Pedal- und Visceralganglien, sowie aus zwei oder drei weiteren Ganglienpaaren, die alle durch Nervenstränge (Kommissuren) verbunden sind. Durch die spirale Drehung des Eingeweidesackes erleiden die Kommissuren der Visceralganglien zuweilen eine vollständige Kreuzung (*Chiastoneura*), während sie bei bilateral symmetrischen Formen parallel verlaufen (*Orthoneura*).

Eine charakteristische Eigentümlichkeit der Gastropoden bildet die Bewaffnung des Mundes. Dieselbe besteht teils aus zwei kieferähnlichen hornigen Platten an der oberen Schlundwand, teils aus einer chitinösen Reibplatte, welche die Zunge, einen Wulst im Boden der Mundhöhle, bekleidet. Diese Reibplatte oder Radula hat meist beträchtliche Länge und ist mit zahlreichen, in Quer- und Längsreihen geordneten Chitinzähnchen oder Häkchen besetzt. Die äufserst mannigfaltige Zusammensetzung der Radula wurde von Lovèn und Troschel in ausgiebiger Weise für die Systematik der Gastropoden verwertet.

Die Speiseröhre führt in einen mehrfach gewundenen Darmkanal, der von einer sehr umfangreichen Leber, den Nieren und zahlreichen Drüsen umgeben ist und schliefslich in einer dem Mund benachbarten Afteröffnung endigt.

Das Herz hat in der Regel eine (*Monotocardia*), seltener zwei Vorkammern (*Diotocardia*) und dient einem reich verzweigten Blutgefäfssystem als Zentralorgan. Liegen die Kiemen oder Lungen vor dem

---

Zittel, K. A., Die Gastropoden der Stramberger Schichten. Mitt. aus dem Mus. d. k. bayer. Staates. 1873. II. Bd. 3. Abtlg.

Stoliczka, Ferd., Cretaceous Fauna of Southern India. Vol. II. Gastropoda (Mem. geol. Survey East India 1868).

Beyrich, E., Die Conchylien des norddeutschen Tertiärgebirges. Zeitschr. d. deutsch. geolog. Ges. Bd. V, VI, VIII. 1853—1856.

Hoernes, R., und *Auinger, M.*, Die Gasteropoden der Meeresablagerungen der ersten und zweiten Mediterranstufe. Wien 1879—1891.

Newton, R. B., Systematic List of British Oligocene and Eocene Mollusca. 1891.

Dall, W. H., Contributions to the Tertiary Fauna of Florida (Trans. Wagner Free Inst. Sci., vol. III., IV). 1895—97.

Vinassa de Regny, P. E., Synopsis dei molluschi terziari delle Alpe venete (Palaeontogr. Italica, vol. I., II), 1896—97.

Harris, G. F., The Australasian Tertiary Mollusca (British Museum Catalogue of Tertiary Mollusca, Part I.), 1897.

Cossman, M., Mollusques eoceniques de la Loire-inférieure. Tome I u. II. (Bull. Soc. d. Sc. nat. d. l'Ouest), Nantes 1895—1901.

» et *Pissarn, G.*, Faune éocénique du Cotentin. Bull. Soc. géol. de Normandie. T. XIX—XXI. 1900—1902.

» Essai de Palaeoconchologie comparée. Paris I—IV. 1895—1901.

Herzen (*Prosobranchia, Pulmonata*), so befindet sich auch der Vorhof vor dem Ventrikel; liegen sie hinter demselben (*Opisthobranchia, Pteropoda*), so ist das Atrium auf der Hinterseite gelegen.

Nur wenige Schnecken atmen ohne besondere Respirationsorgane durch die Körperoberfläche; weitaus die meisten besitzen Kiemen oder Lungen. Die Kiemen sind blatt- oder büschelförmige, zuweilen verzweigte oder gefiederte Hautlappen, welche meist in der Atemhöhle unter dem Mantel liegen, seltener frei auf dem Rücken oder den Seiten vorragen. Nur ausnahmsweise sind sie in gröfserer Zahl vorhanden und symmetrisch ausgebildet; meist verkümmert von den zwei Kiemen die linke gänzlich, und die rechte rückt infolge der Drehung des Körpers in die Mitte oder sogar nach links. Bei den luftatmenden Schnecken werden die Kiemen durch einen rechtsseitigen, hinter dem Kopf gelegenen sackförmigen Hohlraum (die Lunge) ersetzt, dessen Decke von einem feinverzweigten Netzwerk von Blutgefäfsen durchzogen ist. Die Ampullariiden und Siphonariiden besitzen Kiemen und Lungen zugleich. Die Atemhöhle ist bis auf eine mondförmige oder rundliche Öffnung (Spiraculum) geschlossen. Dieses Atemloch verlängert sich häufig in eine geschlossene oder gespaltene Röhre, welcher meist eine kanalartige Verlängerung oder ein Ausgufs der Schalenmündung entspricht.

Eine ungewöhnliche Differenzierung zeichnet die Generationsorgane der Schnecken aus. Die Geschlechter sind bei Prosobranchiern und Heteropoden getrennt, bei Opisthobranchiern, Pteropoden und Pulmonaten vereinigt. Bei den Zwittern (Hermaphroditen) münden die Ei- und Samenleiter entweder in eine gemeinsame Geschlechtskloake, oder es haben männliche und weibliche Organe gesonderte Öffnungen.

Die Schale wird, wie bereits bemerkt, von dem Mantellappen abgesondert und in ihrer Form und Gröfse von dem Eingeweidesack bestimmt. Sie besteht aus kohlensaurem Kalk, selten aus einer hornartigen Substanz. Für die Systematik, namentlich für die Bestimmung von Gattungen und Arten liefern die Schalen wichtige Anhaltspunkte, dagegen versagen sie ihren Dienst für die Abgrenzung gröfserer Gruppen, da nicht selten Tiere von ganz abweichender Organisation ähnliche Gehäuse hervorbringen. Man unterscheidet symmetrische und spiral gewundene Schalen. Erstere haben napf- oder flachkonische Gestalt, finden sich aber nur bei wenigen Gruppen (*Cyclobranchia, Aspidobranchia, Pulmonata*) und sind durch mützen- oder kegelförmige Schalen mit schwach eingerollten Wirbeln mit den Spiralgehäusen verbunden. Bei diesen kommen ausnahmsweise unregelmäfsig gewundene (*Vermetus*) oder in einer Ebene spiral eingerollte Röhren (*Bellerophon, Atlanta*) vor; meist wickelt sich das Gehäuse in einer Schraubenspirale auf und zwar liegt sie in der Art auf dem Rücken des Tieres, dafs die Spitze der Röhre nach hinten und oben, die Mündung nach vorne und unten gerichtet ist. Stellt man die Schale mit der Spitze nach oben, mit der Mündung nach unten und zwar so, dafs die Mündung dem Beschauer zugekehrt ist, so heifst die Schale rechts gewunden, wenn die Mündung auf der rechten, links gewunden, wenn sie auf der linken Seite liegt. Weitaus die meisten Gastropoden haben rechts gewundene Schalen; einzelne Genera (*Clausilia, Physa, Spirialis*) sind normal links gewunden.

Als Abnormitäten findet man zuweilen links gedrehte Individuen bei normal rechts gewundenen Arten und umgekehrt.

Beim Zeichnen und Beschreiben der Schneckenschalen wird die Spitze gewöhnlich nach oben, die Mündung nach unten dem Beschauer entgegen gerichtet, so dafs rechts und links gewunden sogleich ersichtlich werden. Damit erklären sich auch die Bezeichnungen oben und unten als gleichbedeutend mit hinten und vorne. Die Höhe oder Länge einer Schale wird durch eine von der Spitze (Apex) nach dem unteren Ende der Mündung gezogene Linie bestimmt.

Die mehr oder weniger rasch an Weite zunehmende Röhre, aus welcher man sich eine spiral gewundene Schneckenschale entstanden denken mufs, wickelt sich entweder um eine solide Achse oder Spindel (Columella) oder um eine ideale, durch eine zentrale Röhre ersetzte Achse auf. Das Gewinde (Spira) besteht aus Umgängen (Windungen, anfractus), welche sich entweder übereinander legen und sich teilweise oder auch ganz verhüllen oder sie wickeln sich in seltenen Fällen frei in lockerer Spirale auf. Die äufserliche Berührungslinie zweier Umgänge heifst Naht (Sutura); das Gewinde ist eingewickelt (involut), wenn die jüngeren Umgänge die älteren vollständig verhüllen und nur der letzte sichtbar bleibt (*Cypraea*). Je nach der Art der Einrollung entstehen mützenförmige, ohrförmige, konisch-kreiselförmige, kugelige, eiförmige turmförmige, pyramidale, spindel- oder walzenförmige Gehäuse.

Die untere, zuweilen ebene Fläche des letzten Umgangs heifst Basis oder Grundfläche. Ist die Spindel durch einen zentralen, röhrenartigen Hohlraum ersetzt, so nennt man die Schale durchbohrt. Als Nabel (umbilicus) wird eine trichterförmige Vertiefung im Zentrum der Basis bezeichnet; der ächte Nabel reicht bis zur Spitze, der falsche ist auf den letzten Umgang beschränkt. Eine Nabelritze wird öfters dadurch hervorgerufen, dafs der Nabel von der umgeschlagenen Innenlippe oder durch eine Schwiele (Nabelschwiele) teilweise oder fast ganz bedeckt wird.

Die Mündung (apertura) des letzten Umgangs wird vom Mundsaum (Peristoma) begrenzt, der zuweilen einen zusammenhängenden, ununterbrochenen Rand bildet, in der Regel aber aus einem getrennten Aufsen- und Innenrand besteht. Die Form der Mündung ist sehr verschieden, am häufigsten oval oder rundlich, zuweilen aber auch mehr oder weniger verengt bis spaltförmig. Man nennt sie ganz, wenn sie unten (resp. vorne) abgerundet ist (*Holostomata*), ausgeschnitten oder ausgegossen, wenn neben der Spindel eine kurze Rinne oder Ausbuchtung für die Atemröhre vorhanden ist. Bei den *Siphonostomata* verlängert sich der Ausgufs zu einem geraden, gebogenen oder rückwärts gekrümmten Kanal, dessen Länge zuweilen die Höhe der Mündung übertrifft. Der Aufsenrand (Aufsenlippe) kann ganzrandig oder eingeschnitten, scharf, verdickt, umgeschlagen, eingebogen, gezähnelt oder gekerbt, flügelartig ausgebreitet oder mit fingerförmigen Fortsätzen versehen sein. Am Innenrand unterscheidet man namentlich bei den *Siphonostomata* den hinteren (oberen) Teil als eigentliche Innenlippe, den vorderen als Spindelrand. Die Innenlippe wird entweder durch die Wand des vorletzten Umgangs oder durch eine besondere Kalkschwiele gebildet und kann wie die Spindel und

Aufsenlippe Falten tragen, welche zuweilen bis zum Scheitel fortsetzen (Fig. 761).

Als äufsere Verzierung der Schalen treten häufig vertiefte Linien, Furchen oder erhabene Leisten, Rippen, Falten, Knoten, Stacheln etc. auf, die als Längs- oder Spiralverzierungen bezeichnet werden, wenn sie parallel der Naht laufen, während die Querverzierungen schief- oder rechtwinklig gegen dieselbe gerichtet sind.

Sehr viele Schneckenschalen sind bunt gefärbt oder mit einer samtartigen, weichhaarigen oder hornähnlichen Epidermis überzogen. Durch den Fossilisationsprozefs wird nicht nur die Epidermis sondern auch die Färbung mehr oder weniger vollständig zerstört.

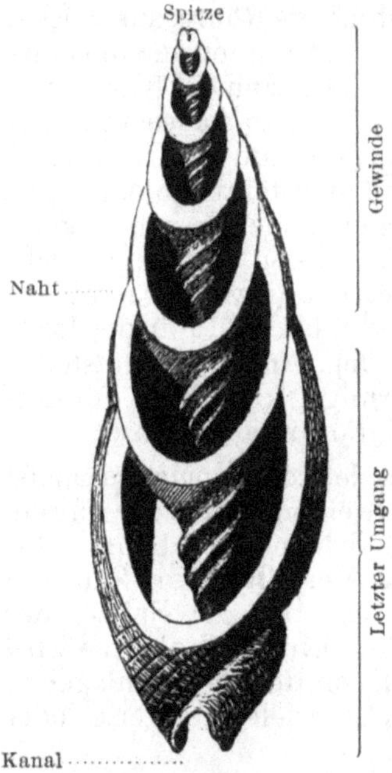

Fig. 761.
Mitra episcopalis Lin. Aufgeschnitten, um die Spindelachse zu zeigen.

Die Schalen der Gastropoden bestehen aus Aragonit und zwar in der Regel aus einer gleichmäfsigen Schicht von porzellanartiger Beschaffenheit, zu welcher bei gewissen Familien noch eine innere Perlmutterschicht hinzukommt. Letztere wird aus abwechselnden, der Innenfläche parallelen Blättern von Conchyliolin und kohlensaurem Kalk gebildet, während die Porzellanschicht meist aus drei Lagen von dünnen Blättern aufgebaut ist, wovon die innere rechtwinklig zu den beiden äufseren steht. Jedes Blatt der drei Lagen wird aus schiefen Prismen zusammengesetzt.

Die Entwicklung der Schnecken vollzieht sich in abgelegten Eiern. Der Embryo bildet schon ziemlich frühzeitig eine kleine Schale (Protoconch, Nucleus), die zuweilen aus mehreren Umgängen besteht und nicht selten in der Form von der eigentlichen Schale abweicht. Der Protoconch erhält sich mehr oder weniger lang auf dem Apex des Gewindes, häufig in Gestalt einer blasigen Anschwellung, eines kleinen glänzenden Knopfes oder eines kurzen glatten Gewindes, das zuweilen winklig von der Schale absteht oder anders gedreht (heterostroph) ist als jene. Wird der Protoconch abgeworfen, so bildet eine Kalkplatte den Abschlufs des Gewindes.

Sehr viele Gastropoden besitzen einen kalkigen oder hornigen Deckel (operculum), der sehr häufig zur Unterscheidung von Gattungen oder Familien verwertet wird. Er schliefst die Mündung ab, wenn sich das Tier in der Schale zurückgezogen hat und liegt während des Kriechens auf dem hinteren Teil des Fufsrückens. Am häufigsten besteht der Deckel aus Hornsubstanz und ist fossil nicht erhaltungsfähig; nicht selten ist er aber auch verkalkt und erreicht zuweilen ansehnliche Dicke. Seine äufsere Oberfläche kann glatt, gefurcht, körnelig oder mit Auswüchsen versehen sein. Der Nucleus, d. h. die Stelle, von welcher das Wachstum des Deckels beginnt, liegt bald zentral, bald exzentrisch, bald randständig, und ist entweder von konzentrischen Linien umgeben oder er bildet den Anfang einer aus wenigen (paucispiral) oder vielen Umgängen (multispiral) zusammengesetzten Spirale. Bei gewissen Turbiniden und Solariiden ist der Deckel hoch kegelförmig und aufsen mit zahlreichen spiralen Lamellen bedeckt.

Lebensweise. Die meisten Gastropoden sind Wassertiere und zwar vorherrschend Meeresbewohner. Zu den Wasserbewohnern gehören alle mit Kiemen versehenen Formen, aber auch von den in der Regel auf das Festland angewiesenen Lungenschnecken halten sich einige (*Limnaeidae*) konstant in süfsen, andere (*Siphonariidae*) in salzigen Gewässern auf.

Im ganzen bevorzugen die marinen Gastropoden, mit Ausnahme der freischwimmenden Heteropoden und Pteropoden, die Küstenregionen und halten sich meist in geringeren Tiefen auf, wo sie auf Steinen oder Pflanzen sitzen oder sich in Sand und Schlamm eingraben. Schon bei 70—100 m Tiefe nimmt der Reichtum an Schnecken beträchtlich ab, doch finden sich einzelne Gattungen (*Pleurotoma, Fusus, Natica, Odostomia, Eulima, Rissoa, Scissurella, Turbo, Cylichna, Bullina, Actaeon* etc.) noch bis in Regionen von 2000 m und mehr.

Die meisten marinen Schnecken sterben, wenn man sie in süfses Wasser versetzt, nur einige Gattungen (*Cerithium, Littorina, Rissoa, Trochus, Purpura*) haben die Fähigkeit, in brackischem oder ausgesüfstem Wasser fortzuleben und auch von den Süfswasserschnecken können sich manche (*Melania, Melanopsis, Neritina, Ampullaria, Limnaeus, Planorbis*) an brackisches oder sogar scharf gesalzenes Wasser gewöhnen.

Die Mehrzahl der Gastropoden ernährt sich von Pflanzen, einige aber auch von frischem oder faulendem Fleisch. Manche Gattungen (*Natica, Buccinum, Murex*) bohren mit ihrer Zunge andere Weichtierschalen an und saugen dieselben aus.

Systematik. Zur Abgrenzung der Ordnungen wurden seit Cuvier und Milne Edwards in erster Linie die Respirationsorgane und die Beschaffenheit des Fufses (Kriechfufs, Schwimmfufs) verwendet. Nächstdem liefern die Generationsorgane, der Bau des Herzens und des Nervensystems wichtige systematische Anhaltspunkte. Zur Unterscheidung der kleineren Gruppen benutzt man teils die Merkmale der Schale oder der Radula. In der Regel werden die Gastropoden in die fünf Ordnungen *Prosobranchia, Heteropoda, Opisthobranchia, Pteropoda* und *Pulmonata* eingeteilt.

A. Ordnung. **Prosobranchia.** Cuv. Vorderkiemener.

(*Streptoneura* R. Lankaster, *Arthrocochlides* Ihering).

Beschalte, meist spiralgewundene Schnecken mit einer oder zwei vor dem Herzen gelegenen Kiemen. Herz mit ein oder zwei Vorkammern. Geschlechter getrennt. Mund rüsselförmig.

Die Prosobranchier bilden die bei weitem formenreichste Gruppe der Gastropoden und enthalten mindestens 20000 lebende und fossile Arten. Die Schale ist meist spiralgewunden, selten symmetrisch napfförmig oder konisch. Der Eingeweidesack ist von links nach rechts gedreht, so dafs der After rechts in der Nähe des Kopfes mündet und die Organe der rechten Seite (Niere und Kieme) auf die linke überwandern. Meist ist nur eine blattförmige Kieme (die rechte) wohl entwickelt; zuweilen zeigen aber auch beide fast gleichmäfsige Ausbildung. Die Kiemenvenen treten vorne ins Herz ein, das ein oder zwei Vorkammern besitzt.

Die grofse Menge der Prosobranchier wurde in verschiedener Weise in Gruppen zerlegt. Cuvier und Milne Edwards und die meisten älteren Zoologen verwerten in erster Linie Zahl und Ausbildung der Kiemen, Troschel und Lovèn die Beschaffenheit der Radula, Ihering das Nervensystem, Mörch und neuerdings Perrier und Bouvier hauptsächlich den Bau des Herzens zur Unterscheidung der verschiedenen Gruppen. Da jedoch alle diese Merkmale keinen bemerkbaren Einflufs auf die Gestaltung der Schale ausüben, so sind sie für den Paläontologen ohne praktische Bedeutung. Die drei Unterordnungen der *(Docoglossa) Cyclobranchina*, *Aspidobranchina*, *Rhipidoglossa* und *Ctenobranchina* bilden übrigens natürliche Gruppen, die unter verschiedenen Namen fast in gleicher Umgrenzung in allen Systemen wiederkehren.

1. Unterordnung. **Cyclobranchina.** Napfschnecken.

(*Cyclobranchia* p. p. Cuvier, *Docoglossa* Troschel. *Heterocardia* Perrier.)

Symmetrische Tiere mit napfförmiger Schale ohne Deckel. Respirationsorgane entweder durch einen kreisförmigen Kranz von Blättchen unter dem Mantelrand ersetzt oder als rechtsseitige kammförmige Nackenkieme ausgebildet und vor dem Herzen gelegen. Zunge mit balkenartigen Zähnen besetzt. Herz mit einer Vorkammer. Silur bis jetzt. Marin.

Die Cyclobranchier zerfallen nach der Ausbildung der Kiemen in die drei Familien der *Patellidae*, *Acmaeidae* und *Lepetidae*, deren Schalen jedoch keine nennenswerten Verschiedenheiten aufweisen und darum in fossilem Zustand nicht zu unterscheiden sind. Man kennt über 1400 lebende Napfschnecken, die sich fast ohne Ausnahme in seichtem Wasser aufhalten und von Algen ernähren. Die ältesten fossilen Formen beginnen schon im Kambrium, doch gehören fossile Cyclobranchier nicht zu den häufigen Versteinerungen.

Fig. 763.
Patella (Scurria) nitida Deslongch. Grossoolith. Langrune, Calvados. (Nat. Gröfse.)

Fig. 764.
Tryblidium reticulatum Lindstr. Ob. Silur. Gotland. *a* Von innen, *b* von aufsen (nach Lindström).

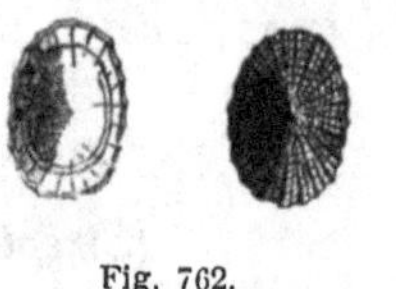

Fig. 762.
Patella (Acmaea) Raincourti Desh. Eocän (Sables moy.). Auvers bei Paris.

Patella Linn. Napfförmig, rund oder oval, niedrig kegelförmig. Wirbel subzentral. Oberfläche meist radial gerippt oder gestreift. Innen ein hufeisenförmiger Muskeleindruck. Silur bis jetzt.

Acmaea Escholtz (Fig. 762). Wie *Patella*, aber kleiner und dünner, glatt, fein gestreift oder radial gerippt. Wirbel vor der Mitte. Silur bis jetzt.

Scurria Gray (Fig. 763). Hoch kegelförmig, glatt. Wirbel fast zentral. Mündung oval. Jura bis jetzt.

Metoptoma Phil. Stumpf kegelförmig, niedrig. Wirbel subzentral. Hinterseite ausgeschnitten. Silur bis Karbon.

Lepetopsis Whitf. Silur bis Karbon.

Tryblidium Lindström (Fig. 764). Niedrig, sehr dickschalig, oval; aufsen konzentrisch blättrig verziert. Wirbel am Vorderrand. Muskeleindrücke zahlreich, hufeisenförmig aneinander gereiht. Silur.

Die Gattungen *Palaeacmaea* Hall. aus dem Silur und *Scenella* Billings aus dem Kambrium sind die ältesten Vertreter der Cyclobranchier. Die kleinen glatten oder radial verzierten, dünnen Schälchen lassen sich kaum von *Acmaea* unterscheiden.

2. Unterordnung. **Aspidobranchina.** Schweigger. Schildkiemener.

(*Scutibranchiata* Cuv., *Rhipidoglossa* Troschel, *Zygobranchia* Ihering, *Diotocardia* Bouvier.)

Kiemen meist fiederartig, die zwei gleichgrofsen oder ungleichen Blätter an der Basis verwachsen. Herz mit zwei Vorkammern. Radula mit grofsen Mittelplatten, Zwischenplatten und zahlreichen Seitenplatten. Schale napfförmig, ohrförmig oder spiral gewunden, häufig kreiselförmig. Deckel meist vorhanden.

1. Familie. **Fissurellidae.** Risso.

Schale symmetrisch, napf- oder mützenförmig, ohne Deckel. Wirbel nach hinten gekehrt, häufig durchbohrt. Zuweilen auch Vorderrand mit Spalt. An jugendlichen Exemplaren ist der Wirbel etwas eingekrümmt. Marine Küstenbewohner. Karbon bis Jetztzeit.

Emarginula Lam. (Fig. 765, 766). Mützenförmig oder konisch schildförmig. Wirbel nach hinten gekehrt, zuweilen spiral eingerollt. Vorderrand mit einem Schlitz. Karbon bis jetzt.

Fig. 765. *Emarginula Schlotheimi* Bronn. Oligocän. Weinheim bei Alzey. (Nat. Gröfse.)

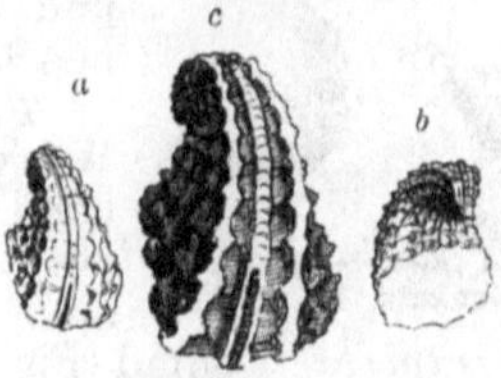

Fig. 766. *Emarginula Münsteri* Pictet. Ob. Trias. St. Cassian. *a b* Nat. Gröfse, *c* vergröfsert.

Fig. 767. *Rimula Goldfussi* Röm. sp. Coralrag. Hoheneggelsen, Hannover. *a* Nat. Gröfse, *b* vergröfsert.

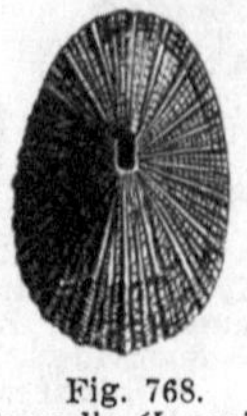

Fig. 768. *Fissurella (Lucapina) Italica* Defr. Miocän. Grund, Ungarn.

Rimula Defr. (Fig. 767). Wie vorige, aber Schlitz unten geschlossen. Lias bis jetzt.

Subgenera: *Puncturella* Lowe, *Semperia* Crosse.

Fissurella Lam. (*Fissuridea* Swainson) (Fig. 768). Niedrig kegelförmig. Wirbel durchbohrt. Oberfläche radial verziert. Karbon bis jetzt.

Scutum Montf. (*Parmophorus* Blv.). Länglich schildförmig, niedrig. Seitenränder parallel. Wirbel undurchbohrt. Eocän bis jetzt.

2. Familie. **Haliotidae.** Flem. Seeohren.

Schale flach, ohrförmig mit weiter Öffnung, ohne Deckel, innen perlmutterglänzend; am linken Aufsenrand mit einer Reihe runder Löcher. Marin.

Einzige Gattung *Haliotis* Lin. Ob. Kreide bis jetzt. Sehr selten fossil.

3. Familie. **Bellerophontidae.** M'Coy.

Schale symmetrisch, meist ziemlich dick, mit schwach entwickelter Perlmutterschicht; in einer Ebene spiral eingerollt. Mündung breit, oval oder schmal verlängert; Aufsenlippe in der Mitte mit einer Einbuchtung oder einem Schlitz, welchem häufig ein Band oder eine Reihe von Perforationen auf dem Schalenrücken entsprechen. Fossil. Kambrium bis Trias.

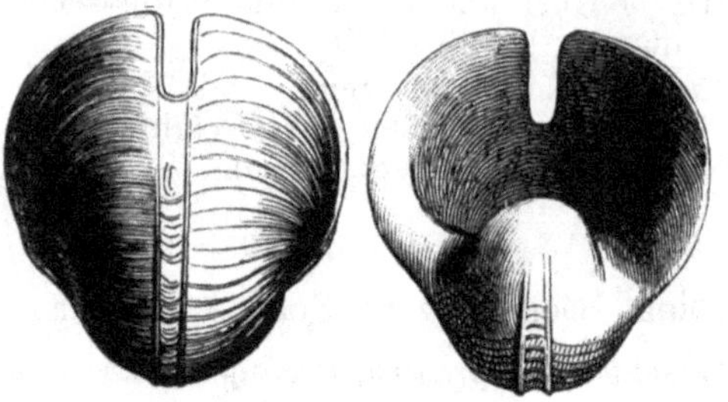

Fig. 769.
Bellerophon bicarenus Leveillé. Kohlenkalk. Tournay, Belgien.

Die Bellerophontiden wurden von Montfort zu den Cephalopoden, von Deshayes wegen der Ähnlichkeit mit *Atlanta* zu den Heteropoden, von de Koninck zu den Aspidobranchiern gestellt. Die dicken Schalen zeigen zuweilen noch Spuren der ursprünglichen Färbung. Mindestens 300 paläozoische Arten beschrieben.

Bellerophon Montf. (*Waagenia* de Kon.) (Fig. 769). Schale kugelig oder scheibenförmig; beiderseits eng genabelt, mehr oder weniger involut. Mündung gegen den Rand nicht erweitert. Aufsenlippe scharf, mit Ausschnitt oder tiefem Sinus. Dorsales Schlitzband entweder deutlich oder durch einen Kiel ersetzt oder fehlend. Oberfläche nur mit Zuwachsstreifen. Silur bis Perm. Hauptverbreitung im Kohlenkalk.

Subgenera: *Bucania* Hall., Silur. Devon. *Warthia, Mogulia* Waagen. Karbon.

Euphemus M'Coy (Fig. 770). Wie *Bellerophon*, aber die inneren Umgänge und ein Teil des letzten spiral gestreift. Karbon.

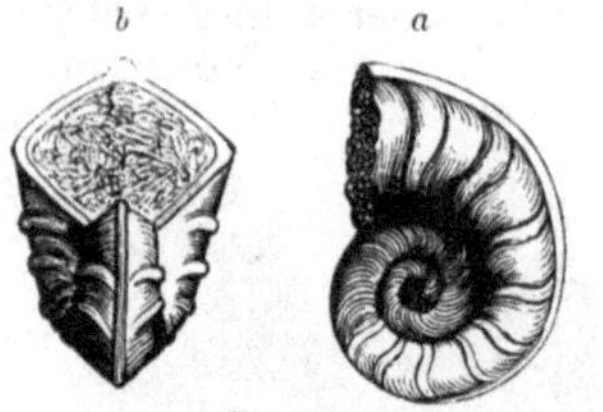

Fig. 771.
Cyrtolites ornatus Conrad.
a Exemplar von der Seite. Unt. Silur. Boonville, New-York (nach F. Roemer).
b Exemplar von vorn aus dem Trentonkalk von Cincinnati.

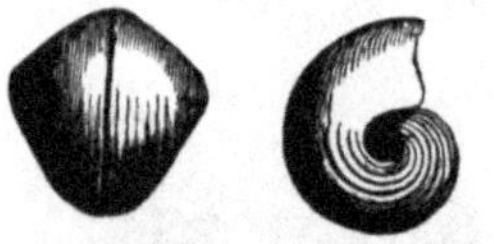

Fig. 770.
Bellerophon (Euphemus) Urii Flem. Kohlenkalk. Edinburg.

Salpingostoma Roem. Schale weit genabelt. Mündung plötzlich stark ausgebreitet. Rücken mit einem vorne und hinten geschlossenen Schlitz. Silur. Devon.

Trematonotus Hall. Wie vorige, aber Schlitzband durch eine Reihe von Löchern ersetzt. Silur.

Cyrtolites Conrad (Fig. 771). Schale weit genabelt, gekielt, ohne Schlitz, mit kräftigen Querrippen. Kambrium bis Karbon.

4. Familie. **Porcelliidae.** Koken.

Fig. 772.
Porcellia Puzosi Leveillé. Kohlenkalk. Tournay.

Schale scheibenförmig, flach, weit genabelt, fast symmetrisch, nur die ersten Windungen schneckenförmig gewunden. Aufsenlippe scharf mit langem Schlitz. Schlitzband deutlich in der Mitte des Schalenrückens verlaufend. Devon. Karbon.

Einzige Gattung *Porcellia* Leveillé (Fig. 772) (*Leveilleia* Newton).

5. Familie. **Pleurotomariidae.** d'Orb.

Schale spiral-, kegel-, kreisel- bis turmförmig, innen perlmutterglänzend. Aufsenlippe mit Schlitz, dem ein über sämtliche Umgänge verlaufendes Schlitzband entspricht. Der Schlitz zuweilen durch eine oder mehrere Öffnungen ersetzt. Deckel hornig. Kambrium bis jetzt.

Rhaphistoma Hall. Gewinde niedrig oder ganz abgeplattet. Umgänge oben mit Kante. Nabel mäfsig weit. Aufsenlippe mit kurzer Ausbuchtung am Kiel. Kambrium. Silur.

Pleurotomaria Defr. (Fig. 773—777). Schale breit kegelförmig, Gewinde bald hoch, bald niedrig, genabelt oder ungenabelt. Aufsenlippe mit Schlitz, dem ein auf allen Umgängen sichtbares Schlitzband entspricht, nach welchem von beiden Seiten her die zurückspringenden Zuwachsstreifen konvergieren. Schale innerlich perlmutterglänzend. Den vier sehr seltenen lebenden Arten stehen mehrere hundert fossile Formen gegenüber, die sich auf alle Formationen vom Silur bis Tertiär verteilen. Im jüngeren Tertiär ist die Gattung bereits sehr selten.

Fig. 773. *Pleurotomaria bitorquata* Deslongchamps. Mittlerer Lias. May, Calvados.

Fig. 774. *Pleurotomaria subscularis* Deslongchamps. Unt. Oolith. Bayeux, Calvados. (1/2 nat. Gröfse.)

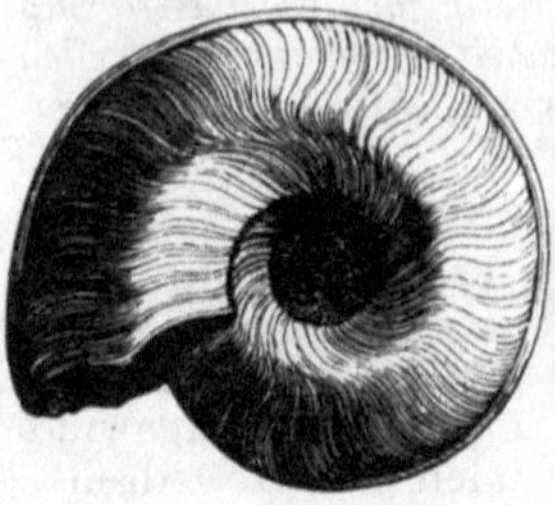

Fig. 775. *Pleurotomaria (Rhaphistomella) radians* Wifsm. Keuper. St. Cassian, Tirol.

Fig. 776. *Pleurotomaria (Leptomaria) macromphala* Zitt. Tithon. Stramberg, Mähren.

Subgenera: *Ptychomphalus* Ag., *Mourlonia*, *Worthenia* de Kon., *Gosseletina* Bayle, *Ivania* Bayle (*Baylea* de Kon.), *Rhaphistomella* (Fig. 775), *Zygites*, *Laubella*, *Stuorella*, *Schizodiscus* Kittl, *Agnesia* de Kon., *Brilonella* Kayser, *Hesperiella* Holzapfel, *Cryptaenia* (Fig. 777), *Leptomaria* Deslongch. (Fig. 776) etc.

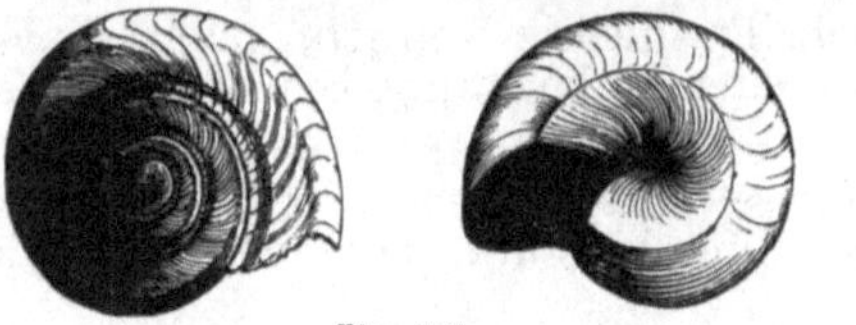

Fig. 777. *Pleurotomaria (Cryptaenia) polita* Goldf. Unt. Lias. Göppingen, Württemberg.

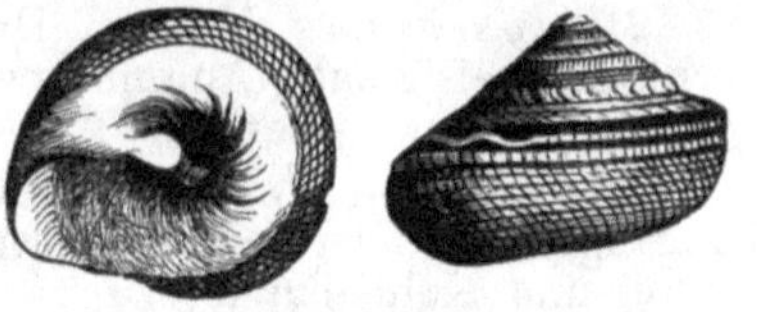

Fig. 778. *Trochotoma (Ditremaria) granulifera* Zitt. Ob. Tithon. Stramberg.

Kokenella Kittl. Sehr flache, scheibenförmige, in einer Ebene aufgerollte, jedoch etwas unsymmetrische Schalen mit breitem Schlitzband. Trias. *K. (Porcellia) Fischeri* Hoernes.

Polytremaria de Kon. Schale kreiselförmig. Das Schlitzband durch eine Reihe runder Löcher ersetzt, wovon sich die hinteren successive schliefsen. Kohlenkalk.

Ditremaria d'Orb. (Fig. 778). Hinter der Aufsenlippe zwei ovale, durch einen Spalt verbundene Löcher. Basis mit Nabelschwiele. Jura.

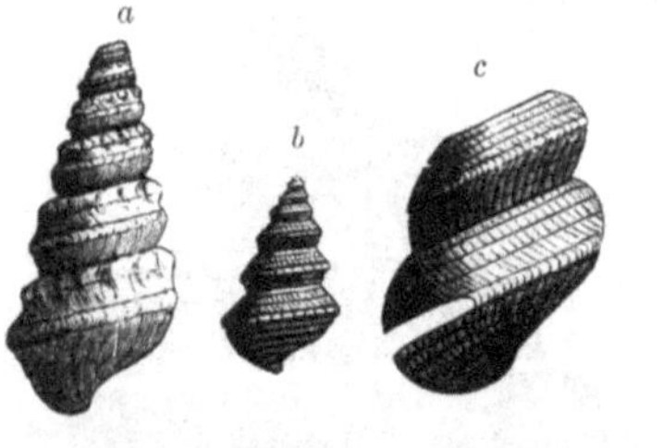

Fig. 779.
a *Murchisonia bilineata* d'Arch. u. Vern. Devon. Paffrath bei Köln.
b *Murchisonia Blumi* Klipst. Trias. St. Cassian.
c *Murchisonia subsulcata* de Kon. Kohlenkalk. Tournay. (Die zwei letzten Umgänge in doppelter nat. Gr.)

Trochotoma Deslongch. Kreiselförmig, mit konkaver Basis. Hinter der Aufsenlippe ein beiderseits geschlossener Spalt, dem ein Schlitzband entspricht. Trias. Jura.

Schizogonium Koken, *Temnotropis* Laube. Trias. *Scissurella* d'Orb. Kreide bis jetzt.

Cantantostoma Sandb. Devon.

Murchisonia d'Arch. Vern. (Fig. 779). Schale turmförmig, mit zahlreichen, bald glatten, bald verzierten Umgängen. Aufsenlippe mit Schlitz, dem ein Schlitzband entspricht. Kambrium bis Trias. Hauptverbreitung in Devon und Karbon.

Subgenera: *Hormotoma* Salter, *Lophospira* Whitf., *Goniostropha* Oehlert, *Cheilotoma* Koken.

6. Familie. **Euomphalidae.** de Koninck.

Schale niedrig kegelförmig bis scheibenförmig, spiral gewunden, mehr oder weniger tief und weit genabelt, Umgänge zuweilen in aufgelöster Spirale, glatt oder kantig. Aufsenlippe mit seichter Einbuchtung. Die ersten Windungen häufig durch Scheidewände abgeschlossen. Deckel kalkig. Kambrium bis Kreide.

Die Euomphaliden gehören vorzugsweise den paläozoischen Ablagerungen an. Sie wurden bald an die Trochiden, Turbiniden, Litoriniden oder Solariden angeschlossen. Mit letzteren haben ihre Schalen die gröfste Ähnlichkeit, allein bei *Solarium* ist das Embryonalgewinde links, bei den Euomphaliden rechts gedreht. Die Deckel sind nur bei einzelnen Gattungen (*Maclurea*) sicher bekannt, de Koninck vermutet, dafs die ursprünglich als *Calceola Dumontiana* beschriebenen pantoffelartigen und tief ausgehöhlten Deckel aus dem Kohlenkalk zu *Euomphalus* gehören.

Fig. 780.
Straparollus Dionysii Montf. Kohlenkalk. Visé, Belgien.

Straparollina Billings (Kambrium), *Ophileta* Vanuxem (Kambrium, Silur), *Maclurea* Lesueur (Silur).

Platyschisma M'Coy. Dünnschalig, niedrig konisch, glatt. Nabel verhältnismäfsig eng. Aufsenlippe mit breiter Einbuchtung. Silur bis Karbon. *P. helicoides* Sow. Karbon.

Straparollus Montf. (Fig. 780). Kreisel- bis scheibenförmig, weit genabelt. Umgänge glatt oder fein quergestreift. Silur bis Jura; besonders häufig in Devon und Kohlenkalk.

Phanerotinus Sow. Wie *Straparollus*, aber Gewinde eine offene Spirale bildend. Karbon.

Euomphalus Sow. (*Schizostoma* Bronn.) (Fig. 781). Niedrig konisch bis scheibenförmig, weit genabelt. Gewinde abgeplattet oder sogar vertieft. Umgänge kantig, die Kanten zuweilen mit Knoten besetzt (*Phymatifer* de Kon.). Aufsenlippe an der oberen Kante mit Ausschnitt. Silur bis Trias. Hauptverbreitung im Kohlenkalk.

Subgenera: *Omphalocirrus*, Devon. Karbon. *Coelocentrus* Zitt. Trias.

Discohelix Dunk. (Fig. 782). Flach scheibenförmig. Oberseite eben oder schwach konkav, Unterseite weit genabelt. Umgänge vierseitig, kantig. Trias bis untere Kreide.

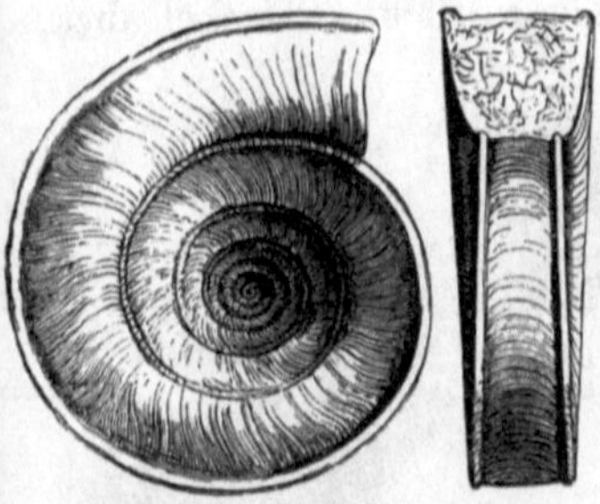

Fig. 782.
Discohelix orbis Reufs. Mittlerer Lias. Hinter-Schafberg, Ober-Österreich.

a b

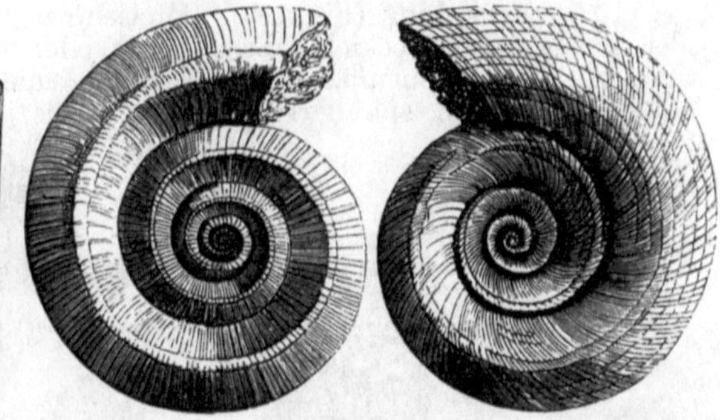

Fig. 781.
Euomphalus catillus Sow. sp. Kohlenkalk. Kildare, Irland.
a Von oben, *b* von unten.

7. Familie. **Stomatiidae.** Gray.

Schale niedrig, aus wenigen sehr rasch anwachsenden Umgängen bestehend, innen perlmutterglänzend. Mündung grofs.

Mit Ausnahme von *Stomatia* Gray und *Stomatella* Lam., von denen einzelne seltene Arten schon in der Kreide (vielleicht auch Jura) vorkommen, gehört diese Familie der Jetztzeit an.

8. Familie. **Turbinidae.** Adams

Schale kreiselförmig, scheibenförmig bis turmförmig, innen perlmutterglänzend. Mündung rundlich oder oval. Innenlippe glatt oder mit Schwiele; Aufsenlippe niemals umgeschlagen. Deckel sehr dick, kalkig, innen flach, aufsen gewölbt. Silur bis jetzt.

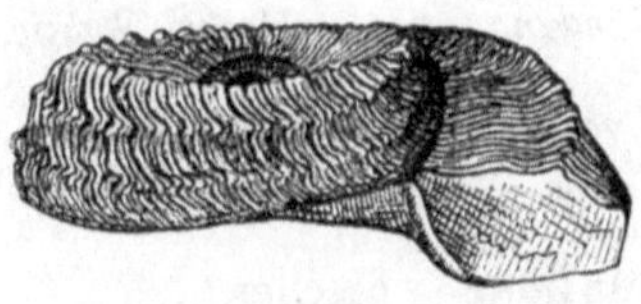

Fig. 783.
Omphalotrochus discus Sow.
Ob. Silur. Dudley, England.
Nat. Gröfse (nach Nicholson).

Fig. 784.
Omphalotrochus globosus Schloth. sp. Ob. Silur. Gotland. Mit erhaltenem Deckel.
(Nach Lindström.)

Fig. 785.
Cyclonema bilix Conr.
Unt. Silur. Cincinnati.

Die ungemein zahlreichen recenten Turbiniden werden hauptsächlich nach der Beschaffenheit der Deckel unterschieden; da aber diese bei fossilen Formen nur selten bekannt sind, so bleibt deren genauere Bestimmung meist unsicher. Es werden darum die fossilen rundmündigen Kreiselschnecken, wenn sie nicht durch besondere Eigentümlichkeiten der Schale ausgezeichnet sind, meist unter der Kollektivbezeichnung *Turbo* Lin. zusammengefafst.

Omphalotrochus Meek. (*Polytropis* de Koninck, *Oriostoma* Lindström non Mun.-Chalm.) (Fig. 783. 784). Scheibenförmig oder niedrig konisch, weit genabelt. Umgänge rund, mit erhabenen Längskielen verziert. Deckel ungemein dick, innen eben, aufsen konisch, mit sehr zahlreichen, spiralen Umgängen. Silur bis Karbon. Besonders häufig im oberen Silur.

Cyclonema Hall. (Fig. 785). Kreiselförmig, mit bauchigen Umgängen, fein spiral gestreift. Mündung rundlich, die Ränder nicht zusammenhängend. Deckel konisch, innen eben, aufsen mit spiralen Riefen. Silur.

Astralium Link (Fig. 787). Kreiselförmig; Windungen rauh, blättrig oder knotig, meist gekielt. Basis mehr oder weniger abgeplattet. Mundsaum nicht zusammenhängend. Mündung niedergedrückt. Deckel dick, kalkig, innen eben, spiralgewunden. Trias bis jetzt.

Fig. 786. *Turbo* od. *Astralium (Bolma) rugosus* Lin. Mit Deckel. Pliocän. Pienza, Toskana.

Fig. 787. *Astralium (Uvanilla) Damon* Laube. Ob. Trias. St. Cassian.

Fig. 788. *Turbo (Collonia) modestus* Fuchs. Oligocän. Monte Grumi bei Castel Gomberto.

Fig. 789. *Turbo (Ninella) Parkinsoni* Bast. Oligocän. Dax bei Bordeaux.

Subgenera. *Bolma* Risso (Fig. 786), *Pachypoma* Gray, *Lithopoma* Gray, *Uvanilla* Gray (Fig. 787), *Calcar* Montf., *Guilfordia* Gray etc.

Turbo Lin. (Fig. 788. 789). Kreisel- bis kegelförmig. Mündung fast kreisrund. Deckel dick, kalkig, aufsen konvex, innen eben und spiral. Silur (?) bis jetzt.

Subgenera. *Sarmaticus* Gray, *Senectus* Humphr., *Batillus* Schum., *Ninella* (Fig. 789), *Collonia* (Fig. 788), *Modelia, Callopoma* Gray etc.

9. Familie. **Phasianellidae.** Troschel.

Schale oval verlängert, dünn, glatt, glänzend, porzellanartig, innen nicht perlmutterig, ungenabelt. Letzter Umgang grofs. Mündung oval. Deckel kalkig, dick, aufsen konvex.

Phasianella Lam. (Fig. 790). Kreide bis jetzt.

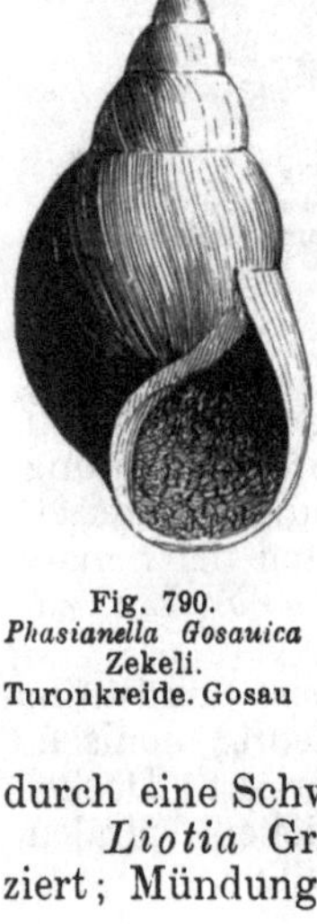

Fig. 790. *Phasianella Gosauica* Zekeli. Turonkreide. Gosau

10. Familie. **Delphinulidae.** Fischer.

Schale kreisel- oder scheibenförmig, meist dick, innen perlmutterglänzend, aufsen häufig mit Stacheln, Rippen oder Falten verziert. Mündung kreisrund, mit zusammenhängenden Rändern; Aufsenlippe meist umgeschlagen oder verdickt. Deckel hornig, häufig aufsen durch eine dünne Kalkschicht verstärkt.

Craspedostoma Lindström. Kugelig, eng genabelt, mit kurzem Gewinde und grofsem quer gestreiftem oder gegittertem letztem Umgang. Mundsaum umgeschlagen, am Spindelende mit einem flügelartigen Fortsatz. Ob. Silur. *C. elegantulum* Lindstr.

Crossostoma Morr. Lyc. (Fig. 791). Niedrig kreiselförmig, glatt, ungenabelt. Gewinde kurz. Mündung rund, durch eine Schwiele verengt, Aufsenlippe etwas umgeschlagen. Trias. Jura.

Liotia Gray (Fig. 792). Niedrig kreiselförmig, mit Querwülsten verziert; Mündung durch schwieligen Wulst verdickt. Jura bis jetzt.

Delphinula Lam. (*Angaria* Ad.) (Fig. 793. 794). Niedrig kreiselförmig genabelt. Umgänge rund, schuppig, stachelig oder spiral verziert. Mündung rundlich, ohne wulstige Verdickung. Trias bis jetzt.

Fig. 791. *Crossostoma reflexilabrum* d'Orb. sp. Mittlerer Lias.

Fig. 792. *Liotia Gervillei* Desh. sp. Grobkalk. Hauteville bei Valogne.

Fig. 793. *Delphinula segregata* Héb. Desl. Callovien. Montreuil-Bellay, Maine-et-Loire.

Fig. 794. *Delphinula scobina* Brongt. sp. Oligocän. Gaas bei Dax.

11. Familie. **Trochonematidae.** Zitt.

Ausgestorbene pyramiden-, kreisel- bis scheibenförmige, rechts oder links gewundene, meist dünnschalige Schnecken mit innerer Perlmutterschicht. Umgänge gewölbt, mit ein oder mehreren Längskielen und etwas wellig gebogenen Querstreifen oder Querrippen. Mündung rundlich, zuweilen mit schwachem Ausgufs. Deckel unbekannt, wahrscheinlich hornig. Kambrium bis Kreide. Marin.

Diese in paläozoischen und namentlich im Jura ungemein häufigen, meist reichverzierten Schnecken werden bald bei den Littoriniden, bald bei den Turbiniden oder Purpuriniden untergebracht. Sie bilden eine eigene Familie, die sich am besten an die Turbiniden und Trochiden anreiht.

Fig. 795. *Eunema strigillata* Salter. Unt. Silur. Pauquette-Fälle. Canada.

Trochonema Salter. Pyramiden- bis kreiselförmig, längs gekielt und quergestreift, tief genabelt. Mündung rund. Nabel von einem Kiel umgeben. Kambrium. Silur.

Eunema Salter (Fig. 795). Pyramidenförmig, mit hohem spitzem Gewinde, ungenabelt. Umgänge mit zwei oder mehreren spiralen Kielen und kräftigen Querstreifen. Mündung oval, unten (vorne) mit schwacher Ausbuchtung. Silur.

Amberleya Morr. Lyc. (*Eucyclus* Deslongch.) (Fig. 796). Kreisel- bis pyramidenförmig, ungenabelt; Nähte tief. Spiralkiele meist knotig oder stachelig, von kräftigen Querstreifen gekreuzt, in der unteren Hälfte der

Fig. 796. *Amberleya capitanea* Mstr. Ob. Lias. La Verpillière bei Lyon.

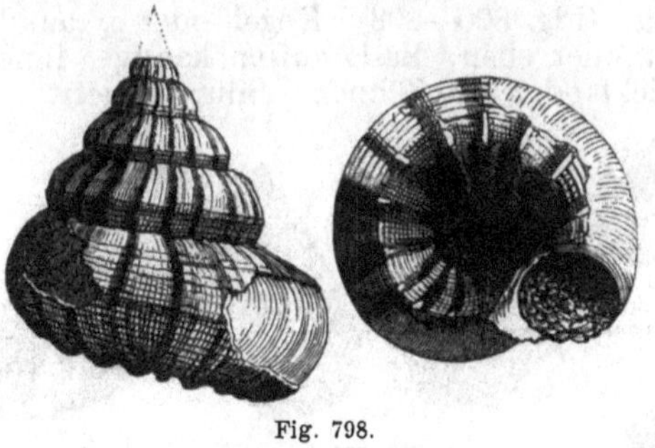

Fig. 798. *Cirrus nodosus* Sow. Unt. Oolith. Yeovil, England.

Fig. 797. *Platyacra impressa* Schafh. sp. Unt. Lias. Hochfellen, Bayern.

Umgänge zahlreicher als in der oberen. Mündung rundlich, zuweilen mit schwachem Ausgufs. Trias bis Kreide. Häufig in Lias, Dogger und Malm.

Oncospira Zitt. Pyramidenförmig, spiral gerippt, mit 1—2 Querwülsten auf jedem Umgang, welche ununterbrochen über die Schale fortsetzen. Jura.

Hamusina Gemm. Links gewunden, ungenabelt, mit knotigen Längskielen. Lias.

Platyacra v. Ammon (Fig. 797). Wie vorige, aber Apex abgeplattet, die ersten Umgänge in einer Ebene. Lias.

Cirrus Sow. (*Scaevola* Gemm.) (Fig. 798). Links gewunden, kreiselförmig; tief und weit genabelt. Gewinde zugespitzt. Umgänge mit kräftigen Querrippen und spiralen Streifen, gekielt. Trias. Lias. Dogger.

12. Familie. **Trochidae.** Ad.

Schale kegelförmig, kreiselförmig oder pyramidal, innen mit Perlmutterschicht; Basis mehr oder weniger abgeplattet. Mündung quer vierseitig, Mundränder nicht zusammenhängend, Innenlippe häufig mit Zahn. Deckel dünn, hornig. Silur bis jetzt.

Fig. 799. *Margarita laevigata* Mstr. Ob. Trias. St. Cassian, Tirol. (2/1.)

Die Gattungsbestimmung der zahlreichen fossilen Trochiden ist nicht minder schwierig als bei den Turbiniden, weil sich die paläozoischen und mesozoischen Formen schwer in die recenten Genera und Subgenera einfügen lassen, vielmehr häufig Kollektivtypen mit Merkmalen mehrerer modernen Gattungen und selbst Familien darstellen. In Ermangelung charakteristischer Kennzeichen werden sie meist unter dem Sammelnamen *Trochus* zusammengefaſst.

Aus älteren Ablagerungen sind wohl die von Lindström beschriebenen *Trochus*-Arten aus dem oberen Silur von Gotland, ferner *Flemingia*, *Glyptobasis* de Kon., *Microdoma* M. W. (Karbon), *Turbina* und *Turbonellina* de Kon. aus Karbon, Trias und Jura als echte Trochiden zu betrachten.

Fig. 800. *Trochus (Tectus) Lucasanus* Brongt. Oligocän. Castel Gomberto bei Vicenza.

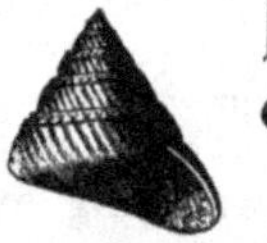

Fig. 801. *Trochus (Ziziphinus) semipunctatus* Mstr. Trias. St. Cassian. (2/1.)

Fig. 802. *Trochus (Ziziphinus) aequalis* Buv. Koralrag. St. Michiel. Meuse.

Fig. 803. *Trochus (Gibbula) pictus* Eichw. Miocän. Wiesen bei Wien.

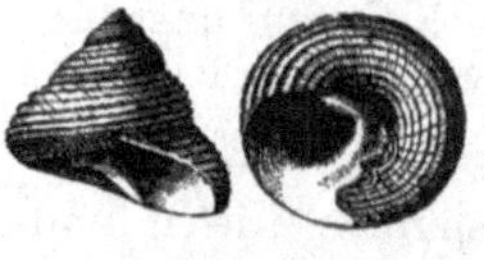

Fig. 804. *Trochus (Oxystele) patulus* Brocchi. Miocän. Steinabrunn bei Wien.

Trochus Lin. (Fig. 800—808). Kegel- oder pyramidenförmig; Umgänge schwach gewölbt oder eben, Basis auſsen kantig. Innenlippe vorne häufig abgestutzt, verdickt oder mit Zähnen. Silur bis jetzt.

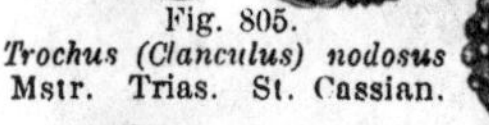

Fig. 805. *Trochus (Clanculus) nodosus* Mstr. Trias. St. Cassian.

Fig. 806. *Trochus (Craspedotus) clathratus* Etall. sp. Koralrag. Valfin, Ain. (In doppelter nat. Gröſse.)

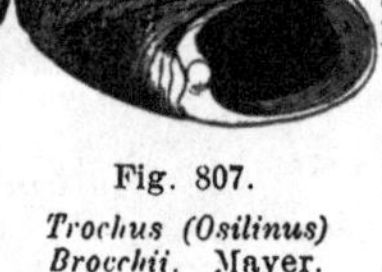

Fig. 807. *Trochus (Osilinus) Brocchii.* Mayer. Pliocän. Montopoli, Toscana.

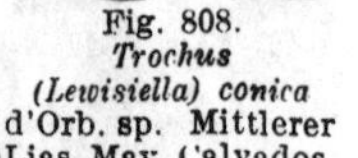

Fig. 808. *Trochus (Lewisiella) conica* d'Orb. sp. Mittlerer Lias. May, Calvados.

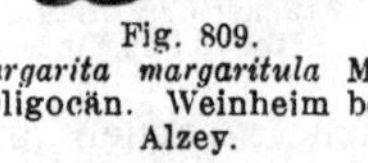

Fig. 809. *Margarita margaritula* Mer. Oligocän. Weinheim bei Alzey.

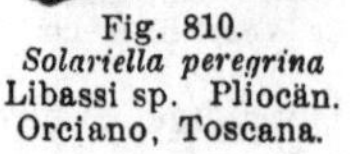

Fig. 810. *Solariella peregrina* Libassi sp. Pliocän. Orciano, Toscana.

Subgenera. *Tectus* Montf. (Fig. 800), *Polydonta* Schum., *Ziziphinus* Leach (Fig. 801, 802), *Eutrochus* Ad., *Elenchus* Swainson, *Turcica* Ad.,

Gibbula Leach (Fig. 803), *Oxystele* Phil. (Fig. 804), *Monodonta* Lam. (Fig. 805), *Clanculus* Montf., *Craspedotus* Phil. (Fig. 806), *Chlorostoma* Swainson, *Osilinus* Phil. (Fig. 807), *Lewisiella* Stol. (Fig. 808) etc.

Margarita Leach (Fig. 799, 809) und *Solariella* Wood. (Fig. 810) gehören ebenfalls zu den Trochiden. Tertiär und lebend.

13. Familie. **Xenophoridae.** Desh.

Schale kreiselförmig, ohne Perlmutterschicht. Umgänge eben, häufig mit agglutinierten Fremdkörpern bedeckt. Basis konkav oder eben, am Rand mit scharfem Kiel. Mündung quer vierseitig. Deckel hornig.

Die Xenophoriden sind eine altertümliche Familie, deren moderne Vertreter eine hohe Differenzierung erlangt haben. Sie besitzen neben einer grofsen, wohlausgebildeten, nur noch eine zweite, ganz rudimentäre Kieme und werden darum meist zu den *Ctenobranchina* gestellt. Auch die Radula erinnert mehr an die von Capuliden, Littoriniden und Strombiden, als an die der Trochiden. Die bereits im Silur vorkommenden Schalen stehen jedoch *Trochus* so aufserordentlich nahe, dafs an einer gemeinsamen Abstammung der beiden Familien kaum gezweifelt werden kann.

Onustus Humphrey (*Eotrochus* Whitf.) (Fig. 811). Dünnschalig, kreiselförmig, weit genabelt. Umgänge eben, selten agglutinierend. Der Aufsenrand der konkaven Basis durch einen blattartigen zusammengedrückten Saum gebildet. Silur. (*O.* [*Trochus*] *cavus, profundus* Lindström) bis jetzt.

Fig. 811. *Onustus heliacus* d'Orb. sp. Ob. Lias. La Verpillière bei Lyon.

Fig. 812. *Xenophora agglutinans* Lam. Eocäner Grobkalk. Damery bei Epernay.

Omphalopterus Roem. Niedrig kreiselförmig, weit genabelt. Der breite Saum an der Basis aus zwei, durch einen Schlitz getrennten Blättern bestehend. Silur. *O. (Euomphalus) alatus* His. sp.

Clisospira Bill., *Autodetus* Lindstr. Silur.

Xenophora Fischer (*Phorus* Montf.) (Fig. 812). Kreiselförmig, eng genabelt. Umgänge mit agglutinierten Fremdkörpern bedeckt. Kreide bis jetzt.

14. Familie. **Umboniidae.** Ad.

Kleine, meist niedrig scheibenförmige, glänzende oder fein spiral gestreifte Schälchen, ohne Perlmutterschicht. Aufsenlippe scharf, Mundränder nicht zusammenhängend. Nabel häufig mit Schwiele bedeckt. Deckel hornig. Silur bis jetzt.

An die recenten Gattungen *Umbonium* Link (*Rotella* Lam.), *Isanda* Ad., *Camitia* Gray etc. schliefst sich eine Anzahl fossiler Formen an, wie *Pycnomphalus* Lindstr. aus Silur und Devon, *Anomphalus* M. W., *Rotellina* de Kon. aus dem Kohlenkalk, *Chrysostoma* (Fig. 813) aus dem Jura u. a., die höchst wahrscheinlich als Vorläufer der Umboniiden zu betrachten sind.

Fig. 813. *Chrysostoma Acmon* d'Orb. sp. Dogger. Balin bei Krakau.

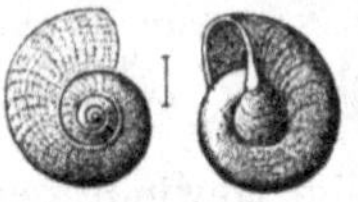

Fig. 814. *Teinostoma rotellaeformis* Desh. Grobkalk. Grignon.

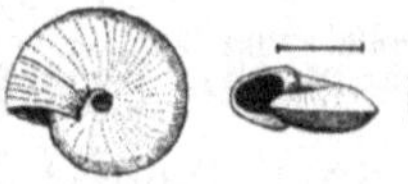

Fig. 815. *Helicocryptus pusillus* Roem. sp. Koralrag. Lindener Berg bei Hannover.

Fig. 816. *Adeorbis tricostatus* Desh. Eocän. (Mittl. Meeressand.) Auvers. Seine et Oise.

Ob die Gattungen *Teinostoma* (Fig. 814) und *Vitrinella* Ad., auf welche auch zahlreiche fossile Formen aus Karbon, Trias, Jura, Kreide und

Tertiär bezogen werden, zu dieser Familie gehören, ist zweifelhaft. *Helicocryptus* d'Orb. (Fig. 815) aus Jura und Kreide steht *Vitrinella* nahe.

Auch die kleinen, glänzenden Schälchen von *Cyclostrema* Marryat, sowie die spiral gestreiften ***Adeorbis*** S. Wood. (Fig. 816) haben grofse Ähnlichkeit mit Umboniiden, bilden nach Fischer aber besondere Familien. Von beiden kommen fossile Arten im Tertiär vor.

15. Familie. **Neritopsidae.** Fischer.

Schale mit kurzem, zuweilen seitwärts gedrehtem Gewinde, oval bis halbkugelig, ungenabelt, ohne Perlmutterschicht. Letzter Umgang sehr grofs. Mündung oval oder halbkreisförmig. Innenlippe schwielig verdickt, gebogen, zuweilen mit Ausschnitt. Deckel kalkig, nicht spiral, mit subzentralem Nucleus, innen mit schwielig verdicktem Columellarrand, welcher in der Mitte einen breiten, eckigen oder abgerundeten Vorsprung bildet.

Die Neritopsiden unterscheiden sich von den nahe verwandten Neritiden hauptsächlich durch den total abweichenden, nicht spiralen Deckel, welcher unter den Namen *Peltarion*, *Scaphanidia*, *Cyclidia* und *Rhynchidia* beschrieben wurde. Die ersten Umgänge werden nicht wie bei den Neritiden resorbiert. Devon bis jetzt.

Fig. 817. *Naticopsis Mandelslohi* Klipst. sp. Ob. Trias. St. Cassian.

Naticopsis M'Coy (*Neritomopsis* Waagen) (Fig. 817—819). Glatt oder quer gestreift, oval bis kugelig. Mündung oval. Innenlippe abgeplattet, etwas schwielig, gebogen, zuweilen quer gestreift. Sehr häufig in Karbon und Trias; seltener im Devon.

Hologyra Koken. Glatt, halbkugelig, Nähte wenig vertieft, das kurze, seitlich gelegene Gewinde innerlich nicht resorbiert. Innenlippe abgeplattet, schwielig, den Nabel bedeckend, mit scharfem Rand. Trias häufig. An manchen Arten hat sich die ursprüngliche Färbung trefflich erhalten.

Marmolatella Kittl. Ohr- bis mützenförmig, mit sehr kurzem eingekrümmtem und fast randständigem Gewinde. Letzter Umgang sehr ausgebreitet. Innenlippe schwielig verdickt, breit, gebogen. Trias. *M. (Ostrea) stomatia* Stopp. sp., *M. Telleri* Kittl sp.

Natiria de Kon. Silur bis Karbon.

a b

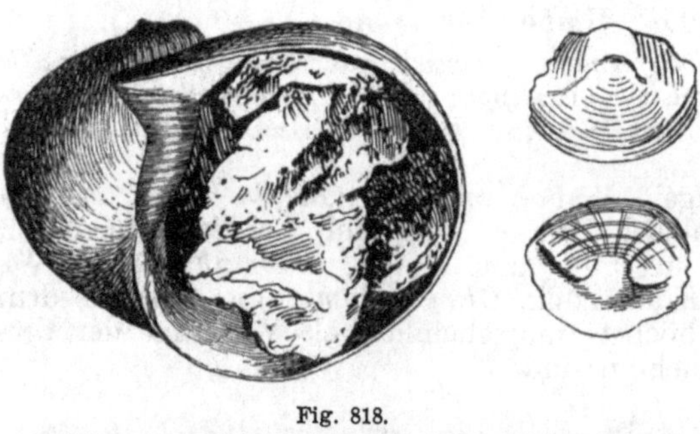

Fig. 818.
a Naticopsis ampliata Phill. Kohlenkalk. Visé, Belgien.
b Deckel von *N. planispira* Phill., ebendaher. (Nach de Koninck.)

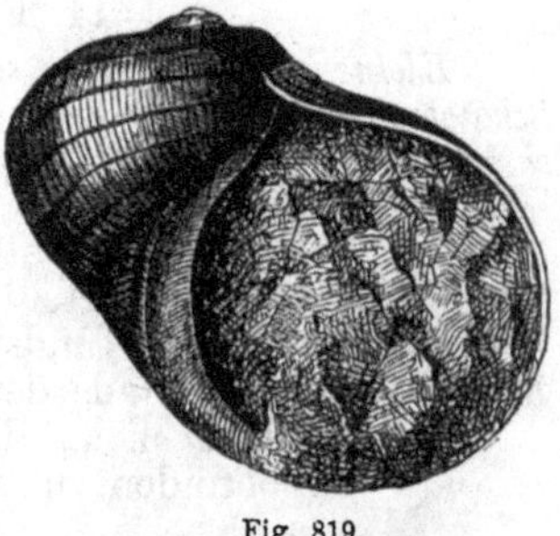

Fig. 819.
Naticopsis lemniscata M. Hoern. Trias. Esino, Lombardei. (Mit erhaltener Färbung.)

Naticella Münst. (Fig. 820.) Dünnschalig, Gewinde gerade, niedrig, letzter Umgang grofs, quer gerippt. Trias.

Palaeonarica Kittl (*Pseudofossarus* Koken). Trias.

Platychilina Koken (*Fossariopsis* Laube). Gewinde niedrig, gerade. Letzter Umgang grofs, Oberfläche rauh, mit Höckern bedeckt. Innenlippe eben, glatt, mit einfachem Rand. Trias. *P. pustulosa* Mstr. sp.

Delphinulopsis Laube. Wie vorige, jedoch Gewinde aus lose verbundenen Umgängen bestehend. Naht tief. Letzter Umgang mit knotigen Längskielen. Innenlippe eben, mit scharfem Innenrand. Trias. *D. binodosa* Mst. sp.

Fig. 820.
Naticella costata Mstr.
Campiler Schichten.
Wengen, Süd-Tirol.

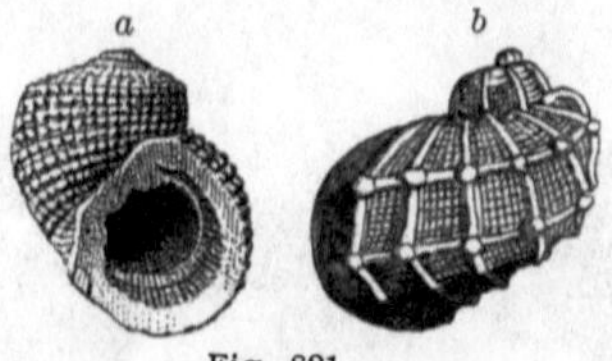

Fig. 821.
a Neritopsis moniliformis Grat.
Miocän. Lapugy, Siebenbürgen.
b N. spinosa Héb. Deslongch.
Callovien. Montreuil-Bellay,
Maine-et-Loire.

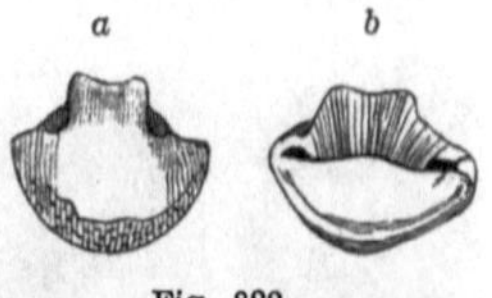

Fig. 822.
Deckel der recenten *Neritopsis radula* von Neu-Caledonien.
Nat. Gröfse (nach Crosse).
a Äufsere, *b* innere Seite.

Neritopsis Grat. (Fig. 821. 822). Gewinde niedrig, letzter Umgang sehr grofs. Oberfläche mit spiralen und queren Rippen oder Knoten, häufig gegittert. Innenlippe verdickt, mit breitem, eckigem Ausschnitt in der Mitte. Trias bis jetzt.

16. Familie. **Neritidae.** Lam.

Schale halbkugelig, ungenabelt, ohne Perlmutterschicht. Gewinde sehr kurz, auf die Seite gerückt, Umgänge rasch zunehmend; der letzte sehr grofs, die ersten im Innern resorbiert. Mündung halbkreisförmig. Rand der abgeplatteten oder schwielig verdickten Innenlippe häufig mit Zähnen. Deckel kalkig, mit seitlichem, spiralem Nucleus und Muskelfortsatz auf der Innenseite. Trias bis jetzt.

Die Neritiden sind teils Meeres-, teils Süfswasserbewohner; erstere leben meist in der Nähe der Küste, letztere häufig auch im Brackwasser. Sie resorbieren im Innern die ersten Umgänge, so dafs Steinkerne nichts vom Gewinde erkennen lassen. Dieses Merkmal, sowie die Gestalt des Deckels unterscheidet sie hauptsächlich von *Naticopsis,* aus denen sie wahrscheinlich, wie die terrestrischen *Helicinidae* hervorgegangen sind. An fossilen Arten erhalten sich nicht selten Reste der Färbung.

Neritaria Koken (*Protonerita* Kittl). Gewinde zugespitzt, Nähte vertieft. Oberfläche glatt. Aufsenlippe scharf. Innenlippe schwielig, abgeplattet. Resorption der inneren Scheidewände unvollständig. Trias.

Nerita Lin. (Fig. 823). Dick, oval oder halbkugelig, glatt oder spiral gerippt. Innenlippe schwielig, abgeplattet, mit geradem, häufig gezähneltem Innenrand. Deckel kalkig, subspiral, mit seitlichem Nucleus. Trias (?) bis jetzt.

Oncochilus Pethö (Fig. 824). Glatt. Innenlippe gewölbt, schwielig, am Rand mit 2—3 Zähnen oder glatt. Aufsenlippe scharf. Trias. Jura.

Lissochilus Pethö (Fig. 825). Jura. *Neritodomus* Morr. Lyc. *Neritoma* Morris. Jura. *Otostoma* d'Arch. Kreide. *Dejanira* Stol. Kreide.

Velates Montf. (Fig. 826). Niedrig kegelförmig, nur die gekrümmte Spitze des Gewindes sichtbar. Letzter Umgang sehr grofs. Innenlippe konvex oder eben, mit geradem, gezahntem Innenrand. Häufig im Eocän; wird zuweilen 10—12 cm grofs.

Neritina Lam. (Fig. 827). Klein, halbkugelig, glänzend, glatt oder mit Stacheln, meist bunt gefärbt. Innenlippe abgeplattet, mit scharfem oder fein gezähntem Innenrand. Aufsenlippe scharf. In Brack- oder Süfswasser. Häufig im Tertiär und Jetztzeit; die angeblich mesozoischen Formen gehören meist zu *Nerita.*

Pileolus Sow. (Fig. 828). Klein, napfförmig bis niedrig kegelförmig, elliptisch oder rund. Wirbel schwach nach hinten gekrümmt. Nur letzter Umgang sichtbar. Mündung halbkreisförmig. Innenlippe breit, schwielig. Jura bis Eocän.

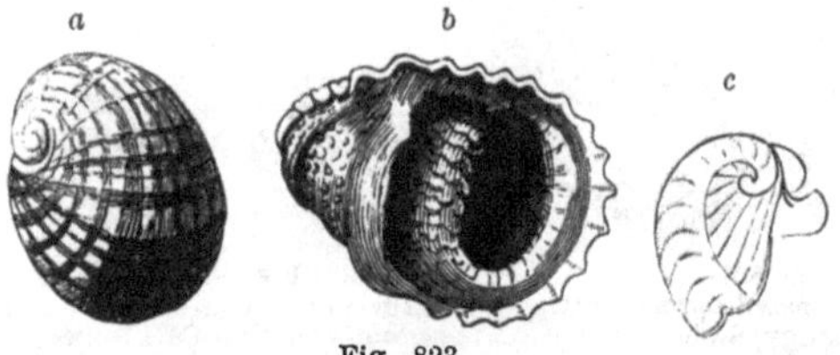

Fig. 823.
a Nerita Laffoni Merian. Citharellenkalk. Epfenhofen bei Schaffhausen.
b Nerita granulosa Desh. Eocän (Sables moy.) Auvers bei Paris.
c Deckel einer recenten *Nerita*.

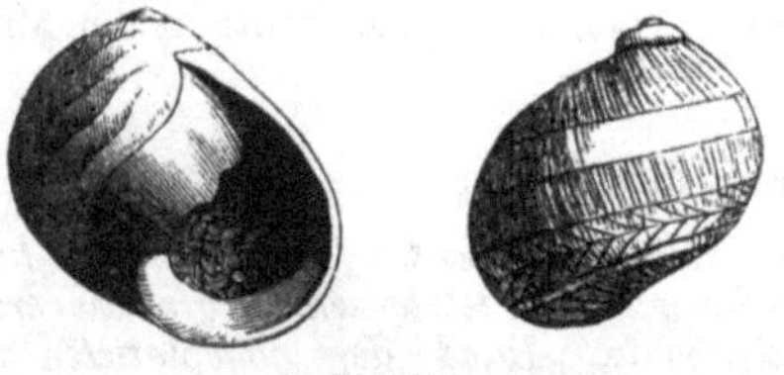

Fig. 824.
Oncochilus chromaticus Zitt. Ob. Tithon. Stramberg, Mähren.

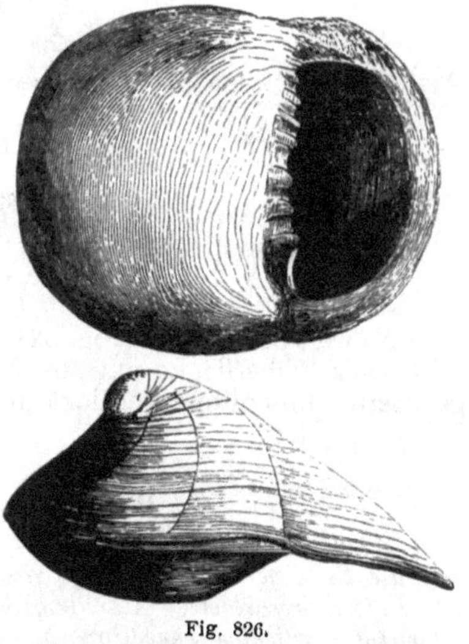

Fig. 826.
Velates Schmidelianus Chem. Eocän. (Unterer Meeressand.) Cuise-la-Mothe.

Fig. 825.
Lissochilus sigaretinus Buv. Koralrag. Hoheneggelsen, Hannover.

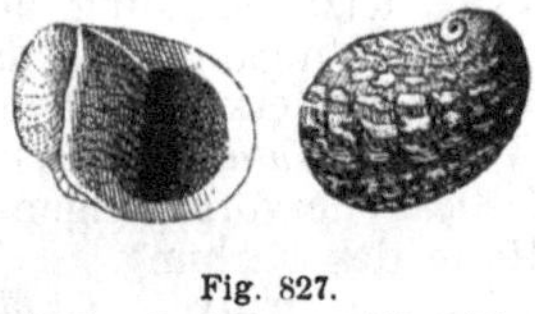

Fig. 827.
Neritina Grateloupana Fér. Miocän. Häufelburg bei Günzburg.

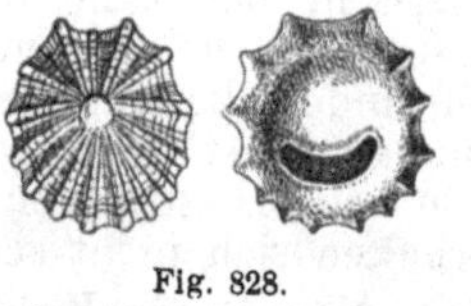

Fig. 828.
Pileolus plicatus Sow. Bathonien. Langrune, Calvados. ($^3/_1$).

3. Unterordnung. **Ctenobranchina.** Schweigg. Kammkiemener.

(*Pectinibranchia* Cuv., *Azygobranchia* Ihering, *Monotocardia* Bouvier.)

Rechte Nackenkieme kammförmig, sehr umfangreich und meist durch Drehung des Rumpfes nach links gerückt, die linke Kieme verkümmert. Herz mit einer Vorkammer. Radula schmal, sehr mannigfaltig zusammengesetzt. Schale in Schneckenspirale gewunden, selten napf- oder mützenförmig.

Die Ctenobranchier bilden die formenreichste Gruppe der Prosobranchier. Sie leben vorwiegend im Meer, teilweise auch im süfsen Wasser oder auf dem Lande, beginnen im Silur und erlangen ihre Hauptverbreitung in mesozoischen und tertiären Ablagerungen und in der Jetztzeit. Man hat dieselben nach der Beschaffenheit der Mündung in *Holostomata* und *Siphonostomata* zerlegt, aber diese lediglich auf die Schale basierten Gruppen finden in den anatomischen Merkmalen keine Begründung. Die Einteilung nach dem Bau der Radula in *Ptenoglossa, Taenioglossa, Rachiglossa* und *Toxoglossa* nach Troschel oder in *Taenioglossa* und *Stenoglossa* nach Bouvier ist paläontologisch nicht verwertbar.

1. Familie. **Solariidae.** Chenu.

Schale niedrig kegelförmig, tief und weit genabelt, ohne Perlmutterschicht. Umgänge kantig. Deckel hornig oder kalkig, spiral. Embryonalgewinde heterostroph. Kreide, tertiär und lebend. Marin.

Die *Solariidae* sind wahrscheinlich aus den Euomphaliden hervorgegangen, von denen sie sich hauptsächlich durch das heterostrophe Embryonalgewinde und den Mangel eines Ausschnittes der Aufsenlippe unterscheiden.

Fig. 829. *Solarium simplex* Bronn. Miocän. Niederleis, N.-Öst.

Fig. 830. *Solarium Leymeriei* Ryckholt. Tourtia. Tournay, Belgien.

Solarium Lam. (Fig. 829. 830). Niedrig konisch, aufsen kantig. Mündung viereckig. Nabel weit und tief, die Nabelkante gekerbt oder scharf. Deckel hornig. Jura bis jetzt. Ein Teil der mesozoischen Solarien dürfte zu *Euomphalus* gehören.

Torinia Gray. Tertiär und lebend. *Bifrontia* Desh. (*Omalaxis* Desh.). Eocän.

2. Familie. **Purpurinidae.** Zitt.

Dickschalige, ovale Schnecken mit treppenförmigem Gewinde, ohne Perlmutterschicht. Umgänge unter der Naht abgeplattet und kantig. Die Kante häufig mit Knoten besetzt; letzter Umgang grofs. Mündung oval, vorne mit Ausgufs, Ränder getrennt. Deckel unbekannt. Silur bis Kreide.

Scalites Conrad. Gewinde kurz, zugespitzt, treppenartig; Umgänge unter der Naht abgeplattet mit scharfem Kiel, letzter Umgang sehr grofs, glatt. Mündung mit schwachem Ausgufs. Silur bis Trias.

Trachydomia M. W. Karbon. *Trachynerita* Kittl. Trias.

Pseudoscalites Kittl, *Tretospira* Kok. Trias.

Purpurina d'Orb. Länglich oval. Windungen oben kantig, spiral gerippt, mit queren Falten oder Rippen, reich verziert, häufig mit Nabelspalte. Mündung oval, vorne mit Ausgufs. Rhät. Lias. Jura.

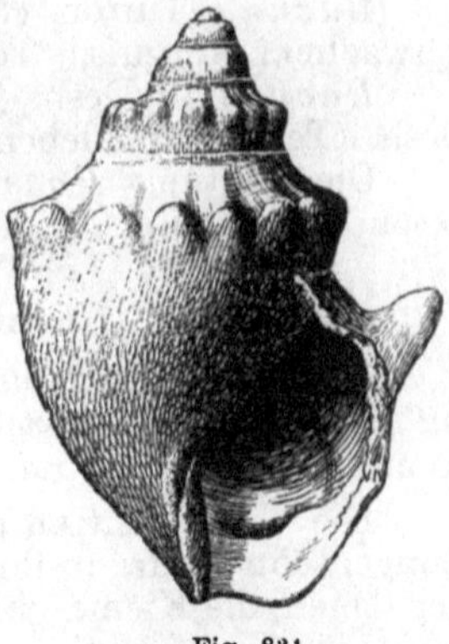

Fig. 831. *Purpuroidea nodulata* Young and Bird sp. Grofs-Oolith. Minchinhampton, England.

Purpuroidea Lycett (Fig. 831). Oval, dickschalig. Gewinde treppenförmig, die abgeplattete Fläche unter der Naht von einer Knotenreihe begrenzt. Letzter Umgang bauchig, glatt. Aufsenlippe dünn. Mündung vorne mit kanalartigem Ausgufs. Jura und Kreide.

Brachytrema Morr. Lyc., *Tomocheilus* Gemm. Jura.

3. Familie. **Littorinidae.** Gray.

Schale kreiselförmig, ohne Perlmutterschicht, meist glatt oder spiral verziert. Mündung rundlich. Aufsenlippe scharf. Deckel hornig, paucispiral. Silur bis jetzt. Marin.

Die Schalen der Littoriniden unterscheiden sich von den Turbiniden und Trochiden lediglich durch den Mangel einer Perlmutterschicht. Die Tiere dagegen weichen beträchtlich ab. Bei den ersteren sind zwei fast gleichmäfsig entwickelte, bei den Littoriniden nur eine Kieme vorhanden; das Herz hat bei den ersteren zwei, bei den Littoriniden nur eine Vorkammer, die Radulae der Turbiniden und Trochiden sind rhipidoglofs, die der Littoriniden tänioglofs. Obwohl demnach die Littoriniden von den

Zoologen zu den *Ctenobranchina,* die Kreiselschnecken zu den *Aspidobranchina* gestellt werden, so erscheint es doch kaum zweifelhaft, dafs die paläozoischen Littoriniden den Turbiniden und Trochiden sehr nahe standen und wahrscheinlich erst spät ihre heutige Differenzierung erlangten.

Die ausgestorbenen Gattungen *Holopea* Hall (Silur und Devon) *Turbonitella* de Kon. (Devon und Karbon) (Fig. 832), *Portlockia, Turbinilopsis, Rhabdopleura* de Kon. (Karbon) und *Lacunina* Kittl aus der Trias zeigen grofse Ähnlichkeit mit *Littorina,* werden jedoch vielfach auch zu den Trochiden oder Turbiniden gestellt.

Fig. 832. *Turbonitella subcostata* Goldf. sp. Mittel-Devon. Paffrath bei Köln.

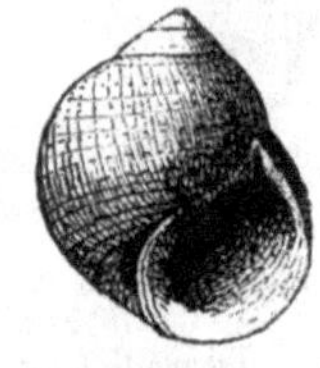

Fig. 833. *Littorina litorea* Lin. sp. Diluvium (Postglacial). Insel Skaptö.

Fig. 834. *Lacuna Basterotina* Bronn. Miocän. Steinabrunn bei Wien.

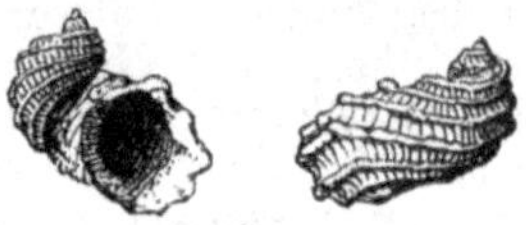

Fig. 835. *Fossarus costatus* Brocchi. Pliocän. Limite, Toscana.

Littorina Fér. (Fig. 833). Dickschalig, kreiselförmig bis kugelig, glatt oder spiral gestreift, ungenabelt. Mündung eiförmig. Jura bis jetzt.

Lacuna Turton (Fig. 834). Wie vorige, aber Mündung vorne mit schwachem Ausgufs. Tertiär und lebend.

Lacunella Desh. (Eocän), *Litiope* Rang, *Planaxis* Lam., *Quoyia* Desh. (Tertiär und lebend) etc.

Die Gattung *Fossarus* Phil. (Fig. 835) bildet nach Fischer eine besondere Familie.

4. Familie. **Cyclostomidae.** Menke.

Schale sehr verschieden gestaltet, kreisel- bis scheibenförmig oder turmförmig, mit Epidermis. Mündung kreisrund, die Ränder meist zusammenhängend. Deckel hornig oder kalkig, spiral. Kreide bis jetzt. Landbewohner.

Die Tiere besitzen statt der Kiemen eine seitliche Atemhöhle, wie die Lungenschnecken; in ihrer sonstigen Organisation stehen sie den Littoriniden, bei denen die Kieme ebenfalls bereits stark verkümmert ist, sehr nahe. Die

Fig. 836. *Cyclostoma bisulcatum* Zieten. Miocän. Ermingen bei Ulm.

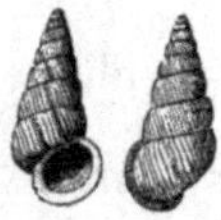

Fig. 837. *Pomatias labellum* Thomae sp. Landschneckenkalk. Hochheim bei Wiesbaden.

Fig. 838. *Cyclotus exaratus* Sandb. mit Deckel. Ob. Eocän. Pugnello (nach Sandb.).

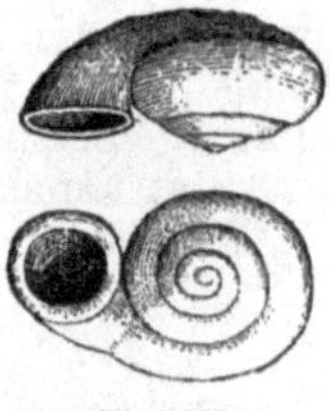

Fig. 839. *Strophostoma anomphala* Capellini. Oligocän. Arnegg bei Ulm.

Schalen sind aufserordentlich variabel. Es sind über 600 lebende Arten aus allen Teilen der Erde, namentlich aus den Tropenländern, bekannt. Die fossilen Formen beginnen in der mittleren Kreide und finden sich in Süfswasserablagerungen.

Cyclostoma Lam. (Fig. 836). Kreiselförmig, mit kalkigem, spiralem Deckel. Tertiär und lebend.

Otopoma, Tudora Gray. Tertiär und lebend.

Megalomostoma Guilding. Kreisel- bis puppenförmig, meist glatt. Mundränder dick, Aufsenlippe umgeschlagen. Deckel hornig. Kreide bis jetzt. *M. mumia* Lam. sp.

Pomatias Studer (Fig. 837). Turmförmig, quer gestreift. Mundränder umgeschlagen. Deckel hornig. Tertiär bis jetzt.

Leptopoma Pfeiff., *Cyclophorus* Montf., *Craspedopoma* Pfeiff., *Cyclotus* Guilding (Fig. 838) etc. Ob. Kreide bis jetzt.

Strophostoma Desh. (Fig. 839). Ob. Kreide bis Miocän.

5. Familie. **Capulidae.** Cuv.

Schale napf-, mützenförmig oder oval, unregelmäfsig, mit spiral gekrümmtem Wirbel, zuweilen auch aus mehreren niedrigen Umgängen zusammengesetzt. Letzter Umgang sehr grofs. Mündung weit. Deckel fehlt. Kambrium bis jetzt. Marin.

Verschiedene der hierher gehörigen Gattungen bewegen sich sehr wenig und bleiben fast Zeitlebens an einer Unterlage haften, der sie sich allmählich anpassen.

Stenotheca Salter. Kleine mützenförmige, konzentrisch gestreifte oder gefurchte Schälchen mit schwach eingekrümmtem, weit nach hinten gerücktem Wirbel. Unt. Kambrium.

Fig. 840.
Capulus hungaricus Lin. sp.
Pliocän. Toscana.

Fig. 841.
Capulus rugosus Sow. sp. Grofs-Oolith.
Langrune, Calvados. (Nat. Gröfse.)

Fig. 842.
Orthonychia elegans Barr.
Ob. Silur (E).
Lochkow, Böhmen.

Fig. 844.
Platyostoma Niagarensis Hall.
Devon. Waldron, Indiana.

Fig. 843.
Platyceras neritoides Phill.
Kohlenkalk. Visé, Belgien.

Capulus Montf. (*Pileopsis* Lam., *Brocchia* Bronn.) (Fig. 840. 841). Unregelmäfsig konisch oder mützenförmig. Wirbel nach hinten gerückt, mehr oder weniger spiral eingerollt. Mündung weit, rundlich oder unregelmäfsig. Im Innern ein hufeisenförmiger Muskeleindruck. Ungemein häufig in kambrischen, silurischen, devonischen und karbonischen Ablagerungen; spärlicher in Trias, Jura, Kreide, Tertiär und Jetztzeit.

Orthonychia Hall (*Igoceras* Hall) (Fig. 842). Schale konisch, gerade oder schwach gebogen, häufig gefaltet. Wirbel kaum spiral. Silur bis Karbon.

Platyceras Conrad (*Acroculia* Phill.) (Fig. 843). Wirbel gekrümmt und spiral eingerollt. Oberfläche glatt, gestreift, gefaltet oder mit Stacheln bedeckt. Kambrium bis Trias.

Platyostoma Conrad (*Strophostylus* Hall) (Fig. 844). Schale aus mehreren, sehr rasch anwachsenden Umgängen bestehend. Gewinde niedrig;

letzter Umgang sehr grofs. Innenlippe umgeschlagen und etwas verdickt. Mündung sehr grofs. Silur bis Karbon.

Horiostoma Mun.-Chalmas (Fig. 845). Dickschalig, spiral gerippt mit kurzem seitlichem Gewinde, weit genabelt. Devon.

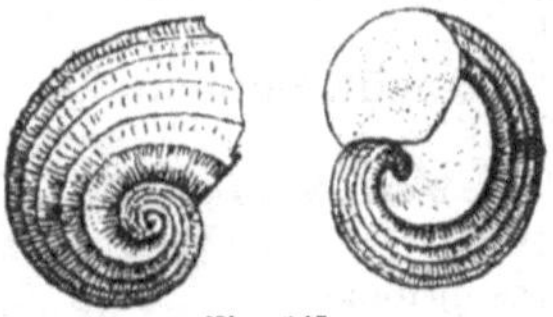

Fig. 845. *Horiostoma Barrandei* Mun.-Ch. Unt. Devon. Gahard. Ille-et-Vilaine. (Nach Mun.-Chalm.)

Tubina Barr., Silur.

Hipponyx Defr. (*Cochlolepas* Klein) (Fig. 846). Dickschalig, schief kegelförmig bis napfförmig. Wirbel gerade, selten spiral, weit nach hinten gerückt. Mündung oval oder rundlich, im Innern ein hufeisenförmiger Muskeleindruck. Der Fufs sondert häufig eine dicke, deckelartige Kalkscheibe ab. Kreide bis jetzt.

Rothpletzia Simonelli. Tertiär.

Galerus Gray. (*Calyptraea* p. p. Lam.) (Fig. 847). Dünnschalig, konisch; Wirbel zentral, spiral. Umgänge eben, häufig stachelig. Basis horizontal. Mündung niedrig, weit. Kreide bis jetzt.

Crepidula Lam. (Fig. 848). Länglich oval, flach oder gewölbt, pantoffelförmig. Wirbel am hinteren Ende, fast randständig, etwas gekrümmt. Mündung sehr verlängert, weit; Innenlippe durch ein dünnes horizontales Blatt gebildet. Kreide bis jetzt.

Crucibulum Schum., *Calyptraea* Lam. Tertiär. Recent.

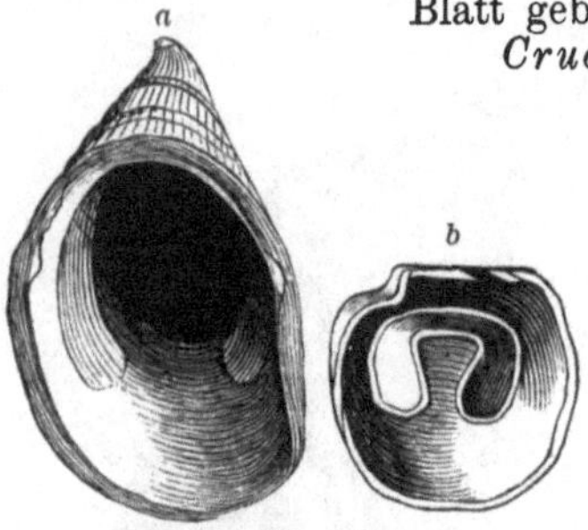

Fig. 846. *Hipponyx cornucopiae* Lam. Grobkalk. Liancourt bei Paris. *a* Schale, *b* Fufsplatte.

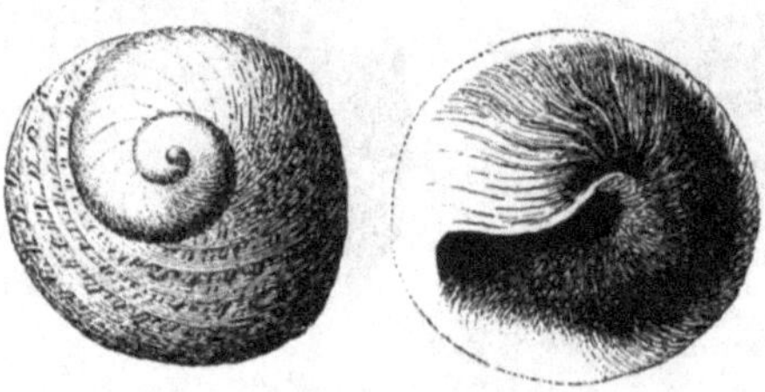

Fig. 847. *Galerus (Calyptraea) trochiformis* Lam. Grobkalk. Damery bei Epernay.

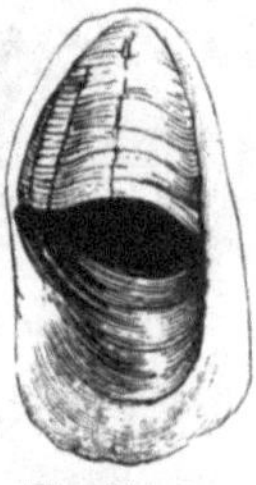

Fig. 848. *Crepidula unguiformis* Lam. Pliocän. Toscana.

6. Familie. **Naticidae.** Forbes.

Schale mit kurzem Gewinde und grofsem letztem Umgang. Mündung halbkreisförmig bis oval, hinten winklig, vorne breit abgerundet. Deckel kalkig oder hornig, paucispiral. Trias bis jetzt. Marin.

Die Unterscheidung fossiler Naticiden von *Naticopsis*, *Nerita* und *Ampullaria* bietet grofse Schwierigkeiten, da öfters die Schalen fast übereinstimmende Merkmale besitzen, und nur die fossil nicht erhaltenen Deckel differieren.

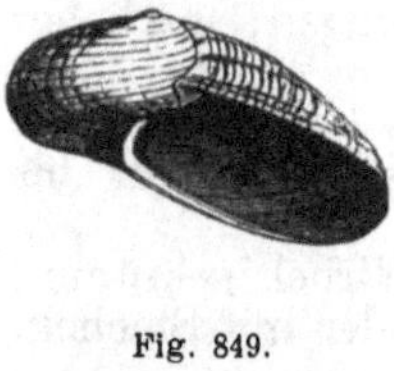

Fig. 849. *Sigaretus haliotoideus* Lin. sp. Miocän. Grund, Ungarn.

Fig. 850. *Natica (Ampullina) patula* Lam. Grobkalk. Damery bei Epernay.

Fig. 851. *Natica (Amauropsis) Willemeti* Lam. Grobkalk. Damery bei Epernay.

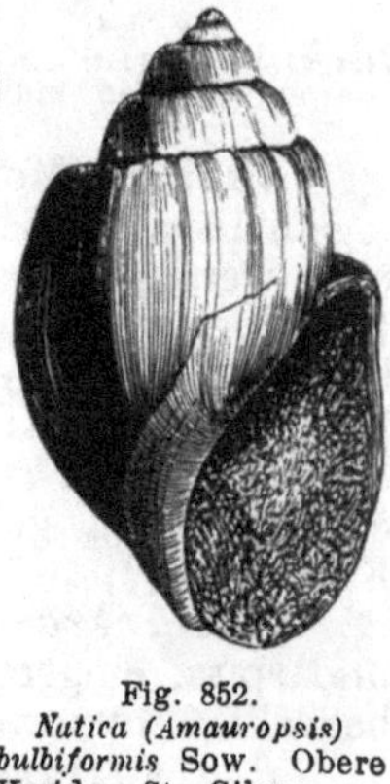

Fig. 852. *Natica (Amauropsis) bulbiformis* Sow. Obere Kreide. St. Gilgen am Wolfgangsee.

Sigaretus Lam. (Fig. 849). Schale niedergedrückt, ohrförmig, spiral gestreift oder gefurcht. Gewinde sehr niedrig, Umgänge rasch zunehmend. Mündung stark erweitert. Deckel hornig. Tertiär und lebend.

Natica Lam. (Fig. 850 bis 853). Kugelig, halbkugelig, eiförmig bis pyramidal, glatt und glänzend, selten spiral gestreift, genabelt oder ungenabelt. Nabel häufig durch eine Schwiele ganz oder teilweise ausgefüllt. Mündung halbrund oder oval. Aufsenlippe scharf, Innenlippe schwielig verdickt. Deckel kalkig oder hornig, mit exzentrischem Nucleus. Trias bis jetzt, ungemein häufig.

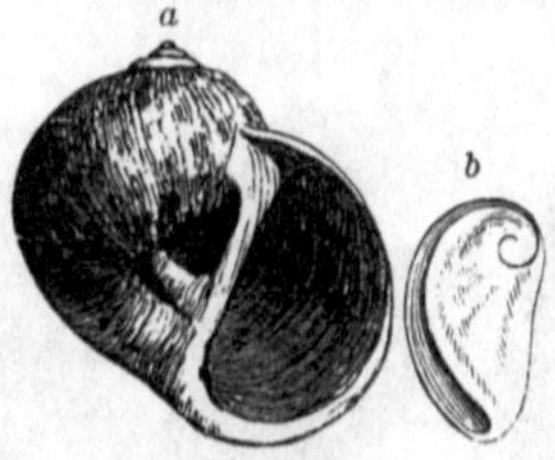

Fig. 853.
a Natica millepunctata Lam. Pliocän. Monte Mario bei Rom.
b Deckel von *Natica multipunctata* S. Wood. Crag. Sutton.

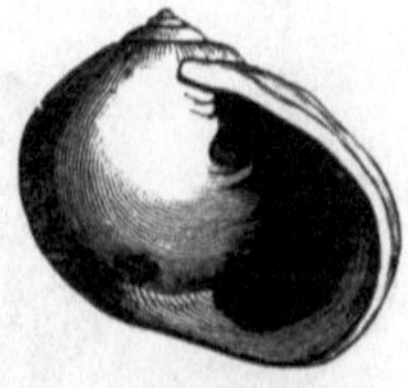

Fig. 854.
Deshayesia cochlearia Brongt. sp. Oligocän. Mte. Grumi bei Vicenza.

Subgenera: *Ampullina* Lam. (Fig. 849), *Amauropsis* Mörch (Fig. 850. 851), *Amaura* Möll., *Lunatia* Gray, *Cernina* Gray, *Neverita* Risso, *Mamilla* Schum. etc.

Deshayesia Raul. (Fig. 854). Wie *Natica*, aber Innenlippe mit dicker Schwiele und gezähnt. Miocän und Pliocän.

7. Familie. **Ampullariidae.** Gray.

Die Ampullarien leben in süfsen oder brackischen Gewässern von Afrika, Asien und im tropischen Amerika. Ihre Schalen sind teilweise nicht von *Natica* zu unterscheiden. Die Tiere besitzen über der rechten Kieme noch eine Lungenhöhle. Fossile Ampullarien kommen in Süfswasserablagerungen der obersten Kreide von Rognac bei Marseille und im älteren Tertiär vor.

8. Familie. **Valvatidae.** Gray.

Schale aus wenigen Windungen zusammengesetzt, konisch oder scheibenförmig, genabelt. Mündung rund, Ränder zusammenhängend. Deckel hornig, kreisrund, multispiral. Ob. Jura bis jetzt.

Die Gattung *Valvata* Müll. (Fig. 855) ist klein und meist kreisel- bis scheibenförmig. Sie enthält ca. 25 in süfsen Gewässern von Europa und Nordamerika lebende Arten, beginnt fossil in Purbeckschichten, wird aber erst im Tertiär etwas häufiger.

Fig. 855.
Valvata piscinalis Müll. Ob. Miocän. Vargyas, Siebenbürgen.

9. Familie. **Paludinidae.** Gray.

Schale konisch bis turmförmig, mit dicker Epidermis, ungenabelt oder mit enger Nabelspalte. Umgänge glatt, gewölbt oder kantig. Mündung rundlich oval, hinten winklig, Ränder zusammenhängend. Deckel hornig, konzentrisch, mit etwas seitlichem Nucleus. Jura bis jetzt. Häufig in süfsen, sumpfigen, seltener auch in brackischen Gewässern, fast über die ganze Erde verbreitet.

Paludina Lam. (Fig. 856) ist die einzige Gattung dieser Familie, von welcher bereits typische Arten im Wälderton auftreten. Die glatten, dünnschaligen Formen werden als *Vivipara* Lam., die nordamerikanischen dickschaligen glatten Arten mit verdickter Innenlippe als *Campeloma* Ref. (*Melantho* Bowd.) unterschieden, die gegenwärtig in Nordamerika und China verbreiteten Formen mit kantigen Umgängen als *Tulotoma* Haldem.

bezeichnet. Weitere Subgenera sind *Lioplax* Troschel, *Laguncula* Benson, *Tylopoma, Boskovicia* Brusina.

Die in den pliocänen Paludinenschichten von Südungarn, Kroatien, Slavonien, Rumänien und auf der Insel Cos massenhaft vorkommenden Paludinen zeichnen sich durch aufserordentliche Variabilität aus. Neumayr hat daselbst eine Anzahl Formenreihen beschrieben, welche mit glatten Viviparen beginnen und mit kantigen Tulotomen endigen.

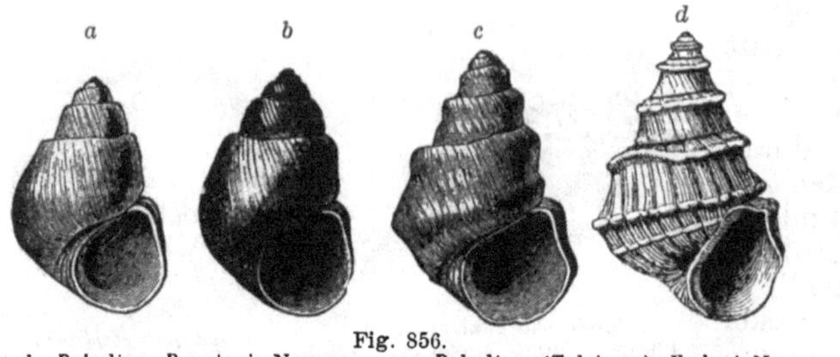

Fig. 856.
a b Paludina Brusinai Neumayr. *c Paludina (Tulotoma) Forbesi* Neumayr. Pliocän (Levantin. Stufe). Insel Cos. *d Paludina (Tulotoma) Hoernesi* Neumayr. Pliocän. Novska, Slavonien.

10. Familie. **Hydrobiidae.** Fischer.

Schale kreisel- bis turmförmig, klein, meist dünn, glatt, quer gerippt oder gekielt. Mündung rundlich oder oval. Deckel hornig oder kalkig, spiral oder konzentrisch. Süfswasser- oder Brackwasserbewohner, die zum Teil das Wasser für längere Zeit verlassen können. Die zahlreichen Gattungen dieser Familie sind schwierig zu unterscheiden und alle von geringer Gröfse.

Fig. 857.
a Bythinia tentaculata Lin. sp. Miocän. Miocic, Dalmatien.
b Deckel von *Bythinia tentaculata* Lin. sp.
c Bythinia gracilis Sandb. Süfswasser-Molasse. Oberkirchberg bei Ulm.

Fig. 858.
Nematura pupa Nyst sp. Oligocäner Cyrenenmergel. Hackenheim bei Alzey.

Fig. 859.
Nystia Chastelii Nyst sp. Mittl. Oligocän. Klein-Spouwen, Belgien.

Fig. 860.
Hydrobia (Littorinella) acuta A. Braun. Miocän. Weissenau bei Mainz.

Bythinia Leach. (Fig. 857). Kreiselförmig, dünnschalig, mit Nabelspalte. Mundränder zusammenhängend, Aufsenlippe scharf, Deckel kalkig, konzentrisch. Wälderton. Tertiär und lebend.

Stalioa Brusina. Aufsenlippe verdickt. Deckel kalkig. Kreide. Eocän und Miocän.

Fossarulus Neumayr. Wie vorige, aber mit Spiralrippen. Ob. Miocän.

Nematura Benson (*Stenothyra* Benson) Fig. 858. Wie Bythinia, aber Mündung verengt. Deckel kalkig, spiral. Tertiär und lebend.

Nystia Tourn. (*Forbesia* Nyst.) (Fig. 859). Aufsenlippe umgeschlagen. Deckel kalkig, spiral. Tertiär und lebend.

Assiminea Leach. Tertiär und lebend.

Hydrobia Hartm. (*Littorinella* Braun, *Tournoueria* Brusina) (Fig. 860). Kegel- bis turmförmig, zugespitzt, glatt. Mündung oval. Deckel hornig, paucispiral. Kreide. Tertiär und lebend. Der untermiocäne Indusienkalk der Auvergne besteht fast ganz aus Schälchen der *H. Dubuissoni* Bouill., der gleichalterige Littorinellenkalk des Mainzer Beckens aus *H. acuta* Braun. Der Süfswasserkalk von Nördlingen enthält ganze Bänke von *H. trochulus* Sandb.; der obereocäne Mergel von St. Ouen ist erfüllt mit *H. pusilla* Prév. sp.

Subgenera: *Bithynella* Mog., *Amnicola* Gould., *Belgrandia, Lartetia* Bourgingnat, *Lapparentia* Berthelin.

Pyrgula Christofori u. Jan. (Fig. 861 *a*). Turmförmig, Umgänge gekielt oder quer gerippt. Mundränder zusammenhängend. Tertiär und lebend.

Subgenera: *Micromelania* Brus. (Fig. 861 *b*), *Mohrensternia* Stol. (Fig. 861 *c*), *Pyrgidium* Tournouer, *Prososthenia* Neumayr. Tertiär.

Lithoglyphus Ziegl. (Fig. 862). Kugelig, eiförmig, niedrig. Mündung schief oval. Innenlippe verdickt. Tertiär und lebend.

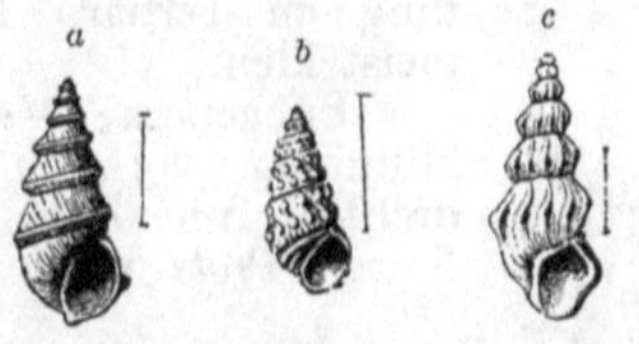

Fig. 861.
a *Pyrgula Eugeniae* Neumayr. Ober-Miocän. Arpatak, Siebenbürgen.
b *Micromelania (Diana) Haueri* Neumayr. Ob. Miocän. Miocic, Dalmatien.
c *Mohrensternia inflata* Andrzewsky. Congerienschichten. Inzersdorf bei Wien.

Fig. 862. *Lithoglyphus fuscus* Ziegler. Ob. Miocän. Malino, West-Slavonien.

11. Familie. **Rissoidae.** Troschel.

Schale klein, dick, kreisel- bis turmförmig, meist gerippt oder spiral gestreift, selten glatt. Mündung oval, hinten winklig, vorne häufig mit Ausguſs. Deckel hornig, paucispiral. Jura bis jetzt.

Rissoina d'Orb. (Fig. 863). Turmförmig, quer gerippt, selten glatt. Auſsenlippe gebogen, meist etwas verdickt. Mündung mit Ausguſs. Dogger bis jetzt. Hauptverbreitung im Tertiär.

Fig. 863.
a *Rissoina amoena* Zitt. Tithon. Stramberg.
b *Rissoina decussata* Mont. Miocän. Steinabrunn bei Wien.

Fig. 864.
a *Rissoa turbinata* Lam. sp. Oligocän. Weinheim bei Alzey.
b *Rissoa (Alvania) Montagui* Payr. Miocän. Steinabrunn bei Wien.

Rissoa Frém. (*Alvania* Risso) (Fig. 864). Kreiselförmig bis turmförmig, quer gerippt oder gegittert. Mündung ohne Ausguſs. Jura bis jetzt.

12. Familie. **Scalariidae.** Brod.

Schale turmförmig, meist eng genabelt; Umgänge gewölbt, quer gerippt oder gestreift. Mündung rund, die Mundränder zusammenhängend. Deckel hornig, paucispiral. Silur bis jetzt. Marin.

Holopella M'Coy (*Aclisina* de Kon.). Schlank, turmförmig, Umgänge gewölbt, fein quergestreift, zuweilen gegittert. Mündung rund, mit zusammenhängenden Mundrändern. Silur bis Karbon.

Callonema Hall (*Isonema* M. W.). Turmförmig, oval bis kugelig; Umgänge gewölbt, mit lamellenartigen Querrippen bedeckt. Mündung kreisrund. Silur. Devon.

Scoliostoma Braun. Devon. *Chilocyclus* Braun (*Cochlearia* Braun). Trias.

Scalaria Lam. (*Scala* Klein, *Cirsotrema* Mörch.) (Fig. 865). Turmförmig, Umgänge stark gewölbt, mit Querrippen, häufig auch spiral gestreift. Mündung rund, Auſsenlippe zuweilen verdickt. Trias bis jetzt.

Fig. 865. *Scalaria lamellosa* Brocchi. Miocän. Baden bei Wien.

13. Familie. **Turritellidae.** Gray.

Schale hoch turmförmig, zugespitzt. Umgänge zahlreich, meist spiral gerippt oder gestreift. Mündung oval, rundlich bis vierseitig, vorne zuweilen mit schwachem Ausguſs. Auſsenlippe dünn, nicht mit der Innenlippe zusammenhängend. Deckel hornig, polyspiral. Trias bis jetzt. Marin.

Turritella Lam. (Fig. 866. 867). Turmförmig, sehr lang. Mündung oval oder vierseitig, ganz, Aufsenlippe dünn. Trias bis jetzt. Hauptverbreitung im Tertiär. Die älteren mesozoischen Arten meist klein.

Subgenera: *Mesalia* Gray. Wie vorige, aber Mündung vorne mit seichtem Ausgufs und gedrehter Innenlippe. Tertiär bis jetzt. *Protoma* Baird (*Proto* p. p. Defr.). Mündung oval, vorne mit kanalartigem Ausgufs, der aufsen von einem verdickten Wulst umgeben ist. Tertiär und lebend. *P. cathedralis* Brgt.

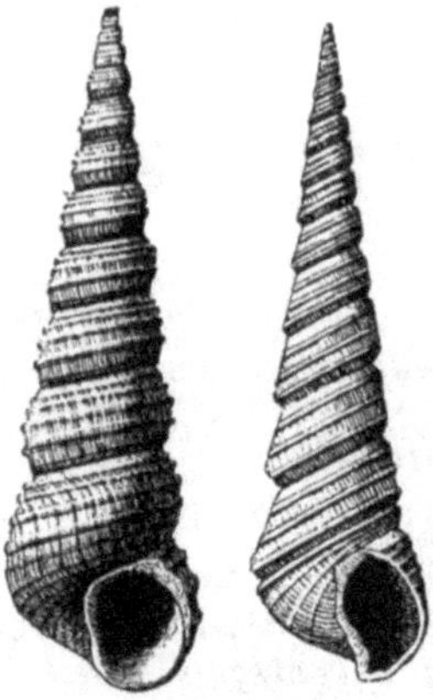

Fig. 866.
a Turritella turris Bast. (*Turritella terebra* Ziet. non Lin.). Miocäne Molasse. Ermingen bei Ulm.
b Turritella imbricataria Lam. Grobkalk. Grignon.

Fig. 867.
Turritella (Mesalia) multisulcata Lam. Eocän. (Grobkalk.) Grignon bei Paris.

Fig. 868.
Glauconia Kefersteini Goldf. Mittl. Kreide. Dreistätten bei Wiener-Neust.

Glauconia Giebel (*Omphalia* Zekeli, *Cassiope* Coq.) (Fig. 868). Dickschalig, kegel- bis turmförmig, eng genabelt. Umgänge mit spiralen Rippen, selten glatt. Mündung oval, mit schwachem Ausgufs. Aufsenlippe vorne und in der Mitte ausgebuchtet. Häufig in der Kreide.

14. Familie. **Vermetidae.** Ad.

Schale röhrenförmig, die ersten Umgänge spiral, die späteren unregelmäfsig gewunden, frei oder festgewachsen. Mündung rund. Deckel hornig oder fehlend. Karbon bis jetzt.

Fossile *Vermetidae* sind leicht mit *Serpula* zu verwechseln, unterscheiden sich jedoch durch abweichende Schalenstruktur und spirales Anfangsgewinde. Die Bestimmung der wenigen paläozoischen und mesozoischen Formen ist unsicher.

Vermetus Ad. (Fig. 869, 870). Meist festgewachsen, unregelmäfsig röhrenförmig, inwendig glasartig, öfters mit Scheidewänden. Karbon(?) bis jetzt; häufig im Tertiär.

Fig. 871.
Siliquaria striata Desh. Chaussy bei Paris. (1/2 nat. Gröfse, nach Deshayes.)

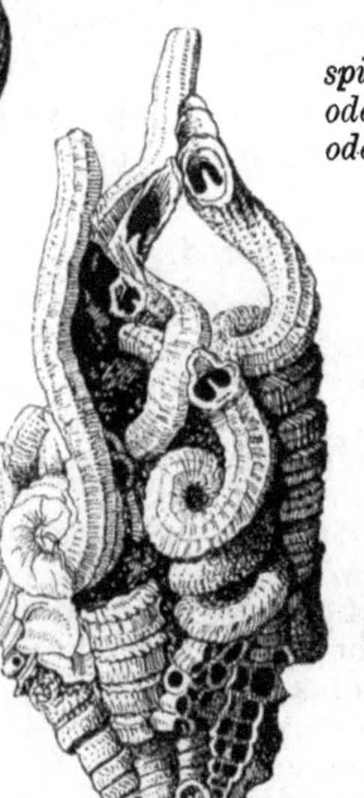

Fig. 869.
Vermetus intortus Lam. Pliocän. Montespertoli bei Florenz. Eine Gruppe in nat. Gr. Einzelne Röhren sind aufgebrochen und zeigen die innerlichen Blätter.

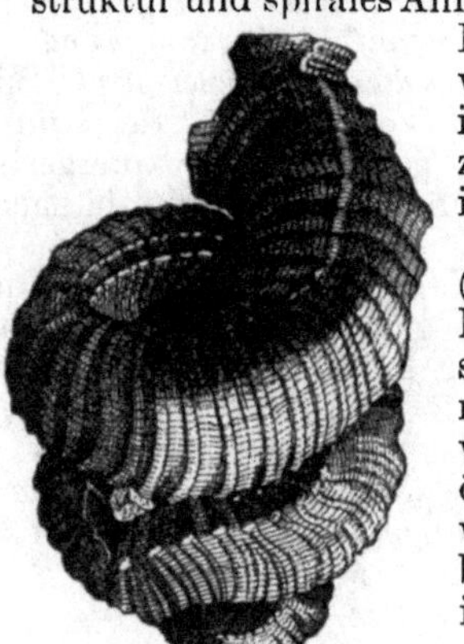

Fig. 870.
Vermetus (Tylacodes) arenarius Lin. Miocän. Grund bei Wien. (1/2 nat. Gröfse.)

Siliquaria Brug. (Fig. 871). Frei, spiral gewunden, aber Umgänge lose aufgerollt. Mündung seitlich, mit Schlitz, welcher sich als feine Spalte oder Porenreihe auf der ganzen Länge der Schale fortsetzt. Kreide bis jetzt.

15. Familie. **Caecidae.** Ad.

Kleine, in der Jugend scheibenförmige, später röhrenförmige gebogene Schalen. Die abgeworfene Spitze durch eine Scheidewand ersetzt. Deckel rund, hornig. Tertiär und lebend.

Caecum Flem. Etwa 100 lebende und 15 tertiäre Arten bekannt.

Orygoceras. Brusina. Parmonische Stufe.

16. Familie. **Pyramidellidae.** Gray.

Schale turmförmig bis länglich eiförmig. Mündung oval, vorne gerundet oder mit schwachem Ausgufs, Aufsenlippe scharf. Deckel hornig, spiral. Kambrium bis jetzt. Marin.

Das Embryonalgewinde besteht aus mehreren Umgängen und zeigt wie bei den paläozoischen und mesozoischen Gattungen gleiche Drehung wie die übrige Schale; bei den jüngeren Gattungen ist dasselbe heterostroph, deutlich von der übrigen Schale geschieden und bildet mit dieser zuweilen einen Winkel.

Macrocheilus Phil. (*Macrochilina* Bayle, *Strobeus* de Kon.) (Fig. 872). Länglich oval, ungenabelt, glatt oder mit etwas gebogenen Zuwachsstreifen. Gewinde spitz, nur mäfsig hoch; letzter Umgang grofs. Mündung hinten winklig, vorne zuweilen mit schwachem Ausgufs. Innenlippe vorne mit stumpfer Falte. Silur bis Trias.

? *Ptychostoma* Laube. Trias.

Loxonema Phill. Turmförmig; Umgänge gewölbt, mit S förmig gebogenen Zuwachsstreifen, Nähte vertieft. Mündung höher als breit, mit schwachem Ausgufs. Silur bis Trias; besonders häufig im Kohlenkalk.

Zygopleura Koken. Wie vorige, aber Umgänge mit scharfen, leicht gebogenen Querrippen oder quer geknotetem Kiel. Devon bis untere Kreide.

Bourguetia Desh. (*Pithodea* de Kon.). Länglich oval bis turmförmig, grofs, letzter Umgang grofs, bauchig. Oberfläche mit spiralen Streifen oder Furchen. Ob. Jura und Karbon.

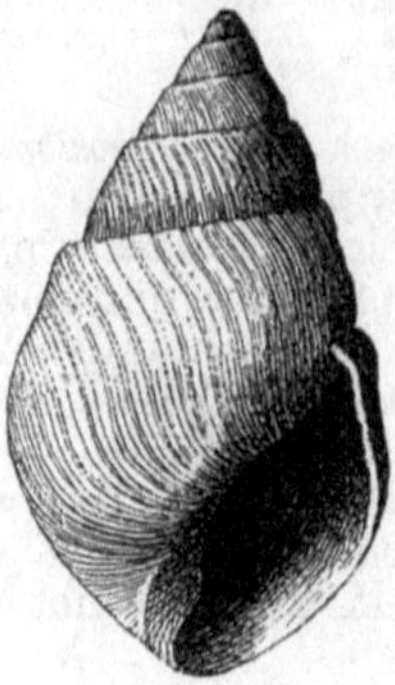

Fig. 872. *Macrocheilus arculatus* Schloth. sp. Mittel-Devon. Paffrath bei Köln.

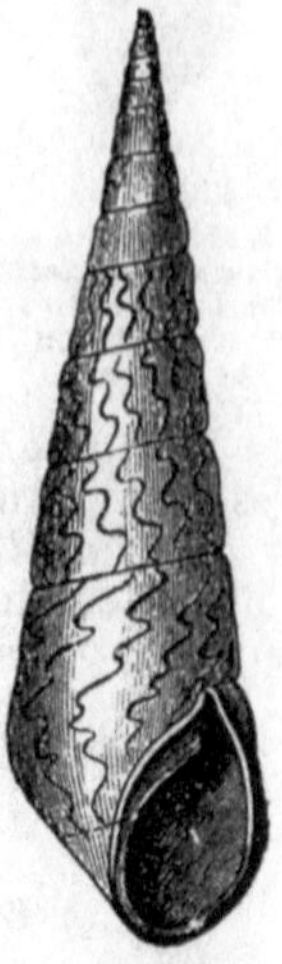

Fig. 873. *Pseudomelania Heddingtonensis* Sow. sp. Oxfordien, Frankreich. Mit erhaltenen Farbenstreifen.

Pseudomelania Pictet (*Chemnitzia* p. p. d'Orb.) (Fig. 873). Turmförmig, mit zahlreichen fast ebenen Umgängen und wenig vertieften Nähten, glatt oder mit feinen Zuwachsstreifen, ungenabelt, selten mit Nabelritze. Mündung vorne gerundet oder mit schwachem Ausgufs. Sehr häufig in Trias, Jura, seltener in Kreide, Eocän, wahrscheinlich schon im Kohlenkalk.

Subgenera: *Oonia, Microschiza* Gemm. Trias. Jura. *Coelostylina, Eustylus, Spirostylus* Kittl. Trias. *Hypsipleura, Anoptychia* Kok. Trias. Jura. *Bayania* Mun.-Chalmas (Fig. 874) Eocän.

Pustularia Koken. Turmförmig, Umgänge eben, mit drei oder mehr spiralen Knotenreihen. Naht rinnenförmig vertieft. Mündung mit Ausgufs. Trias.

? *Undularia* Koken. Trias.

Catosira Koken. Umgänge eben, mit Querfalten, Basis mit Spiralfurchen. Mündung mit Ausgufs. Trias. Jura.

Diastoma Desh. (Fig. 875). Wie vorige, aber Mündung vom letzten Umgang losgelöst. Umgänge mit Querrippen und Spiralstreifen. Kreide. Tertiär.

Mathilda Semper (*Promathilda* Andreae). Turmförmig; Umgänge spiral und quergestreift oder berippt. Mündung mit Ausgufs. Embryonalgewinde heterostroph. Jura bis jetzt.

Fig. 874. *Pseudomelania (Bayania) lactea* Lam. sp. Grobkalk. Grignon bei Paris.

Fig. 875. *Diastoma costellata* Lam. sp. Eocän. Grobkalk. Damery bei Epernay.

Fig. 876. *Keilostoma turricula* Brug. sp. (*Melania marginata* Lam.). Grobkalk. Grignon.

Fig. 877. *Turbonilla rufa* Phil. Crag. Sutton.

Fig. 878. *Pyramidella (Obeliscus) plicosa* Bronn. Miocän. Niederleis, Mähren.

Fig. 879. *Odontostoma plicata* Mont. sp. Ob. Oligocän. Nieder-Kaufungen bei Kassel.

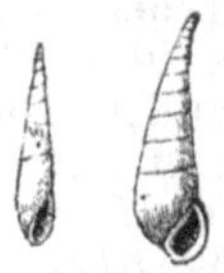

Fig. 880. *a Eulima subulata* Don. Pliocän. Coroncina, Toscana. *b Eulima polita* Lin. Miocän. Niederleis, Österreich.

Keilostoma Desh. (*Paryphostoma* Bayan) (Fig. 876). Turmförmig, spiral gestreift. Aufsenlippe äufserlich mit stark verdicktem Saum. Eocän.

Turbonilla Risso (*Chemnitzia* p. p. d'Orb.) (Fig. 877). Turmförmig, klein, mit heterostrophem Embryonalgewinde. Umgänge quer gerippt oder glatt. Innenlippe gerade, oben zuweilen mit Falte. Tertiär und lebend.

Odontostoma Fleming (Fig. 879), *Pyramidella* Lam. (Fig. 878). Kreide. Tertiär und Recent.

Syrnola Ad., *Eulimella* Fischer. Tertiär und lebend.

Eulima Risso (Fig. 880). Turmförmig, glatt, glänzend, ungenabelt, klein. Embryonalgewinde heterostroph. Trias bis jetzt.

Niso Risso (Fig. 881). Wie vorige, aber mit tiefem, bis zur Spitze reichendem Nabel. Trias bis jetzt.

Palaeoniso Gemm. Trias. Jura.

Die Gattungen *Subulites* Conrad (= ? *Polyphemopsis* Portlock) (Kambrium bis Karbon), *Fusispira* Hall (Silur) und *Soleniscus* M. W. sind durch schmale, vorne kanalartig verlängerte Mündung ausgezeichnet und bilden wahrscheinlich eine selbständige Familie, zu welcher wohl auch *Euchrysalis* Laube (Fig. 882) aus der Trias gehört.

Fig. 881. *Niso eburnea* Risso. Pliocän. Monte Mario bei Rom.

Fig. 882. *Euchrysalis fusiformis* Mst. sp. Trias. St. Cassian, Tirol.

17. Familie. **Melaniidae** (Lam.). Gray.

Schale turmförmig bis oval, mit dicker, dunkler Epidermis. Spitze meist abgestutzt und korrodiert. Mündung eiförmig, zuweilen mit Ausgufs. Deckel hornig, spiral. In süfsen, seltener brackischen Gewässern von Südeuropa und den wärmeren Zonen von Afrika, Asien und Amerika. Fossil vom Jura an.

Melania Lam. (Fig. 883). Turmförmig bis oval, glatt, spiral gestreift, quer gerippt oder mit Knoten. Mündung oval, vorne gerundet.

Stomatopsis Stache. Umgänge treppenförmig, mit starken Querrippen. Mündung rundlich, die Mundränder zusammenhängend, verdickt und umgeschlagen. Unterstes Eocän (Cosina-Schichten) von Istrien und Dalmatien.

Pyrgulifera Meek. (*Paramelania* Smith, *Hantkenia* Mun.-Chalm.) (Fig. 384). Länglich, oval, dickschalig, mit treppenförmigen, quer gerippten und spiral gestreiften Umgängen. Mündung oval, zuweilen mit sehr schwachem Ausgufs. Obere Kreide von Europa und Nordamerika und lebend im Tanganyka-See.

Fascinella Stache, *Coptostylus* Sandb., *Faunus* Montf., *Hemisinus* Swainson. Ob. Kreide, Eocän und lebend.

Melanopsis Fer. (Fig. 885—887). Oval bis turmförmig, glatt oder verziert. Innenlippe schwielig. Spindelende abgestutzt. Mündung mit kurzem kanalartigem Ausgufs. Ob. Kreide bis jetzt. Besonders häufig im Miocän und Pliocän.

Fig. 883. *Melania Escheri* Brongt. Miocän. Michelsberg bei Ulm.

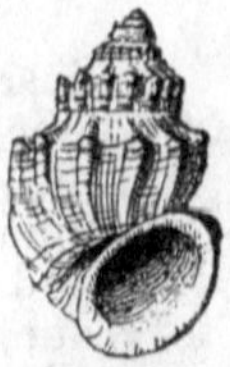

Fig. 884. *Pyrgulifera Pichleri* Hoernes sp. var. *humerosa* Meek. Obere Kreide. Ajka, Ungarn.

Fig. 885. *Melanopsis Galloprovincialis* Math. Oberste Kreide. Martigues bei Marseille.

Fig. 886. *Melanopsis Martiniana* Fer. Congerienschichten. Nufsdorf bei Wien.

Fig. 887. *Melanopsis* (*Canthidomus*) *acanthica* Neumayr. Ob. Miocän. Miocic, Dalmatien.

Fig. 888. *Pleurocera strombiformis* Schloth. sp. Wealdenton. Osterwald, Hannover.

Pleurocera Raf. (Fig. 888). Wie *Melania*, aber Mündung mit kanalartigem Ausgufs, Aufsenlippe buchtig gebogen. Wealden bis jetzt. Hauptsächlich in Nordamerika verbreitet.

Goniobasis Lea, *Leptoxis* Raf., *Ptychostylus* Sandb. Wealden. Die zwei ersteren auch lebend und tertiär in Nordamerika.

18. Familie. **Nerineidae.** Zitt.

Schale turmförmig, pyramidal bis eiförmig, mit oder ohne Nabel. Mündung vorne mit kurzem Kanal oder seichtem Ausgufs. Spindel und Lippen meist mit kräftigen durchlaufenden Falten. Aufsenlippe dünn, hinten (oben) mit spaltartigem Einschnitt, welcher auf allen Umgängen unter der Naht ein schmales Schlitzband hinterläfst. Trias bis Kreide. Marin.

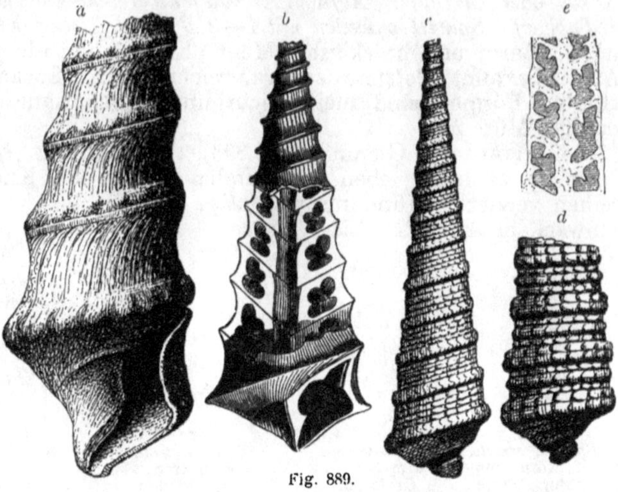

Fig. 889.
a Nerinea Defrancei d'Orb. Koralrag. Coulanges sur Yonne (mit wohlerhaltener Mündung). *b Nerinea dilatata* d'Orb. Koralrag. Oyonnax, Ain. *c, d, e Nerinea Hoheneggeri* Peters. Tithon, Stramberg. (2/3 nat. Gr.). *d* Die letzten Umgänge nat. Gröfse. *e* Längsdurchschnitt.

Aptyxiella Fisch. (*Aptyxis* Zitt. non Troschel). Turmförmig, sehr schlank, ungenabelt. Mündung viereckig. Innen- und Aufsenlippe ohne Falten, Spindel etwas verdickt. Trias bis oberer Jura.

Trochalia Sharpe (*Cryptoplocus* Pict. u. Camp.) (Fig. 890). Turm- bis pyramidenförmig, meist glatt und genabelt. Nur Innenlippe mit einer einfachen starken Falte. Jura und Kreide.

Nerinella Sharpe (*Pseudonerinea* Loriol). Turmförmig, ungenabelt. Aufsenlippe und zuweilen auch Spindel mit einer einfachen Falte. Jura.

Nerinea Defr. (Fig. 889). Turm- oder pyramidenförmig, meist ungenabelt und verziert. Spindel immer, Innen- und Aufsenlippe in der Regel mit einfachen Falten. Jura und Kreide. Hauptverbreitung im Koralrag des oberen Jura.

Ptygmatis Sharpe (Fig. 891). Wie vorige, jedoch die Falten auf Spindel, Innen- und Aufsenlippe durch sekundäre Einschnürungen kompliziert, verzweigt und verbreitert. Jura. Kreide.

Fig. 890. *Trochalia (Cryptoplocus) consobrina* Zitt. Tithon. Stramberg. Längsdurchschnitt.

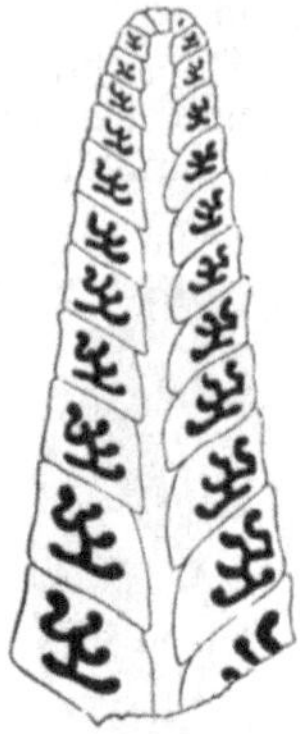

Fig. 891. *Ptygmatis pseudo-Bruntrutana* Gemmellaro. Tithon. Inwald, Karpath. (Vertikal - Durchschnitt.)

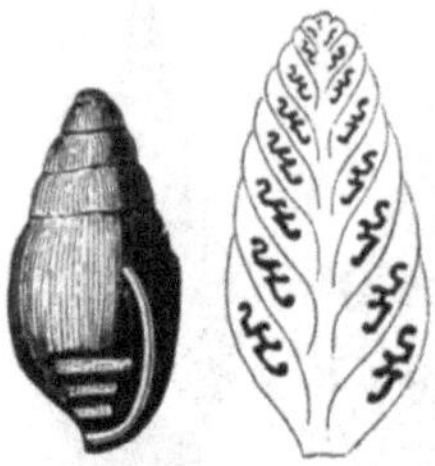

Fig. 892. *Itieria Staszycii* Zeuschner. Tithon. Inwald und Stramberg.

Itieria Math. (Fig. 892). Länglich oval, meist genabelt. Gewinde kurz, zuweilen eingesenkt. Letzter Umgang sehr grofs, die vorhergehenden Windungen mehr oder weniger umfassend. Spindel, Innen- und Aufsenlippe mit Falten. Jura. Kreide.

19. Familie. **Cerithiidae.** Menke.

Schale turmförmig. Mündung länglich oval oder vierseitig, vorne mit kurzem Kanal oder Ausgufs. Aufsenlippe häufig verdickt und umgeschlagen, oder dünn und scharf. Spindel zuweilen mit 1—2 Falten. Deckel hornig, spiral. Trias bis jetzt. Marin und brackisch. Mehr als 1000 lebende und gegen 500 fossile Arten bekannt, letztere am zahlreichsten im Eocän. Die ältesten Formen sind meist klein und haben nahezu ganzrandige Mündung.

Cerithinella Gemm. (Fig. 893). Turmförmig, schlank. Umgänge zahlreich, eben, mit spiralen Rippen oder Knötchenreihen verziert. Mündung vierseitig, mit sehr schwachem Ausgufs. Lias. Jura.

Fig. 893. *Cerithinella armata* Goldf. Torulosus-Schichten. Pretzfeld, Franken.

Fig. 894. *Ceritella conica* Morris u. Lyc. Grofs-Oolith. Minchinhampton, England.

Fig. 895. *Exelissa strangulata* d'Arch. sp. Bathonien. Eparcy, Aisne.

Fig. 897. *Bittium plicatum* Brug. Oligocän. Ormoy bei Etampes.

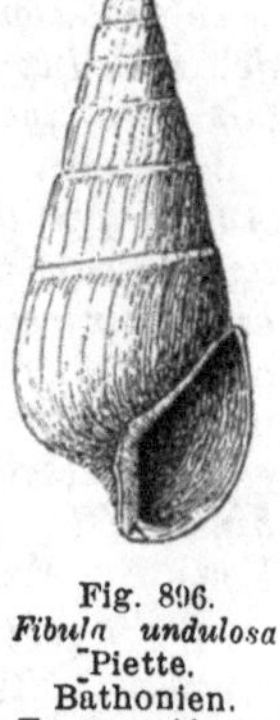

Fig. 896. *Fibula undulosa* Piette. Bathonien. Eparcy, Aisne.

Cryptaulax Tate (*Pseudocerithium* Cosmann). Klein, turmförmig. Umgänge mit spiralen Rippen oder Knotenreihen und Querfalten. Letztere setzen meist in etwas schiefer Richtung kontinuierlich von einem Umgang auf den andern fort. Mündung oval oder vierseitig, mit kaum angedeutetem Ausguſs. Trias. Jura.

Ceritella Morr. Lyc. (Fig. 894). Trias. Jura. *Fibula* Piette (Fig. 896). Trias bis Kreide. *Pseudalaria* Huddelst. Jura. *Ditretus* Piette. Jura.

Exelissa Piette (Fig. 895). Sehr klein, turmförmig; Umgänge mit kräftigen, kontinuierlichen Querrippen und spiralen Streifen. Mündung verengt, rundlich, ohne Kanal, zuweilen etwas abgelöst, die Ränder zusammenhängend. Häufig im Jura.

Bittium Leach. (Fig. 897). Turmförmig, mit gekörnelten Spiralrippen und zahlreichen Querrippen. Mündung mit kurzem, geradem Kanal. Auſsenlippe scharf. Jura bis jetzt. Häufig im Tertiär.

Triforis Desh., *Cerithiopsis* Forb. Tertiär und lebend.

Eustoma Piette. Turmförmig. Mündung mit langem Kanal. Innenlippe schwielig, stark ausgeschlagen. Auſsenlippe ausgebreitet. Kanal häufig durch die Ränder der Innen- und Auſsenlippe geschlossen. Jura.

Fig. 898. *Cerithium serratum* Brug. Grobkalk. Damery bei Epernay.

Fig. 899. *Cerithium (Vertagus) nudum* Lam. Eocän. Chaumont bei Paris.

Fig. 900. *Potamides (Tympanotomus) margaritaceum* Brocchi. Oligocäner Cyrenenmergel. Hackenheim bei Alzey.

Fig. 901. *Potamides (Lampania) pleurotomoides* Desh. Mittl. Meeressand. Mortefontaine, Seine et Oise.

Cerithium Ad. (Fig. 898, 899). Turmförmig, ohne Epidermis. Mündung mit rückwärts gekrümmtem Kanal. Auſsenlippe häufig etwas umgeschlagen. Spindel zuweilen mit 1—2 Falten. Jura bis jetzt. Hauptverbreitung im Eocän, bis $^1/_2$ Meter lang (*C. giganteum* Lam.).

Subgenera: *Vicarya* d'Arch., *Vertagus* Klein, *Bellardia* Mayer etc.

Potamides Brongt. (Fig. 900, 901). Turmförmig, mit Epidermis. Mündung mit Ausguſs oder schwachem Kanal. Nur in Brackwasser oder in Fluſsmündungen lebend. Fossil von der Kreide an.

Subgenera: *Tympanotomus* Ad., *Pyrazus*, *Telescopium* Montf., *Cerithidea* Swains, *Lampania*, *Pyrenella* Gray., *Sandbergeria* Bosq.

20. Familie. **Aporrhaidae.** Phill.

Schale spindelförmig, turmförmig bis konisch eiförmig. Mündung vorne in einen Kanal auslaufend. Auſsenlippe flügelartig erweitert, gefingert oder verdickt. Deckel hornig. Jura bis jetzt. Hauptverbreitung im Jura und Kreide. Marin.

Alaria Morr. Lyc. (Fig. 902. 903). Turmförmig, Mündung mit langem oder kurzem Kanal. Auſsenlippe den letzten Umgang nicht überschreitend, gefingert oder geflügelt. Gewinde und letzter Umgang öfters mit Resten früherer Mundränder. Sehr häufig in Jura und Kreide.

Subgenera: *Dicroloma* Gabb., *Anchura* Conrad (Fig. 904). Jura. Kreide. *Diempterus* Piette. Jura.

Spinigera d'Orb. (Fig. 905). Umgänge gekielt, mit zwei gegenüberstehenden Reihen von Stacheln verziert. Jura.

Aporrhais da Costa (*Chenopus* Phill.) (Fig. 906). Wie *Alaria*, aber Mündung hinten in einem am Gewinde auf-

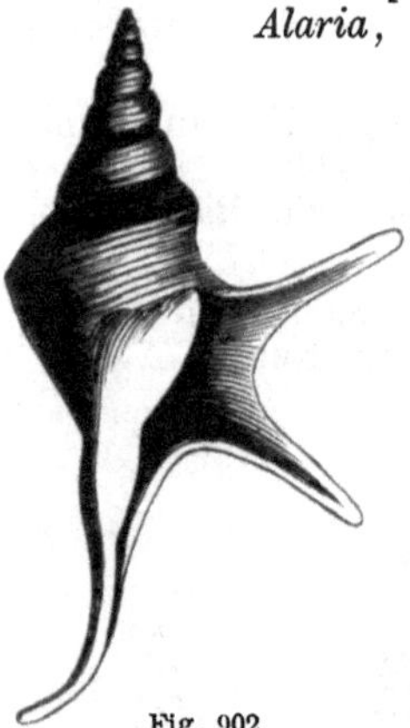

Fig. 902. *Alaria myurus* Deslongch. Unt. Oolith. Bayeux, Calvados.

Fig. 903. *Alaria armata* Morris und Lye. Grofs-Oolith. Minchinhampton.

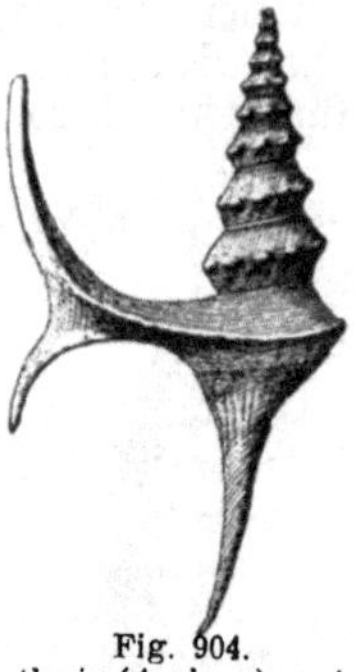

Fig. 904. *Alaria (Anchura) carinata* Mant. Gault, Folkestone.

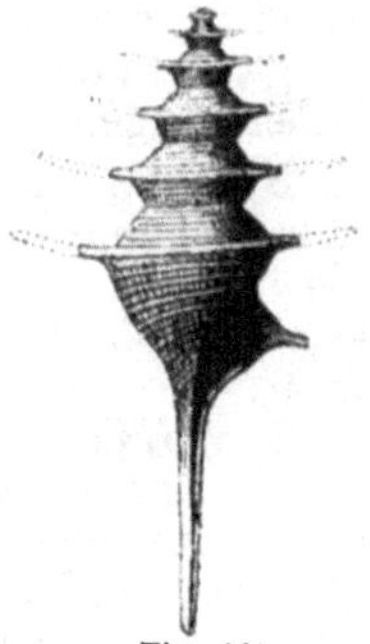

Fig. 905. *Spinigera semicarinata* Goldf. sp. Callovien. Montreuil-Bellay, Maine et Loire.

steigenden oder frei vorragenden Kanal verlängert. Aufsenlippe ausgebreitet, gefingert oder lappig. Jura bis jetzt.

Subgenera: *Alipes* Conrad, *Arrhoges* Gabb., *Ceratosiphon* Gill, *Cuphosolenus* Piette, *Tessarolax* Gabb., *Lispodesthes* White (Fig. 907), *Helicaulax* Gabb., *Dimorphosoma* St. Gardner (Fig. 908), *Pterocerella* Meek, *Malaptera* Piette. Jura. Kreide.

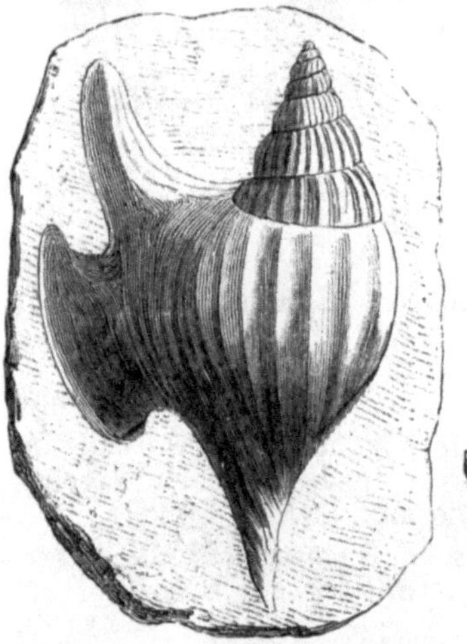

Fig. 907. *Aporrhais (Lispodosthes) Reussi* Gein. var. *megaloptera* Reufs. Pläner. Postelberg, Böhmen.

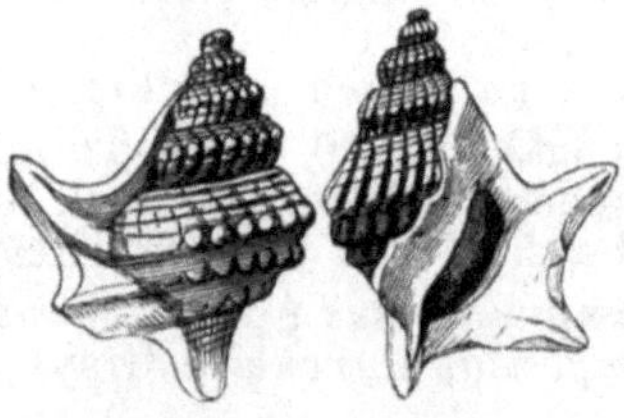

Fig. 906. *Aporrhais tridactylus* A. Braun. Oligocän. (Cyrenen-Mergel.) Hackenheim bei Kreuznach.

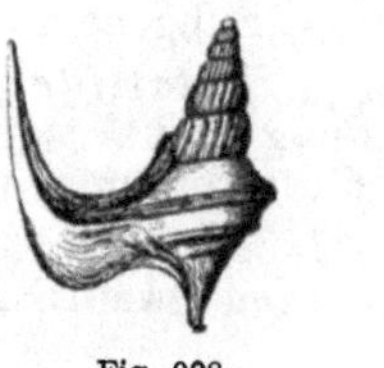

Fig. 908. *Aporrhais (Dimorphosoma) calcarata* Sow. Upp. Greensand. Blackdown.

21. Familie. **Strombidae.** d'Orb.

Schale konisch bis turm- oder spindelförmig mit zugespitztem Gewinde. Mündung mit Kanal. Aufsenlippe häufig ausgebreitet, vorne mit einer Ausbuchtung. Deckel hornig. Jura bis jetzt.

Die Schalen dieser Familie weichen aufserordentlich voneinander ab, dagegen zeigen die Tiere grofse Übereinstimmung.

Harpagodes Gill. (Fig. 909). Gewinde kurz, letzter Umgang sehr grofs. Kanal lang, zurückgebogen. Aufsenlippe mit mehreren hohlen, stachelartigen Fortsätzen, der oberste dem Gewinde aufliegend und nach der Spitze verlaufend. Jura. Kreide.

Pterocera Lam. (*Heptadactylus* Klein). Gewinde kurz, Kanal seitwärts gebogen. Aufsenlippe flügelartig, mit hohlen, dornförmigen Fortsätzen, unter dem vordersten eine tiefe Ausbuchtung. Nur lebend.

Fig. 909.
Harpagodes Oceani Brongt.
Kimmeridge-Stufe.
Lindner Berg
bei Hannover.

Fig. 912.
Hippochrenes Murchisoni Desh.
Grobkalk. Damery bei Epernay.

Fig. 910.
Strombus crassilabrum Zitt. Gosau-Kreide.
St. Gilgen, Salzburg.

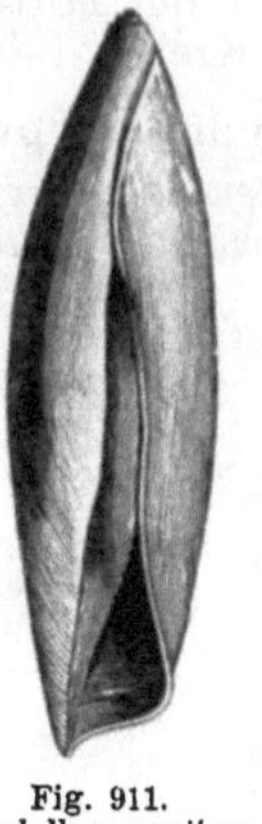

Fig. 911.
Terebellum sopitum Brander sp. Grobkalk. Grignon.

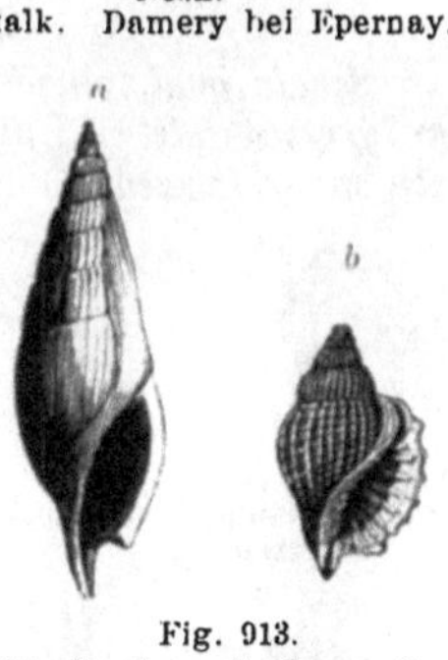

Fig. 913.
a *Rimella fissurella* Lam. Grobkalk. Damery bei Epernay.
b *Rimella Bartonensis* Sow. sp. Grobkalk. Grignon.

Pterodonta d'Orb., *Thersitea* Coq., Kreide. *Pereiraea* Crosse. Miocän.

Strombus Lin. (*Oncoma* Meyer) (Fig. 910). Gewinde kurz, turmförmig. Letzter Umgang sehr grofs. Mündung lang, schmal, mit kurzem gebogenem Kanal. Aufsenlippe flügelartig ausgebreitet, vorne mit Ausbuchtung. Kreide bis jetzt.

Pugnellus Conrad. Kreide. *Struthiolaria* Lam. Tertiär und lebend.

Terebellum Lam. (*Seraphs* Montf.) (Fig. 911). Schale spindelförmig, fast zylindrisch. Gewinde sehr kurz, eingerollt. Letzter Umgang sehr groſs, glatt oder gestreift. Mündung eng, Kanal kurz. Auſsenlippe scharf, nicht ausgebreitet, vorne ausgeschnitten. Tertiär und lebend.

Rostellaria Lam. Gewinde hoch, Umgänge glatt. Mündung vorne mit schnabelartig verlängertem Kanal, hinten in eine aufsteigende Rinne fortsetzend. Auſsenlippe mit zackigen Fortsätzen, vorne mit Ausbuchtung. Neogen und lebend.

Hippochrenes Montf. (*Orthaulax, Cyclolomops* Gabb.) (Fig. 912). Wie vorige, aber Auſsenlippe flügelartig ausgebreitet, ohne Fortsätze. Ob. Kreide und Eocän.

Rimella Ag. (*Isopleura* Meek) (Fig. 913). Oberfläche gegittert. Auſsenlippe mit verdicktem Rand, ganz oder gezackt. Ob. Kreide, tertiär und lebend.

22. Familie. **Columbellaridae.** Fischer.

Schale länglich oval, dick, mit kurzem konischen Gewinde und groſsem spiral gerippten, häufig gegittertem letzten Umgang. Mündung eng, vorne mit kurzem Kanal, hinten ebenfalls mit einem schräg nach auſsen gerichteten Kanal. Innenlippe schwielig, Auſsenlippe häufig verdickt, gezähnelt oder etwas nach auſsen umgeschlagen. Jura. Kreide.

Fig. 914. *Columbellaria corallina* Quenst. sp. Koralrag. Nattheim.

Fig. 915. *Zittelia crassissima* Zitt. sp. Tithon. Stramberg.

Fig. 916. *Petersia costata* Gemm. Tithon. Palermo.

Columbellaria Rolle (Fig. 914). Länglich oval, Oberfläche mit zahlreichen spiralen Querrippen, zuweilen gegittert. Mündung lang, eng, vorne etwas erweitert, Auſsenlippe innen gezähnt, nicht verdickt, etwas zurückgeschlagen. Vorderer und hinterer Kanal kurz. Ob. Jura.

Zittelia Gemm. (Fig. 915). Wie vorige, aber Mündung sehr eng, spaltförmig; Auſsenlippe innen in der Mitte stark verdickt. Ob. Jura. Tithon.

Columbellina d'Orb. Kreide. *Petersia* Gemm. (Fig. 916). Tithon.

23. Familie. **Cypraeidae.** Gray.

Schale oval, eingerollt; Gewinde kurz, im Alter zuweilen vollständig von dem sehr groſsen letzten Umgang umhüllt. Mündung lang, eng, vorne und hinten in einen meist kurzen Kanal verlaufend. Auſsenlippe einwärts gebogen. Deckel fehlt.

Fig. 917. *Erato laevis* Don. Miocän. Niederleis, Österreich.

Fig. 920. *Trivia affinis* Duj. sp. Miocän. Pontlevoy, Touraine.

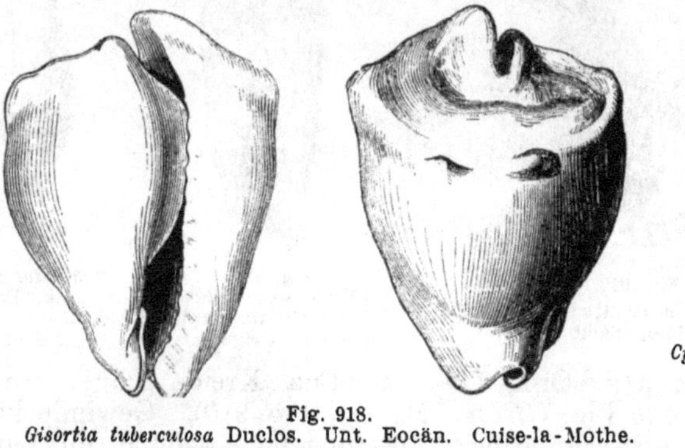

Fig. 918. *Gisortia tuberculosa* Duclos. Unt. Eocän. Cuise-la-Mothe.

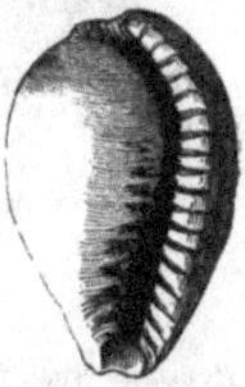

Fig. 919. *Cypraea subexcisa* A. Braun. Oligocän. Weinheim bei Alzey.

Die Porzellanschnecken sind gegenwärtig in groſser Zahl (ca. 250 Arten), namentlich in den Meeren der warmen Zonen verbreitet, zeichnen sich meist durch prachtvolle Färbung aus und erlangen zuweilen ansehnliche Gröfse. Fossile Vertreter finden sich zuerst im obersten Jura, werden etwas häufiger im Tertiär, bleiben aber an Gröfse meist hinter den recenten Formen zurück.

Erato Risso (Fig. 917). Klein, oval konisch, mit kurzem vorragendem Gewinde, Mündung eng, vorne mit kurzem Kanal. Innenlippe glatt, vorne mit Spindelfalten, Aufsenlippe eingebogen, gezähnelt. Kreide bis jetzt.

Ovula Brug. Gewinde vollständig umhüllt. Schale glatt, oval oder spindelförmig. Mündung vorne und hinten in einen Kanal verlaufend. Innenlippe glatt; Aufsenlippe eingebogen, glatt oder gezähnelt. Tertiär und lebend.

Gisortia Jusseaume (Fig. 918). Grofs, dickschalig, eiförmig. Gewinde kurz, eingehüllt. Letzter Umgang mit stumpfer Kante. Mündung hinten und vorn mit kurzem Kanal. Eocän. *G.* (*Strombus*) *gigantea* Goldf. sp.

Cypraea Lin. (Fig. 919). Eiförmig, konvex, eingerollt, glatt. Gewinde kurz, eingehüllt. Mündung lang, spaltförmig, an beiden Enden mit Ausgufs; Innenlippe wie die eingerollte Aufsenlippe gezähnt. Jura (*C. tilonica* Stefani) bis jetzt.

Trivia Gray (Fig. 920). Wie *Cypraea*, aber klein, letzter Umgang mit erhabenen Querrippen oder Warzen bedeckt. Tertiär und lebend.

24. Familie. **Cassididae.** Ad.

Schale dick, bauchig, kugelig eiförmig, zuweilen mit Querwülsten. Gewinde kurz. Letzter Umgang sehr grofs. Mündung verlängert, eng, vorne mit kurzem Kanal. Innenlippe auf ausgebreiteter Schwiele, zuweilen gekörnelt oder runzelig. Aufsenlippe mehr oder weniger verdickt. Deckel hornig, mit randständigem Nucleus. Obere Kreide bis jetzt. Marin.

Cassidaria Lam. (*Morio* Montf., *Galeodea* Link) (Fig. 921). Kanal verlängert, seitwärts- oder zurückgebogen. Innenlippe weit ausgeschlagen, Aufsenlippe umgebogen. Ob. Kreide bis jetzt. Hauptverbreitung im Eocän.

Subgenus: *Sconsia* Gray (Fig. 922). Letzter Umgang mit Querwulst. Kanal kurz, gerade. Ob. Kreide bis jetzt.

Fig. 921. *Cassidaria carinata* Lam. Eocän. Grignon.

Fig. 922. *Cassidaria* (*Sconsia*) *ambigua* Solander. sp. Oligocän. Lattorf bei Bernburg.

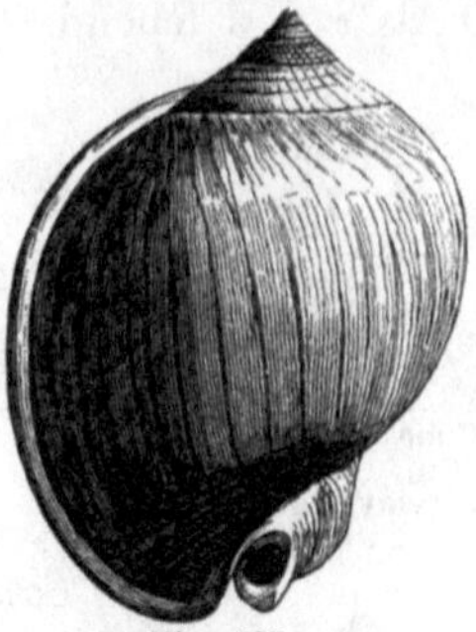

Fig. 923. *Cassis saburon* Lam. Miocän. Gainfahren bei Wien.

Cassis Lam. (Fig. 923). Dickschalig, bauchig. Aufsenlippe verdickt. umgeschlagen, meist gezähnelt, Innenlippe schwielig, ausgebreitet, gezähnelt, runzelig oder körnelig. Kanal kurz, scharf umgebogen, nach hinten aufsteigend. Tertiär bis jetzt.

Oniscia Sow. Kreide bis jetzt.

25. Familie. **Doliidae.** Ad.

Schale dünn, bauchig, Gewinde sehr kurz, letzter Umgang sehr grofs, längs gerippt oder gegittert. Mündung weit, oval. Kanal gedreht oder gerade. Deckel fehlt. Kreide bis jetzt.

Dolium Lam. Spiral gerippt. Mündung weit; Aufsenlippe innen gekerbt. Kanal kurz, schief. Kreide bis jetzt.

Ficula Swainson (*Pyrula* Lam.) (Fig. 924). Schale dünn, bauchig, spiral gerippt, gefurcht oder gegittert, Mündung sehr weit. Aufsenlippe scharf, Kanal lang, breit, gerade. Unt. Kreide bis jetzt, Hauptverbreitung im Tertiär.

Fig. 924. *Ficula reticulata* Lam. sp. Miocän. Grund. Wiener Becken.

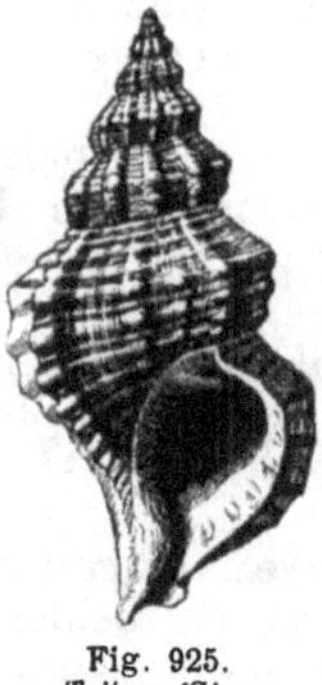

Fig. 925. *Triton (Simpulum) flandricum* de Kon. Oligocän. Weinheim bei Alzey.

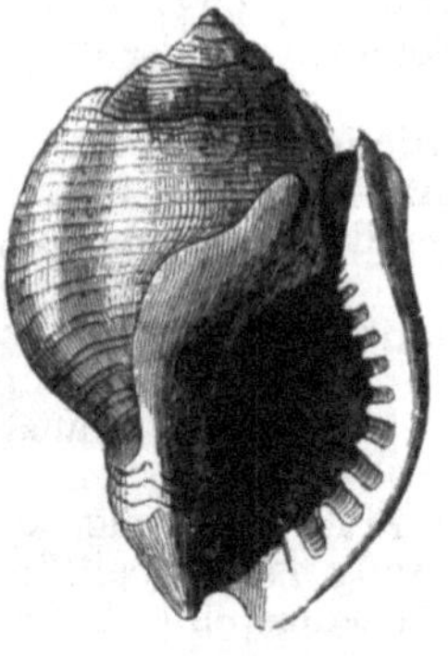

Fig. 926. *Ranella (Aspa) marginata* Brocchi. Miocän. Grund bei Wien.

26. Familie. **Tritonidae.** Ad.

Schale dick, eiförmig bis spindelförmig, mit Epidermis. Gewinde mäfsig hoch. Umgänge mit Querwülsten. Mündung mit verdickter Aufsenlippe und offenem, geradem oder etwas gebogenem Kanal. Deckel hornig, mit randständigem Nucleus. Kreide bis jetzt.

Triton Montf. (*Tritonium* Link) (Fig. 925). Gewinde verlängert. Die Querwülste setzen nicht auf mehrere Umgänge fort. Spindel und Innenlippe schwielig oder gekörnelt; Aufsenlippe innen verdickt und gekerbt. Kreide bis jetzt. Häufig im Tertiär.

Distortrix Link (*Persona* Montf.). Tertiär und lebend.

Ranella Lam. (Fig. 926). Wie *Triton*, aber mit zwei gegenüberstehenden, kontinuierlich über alle Umgänge fortsetzenden Querwülsten. Tertiär und lebend.

Fig. 927. *Columbella curta* Duj. Miocän. Lapugy, Siebenbürgen.

27. Familie. **Columbellidae.** Troschel.

Schale klein, eiförmig bis spindelförmig, ungenabelt, mit Epidermis. Mündung eng. Kanal kurz; Aufsenlippe innen gezähnelt, in der Mitte verdickt. Tertiär und lebend.

Die typische Gattung *Columbella* Lam. (Fig. 927) hat ihre Hauptverbreitung in der Jetztzeit und im jüngeren Tertiär. Sie zerfällt in zahlreiche Subgenera.

28. Familie. **Buccinidae.** Latreille.

Schale länglich oval, mit Epidermis; Mündung weit, mit kurzem Kanal, Aufsenlippe scharf oder verdickt. Deckel hornig. Kreide bis jetzt. Marin.

Buccinum (*Tritonidea* Swainson). Bauchig, glatt oder quer gefaltet, Gewinde mäfsig hoch. Mündung weit, Kanal kurz, weit offen. Aufsenlippe scharf, dünn, Innenlippe etwas schwielig. Hauptsächlich in den Meeren der kälteren Zonen verbreitet (*B. undatum* Lin.). Fossil im Krag und Glacialbildungen.

Fig. 928. *Cominella cassidaria* A. Braun. Cyrenen-Mergel. Hackenheim bei Alzey.

Cominella Gray (Fig. 928). Meist längsgerippt; der letzte Umgang unter der Naht etwas eingedrückt, so dafs die Mündung hinten eine kurze Rinne bildet. Aufsenlippe scharf oder innen gekerbt. Ob. Kreide, tertiär und lebend.

Pseudoliva Swainson (Fig. 929). Wie vorige, jedoch Aufsenlippe mit einem Zähnchen oder Ausschnitt, welchem eine Furche auf dem letzten Umgang entspricht. Ob. Kreide bis jetzt.

Halia Risso. Pliocän und lebend.

Pisania Bivona (*Pisanella* v. Koenen, *Taurinia* Bellardi). Länglich oval, Gewinde ziemlich hoch, Umgänge glatt oder spiral gestreift; Kanal kurz, Aufsenlippe verdickt, innen gekerbt. Tertiär und lebend.

Pollia Gray (*Cantharus* Bolten) (Fig. 930). Oval, bauchig, Gewinde und Mündung nahezu gleich lang, Oberfläche meist spiral gerippt und quer gefaltet. Spindel häufig mit schwachen Querfalten, Aufsenlippe verdickt, innen gekerbt. Mündung hinten mit kurzem Kanal. Tertiär und lebend.

Fig. 929. *Pseudoliva Zitteli* Pethö. Ob. Kreide. Fruska Gora, Ungarn.

Fig. 930. *Pollia sublavata* Bast. sp. Miocän. Enzesfeld bei Wien.

Fig. 931. *Nassa clathrata* Brocchi. Pliocän. Larniano. Toscana.

Fig. 932. *Eburna Caronis* Brgt. sp. Eocän. Ronca bei Vicenza.

Phos Montf. Gewinde spitz, verlängert; Oberfläche gegittert. Spindel vorne mit Falte. Tertiär und lebend.

Nassa Martini (Fig. 931). Oval, bauchig. Mündung mit kurzem, zurückgebogenem Kanal. Innenlippe schwielig, ausgebreitet, Aufsenlippe innen meist gekerbt. Über 200 lebende Arten, die in viele Subgenera verteilt werden. Fossil selten in der oberen Kreide und im Eocän, häufig im Miocän und Pliocän.

Eburna Lam. (*Dipsaccus* Klein) (Fig. 932). Wie *Nassa*, aber glatt, genabelt, die Suturen der Umgänge vertieft. Aufsenlippe scharf. Tertiär und lebend.

Cyclonassa Ag., *Arcularia* Link, *Cyllene* Gray, *Truncaria* Ad. etc. (*Buccinopsis* Desh). Tertiär und lebend.

29. Familie. **Purpuridae.** Gray.

Schale dick, meist oval, Gewinde kurz; letzter Umgang grofs. Mündung weit, Innenlippe und Spindel mehr oder weniger abgeplattet, Kanal kurz, Deckel hornig. Kreide. Tertiär und lebend. Marin.

Pupura Brug. (Fig. 933). Ungenabelt. Gewinde kurz. Letzter Umgang grofs, gerippt oder knotig. Mündung oval, mit kurzem Kanal; Spindel abgeplattet, glatt. Tertiär und lebend.

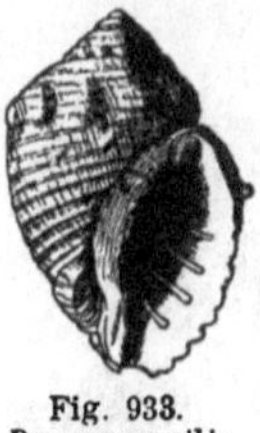

Fig. 933. *Purpura exilis* Partsch. Miocän. Möllersdorf bei Wien.

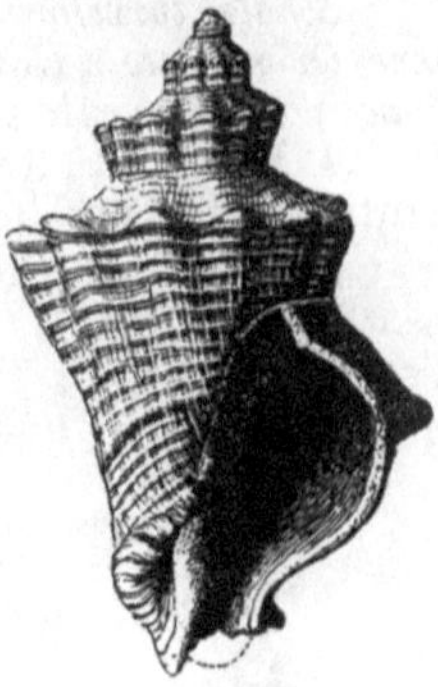

Fig. 934. *Rapana laxecarinata* Micht. Oligocän. Santa Giustina, Ober-Italien.

Rapana Schum. (Fig. 934). Wie vorige, jedoch genabelt, die Innenlippe schwielig, ausgeschlagen. Kreide bis jetzt.

Lysis Gabb., *Stenomphalus* Sandb. Kreide. Tertiär.

Ricinula Lam., *Monoceros* Lam., *Concholepas* Lam., *Cuma* Ad. etc. Tertiär und lebend.

30. Familie. **Muricidae.** Tryon.

Schale dick, Gewinde mäfsig hoch; Umgänge mit Querwülsten, Rippen, Blättern und häufig mit Stacheln bedeckt. Mündung rundlich oder oval, Kanal mehr oder weniger verlängert, ganz oder teilweise von den Lippenrändern bedeckt. Deckel hornig. Kreide bis jetzt. Marin.

Murex Lin. (Fig. 935—937). Oval, bauchig. Oberfläche mit mindestens drei (häufig mehr) Querwülsten oder Querreihen von Stacheln oder Knoten. Innenlippe glatt, Aufsenlippe verdickt. Kanal ziemlich lang. Kreide bis jetzt.

Subgenera: *Haustellum* Klein, *Rhinacantha* Ad., *Chicoreus* Montf., *Phyllonotus* Montf., *Pteronotus* Swainson, *Ocinebra* Leach etc.

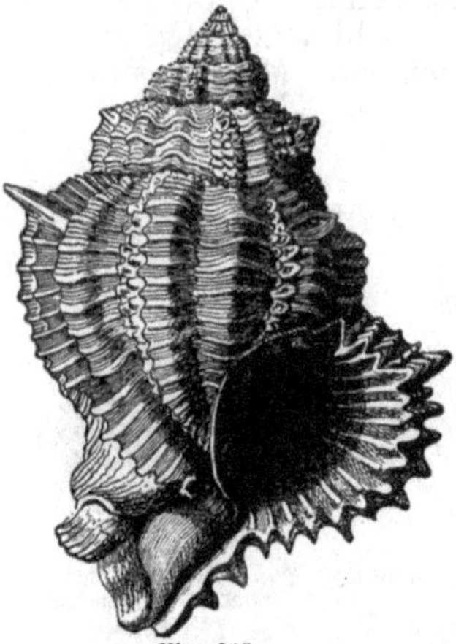

Fig. 935. *Murex (Phyllonotus) Sedgwicki* Micht. Miocän. Gainfahrn bei Wien.

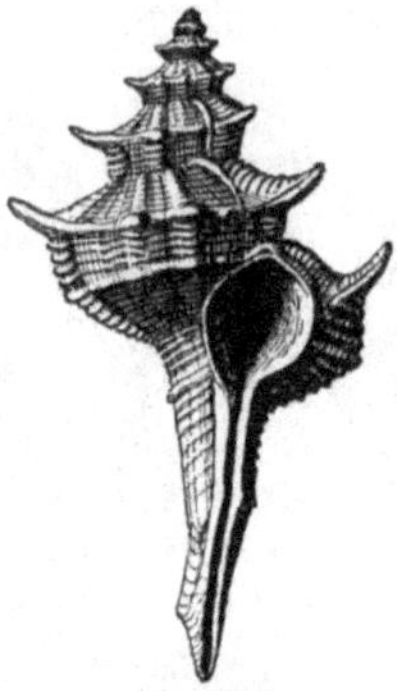

Fig. 936. *Murex spinicosta* Bronn. Miocän. Baden bei Wien.

Fig. 937. *Murex (Pteronotus) tricarinatus* Lam. Eocän. Damery bei Epernay.

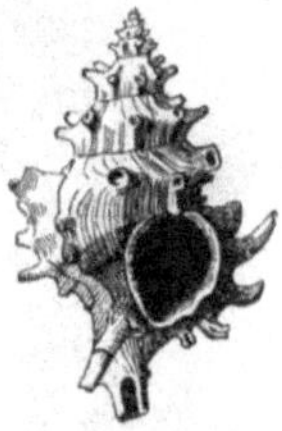

Fig. 938. *Typhis tubifer* Montf. Grobkalk. Grignon bei Paris.

Typhis Montf. (Fig. 938). Wie *Murex*, aber mit hohlen Stacheln, Kanal vollständig bedeckt. Ob. Kreide bis jetzt.

Trophon Montf. Gewinde hoch. Querwülste durch zahlreiche dünne Querblätter ersetzt. Kanal offen, etwas gebogen. Tertiär und lebend.

31. Familie. **Fusidae.** Tryon.

Schale turmförmig, spindelförmig bis oval, in der Regel ohne Querwülste. Kanal mehr oder weniger verlängert. Innenlippe glatt oder mit schwachen Spindelfalten, Aufsenlippe dünn. Deckel hornig. Selten im oberen Jura und in der Kreide, häufig tertiär und lebend. Marin.

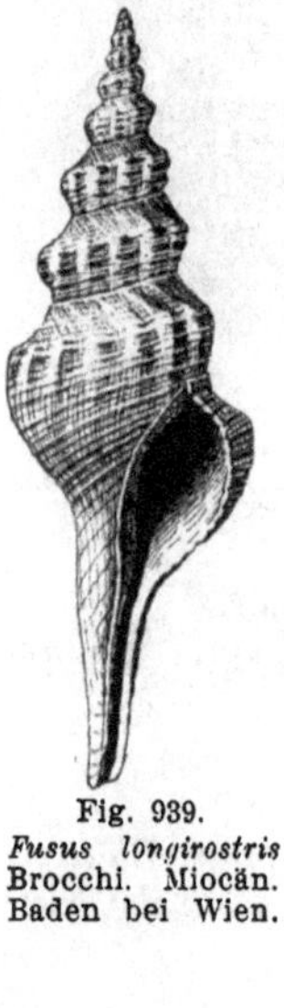

Fig. 939. *Fusus longirostris* Brocchi. Miocän. Baden bei Wien.

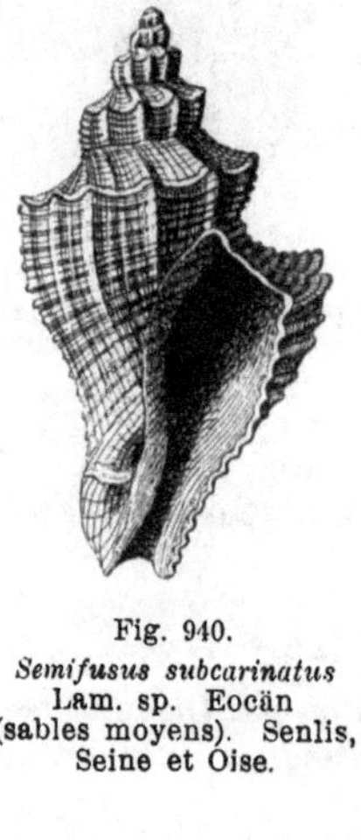

Fig. 940. *Semifusus subcarinatus* Lam. sp. Eocän (sables moyens). Senlis, Seine et Oise.

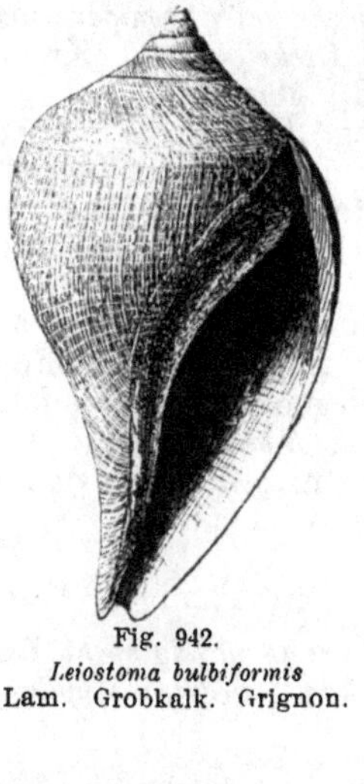

Fig. 942. *Leiostoma bulbiformis* Lam. Grobkalk. Grignon.

Fig. 941. *Clavella longaevus* Lam. Eocän. Damery bei Epernay.

Die Tiere sind wenig von denen der Bucciniden und Muriciden verschieden.

Fusus (Klein) Lam. (*Colus* Humph.) (Fig. 939). Spindelförmig, Gewinde lang; Mündung oval, Kanal stark verlängert, gerade, offen. Aufsenlippe scharf, Innenlippe glatt. Kreide, tertiär und lebend.

Chrysodomus Swainson (*Neptunea* Bolten). Länglich oval, bauchig, zuweilen links gewunden, mit Epidermis. Kanal ziemlich kurz, etwas gezogen. Kreide bis jetzt. *F. contrarius* Lam. Krag.

Siphonalia Ad., *Euthria* Gray, *Semifusus* Swainson (Fig. 940), *Metula* Ad., tertiär und lebend, *Mitraefusus, Genea* Bellardi. Neogen.

Clavella Swainson (*Cyrtulus* Hinds) (Fig. 941). Dickschalig, glatt oder fein spiral gestreift; letzter Umgang vorne plötzlich verengt. Kanal sehr lang, gerade. Häufig im Eocän, selten im Neogen und lebend.

Fig. 943. *Strepsidura ficulnea* Lam. Grobkalk. Damery bei Epernay.

Fig. 944. *Latyrus craticulatus* d'Orb. sp. Miocän. Lapugy Siebenbürgen.

Leiostoma Swainson (Fig. 942). Gewinde kurz, letzter Umgang bauchig, glatt, unter der Naht etwas abgeplattet. Innenlippe glatt. Kanal gerade. Häufig im Eocän, selten im Miocän.

Strepsidura Swains. (Fig. 943). Gewinde kurz, letzter Umgang bauchig, quer gerippt. Kanal gebogen. Eocän. Miocän.

Subgenera: *Latyrus* Montf. (Fig. 944), *Peristernia* Mörch, *Leucozonia* Gray. Tertiär und lebend. *Turbinella* Lam. Tertiär u. lebend. *Pisanella* v. Koenen. Oligocän.

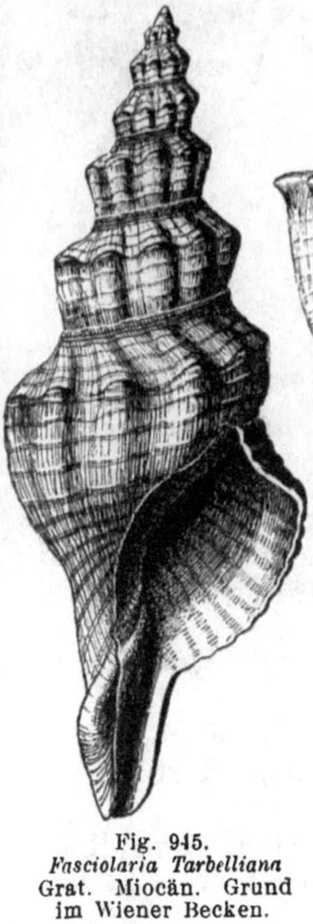

Fig. 945. *Fasciolaria Tarbelliana* Grat. Miocän. Grund im Wiener Becken.

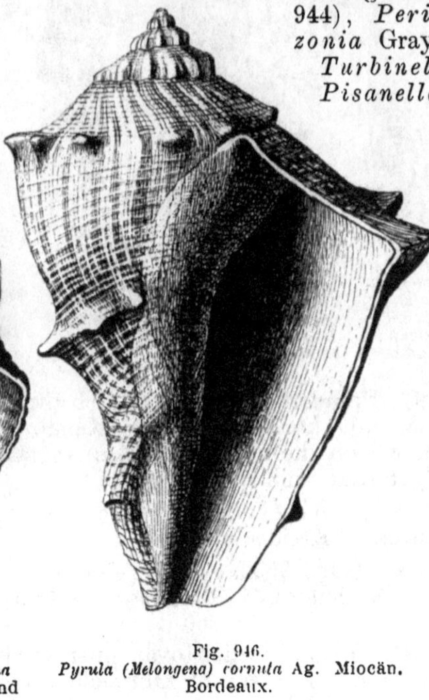

Fig. 946. *Pyrula (Melongena) cornuta* Ag. Miocän. Bordeaux.

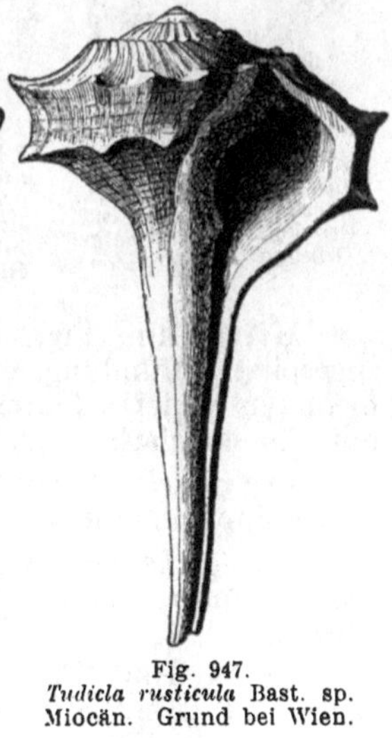

Fig. 947. *Tudicla rusticula* Bast. sp. Miocän. Grund bei Wien.

Fasciolaria Lam. (Fig. 945). Wie *Fusus,* meist glatt, Spindel mit zwei bis drei schiefen Falten. Kanal gebogen. Kreide bis jetzt.

Pyrula Lam. (*Melongena* Schum., *Myristica* Swainson) (Fig. 946). Birnförmig, bauchig, Gewinde kurz, letzter Umgang sehr grofs, längsgestreift und mit Knoten oder Stachelreihen besetzt. Innenlippe glatt. Mündung allmählich in den kurzen, weiten Kanal übergehend. Tertiär und lebend.

Fulgur Montf. (*Busycon* Bolten). Tertiär und lebend.

Tudicla Linck. (Fig. 947). Wie *Pyrula*, aber Kanal gerade und sehr lang; Innenlippe mit einer Falte. Kreide bis jetzt.

32. Familie. **Volutidae.** Gray.

Schale dick, glänzend, oval bis spindelförmig. Gewinde kurz oder verlängert, letzter Umgang grofs. Mündung länglich, mit kurzem Kanal oder Ausgufs; Innenlippe mit Spindelfalten. Deckel fehlt in der Regel. Kreide bis jetzt. Marin.

Marginella Lam. (Fig. 948). Länglich eiförmig, glatt, glänzend. Gewinde kurz. Mündung eng, verlängert, mit kurzem, breiten Ausgufs. Innenlippe mit 3—4 schiefen, fast gleich starken Falten; Aufsenlippe verdickt. Tertiär und lebend.

Fig. 948. *Marginella crassula* Desh. Grobkalk. Chaumont bei Paris. (2/1).

Fig. 950. *Strigatella labrotula* Lam. sp. Grobkalk. Grignon.

Fig. 951. *Lyria modesta* A. Braun. Oligocän. Weinheim bei Alzey.

Fig. 949. *Mitra fusiformis* Brocchi. Pliocän. Rhodus.

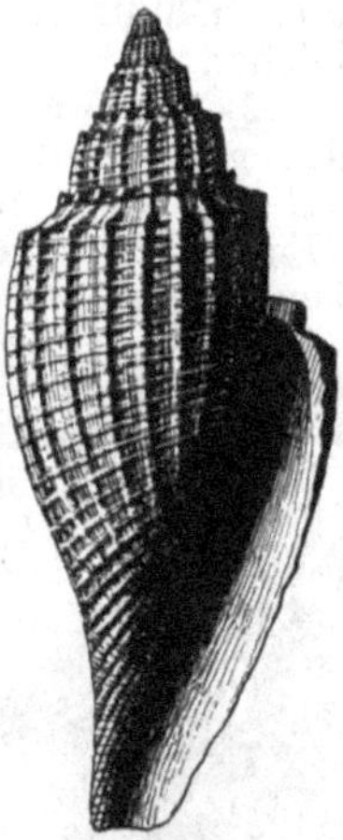

Fig. 952. *Volutilithes bicorona* Lam. Grobkalk. Courtagnon bei Epernay.

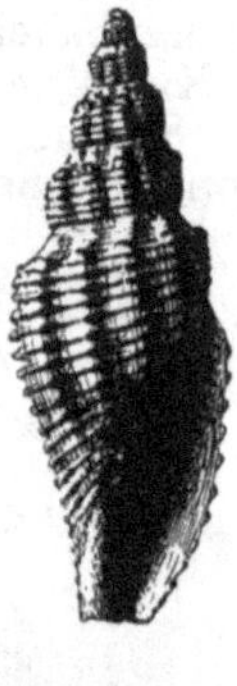

Fig. 953. *Volutilithes (Volutoderma) elongata* d'Orb. Gosaukreide. St. Gilgen, Salzburg.

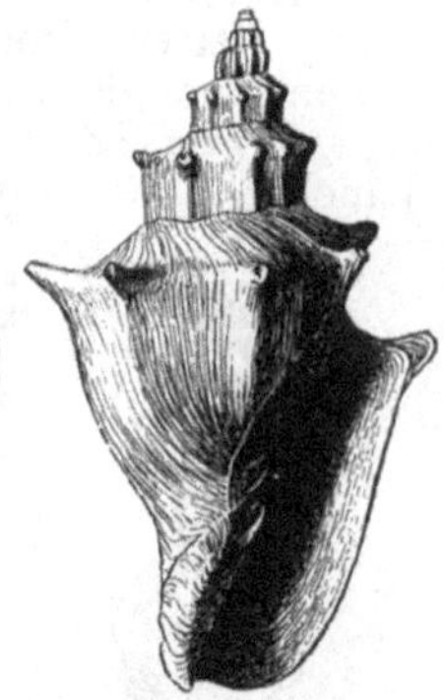

Fig. 954. *Voluta (Scapha) muricina* Lam. Grobkalk. Damery bei Epernay.

Mitra Lam. (Fig. 949). Spindelförmig bis länglich oval; Gewinde hoch, zugespitzt. Mündung eng, mit kurzem, weitem Kanal. Innenlippe mit mehreren schiefen Falten, wovon die oberste (hintere) am stärksten. Aufsenlippe innen glatt. Häufig tertiär und lebend.

Turricula (Klein) Ad. Wie vorige, aber Schale mit Querrippen, Aufsenlippe innerlich gestreift. Kreide bis jetzt.

Strigatella Swains. (Fig. 950), *Cylindromitra* Fischer (*Cylindra* Schum.), *Imbricaria* Schum., *Volutomitra* Gray. Tertiär und lebend.

Lyria Gray (Fig. 951). Dick, länglich oval, quer gerippt. Innenlippe vorne mit zwei kräftigen und dahinter mit zahlreichen schwachen Falten. Aufsenlippe verdickt. Tertiär und lebend.

Volutilithes Swainson (Fig. 952). Gewinde verlängert, zugespitzt, mit kleinem Nucleus. Umgänge quer gerippt oder gegittert. Mündung vorne mit kurzem, weitem Kanal. Falten der Innenlippe schwach entwickelt. In Kreide, Eocän und Oligocän häufig; eine einzige lebende Art.

Subgenera: *Gosavia* Stol., *Leioderma*, *Rostellites* Conrad, *Volutoderma* (Fig. 953), *Volutomorpha* Gabb. Kreide.

Athleta Conrad. Gewinde kurz, letzter Umgang bauchig, hinten mit stacheliger Knotenreihe. Innenlippe schwielig, weit ausgeschlagen, vorne mit drei kräftigen Querfalten, auf welche einige schwächere Falten folgen. Aufsenlippe verdickt. Eocän. Miocän.

Voluta Lin. (Fig. 954). Länglich oval oder spindelförmig. Nucleus grofs, warzenförmig. Umgänge glatt, spiral gestreift, zuweilen mit einer Stachel- oder Knotenreihe. Innenlippe mit mehreren Querfalten, wovon die vorderen (unteren) am stärksten. Tertiär und lebend.

Subgenera: *Fulguraria* Schum., *Scapha* Gray, *Volutella* d'Orb., *Aurinia* Adams (*Volutifusus* Conrad) etc.

Musica Humphrey. Dickschalig, Nucleus klein. Gewinde kurz. Mündung eng; Innenlippe schwielig, mit mehreren Querfalten, Aufsenlippe verdickt. Tertiär und lebend.

Cymbium Klein (*Yetus* Adams, *Melo* Humph.). Kreide bis jetzt, selten.

33. Familie. **Harpidae.** Troschel.

Gewinde niedrig, letzter Umgang bauchig, mit regelmäfsig voneinander abstehenden, scharfen Querrippen. Mündung weit, mit kurzem, weitem Ausgufs. Innenlippe schwielig. Deckel fehlt. Marin.

Die typische Gattung *Harpa* Lam. (*Silia* Meyer) (Fig. 955) beginnt im Eocän und dauert bis jetzt fort.

Cryptochorda Mörch. *Harpopsis* Mayer (Fig. 956). Länglich eiförmig, Gewinde kurz, letzter Umgang grofs, glatt, glänzend. Mündung mit kurzem, zurückgebogenem Kanal. Innenlippe schwielig. Im Eocän häufig.

Fig. 955. *Harpa mutica* Lam. Grobkalk. Grignon.

Fig. 956. *Cryptochorda stromboides* Lam. sp. Grobkalk. Damery. bei Epernay.

34. Familie. **Olividae.** d'Orb.

Schale länglich eiförmig bis subzylindrisch, solid., glatt und glänzend. Gewinde kurz. Letzter Umgang sehr grofs. Mündung schmal, Aufsenlippe scharf; Spindel vorne mit einer nach aufsen umgeschlagenen Schwiele. Kanal sehr kurz. Kreide bis jetzt. Marin.

Oliva Brug. (Fig. 957). Schale subzylindrisch, glänzend; Naht durch eine vertiefte Rinne bezeichnet. Spindelschwiele schräg gefaltet. Kreide bis jetzt.

Ancillaria Lam. (Fig. 958). Länglich eiförmig bis subzylindrisch. Nähte von einer glänzenden Schmelzschicht bedeckt. Mündung vorne etwas erweitert. Spindelende schwielig und etwas gedreht. Kreide bis jetzt.

Fig 957. *Oliva clavula* Lam. Miocän. Dax bei Bordeaux.

Fig. 958. *Ancillaria glandiformis* Lam. Miocän. Steinabrunn.

35. Familie. **Cancellariidae.** Adams.

Schale eiförmig bis turmförmig, Gewinde zugespitzt, letzter Umgang bauchig; Oberfläche quergerippt und meist durch Spiralrippen gegittert. Mündung mit kurzem Kanal oder Ausgufs. Innenlippe mit schiefen Falten, Aufsenlippe innen gefurcht. Ob. Kreide bis jetzt. Marin.

Die typische Gattung *Cancellaria* Lam. (Fig. 959) ist am häufigsten im jüngeren Tertiär und in der Jetztzeit.

Fig. 960. *Terebra acuminata* Borson. Miocän. Baden bei Wien.

Fig. 959. *Cancellaria cancellata* Lin. Miocän. Gainfahrn bei Wien.

36. Familie. **Terebridae.** Adams.

Schale turmförmig, schlank, zugespitzt, letzter Umgang klein. Mündung oval oder vierseitig. Kanal kurz, gebogen. Aufsenlippe scharf. Deckel hornig.

Von den beiden Gattungen Terebra Lam. (Fig. 960) und *Acus* Humphr. zeichnet sich erstere durch eine der Sutur parallel laufende Linie aus, welche eine schmale Nahtbinde verursacht. Tertiär und lebend.

37. Familie. **Pleurotomidae.** Stol.

Schale spindelförmig, mit ziemlich hohem Gewinde; Mündung länglich, vorne in einem mehr oder weniger verlängerten Kanal verlaufend. Aufsenlippe unter der Naht mit einem Schlitz oder einer Ausbuchtung. Deckel hornig, zuweilen fehlend. Kreide bis jetzt. Marin.

Gegen 700 lebende und über 900 fossile Arten beschrieben, davon ca. 20 aus der Kreide.

Pleurotoma Lam. (Fig. **961**. **962**. **964**. **968**). Spindelförmig, Kanal gerade; Innenlippe glatt. Deckel spitz eiförmig, mit terminalem Nucleus. Kreide bis jetzt.

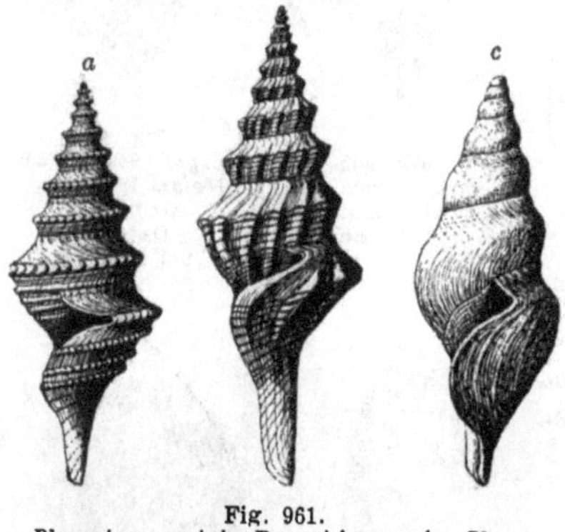

Fig. 961.
a Pleurotoma notata Brocchi var. (= *Pl. monilis* Hörnes). Miocän. Baden bei Wien.
b Pleurotoma (Surcula) Lamarcki Bell. Miocän. Baden bei Wien.
c Pleurotoma (Surcula) Belgica Nyst. Oligocän. Weinheim bei Alzey.

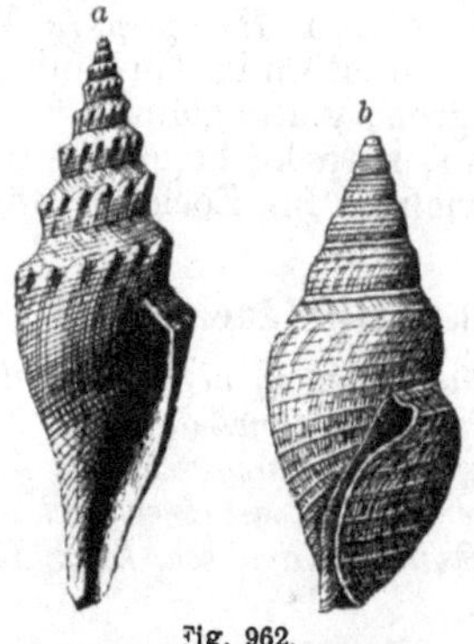

Fig. 962.
a Pleurotoma (Genota) ramosa Bast. Miocän. Grund, Ungarn.
b Pleurotoma (Cryptoconus) filosa Lam. Grobkalk. Grignon.

Fig. 963. *Clavatula asperulata* Lam. Grund, Ungarn.

Subgenera: *Surcula* Ad. (Fig. 961 *b*, *c*), *Genota* Ad. (Fig. 962 *a*), *Dolichotoma* (Fig. 964), *Oligotoma*, *Rouaultia* Bellardi, *Cryptoconus* v. Koenen (Fig. 962 *b*), *Drillia*, *Bela* Gray, *Lachesis* Risso, *Pholidotoma* Cossm., *Beisselia* Holzapfel etc.

Clavatula Lam. (Fig. 963). Wie vorige, aber Aufsenlippe mit seichter, dreieckiger Bucht. Deckel mit Nucleus in der Mitte des Vorderrandes. Kreide bis jetzt.

Subgenera: *Pseudotoma*, *Clinura* Bellardi.

Borsonia Bellardi (Fig. 965). Einschnitt der Aufsenlippe seicht, Spindel mit 1—2 Falten. Deckel unbekannt. Eocän bis jetzt.

Mangilia Risso (Fig. 966). Klein, spindelförmig, Aufsenlippe meist etwas verdickt, hinten mit seichtem Ausschnitt, Spindel glatt. Deckel fehlt. Tertiär und lebend. Subgenera: *Clathurella* Carp. (Fig. 967 *a*), *Homotoma* (Fig. 967 *b*), *Raphitoma* (Fig. 969), *Atoma* Bellardi, *Daphnella* Hinds, *Eucithara* Fischer etc.

Fig. 964. *Pleurotoma (Dolichotoma) cataphracta* Brocchi Miocän. Baden bei Wien.

Fig. 965. *Borsonia Deluci* Nyst. Unter-Oligocän. Lattdorf bei Bernburg.

Fig. 966. *Mangilia angusta* Jan. Pliocän. Occiano bei Pisa.

Fig. 967. *a Mangilia (Clathurella) strombillus* Duj. Miocän. Kienberg bei Wien. *b Mangilia* (*Homotoma*) *reticulata* Brocchi. Pliocän. Sassuolo bei Modena.

Fig. 968. *Pleurotoma (Drillia) incrassata* Duj. Miocän. Steinabrunn bei Wien. ($^2/_1$).

Fig. 969. *Mangilia (Raphitoma) vulpecula* Brocchi. Pliocän. Sassuolo. bei Modena.

38. Familie. **Conidae.** Adams.

Schale eingerollt, verkehrt kegelförmig bis subzylindrisch. Gewinde kurz, konisch; Mündung lang, schmal, vorne mit Ausgufs. Aufsenlippe scharf, unter der Naht zuweilen mit Ausschnitt, Innenlippe glatt. Deckel hornig. Kreide bis jetzt. Marin.

Die Kegelschnecken stehen gegenwärtig in höchster Blüte, sind aber auch im Tertiär ziemlich häufig. Sie resorbieren vom vorletzten Umgang an die innere Schalenschicht vollständig.

Die typische Gattung *Conus* Lin. (Fig. 970) wird von den Konchyliologen in zahlreiche Subgenera zerlegt, die jedoch durch vielfache Übergänge verbunden sind.

Conorbis Swainson zeichnet sich durch hohes Gewinde und gebogene, hinten mit tiefem Ausschnitt versehene Aufsenlippe aus. Eocän und Oligocän.

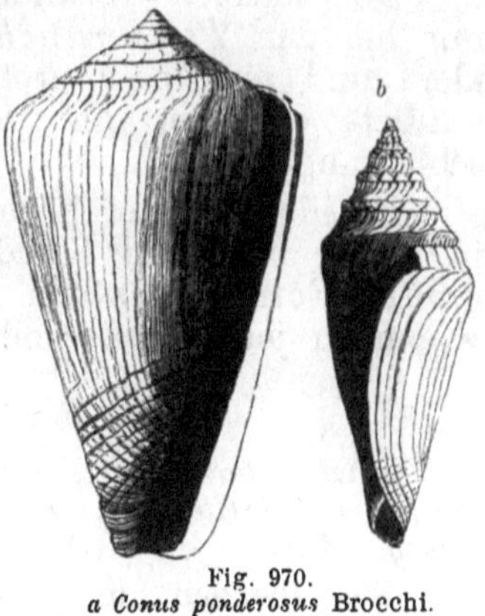

Fig. 970. *a Conus ponderosus* Brocchi. Miocän. Lapugy, Siebenbürgen. *b Conus Parisiensis* Desh. Eocän. Grignon bei Paris.

B. Ordnung. **Heteropoda.** Lam.
Keilschnecken.
(*Nucleobranchiata* Blv.)

Zu den Heteropoden gehören nackte oder beschalte, freischwimmende und pelagische Meerschnecken mit gesondertem Kopf und hochentwickelten Sinnesorganen. Herz, Kiemen, Geschlechtsorgane und Nervensystem sind wie bei den Ctenobranchiern, die Radula wie bei den Tänioglossen beschaffen. Durch den zu einer vertikalen Flosse umgestalteten Fufs erhalten sie jedoch ein von den Prosobranchiern total abweichendes Aussehen. Sie zeigen sich meist abends in grofsen Schwärmen an der Oberfläche des Wassers und schwimmen sehr rasch, wobei sie den Rücken nach unten, den Flossenfufs nach oben kehren. Es sind ungemein zarte, häufig durchscheinende, bald nackte, bald mit leichten dünnen Schalen versehene Organismen.

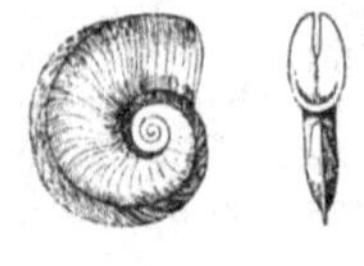

Fig. 971.
Atlanta Peronii Lesueur.
Recent.
Atlantischer Ozean.

Von den zwei auch fossil in jungtertiären Ablagerungen nachgewiesenen Gattungen hat *Carinaria* Lam. eine mützenförmige, gekielte, glasartige Schale; bei *Atlanta* Lesson (Fig. 971) ist die zarte Schale spiral in einer Ebene aufgerollt und die Mündung mit Schlitz versehen.

Die grofse Ähnlichkeit von *Atlanta* und *Oxygyrus* mit gewissen paläozoischen Bellerophontiden macht eine Verwandtschaft beider wahrscheinlich. Letztere unterscheiden sich nur durch massivere, dickere, zuweilen buntgefärbte Schalen von den lebenden Heteropoden.

C. Ordnung. **Opisthobranchia.** M. Edw.

Nackte oder beschalte, hermaphroditische Schnecken, deren Kiemen hinter dem Herzen frei auf dem Rücken oder auf der Seite liegen. Herz mit einer Vorkammer.

Die Opisthobranchier senden das venöse Blut nicht, wie die Prosobranchier, von vorne, sondern von hinten her in den Vorhof des Herzens; die Kiemen liegen weit hinten in Gestalt mehr oder weniger verästelter Blätter, entweder in zwei Reihen auf dem Rücken oder kranzförmig um den After oder in Büscheln auf der rechten Seite. Dieselben werden häufig vom Mantel bedeckt und sind zuweilen verkümmert. Die Radula erinnert an jene der Lungenschnecken. Der Körper und das Nervensystem zeigen meist bilateral symmetrischen Bau.

Den meisten Opisthobranchiern fehlt die Schale (*Nudibranchia*), nur bei den *Tectibranchina* ist dieselbe vorhanden und zwar bald klein und zart, bald grofs und spiral gewunden. Sie bewohnen geschützte Orte an der Meeresküste und bevorzugen sandigen und schlammigen Boden.

Fossile Vertreter beginnen schon in paläozoischen Ablagerungen; in Trias, Jura und Kreide entwickeln einige ausgestorbene Genera grofsen Formenreichtum, im Tertiär finden sich vorzugsweise Arten von noch jetzt existierenden Gattungen.

1. Familie. **Actaeonidae.** d'Orb.

Schale eiförmig bis subzylindrisch; Mündung lang, schmal, vorne abgerundet, seltener mit breitem Ausgufs. Innenlippe vorne häufig mit Querfalten. Deckel hornig. Karbon bis jetzt.

Die lebenden Formen sind meist klein, die fossilen teilweise massiv und ziemlich grofs.

Actaeonina d'Orb. (*Orthostoma* Desh.) (Fig. 972. 973). Schale oval bis spindelförmig, meist glatt, selten spiral gestreift. Gewinde konisch, letzter Umgang sehr grofs, gegen unten verschmälert. Spindel gerade, ohne Falten, Aufsenlippe scharf. Karbon bis jetzt.

Subgenera: *Euconactaeon, Conactaeon* Meek (Lias), *Douvilleia* Bayle (Tertiär).

Cylindrites Fer. (Fig. 974). Zylindrisch-eiförmig mit kurzem Gewinde. Spindel vorne mit Falte. Trias bis Kreide.

Bullina Fer. (Fig. 975). Jura bis jetzt, *Cylindrobullina* v. Ammon (Trias, Lias).

Etallonia Desh. (Jura, Tertiär), *Bullinula* Beck etc.

Actaeonella d'Orb. (Fig. 976. 977). Dickschalig, bauchig, glatt; Gewinde kurz; Spindel vorne verdickt mit drei scharfen Falten. Sehr häufig in der mittleren und oberen Kreide; hauptsächlich in Hippuritenkalken der Alpen verbreitet.

Fig. 972. *Actaeonina Dormoisiana* d'Orb. Koralrag. Valfin, Ain.

Fig. 973. *Actaeonina myosotis* Buv. Koralrag. St. Mihiel, Meuse. (2/1) (Nach Buvignier.)

Fig. 974. *Cylindrites acutus* Sow. sp. Grofs-Oolith. Minchinhampton, England.

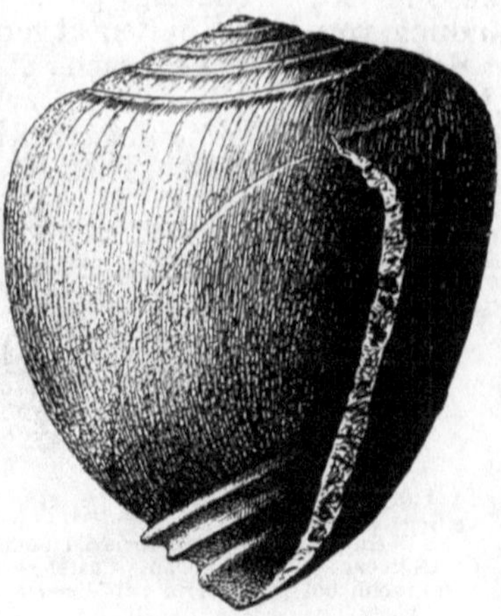

Fig. 976. *Actaeonella gigantea* Sow. Turonkreide. Grünbach, Niederösterreich.

Fig. 975. *Bullina exerta* Desh. Oligocän. Jeurres bei Étampes. (Nach Deshayes.)

Fig. 977. *Actaeonella voluta* Goldf. Turon Gams, Steiermark.

Subgenus: *Volvulina* Stol (Fig. 978). Wie vorige, aber Gewinde eingesenkt. Kreide.

Actaeon Montf. (*Tornatella* Lam.) (Fig. 979). Oval, Gewinde mäfsig hoch, Oberfläche spiral gestreift oder spiral punktiert. Spindel vorne mit 1—3 Querfalten. Trias bis jetzt.

Volvaria Lam. Zylindrisch, Gewinde eingerollt, verhüllt. Oberfläche spiral gestreift; Mündung eng. Spindel vorne mit mehreren Falten. Eocän.

Fig. 978. *Actaeonella (Volvulina) laevis* Sow. Turonkreide. Gosau.

Fig. 979. *Actaeon simulatus* Sow. sp. Oligocän. Lattdorf bei Bernburg.

Fig. 980. *a Cinulia (Avellana) incrassata* Mant. sp. Gault. Perte du Rhône. *b Cinulia (Ringinella) lacryma* Mich. Gault. Folkestone. *c Cinulia (Eriptycha) decurtata* Zekeli. Turonkreide. Gosau.

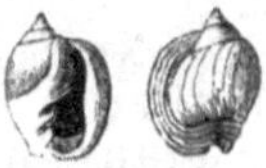

Fig. 981. *Ringicula Hörnesi* Seguenza. Miocän. Steinabrunn bei Wien.

Cinulia Gray (Fig. 980). Kugelig, bauchig, spiral gefurcht oder punktiert. Gewinde kurz; Mündung halbmondförmig; Aufsenlippe umgeschlagen und verdickt; Spindel und Innenlippe mit mehreren Querfalten. Kreide.

Subgenera: *Avellana*, *Ringinella* d'Orb., *Eriptycha* Meek., *Fortisia* Bayan. Eocän.

Ringicula Desh. (Fig. 981). Klein, oval bis kugelig, dickschalig. Gewinde kurz; letzter Umgang grofs, meist glatt, Mündung mit Ausgufs; Innenlippe schwielig mit 2—3 Falten, Aufsenlippe verdickt, umgeschlagen. Kreide bis jetzt.

2. Familie. **Bullidae.** d'Orb.

Schale dünn, zylindrisch bis kugelig, eingerollt, glatt oder mit punktierten Spirallinien; Gewinde kurz oder eingesenkt und verhüllt. Mündung lang, vorne abgerundet, Aufsenlippe scharf. Trias bis jetzt. Marin.

Bulla Klein (Fig. 982). Bauchig, glatt, Gewinde eingesenkt, Scheitel durchbohrt. Mündung vorne und hinten abgerundet. Jura bis jetzt.

Hydatina Schum., *Haminea* Leach., *Atys* Montf.

Cylichna Lovèn (Fig. 983). Klein, zylindrisch, solid. Gewinde eingesenkt, involut. Mündung spaltförmig, Spindel vorne verdickt mit schwacher Falte. Trias bis jetzt.

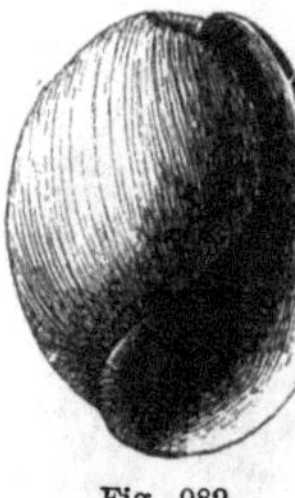

Fig. 982. *Bulla ampulla* Lin. Pliocän. Asti, Piemont.

Fig. 983. *Cylichna conoidea* Desh. Oligocän. Weinheim bei Alzey.

Fig. 984. *Acera striatella* Lam. Oligocän. Castel Gomberto bei Vicenza.

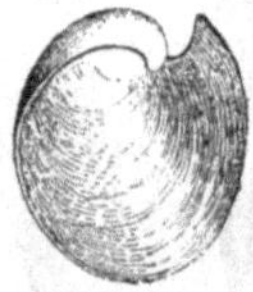

Fig. 985. *Philine excavata* Desh. Eocän. (Grobkalk.) Grignon.

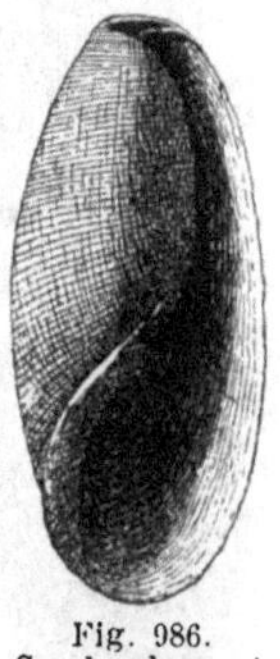

Fig. 986. *Scaphander conicus* Desh. Eocän. Bracklesham, England.

Acera Müll. (Fig. 984). Dünnschalig, biegsam; Gewinde abgestutzt, Umgänge durch vertiefte Nähte getrennt. Aufsenlippe hinten von dem Gewinde abgelöst. Eocän bis jetzt.

Scaphander Montf. (Fig. 986). Schale subzylindrisch mit Epidermis, spiral gestreift. Gewinde eingehüllt. Mündung vorne stark erweitert, hinten verengt. Kreide bis jetzt.

Philine Ascan. (*Bullaea* Lam.) (Fig. 985). Kreide bis jetzt.

Die Familien *Umbrellidae* und *Aplysiidae* sind durch seltene Arten von *Umbrella* Lam. und *Aplysia* Phil. auch im Pliocän vertreten. *Umbrella* angeblich sogar schon im Jura.

D. Ordnung. **Pteropoda.** Cuv. Flossenfüfser.[1])

Nackte oder beschalte hermaphroditische, pelagische Mollusken ohne deutlich gesonderten Kopf, mit rudimentären Augen und statt des Fufses zwei seitliche, flügelförmige Flossen am Voderende des Körpers. Kiemen hinter dem Herzen.

Der Körper dieser freischwimmenden Meeresmollusken ist bald länglich gestreckt, bald hinten spiral eingerollt; zuweilen von einer

---

[1]) *Seguenza, G.*, Paleontologia malacol. dei terreni terz. di Messina. Pteropodi e Eteropodi. Mem. soc. ital. d. Scienz. nat. Milano 1867. vol. II. — *Dollfufs* et *Ramond*, Liste des Pteropodes du terr. tert. Parisien. Mem. Soc. Malacol. de Belgique. 1885. vol. XX. — *Pelseneer, P.*, Rep. on the Pteropoda collected by H. M. S. Challenger. Zoology. vol. XXIII. 1888. — *Blanckenhorn, M.*, Pteropodenreste aus der oberen Kreide Nord-Syriens und aus dem hessischen Oligocän. Zeitschr. d. deutschen geol. Ges. 1889. S. 593.

dünnen durchscheinenden Schale umgeben (*Thecosomata*), häufiger nackt (*Gymnosomata*). Sie halten sich in dichten Schwärmen in der offenen See auf und kommen erst in der Dunkelheit an die Oberfläche. Ihre Schalen sind zuweilen in ungeheurer Menge auf dem Meeresgrund angehäuft und bilden daselbst Kalkabsätze von ansehnlicher Verbreitung.

Cuvier hatte die Pteropoden als selbständige Klasse den Gastropoden gegenübergestellt, allein nach den Untersuchungen von Pelseneer verhalten sie sich zu den Opisthobranchiern, wie die Heteropoden zu den Prosobranchiern; es sind pelagisch gewordene Hinterkiemener, deren Fuſs zu einem zweilappigen Schwimmorgan umgewandelt wurde, während gleichzeitig der Kopf verkümmerte. Die Radula ist sehr mannigfaltig ausgebildet, das Herz hat nur eine Vorkammer.

Manche beschalte Pteropoden (*Limacidae*) besitzen einen hornigen Deckel, bei anderen fehlt ein solcher.

Fossile, den jetzt lebenden Formen verwandte Pteropoden finden sich nicht sonderlich häufig im Tertiär und in der oberen Kreide. Im Pliocän und Oligocän sind zuweilen tonige Schichten von meist schlecht erhaltenen zusammengedrückten Cleodoren erfüllt.

In paläozoischen Ablagerungen und zwar schon im Kambrium spielen Pteropoden ähnliche Schalen (*Conularia, Tentaculites, Hyolithes*) eine wichtige Rolle. Dieselben wurden von d'Archiac, Verneuil, G. Sandberger,[1]) Barrande[2]) und vielen anderen Autoren[3]) unbedenklich den Pteropoden beigesellt. Erst Neumayr und Pelseneer[4]) sprechen sich neuerdings mit groſser Entschiedenheit gegen ihre Vereinigung mit den Pteropoden aus, ohne denselben jedoch einen besseren Platz in dem zoologischen System anweisen zu können. Neumayrs Vorschlag, die Tentaculiten und paläozoischen Styliolen den tubicolen Anneliden zuzuweisen, wurde von Nicholson durch mikroskopische Untersuchung der Schalen widerlegt. Die schon von Miller, Fleming, Hall und später wieder von Ihering befürwortete Hypothese, wonach die Conularien als Verwandte der Orthoceraten zu den Cephalopoden zu stellen seien, konnte niemals ernstlich begründet werden.

Es läſst sich allerdings nicht leugnen, daſs namentlich Conularien und Hyolithen sowohl durch ihre Gröſse als auch durch den Bau ihrer Schale und vermutlich auch durch ihre Lebensweise erheblich von den recenten Pteropoden abweichen; aber trotz der von Pelseneer[4]) so scharf betonten Differenzen, stehen sie doch unter allen beschalten Organismen den Pteropoden am nächsten und können keiner anderen Abteilung der Mollusken mit gröſserer Wahrscheinlichkeit angeschlossen werden.

---

[1]) Monographie der fossilen Pteropoden. Neues Jahrb. für Mineralog. 1847. S. 554.

[2]) *Barrande, J.*, Système Silurien du centre de la Bohême. vol. III. Pteropodes. 1867.

[3]) *Salter*, Mem. geol. Survey of Great Britain 1848 u. 1866. vol. II u. III. — *Karpinsky*, Die fossilen Pteropoden am östlichen Abhang des Ural. Mem. Akad. St. Petersb. 1884. 7. Ser. Bd. 32.

[4]) Bull. Soc. Belge de Geol., Palaeont. et Hydrol. 1889. vol. III. S. 124.

Unterordnung. **Thecosomata.**

1. Familie. **Limacinidae.** Gray.

Schale dünn, spiral, linksgewunden mit glasartigem, paucispiralem Deckel.

Die Gattungen *Spirialis* Eyd., *Limacina* Cuv., *Embolus* Jeffreys finden sich ganz vereinzelt im Tertiär (Eocän und Pliocän). *Valvatina* Watelet ist für flache, linksgewundene Schälchen aus dem Pariser Grobkalk, *Planorbella* Gabb. für ähnliche aus dem Miocän von San Domingo errichtet.

2. Familie. **Cavoliniidae.** Fischer.

Schale symmetrisch dünn, glasig, bauchig, pyramidal oder konisch röhrenförmig, nicht spiral.

Cavolinia Gioeni (*Hyalaea* Lam., *Gamopleura* Bellardi) (Fig. 987). Schale kugelig, seitlich gekielt und geschlitzt, hinten zugespitzt, aus zwei ungleichen gewölbten Stücken zusammengesetzt, wovon eines das andere an der Mündung helmartig überragt. Recent und fossil im Miocän und Pliocän von Italien.

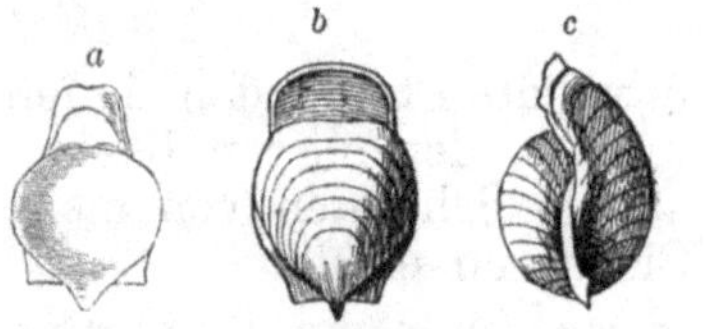

Fig. 987.
a Cavolinia (Hyalaea) tridentata Forsk. Recent.
b, c Cavolinia (Gamopleura) Taurinensis Sism. Miocän. Turin.

Cleodora Péron u. Lesueur (Fig. 988 *a*). Pyramidenförmig, dreikantig, hinten zugespitzt, vorne erweitert. Recent und tertiär. Im Pliocän des Monte Mario bei Rom, von Messina und Turin häufig. Auch im Oligocän des Mainzer Beckens und im Crag von England.

Balantium Leach. (*Flabellulum*, *Poculina* Bellardi) (Fig. 988 *b*). Wie vorige, aber im Querschnitt elliptisch, Oberfläche häufig von der Spitze an mit divergierenden Rippen. Lebend und fossil in Neogen und oberer Kreide (*B. fabelliforma* Blankenh.).

Vaginella Daudin (Fig. 988 *c*). Scheidenförmig bis zylindrisch, konisch, häufig zusammengedrückt, hinten zugespitzt, glatt, Querschnitt elliptisch. Obere Kreide und Tertiär.

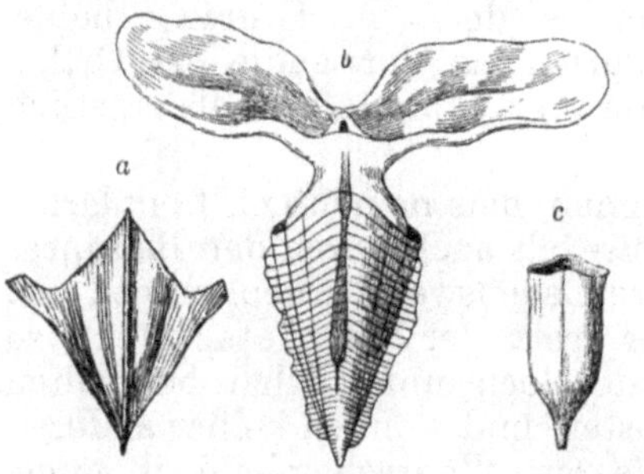

Fig. 988.
a Cleodora pyramidata Lin. Pliocän. Monte Mario bei Rom.
b Balantium recurvum A. Ad. Schale mit Tier (nach Adams).
c Vaginella depressa Daudin (*Cleodora strangulata* Desh.). Miocän. Dax bei Bordeaux.

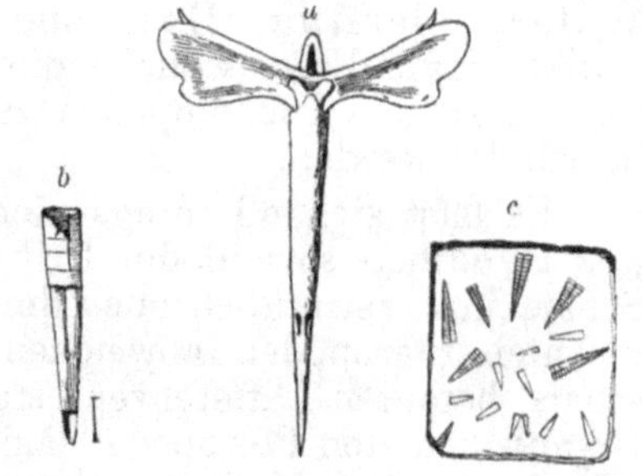

Fig. 989.
a Styliola recta Lesueur. Recent (nach Adams).
b Styliola striatula Nov. Devon. (Et. H). Zusammengedrücktes Exemplar. Hlubocep, Böhmen. (3/1).
c Ein Stück Schiefer mit *Styliola clavulus* Barr. Devon (Et. H). Hostin bei Prag. (Nat. Gr.)

Cuvieria Rang, *Triptera* Quoy. (*Fibiella* O. Meyer). Lebend und tertiär.
Euchilotheca Fischer, *Bovicornu* O. Meyer. Eocän.

Styliola Lesueur (*Creseis* Rang, *Crisia* Menke) (Fig. 989). Konischröhrenförmig, hinten zugespitzt, vorne erweitert, im Querschnitt rund. Lebend und tertiär. Im Devon von Böhmen, Nassau, Ural, Nordamerika finden sich zuweilen in grofser Menge glatte, drehrunde, längsgestreifte, konische Röhren, deren hintere Spitze zu einer kleinen Blase angeschwollen ist. Sie unterscheiden sich äufserlich nicht wesentlich von *Styliola* oder *Creseis*. Ähnliche Röhren beschreibt Blankenhorn auch aus der oberen Kreide von Syrien.

Anhang.

Formen von zweifelhafter Stellung.

1. Familie. **Tentaculitidae.** Walcott.

Dickschalige schlanke verlängert konische Röhren von rundem Querschnitt, hinten zugespitzt oder mit einer Embryonalblase beginnend; Oberfläche mit parallelen erhabenen Querringen verziert. Der hintere Teil der Schale öfters durch Kalkmasse ausgefüllt oder durch konkave Querböden abgeschlossen.

Die einzige Gattung *Tentaculites* Schloth. (Fig. 990) ist ungemein häufig in Silur- und Devonablagerungen und erfüllt zuweilen ganze Schichten. Die Schale besteht aus einer dichten Aufsenschicht und einer aus parallelen, der Oberfläche gleichlaufenden Blättern zusammengesetzten Innenschicht. Die von Ludwig und Blanckenhorn aus dem Oligocän beschriebenen angeblichen Tentaculiten sind dünnschalige, quergerippte konische Röhren, die wohl eher in die Nähe von *Styliola* und *Euchilotheca* gehören.

Fig. 990.
a *Tentaculites scalaris* Schloth. Unt. Silur. Diluvialgeschiebe. Berlin. (Nat. Gröfse.)
b *Tentaculites ornatus* Sow. Ob. Silur. Dudley. (Nat. Gröfse.)
c *Tentaculites acuarites* Richt. Ob. Silur. (Tentaculitenknollen.) Thüringen. $(^{10}/_{1})$ In dem grösseren Exemplar steckt ein kleineres. (Nach Novák.)

2. Familie. **Torellellidae.** Holm.

Dickschalige, glatte, quer- oder längsgestreifte, hinten zugespitzte, gerade oder gebogene Röhren ohne Deckel. Kambrium. Silur.

Torellella Holm. Stark zusammengedrückt, vorne und hinten abgeplattet, im Querschnitt elliptisch, fein quergestreift; aus bräunlichem phosphorsaurem Kalk bestehend. Kambrium, Silur (Schweden).

Hierher wohl auch *Hyolithellus*, *Salterella* Billings, *Coleoloides* Walcott aus dem unteren Kambrium von Nordamerika.

3. Familie. **Hyolithidae.** Nicholson.[1])

Schale symmetrisch, konisch oder pyramidenförmig, gerade oder scharf gebogen, im Querschnitt dreieckig, elliptisch oder linsenförmig, eine Seite häufig abgeplattet, die andere gewölbt oder in der Mitte mit stumpfem Kiel. Oberfläche glatt oder fein quer gestreift, selten längsgestreift oder gerippt. Deckel die Mündung vollständig schliefsend, halbkreisförmig, dreieckig oder linsenförmig mit seitlichem Nucleus, konzentrisch gestreift. Kambrium bis Perm.

Die ziemlich grofsen Schalen bestehen aus kohlensaurem Kalk und sind am hinteren Ende zuweilen durch Querscheidewände abgeschlossen.

---

[1]) *Novák, O.*, Revision der paläozoischen Hyolithiden Böhmens. Abh. der böhm. Gesellschaft der Wissensch. 1891. 7. Folge Bd. 4. — *Walcott, Ch.*, Bull. U. S. geol. Survey. 1886. vol. IV. und 10th Annual Report. 1890. — *Holm, G.*, Sveriges Kambrisk-Siluriska Hyolithidae och Conulariidae. Abhandl. Sver. geol. Undersökning. 1893. Ser. C. No. 112.

Nach Holm zerfällt die typische Gattung *Hyolithes* Eichwald (*Theca* Sow., *Pugiunculus* Barr.) (Fig. 991) in zwei Subgenera, wovon *Orthotheca* Novák die Formen mit gerade abgestutztem Oberende enthält, während bei *Hyolithes* der Rand der abgeplatteten Seite über den der anderen Seite vorragt. Die Gattungen *Cleidotheca*, *Centrotheca*, Salter, *Camerotheca*, *Diplotheca* Matthew, *Pharetrella* Hall, *Cerathotheca*, *Bactrotheca* Novák fallen in die Synonymik von *Hyolithes*. Hauptverbreitung in kambrischen und silurischen Ablagerungen von Schweden, Nordamerika, Grofsbritannien, Rufsland, Böhmen, seltener in Devon, Karbon und Perm.

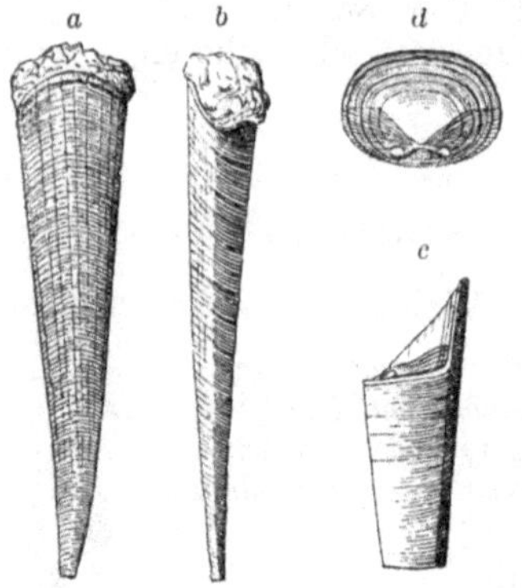

Fig. 991.
a, b Hyolithes elegans Barr. Unt. Silur (D). Lodenice, Böhmen. (Etwas verkleinert.) *c Hyolithes maximus* Barr. Oberer Teil restauriert. Von der Seite gesehen, mit Deckel. ($^1/_2$.) *d* Deckel von *Hyolithes maximus* Barr. Kambrium (Et. C). Mleschitz. Böhmen. (Nach Barrande.)

Pterotheca Salter, *Phragmotheca* Barr. Silur, *Matthewia* Walcott, Kambrium.

4. Familie. **Conulariidae.** Walcott.

Schale gerade, in der Jugend mit der Spitze festgewachsen, verkehrt pyramidal, hinten zugespitzt oder abgestutzt, im Querschnitt quadratisch bis rhombisch, meist scharfkantig. Jede der vier quergestreiften oder quergerippten Seitenflächen aufsen durch eine Medianfurche, welcher innen eine vertikale Leiste entspricht, in zwei Hälften geteilt. Das hintere Ende der Schale mit Scheidewänden. Mündung an gut erhaltenen Exemplaren durch vier dreieckige oder zungenförmige eingebogene Lappen des Oberrandes verengt.

Die einzige Gattung *Conularia* Mill. (Fig. 992, 993) erreicht zuweilen eine Länge von 20 cm. Es sind gegen 100 Arten beschrieben, welche im unteren Silur beginnen und im Lias erlöschen. Hauptverbreitung im Silur von Böhmen, Normandie, England, Schweden, Nordamerika und im Devon von Nordamerika und Bolivien. Selten im Karbon und Perm; je eine Art in Trias und Lias.

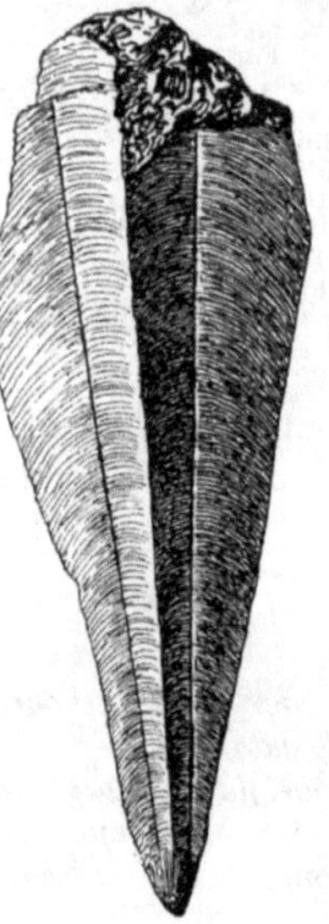

Fig. 992.
Conularia anomala Barr. Unt. Silur (D). Drabov, Böhmen.

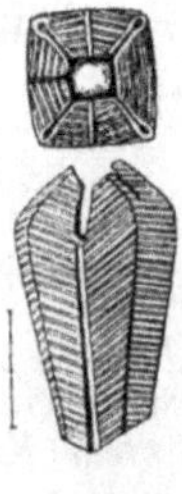

Fig. 993.
Conularia quadrisulcata Sow. Oberer Kohlenkalk von Williamswood bei Glasgow. Mit wohlerhaltenen Mundrändern (nach Etheridge).

E. Ordnung. **Pulmonata.** Cuv.

Lungenschnecken.

Beschalte oder nackte hermaphroditische Schnecken mit Lunge. Herz mit einer Vorkammer hinter der Lunge. Fufs breit, söhlig. Deckel fehlt. Meist Land- oder Süfswasserbewohner.

Neben den Prosobranchiern bilden die Lungenschnecken die formenreichste Gruppe der Gastropoden. Man kennt gegen 6000 lebende und ca. 700 fossile Arten. Die wichtigsten und artenreichsten Gattungen (*Helix*, *Bulimus*, *Clausilia*) leben auf dem Land, andere (*Planorbis*, *Limnaeus*, *Physa*) ausschliefslich im süfsen Wasser. In anatomischer Hinsicht stehen die Pulmonaten zwischen den Opisthobranchiern und Prosobranchiern. Die Kiemen sind durch eine sackförmige Höhle auf der rechten Seite hinter dem Kopf ersetzt, deren Decke mit einem feinverzweigten Netz von Blutgefäſsen eingenommen ist, und welcher eine verschlieſsbare Öffnung (*Spiraculum*) die Luft zuführt.

Die Süſswasserschnecken kommen zum Atmen entweder an die Oberfläche des Wassers oder sie benutzen ihre Lunge zur Wasseratmung. Ein eigentlicher Deckel fehlt, doch sperren viele Landschnecken während des Winterschlafes ihre Mündung durch ein Kalkblatt (Epiphragma) ab, das im Frühjahr wieder abfällt. Die ältesten Landpulmonaten beginnen vereinzelt in der Steinkohlenformation; sie finden sich nur spärlich in Jura und Kreide, werden in der Tertiärzeit häufiger, erreichen aber erst in der Jetztzeit ihre höchste Formenentwicklung.

Die Thalassophilen und Auriculiden kommen stets in marinen, die übrigen Pulmonaten fast ausschlieſslich in Süſswasser-Ablagerungen vor; sie sind meist mit anderen Süſswasserorganismen vermengt und in der Regel durch Regen oder flieſsendes Wasser in ehemalige Sümpfe oder Ästuarien verschwemmt.

1. Unterordnung. **Thalassophila.** Gray.

Schale napf- oder niedrig kegelförmig, ohne Gewinde, etwas unsymmetrisch. Tiere auſser der Lungenhöhle noch mit einer Kieme versehen. Tentakeln mit dem scheibenförmigen Kopf verschmolzen. Augen sitzend.

Die Thalassophilen bewohnen die Littoralzone der Ozeane oder brackische Ästuarien. Fossil vom Devon an. Die beiden Familien der Siphonariiden und Gadiniiden sind durch ihre Schalen allein nicht voneinander zu unterscheiden.

Fig. 994. *Siphonaria crassicostata* Desh. Eocän. Anvers bei Paris.

Fig. 995. *Hercynella Bohemica* Barr. Ob. Silur (Et. F). Lochkow, Böhmen.

Siphonaria Blainv. (Fig. 994). Schale meist radial gerippt. Wirbel nach hinten oder links gebogen, im Innern zwei ungleiche Muskeleindrücke, welche rechts vorne durch eine breite Furche unterbrochen sind. Tertiär und lebend.

Hercynella Kayser (Fig. 995) Devon, *Anisomyon* Meek und Hayden. Jura. Kreide.

Valenciennesia Rousseau. Sehr dünnschalig, breit schüsselförmig, konzentrisch gerippt. Wirbel dem Hinterrand genähert. Rechte Seite mit einer breiten Falte für die Atemröhre. In brackischen Congerienschichten von Ungarn, Rumänien und Südruſsland.

2. Unterordnung. **Basommatophora.** A. Schmidt.

Augen am Grunde der beiden Fühler gelegen; stets beschalt. Wasserbewohner.

1. Familie. **Auriculidae.** Blainv.

Schale dick, eiförmig, Gewinde kurz, letzter Umgang sehr groſs. Innenlippe oder Spindel mit Falten. Kreide bis jetzt. Bewohnen Meeresküsten und salzige Sümpfe.

Auricula Lam. (Fig. 996). Länglich oval mit Epidermis; Mündung schmal, unten gerundet, Innenlippe mit 2—3 Falten, Aufsenlippe innerlich verdickt, zuweilen mit Zähnen. Jura bis jetzt.

Fig. 996. *Auricula Dutemplei* Desh. Unt. Eocän (Lignites. Sainceux. (Nach Deshayes).

Fig. 997. *Alexia pisolina* Desh. Miocän. Pontlevoy, Touraine. (2/1).

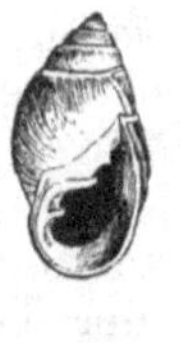

Fig. 998. *Pythiopsis Lamarcki* Desh. sp. Grobkalk. Houdan (nach Deshayes).

Fig. 999. *Carychium antiquum* Al. Braun. Miocän. Hochheim bei Mainz. (Vergröfsert.)

Subgenera: *Cassidula* Fér., *Plecotrema* Ad., *Alexia* Leach (Fig. 997), *Pythiopsis* Sandb. (Fig. 998).

Carychium Mke. (Fig. 999). Klein, glatt, glänzend. Innenlippe mit 1—2 Falten, Aufsenlippe verdickt, zuweilen mit Zahn. Jura, tertiär und lebend.

Scarabus Montf. (*Polyodonta* Fischer und Waldh.), *Melampus* Montf., *Leuconia* Gray, *Blauneria* Shuttlew. etc. Tertiär und lebend.

2. Familie. **Limnaeidae.** Keferstein.

Schale dünn, oval, turm-, scheiben- bis napfförmig. Lias bis jetzt. Süfswasserbewohner. Häufig im Tertiär.

Limnaeus (Cuv.) Drap. (*Lymnaea* Lam.) (Fig. 1000). Schale dünn, durchscheinend mit sehr grofser Schlufswindung und spitzem, mäfsig hohem Gewinde. Mündung weit, eiförmig. Aufsenlippe scharf. Lebend in allen Zonen, fossil vom oberen Jura (Purbeck-Schichten) an. Hauptverbreitung im Tertiär.

Physa Drap. (Fig. 1001). Wie *Limnaeus,* aber linksgewunden. Ob. Jura bis jetzt.

Planorbis Guettard (Fig. 1002. 1003). Scheibenförmig; selten turmförmig mit zahlreichen Umgängen. Mündung oval bis halbmondförmig. Aufsenlippe scharf. Lias bis jetzt. Sehr häufig im Tertiär. Von besonderem Interesse wegen seiner aufserordentlichen Variabilität ist *Pl. multiformis* Bronn sp. (Fig. 1003) aus dem mittleren Miocän von Steinheim in Württemberg. Die Mutationen desselben finden sich meist

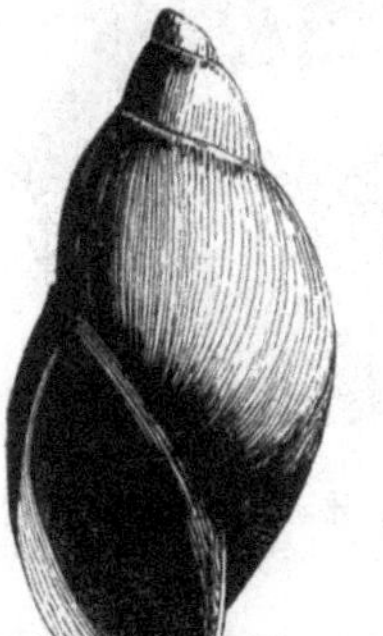

Fig. 1001. *Physa gigantea* Michaud. Unter-Eocän. Rilly bei Rheims.

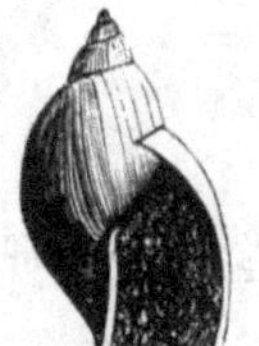

Fig. 1000. *Lymnaeus pachygaster* Thomae. Miocäner Süfswasserkalk. Mörsingen bei Ulm.

Fig. 1002. *Planorbis cornu* Brongt. var. *Mantelli* Dunker. Ober-Miocän. Mundingen, Württemberg.

Fig. 1004. *Ancylus Dutemplei* Desh. Grobkalk. Boursault.

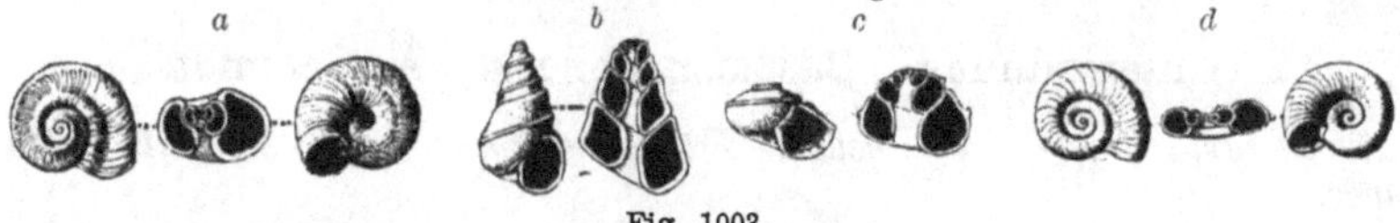

Fig. 1003. *Planorbis multiformis* Bronn sp. Aus dem obermiocänen Süfswasserkalk von Steinheim bei Heidenheim, Württemberg.
a Var. *suprema,* b var. *trochiformis,* c var. *elegans,* d var. *Steinheimensis.*

in verschiedenen Schichten des dortigen Süfswasserkalkes und stellen nach Hilgendorf und Hyatt eine ausgezeichnete genealogische Reihe dar.

Ancylus Geoffroy (Fig. 1004). Schale napfförmig, mit schwach eingekrümmter, dem Hinterrand genäherter Spitze. Tertiär und lebend.

Chilina Gray. Lebend und fossil (tertiär) in Südamerika.

3. Unterordnung. **Stylommatophora.** A. Schmidt.

Augen an den Enden von zwei einstülpbaren Fühlern, vor denen meist noch zwei kürzere Labialfühler stehen. Nackte oder beschalte Landschnecken.

1. Familie. **Limacidae.** Lam.

Nacktschnecken mit winzigem, im Mantel verborgenem Schalenrudiment.

Kleine schildförmige Schälchen von *Limax* und *Amalia* sind aus Tertiär und Diluvium bekannt.

2. Familie. **Testacellidae.** Gray.

Fleischfressende Landschnecken mit spiraler, bald sehr kleiner, bald grofser zur Aufnahme des Tieres geeigneter Schale.

Testacella Cuv. (Fig. 1005). Schale klein, ohrförmig, am Hinterende des Tieres gelegen. Tertiär und lebend.

Parmacellina Sandb. Eocän. *Daudebardia* Hartm. (*Helicophanta* Fér.). Recent und Diluvium.

Glandina Schum. (Fig. 1006). Schale länglich oval mit verlängertem Gewinde. Mündung vorne mit Ausgufs, Spindel abgestutzt. Obere Kreide, tertiär und lebend.

Cylindrella Pfeiff. Eine einzige fossile Art im Pariser Eocän. Gegenwärtig in Westindien, Zentralamerika und auf den Philippinen verbreitet.

Fig. 1005. *Testacelia Zellii* Klein. Miocän. Andelfingen. (Nach Sandberg.)

Fig. 1006. *Glandina inflata* Reufs. Miocän. Michelberg bei Ulm.

3. Familie. **Helicidae.** Keferstein.

Landschnecken mit sehr mannigfaltiger spiraler, zur Aufnahme des ganzen Körpers geeigneter Schale.

Gegen 5000 lebende und ca. 500 fossile Arten.

Vitrina Drap. Schale klein, durchsichtig, mit kurzem Gewinde und sehr grofsem letztem Umgang. Lebend und tertiär.

Archaeozonites Sandb. (Fig. 1007). Dickschalig, kugelig mit ziemlich hohem Gewinde, tief genabelt. Aufsenlippe scharf. Oligocän und Miocän. Hierher die älteste Helixform aus der produktiven Steinkohlenformation von Neu-Schottland.

Fig. 1008. *Hyalina denudata* Reufs. sp. Miocän. Tuchoritz, Böhmen.

Fig. 1007. *Archaeozonites subverticillus* Sandb. Unt. Miocän. Eckingen bei Ulm.

Zonites Montf. Wie vorige, nur dünnschaliger, unten glatt, oben gekörnt. Tertiär und lebend.

Hyalina Gray (Fig. 1008), *Omphalosagda* Sandb., *Trochomorpha* Martens. Lebend und tertiär.

Lychnus Montf. (Fig. 1009). Letzter Umgang grofs, anfänglich aufsteigend, dann abwärts gebogen, so dafs die Mundränder in der Ebene der Grundfläche liegen. Ob. Kreide der Provence und Spaniens.

Helix Lin. (Fig. 1010). Schale halbkugelig, kegelförmig bis scheibenförmig, höchst verschiedenartig gestaltet. Mündung schief, halbmondförmig oder rundlich. Mundränder getrennt. Sehr häufig tertiär und lebend; Hauptverbreitung im Miocän. Man unterscheidet über hundert Subgenera und mehr als 2000 Species.

Bulimus Brug. Schale länglich eiförmig bis turmförmig. Mündung länger als breit. Aufsenlippe häufig verdickt und umgeschlagen. Gegen 1000 lebende und zahlreiche fossile Arten von der oberen Kreide an.

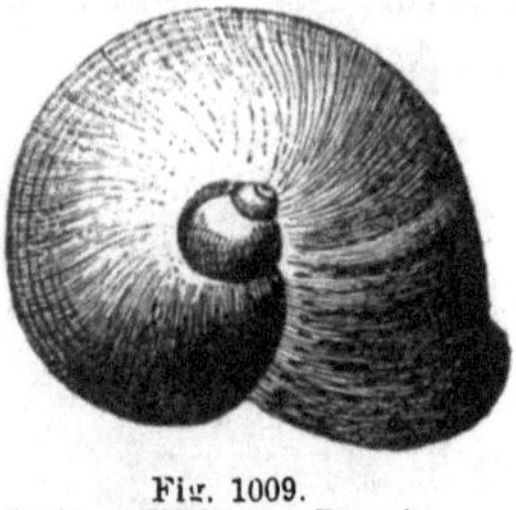

Fig. 1009.
Lychnus Matheroni Requien.
Obere Kreide (Garumnien).
Rognac, Provence.

Fig. 1010.
a Helix (Dimorphoptychia) Arnouldi Michaud. Unt. Eocän. Rilly bei Rheims.
b Helix (Campylaea) inflexa Klein. Ob. Miocän. Mörsingen.
c Helix (Gonostoma) osculum Thomae. Unter-Miocän. Hochheim bei Wiesbaden.

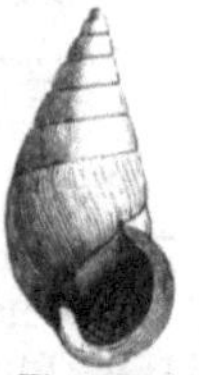

Fig. 1011.
Buliminus (Petraeus) complanatus Reufs.
Unt. Miocän.
Thalfingen bei Ulm.

Buliminus Ehrbg. (Fig. 1011), *Cionella* Jeffreys, *Azeca* Leach, *Caecilianella* Bourg. etc. Tertiär und lebend.

Megaspira Lea (Fig. 1012). Turmförmig, schlank, sehr lang. Spindel mit Querfalten. Ob. Kreide bis jetzt.

Clausilia Drap. (Fig. 1013). Turm- bis spindelförmig, schlank, linksgewunden. Mündung birnförmig, meist mit zusammenhängenden Rändern; Innenlippe mit zwei Falten, Aufsenlippe etwas zurückgeschlagen. Mündung durch ein bewegliches Kalkstückchen verschliefsbar. Fossil nicht häufig, vom Eocän an; ca. 400 lebende Arten.

Pupa Lam. (Fig. 1014 *b*). Klein, zylindrisch eiförmig. Mündung halbrund, meist durch Zähne auf Spindel, Innenlippe und Aufsenlippe verengt. Aufsenlippe zurückgeschlagen. Tertiär und lebend.

Dendropupa Dawson (Fig. 1014 *a*). Wie *Pupa*, aber Mündung ohne Zähne. Steinkohlenformation von Neu-Schottland.

Anthracopupa Whitf. Steinkohlenformation. Nordamerika.

Fig. 1013.
a Clausilia bulimoides A. Braun. Unt. Miocän. Eckingen bei Ulm.
b Clausilia antiqua Schübler. Unt. Miocän. Eckingen bei Ulm.

Fig. 1012.
Megaspira exarata Mich. sp.
Unt. Eocän.
Rilly bei Rheims.

Fig. 1014.
a Dendropupa vetusta Dawson. Steinkohlenformation. Neu-Schottland (nach Dawson).
b Pupa diversidens Sandb. Miocän. Sansan, Gers (nach Sandberger).

Fig. 1015.
Succinea peregrina Sandb.
Unt. Miocän.
Tuchoritz, Böhmen.

Vertigo Müller. Tertiär und lebend.

Succinea Pfeiffer (Fig. 1015). Schale dünn, eiförmig, bernsteinfarben, durchscheinend, mit kurzer Spira und grofsem eiförmigem letztem Umgang. Aufsenlippe scharf. Tertiär und lebend; häufig im Löfs.

Zeitliche Verbreitung der Gastropoden.

Unter den Mollusken überragen die Gastropoden alle übrigen Klassen an Formenreichtum. Sie beginnen im Kambrium und entfalten, indem sie succesive an Verbreitung und Mannigfaltigkeit zunehmen, ihre höchste Blüte in der Jetztzeit. Mehr als 15000 Spezies dürften gegenwärtig verbreitet sein, wovon etwa $^3/_5$ den Prosobranchiern, $^2/_5$ den Pulmonaten angehören.

Im untersten Kambrium (Olenellus-Schichten) treten von Prosobranchiern die Gattungen *Scenella, Stenotheca, Platyceras, Raphistoma, Pleurotomaria* und eine Anzahl problematischer Pteropoden (*Hyolithes, Hyolithellus, Salterella, Torellella* etc.) auf und zeigen, dafs unter den Prosobranchiern den Cyclobranchinen, Aspidobranchinen und Capuliden das altertümlichste Gepräge anhaftet. Auch in den jüngeren kambrischen Ablagerungen herrschen neben den angeblichen Pteropoden Aspidobranchier aus den Familien der Pleurotomariiden, Euomphaliden und Bellerophontiden vor; zu ihnen kommen Capuliden und einige Gattungen, die nach ihren Schalen ebenso gut zu den Turbiniden, wie Littoriniden gehören können. Bemerkenswert ist die Gattung *Subulites,* welche sich vielleicht den Pyramidelliden anschliefst, aber bereits einen deutlichen Ausgufs neben dem Spindelende besitzt.

Leider gewähren die meist schlecht erhaltenen Schalen der kambrischen Gastropoden keine sicheren Anhaltspunkte über die Anatomie der Weichteile, allein mancherlei Gründe sprechen doch für die Annahme, dafs Aspidobranchier und Ctenobranchier ursprünglich noch nicht so streng geschieden waren wie heutzutage.

Im Silur nehmen die Gastropoden an Artenzahl erheblich zu, es tauchen auch einige neue Familien (*Scalaridae, Purpurinidae, Turbinidae, Trochidae, Xenophoridae*) auf, aber im ganzen bleibt der Charakter der Gastropodenfauna noch derselbe wie im Kambrium, und auch Devon, Karbon und Perm bringen keine wesentlichen Veränderungen.

Pteropoden, Aspidobranchier, einige Cyclobranchier und Opisthobranchier, sowie wenige Familien der Ctenobranchier (*Capulidae Pyramidellidae, Littorinidae*) drücken der paläozoischen Schneckenfauna ihr ziemlich einförmiges Gepräge auf.

In Trias und Jura sterben die grofsen dickschaligen Pteropoden (*Conularia*) aus; verschiedene Familien der Aspidobranchier (*Pleurotomariidae, Turbinidae, Neritopsidae, Neritidae*) erreichen den Höhepunkt ihrer Entwicklung, und unter den Ctenobranchiern entfalten die Pyramidelliden, Nerineiden, Purpuriniden, Turritelliden und Aporrhaiden einen beträchtlichen Formenreichtum.

In der Kreide nehmen die siphonostomen Ctenobranchier einen beträchtlichen Aufschwung, und im Tertiär beherrschen sie bereits entschieden das Feld, indem sie an Formenreichtum alle übrigen Familien überholen und sich mehr und mehr den noch jetzt existierenden Gattungen und Arten nähern. Die Nerineiden, Pyramidelliden und Aporrhaiden, welche im Mesozoikum neben den Aspidobranchiern eine so hervorragende Stellung eingenommen hatten, sind teils ausgestorben, teils stark im Rückgang. Im Eocän und Oligocän finden sich schon überwiegend noch jetzt lebende Genera, allein die Arten sind ausnahmslos erloschen. Im Miocän tauchen vereinzelt noch gegenwärtig existierende Spezies auf, deren Zahl im jüngeren Pliocän bis auf 80 und 95% steigt.

Bemerkenswert ist die zeitliche Verbreitung der Pulmonaten. Während thalassophile Siphonariiden schon vereinzelt in Devon vorkommen, erscheinen Landschnecken (*Archaeozonites, Dendropupa*) in sehr spärlicher Zahl zuerst in der produktiven Steinkohlenformation und Süſswasserschnecken zuerst an der Grenze von Jura und Kreide (Purbeckschichten). In der Wälderstufe und der Kreide nehmen Land- und Süſswasserschnecken an Formenreichtum zu und erlangen in der Tertiärzeit eine noch gröſsere Verbreitung und Mannigfaltigkeit, ohne jedoch die erstaunliche Differenzierung der jetzt lebenden Binnen-Conchylien zu erreichen.

Die successive Annäherung an die Jetztzeit beschränkt sich nicht allein auf die Produktion von Formen, welche den heute lebenden mehr und mehr nahe kommen, sondern auch auf die Anbahnung der jetzigen geographischen Verbreitungsbezirke. Die mesozoischen Gastropoden tragen noch einen zu fremdartigen Charakter, um sich mit irgend einer modernen Conchylienfauna näher vergleichen zu lassen; aber schon die eocänen Formen haben ein modernes Gepräge und lassen bereits einige Beziehungen zu den in den benachbarten wärmeren Zonen verbreiteten Schnecken erkennen.

Die ganze eocäne Conchylienfauna von Europa, Nordamerika, Asien und Nordafrika hat viele gemeinsame Gattungen und zahlreiche stellvertretende Arten, die dafür sprechen, daſs dieselben in ein und demselben Ozean gelebt haben. Einen wesentlich anderen Charakter zeigen die eocänen Conchylien von Australien, Neu-Seeland und Südamerika. Sie erweisen sich als Vorläufer der heutigen Bewohner der südlichen Regionen des Pazifischen und Atlantischen Ozeans.

Noch bestimmter deuten die Land- und Süſswasserschnecken auf ihre Nachfolger in den betreffenden Kontinenten hin, nur besitzen die mesozoischen, eocänen und miocänen Faunen noch ein entschieden tropisches Gepräge. Die europäischen und amerikanischen Binnenconchylien der Miocänzeit erinnern darum weit mehr an die jetzigen Bewohner der Azoren und von West-Indien, als an die gegenwärtig offenbar in kühlerem Klima gedeihenden Land- und Süſswasserschnecken von Europa und Nordasien. Erst im Pliocän und Pleistocän erlangt jeder Weltteil seine eigentümliche, der jetzt existierenden nahekommende Schneckenfauna.

Die zeitliche Verbreitung der Gastropoden ergibt sich aus nachfolgender Tabelle.

	Kambrium	Silur	Devon	Karbon	Perm	Trias	Jura	Kreide	Paläogen	Neogen	Jetztzeit
A. Prosobranchia.											
1. *Cyclobranchina*	—	—	—	—	—	—	—	—	—	—	—
2. *Aspidobranchina*											
1. *Fissurellidae*				—	—	—	—	—	—	—	—
2. *Haliotidae*								—	—	—	—
3. *Bellerophontidae* . .	—	—	—	—	—	—					
4. *Porcelliidae*			—	—							

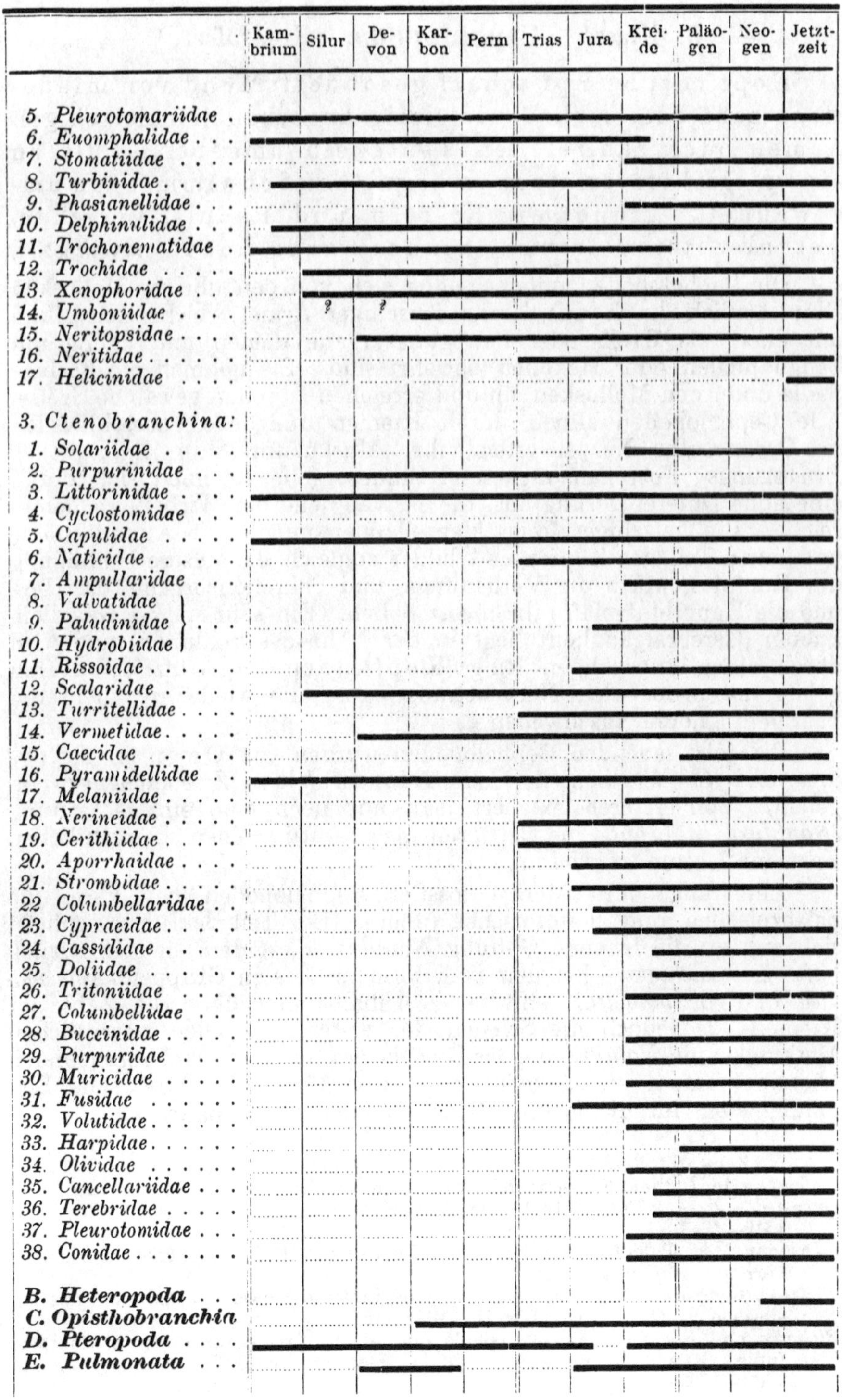
Kambrium
Silur
Devon
Karbon
Perm
Trias
Jura
Kreide
Paläogen
Neogen
Jetztzeit
5. Pleurotomariidae
6. Euomphalidae
7. Stomatiidae
8. Turbinidae
9. Phasianellidae
10. Delphinulidae
11. Trochonematidae
12. Trochidae
13. Xenophoridae
14. Umboniidae
15. Neritopsidae
16. Neritidae
17. Helicinidae
3. Ctenobranchina:
1. Solariidae
2. Purpurinidae
3. Littorinidae
4. Cyclostomidae
5. Capulidae
6. Naticidae
7. Ampullaridae
8. Valvatidae
9. Paludinidae
10. Hydrobiidae
11. Rissoidae
12. Scalaridae
13. Turritellidae
14. Vermetidae
15. Caecidae
16. Pyramidellidae
17. Melaniidae
18. Nerineidae
19. Cerithiidae
20. Aporrhaidae
21. Strombidae
22 Columbellaridae
23. Cypraeidae
24. Cassididae
25. Doliidae
26. Tritoniidae
27. Columbellidae
28. Buccinidae
29. Purpuridae
30. Muricidae
31. Fusidae
32. Volutidae
33. Harpidae
34. Olividae
35. Cancellariidae
36. Terebridae
37. Pleurotomidae
38. Conidae
B. Heteropoda
C. Opisthobranchia
D. Pteropoda
E. Pulmonata

5. Klasse. **Cephalopoda.** Kopffüſser.[1])

Kopf vom Rumpf scharf gesondert; Mund von mindestens acht oder mehr kreisförmig angeordneten fleischigen Armen oder zahlreichen Tentakeln umgeben; Fuſs zu einem trichterförmigen, muskulösen Schwimmorgan umgewandelt. Mund mit Kiefern und Radula versehen. Geschlechter getrennt. Sinnesorgane hoch entwickelt.

Die Cephalopoden unterscheiden sich von den übrigen Mollusken hauptsächlich durch den Kranz fleischiger Arme, welche den Mund umstehen, als Greif- oder Bewegungsorgane dienen und häufig mit Saugnäpfchen oder Häkchen bewehrt sind. Sie nehmen die höchste Stelle unter den Mollusken ein und erreichen zuweilen gewaltige Gröſse. Alle Cephalopoden atmen durch Kiemen und leben ausschlieſslich im Ozean. Ihr Nervensystem, ihre Muskulatur, ihre Zirkulations-, Ernährungs-, Fortpflanzungs- und Sinnesorgane zeichnen sich durch eine hohe Differenzierung aus, die fast an jene der Wirbeltiere heranreicht. Ein fleischiger freier Mantellappen umgibt die Atmungshöhle und einen Teil des Kopfes und bildet zugleich die äuſsere Umhüllung des Rumpfes, worin die Verdauungs- und Sekretionsorgane, das Herz und die Hauptblutgefäſse ihren Sitz haben. Ein sehr starker Ganglienknoten (Cerebralganglion) liegt in der Nähe des Schlundes und wird durch einen knorpeligen Ring (Kopfknorpel) gestützt; von ihm gehen die prinzipalen Nervenstränge aus, die wieder zu mehreren paarigen Knoten anschwellen.

Die jetzt lebenden Cephalopoden wurden von Owen in *Tetrabranchiata* (Vierkiemener) und *Dibranchiata* (Zweikiemener) eingeteilt. Von ersteren existiert jetzt nur noch eine einzige Gattung *(Nautilus)*, während die letzteren gegenwärtig einen beträchtlichen Formenreichtum aufweisen.

Eine ungeheure Menge fossiler Cephalopoden bevölkerte die paläozoischen und mesozoischen Meere. Ein Teil derselben schlieſst sich eng an die lebende Gattung *Nautilus* an, andere sind unzweifelhafte *Dibranchiata*. Bei den zwei formenreichsten Gruppen *(Ammonoidea* und *Belemnoidea)* fehlt jeder Anhaltspunkt über die Zahl der Kiemen; da jedoch die Schalen der ersteren in allen wesentlichen Merkmalen mit *Nautilus*, die der *Belemnoidea* mit gewissen Dibranchiaten übereinstimmen, so erscheint es zweckmäſsig, die Owensche Einteilung auch für die fossilen Cephalopoden beizubehalten.

---

[1]) Literatur:
Keferstein in *Bronns* Klassen und Ordnungen des Tierreichs. Bd. III. 1866.
Quenstedt, F. A., Petrefaktenkunde Deutschlands. I. Cephalopoden. Tübingen. 1846—1849.
d'Orbigny, Alc., Paléontologie française. Terr. cret. t. I. Cephalopodes. Paris 1840. Terr. jurassiques t. I. 1842.
Pictet et *Campiche*, Matériaux pour la Paléontologie Suisse. Description des fossiles de St. Croix. vol. I et II. 1858—1864.
Stoliczka and *Blanford*, Fossil Cephalopoda of the Cretaceous Rocks of Southern India. Palaeontologia Indica. (Mem. geol. Survey of East India.) Calcutta. 1863—1865.

A. Ordnung. **Tetrabranchiata.** Vierkiemener.[1])

Beschalte Cephalopoden mit vier baumförmigen Kiemen. Schale äufserlich, gekammert. Trichter gespalten. Tintenbeutel fehlt. Statt der Arme zahlreiche Tentakeln ohne Saugnäpfe und Häkchen. Kambrium bis jetzt.

Unsere ganze Kenntnis über die Organisation der Tetrabranchiaten stützt sich auf die einzige, noch jetzt existierende Gattung *Nautilus* (Fig. 1016). Das Tier liegt mit der Bauchseite nach aufsen gekehrt in der vordersten Kammer (Wohnkammer) der Schale. Der Körper ist kurz und dick, der Kopf durch eine Einschnürung vom Rumpf getrennt. Um den Mund herum stehen etwa 90 fadenförmige, in fleischigen Scheiden steckende Tentakeln, die in drei Reihen angeordnet und durch einen dicken, muskulösen Lappen (Kopfkappe) in zwei symmetrische Gruppen geteilt sind. Dieser Lappen verschliefst die Mündung der Schale, wenn sich das Tier in die Wohnkammer zurückgezogen hat.

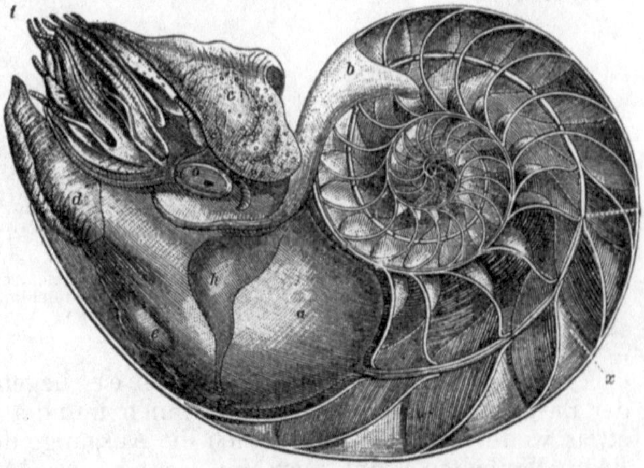

Fig. 1016.
Nautilus Pompilius aus dem Indischen Ozean. Schale in der Medianebene durchgeschnitten mit dem Tier in der Wohnkammer. *a* Mantel, *b* Dorsallappen des Mantels, *c* Kopfkappe, *d* Trichter, *t* Tentakeln, *o* Auge, *e* Nidamentaldrüse, *h* Haftmuskel *s* Sipho, *x* Luftkammer. (Nach R. Owen.)

Hinter dem Kopf auf der Aufsenseite befindet sich ein sehr dickes, muskulöses, zusammengerolltes Blatt (*d*), dessen äufsere Ränder über einandergeschlagen sind und das sich nach vorne verengt, nach hinten erweitert. Dieser sogenannte Trichter liegt unter der Atemhöhle und entspricht dem Fufse der Gastropoden. Er dient zum Ausstofsen von Wasser und treibt dadurch das schwimmende Tier von der Stelle. An der Basis der seitlichen Tentakeln befindet sich jederseits ein grofses, kurzgestieltes Auge, und inmitten der Tentakelkränze die Mundhöhle mit fleischiger Zunge, deren Radula mehrere Reihen von Platten und Häkchen besitzt. Die ungewöhnlich kräftigen Kiefer (Fig. 1017, 1018)

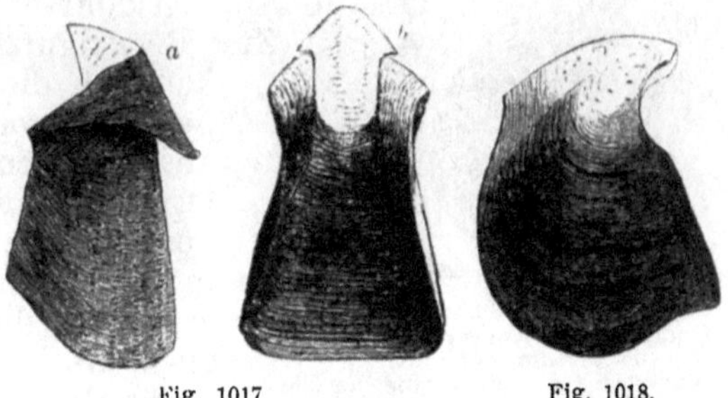

Fig. 1017.
Oberkiefer von *Nautilus Pompilius*, *a* von der Seite, *b* von unten. (Nat. Gr.)

Fig. 1018.
Unterkiefer von *Nautilus Pompilius* von der Seite.

[1]) *Owen, R.*, Memoir on the pearly Nautilus. London. 1832.

bestehen im wesentlichen aus dunkler Hornsubstanz, nur die Spitzen sind verkalkt. Solche verkalkte Kieferspitzen finden sich nicht selten fossil in Trias, Jura und Kreideablagerungen, bald noch innerhalb oder neben Nautilus-Schalen, bald auch isoliert. Die des triasischen *Temnocheilus bidorsatus* wurden unter der Bezeichnung *Rhyncholithes* und *Conchorhynchus* (Fig. 1019, 1020), die jurassischen und kretaceischen als *Rhynchoteuthis* (Fig. 1021) und *Palaeoteuthis* d'Orb. beschrieben.

b a c

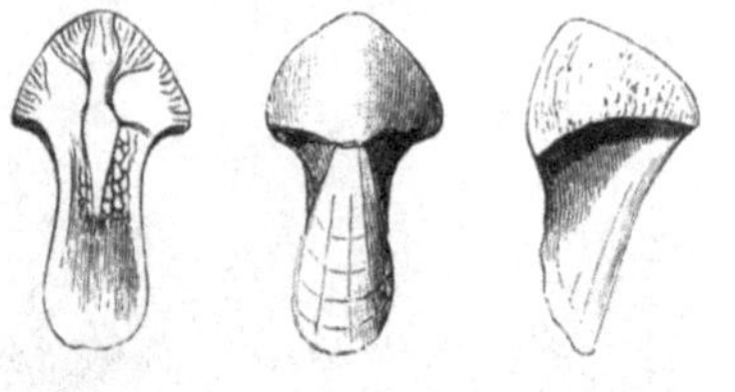

Fig. 1019.
Oberkiefer von *Nautilus (Temnocheilus) bidorsatus* Schloth. (*Rhyncholithes hirundo* Faure-Biguet). Muschelkalk. Laineck bei Bayreuth. *a* Vom Rücken, *b* von der Seite, *c* von innen.

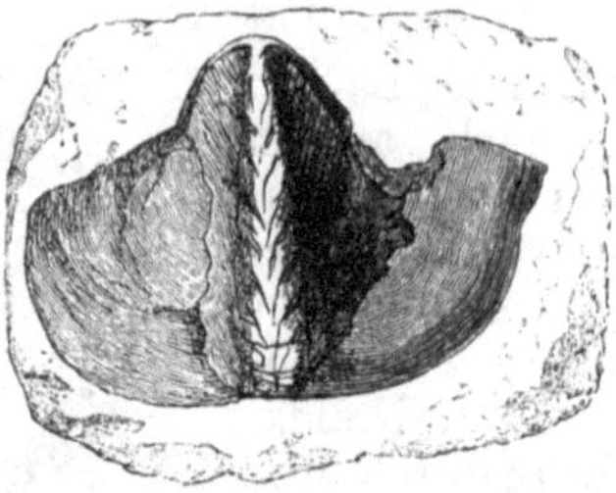

Fig. 1020.
Unterkiefer von *Nautilus (Temnocheilus) bidorsatus* Schloth. (*Conchorhynchus avirostris* Schloth. sp.). Von der Rückseite. Muschelkalk. Laineck bei Bayreuth.

Die grofsen buschförmigen Kiemen liegen in zwei Paaren an der Basis des Trichters; zwischen ihnen mündet die Afteröffnung und etwas weiter hinten befinden sich die Ausgänge der Geschlechtsorgane. Beim Weibchen sieht man im Grund der Atemhöhle eine grofse, dreiteilige Nidamentaldrüse, die aufsen mit dem Mantelblatt verwächst.

Der Rumpf ist sackförmig, hinten gerundet und vom Mantel umhüllt; an seinem Hinterende tritt ein mit Blutgefäfsen ausgestatteter, häutiger hohler Strang (Sipho) durch eine runde Öffnung der letzten Scheidewand in den gekammerten Teil der Schale und verläuft bis in die Anfangskammer.

a

Fig. 1021.
Rhynchoteuthis Sabaudianus Pict. et Lor. Neocom. Voirons. *a* Von der Rückenseite, die hornigen Flügel sind zum Teil noch erhalten. *b* Der kalkige Schnabel von unten.

Zur Befestigung des Tieres in der Wohnkammer dienen zwei unter den Augen gelegene ovale Muskeln, welche sich fest an die Innenwand der Wohnkammer anlegen und daselbst schwache Eindrücke verursachen. Zwischen diesen Haftmuskeln bildet der Mantel ein schmales, anfänglich rückwärts, in der Mitte etwas nach vorne gebogenes Verwachsungsband (annulus), das gleichfalls durch einen schwachen Eindruck angedeutet wird. Sowohl die Haftmuskeln als auch das Verwachsungsband lassen sich manchmal noch an fossilen Gehäusen nachweisen.

Die Schale des lebenden *Nautilus* ist in einer Ebene spiral eingerollt, aus mehreren Umgängen zusammengesetzt, die sich entweder ganz umhüllen oder nur einen engen Nabel freilassen. Mit Ausnahme des letzten Umgangs, welcher etwa zur Hälfte dem Tier als Wohnkammer dient, wird die Schale durch parallele, nach vorne konkave, in regelmäfsigen Abständen aufeinanderfolgende Scheidewände in zahlreiche

Kammern abgeteilt. Diese Kammern sind mit Luft gefüllt und vom Sipho durchzogen.

Die Schale selbst ist aus zwei Schichten zusammengesetzt: einer äuſseren porzellanartigen, deren weiſse Oberfläche mit roten oder braunen, flammenartigen Radialbändern verziert ist, und einer inneren perlmutterglänzenden, aus dünnen, parallelen Blättern aufgebauten, welche von rechtwinklig gestellten Linien gekreuzt werden.

Die Scheidewände bestehen aus der Perlmutterschicht, sind jedoch wie die Innenwände der Kammern mit einem ganz dünnen opaken Kalkhäutchen überzogen.

Mit der Nautilusschale stimmen, was Kammerung und Struktur betrifft, zahlreiche fossile Gehäuse überein, die in zwei Gruppen (*Nautiloidea* und *Ammonoidea*) eingeteilt werden und sich durch abweichende Anfangskammer, sowie durch graduelle Differenzen in der Beschaffenheit der Suturlinie, des Siphos, der Skulptur und der Mündung voneinander unterscheiden.

Über die Lebensweise des *Nautilus* liegen nur dürftige Beobachtungen vor.[1]) Leere Schalen werden in groſser Menge im Stillen und Indischen Ozean ans Ufer getrieben. Die Tiere selbst halten sich am zahlreichsten in Tiefen von 400—700 m auf, wo sie auf dem Boden zu kriechen scheinen. Seltener findet man sie auch in geringeren Tiefen oder freischwimmend. Beide Geschlechter bewohnen Schalen von übereinstimmender Gröſse und Form, doch sind nach B. Dean die Schalen der Weibchen häufig etwas gewölbter und bauchiger als die der Männchen. Willey hält im Gegenteil die flacheren Schalen für weibliche. Beim Schwimmen werden die Tentakeln horizontal ausgebreitet und der Kopf möglichst weit herausgestreckt; beim Kriechen sind Kopf und Tentakeln gegen den Boden gerichtet. Die Schale dient beim Schwimmen als hydrostatischer Apparat; zieht sich das Tier in die Wohnkammer zurück, so sinken beide in die Tiefe, dehnt es sich über die Wohnkammer aus und verdrängt dadurch ein gröſseres Volumen Wasser, so treibt die mit Luft gefüllte Schale das Tier in die Höhe. Eine Mitwirkung des Siphos findet hierbei in keiner Weise statt; die Wand desselben gestattet keine Ausdehnung, wodurch der Umfang des Siphos zwischen den Scheidewänden vergröſsert würde.

Unvollständig bekannt ist die Fortpflanzung und Entwicklungsgeschichte des *Nautilus*. Aus dem Bau der Schale geht aber mit groſser Wahrscheinlichkeit hervor, daſs das Tier anfänglich eine bis jetzt unbekannte, leicht vergängliche, wahrscheinlich häutige Embryonalschale bildete, deren Anwesenheit durch eine Narbe auf der Rückwand der ersten Luftkammer angedeutet wird. Darauf diente die erste Luftkammer als Wohnkammer; beim Weiterwachsen rückte das Tier nach vorne und sonderte wahrscheinlich in periodischen Ruhepausen am Hinterrand des Rumpfes ein Septum ab. Eine Ausstülpung des Visceralsackes blieb als Sipho in der ersten Kammer zurück. Nach und nach wandelte sich diese Ausstülpung in einen Strang von verschiedener Dicke um, welcher sämtliche Luftkammern durchbohrt und das Tier mit der ersten Kammer in Verbindung

[1]) *Bashford Dean.* American Naturalist 1901. XXV. 819.

erhält. Der Sipho ist demnach weder ein Muskelstrang zum Zurückziehen des Tieres in die Schale, noch ein Haftorgan zur Befestigung des ersteren, noch ein Apparat, um Luft oder Wasser in die Kammern der Schale zu schaffen, sondern lediglich eine Verlängerung des Visceralsackes, die bei manchen fossilen Gattungen mit sehr weitem Sipho *(Endoceras)* wahrscheinlich auch noch Eingeweide enthielt.

1. Unterordnung. **Nautiloidea.**[1])

Schale gerade, gebogen, spiral eingerollt oder schneckenförmig. Mundsaum einfach oder verengt mit Ventralausschnitt. Scheidewände in der Mitte nach vorne konkav. Suturen einfach, zuweilen wellig gebogen, sehr selten zackig. Sipho häufig dick und durch innerliche Ablagerung verengt, zentral, intermediär, selten randständig. Siphonaldüten fast immer nach hinten gerichtet. Embryonalkammer bei den geraden Formen eine kalkige, sackförmige, bei den spiraleingerollten wahrscheinlich eine häutige, kugelige Blase. Erste Luftkammer auf der Hinterwand mit äufserlicher Narbe. Kambrium bis jetzt.

Die Gestalt der Nautiloideenschale ist aufserordentlich variabel, bald gerade, langgestreckt zylindrokonisch oder kurz kegelförmig, bald einfach gebogen, bald in offener oder geschlossener, ausnahmsweise auch in Schrauben- oder Schnecken-Spirale aufgerollt. Ziemlich mannigfaltig erweist sich auch die äufsere Verzierung; neben glatten oder nur mit feinen Zuwachslinien versehenen Gehäusen findet man Schalen mit reicher Quer- oder Längsskulptur, zuweilen auch mit Spuren von Färbung. Im allgemeinen bleiben jedoch die erhabenen Rippen, Kiele, Knotenreihen und Blätter ziemlich einfach und zeigen niemals so grofse Differenzierung wie bei den Ammonoideen. Die Wohnkammer des Tieres besitzt, je nach dem Volumen der Schalenröhre verschiedene Länge; bei den spiralgewundenen Formen nimmt sie gewöhnlich die Hälfte oder zwei Dritteile des letzten Umgangs, bei den röhrenförmigen zuweilen die Hälfte, zuweilen aber auch nur den dritten, vierten, fünften Teil oder noch weniger der ganzen Schalenlänge ein.

Die Wohnkammer wird nach aufsen durch den Mundsaum begrenzt. Bei *Nautilus* verlaufen die Seitenränder derselben schwach konvex nach vorne und bilden aufsen, auf dem Externteil, einen gerundeten, buchtförmigen, die Lage des Trichters bezeichnenden Ausschnitt. Bei manchen fossilen Gattungen (*Orthoceras*) sind die Mundränder gerade oder schief abgestutzt (Fig. 1022), oder die Seitenränder verlängern sich in ohrenförmige Lappen (*Lituites, Ophidioceras*). Den einfachen Mundrändern stehen die verengten (zusammengesetzten) Mündungen gegenüber, bei welchen sich entweder sämtliche Ränder nach innen biegen und dadurch das Lumen der Mundöffnung verengen (*Hercoceras* Fig. 1054), oder bei denen nur die Seitenränder gegeneinander eingebogen sind, so dafs eine spaltförmige, am Ventralteil er-

[1]) Literatur (vgl. S. 398), aufserdem:

Quenstedt, F. A., De notis Nautilearum primariis. Diss. inaug. Berol. 1836.
Barrande, J., Système Silurien du centre de la Bohême. vol. II. Cephalopodes 5 Bde. 1867—1877.
Hall, J., Natural history of New York. Palaeontology. vol. V. pt. II. 1879.
de Koninck, Faune du calcaire carbonifère de Belgique. Part. II, Cephalopodes (Annales du Musée roy. d'hist. nat. de Bruxelles. 1880).
Angelin, Fragmenta Silurica edit. cur. G. Lindström. Holmiae. 1880.
Hyatt, A., Genera of fossil Cephalopoda. Proceed. Bost. soc. nat. hist. 1883. XXII.
Holm, G., Über die innere Organisation einiger silurischer Cephalopoden. Paläont. Abhandl. von Dames und Kayser. Bd. III. 1885.
Foord, A. H., Catalogue of the fossil Cephalopoda in the British Museum. part. I und II. 1888—1891.

weiterte Öffnung entsteht (*Phragmoceras* Fig. 1023). Biegt sich auch der Externrand nach innen, so kann die Ventralbucht zu einer Querspalte reduziert werden und die Mündung T-förmige Gestalt erhalten (Fig. 1024). Bei solchen Mundöffnungen entspricht die Querspalte dem Trichterausschnitt und bezeichnet somit die Ventralseite; die am entgegengesetzten Ende befindliche meist erweiterte Längsspalte gestattete wahrscheinlich den Tentakeln und dem Kopf den Austritt. Nicht selten erscheinen die Spalten einer T-förmig verengten Mündung durch Sekundärausbuchtungen mehrlappig (Fig. 1047). Bei manchen gebogenen Schalen befindet sich der Ventralausschnitt nicht auf der gewölbten äufseren, sondern auf der konkaven inneren Seite. Man unterscheidet danach exogastrische und endogastrische Schalen.

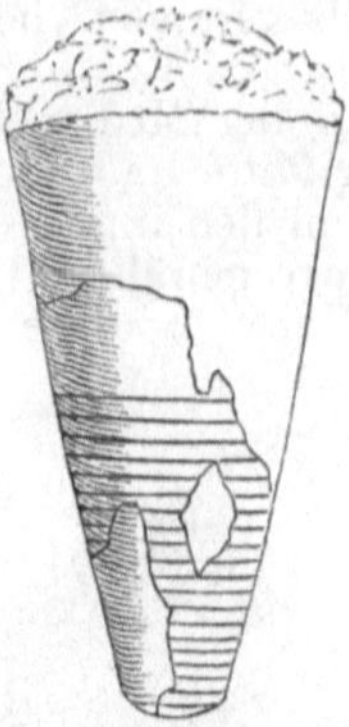

Fig. 1022.
Orthoceras robustum Barr.
Mit einfacher, gerade abgestutzter Mündung.

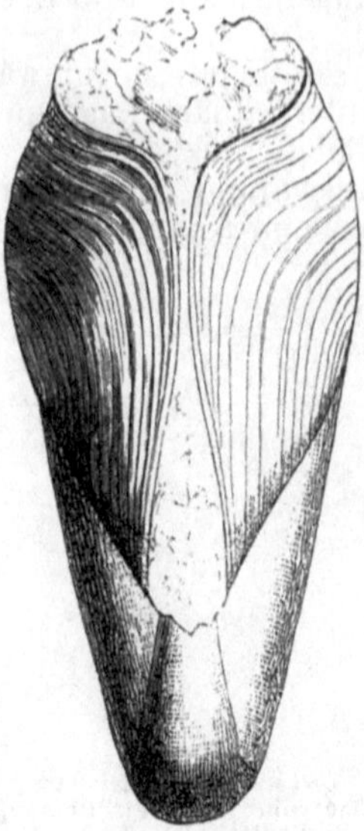

Fig. 1023.
Phragmoceras Broderipi Barr.
Mit verengter spaltförmiger Mündung.

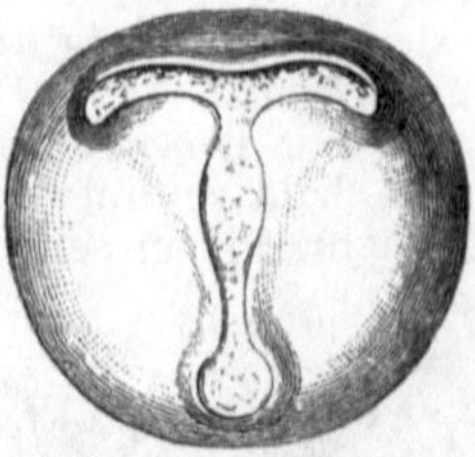

Fig. 1024.
Gomphoceras Bohemicum Barr.
Zusammengesetzte Mündung.

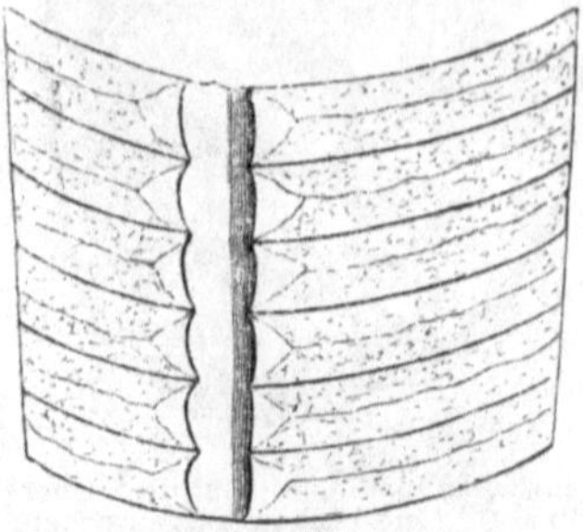

Fig. 1025.
Orthoceras intermedium Marklin.
Ob. Silur. Gotland. Vertikalschnitt. Sipho gemischt. Die Kammern mit Kalkspat ausgefüllt, und Pseudosepta vorhanden.

Die Innenwand der Wohnkammer zeigt bei fossilen Nautiloideen zuweilen feine Quer- oder Längslinien (Ritzstreifen), und beim lebenden *Nautilus* sondert die Kopfkappe da, wo sie dem vorhergehenden Umgang aufliegt, also unmittelbar vor der Mündung eine schwarze, aus organischer Substanz bestehende Deckschicht ab.

Von besonderer Wichtigkeit ist die Beschaffenheit der inneren Scheidewände (Septa), welche im gekammerten Schalenteil die Luftkammern begrenzen. Ihre Zahl variiert aufserordentlich bei den verschiedenen Gattungen und Arten, bleibt jedoch bei den Individuen ein und derselben Spezies konstant. Sie folgen in regelmäfsigen, mit der zunehmenden Gröfse der Schale etwas wachsenden Abständen aufeinander und dienten ohne Zweifel alle der Reihe nach dem Tier während seiner Entwicklung als Wohnung. An unverletzten fossilen Schalen ist gewöhnlich nur die Wohnkammer mit Gesteinsmasse (erhärtetem Schlamm) ausgefüllt, in die Luftkammern konnte Schlamm nur durch den Sipho oder durch Beschädigung eindringen; sie bleiben jedoch selten leer, sondern sind meist mit Infiltrationskristallen von Kalkspat, seltener mit Quarz, Cölestin, Baryt oder Schwefelkies ausgefüllt.

Bei paläozoischen Nautiloideen beobachtet man zuweilen in dem Zwischenraum von zwei Septen eine weitere den Hauptsepten parallel oder auch abweichend verlaufende Zwischenwand, die aus zwei sich leicht voneinander ablösenden dünnen

Kalkblättern zusammengesetzt ist (Fig. 1025). Die Entstehung dieser Pseudosepten wird durch periodische Abstofsung einer später verkalkenden Membran am Hinterrande des Körpers erklärt.

Die Anheftungslinie der Scheidewände an der Innenwand des Gehäuses heifst Sutur. Dieselbe wird äufserlich nur sichtbar, wenn die Schale weggesprengt oder aufgelöst ist; an fossilen Steinkernen zeigt sie sich in grofser Schärfe. Bei den Nautiloideen bildet die Sutur in der Regel eine einfache, geradlinig verlaufende oder etwas wellig gebogene Linie. Zuweilen springt sie auf den Seiten bogenförmig vor und bildet einen Seitensattel, der von zwei buchtig zurückspringenden Seitenloben begrenzt wird; nicht selten entstehen auch in der Mitte der Innen- oder Aufsenseite Ausbuchtungen, die Intern- oder Externloben genannt werden. Die Sättel sind immer gerundet, meist wenig vorspringend; die Loben ebenfalls gerundet, höchst selten zugespitzt.

Der Sipho durchbohrt sämtliche Scheidewände in der Medianebene und hat bald zentrale, bald intermediäre Lage zwischen Mitte und Aufsen- oder Innenrand; in seltenen Fällen rückt er auch dicht an den Innen- oder Aufsenrand heran. Seine Lage gewährt keinen sicheren Anhaltspunkt über Dorsal- oder Ventral-

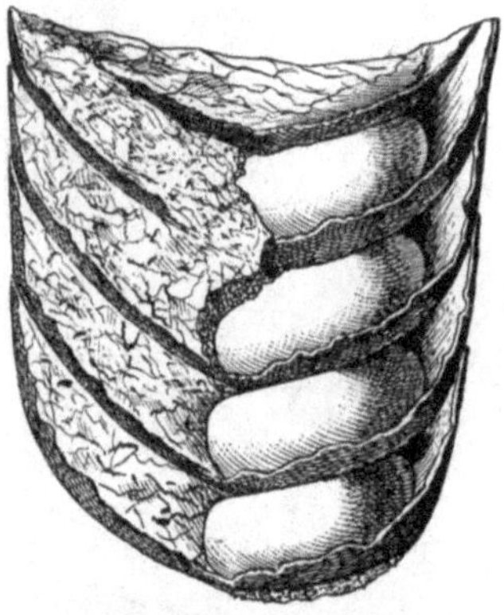

Fig. 1027.
Actinoceras cochleatum Schloth. Ober-Silur. Gotland. Schale aufgebrochen, um den dicken, perlschnurartigen Sipho zu zeigen. (1/2 nat. Gröfse.)

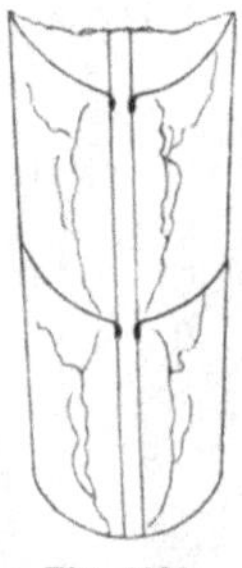

Fig. 1026.
Orthoceras Michelini Barr. Ober-Silur. Kozoř (Böhmen). Vertikalschnitt. Siphonaldüten kurz, Sipho mit verkalkter Hülle.

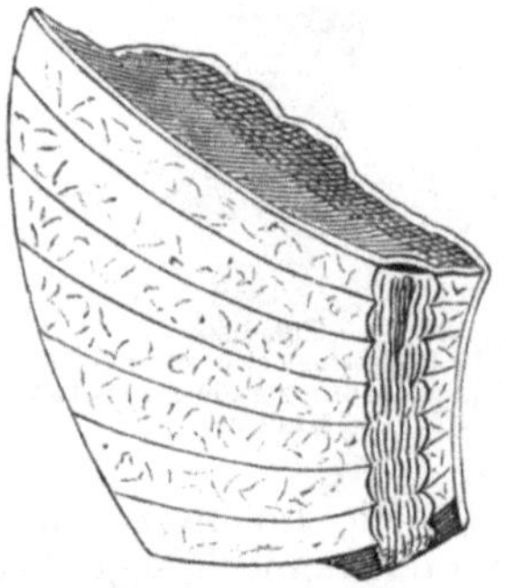

Fig. 1028.
Phragmoceras Loveni Barr. Ober-Silur (E). Lochkow. Vertikalschnitt. Sipho mit Radialblättern. (Nach Barrande.)

seite, doch ist er der letzteren häufiger genähert als der ersteren. Zuweilen verändert sich die Lage des Siphos in den verschiedenen Altersstadien ein und desselben Individuums; für die Gattungsunterscheidung darf darum auf die Lage des Siphos kein besonderes Gewicht gelegt werden. In der Regel erscheint der Sipho als zylindrischer Strang mit häutiger oder verkalkter Wand (Fig. 1026). Er erlangt bei paläozoischen Nautiloideen zuweilen beträchtliche Dicke und schwillt nicht selten, nachdem er eine Scheidewand passiert hat, beträchtlich an, so dafs er aus perlschnurartig aneinander gereihten und durch Einschnürungen getrennten Scheiben zusammengesetzt erscheint (Fig. 1027). Hat der Sipho beträchtliche Dicke, so bleibt er selten hohl, sondern wird teils von radialen Kalkblättern (Fig. 1028), teils von dünnen, kalkigen, mit der Spitze nach hinten gerichteten und in verschiedenen Abständen voneinander entfernten Düten ausgefüllt (Fig. 1029), oder es lagern sich an der Stelle, wo der Sipho die Septa durchbricht, ringförmige Wülste aus mit organischer Substanz gemengtem kohlensaurem Kalk ab (Obstruktionsringe) und verengen das Lumen des Siphos beträchtlich (Fig. 1030. 1039). Fast überall, wo Ausfüllungsdüten oder Obstruktionsringe vorhanden sind, beobachtet man im Zentrum des Siphos ein aus zwei oder drei sehr dünnen, kalkigen Blättern bestehendes Gebilde (Prosipho, Endosipho); das bis zum hintersten Ende des Siphos reicht.

Da, wo der Sipho eine Scheidewand durchbohrt, erfolgt eine kragenförmige Umstülpung des Septums, welche sich bei den Nautiloideen fast immer nach hinten wendet und Siphonaldüte genannt wird. Nur eine paläozoische Gattung (*Nothoceras*) hat nach vorne gekehrte Siphonaldüten. In der Regel besitzen diese Umstülpungen nur geringe Länge, zuweilen reichen sie aber auch von einer Scheidewand bis zur nächsten (Fig. 1031), ja in manchen Fällen (*Endoceras*) erstrecken sie sich sogar über den Abstand von zwei Septen hinaus. Fast immer verengen sich lange Siphonaldüten nach hinten und stecken alsdann wie Trichter ineinander.

Bei einigen paläozoischen Nautiloideen mit gerader Schale und sehr dickem Sipho (*Endoceras, Piloceras*) wird das hintere Ende des Gehäuses ganz vom Sipho eingenommen, der hinter der ersten Scheidewand anschwillt und sich dann nach hinten zu einer Spitze verengt. In der Regel bildet jedoch die erste Luftkammer das Embryonalende der Schale (Fig. 1032). Sie ist bei den geraden, gestreckt konischen Formen fast immer mit dem dünnen hinteren Ende der Schale zerstört und verloren gegangen. In seltenen Fällen aber bleibt sie nebst den ersten Luftkammern erhalten und bildet eine von dünner Kalkschale umgebene sackförmige Blase, in welche der Sipho nicht eindringt. Auf die Embryonalkammer (*Protoconch*) folgt die erste mit Sipho versehene Luftkammer, welche auf der hinteren Wand eine äußerliche längliche Narbe aufweist. Bei den spiral eingerollten Formen hat diese Kammer konische Form, ist am hinteren Ende abgestutzt und außen ebenfalls mit einer Narbe versehen, welche vermuten läßt, daß hier eine vergängliche Embryonalblase angeheftet war. Am vorderen Ende wird die erste Luftkammer durch eine konkave Scheidewand abgeschlossen; der

Fig. 1029. *Endoceras proteiforme* Hall. Vertikalschnitt, um die ineinandersteckenden, hinten geschlossenen, trichterförmigen Abscheidungen des Sipho zu zeigen.

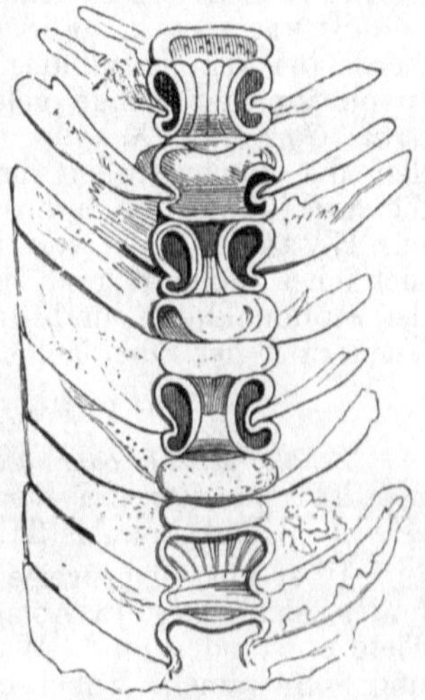

Fig. 1030. *Actinoceras (Ormoceras) Bayfieldi* Stokes. Unter-Silur. Huron-See (Nordamerika). Vertikaler Durchschnitt. Die Obstruktionsringe sind im Innern aufgelöst, und nur ihre verkieselte Oberfläche erhalten. (Nach Stokes.)

Fig. 1031. Schale von *Aturia* aufgebrochen, um die trichterförmigen ineinandersteckenden Siphonaldüten zu zeigen.

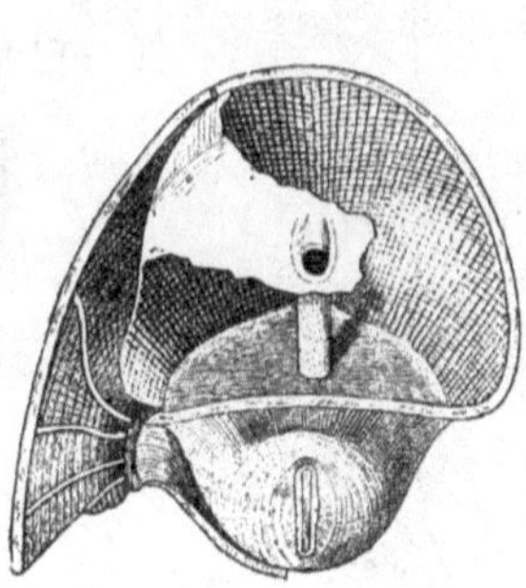

Fig. 1032. Erste Luftkammer von *Nautilus Pompilius* mit linearer Narbe auf der Hinterwand. Stark vergrößert. (Nach Hyatt.)

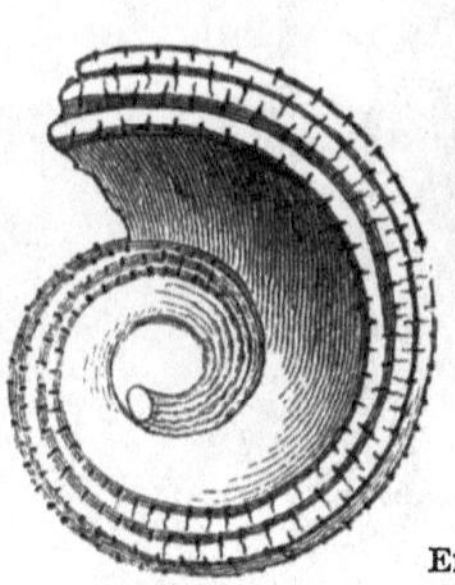

Fig. 1034. *Nautilus Koníncki* d'Orb. Im Zentrum mit Durchbruch.

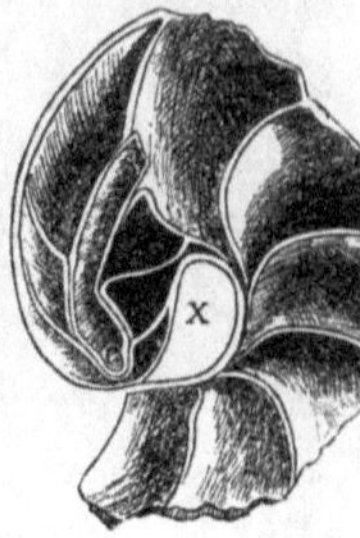

Fig. 1033. Erste Luftkammer und erste Windung von *Nautilus Pompilius* in der Mitte durchgeschnitten. *S* Sipho, *c* blinder Anfang des Sipho *x* leerer Raum, welcher dadurch entsteht, daß sich der erste Umgang nicht hart an die Anfangskammer anlegt. (Nach Branco.)

Sipho durchbohrt dieses Septum, dringt in die Kammer ein und erreicht beinahe die Hinterwand derselben (Fig. 1033). Bei den spiral gewundenen Schalen bleibt im Zentrum des Gewindes ein leerer Raum frei (Fig. 1034), worin Jaekel den Abdruck einer kugeligen Embryonalkammer beobachtete.

Systematik. Für die Unterscheidung der verschiedenen Gattungen wurde bei den Nautiloideen von jeher besonderes Gewicht auf die Form und Involution der Schale gelegt und danach die Gattungen *Orthoceras, Cyrtoceras, Gyroceras, Nautilus* etc. unterschieden. Barrande verwertete aufserdem die Beschaffenheit der Mündung, die Richtung der Siphonaldüten und die Ausbildung des Siphos selbst. Die meisten Autoren folgten Barrande, nur Hyatt hält die verschiedenartige Involution der Schale für ein nebensächliches Moment und basiert seine Hauptgruppen auf die Beschaffenheit der Siphonaldüten und des Sipho, die Gattungen in erster Linie auf die Verzierung der Oberfläche.

1. Familie. **Orthoceratidae.** M'Coy.

Schale gerade oder gebogen. Sipho zentral, intermediär oder randständig, zuweilen sehr dick und durch Obstruktionsringe oder sonstige Ausfüllungsgebilde verengt. Kambrium bis Trias.

Über die Lebensweise der *Orthoceratiden* ist nichts Sicheres bekannt. Sie finden sich meist in Ablagerungen, die in der Nähe des Ufers in mäfsiger Tiefe entstanden sind. Wahrscheinlich konnten sie wie die Nautilen kriechen und schwimmen, wobei die dünne gekammerte Schale als hydrostatischer Apparat diente. Jaekel stellte die Hypothese auf, die *Orthoceratiden* seien sessile Geschöpfe und das hintere Ende der Schale von einem aus *Conchyolin* bestehenden Sockel umgeben gewesen. Pocta hat diese gewagte Hypothese durch Nachweis einer sackförmigen mit Kalkschale versehenen Embryonalkammer widerlegt.

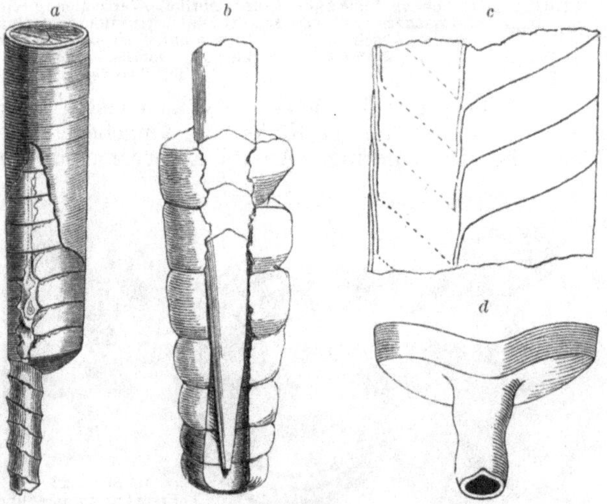

Fig. 1036.
a Endoceras duplex Wahlbg. Unter-Silur. Kinnekulle, Schweden. Stark verkleinert.
b Endoceras commune Wahlbg. Unter-Silur. Oranienbaum, Rufsland. 1/2 nat. Gröfse. Der vordere Trichter des Sipho ist mit erhärtetem Schlamm ausgefüllt und bildet einen »Spiefs«.
c Endoceras commune Wahlbg. Schematischer Längsschnitt, um die Siphonaldüten zu zeigen.
d Eine einzelne Kammer von *Endoceras* mit langer Siphonaldüte. (Fig. *c* und *d* nach Dewitz.)

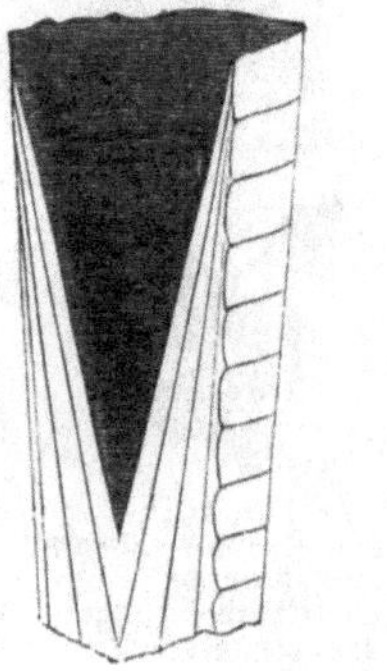

Fig. 1035.
Endoceras proteiforme Hall. Vertikaler Schnitt, um die trichterförmigen Ablagerungen im Sipho zu zeigen.

a) Mündung einfach:

Endoceras Hall. (*Vaginati* Quenst., *Cameroceras, Diploceras* Conrad, *Vaginoceras* Hyatt, *Nanno* Clarke, *Suecoceras* Holm) (Fig. 1035, 1036). Schale zylindrisch-konisch, stark verlängert, im Querschnitt rund oder elliptisch, zuweilen sehr grofs. Sipho randständig, ungewöhnlich weit. Siphonaldüten mindestens von einer Scheidewand zur anderen, zuweilen sogar noch über die Hälfte der folgenden Kammer reichend, eine geschlossene, mit Einschnürungen versehene Röhre bildend. Am hinteren Teil der Schale ist der Sipho neben der ersten Luftkammer meistens stark erweitert, drängt dieselbe zur Seite, er verengt sich alsdann zuckerhutförmig und nimmt meistens die ganze erste Kammer ein. Im Sipho finden sich dütenförmige, mit der Spitze nach hinten gekehrte Scheiden, welche sich bald mehrfach und in geringen Abständen, bald nur ein- bis zweimal wiederholen. Die Intrasiphonaltrichter sind von einem aus drei verkalkten Membranen bestehenden Rohr durchzogen, das im Zentrum des Sipho verläuft und bis zum hinteren Ende desselben fortsetzt. Dieser Prosipho (Endosipho) ist nur an besonders gut erhaltenen Stücken zu beobachten. Nicht selten fällt der mit Gesteinsmasse erfüllte Sipho aus und findet sich isoliert. Die Gattung *Endoceras* ist auf das untere Silur beschränkt und findet sich ungemein häufig in Schweden, den russischen Ostseeprovinzen und Nordamerika; auf sekundärer Lagerstätte im norddeutschen Diluvium. Einzelne Arten (*E. vaginatum* Schloth. sp.) erreichen eine Länge von 1—2 Metern. *E. duplex* Wahlbg., *E. complanatum* Eichw., *E. gladius* Holm., *E. proteiforme* Hall etc.

Cyrtocerina Billings. Wie *Endoceras*, aber Schale posthornförmig gekrümmt. Unt. Silur.

Piloceras Salter. Kurz kegelförmig, schwach gebogen. Sipho randständig, sehr dick, mit ein oder mehreren dütenförmigen Scheiden, die durch einen Prosipho untereinander und mit dem hinteren Ende verbunden sind. Kambrium und unteres Silur von England und Nordamerika. Die Gattung wurde ursprünglich für einen ausgefallenen, isolierten Sipho aufgestellt; vollständige, mit Luftkammern versehene Schalen beschrieb 1886 Whitfield aus dem unteren Silur von Fort Cassin. Vermont.

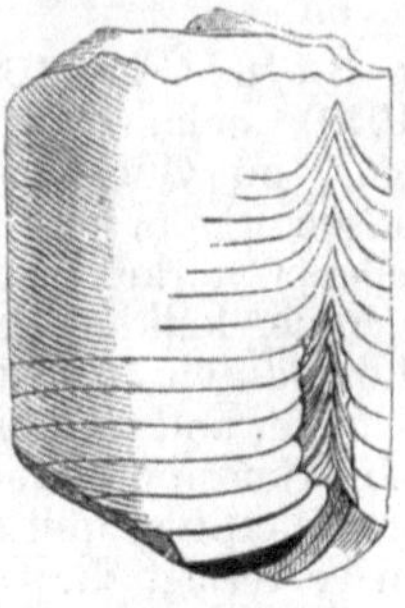

Fig. 1037.
Conoceras (Bathmoceras) praeposterum Barr. Unter-Silur (D). Vosek, Böhmen. (Nach Barrande.)

Fig. 1039.
Actinoceras (Ormoceras) vertebracum Hall. Ober-Silur. Lockport, New-York. Vertikaler Durchschnitt. Die Obstruktionsringe im Sipho erhalten. (Nach Barrande.)

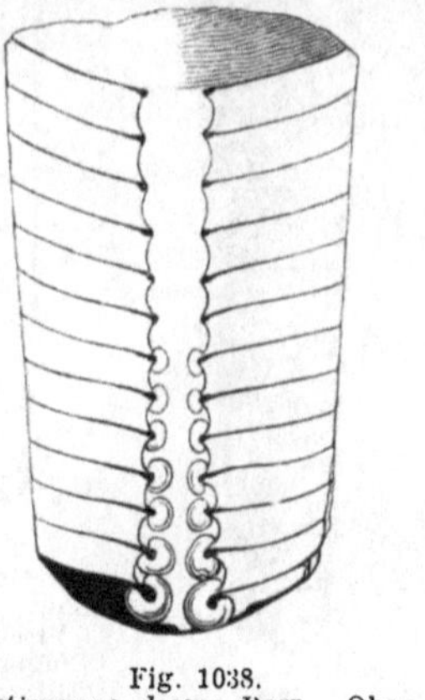

Fig. 1038.
Actinoceras docens Barr. Ober-Silur (E). Dvoretz, Böhmen. Vertikaler Durchschnitt. Der perlschnurförmige, gegen vorn an Stärke abnehmende Sipho ist mit Obstruktionsringen versehen. (Nach Barrande.)

Conoceras Bronn. (*Bathmoceras* Barr.) (Fig. 1037). Schale gerade, im Querschnitt elliptisch. Wohnkammer kurz; Mündung einfach. Der gekammerte Teil stets abgestutzt und nie vollkommen erhalten. Die obersten Septa häufig unvollständig ausgebildet. Sipho randständig, dick mit rückwärtsgerichteten Siphonaldüten, mit zahlreichen feinen Endosiphonallamellen und mit taschenförmigen seitlichen Ausstülpungen, welche durch sehr kräftige, blattförmige, schräg gegen vorne und innen gerichtete Verdickungen der Siphonalhülle erzeugt werden. Neben dem Sipho sind die Scheidewände nach vorne aufgebogen. Selten im unteren Silur. Böhmen, England, Schweden, Nordamerika.

Actinoceras Bronn (*Ormoceros* Stokes, *Nummularia* de Kon., *Sactoceras* Hyatt) (Fig. 1027, 1030, 1038, 1039). Schale zylindrisch-konisch, im Querschnitt rund. Siphonaldüten sehr kurz. Sipho dick, zuweilen die Hälfte des Schalendurchmessers einnehmend, zwischen den Septen angeschwollen, perlschnurförmig, mit verkalkter, jedoch sehr selten erhaltener Wand, stets durch Obstruktionsringe verengt, zwischen denen ein zentraler mit eigener Wand versehener Prosipho verläuft, von welchem zuweilen radiale Röhren ausstrahlen, welche bis zur Wand des Siphos reichen und dieselbe durchbohren. Der Sipho füllt, wie bei *Endoceras*, die konische Anfangskammer des Gehäuses aus, ist aber am hintersten Ende nicht zugespitzt, sondern von einer runden Öffnung durchbohrt (F o o r d). Kambrium bis Karbon.

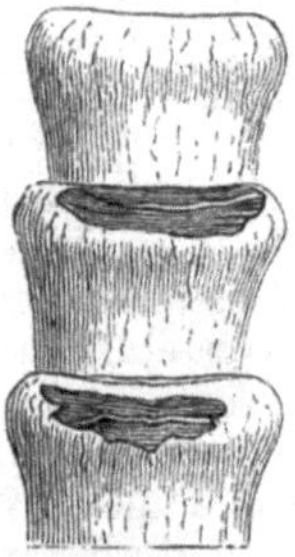

Fig. 1040. Sipho von *Huronia vertebralis* Stokes. Unter-Silur. Drummond-Insel im Huron-See.

Fig. 1041. *Orthoceras timidum* Barr. Ober-Silur. Lochkow, Böhmen.

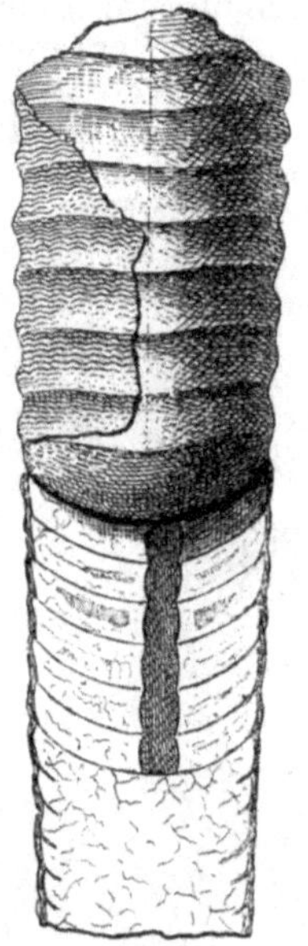

Fig. 1042. *Orthoceras annulatum* Sow. Ober-Silur (E). Viscocilka, Böhmen. Fragment mit einem Teil der Wohnkammer und einigen Scheidewänden. Erstere zeigt die sog Normallinie; letztere sind in der Medianebene durchgeschnitten. (Nach B a r r a n d e.)

Discosorus Hall. Kurz konisch, schwach gebogen. Sipho ungemein dick, aus angeschwollenen perlschnurartigen Scheiben bestehend, mit Prosipho. Der obere Teil des Sipho durch eine trichterförmige, unten zugespitzte Düte abgeschlossen. Ob. Silur. Nordamerika.

Huronia Stokes (Fig. 1040). Wie *Actinoceras*, aber die Siphosegmente oben angeschwollen, unten enger. Ob. Silur (Niagara Gr.), Nordamerika.

Jovellania Bayle. Gerade gestreckt, im Querschnitt dreieckig, Septa enggestellt. Sipho mäfsig weit, exzentrisch, durch vertikale Kalkblätter obstruiert. Silur, Devon.

Orthoceras Breyn (Fig. 1022, 1025, 1026, 1041, 1042). Schale gerade, gestreckt-kegelförmig, im Querschnitt rund, seltener elliptisch. Septa konkav. Sipho von verschiedener Stärke, zentral oder exzentrisch ohne kalkige Ausscheidungen. Siphonaldüten kurz oder bis zur nächsten Scheidewand reichend. Wohnkammer grofs, Mündung einfach. Kambrium bis Trias. Hauptverbreitung im Silur. B a r r a n d e zerlegt die Gattung *Orthoceras* in die zwei Gruppen der *Brevicones* von kurz kegelförmiger und in die der *Longicones* von zylindrisch-konischer Gestalt. Die letzteren erreichen zuweilen eine Länge von 1—2 Metern. Die äufsere Schalenschicht zeigt häufig Quer- oder Längsverzierungen (Streifen, Rippen, Runzeln, Falten oder Knötchenreihen), welche von H y a t t zur Unterscheidung zahlreicher Gattungen (*Geisonoceras, Kyonoceras, Spyroceras* etc.) verwertet wurden. Zuweilen haben sich auch Reste der ursprünglichen Färbung (Linien, Bänder, Zickzackstreifen oder Flecken) erhalten. Bei einzelnen Arten konnte auch der Eindruck des Verwachsungsbandes auf Steinkernen der Wohnkammer beobachtet werden. Als N o r m a l l i n i e bezeichnet man eine schwach vertiefte Längsrinne oder einen sehr feinen Längskiel auf der Innenwand der Wohnkammer (Fig. 1042). Die Septa stehen stets in regelmäfsigen, bald ziemlich weiten, bald engeren Abständen. Die Siphonaldüten sind in der Regel sehr kurz; der Sipho selbst ist bald von einer häutigen, bald von einer verkalkten Wand umgeben, meist von geringer Stärke, zylindrisch, selten auf einer Seite geradlinig, auf der anderen konvex begrenzt.

Die Gattung *Orthoceras* (mit welcher Barrande auch *Actinoceras* und *Discosorus* vereinigt) enthält nach Barrande 1146 Arten, wovon 850 dem Silur-System angehören. Die ältesten Formen beginnen im obersten Kambrium (*O. sericeum* Salter), die jüngsten sterben in der alpinen Trias aus.

Fig. 1043. *Cyrtoceras Murchisoni* Barr. Ober-Silur (E). Lochkow, Böhmen. 1/2 nat. Gröfse.

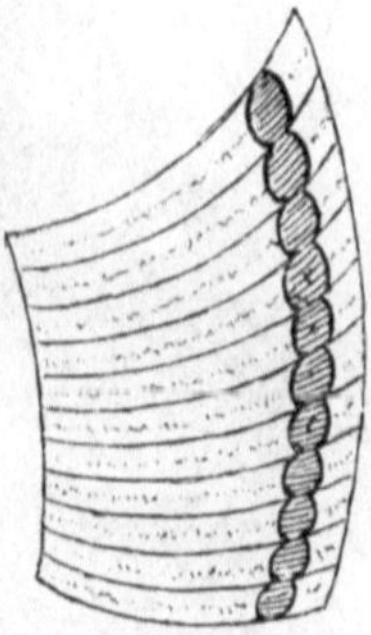

Fig. 1044. *Cyrtoceras Baylei* Barr. Ober-Silur. Lochkow, Böhmen. (Nach Barrande.)

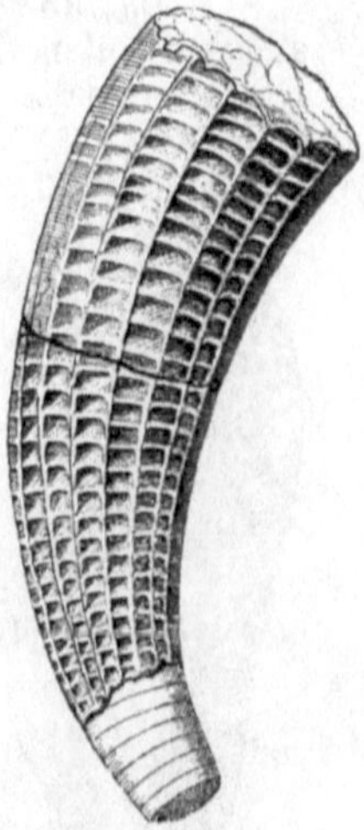

Fig. 1045. *Cyrtoceras corbulatum* Barr. Ober-Silur (E). Dvoretz, Böhmen. (Nach Barrande.)

Bactroceras Holm. Schlank, kegelförmig mit kreisrundem Querschnitt. Sipho eng, randständig. Unt.-Silur. Schweden, Böhmen.

Volborthella F. Schmidt. Kleine Orthocerasähnliche Schalen. Unt. Kambrium. Estland, Canada.

Cyrtoceras Goldf. (Fig. 1043—1045). Schale gebogen, im Querschnitt elliptisch, eiförmig, seltener dreieckig, rund oder polygonal. Sipho meist der konvexen, seltener der konkaven Seite genähert, zuweilen auch zentral, zylindrisch oder perlschnurförmig, von mäfsiger Stärke; zuweilen durch radiale Blätter oder Obstruktionsringe verstopft. Mündung einfach, die ventrale Ausbuchtung bald auf der konvexen (exogastrisch), bald auf der konkaven Seite (endogastrisch). Oberfläche wie bei *Orthoceras* sehr mannigfaltig verziert. Kambrium bis Perm. Circa 350 Arten bekannt. Hauptverbreitung im Silur.

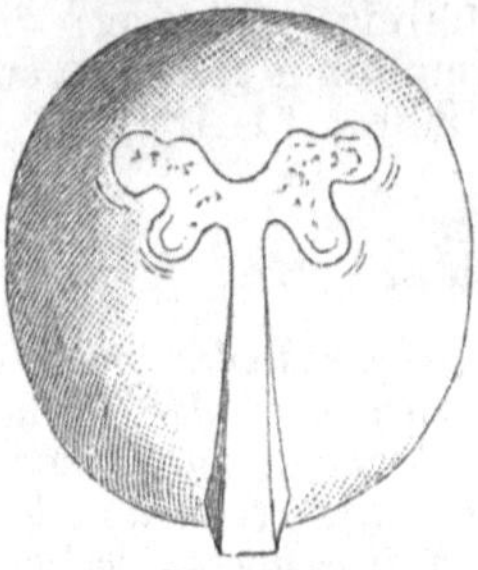

Fig. 1047. *Phragmoceras Panderi* Barr. Mündung T-förmig, Querspalte vierlappig. (Nach Barrande.)

b

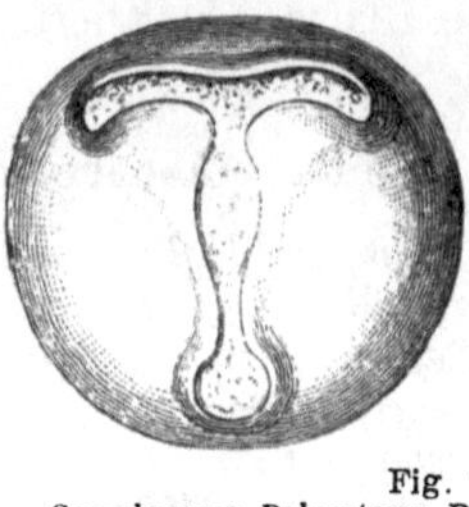

a

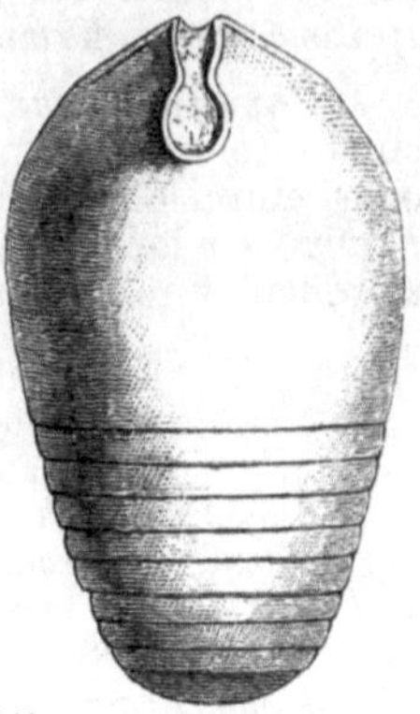

Fig. 1046. *Gomphoceras Bohemicum* Barr. Ober-Silur (Et. E). Dvoretz, Böhmen. *a* Von der Seite, *b* Mündung.

Auch *Cyrtoceras* wurde von Hyatt nach der Verzierung der Oberfläche und Beschaffenheit des Sipho in zahlreiche Genera (*Meloceras, Ooceras* etc.) zerlegt.

Poterioceras M'Coy. Schale spindelförmig, schwach gebogen, in der Mitte angeschwollen, hinten zugespitzt. Wohnkammer gegen die einfache

Mündung verengt. Querschnitt rund bis elliptisch. Sipho subzentral bis rundlich, zwischen den Septen angeschwollen. Unter-Silur (*P. constrictum* Hall sp.) bis Karbon (*P. fusiforme* Sow. sp.).

Gomphoceras Sow. (Fig. 1046). Gerade, kurz birnförmig, in der Mitte angeschwollen, im Querschnitt kreisrund. Mündung stark verengt, T-förmig. Die Querspalte der Mündung häufig durch eine rundliche oder mehrfach gelappte Öffnung ersetzt, und auch die Längsspalte in der Nähe des Ventralrandes mehr oder weniger erweitert. Septa genähert. Sipho zentral oder intermediär, subzylindrisch oder perlschnurförmig, zuweilen durch Obstruktionsringe oder Blätter verengt. Oberfläche glatt oder quer verziert. Silur bis Karbon.

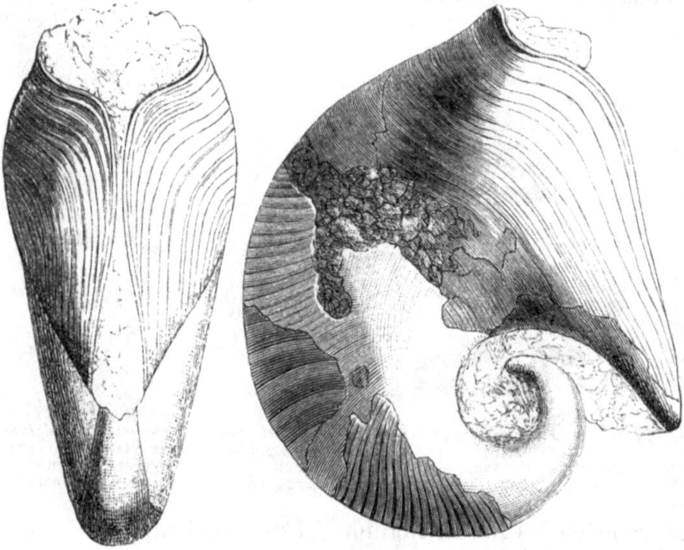

Fig. 1048.
Phragmoceras Broderipi Barr. Ob. Silur (E). Lochkow, Böhmen. 1/2 nat. Gröfse. (Nach Barrande.)

Hyatt unterscheidet nach der Zahl der Lappen in der Querspalte der Mündung die Gattungen: *Tetrameroceras, Hexameroceras, Trimeroceras, Pentameroceras* und *Heptameroceras.*

Phragmoceras Broderip (Fig. 1028, 1047, 1048). Schale gebogen, rasch an Gröfse zunehmend, seitlich etwas zusammengedrückt, im Querschnitt oval oder elliptisch. Mündung verengt mit T-förmiger Öffnung; die Querspalte häufig 2—8 lappig. Sipho meist dem konkaven Rande genähert, subzylindrisch, zuweilen durch radiale Blätter obstruiert. Silur. 51 Arten.

2. Familie. **Ascoceratidae.** Barr.[1])

Schale schwach gebogen, anfänglich wie Cyrtoceras oder Orthoceras beginnend; Sipho dünn, dem konvexen Rande genähert. Später wird der einfach gekammerte Teil abgestofsen, die Septa folgen in engen Abständen aufeinander, biegen sich auf der dem Sipho gegenüberliegenden Seite aufwärts und bilden neben der Wohnkammer eigentümliche seitliche Kammerverlängerungen, welche sich an die dorsale Seite der Schale anheften. Mündung einfach oder verengt. Silur.

In der Regel findet man nur Exemplare, an denen der normal gekammerte Schalenteil abgestofsen und nur die niedrigen letzten Kammern nebst ihren Seitenflügeln erhalten sind. Nicht selten kommen auch Ausgüsse der Wohnkammer allein vor.

---

[1]) *Lindström, G.*, The Ascoceratidae and the Lituitidae of the upper Silurian Formation of Gotland. K. Svenska Vetensk. Ak. Handl. 1890. Bd. XXIII.

Ascoceras Barr. (*Aphragmites* Barr.) (Fig. 1049, 1050). Die einfach gekammerte Schale lang, etwas gebogen; Septa in unregelmäfsigen Abständen aufeinander folgend. Sipho dünn. Wohnkammer sack- oder flaschenförmig, zuerst angeschwollen, gegen die Mündung wieder etwas verengt. Mundränder einfach, nicht eingebogen. Silur. Böhmen, Schweden (Gotland), Norwegen, England, Nordamerika.

Glossoceras Barr. Wie *Ascoceras*, aber die Mündung am Dorsalrand mit zungenförmigem, eingebogenem Fortsatz. Ob. Silur. 3 Arten.

Billingsites Hyatt, *Choanoceras* Lindstr. Silur.

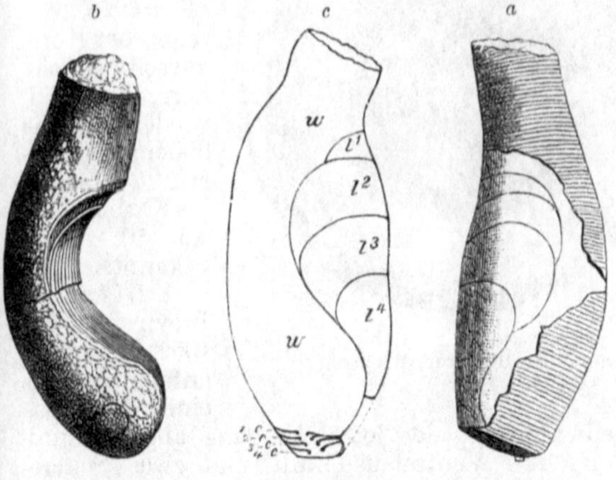

Fig. 1049.
Ascoceras Bohemicum Barr. Ober-Silur (E). Kozoř, Böhmen. (Nach Barrande.)
a Exemplar mit teilweise erhaltener Schale. *b* Steinkern der Wohnkammer mit ausgefallenen Luftkammern. *c* Vertikalschnitt (*w* Wohnkammer, *c* 1—4 Luftkammern, *l* 1—4 laterale Fortsätze der Luftkammern. (Nat. Gröfse.)

3. Familie. **Nautilidae.** Owen.

Schale spiral in einer Ebene gewunden. Mündung einfach oder verengt.

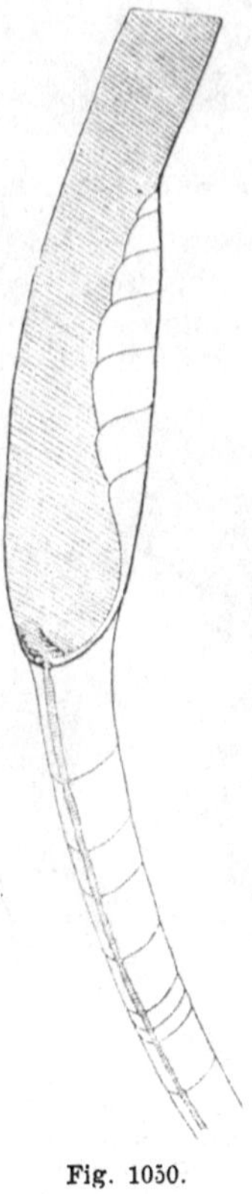

Fig. 1050.
Ascoceras manubrium Lindström. Ober-Silur. Gotland. Restauriert. $^1/_2$ nat. Gröfse. (Nach Lindström.)

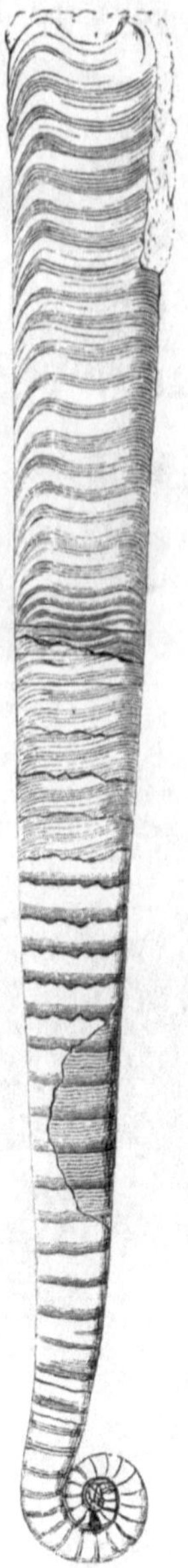

Fig. 1052.
Lituites lituus Montf. Aus untersilurischen Geschieben von Ostpreufsen. Exemplar mit Wohnkammer und Mündung. $^1/_2$ nat. Gr. (Nach Nötling.)

Fig. 1051.
Gyroceras alatum Barr. Ober-Silur (F). Konieprus, Böhmen. Nat. Gr. (Nach Barrande.)

Fig. 1053.
Ophidioceras simplex Barr. Ober-Silur (E). Lochkow, Böhmen. Nat. Gr. (Nach Barrande.)

Gyroceras v. Meyer (Fig. 1051). Schale eine offene, aus einem oder wenigen Umgängen bestehende Spirale bildend. Oberfläche glatt, fein gestreift oder mit spiralen Rippen, zuweilen auch mit Querrippen und Knoten verziert. Querschnitt elliptisch, rund oder dreieckig. Wohnkammer ungefähr ein Drittel des letzten Umgangs einnehmend. Mündung einfach, aufsen, zuweilen auch auf den Seiten mit Ausschnitt. Suturen der Septa einfach. Sipho mäfsig stark, meist der Konvexseite, selten der Konkavseite genähert, hin und wieder mit radialen Blättern erfüllt. Silur bis Karbon. Etwa 40 Arten bekannt.

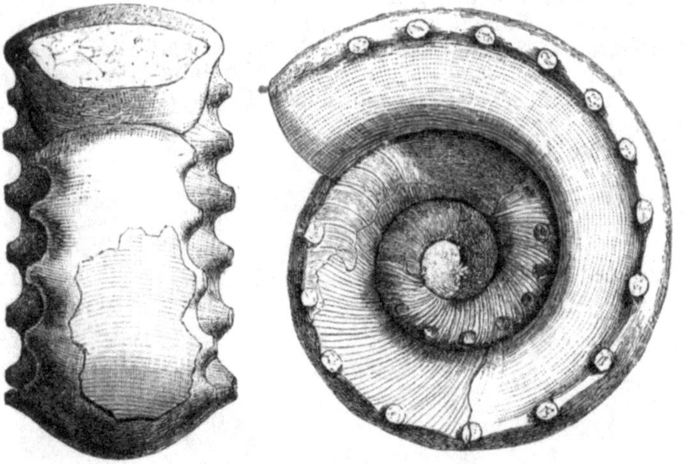

Fig. 1054.
Hercoceras mirum Barr. Ober-Silur (G). Hlubocep, Böhmen.
(Nach Barrande.)

Lituites Breyn (Fig. 1052). Schale anfänglich in einer geschlossenen Spirale eingerollt, scheibenförmig; der letzte Umgang abgelöst und geradlinig verlängert. Mündung mit Ventralausschnitt und zwei Seitenohren. Sipho zylindrisch, subzentral oder der Innenseite genähert. Silur.

Ophidioceras Barr. (Fig. 1053). Wie *Lituites*, aber gestreckter Schalenteil kurz, Mündung verengt. Silur.

Trocholites Conrad. Unt. Silur.

Hercoceras Barr. (Fig. 1054). Schale in geschlossener Spirale aufgerollt. Umgänge im

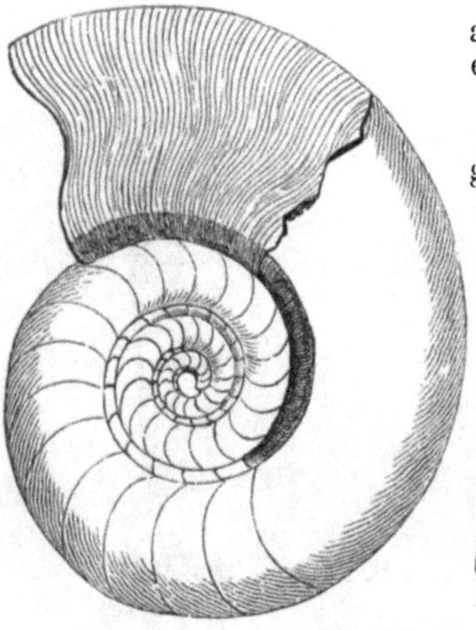

Fig. 1055.
Nautilus (Discites) planotergatus M'Coy. Kohlenkalk. Visé, Belgien. Nat. Gröfse. (Nach de Koninck.)

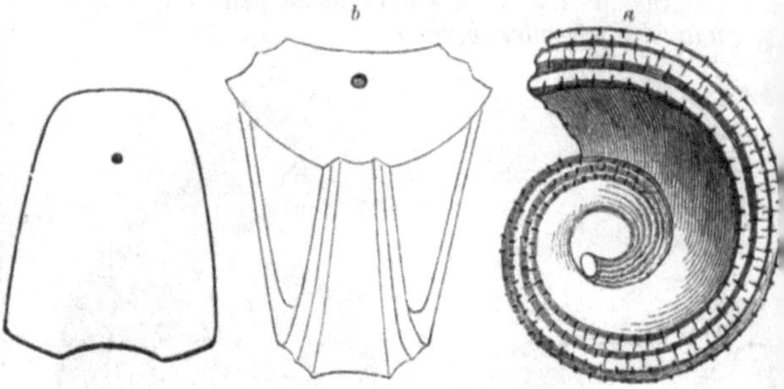

Fig. 1056.
Nautilus (Trematodiscus) Konincki d'Orb. Kohlenkalk. Tournay, Belgien. Nat. Gr. *a* von der Seite, *b* von vorne.

Querschnitt elliptisch bis vierseitig, aufsen mit Knotenreihe. Mündung durch die Einbiegung sämtlicher Mundränder stark verengt. Sipho submarginal, unter dem Externteil gelegen. Ob. Silur.

Nothoceras Barr. Schale weit genabelt. Umgänge dick, aufsen breit, in geschlossener Spirale. Sipho dick, extern, mit radialen Obstruktionsblättern. Siphonaldüten kurz, nach vorne gerichtet. Einzige Art (N. *Bohemicum* Barr.) im Devon (Et. G.) von Böhmen.

Nautilus Breyn (Fig. 1055—1059). Schale spiral in einer Ebene eingerollt, weit genabelt bis involut. Umgänge im Querschnitt oval, elliptisch oder kantig, die innere Seite durch den vorhergehenden Umgang ausgeschnitten. Mündung einfach mit Ventralausschnitt. Suturlinie der Septa bald einfach, bald mit schwachem Extern- und Internlobus, zuweilen auch mit wenigen seitlichen Loben und Sätteln. Sipho in der Medianebene, subzentral oder intermediär, meist dünn, zylindrisch, seltener dick, perlschnurförmig, ohne Ausfüllungsgebilde. Siphonaldüten kurz, nach hinten gerichtet. Oberfläche häufig glatt, seltener mit Längsstreifen oder Längskielen, Querfalten oder Knoten verziert. Bei den evoluten Nautilen ist das Zentrum der Schale durch einen leeren Raum hinter der abgestutzten Anfangskammer durchbohrt. Silur bis jetzt. Über 300 Arten bekannt, davon 6 lebende.

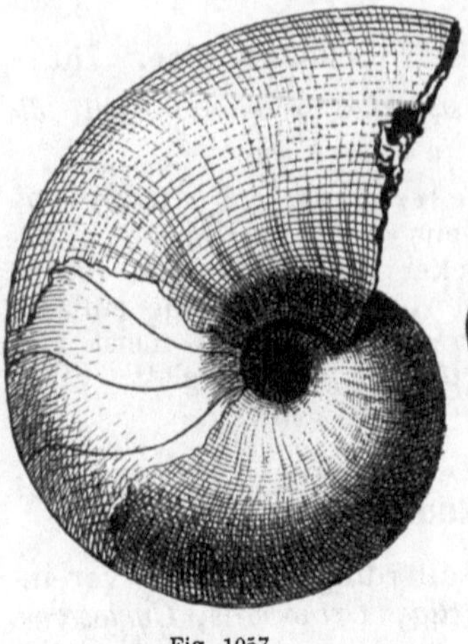

Fig. 1057.
Nautilus intermedius Sow. Mittl. Lias.
Hinterweiler, Württemberg.

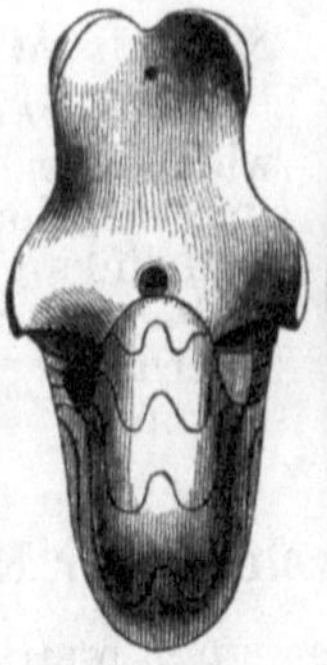

Fig. 1059.
Nautilus Geinitzi Pictet.
Tithon.
Stramberg.

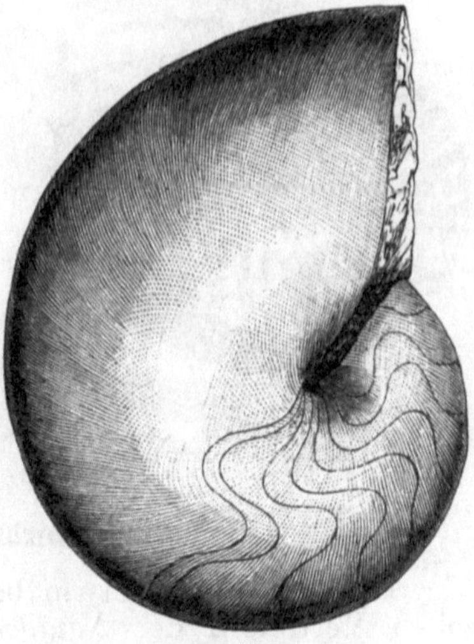

Fig. 1058.
Nautilus Franconicus Opp. Ober-Jura.
Staffelstein, Franken.

Von den zahlreichen Gattungen, Untergattungen oder Gruppen, die bei *Nautilus* unterschieden wurden, verdienen die folgenden Erwähnung:

a) *Temnocheilus* M'Coy. Weit genabelt, Zentrum durchbohrt. Externteil sehr breit, durch eine knotige oder einfache Kante von den schräg nach innen einfallenden Seiten getrennt. Suturlinie mit Externlobus. Silur bis Trias. *N. coronatus* M'Coy. Karbon.

b) *Discites* M'Coy (Fig. 1055). Wie vorige, aber flacher. Umgänge vierseitig, nach aufsen verschmälert, Externteil kantig begrenzt oder zugeschärft. Kohlenkalk.

c) *Trematodiscus* Meek und Worth. (*Coelonautilus* Foord) (Fig. 1056). Weit genabelt; Zentrum durchbohrt. Umgänge auf den Seiten und auf dem Externteil mit erhabenen Längskielen verziert. Karbon bis Trias.

d) *Pleuronautilus* Mojs. Weit genabelt; Zentrum durchbohrt. Seiten mit kräftigen Querrippen oder Knotenreihen. Devon bis Trias.

e) *Pteronautilus* Meek. Involut. Umgänge glatt, aufsen gerundet, der letzte etwas abgelöst und verlängert; die seitlichen Mundränder flügelartig verlängert. Zechstein. *N. Seebachianus* Gein.

f) *Barrandeoceras* Hyatt. Weit genabelt; im Zentrum durchbohrt. Umgänge glatt oder fein quergerippt, aufsen gerundet. Suturlinie mit Seitenlobus. Silur.

g) *Nautilus* s. str. (Fig. 1057—1059). Eng genabelt oder involut, aufsen gerundet. Oberfläche glatt, quer gestreift oder mit welligen oder zickzackförmigen Querrippen bedeckt. Suturlinie einfach oder mit gerundeten, selten zackigen Seitenloben und häufig einem einspitzigen Internlobus. Karbon bis jetzt. Hauptverbreitung in Jura und Kreide.

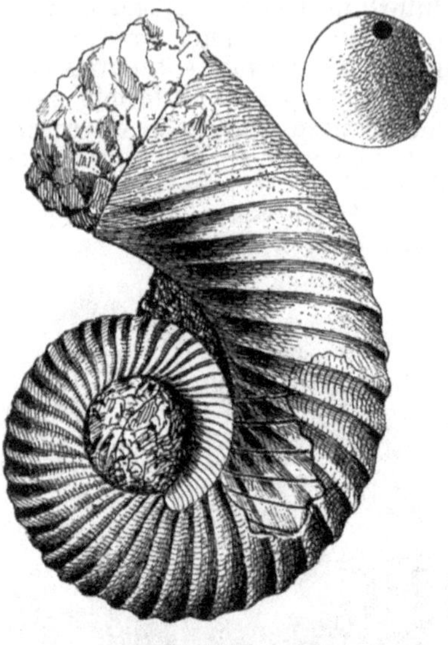

Fig. 1060.
Trochoceras optatum Barr. Ober-Silur (E). Lochkow. Böhmen. (Nach Barrande.)

Aturia Bronn (Fig. 1031). Involut; Umgänge glatt, hochmündig, aufsen gerundet. Suturlinie auf den Seiten einen sehr tiefen, zugespitzten oder gerundeten Lobus bildend. Sipho intern, von langen, trichterförmigen Siphonaldüten umgeben, welche von einer Scheidewand bis zur andern reichen. Eocän und Miocän. *A. lingulata* v. Buch (Eocän).

4. Familie. **Trochoceratidae.** Zitt.

Schale schneckenförmig aufgerollt; die Spirale nicht in einer Ebene.

Trochoceras Barr. (Fig. 1060). Gewinde nur aus wenigen Umgängen bestehend, locker aufgerollt, bald rechts, bald links gewunden. Mündung einfach. Sipho intermediär. Seiten meist mit Querfalten bedeckt, selten glatt. Silur. Devon.

Zeitliche Verbreitung der Nautiloidea.

Schon im Kambrium begegnet man allerdings nur ganz vereinzelten Vertretern der *Nautiloidea* (*Volborthella*, *Orthoceras*, *Cyrtoceras*, *Piloceras*), und im unteren Silur sind bereits die meisten bekannten Gattungen durch eine beträchtliche Anzahl (ca. 500) von Arten vertreten; namentlich *Endoceras*, *Orthoceras*, *Cyrtoceras* und *Lituites* spielen hier eine wichtige Rolle. Im oberen Silur erlangen die *Nautiloidea* den Höhepunkt ihrer Entwicklung (ca. 1500 Species), nehmen im Devon und Kohlenkalk schon beträchtlich ab, sind im Perm auf die Gattungen *Nautilus*, *Orthoceras*, *Cyrtoceras* und *Gyroceras* beschränkt, wovon nur die zwei ersten auch in der Trias fortdauern.

Im Karbon fängt *Nautilus* an, eine grofse Menge von Arten zu bilden und dauert in nahezu gleicher Stärke in der mesozoischen Periode fort; *Orthoceras* dagegen stirbt in der alpinen Trias aus. Im Tertiär sind nur noch *Nautilus* und *Aturia* vorhanden, ersterer aber an Formenreichtum beträchtlich zurückgegangen.

Auffallend ist das Zusammenvorkommen von paläozoischen Nautiloideen mit einfacher Mündung mit Gattungen von gleicher allgemeiner Form, bei denen jedoch die Mündung in verschiedener Weise verengt ist (*Orthoceras–Gomphoceras*, *Cyrtoceras–Phragmoceras*, *Ascoceras–Glossoceras*). Ob derartige Formen sexuelle Verschiedenheiten ein und derselben Gattung darstellen, oder ob sie wesentliche Differenzen in der Organisation der Tiere andeuten, läfst sich leider nicht mit Sicherheit entscheiden.

2. Unterordnung. **Ammonoidea.**[1])

Schale meist in geschlossener Spirale eingerollt, seltener schneckenförmig gewunden, evolut, gebogen oder gerade. Mündung einfach, zuweilen mit Ventralausschnitt, seitlichen Ohren und ventralem Fortsatz. Suturlinie wellig, zackig oder mit zerschlitzten Loben und Sätteln. Sipho ohne innere Ablagerungen, stets randständig. Siphonaldüten meist nach vorne, seltener nach hinten gerichtet. Embryonalkammer ellipsoidisch oder eiförmig. Aptychus oder Anaptychus häufig vorhanden. Devon bis obere Kreide.

Die Schalen der *Ammonoidea* unterscheiden sich von denen der *Nautiloidea* durch die ovale oder elliptische Embryonalkammer, durch meist reicher verzierte Oberfläche, durch kompliziertere Suturlinie, durch randständigen, in der Regel dünnen Sipho, durch abweichende Beschaffenheit des Mundsaumes und zuweilen durch den Besitz eines verkalkten oder hornig-kalkigen Deckels (Aptychus, Anaptychus).

Bei den jüngeren Ammoniten aus Trias, Jura und Kreide treten die Verschiedenheiten sehr auffällig zutage; dagegen stimmen die paläozoischen Goniatiten und Clymenien im allgemeinen Habitus und im ganzen Bau und der

---

[1]) Literatur (vgl. S. 370) aufserdem:

v. Buch, Leop., Über Goniatiten. Abh. Berl. Akad. 1832. Über Ammoniten ibid. 1832 Über Ceratiten ibid. 1849.

Suefs, Ed., Über Ammoniten. Sitzungsberichte Wiener Akad. I. 1865. Bd. LII. II. 1870. Bd. XLI.

Hyatt, Alph., The fossil Cephalopoda of the Museum of compar. Zoology. Cambridge. Bull. Mus. comp. Zool. vol. I. 1868.

» Fossil Cephalopoda. Embryology ibid. 1872. vol. III.

Waagen W., Die Formenreihe des Ammon. subradiatus. Paläont. Beiträge von Benecke, Waagen etc. Bd. II. 1869.

» Über die Ansatzstelle der Haftmuskeln beim Nautilus und den Ammoniten. Palaeontographica. 1871. XVII.

Crick, G. C. Muscular attachment of the animal to its shell in Ammonoidea. Trans. Linn. Soc London. VII. 1898.

Braneo, W., Beiträge zur Entwicklungsgeschichte der fossilen Cephalopoden. Palaeontographica. 1873 Bd. XXVI und 1880 Bd. XXVII.

Neumayr, M. Die Ammoniten der Kreide und die Systematik der Ammonitiden. Zeitschr. d. deutschen geol. Ges. 1875. Bd. 27.

A. Über paläozoische Formen (vgl. auch S. 374).

Beyrich, E., De Goniatites in montibus Rhenanis ocurrentibus Inaug.-Diss. 1837.

» Beiträge zur Kenntnis der Versteinerungen des rheinischen Übergangsgebirges. Abh. der Berl. Akad. für 1837.

Frech, F., Über devonische Ammoneen. Beitr. zur Geol. Österr.-Ung. u. d. Ort. XIV. 1902.

Gemmellaro, G. G., La Fauna dei Calcari con Fusulina. Palermo. 1887—1889.

Gümbel, W., Revision der Goniatiten des Fichtelgebirges. Neues Jahrb. für Mineralogie 1862. S. 285.

Haug, E., Etudes sur les Goniatites. Mém. Soc. géol. de France 18. 1898.

Holzapfel, E., Die Cephalopoden-führenden Kalke des unteren Karbon von Erdbach-Breitscheid bei Herborn. Paläont Abhandl. von Dames und Kayser. Bd. V. 1889.

» Die Cephalopoden des Domanik. Mém. com géol. St. Petersbourg. XII. 1899.

Karpinsky, A., Über die Ammoneen der Artinsk-Stufe. Mém. Acad. imp. de St. Petersburg 1889. XXXVII. No. 2.

Münster, G., Graf zu, Über die Clymenien und Goniatiten im Übergangskalk des Fichtelgebirges. 1843. 4°.

Phillips. Illustrations of the Geology of Yorkshire, Part. II. London 1836.

» Palaeozoic fossils of Devonshire. London. 1841.

Verzierung der Schale noch so sehr mit Nautiloideen überein, dafs lediglich die Embyronalkammer und bei den Goniatiten auch noch die Lage und Beschaffenheit des Siphos eine Trennung der beiden Gruppen ermöglichen.

Über die Organisation der Ammonitentiere fehlt jeder Anhaltspunkt. Man weifs darum nicht, ob sie vier, zwei oder mehr Kiemen besafsen. Aus der ungemein verschiedenen Länge der Wohnkammer geht übrigens hervor, dafs einzelne Ammoniten einen langgestreckten wurmförmigen, andere einen kurzen gedrungenen Körper besafsen.

Die Schalen sind in der Regel in einer Ebene spiral aufgewunden, bald vollkommen symmetrisch, nicht selten aber auch durch schwache seitliche Verschiebung des Siphos etwas asymmetrisch. Aufgerollte, gerade, gebogene oder schraubenförmige Gehäuse, sogenannte Nebenformen, finden sich bei den Ammonoiden weniger häufig als bei den Nautiloiden, doch fehlen sie auch hier keineswegs. Die äufsere Verzierung erreicht bei den jüngeren Ammoniten einen hohen Grad von Differenzierung und Mannigfaltigkeit, und namentlich erscheinen gespaltene Querrippen und Knotenreihen häufig auf den Seiten und dem Externteil.

Der Mundsaum ist bei den paläozoischen Goniatiten und Clymenien einfach; die Seitenränder biegen sich etwas nach vorne und bilden aufsen eine Ventralbucht, bei den mesozoischen Ammoniten findet man dagegen statt des Ventralausschnittes meist einen vorspringenden, vorne gerundeten Lappen (Fig. 1061) oder eine stielförmige Verlängerung des Externteils (Fig. 1062), selten auch ein zuerst aufwärts, dann zurückgebogenes Horn. Die Seitenränder sind häufig mit kurzen, vorspringenden, gerundeten oder auch langen, gestielten Fortsätzen (Seitenohren) versehen (Fig. 1063, 1064).

Roemer, Ferd., Versteinerungen des rheinischen Übergangsgebirges. 1844.

Sandberger G. und *Fr.*, Die Versteinerungen des rheinischen Schichtensystems in Nassau. Wiesbaden. 1850—1856.

Waagen, W., Salt Range fossils. I. Cephalopoda. Mem. geol. Survey of India. Ser. XIII. 1879—1888.

B. Über mesozoische Formen.

Buckman, S. S., A Monograph of the Inferior Oolite Ammonites. Palaeontograph. Soc. 1887 bis 1900.

Bayle et Zeiller, Explication de la carte géologique de France. vol. IV. Atlas. 1878.

Diener, C., Himalayan Fossils. The Cephalopoda of the Lower Trias; The Cephalopoda of the Muschelkalk. Mem. Geol. Surv. India. S. XV. 1895, 1896.

» Triadische Cephalopodenfaunen der ostsibirischen Küstenprovinz. Mém. com. géol. St. Petersbourg. XIV. 1895.

Dumortier, Etudes paléontologiques sur les depôts jurassiques du bassin du Rhône. I—IV. 1864—1874.

Fontannes, F., Description des Ammonites des Calcaires du Château de Crussol. Lyon 1879.

Gemmellaro, G. G., Fauna del calcare a Terebratula janitor del Nord di Sicilia. Palermo. 1868—1876.

» Sopra alcune faune giurese e liasiche della Sicilia. Palermo. 1872—1882.

Grossouvre, A., Les Ammonites de la craie supér. de la France. Paris. 1893. (Explication de la carte géol. de France).

Hauer, Fr. v., Die Cephalopoden des Salzkammergutes aus der Sammlung des Fürsten Metternich. Wien. 1846.

» Neue Cephalopoden aus den Marmorschichten von Hallstadt und Aussee. Naturw. Abh. von Haidinger. 1847 und 1849.

» Beiträge zur Kenntnis der Cephalopoden-Fauna der Hallstädter Schichten. Denkschr. der Wiener Akad. IX. 1856 — und Nachträge, Sitzungsbericht d. k. k. Akad. Wien. 1860.

» Die Cephalopoden des bosnischen Muschelkalkes. I. u. II. Denkschr. math.-naturw. Cl. der Wien. Akad. 1887 u. 1892. Bd. 54 u. 59.

Hyatt, Alph., Genesis of the Arietidae. Smithsonian Contrib. of Knowledge. 1889.

» Verschiedene Abhandlungen über Systematik der Ammoniten in Proceed. Boston Soc. nat. hist. vol. XV bis XVIII.

Sehr oft befindet sich unmittelbar hinter dem Mundsaum eine Einschnürung, welcher zuweilen eine innere Verdickung der Schale entspricht. Auf dem gekammerten Teil der Schale deuten in gröſseren Abständen auftretende Einschnürungen oder Wülste (Varices) die Anwesenheit derartiger Mundränder an.

Fig. 1062. *Schloenbachia cristata* Deluc. sp. Mundsaum mit stielförmigem Fortsatz.

Fig. 1061. *Sphaeroceras Brongniarti* Sow. sp. Mundsaum mit vorgezogenem Ventrallappen.

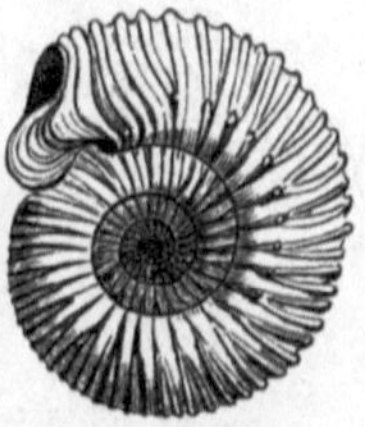

Fig. 1063. *Stephanoceras Braikenridgi* Sow. sp. Mundsaum mit Seitenohren

Fig. 1064. *Oppelia nimbata* Opp. sp. Mundsaum mit Seitenohren.

Fig. 1065. *Oecoptychius refractus* de Haan. sp. Mit geknickter (anormaler) Wohnkammer.

Die Länge der Wohnkammer schwankt sehr beträchtlich. Bei den Goniatitiden, Arcestiden, Tropitiden und bei manchen Arceten nimmt sie zuweilen die zwei letzten oder doch $1\,^1/_2$ Umgänge ein, bei den jüngeren Ammoniten hat sie häufig nur die Länge eines halben Umgangs. Als »anor-

Könen, A. v., Die Ammonitiden d. Norddeutschen Neocom. Abhandl. d. Preuſs. geol. Landesanst. 24. 1902.

Koſsmat, F., Untersuchungen über die südindische Kreideformation. Beitr. z. Geol. Österr.-Ung. u. d. Or. IX. 1895.

Meek, B., Report on the invertebrate cretaceous fossils of the Upper Missouri, U. S. Geol. Surv. IX. 1876.

Mojsisovics, Ed. v., Das Gebirge um Hallstadt. I. Teil. Abh. der k. k. geol. Reichsanst. Bd. VI. 1873. II. Teil ibid. 1893. Suppl. 1902.

› Die Cephalopoden der mediterranen Triasprovinz. ibid. Bd. X. 1882.

› Arktische Trias-Faunen. Mem. Acad. imp. St. Petersbourg. 1886. ser. VII. tome XXXIII.

› Beitr. z. Kenntn. d. obertriadischen Cephalopoden-Faunen d. Himalaya. Denkschr. d. Wien. Akad. LXIII. 1896

Mathéron, Ph., Recherches paléontologiques dans le Midi de la France. Marseille 1878—1880.

Meneghini, G., Monographie des fossiles du calcaire rouge ammonitique de Lombardie et de l'Apennin central. Paléontologie Lombarde. Milano. 1867—1881.

Neumayr, M., Jurastudien. Über Phylloceras. Jahrb. der k. k. geol. Reichs-Anstalt. 1871.

› Über unvermittelt auftretende Cephalopodentypen. ibid. 1878.

› Zur Kenntnis der Fauna des untersten Lias in den Nordalpen. Abhandl. der k. k. geol. Reichsanstalt Wien. Bd. VII. 1879.

› Die Cephalopoden-Fauna der Oolithe von Balin. ibid. Bd. V. 1871.

› Die Fauna der Schichten mit Aspidoceras acanthicum. Abh. der k. k. geol. Reichs-Anst. Wien. 1873.

› und *Uhlig*, Über Ammonitiden aus den Hilsbildungen Norddeutschlands. Palaeontographica XXVII. 1881.

Nikitin, S., Der Jura der Umgegend von Elatma. Mém. soc. imp. des naturalistes de Moscou t. XIV. 1884 und t. XV. 1885.

› Die Cephalopoden-Fauna des Gouvernements Kostroma. Verhandl. d. mineral. Gesellschaft St. Petersbourg. 1885. XX.

Oppel, A., Paläontologische Mitteilungen aus dem Museum des k. b. Staates. Bd. I. Über jurassische Cephalopoden und über ostindische Versteinerungen. 1862.

mal« bezeichnet man eine Wohnkammer, wenn sie nicht wie die übrigen inneren Umgänge bis zum Mundsaum gleichmäfsig an Höhe und Breite zunimmt, sondern entweder knieförmig geknickt (Fig. 1065), oder nach vorne verengt, oder etwas abgelöst, oder stark eingeschnürt erscheint. Sie finden sich nur an vollständig ausgewachsenen Exemplaren und deuten nach Pompeckj stets ein seniles Entwickelungsstadium an.

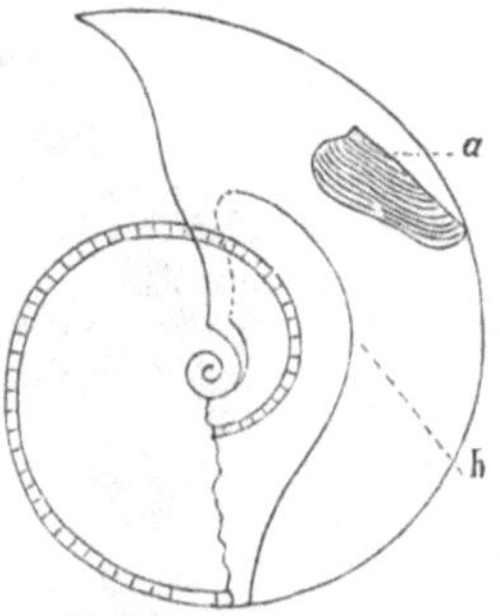

Fig. 1066.
Oppelia steraspis Opp. sp. Zusammengedrückte Schale mit Aptychus (*a*) und deutlich sichtbarem Eindruck des Haftmuskels und Verwachsungsbandes *h*. (Nach Waagen.)

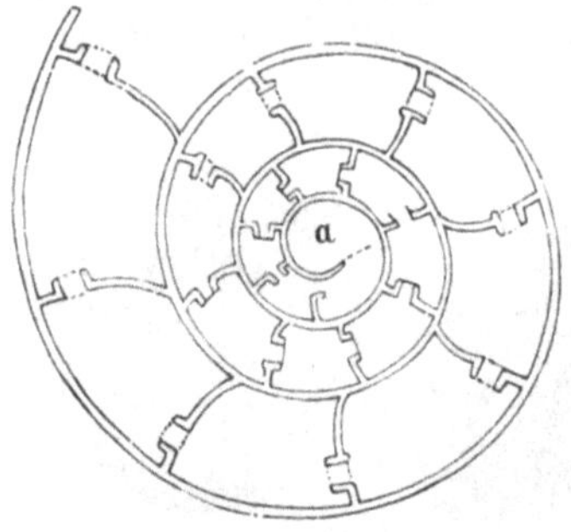

Fig. 1067.
Ammonites (Tropites) aff. Phöbus Dittm. Die drei ersten Umgänge in der Mittelebene durchgeschnitten und stark vergröfsert, um die anfänglich nach hinten, später nach vorn gekehrten Siphonaldüten zu zeigen. *a* Embryonalkammer. (Nach Branco.)

Im Innern der Wohnkammer zeigt zuweilen eine bogenförmige, je nach den Involutionsverhältnissen auf den Flanken mehr oder weniger weit vorgezogene Linie noch den Verlauf des Verwachsungsbandes und die Lage des Haftmuskels an (Fig. 1066). Vor der Mündung ist der vorletzte Umgang zuweilen mit einer dünnen kalkigen Runzelschicht bedeckt, welche der schwarzen Ablagerung der Kopfkappe des Nautilus entspricht.

Der Sipho hat an ausgewachsenen Schalen stets randständige und zwar mit Ausnahme der Clymeniiden externe Lage. Er durchbohrt die Scheidewände unter dem Externteil und ist von meist sehr kurzen, kragenförmigen Siphonaldüten umgeben, welche sich bei den Clymeniiden und Goniatitiden nach hinten (*Retrosiphonata*), bei den jüngeren Ammoniten nach vorne kehren (*Prosiphonata*). Nach Branco richten sich übrigens bei vielen Ammoniten die Siphonaldüten in den ersten Umgängen nach hinten und wenden sich erst später, im dritten oder vierten Umgang, nach vorne (Fig. 1067). Obstruktionsringe oder sonstige Ausfüllungen kommen niemals vor; der Sipho

---

Pompeckj, J. F., Revision der Ammoniten des Schwäbischen Jura. I; II Württemberg. Jahreshefte. 1893. 1896.
Quenstedt, F. A., Der Jura. Tübingen. 1858.
› Die Ammoniten des Schwäbischen Jura. Bd. I—III. Stuttgart. 1883—1889.
Reynès, Monographie des Ammonites. 1879.
Schlüter, Clem., Cephalopoden der oberen deutschen Kreide. Palaeontographica. Bd. XXI. u. XXIV. 1871—1876.
Steuer, A., Argentinische Jura-Ablagerungen. Dames u. Kayser, Pal. Abhandl. N. F. III. 1897.
Uhlig, V., Die Cephalopoden-Fauna der Wernsdorfer Schichten. Denkschrift der k. k. Akad. Wien. Bd. 46. 1883.
› Über die Chephalopodenfauna der Teschener und Grodischter Schichten. ibidem. Bd. 72, 1901.
Waagen, W., Palaeontologia Indica. Jurassic fauna of Kutch. Cephalopoda. Mem. geol. Surv. East India. 1871.
› Fossils from the Ceratite Formation. Mem. geol. Surv. India. S. XIII. 1895.
Wähner, Fr., Beiträge zur Kenntnis der tieferen Zonen des unteren Lias in den nordöstlichen Alpen. Wien, seit 1882.
Wright, Thom., Monograph on the Lias Ammonites of the British Islands. Palaeontographical Soc. 1878—1883.
Zittel, K. A., Cephalopoden der Stramberger Schichten. Paläontolog. Mitteilungen aus dem Museum des bayer. Staates. Bd. II. 1868.
› Die Fauna der älteren Tithonbildungen. ibid. 1870.

hat in der Regel nur geringe Dicke, stellt eine zylindrische Röhre dar, die häufig von einer kalkigen Hülle umgeben ist und wird nur bei einigen Clymenien von langen, trichterförmigen, die nächste Scheidewand erreichenden, rückwärts gewendeten Siphonaldüten umgeben. Während sich ausgewachsene Ammoniten stets durch randlichen Sipho auszeichnen, schwankt dessen Lage in den ersten Windungen zwischen der Innen- und Aufsenseite. Bei den triasischen Tropitiden liegt er anfänglich innen und rückt allmählich nach der Mitte und schliefslich nach der Aufsenseite (Fig. 1067). Bei den meisten jurassischen und cretaceischen Ammoniten hat der Sipho zuerst zentrale, später randständige (externe) Lage.

Der Sipho beginnt in der kugeligen Anfangskammer und zwar unmittelbar hinter der ersten Scheidewand als ein etwas angeschwollener Blindsack (Fig. 1068). Nach Munier-Chalmas heftet sich an denselben eine dünne, ausgebreitete blättrige Membran oder feine Röhre, welche bis zur entgegengesetzten Wand der Embryonalkammer reicht. Ein solcher Prosipho (Fig. 1069) wurde auch in der Schale von *Spirula* beobachtet und findet sich in ähnlicher, aber noch stärkerer Entwicklung bei gewissen Nautiloideen (*Endoceras, Piloceras*).

Fig. 1068.
Ammonites (Amaltheus) spinatus Brug. In der Medianebene durchgeschnitten, um die Lage des Sipho zu zeigen. (Nach Branco.)

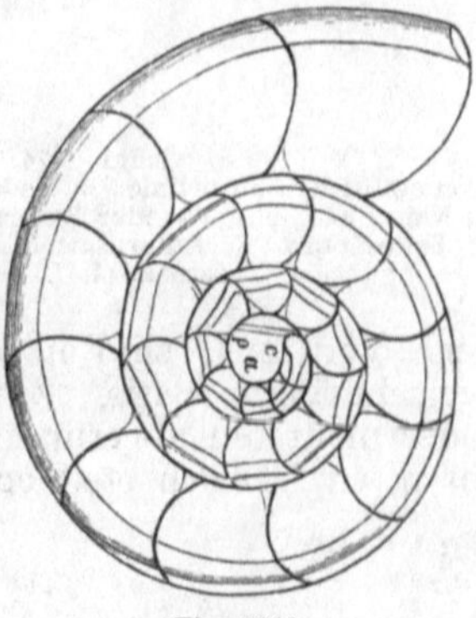

Fig. 1069.
Medianschnitt durch *Parkinsonia Parkinsoni* Sow., den Verlauf des Siphos zeigend. *a* Anfangskammer (Nucleus), *c* kugelige Anschwellung des Sipho-Anfanges, *p* Prosipho. (Nach Munier-Chalmas.)

Die inneren Scheidewände des gekammerten Schalenteiles folgen, wie bei den Nautiloideen, in regelmäfsigen Abständen aufeinander; sie sind anfänglich nach vorne konkav, wölben sich aber später, bei fortschreitender Komplikation der Suturlinie in der Mitte nach vorne. Die letzten Septen vor der Wohnkammer ausgewachsener Exemplare pflegen dichter aufeinander zu folgen als die übrigen.

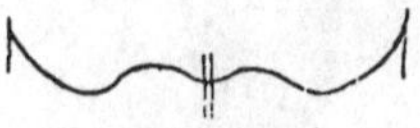

Fig. 1070.
Suturlinie von *Clymenia laevigata* Mstr.

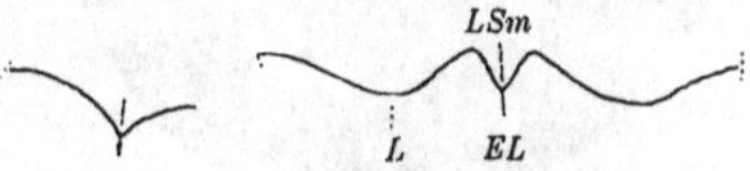

Fig. 1071.
Suturlinie von *Goniatites subnautilinus*. *Schloth.*

Die Suturlinie selbst stimmt bei einigen der ältesten Ammonoideen vollständig mit jener der Nautiloideen überein und zeigt einen einfachen wellig gebogenen Verlauf; in der Regel bildet sie jedoch Loben und Sättel, deren Zahl bei den Goniatiten noch gering ist, während bei den jüngeren Ammoniten nicht nur eine Vermehrung, sondern auch eine Komplikation der Loben und Sättel durch sekundäre Einschnitte stattfindet. Nur die im Medianschnitt gelegenen Extern- und Intern-Loben (auch Siphonal- und Antisiphonal- oder Ventral- und Dorsal-Loben genannt) sind einzählig entwickelt, alle übrigen wiederholen sich in symmetrischen Paaren auf beiden Seiten der Umgänge. Bei den Clymenien (Fig. 1070) und Goniatiten (Fig. 1071, 1072) sind sämt-

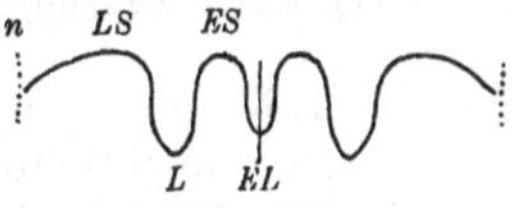

Fig. 1072.
Suturlinie von *Goniatites sulcatus* Münst.

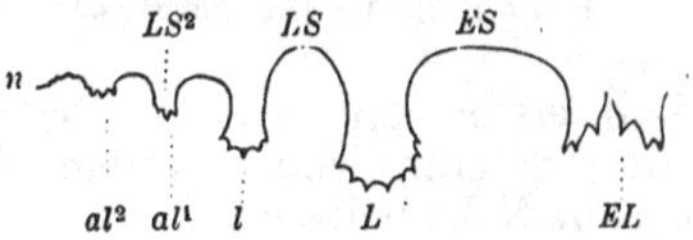

Fig. 1073.
Suturlinie von *Ceratites nodosus*.

liche Loben und Sättel einfach, d. h. vorn und hinten gerundet oder zugespitzt und an den Seiten ungezackt; bei den meisten Ceratiten (Fig. 1073) bleiben die Sättel vorne und seitlich ganzrandig und die Loben sind nur im Grunde gezähnelt. Bei den typischen Ammoniten der mesozoischen Ablagerungen (Fig. 1074) erlangen Sättel und Loben durch sekundäre Einschnitte und Zacken eine zuweilen sehr feine Zerschlitzung und bilden weit vor- und zurückspringende ästige Lappen, welche wesentlich zur Verstärkung der dünnen Schalen dienen. Die Sättel haben bald eine breite Basis und verschmälern sich nach vorn, oder sie breiten sich vorn aus, sind in der Regel in mehrere Äste zerspalten und besitzen verschmälerte Basis. Zuweilen endigen die Sättel phylloid, d. h. in einem oder mehreren abgerundeten, blattförmigen Lappen (monophyllisch, diphyllisch, triphyllisch etc.) oder sie sind an ihrem Ende fein gezackt.

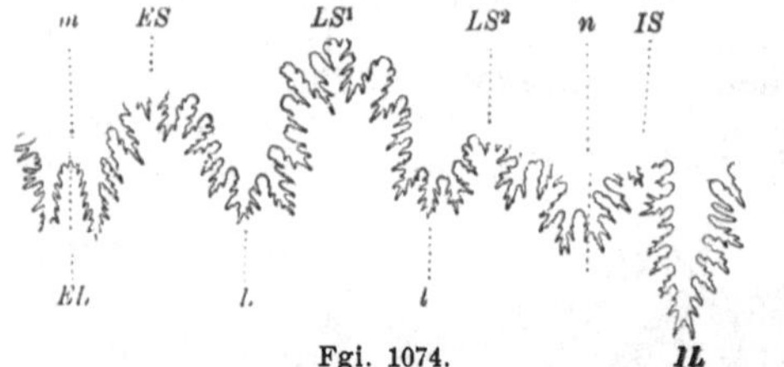

Fgi. 1074.
Ammonitische Suturlinie. *m* Medianebene des Umgangs, *n* Naht, *EL* Siphonal- oder Externlobus, *L* und *l* 1. und 2. Seitenlobus, *ES* Externsattel, *LS*¹ und ² Lateralsättel, *IS* Internsattel, *IL* Internlobus.

Der unpaare Externlobus (Siphonallobus, wird in der Regel durch einen vorspringenden Lappen (Sekundärsattel) in zwei symmetrische Hälften zerteilt (Fig. 1074) und ist jederseits vom Externsattel (Aufsensattel *ES*) begrenzt. Der unpaare Internlobus (Innenlobus, Antisiphonallobus *IL*) ist meist schmal und tief und endigt ein- oder zweispitzig. Zwischen dem Externsattel und dem ersten Lateral- oder Seitensattel (*LS*) liegt der erste Lateral- oder Seiten-Lobus (*L*), zwischen dem ersten und zweiten Seitensattel (LS^2) der zweite Laterallobus (*l*), alle weiteren vom zweiten Lateralsattel beginnenden Loben und Sättel bis zur Naht heifsen Hilfs- oder Auxiliar-Loben und Sättel (Fig. 1075). Die letzteren sind meist klein und springen öfters weit nach hinten zurück, so dafs sie über der Naht einen tiefen zusammengesetzten Nahtlobus (Suspensivlobus) bilden. Zuweilen besitzt der Aufsensattel eine ansehnliche Breite und wird auf der äufseren Hälfte durch tiefe sekundäre Einschnitte in eine Anzahl sogenannter Adventivloben und Sättel zerlegt (*Beloceras*, *Pinacoceras*, *Placenticeras*) (Fig. 1076). Die an der Naht beginnenden und bis zum Internlobus auf dem umgeschlagenen Teil der Umgänge befindlichen, meist kleinen Loben und Sättel nennt man interne Hilfsloben und Sättel.

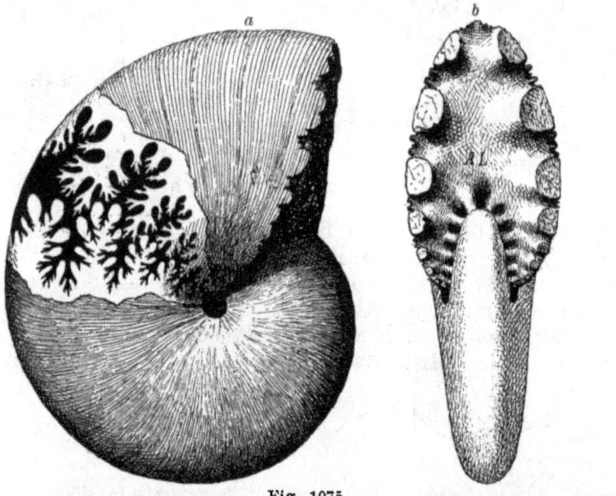

Fig. 1075.
Phylloceras heterophyllum Sow. sp. Die gestreifte Schale bei *a* ist zum Teil abgesprengt und läfst die vielfach gezackte Suturlinie erkennen. Fig. *b* zeigt die eine gekräuselte Scheidewand von vorne.

Zahl und Gröfse der Loben und Sättel unterliegen grofsen Schwankungen und stehen in Wechselbeziehung zur Form der Schale. Sind die

Umgänge niedrig, breit und wenig umfassend, so beobachtet man meist wenige, ziemlich gleich grofse Loben und Sättel (Fig. 1077), bei breitem

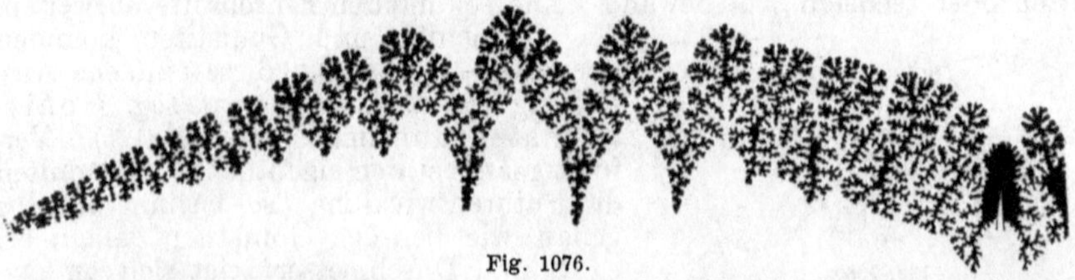

Fig. 1076.
Pinacoceras Metternichi Hauer sp. Keuper. Someraukogel bei Hallstadt. Suturlinie (verkleinert) mit zahlreichen Adventiv- und Hilfsloben. (Nach Hauer.)

Externteil erlangen Externlobus und Externsättel ansehnliche Gröfse; bei hochmündigen Formen mit stark umfassenden Umgängen nimmt die Zahl der Hilfsloben und Hilfssättel in der Regel beträchtlich zu (Fig. 1075).

Die meisten älteren Goniatiten haben nur einen bis zwei einfache Seitenloben; bei den jüngeren vermehren sich Loben und Sättel zuweilen schon ganz beträchtlich; bei den mesozoischen Ammoniten sind stets zwei Lateralloben und eine wechselnde Zahl von Auxiliarloben auf den Seiten vorhanden.

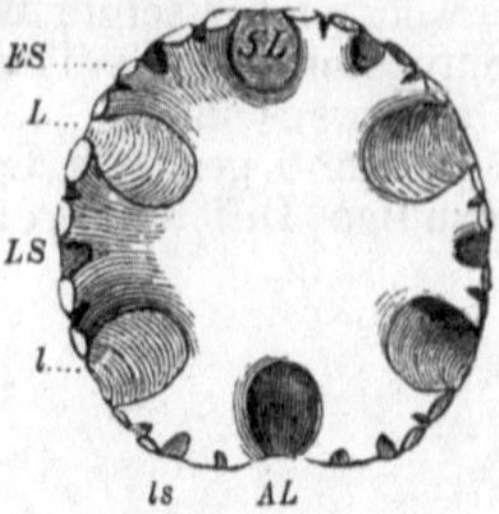

Fig. 1077.
Lytoceras fimbriatum Sow. sp. Mittlerer Lias. Württemberg. Ein Umgang durchgebrochen.
SL Extern- oder Siphonallobus.
L erster Laterallobus.
l zweiter
AL Intern- oder Antisiphonallobus.
ES Externsattel.
LS erster Lateralsattel
ls zweiter Lateralsattel.

Embryologie. Über die Entwicklung der Schale und der Suturlinie haben Hyatt und Branco eingehende und wichtige Untersuchungen veröffentlicht. Sämtliche Schalen der Ammonoiden beginnen mit einer glatten, kugeligen oder quer eiförmigen Embryonalkammer, die durch eine leichte Einschnürung von dem folgenden Teil des Gehäuses geschieden und um eine ideale Achse spiral aufgerollt ist. Nach vorn wird dieselbe von der ersten Scheidewand begrenzt, deren Sutur entweder eine einfache gerade Linie, wie bei den Nautiloideen, bildet (*Asellati* Fig. 1078) oder sie springt in der Mitte in breitem Bogen nach vorne (*Latisellati* Fig. 1079) oder der vorspringende Mediansattel wird jederseits durch einen Laterallobus verschmälert (*Angustisellati*) (Fig. 1080). Sämtliche Clymenien und die ältesten Goniatiten sind asellat, die jüngeren Goniatiten und *Prolecanitidae*, ferner die *Cyclolobidae, Ceratitidae, Tropitidae* und *Arcestidae* latisellat, alle übrigen triasischen, jurassischen und cretaceischen Ammoniten angustisellat.

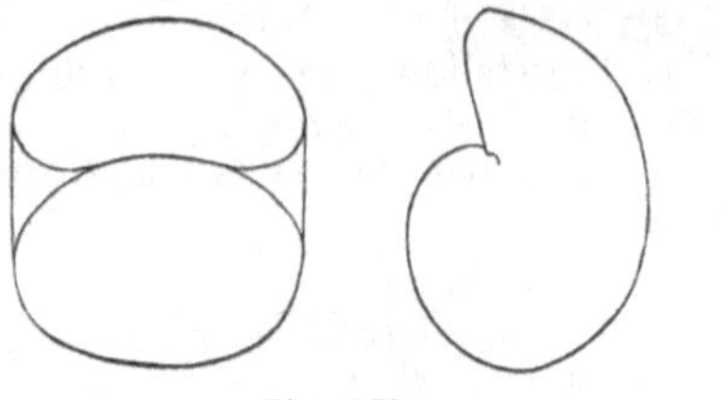

Fig. 1078.
Embryonalkammer eines asellaten Goniatiten. (*Goniatites calculiformis* Beyr. Ober-Devon. Büdesheim, Eifel.) *a* Von vorn, *b* von der Seite. (Nach Branco.)

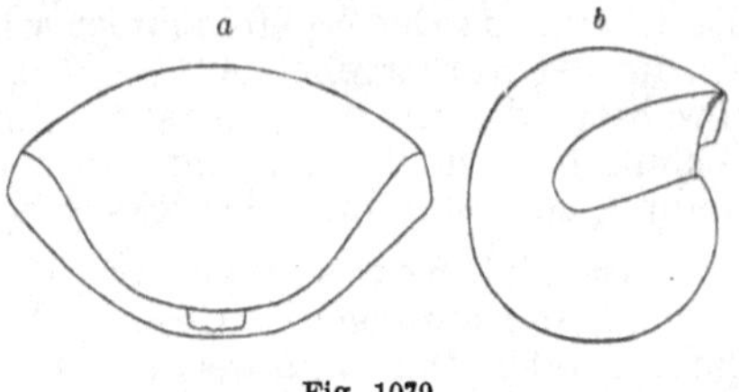

Fig. 1079.
Embryonalkammer eines latisellaten Ammoniten. (*Arcestes cymbiformis* Wulfen sp. Trias. Aussee.) *a* von vorne, *b* von der Seite. (Nach Branco.)

Die angustisellate Embryonalkammer deutet bereits die Art und Weise der weiteren Ausbildung der Lobenlinie an. Die beiden seitlichen Loben vertiefen sich schon in der zweiten Scheidewand, und gleichzeitig bildet sich in der Mitte des Embryonalsattels ein Externlobus. Bei fortschreitendem Wachstum schieben sich neue Sättel und Loben ein, die aber bis zur fünften oder sechsten Scheidewand keine sekundären Einschnitte aufweisen.

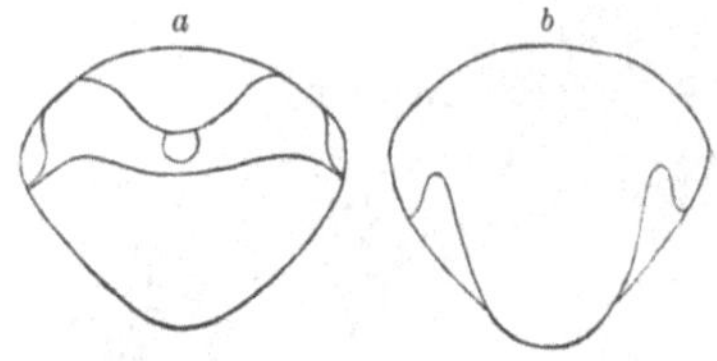

Fig. 1080.
Embryonalkammer eines angustisellaten Ammoniten. (*Phylloceras heterophyllum* Sow. sp. Lias.)

Die Clymenien und Goniatiten kommen überhaupt nicht über diese einfache Ausbildung der Suturlinie, das sog. Goniatitenstadium hinaus (Fig. 1081 *A*). Verfolgt man bei den eigentlichen Ammoniten die Suturentwicklung, so beginnt dieselbe genau wie bei den Goniatiten, allein bei ca. 3 mm Durchmesser zeigt sich an den äufseren Loben und Sätteln eine sekundäre Zackung, welche von aufsen nach innen fortschreitet und schliefslich die für jede Gattung und Spezies charakteristische Zerschlitzung der Suturlinie hervorruft, welche sich lange Zeit nicht mehr erheblich ändert und nur im hohen Alter zuweilen noch senile Modifikationen erleidet. Jeder Ammonit mit zerschlitzter Suturlinie durchläuft darum, bis er seine typische Normalsutur erlangt, ein Goniatitenstadium, dagegen wird das sog. Ceratitenstadium (ganzrandige Sättel und gezackte Loben) meist übersprungen und stellt darum eine selbständige Differenzierung dar. Auffallenderweise findet man in der Kreide Ammoniten mit ceratitenartiger Sutur, welche diese Beschaffenheit offenbar durch Rückbildung erhalten haben.

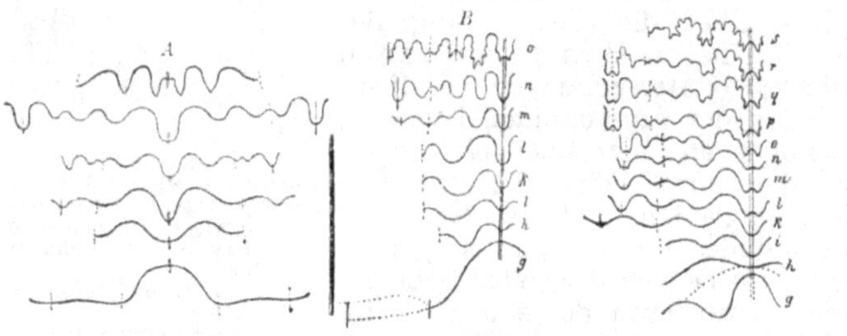

Fig. 1081.
A Suturentwicklung eines latisellaten Goniatiten (*G. diadema* Goldf.). Aus dem Kohlenkalk von Chockier. (Nach Branco.)
B Suturentwicklung eines latisellaten Ammoniten (*Tropites subbullatus* Hauer.) (Nach Branco.)
C Suturentwicklung eines angustisellaten Ammoniten. (Nach Branco.)
(*g* = 1. Sutur, *h* = 2. Sutur, *i* = 3. Sutur, *k* = 4. Sutur, *l* = 6. Sutur *m*—*s* = Suturen des 2. Umgangs.

In ähnlicher Weise wie die Suturlinie erleidet auch die äufsere Verzierung der Schale während der Entwicklung Veränderungen, so dafs die inneren Umgänge sehr häufig ganz anders verziert erscheinen als die Schalen im sogenannten Normalstadium. Im hohen Alter verwischen sich häufig die charakteristischen Verzierungen, und die Oberfläche der Wohnkammer wird glatt oder doch schwächer skulpiert als die der vorhergehenden Umgänge. Zur Feststellung der Verwandtschaft gewähren darum die innersten Umgänge die besten Anhaltspunkte, zur Definition und Bestimmung einer Spezies mufs dagegen stets das Normalstadium in erster Linie berücksichtigt werden.

Geschlechtsdifferenzen. Die Tatsache, dafs häufig bei Ammoniten von übereinstimmender Gestalt, Verzierung und Suturlinie flachere und dickere oder eng und weit genabelte Exemplare vorkommen, hat die Vermutung veranlafst, diese Erscheinungen auf sexuelle Differenz zurückzuführen. Munier-Chalmas hat sogar die Vermutung ausgesprochen, dafs gewisse stets klein bleibende Ammoniten mit starken Seitenohren oder anormaler Wohnkammer die Männchen von ähnlichen, aber grofsen Ammoniten mit einfachem Mundsaum und normaler Wohnkammer darstellten. Bei der gänzlichen Unkenntnis über die Organisation des Ammonitentieres fehlt diesen Hypothesen vorläufig noch jede feste Basis.

Aptychus und *Anaptychus*. In der Wohnkammer von Ammoniten findet man nicht selten kalkige oder hornig kalkige Schalen, die bald glatt, bald verziert sind und entweder aus zwei symmetrischen Klappen (*Aptychus*) oder auch aus einem Stück (*Anaptychus*) (Fig. 1082) bestehen. Die zwei dreieckigen Schalen der Aptychen stofsen mit einer geraden, zahnlosen Verbindungslinie aneinander, ihr Aufsenrand ist gebogen, ihr Vorderrand breit und stets mehr oder weniger tief ausgeschnitten, die Aufsenseite gewölbt, die Innenseite schwach vertieft.

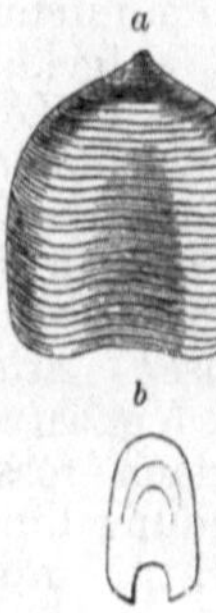

Fig. 1082.
a Anaptychus von *Amaltheus spinatus* Brug. Mittl. Lias. (Nat. Gr.) (Nach Keferstein.) - *b* Anaptychus von *Goniatites Uchtensis* Keys.

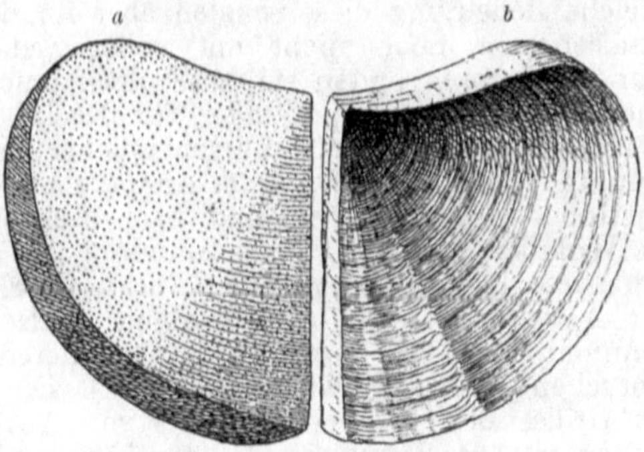

Fig. 1083.
Aptychus laevis H. v. Mey. Ob. Jura. Solnhofen. *a* Schale von aufsen, *b* von innen. (Nat. Gr.)

Fig. 1084.
Aptychus lamellosus. Ober-Jura. Solnhofen. Von aufsen.

Alle Aptychen bestehen aus drei Schichten, wovon die stärkste mittlere eine grobzellige Struktur aufweist, während die innere und äufsere dichte Beschaffenheit besitzen (Fig. 1088, S. 424). Bei den glatten, dickschaligen Aptychen *Cellulosi* (Fig. 1083) ist die Aufsenschicht mit zahlreichen runden Poren, bei den *Imbricati* (Fig. 1084) mit schrägen Falten und Furchen, bei den *Punctati* (Fig. 1088 *C*) mit dachziegelartig übereinander liegenden Falten und Punktreihen bedeckt. Die *Granulosi* sind dünn, aufsen mit konzentrischen Reihen von Knötchen, Stacheln oder Falten, die *Rugosi* dickschalig, und aufsen mit unregelmäfsig verlaufenden Körnern oder Knötchenreihen verziert. Bei den dünnschaligen *Nigrescentes* (Fig. 1085) findet sich innen ein dünner, kohliger Überzug, und bei den *Coalescentes* (Fig. 1086) sind die beiden dünnen Schalen in der Mittellinie miteinander verwachsen. Die Anaptychen (Fig. 1082) sind einschalig, dünn, hornigkalkig, aufsen schwach gewölbt, am abgestutzten Rand ausgeschnitten.

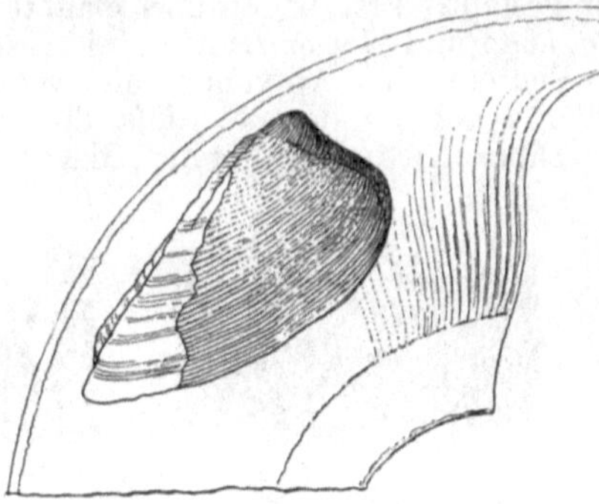

Fig. 1085.
Wohnkammer von *Harpoceras Lythense* Sow. sp. Aus dem oberen Lias von Boll, Württemberg. Mit Aptychus.

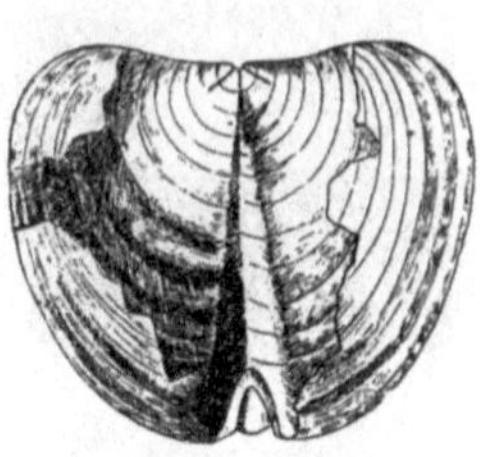

Fig. 1086.
Aptychus von *Scaphites spiniger* Schlüt. Ob. Kreide. Coesfeld, Westfalen.

Obwohl Aptychen isoliert in ungeheurer Menge in gewissen alpinen Schieferablagerungen des oberen Jura und der unteren Kreide vorkommen, so kann ihre Zugehörigkeit zu den Ammonoiden doch nicht bezweifelt werden. Gewisse Lokalitäten, wie Solnhofen, Mörnsheim, der obere Lias von Württemberg und Calvados haben zahlreiche Ammonitenschalen mit Aptychen geliefert, und zwar finden sich stets bestimmte Aptychen in den Schalen derselben Art und stimmen auch in Gröfse und Form ungefähr mit der Mündung der letzteren überein.

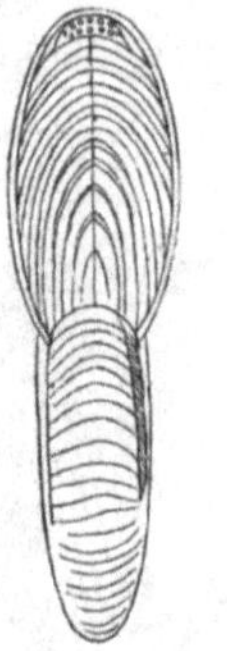

Fig. 1087. *Oppelia subradiata* Sow. Aus dem unteren Oolith von Dundry. Die Mündung durch den Aptychus geschlossen. (Nach Owen.)

Von den vielen Hypothesen über die Aptychen und Anaptychen können diejenigen füglich übergangen werden, welche deren Beziehungen zu den Ammoniten leugnen. Welche Bedeutung diese Schalen aber für das Ammonitentier besafsen, ist noch nicht mit voller Sicherheit aufgeklärt. Manche Autoren halten sie für Stützen innerer Organe (Kopfknorpel, Trichterknorpel) oder für Deckel von Nidamentaldrüsen u. s. w. Viel wahrscheinlicher erscheint die Vermutung, dafs Aptychen und Anaptychen den Deckeln der Gastropoden entsprechen und nach Rückzug des Tieres in die Wohnkammer die Schalenmündung zu schliefsen hatten. Für diese Hypothese sprechen Form, Gröfse und Verzierung der Aptychen, sowie der Umstand, dafs mehrfach fossile Ammonitenschalen gefunden wurden, deren Mündung durch Aptychen geschlossen waren (Fig. 1087). Die Übereinstimmung der Gröfse des äufseren Umrisses von Aptychen und Anaptychen mit der Mündung der zugehörigen Ammoniten bildet wohl das beste Argument für ihre Deutung als Deckel. Gegen ein inneres Organ spricht die zuweilen stachelige Verzierung der Aufsenseite. Michael[1]) fand Aptychen schon bei ganz jugendlichen Stadien von Oppelien, welche in der Wohnkammer eines gröfseren Tieres lagen. Die isoliert vorkommenden Aptychen dürften aus zerstörten oder weggeschwemmten Ammonitenschalen herrühren.

Systematik. Die Ammonshörner wurden von nahezu allen älteren Autoren an die lebende Gattung *Nautilus* angeschlossen und beide von Owen unter der Bezeichnung *Tetrabranchiata* den mit zwei Kiemen versehenen *Dibranchiata* gegenüber gestellt. Erst neuerdings glaubte Suefs Beziehungen der Ammoniten zu *Argonauta* und *Belemnites* nachweisen zu können; Ihering deutete die Aptychen als verkalkte Kopfknorpel und schlofs daraus, dafs die Ammoniten zu den Dibranchiaten gehören; Munier-Chalmas wies

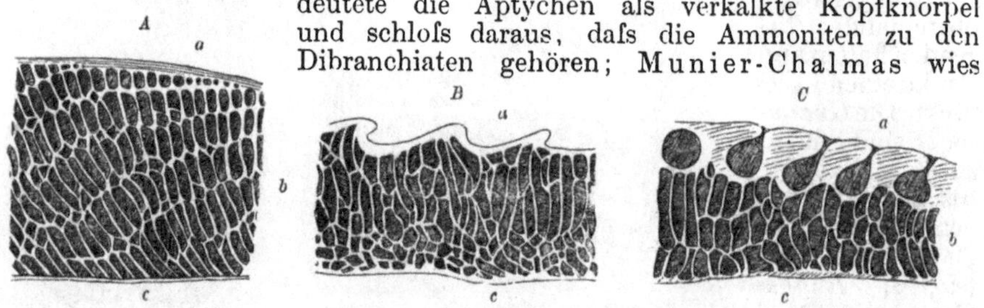

Fig. 1088.
Vertikaler Durchschnitt *A* durch einen zellulosen Aptychus, *B* durch *Aptychus profundus*, *C* durch *Aptychus punctatus*, vergröfsert. (Nach Meneghini und Bornemann.)

bei Ammoniten und *Spirula* einen übereinstimmenden Prosipho nach und glaubt deshalb, *Nautiloidea* und *Ammonoidea* trennen zu müssen; Steinmann hält *Argonauta* für den letzten Vertreter der *Ammonoidea* und meint, die letzteren hätten im Verlaufe der Zeit ihren gekammerten Schalenteil abgestofsen und ihr Gehäuse vereinfacht.

Im Vergleich mit der auffallenden Übereinstimmung der Nautiloideen- und Ammonoideenschalen in Bezug auf äufsere Form, Verzierung, Struktur,

[1]) *Michael, R.*, Zeitschr. der Deutsch. Geol. Ges. 1894. S. 697.

Kammerung und Beschaffenheit des Sipho und der Suturlinie erscheinen ihre Differenzen als ziemlich unerhebliche graduelle Abweichungen. Das einzige durchgreifende Merkmal zur Unterscheidung der beiden Unterordnungen liefert die Anfangskammer.

Leopold v. Buch unterschied zuerst die drei Gattungen *Goniatites, Ceratites* und *Ammonites,* und teilte darauf die Gattung *Ammonites* wieder in »Familien« ein, welche mit Adjektivbezeichnung versehen wurden (*Falciferi, Amalthei, Planulati* etc.); die Zahl dieser Familien erfuhr durch spätere Autoren eine beträchtliche Vermehrung, allein für die überwiegende Mehrzahl der fossilen Ammonshörner wurde der Kollektivname Ammonites beibehalten, und nur die sogenannten Nebenformen (*Crioceras, Ancyloceras, Turrilites, Baculites, Rhabdoceras* etc.) erhielten besondere Namen.

Für die Unterscheidung der »Familien« und Gattungen waren äufsere Form und Verzierung der Schale, sowie die Beschaffenheit der Suturlinie mafsgebend. Suefs machte auf die systematische Bedeutung des Mundsaums und der Wohnkammerlänge aufmerksam und führte statt der bisherigen Adjektivbezeichnungen einige neue Gattungsnamen (*Phylloceras* für *Heterophylli, Lytoceras* für *Lineati, Arcestes* für *Globosi*) ein. Andere Autoren wie Hyatt, Waagen, Mojsisovics, Neumayr etc. folgten dem von Suefs gegebenen Beispiel und errichteten für die *Ammonoidea* zahlreiche Gattungen, die wieder in verschiedene Familien gruppiert wurden. Branco teilt nach der Embryonalkammer alle *Ammonoidea* in *Asellati*, *Latisellati* und *Angustisellati* ein, und Fischer unterscheidet nach der Beschaffenheit der Siphonaldüten *Retrosiphonata* und *Prosiphonata.* Mojsisovics nennt die glatten oder schwachverzierten triasischen Ammoniten mit zahlreichen Seitenloben *Leiostraca,* die stark skulptierten, mit normaler Lobenzahl ausgestatteten Formen *Trachyostraca.* A. Hyatt[1]) teilt die Ammonoideen nach den Typen der Sattelbildungen in 9 Gruppen ein: *Gastrocampyli*, *Microcampyli*, *Mesocampyli*, *Eurycampyli*, *Glossocampyli*, *Discocampyli*, *Phyllocampyli*, *Leptocampyli*, *Pachycampyli.* Nach der Lage des Sipho zerfallen die *Ammonoidea* in *Intrasiphonata* und *Extrasiphonata.*

A. Intrasiphonata. Zitt.

Sipho auf der Internseite.

Familie. Clymeniidae. Münst.[2])

Schale weit genabelt, flach scheibenförmig, glatt, fein gestreift, seltener quer berippt. Suturlinie mit einfachen Loben und Sätteln. Anfangskammer asellat. Devon.

Die Clymenien haben mit gewissen *Nautiloidea,* zu denen sie früher allgemein gestellt wurden, die interne Lage des Sipho gemein und unterscheiden sich dadurch von allen *Ammonoidea.* Ihre asellate Embryonalkammer stimmt jedoch vollständig mit jener der älteren Goniatiten überein. Auch in der Ausbildung der Suturlinie stehen sie den Goniatitiden nahe, doch vermifst man häufig wegen der internen Lage des Siphos einen Externlobus. Die Siphonaldüten richten sich konstant nach hinten und besitzen zuweilen ansehnliche Länge, so dafs sie wie bei manchen Nautiliden (*Aturia*) trichterförmig ineinander stecken. Die Wohnkammer nimmt $1/2$ bis einen Umgang ein. Die Mündung besitzt eine seichte Externbucht, selten

[1]) cf. *Zittel,* Textbook of Palaeontology S. 546, 47.

[2]) *Münster,* Graf v., Über die Clymenien und Goniatiten im Übergangskalk des Fichtelgebirges. 1843. 4⁰. — *Sandberger, G.,* Über Clymenien. Neues Jahrbuch für Mineralogie etc. 1853. — *Gümbel, C. W.,* Über Clymenien in den Übergangsgebilden des Fichtelgebirges. Palaeontographica 1863. Bd. XI.

ganz kurze Seitenohren. Die Suturlinie bildet auf den Seiten einen, selten mehrere wellig gebogene Lateralloben, unter dem Sipho einen Internlobus und auf der meist gerundeten Externseite einen konvexen Sattel, der zuweilen durch einen Sekundärlobus geteilt wird. Frech vermutet die primitive Goniatitengattung *Mimoceras* Hyatt (*Gyroceras* Münst.) als Stammform der *Clymeniidae.* Sämtliche *Clymeniidae* gehören ausschliefslich der oberen Abteilung des Devon an. Sie finden sich häufig im Fichtelgebirge, in der Grafschaft Glatz (Ebersdorf), seltener in Westfalen, Thüringen, Belgien, England, im Ural und in Nordamerika.

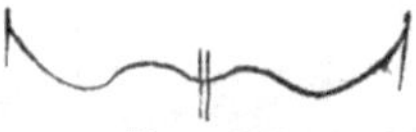

Fig. 1089.
Suturlinie von *Clymenia (Cyrtoclymenia) laevigata* Mstr.

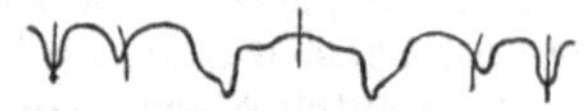

Fig. 1091.
Suturlinie von *Clymenia (Cymaclymenia) striata* Mstr.

Die Gattung *Clymenia* v. Münst. (*Planulites* Münst.) (Fig. 1089—1092) wurde ursprünglich für sämtliche Vertreter dieser Familie aufgestellt, aber später von Gümbel, Hyatt und Frech in mehrere Sektionen (Subgenera) zerlegt.

a) *Cyrtoclymenia* Gümb. (Fig. 1089). Siphonaldüten kurz. Externsattel breit, ungeteilt; nur ein breiter, gerundeter Laterallobus vorhanden. *C. laevigata annulata, binodosa, flexuosa* Münst.

b) *Oxyclymenia* Gümb. (Fig. 1090). Wie vorige, aber Laterallobus zugespitzt. *C. undulata, striata* Münst.

c) *Cymaclymenia* Gümb. (Fig. 1091). Wie vorige, aber an der Naht noch ein zweiter Lobus vorhanden. *C. bilobata* Münst.

Fig. 1090.
Clymenia (Oxyclymenia) undulata Mstr. Ober-Devon. Elbersreuth, Fichtelgebirge.

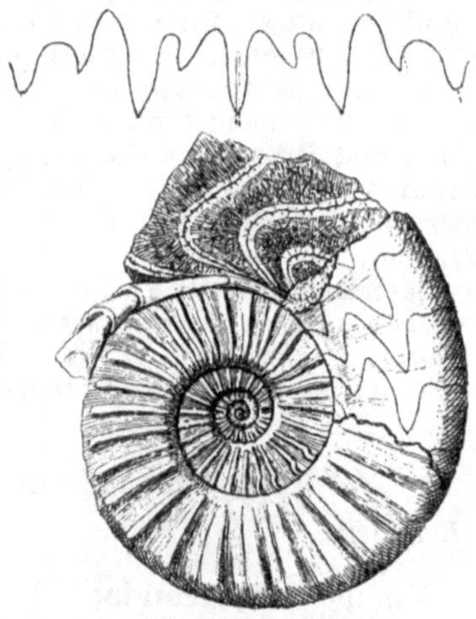

Fig. 1092.
Clymenia (Gonioclymenia) speciosa Mstr. Ober-Devon. Schübelhammer, Fichtelgebirge. $^{1}/_{2}$ nat. Gröfse.

d) *Gonioclymenia* Gümb. (Fig. 1092). Siphonaldüten lang, trichterförmig, ineinander steckend. Seiten gerippt; Externteil abgeplattet. Externsattel durch einen tiefen Medianlobus und jederseits durch einen Adventivlobus geteilt. Seitenloben zackig. *C. speciosa, subarmata* Münst.

B. Extrasiphonata. Zitt.

Sipho auf der Externseite.

1. Familie. Goniatitidae. v. Buch (emend. Zitt.).

Schale spiral, selten stabförmig, glatt, quer oder spiral gestreift oder gerippt, genabelt oder ungenabelt, aufsen meist gerundet. Loben und Sättel einfach, fast immer ungezackt; ein bis viele Lateralloben vorhanden. Wohnkammer lang (1 bis $1^{1}/_{2}$ Umgänge). Mündung am Externteil meistens mit Ausbuchtung, selten mit Seitenohren. Siphonaldüten nach hinten gerichtet, kurz. Embryonalkammer asellat oder latisellat. Obersilur bis Perm.

Die Goniatiten sind die ältesten und primitivsten Vertreter der *Ammonoidea* und haben ihre Hauptverbreitung im Devon und älteren Karbon. Sie erreichen selten bedeutende Gröfse, unterscheiden sich von den Clymeniden durch den externen Sipho, von den meisten übrigen Ammoniten durch die höchst einfache Sutur und den ventralen Ausschnitt der Mündung, welcher auch durch den Verlauf der Zuwachslinien angedeutet wird. Die ältesten Formen haben nur einen, die jüngeren zwei Seitenloben.

a) Unterfamilie. **Aphyllitinae.** Frech. emend. Pompeckj.
(*Bactritinae* und *Aphyllitinae* Frech.)

Stabförmig oder in evoluter Spirale gewachsen. Skulptur und Mundrand mit tiefem Externsinus und seitlichen Vorbiegungen. Externlobus eng, ungeteilt. Der einzige Laterallobus flach bis zugespitzt.

Fig. 1093.
Bactrites elegans Sandb. Ober-Devon. Büdesheim, Eifel.
a Exemplar in nat. Gr.
b Suturlinie.
(Nach Sandberger.)

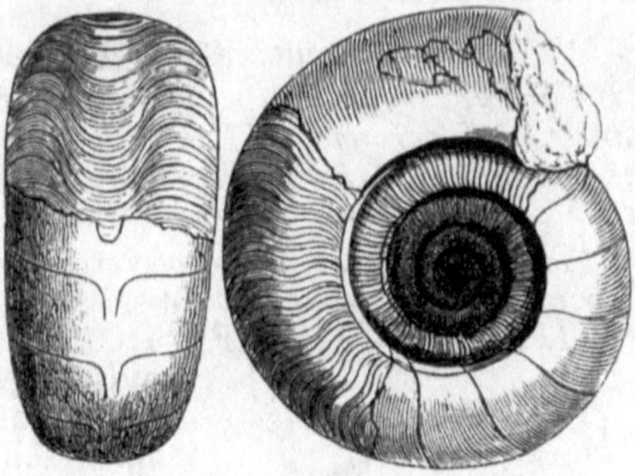

Fig. 1094.
Goniatites (*Anarcestes*) *plebejus* Barr. Devon (Et. G). Hlubocep, Böhmen.
(Nach Barrande.)

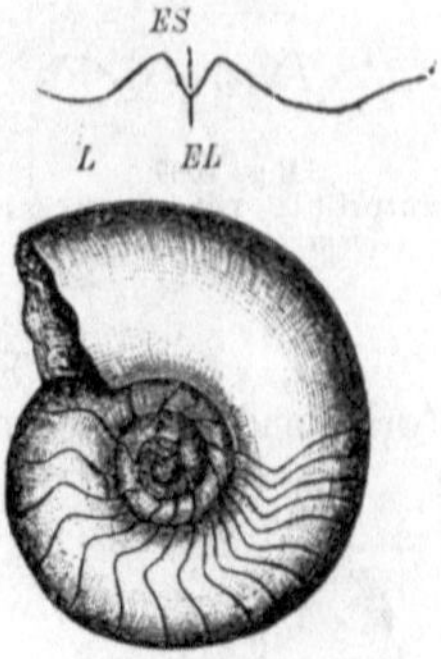

Fig. 1095.
Goniatites (*Anarcestes*) *subnautilinus* Schloth. Mitteldevon. Wissenbach, Nassau.

Bactrites Sandb. (Fig. 1093). Schlank kegel- bis stabförmig, gerade, im Querschnitt rund oder elliptisch. Sipho dünn, randständig. Suturlinie mit trichterförmigem Siphonallobus, seitlich sehr schwach gebogen. Anfangskammer länglich eiförmig. Devon.

Anarcestes Mojs. (Fig. 1094, 1095). Ziemlich weit genabelt, aufsen gerundet. Wohnkammer lang. Externlobus trichterförmig, ungeteilt; nur ein flacher Seitenlobus vorhanden. Unteres und mittleres Devon.

Mimoceras Hyatt (*Gyroceras* Mstr. Frech.). (Fig. 1096.) Scheibenförmig, weit genabelt, aufsen gerundet, die ersten Umgänge in offener Spirale. Einziger Seitenlobus sehr flach. Devon.

Fig. 1096.
Goniatites (*Mimoceras*) *compressus* Beyr. Mittel-Devon. Wissenbach, Nassau.
a, *b* Steinkern in nat. Gröfse, *c* die zwei ersten Umgänge, vergröfsert.

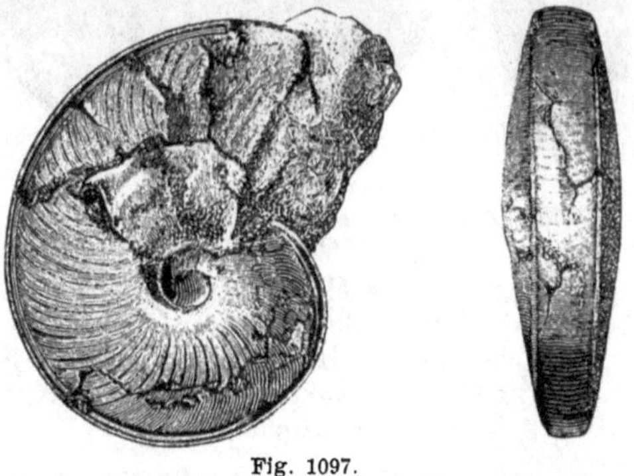

Fig. 1097.
Goniatites (*Aphyllites*) *occultus* Barr. Devon (Et. G.) Hlubocep bei Prag. (Nach Barrande.)

Aphyllites Mojs. (*Agoniatites* Meek) (Fig. 1097). Nabel ziemlich eng; Umgänge seitlich flach, aufsen abgeplattet mit zurückspringenden Zuwachsstreifen. Einziger Seitenlobus flach und breit. Obersilur (im Kellerwald), Devon. *A. Dannenbergi* Beyr., *A. evexus* v. Buch.

Pinacites Mojs. Devon.

Tornoceras Hyatt. (Fig. 1098). Nabel eng oder fehlend. Umgänge aufsen gerundet. Externlobus kurz, ungeteilt, Laterallobus tief, gerundet, seltener zugespitzt, von einem grofsen und breiten Externsattel begrenzt. Ob. Devon. *T. simplex* v. Buch, *T. sublaeve* Mstr.

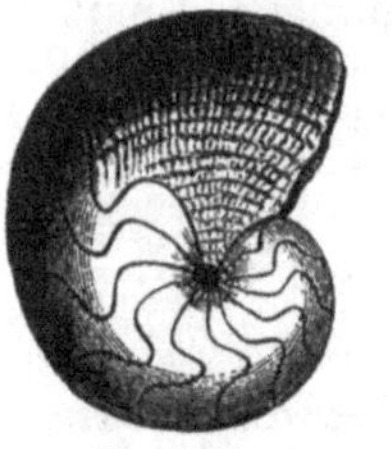

Fig. 1098. *Goniatites* (*Tornoceras*) *simplex* v. Buch. Ober-Devon. Büdesheim, Eifel.

Maeneceras Hyatt (Fig. 1099). Involut, seitlich mit zurückgeschwungenen Linien verziert, aufsen gerundet. Externlobus kurz, ungeteilt. Externsattel mit Adventivlobus, Seitenlobus zugespitzt. Devon. *M. acuto-laterale* Sandb.

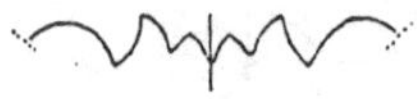

Fig. 1099. Suturlinie von *Goniatites* (*Maeneceras*) *terebratus* Sandb.

b) Unterfamilie. **Cheiloceratinae.** Frech.

Schale enggenabelt; Wohnkammer 1 Umgang und länger. Mundrand und Anwachsstreifen gerade. Steinkern häufig mit Einschnürungen. Externlobus ungeteilt, 1—2 schmale Loben auf den Seiten; Sättel breit.

Cheiloceras Frech (*Tornoceras* aut. e. p., *Parodoceras* Hyatt e. p.). Äufsere Form wie Tornoceras, aber ohne Externsinus: Oberdevon.

Brancoceras Hyatt (*Prionoceras* Hyatt) (Fig. 1100, 1101). Schale involut, aufsen gerundet. Externlobus ungeteilt; Aufsensattel schmal, Laterallobus tief, häufig zugespitzt, Lateralsattel breit, ungeteilt. Ob. Devon, Karbon. *B. globosum* Mstr. Devon. *B. Belvalianum* de Kon. Karbon.

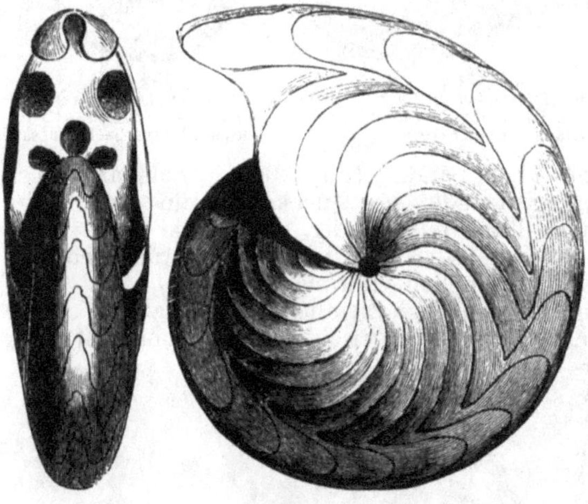

Fig. 1100. *Goniatites* (*Brancoceras*) *rotatorius* de Kon. Kohlenkalk. Tournay, Belgien.

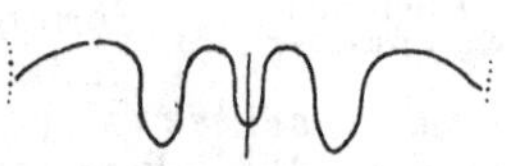

Fig. 1101. Suturlinie von *Goniatites* (*Brancoceras*) *sulcatus* Mstr. Ob. Devon. Fichtelgebirg.

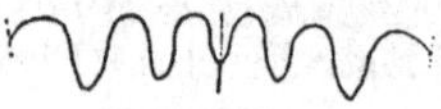

Fig. 1102. Suturlinie von *Goniatites* (*Sporadoceras*) *Münsteri* v. Buch.

Sporadoceras Hyatt (Fig. 1102). Wie vorige, jedoch die beiden Seitenloben und Sättel gleich grofs; der zweite Lateralsattel breit, gerundet. Externlobus kurz. Ob. Devon. *S. bidens* Sandb.

Ibergiceras Karp. Wie *Sporadoceras*, aber Externlobus tief. Unter-Karbon. *I. tetragonus* Roem.

c) Unterfamilie. **Gephyroceratinae.** Haug, Frech.

Engnablig, scheibenförmig. Wohnkammer kürzer als ein Umgang. Skulptur und Mundrand mit Externsinus. Externlobus mit Mediansattel, meistens zwei Seitenloben, oft 1 Auxiliarlobus. Lateralsattel breit.

Gephyroceras Hyatt (*Manticoceras* Hyatt) (Fig. 1103). Schale involut oder genabelt. Externlobus tief, durch einen breiten Sekundärsattel geteilt. Laterallobus von einem breiten vorspringenden Externsattel begrenzt. Die abgeplatteten Formen werden von Hyatt als *Manticoceras*, die dicken genabelten als *Gephyceras* unterschieden. *G. calculiforme, intumescens, aequabile* Beyr., *G. complanatum* Sandb. Devon.

Fig. 1103.
Goniatites (Gephyroceras) intumescens Beyr. Ob. Devon. Nassau.
a Exemplar in nat. Gröfse, *b* Suturlinie.

Timanites (Mojs.) emend. Holzapfel (*Höninghausia* Gürich, *Probeloceras* Clarke). Flach, mit zugeschärfter Externseite; Wohnkammer $^1/_2$ Umgang. 1—2 Hilfsloben. Oberdevon. *T. acutus.* Keys. *T. (Probeloceras). Lutheri* Clarke.

Nomismoceras Hyatt. Wie vorige, aber flach scheibenförmig, weitgenabelt. Karbon. *N. vittatum, spirorbis* Phill.

Dimorphoceras Hyatt. Enggenabelt, hochmündig, Aufsenseite gerundet. Externlobus und manchmal auch der Laterallobus zweilappig. Karbon. *D. Gilbertsoni* Phill. sp.

An *Dimorphoceras* sind möglicherweise die durch gekerbte Sättel und gezackte Loben ausgezeichneten Gattungen *Thallassoceras* Gemm. (Perm) und *Ussuria* Dien. (untere Trias) anzuschliefsen.

d) Unterfamilie. **Prolecanitinae.** (Hyatt e. p.) Frech.

Ziemlich weitnablig, mit niedrigen Windungen; Externseite mit weitem, tiefem Sinus. 2 Seitenloben und ein oder mehreren Auxiliarloben; Sättel zungenförmig, Loben zugespitzt.

Prolecanites Mojs (*Pharciceras* Hyatt) (Fig. 1104). Schale weitgenabelt, scheibenförmig, glatt oder quer gestreift. Externlobus ungeteilt. Sättel einfach schmal, vorne gerundet, keulenförmig, an der Basis etwas eingeschnürt. Loben zugespitzt. Ob. Devon, Karbon. *P. tridens* Sandb., *P. Becheri* Goldf. Devon. *P. Henslowi* Sow. Karbon.

? *Phenacoceras* ? *Pseudarietites* Frech. Oberdevon.

Fig. 1104.
Prolecanites lunulicosta Sandb. Ober-Devon Nassau.
(Nach Sandberger.)

e) Unterfamilie. **Beloceratinae.** Frech.

Flachscheibenförmig, enggenabelt, hochmündig mit zugeschärfter Externseite. Loben und Sättel zugespitzt, zahlreiche Adventiv- und Auxiliarloben.

Beloceras Hyatt (Fig. 1105). Devon.

f) Unterfamilie. **Glyphioceratinae.** Foord u. Crick.

Eng- bis weitgenabelt; Windungen meistens breit, häufig mit deutlicher Längsskulptur. Wohnkammer 1 Umgang und mehr einnehmend. Mundrand gerade oder mit Externsinus, selten mit Seitenohren. Externlobus mit grofsem, meist geteiltem Mediansattel. Lobenzahl schwankend, 2—7, Sättel gerundet, Loben meist zugespitzt.

Glyphioceras Hyatt (*Münsteroceras, Homoceras* Hyatt (Fig. 1106, 1107). Involute, enge oder ungenabelte, glatte oder fein gestreifte, aufsen gerundete Schalen. Externlobus durch Sekundärsattel geteilt. Externsattel schmal, gerundet oder zugespitzt. Laterallobus spitz, tief. Lateralsattel breit gerundet; über der Naht häufig noch ein kleiner Hilfslobus. Karbon und Permokarbon. *G. Oweni* Hall, *G. sphaericum* Martin, *G. crenistria* Phil., *G. diadema* Goldf. etc.

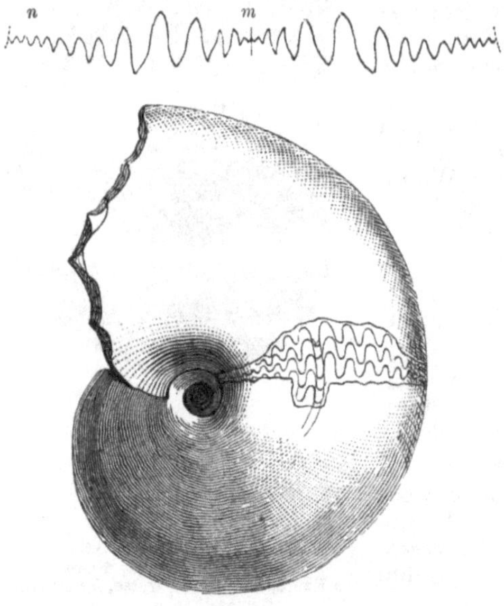

Fig. 1105.
Beloceras multilobatum Beyr. sp. Ober-Devon. Adorf, Westfalen.

Fig. 1106.
Goniatites (*Glyphioceras*) *sphaericus* Goldf. Kohlenkalk. Suttrop, Westfalen.

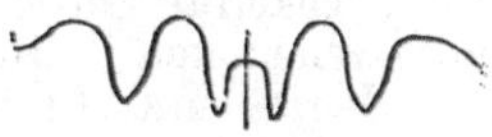

Fig. 1107.
Suturlinie von *Goniatites* (*Glyphioceras*) *diadema* Goldf. Kohlenkalk. Choquier bei Lüttich.

Gastrioceras Hyatt (Fig. 1108). Schale genabelt, Umgänge meist spiral gestreift, häufig auch quer gerippt und mit Nabelknoten versehen; aufsen breit gerundet, mit Einschnürungen. Aufsenlobus breit und tief, durch einen Sekundärsattel geteilt; nur ein tiefer, zungenförmiger, kurz zugespitzter Laterallobus vorhanden. Karbon, Perm. *G. Listeri* Phill. *G. Jossae* M. V. K.

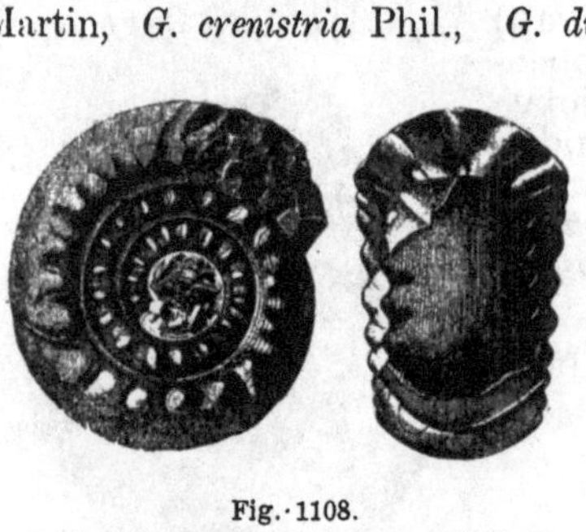

Fig. 1108.
Goniatites (*Gastrioceras*) *Jossae* M. V. K. Permokarbon. Artinsk, Ural.

Paralegoceras Hyatt.

Pericyclus Mojs. Wie *Glyphioceras*, jedoch Umgänge mit einfachen, aufsen zurückgebogenen Querrippen verziert. Karbon. *P. princeps* de Kon.

Agathiceras Gemm. (*Adrianites* Gemm.). Kugelig oder scheibenförmig, eng- oder weitgenabelt, aufsen breit gerundet, spiral oder quer verziert. Mündung etwas eingeschnürt, zu beiden Seiten des Externteils ein schmaler Vorsprung. Sättel keulenförmig, hinten etwas eingeschnürt, ungezackt. Loben nicht zerschlitzt, kurz zugespitzt. Perm. Sicilien und Ural.

Doryceras, Clinolobus Gemm. Perm Sicilien.

g) Unterfamilie. **Pronoritinae.** Pompeckj.

Ziemlich weitgenabelt und niedermündig. Loben und Sättel zahlreich; Sättel meist gerundet, Externlobus gewöhnlich dreispitzig, erster Seitenlobus ganzrandig oder gezackt.

Sandbergeroceras Hyatt (*Triainoceras* Hyatt) (Fig. 1109). Scheibenförmig, weitgenabelt, Umgänge mit Querrippen, aufsen breit gerundet; Externlobus ungeteilt oder dreispitzig. Seitenloben gerundet. *S. tuberculoso-costatum* Sandb. Ob. Devon.

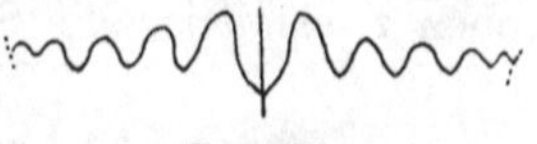

Fig. 1109.
Suturlinie von *Sandbergeroceras tuberculoso-costatum* Sandb. Ober-Devon.

Pronorites Mojs. (Fig. 1110). Scheibenförmig, glattgenabelt, aufsen gerundet oder abgeplattet, zuweilen mit schwachem Kiel. Externlobus dreispitzig; erster Seitenlobus zweispitzig, die folgenden Loben einspitzig. Karbon und Perm. *P. praepermicus* Karp.

? *Daraelites* Gemm. Mäfsig weitgenabelt, aufsen gerundet, Seiten mit am Externteil zurück gebogenen Querstreifen. Aufsenlobus breit, durch einen in der Mitte tief eingeschnittenen Sekundärsattel geteilt. Aufsensattel viel kürzer als der erste Lateralsattel; die zwei ersten Lateralloben im Grund fein gezackt. Perm. *D. Meeki* Gemm. Sicilien.

Fig. 1110.
Pronorites cyclolobus Phill. sp. Kohlenkalk. Grassington. Yorkshire. (Nach Phillips.)

2. Familie. **Medlicottiidae.** Karpinsky emend. Pompeckj.

Schale flach scheibenförmig, enggenabelt, hochmündig. Windungen seitlich komprimiert, glatt, selten mit Spirallinien. Externseite meistens gefurcht, häufig mit 2 Seitenkielen oder mit Querfurchen, seltener gerundet oder zugeschärft. Suturlinie mit zahlreichen Auxiliarloben, öfters auch mit Adventivloben. Sättel zungenförmig, vorne gerundet oder zugespitzt, meistens ganzrandig, seltener mit einzelnen seitlichen Einschnitten; Externsattel bei Medlicottia hoch mit zahlreichen seitlichen Einschnitten. Loben meistens zweispitzig. Hauptsächlich im Perm, seltener in der Trias.

Die *Medlicottiidae* schliefsen sich wahrscheinlich an die *Pronoritinae* (Goniatitidae) an.

Parapronorites Gemm. Enggenabelt, glatt, aufsen gerundet. Externlobus dreizackig. Externsattel schmal und kurz, erster Laterallobus mit vier, die übrigen mit zwei Zacken. Perm. Sicilien und Artinsk. *P. Konincki* Gemm.

Fig. 1111.
Lobenlinie von *Medlicottia primas* Waag. Permokarbon Salt range. (Nach Waagen.)

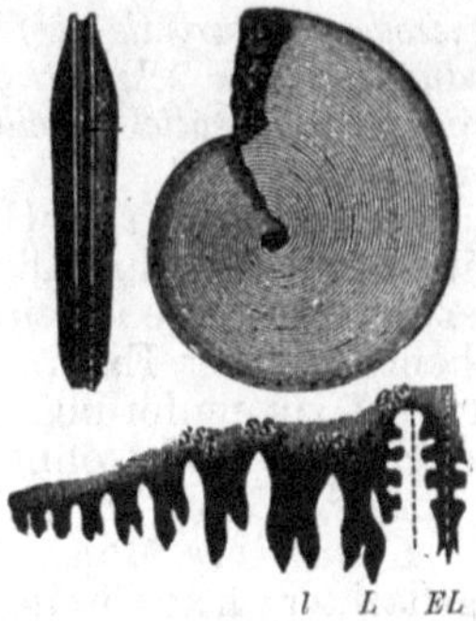

Fig. 1112.
Medlicottia Trautscholdi Gemm. Permokarbon. Sosio, Sicilien. (Nach Gemmellaro.)

Medlicottia Waagen (Fig. 1111, 1112). Hochmündig, flach scheibenförmig, enggenabelt. Externteil beiderseits mit scharfem Kiel, dazwischen Furche. Aufsensattel schmal, sehr hoch, vorne gerundet, auf den Seiten mit Quereinschnitten. Sämtliche Loben zweispitzig, die Lateralsättel vorne gerundet, mit einfachem oder einmal eingeschnittenem Körper. Perm. Untere Trias. Ostindien, Ural, Sicilien. *M. primas* Waagen, *M. Orbignyi* Vern.

Propinacoceras Gemm. Ungenabelt, scheibenförmig, Seiten flach und glatt; Externteil mit Medianfurche und Quereinschnitten. Sämtliche Loben zweispitzig, die Sättel schmal, vorne gerundet oder kurz zugespitzt. Extern- und erster Laterallobus viel tiefer als die übrigen Loben; dazwischen ein sehr breiter Externsattel, der durch einen sehr kurzen und einen etwas tieferen zweispitzigen Adventivlobus zerteilt ist. Perm. Sicilien und Ural. *P. Beyrichi* Gemm.

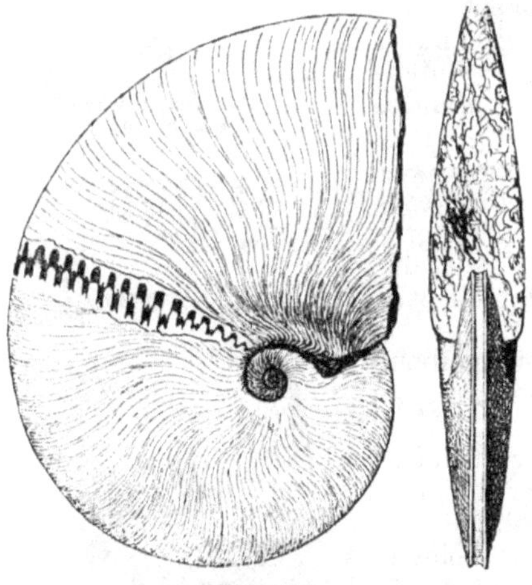

Fig. 1113.
Sageceras Haidingeri Hauer sp. Obere Trias. Hallstadt.

Sicanites Gemm. Schale flach, genabelt; Externteil schmal mit Quereinschnitten. Sämtliche Loben zweispitzig. Externsattel schmal, kürzer als der erste Lateralsattel. Perm. Sicilien.

Pseudosageras Dien. Flachscheibenförmig, enggenabelt, Externseite zugeschärft. Sättel schmal, oben gerundet. Hauptlobus drei- und vierspitzig, Adventiv- und Auxiliarloben zweispitzig. Untere Trias. Ostsibirien.

Sageceras Mojs. (Fig. 1113). Flach scheibenförmig, hochmündig, Externteil kantig begrenzt. Loben und Sättel sehr zahlreich; erstere zweispitzig. Die Sättel schmal zungenförmig, vorne abgerundet, seitlich nicht eingeschnitten. Die aufserhalb des tiefsten Laterallobus gelegenen Loben und Sättel sind Adventivloben und -Sättel. Trias der Alpen und Californien.

3. Familie. **Ceratitidae.** v. Buch.

Schale genabelt, meist mit Querrippen oder Knotenreihen verziert, zuweilen schrauben- oder stabförmig. Wohnkammer kurz; Mündung normal, aufsen etwas vorgezogen. Suturlinie einfach oder die Loben gezackt, die Sättel vorne breit, ganzrandig oder sehr schwach gezähnelt. Seitenloben meist wenig zahlreich, Externlobus durch Sekundärsattel geteilt und häufig tiefer als der erste Laterallobus. Perm und Trias.

? *Paraceltites* Gemm. (*Paralecanites* Dien). Flach scheibenförmig, weitnablig, niedermündig. Windungsquerschnitt oval, Externseite gerundet oder mit stumpfen Seitenkanten. Skulptur aus feinen Radialfältchen bestehend, auf der Externseite zurückgebogen. Loben und Sättel ganzrandig, gerundet zungenförmig, Externlobus breit, zweiteilig, erster Laterallobus tief, zweiter ganz seicht ohne Auxiliarloben. *P. Höferi* Gemm. Perm. Sicilien. *P. sextensis* Dien. Bellerophonkalk, Südtirol.

Lecanites Mojs. Weitgenabelt, evolut. Windungen niedrig, flach mit abgeflachter Externseite, glatt oder mit zarten Sichellinien. Loben und Sättel ganzrandig, zungenförmig, ein kleiner Auxiliarlobus kann angedeutet sein. Trias. *L. glaucus* Mstr. St. Cassian.

Ambites Waag. Unt. Trias. Indien.

Ophiceras Griesb. (*Gyronites* Waag). Weitnablig, Windungen höher als breit, Externseite gerundet; glatt oder mit flachen Radialfalten, selten mit zarter Spiralstreifung. Wohnkammer $1/2$—$3/4$-Windung. Mundrand einfach, mit Einschnürung. Loben fein gezähnt. Sättel lappenförmig, ganzrandig, ein Hilfslobus. Oberes Perm, untere Trias. Indien, Ostsibirien. *O. tibeticum* Griesb.

Prionolobus Waag. (*Meekoceras* Hyatt e. p.) Weitnablig, Windungen flach, glatt oder mit flachen Radialfalten. Aufser 2 feingezackten Seitenloben ein vielzackiger Hilfslobus. Untere Trias. Indien.

Paranorites Waag. Wie *Prionolobus,* aber mit einem Adventivlobus. Untere Trias, Indien.

Flemingites Waag. Weitnablig, Windungen evolut, oval; meist mit groben Radialfalten auf den Flanken, mit feiner Spiralskulptur. Loben grob gezähnt, ein Hilfslobus. Untere Trias. Indien.

Aspidites Waag. (*Meekoceras* Hyatt e. p.) Engnablig, mit flachen, hohen, glatten Windungen, Externseite schmal. Externlobus und Seitenloben grob gezähnt, zahlreiche grobe Auxiliarzacken. Untere Trias. Indien, Alpen.

Koninckites Waag. *Proptychites* Waag.

Beneckeia Mojs. Flach scheibenförmig, glatt, eng genabelt, hoch mündig, aufsen zugeschärft. Loben und Sättel ganzrandig, zahlreich; Externlobus kurz. Im Röth und im untersten Muschelkalk (Wellendolomit). *B.* (*Ceratites*) *Buchi* Alb. sp.

Otoceras Griesb. Engnablig, hochmündig, Windungsquerschnitt, pfeilspitzförmig, Externseite scharfkantig, selten stumpf. Nabel tief trichterförmig mit erhöhter Randkante. Loben gezähnt, erster Laterallobus tiefer als der zweispitzige Externlobus, 2 und mehr kleine Hilfsloben. Sättel breit zungenförmig, ganzrandig, erster Lateral meistens der gröfste. Wohnkammer länger als $^1/_2$ Umgang. Oberes Perm, untere Trias. Armenien, Indien, Ostsibirien. *O. Woodwardi* Griesb.

Hungarites Mojs. Oberes Perm, untere Trias.

Xenodiscus Waagen. Hochmündig, scheibenförmig, enggenabelt, aufsen gerundet. Seiten glatt oder schwach gerippt. Sättel vorne gerundet, ganzrandig; Loben im Grund schwach gezackt, nur zwei Seitenloben vorhanden. Perm von Ostindien und untere Trias von Nordasien und Ostindien.

Celtites Mojs. (*Tropiceltites* Mojs.) Weit genabelt. Umgänge niedrig, rechteckig, aufsen gerundet, seitlich mit einfachen kräftigen, nach vorne gebogenen Querrippen. Suturlinie einfach, meistens nur zwei ungezackte Seitenloben vorhanden. *C. Arduini,* Mojs.; bei *C. epolensis* Mojs., *C. laevidorsatus, rectangularis* Hauer sp. sind die Seitenloben zweiteilig. Untere bis obere Trias. Indien, Alpen.

Sibirites Mojs. Weit genabelt; Umgänge mit kräftigen Querrippen, die sich neben dem Externteil in zwei Äste spalten und über denselben fortsetzen. Loben und Sättel wenig zahlreich, ungezackt. Unt. Trias von Sibirien. *S. (Ceratites) Eichwaldi* Keys.; ferner im Himalajah, im Hallstadter Kalk und in Peru.

Stephanites Waag. Unt. Trias. Indien.

Dinarites Mojs. Genabelt, aufsen gerundet. Seiten glatt oder mit einfachen, geraden Rippen, die in der Regel mit einem Knoten beginnen. Seitenloben wenig zahlreich, ganzrandig oder schwach gezähnelt. Untere und mittlere Trias. Alpen, Dalmatien, Ostsibirien. *D. Dalmatinus* Hauer, *D. Avisianus* Mojs.

Fig. 1114.
Tirolites Cassianus Quenst. sp.
Campiler Schichten. Grones-Hof bei St. Cassian.

Tirolites Mojs. (Fig. 1114). Weit genabelt, aufsen breit, Seiten mit einfachen Querrippen, die in kräftigen Randknoten endigen. Nur zwei Seitenloben vorhanden, der erste schwach gezackt; Sättel breit, ganzrandig. Unt. Trias. Alpen.

Balatonites Mojs. Trias.

Proteusites v. Hauer. Schale anfänglich involut, kugelig, später weit genabelt. Wohnkammer eingeschnürt. Umgänge dick, aufsen breit gerundet, auf den Seiten mit einfachen Querfalten. Sättel ganzrandig, selten schwach gezackt, Loben gezähnelt. Muschelkalk. Bosnien. *P. Kellneri, multiplicatus* Hauer.

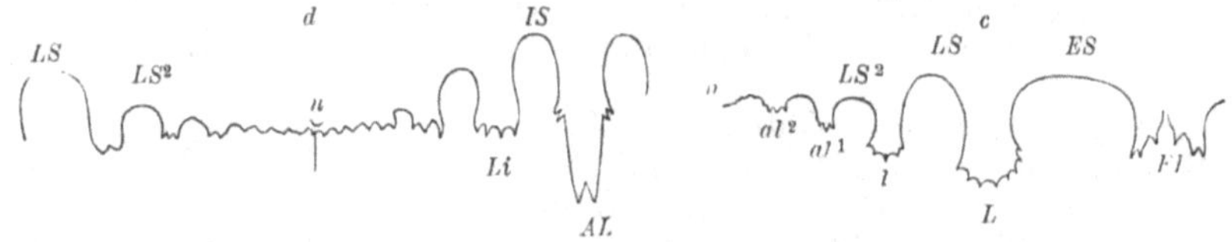

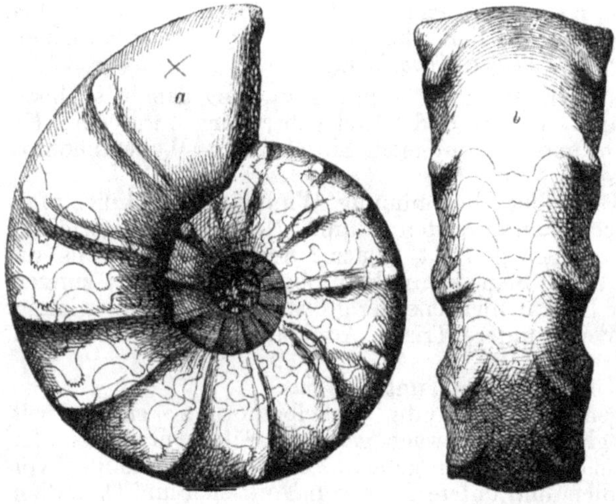

Fig. 1115.
Ceratites nodosus de Haan. Muschelkalk. Würzburg. *a, b* Exemplar in ⅓ nat. Gr., *c* Suturlinie auf der Aufsenseite, *d* erster und zweiter Laterallobus und Hilfsloben über der Naht, sowie sämtliche Internloben unter der Naht.

Fig. 1116.
Ceratites trinodosus Hauer. Muschelkalk. Bakony, Ungarn. (Nach Mojsisovics.)

Ceratites de Haan (*Haaniceras* Bayle) (Fig. 1115, 1116). Genabelt; aufsen ziemlich breit, gerundet oder abgeplattet. Seiten meist mit einfachen oder gespaltenen Rippen bedeckt, welche aufsen zu Randknoten und an den Spaltungsstellen zu Seitenknoten anschwellen. Sättel vorne ganzrandig, Loben schwach gezähnelt. Externlobus kurz, breit. Internlobus

Fig. 1117.
Badiotites Eryx Mstr. sp. Keuper. St. Cassian, Tyrol.

Fig. 1119.
Polycyclus nasturtium Dittmar sp. Keuper. Sandling bei Aussee.

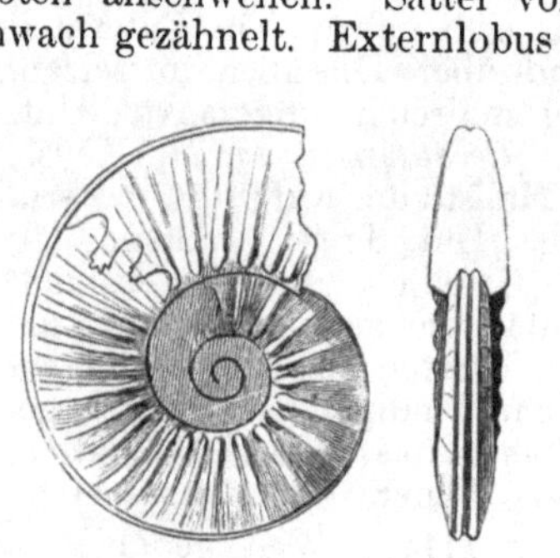

Fig. 1118.
Arpadites Cinensis Mojs. Keuper. Esino, Lombardei.

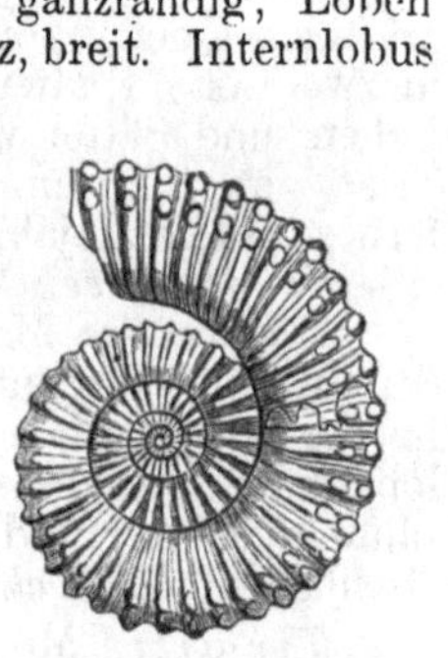

Fig. 1120.
Choristoceras Marshi Hauer. Rhät. Kendelengraben am Osterhorn, Salzburg.

schmal, tief, zweispitzig. Häufig und in vielen Arten verbreitet in der unteren und mittleren Trias, hauptsächlich im Muschelkalk der germanischen

Provinz[1]) (*C. nodosus* de Haan, *C. semipartitus* v. Buch, *C. enodis* Quenst.), der Alpen (*C. trinodosus* [Fig. 1116] Mojs., *C. binodosus* Hauer etc.), Ungarn, Bosnien, Spanien, Nordsibirien (*C. Middendorfi* Keys.), Kirgisensteppen, Himalaja, Japan, Spitzbergen.

Heraclites, Phormetides, Thisbites, Clionites, Steinmannites, Glyphidites, Badiotites (Fig. 1117), *Danubites,, Japonites* Mojs., *Clydonites* Hauer, *Reiflingites* Arth. Trias.

Arpadites Mojs. (Fig. 1118). Wie *Ceratites*, aber flach, scheibenförmig; Externteil mit Furche, meistens mit 2 Kielen. Buchensteiner, Wengener, St. Cassianer und Esino-Schichten. *A. Manzonii* Mojs.

Tibetites Mojs. Flache, involute Formen, mit Längsfurche auf der Externseite, mit flachen Radialfalten, Seitensättel tief gespalten. Ob. Trias, Himalaja.

Anatibetites, Paratibetites, Hauerites Mojs. Ob. Trias, Himalaja.

Helictites, Polycyclus Mojs. (Fig. 1119). Trias.

Fig. 1121. *Cochloceras Fischeri* Hauer. Keuper. Sandling bei Aussee. (Nach Hauer).

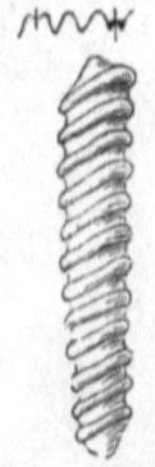

Fig. 1122. *Rhabdoceras Suessi* Hauer. Keuper. Sandling bei Aussee. (Nach Hauer.)

Choristoceras Hauer (Fig. 1120). Weit genabelt, letzter Umgang teilweise von den übrigen abgelöst. Seiten mit einfachen, auf dem Externteil durch eine Furche unterbrochenen und meist mit ein oder zwei Knotenreihen versehenen Rippen. Erster Laterallobus zweispitzig, die übrigen ganzrandig. Rhät. Alpen.

Cochloceras Hauer (Fig. 1121). Schale schraubenförmig, links gewunden. Umgänge mit Querrippen. Loben und Sättel einfach. Ob. Trias. Alpen.

Rhabdoceras Hauer (Fig. 1122). Schale stabförmig, gerade, Oberfläche mit schrägen Rippen. Suturlinie einfach. Ob. Trias. Alpen.

4. Familie. **Ptychitidae.** Mojs. (emend. Pompeckj).

Schale meist eng genabelt, aufsen verschmälert, selten gekielt. Flanken mit sichelförmigen Falten bedeckt oder glatt. Wohnkammer kurz, höchstens 1 Umgang. Suturlinie mit zahlreichen Hilfsloben. Loben und Sättel meistens schlank und hoch, fein gezackt bis tief geschlitzt. Mittlere und obere Trias.

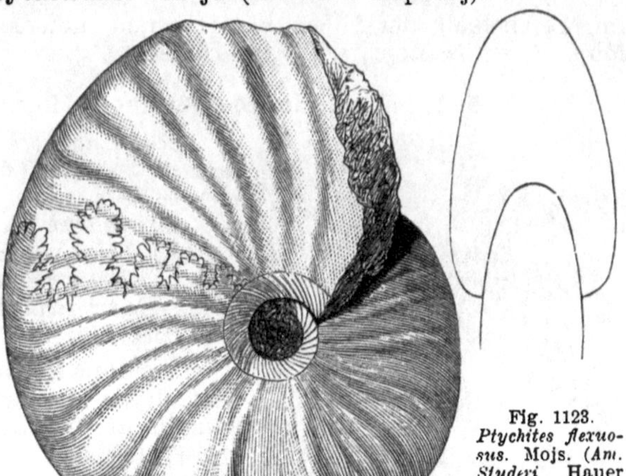

Fig. 1123. *Ptychites flexuosus.* Mojs. (*Am. Studeri* Hauer p. p.). Muschelkalk. Schreyer Alp, Salzburg.

Ptychites Mojs. (*Plicosi* Beyr., *Rugiferi* Oppel) (Fig. 1123). Schale involut, eng genabelt, dick scheibenförmig, Externseite verschmälert, gerundet, die Seiten mit flachen sichelförmigen Falten. Runzelschicht öfters vorhanden. Mundsaum aufsen vorgezogen, zuweilen etwas eingeschnürt. Loben und Sättel mäfsig gezackt; Aufsenlobus seicht. Aufsen-

[1]) *E. Philippi*: Die Ceratiten des oberen deutschen Muschelkalks. Pal. Abhandl. v. Dames u. Koken Bd. IV. 1901.

sattel kürzer als der erste Lateralsattel. Trias, hauptsächlich im Muschelkalk. Norddeutschland. (*P. dux* Gieb. sp., *megalodiscus* Beyr. sp.), Alpen (*P. Studeri* Hauer sp., *opulentus* Mojs.), Bakony, Bosnien, Ostindien, Spitzbergen.

Beyrichites Waag. (*Meekoceras* Mojs. e. p.). Flach scheibenförmig, engnablig, mit gerundeter, verschmälerter Externseite und flachen Falten auf den Flanken. Lobenlinie weniger geschlitzt wie bei Ptychites, die Sattelendigungen bei manchen Formen noch ganzrandig. Muschelkalk. Alpen, Ostindien. *B. Reuttense* Mojs. sp., *Khanikoffi* Opp. sp.

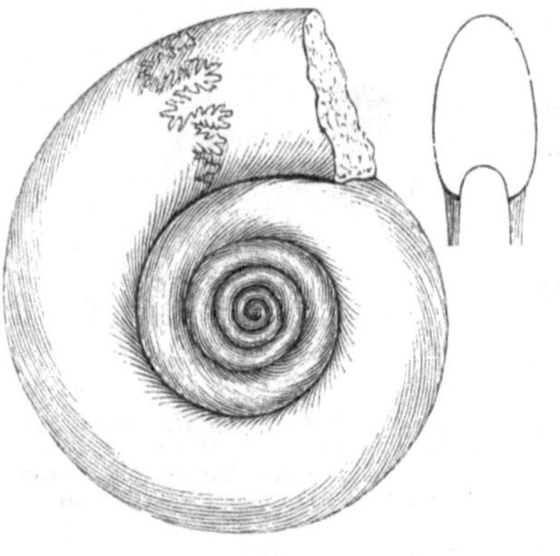

Fig. 1124.
Gymnites Palmai Mojs. Muschelkalk. Schreyer Alp bei Gosau.

Carnites Mojs. Ob. Trias. *C. floridus* Wulfen sp.

Sturia Mojs. Scheibenförmig, eng genabelt, aufsen zugeschärft, mit Spiralstreifen verziert. Externlobus grofs mit breitem Mediansattel, Hauptloben meist zweispitzig. Mittlere und obere Trias; Alpen, Bosnien, Indien. *St. Sansovini* Mojs.

Gymnites Mojs. Fig. 1124) (*Buddhaites* Dien.). Weit-, seltener eng genabelt und hochmündig, innere Windungen glatt bis schwach gefaltet, die äufseren zuweilen mit sichelförmigen Faltenrippen und flachen Knoten auf der Flankenmitte. Externseite gerundet bis zugeschärft. Suturlinie der inneren Umgänge schwach, der äufseren besonders bei eng genabelten Formen aber stark zerschlitzt; Hilfsloben einen tief herabhängenden Suspensivlobus bildend. (Die Suturen der innersten Windungen erinnern an die Gattung *Daraelites* *Gemm.* aus dem Perm Siciliens, ob aber dadurch ein genetischer Zusammenhang beider Gattungen bedingt wird, ist unentschieden.) Trias, hauptsächlich im Muschelkalk der Alpen, Bosniens und Indiens. *G. incultus* Mojs., *Breuneri* Mojs., *Credneri* Mojs., *subclaucus* Hauer.

5. Familie. **Pinacoceratidae.** Mojs. (emend. Zitt.).

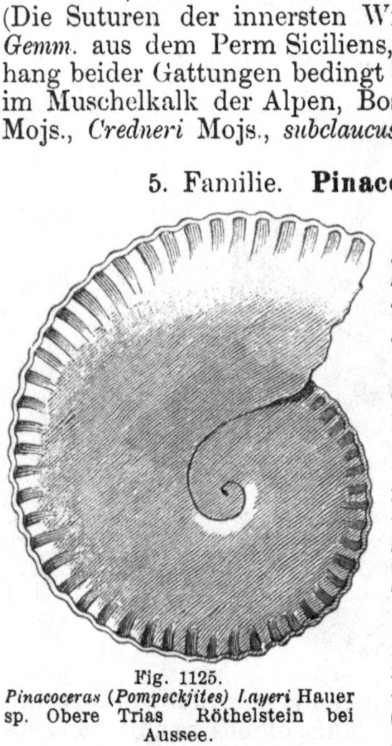

Fig. 1125.
Pinacoceras (Pompeckjites) Layeri Hauer sp. Obere Trias Röthelstein bei Aussee.

Schale flach scheibenförmig, hochmündig, eng genabelt, meist glatt oder schwach gefaltet. Wohnkammer kurz, selten anormal verengt. Suturlinie mit sehr zahlreichen, überaus fein und tief zerschlitzten Loben und Sätteln; zwischen dem Externlobus und ersten Seitenlobus eingeschaltete Adventivloben. Embryonalkammer angustisellat. Mittlere und obere Trias.

Die Pinacoceratiden besitzen unter allen Ammoniten die am feinsten zerschlitzte und komplizierteste Suturlinie, durch welche sie grofse Anklänge an die zeitlich nahe stehende Gattung Gymnites zeigen. Sie sind auf die Trias beschränkt.

Pinacoceras Mojs. (*Pompeckjites* Mojs.) mit scharfer Externseite (Fig. 1125, 1126) enthält lediglich triasische Arten, wovon die ältesten (*P. Damesi* Mojs.) im oberen Muschelkalk beginnen. Hauptverbreitung im Hallstadter Kalk. Alpen, Himalaja. *P. Metternichi* v. Hauer sp. erreicht einen Durchmesser von 1—$1^1/_2$ Meter. *P. rex, P. imperator* v. Hauer sp.

Placites Mojs. Flach scheibenförmig, eng genabelt; Externseite gerundet; ohne oder mit wenigen Adventivloben. Ob. Trias. Alpen, Himalaya. *P. platyphyllum* Mojs.

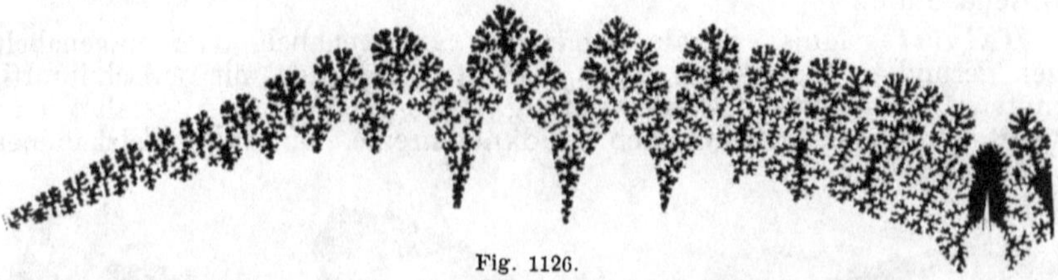

Fig. 1126.
Pinacoceras Metternichi Hauer sp. Keuper. Someraukogel bei Hallstadt. Suturlinie (verkleinert). (Nach Hauer.)

6. Familie. **Tropitidae.** Mojs. (emend. Zitt.).

Schale weit oder eng genabelt oder ungenabelt, meist reich mit Querrippen oder Knotenreihen verziert. Wohnkammer bald lang (bis $1^3/_4$ Umgang), bald kurz. Mündung normal oder etwas eingeschnürt. Loben und Sättel mäfsig zerschlitzt; Externlobus tief, durch einen starken Sekundärsattel zweispitzig; nur zwei Lateralloben und ein, selten zwei kleinere Hilfsloben auf den Seiten vorhanden. Sättel mit breitem Stamm, vorne verschmälert. Embryonalkammer latisellat. Trias.

Die Tropitiden sind die reicher verzierten und mit Ammonitenloben versehenen Nachkommen der Glyphioceratinae. Sie stehen den Ceratitiden nahe, unterscheiden sich aber von diesen durch stärker gezackte Suturlinie, vorne verschmälerte Sättel und meist geringere Zahl von Lateralloben. Trias.

Acrochordiceras Hyatt. Eng genabelt. Seiten mit Rippen verziert, welche zu je 2 und 3 aus einem Nabelknoten entspringen und über den gerundeten Externteil verlaufen. Sättel schmal, schwach gezähnt, Loben tief gezackt. Im Muschelkalk, Alpen, Bosnien, Nordschlesien, Nevada. *A. Damesi* Nötling.

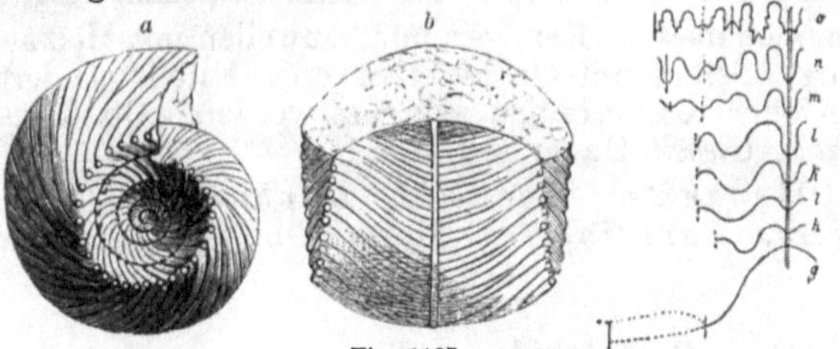

Fig. 1127.
Tropites subbullatus Hauer sp. Ob. Trias. Aussee. (Nat. Gröfse.)

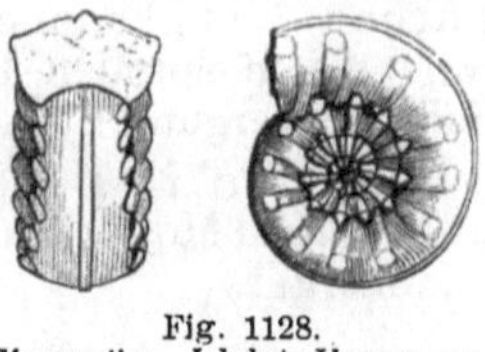

Fig. 1128.
Margarites Jokelyi Hauer sp. Ob. Trias. Sandling bei Aussee.

Tropites Mojs. (Fig. 1127). Schale tief genabelt mit dicken, aufsen breit gerundeten und häufig gekielten Umgängen; Oberfläche gerippt, meist eine knotige Nabelkante vorhanden. Ob. Trias. Alpen.

Margarites Mojs. (Fig. 1128). Weit genabelt; Seiten der Umgänge mit Radialrippen, die neben dem breiten Externteil zu Randknoten oder Stacheln anschwellen. Ob. Trias.

Eutomoceras Hyatt, *Sibyllites*, *Styrites* Mojs. Ob. Trias.

Trachyceras Laube (*Protrachyceras, Anolcites* Mojs.) (Fig. 1129, 1130). Schale eng, seltener weit genabelt. Oberfläche reich verziert, mit gespaltenen Querrippen, die auf dem Externteil durch eine Furche unterbrochen und meist mit Knoten oder Dornen besetzt sind, welche spirale Reihen bilden. Wohnkammer $^2/_3$ des letzten Umgangs. Loben und Sättel mäfsig gezackt, die Sättel vorne verschmälert. Sehr häufig in der mittleren und oberen alpinen Trias, ferner in Spanien, Ungarn, Bukowina, Nevada. Die ältesten Formen in den Buchensteiner, die jüngsten in den oberen Hallstadter Schichten. Über 100 Arten. *T. Aon* Mst. (St. Cassian), *T. Aonoides* Mojs. (carnische Stufe).

Halorites Mojs. Schale aufgebläht, eng genabelt oder ungenabelt, aufsen gerundet. Wohnkammer lang. Innere Umgänge mit perlschnurartig geknoteten Querrippen; Schlufswindung etwas verengt, quer gefaltet oder gestreift, häufig mit einer externen Randknotenreihe. Ob. Trias. Salzkammergut und Himalaja.

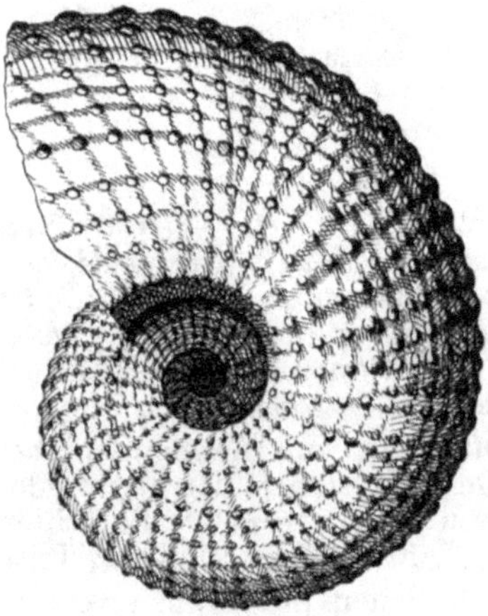

Fig. 1129.
Trachyceras Austriacum Mojs. Obere Trias. Röthelstein bei Aussee.

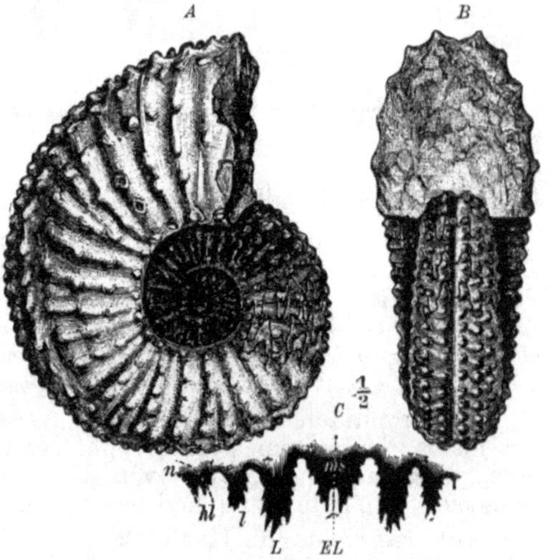

Fig. 1130.
Trachyceras (Protrachyceras) Archelaus Laube. Trias (Norische Stufe). Bakony, Ungarn. (Nach Mojsisovics.)

Juvavites, Isculites, Miltites Mojs. Ob. Trias. Salzkammergut.

Sagenites Mojs. Eng genabelt, aufsen gerundet, zuweilen mit Medianfurche. Wohnkammer kurz. Seiten mit Querstreifen oder Falten verziert, welche von spiralen Linien oder Körnerreihen gekreuzt werden. Ob. Trias, Salzkammergut. *S. reticulatus, Giebeli* Hauer sp.

Distichites Mojs., *Drepanites, Dionites, Daphnites, Cyrtopleurites* Mojs. *Sirenites, Sandlingites* Mojs. Obere Trias. Salzkammergut.

7. Familie. **Cyclolobidae.** Zitt.

Schale meist eng genabelt oder involut, glatt, quer oder spiral gestreift. Wohnkammer lang (1—1½ Umgänge). Einschnürungen meist vorhanden. Loben und Sättel sehr zahlreich; die Sättel schmal, vorne halbkreisförmig gerundet (monophyllisch), am Stamm meist durch Quereinschnitte gezackt, selten einfach, Loben zwei- oder mehrzackig, selten einfach zugespitzt. Perm bis Trias.

Die Cyclolobiden sind wahrscheinlich aus den Goniatitiden *(Agathiceras)* hervorgegangen und vermutlich die Vorläufer der Arcestiden, Cladiscitiden und Phylloceratiden. Sie zeichnen sich hauptsächlich durch monophyllische Endigung der Sättel und schwache Zerschlitzung der Sättel und Loben aus.

? *Lobites* Mojs. (*Clydonites* p. p. Hauer) (Fig. **1131**, **1132**). Klein, involut, glatt oder quer gerippt; Wohnkammer sehr lang, etwas verengt. Mündung eingeschnürt, aufsen kapuzenartig vorgezogen. Loben und Sättel ungezackt; die Seitensättel ungleich hoch, die Loben gerundet oder zugespitzt. Alpine Trias. *L. ellipticus* Hauer.

Stacheoceras Gemm. Involut, seitlich gewölbt und fein gestreift, aufsen gerundet, mit Einschnürungen. Sättel keulenförmig mit ungeteiltem oder nur schwach eingeschnittenem Stamm, Loben drei- bis zweispitzig. Perm. Sicilien, Ural, Ostindien. *St. (Arcestes) antiquum* Waagen.

Popanoceras Hyatt. (Fig. 1133). Schale eng genabelt oder ungenabelt, seitlich abgeplattet mit S-förmig gebogenen Streifen, die sich aufsen stark rückwärts biegen. Einschnürungen fehlen. Sättel keulenförmig mit seitlichen Einschnitten, die zwei ersten Lateralloben zweispitzig, die folgenden einspitzig. Perm, untere Trias. Ural, Sicilien, Spitzbergen.

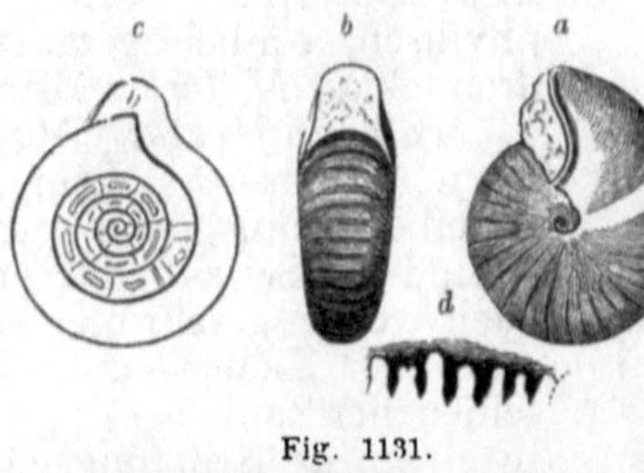

Fig. 1131.
Lobites delphinocephalus Hauer sp. Obere Trias. Sandling bei Aussee. *a, b* Exemplar in nat. Gröfse, *c* Medianschnitt, *d* Suturlinie in nat. Gröfse.

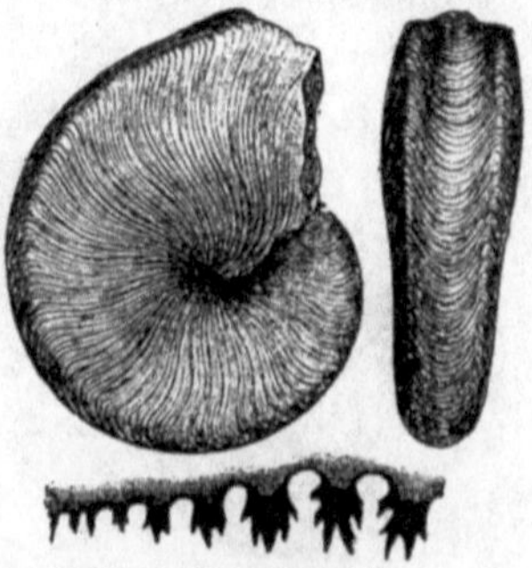

Fig. 1133.
Popanoceras multistriatum Gemm. Perm. Sosio, Sicilien. $^2/_3$ nat. Gröfse. (Nach Gemmellaro.)

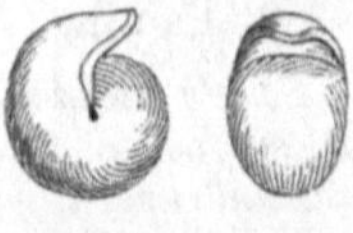

Fig. 1132.
Lobites pisum Mstr. sp. Keuper (Karnische Stufe). St. Cassian, Tyrol.

Fig. 1134.
Suturlinie von *Norites Gondola* Muschelkalk. Schreyer-Alp. (Nach Mojsisovics).

Norites Mojs. (Fig. 1134). Flach scheibenförmig, eng genabelt, glatt; Externteil von zwei Kanten begrenzt. Externlobus und Externsattel sehr kurz; die Seitensättel vorne gerundet, die Loben fein gezackt. Trias. *N. gondola* Mojs.

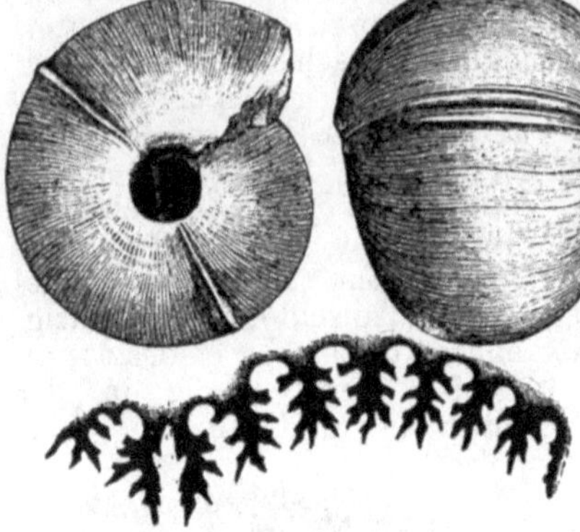

Fig. 1135.
Cyclolobus Stachei Gemm. Perm. Sosio, Sicilien. (Nach Gemmellaro.)

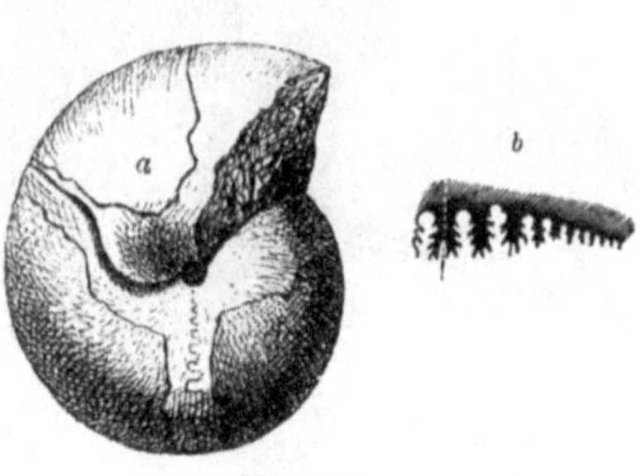

Fig. 1136.
a Megaphyllites insectus Mojs. Ob. Trias, Sandling bei Aussee. *b* Suturlinie von *M. Jarbas* Münst.

Cyclolobus Waagen (*Waagenoceras* Gemm.) (Fig. 1135). Schale kugelig, dick, involut, eng genabelt. Umgänge aufsen breit gerundet mit Einschnürungen. Sättel seitlich gezackt, vorne mit breit gerundetem Kopf, Loben zwei- bis dreispitzig. Externsattel viel kürzer als der erste Lateralsattel; zuweilen tief gespalten. Perm. Ostindien, Sicilien, Texas.

Hyattoceras Gemm. Perm. Sicilien.

Procladiscites Mojs. Ungenabelt, seitlich abgeplattet mit Spiralstreifen, Externteil breit. Muschelkalk. Alpen. Bosnien.

Megaphyllites Mojs. (Fig. 1136). Glatt, ungenabelt, aufsen gerundet, zuweilen mit Einschnürungen. Sättel schmal, monophyllisch, seitlich gezackt, Loben meist dreizackig. *M. Jarbas* Mstr. sp. Ob. Trias.

Monophyllites Mojs. (*Monophylli* Beyr., *Mojsvarites* Pomp.) (Fig. 1137). Scheibenförmig, weit genabelt, aufsen gerundet. Seiten glatt oder mit feinen, nach vorne geschwungenen Querstreifen verziert. Loben und Sättel in verschiedener Zahl (6—7) vorhanden. Sättel in einem grofsen, ungeteilten Blatt endigend, mit schmalem, tief gezacktem Stamm. Trias. Alpen. Bosnien. *M. sphaerophyllus* Hauer, *M. Wengensis* Mojs.

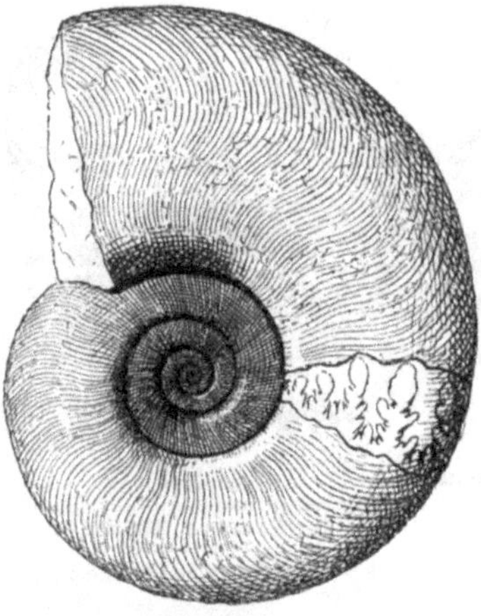

Fig. 1137.
Monophyllites Simonyi Hauer sp. Ob. Trias. Röthelstein bei Aussee.

8. Familie. **Arcestidae.** Mojs.

Schale meist involut, bauchig, glatt oder mit einfachen Querrippen, fast immer mit Einschnürungen. Wohnkammer sehr lang (1½ Umgänge), Mundrand verdickt, am Externteil meistens vorgezogen. Loben und Sättel zahlreich, gleichartig, fein zerschlitzt. Embryonalkammer latisellat. Alpine Trias vom Buntsandstein an bis zum Rhät.

Die Arcestiden sind vielleicht aus den Cyclolobiden hervorgegangen.

Arcestes Suess (Fig. 1140). Schale aufgeblasen, kugelig, eng oder gar nicht genabelt, Umgänge aufsen gerundet, die Wohnkammer aufsen zuweilen abgeplattet, oder zugeschärft und häufig abweichend gestaltet. Runzelschicht aus linearen Streifen bestehend. Loben und Sättel mit engen Stämmen, fein verästelt, mit parallelen Seiten, nach unten, resp. oben zugespitzt. Aufsenlobus zweispitzig, ebenso tief als der erste Laterallobus. Sehr häufig in der mittleren und oberen Trias der Alpen, des Bakony, Bosnien, Himalaja, Kalifornien und Spitzbergen.

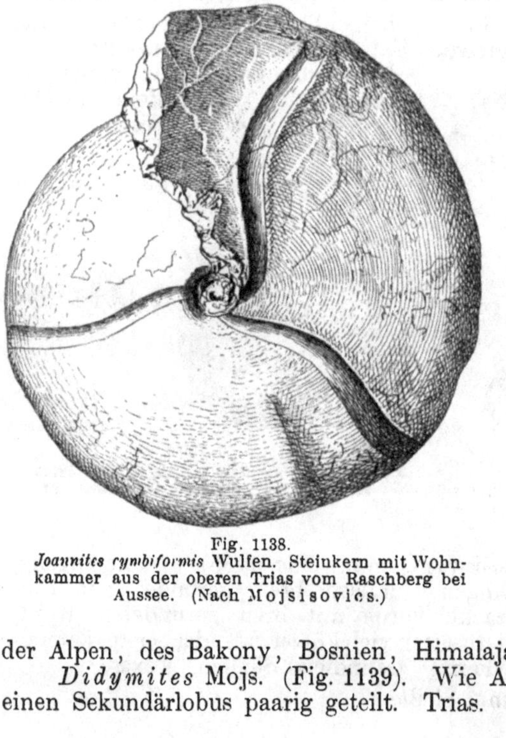

Fig. 1138.
Joannites cymbiformis Wulfen. Steinkern mit Wohnkammer aus der oberen Trias vom Raschberg bei Aussee. (Nach Mojsisovics.)

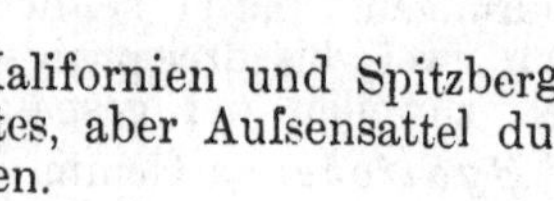

Fig. 1139.
Didymites subglobus Mojs. Ob. Trias. Someraukogel bei Hallstadt. Suturlinie. (Nach Mojsisovics.)

Didymites Mojs. (Fig. 1139). Wie Arcestes, aber Aufsensattel durch einen Sekundärlobus paarig geteilt. Trias. Alpen.

Sphingites Mojs. Schale flach scheibenförmig, weit genabelt; Suturlinie wie bei *Arcestes*. Mittlere und obere Trias der Alpen. *Sph. Meyeri* v. Klipst.

Joannites Mojs. (Fig. 1138). Suturlinie bogenförmig, sämtliche Sättel vorne breit, paarig geteilt, fein zerschlitzt. Ob. Trias. Alpen.

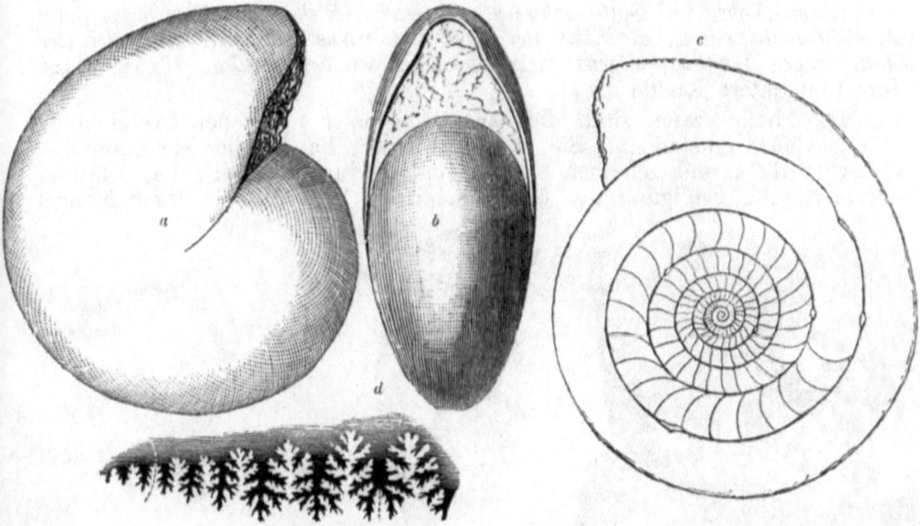

Fig. 1140. *Arcestes intuslabiatus* Mojs. Obere Trias. Steinbergkogel bei Hallstadt. *a* Von der Seite, *b* von vorne, *c* Durchschnitt in der Medianebene, *d* Suturlinie.

19. Familie. **Cladiscitidae.** Mojs.

Schale ungenabelt, seitlich abgeplattet, außen fast eben; Seiten spiral gestreift oder glatt. Wohnkammer den ganzen letzten Umgang einnehmend. Mündung normal. Einschnürungen fehlen. Runzelschicht wohl entwickelt. Loben und Sättel zahlreich,

Fig. 1141.
Cladiscites tornatus Bronn sp. Ob. Trias. Steinbergkogel bei Hallstadt. *a* Von der Seite, *b* von vorn, *c* Suturlinie.

in gerader Reihe angeordnet, ungemein tief und fein zerschlitzt; die Sättel mit dünnem Stamm, vorne meist tief zwei- oder viergabelig. Embryonalkammer angustisellat. Trias.

Die einzige Gattung *Cladiscites* Mojs. (Fig. **1141**) ist häufig in der oberen alpinen Trias.

10. Familie. **Phylloceratidae.** Zittel.

(*Heterophylli* Quenst.).

Schale glatt, quer gestreift oder mit schwachen Falten, aufsen gerundet. Wohnkammer $^1/_2$—$^3/_4$ des letzten Umgangs bildend. Mündung einfach, aufsen vorgezogen. Loben und Sättel zahlreich, in gerader Reihe, allmählich gegen innen an Gröfse abnehmend; die Sättel tief zerschlitzt, vorne mit zwei, drei oder vier blattförmigen Lappen endigend. Embryonalkammer angustisellat. Trias. Lias. Jura und untere Kreide.

Die Phylloceraten sind offenbar aus gewissen triasischen Cyclolobiden (*Monophyllites*) entstanden. Sie entsprechen der Familie der Heterophyllen Quenstedt's und zeichnen sich besonders durch diphyllische, tri- und tetraphyllische Endigung der tief zerschlitzten Sättel, sowie durch Mangel

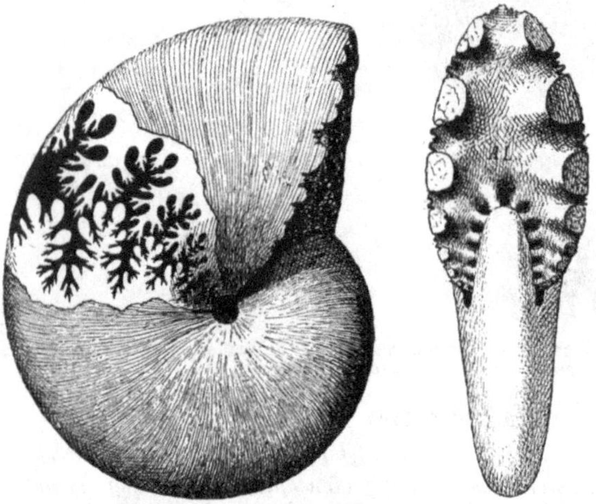

Fig. 1142.
Phylloceras heterophyllum Sow. sp. Ob. Lias. Whitby, Yorkshire.

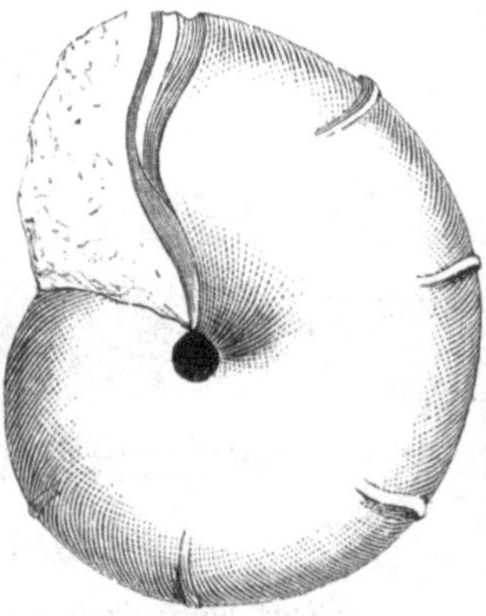

Fig. 1144.
Phylloceras ptychoicum Quenst. sp. Tithon. Stramberg.

an Knoten, Dornen und scharfen Rippen aus. Im allgemeinen zeigen die Suturen bei den älteren Arten einer Formenreihe einfacheren Bau als bei den jüngeren.

Phylloceras Suefs (Fig. 1142—1144). Ungenabelt oder mit engem Nabel, glatt, mit feinen Querstreifen oder schwachen Querfalten. Einschnürungen nicht selten vorhanden. Loben und Sättel zahlreich, mindestens

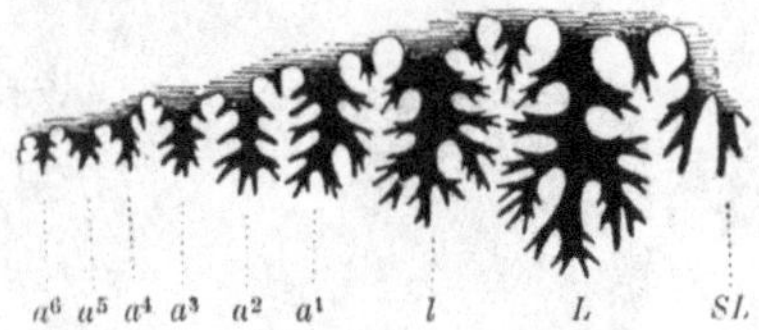

Fig. 1143.
Suturlinie von *Phylloceras Nilssoni* Heb. sp. Ob. Lias.

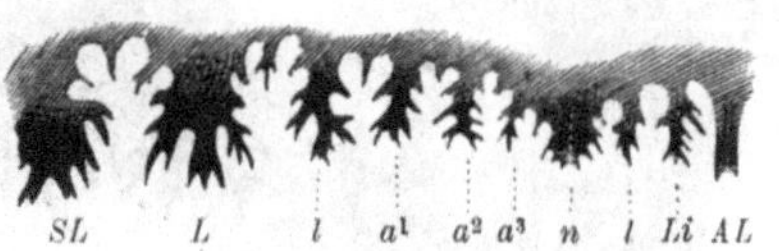

Fig. 1146.
Rhacophyllites tortisulcatus d'Orb. sp. Suturlinie. (Nach Quenstedt.)

SL Siphonallobus, *L* erster Laterallobus, *l* zweiter Laterallobus, *a* $^{1-6}$ Auxiliarloben, *n* Nahtlobus, *AL* Antisiphonallobus, *Li* erster, *l* zweiter Seitenlobus der Innenseite.

6—9 auf den Seiten. Sehr häufig im mittleren und oberen Lias, im Dogger, Malm und der unteren Kreide aller Weltteile; namentlich in Ablagerungen von alpiner Facies verbreitet. Die ältesten Arten im untersten Lias (Planorbis-Schichten).

Rhacophyllites Zittel (Fig. 1145, 1146). Scheibenförmig, weit genabelt. Sättel diphyllisch oder triphyllisch, weniger zahlreich als bei *Phylloceras*, die

Hilfsloben schräg abfallend. Ob. Trias der Alpen (*R. neojurensis* Quenst, sp., *R. debilis* Hauer sp.). Lias und Jura. *R. Mimatensis*, *R. tortisulcatus* d'Orb.

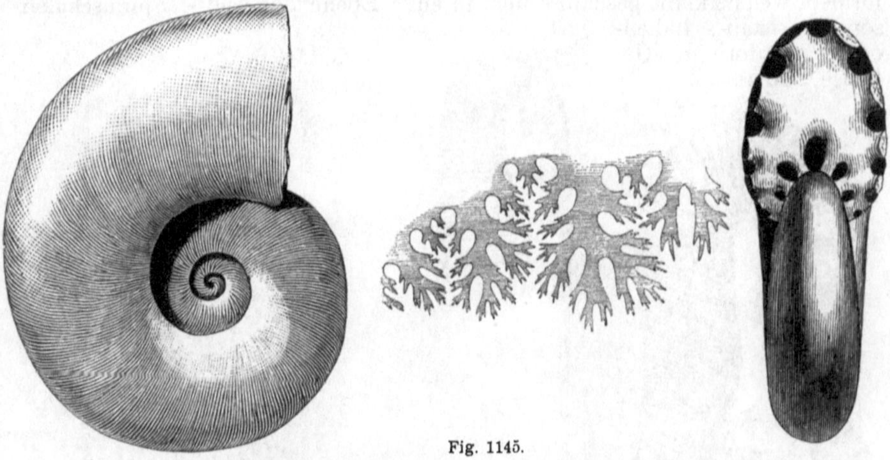

Fig. 1145.
Rhacophyllites neojurensis Quenst. sp. Keuper. Hallstadt.

11. Familie. **Lytoceratidae.** Neumayr emend. Zittel.

(*Lineati* Quenst., *Fimbriati* d'Orb.).

Schale weit genabelt, zuweilen eine aufgelöste oder schneckenförmige Spirale bildend, nicht selten auch hakenförmig. Wohnkammer $^2/_3$—$^3/_4$ *des letzten Umgangs einnehmend. Umgänge rundlich, wenig umfassend, aufsen niemals gekielt; meist mit einfachen oder wellig gebogenen, zuweilen knotigen Querlinien oder Rippen verziert. Suturlinie tief zerschlitzt; meist nur zwei Seitenloben und ein Hilfslobus vorhanden; der erste, häufig auch der zweite Laterallobus, sowie in der Regel*

Fig. 1149.
Lytoceras Germainei d'Orb sp. Ob. Lias. Pinperdu bei Salins. Jura.

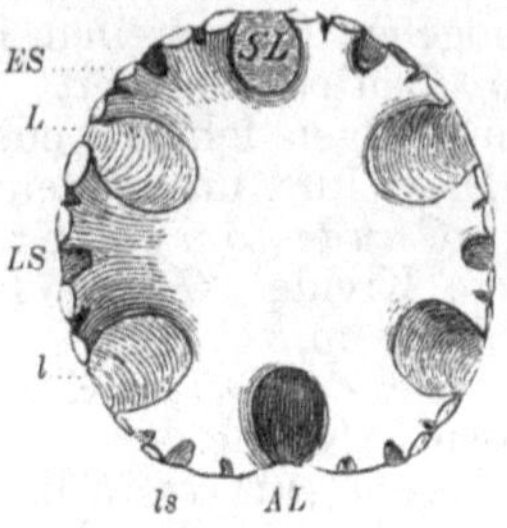

Fig. 1148.
Lytoceras fimbriatum Sow. sp. Mittlerer Lias Württemberg. Ein Umgang durchgebrochen.
SL Siphonallobus.
L erster Laterallobus.
l zweiter »
AL Antisiphonallobus.
ES-Externsattel.
LS erster Lateralsattel.
ls zweiter »

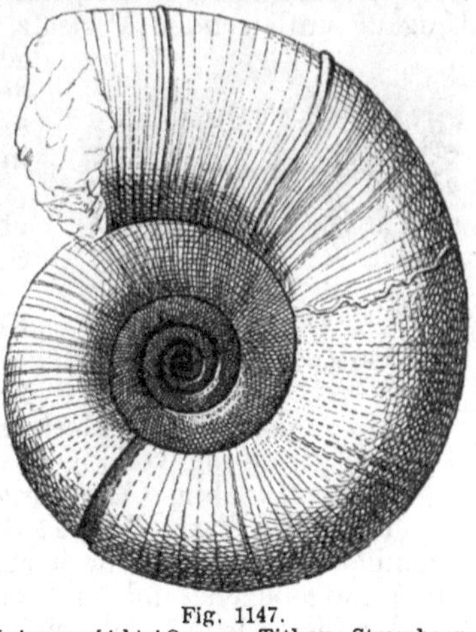

Fig. 1147.
Lytoceras Liebigi Opp. sp. Tithon. Stramberg.

auch die Sättel mehr oder weniger deutlich aus zwei symmetrischen Hälften bestehend. Embryonalkammer angustisellat. Jura und Kreide.

Die Lytoceratiden beginnen im unteren Lias und sterben in der oberen Kreide aus. Bemerkenswert ist das Vorkommen von sogenannten Nebenformen, welche keine geschlossenen, in einer Ebene aufgerollten Spiralschalen, sondern stab-, haken- oder turmförmige Gehäuse bilden.

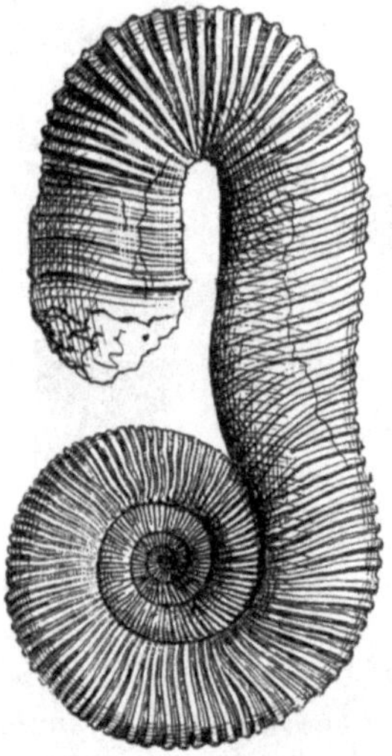

Fig. 1150.
Macroscaphites Ivanii d'Orb. sp.
Ob. Neocom. Mallenewitz, Karpathen.

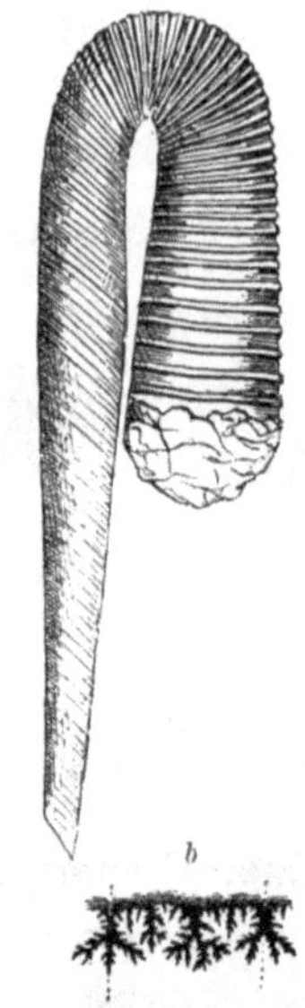

Fig. 1151.
a Hamulina subcylindrica d'Orb. Neocom. Anglès, Basses-Alpes.
b Suturlinie von *Hamulina Lorioli* Uhl. Anglès. (Nach Uhlig.)

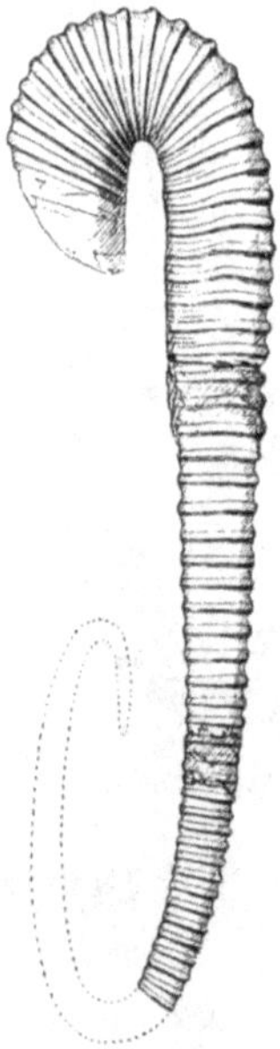

Fig. 1152.
Hamites rotundatus Sow.
Gault. Folkestone.

Fig. 1153.
Hamites (Ptychoceras) Puzosianianus d'Orb.
Barrêmien. Vergons, Basses-Alpes.

Lytoceras Sueſs (*Thysanoceras* Hyatt, *Costidiscus* Uhlig) (Eig. 1147 bis 1149). Schale spiral eingerollt, weit genabelt. Mundsaum einfach oder trompetenförmig erweitert, auf der Nabelseite mit einem dem vorhergehenden Umgang aufliegenden Fortsatz. Oberfläche mit einfachen oder etwas wellig gebogenen Querstreifen, Rippen, oder vorragenden Blättern verziert, seltener glatt. Einschnürungen fehlend oder vorhanden. Häufig in Lias, Jura und untere Kreide.

Fig. 1154.
Suturlinie von *Hamites cylindraceus* Defr.
Oberste Kreide. Tresville, Manche.

Gaudryoceras Grossouvre. Mittlere und obere Kreide. *G. mite* Hauer, *G. Lüneburgense* Schlüter sp.

Tetragonites Kossm., *Pseudophyllites* Kossm. Kreide.

Ectocentrites Wähner. Wie Lytoceras, aber Externseite mit Furche. Unt. und mittl. Lias.

Macroscaphites Meek (Fig. 1150). Wie *Lytoceras*, aber letzter Umgang abgelöst, geradlinig verlängert und hakenförmig umgebogen. Untere Kreide.

Pictetia Uhlig. Wie vorige, aber ganze Spirale offen. Neocom u. Gault.

Hamites Park (Fig. 1151—1154). Schale hakenförmig, aus parallelen Schenkeln bestehend, die einmal (*Hamulina* d'Orb.) oder zweimal (*Hamites* Park) umgebogen sind und entweder getrennt bleiben oder sich berühren (*Ptychoceras* d'Orb.). Zahlreiche Arten in Neocom und Gault.

Turrilites Lam. (Fig. 1155, 1156). Schale turmförmig, in schraubenförmiger Schneckenspirale aufgerollt; die stets quergerippten Umgänge berühren sich entweder alle (*Turrilites* s. str.) oder die letzten lösen sich ab

(*Heteroceras* d'Orb.) oder sämtliche Umgänge bilden eine offene Spirale (*Helicoceras* d'Orb.). Kreide.

? *Baculina* d'Orb. Schale klein, stabförmig, gerade, am dünnen Ende mit feiner Spitze beginnend. Suturlinie schwach gezackt. *B. acuarius* Quenst., Ornatenton. Württemberg.

Baculites Lam. (Fig. 1157). In der Regel nur an beiden Enden abgebrochene gerade, zylindrische oder abgeplattete gekammerte Röhren erhalten, deren mäßsig zerschlitzte Suturlinie 6 Loben und Sättel aufweist. Wohnkammer lang;

Fig. 1155. *Turrilites catenatus* d'Orb. Gault. Escragnolles. Var. (Nach d'Orbigny.)

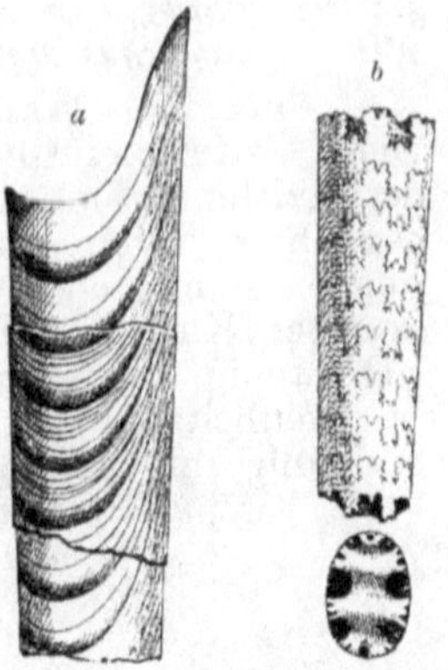

Fig. 1157. *a Baculites anceps* Lam. *b Baculites Faujasi* Lam. Ob. Kreide. Mastricht.

Fig. 1156. *Heteroceras polyplocum* Röm. sp. Obere Kreide. Haldem, Westfalen.

Mündung mit vorspringendem Ventrallappen. Nach Amos Brown beginnt die Schale mit einem kleinen, aus zwei Umgängen bestehenden geschlossenen Spiralgewinde. Schlüter fand in einem Baculiten einen zweischaligen, aufsen mit gekörnelten Linien bedeckten Aptychus. Kreide; besonders häufig in der oberen Abteilung derselben in Europa, Ostindien und Nordamerika.

12. Familie. **Aegoceratidae.** Neumayr (emend. Zittel).

Schale scheibenförmig, meist weit genabelt. Umgänge glatt oder mit geraden Querrippen, die sich auf dem Externteil zuweilen spalten. Mündung ohne Seitenohren, aufsen mit vorspringendem Lappen oder Kiel. Wohnkammer $^3/_4$ *bis über einen Umgang einnehmend. Suturlinie gezackt; seitlich nur zwei Lateralloben und ein Nahtlobus vorhanden. Antisiphonallobus zweispitzig. Anaptychus häufig vorhanden.* Lias bis unterer Dogger.

Die Ägoceratiden dürften von *Phylloceras* abzuleiten sein, denn die ältesten hergehörenden Formen, die Psiloceraten, namentlich der alpinen Unterlias, besitzen Lobenlinien, welche vollkommen den Charakter der Phylloceraten zeigen. Sie zerfallen in mehrere eng verbundene Unterfamilien.

a) Unterfamilie. **Psiloceratinae.** Zitt. (*Psilonoti* Quenst.).

Weit genabelt. Umgänge flach, glatt oder mit einfachen Rippen, welche den gerundeten kiellosen Externteil nicht überschreiten. Anaptychus vorhanden. Unterster Lias.

Die Psiloceratinen sind die Vorläufer aller übrigen Ägoceratiden.

Psiloceras Hyatt (Fig. 1158). Flach scheibenförmig, seitlich glatt, fein quergestreift oder mit einfachen Faltrippen (*Caloceras* p. p. Hyatt). Externteil gerundet. Unterster Lias. *P. planorbis* Sow., *P. calliphyllum Naumanni* Neumayr, *P. Johnstoni* Sow., *P. tortile* d'Orb. etc. Besonders häufig im Lias der Nordalpen (Pfonsjoch, Schreinbachgraben).

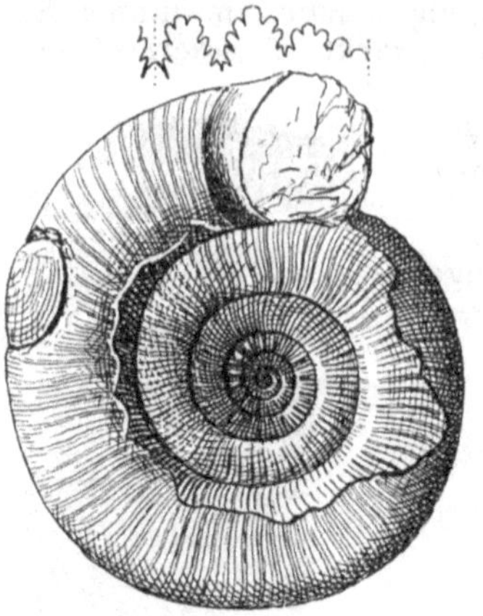

Fig. 1158.
Psiloceras planorbis Sow. mit Anaptychus. Unterst. Lias. Bebenhausen, Württemberg.

b) Unterfamilie. **Arietitinae.** Zitt.

Flach scheibenförmig, weit genabelt. Seiten mit kräftigen einfachen Rippen; Externteil mehr oder weniger abgeplattet oder gerundet mit glattem, häufig von zwei Furchen begrenztem Kiel. Anaptychus beobachtet. Unt. Lias.

Arietites Waagen (Fig. 1159—1161). Diese Gattung entspricht genau der Familie der Arieten Leop. v. Buchs. Sie ist ausgezeichnet durch kräftige Querrippen und den meistens von zwei tiefen Furchen begrenzten Kiel. Die Suturlinie unterscheidet sich wenig von *Psiloceras* und auch in Beziehung auf Skulptur und Beschaffenheit des Externteils stimmen die inneren Windungen von *Arietites* häufig mit *Psiloceras* überein. Einzelne

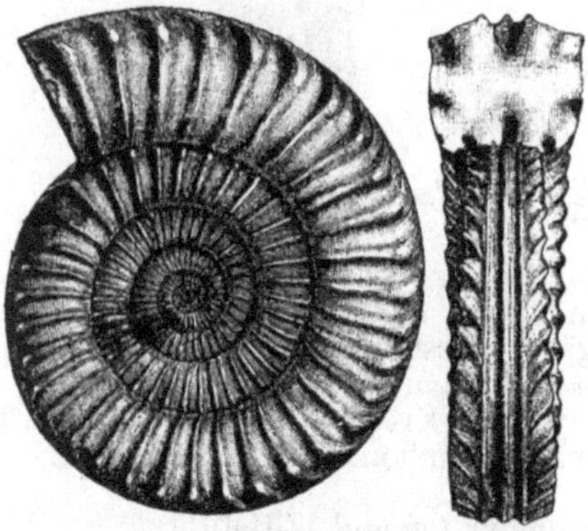

Fig. 1159.
Arietites (Arnioceras) bisulcatus Brug. Unt. Lias (*a*). Côte d'or. (Nach Orbigny.)

Fig. 1160.
Arietites spiratissimus Quenst. Unt. Lias. Württemberg.

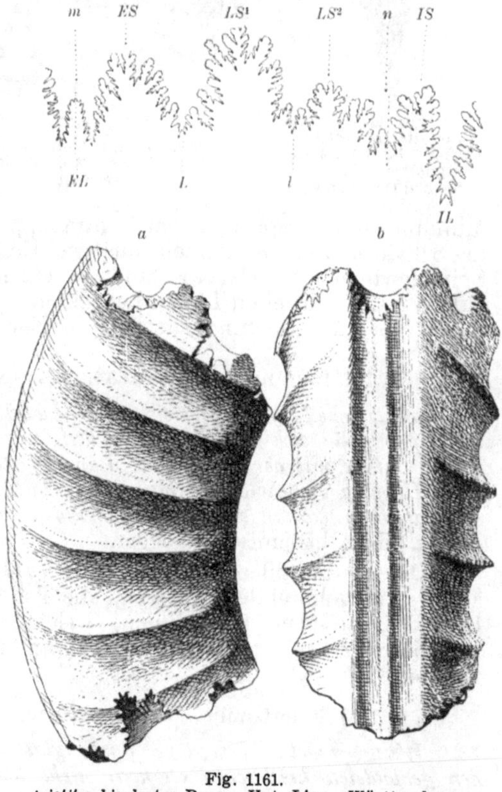

Fig. 1161.
Arietites bisulcatus Brug. Unt. Lias. Württemberg.
a Ein Fragment von der Seite, *b* desgleichen von aufsen, *c* Suturlinie.

Arten erreichen einen Durchmesser von $^1/_2$—1 Meter. Nur im unteren Lias jedoch über den Schichten mit *Psiloceras*.

Die von Hyatt aufgestellten Genera *Vermiceras* und *Discoceras* (*A. Conybeari* Sow., *A. spiratissimus* Quenst.), *Arnioceras* (*A. ceras* Hauer, *A. geometricus* Oppel), *Coroniceras* (*A. Kridion* Zieten, *A. rotiformis* Sow., *A. bisulcatus* Brug., *A. Bucklandi* Sow.), und *Asteroceras* Hyatt (*A. obtusus, stellaris, Turneri* Sow.) bilden nur Formengruppen, welche untereinander so eng verbunden sind, daſs eine generische Trennung von *Arietites* unzweckmäſsig erscheint.

Ophioceras Hyatt. Schale flach scheibenförmig mit langsam zunehmenden Umgängen; Externteil konvex; Kiel schwach entwickelt ohne Nebenfurchen, Seitenrippen gerade, kräftig, einfach. Unt. Lias (*β*). *A. raricostatus* Zieten, *A. vellicatus* Dumortier.

c) Unterfamilie. **Aegoceratinae.** Zitt. (*Capricorni* v. Buch).

Weit genabelt. Umgänge mit Flankenrippen, die häufig zu Randknoten anschwellen und entweder ungeteilt oder vergabelt über den ungekielten Externteil fortsetzen. Nahtlobus zurückspringend, aus mehreren kleinen Hilfsloben gebildet. Lias.

Schlotheimia Bayle (*Angulati* Quenst.) (Fig. 1162). Flach scheibenförmig; Rippen anfänglich einfach, auf den späteren Umgängen gespalten und zuletzt verwischt, auſsen nach vorne gebogen und auf dem Externteil durch eine Furche unterbrochen. Unterer Lias, namentlich zwischen den Psilonoten- und Arietenschichten häufig. *A. angulatus* Schloth., *A. marmoreus* Opp., *Sch. Panzneri* Wähner (Lias *α*), *A. lacunatus* Buckm. (Lias *β*).

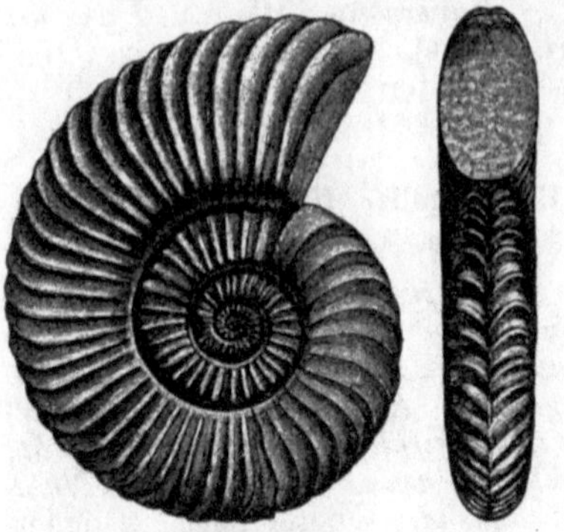

Fig. 1162.
Schlotheimia angulata Schloth. sp. Unt. Lias. Göppingen, Württemberg.

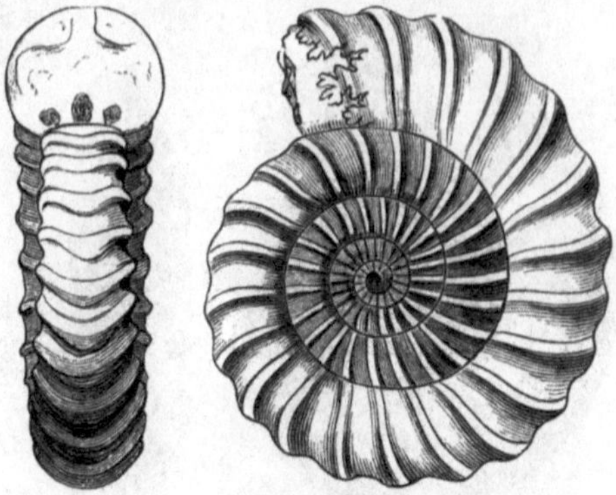

Fig. 1163.
Aegoceras (*Microceras*) *capricornu* Schloth. sp. Mittlerer Lias. Gmünd, Württemberg.

Aegoceras Waagen emend. Zitt (Fig. 1163). Rippen einfach, auſsen verdickt und ununterbrochen oder in mehrere Äste geteilt über den breiten ungekielten Externteil fortsetzend. Anaptychus beobachtet. Lias; hauptsächlich im mittleren Lias. *A. bifer* Quenst. (Lias *β*), *A. planicosta, A. lataecosta* Sow., *A. capricornus* Schloth. (Mittl. Lias).

Subgenera: *Microceras, Platypleuroceras* (*A. brevispina* Sow.), *Microderoceras* (*A. Birchi* Sow.), *Deroceras* (*A. Ziphus* Zieten), *Androgynoceras* Hyatt. Lias.

d) Unterfamilie. **Polymorphinae.** Haug.[1])

Form und Verzierung der Schale in verschiedenen Altersstufen sehr abweichend. Seiten glatt oder gerippt, Externteil mit glattem Kiel oder ungekielt.

---

[1]) *Haug, E.* Über die *Polymorphidae* aus dem Lias. Neues Jahrb. für Mineralogie 1887. II.

Suturlinie mäfsig zerschlitzt. Nur ein Hilfslobus vorhanden. Anaptychus nicht beobachtet. Lias.

Agassizeras Hyatt. (*Cymbites* Neumayr). Schale klein, Umgänge gerundet, aufsen mehr oder weniger zugeschärft. Seiten mit feinen Zuwachsstreifen, selten berippt. Mündung schwach eingeschnürt mit vorgezogenem Ventrallappen. Suturlinie schwach gezackt, Sättel breit. Ob. Abteilung des unteren Lias. *A. laevigatus* Sow., *A. striaries* Quenst., *A. Davidsoni* Dumort., *A. globosus* Opp., *A. miserabile* Quenst.

Liparoceras Hyatt. (*Striati* Quenst.). Schale ziemlich eng genabelt; Umgänge rasch an Dicke zunehmend, aufsen gerundet, breit, ohne Kiel. Innere Umgänge glatt; die späteren mit einfachen Flankenrippen, welche in Randknoten endigen und durch 2—4 über den breiten Externteil verlaufende Spaltrippen verbunden sind. Suturlinie anfangs schwach gezähnt, später tief zerschlitzt. Mittlerer Lias. *L. alterum* Opp., *L. striatum*, Rein. sp., *L. Bechei* Sow. sp.

Polymorphites Sutner. Weit genabelt, aufsen gerundet oder schwach gekielt. Seiten mit häufig knotentragenden, geraden Radialrippen, die aufsen nach vorne geschwungen sind und im Externkiel zusammenstofsen. Suturlinie anfangs schwach, später tief zerschlitzt. Der Hilfssattel nicht zurückspringend. Unterer und mittlerer Lias. *A. abnormis* Hauer, *A. polymorphus* Quenst., *A. hybridus* Opp., *A. caprarius* Quenst., *A. Bronni* Roem.

Dumortieria Haug (*Catulloceras* Gemm.). Wie vorige Gattung, aber der zweite Laterallobus und der Hilfslobus einen zurückspringenden Nahtlobus bildend. Mittlerer und oberer Lias und unterster Dogger. *A. Jamesoni* Sow., *A. Vernosae* Zitt., *A. Levesquei* d'Orb. (Lias), *A. radiosus* Seeb. (Opalinus-Schichten.)

Amphiceras Gemm. Lias.

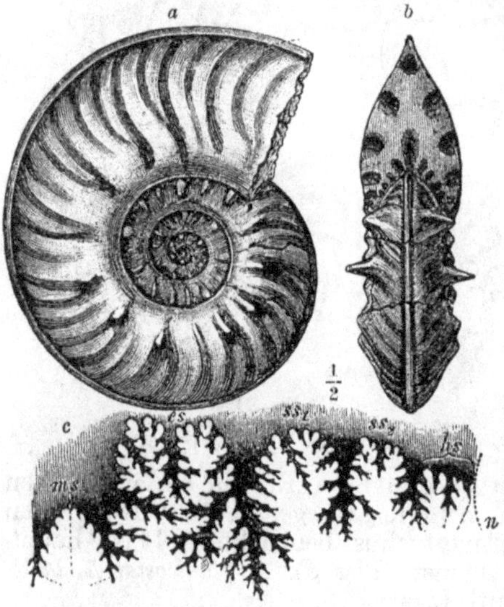

Fig. 1164.
Sonninia Sowerbyi Miller. sp. Mittlerer Dogger. Lothringen.
(Nach Steinmann-Döderlein.)

e) Unterfamilie. **Hammatoceratinae.** Buckm. (*Falcoidei* Quenst.)

Seiten meist mit Nabelknoten, von denen ein bis drei, etwas nach vorne geschwungene Rippen ausgehen. Externteil gekielt. Kiel häufig hohl. Suturlinie tief zerschlitzt; Externlobus seicht; Hilfsloben einen zurückspringenden Nahtlobus bildend. Oberer Lias. Dogger.

Cycloceras Hyatt. (*Tropidoceras* Hyatt). Weit genabelt. Rippen einfach, häufig zwei Knotenreihen bildend, nicht über den verschmälerten, gerundeten oder schwach gekielten Externteil fortsetzend. Innere Umgänge glatt. Lias. *A. Actaeon, Masseanus* d'Orb., *A. binotatus* Opp. Mittlerer Lias.

Hammatoceras Hyatt (*Phymatoceras* Hyatt). Hochmündig, mäfsig weit genabelt. Kiel in der Jugend scharf, später verschwindend. Seitenrippen kräftig, schwach gebogen, von Nabelknoten ausgehend und von Anfang an zwei- oder dreifach geteilt. Suturlinie tief zerschlitzt; erster Laterallobus viel tiefer als der zweite. Oberer Lias und unterer Dogger von Europa und Südamerika. *A. insigne* Schübler, *A. subinsigne* Opp. (Oberer Lias.)

Subgenera: a) *Haugia* Buckm. Ob. Lias. *A. variabilis* Sow.

b) *Erycites* Gemm. Dogger. *A. gonionotus, A. fallax* Benecke.
c) *Zurcheria* Douvillé. Dogger. *Z. Ubaldi* Douv.

Sonninia Bayle (*Waagenia* Bayle non Neumayr) (Fig. 1164). Wie *Hammatoceras*, aber Rippen zu Seitenknoten oder Stacheln anschwellend und von diesen an nach aufsen gespalten. Kiel scharf, meist hohl. Dogger. *A. Sowerbyi* Mill., *A. adicrus* Waagen.

13. Familie. **Amaltheidae.** Fischer e. p.

Schale eng genabelt, meist hochmündig. Flanken mit leicht geschwungenen Falten oder Rippen, die auf der Aufsenseite vorgezogen sind, öfters mit Längsskulptur und Ritzstreifen. Externseite zugeschärft oder gekielt; der Kiel ist durch Rippen oder verdickte Anwachsstreifen gekerbt (Zopfkiel). Mündung einfach oder mit schmalem Ventralfortsatz. Suturen stark zerschlitzt. Externsattel besonders grofs mit zahlreichen Sekundäreinschnitten. Externlobus tief; 2 und mehr Hilfsloben. Lias, Dogger.

Die Amaltheiden dürften von den Ägoceratiden und zwar von den Arietitinae abzuleiten sein.

Oxynoticeras Hyatt (Fig. 1165). Flach scheibenförmig, eng genabelt mit scharfem Hohlkiel, in der Jugend gerundet; aufsen glatt oder radial gefaltet. Suturlinie mit wenig tiefen Einschnitten. Der breite Aufsensattel in zwei ungleiche Lappen geteilt; 2—6 Hilfsloben vorhanden. Lias, Dogger. *A. Guibalianus* d'Orb. (unt. Lias), *A. serrodens* Quenst. (ob. Lias); *A. Stauffensis* Opp., *A. discus* Sow. (Dogger).

Fig. 1165.
Oxynoticeras oxynotum Quenst. sp. Unt. Lias (β) Württemberg.

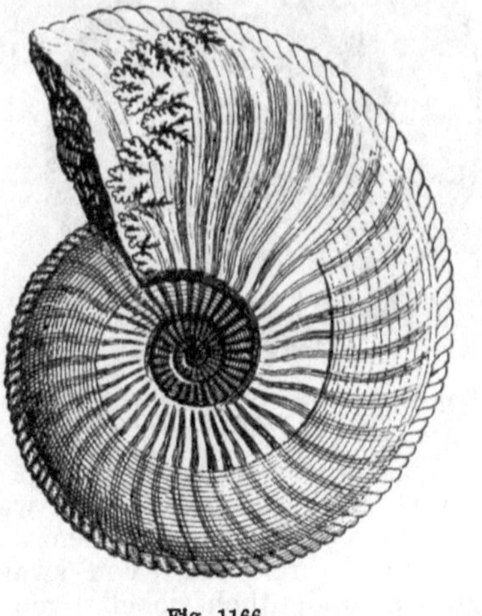

Fig. 1166.
Amaltheus margaritatus Montf. Der letzte Umgang teilweise von spiralen Linien (Runzelschicht) bedeckt.

Amaltheus Montf., (*Pleuroceras* Hyatt., *Pachyceras* Bayle) (Fig. 1166). Eng-, seltener weit genabelt; Kiel scharf oder geknotet, zuweilen hohl. Seiten glatt, gestreift oder mit einfachen oder stacheligen Rippen verziert. Sättel und Loben sehr tief und fein zerschlitzt. Der Externsattel in Adventivsättel und Loben zerlegt. 3 oder mehr Hilfsloben aufser den zwei grofsen Lateralloben vorhanden. Lias. Jura. *A. margaritatus* Montf., sp., *A. (Pleuroceras) spinatus* Brug. (Lias), ? *A. dorsocavatus* Quenst. (Dogger.)

Strigoceras Quenst. (*Lophoceras* Par. u. Bon., *Phlycticeras* Hyatt). Kiel hahnenkammartig auf- und absteigend, Flanken mit grober Spiralskulptur, bei gerippten Formen mit groben Knoten an der Stelle der Rippenteilungen. Dogger. *A. Truellei* d'Orb., *polygonius* Ziet.

14. Familie. **Harpoceratidae.** Neumayr emend. Zittel.[1])

Seiten mit sichelförmig gebogenen Zuwachslinien oder Rippen verziert. Externteil mit glattem oder gekörneltem Kiel. Mündung mit geschwungenem Seitenrand oder vorspringenden Seitenohren und stielförmigem oder gerundetem Ventralfortsatz. Suturlinie zerschlitzt, in gerader Linie stehend, meist mehrere Hilfsloben vorhanden. Aptychus aufsen gefaltet. Lias bis untere Kreide.

Die Harpoceratiden sind höchst wahrscheinlich aus den Ägoceratiden und zwar aus der Gruppe der Arieten hervorgegangen; sie zeichnen sich durch ihre sichelförmigen Rippen oder Streifen auf den Seiten aus, welche vom Nabel zuerst gerade oder schräg nach vorne verlaufen, dann einen Bogen nach hinten bilden und sich aufsen wieder nach vorne biegen. Sie gehören ganz überwiegend dem Jura an, die ältesten beginnen im mittleren Lias; Hauptverbreitung im oberen Lias, Dogger und Malm.

a) Unterfamilie. **Harpoceratinae.** Zittel. (*Falciferi* v. Buch.)

Kiel glatt. Mündung mit verlängertem Kiel. Suturlinie mäfsig zerschlitzt. Erster Laterallobus tief. Aptychus sehr dünn; die äufsere Schicht kalkig und gefaltet, die innere (ursprünglich hornige) verkohlt. Mittlerer Lias bis Dogger.

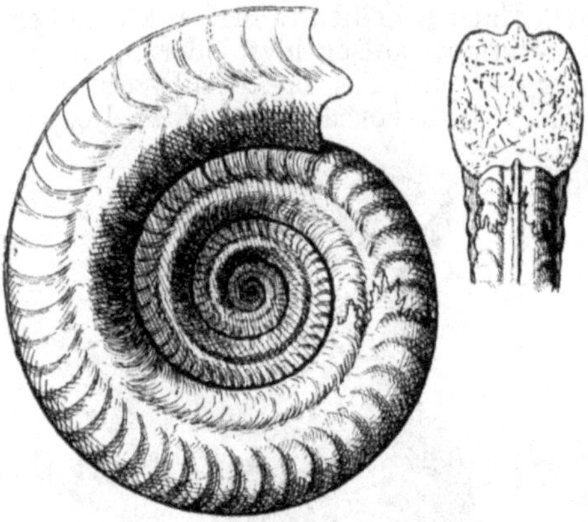

Fig. 1167.
Harpoceras (Hildoceras) bifrons Brug. sp. Ob. Lias. Whitby, Yorkshire.

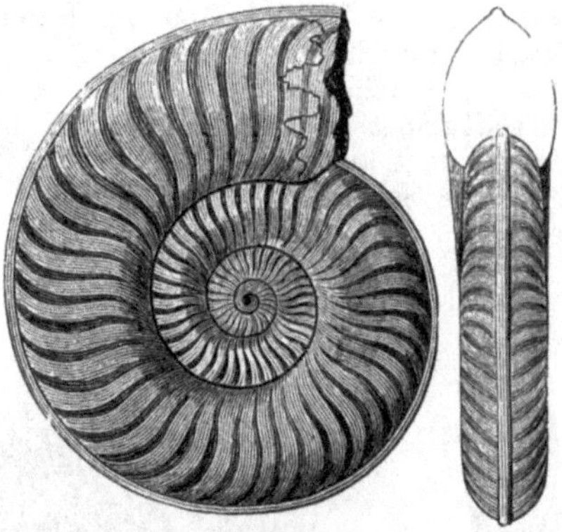

Fig. 1168.
Harpoceras (Grammoceras) Thouarsense d'Orb. sp. Ob. Lias. Heiningen (Württemberg).

Sämtliche hierher gehörige Formen wurden von Waagen als *Harpoceras* bezeichnet. Dieselben werden jetzt in zahlreiche Subgenera zerlegt.

a) *Arieticeras* Seguenza. Weit genabelt. Umgänge niedrig, vierseitig. Externteil breit, Kiel von zwei Furchen begrenzt. Seiten mit einfachen, groben, undeutlich sichelartigen Rippen. Sutur schwach gezackt. Mittlerer Lias. *A. Algovianus* Opp., *A. Ruthenensis* Reynès.

b) *Hildoceras* Hyatt. (Fig. 1167). Wie vorige, jedoch Rippen deutlich sichelförmig, an der Umbiegungsstelle durch eine Furche unterbrochen. Ob. Lias. *A. bifrons* Brug., *A. borealis* Seeb., *A. Levisoni* Dum.

c) *Lillia* Bayle. Wie *Arieticeras,* jedoch Rippen anfänglich paarweise von Nabelknoten entspringend, später einfach. Ob. Lias. *A. Comensis* v. Buch., *A. Mercati* v. Buch., *A. Erbaensis, Lilli,* Hauer etc.

d) *Poecilomorphus* Buckm. *A. subcarinatus* Phill. Ob. Lias. *A. cycloides* d'Orb. Unterer Dogger.

e) *Grammoceras* Hyatt. (Fig. 1168). Meist weit genabelt. Umgänge mit einfachen oder aufsen fein gespaltenen *S*-förmig geschwungenen Sichel-

[1]) *Haug, E.* Beiträge zu einer Monographie der Ammonitengattung Harpoceras. N. Jahrb. für Mineralogie. Beilage Bd. III. 1885. — *Buckman, J. S.* A Monograph on the Inferior Oolite Ammonites. Palaeontograph. Society. 1887—94.

rippen verziert. Suturlinie wenig zerschlitzt. Mittlerer und ob. Lias. *A. Normannianus* d'Orb., *A. Kurrianus* Opp. (mittl. Lias), *A. radians* Schloth., *A.. Thouarsensis* d'Orb., *A. Aalensis* Zitt. (ob. Lias) etc.

f) *Harpoceras* s. str. (*Polyplectus* Buckm.). Mehr oder weniger hochmündig, scheibenförmig, mäſsig weit oder eng genabelt. Seiten flach, mit ausgezeichnet geschwungenen, meist einfachen, ungeteilten Sichelrippen. Externteil zugeschärft, Kiel von zwei seichten Furchen begrenzt. Suturlinie stark zerschlitzt. Mittlerer und oberer Lias. *A. falcifer* Sow., *A. Boscensis* Reynès, *A. Lythense* Young und Bird, *A. elegans* Sow., *A. bicarinatus* Zieten, *A. serpentinus* Schloth.

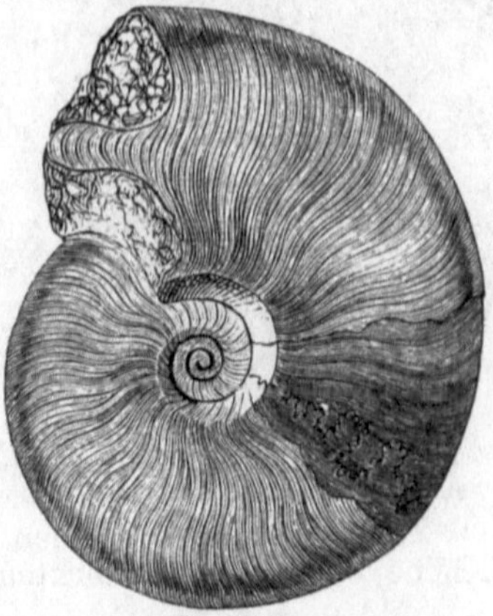

Fig. 1169.
Harpoceras (Leioceras) opalinum Rein.
Unterer Dogger.
Teufelsloch bei Boll.

g) *Leioceras* Hyatt. emend. Buckm. (Fig. 1169). Flach scheibenförmig, hochmündig, eng genabelt, auſsen zugeschärft. Innere Umgänge mit dichotom gespaltenen Sichelrippen, die sich auf den letzten Windungen in feine Sichelstreifen auflösen. Suturlinie mäſsig gezackt. Externsattel zweiteilig. Ob. Lias und unterer Dogger. *A. opalinus* Rein., *A. concavus* Sow.

h) *Ludwigia* Bayle. Mäſsig weit genabelt, auſsen gerundet mit schwachem Kiel. Sichelrippen geknickt, auſsen gegabelt, der Rippenstiel häufig zu einem Knoten verdickt. Äuſsere Umgänge glatt. Suturlinie schwach zerschlitzt. Unt. Dogger. *A. Murchisonae* Sow.

i) *Witchellia*, k) *Dorsetensia*, l) *Hypolioceras* Buckm. Dogger.

m) *Hecticoceras* Bonarelli (*Lunuloceras* Bonar). Weit genabelt, Umgänge im Querschnitt oval bis vierseitig, auſsen gekielt. Innere Umgänge glatt, die äuſseren mit groben, einfachen oder gespaltenen Rippen, die häufig auf den Seiten oder neben dem Externteil Knoten bilden. Ob. Dogger. *A. hecticus, lunula, parallelus* Reinecke, *A. punctatus* Stahl.

Die nahe verwandte Gruppe der *Trimarginati* Opp. unterscheidet sich durch sehr schwache Berippung und verwischte Seitenfurche. Der Kiel ist von zwei Furchen begleitet. *A. Arolicus* Opp.

b) Unterfamilie. **Oppelinae.** Haug. (*Flexuosi* v. Buch.)

Kiel gekörnelt oder gezackt, auf der Wohnkammer verschwindend. Mündung mit vorspringendem Ventrallappen. Sichelrippen auſsen häufig in Randknötchen endigend, die Stiele derselben öfters verwischt. Suturlinie sehr fein zerschlitzt. Aptychus kalkig, auſsen gefaltet (Imbricati). Dogger, Malm, unt. Kreide.

Oppelia Waagen (Fig. **1170—1172**). Eng genabelt, Wohnkammer auſsen gerundet. Seiten mit Sichelrippen. Sipho dick mit kalkiger Scheide. Loben unsymmetrisch zerschlitzt. Dogger bis untere Kreide. Hauptverbreitung im oberen Jura.

Die Gattung *Oppelia* zerfällt wie *Harpoceras* in mehrere Formengruppen, die als Subgenera unterschieden werden können. Die Reihe der *O. subradiata* Sow. beginnt im unteren Oolith und ist auf den Dogger beschränkt; an sie schlieſsen sich die hochmündigen, schwach berippten, eng genabelten, auſsen zugeschärften Tenuilobaten aus dem weiſsen Jura.

Die Gruppe des *A. callicerus, Hauffianus, trachynotus* Opp. etc. (*Neumayria* Bayle) aus dem oberen Jura zeichnet sich durch kräftige Rippen aus, welche teilweise zu Randknötchen anschwellen.

Ochetoceras Haug (*Canaliculati* Opp.). Eng genabelt, hochmündig, auſsen zugeschärft und gekielt. Seiten mit Sichelrippen, die durch eine Furche unterbrochen sind. Suturlinie fein zerschlitzt. Ob. Jura. *A. canaliculatus, hispidus* Opp. etc.

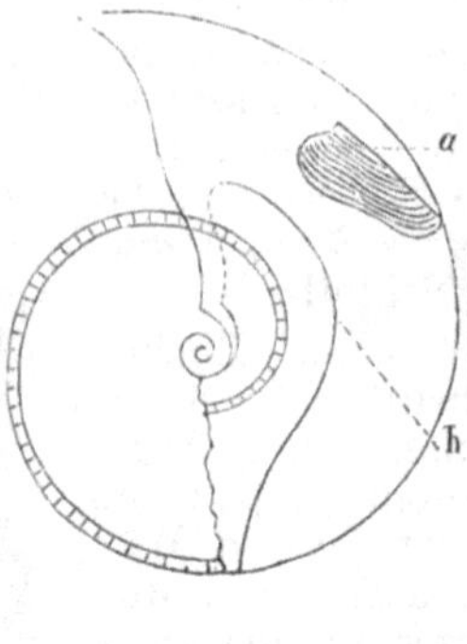

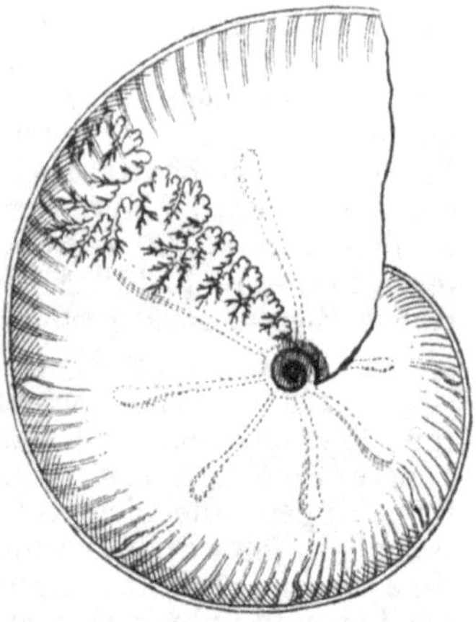

Fig. 1172. *Oppelia steraspis* Opp. sp. mit Aptychus (*a*) und Haftmuskeleindruck (*h*). Solenhofen.

Fig. 1170. *Oppelia flexuosa* v. Buch. sp. Weifser Jura (β). Laufen, Württ.

Fig. 1171. *Oppelia tenuilobata* Opp. sp. Malm. Pappenheim, Bayern.

Oecotraustes Waagen (*Creniceras* Mun.-Chalmas) (Fig. 1173, 1174). Kleine Formen mit gezacktem Kiel, schwachen Rippen und knieförmig geknickter anormaler Wohnkammer. Bajocien bis Tithon. *A. genicularis* Waagen, *A. audax* Opp., *A. dentatus* Rein., *A. collegialis* Opp.

Distichoceras Mun.-Chalm. (*Horioceras* Mun.-Chalm.). Kleine Formen; der Externteil jederseits von einer kräftigen Zackenreihe begrenzt. Wohnkammer zuweilen geknickt (*Horioceras*). Ob. Dogger. *A. bipartitus* Zieten, *A. Baugieri* d'Orb.

Fig. 1173. *Oecotraustes Renggeri* Opp. sp. Oxfordien. Salins, Jura.

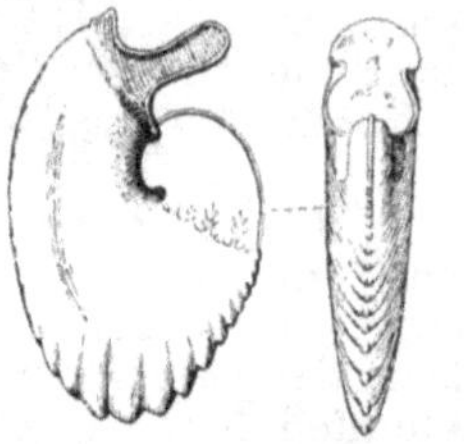

Fig. 1174. *Oecotaustes macrotelus* Opp. sp. Tithon. Stramberg.

15. Familie. **Haploceratidae.** Zitt.

Seiten glatt, mit feinen Zuwachslinien bedeckt, aussen gerundet, ungekielt, ohne Einschnürungen. Mündung mit Seitenohren. Suturen fein zerschlitzt. Aptychus kalkig, punktiert. Dogger bis untere Kreide.

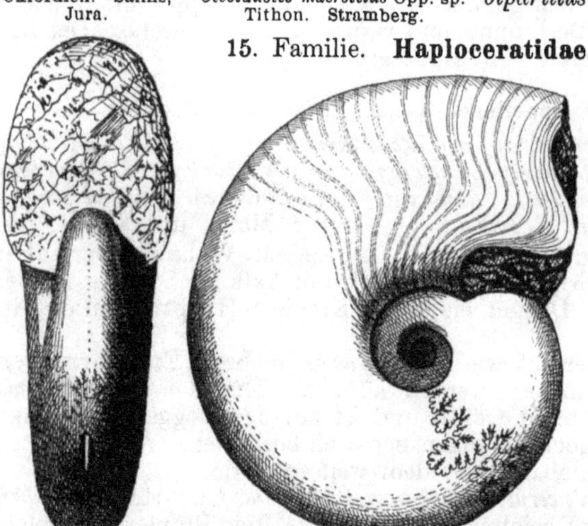

Fig. 1176. *Haploceras elimatum* Opp. sp. Tithon. Stramberg.

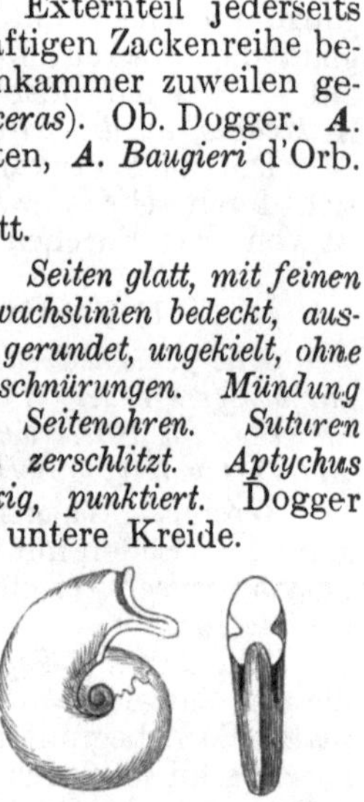

Fig. 1175. *Haploceras nimbatum* Opp. sp. Malm (Weifser Jura γ). Pappenheim, Bayern.

Die Haploceratiden sind offenbar ein Seitenzweig der Harpoceratiden und sehr eng mit *Oppelia* verwandt, von der sie sich nur durch den Mangel eines Kiels unterscheiden.

Haploceras Zittel (*Lissoceras* Bayle) (Fig. 1175, 1176). Schale genabelt, glatt oder mit feinen, geschwungenen Zuwachsstreifen, ohne Einschnürungen. Mündung mit stark entwickelten Seitenohren. Wohnkammer hinter der Mündung zuweilen mit Einschnitten oder Falten auf dem Externteil (*A. carachtheis* Zeuschn., *A. verruciferus* Menegh.). Suturen fein zerschlitzt, 2—4 Hilfsloben vorhanden; erster Lateralsattel weit vorspringend. Dogger (*A. oolithicus* d'Orb.), Malm (*A. Erato* d'Orb., *A. nimbatus* Opp., *A. lingulatus* Quenst.), . Tithon (*A. Staszycii* Zeuschn., *A. elimatus* Opp.), Neokom (*A. Grasianus* d'Orb.).

16. Familie. **Stephanoceratidae.** Neumayr emend. Zittel.

Rippen aufsen mehrfach gespalten und über den meist gerundeten Externteil fortsetzend, ohne oder mit Einschnürungen. Mündung häufig mit Seitenohren, meist eingeschnürt. Suturlinie stark zerschlitzt, aufser den zwei Seitenloben ein aus zwei bis drei Hilfsloben bestehender zurückspringender Nahtlobus vorhanden. Aptychus dünn, kalkig, aufsen gekörnelt. Lias bis untere Kreide.

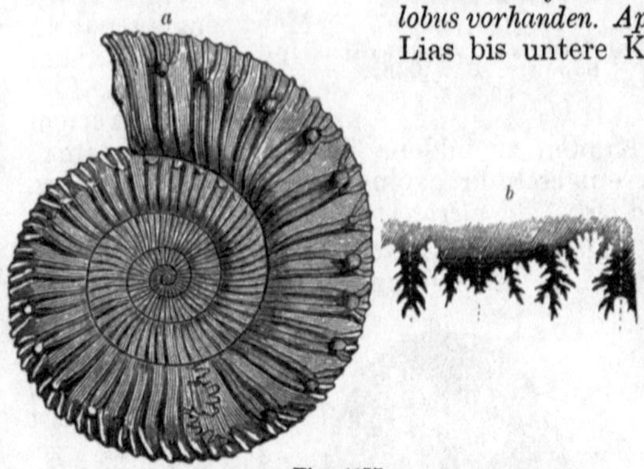

Fig. 1177.
a Coeloceras subarmatum Young. sp. Ob. Lias. Whitby, Yorkshire. *b Coeloceras pettos* Quenst. Mittl. Lias. Suturlinie.

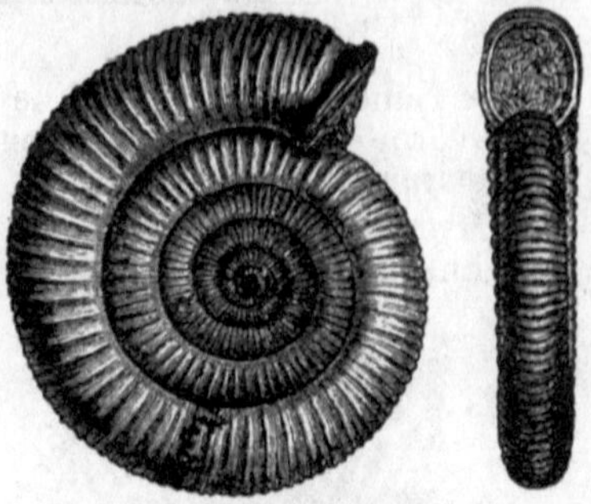

Fig. 1178.
Dactylioceras commune Sow. sp. Ob. Lias. England.

Die Stephanoceratiden schliefsen sich eng an die Ägoceraten des Lias an, von denen sie sich hauptsächlich durch die aufsen regelmäfsig gespaltenen Rippen unterscheiden.

Coeloceras Hyatt (*Peronoceras* Hyatt) (Fig. 1177). Weit genabelt; die Rippen anfänglich einfach, gerade, neben dem Externteil teilweise zwei- oder dreifach gespalten; die Bifurkationsstelle meist zu einem Knoten oder Stachel verdickt. Querschnitt der Umgänge ebenso hoch als breit. Einschnürungen fehlend oder vorhanden. Mündung ohne Seitenohren. Suturlinie mäfsig zerschlitzt. Antisiphonallobus zweispitzig. Aptychus unbekannt. Mittlerer und oberer Lias. *A. pettos* Quenst. (mittl. Lias), *A. crassus* Phil., *A. (Peronoceras) fibulatus* Sow., *A. Raquinianus*, *mucronatus* d'Orb. (ob. Lias).

Dactylioceras Hyatt. (Fig. 1178). Weit genabelt. Rippen anfänglich gerade, aufsen gespalten, ohne Knoten. Einschnürungen fehlen. Lias und unterer Dogger. *A. communis*, *annulatus* Sow. (Ob. Lias.)

Fig. 1179.
Stephanoceras coronatum Brug. sp. Callovien. Dep. Nièvre, Frankreich. $^1/_3$ nat. Gröfse.

Pimelites, *Diaphorites* Fucini, *Praesphaeroceras* Levi. Lias.

Stephanoceras Waagen (*Coronarii* v. Buch) (Fig. 1179, 1180). Mäfsig weit genabelt; Umgänge breiter als hoch. Die Seiten mit geraden Rippen, welche gegen aufsen einen Knoten bilden und sich von da 2—3mal gabeln. Suturlinie tief zerschlitzt; Antisiphonallobus einspitzig. Einschnürungen fehlen. Mündung bei den kleineren Formen (*Normannites* Mun.-Chalm.) mit starken Seitenohren, bei den grofsen (*Cadomites* Mun.-Chalm.) ohne Ohren, meist eingeschnürt, mit vorgezogenen Ventrallappen. Aptychus dünn, aufsen gekörnelt. Unt. Oolith bis Oxford. *A. Humphriesianus*, *Bayleanus* d'Orb., *A. Blagdeni* Sow. (Bajocien), *A. linguiferus* d'Orb. (Bathonien).

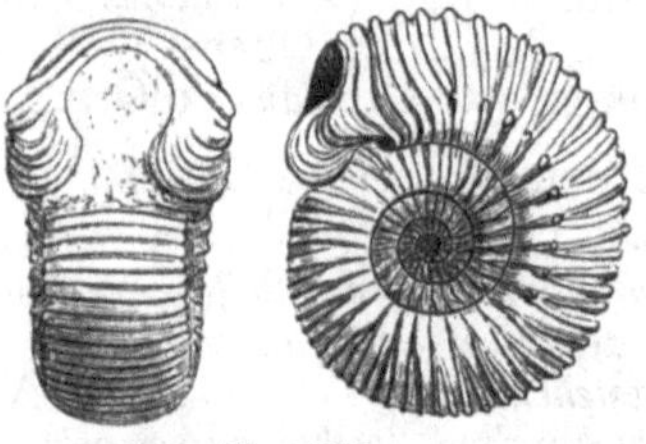

Fig. 1180.
Stephanoceras Braikenridgi Sow. sp. Unt. Oolith. Bayeux. Mit erhaltenem Mundsaum in nat. Gröfse.

Fig. 1181.
Sphaeroceras Brongniarti Sow. sp. Unt. Oolith. Bayeux.

Sphaeroceras Bayle (Fig. 1181). Meist eng genabelt. Umgänge dick, breiter als hoch. Die Rippen gabeln sich schon in der Nähe des Nabels, ohne Knoten zu bilden. Wohnkammer anormal, nach vorne verengt. Mündung eingeschnürt, ohne Seitenohren. Dogger. *A. Brongniarti* Sow, *A. bullatus* d'Orb., *A. microstoma* d'Orb. (Callovien.)

Morphoceras Douvillé. Wie *Sphaeroceras*, aber mit periodischen Einschnürungen. Mundsaum zuweilen mit Ohren. Dogger.

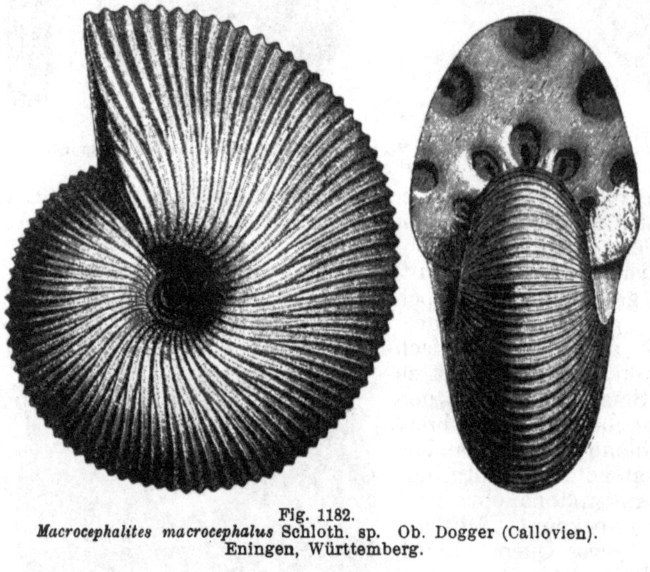

Fig. 1182.
Macrocephalites macrocephalus Schloth. sp. Ob. Dogger (Callovien). Eningen, Württemberg.

Macrocephalites Sutner (*Macrocephali* v. Buch) Fig. 1182. Meist grofse, eng genabelte Schale. Umgänge meist höher als breit, aufsen etwas verschmälert. Rippen in der Nähe des Nabels gegabelt, ohne Knotenbildung über den Externteil fortsetzend. Einschnürungen fehlen. Mündung ohne Seitenohren. Oberer Dogger, Oxfordien. Europa, Ostindien, Ostafrika, Südamerika, Polarregion. *A. macrocephalus* Schloth, *A. Herveyi* Sow. etc.

Cadoceras Fischer. Eng und tief genabelt. Umgänge niedrig, aufsen sehr breit. Die Bifurkationsknoten der Rippen durch eine Externkante ersetzt. Callovien. *A. sublaevis* Sow., *A. Elatmae* Nikitin.

Quenstedtoceras Hyatt. Mäfsig involute, stark gerippte Formen mit zweispaltigen Sichelrippen. Externseite in der Jugend gerundet, später häufig kielförmig zugeschärft, im Alter meist ähnlich wie bei Cadoceras breit werdend. Loben und Sättel mäfsig geschlitzt, zweiter Seitenlobus kurz, 2—3 kurze Hilfsloben. Callovien und unteres Oxfordien, besonders im russischen und arktischen Jura. *Qu. Lamberti* Sow., *Mariae* d'Orb.

Cardioceras Neum.-Uhlig. Ziemlich involute Formen mit gekielter Externseite, mit scharfen Rippen bedeckt, welche gegen aufsen in zwei oder mehr Äste gespalten den Kiel kerben, häufig noch zahlreiche kurze Externrippen eingeschaltet; Suturen wie bei Quenstedtoceras. Oxford und Kimeridge. *C. cordatum* Sow., *alternans* v. Buch.

Holcostephanus Neumayr (*Craspedites, Polyptychites, Simbirskites, Astieria* Pavlow). Weit genabelt. Umgänge breiter als hoch; Rippen bündelweise über dem Nabel beginnend und aufsen häufig abermals gespalten, ununterbrochen über den breiten gerundeten Externteil fortsetzend. Mündung eingeschnürt, zuweilen mit Seitenohren. Einschnürungen vorhanden. Oberer Jura und untere Kreide. *A. stephanoides* Opp., *A. Portlandicus* Loriol (ob. Jura), *A. Groteanus* (Tithon), *A. Astierianus, Jeannoti* (Neokom).

Fig. 1183.
Reineckia Brancoi Steinm. Callovien. Caracoles, Südamerika. (Nach Steinmann.)

Fig. 1184.
Oecoptychius refractus de Haan. sp. Callovien. Niort. Deux Sèvres. (Nach d'Orbigny.)

Reineckia A. Bayle (Fig. 1183). Weit genabelt, Rippen anfänglich einfach, weiter aufsen gegabelt und an der Gabelungsstelle teilweise Knoten bildend, auf dem gerundeten Externteil durch eine Furche unterbrochen. Einschnürungen vorhanden. Mundsaum mit Seitenohren. Dogger, Oxford, bis Neokom in Europa, Ostindien und Südamerika. *A. anceps* Rein., *A. Greppini* Opp. (Callovien).

Oecoptychius Neumayr (Fig. 1184). Klein, eng genabelt, Rippen über dem Nabel gespalten. Wohnkammer geknickt. Mundsaum mit Ohren- und ventralem kapuzenförmigem Fortsatz. Ob. Dogger. *A. refractus* de Haan.

Fig. 1185.
Suturlinie von *Perisphinctes colubrinus*. Rein. sp.

Fig. 1186.
Perisphinctes polyplocus Rein sp. Ob. Jura. Pappenheim, Bayern. $^1/_2$ nat. Gröfse.

Perisphinctes Waagen (*Planulati* v. Buch., *Ataxioceras* Font., *Procerites, Choffatia, Grossouvria* Siem.) (Fig. 1185–1187). Meist weit genabelt, Rippen aufsen zwei- oder mehrfach gegabelt und über den gerundeten Externteil fortsetzend. Mundsaum mit Einschnürung und häufig mit Seitenohren. Umgänge mit periodischen Einschnürungen, zuweilen auch mit parabolischen Anschwellungen auf dem Externteil. Suturlinien fein zerschlitzt; Hilfsloben einen tiefen Nahtlobus bildend. Aptychus aufsen konzentrisch gefurcht und gekörnelt. Ungemein häufig im Dogger und Malm; seltener in der untersten Kreide. Mehr als 300 Arten beschrieben. Einzelne Arten erreichen sehr bedeutende Gröſse (bis 1 m Durchmesser). *A. aurigerus*, *curvicosta* Opp., (Dogger). *A. polygratus*, *polyplocus*, *colubrinus* Rein. (Malm), *A. Kayseri* Neum. und Uhlig (Neokom) etc.

Sutneria Zitt. (Fig. 1188). Klein, eng genabelt. Innere Umgänge wie *Perisphinctes;* Wohnkammer anormal, auſsen abgeplattet und von schwachen Randknoten begrenzt. Mündung mit Ohren. Ob. Jura.

Proplanulites Teiss. Dogger.

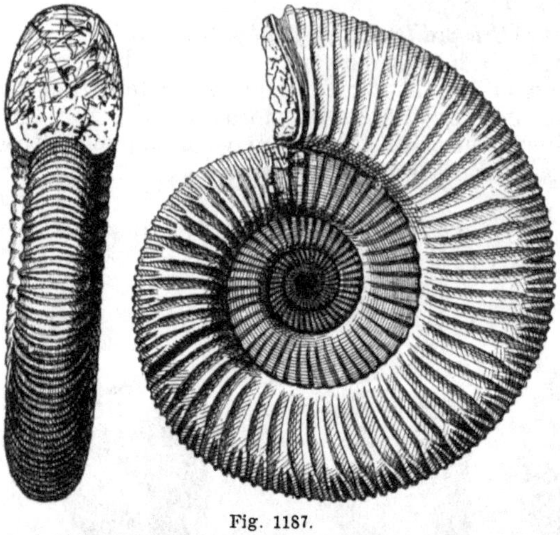

Fig. 1187.
Perisphinkes Tiziani Opp. sp. Malm. (*Bimammatus*-Sch.) Hundsrück bei Streichen, Württemberg.

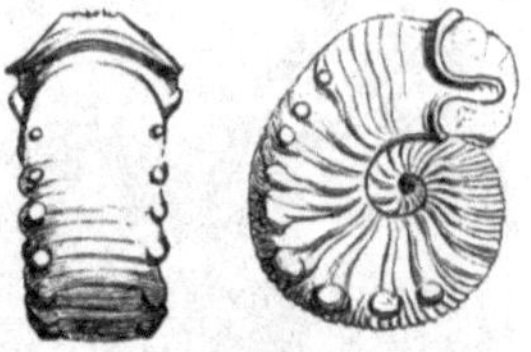

Fig. 1188.
Sutneria platynotus Rein. sp. Ob. Jura. (*Tenuilobatus*-Sch.) Balingen, Württemberg.

17. Familie. **Aspidoceratidae.** Zitt. (*Armati* v. Buch.)

Innere Umgänge berippt; äuſsere mit 1—2 Knoten- oder Stachelreihen auf den Seiten. Externteil breit, niemals gekielt. Mündung einfach, selten mit Seitenohren. Suturlinie wenig tief zerschlitzt. Sättel breit, die 1—2 Hilfsloben seicht. Aptychus sehr dick, auſsen glatt. Dogger und Malm.

Die Aspidoceratiden sind wahrscheinlich aus *Perisphinctes* hervorgegangen.

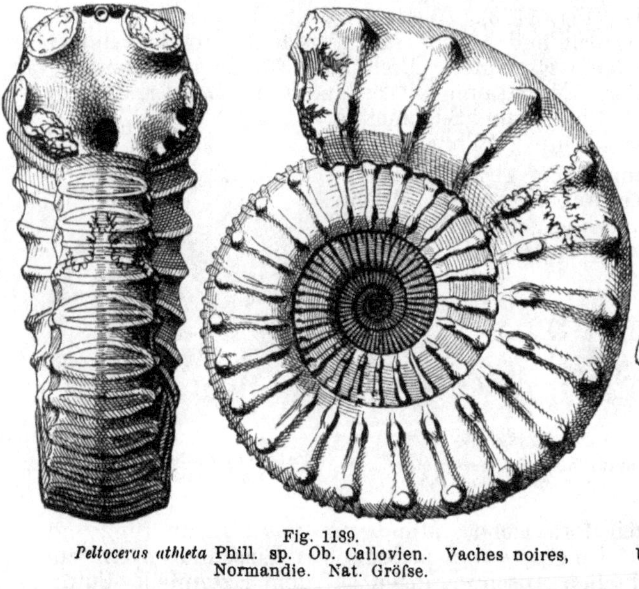

Fig. 1189.
Peltoceras athleta Phill. sp. Ob. Callovien. Vaches noires, Normandie. Nat. Gröſse.

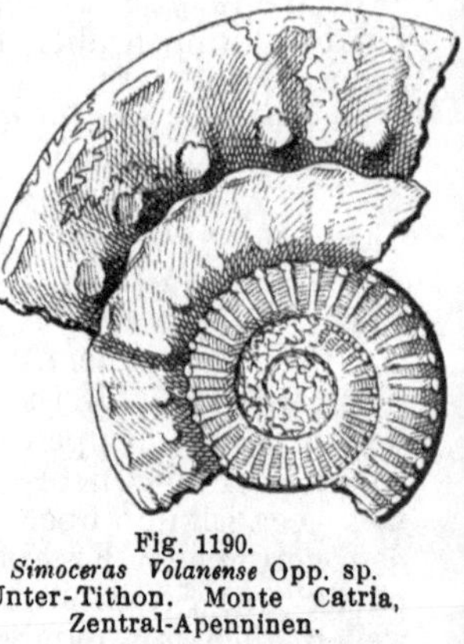

Fig. 1190.
Simoceras Volanense Opp. sp. Unter-Tithon. Monte Catria, Zentral-Apenninen.

Peltoceras Waag. (Fig. 1189). Weit genabelt. Innere Umgänge vierseitig, mit zahlreichen kräftigen, auſsen meist gegabelten, seltener einfachen, über den Externteil fortsetzenden Rippen, die auf den späteren Umgängen zuerst Rand- und dann Nabelknoten bilden. Einschnürungen fehlen. Callovien bis unterer Malm. *A. athleta* Phil., *A. Constanti* d'Orb., *A. transversarius, bimammatus* Opp.

Fig. 1191.
Aspidoceras perarmatum Sow. sp. Oxfordton, Dives, Calvados. $^1/_2$ nat. Gröfse.

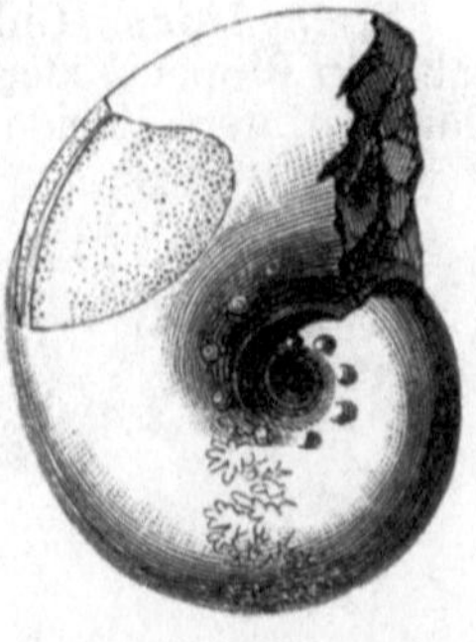

Fig. 1192.
Aspidoceras circumspinosum Opp. sp. Ob. Malm. Schwäbische Alb. $^1/_2$ nat. Gröfse.

Simoceras Zittel (Fig. 1190). Weit genabelt, flach scheibenförmig. Innere Umgänge mit geraden einfachen, selten dichotomen Rippen, die später durch ein oder zwei Knotenreihen ersetzt werden. Einschnürungen vorhanden. Ob. Jura und Tithon.

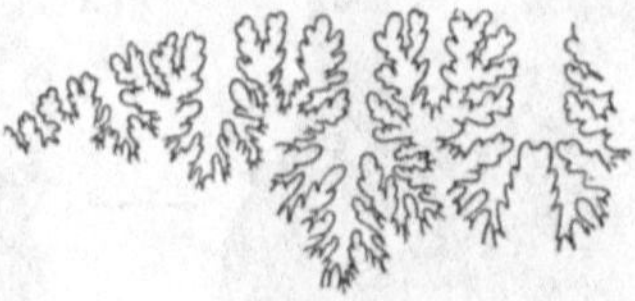

Aspidoceras Zittel (Fig. 1191, 1192). Umgänge dick, aufsen breit gerundet. Rippen nur auf den ersten Umgängen, später auf den Seiten ein oder zwei Reihen von Knoten oder Stacheln. Einschnürungen fehlen. Callovien bis unterste Kreide. Hauptverbreitung im oberen Jura. *A. biarmatus* Ziet., *A. acanthicus* Opp. etc.

Waagenia Neumayr. Wie *Aspidoceras,* jedoch flach scheibenförmig. Externteil mit Furche. Ob. Jura. *A. hybonotus* Opp.

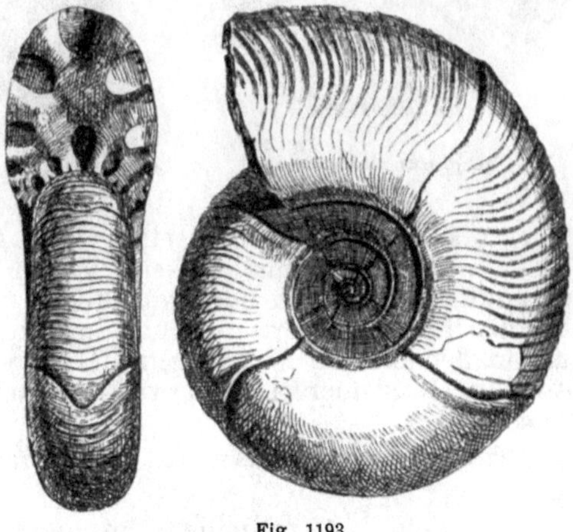

Fig. 1193.
Desmoceras (Puzosia) Mayorianum d'Orb. sp. Gault. Perte du Rhône. (Nach d'Orbigny).

18. Familie. **Desmoceratidae.** Zitt. (*Ligati* d'Orb.)

Rippen einfach oder mehrfach gespalten, ununterbrochen über den gerundeten, ungekielten Externteil fortsetzend. Einschnürungen oder Querwülste in regelmäfsigen Abständen vorhanden. Suturlinie fein zerschlitzt, die Hilfsloben meist geradlinig angeordnet. Aptychus unbekannt. Kreide.

Desmoceras Zitt. (*Puzosia* Bayle) (Fig. 1193, 1194). Meist weit genabelt. Seiten mit geraden oder nach vorne geschwungenen Rippen oder Linien verziert, die über den gerundeten Externteil fortsetzen; aufserdem mehrere

Einschnürungen oder Wülste vorhanden. Suturlinie fein zerschlitzt, mehrere Hilfsloben entwickelt. Neokom bis Senom. *A. difficilis, ligatus* d'Orb., *A. strettostoma* Uhlig, *A. Emerici* Rasp. Neokom. *A. Mayorianus* d'Orb., *A. planulatus* Sow. Gault.

Silesites Uhlig. Neokom. *A. Seranonis* d'Orb.

Holcodiscus Uhlig. Umgänge aufsen gerundet, mit zahlreichen gespaltenen Rippen bedeckt, wovon einzelne an den Bifurkationsstellen Knoten bilden. Untere Kreide. *A. Perezianus, incertus* d'Orb. (Barrêmien.)

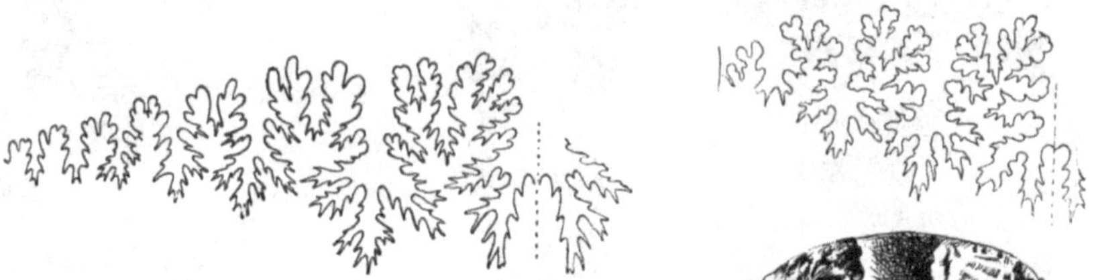

Fig. 1194.
Suturlinie von *Desmoceras latidorsatum* Mich. Gault. Perte du Rhône.

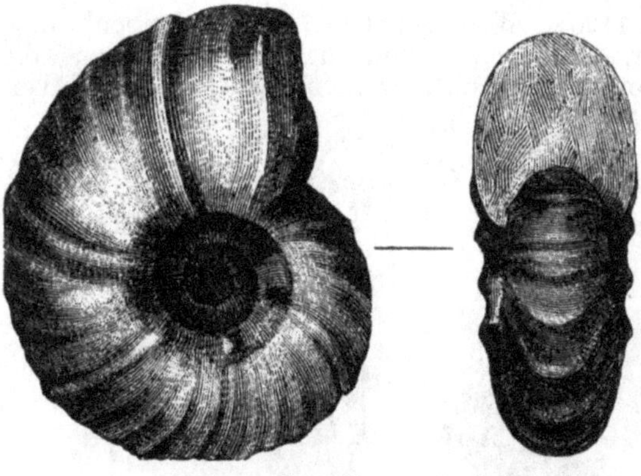

Fig. 1195.
Pachydiscus peramplus Mant. sp. Lower Chalk. England.

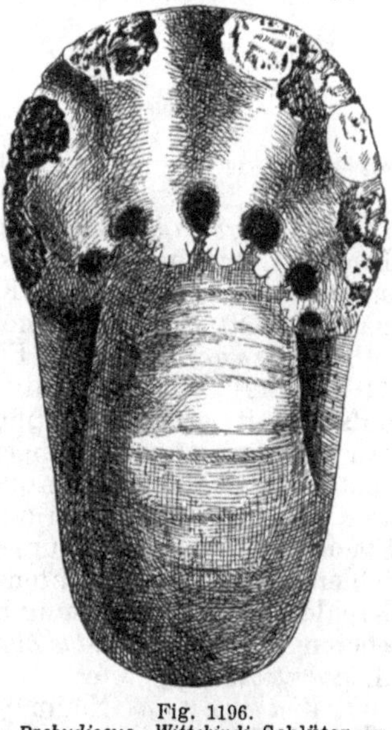

Fig. 1196.
Pachydiscus Wittekindi Schlüter sp. Obere Kreide.

Pachydiscus Zitt. (Fig. 1195, 1196). Aufgeblähte, zuweilen sehr grofse (1/2—2 m) Schalen mit dicken, aufsen gerundeten Umgängen. Seiten mit kräftigen einfachen oder gespaltenen, zuweilen knotigen Rippen, welche über den Externteil fortsetzen und im Alter verschwinden. Einschnürungen nur auf den inneren Windungen. Mittlere und obere Kreide von Europa, Ostindien, Nordamerika. *A. peramplus* Mant., *A. Wittekindi* Schlüt., *A. Galicianus* Favre.

Hauericeras Grossouvre. Mittl. und ob. Kreide. *H. Gardeni* Baily.

19. Familie. **Cosmoceratidae.** Zittel.

(*Ornati* und *Dentati* v. Buch.)

Schale durch gespaltene oder in Knotenreihen aufgelöste Rippen reich verziert. Rippen meist Nabel- und Randknoten bildend, auf dem ungekielten Externteil durch eine Furche unterbrochen, verwischt, abgeschwächt, zuweilen aber auch verdickt. Mündung öfters mit Seitenohren. Suturlinie verschieden, tief zerschlitzt. Erster

Laterallobus tief, einspitzig, in der Regel nur 1—2 wenig zurückspringende Hilfsloben vorhanden. Aptychus unbekannt. Dogger bis obere Kreide.

Die Cosmoceratiden bilden einen eigenartig differenzierten Seitenzweig der Stephanoceratiden. Ob die Gattung *Hoplites* als Nachkomme von *Cosmoceras*, oder, wie Neumayr annimmt, von *Perisphinctes* zu betrachten ist, läſst sich nicht mit Sicherheit entscheiden.

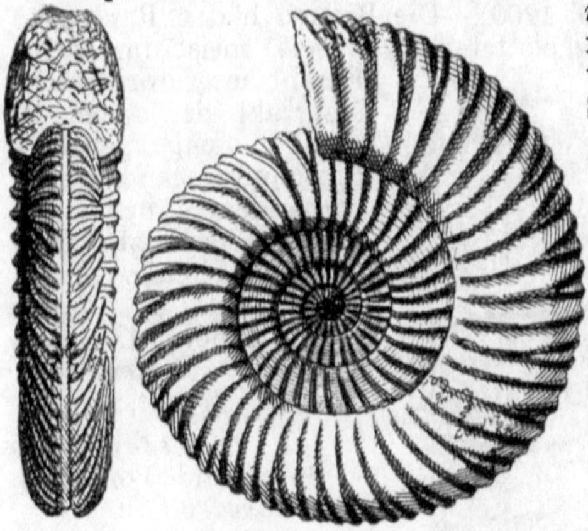

Fig. 1197.
Parkinsonia Parkinsoni Sow. sp. Unt. Oolith. Bayeux, Calvados.

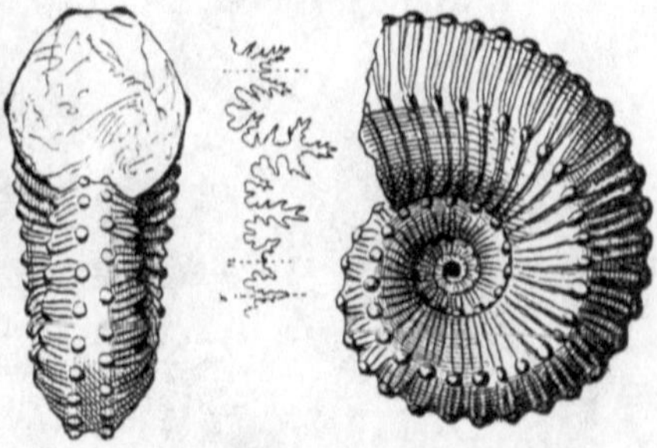

Fig. 1198.
Cosmoceras ornatum Schloth. sp. Ob. Dogger (Ornatenton). Gammelshausen, Württemberg.

Parkinsonia Bayle (Fig. 1197). Weit genabelt, scheibenförmig. Rippen scharf, auſsen dichotom gespalten und am Externteil entweder durch eine Furche unterbrochen oder abgeschwächt; zuweilen neben der Externfurche und an den Bifurkationsstellen schwache Knoten. An groſsen Exemplaren sind die Rippen verwischt. Einschnürungen fehlen. Suturlinie stark zerschlitzt. Siphonallobus und erster Laterallobus tief; Sättel breit. Dogger. *A. Parkinsoni* Sow., *A. bifurcatus* Zieten, *A. Niortensis* d'Orb.

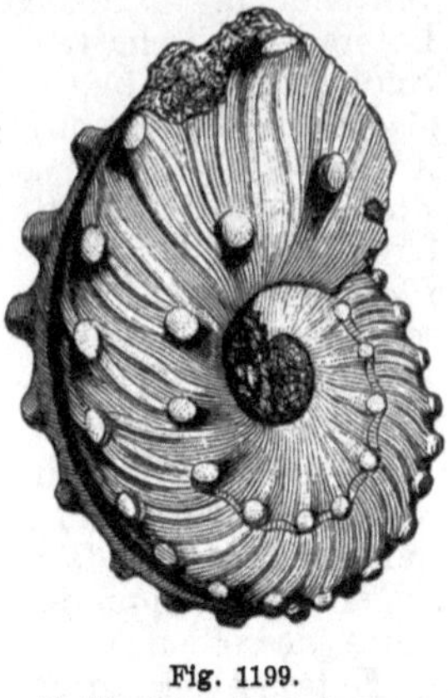

Fig. 1199.
Hoplites tuberculatus Sow. sp. Gault. Folkestone. (Mit ausgefallener Siphonalröhre.)

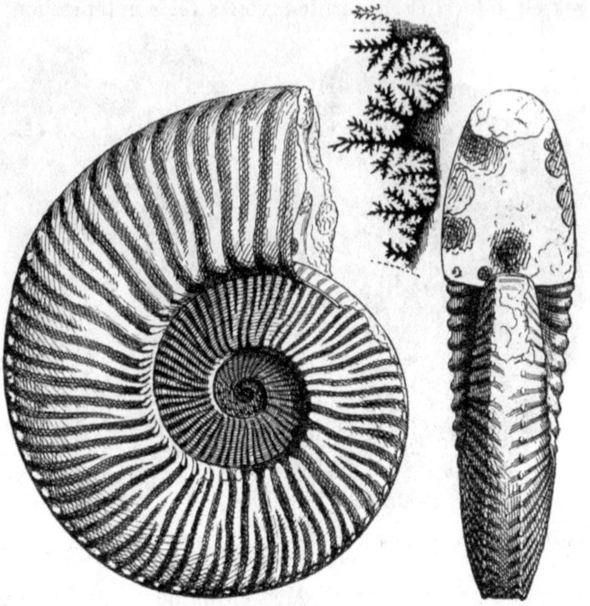

Fig. 1200.
Hoplites Noricus Sow. sp. (*H. amblygonius* (Neum.). Neokom. Achim bei Börsum.

Cosmoceras Waagen (Fig. 1198). Rippen zahlreich, dicht gedrängt, gegabelt; neben der Externfurche und meist auch über den Nabel und an den Bifurkationsstellen Knoten- oder Stachelreihen bildend. Einschnürungen fehlen. Siphonallobus kürzer als der erste Laterallobus. Dogger bis Neokom. *A. Jason*, Rein, *Duncani* Sow., *A. ornatus* Schloth. (Ob. Dogger). *A. adversus* Opp. (Tithon).

Hoplites Neumayr (Fig. 1199, 1200). Die Rippen bilden Rand- und Nabelknoten und sind auf der abgeplatteten Externseite meist durch eine Furche unterbrochen. Die Mehrzahl der Arten ist ziemlich eng genabelt. Einschnürungen zuweilen vorhanden. Suturlinie fein und tief zerschlitzt. Tithon und unt. Kreide. Gegen 100 Arten. *A. Chaperi* Pictet (Tithon), *A. radiatus* Brug., *A. splendens* Sow., *A. Deluci* Brongt. (Gault).

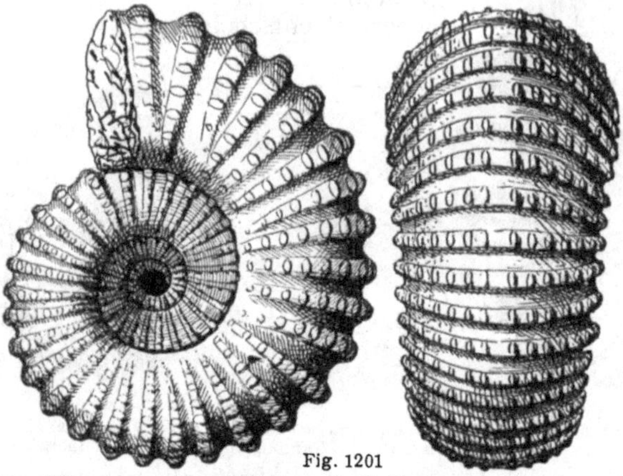

Fig. 1201
Douvilléiceras mammillare Schloth. sp. Gault. Macheromenil, Ardennen.

Aulacostephanus v. Sutn. und Pompeckj. *A. Eudoxus* d'Orb. Malm.

Sonneratia Bayle. Kreide. *A. Dutemplei*, d'Orb.

Stoliczkaia Neumayr. Rippen nur auf den inneren Umgängen auf dem Externteil unterbrochen, später verdickt und ununterbrochen. Kreide. *A. dispar* d'Orb. (Gault), *A. Telinga* Stol. (mittl. Kreide).

Placenticeras Meek. Scheibenförmig, eng genabelt, aufsen zugeschärft, gekielt oder der Externteil von zwei Knotenreihen, in der Jugend von zwei Randkielen begrenzt. Loben und Sättel zahlreich, gezackt oder zerschlitzt; die Sättel mit breitem Stamm; der Externsattel mit 2 Adventivloben. Erster Laterallobus sehr tief. Neokom bis Senon. *A. placenta* de Kay (Senon); *A. Guadaloupae* Roem., *A. syrtalis* Morton (mittlere Kreide), *A. clypeiformis* d'Orb. (Barremien).

Fig. 1202.
Acanthoceras Rhotomagense Defr. sp. Mittl. Kreide (Cenoman). Rouen. (Nach Quenstedt.)

Douvilléiceras Grossouvre (Fig. 1201). Rippen in Knotenreihen aufgelöst, über den Externteil fortsetzend, jedoch in der Mitte desselben meist durch eine schwache Medianfurche unterbrochen. Externsattel grofs, stärker und länger als der erste Lateralsattel. Seitenloben zugespitzt. Kreide. *A. mammillaris* Schloth., *A. nodosocostatus* d'Orb. (Gault.), *A. Martini* d'Orb. (Neokom).

Mammites Laube, Turon. *A. nodosoides* Laube.

†*Acanthoceras* Neumayr (Fig. 1202). Rippen einfach oder dichotom gespalten, gerade, gegen aufsen verdickt, mit Seiten- und Marginalknoten. Externteil breit, mit medianen Knotenreihen. Suturlinie mit breiten, mäfsig tief zerschlitzten Sätteln und zweispitzigen Loben. Kreide. *A. Lyelli* d'Orb (Gault), *A. Rhotomagensis* Defr. (Cenoman).

An die Cosmoceratiden schliefsen sich, ähnlich wie an die Ceratitiden und Lytoceratiden, eine Anzahl sogenannter ammonitischer Nebenformen an, welche vorzugsweise in der unteren Kreide verbreitet sind und im Barrémien den Höhepunkt ihrer Entwicklung erreichen. Sie beginnen schon im ob. braunen Jura.

Crioceras Leveillé (Fig. 1203, 1204). Schale in einer Ebene aufgerollt, aus wenigen offenen, sich nicht berührenden Umgängen zusammengesetzt. Oberfläche mit einfachen, seltener gespaltenen Querrippen bedeckt, die häufig ein oder mehr Knoten oder Stacheln entwickeln. Suturlinie mit vier Hauptloben; die Sättel etwas unsymmetrisch geteilt. Untere Kreide. Europa, Ostindien, Südamerika, Südafrika.

Die Gattung *Crioceras* enthält wahrscheinlich Arten von verschiedener Abstammung. Während sich die ältesten Formen (*Spiroceras* Quenst.) aus dem braunen Jura (Fig. 1203) in Skulptur und Lobenlinie eng an *Parkinsonia* anschliefsen, sind die grofsen Neokom-Arten mit tief zerschlitzter Suturlinie wahrscheinlich aus *Hoplites* hervorgegangen; die Abstammung der kleinen Arten aus der unteren Kreide mit schwach gezackter Suturlinie (*Leptoceras* Uhlig) ist unsicher.

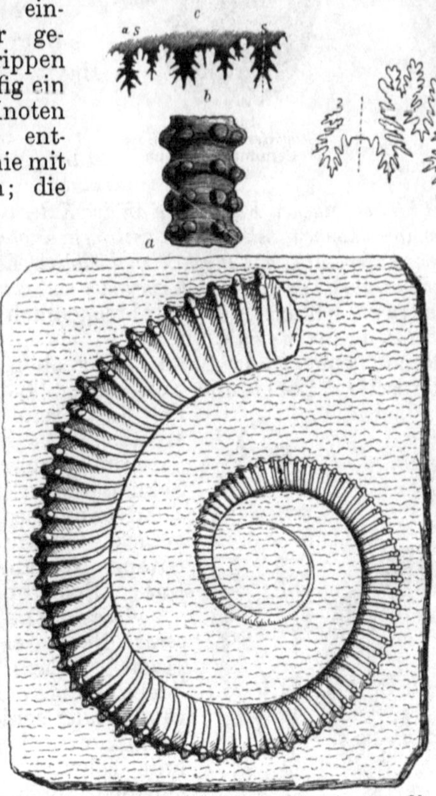

Fig. 1203. *Spiroceras bifurcatum* Quenst. sp. Ob. Dogger. Ehningen., Württemberg. *a* Exemplar in nat. Gr. *b* Ein Stück des Externteils. *c* Suturlinie.

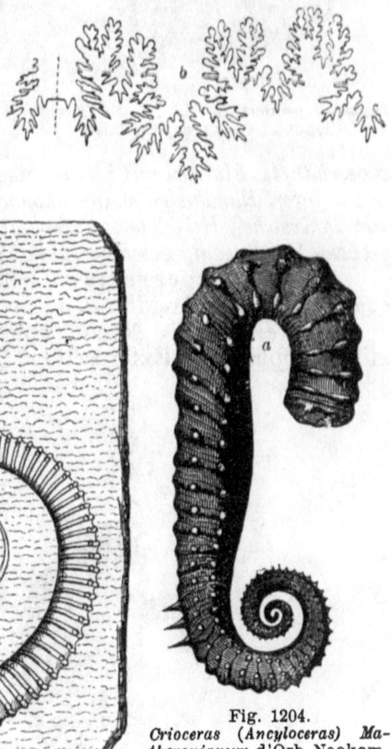

Fig. 1204. *Crioceras* (*Ancyloceras*) *Matheronianum* d'Orb. Neokom. Castellane, Basses Alpes. *a* Exemplar in 1/3 natürl. Gröfse. *b* Suturlinie.

d'Orbigny beschränkte den Namen *Crioceras* auf Schalen mit offener Spirale, als *Ancyloceras* d'Orb. (Fig. 1204) wurden diejenigen unterschieden, bei denen der letzte Umgang sich zuerst geradlinig verlängert und dann zu einem Haken umbiegt. *Toxoceras* d'Orb. begreift die bogenförmig gewundenen Schalen.

Scaphites Parkinson (Fig. 1205, 1206). Schale aus einem eng genabelten, geschlossenen Gewinde und einem abgelösten, schwach verlängerten und alsdann umgebogenen letzten Umgang bestehend. Oberfläche mit gespaltenen, zuweilen knotigen oder stacheligen Rippen bedeckt. Mündung etwas eingeschnürt. Suturlinie fein zerschlitzt mit mehreren Hilfsloben. Aptychus dünn, gekörnelt. Mittl. und ob. Kreide von Europa, Ostindien und Nordamerika.

Fig. 1205. *Scaphites spiniger* Schlüter Ob Kreide (Senon). Coesfeld, Westfalen

Fig 1206 *Scaphites aequalis* Sow Cenoman. Rouen. Nat. Gröfse.

20. Familie.

Engenoceratidae.

Haytt emend. Pompeckj.

Schale flach scheibenförmig, eng genabelt, hochmündig Externseite abgeplattet oder gerundet oder zugeschärft. Flanken mit breiten, flachen Falten, die an der Externseite abbrechen und in stumpfen Randkielen endigen können, seltener mit spitzigen Knoten. Lobenlinie mit sehr zahlreichen Hilfsloben, Externsattel mit 1—4 Sekundärloben. Loben meist nur fein gezackt, Sättel wenig geschlitzt, zum Teil ceratitisch gerundet und ganzrandig. Kreide.

Die *Engenoceratiden* schliefsen sich wahrscheinlich an die *Cosmoceratidae* der Kreide (*Placenticeras*) an.

Engenoceras Neum. emend. J. Bohm. Engnablig, scheibenförmig mit abgeplatteter Externseite Lobenlinie vom ersten Laterallobus gegen die Externseite und den Nabel aufsteigend. Sättel gerundet, ganzrandig, zum Teil mit kleinen Sekundärloben, Externsattel mit 4 Adventivloben, Loben wenig gezackt. Cenoman, Turon Westeuropa, Nordamerika. *E. pedernale* v. Buch. sp.

Fig. 1207 *Indoceras Ismaëli* Zitt. sp Ob. Senon. Libysche Wüste westlich von der Oase Dachsel

Indoceras Nötling, (*Engenoceras* Neum. e. p., *Libycoceras* Hyatt.). Flach scheibenförmig, hochmündig. Externseite gerundet oder gekielt, öfters durch Randknoten begrenzt. Lobenlinie schwach gebogen. Sättel ganzrandig breit gerundet; Externsattel mit einem Sekundärlobus, der dem ersten Laterallobus fast gleich kommt. Loben gezackt. Senon. Libysche Wüste, Indien. *J. baluchistanensis* Nötl.

Sphenodiscus Meek. Sättel gekerbt bis ceratitisch gerundet; Externsattel mit 2 Sekundärloben. Turon, Senon. Indien, Westeuropa, Nordamerika. *S. pleurisepta* Conr. sp.

21. Familie. **Pulchelliidae.** Douvillé emend. Pompeckj.

Schale meistens eng genabelt und ziemlich hochmündig. Externseite abgeflacht, gerundet oder zugeschärft. Flanken mit flachen, nach aufsen verbreiterten Rippen oder glatt, seltener mit einzelnen Knoten. Lobenlinie wenig geschlitzt bis ceratiten- oder goniatitenartig. Loben und Sättel niedrig; Sättel breit, Externsattel mit 1 (bis 3) Sekundärlobus. Loben wenig gezackt oder fein gezähnt, meistens schmal, kurz; 2—3 Hilfsloben. Kreide.

Die *Pulchelliidae* sind an die *Cosmoceratidae* der Kreide *(Hopliten)* anzuschliefsen.

Pulchellia Uhlig. Eng genabelt, flach, hochmündig. Rippen kräftig, nach vorne gebogen, gegen aufsen verdickt und häufig am Externteil jederseits einen Randkiel oder eine Knotenreihe bildend. Suturlinie wenig tief zerschlitzt; Externsattel sehr breit mit einem Sekundärlobus, Siphonallobus kurz; Seitenloben im Grunde breit gerundet und gezähnelt. Unt. Kreide von Europa und Südamerika. *A. pulchellus, provincialis* d'Orb. etc.

Buchiceras Hyatt (*Knemiceras* J. Böhm). Lobenlinie mit gerundeten Sätteln, zum Teil mit Sekundäreinschnitten; Externsattel mit 3 Sekundäreinschnitten. Loben ganz fein gezähnt. Kreide. Syrien, Nordamerika. *B. (Ceratites) syriacum* v. Buch. sp.

Neolobites Fischer. Scheibenförmig; Externteil abgeplattet, jederseits kantig begrenzt. Loben und Sättel ganzrandig, ungezackt. *A. Vibrayeanus* d'Orb. Cenoman.

Tissotia Douvillé (Fig. 1208). Eng genabelt, dick, mit einfachem oder in Knoten aufgelöstem Kiel. Externteil zuweilen durch zwei Knotenreihen begrenzt. Externsattel breit, unsymmetrisch zweilappig, die übrigen Sättel vorne ganzrandig oder durch einen seichten Einschnitt zweiteilig. Loben gezackt. Hilfsloben (4—5) sehr kurz. Mittlere Kreide (Cenoman u. Turon), Südeuropa und Nordafrika. *T. Ewaldi* v. Buch, *T. Tissoti* Bayle.

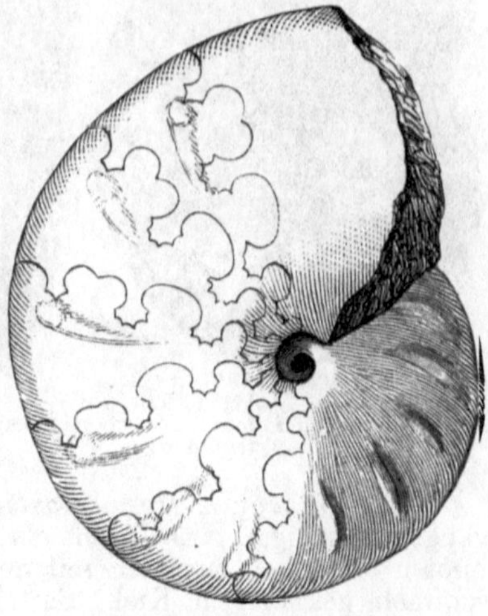

Fig. 1208.
Tissotia Fourneli Bayle. Turonien. Mzab-el-M'saï, Algerien. (Nach Bayle.

In die Familie der *Pulchelliidae* sind vielleicht auch einzureihen die Oxynoten der Kreide.

Garnieria Sayn (*Amaltheus* Neum. u. Uhl., *Oxynoticeras* Uhl., *Platylenticeras* Hyatt). Schale engnablig, hochmündig; Externseite gerundet oder schneidend. Flanken glatt oder mit breiten flachen Falten. Sättel breit, niedrig, fein gekerbt, Externsattel immer breiter als der erste Lateralsattel, mit einem Sekundärlobus. Loben kurz, schmal, wenig gezackt. Volga-Stufe. Untere Kreide. Rufsland, Schlesien, Norddeutschland, Frankreich. *A. catenulatus* Traut., *heteropleurus* Neum. u. Uhl.

Lenticeras Gerh. *Mojsisovicsia* Steinm.

22. Familie. **Prionotropidae.** Zitt.

Seiten mit kräftigen, einfachen oder dichotom gespaltenen Rippen, die auf den Seiten je eine oder mehrere, und neben dem Externteil jederseits eine Knotenreihe bilden; Externteil mit glattem, seltener in Knoten aufgelöstem Mediankiel. Suturlinie mäfsig tief zerschlitzt; Extern- und erster Lateralsattel breit; Seitenloben zweispitzig, nur ein Hilfslobus vorhanden. Kreide.

Schloenbachia Neumayr (*Cristati* d'Orb.) (Fig. 1209, 1210). Mehr oder weniger weit genabelt, aufsen breit mit glattem Mediankiel. Seiten mit vorwärts gebogenen, häufig knotigen Rippen Stämme der Sättel breit, erster Laterallobus zugespitzt. Mündung mit glattem Kiel, der zuweilen ein anfänglich aufwärts und darauf rückwärts gekrümmtes Horn bildet. Neokom bis obere Kreide. *A. cultratus* d'Orb. (Neokom), *A. Delarui* d'Orb. (Gault), *A. inflatus, varians* Sow. (Cenoman)

Barroisiceras Grossouvre. Eng genabelt. Rippen meist mit Seitenknoten, von da dichotom gespalten und in Randknoten endigend. Externteil mit medianer Knotenreihe Sättel und Loben breit, wenig tief zerschlitzt Senon. *B. Haberfellneri* Hauer sp *B. Nicklesi.* Grossouvre

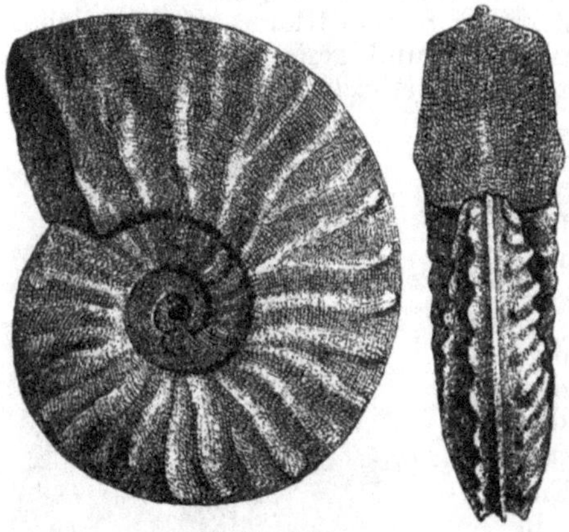

Fig 1209.
Schloenbachia varians Sow. sp. Cenoman
Quedlinburg.

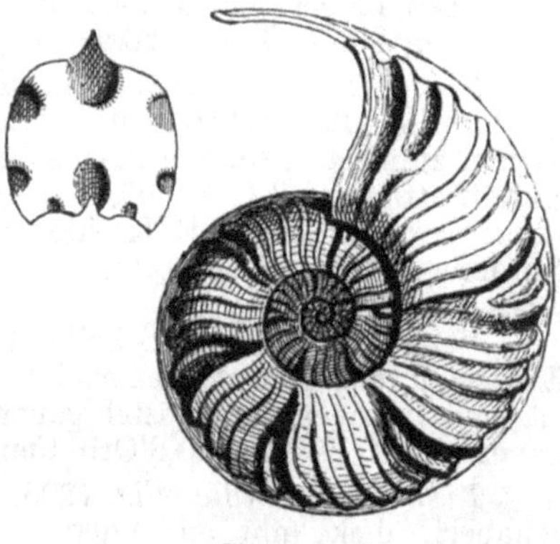

Fig 1210.
Schloenbachia cristata Deluc sp Gault.
Perte du Rhône.

Mortoniceras Meek (*Gauthiericeras* Grossouvre). Weit genabelt, Umgänge vierseitig, etwas hoher als breit. Rippen einfach, gerade, in Randknoten endigend, zuweilen mit Seitenknoten. Externteil mit glattem oder schwach geknotetem Kiel. Sättel wenig tief eingeschnitten. Der Externsattel sehr breit, in zwei Lappen geteilt. Seitenloben zweispitzig. Senon und oberes Turon. *A. Texanus* Roem., *A. serrato-marginatus* Redtenb., *A. Bourgeoisi* d'Orb. *A. Margae* Schlüter.

Peroniceras Grossouvre. Wie vorige, jedoch Externteil mit glattem Rand und Mediankiel. Suturlinie tief zerschlitzt Ob Kreide. *A. tricarinatus* d'Orb. *A. Westfalicus* Schlüt. *A. Czörnigi* Redtenb.

Prionotropis Meek. Rippen einfach, gerade, kräftig, zu beiden Seiten des Externteils Randknoten bildend und von da zuweilen dichotom gespalten, Externteil mit medianer Knotenreihe. Turon. *A. Woolgari* Mant., *A. papalis* d'Orb.

Zeitliche Verteilung und Stammesgeschichte der Ammonoideen.

An Formenreichtum übertreffen die Ammonoideen die Nautiloideen um das Doppelte. Während von letzteren gegen 2500 Arten beschrieben sein dürften, erhebt sich die Zahl der Ammonoideen auf weit mehr als 5000 Species. Dieselben sind ohne Ausnahme ausgestorben und charakterisieren vorzugsweise die mesozoische Ära.

Obwohl kein Ammonit das Kreidesystem überlebt hat, so erweisen sich die Ammonoideen in ihrer Gesamtheit doch als der jüngere Zweig des Tetrabranchiatenstammes. Erst nachdem die Nautiloideen ihren Höhepunkt überschritten hatten, tauchen die Goniatiten und Clymenien als älteste Vertreter der Ammonoideen auf. Die Lebensdauer der

Clymenien beschränkt sich auf einen kurzen Abschnitt der jüngeren Devonzeit; die Goniatiten erscheinen in Europa schon im Ober-Silur (Kellerwald), aber erst im Devon treten sie in gröfserer Formenfülle auf und dauern bis zum Schlufs des paläozoischen Zeitalters fort. Bis vor wenigen Jahren glaubte man, dafs in paläozoischen Ablagerungen nur Goniatiten und Clymenien vorkämen. Die Entdeckung echter Ammoniten in den Productus-Kalken des Salt-Rangegebirges, im Perm des Ural, Armeniens und von Texas und in den Fusulinen-Kalken von Sicilien rückte ihre Verbreitung in die permische Zeit herab. Diese paläozoischen Ammonshörner stehen bezüglich ihrer Suturentwicklung zwischen den Goniatiten und den jüngeren Ammonoideen.

Mit Beginn der mesozoischen Ära nehmen die echten Ammoniten einen gewaltigen Aufschwung. Im mitteleuropäischen Muschelkalk konnten bis jetzt zwar nur die Gattungen *Ceratites, Hungarites, Beneckeia* und *Ptychites* nachgewiesen werden; dagegen liefern die Alpen, Spitzbergen, der Himalaja, die Rocky mountains und das Cascadengebirge in Nordamerika, sowie die Amurländer in Ostasien einen grofsen Reichtum eigentümlicher Ammoniten. Die Familien *Arcestidae, Tropitidae, Ceratitidae, Ptychitidae, Cladiscitidae* und *Pinacoceratidae* gehören ausschliefslich der Trias an.

Hinsichtlich der Suturentwicklung zeigen die triasischen Ammoniten eine unerwartete Mannigfaltigkeit. Gewisse Genera *(Sageceras, Lecanites, Lobites)* kommen nicht über ein goniatitisches oder Goniatitenähnliches Stadium heraus, viele andere erreichen nur das Ceratitenstadium; bei den Cyclolobiden, Arcestiden, Tropitiden, den Cladiscitiden, Ptychitiden und Phylloceratiden dagegen sind Loben und Sättel mehr oder weniger stark zerschlitzt, ja bei *Pinacoceras* zeigt sich die feinste und komplizierteste Differenzierung der Suturlinie, die bis jetzt überhaupt bei Ammoniten wahrgenommen wurde. Neben normalen Gehäusen weist die alpine Trias auch einige sogenannte Nebenformen *(Cochloceras, Rhabdoceras, Choristoceras)* auf, welche sich stets durch einfache Suturentwicklung auszeichnen.

Mit dem Lias tritt eine fundamentale Veränderung der Ammonoideen ein. Von den zahlreichen triasischen Familien und Genera haben mit Ausnahme der Phylloceraten alle Triasfamilien ihr Ende gefunden und sind durch neue Formen ersetzt. Die Ursachen, welche während der Rhätischen Stufe der Entwicklung von Cephalopoden so überaus ungünstig waren, sind bis jetzt noch nicht ermittelt.

Im unteren Lias herrschen die Aegoceratiden fast ausschliefslich; die Gattungen *Psiloceras, Arietites* und *Schlotheimia* sind auf diese Stufe beschränkt; im mittleren und oberen Lias sind neben den Aegoceratiden die Harpoceratiden die Amaltheiden *(Oxynoticeras, Amaltheus)*, die Phylloceratiden *(Phylloceras)*, Lytoceratiden *(Lytoceras)* und die ältesten Formen der *Stephanoceratidae (Coeloceras, Dactylioceras)* vertreten. Bemerkenswerterweise ist der Antisiphonallobus bei den liasischen Ammoniten (Aegoceratiden und Amaltheiden) häufig zweispitzig.

Mit Ausnahme der Aegoceratiden dauern sämtlich eim Lias auftauchende Familien auch im Dogger und Malm fort, doch nehmen die Harpoceratiden an Formenreichtum ab und sterben im oberen

Jura aus. Neu kommen nur die Familien der Haploceratiden und Cosmoceratiden hinzu. Die im Dogger besonders verbreiteten Gattungen sind: *Harpoceras, Oppelia, Stephanoceras, Sphaeroceras, Morphoceras, Macrocephalites, Oecoptychius, Reineckia, Parkinsonia, Cosmoceras, Perisphinctes, Haploceras, Phylloceras, Lytoceras.*

Im Malm oder weiſsen Jura begegnet man noch fast allen bereits im Dogger genannten Gattungen, allein das Zahlenverhältnis der Arten wird meist ein anderes; so gehen *Harpoceras, Stephanoceras, Reineckia, Parkinsonia* und *Cosmoceras* zurück, während *Oppelia, Haploceras, Holcostephanus* und namentlich *Perisphinctes* an Formenreichtum zunehmen. Die dominierende Gattung des Malm ist entschieden *Perisphinctes*, daneben stellen die Gattungen *Aspidoceras, Simoceras* und *Peltoceras* eine namhafte Zahl von Arten. Aufgelöste Formen gehören im Jura zu den seltenen Erscheinungen und beschränken sich auf einige *Spiroceras-* und *Baculina-Arten.*

Eine ähnliche Umprägung, wie im unteren Lias, macht sich auch nach Abschluſs der Jurazeit geltend. Die Ammoniten des Kreidesystems gehören meist zu neuen Gattungen. Es ist überhaupt im Gesamthabitus der Cephalopodenfauna eine bedeutende Änderung eingetreten. Nur die ältesten Neokombildungen der Alpen enthalten einige Arten, welche schon während der Tithonzeit gelebt haben, und stellen die Kontinuität der beiden Systeme her. Die geringsten Veränderungen zeigen die Phylloceraten und Lytoceraten; an die Stelle der Harpoceratiden sind die Desmoceratiden getreten, wovon die Gattungen *Desmoceras* und *Silesites* hauptsächlich Neokom und Gault, die Gattung *Pachydiscus* die jüngeren Stufen der Kreide charakterisieren. Von den Stephanoceratiden erlöschen die aus dem Jura überlieferten Gattungen *Perisphinctes* und *Olcostephanus* schon in der unteren Kreide; an Stelle der jurassischen Cosmoceratiden treten *Hoplites, Douvilléiceras* und *Acanthoceras.* Eine eigentümliche rückschreitende Entwicklung in der Suturbildung, die Rückkehr zum Ceratitenstadium, macht sich bei zwei Familien der Kreide-Ammoniten geltend, bei den Pulchelliiden und Engenoceratiden, welche sich wahrscheinlich an die jüngeren Cosmoceraten (Hopliten) anschlieſsen. Ein besonderes Gepräge erhält die cretacische Ammonitenfauna durch die reiche Entwicklung der sogenannten Nebenformen, welche im oberen Neokom am reichlichsten auftreten, aber teilweise bis in die höchsten Lagen, des Kreidesystems fortdauern. Die Gattungen *Macroscaphites, Pictetia, Hamites, Anisoceras, Turrilites, Baculites, Crioceras* und *Scaphites* gehören der Kreide ausschlieſslich an.

Das plötzliche Erlöschen der Ammonoideen mit Abschluſs des mesozoischen Zeitalters gehört zu den auffallendsten und bis jetzt noch unerklärten Erscheinungen in der Entwicklungsgeschichte der organischen Schöpfung. Es müssen an der Grenze von Kreide und Tertiär groſse und durchgreifende Veränderungen in den Existenzbedingungen stattgefunden haben, um eine so blühende und hochorganisierte Gruppe von Tieren nicht nur in Europa, sondern auch in den übrigen Weltteilen der Vernichtung zuzuführen.

Die nachstehende Tabelle zeigt die zeitliche Verbreitung der *Ammonoidea.*

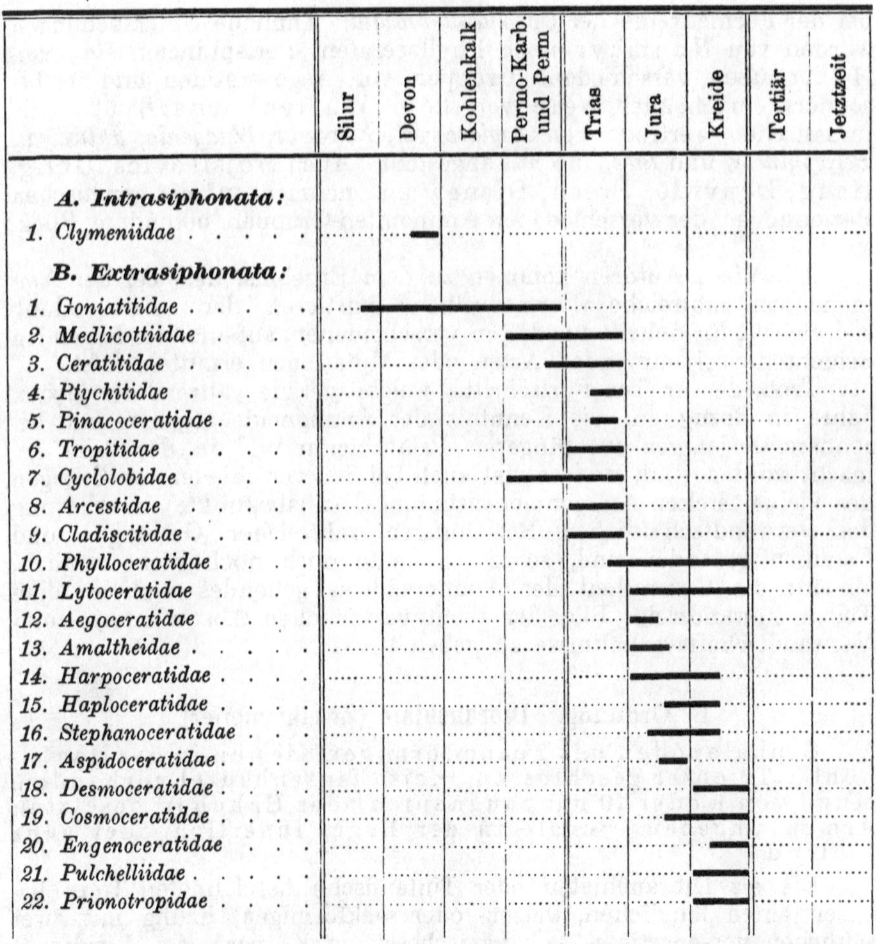

Der übereinstimmende Gesamthabitus, welcher alle Ammoniten charakterisiert, hat der von Sueſs und Hyatt inaugurierten neuen Nomenklatur Hindernisse bereitet; insbesondere auch darum, weil viele der in den letzten Jahren aufgestellten Genera und Familien schwer von den benachbarten zu unterscheiden sind oder ganz unbestimmte Definition erhalten haben. Augenblicklich herrscht übrigens weit mehr die Tendenz, zu zersplittern, als zusammenzufassen, und einige Autoren sind auf dem Wege, für jede ältere »gute« Art eine besondere Gattung oder Familie zu errichten.

Wenige Abteilungen des Tierreichs dürften übrigens so vollständige Spuren ihrer Entwicklung in den Erdschichten hinterlassen haben und eine gröſsere Zahl von Tatsachen zu Gunsten der Descendenztheorie liefern als die Ammoniten, und zwar besitzen Steinkerne wegen der ungemein dünnen Beschaffenheit ihrer Schale in systematischer Hinsicht denselben Wert wie beschalte Stücke.

Den ersten Versuch, eine gröſsere Anzahl von Ammoniten-Arten nach ihrem genetischen Zusammenhang zu prüfen, machte W. Waagen bei der Formenreihe der *Oppelia subradiata*. Ähnliche Untersuchungen wurden von Neumayr über Phylloceraten, Perisphincten etc., von Hyatt über verschiedene Gruppen von Aegoceratiden und in besonders eingehender Weise von Leop. Würtenberger[1]) über die jurassischen Vertreter von *Aspidoceras, Simoceras, Waagenia, Peltoceras, Perisphinctes* und *Stephanoceras* angestellt. Auch Mojsisovics, Uhlig, Haug, Douvillé, Frech, Diener u. a. nehmen auf die genetischen Beziehungen der verschiedenen Ammoniten-Gruppen besondere Rücksicht.

Alle diese Autoren kommen zu dem Ergebnis, daſs bei den Ammonoideen zahlreiche »Formenreihen« existieren, deren Entwicklung sich Schritt für Schritt aus den in verschiedenen, aufeinander folgenden Schichten vorkommenden Arten oder Mutationen ermitteln läſst.

Trotz der groſsen Fortschritte, welche gerade während der letzten Jahre in Bezug auf die Kenntnis der Ammonoideenfaunen und besonders derjenigen im jüngeren Paläozoicum und in der Trias gemacht worden sind, und so viel auch bei den verschiedensten Zweigen des vielverästelten Ammonoideenstammes Anhaltspunkte zur Klärung der verwandtschaftlichen Beziehungen zahlreicher Gattungen und Familien gefunden sind, so ist es heute doch noch nicht möglich, ein für die Gesamtheit der Ammonoideen geltendes und in allen Teilen einwandfreies Bild der recht verwickelten Abstammungs- und Verwandtschaftsverhältnisse zu geben.

B. Ordnung. **Dibranchiata** (Zweikiemener).

Cephalopoden mit 2 baumförmigen Kiemen in der Mantelhöhle; Trichter geschlossen, meist Tintenbeutel vorhanden. Mund von 8 oder 10 mit Saugnäpfen oder Häkchen besetzten Armen umgeben. Schale in der Regel innerlich oder ganz fehlend.

Die als Dibranchiaten oder Tintenfische bezeichneten Tiere besitzen einen länglichen, walzen- oder sackförmigen, häufig mit zwei seitlichen flossenartigen Anhängen besetzten Körper. Am Vorderteil des Kopfes stehen 8—10 kreisförmig angeordnete, kräftige, muskulöse Arme, deren Innenseite mit Saugnäpfen oder 2 Reihen Häkchen bewaffnet ist und welche den Tieren zum Kriechen oder Schwimmen, sowie zum Festhalten ihrer Beute dienen. Sehr häufig kommen zwei stark verlängerte Arme vor, die nur an ihrem etwas verdickten Ende Saugnäpfe oder Häkchen tragen (Fig. 1211). Die Saugnäpfe (Acetabula) sind mittels kurzer Stiele an den Armen befestigt; ihre Innenseite stellt eine in der Mitte durchbohrte Scheibe dar, in welcher zahlreiche strahlig angeordnete Muskelbündel verlaufen. Durch Aufpressen des knorpeligen Auſsenrandes und Zurückziehen der gefalteten Haut können die Tiere an jedem Saugnapf einen luftverdünnten Raum herstellen und so dieselben wie Schröpfköpfe verwenden. Die Kiefer haben ähnliche Form wie bei *Nautilus*, sind jedoch niemals verkalkt, sondern stets hornig und darum auch nicht erhaltungsfähig. Der Kopfknorpel bildet einen geschlossenen, die Zentralteile des Nerven-

---

[1]) Leop. Würtenberger. Studien über die Stammesgeschichte der Ammoniten. Ein geologischer Beweis für die Darwinsche Theorie. Leipzig 1880.

systems schützenden Ring. Die groſsen, von einer Kapsel umgebenen Augen erinnern in ihrem Bau an jene der Wirbeltiere.

Hinter dem Kopf befindet sich eine Einschnürung mit der Atemhöhle auf der Bauchseite, welche von einem vorspringenden Lappen des Mantels geschützt wird. Hier ist der ringsum geschlossene, zylindrische oder konische Trichter jederseits von einem Kiemenbaum umgeben und auſserdem münden daneben After- und Geschlechtsorgane.

Der sackförmige Hinterleib enthält Darm, Magen, Leber, Drüsen, Herz, Blutgefäſse, Generationsorgane und Nervenstränge, sowie den birnförmigen, ziemlich groſsen, mit einer intensiv schwarzbraunen Flüssigkeit erfüllten Tintenbeutel, der durch einen stielförmigen Ausführungsgang neben der Afteröffnung entleert werden kann. Die Tiere hüllen sich dabei in eine dunkle Wolke und entziehen sich so der Verfolgung ihrer Feinde. Bei manchen fossilen Dibranchiaten findet man nicht nur die Eindrücke der Tintenbeutel, sondern dieselben auch noch mit einer erhärteten kohlschwarzen Masse erfüllt.

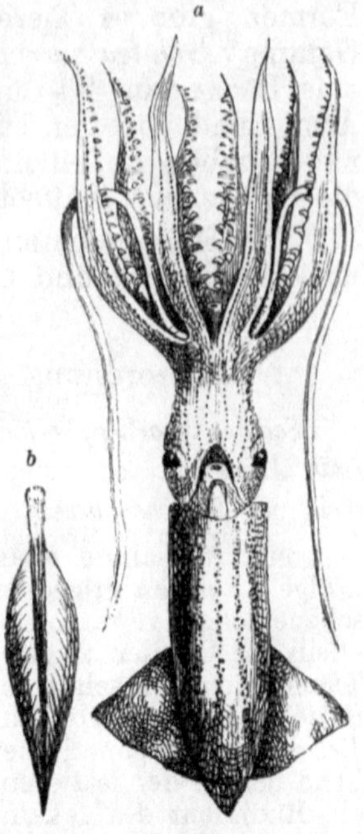

Fig. 1211.
Enoploteuthis leptura aus dem Stillen Ozean. *a* Tier von der Bauchseite, *b* innerliche Schale (Schulp).

Der ganze Leib ist von dem sog. Mantel, einer dicken, muskulösen, häufig lebhaft gefärbten Haut umgeben, in welcher bei fossilen Formen nicht selten Kalksalze zur Ablagerung kamen.

Die meisten Dibranchiaten besitzen eine innerliche, vom Mantel bedeckte Schale; nur die Weibchen der Octopodengattung *Argonauta* besitzen eine äuſsere Kalkschale in Gestalt eines dünnen, einfachen Spiralgehäuses, welches jedoch keineswegs der Schale der übrigen Dibranchiaten homolog ist. Letztere sind von sehr verschiedener Beschaffenheit. Bei der Gattung *Spirula* liegt eine spirale, gekammerte, von einem Sipho durchzogene Röhre, welche in ihrer Form an *Gyroceras* erinnert, im hinteren Teil des Körpers; sie ist vom Mantel umhüllt, der in der Mittelregion so dünn wird, daſs die Schale durchschimmert. Bei der ausgestorbenen Familie der Belemnitiden besteht die innerliche Schale aus einem gekammerten Kegel, welcher sich auf der Rückenseite in ein zartes, hornig-kalkiges Blatt verlängert und teilweise in einer am vorderen Teil ausgehöhlten fingerförmigen oder konischen soliden Kalkscheide steckt. Bei den eigentlichen Tintenfischen liegt eine länglich ovale, schwertförmige oder blattförmige, einfache Schale in einer geschlossenen Tasche des Mantels auf der Rückenseite des Tieres. Diese innere, zuweilen ungemein dünne Schale wird auch Schulp *(gladius, calamus)* genannt und besteht entweder aus Conchyolin oder aus kohlensaurem Kalk. Bei einigen Gattungen zeigen die Schulpe an ihrem Hinterende noch Spuren von Kammerung, bei den meisten fehlt jedoch jede Andeutung eines Phragmocons. Bei den Octopoden *(Octopus, Eledone, Cirroteuthis)* kommen rudimentäre innere Schalen vor in Gestalt von stäbchen- oder plattenförmigen Chitin- (oder Conchyliolin-)Ausscheidungen, welche in einer sackartigen Partie des Mantels gebildet werden.

Die lebenden Dibranchiaten treiben teils in Schwärmen schwimmend auf hoher See umher, teils kriechen sie auf dem Grunde oder halten sich vereinzelt an felsigen Küsten auf. Es sind ungemein behende, gefräſsige Raubtiere, welche unter den Mollusken, Krebsen und Fischen groſse Verheerungen anrichten. Einzelne Arten dienen dem Menschen als Nahrungsmittel. In der Gröſse variieren die Dibranchiaten auſserordentlich: neben kleinen, nur 1—2 Zoll langen Formen gibt es Tiere von riesigen Dimensionen. So erreicht die Gattung *Architeuthis* eine Totallänge von 12 Meter; der Rumpf hat eine Länge von $2^1/_2$ Meter und einen Umfang von 2,12 Metern. Die Arme sind von der Dicke eines menschlichen Schenkels, die Saugnäpfe haben an einem im Kopenhagener Museum befindlichen Arm die Gröſse von Kaffeetassen.

Die Dibranchiaten zerfallen in die drei Unterordnungen: *Belemnoidea, Sepioidea* und *Octopoda*.

1. Unterordnung. **Belemnoidea.** (Phragmophora Fischer.)[1])

Schale innerlich, gekammert, kegelförmig, seltener spiral, mit Sipho, hinten (mit Ausnahme von Spirula) in eine kalkige Scheide eingefügt. Die 10 Arme meist mit Häkchen besetzt. Trias bis jetzt.

Mit Ausnahme einer einzigen Gattung (*Spirula*) sind alle hierher gehörigen Formen erloschen. Durch ihre gekammerte, mit einem Sipho versehene Schale verraten sie zwar eine Verwandtschaft mit den Tetrabranchiaten, allein die Schalen zeigen eine ganz abweichende Struktur und dienten den Tieren nicht als schützendes Gehäuse, sondern waren von den Weichteilen umschlossen und von auſsen nicht sichtbar. Mit den *Sepioidea* dürften die *Belemnoidea* in genetischem Zusammenhang stehen, denn besitzt die innerliche Schale der letzteren auch ganz andere Form und Struktur, so ist doch ein Rudiment des gekammerten Kegels an der hinteren Spitze der Schulpe nachweisbar, und dieses Rudiment findet sich in viel deutlicherer Entwicklung bei einer fossilen Gattung *(Belosepia)*, welche die Kluft zwischen *Belemnoidea* und *Sepioidea* überbrückt.

---

[1]) *Blainville, Ducrotay de,* Mémoire sur les Bélemnites. Paris 1827. — *Duval-Jouve,* Bélemnites des terrains crétacés inférieurs des environs de Castellane. Paris 1841. 4°. — *Douvillé,* Bull. Soc. géol. de France 1892. XX. S. XXV. — *Huxley, Thom.* On the Structure of Belemnitidae, with a description of a more complete specimen of Belemnites than any hitherto known, and on an account of a new genus of Belemnitidae (Xiphoteuthis). Mem. geol. survey of the united kingdom. Figures and descriptions of British organic remains. Monograph II. London 1864. — *Mantell, G. A.* Observations on some Belemnites and other fossil remains of Cephalopoda in the Oxford-clay near Trowbridge, Wiltshire. Philos. Trans. 1848 p. 171 to 181 and Supplementary observations ibid. 1850 p. 393—398. — *Mayer, Ch.,* Liste par ordre systématique des Bélemnites des terrains jurassiques. Journ. de Conchyliologie 1863 und Zeitschr. d. deutsch. geol. Ges. 1883. S. 641. — *Phillips, John, A* Monograph of British Belemnitidae. Palaeontogr. Society 1865—1870. — *Sueſs, Ed.,* Über die Cephalopoden-Sippe Acanthoteuthis. Sitzungsber. d. Wien. Akad. Bd. LI. 1865. — *Voltz,* Observations sur les Bélemnites. Paris 1827. — Observations sur les Belopeltis ou lames dorsales des Belemnites. ibid. 1840. III.

1. Familie. **Belemnitidae.** Blainv.

Schale aus einem konischen, gekammerten Kegel (Phragmocon), einem dorsalen Blatt (Proostracum) und einer kalkigen verlängerten und soliden Scheide (Rostrum) zusammengesetzt. Tier mit 10 gleichlangen, mit Häkchen besetzten Armen. Tintenbeutel vorhanden. Trias bis Eocän.

Unter den *Belemnoidea* nehmen die *Belemnitidae* durch Formenreichtum und geologische Wichtigkeit den ersten Platz ein. Ihre Schale kann als Prototyp aller Dibranchiaten-Gehäuse gelten, denn sie enthält noch sämtliche Bestandteile vollständig ausgebildet, während einzelne derselben bei den übrigen Familien verloren gingen.

Bei den Belemnitiden besteht die Schale 1. aus der soliden, kalkigen, meist stark verlängerten, zylindrisch konischen Scheide *(rostrum, gaine, guard, sheath)*, welche vorn mit einer tiefen Alveole versehen ist und in welche sich 2. der kegelförmige, gekammerte, von einem ventralen, randständigen Sipho durchzogene und mit kugeliger Embryonalkammer beginnende Phragmocon einsenkt; der dorsale Teil des Phragmocons verlängert sich 3. in das sehr dünne blattförmige, vorn gerundete Proostracum, welches dem Schulp der *Sepiodea* entspricht. (Fig. 1213.)

Von diesen drei Teilen sind in der Regel nur die Scheide, seltener der Phragmocon und vom Proostracum nur Fragmente erhalten. Die ganze Schale der Belemnitiden war, wie die Gefäſseindrücke auf der Scheide beweisen, vom Mantel umhüllt. Abdrücke des Tieres im englischen Lias (Fig. 1213 *B*) und in den lithographischen Schiefern Bayerns (Fig. 1214, 1215) zeigen einen lang gestreckten Körper mit Tintenbeutel, einen nach vorne verengten Rumpf und einen kleinen von 10 gleich langen mit Häkchen besetzten Armen umgebenen Kopf. Die gröſsten Belemnitiden erreichten eine Länge von 2—$2^1/_2$ Meter.

Aulacoceras Hauer (*Dictyoconites* Mojs.) (Fig. 1212). Rostrum verlängert, keulenförmig, gegen oben verschmälert, im unteren Dritteil verdickt, hinten zugespitzt, aus konzentrischen, lose übereinanderliegenden Schichten zusammengesetzt. Von der Spitze verläuft auf jeder Seite eine breite, vertiefte, meist nicht sehr scharf abgegrenzte Furche nach dem vorderen Alveolarrand. Phragmocon mindestens doppelt so lang als die Scheide, langsam an Dicke zunehmend, auſsen mit erhabenen Längslinien verziert, welche auf der Dorsalseite von nach vorne konvexen Querlinien gekreuzt werden; sehr ähnlich *Orthoceras*. Scheidewände ziemlich entfernt. Sipho randständig, dorsal oder ventral, dünn. Proostracum unbekannt. Die Scheiden dieser Gattung sind selten; die Phragmocone ziemlich häufig, jedoch meist auſser Verbindung mit dem Rostrum. Obere Trias der Alpen. *A. sulcatum* Hau.

Asteroconites Teller. Rostrum mit groben Längsrippen. Ob. Trias, Alpen.

Atractites Gümbel (*Orthoceras* p. p. auct.). Wie *Aulacoceras*, jedoch das Rostrum groſs, glatt ohne Lateralfurchen; Phragmocon entweder glatt oder die Dorsalregion jederseits durch eine feine Asymptotenlinie begrenzt und mit äuſserst feinen, einen flachen nach vorn gerichteten Bogen bildenden Zuwachslinien verziert. Obere Trias und Lias der Alpen. Scheiden und Phragmocone kommen fast immer isoliert vor. Letztere wurden früher allgemein zu *Orthoceras* gerechnet, wovon sie sich durch die randliche Lage des Sipho und die Streifung der Dorsalseite unterscheiden.

Xiphoteuthis Huxley. Unt. Lias. England.

Belemnites (Agricola) Lister (*Acanthoteuthis* R. Wagn., *Ostracoteuthis* Zitt.) (Fig. 1213—1220). Scheide fingerförmig, subzylindrisch oder kegelförmig, bald kurz und dick, bald schlank und stark verlängert, gegen hinten verschmälert und zugespitzt oder stumpf abgerundet. Im vorderen Teil befindet sich eine umgekehrt kegelförmige Alveole zur Aufnahme des Phragmocons. Von der hinteren etwas exzentrischen Spitze dieser Alveole bis zum Ende der Scheide verläuft die Apical- oder Scheitellinie (Achse), von welcher radiale, die ganze Scheide zusammensetzende Kalkfasern ausstrahlen. Im Vertikalschnitt beobachtet man deutliche Zuwachslinien, welche den Jahresringen eines Baumes entsprechend die im Verlauf der Entwicklung abgesetzten Kalkschichten darstellen. Aus denselben geht

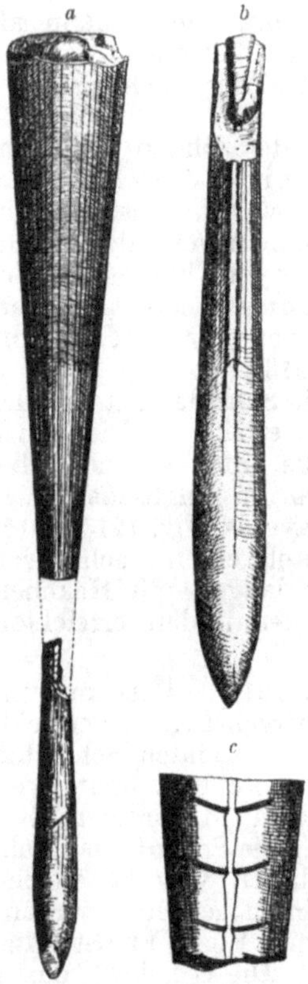

Fig. 1212.
Aulacoceras (*Dictyoconites*) *reticulatum* Hauer. Ob. Trias. Röthelstein bei Aussee.
a Scheide und Phragmocon $^2/_3$ nat. Gröfse.
b Scheide nat. Gröfse,
c Stück des Phragmocons, an der Bauchseite etwas angeschliffen, um den Sipho und die Siphonaldüten zu zeigen.

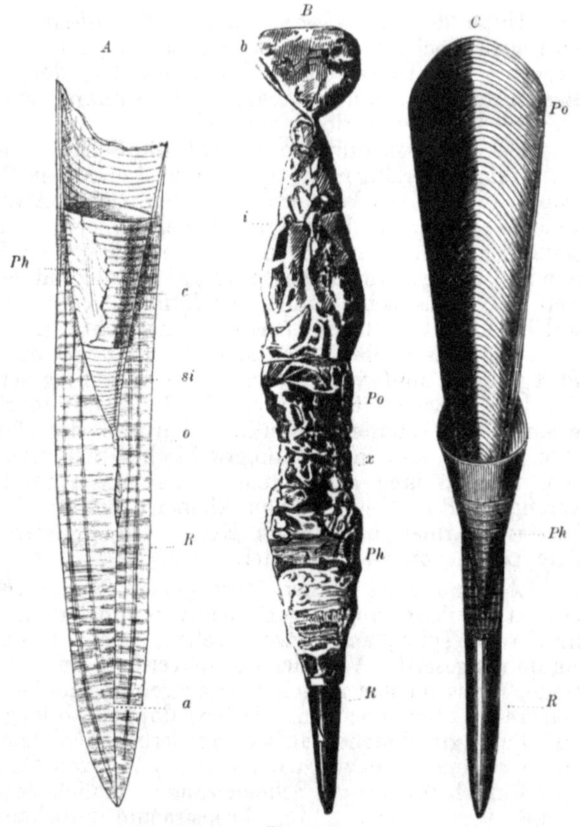

Fig. 1213.
A Vertikalschnitt durch einen Belemniten. *R* Rostrum, *Ph* Phragmocon. Derselbe ist in der unteren Hälfte durchgeschnitten und zeigt die Scheidewände, sowie den Sipho; auf der oberen Hälfte ist die Conothek erhalten, *a* Apicallinie, *o* Embryonalkammer, *si* Sipho, *c* gekammerter Teil des Phragmocons.
B Belemnites Bruguierianus Mill. aus dem unteren Lias von Charmouth. (England). Abdruck des ganzen Tieres *R* Rostrum, *Ph* Phragmocon, *Po* Proostracum, *i* vorderes Ende des Proostracums, *b* Arme, *x* Tintenbeutel. $^1/_3$ nat Gr. (Nach Huxley).
C Restauration einer Belemnitenschale. *R* Rostrum, *Ph* Phragmocon, *Po* Proostracum.

hervor, dafs die Kalkablagerung auf der Aufsenseite erfolgte, so dafs die Scheide gewissermafsen aus zahlreichen ineinander steckenden Düten besteht. (Fig. 1213 *A*). Da sich übrigens die neuen Schichten nicht immer ganz gleichmäfsig ablagerten, so können junge Individuen ein und derselben Art zuweilen ganz erheblich von ausgewachsenen abweichen. Am auffallendsten zeigt sich diese Erscheinung bei *Bel. acuarius* Schloth., welcher anfänglich eine kurze, stumpf konische Gestalt besitzt, dann plötzlich rasch an Länge zunimmt, indem sich die neuen Kalkablagerungen am Hinterende nicht mehr dicht an die früheren anlegen, sondern einen hohlen Zwischenraum freilassen. Die Oberfläche der Scheide ist bald mit einer sehr dünnen glatten Deckschicht überzogen, bald ganz oder teilweise mit Körnchen oder feinen Runzeln, zuweilen auch mit Eindrücken von Gefäßen bedeckt, von denen die letzteren namentlich auf der Ventralseite und am vorderen Teil der Scheide deutlich ausgeprägt erscheinen. Bei vielen Arten verläuft eine

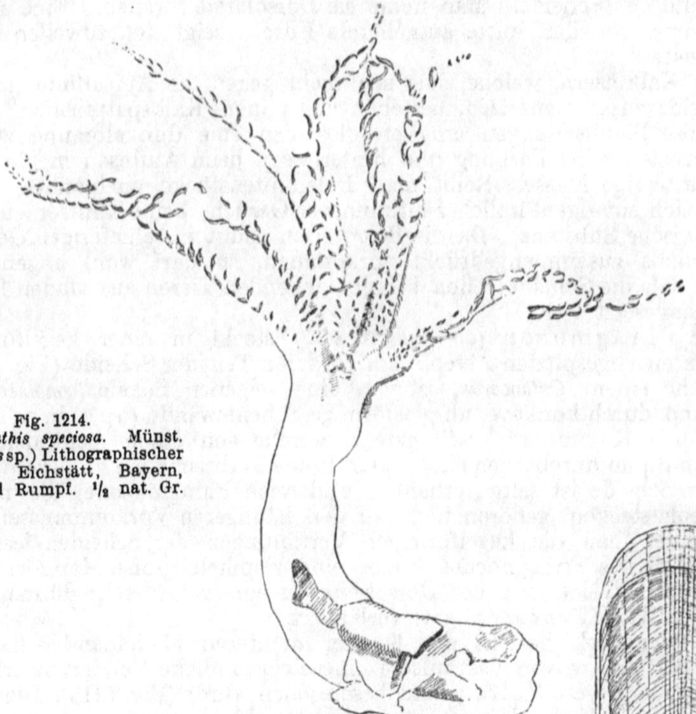

Fig. 1214.
Acanthoteuthis speciosa. Münst. (*Belemnites* sp.) Lithographischer Schiefer. Eichstätt, Bayern, Kopf und Rumpf. $^{1}/_{2}$ nat. Gr.

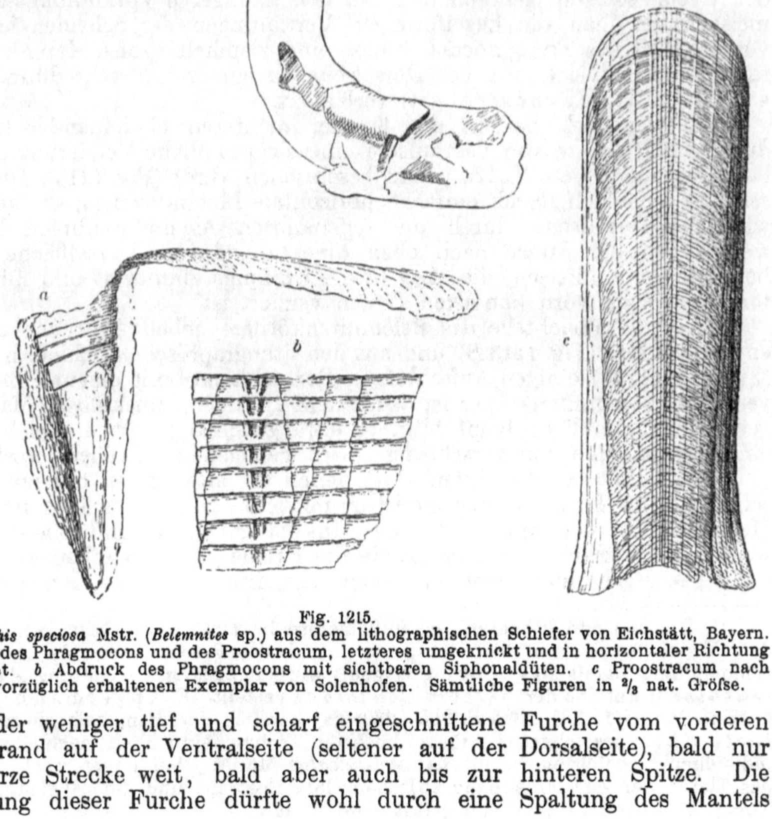

Fig. 1215.
Acanthoteuthis speciosa Mstr. (*Belemnites* sp.) aus dem lithographischen Schiefer von Eichstätt, Bayern. *a* Abdruck des Phragmocons und des Proostracum, letzteres umgeknickt und in horizontaler Richtung ausgebreitet. *b* Abdruck des Phragmocons mit sichtbaren Siphonaldüten. *c* Proostracum nach einem vorzüglich erhaltenen Exemplar von Solenhofen. Sämtliche Figuren in $^{2}/_{3}$ nat. Größe.

mehr oder weniger tief und scharf eingeschnittene Furche vom vorderen Alveolarrand auf der Ventralseite (seltener auf der Dorsalseite), bald nur eine kurze Strecke weit, bald aber auch bis zur hinteren Spitze. Die Entstehung dieser Furche dürfte wohl durch eine Spaltung des Mantels veranlaſst sein. Andere schwächer vertiefte Furchen beginnen bei manchen Belemniten an der Spitze. Sehr häufig erscheinen 2 symmetrische Rinnen, welche sich bald verflachen und als kaum vertiefte Bänder oder Streifen etwas divergierend nach vorn verlaufen. Dieselben bezeichnen stets die Dorsalseite der Scheide. Man nennt sie Dorsolateralfurchen. Eine unpaare, meist kurze, von der Spitze ausgehende Furche zeigt sich zuweilen auf der Ventralseite.

Die Kalkfasern, welche, fast senkrecht gegen die Apicallinie gerichtet, die Scheide zusammensetzen, bestehen aus feinen Kalkspatprismen. Durch bituminöse Beimischungen erhalten dieselben eine dunkelbraune, zuweilen auch bernsteingelbe Färbung und hinterlassen beim Auflösen in Säure eine schwarze teerige Masse. Reibt man Belemnitenstücke aneinander, so entwickelt sich ein eigentümlicher bituminöser Geruch; beim Erhitzen entweicht die organische Substanz. Da die Belemniten selbst in schieferigen Gesteinen fast niemals zusammengedrückt vorkommen, so darf wohl angenommen werden, daſs die Scheide schon bei den lebenden Tieren aus soliden Prismen zusammengesetzt war.

Der Phragmocon *(alveolus, Alveolit)* steckt in einer kegelförmigen, nach hinten zugespitzten Alveole am vorderen Teil der Scheide (Fig. 1213 *C*). Er gleicht einem *Orthoceras*, ist von einer eigenen Schale *(conotheca)* umgeben und durch konkave, uhrglasförmige Scheidewände *(septa)* in zahlreiche, engstehende Kammern *(loculi)* geteilt, welche von einem ventralen, randständigen Sipho durchzogen sind. Der dünne zerbrechliche vordere Alveolarrand der Scheide ist selten erhalten, und auch Phragmocone, die noch in der Alveole stecken, gehören nicht zu den häufigeren Vorkommnissen, denn meist findet man die kegelförmigen Vertiefungen der Scheiden leer. Der vordere Teil des Phragmocons bildet eine ziemlich groſse Kammer, deren zarte Conothek sich auf der Dorsalseite in ein breites, sehr dünnes, etwas gewölbtes Blatt (*Proostracum*) verlängert.

Die Conothek besteht aus 3 oder mehreren übereinander liegenden dünnen Blättern, wovon das äuſsere eine eigentümliche Verzierung erkennen läſst, die zuerst von Voltz genau beschrieben wurde (Fig. 1216). Die Bauchseite ist äuſserlich durch einfache horizontale Linien verziert; ihr gegenüber wird die Dorsalseite durch die sogenannten Asymptotenlinien begrenzt, welche von der Spitze nach oben divergierend eine Dorsalfläche (Hyperbolarfeld) umschlieſsen, die etwa $1/4$ des Umfangs einnimmt und mit bogenförmigen, nach vorn konvexen Linien verziert ist.

Über die Weichteile des Belemnitenkörpers geben Abdrücke aus dem englischen Lias (Fig. 1213 *B*) und aus den lithographischen Schiefern Bayerns (Fig. 1214, 1215) einigen Aufschluſs.[1]) Der schlanke, mit einem Tintenbeutel versehene Belemnitenkörper ist von einem kräftigen, muskulösen Mantel umgeben; der rundliche Kopf trägt 10 etwa gleichlange Arme, welche je mit einer Doppelreihe von verschieden stark gebogenen Häkchen besetzt sind.

Man kennt ca. 350 Arten, von denen die ältesten im unteren Lias erscheinen. Die Hauptverbreitung ist im mittleren und oberen Lias, im Dogger, Malm und in der unteren Kreide. In der mittleren und oberen Kreide werden sie spärlicher und mit Ende des Kreidesystems sterben sie gänzlich aus. Die Belemniten gehören neben den Ammoniten zu den wichtigsten

---

[1]) Die aus den lithographischen Schiefern bekannten Abdrücke, welche auſser dem Weichkörper noch den Phragmocon und das Proostracum, nie aber im Zusammenhang damit das Rostrum zeigen, wurden bislang als Gattung *Acanthoteuthis* zur Familie der *Belemnoteuthidae* gestellt. E. Angermann (N. Jahrb. f. Min. Beil. Bd. XV. 1895 S. 205—230) hat kürzlich dargetan, daſs die als *Acanthoteuthis* bezeichneten Stücke höchster Wahrscheinlichkeit nach Belemnitenindividuen angehörten (wohl *Bel. semisulcatus* Münst.), bei denen nach dem Tode des Tieres der Zusammenhang zwischen dem Rostrum und dem Weichkörper mit Phragmocon und Proostracum gelöst worden ist.

Leitfossilien des Jura und Kreidesystems. Man findet sie über die ganze Erdoberfläche verbreitet; am zahlreichsten in Europa, Asien und Amerika.

Als Subgenera von Belemnites werden unterschieden:

a) *Pachyteuthis* Bayle (Fig. 1218 *A*). Scheide ohne alle Furchen. Nur im unteren Lias. *B. acutus* Mill.

b) *Megateuthis* Bayle (*Dactyloteuthis* Bayle, *Paxillosi*) (Fig. 1218 *B*). Von der hinteren Spitze gehen zwei oder drei meist kurze Furchen aus. Mittlerer Lias bis untere Kreide. *B. paxillosus* Schloth., *B. elongatus* Mill., *B. giganteus* Schloth., *B. subquadratus* Röm. etc.

c) *Belemnopsis* Bayle (*Hibolithes* Montf., *Gastrocoeli*, *Canaliculati* und *Hastati*) (Fig. 1218 *D*, *E*, 1214, 1215). Scheide mit tiefer und meist langer am Alveolarrand beginnender Ventralfurche, ohne oder mit Dorsolaterallinien. Dogger, Malm bis mittlere Kreide. *B. canaliculatus* Schloth., *B. absolutus* Fisch., *B. unicanaliculatus* Ziet., *B. minimus* Lister.

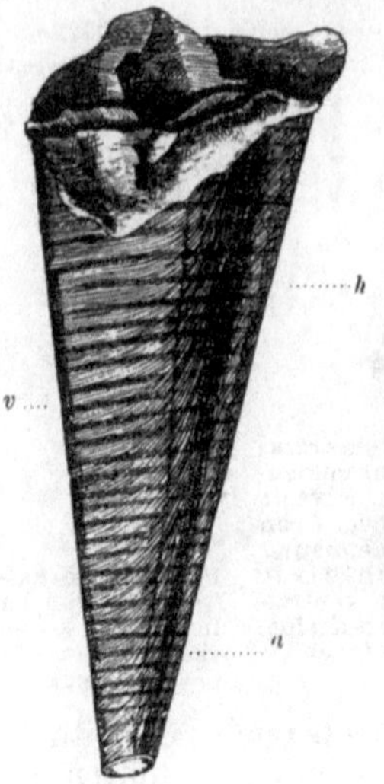

Fig. 1216.

Phragmocon von *Belemnites compressus* aus Gundershofen im Elsafs mit wohlerhaltener Conothek (nach Voltz).
a Asymptotenlinien,
h Hyperbolarregion.
v Ventralregion.

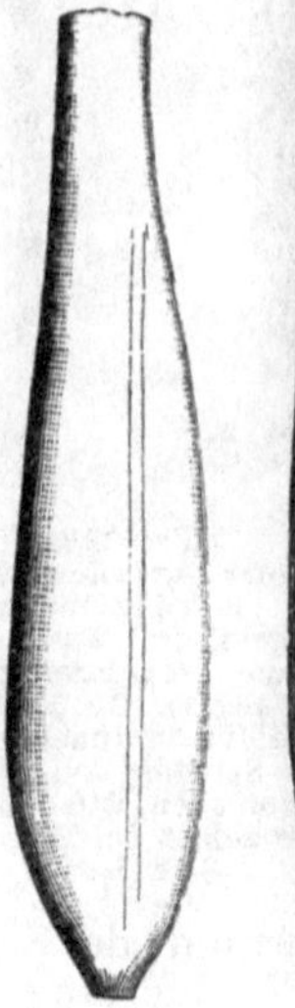

Fig. 1217.

Belemnites (Duvalia) dilatatus Blv.

Neocom. Justital am Thuner See. (Nat. Gr.)

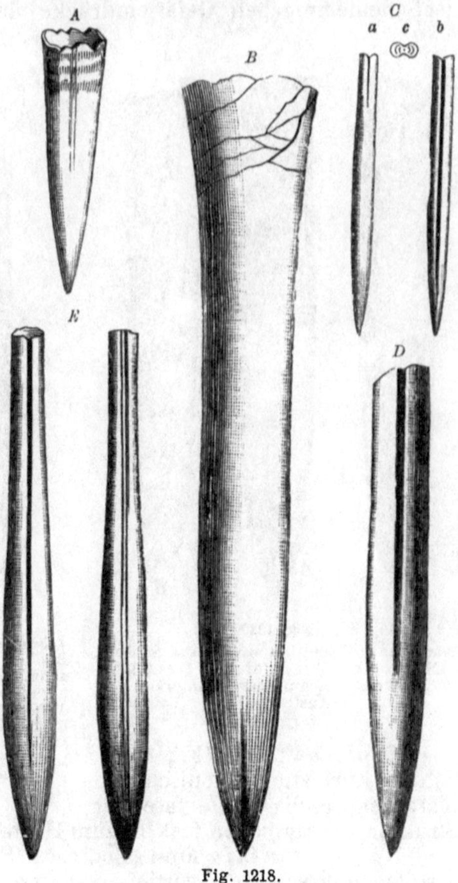

Fig. 1218.

A Belemnites (Pachyteuthis) acutus Miller. Unt. Lias Lyme Regis. Dorset. $^1/_1$.
B Belemnites (Megateuthis) paxillosus Schloth. Mittl. Lias. Metzingen, Württemberg. $^2/_3$.
C Belemnites (Pseudobelus) bipartitus Blv. Untere Kreide. Castellane. Basses-Alpes. *a* Von der Seite, *b* von innen (Ventralseite). $^1/_1$.
D Belemnites (Belemnopsis) canaliculatus Schloth. Unt. Oolith Württemberg. $^2/_3$.
E Belemnites (Belemnopsis) hastatus Blv. Oxfordton. Dives. Calvados. $^2/_3$.

d) *Pseudobelus* Montf. *(Bipartiti)* (Fig. 1218 *C*). Scheide dünn, schlank, mit sehr stark vertieften Dorsolateralfurchen, mit oder ohne Ventralfurche. Ob. Lias bis untere Kreide. *B. exilis* d'Orb., *B. bipartitus* Blv.

e) *Duvalia* Bayle (*Notocoeli*, *Conophori*) (Fig. 1217). Scheide konisch, seitlich abgeplattet oder vierkantig, mit einer am Alveolarrand beginnenden Dorsalfurche. Tithon und untere Kreide.

f) *Actinocamax* Miller (*Gonioteuthis* Bayle) (Fig. 1219). Scheide zylindrisch, hinten zugespitzt, mit kurzer, aber sehr tiefer Ventralfurche. Vorderes Ende der Scheide blättrig und leicht zerstörbar, der Phragmocon nur zum geringsten Teil von der Scheide umgeben, und meist durch einen Zwischenraum von derselben getrennt. Mittlere und obere Kreide. *B. subventricosus* Wahlbg., *B. quadratus* Blv.

g) *Belemnitella* d'Orb. (Fig. 1220). Scheide zylindrisch, mit kurzer, tiefer, das Alveolarende nicht erreichender Ventralfurche. Phragmocon von der Scheide umgeben. Gefäſseindrücke häufig sehr deutlich erhalten. Ob. Kreide.

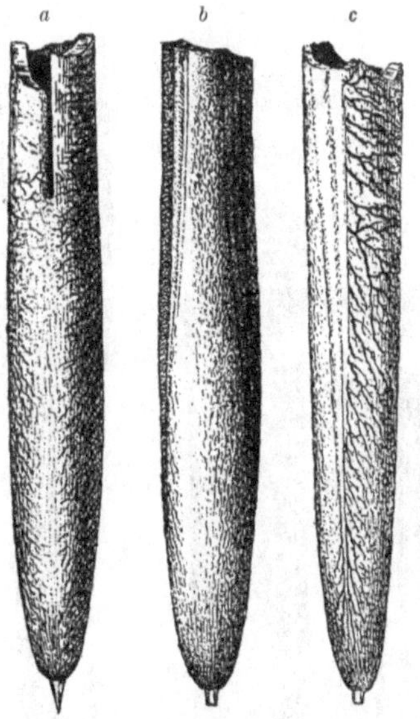

Fig. 1220.
Belemnites (Belemnitella) mucronatus Schloth. Ob. Kreide. Drensteinfurth, Westfalen *a* Ventrale, *b* dorsale, *c* laterale Ansicht. $^2/_3$.

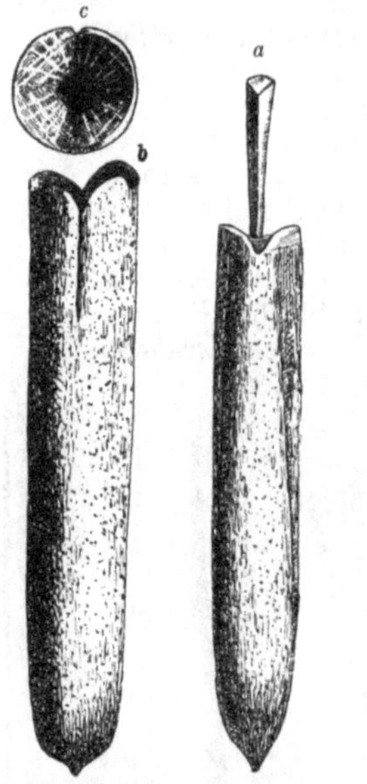

Fig. 1219.
a Belemnites (Actinocamax) quadratus Blv. sp. Scheide mit zusammengedrücktem, frei aus der Alveole hervorragendem Phragmocon von der Dorsalseite. Ob. Kreide. Baumberge bei Münster (nach Schlüter). *b* Desgl. Scheide von der Ventralseite, *c* von oben. Quadraten-Kreide. Schwiechelt bei Peine (nach Schlüter).

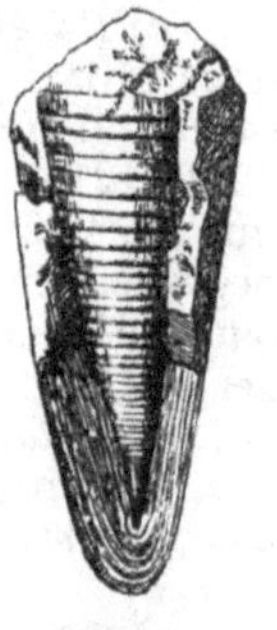

Fig. 1221.
Diploconus belemnitoides Zitt. Tithon. Stramberg.

Fig. 1222.
Beloptera belemnitoidea Blv. von der Innenseite Grobkalk. Beauves, Pariser Becken.

Diploconus Zitt. (Fig. 1221). Scheide kurz, stumpf konisch, von blättriger, nicht radial faseriger Struktur. Phragmocon fast bis zum Hinterrande der Scheide reichend. Tithon.

Bayanoteuthis Mun.-Chalmas. Scheide lang, zylindrisch, hinten zugespitzt mit schwach vertieften Lateralfurchen. Dorsalseite rauh. Phragmocon sehr schlank und lang, im Querschnitt oval. Eocän. *B. rugifer* Schloenb. (Ronca.)

Vasseuria Mun.-Chalmas. Scheide schlank, gestreckt konisch, mit drei von der Spitze ausgehenden Längsfurchen. Alveole mehr als die Hälfte der Scheide einnehmend. Siphonaldüten von einem Septum zum andern reichend. Eocän. (Bretagne). Sehr selten.

Belemnosis Edw. Eocän. England sehr selten.

Beloptera Blv. (Fig. 1222). Scheide kurz, aus zwei konischen mit ihren Spitzen gegeneinander gerichteten Teilen bestehend, welche durch eine mediane, beiderseits flügelartig vorragende Ausbreitung verbunden sind. Vorderer Kegel mit konischer Alveole. Phragmocon unbekannt. Eocän.

Belopterina. Mun.-Chalmas. Wie vorige, aber ohne die seitlichen Flügel. Eocän.

2. Familie. **Belemnoteuthidae.** Zitt.

Schale aus einem konischen Phragmocon und Proostracum bestehend; Rostrum zu einem dünnen, kalkigen Überzug des Phragmocons reduziert. Die 10 fast gleichlangen Arme des Tieres mit je zwei Reihen Häkchen besetzt, Tintenbeutel vorhanden. Trias bis Kreide.

Phragmoteuthis Mojs. (Fig. 1223). Proostracum doppelt so lang als der konische, von einer braunen Deckschicht (Rostrum) umhüllte Phragmocon, aus einem durch Asymptotenlinien begrenzten Mittelfeld und zwei kürzeren Seitenfeldern zusammengesetzt, die wie ersteres vorne gerundet sind. Trias (Raibler Schichten).

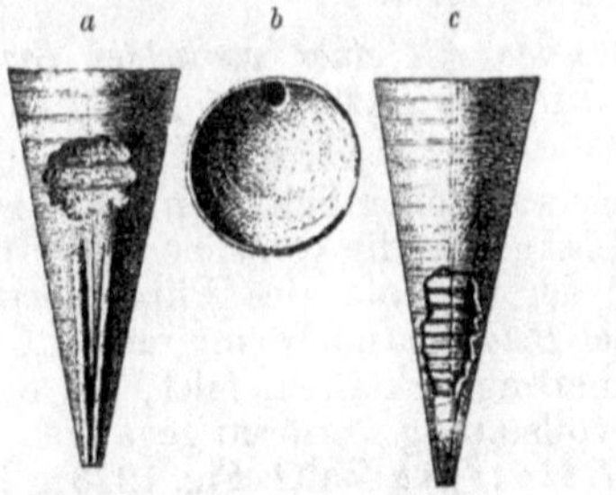

Fig. 1225.
Belemnoteuthis Pearce sp. aus dem Ornatenton von Gammelshausen, Württemberg. *a* Dorsalseite, *b* Ventralseite, *c* Scheidewand mit Sipho.

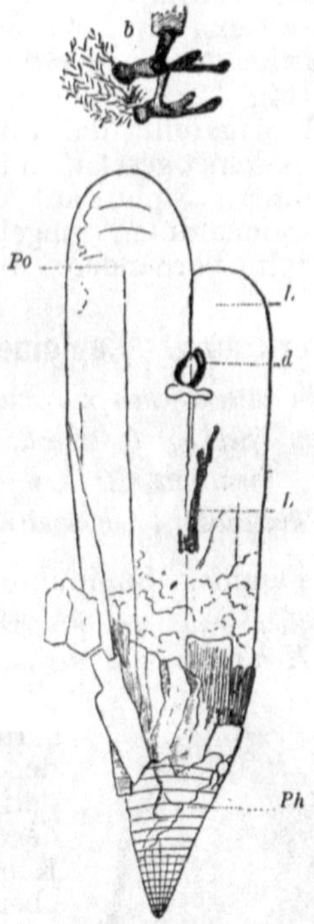

Fig. 1223.
Phragmoteuthis bisinuata Bronn. sp. aus triasischem Schiefer von Raibl in Kärnthen. Nat. Größe.
Ph Phragmocon, *Po* Proostracum, *L* Lateralfeld des Proostracums, *d* Tintenbeutel, Arme mit Häkchen. (Nach Sueſs.)

Fig. 1224.
A Belemnoteuthis antiqua Pearce. Restaurierte Abbildung nach Exemplaren aus dem Ornatenton von Christian Malford (Wiltshire). $^1/_2$ nat. Gr. (nach Mantell). *b* Arme, *oc* Auge, *M* Mantel, *d* Tintenbeutel, *Ph* Phragmocon, *R* Rostrum. *B* Häkchen eines Armes.

Belemnoteuthis Pearce (*Conoteuthis* d'Orb.) (Fig. 1224, 1225). Klein, der gekammerte Phragmocon ohne verlängertes Proostracum. Im oberen Callovien von England und Württemberg und in der unteren Kreide *(Conoteuthis)*.

3. Familie. **Spirulidae.** Zitt.

Gekammerte Schale spiral gebogen, vom Mantel umgeben und im hinteren Teil des Rumpfes gelegen. Tier mit 8 kurzen und 2 längern Armen ohne Häkchen. Pliocän und lebend.

Spirulirostra d'Orb. (Fig. 1226). Gekammerte Schale anfänglich spiral, dann geradlinig, mit Sipho auf der konkaven Internseite. Diese Schale steckt

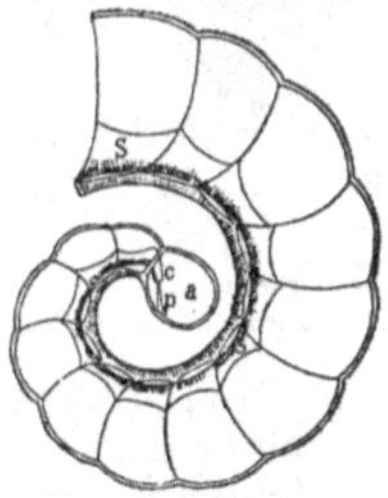

Fig. 1227.
Spirula Peronii Lam. Stiller Ozean. Ein Teil der Schale in der Medianebene durchgeschnitten. *s* Sipho, *a* Anfangskammer, *c* Blindsack des Sipho, *p* Prosipho (nach Munier-Chalmas).

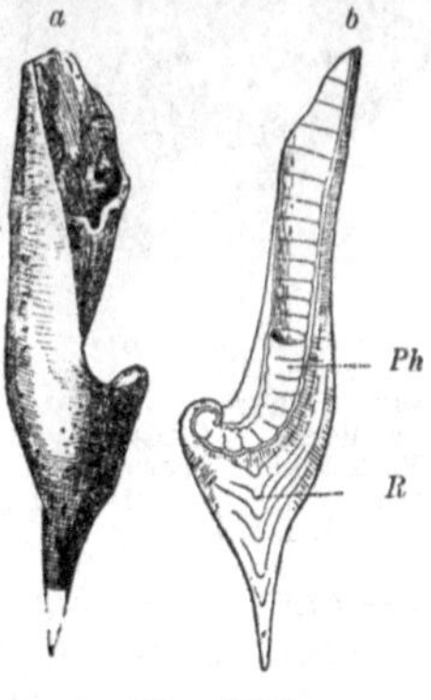

Fig. 1226.
Spirulirostra Bellardii Mich. sp. Miocän. Superga bei Turin. *a* Exemplar in nat. Gröſse von der Seite, *b* vertikaler Durchschnitt, *R* Rostrum. *Ph* Phragmocon (nach Munier-Chalmas).

in einer kurzen, zugespitzten, nach vorne verdickten, kalkigen Scheide (Rostrum). Ob. Miocän. Turin.

Spirulirostrina Canavari. Wie vorige, aber das Rostrum auf zwei kleine seitliche flügelartige Anhänge reduziert. Neogen. Sardinien.

Spirula Lam. (Fig. 1227). Rostrum fehlt. Die gekammerte Schale in einer Ebene spiral eingerollt, die Umgänge sich nicht berührend, aus Perlmuttersubstanz zusammengesetzt, mit konkaven Scheidewänden und kugeliger Anfangskammer. Sipho auf der Innenseite, randständig, vollständig von dicken Siphonaldüten umgeben, die von einem Septum zum andern reichen. Prosipho vorhanden. Lebend in den tropischen Meeren.

2. Unterordnung. **Sepioidea.** Tintenfische.

Schale innerlich, im wesentlichen nur aus einem länglich ovalen oder schmalen verlängerten Proostracum (Schulp) bestehend, Rostrum und Phragmocon ganz oder fast ganz verkümmert. Tier mit 10 Armen, die entweder mit Saugnäpfen oder Häkchen besetzt sind. Tintenbeutel vorhanden.

1. Familie. **Sepiophoridae.** Fischer.

Schulp kalkig, länglich oval, am hinteren Ende mit einer verdickten Spitze, welche einen konischen Hohlraum umschließt. Jura bis jetzt.

Die hintere verdickte Spitze entspricht wahrscheinlich dem Rostrum der *Belemnoidea*, die konische Vertiefung darin der Alveole des Phragmocons, der bei *Belosepia* noch eine undeutliche Kammerung erkennen läßt, bei *Sepia* aber vollständig verloren gegangen ist.

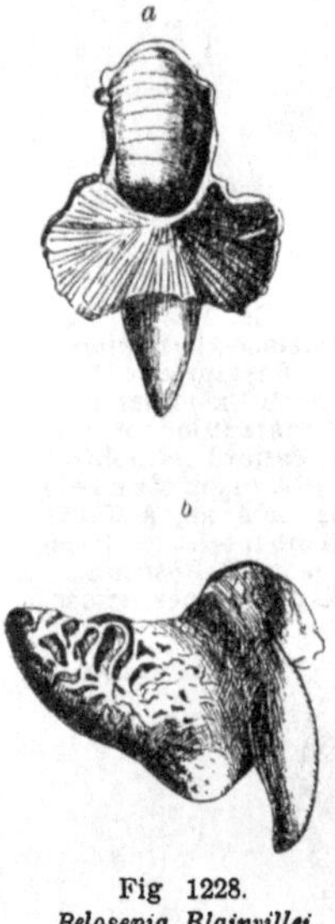

Fig 1228. *Belosepia Blainvillei* Desh. Mittl. Meeressand (Eocän). Auvers bei Paris. *a* Hinteres Ende des Schulpes von vorn, *b* von der Seite (Nach Deshayes.)

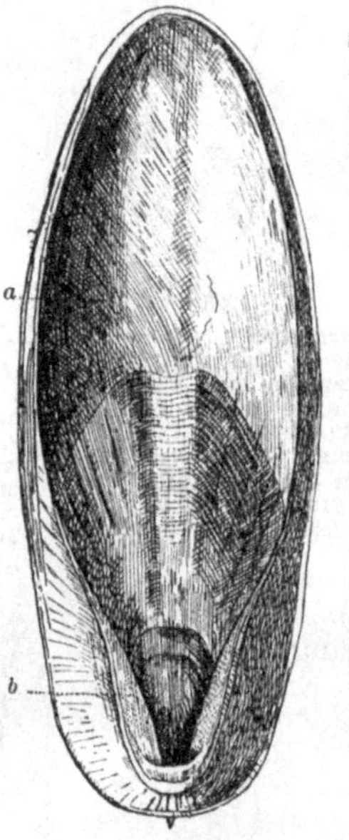

Fig 1229. *Sepia officinalis* Lin. Schulp von innen. *a* Blättrige Internschicht, *b* Gabel.

Belosepia Voltz (Fig. 1228). Das in der Regel allein erhaltene untere Ende des Schulps endigt in einem gebogenen Stachel, welcher sich nach oben verdickt, seitlich ausbreitet und unmittelbar in den Anfangsteil eines kalkigen, außen rauhen Proostracums übergeht. Nach innen ist die verdickte Spitze konisch ausgehöhlt und zeigt auf der Dorsalseite eine Anzahl engstehender, jedoch unvollständiger Scheidewände. An Stelle des Sipho befindet sich eine weite trichterförmige Vertiefung. Eocän. Nicht selten im Pariser Becken.

Sepia Lam. (Fig. 1229). Schulp ebenso lang als der Mantel, länglich oval, vorne gerundet, hinten verdickt und in einem kurzen Stachel endigend. Hinterende der Schale innen mit einer konischen Vertiefung. Das Proostracum besteht außen aus zwei spröden Kalklamellen, die durch eine Hornschicht getrennt sind, innen aus einer nach vorne an Dicke zunehmenden Lage von zahlreichen äußerst feinen parallelen Kalkblättchen, welche durch senkrechte Pfeilerchen auseinander gehalten werden und dadurch ein schwammiges Gefüge erhalten. Die als »weißes Fischbein« oder *ossa Sepiae* bekannten Schulpe der lebenden *S. officinalis* Lin. finden sich in großer Menge vom Meer ausgespült an der Küste. Fossile Arten im Tertiär.

2. Familie. **Chondrophoridae.** Fischer.

Schulp stark verlängert, dünn, aus hornartiger Conchyliolinsubstanz oder aus abwechselnden Blättern von Kalk- und Hornsubstanz bestehend, hinten nicht verdickt und ohne konische Vertiefung. Jura bis jetzt.

Trachyteuthis H. v. Meyer (Fig. 1230). Schulp länglich oval, aus kalkigen und hornigen Blättern zusammengesetzt, hinten abgerundet mit schwach vorragender Spitze, aufsen rauh gekörnelt, mit nach vorne divergierenden Linien, welche in der hinteren Hälfte zwei vorragende Seitenflügel von dem verlängerten und vorne gerundeten Mittelteil abgrenzen. Abdrücke des sackförmigen Rumpfes und Kopfes zuweilen im lithographischen Schiefer des oberen Jura von Bayern erhalten. Ob. Jura.

Leptoteuthis H. v. Meyer. Sehr grofse, dünne, aus mehreren Blättern von Kalk- und Hornsubstanz zusammengesetzte, hinten etwas verschmälerte und abgerundete Schulpe. Das Mittelfeld ist mit feinen, nach vorne konvexen, wellig gebogenen Querstreifen bedeckt und jederseits von einem durch divergierende Längslinien begrenzten Seitenfeld umgeben, das mit steil nach vorne und innen gerichteten Linien bedeckt ist und nach aufsen von Seitenflügeln eingefafst wird, welche sich hinten etwas verbreitern. Ob. Jura von Eichstätt in Bayern und Nusplingen in Württemberg, *L. gigas* Meyer.

Fig. 1230. *Trachyteuthis hastiformis* Rüpp. Lithographischer Schiefer. Eichstätt. 1/2 nat. Gröfse.

Fig. 1232. *Beloteuthis Schübleri* Quenst. Ob. Lias. Holzmaden, Württemberg, 1/2 nat. Gröfse. (Nach Quenstedt.)

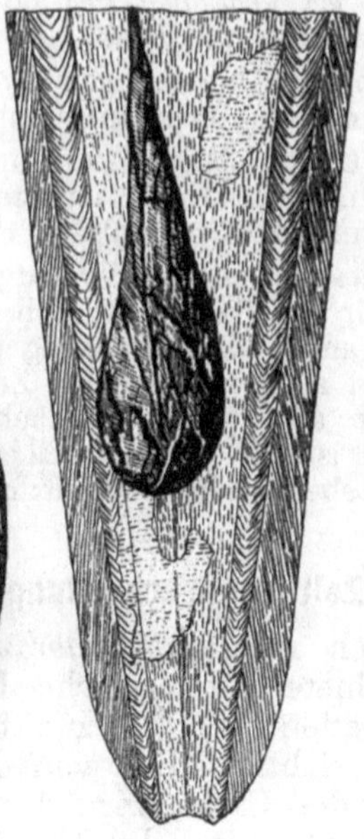

Fig 1231. *Geoteuthis Bollensis* Zieten. Ob. Lias. Holzmaden, Württemberg. 1/3 nat. Gr.

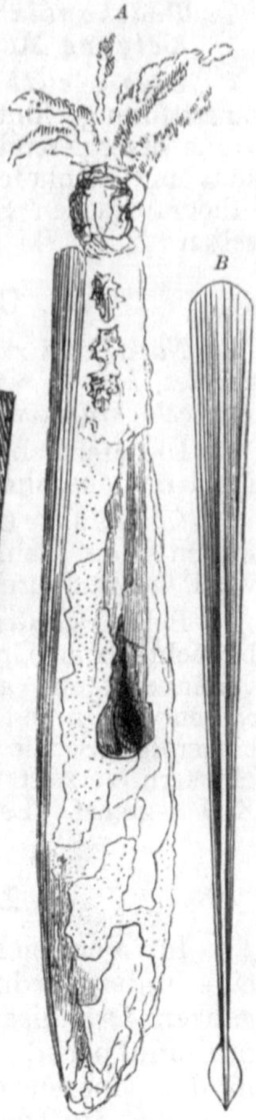

Fig. 1233. *Plesioteuthis prisca* Rüpp. sp. Lithographischer Schiefer. Eichstätt. *A* Abdruck des ganzen Tieres mit Tintenbeutel u. Schulp. *B* Innere Schale. 1/2 nat. Gröfse.

Geoteuthis Münst. (Fig. 1231). Schale aus abwechselnden dünnen Lagen von Horn und Kalk bestehend, vorne breit, hinten gerundet. Das Mittelfeld durch eine mediane Längslinie halbiert, seitlich von zwei Feldern mit hyperbolarer Streifung begrenzt. Der Tintenbeutel häufig erhalten, in eine gagatartige Masse umgewandet, die aufgelöst als Tusche benutzt werden kann. Ob. Lias von Württemberg, Franken, in England und Nord-Frankreich.

Beloteuthis Münst. (Fig. 1232). Schale sehr dünn, länglich, hinten blattförmig, breit gerundet, vorne zugespitzt, in der Mitte mit Längskiel. Ob. Lias, Württemberg.

Teuthopsis Desl. Lias. *Phylloteuthis* Meek und Hayden. Kreide. *Kelaeno* Münst. Ob. Jura.

Plesioteuthis A. Wagner (Fig. 1233). Schale sehr dünn, lang, schmal, lanzettförmig, hinten zugespitzt, vorne gerundet, mit Mediankiel und nach vorne divergierenden Linien verziert. Sehr häufig im oberen Jura von Eichstätt und Solnhofen. Auch in der Kreide von Syrien und Maestricht. Im lithographischen Schiefer sind Abdrücke des Rumpfes und Kopfes nicht selten.

3. Unterordnung. **Octopoda.** Achtfüſser.

Nackte, mit rudimentärem innerem Chitin(?)-Schulp oder mit einer sehr dünnen, spiralen, kahnförmigen, ungekammerten äuſseren Kalkschale versehene Cephalopoden. Die acht kräftigen Arme mit Saugnäpfen besetzt. Kreide, tertiär und lebend.

Die Mehrzahl der hierher gehörigen Gattungen ist nackt und daher fossil nur ausnahmsweise erhaltungsfähig.

Calais J. de C. Sow. Rumpf kurz, breit sackförmig, mit dreieckigen Seitenflossen; Kopf klein mit kräftigen, langen Armen. *C. Newboldi* Sow. (H. Woodward. Quart. Journ. Geol. Soc. London 1896. p. 229). Obere Kreide, Libanon.

Bei *Argonauta* Lin. sondern die Weibchen, welche die Männchen beträchtlich an Gröſse übertreffen, teils durch den Mantel, teils durch zwei verlängerte und am Ende flossenartig ausgebreitete Arme eine sehr dünne, auſsen und innen aus prismatischen Zellen bestehende kahnförmige, spiral eingerollte Schale ab, deren Oberfläche auf den Seiten mit Falten und Höckern verziert ist. Der Externteil wird jederseits von einem knotigen Kiel begrenzt. Lebend und fossil im obersten Tertiär.

Zeitliche Verbreitung der Dibranchiata.

Im Vergleich zu den *Tetrabranchiata* haben die Dibranchiaten eine untergeordnetere geologische Bedeutung. Sie sind nach ihrer ganzen Organisation weniger zur fossilen Erhaltung geeignet. Ein nur annähernd richtiges Bild von der Bedeutung der Dibranchiaten in den Meeren der Urzeit wird darum die Paläontologie niemals zu enthüllen im stande sein. In der Trias erscheinen die ältesten Vertreter (*Belemnoidea*), denen im Lias und oberen Jura auch eine Anzahl echter Tintenfische (*Sepioidea*) folgen. Ob und welche Vorläufer den Dibranchiaten vorausgingen, ist vorläufig nicht mit Sicherheit zu entscheiden. Ihr plötzliches Auftauchen ist eine überraschende Tatsache und ebenso das rasche Aufblühen und die verhältnismäſsig kurze Lebensdauer der *Belemnoidea*. Die spärlichen triasischen Vorläufer werden im Lias, Jura, in der unteren Kreide durch zahlreiche und mannigfaltige Belemnitenformen ersetzt; am Ende der Kreidezeit sind nur noch *Belemnitella* und *Actinocamax* in gröſserer Menge verbreitet, denen im Tertiär einige verspätete Ausläufer (*Bayanoteuthis*, *Vasseuria*, *Belemnosis*, *Beloptera*, *Spirulirostra*) entsprechen, welche schon durch groſse Seltenheit ihre geringe Lebensfähigkeit bekunden. In der Jetztzeit ist *Spirula* der einzige Vertreter der *Belemnoidea.*

Aus den Belemnoiden sind höchst wahrscheinlich die *Sepioidea* hervorgegangen. Bei der tertiären *Belosepia* ist der Phragmocon noch ziemlich deutlich ausgebildet, während derselbe bei *Sepia* zu einem kleinen Rudiment verkümmert ist. Die liasischen und jurassischen *Chondrophora* schliefsen sich eng an ihre lebenden Verwandten an. Nach den vorliegenden Überresten läfst sich vermuten, dafs die fossilen Tintenfische der mesozoischen Ablagerungen in allen wesentlichen Organisationsverhältnissen den recenten ähnlich waren.

VII. Stamm.

Arthropoda. Gliedertiere.

Die Gliederung des Körpers in eine Anzahl von Segmenten (Glieder, Metameren), sowie der Besitz von gegliederten Bewegungsorganen, unterscheidet die Arthropoden von den übrigen grofsen Abteilungen des Tierreichs.

Jedes Segment kann auf seiner Ventralseite ein Fufspaar hervorbringen, doch ist die Zahl der letzteren in der Regel kleiner als die der Segmente. Durch die aufserordentlich verschiedenartige Ausbildung der Extremitäten vermögen die Arthropoden zu schwimmen, kriechen, laufen, klettern und, wenn auch noch Flügel hinzukommen, zu fliegen. Die Funktion der Gliedmafsen verlangt feste Stützpunkte an ihrer Insertionsstelle, sowie eine kräftige Muskulatur. Die Haut ist darum bei den Arthropoden mehr oder weniger durch Aufnahme von Chitin oder Kalksalzen erhärtet und auf der Innenseite dieses gegliederten Hautskelettes heftet sich eine hoch ausgebildete Muskulatur an, welche in die Höhlungen der Gliedmafsen fortsetzt. Durch die Gestalt, Gröfse und Verteilung der Extremitäten, welche je nach ihrer Funktion Fühler (*Antennae*), Kiefer (*Mandibulae, Maxillae*) oder Beine (*pedes*) genannt werden, ist die ganze Körperbildung der Arthropoden wesentlich beeinflufst. Die vorderen Körpersegmente verschmelzen miteinander und bilden den Kopf. Hinter demselben folgt der Mittelleib (Brust, *Thorax*), dessen Segmente gleichfalls noch ziemlich enge verbunden sind und dessen vordere Gliedmafsen häufig als Mundwerkzeuge fungieren, während die hinteren als Bewegungsorgane dienen. Sind Kopf und Mittelleib nicht scharf voneinander abgesetzt, sondern verschmolzen, so entsteht ein *Cephalothorax.* Am Hinterleib (*Abdomen*) bleiben die Segmente fast immer gesondert und entbehren entweder der Füfse, oder dieselben dienen, wenn vorhanden, teils zur Bewegung, teils als Respirations- oder Kopulationsorgane.

Das Nervensystem liegt in der Mittellinie der Bauchseite unter dem Darm und besteht aus einer von der Segmentierung beeinflufsten Anzahl von Ganglienpaaren, die durch zwei dicht nebeneinander in der Richtung der Längsachse verlaufende strickleiterähnliche Nervenstränge verbunden sind. Der vordere Teil des Nervensystems schwillt zu einem Gehirn an. Von den Sinnesorganen sind die Augen in der Regel am vollkommensten ausgebildet. Sie fehlen nur bei wenigen parasitischen oder festgehefteten Arthropoden und bestehen in ihrer einfachsten Form aus einem kleinen lichtbrechenden Körper (Punkt-Augen, *Stemmata*) oder sie sind aus einer Anzahl von kegelförmigen Stäbchen zusammengesetzt, deren Oberfläche in der Regel eine deutliche Facettierung erkennen läfst. Tast-, Geruch- und oft auch Gehörsinn liegen gewöhnlich in den vordersten Gliedmafsen (Antennen).

Die vegetativen Organe (Darm, Magen, Leber, Nieren, Harnorgane, Blutgefäfse) sind wohl ausgebildet und vielfach differenziert. Die Generationsorgane finden sich mit wenigen Ausnahmen (Tardigraden, Cirripeden) auf männliche und weibliche Individuen verteilt. Die Fortpflanzung erfolgt durch Eier, welche nicht immer der Befruchtung bedürfen (Parthenogenesis). Der Embryo legt zunächst einen bauchständigen Primitivstreifen an und entwickelt sich unter mehr oder weniger komplizierter Metamorphose, wobei die Larven in der Regel mehrmals ihre Haut abstreifen.

Die Respiration kann bei den unvollkommensten und kleinsten Arthropoden durch die ganze Oberfläche des Körpers vermittelt werden; häufiger sind aber besondere Organe vorhanden und zwar bei den Wasserbewohnern schlauchartige, verästelte Anhänge der Extremitäten (Kiemen), bei den luftatmenden innere, mit Luft gefüllte, verästelte Röhren (Tracheen) oder Lungensäcke (Fächertracheen).

Nach den Respirationsorganen, nach der Körpersegmentierung und nach der Beschaffenheit der Gliedmafsen unterscheidet man bei den Arthropoden die zwei Unterstämme *Branchiata* und *Tracheata*, wovon die ersteren die *Crustacea* und *Merostomata*, die letzteren die drei Klassen der *Myriopoda*, *Arachnoidea* und *Insecta* enthalten.

Sämtliche Klassen weisen zahlreiche fossile Vertreter auf, obgleich die Erhaltungsbedingungen für die luftlebenden Formen wenig günstig sind. Schon im paläozoischen Zeitalter waren die Klassen, Ordnungen und Familien der Arthropoden stark differenziert. Eigenartige, von den jetzt lebenden Typen stark abweichende Formen zeigen sich namentlich unter den paläozoischen Krebsen und Merostomen. Diese Klassen haben überhaupt infolge ihrer Lebensweise im Wasser verhältnismäfsig zahlreiche und gut erhaltene Reste überliefert und übertreffen an geologischer Wichtigkeit alle andern.

Über die Entstehung der Arthropoden gewährt die Paläontologie keinen direkten Aufschlufs. Die ganze Organisation derselben weist auf eine nahe Verwandtschaft mit den Würmern und insbesondere mit den Anneliden hin, allein die Umformung in den höheren Typus müfste jedenfalls in vorkambrischer Zeit vor sich gegangen sein, da uns schon in den ältesten fossilführenden Ablagerungen mehrere Ordnungen von Crustaceen entgegentreten, welche sich beinahe ebenso weit von einer supponierten Urform entfernt haben als viele noch jetzt existierende Vertreter derselben Klasse. Auffallenderweise treten auch die wurmähnlichsten unter allen Gliedertieren, die Myriopoden, verhältnismäfsig spät und zwar gleichzeitig mit den hoch differenzierten Insekten auf. Die Vergänglichkeit des Hautskelettes und die Lebensweise der Myriopoden erklären allerdings ihre Abwesenheit in kambrischen und silurischen Schichten, allein es gibt dort auch keine andern Formen, welche sich mit einiger Wahrscheinlichkeit als Ahnen aller Arthropoden deuten liefsen.

1. Unterstamm. **Branchiata.**

1. Klasse. **Crustacea.** Krebstiere.[1])

Durch Kiemen (oder zuweilen nur durch die Haut) atmende, fast ausschliefslich Wasser bewohnende Gliedertiere mit zwei Fühlerpaaren und mehreren, teilweise zu Kieferfüfsen umgestalteten Beinpaaren am Thorax, häufig mit Fufspaaren am Abdomen.

Die Segmentierung des Körpers ist nur bei den niedrigst stehenden Krebsen undeutlich und dann stets Folge einer retrograden Entwicklung. Von den drei Hauptabschnitten des Körpers verschmelzen Kopf und Brust häufig ganz oder teilweise zu einem sogenannten Kopfbruststück (*Cephalothorax*), ja zuweilen nehmen sogar noch die vordersten Segmente des Hinterleibes an der Zusammensetzung des Cephalothorax teil. Letzterer ist (im Gegensatz zu den Arachniden), je nach den einzelnen Ordnungen, aus einer sehr verschiedenen Zahl von Segmenten zusammengesetzt und sehr oft von einer häutigen, chitinösen oder kalkigen Schale bedeckt, die entweder aus einem einzigen Stück oder aus zwei muschelähnlichen Klappen (*Ostracoda*) oder sogar aus mehreren Kalkplatten (*Cirripedia*) besteht. Die Gesamtzahl der Körpersegmente, welche sich am sichersten durch die Fufspaare bestimmen läfst, kann beträchtlich variieren, bleibt aber bei den als *Malacostraca* zusammengefafsten Ordnungen konstant.

Niemals trägt ein Segment mehr als ein Fufspaar; letztere zeigen, je nachdem sie zur Vermittlung von Sinneseindrücken (Antennen), zur Aufnahme und Zerkleinerung der Nahrung (Kiefer), zum Greifen (Scheren), Schreiten, Schwimmen dienen, oder eine Mitwirkung bei der Begattung oder Respiration übernehmen, aufserordentlich verschiedene Gestalt. Typisch besteht ein Fufspaar aus einem von zwei Gliedern gebildeten Basalabschnitt (*Protopodit*), von welchem zwei Äste, ein äufserer (*Exopodit*) und ein innerer (*Endopodit*) entspringen; in vielen Fällen verkümmert jedoch einer der beiden Äste oder ist stark modifiziert.

---

[1]) Literatur:

Brongniart et *Desmarest*, Histoire naturelle des Crustacés fossiles sous les rapports zoologiques et géologiques. Paris 1822. 4°.
Milne-Edwards, H., Histoire naturelle des Crustacés. 3 vol. Paris 1834—1840.
Woodward, H., Catalogue of the British Fossil Crustacea. London 1877. 8°.
» and *Salter*, Catalogue and Chart of fossil Crustacea. London 1865.
Gerstaecker, A., in Bronns Klassen und Ordnungen des Tierreichs. Bd. V: Gliedertiere. I. Crustacea, 1. Hälfte (Cirripedia, Copepoda, Branchiopoda, Poecilopoda, Trilobitae). Leipzig 1866—1879; 2. Hälfte (Isopoda bis Decapoda). 1881—1894.
Vogdes, A. W., A Catalogue of North American Palaeozoic Crustacea confined to the non-trilobitic Genera and species. Ann. New York Acad. Sc. vol. V. 1889.
Grobben, K., Genealogie und Klassifikation der Crustaceen. Sitzungsber. Wiener Ak. Bd. 40. 1892.
Kingsley, J. S., The Classification of the Arthropoda. Amer. Nat. vol. XXVIII. 1894.
Hall, J. and *Clarke, J. M.*, Palaeontology of New York vol. VII. 1888.
Clarke, J. M., Notes on certain fossil Barnacles. Amer. Geolog. XVII. 1896.

Die meisten niedrig organisierten Crustaceen durchlaufen in ihrer nachembryonalen Entwicklung ein Larvenstadium, das als *Nauplius* bezeichnet wird und durch den Besitz von nur drei Gliedmaſsenpaaren ausgezeichnet ist, welche den Antennen und Mandibeln entsprechen. Bei einer zweiten, höher organisierten Gruppe von Krebsen wird das Naupliusstadium übersprungen, und als Ausgangspunkt der Metamorphosen erscheint eine mit sieben Fuſspaaren und segmentiertem Hinterleib ausgestattete Larve, welche den Namen *Zoëa* trägt.

Die Crustaceen zerfallen in die 2 Unterklassen *Entomostraca* und *Malacostraca*.

A. Unterklasse. Entomostraca. Gliederschaler.

Vorwiegend kleine Kruster von überaus verschiedener Körpergestalt, aus einer wechselnden Anzahl von Segmenten mit mannigfaltig gestalteten Fuſspaaren zusammengesetzt. Nauplius-Entwicklung.

Hierher gehören die Ordnungen *Copepoda*, *Cirripedia*, *Ostracoda*, *Phyllopoda* und *Trilobitae*.

Mit Ausnahme der Copepoden haben sämtliche Ordnungen fossile Überreste hinterlassen.

2. Ordnung. **Cirripedia.** Rankenfüſser.[1])

Festsitzende, hermaphroditische, von einem häutigen, oft mit kalkigen Platten bedeckten Mantel umgebene Tiere. Körper mit dem Kopfende auf einer Unterlage angewachsen, undeutlich, zuweilen gar nicht gegliedert; Hinterleib mit sechs Paar gespaltenen Rankenfüſsen, die jedoch in geringerer Zahl vorhanden sein oder selbst ganz fehlen können.

Die typischen und von jeher am besten bekannten, mit kalkigen Schalen umhüllten Cirripeden (Lepadiden und Balaniden) unterscheiden sich durch ihre äuſsere Gestalt, ihre feste Kalkschale, ihre mangelhaft entwickelten Respirations- und Sinnesorgane und insbesondere durch ihren hermaphroditisch entwickelten Geschlechtsapparat so sehr von allen übrigen Crustaceen, daſs sie bis zum Jahre 1830 allgemein zu den Mollusken gerechnet wurden. Erst nachdem durch J. V. Thompson und Burmeister die Entwicklung der Cirripeden aus echten Naupliuslarven nachgewiesen war, konnte über ihre Zugehörigkeit zu den Entomostraceen kein Zweifel mehr bestehen.

---

[1]) *Bosquet, J.*, Monographie des Crustacés fossiles du terrain crétacé du duché de Limbourg. Mém. de la commission pour la carte géologique de la Néerlande Haarlem 1854. — Notice sur quelques Cirripèdes recemment découvertes dans le terrain crétacé du duché de Limbourg. Haarlem 1857. 4°. Mit 3 Tafeln. — *Darwin, Ch.*, A Monograph of the subclass Cirripedia, with figures of all the species. London. Ray Society. Vol. I. 1851 (Lepadidae). Vol. II. 1854 (Balanidae). — A Monograph of the fossil Lepadidae of Great Britain. Palaeontographical Society 1851. 4°. Mit 5 Tafeln. — A Monograph of the fossil Balanidae and Verrucidae of Great Britain. ibid. 1854 Mit 2 Tafeln — *Marsson, Th.*, Die Cirripeden und Ostracoden der weiſsen Schreibkreide der Insel Rügen. Mitteil. d. naturw. Vereins von Neu-Vorpommern und Rügen. XII. 1880. — *Seguenza, G.*, Ricerche palaeontologiche intorno ai Cirripedi terziarii della Provincia di Messina. Parte I. Napoli 1873. Parte II. 1876.

Nur von den beschalten Cirripeden (*Thoracica*) existieren fossile Überreste. Sie finden sich sparsam in paläozoischen und mesozoischen Ablagerungen und werden erst im jüngeren Tertiär (Neogen) häufig. Sämtliche Cirripeden sind Meeresbewohner; die kalkschaligen heften sich an Steinen, Holz, Muscheln, Korallen und Meerpflanzen an und bedecken oft in zahlloser Menge steinige Küsten. Einige Gattungen (*Coronula, Chenolobia*) betten sich in die dicke Haut von Walfischen und Delphinen ein. Sie leben von Infusorien und Larven verschiedener Meertiere. Im allgemeinen halten sich die Cirripeden in seichtem Wasser auf, doch kommen einzelne Gattungen (*Scalpellum, Verruca*) auch in grofser Tiefe bis 1900 und 2800 Faden vor.

Die *Thoracica* zerfallen in die Familien der *Lepidocoleidae, Turrilepadidae, Lepadidae, Verrucidae* und *Balanidae*.

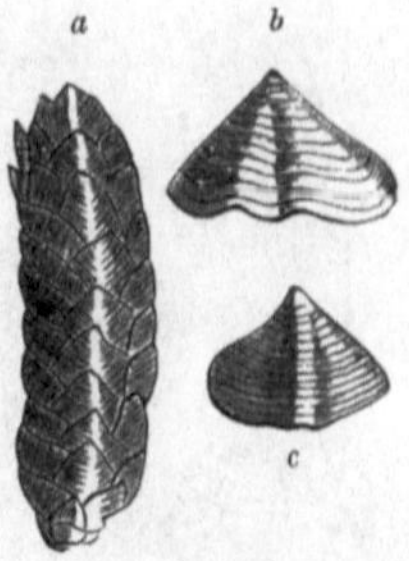

Fig. 1234. *Plumulites Wrighti* Woodw. sp. Ob. Silur Dudley. *a* Exemplar in nat. Gr., *b*, *c* einzelne Täfelchen vergröfsert. (Nach Woodward.)

1. Familie. **Lepidocoleidae.** Clarke.

Körper mit zwei alternierenden Reihen von übergreifenden Platten bedeckt; die terminalen Platten einfach, achsial. Basalteil etwas gekrümmt.

Lepidocoleus Faber. Silur bis Devon. Nordamerika.

2. Familie. **Turrilepadidae.** Clarke.

Schale länglich, aus 4—6 Längsreihen grofser, dreieckiger, in der Mitte gekielter Platten bestehend; Schwanzplatte einfach, achsial. Silur. Devon.

Plumulites Barr. (*Turrilepas* Woodw.) (Fig. 1234).

3. Familie. **Lepadidae.** Entenmuscheln.

Schale gestielt, hauptsächlich aus den paarigen Terga und Scuta, der unpaaren Carina und einer wechselnden Zahl von kleineren Kalkplättchen gebildet, die teils den biegsamen Stiel bedecken, teils an der Zusammensetzung des Capitulum teilnehmen. Die Schalenstücke sind niemals miteinander verwachsen. Jura bis Jetztzeit.

Archaeolepas Zitt. (Fig. 1235). Stiel abgeplattet, auf den zwei Hauptseiten-

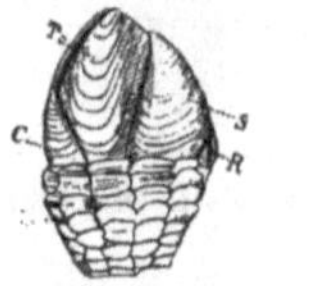

Fig. 1235. *Archeolepas Redtenbacheri* Opp. sp. Lithographischer Schiefer. Kelheim, Bayern. (Nat. Gr.) *S* Scutum, *T* Tergum, *C* Carina, *R* Rostrum.

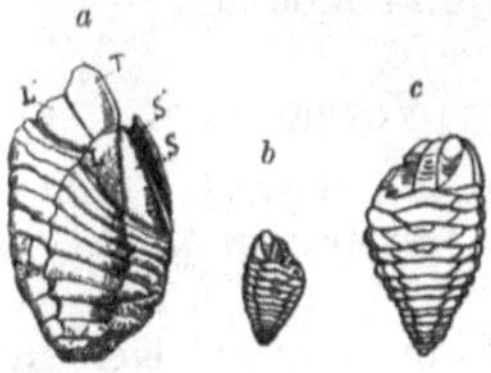

Fig. 1236. *a Loricula laevissima* Zitt. Senonkreide. Dülmen, Westfalen. (Nat. Gröfse.) *b*, *c Loricula Syriaca* Dames. Cenoman. Libanon. *b* Nat. Gröfse, *c* vergröfsert.

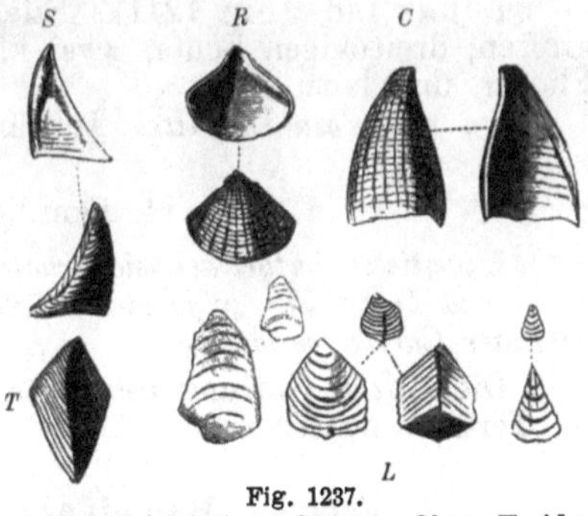

Fig. 1237. *Pollicipes laevissimus* Quenst. Obere Kreide, Lüneburg. *C* Carina, *T* Tergum, *S* Scutum. *R* Rostrum (?), *L* Lateralia. (Nat. Gröfse.)

flächen mit 4—6, auf den schmalen Seiten mit zwei Längsreihen von kleinen Kalkschuppen bedeckt. Die eigentliche Schale (Capitulum) aus zwei dreieckigen Scuta, zwei grofsen trapezoidischen Terga, einer kurzen unpaaren Carina und einem winzigen Rostrum zusammengesetzt. Ob. Jura.

Loricula Sow. (Fig. 1236). Stiel getäfelt. Capitulum mit 2 Scuta, 2 Terga, 4 Lateralplatten und einer sehr schmalen Carina. Mittlere und obere Kreide.

Pollicipes Leach (*Polylepas* Blv.) (Fig. 1237). Capitulum aus zahlreichen (18—100) Plättchen zusammengesetzt, unter denen sich die Scuta, Terga, das Rostrum und die Carina durch Gröfse auszeichnen. Die Lateralia stehen meist in zwei Reihen übereinander. Stiel häutig mit winzigen Schüppchen. Ob. Jura. Kreide. Tertiär und Recent.

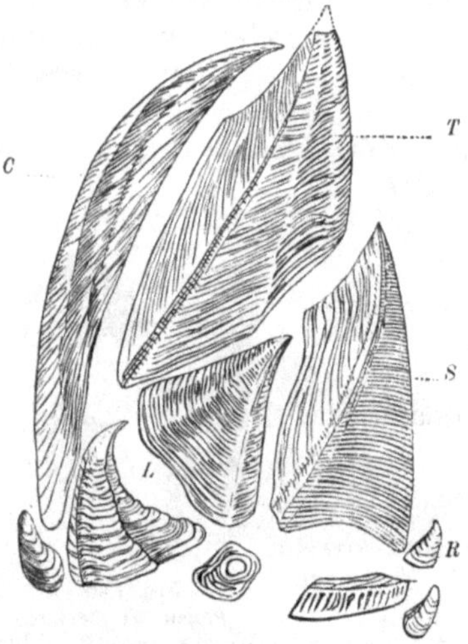

Fig. 1239.
Scalpellum fossula Darwin. Ob. Kreide Norwich. ²/₁. (Nach Darwin.) *S* Scutum, *T* Tergum, *C* Carina, *R* Rostrum, *L* Laterale superius.

Fig. 1238.
Scalpellum Gallicum Héb. Obere Kreide. Meudon bei Paris. ²/₁. (Nach Hébert.)

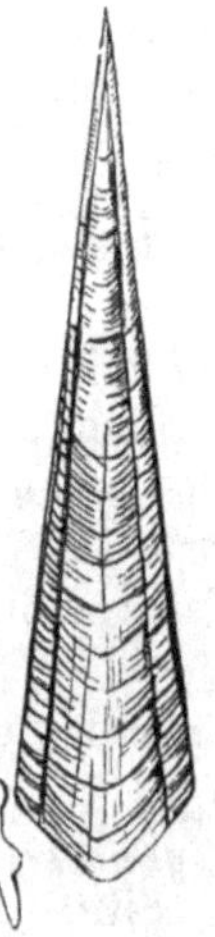

Fig. 1240.
Scalpellum fossula. Darwin. Carina stark vergröfsert. (Nach Darwin.)

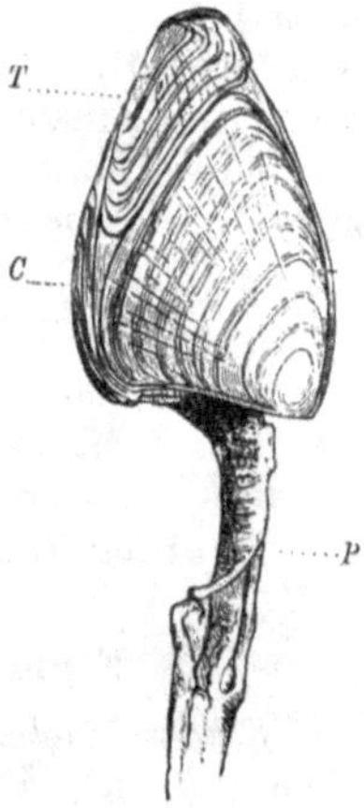

Fig. 1241.
Lepas anatifera Lin. Recent. Mittelmeer. *S* Scutum, *T* Tergum, *C* Carina, *P* Stiel.

Scalpellum Leach. (Fig. 1238—1240). Capitulum mit 12—15 Stücken. Die Terga und Scuta viel gröfser als bei *Pollicipes* und von sehr charakteristischer Gestalt. Carina schmal, lang mit gewölbtem Rücken. Stiel fein beschuppt, seltener nackt. Kreide bis jetzt.

Lepas Lin. (Fig. 1241). Stiel häutig. Capitulum nur aus zwei sehr grofsen, dreieckigen Scuta, zwei kleinen Terga und einer Carina bestehend. Pliocän und lebend.

Poecilasma Darwin. Tertiär und lebend.

4. Familie. **Verrucidae.**

Ungestielte, aufgewachsene Schalen, aus 6 Stücken zusammengesetzt. Von den Scuta und Terga ist nur je eine Schale frei beweglich, die andere mit dem Rostrum oder der Carina verwachsen.

Die einzige Gattung *Verruca* Schum. findet sich in der oberen Kreide, im Tertiär und lebend.

5. Familie. **Balanidae.** Seetulpen, Meereicheln.

Schale mit breiter verkalkter, zelliger Basis aufgewachsen, abgestutzt konisch, im Durchschnitt rundlich oder oval, aus 4—8 seitlich verwachsenen Seitenplatten und zwei Paar beweglichen freien Terga und Scuta bestehend, die als Deckel die obere Öffnung verschliefsen. Tertiär und lebend.

Von den Seitenplatten, welche die kranzförmige, unbewegliche Schale zusammensetzen, werden zwei als Carina und Rostrum, die dazwischen liegenden paarigen Stücke als Lateralia bezeichnet. Schalten sich neben den Lateralia noch Platten ein, so heifsen dieselben je nach ihrer Lage Rostro- oder Carino-Lateralia. Die Scuta und Terga liegen frei auf dem Rücken des Tieres und fehlen an fossilen Balaniden in der Regel. Sie haben sehr charakteristische Form und wurden von Darwin hauptsächlich zur Speciesunterscheidung verwendet. Da von fossilen Balaniden meist nur Randplatten vorliegen, so bleibt die Bestimmung derselben häufig unsicher.

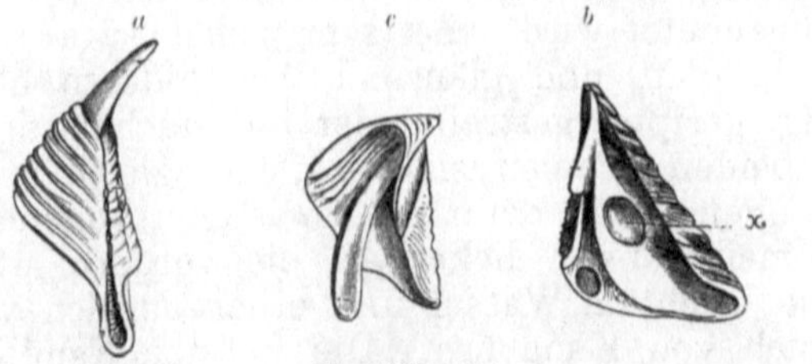

Fig. 1243.
Scutum und Tergum von *Balanus* (nach Darwin).
a Tergum von aufsen, *b* Tergum von innen, *b* Scutum von innen, *x* Muskeleindruck.

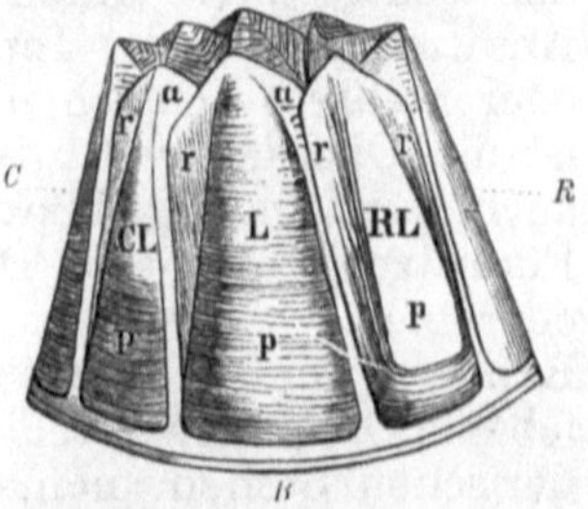

Fig. 1242.
Schematische Abbildung eines Balaniden. (Nach Darwin.) *C* Carina, *R* Rostrum, *B* Basis, *CL* Carino-Laterale, *L* Laterale, *RL* Rostro-Laterale, *a* Alae, *r* Radii, *p* Parietes.

Fig. 1244.
Balanus concavus Bronn. Crag. Sutton. *a* Ringschale, *b* Tergum, c Scutum n. Gr. (nach Darwin).

Fig. 1245.
Balanus pictus Mstr. Miocän. Dischingen, Württemberg.

Von den hierher gehörigen Gattungen kommt *Balanus* List. (Fig. 1242 bis 1245) zuerst spärlich im Eocän vor, wird im Oligocän und Neogen häufig und charakterisiert Littoralbildungen. Bei *Pyrgoma* Leach. sind die Randplatten zu einem einzigen, gleichartigen Stück verschmolzen. Lebend und fossil im Neogen.

3. Ordnung. **Ostracoda.** Muschelkrebse.[1])

Kleine Krebse mit zweiklappiger, kalkiger oder horniger, den Leib vollständig umschliefsender Schale, deren beide Hälften auf der Rückseite durch eine Membran verbunden sind

---

[1]) *Bosquet, J.*, Description des Entomostracés fossiles de la craie de Maestricht. Mém. Soc. Roy. des Sciences de Liège. vol. IV. 8°. 1847. – Description des Entomostracés fossiles des terrains tertiaires de la France et de la Belgique. Mém. des sav. étrang. de l'Acad. Roy. de Belgique. vol. XXIV. 1852. — Monographie des Crustacés fossiles du terrain crétacé du duché de Limbourg. (Mém de la commission pour la carte géologique de la Néerlande.) Haarlem 1854. — *Brady, G. St.*, *Crosskey* and *Robertson*, Monograph of the Post-tertiary Entomostraca of Scotland. Palaeont. Soc. 1874. — *Egger, J. G.*, Die Ostracoden der Miocänschichten bei Ortenburg. Neues Jahrb. f. Mineralogie S. 403. 1858. — *Jones, Rup.*, A Monograph of

und auf der Bauchseite geöffnet werden können. Körper undeutlich gegliedert, mit 7 Paar Gliedmafsen, welche als Fühler, Kiefer, Kriech- oder Schwimmbeine fungieren. Abdomen kurz.

In der Regel finden sich von fossilen Ostracoden lediglich die zweiklappigen kalkigen Schalen, deren Gestalt und Verzierung ziemlich unabhängig von der Organisation des Tieres sind. Das Öffnen der Schale wird durch einen subzentralen Muskel bewirkt, dessen Ansatzstelle auf der Innenseite durch eine Vertiefung, einen Höcker oder mehrere Grübchen angedeutet wird. Bei sehr vielen Ostracoden ist die Oberfläche der Schale glatt und glänzend, bei anderen aber auch rauh, grubig, höckerig, gerippt, gestreift oder mit stachelartigen Fortsätzen versehen. Die beiden Schalen sind entweder gleich grofs oder mehr oder weniger ungleich und dann mit etwas übergreifenden Rändern; die Hinterseite meist etwas dicker als die vordere. Sie leben fast immer gesellig in seichtem Wasser und ernähren sich von tierischen Stoffen, namentlich von Kadavern. Die meisten Familien enthalten nur marine und brackische Vertreter; andere (*Cypridae*) sind vorherrschend Süfswasserbewohner.

Fig. 1246. *Primitia prunella* Barr. Ob. Silur (E.) Königshof, Böhmen. (Nach Barrande.)

Fig. 1247. *Leperditia Hisingeri* Fr. Schmidt. Ob. Silur. Wisby, Gotland. (Nat. Gröfse.)

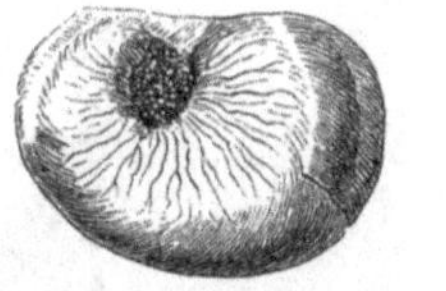

Fig. 1248. *Isochilina gigantea.* F. Roemer. Silur-Geschiebe Lyck, Ostpreufsen. $^2/_3$ nat. Gr. (Nach F. Roemer.)

Fig. 1249. *Beyrichia tuberculata* Klöden. Silur-Geschiebe. Mark Brandenburg.

Die Bestimmung der fossilen Ostracodenschälchen bietet wegen ihrer gleichartigen Gestalt und Verzierung und wegen ihrer meist sehr geringen Gröfse erhebliche Schwierigkeiten; auch lassen sich die fossilen Formen schwer in die für recente Ostracoden aufgestellten Familien einfügen, weil letztere meist auf Merkmale des Tieres basiert sind, die in der Schale nicht zum Ausdruck kommen.

Schon in kambrischen Ablagerungen finden sich mehrere Gattungen [*Primitia* Jones (Fig. 1246), *Leperditia* Rouault (Fig. 1247), *Entomidella* Jones, *Lepidilla, Isoxys* Walcott]. Die beiden ersteren haben ihre Hauptverbreitung im Silur und gehen bis ins Karbon herauf. *Leperditia* zeichnet sich durch ungewöhnliche Gröfse, etwas ungleichklappige glatte und glänzende Schale aus und wird öfters von der

the Entomostraca of the Cretaceous formation of England. Palaeontographical Society. 1849. — A Monograph of the tertiary Entomostraca of England. ibid. 1856. — Notes on palaeozoic bivalved Entomostraca (zum Teil mit *Kirkby* und *Holl*). Nr. I—XXVIII Ann. and Mag. nat. history. 1855—1889. — *Jones, Kirkby G. Brady*, A Monograph of the British fossil bivalved Entomostraca of the carboniferous Formations. Palaeont. Soc. 1874 and 1884. — *Reufs, F. A.*, Die fossilen Entomostraceen des österreichischen Tertiärbeckens. (Haidingers naturw. Abhandl. III. 1. 1850.) — Die Foraminiferen und Entomostraceen des Kreidemergels von Lemberg. ibid. 1850. — Die Versteinerungen der böhmischen Kreideformation. Stuttgart 1845—1846. — *Speyer, Osk.*, Die Ostracoden der Kasseler Tertiärbildungen. Kassel 1863 — *Lienenklaus, E.*, Monographie der Ostracoden des nordwestdeutschen Tertiärs. Zeitschr. d. deutschen geol. Ges. 1894. — *Sherborn, C. D.*, The Literature of fossil Ostracods. Nat. Sciences X. 1897.

verwandten Gattung *Isochilina* Jones (Fig. 1248) begleitet. Außerordentlich häufig ist im Silur *Beyrichia* M'Coy (Fig. 1249, 1250) mit kleiner halbkreisförmiger Schale, auf welcher sich mehrere rauhe Höcker erheben. Im Devon nimmt die Gattung *Entomis* Jones (*Cypridina* auct.) (Fig. 1251, 1252) mit winzig kleiner, durch eine Querfurche ausgezeichneter, sonst aber glatter Schale die erste Stelle ein und erfüllt zuweilen ganze Bänke des oberdevonischen »Cypridinenschiefers«.

Fig. 1250. *Beyrichia Bohemica* Barr. Unt. Silur. Vinice, Böhmen.

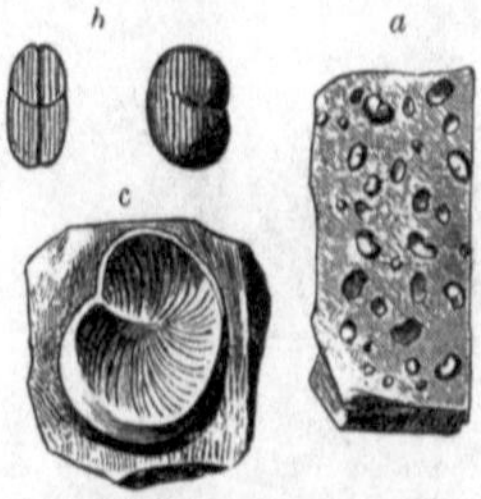

Fig. 1251. *Entomis serrato-striata* Sandb. sp. Ob. Devon. Weilburg, Nassau. *a* Ein Stück Cypridenschiefer (Nat. Gr.), *b* ein Stück vergrößert, *c* Abdruck der Schale vergrößert.

Reich an Ostracoden ist stellenweise der Kohlenkalk; doch finden sich hier meist nur kleine, glatte oder mit Höckern verschone Gattungen, wie *Cypridina* M. Edw. (Fig. 1253), *Cypridella* de Kon. (Fig. 1254), *Cyprella* de Kon. (Fig. 1255), *Entomoconchus* M'Coy, *Cypridellina* J. K. B. u. A. Die älteste Süßwasserform (*Palaeocypris* Brongt.) wurde in der produktiven Steinkohlenformation von Saint-Etienne nachgewiesen.

Fig. 1252. *Entomis pelagica* Barr. Unt. Devon. (F). Konieprus, Böhmen.

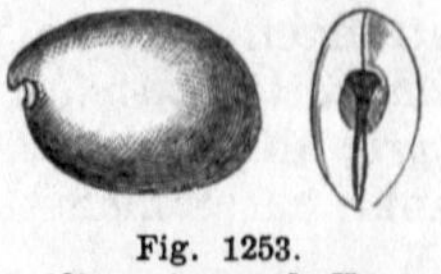

Fig. 1253. *Cypridina primaeva* de Kon. sp. Steinkohlen-Formation. Braidwood, England. $^4/_1$. (Nach J. K. B.)

Im Zechstein sind die Gattungen *Bairdia* M'Coy (Fig. 1256), *Kirkbya* Jones, *Cythere* Müll., *Cytherella* Bosquet und *Cythereis* Jones ziemlich häufig.

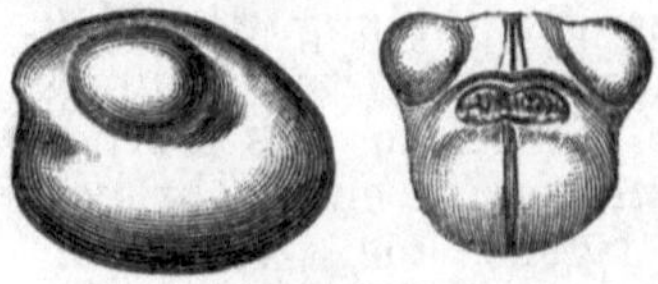

Fig. 1254. *Cypridella Wrightii* J. K. B. Kohlenkalk. Cork, Irland. $^8/_1$. (Nach J. K. B.)

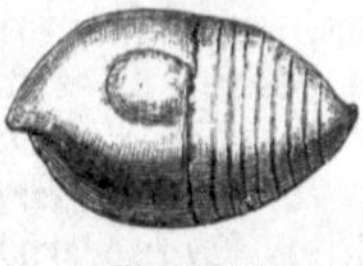

Fig. 1255. *Cyprella chrysalidea* de Kon. Kohlenkalk. Cork. Irland $^4/_1$. (Nach J. K. B.)

Fig. 1256. *Bairdia curta* M'Coy. Kohlenkalk. Irland. $^{15}/_1$. (Nach Kirkby.)

Fig. 1258. *Cytheridea Mülleri* Münst. sp. Eocän Colwell Bay, England. $^{22}/_1$. (Nach Jones.)

Die triasischen und jurassischen Ablagerungen enthalten in einzelnen Horizonten kleine Ostracoden und zwar vorherrschend Arten

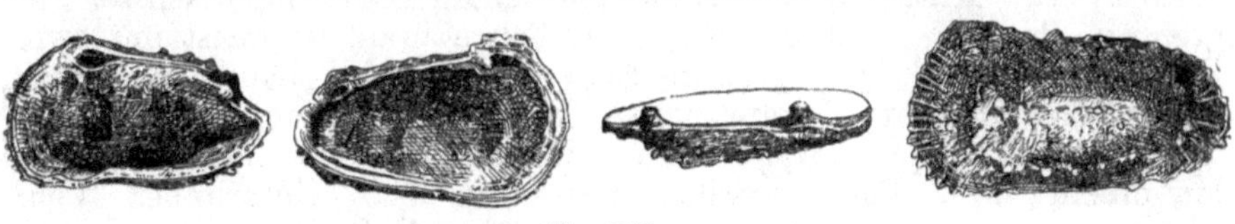

Fig. 1257. *Cythereis quadrilatera* Roem. Gault. Folkestone. $^{25}/_1$. (Nach Jones.)

von *Bairdia, Cythere, Cythereis* (Fig. 1257), *Cytheridea* (Fig. 1258) und *Macrocypris,* sind aber bis jetzt noch ungenügend bearbeitet. Dieselben

Gattungen entfalten in der Kreide einen gröfseren Formenreichtum, und namentlich die obersten Kreideablagerungen von England, Rügen, Maestricht, Lemberg enthalten zahlreiche Arten.

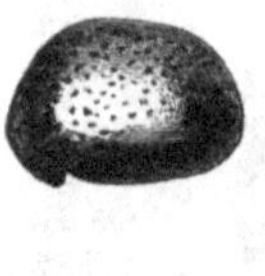

Fig. 1259. *Cypridea Waldensis* Sow. Wealden. Oberkirchen, Hannover. $^{15}/_1$.

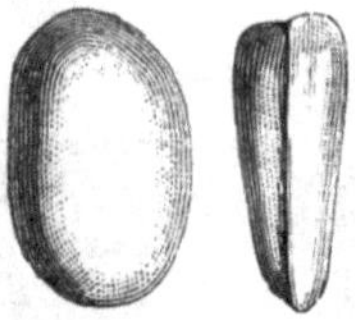

Fig. 1260. *Cytherella compressa* Münst. sp. Stark vergröfsert. Oligocän. Rupelmonde, Belgien. $^{22}/_1$. (Nach Bosquet.)

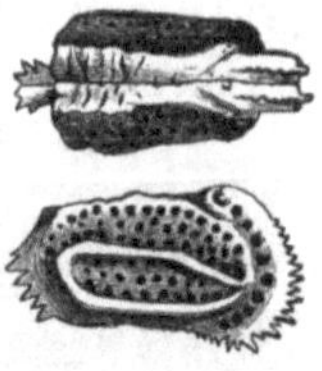

Fig. 1261. *Cythere Edwardsi* Roem. sp. Miocän. Léognan bei Bordeaux. $^{22}/_1$. (Nach Bosquet.)

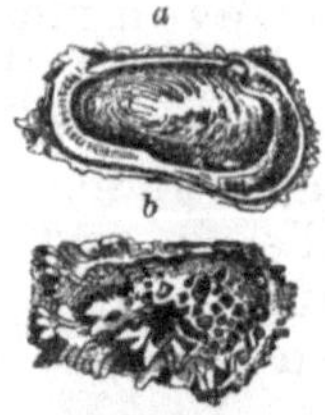

Fig. 1262. *Cythere Dunemelensis* Norman. Pleistocän Jordan Hill, England. *a* Linke Schale von innen, *b* rechte Schale von aufsen, vergr. (Nach Brady.)

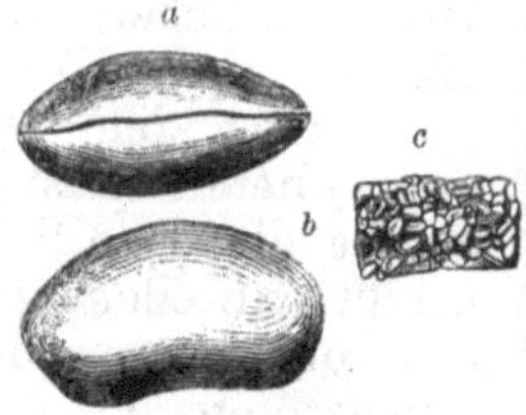

Fig. 1263. *Cypris faba* Desm. Miocän. Oeningen, Schweiz. $^{15}/_1$. *a* Von der Seite, *b* vom Rücken (nach Bosquet). *c* Süfswasserkalkstein erfüllt mit *Cypris faba* Desm. Nördlingen im Ries.

Im Tertiär kommen fast nur Vertreter von noch jetzt existierenden Gattungen vor; in marinen Schichten namentlich *Cythere, Cytheridea, Cytherideis, Eucythere, Cytherura, Candona* etc., in Süfswasserschichten *Cypris* Müll., die z. B. bei Nördlingen und in der Auvergne ganze Bänke zusammensetzt.

4. Ordnung. **Phyllopoda.** Blattfüfsler.[1])

Crustaceen von gestrecktem, oft deutlich gegliedertem Körper, meist mit flacher schildförmiger oder seitlich komprimierter zweischaliger Hautduplikatur, mit mindestens vier Paar blattförmiger, gelappter Schwimmfüfse.

Zu den Phyllopoden werden sehr verschieden gestaltete, kleine und gröfsere Krebse gerechnet, welche meist in süfsen Gewässern oder Salzsümpfen vorkommen und fast nur die Bildung der blattförmigen Gliedmafsen, sowie eine übereinstimmende Entwicklungsgeschichte miteinander gemein haben. Die Gliederung des Körpers ist bei den höher stehenden Formen *(Branchiopoda)* eine sehr vollkommene, bei den Wasserflöhen *(Cladocera)* dagegen meist eine ziemlich unvollständige. Die Zahl der Körpersegmente differiert bei den einzelnen Gattungen beträchtlich; bei den stark segmentierten ist der Körper langgestreckt, vorn am Rücken durch eine flache, schildförmige Hautduplikatur geschützt *(Apus)* oder nackt *(Branchipus)*; bei den in zweiklappigen Schalen eingeschlossenen Cladoceren und Estheriden ist der Körper seitlich zusammengedrückt, verkürzt und undeutlich segmentiert. Mittelleib und Abdomen lassen sich öfters schwer abgrenzen, dagegen setzt der Kopf deutlich ab und ist meist mit zwei Fühlerpaaren und zwei grofsen Augen, zu denen häufig noch ein kleines unpaares Auge kommt, versehen. Um die Mundöffnung stehen die grofse Oberlippe (Hypostoma), zwei breite, verhornte, tasterlose Mandibeln, 1—2 Paar Maxillen und öfters eine Unterlippe. Vom Thorax gehen blattförmig gelappte, zweiästige Fufspaare aus, die meist

[1]) *Jones, Rup.*, On fossil Estheriae and their distribution. Quart journ. geol. Soc. London 1863. XIX. p. 87. — A Monograph of the fossil Estheriae Palaeont. Soc. 1862. — *Hall, J.* and *Clarke, J. M.*, Palaeontology of New York VII. 1888, p. 206.

in grofser Anzahl (seltener weniger als 8) auftreten und nach hinten kleiner werden. Dieselben dienen zum Schwimmen und Greifen und sind überdies in der Regel an ihrer Basis mit Kiemenschläuchen besetzt. Der Hinterleib entbehrt teilweise der Gliedmafsen und endigt häufig in einem nach vorn umgebogenen, mit zwei krallen- oder flossenartigen Furcalgliedern bewehrten Abschnitt.

Alle Phyllopoden sind getrennten Geschlechtes; die Männchen pflegen viel seltener zu sein als die Weibchen; letztere pflanzen sich überwiegend parthenogenetisch fort.

Fossile Cladoceren sind mit Sicherheit bis jetzt nicht nachgewiesen; möglicherweise gehört *Lynceites ornatus* Goldenbg. aus der Steinkohlenformation zu denselben. Von Branchiopoden weist die Gattung *Estheria* Rüpp. (Fig. 1264) zahlreiche fossile Vertreter auf, die in brackischen und limnischen Ablagerungen vorkommen und bereits im Old red Sandstone (Devon) beginnen. Sie sind häufig in der produktiven Steinkohlenformation, im Perm, in brackischen Triasablagerungen (Lettenkohlenmergel) und im Wealden. Die Schale besteht aus zwei dünnen, gerundeten Klappen, die durch einen geraden, zahnlosen Rand verbunden sind. Die Oberfläche ist meist konzentrisch gefaltet oder gestreift und zeigt eine eigentümliche zellige oder punktierte Struktur, wodurch sich diese Schälchen von der sehr ähnlichen Molluskengattung *Posidonomya* (S. 286) unterscheiden.

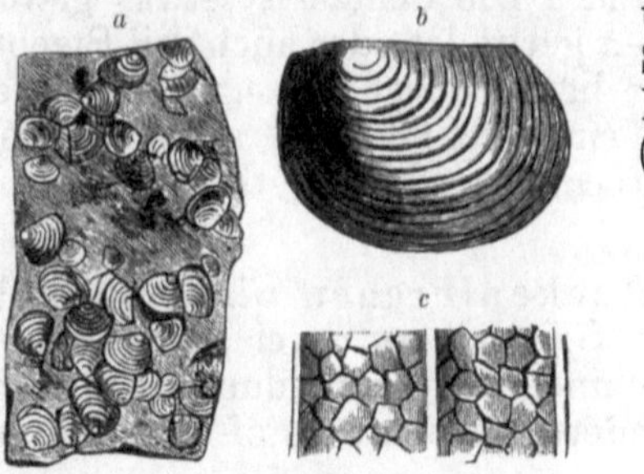

Fig. 1264.
Estheria minuta Goldfufs sp. Lettenkohlendolomit. Sinsheim, Baden. *a* Nat. Gr., *b* vergr. 6/1, *c* ein Stück der Schalenoberfläche in 50facher Vergröfserung.

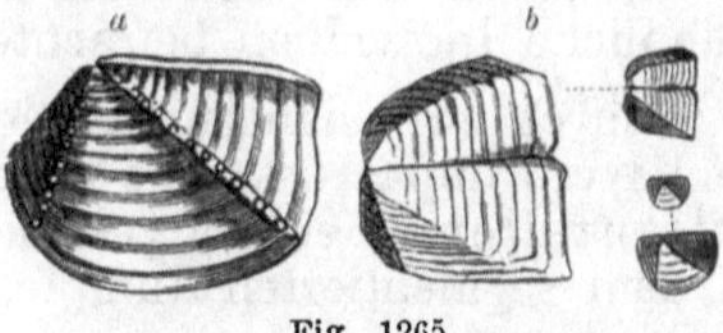

Fig. 1265.
a *Leaia Leidyi* Jones. Steinkohlenformation. Pottsville. Pennsylvanien. (Nach Jones.)
b *Leaia Baentschiana* Gein. Steinkohlenformation. Neunkirchen bei Saarbrücken. (Nach Goldenberg.)

Leaia Jones (Fig. 1265) zeichnet sich durch eine oder zwei diagonale Kanten aus, die vom Vorderende des Dorsalrandes nach dem Unterrand verlaufen. In der Steinkohlenformation von Grofsbritannien, Deutschland, Nordamerika. Bei *Estheriella* Weifs aus der Steinkohlenformation ist die Oberfläche radial berippt.

Im oligocänen Tonmergel von Bembridge (Insel Wight) kommen ziemlich deutliche Abdrücke eines dem lebenden *Branchipus* ähnlichen Phyllopoden (*Branchipodites Vectensis* Woodw.) vor. Nach Walcott findet sich eine *Apus* ähnliche Form *(Protocaris)* schon im unteren Kambrium von Vermont.

5. Ordnung. **Trilobitae.** Trilobiten.[1]

Crustaceen mit fester Rückenschale, der Länge und Quere nach dreilappig, aus einem Kopfschild, einer wechselnden

[1]) *Angelin, N. P.*, Palaeontologia Scandinavica. I. Crustacea formationis transitionis. Lund 1853—1854. 4°. Mit 46 Tafeln. 2. Ausgabe: Trilobitae. Mit 42 Tafeln. Stockholm 1878. — *Barrande, Joachim,* Système silurien du centre de la Bohème.

Anzahl beweglicher Rumpfsegmente und einem aus mehreren unbeweglich verschmolzenen Segmenten zusammengesetzten Schwanzschild bestehend. In der Regel zwei wohl entwickelte, meist facettierte Augen, eine sog. Gesichtsnaht und auf der Unterseite des Kopfschildes eine Oberlippenplatte *(Hypostoma)* vorhanden. Gliedmafsen dünne, mehrgliederige, mit Krallen versehene Spaltfüfse, sehr selten erhalten. Entwicklung durch progressive Metamorphose aus einer schwach segmentierten Jugendform.

Die allgemeine Körperform der Trilobiten läfst sich durch die nicht selten erhaltenen festen Schalenteile oder deren Ausgüsse und Abdrücke bestimmen. Sehr häufig findet man die dünne, oberflächlich glatte oder gestreifte, punktierte, höckerige oder stachelige Rückenschale noch wohl erhalten im Gestein eingebettet; aber ebenso oft ist dieselbe, namentlich in sandigen und schieferigen Gesteinen, vollständig aufgelöst, so dafs nur Steinkerne überliefert wurden, welche jedoch die wesentlichen Merkmale der Gattungen und Arten fast ebenso scharf erkennen lassen wie die Schalen selbst. Die im Maximum 1 ^{mm} dicke Körperhaut besteht aus etwa 10 parallelen, äufserst dünnen Schichten von kohlensaurem und phosphorsaurem Kalk, welche von feinen Porenkanälen durchzogen sind. Die Schale ist etwas gewölbt, meist länglich oval, vorn und hinten gerundet oder auch mit Stacheln, Zacken und Hörnern besetzt. Sehr häufig erscheint ein und dieselbe Trilobitenart in einer breiten und einer schmäleren, relativ längeren Form, wovon Barrande die ersteren als weibliche, die letzteren als männliche Individuen betrachtet.

Durch zwei nahezu parallele Rückenfurchen wird eine mittlere konvexere unpaare Achse (Rhachis, Spindel) von zwei etwas flacheren Seitenteilen (Pleuren) geschieden und diese Dreiteilung ist nicht nur an dem segmentierten Rumpfe, sondern auch am Kopf- und Schwanzschild zu erkennen.

Vol. I. Prag 1852. Supplement 1874. — *Bernard, H. M.*, The Systematic Position of Trilobites. Quart. Journ. Geol. Soc. London 1894—1895. — *Beyrich, E.*, Über einige böhmische Trilobiten. Berlin 1845 u. 1846. — *Broegger, W. C.*, Die silurischen Etagen 2 und 3 im Christiania-Gebiet. Christiania 1882. — *Burmeister, H.*, Die Organisation der Trilobiten. Berlin 1843. 4°. — *Dalman, J. W.*, Om Palaeaderna aller de så kallade Trilobiterna. K. Vetensk. Akad. Handl. 1826. Stockholm. — *Emmrich, H. F.*, De Trilobitis. Diss. inaug. Berol. 1839. — *Hoffmann, E.*, Sämtliche bis jetzt bekannte Trilobiten Rufslands. Verh. d. k. mineralog. Gesellschaft zu St. Petersburg 1858. — *Jaekel, O.*, Beiträge zur Beurteilung der Trilobiten. Zeitschr. d. Deutsch. geol. Ges. 1901. — *Nieszkowski, J.*, Versuch einer Monographie der in den silurischen Schichten der Ostseeprovinzen vorkommenden Trilobiten. Archiv für Naturkunde Liv-, Esth- und Kurlands. 1857 Ser. I. Bd. I. S. 517 und Zusätze ibid Bd. II S. 345. — *Quenstedt, F. A.*, Beiträge zur Kenntnis der Trilobiten mit besonderer Rücksicht auf ihre bestimmte Gliederzahl. Wiegmanns Archiv für Naturgeschichte 1837 Bd. I S. 337. — *Salter, J. W.*, Memoirs of the geol. Survey of the United Kingdom. Figures and descriptions of British organic remains. Decad. II 1849; Decad. VII 1853; Decad. XI 1864. — *Salter* and *H. Woodward*, A Monograph of British Trilobites. Palaeontographical Society 1867—1884. — *Schmidt, Fr.*, Revision der ostbaltischen silurischen Trilobiten. Mém. de l'Acad. imp. de St. Pétersbourg. 1881 sér. VII tome 30; 1885, 1886, sér. VII t. 33; 1894, sér. VII t. 42; 1898, sér. VIII t. 6; 1901, sér. VIII t. 12. — *Walcott, C. D.*, The Trilobite. New and old evidence relating to its organisation. Bull. Mus. Compar. Zoology 1881 vol. VIII Nr. 10.

Das Kopfschild (Fig. 1266) hat in der Regel halbkreisförmige Gestalt und schliefst sich mit dem geraden Hinterrand an den Rumpf an. Der Aufsenrand ist häufig in den Hinterecken, wo er mit dem Hinterrand zusammenstöfst, zu Hörnern ausgezogen und sehr oft von einer parallelen Randfurche begleitet, welche einen Randwulst oder einen flachen Randsaum (limbus) begrenzt. Noch häufiger verläuft dem Hinterrand eine Occipitalfurche entlang, welche den Occipitalring abschnürt. Das Kopfschild der Trilobiten endigt nicht als einfache Lamelle am Aufsenrand, sondern ist nach unten umgebogen und bildet ein umgeschlagenes, dem Oberrand paralleles, aber durch einen Zwischenraum getrenntes Blatt (Umschlag). Verlängern sich die Hinterecken zu Stacheln oder Dornen, so nimmt der Umschlag an ihrer Bildung teil, und es entstehen hohle oder auch solide Fortsätze.

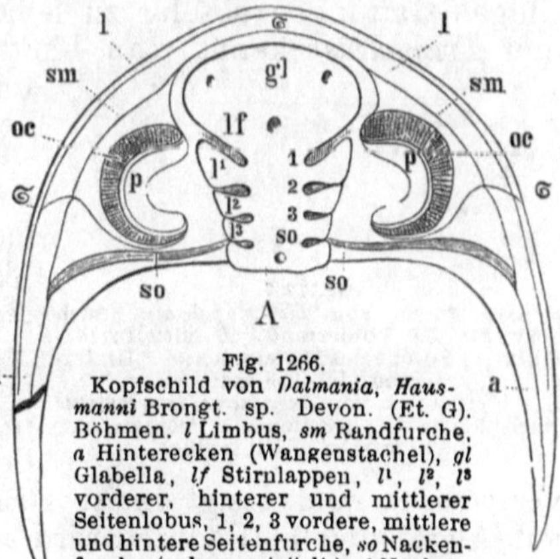

Fig. 1266.
Kopfschild von *Dalmania*, *Hausmanni* Brongt. sp. Devon. (Et. G). Böhmen. *l* Limbus, *sm* Randfurche, *a* Hinterecken (Wangenstachel), *gl* Glabella, *lf* Stirnlappen, l^1, l^2, l^3 vorderer, hinterer und mittlerer Seitenlobus, 1, 2, 3 vordere, mittlere und hintere Seitenfurche, *so* Nackenfurche (*sulcus occipitalis*), *A* Nackenring, 𝔖 Gesichtsnaht, *oc* Sehfläche der Augen, *p* Palpebralflügel.

Der zwischen den Dorsalfurchen befindliche, zur Spindel gehörige und meist stärker gewölbte Teil des Kopfschildes heifst Glabella (Kopfbuckel); was seitlich aufserhalb der Dorsalfurche liegt, gehört zu den Wangen (genae). Letztere werden in einzelnen Fällen durch ungewöhnlich starke Ausbildung der Glabella zu schmalen Seitenrändern reduziert und fast ganz von der Oberfläche verdrängt. Zuweilen ist auch die Grenze zwischen Glabella und Wangen fast ganz verwischt. Vor der Nackenfurche besitzt die Glabella in der Regel noch 1—4 paarig entwickelte Querfurchen (sulci laterales), welche zusammen mit der Occipitalfurche die Glabella in meistens 5 Segmente zerlegen, die vermutlich Mundteilen oder Gliedmafsen der Unterseite entsprechen. Am häufigsten zählt man drei Paare solcher Furchen. Der ganze vor den vorderen Seitenfurchen gelegene, häufig etwas erweiterte Teil der Glabella heifst Stirn. Zuweilen vereinigen sich die Seitenfurchen in der Mitte oder sie richten sich schräg nach hinten und fliefsen sogar manchmal zu seitlichen Längsfurchen zusammen.

Die Beschaffenheit der Wangen wird in erster Linie beeinflufst durch eigentümliche Nähte, welche als scharfbegrenzte feine Linien über das Kopfschild verlaufen, und ihm wahrscheinlich eine gewisse, wenn auch beschränkte Beweglichkeit verleihen. Nach dem Tode des Tieres fand häufig ein Zerfallen des Kopfschildes nach diesen Nähten statt. Die wichtigste darunter ist die Gesichtsnaht (sutura facialis), welche nur wenigen Trilobitengattungen fehlt. Die beiden Zweige derselben beginnen entweder am Hinterrand, in den Hinterecken oder am Aufsenrand, verlaufen von da nach den Augen, folgen den Augenhügeln auf der Innenseite und wenden sich dann nach vorn, indem sie entweder die Glabella umziehend sich nahe am Stirnrand vereinigen, oder getrennt und in gleichem Abstand von der Mitte den Stirnrand überschreiten. Im letzteren Falle werden die zwei Zweige häufig auf dem umgeschlagenen Rand des Kopfschildes durch eine dem Rand parallele Quernaht, die sog. Schnauzennaht, verbunden.

Hinter dem Umschlag des Kopfschildes, jedoch stets durch eine Naht oder vielmehr eine Artikulationsfläche getrennt, beginnt ein horizontales, der Oberlippe der übrigen Crustaceen homologes Schalenstück, das Hypostoma (Fig. 1267). Dasselbe ist nur mit dem gebogenen Vorderrand am Kopfschild befestigt, alle übrigen Ränder sind frei. Seine Form und Gröfse liefert wertvolle systematische Merkmale.[1])

Bei den meisten Trilobiten sind Augen nachgewiesen; sie scheinen einigen Gattungen absolut zu fehlen; bei zwei Geschlechtern (*Illaenus* und *Trinucleus)* kennt man blinde und mit Augen versehene Arten, und endlich bei einer kleinen Anzahl von Trilobiten hat sich die charakteristische Oberfläche der Gesichtsorgane entweder gar nicht oder nur so mangelhaft erhalten, dafs sie lange Zeit für blind galten (*Arionellus, Sao, Ellipsocephalus* etc.).

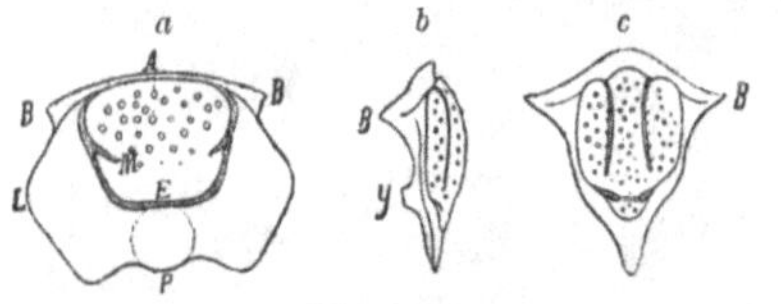

Fig. 1267.
a Hypostoma von *Lichas palmata* (nach Novák). *BB* Vorderrand, *M* Mittelfurche, *E* hintere Furche des Mittelstückes, *P* Hinterrand, *L* Seitenrand.
b, *c* Hypostoma von *Encrinurus intercostatus* (nach Novák). *b* Seiten-, *c* Frontansicht, *B* Vorderrand, *Y* Hinterflügel.

Die Augen erheben sich stets auf den Wangen und liegen fast stets unmittelbar an der Gesichtsnaht; ihre Sehfläche ist fest mit den Randschildern verwachsen und steigt meist ziemlich schroff aus der Wangenfläche auf (Augenhügel). Dadurch wird auch der angrenzende Teil der festen Wangen in die Höhe gezogen, und es entsteht so der zum Mittelschild gehörige Palpebralflügel, welcher aufsen von der Gesichtsnaht umgrenzt wird.

Die allgemeine Form der Augen ist sehr verschieden. Am häufigsten bilden sie mit dem Palpebralflügel eine abgestutzt konische oder halbmondförmige Erhebung, deren nach aufsen gerichtete, konvexe Seite von der Sehfläche eingenommen wird *(Phacops, Dalmania, Asaphus);* oft haben sie auch ring- oder eiförmige Gestalt. Zuweilen liegen sie fast ohne alle Wölbung in der Wangenfläche *(Aeglina)*, zuweilen aber auch am Ende eines langen hornförmigen Fortsatzes, der sich hoch über die Wangen erheben kann *(Asaphus, Acidaspis).*

Bei der Gattung *Harpes* bestehen die Augen aus 2—3 einfachen Höckern (Stemmata), welche nicht an der Gesichtsnaht liegen; bei allen anderen Trilobiten ist die Sehfläche durch zahlreiche sphäroidische Linsen facettiert. Die Linsen dieser zusammengesetzten Augen sind meist von einer gemeinsamen, glatten oder durch die Linsen etwas höckerig gewordenen Hornhaut überzogen, welche von der übrigen Schale des Kopfes verschieden ist; bei einigen Gattungen *(Phacops, Dalmania)* ist dagegen die Hornhaut der Sehfläche mit der übrigen Schale identisch und von rundlichen oder polygonen Öffnungen für die einzelnen Linsen durchbrochen. Die Gröfse der Linsen erreicht

---

[1]) *Novák*, Studien an Hypostomen böhmischer Trilobiten I und II. Sitzungsbericht d. k. böhm. Gesellsch. d. Wissensch. 1879 und 1884.

bei den letzteren zuweilen $^1/_2$ mm, während bei andern Trilobiten 6—14 Linsen auf einen Millimeter kommen. Zahl und Anordnung der Linsen ist überhaupt höchst verschieden, je nach den Gattungen. Während die Augen einzelner *Phacops*-Arten *(Ph. Volborthi)* nur 14 Linsen aufweisen, zählt man bei andern Formen derselben Gattung 200—300, bei *Dalmanites Hausmanni* 600; bei *Bronteus palifer* wird die Zahl der Linsen auf 4000, bei *Asaphus nobilis* auf 12000 und bei *Remopleurides radians* sogar auf 15000 geschätzt. Meist sind die Linsen der zusammengesetzten Augen zu regelmäfsigen Reihen angeordnet. Nach Packard stimmt der Bau des Trilobitenauges fast genau mit jenem der facettierten Limulusaugen überein. G. Lindström[1]) erkannte bei zahlreichen Trilobiten *(Bronteus, Asaphus, Proetus* u. a. m.), in den sogenannten Maculae des Hypostoma, kleinen Buckeln neben der Mittelfurche dieses Schalenstücks, eine Struktur der Schale, welche an die Struktur der Facettenaugen auf den losen Wangen erinnert; daraufhin deutete Lindström diese Maculae als ventral austretende Sehorgane, während Jaekel sie für Haftstellen von Muskeln erklärt.

Der Rumpf (thorax) besteht im Gegensatz zu dem ungeteilten Kopfschild aus einer je nach den Gattungen wechselnden Anzahl kurzer, quer ausgedehnter und gegeneinander beweglicher Segmente. Jedes Rumpfsegment wird durch die Dorsalfurchen in ein Mittelstück, den Spindelring (annulus), und zwei Seitenteile, die Pleuren, zerlegt. Die Spindelringe sind mit den Pleuren fest verwachsen, meist hoch gewölbt und vorn fast immer mit einem Fortsatz versehen, welcher durch eine Furche von der Hauptoberfläche getrennt ist und etwas tiefer als jene liegt. Dieser häufig etwas schiefe Fortsatz wird in gestreckter Lage von dem vorhergehenden Spindelring bedeckt und ist nur an eingerollten Exemplaren überhaupt sichtbar. Er dient somit als Gleitfläche (Artikulationsfläche), auf welcher sich die Segmente verschieben können. Der Hinterrand jedes Spindelringes ist schwach nach innen umgeschlagen.

Bei den Pleuren unterscheidet Barrande zwei Hauptformen: die sog. Furchenpleuren besitzen auf ihrer Oberfläche eine meist schief von vorn nach hinten und aufsen gerichtete Furche von wechselnder Tiefe und Länge, während die Wulstpleuren auf der Oberfläche mit einem Längswulst oder einer Längsleiste versehen sind. Bei einer kleinen Zahl von Gattungen *(Illaenus, Nileus)* sind die Pleuren vollständig eben.

Sämtliche Pleuren zerfallen in einen äufseren und einen inneren Teil; letzterer reicht vom Spindelring bis zu dem Knie oder der Beuge *(fulcrum)*, d. h. bis zu einer Stelle, wo sich die Pleuren mehr oder weniger stark nach unten und meist auch nach hinten umbiegen. Der äufsere, am Knie beginnende Teil bleibt entweder gleich breit und ist am Ende abgerundet, oder er verschmälert sich nach aufsen und ist zuweilen sogar in einen Stachel ausgezogen. Das freie Ende der äufseren Pleurenteile ist stets umgeschlagen.

Die Zahl der Rumpfsegmente differiert bei den verschiedenen Trilobitengattungen ganz aufserordentlich. Die kleinste (2) kommt bei

[1]) *G. Lindström:* Researches on the visual organs of the Trilobites. K. Svensk. Vet. Ak. Handl. 34. Nr. 8. 1901.

Agnostus, die gröfste bis jetzt beobachtete Zahl (29) bei einzelnen Arten der Gattung *Harpes* vor. Während Quenstedt und Burmeister die Zahl der Rumpfsegmente für eines der wesentlichsten Merkmale zur Unterscheidung der Gattungen hielten, zeigten Barrande u. a., dafs bei einer nicht unbeträchtlichen Menge von Trilobitengenera die Zahl der Rumpfsegmente je nach den verschiedenen Arten abweicht. So kennt man z. B. von *Ampyx* und *Aeglina* Arten mit 5—6, von *Phillipsia* mit 6—10, von *Acidaspis* mit 9—10, von *Olenus* mit 9—15, von *Cheirurus* mit 10—12, von *Cyphaspis* mit 10—17, von *Ellipsocephalus* mit 12—14, von *Paradoxides* mit 16—20 Rumpfsegmenten. Dafs die Zahl der Segmente in der Jugend kleiner ist als im ausgewachsenen Zustande, hat Barrande bei vielen Arten nachgewiesen. Im allgemeinen scheint eine Art Wechselbeziehung zwischen der Menge der Rumpfsegmente und der Gröfse des Pygidiums zu bestehen. Ist letzteres grofs, so bleibt die Zahl der Rumpfglieder meist gering; wird es klein, so mehren sich die Segmente im Thorax.

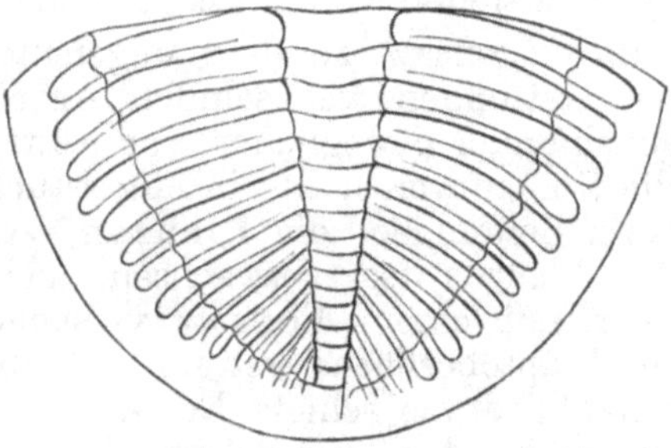

Fig. 1268.
Pygidium von *Ogygia Buchi* Brougt.

Fig. 1269.
Pygidium von *Bronteus umbellifer* Beyr.

Das Schwanzschild *(Pygidium)* (Fig. 1268) besteht nur aus einem einzigen Schalenstück, auf dessen gewölbter Oberfläche sich regelmäfsig eine mittlere, von Dorsalfurchen mehr oder weniger deutlich begrenzte Achse und zwei Seitenteile oder Seitenlappen unterscheiden lassen. Zuweilen besitzt dasselbe einige Ähnlichkeit mit dem Kopfschild; allein es ist sichtlich aus der Verschmelzung einer Anzahl gleichartiger Segmente hervorgegangen, und diese Zusammensetzung aus verwachsenen Segmenten tritt namentlich am vorderen Teil des Pygidiums so deutlich zutage, dafs zuweilen der Übergang vom Rumpf in das Pygidium äufserlich kaum wahrnehmbar wird. Manchmal freilich verwischt sich die Segmentierung gänzlich, oder ist nur auf der Innenseite noch schwach angedeutet. Bei mangelhafter Segmentierung der Achse und der Seitenlappen erhält das Pygidium ein vom Rumpf sehr abweichendes Aussehen. Der Umrifs desselben ist am häufigsten halbkreisförmig, parabolisch oder elliptisch, seltener dreieckig oder trapezoidisch; der Rand ganz, seltener gezackt oder stachelig; letzterer bildet wie am Kopfschild und an den Rumpfpleuren einen Umschlag, der bei manchen Gattungen eine ansehnliche Breite erlangt. Die Achse erstreckt sich bald bis zum hinteren Ende des Pygidiums bald nur bis in die Hälfte oder sie verkümmert zu einem kurzen Rudiment (*Bronteus* Fig. 1269), ja sie kann sogar gänzlich fehlen *(Nileus).* Die Zahl der Achsenringe entspricht der Zahl der Segmente, aus welchen das Pygidium gebildet ist, und schwankt zwischen 2 und 28. Auch auf den Seitenlappen können sämtliche oder doch ein Teil der Pleuren als quere oder schiefe Furchen und Rippen fortsetzen und zwar lassen sich dann die gefurchten und wulstigen Pleuren meist noch deutlich unterscheiden; nicht selten sind sie aber auch gänzlich verwischt. Die Trilobiten des kambrischen Systems zeichnen sich gröſstenteils durch kleine Pygidien und langen Thorax aus.

Die Unterseite der Trilobiten ist der Beobachtung ungemein schwer zugänglich, da sie sich in der Regel so fest mit dem Gestein verbindet, daſs die daselbst vorhandenen Organe nicht bloſsgelegt werden können. An eingerollten Exemplaren ist sie vollständig verdeckt. Die Unsicherheit über das Vorhandensein und die Beschaffenheit ventraler Glieder und Segmente dauerte darum bis in die jüngste Zeit fort. Weitaus die meisten Trilobiten zeigen bei sorgfältiger Präparation der Unterseite nichts weiteres, als den leeren Hohlraum der Rückenschale und das bereits oben (Seite 460) beschriebene, am Umschlag des Kopfschildes befestigte Hypostoma. Dieser Umstand veranlaſste Burmeister zu der Annahme, daſs sämtliche Organe auf der Unterseite wie bei den Phyllopoden von weicher, fleischiger Beschaffenheit gewesen seien, obwohl Eichwald schon im Jahre 1825 einen gegliederten Trilobitenfuſs und eine Antenne gesehen haben wollte. Im Jahre 1870 veröffentlichte Billings die Beschreibung und Abbildung eines ungewöhnlich günstig erhaltenen *Asaphus platycephalus* aus dem Trentonkalk von Ottawa in Canada, auf dessen Unterseite sich 8 Paar gegliederter Füſse neben einer breiten Medianfurche erkennen lieſsen (Fig. 1270*a*). Bald darauf wurde von Woodward ein neben dem Hypostoma derselben Trilobitenart befindlicher gegliederter Taster mit Maxilla beschrieben (Fig. 1270*b*).

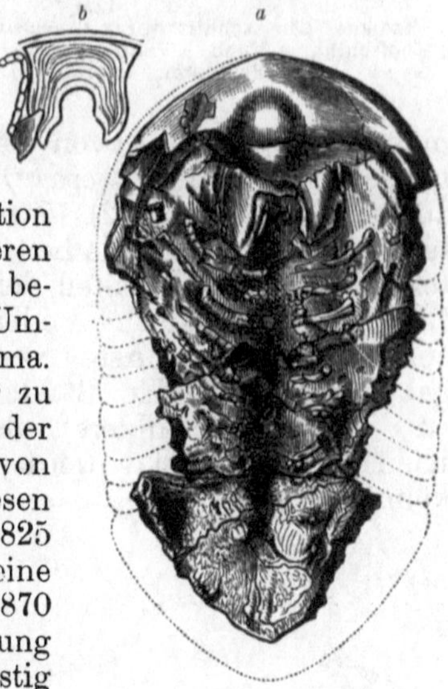

Fig. 1270.
Asaphus platycephalus Stokes. Unter-Silur. Ottawa, Canada. *a* Unterseite mit Überresten von gegliederten Füſsen (nach Billings). *b* Hypostoma mit einem an die Maxilla angehefteten gegliederten Taster. (Nach Woodward.)

Durch die feinen Untersuchungen Walcotts, welche an mehr als 2000 ungewöhnlich günstig erhaltenen Exemplaren von *Cheirurus* und *Calymmene* aus dem Trentonkalk und zwar vielfach mit Hilfe von Quer- und Längsschnitten gemacht wurden, ist die Frage über die Beschaffenheit der Unterseite wenigstens für mehrere Trilobitengattungen entschieden. Danach besaſsen dieselben eine dünne ventrale Membran unter der eigentlichen Visceralhöhle, welche sich an den Rand des Umschlages des Kopfschildes, der Rumpfsegmente und des Pygidiums anheftete und durch verkalkte quere Bogen gestützt war, an denen sich die Füſse befestigten. Der schon von Beyrich und Volborth entdeckte Intestinalkanal befindet sich unter der Rhachis in der Visceralhöhle. Er beginnt am Mund, welcher nach Walcott über dem Hinterrand des Hypostoma liegt, biegt sich zuerst in dorsaler Richtung um, wobei er stark erweitert wird, und verläuft alsdann, sich allmählich verschmälernd, der Schale parallel von der Glabella bis zum Hinterende des Pygidiums (Fig. 1271). Unter dem Kopfschild und zwar hinter dem *Hypostoma* liegen 4 Paar gegliederte Füſse mit breitem Basalteil, wovon sich das hinterste Paar durch etwas gröſsere Stärke auszeichnet. In gleicher Weise finden sich unter den Segmenten des Rumpfes und des Pygidiums gegliederte, in zwei ungleiche Äste geteilte Spaltfüſse. Der gröſsere innere Ast *(Endopodit)* besteht aus 5 oder mehr Segmenten, wovon das letzte eine Kralle bildet; der äuſsere gegliederte Anhang *(Exopodit)* ist kürzer und scheint aus 2—3 Segmenten zu bestehen (Fig. 1272). Zwischen diesen Spaltfüſsen und den Seitenteilen der Rückenschale hefteten sich an den Basalteil der Gliedmaſsen einfache oder spirale, in zwei Äste vergabelte Fäden oder Bänder an, die nicht anders als Kiemen gedeutet werden können.

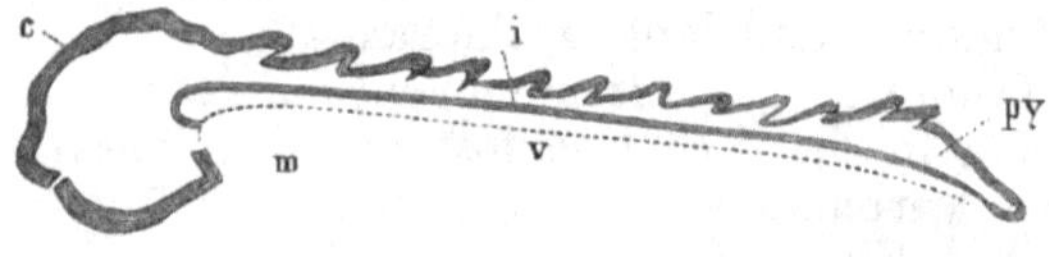

Fig. 1271.
Medianer Längsschnitt durch *Cheirurus pleurexanthemus.*
c Kopfschild, *m* Mund, *v* Ventralmembran, *i* Intestinalkanal, *py* Pygidium. (Nach Walcott.)

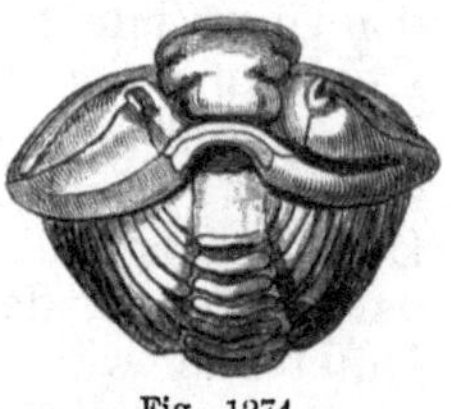

Fig. 1274.
Calymmene senaria Conr.
Unt. Silur. Cincinnati, Ohio.
Eingerolltes Exemplar.

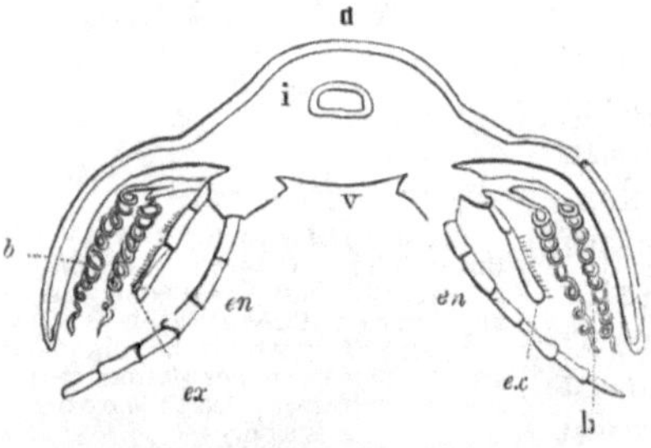

Fig. 1272.
Restauriertes Rumpfsegment eines Trilobiten im Querschnitt (nach Walcott). *d* Dorsalschale, *v* Ventralmembran, *i* Intestinalkanal, *en* Endopodit, *ex* Exopodit, *b* Spiralkiemen.

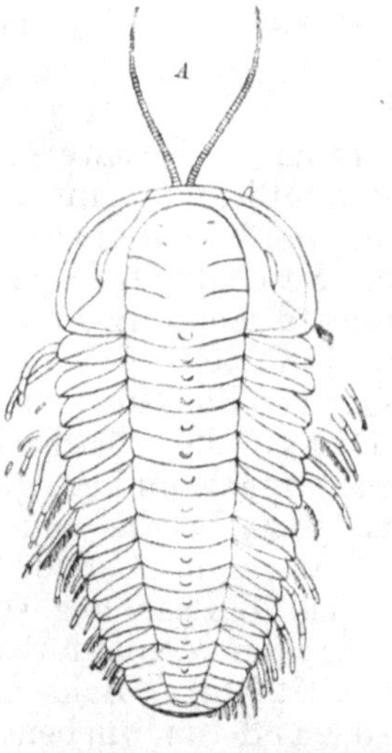

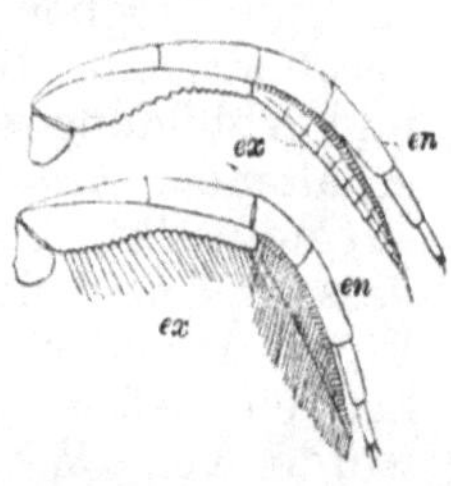

Fig. 1273.
Triarthrus Becki Green. Unt. Silur (Utica-Schiefer). Rom N Y.
A Vorzüglich erhaltenes Exemplar von der Rückseite mit Antennen und Spaltfüſsen 2½mal vergröſsert. (nach Beecher).
B Spaltfüſse des Thoracal-Abschnittes ohne und mit Borsten (*en* Endopodit, *ex* Exopodit).

Eine Bestätigung dieser Beobachtung liefern die von Valiant entdeckten, von Mathew[1]), Beecher[2]) und Walcott[3]) beschriebenen, trefflich erhaltenen Exemplare von *Triarthrus Becki* Green aus untersilurischem Utica-Schiefer von Rom NY. Hier sind Schale und die nicht selten erhaltenen Gliedmaſsen in Schwefelkies umgewandelt. Ein Paar langer, gegliederter Antennen ragt über das Kopfschild vor

---

[1]) American Journ. Sc. Arts 1893. XLVI. S. 121.
[2]) ibid. S. 467 u. XLVII. 1894 S. 298, 1895 S. 307, 1896 S. 251 und American Geologist 1895 S. 91.
[3]) Proceed. Biol. Soc. Washington 1894. IX. S. 89.

(Fig. 1273). Unter dem Kopfschild befinden sich vier kurze, mit breitem Basalteil versehene Fuſspaare, welche als Kaufüſse gedeutet werden, unter dem Thorax trefflich erhaltene Spaltfüſse (Fig. 1273*B*), an denen der Exopodit fast gleiche Länge wie der Endopodit besitzt und häufig mit borstenförmigen Anhängen besetzt ist. Bei den Fuſspaaren unter dem Pygidium bewahrt der Endopodit seine schlanke gegliederte Beschaffenheit nur in der distalen Hälfte, die inneren Glieder dagegen breiten sich zu dreieckigen, mit Borsten besetzten Platten aus, und bei den hintersten Spaltfüſsen unter dem Pygidium besteht der Endopodit vollständig aus breiten, lappigen Gliedern. Nach Untersuchungen von Jaekel an *Ptychoparia striata* bestehen die Basalteile der Kaufüſse wie der Rumpffüſse aus drei Segmenten.

Einrollung. Die meisten Trilobiten haben die Fähigkeit, ihren Körper derart einzurollen, daſs sich der Rand des Pygidiums dicht an den Kopfumschlag anlegt. Sie schützen dadurch die ohne Zweifel meist zarten Organe der Unterseite vor Beschädigung. Bei der Einrollung verschieben sich die mit Gleitflächen versehenen Thoracalglieder etwas, die Pleurenfortsätze drängen sich aneinander und schlieſsen den Körper auch seitlich. Bei manchen Gattungen scheint die Einrollungsfähigkeit eine sehr beschränkte zu sein, man findet sie fast immer nur in gestreckter Lage, und zuweilen fehlen den Rumpfsegmenten sogar die Gleitflächen vollständig (*Hydrocephalus*) oder sind sehr mangelhaft ausgebildet.

Für die Systematik hat das Einrollungsvermögen nur wenig Wert, da dasselbe wahrscheinlich allen Trilobiten zukam und überdies keine nennenswerte Differenz in der Organisation bedingt. Die von Burmeister vorgeschlagene, hauptsächlich auf die Einrollungsfähigkeit basierte Einteilung konnte darum keinen Anklang finden.

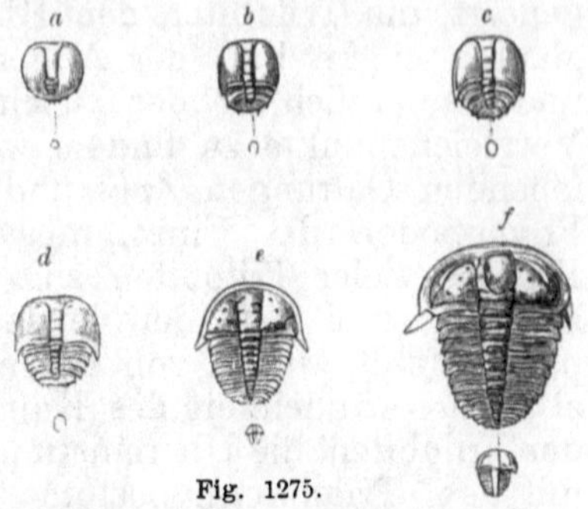

Fig. 1275.
Entwicklungsstadien von *Sao hirsuta* Barr. Kambrische Schiefer von Skrej, Böhmen. *a* 1., *b* 2., *c* 3., *d* 4., *e* 5., *f* 13. Entwicklungsstadium. (Nach Barrande.)

Entwicklung. Durch J. Barrande wurde zuerst der Beweis geliefert, daſs eine groſse Anzahl von Trilobiten wie die meisten recenten Crustaceen eine Reihe von Veränderungen durchlaufen, bis sie ihre definitive Gestalt erlangen. Diese Veränderungen sind keine eigentlichen Metamorphosen, sondern progressive Entwicklungsstadien, welche jedoch hin und wieder in erheblicher Weise voneinander abweichen. In den meisten Fällen allerdings beschränken sich dieselben auf eine successive Vermehrung der Rumpfsegmente ohne nennenswerte Formveränderung (Fig. 1275). Die Untersuchungen Barrandes fanden ihre Bestätigung durch zahlreiche Funde im Paläozoicum Nordamerikas, welche Ford, Matthew, Walcott, Beecher veröffentlichten. Als Eier hat Barrande winzige schwarze Kügelchen von $^3/_5$—$^2/_3$ mm Durchmesser mit glänzender, häufig runzeliger Oberfläche beschrieben, die in groſser Menge in Trilobiten führenden Ablagerungen vorkommen.

Stellung im zoologischen System. Durch die deutliche Segmentierung des Körpers und durch den Nachweis gegliederter

Spaltfüfse ist die Stellung der Trilobiten unter den Crustaceen gesichert. In ihrer äufseren Erscheinung erinnern sie am meisten an Isopoden (Asseln), doch hat bereits Burmeister hervorgehoben, dafs bei den Isopoden nicht nur der kleine, frei bewegliche, mit zwei Fühlerpaaren und eigentümlich modifizierten Kiefern versehene Kopf wesentlich verschieden sei vom Kopfschild der Trilobiten, sondern dafs auch die Augen anders gelagert sind; aufserdem besitzen die Isopoden im Gegensatz zu den Trilobiten eine ganz konstante Anzahl von Körpersegmenten. Die Beine des Thorax tragen bei den Isopoden keine Kiemen, letztere befinden sich vielmehr ausschliefslich auf der Unterseite des Abdomen. Durch den Mangel bestimmter Zahlenverhältnisse in der Segmentierung werden die Trilobiten von den höher stehenden, unter der Bezeichnung *Malacostraca* zusammengefafsten Krustern ausgeschlossen. Unter den noch übrigen Ordnungen der Crustaceen kommen die Cirripeden, Ostracoden und Copepoden nicht in Betracht; es bleiben somit nur noch die Phyllopoden, sowie die Gruppe der *Merostomata* übrig, mit denen in der Tat die Trilobiten auch am meisten verglichen wurden. Burmeister war geneigt, die Trilobiten den Phyllopoden anzuschliefsen, und zwar glaubte er im Bau der Augen, in der Segmentierung des Rumpfes und namentlich in der weichen häutigen Beschaffenheit der Füfse Vergleichspunkte zu finden, welche eine nahe Verwandtschaft mit den lebenden Gattungen *Apus* und *Branchipus* gewährleisteten. Dafs den Phyllopoden das Einrollungsvermögen abgeht, dafs der allgemeine Habitus vieler Trilobiten sich doch weit von jenem der Phyllopoden entfernt, und dafs den letzteren der feste kalkig-chitinöse Rückenpanzer fehlt, wurde von Burmeister nicht hoch angeschlagen; wohl aber die Ähnlichkeit des Kopfschildes von *Apus* mit dem Kopfschild der Trilobiten, die Übereinstimmung der Oberlippe bei den Phyllopoden mit dem Trilobitenhypostoma und namentlich die weiche Beschaffenheit der Füfse bei vielen Ordnungen besonders betont.

Noch ehe die wichtigen Entdeckungen über die Extremitäten der Trilobiten vollständig bekannt waren, bekämpfte Gerstäcker mit gewichtigen Gründen die Anschauungen Burmeisters. Er zeigte, dafs die Augen der Phyllopoden wesentlich von denen der Trilobiten differieren, dafs der Kopf der ersteren keineswegs dem Kopfschild der letzteren homolog sei, und dafs insbesondere Burmeisters Annahmen über die häutige Beschaffenheit der Trilobitenfüfse jeder sicheren Grundlage entbehrten. Nach sorgfältiger Abwägung der Ähnlichkeiten und Verschiedenheiten zwischen Phyllopoden und Trilobiten findet Gerstäcker letztere so überwiegend, dafs er die Trilobiten als selbständige, den Phyllopoden, Copepoden, Poecilopoden etc. gleichwertige Ordnung im Systeme einreiht.

Was nun die Beziehungen zu den *Merostomata* und speziell zu *Limulus* betrifft, so zeigt sich in der mehr oder weniger deutlichen longitudinalen Dreiteilung der zwei Rückenschilder von *Limulus*, sowie in der Form des Kopfschildes eine gewisse Übereinstimmung, welche durch den gleichen Bau und die Lage der seitlichen Augen noch erhöht wird. Auch die Gesichtsnaht der Trilobiten ist bei einzelnen fossilen Merostomen *(Hemiaspis, Bunodes)* deutlich nachweisbar und bei *Limulus* durch eine am Hinterrand beginnende und an den Augen vorbei nach vorn verlaufende Kante wenigstens angedeutet. Auf der Unterseite ist das Kopfschild bei den *Merostomata* und Trilobiten umgeschlagen; dagegen fehlt den ersteren das charakteristische Hypostoma, während bei den letzteren hinter der Mundspalte weder die grofse Medianplatte (Metastoma) der Eurypteriden, noch die zwei dem Metastoma homologen Anhänge bei *Limulus* nachgewiesen werden konnten.

Dafs der dem Kopfschild folgende Leibesabschnitt bei *Limulus* von einem einfachen Rückenschild bedeckt wird, kann nicht allzuschwer in die Wagschale fallen, wenn man berücksichtigt, dafs weder bei den paläozoischen Limuliden, noch bei den Eurypteriden eine solche Verschmelzung der Brust- und Abdominalsegmente stattfindet, und dafs auch *Limulus* ein Larvenstadium mit frei beweglichen Leibessegmenten aufweist, das nicht nur in überraschender Weise mit den bereits erwähnten paläozoischen Limuliden übereinstimmt, sondern auch mit dem Rückenschild gewisser Trilobiten Ähnlichkeit besitzt. (Fig. 1276.)

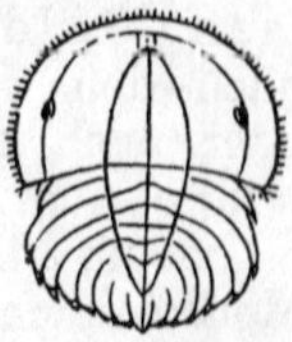

Fig. 1276. Larve (sog. Trilobitenstadium) von *Limulus polyphemus*. (Nach Dohrn.)

Obwohl nun nicht in Abrede gestellt werden kann, dafs zwischen Trilobiten und *Merostomata* mancherlei Beziehungen bestehen, so lassen sich doch anderseits auch schwerwiegende Differenzen geltend machen. Den letzteren fehlt ein Hypostoma, den ersteren das Metastoma, sowie die punktförmigen Ocellen im Mittelfeld des Kopfschildes. Bei den *Merostomata* befinden sich unter dem Kopfschild 6 gegliederte Fufspaare, die gleichzeitig mittels ihrer eigentümlich gestalteten Hüftglieder als Kauwerkzeuge dienen und sehr wesentlich von den Kau- und Spaltfüfsen der Trilobiten abweichen. Mit dem blattförmigen Operculum und den darauf folgenden Blattfüfsen des Mittelleibes beginnt bei den *Merostomata* ein Körperabschnitt, der absolut keinen Vergleich mit den Trilobiten mehr zuläfst. Die fundamentale Verschiedenheit der Füfse des Thorax und Pygidiums bildet die wichtigste Differenz zwischen *Merostomata* und Trilobiten und gestattet keine Vereinigung der beiden Ordnungen zu einer gemeinsamen Gruppe der *Palaeocarida* oder *Gigantostraca*. Ob man die Trilobiten den *Entomostraca* anschliefsen oder sie als eine gleichwertige Gruppe zwischen *Entomostraca* und *Malacostraca* stellen will, hängt hauptsächlich von der Würdigung der zwischen Phyllopoden und Trilobiten vorhandenen Unterschiede ab.

Über die Lebensweise der Trilobiten kann, da Vertreter oder nahe Verwandte derselben heute nicht mehr existieren, nur ihre Organisation und ihr Vorkommen Aufschlufs gewähren. Das letztere beweist mit Sicherheit, dafs sie im Meere existiert haben, denn alle ihre Überreste finden sich in marinen Ablagerungen und zwar in Gesellschaft von Brachiopoden, Cephalopoden, Crinoideen und anderen typischen Meeresbewohnern. Ob sie in tiefem oder seichtem Wasser sich aufhielten, ob im offenen Ozean oder in der Nähe der Küsten, läfst sich mit Sicherheit aus dem geologischen Vorkommen nicht ermitteln, denn auch ihre Begleiter gewähren darüber keinen genügenden Aufschlufs. Viele Formen finden sich in grofser Zahl neben dickschaligen Gastropoden, Bryozoen, Riffkorallen und Brachiopoden in kalkigen oder tonig-kalkigen Ablagerungen, deren Entstehung kaum in bedeutender Tiefe möglich war, andere dagegen lebten offenbar auf schlammigem oder sandigem Boden, wo ihre Schalen (zum Teil wohl nur bei den Häutungen abgeworfene Hüllen) zu Tausenden begraben liegen. Für manche Trilobiten wird ein Aufenthalt in ansehnlicher Tiefe angenommen, da sie der Sehorgane vollständig entbehren.

Nach der Beschaffenheit ihrer Füſse waren die Trilobiten, wie die Ostracoden und Daphniden wahrscheinlich befähigt, zu schwimmen und zu kriechen, und darum weder ausschlieſslich an die Küste, noch an den Boden, noch an das offene Meer gebunden.

Systematik. Die Trilobiten bilden eine zwar mannigfaltige, aber streng abgeschlossene und homogene Ordnung, deren Glieder nur durch graduelle, höchst selten scharfe Unterschiede voneinander abweichen. Alle Versuche, die Trilobiten nach einem einzigen Merkmal, z. B. nach dem Vorhandensein oder Fehlen der Augen (Dalman, Goldfuſs), nach der Segmentzahl des Rumpfes (Quenstedt), nach dem Einrollungsvermögen (Milne Edwards, Burmeister), oder nach der Beschaffenheit der Pleuren (Barrande) in gröſsere Gruppen zu zerlegen, sind miſsglückt. Am zweckmäſsigsten erscheint es darum, die Trilobiten in eine Anzahl nach der Gesamtsumme ihrer Merkmale charakterisierter Familien zu zerlegen, wofür die trefflichen Monographien von Barrande und Salter die beste Grundlage bieten.

C. E. Beecher[1]) teilt in seinem 1897 veröffentlichten System, in welchem die Barrande-Salterschen Familien fast sämtlich beibehalten sind, unter Berücksichtigung der Ontogenie die Trilobiten nach dem Verlauf der Gesichtsnähte und nach der Ausbildung der Augen in 3 Ordnungen ein:

1. *Hypoparia (Agnostidae, Trinucleidae, Harpedidae)* ohne Augen oder nur mit Stemmata, die losen Wangen bilden ein schmales, auf der Unterseite des Kopfschildes zusammenhängendes Band;

2. *Opisthoparia (Conocoryphidae, Olenidae, Asaphidae, Proetidae, Bronteidae, Lichadidae, Acidaspidae)* meist mit Augen, Gesichtsnähte vom Hinterrand ausgehend, freie Wangen, die Hinterecken des Kopfschildes bildend, meistens groſs;

3. *Proparia (Encrinuridae, Calymmenidae, Cheiruridae, Phacopidae)*, Gesichtsnähte von den Seitenrändern ausgehend, die freien Wangen nehmen nicht an der Bildung der Hinterecken teil. Es erscheint zum mindesten noch fraglich, ob jede dieser 3 Ordnungen als natürliche, auf genetischen Verhältnissen basierte Gruppe aufzufassen ist, für die in den *Hypoparia* und *Proparia* zusammengefaſsten Familien wenigstens ist der Beweis der verwandtschaftlichen Zusammengehörigkeit noch nicht erbracht.

1. Familie. **Agnostidae.** Dalman.

Kleine Trilobiten, deren Kopfschild und Pygidium annähernd gleiche Gröſse und Gestalt besitzen. Augen und Gesichtsnaht fehlen. Rumpf nur mit zwei oder drei Segmenten, Pleuren gefurcht. Kambrium. Silur.

---

[1]) Outline of a natural classification of the Trilobites. Am. Journ. of Sc. 1897 S. 4. Bd. III. p. 89—207.

Agnostus Brongt. (Fig. 1277, 1278) mit zwei Rumpfsegmenten. Ungemein häufig im Kambrium und unteren Silur von Schweden, Böhmen, Grofsbritannien, Spanien, Nordamerika, Argentinien, China, Korea, Sibirien. In der Regel finden sich isolierte Kopf- und Schwanzschilder; sehr selten vollständige Exemplare.

Microdiscus (Emmons) Walc. Rumpf mit drei Segmenten; Pygidium mit vielgliedriger Rhachis. Unt. und mittl. Kambrium. Skandinavien, Nordamerika, Sibirien, China.

Fig. 1278. *Agnostus pisiformis* Lin. Kambrium (Olenus-Schichten). Andrarum, Schweden.

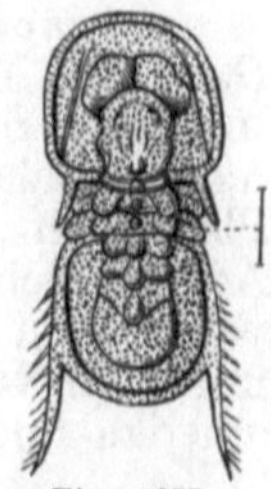

Fig. 1277. *Agnostus granulatus* Barr. Kambrium (Et. C). Skrej, Böhmen. Stark vergr. (Nach Barrande.)

2. Familie. **Trinucleidae.** Salter.

Kopfschild gröfser als Rumpf und Pygidium, meist von einem Saum umgeben, der hinten jederseits in einem langen Stachel endigt. Augen fehlend, selten durch Ocellen ersetzt. Gesichtsnaht dem Rande folgend. Rumpf aus 5—6 Segmenten bestehend. Pleuren gefurcht. Silur.

Trinucleus Llwyd (Fig. 1279). Meist kleine Trilobiten mit breitem Kopfschild, dessen Hinterecken in lange Stacheln ausgezogen sind. Die Glabella ist ringsum von einem breiten, flachen, punktierten Saum umgeben. Blind oder mit Ocellen. Gesichtsnaht am Rande des Kopfschildes verlaufend. Rumpf mit 6 Segmenten. Pygidium sehr klein, dreieckig. Häufig im unteren Silur von Europa und Nordamerika.

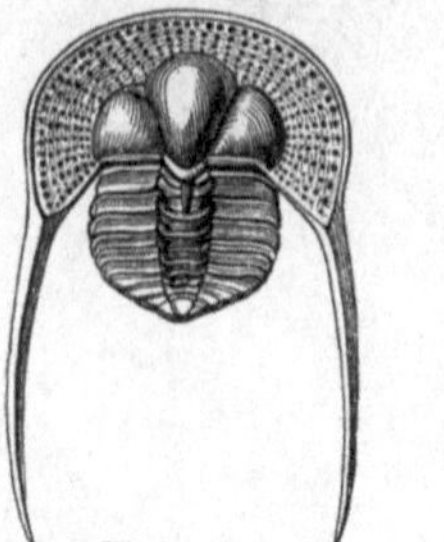

Fig. 1279. *Trinucleus Goldfufsi* Barr. Unt. Silur (Et. D). Wesela, Böhmen. $^1/_1$.

Fig. 1280. *Ampyx nasutus* Dalm. Unt. Silur Pulkowa bei St. Petersburg. $^1/_1$.

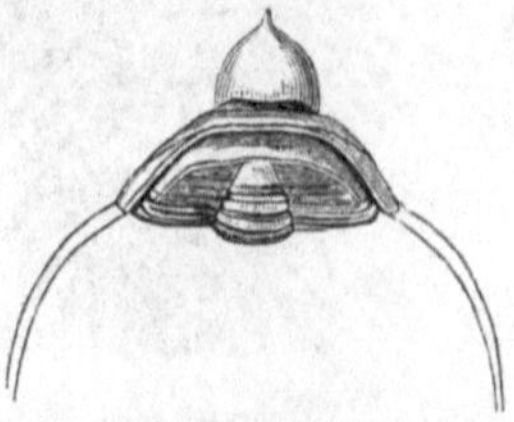

Fig. 1281. *Ampyx Portlocki* Barr. Unt. Silur Et. D. Leiskov, Böhmen. Nat. Gr. (Nach Barrande.)

Ampyx Dalm. (*Lonchodomus*, *Rhaphiophorus* Angelin) (Fig. 1280, 1281). Kopfschild dreieckig, ohne breiten, punktierten Saum, die Hinterecken zu Stacheln verlängert. Augen fehlen. Glabella vorne mit stachelartigem Fortsatz. Gesichtsnaht von den Hinterecken zum Vorderrand verlaufend. Rumpf mit 6 Segmenten. Pygidium dreieckig. Im unteren, seltener im oberen Silur von Europa und Nordamerika.

Dionide Barr. Unt. Silur. Europa. *Endymionia* Billings. Unt. Silur. Canada.

3. Familie. **Olenidae.** Salter.

Kopfschild gröfser als Pygidium. Gesichtsnähte am Hinterrand beginnend, den meist vorhandenen Augenhügeln folgend und von da zum Vorderrand verlaufend, selten fehlend. Augen meist schmal halbmond- bis halbkreisförmig, selten kugelig. Glabella mit 2—4 Seitenfurchen. Rumpf mit 9—20 Segmenten, länger als das Pygidium. Pleuren gefurcht. Nur in kambrischen und untersilurischen Ablagerungen. Die hierher gehörigen Formen finden sich meist gestreckt, seltener eingerollt.

a) Unterfamilie. **Paradoxinae.**

Kopfschild mit langen Wangenstacheln, sehr viel gröfser als das Pygidium. Gesichtsnähte entweder fehlend oder vom Hinterrande ausgehend, die halbkreis- bis nierenförmigen Palpebralflügel umsäumend und vor den Augen gegen den Stirnrand divergierend. Rumpf mit 16—20 Segmenten; Pleuren in Seitenstacheln ausgezogen. Pygidium sehr klein, gerundet, seltener gezackt oder in einen Stachel ausgezogen. Unteres und mittleres Kambrium, Unter Silur.

Olenellus Billings (*Holmia* Matth., *Mesonacis* Walc., *Schmidtia* Marcou, *Georgiellus* Moberg.) (Fig. 1282). Kopfschild halbkreisförmig, hinten jederseits in einen Stachel verlängert. Augen grofs, halbkreisförmig. Gesichtsnaht fehlt. Glabella mit 3—4 Querfurchen. Rumpf mit 15—26 Segmenten. Pleuren in Spitzen auslaufend. Pygidium klein mit kaum entwickelter Achse. Schale mit netzförmig verzweigten Leisten. Nur im untersten Kambrium von Nordamerika und Europa.

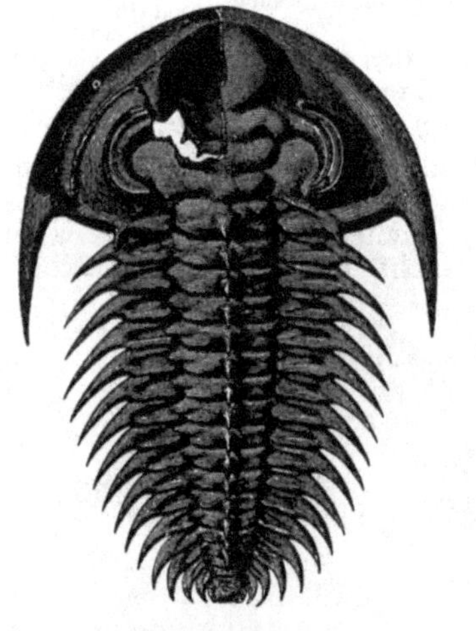

Fig. 1282. *Olenellus (Holmia) Kjerulfi* Linnarson. Unt. Kambrium. Ringsaker, Norwegen. Restauriertes Exemplar, das Kopfschild links aufgebrochen, um das Hypostoma zu zeigen. $^3/_4$ nat. Gr. (Nach Holm.)

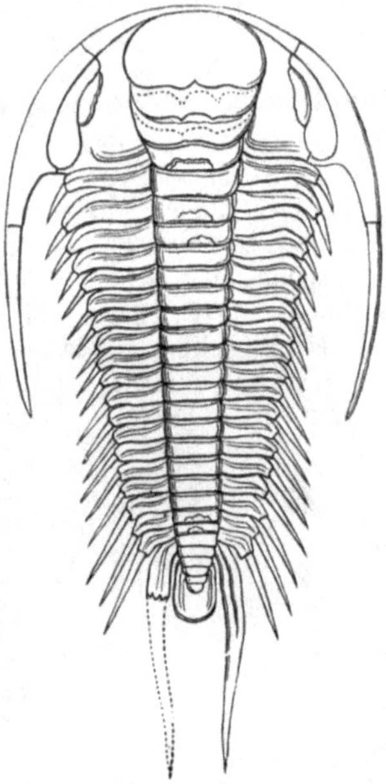

Fig. 1283. *Paradoxides Bohemicus* Barr. $^1/_2$ nat. Gröfse. Kambrischer Schiefer (Et. C). Ginetz, Böhmen.

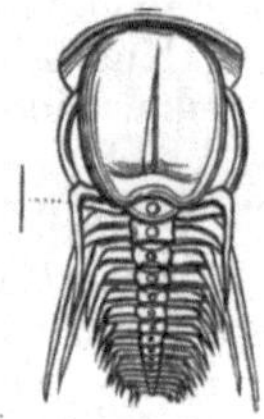

Fig. 1284. *Hydrocephalus carens* Barr. Kambrischer Schiefer von Skrej, Böhmen. Stark vergröfsert. (Nach Barrande.)

Fig. 1285. *Remopleurides (Caphyra) radians* Barr. (nat. Gröfse). Unt. Silur (Et. D). Königshof, Böhmen. (Nach Barrande.)

Olenelloides Peach und Horne. Schmal, ohne Gesichtsnähte. Wangen mit je drei Seitenstacheln. Unt. Kambrium, Schottland.

? *Höferia* Redl. Kambrium; Salt Range.

Paradoxides Brongt. (Fig. 1283). Wie *Olenellus*, jedoch meist gröfser, stark verlängert. Hypostoma hinten gerade abgestutzt. Rumpf mit 16—20 Segmenten. Pygidium klein, die Achse deutlich segmentiert. Sehr häufig im mittleren Kambrium von Europa, Nordamerika.

Hydrocephalus Barr. (Fig. 1284). Vermutlich nur Jugendformen von Paradoxides. Mittleres Kambrium.

Remopleurides Portlock (Fig. 1285). Kopfschild vorne gerundet, hinten mit Hörnern. Glabella mit drei Paar in der Mitte unterbrochenen Seitenfurchen. Gesichtsnähte vor der vorne zungenförmig verschmälerten Glabella vereinigt. Rumpf mit 11—13 Segmenten. Pygidium sehr klein, mit schwacher Achse, Hinterende in einem Lappen verlängert. Unt. Silur. Europa, Nordamerika.

? *Olenopsis* Bornem. Kambrium. Sardinien.

b) Unterfamilie. **Conocoryphinae.**

Kopfschild grofs, halbkreisförmig, ohne Augenhügel. Die getrennten Äste der vom Hinterrand ausgehenden Gesichtsnaht verlaufen nahe den Seitenrändern;

lose Wangen sehr schmal, in Stacheln ausgezogen. Rumpf mit (7) 14—17 Segmenten; Pleuren meist nicht in Stacheln ausgezogen. Pygidium klein gerundet dreiseitig, aus wenigen Segmenten zusammengesetzt, mit scharf begrenzter Rhachis, Unteres und mittleres Kambrium, Unter Silur.

Conocoryphe Corda (*Conocephalites* Barr., *Atops* Emmons, *Bailiella* Matth.) (Fig. 1286). Körper länglich oval, häufig eingerollt. Kopfschild halb kreisrund, Glabella vorne verschmälert; Vorderrand von einer tiefen Furche begleitet. Augen fehlend. Hypostoma mit zwei kurzen Flügeln. Rumpf mit 14—16 Segmenten; Pleuren knieförmig nach innen umgebogen. Pygidium klein, hinten verschmälert und gerundet. Achse bis zum Hinterrand reichend, gegliedert. Im unteren und mittleren Kambrium von Europa, Nordamerika.

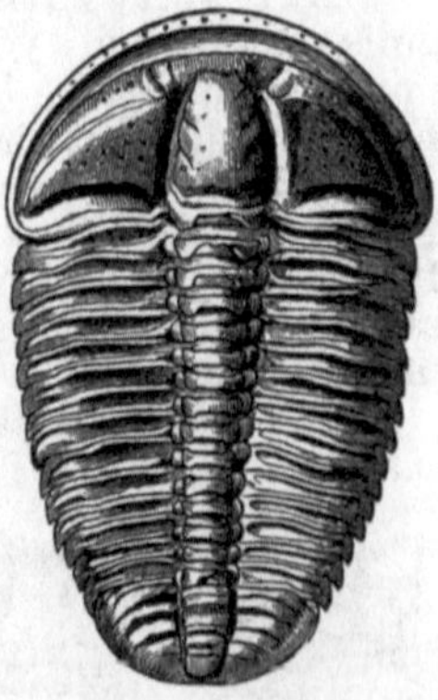

Fig. 1286. *Conocoryphe Sulzeri* Barr. Kambrium (Et. C.) Ginetz, Böhmen. 1/1.

Ctenocephalus Corda. Glabella mit abgeschnürtem Stirnlappen. Mittleres Kambrium. Europa, Nordamerika.

Eryx Angelin, *Carausia* Hicks. *Bathynotus* Hall. Kambrium.

? *Carmon* Barr. Unt. Silur. Böhmen.

c) Unterfamilie. **Ptychoparinae.**

Kopfschild meistens bedeutend gröfser als das Pygidium. Vom Vorderende der halbmond- bis nierenförmigen oder kugeligen Augenhügel zieht eine sogenannte „Augenleiste“ gegen den Vorderteil der Glabella hin. Gesichtsnähte stets vorhanden. Pygidium meistens klein und gerundet dreiseitig, seltener grofs und halbkreisförmig, ganzrandig oder gezackt. Unteres Kambrium bis Unter Silur.

Ptychoparia Corda (*Conocephalites* Barr., *Metadoxides* Bornem., *Liostracus* Angelin). Kopfschild grofs mit tiefen Randfurchen; lose Wangen grofs, in Stacheln auslaufend. Glabella nach vorn verschmälert mit 3—4 Paar in der Mitte unterbrochenen Seitenfurchen, deren hinterstes Paar häufig gespalten ist. Rumpf meistens mit 14 Segmenten; Rhachis hochgewölbt; Pleuren tief gefurcht, geknickt. Pygidium gerundet dreiseitig, aus 4—8 Segmenten bestehend, fast immer ganzrandig. Mittleres Kambrium; Böhmen, Sardinien, Skandinavien. *Pt. striata* Barr.

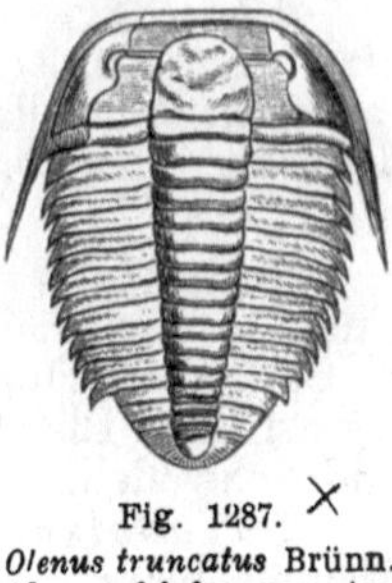

Fig. 1287. *Olenus truncatus* Brünn. Alaunschiefer von Andrarum in Schonen. (Nach Angelin.)

Solenopleura, *Anomocare* Angelin, *Angelina* Salter. Kambrium.

Neseuretus Hicks, *Euloma* Angelin, *Bavarilla* Barr.

Olenus Dalm. (Fig. 1287). Kopfschild halbmondförmig, mit schmalem Randwulst, an den Hinterecken zu spitzen Dornen ausgezogen. Augen klein, nach vorn gerückt. Gesichtsnaht vom Hinterrand zum Vorderrand verlaufend, in geringer Entfernung von den Hinterecken beginnend und dort etwas nach innen gebogen. Glabella deutlich begrenzt, durch einen flachen Zwischenraum vom Stirnrand getrennt; ihr Vorderteil durch eine gerade Leiste mit den vorderen Ecken der Augen verbunden; Rumpf mit 12—15 sehr schmalen, seitlich zugespitzten und rückwärts gebogenen Segmenten; Pleuren breiter als die Rhachis. Pygidium klein, dreieckig oder zugerundet, schmäler als das Kopfschild, ganzrandig oder mit Dornen und Stacheln versehen. Achse deutlich begrenzt, nicht bis zum Hinterrande reichend. Oberes Kambrium von Europa und Nordamerika.

Sao Barr. (Fig. 1288). Kopfschild mit kurzen, spitzen Hinterecken, Glabella mit drei in der Mitte unterbrochenen Furchen. Rumpf mit 17 Segmenten. Pygidium sehr klein. Kambrium.

Arionellus Barr. (*Agraulos* Corda). Körper länglich oval, Kopfschild grofs, parabolisch; vor der Glabella ein breiter Saum. Augen klein. Rumpf mit 16 Segmenten. Pygidium klein, gerundet, mit 3 Segmenten. Kambrium. Europa und Nordamerika.

Ellipsocephalus Zenker (Fig. 1289). Körper ziemlich klein, elliptisch. Kopfschild halbkreisförmig, gerundet. Glabella glatt oder mit zwei Querfurchen, vorne dreieckig zugespitzt. 12—14 Rumpfsegmente. Pygidium sehr klein. Kambrium. Europa und Nordamerika.

Protolenus Matthew. Kambrium, Neu-Braunschweig.

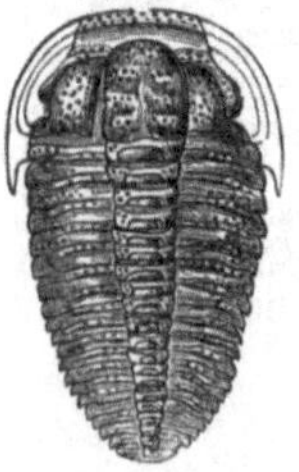

Fig. 1288. *Sao hirsuta* Barr. Kambrium. Skrej, Böhmen.

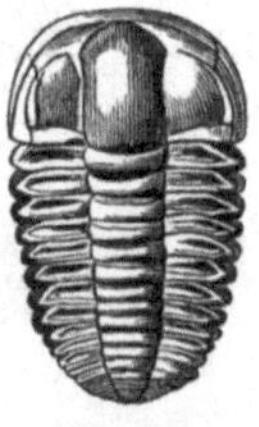

Fig. 1289. *Ellipsocephalus Hoffi* Schloth. sp. Kambrischer Schiefer von Ginetz, Böhmen.

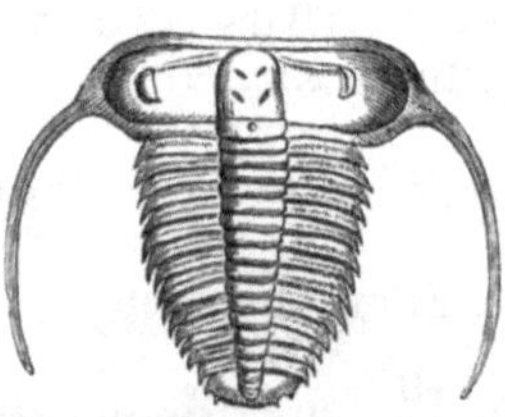

Fig. 1290. *Eurycare brevicauda* Ang. Alaunschiefer (Kambrium). Andrarum, Schweden. (Nach Angelin.)

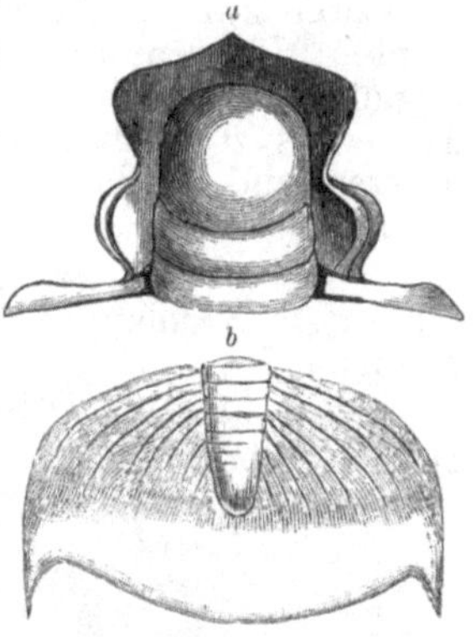

Fig. 1291. *Dikelocephalus Minnesotensis* D. Owen. Potsdam-Sandstein. Wisconsin. (Nach Hall.) *a* Kopfschildfragment; die Wangen sind weggebrochen. *b* Pygidium.

Peltura M. Edw. Hinterecken des Kopfschildes gerundet; Glabella bis zum Stirnrand reichend; Pygidium mit gezacktem Rand. Kambrisches System. *P. scarabaeoides* Wahlbg. sp.

Acerocare Angelin. Ob. Kambrium. Skandinavien.

Eurycare Angelin (Fig. 1290). Hinterecken mit langen gebogenen Stacheln. Kopfschild sehr breit, kurz. Augen durch eine Leiste mit der schmalen Glabella verbunden. Thorax mit 7—19 Segmenten. Pygidium dreieckig. Kambrium.

Ctenopyge Linnarson, *Leptoblastus* Angelin. Kambrium. Schweden.

Triarthrus Green (Fig. 1273). Kopfschild hinten ohne Stacheln. Augen schmal halbmondförmig. Rumpf mit 14—16 gefurchten, aber nicht zu Spitzen verlängerten Pleuren. Pygidium mäfsig grofs, ganzrandig. Die segmentierte Rhachis bis zum Hinterrande reichend. Unt. Silur. Nordamerika und Schweden.

Parabolina Salt. Ob. Kambrium, Tremadoc. Wales, Skandinavien, Fichtelgebirge.

Ceratopyge Angelin. Pygidium mit langen Seitenstacheln. Tremadoc.

Dikelocephalus Owen (Fig. 1291). Glabella mit zwei parallelen, ununterbrochenen Querfurchen. Gesichtsnaht und Augen wohl entwickelt. Pygidium ebenso breit als das Kopfschild, Achse mit 4—6 Segmenten, die Seitenteile hinten jederseits mit Stachel. Kambrium. Nordamerika.

Dikelocephalina Brögg. Wie Dikelocephalus, aber Seitenfurchen der Glabella in der Mitte unterbrochen; Pygidium grofs mit 2 oder mehr Randzacken. Tremadoc, Europa, Nordamerika.

Bathyurus Billings, *Dolichometopus* Angelin, *Ptychaspis* Hall, *Holocephalina* Salter, *Oryctocephalus* Walc. Kambrium.

4. Familie. **Calymmenidae.** Brongt.

Kopfschild größer als Pygidium; Gesichtsnähte in den Hinterecken beginnend, schräg nach innen konvergierend, den Stirnrand überschreitend und durch eine Schnauzennaht verbunden. Augen vorhanden, von mäßiger Größe. Rumpf mit 13 Segmenten. Pleuren gefurcht. Silur. Devon.

Calymmene Brongt. (Fig. 1292). Körper oval, die Spindel durch tiefe Furchen von den Seitenteilen getrennt. Kopfschild vorne gerundet, breiter als lang. Stirnrand wulstig verdickt. Glabella gewölbt, mit 3—4 Paar kurzen, tiefen Seitenfurchen, deren letztes Paar gegen innen gespalten ist. Augen klein. Hypostoma schmal, länglich vierseitig, mit ausgebuchtetem Hinterrand. Pygidium sechs- bis elfgliedrig. Silur. Europa und Nordamerika.

Untergattung: *Pharostoma* Corda. Kopfschild mit langen Wangenstacheln. Unt. Silur, Böhmen, Balticum, Nordamerika.

Synhomalonotus Pompeckj. Glabella mit ungespaltenen Seitenfurchen. Unter Silur. Europa.

Homalonotus Koenig (Fig. 1293). Meist große, längliche Trilobiten. Spindel undeutlich von den Seiten getrennt. Kopfschild mit flacher, rechtseitiger, ungefurchter Glabella. Augen klein. Pygidium schmäler als Kopfschild mit langer, quergefurchter Achse. Silur und Devon von Europa, Nord- und Südamerika und Südafrika.

Fig. 1292. *Calymene senaria* Conr. Unt. Silur. Cincinnati. Ohio. 1/1.

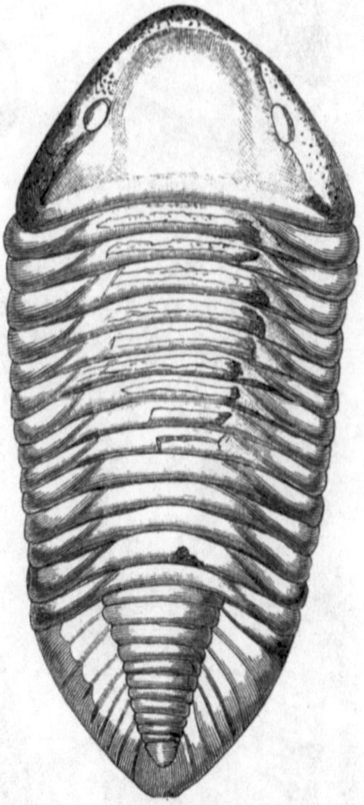

Fig. 1293. *Homalonotus (Trimerus) delphinocephalus* Green. Ob. Silur. Lockport, New-York.

Diese Gattung wird von Salter, Green und Bergeron in mehrere Subgenera (*Brongniartia, Koenigia, Burmeisteria* Salt., *Trimerus, Dipleura* Green, *Calymmenella* Berg.) zerlegt.

5. Familie. **Asaphidae.** Emmrich.

Meist große oder mittelgroße Trilobiten mit glatter Schale. Kopfschild und Pygidium groß, Glabella durch wenig vertiefte Dorsalfurchen begrenzt. Gesichtsnaht am Hinterrand beginnend, vor den Augen entweder zusammenstoßend, oder getrennt den Vorderrand überschreitend. Augen glatt und groß. Rumpf meist mit 8 (zuweilen auch mit 5—10) Segmenten. Pleuren gefurcht oder eben. Pygidium mit umgeschlagenem Rand. Im unteren Silur und oberen Kambrium.

Ogygia Brongt. (Fig. 1294). Glabella seitlich durch Furchen begrenzt, meist mit 4—5 kurzen Seitenfurchen. Hypostoma fünfseitig, hinten nicht ausgeschnitten. Rumpf mit 8 Segmenten, Pleuren gefurcht. Pygidium groß, aus 10 oder mehr Segmenten bestehend. Ob. Kambrium und unt. Silur von Europa und Nordamerika.

Barrandia M'Coy, *Niobe* Angelin. Unt. Silur.

Asaphus Brongt. (Fig. 1295, 1296). Körper bis 0,4 m groß. Kopf- und Schwanzschild fast gleich groß, mit breit umgeschlagenem Rand. Glabella meist ohne Seitenfurchen. Hypostoma am Hinterrand meist tief ausgeschnitten, die 8 Rumpfsegmente mit gefurchten Pleuren. Die Seitenteile des Pygidiums glatt, die Achse nicht oder schwach segmentiert. Sehr häufig (ca. 100 Arten) im unteren Silur von Europa und Nordamerika.

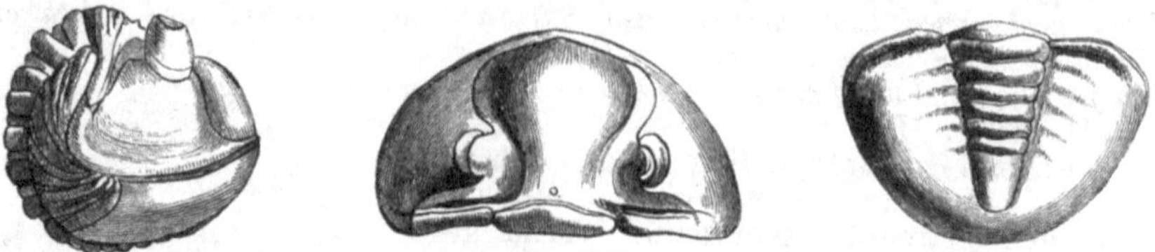

Fig. 1295.
Asaphus expansus Lin. Unt. Silur. Pulkowa bei St. Petersburg. (Nach Salter.)

Subgenera: *Ptychopyge*, *Megalaspis* Angelin, *Megalaspides* Brög., *Basilicus*, *Brachyaspis* Salt., *Isotelus* Dekay., *Onchometopus* F. Schmidt, *Asaphellus* Callaway, *Cryptonymus* Eichw., *Symphysurus* Goldf. Tremadoc. Unt. Silur.

Nileus Dalm. Stark gewölbt, undeutlich, dreilappig, mit breiter Achse. Glabella glatt. Hypostoma am Hinterrand kaum ausgeschnitten. Pygidium glatt, kurz, ohne Achse. Unt. Silur. *N. Armadillo* Dalm.

Illaenus Dalm. (Fig. 1297). Kopfschild und Pygidium grofs, halbkreisförmig. Glabella undeutlich begrenzt, glatt. Augen klein, glatt. Umschlag des Kopfschildes mit Schnauzenschild. Hypostoma gewölbt, oval, hinten gerundet. Rumpf mit 10 (oder 8—9) Segmenten; Pleuren meistens glatt. Pygidium glatt, mit kurzer, schwach entwickelter Achse. Häufig im unteren Silur von Europa, Asien und Nordamerika.

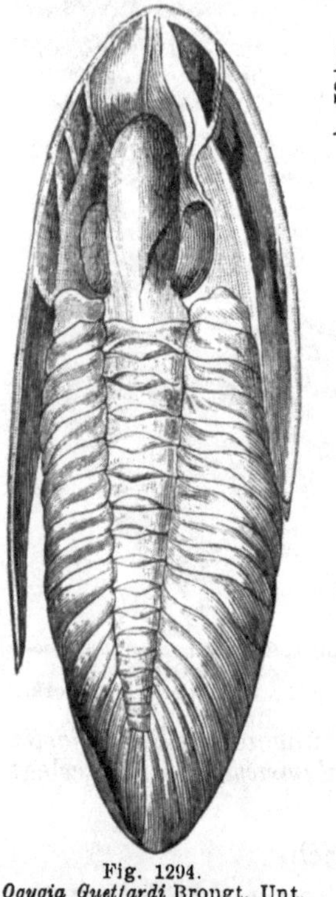

Fig. 1294.
Ogygia Guettardi Brongt. Unt. Silur. Dachschiefer. Angers. Exemplar in nat. Gr. seitlich zusammengedrückt. (Nach Brongniart. Kopfschild schlecht ergänzt. Auf dem Original ist die Glabella weggebrochen, an ihrer Stelle ist dort der Abdruck des Hypostoma erhalten.)

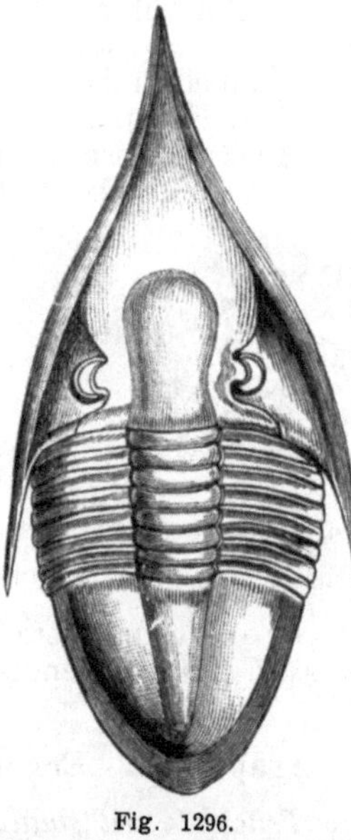

Fig. 1296.
Megalaspis extenuatus Ang. Unt. Silur. Ost-Gothland. Nat. Gr. (Nach Angelin.)

a
b c

Fig. 1297. *Illaenus Dalmanni* Volb. Unt. Silur. Pulkowa bei St. Petersburg. *b*, *c*, *Illaenus crassicauda* Dalm. Unt. Silur. Dalekarlien. (Nach Holm.)

Subgenera: *Octillaenus, Panderia* Salt. mit 8, *Dyplanus* Burm. mit 9, *Illaenus, Ectillaenus* Salt. mit 10 Rumpfsegmenten. *Illaenopsis* Salt. mit gefurchten Pleuren.

Bumastus Murch. Wie *Illaenus*, aber die Rhachis des Rumpfes kaum von den Pleuren getrennt. Unt. und ob. Silur.

Stygina, Psilocephalus Salter. Unt. Silur.

Aeglina Barr. (Fig. 1298). Glabella hochgewölbt, glatt, durch Furchen von den Wangen getrennt. Augen enorm groſs, facettiert. Rumpf mit 5 bis 6 Segmenten, Pleuren gefurcht. Unt. Silur.

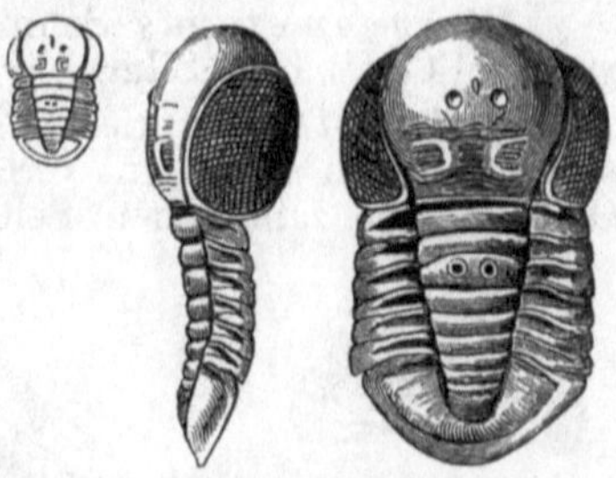

Fig. 1298.
Aeglina prisca Barr. Unt. Silur (*Et. D*). Vosek, Böhmen. *a* nat. Gr., *b*, *c* vergr. (Nach Barrande.)

6. Familie. **Bronteidae.** Barr.

Körper breit oval. Kopfschild groſs, mit deutlich begrenzter, nach vorn stark verbreiterter, schwach dreilappiger Glabella; Gesichtsnähte vom Hinterrand neben den sichelförmigen Augen vorbei zum Vorderrand verlaufend. Rumpf mit 10 Segmenten, Pleuren nicht gefurcht, schwach gewulstet. Pygidium sehr groſs, mit ganz kurzer Achse, von welcher zahlreiche Furchen ausstrahlen.

Einzige Gattung *Bronteus* Goldf. (Fig. 1299). Häufig im oberen Silur und unteren Devon.

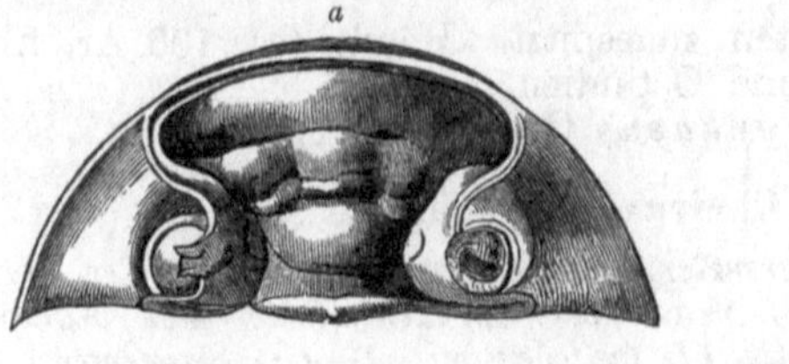

Fig. 1299.
a, Bronteus palifer Beyr. Devon (*Et. F*). Konieprus, Böhmen. Kopfschild, *b Bronteus umbellifer* Beyr. Devon (*Et. F*). Slivenetz, Böhmen. Pygidium. (Nach Barrande.)

7. Familie. **Phacopidae.** Salter.

Kopfschild und Pygidium fast gleich groſs. Glabella und Rhachis durch tiefe Furchen begrenzt. Gesichtsnähte am Auſsenrand vor den Hinterecken beginnend und vor der Glabella vereinigt. Augen mit wenig zahlreichen Facetten. Hypostoma gewölbt, fast dreieckig, ohne seitlichen Saum. Rumpf mit 11 Segmenten. Pleuren gefurcht. Silur. Devon.

Phacops Emmrich (Fig. 1300, 1301). Kopfschild parabolisch mit gerundeten Hinterecken. Glabella vorne stark verbreitert. Augen groſs, facettiert. Pygidium hinten gerundet. Ob. Silur bis ob. Devon in Europa und Nordamerika.

Fig. 1301.
Phacops latifrons Bronn. Devon. Gerolstein, Eifel.

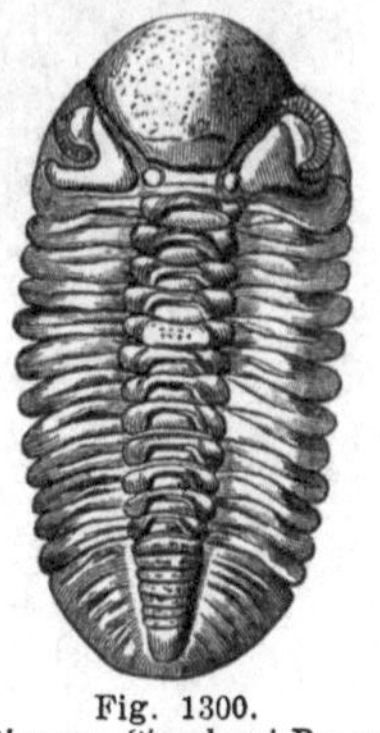

Fig. 1300.
Phacops Sternbergi Barr. Devon (*Et. G*). Hostin, Böhmen. (Nach Barrande.)

Trimerocephalus M'Coy. Augen klein, aus wenig groſsen Facetten bestehend. Ob. Silur und Devon.

Acaste Goldf. (Fig. 1303). Hinterecken des Kopfes abgerundet oder spitz. Glabella mit starken Seitenfurchen. Pygidium mit 11 Segmenten, häufig zugespitzt. Silur.

Pterygometopus Schmidt (Fig. 1302), *Chasmops* M'Coy. Unt. Silur.

Dalmania Emmrich (Fig. 1304, 1305). Kopfschild mit zu Stacheln verlängerten Hinterecken. Glabella mit zahlreichen Seitenfurchen. Pygidium

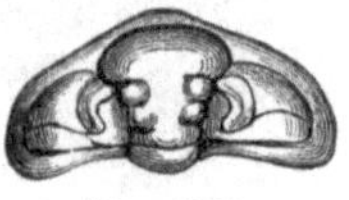

Fig. 1302. *Pterygometopus sclerops* Dalm. sp. Unt. Silur. Iswos, Esthland. (Nach Schmidt.)

Fig. 1303. *Acaste Downingiae* Murch. Ob. Silur. Ludlow. (Nach Salter.)

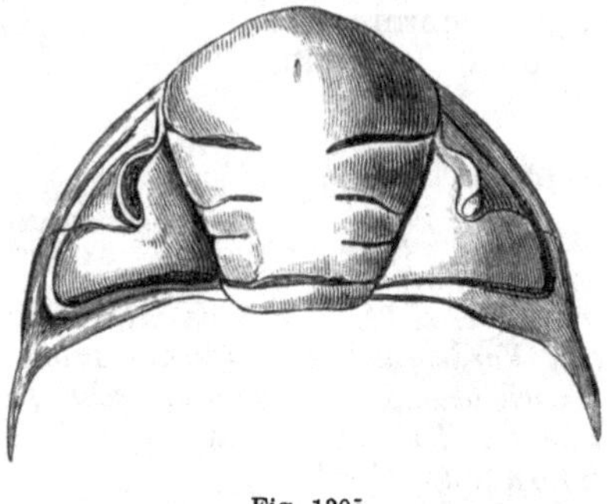

Fig. 1305. *Dalmania socialis* Barr. Unt. Silur. (*Et D*). Wesela bei Prag. Kopfschild $^1/_1$.

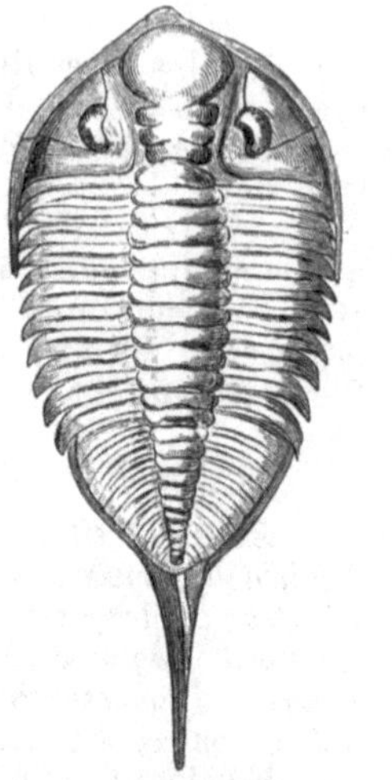

Fig. 1304. *Dalmania caudata* Emmr. (*Asaphus limulurus* Green). Ob. Silur. Lockport, New-York. (Nach Hall.)

mit mehr als 11 Segmenten, hinten zugespitzt. Häufig (ca. 100 Arten) im Silur von Europa, Nordamerika und Ostindien.

Odontocephalus Conr., *Cryphaeus* Green. Devon.

8. Familie. **Cheiruridae.** Salter.

Kopfschild grofs mit scharf begrenzter Glabella, die zuweilen über den Vorderrand vorragt. Gesichtsnaht am Aufsenrand oder in den Hinterecken beginnend. Rumpf mit 11 (seltener mit 9—18) Segmenten. Die Pleuren knieförmig geknickt, gefurcht oder wulstig, meist verlängert. Pygidium mit 3—6 Segmenten, welche am Rand als Spitzen hervortreten. Kambrium bis Devon.

Cheirurus Beyrich (Fig. 1306). Kopfschild halbkreisförmig, Glabella mit drei Paar Seitenfurchen. Augen ziemlich klein. Rumpf mit 11 (seltener 9—13) Segmenten. Die zahlreichen (ca. 100) Arten dieser Gattung finden sich vom oberen Kambrium bis zum Devon und werden in eine Anzahl Subgenera verteilt.

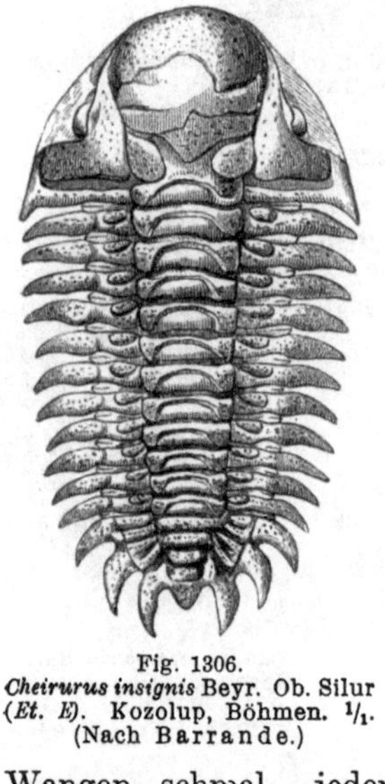

Fig. 1306. *Cheirurus insignis* Beyr. Ob. Silur (*Et. E*). Kozolup, Böhmen. $^1/_1$. (Nach Barrande.)

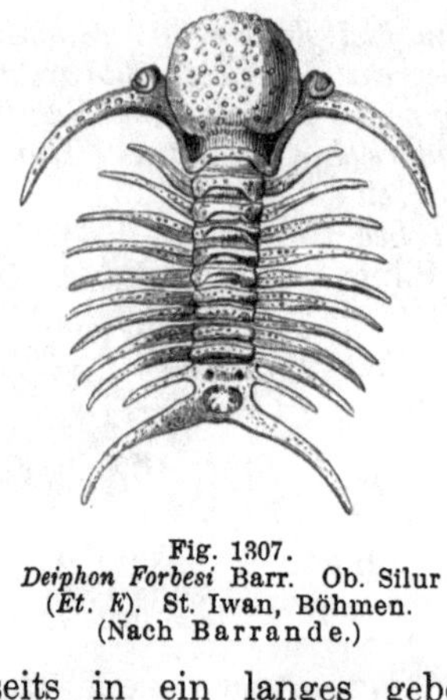

Fig. 1307. *Deiphon Forbesi* Barr. Ob. Silur (*Et. E*). St. Iwan, Böhmen. (Nach Barrande.)

Deiphon Barr. (Fig. 1307). Glabella kugelig angeschwollen, nur mit Nackenfurche, Wangen schmal, jederseits in ein langes gebogenes Horn auslaufend, an deren Basis die Augen sitzen. Rumpf mit 9 Segmenten. Pleuren stachelig endigend. Pygidium jederseits mit einem dornartigen Fortsatz. Ob. Silur.

Placoparia Corda, *Areia* Barr. Unt. Silur.

Sphaerexochus Beyr. (Fig. 1308). Glabella kugelig, mit Nackenfurche und drei Paar Seitenfurchen, wovon die hinteren halbkreisförmig gebogen sind. Augen klein. Rumpf mit 10 Segmenten. Pleuren konvex, nicht gefurcht. Pygidium sehr klein. Silur.

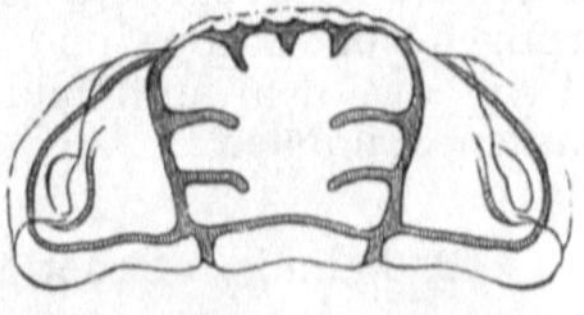

Fig. 1309.
Amphion Fischeri Eichw. Unt. Silur. Pulkowa bei St. Petersburg.

Amphion Pander (Fig. 1309). Meist eingerollt. Kopfschild kurz, breit, von einem Randwulst umgeben. Glabella schwach gewölbt, mit starken Seitenfurchen und Stirnfurchen. Augen klein. Rumpf mit 15—18 Segmenten. Pleuren wulstig. Pygidium etwas schmäler als Kopf. Ob. Kambrium und unt. Silur.

Staurocephalus Barr., *Diaphanometopus* Schmidt, *Youngia* Lindstr. Silur.

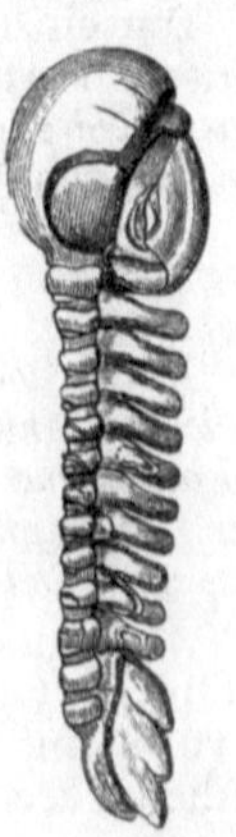

Fig. 1308.
Sphaerexochus mirus Beyr. Ob. Silur (*Et. E*), Listice bei Betraun. 1/1. (Nach Barrande.)

9. Familie. **Encrinuridae.** Linnarson.

Kopfschild grofs, höckerig. Glabella scharf begrenzt. Gesichtsnaht am Aufsenrand oder in den Hinterecken beginnend. Rumpfsegmente 11—12. Pygidium aus zahlreichen verschmolzenen Segmenten bestehend, die Seitenteile stets stark berippt. Silur.

Die hierher gehörigen Gattungen *Cybele* Loven, *Dyndimene* Corda, *Encrinurus* Emmrich (Fig. 1310), *Cromus* Barr. (Fig. 1311) erreichen meist nur geringe Gröfse und finden sich ausschliefslich im unteren und oberen Silur.

Fig. 1310.
Encrinurus punctatus Emmr. Ob. Silur. Gothland.

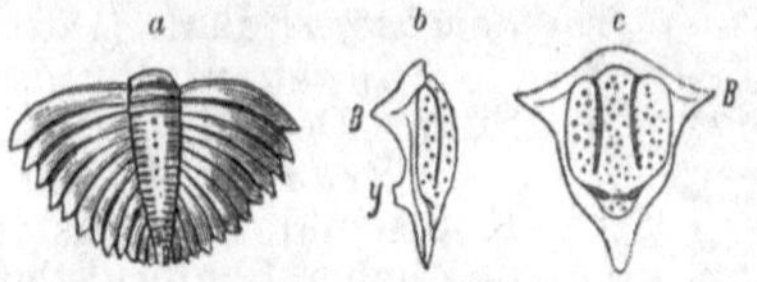

Fig. 1311.
Encrinurus Bohemicus Barr. Ob. Silur (*Et. E*). Lochkow, Böhmen. *a* Pygidium. nat. Gr., *b*, *c* Hypostoma von *Encrinurus intercostatus* Barr. Vergr.

10. Familie. **Acidaspidae.** Barr.

Panzer mit zahlreichen Höckern und Randstacheln. Glabella mit zwei Längsfurchen. Augen klein, glatt, bei manchen Arten auf hohen Stielen sitzend. Gesichtsnaht am Hinterrand beginnend, zuweilen fehlend. Rumpf mit 9—10 Segmenten. Pleuren mit Wulst, nicht gefurcht, in lange hohle Stacheln auslaufend. Pygidium klein, am Rand stachelig.

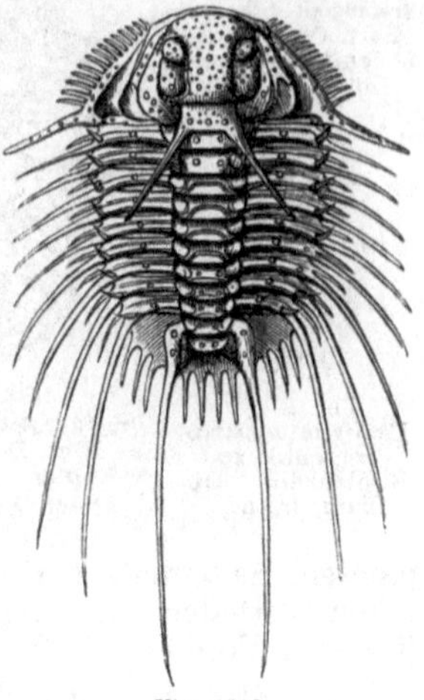

Fig. 1312.
Acidaspis Dufrenoyi Barr. Ob. Silur (*Et. E*). St. Iwan, Böhmen. (Nach Barrande.)

Die einzige Gattung *Acidaspis* Murch. (Fig. 1312) enthält ca. 80 Arten, welche in silurischen und devonischen Ablagerungen von Europa und Nordamerika vorkommen.

11. Familie. **Lichadae.** Barr.

Grofse, breite Trilobiten mit gekörnelter Oberfläche. Kopfschild mit grofsen Wangenhörnern. Glabella breit, oft stark gewölbt, aufgebläht oder in ein stumpfes

Horn ausgezogen; erste Seitenfurchen nach hinten umgebogen, als Längsfurchen zum Nackenring verlaufend; vordere Seitenloben der Glabella grofs, nierenförmig. Gesichtsnähte am Hinterrand beginnend. Rumpf mit 9—10 Segmenten. Pleuren gefurcht, zugespitzt. Pygidium flach, fast dreieckig, mit kurzer Rhachis, am Rand gezackt.

Die einzige in zahlreiche Subgenera zerlegte Gattung *Lichas* Dalm. in silurischen Ablagerungen von Europa und Nordamerika enthält in *L. (Uralichas) Ribeiroi* Delg. aus dem unt. Silur von Portugal und Frankreich den gröfsten bekannten Trilobiten.

12. Familie. **Proetidae.** Barr.

Körper oval. Glabella seitlich wohl begrenzt, Seitenfurchen mehr oder weniger deutlich, die hinteren häufig einen Basallobus abschnürend. Gesichtsnähte am Hinterrand beginnend. Augen mäfsig grofs, deutlich facettiert, von glatter Hornhaut überzogen. Rumpf mit 8—22 Segmenten, Pleuren gefurcht. Pygidium segmentiert, Achse und Seitenteile gerippt, meist ganzrandig. Silur bis Perm.

Arethusina Barr. (Fig. 1313). Kopfschild halbkreisrund, Hinterecken zugespitzt; Glabella sehr kurz, kaum von halber Kopflänge, hinten breiter als vorn, mit schrägen Seitenfurchen. Augen klein, halbkugelig, vorragend, deutlich facettiert, durch eine Leiste mit dem vorderen Ende der Glabella verbunden. Rumpf mit 22 sehr kurzen Segmenten; Pleuren viel breiter als die Rhachis. Pygidium sehr kurz, halbkreisförmig, genau wie der Rumpf gegliedert. Nach Barrande vermehrt diese Gattung ihre Rumpfsegmente während der Entwicklung ganz beträchtlich; die kleinsten beobachteten Exemplare besitzen 8, die gröfsten 22 Segmente. Silur. Devon. 5 Arten. *A. Konincki* Barr. (Silur), *A. Sandbergeri* Barr. (Devon).

Cyphaspis Burm. (*Phaëtonides* Barr.) Silur. Devon.

Proetus Steininger (Fig. 1314). Kopfschild halbkreisförmig, von einem deutlichen Randwulst umgeben. Glabella den Stirnrand nicht erreichend, mit seichten, zuweilen verwischten Seitenfurchen. Augen grofs, halbmondförmig, deutlich facettiert. Rumpf länger als das Kopfschild mit 8—10 Segmenten, Pleuren gefurcht. Pygidium halbkreisrund, Achse gewölbt mit 4—13 Segmenten, Seitenteile berippt, Rand selten gezackt. Die zahlreichen (ca. 100) Arten verteilen sich hauptsächlich auf Silur, Devon und Karbon. Die jüngsten Formen im Perm Siciliens.

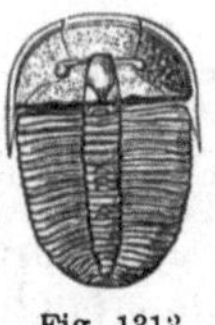

Fig. 1313. *Arethusina Konincki* Barr. Ob. Silur (*E*) Lodenitz bei Beraun (Böhmen). 1/1.

Fig. 1315. *Phillipsia gemmulifera* Phill. sp. Kohlenkalk. Kildare, Irland.

Fig. 1314. *Proetus Bohemicus* Corda. Unt. Devon (F^2). Konieprus, Böhmen. (Nach Barrande.)

Phillipsia Portlock (Fig. 1315). Wie *Proetus,* jedoch Glabella durch fast parallele Dorsalfurchen begrenzt, mit 2—3 kurzen Seitenfurchen, von denen die hinteren, bogenförmig rückwärts gerichtet, einen rundlichen Lappen am Grund der Glabella umschliefsen. Nackenfurche tief. Augen grofs, fein facettiert. Rumpf mit 9 Segmenten, Spindel deutlich gegen die gefurchten, an den Enden abgerundeten Pleuren abgegrenzt. Pygidium halbkreisförmig, ganzrandig. Achse aus 12—18 Segmenten bestehend, Seitenteile mit zahlreichen Rippen.

Die Gattung *Phillipsia* ersetzt *Proetus* in den jüngeren paläozoischen Ablagerungen. Abgesehen von einer zweifelhaften untersilurischen Art (*Ph.*

parabola Barr.) finden sich alle übrigen Formen im Devon und Kohlenkalk, die jüngsten sogar in Permischen Ablagerungen von Sicilien, Himalaja, Nordamerika. Hauptverbreitung im Kohlenkalk.

Subgenera: *Griffithides* Portlock, *Pseudophillipsia* Gemmellaro, *Brachymetopus* M'Coy. Karbon, Perm. *Dechenella* Kayser. Devon.

13. Familie. **Harpedidae.** Barr.

Kopfschild gröſser als der übrige Körper, von einem breiten punktierten Saum umgeben, welcher sich hinten in zwei Hörner verlängert. Glabella gewölbt, mit 1—3 Seitenfurchen. Augen nicht facettiert (Stemmata). Gesichtsnaht fehlt. Rumpf mit 25—29 Segmenten, einrollbar. Pygidium sehr klein.

Die einzige Gattung *Harpes* Goldf. (Fig. 1316) im Silur und Devon.

? *Harpides* Beyr. Ohne punktierten Randsaum, ohne groſse Wangenhörner. Oberes Kambrium und Unter-Silur.

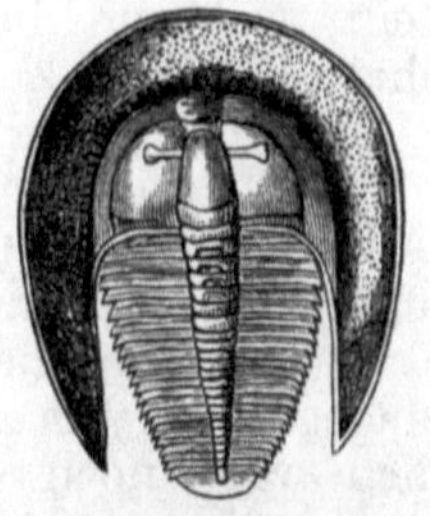

Fig. 1316. *Harpes ungula* Sternb. sp. Ob. Silur (*E*), Dlouhähora bei Beraun. (Nach Barrande.)

Zeitliche und räumliche Verbreitung der Trilobiten.

Unter den Crustaceen bilden die Trilobiten die geologisch älteste Ordnung. Sie gehören überhaupt zu den ersten Organismen, welche unseren Planeten bewohnt haben, und erscheinen bereits in kambrischen Ablagerungen in groſser Mannigfaltigkeit. Von den ca. 200 bekannten Gattungen und Untergattungen (mit mehr als 1700 Arten) treten über 60 schon im kambrischen System auf; im unteren Silur erreichen die Trilobiten ihren Höhepunkt, gehen im oberen Silur etwas zurück, sind im Devon bereits auf 12 Gattungen und Untergattungen reduziert, von denen 5 bis ins Karbon Perm fortdauern. Hier erlöschen die Trilobiten.

Was die räumliche Verbreitung der Gattungen und Arten betrifft, so gibt es unter den ersteren einige kosmopolitische Typen, wie *Conocoryphe, Olenellus, Paradoxides, Trinucleus, Asaphus, Illaenus, Calymmene, Cheirurus, Proetas, Phillipsia* u. a.; allein dieselben stehen an Zahl den mehr lokalisierten Sippen entschieden nach; ja, einzelne Gebiete, wie Schweden, Böhmen, England und Nordamerika, zeichnen sich durch eine ansehnliche Menge von Gattungen aus, welche einen verhältnismäſsig kleinen Verbreitungsbezirk nicht überschreiten. Arten, die zwei Weltteilen gemeinsam angehören, sind überaus selten.

Die Oleniden liefern die Haupttypen der kambrischen Trilobitenfauna, und zwar sind es vor allem die Gattungen *Olenellus, Olenus, Paradoxides, Dikelocephalus, Ellipsocephalus, Conocoryphe, Ptychoparia* und *Agnostus,* welche sich durch Arten und Individuenreichtum auszeichnen und mit Ausnahme der letzten die Grenze des kambrischen Systems nicht überschreiten. Von anderen Familien sind nur die *Asaphidae, Cheiruridae* und *Harpedidae* durch vereinzelte Gattungen vertreten.

Die zweite untersilurische Trilobitenfauna erhält namentlich durch das Vorherrschen der Asaphiden und Trinucleiden ihr eigenartiges Gepräge. Durch eine Anzahl Arten von *Agnostus* und vereinzelte

Vertreter der Oleniden schliefst sich die untersilurische Trilobitenfauna der kambrischen an, während sie auf der anderen Seite eine noch gröfsere Anzahl von Gattungen mit dem oberen Silur gemein hat. So sind die *Calymmenidae, Cheiruridae, Encrinuridae, Proetidae* und *Lichadae* ziemlich gleichmäfsig auf unteres und oberes Silur verteilt, während die *Acidaspidae, Phacopidae, Bronteidae* und *Harpedidae* ihren Höhepunkt erst in der jüngeren silurischen Periode erreichen.

In den obersilurischen Ablagerungen hat der Formenreichtum an Trilobiten schon beträchtlich abgenommen; die Familien der Agnostiden und Oleniden sind vollständig erloschen; die Trinucleiden und Asaphiden auf je eine Gattung (*Ampyx* und *Bumastus*) reduziert und auch die Cheiruriden im Rückgang. In starker Zahl finden sich dagegen *Calymmenidae, Acidaspidae, Proetidae* und *Cheiruridae.* Schliefslich wäre noch als charakteristisches Leitfossil die Gattung *Harpes* zu erwähnen.

Der im oberen Silur bemerkbare Rückgang in der Entwicklung der Trilobiten macht sich während der Devonzeit in noch höherem Mafse geltend. Die Zahl der Gattungen ist auf 11—12, die der Arten auf etwa 120 reduziert. Die reichsten Fundorte für devonische Trilobiten liegen in Böhmen, im Harz, Eifel, Rheinland, Nassau, Westfalen, Fichtelgebirg, Belgien, Grofsbritannien (Devonshire) und Nordamerika.

Im Kohlenkalk von Belgien, England, Westfalen, Rufsland und Nordamerika, ferner im Perm von Sicilien kommen nur noch die 2 Gattungen *Phillipsia* und *Proetus,* sowie die Subgenera *Griffithides, Pseudophillipsia* und *Brachymetopus* vor. Eine einzige *Phillipsia*-Art (*Ph. perannulata* Shumard) wird aus permischen Schichten Nordamerikas erwähnt.

B. Unterklasse. Malacostraca.

Kruster mit konstanter Zahl von Segmenten und Gliedmafsen. Kopf und Thorax aus 13, Hinterleib aus 6 (bei den Phyllocariden aus 8) Segmenten und einer terminalen Platte (Telson) bestehend.

Hierher die Ordnungen *Phyllocarida, Schizopoda, Isopoda, Amphipoda, Stomatopoda* und *Decapoda.* Sämtliche Ordnungen sind auch durch fossile Formen vertreten.

1. Ordnung. **Phyllocarida.** Packard.[1]) (*Leptostraca* Claus.)

Die Phyllocariden oder *Leptostraca* bilden eine zwischen den *Entomostraca* und *Malacostraca* stehende Verbindungsgruppe. Ihr Körper besteht aus 5 Kopf-, 8 Brust- und 8 Abdominalsegmenten. Kopf und Brust sind mit einer dünnhäutigen, chitinösen oder verkalkten, häufig aus zwei symmetrischen Teilen bestehenden Schalenduplikatur bedeckt, unter

---

[1]) *Claus, C.*, Über den Bau und die systematische Stellung von Nebalia. Zeitschr. f. wissensch. Zoologie 1872. Bd. XXII. — *Packard, A. S.*, A Monograph of the Phyllopod Crustacea of N.-Amerika with remarks on the Order Phyllocarida. 12th Ann. Rep. U. S. geol. and geograph. Survey of the Territories. 1883. — *Salter, J.*, Ann. Mag. nat. hist. 1860. 3 ser. vol. V und Quart. journ. geol. Soc. 1856 XII und 1863 XIX. — *Barrande, J.*, Système Silurien du centre de la Bohème. Vol. I Supplém. 1872. — *Clarke, J. M.*, American journ. of Science 1882 3. ser. vol. XXIII

welcher die Brustsegmente frei und gesondert liegen. Vor der zweiklappigen Schale befindet sich ein schmales, bewegliches Schnauzenstück (Rostrum). Der Kopf besitzt zwei Paar Antennen. Die Brustsegmente sind mit weichen Blattfüſsen versehen. Der Hinterleib ist aus acht ringförmigen Segmenten zusammengesetzt und endigt häufig in einem Schwanzlappen (Telson) mit stacheligen Fortsätzen.

An die einzige noch jetzt lebende Gattung *Nebalia* schlieſsen sich zahlreiche paläozoische, früher als Phyllopoden beschriebene Crustaceenreste an, deren Erhaltungszustand allerdings nicht immer eine sichere Deutung gestattet. Die dünnen Schalen sind häufig in eine kohlige Substanz umgewandelt und finden sich vorzüglich in Schiefergesteinen. Die wichtigeren derselben sind:

Hymenocaris Salter (Fig. 1317). Rückenschild halbeiförmig, groſs, glatt; dahinter Abdominalsegmente und ein mehrspitziges Telson sichtbar. Kambrium.

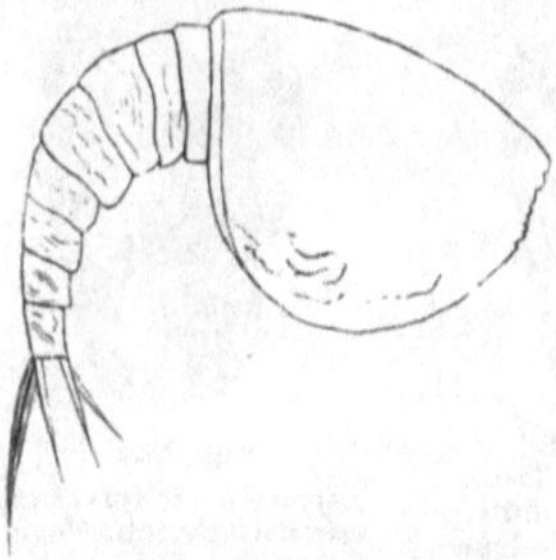

Fig. 1317.
Hymenocaris vermicauda Salt. Ob. Kambrisch. Dolgelly, Wales. (Nach Salter.)

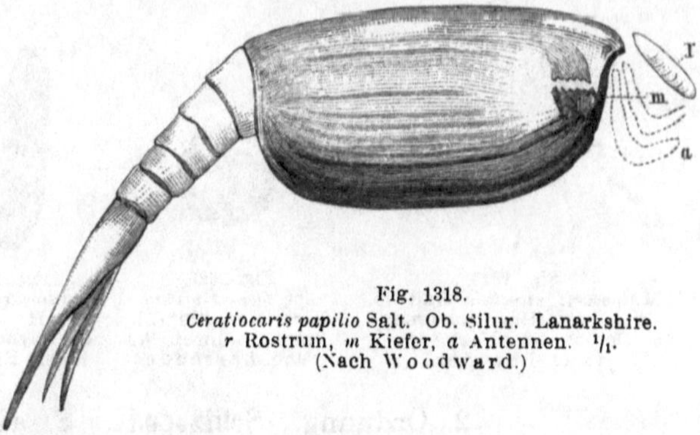

Fig. 1318.
Ceratiocaris papilio Salt. Ob. Silur. Lanarkshire. *r* Rostrum, *m* Kiefer, *a* Antennen. 1/1. (Nach Woodward.)

Dictyocaris Salt. Rückenschild groſs (bis 1 Fuſs lang) mit einer Medianlinie, jedoch nicht zweischalig, dreieckig, vorn zugespitzt, hinten abgestutzt und vorgezogen, am Rand durch eine Furche begrenzt. Oberfläche grob gegittert. Hinterleib unbekannt. Ober-Silur. Schottland. *D. Ramsayi* Salter.

Ceratiocaris M'Coy. (Fig. 1318). Rückenschale zweiklappig, die zwei ovalen, halbeiförmigen oder fast viereckigen Klappen durch einen geraden Rand verbunden. Körper aus 14 oder mehr Segmenten bestehend, wovon 5—7 aus dem Rückenschild vorragen; das letztere ist verlängert und endigt in einem dicken verlängerten Schwanzstachel, welcher mit zwei kürzeren Nebenstacheln versehen ist. Ziemlich häufig im oberen und unteren Silur von Europa und Nordamerika; selten im Karbon von England.

Echinocaris Whitfield (Fig. 1319). Oberfläche der Schale jederseits mit einer Längskante und mehreren Höckern. Telson dreistachelig. Devon. Nordamerika.

Aristozoë Barr. (*Bactropus* Barr.) Schale mit wulstigem Randsaum in der Vorderregion mit 4—5 buckligen Höckern; Abdomen aus langgestreckten Segmenten bestehend. Devon. Böhmen.

---

p. 476 und 1883 vol. XXV p. 120. — Neues Jahrbuch f. Mineralogie 1884 Bd. I S. 178. — *Dames, W.*, ibid. 1883 Bd. I S. 319; 1884 Bd. I S. 275 u. Bd. II S. 107. — *Woodward, H.*, Geol. Mag. 1872 vol. IX p. 564; 1882 II. Dec. vol. IX p. 385 u. 444; 1884 III. Dec. vol. I p. 348. — *Hall* and *Clarke, J. M.*, Palaeontology of New York vol. VII. 1888. — *Jones, J. R.* and *Woodward, H.*, Monograph of the British Palaeozoic Phyllopoda part. II. Palaeontograph. Soc. 1898.

Elymocaris, Tropidocaris Beecher, *Ptychocaris* Novak, *Dithyrocaris* Scouler. Devon. *Rhinocaris* Clarke, *Mesothyra* Hall u. Clarke. Devon.

Aptychopsis Barr. (Fig. 1320). Schale kreisrund, zweiklappig, konzentrisch gestreift, vorne mit dreieckigem Rostrum. Silur.

Peltocaris Salt., *Discinocaris* Woodw. Unt. Silur.

Cardiocaris Woodw. (Fig. 1321). Oval, vorne mit tiefem Ausschnitt, ohne Mediansutur. Ob. Devon. Eifel.

Dipterocaris Clarke (Fig. 1322). Wie vorige, aber zweiklappig. Devon. Die zwei letztgenannten Gattungen, sowie verwandte Formen (*Spathiocaris, Lisgocaris* Clarke, *Ellipsocaris, Pholadocaris* Woodw. u. a.) wurden früher für Aptychen von Goniatiten gehalten.

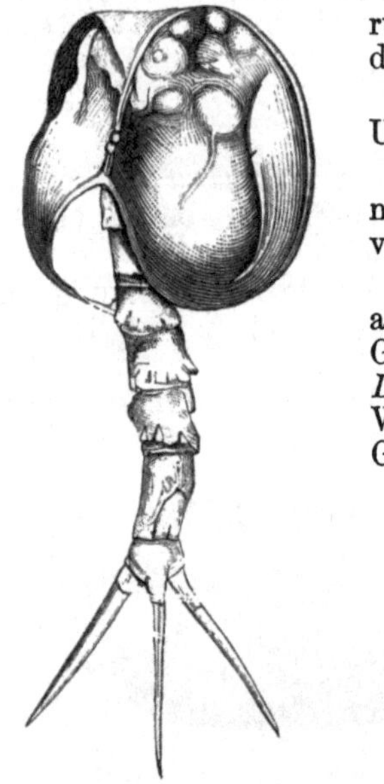

Fig. 1319. *Echinocaris punctata* Hall sp. Unt. Devon (Hamilton group). Delphi, New-York. 1/1. (Nach Beecher.)

Fig. 1320. *Aptychopsis primus* Barr. Unt. Silur (*D*). Branik, Böhmen. 1/1. (Nach Barrande.)

Fig. 1321. *Cardiocaris Roemeri* H. Woodw. Ob. Devon. Büdesheim, Eifel. 1/1.

Fig. 1322. *Dipterocaris (Aptychus) vetustus* d'Arch. Vern. Devon. Eifel. 1/1.

2. Ordnung. **Schizopoda.** Spaltfüſsler.[1])

Kleine langgestreckte Wasserbewohner mit zusammengesetzten, auf beweglichem Stiel stehenden Augen. Cephalothorax groſs, die Rumpfsegmente teilweise bedeckend. Rumpf mit 8 gleichartigen, aus Exopodit und Endopodit bestehenden Spaltfüſsen.

Die Schizopoden ähneln in ihrem Habitus am meisten den langgeschwänzten Decapoden, zeigen aber in ihrem ganzen Bau primitive

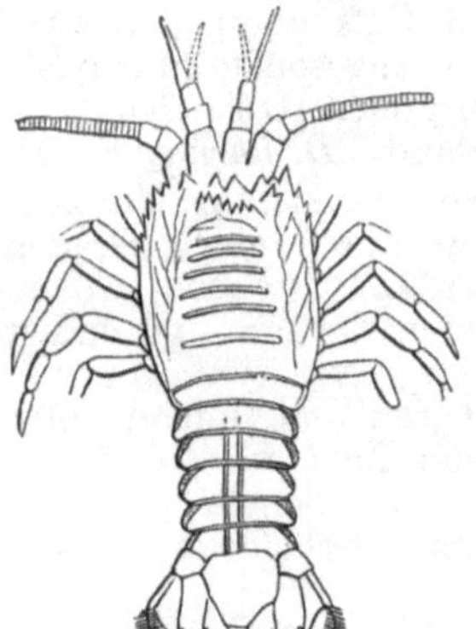

Fig. 1323. *Anthrapalaemon gracilis* Meek u. Worth. Steinkohlenformation. Illinois. Restaurierte Abbildung in nat. Gr. (Nach Meek u. Worthen.)

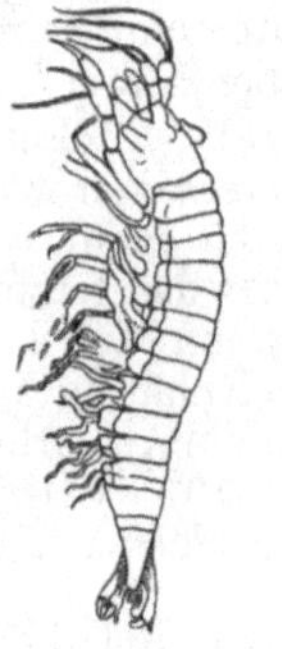

Fig. 1324. *Gampsonyx fimbriatus* Jordan. Sphärosiderit. (Rotliegendes.) Lebach bei Saarbrücken. 1/1.

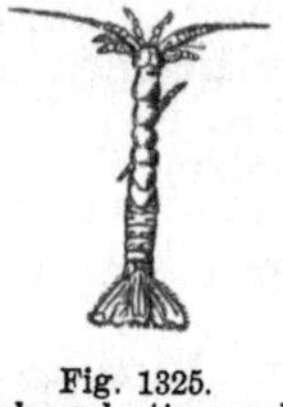

Fig. 1325. *Palaeorchestia parallela* Fric sp. Steinkohlenformation. Lisek bei Beraun, Böhmen. Nat. Gr. (Nach Fric.)

[1]) *Brocchi, P.*, Note sur un Crustacé foss. dans les Schistes d'Autun. Bull. Soc. géol. de France 1879 3e sér. vol. VIII p. 1. — *Burmeister*, Über Gampsonychus. Abh. d. naturf. Ges. in Halle 1855 Bd. II S. 191. — *Jordan*, Verhandl. des naturhist. Vereins für Rheinland 1847 Bd. IV S. 89. — *Jordan* und *Meyer, H. von*,,

Merkmale. Einige fossile, paläozoische Formen, wie *Pygocephalus* Huxley, *Carangopsis* Salter (*Palaeocrangon* Salter, *Archaeocaris* Meek) aus der produktiven Steinkohlenformation von England und Nordamerika gehören wahrscheinlich hierher. Auch *Anthrapalaemon* Salter (Fig. 1323) aus der Steinkohlenformation von Schottland und Illinois, sowie *Palaeopalaemon* Whitfield aus dem Devon von Schottland dürften trotz ihrer grofsen Ähnlichkeit mit Decapoden besser zu den Schizopoden gestellt werden. Ganz zweifelhaft ist die Stellung von *Palaeopemphix* Gemmellaro aus dem Perm von Sicilien.

Gampsonyx Jordan (*Uronectes* Bronn) (Fig. 1324) aus dem unteren Rotliegenden von Lebach bei Saarbrücken bildet mit den karbonischen *Palaeocaris* Meek und Worthen. *Palaeorchestia* Zittel (Fig. 1325) und *Nectotelson* Brocchi eine eigene Familie, welche mit der lebenden Gattung *Anaspides* Thomson aus Tasmanien mancherlei Verwandtschaft aufweisen.

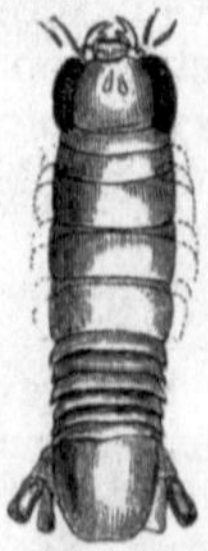

Fig. 1326. *Urda rostrata* Münst. Lithograph. Schiefer von Solnhofen, Bayern. Nat. Gr. (Nach Kunth.)

3. Ordnung. **Isopoda.** Asseln.[1])

Körper oval, einrollbar. Kopf und Brustabschnitt getrennt, Augen facettiert, ungestielt. Brust mit sieben Paar Schreit- oder Klammerfüfsen. Abdomen kurz, die Segmente häufig verschmolzen, mit blattförmigen, als Kiemen fungierenden Beinanhängen.

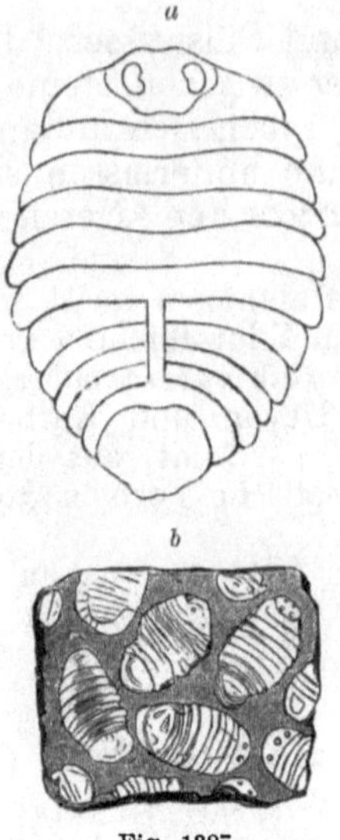

Fig. 1327. *Archaeoniscus Brodiei* Milne-Edw. Purbeck-Schichten. Vale of Wardour. Wiltshire. Nat. Gr. (Nach H. Woodward.) *a* Exemplar in dreifacher Vergröfserung, *b* Platte in nat. Gr. (Nach Quenstedt.)

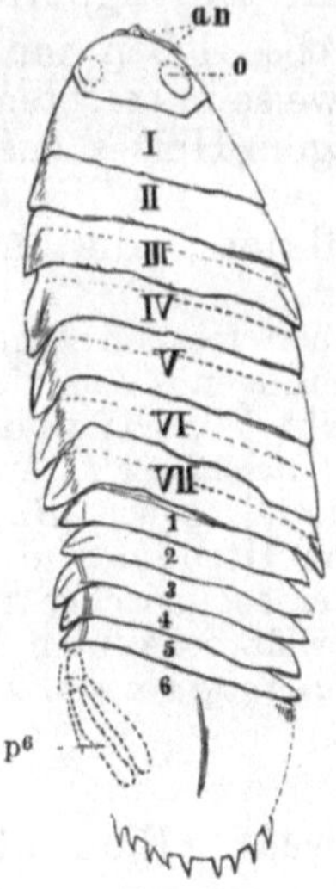

Fig. 1328. *Palaega scrobiculata* v. Ammon. Unt. Oligocän. Häring, Tirol. $^1/_2$ nat. Gr. (Nach v. Ammon.) *an* Antennen, *o* Auge, I-VII Segmente des Thorax. 1—6 Segmente des Hinterleibes, p^6 letzter Spaltfufs.

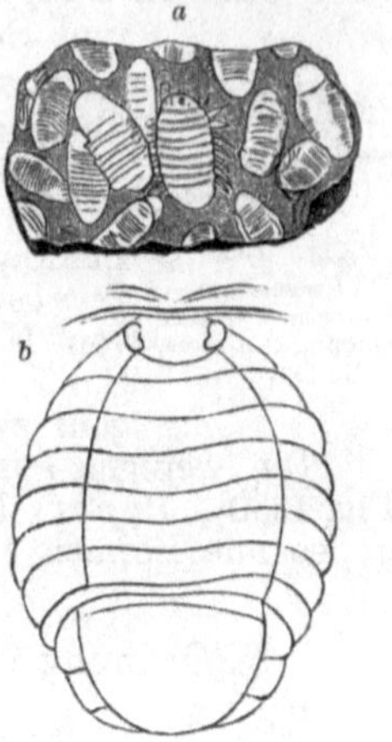

Fig. 1329. *Eosphaeroma Brongniarti* Milne-Edw. Cyrenen-Mergel. Butte de Chaumont bei Paris. *a* Platte mit mehreren Exemplaren in nat. Gr. (nach Quenstedt), *b* Exemplar in dreifacher Vergröfserung (nach Woodward).

Palaeontographica 1854 vol. IV. p. 1. — *Meek* and *Worthen*, Acanthotelson und Palaeocaris. Proçeed. Ac. nat. sc. Philadelphia 1865 p. 46, 50. — *Spence Bate, C.*, On Palaeocrangon. Quart. journ. geol. soc. 1859 vol. XV p. 137. — *Woodward, H.*, Geol. Magazine 1881 II. Dec. vol. VIII p. 529.

[1]) *Ammon, L. von*, Ein Beitrag zur Kenntnis der fossilen Asseln. Sitzungsbericht d. bayer. Akad. Math.-phys. Kl. 1882 S. 507. — *Kunth, A.*, Über wenig bekannte Crustaceen von Solenhofen. Zeitschr. d. deutschen geol. Ges. 1870 Bd. XXII S. 771. — *Meyer, H. von*, Über Palaeoniscus obtusus aus Sieblos. Paläontogr. 1858

Die Mehrzahl der Isopoden bewohnt das Meer und zwar vorzugsweise die Küstenregionen; einige leben im Süfswasser, andere (die Onisciden) an feuchten Orten auf dem Festland. Von den wenig zahlreichen fossilen Formen kommen die zwei grofsen Gattungen *Praearcturus* Woodw. im Old red und *Arthropleura* Jordan in der Steinkohlenformation vor. *Amphipeltis paradoxus* Salter stammt aus dem Devon von Neu-Schottland. Im lithographischen Schiefer von Bayern findet sich *Urda* Münst. (Fig. 1326), in Purbeckschichten von England *Archaeoniscus* M. Edw. (Fig. 1327), in der oberen Kreide und im Tertiär *Palaega* Woodw. (Fig. 1328), in brackischen Mergeln (Oligocän) der Gegend von Paris und Insel Wight *Eosphaeroma* Woodw. (Fig. 1329) und mehrere Arten von Landasseln im Miocän von Oeningen und im Bernstein.

4. Ordnung. **Amphipoda.** Flohkrebse.

Körper klein, lang gestreckt, schmal. Kopf mit dem ersten Rumpfsegment verwachsen. Augen ungestielt. Die 7 Schreitfüfse des Rumpfes tragen an ihrer Basis blättrige Kiemen. Abdomen verlängert; die drei vorderen Segmente mit Schwimmfüfsen, die drei hinteren mit Springbeinen.

Diese meist kleinen Krebse leben im Meer und Süfswasser; die ersteren halten sich vorzugsweise in seichtem Wasser zwischen Steinen, Tang oder in Gängen zernagten Holzes auf, oder graben sich in Sand und Schlamm ein. An der Oberfläche hinterlassen sie wurmartige Fährten, die mit paläozoischen Nereiten übereinstimmen.

Fig. 1330. *Gammarus Oeningensis* Heer. Miocän. Öningen, Baden. 2/1.

Die spärlichen fossilen Amphipoden stammen meist aus Süfswasserablagerungen. Aus den oberen Silurschichten von Ludlow beschreibt Woodward *Necrogammarus Salweyi*, *Diplostylus Dawsoni* Salt. aus dem Devon und Karbon von Neu-Schottland, sowie *Bostrichopus* Goldf. aus dem Culmschiefer von Herborn sind problematische Formen von ganz zweifelhafter zoologischer Stellung.

Die wenigen aus dem Tertiär bekannten Isopoden (*Gammarus* Fabr. [Fig. 1330], *Typhis* Risso, *Palaeogammarus* Zadd.) schliefsen sich enge an lebende Formen an.

5. Ordnung. **Stomatopoda.** Heuschreckenkrebse.[1])

Körper lang gestreckt. Kopf und die 5 vorderen Brustsegmente durch einen kurzen Cephalothorax bedeckt. Augen gestielt. Abdomen länger als Brust und Kopf. Die Extremitäten des Kopfabschnittes als Antennen und Kieferfüfse ausgebildet, die 5 vor-

---

Bd. V S. 110 u. 111. — *Milne-Edwards, H.*, Sur deux Crust. foss. de l'ordre des Isopodes. Ann. Sc. nat. Zoologie 1843 2e sér. vol. XX p. 326. — On a fossil Crust. (Archaeoniscus) in the Wealden. Ann. Mag. nat. hist. 1844 vol. XIII. — *Woodward, H.*, Geol. Mag. 1870. VII. 495 und Quart. journ. geol. Soc. 1879 XXXV. 346 — *Carter, J.*, On fossil Isopoda. Geol. Mag. 1899. [3]. VI.

[1]) *Münster, G.* Graf *zu*, Beiträge zur Petrefaktenkunde 1840 Heft III S. 19—23 und 1842 Heft V S. 76 Taf. IX. — *Kunth, A.*, Über wenig bekannte Crustaceen von Solenhofen. Zeitschr. d. deutsch. geol. Ges. 1870 Bd. XXII S. 771. — *Schlüter, Cl.*, Palaeontographica XV S. 304. — *Woodward, H.*, Quart. journ. geol. Soc. 1879. XXXV. 549.

deren Brustsegmente mit Raubfüſsen. Unter dem Hinterleib befinden sich Schwimmfüſse mit Kiemenbüscheln.

Die wenigen recenten Gattungen leben in den Meeren der warmen und gemäſsigten Zone und ernähren sich vom Raub.

Fossile Stomatopoden sind selten. Als *Necroscylla Wilsoni* beschreibt H. Woodward ein 21 mm langes Hinterleibsfragment mit 5 Segmenten und einem wohlerhaltenen Telson; dasselbe stammt aus einer Geode der Steinkohlenformation von Cossall in England und hat einige Ähnlichkeit mit dem Abdomen einer *Squilla*. Von der Gattung *Squilla* sind zwei Arten aus der Kreide von Hakel im Libanon (*S. Lewisii* Woodw.) und Westfalen (*S. cretacea* Schlüt.), und zwei aus dem Eocän des Monte Bolca (*S. antiqua* Münst.) und von Highgate in England (*S. Wetherelli* Woodw.) bekannt.

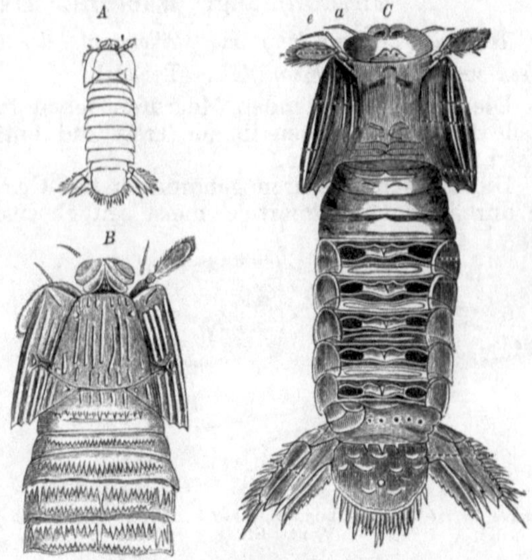

Fig. 1331.
Sculda pennata Münst. **A** Exemplar in nat. Gr., **B** dasselbe vergr. von der Rückenseite, **C** dasselbe von der Bauchseite (*a* innere Antenne, *e* äuſsere Antenne. (Nach Kunth.)

Sculda Münst. (*Reckur* Münst., *Buria* Giebel) (Fig. 1331). Kopf beweglich, breit, mit gestielten Augen und kurzen Antennen. Der meist mit Längsskulptur verzierte Cephalothorax läſst die drei hinteren Segmente des Thorax frei. Abdomen breit und verlängert mit groſsen Ansatzstellen der (nicht erhaltenen) Schwimmfüſse. Schwanzflosse aus einem groſsen halbkreisförmigen, hinten gefransten Telson und dem hintersten Beinpaar des Abdomen gebildet. 3 Arten im lithographischen Schiefer von Bayern.

6. Ordnung. **Decapoda.** Zehnfüſser.[1])

Kopf und Brustabschnitt vollständig vom Cephalothorax bedeckt. Augen gestielt. Die 5 hinteren Fuſspaare unter

---

[1]) *Meyer, H. von*, Neue Gattungen fossiler Krebse aus Gebilden von buntem Sandstein bis in die Kreide. Stuttgart 1840. 4°. — Jurassische und triasische Crustaceen. Palaeontographica 1854 vol. IV p. 44—55. — *Münster, G.* Graf *zu*, Über die fossilen langschwänzigen Krebse in den Kalkschiefern von Bayern. Beiträge zur Petrefaktenkunde II. Heft 1839. — *Oppel, Alb.*, Paläont. Mitteilungen aus dem Museum des kgl. bayer. Staates. I. Über jurassische Crustaceen. Stuttgart. 1862. — *Peach, B. N.*, On new Crustacea of the lower Carboniferous Rocks of Eskdale and Liddesdale. Trans. Roy. Soc. Edinburgh 1880 vol. XXX p. 73 und 1882 vol. XXXII p. 512. — *Reuſs, E. A.*, Über fossile Krebse aus den Raibler Schichten. Beiträge zur Paläontographie Österreichs Bd. I 1858. — *Salter*, Carboniferous Crustacea. Quart. journ. geol. Soc. vol. XVII p. 528. — *Schlüter, Cl.*, Die Macruren-Decapoden der Senon- und Cenoman-Bildungen Westfalens Zeitschr. der deutschen geol. Ges. 1862 Bd. XIV S. 702. — Neue Kreide- und Tertiär-Krebse des nördlichen Deutschlands. Ibid. 1879 Bd. XXXI S. 586. — *Schlüter* und *v. d. Mark*, Neue Fische und Krebse aus der Kreide von Westfalen. Palaeontographica vol. XI, XV.

dem Cephalothorax grofs, mit Scheren oder Nägeln versehen. Stirn mit vorspringendem Rostrum. Kiemen unter dem Cephalothorax in besonderen Höhlen gelegen, an die Coxalglieder der Füfse angeheftet. Hinterleib verlängert oder kurz, unter dem Cephalothorax eingeschlagen.

A. Unterordnung. **Macrura.** Langschwänze.

Hinterleib ebenso lang oder länger als der Cephalothorax, mit 4—5 Paar Füfsen und grofser Schwanzflosse (Telson).

Die jetzt existierenden Macruren leben im Meer und süfsem Wasser. Fossile Formen beginnen in der Trias und entfalten im Jura bereits einen grofsen Formenreichtum.

Die ältesten Macruren gehören zu den Carididen (Garneelen), welche sich durch dünne, hornartige, meist seitlich zusammengedrückte Schale auszeichnen. Die äufseren Fühler stehen unter den inneren, die Beinpaare des Thorax sind lang, dünn und zum Teil mit Scheren versehen.

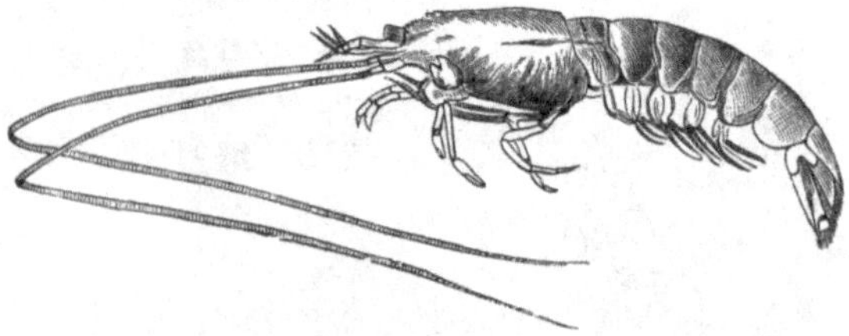

Fig. 1332.
Penaeus Meyeri Opp. Lithographischer Schiefer. Solnhofen. 1/2 nat. Gr.

Im lithographischen Schiefer von Bayern gehören die Gattungen *Penaeus* Fabricius (Fig. 1332), *Acanthochirus* Opp., *Bylgia*, *Drobna*, *Dusa*, *Aeger* (Fig. 1333), *Blacullina*, *Udora*, *Hefriga*, *Elder* Münst., *Udorella* Opp. zu den Carididen; ebenso die Gattungen *Pseudocrangon* Schlüt. und *Hoplophorus* Milne Edw. aus der oberen Kreide von Westfalen, sowie *Homelys micropsalis* v. Meyer und *Palaemon* Fabr. aus dem Tertiär.

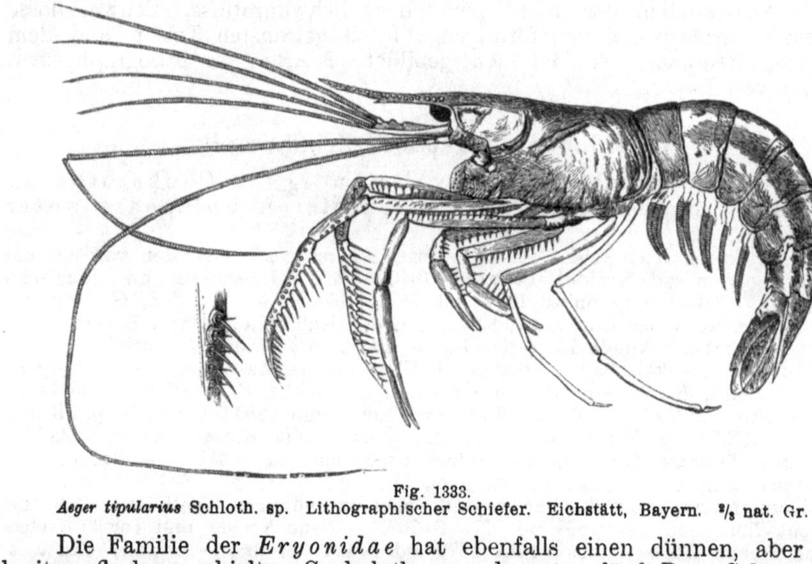

Fig. 1333.
Aeger tipularius Schloth. sp. Lithographischer Schiefer. Eichstätt, Bayern. 2/3 nat. Gr.

Die Familie der *Eryonidae* hat ebenfalls einen dünnen, aber sehr breiten, flachen, gekielten Cephalothorax; darunter fünf Paar Scherenfüfse und kurze Antennen. Hierher die lebenden Gattungen *Polycheles* Heller und *Willemoesia* Grote. Unter den fossilen Vertretern findet sich *Tetrachela* Reuſs in der oberen Trias von Raibl, *Eryon* (Fig. 1334) im Lias, Jura und in der Kreide. Prächtig erhaltene Exemplare von *Eryon* sind namentlich im lithographischen Schiefer von Bayern häufig.

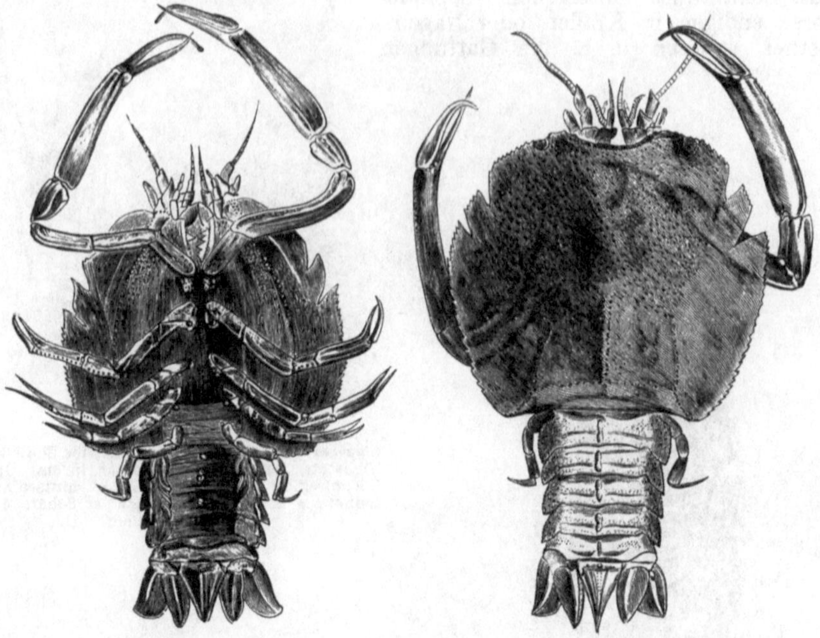

Fig. 1334.
Eryon propinquus Schloth. sp. Lithographischer Schiefer. Solnhofen. 1/2 nat. Gr.

Bei den *Palinuridae* ist der ziemlich dicke Cephalothorax wenig breiter als der Hinterleib; die Füſse sind mit Klauen bewaffnet.

Die ältesten Vertreter dieser Familie *Scapheus* und *Praeatya* Woodw. beginnen im Lias; *Mecochirus* Germar (Fig. 1335) findet sich im Dogger

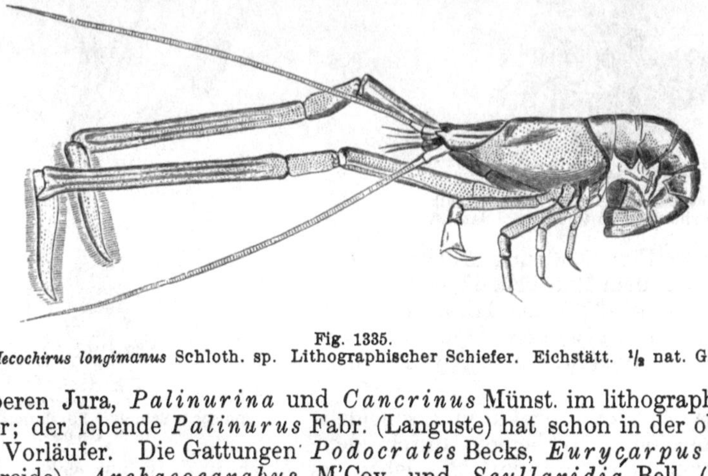

Fig. 1335.
Mecochirus longimanus Schloth. sp. Lithographischer Schiefer. Eichstätt. 1/2 nat. Gr.

und oberen Jura, *Palinurina* und *Cancrinus* Münst. im lithographischen Schiefer; der lebende *Palinurus* Fabr. (Languste) hat schon in der obersten Kreide Vorläufer. Die Gattungen *Podocrates* Becks, *Eurycarpus* Schlüt. (Ob. Kreide), *Archaeocarabus* M'Coy und *Scyllaridia* Bell (Eocän) schlieſsen sich dem recenten *Scyllarus* an.

Die *Glypheiden* enthalten nur eine einzige recente Gattung *(Araeosternus)*; sie haben einen rauhen, skulptierten, soliden Cephalothorax mit spitzem Rostrum, die äußeren Antennen sind lang, die inneren kurz, die fünf Paar Schreitfüße unter dem Cephalothorax endigen in Krallen oder Nägeln. Hierher gehören u. a. die Gattungen

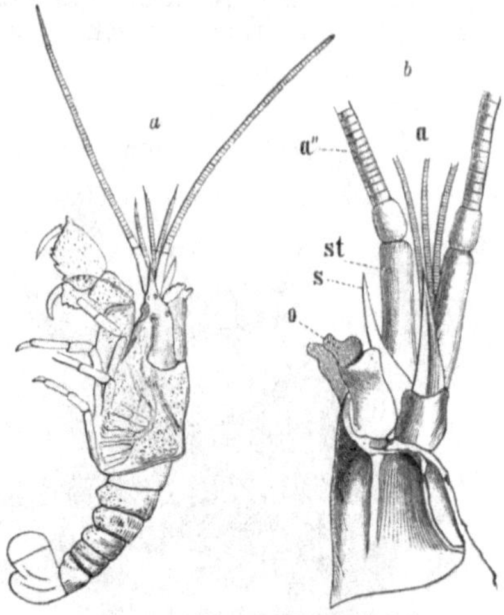

Fig. 1337.
Glyphaea tenuis Opp. Lithographischer Schiefer. Eichstätt, Bayern. *a* Exemplar in nat. Gr., *b* Kopfregion vergr. (*a* vordere, *a''* hintere Antennen, *s* Schuppe, *o* Augen, *st* Schaft der hinteren Antennen).

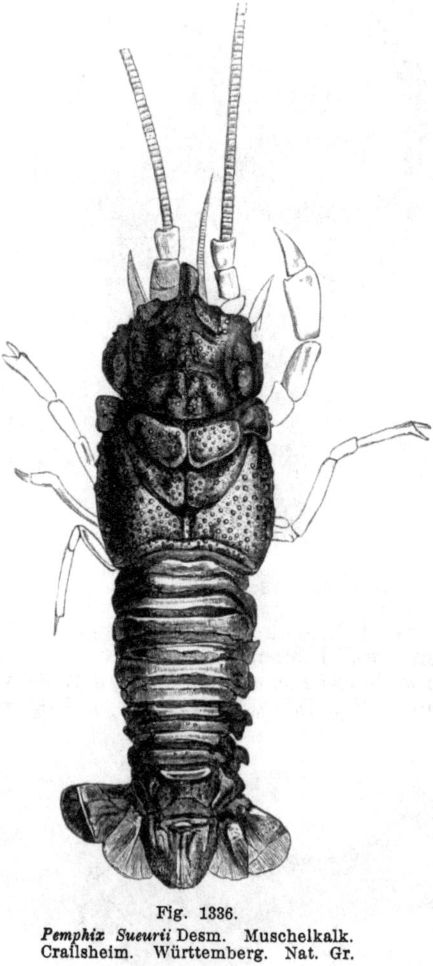

Fig. 1336.
Pemphix Sueurii Desm. Muschelkalk. Crailsheim. Württemberg. Nat. Gr.

Pemphix (Fig. 1336) und *Lithogaster* v. Meyer aus dem Muschelkalk, *Glyphaea* v. Meyer (Fig. 1337) aus Trias, Jura und Kreide, *Pseudoglyphaea* Oppel aus Lias und Jura und *Meyeria* M'Coy aus dem Neokom.

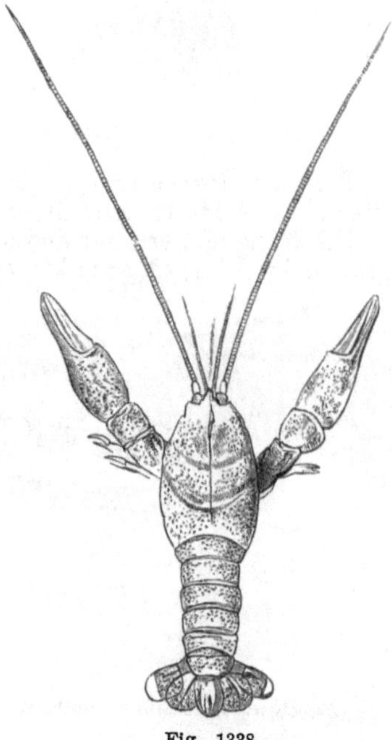

Fig. 1338.
Eryma leptodactylina Germ. sp. Lithographischer Schiefer. Solnhofen. Nat. Gr. (Nach Oppel.)

Die *Astacomorpha* unterscheiden sich von den Glypheiden durch den Besitz von Scherenfüßen. Sie leben im Meer und Süßwasser.

Eryma v. Meyer (Fig. 1338), *Pseudoastacus*, *Stenochirus*, *Etallonia* Oppel finden sich im lithographischen Schiefer von Bayern.

Von *Magila* Münst. (Fig. 1339) kommen isolierte Scheren häufig im Lias, Dogger und Malm vor.

Enoploclytia M'Coy, *Nymphaeops* Schlüter, *Hoploparia* M'Coy, *Oncoparia* Bosq. und *Palaeastacus* Bell. wurden in der oberen Kreide von Westfalen, Böhmen und England gefunden. Die noch jetzt existierenden Gattungen *Homarus* M. Edw., *Nephrops* Leach und *Astacus* Fabr. sind im Tertiär, teilweise auch schon in der oberen Kreide verbreitet.

Fig. 1339. Schere von *Magila suprajurensis* Quenst. sp. Ob. Jura. Söflingen, Württemb.

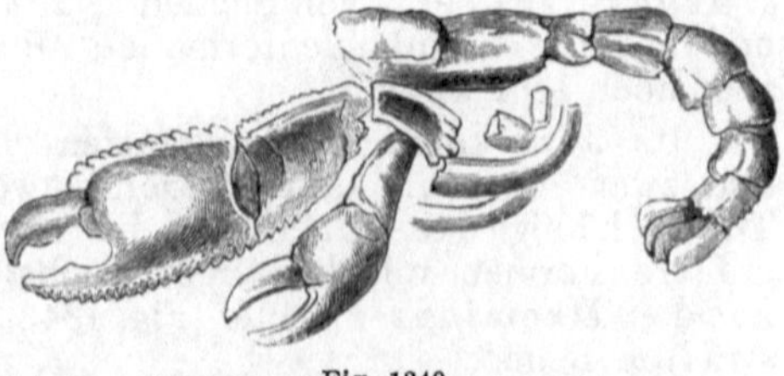

Fig. 1340. *Callianassa d'Archiaci* A. Milne-Edw. Turon. Mont-dragon. Var. (Nach Milne-Edwards.)

Die letzte Familie der Macruren, die *Thalassinidae*, haben mit Ausnahme der Scherenfüſse eine dünne, weiche Haut, einen kurzen Cephalothorax fast ohne Rostrum und einen stark verlängerten Hinterleib. Die zwei vorderen und der hinterste Schreitfuſs jederseits sind mit kräftigen, ungleich groſsen Scheren versehen. Scherenfüſse der lebenden Gattung *Callianassa* Leach. (Fig. 1340, 1341) kommen nicht selten fossil im obersten Jura, in der Kreide und im Tertiär vor.

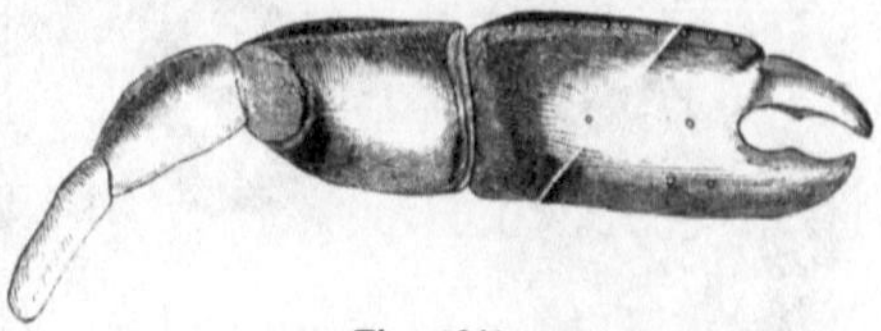

Fig. 1341. *Callianassa antiqua* Otto. Rechter Scherenfuſs. Turon. Turnau, Böhmen.

B. Unterordnung **Anomura.** M. Edw.

Hinterleib kürzer als Cephalothorax, ausgestreckt, umgeschlagen oder weichhäutig und verdreht, mit schwachen Blatt- oder stummelartigen Anhängen, hinten mit Schwanzflosse. Nur das erste (zuweilen auch das fünfte) Fuſspaar des Thorax mit Scheren.

Fossile Überreste von Anomuren sind äuſserst spärlich und beschränken sich auf Scheren von *Galathea* aus der oberen Kreide und von *Pagurus* aus dem Eocän.

C. Unterordnung **Brachyura.** Krabben.[1])

Hinterleib kurz, in einer Rinne auf der Unterseite des Cephalothorax gelegen, bei Männchen schmal, bei Weibchen breit. Cephalothorax häufig breiter als lang.

---

[1]) *Bittner, Alex.*, Die Brachyuren des vicentinischen Tertiärgebirges. Denkschriften der k. k. Akad. Wien 1857 Bd. XXXIV und 1883 Bd. XLVI. — Beiträge zur Kenntnis tertiärer Brachyuren-Faunen. Ibid. 1883 Bd. XLVIII. — Über Phymatocarcinus speciosus. Sitzungsbericht der k. k. Akad. Wien 1877 Bd. LXXV. — *Fischer-Benzon*, Über das relative Alter des Faxoe-Kalkes und über die in demselben vorkommenden Anomuren und Brachyuren. Kiel 1866. — *Meyer, H. von*, Die Prosoponiden oder Familie der Maskenkrebse. Palaeontographica 1860 vol. VII. — *Milne-Edwards, Alph.*, Hist. des Crustacés podophthalmaires fossiles. I. Portuniens et Thalassiens. Ann. des Sciences nat. Zoologie 4e sér. tome XIV 1871. II. Cancériens. Ibid. 4e sér. tome XVIII 1862, XX 1863; 5e sér. tome I 1864, III. 1865. — *Reuſs, A.*, Zur Kenntnis fossiler Krabben. Denkschr. Wiener Akad. 1857. Bd. XVII. — *Mörike, W.*, Die Crustaceen der Stramberger Schichten. Palaeontogr. Supplem. II. 1897. — *Lörenthey, E.*, Beitrag zur Decapodenfauna des ungarischen Tertiärs. Mathem.-naturw. Ber. aus Ungarn XIV. 1898.

Die Brachyuren leben gröſstenteils im Meer, einige auch im süſsen Wasser oder in Erdlöchern auf dem Festland. Sie ernähren sich vorzüglich von Kadavern.

Fossile Vertreter der Brachyuren werden schon aus dem Devon (*Gitocrangon*), aus Perm von Sicilien (*Paraprosopon, Oonocarcinus* Gemm.) und aus der Steinkohlenformation (*Brachypyge*) erwähnt, sind daselbst aber noch sehr selten.

Im Jura kommen kleine Arten von *Prosopon* Meyer (Fig. 1342) vor und zwar schon im unteren Oolith, werden aber erst im oberen Jura und Tithon häufig und dauern bis ins Neokom fort. Ähnliche, jedoch etwas gröſsere Formen mit breiterem Cephalothorax finden sich in der oberen Kreide (*Dromiopsis* Reuſs [Fig. 1343], *Binkhorstia* Nötling, *Polycnemidium* Reuſs).

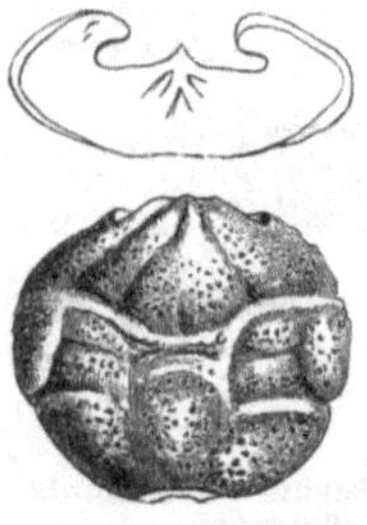

Fig. 1343.
Dromiopsis rugosa Schloth. sp. Oberste Kreide. Faxoe, Dänemark.

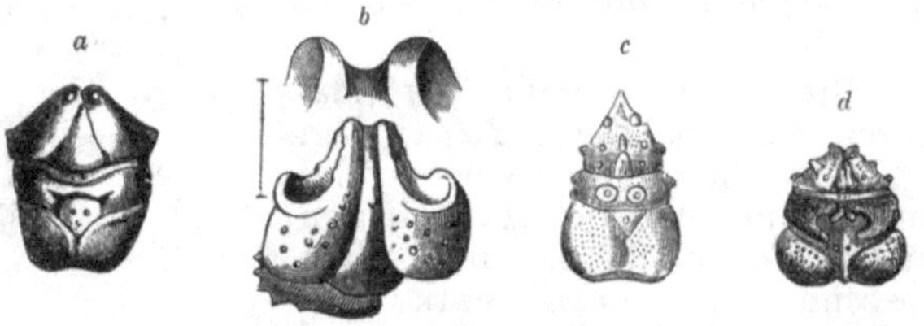

Fig. 1342.
a Prosopon marginatum H. v. Meyer. Ob. Jura (ε). Örlinger Tal bei Ulm. 3/2 nat. Gr. *b Prosopon personatum.* Weiſser Jura (γ). Wessingen, Württemberg. Stirn stark vergr. *c Prosopon aculeatum* H. v. Meyer. Örlinger Tal bei Ulm. *d Prosopon pustulatum* Quenst., ebendaher.

Die Familie der *Raninidae* zeichnet sich durch länglichen, vorne verbreiterten und gerade abgestutzten Cephalothorax und abgeplattete Scherenfüſse aus. Die hierhergehörigen Gattungen *Raninella* und *Raninoides* M. Edw. kommen in der oberen Kreide, *Ranina* Lam. (Fig. 1344) im Eocän, Oligocän, Miocän und in der Jetztzeit vor.

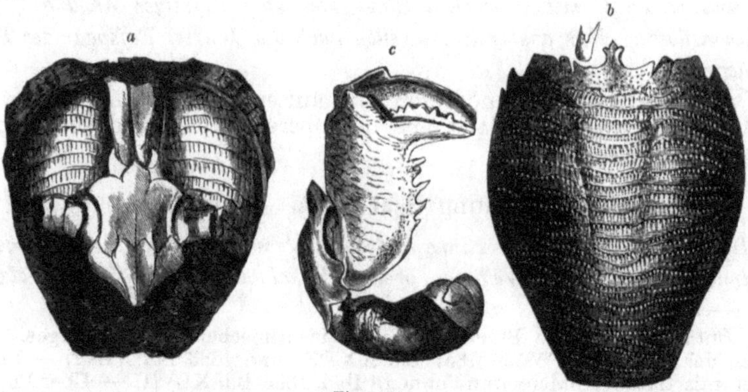

Fig. 1344.
a, b Ranina Marestiana Koenig (*R. Helli* Schafh.) Eocän. Kressenberg, Oberbayern. *c* Schere von *Ranina Bouilleana* A. Milne-Edw. Eocän. Biarritz. 1/2 nat. Gr.

Bei der Familie der Rundkrabben (*Oxystomidae*) hat der Cephalothorax rundliche, vorne bogenförmige Gestalt, während bei den Dreieckkrabben (*Oxyrhynchidae*) sich der Cephalothorax vorne zuspitzt und dreieckige Gestalt erhält. Zu den ersteren gehören u. a. die Gattungen *Palaeocorystes* (Fig. 1345), *Eucorystes, Necrocarcinus* (Fig. 1346) aus dem Gault und Cenoman, *Leucosia* Leach aus Ostindien, *Calappa* Fabr., *Hepatiscus* Bittner, *Mithracia* Bell., *Mithracetes* Gould aus dem Tertiär; zu den letzteren

u. a. *Micromaja* Bittner (Fig. 1347), *Periacanthus* Bittner, *Lambrus* Leach aus dem Eocän von Oberitalien.

Die *Cyclometopidae* (Bogenkrabben) haben breiten, nach hinten verschmälerten Cephalothorax; ihr Vorderrand ist bogenförmig, ohne vorspringendes Rostrum. Unter den zahlreichen lebenden und fossilen Gattungen finden sich *Neptunus*, *Achelous* de Haan, *Charybdis* Dana, *Portunites* Bell, *Psammocarcinus* M. Edw.

Fig. 1345. *Palaeocorystes Stokesi* Mant. sp. Ob. Grünsand. Cambridge, England.

Fig. 1346. *Necrocarcinus tricarinatus* Bell. Grünsand. Cambridge. (Nach Bell.)

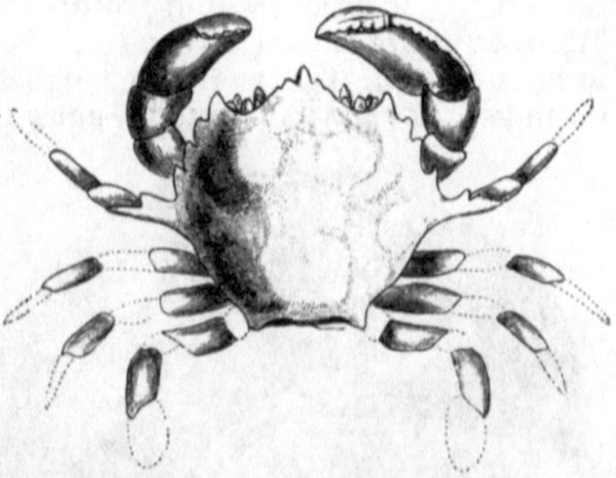

Fig. 1348. *Psammocarcinus Hericarti* Desm. sp. Mittlerer Meeressand. Le Gué-à-Tresmes. Seine et Oise. (Nach A. Milne-Edwards.)

Fig. 1347. *Micromaja tuberculata* Bittner. Eocän. San Giovanni Illariene. Vicetino. (Nach Bittner.)

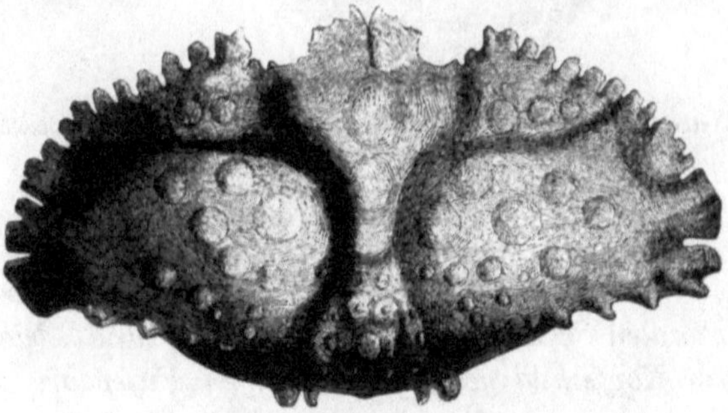

Fig. 1349. *Lobocarcinus Paulino-Würtembergicus* H. v. Meyer. Eocän. Mokkatam bei Kairo. (Männchen.)

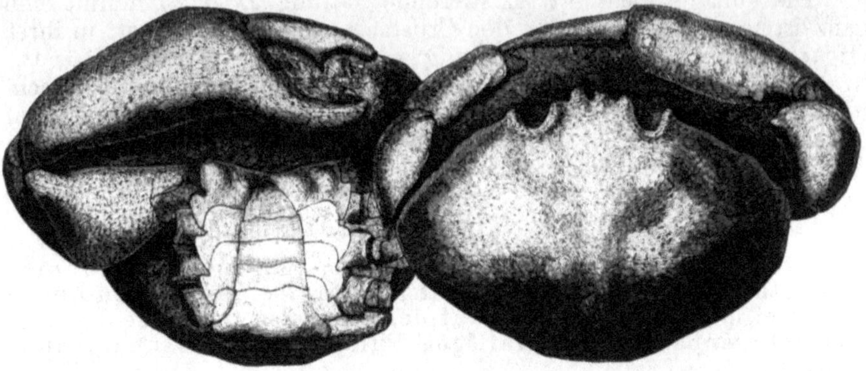

Fig. 1350. *Xanthopsis Kressenbergensis* H. v. Meyer. Eocän. Kressenberg, Oberbayern. Männchen 1/2 nat. Gr. Von oben und unten.

(Fig. 1348) u. a. schon im Eocän; *Palaeocarpilius* M. Edw. in oberster Kreide und Tertiär, *Harpactocarcinus* M. Edw., *Lobocarcinus* Reuſs (Fig. 1349), *Xanthopsis* M'Coy (Fig. 1350, 1351) besonders häufig im

Eocän, *Atergatis* de Haan im Oligocän, *Cancer* und *Xantho* Leach im Miocän und Pliocän.

Bei den Catometopiden hat der Cephalothorax viereckige Gestalt und ist vorne gerade abgestutzt. Hierher gehören neben marinen Formen auch einige Süſswasser- und Landbewohner. *Galenopsis, Coeloma* M. Edw. (Fig. 1352), *Litoricola* Woodw., *Palaeograpsus* Bittner sind aus dem Eocän und zum Teil aus dem Oligocän bekannt; die noch jetzt lebenden Gattungen *Telphusa* und *Gecarcinus* Latr. finden sich in miocänen Süſswasserschichten von Oeningen und Engelswies bei Sigmaringen.

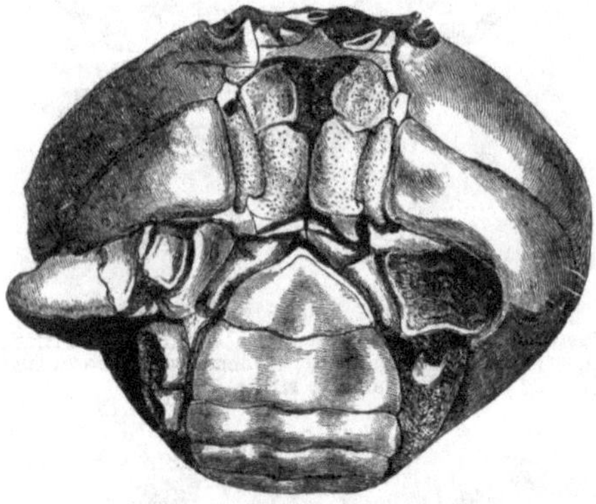

Fig. 1351.
Xanthopsis Bruckmanni H. v. Meyer. Eocän. Sonthofen, Bayern. Weibchen von der Unterseite. Nat. Gr.

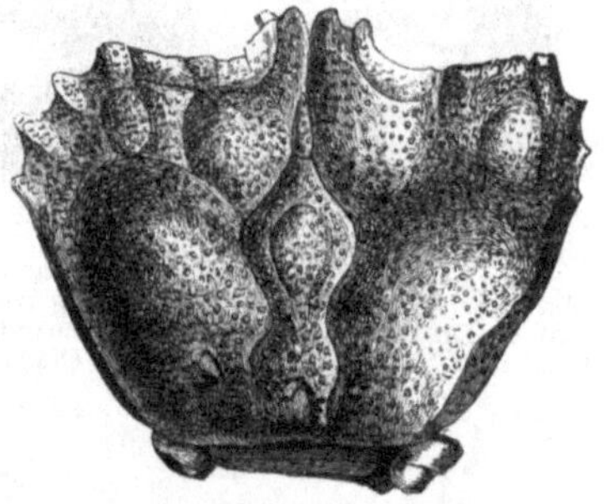

Fig. 1352.
Coeloma vigil A. Milne-Edw. Eocän. Laverda. Oberitalien.

2. Klasse. **Merostomata.** Woodw.

Vorwiegend groſse, vollständig gegliederte Arthropoden mit nur einem präoralen Scherenpaar. Kopf, Rumpf und Abdomen getrennt. Die unter dem Kopfschild gelegenen kräftigen Fuſspaare dienen als Kau- und Bewegungsorgane, die hinteren Gliedmaſsen unter dem Thorax sind dünn, blattförmig und tragen auf der Innenseite Kiemenblätter.

Die einzige noch jetzt existierende Gattung *(Limulus)* nimmt eine ganz isolierte Stellung unter den Crustaceen ein und erinnert in ihrer Organisation in mancher Beziehung an Skorpione. Straus-Dürckheim und andere Autoren versetzten sie geradezu unter die Arachnoideen, mit denen ihre Entwicklungsgeschichte besser übereinstimmt als mit den echten Crustaceen. Die *Merostomata* enthalten die zwei Ordnungen der *Gigantostraca* und der *Xiphosura.*

1. Ordnung. **Gigantostraca.** Haekel.[1])

Körper lang gestreckt, mit dünnem, chitinösem, schuppig verziertem Hautskelett. Kopf mit zwei groſsen, seitlichen Augen und zwei medianen Ocellen; auf der Unterseite mit einem präoralen Scherenpaar und 5 kräftigen Fuſspaaren. Die Mundöffnung

[1]) *Dekay, J. E.,* On a fossil Crustacean Ann. R. Y. Lyceum Nat. Hist. I 1825. — *Hall, James,* Natural history of New York. Palaeontology vol. III 1859. — *Huxley, Th.* and *Salter,* On the Anatomy and Affinity of the genus Pterygotus. Mem. geol. Surv. U. Kingdom. Monograph I. 1859. — *Nieszkowski, Joh.,* De Euryptero Remipedo. Dissert. inaug. Dorpat 1858 (auch in deutscher Sprache im Archiv f. Naturkunde Liv-, Est- u. Kronlands 1859 1. Ser. vol. II p. 299). — *Salter, J. W.*

hinten durch eine einfache Platte (Metastoma) begrenzt. Rumpf mit 6 beweglichen Rückensegmenten, denen auf der Unterseite 5 in der Mitte geteilte Ventralplatten entsprechen, welche die Kiemen bedecken. Abdomen mit 6 fuſslosen, ringsum geschlossenen Segmenten und einer Schwanzflosse oder Stachel.

Diese vollkommen erloschene und auf das paläozoische Zeitalter beschränkte Ordnung enthält die gröſsten, bis jetzt bekannten Arthropoden, unter denen einzelne eine Länge von $1^1/_2$—2 m erreichen.

Aus dem Vorhandensein von blätterigen Kiemen geht hervor, daſs die *Gigantostraca* Wasserbewohner, aus dem Bau ihrer Gliedmaſsen, daſs sie gute Schwimmer waren. Sie kommen im unteren Silur von Böhmen und Nordamerika in marinen Schichten mit Graptolithen, Cephalopoden und Trilobiten, im oberen Silur und im Old red in Gesellschaft von Phyllocariden, Ostracoden und Ganoid-Fischen, in der produktiven Steinkohlenformation mit Landpflanzen, Skorpionen, Insekten, Fischen und Süſswasser-Amphibien vor. Man darf darum annehmen, daſs sie anfänglich im Meer, später in brackischem, vielleicht sogar in süſsem Wasser lebten. Im ganzen kennt man bis jetzt 8—9 Genera mit ca. 60 Arten. Als Eier von *Pterygotus* werden kugelige Körper *(Parka decipiens* Fleming) aus dem Old red Sandstone gedeutet.

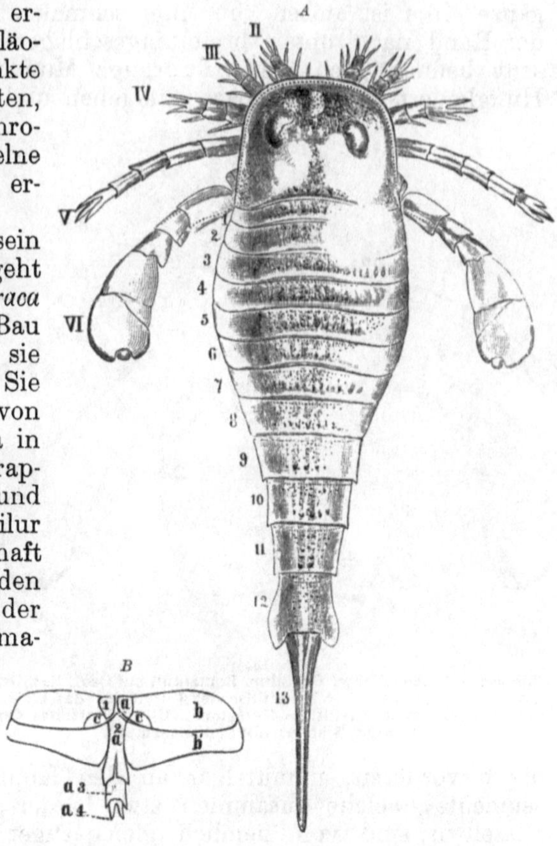

Fig. 1353.

Eurypterus Fischeri Eichw. Ob. Silur. Rootziküll auf Ösel. Restaurierte, um $^1/_5$ verkleinerte Abbildung nach Fr. Schmidt. *A* Rückenseite II—VI Fuſspaare unter dem Kopfschild, 1—6 Rücken-, 7—13 Abdominalsegmente. *B* Erster Blattfuſs *(Operculum)* der Unterseite in nat. Gr. *b* Seitenteile, *a* mittlerer Zipfel aus 4 Gliedern (a^{1}—^{4}) zusammengesetzt, *c* dreieckiges Feldchen an der Basis des ersten Gliedes des Medianzipfels.

(Nach F. Schmidt.)

Eurypterus Dekay (*Anthraconectes* M. and. W., ? *Adelophthalmus* Jordan und Meyer) (Fig. 1353, 1354). Körper langgestreckt, schmal,

---

On some fossil Crustacea from the Coal-Measures and Devonian. Quart. journ. geol. Soc. 1863 vol. XIV p. 75. — *Woodward, H.*, Geol. Mag. 1864 vol. I p. 107, 196; 1872 vol. IX p. 433. — Quart. journ. geol. Soc. London 1865 vol. XXI p. 486; vol. XXIV p. 298. — A Monograph of British fossil Crustacea belonging to the order Merostomata. Palaeontographical Society Part. I—V 1866—1878. — *Grote, A. R.* and *Pitt, N. H.*, New species of Eusarcus and Pterygotus Bull. Buffalo Soc.

von mittlerer oder ansehnlicher Gröſse. Kopf $^1/_5$—$^1/_6$ der ganzen Körperlänge einnehmend, flach gewölbt, trapezförmig, mit abgerundeten Vorderecken; Stirnrand fast geradlinig, Hinterrand schwach konkav. Die zwei groſsen Augen nierenförmig, etwas vor der Mitte gelegen; auſserdem zwischen denselben zwei mediane punktförmige Ocellen. Der ganze Kopf ist auſsen von einer schmalen Randfurche umsäumt und der Rand nach unten breit umgeschlagen. In der Mitte der Unterseite befindet sich die spaltförmige Mundöffnung, welche von den Hüftgliedern der 5 Fuſspaare umgeben und hinten durch eine groſse, eiförmige Platte (Metastoma) begrenzt ist. Zwischen den basalen Hüftgliedern des ersten Fuſspaares liegt ein zweigliederiges, kleines, präorales Scherenpaar. Die 3 vorderen Kaufüſse bestehen aus 6 oder 7 Gliedern und sind mit feinen Stacheln besetzt. Das fünfte Fuſspaar ist achtgliedrig und länger als die vorhergehenden; das hinterste ein mächtiges Schwimmorgan; seine groſsen, vierseitig rhomboidalen Grundglieder umschlieſsen das Metastoma und bedecken mit diesem etwa die halbe Unterseite des Kopfes.

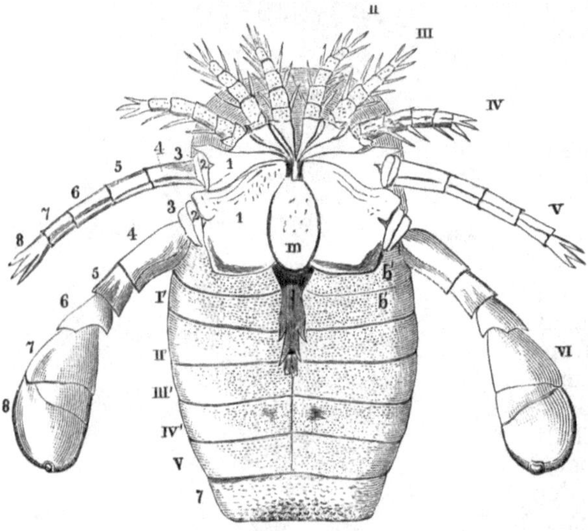

Fig. 1354.
Eurypterus Fischeri Eichw. Ob. Silur. Rootziküll auf Ösel. Nat. Gr. (Nach F. Schmidt) II—VI Kaufüſse der Unterseite (das kleine präorale Scherenpaar fehlt), *m* Metastoma, I'—V' Blattfüſse der Unterseite, 7 erstes Abdominalsegment.

Zum Rumpf gehören die 6 vorderen, unmittelbar an den Kopf anschlieſsenden Rückensegmente, welche zusammen etwa $^1/_4$ der ganzen Länge einnehmen. Dieselben sind von ziemlich gleichartiger Form, unten nicht geschlossen, sondern nur mit einem schmalen Umschlag versehen. Die Unterseite des Rumpfes stimmt weder in der Zahl der Segmente, noch in der Form derselben mit der Rückenseite überein. Es befinden sich hier nur 5 derart dachziegelförmig übereinander geschobene Platten, daſs immer jede vordere die Hälfte der folgenden Platte bedeckt. Eine Mediansutur oder Spalte teilt dieselben in zwei Hälften. Die vorderste Platte verdeckt die darunter liegenden Blattfüſse zum gröſsten Teil. Sie schlieſst sich an den Hinterrand des Kopfes an und besteht aus 2 Seitenteilen (Fig. 1353 *C*) und einem mittleren Zipfel (*a*).

Nat. Sc. III. 1875. — *Schmidt, Fr.*, Miscellanea Silurica III. Die Crustaceenfauna der Eurypterusschichten von Rootziküll auf Oesel. Mém de l'Acad. impér. de St. Pétersbourg. 7e sér. vol XXXI. 1883. — *Hall, J.* and *Clarke, J. M.*, Palaeontology of New York VII. 1888. — *Laurie, M.*, Eurypterid Remains from Pentland Hills. Trans. Roy. Soc. Edinburgh XXXVII. 1892. Anatomy and Relations of Eurypterida. Ibid. XXXVIII. 1893. — *Holm, Gerh.*, Über die Organisation des Eurypterus Fischeri Mém. Acad. imp. St. Petersburg VIII. 1898. — Om den yttre Anatomien hos Eurypterus Fischeri. Geologiska Föreningens i Stockholm Förhandl. 1899. Bd. 21 S. 83.

Der Hinterleib (Abdomen) besteht aus 6 ringsum geschlossenen, nach hinten verschmälerten Segmenten und einem langen schmalen Endstachel oder Telson.

Man kennt ca. 25 Arten von *Eurypterus*, welche teilweise eine Länge von 3—4 dm erreichen; die Mehrzahl derselben findet sich in tonigen und sandigen Gesteinen, an der Grenze zwischen Silur und Devon von England, Rootziküll auf der Insel Ösel, Gotland und Podolien, ferner in der sogenannten Waterlime Group von Buffalo, New York. Sie werden selten im Devon. Die jüngsten Arten stammen aus der produktiven Steinkohlenformation von Schottland, Niederschlesien, Böhmen, Nordamerika und Saarbrücken und aus dem Rotliegenden von Portugal. Die Gattung *Cyclus* de Kon. ist wahrscheinlich auf Larven von Eurypterus und anderer Merostomata basiert.

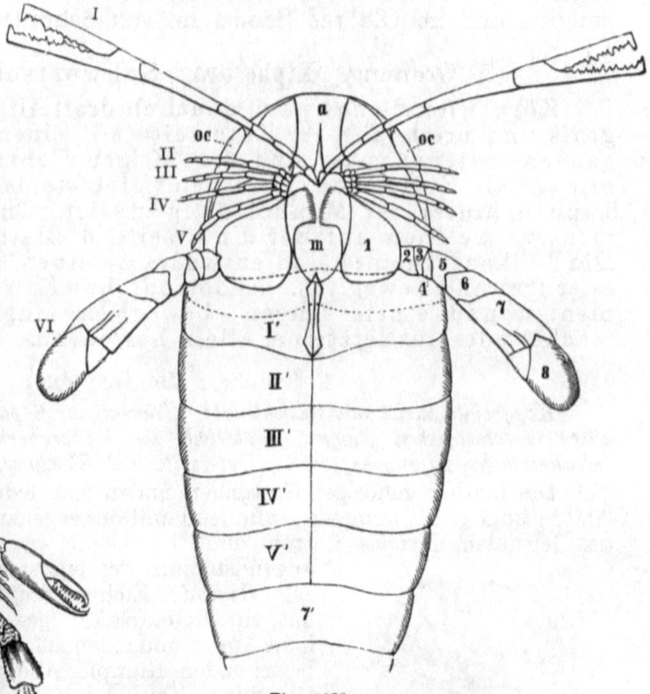

Fig. 1355.
Pterygotus Osiliensis F. Schmidt. Ob. Silur. Rootziküll auf Ösel. Unterseite restauriert (nach F. Schmidt.) *a* Epistoma, *b* Metastoma, *oc* Augen, I—VI erstes bis sechstes Fufspaar, I'—V' Bauchplatten des Thorax. γ' Bauchplatte der Abdomen.

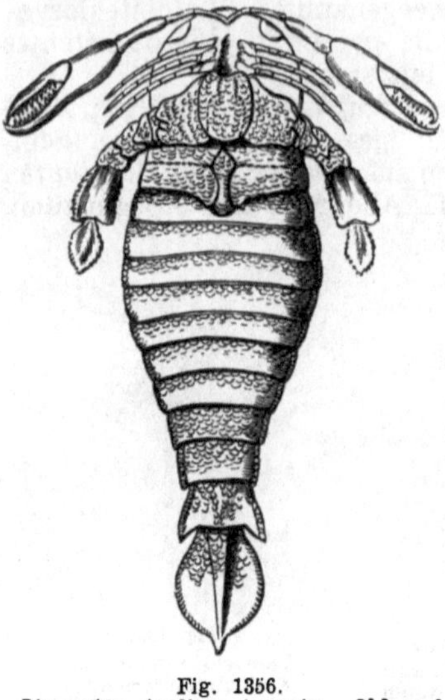

Fig. 1356.
Pterygotus Anglicus Agassiz. Old red Sandstone, Forfarshire, Schottland. Unterseite restauriert, 1/5 nat. Gr. (nach Woodward). Das zweite Fufspaar fehlt.

Stylonurus Page. Abdomen mit langem Schwanzstachel. Die zwei hinteren Fufspaare unter dem Kopf stark verlängert. Ob. Silur und Old red Sandstone von Grofsbritannien.

Dolichopterus Hall., *Eusarcus* Grote und Pitt (*Drepanopterus* Laurie, *Eurysoma* Clayrola), *Echinognathus* Walcott. Silur. Nordamerika.

Slimonia Page (*Himantopterus* Salter). Old red. Schottland.

Pterygotus Ag. (Fig. 1355, 1356). Oberfläche der Körpersegmente mit dreieckigen Schuppen bedeckt. Statt der Antennen ein kräftiges

Fuſspaar mit Scheren, dahinter 4 dünne griffelartige Fuſspaare und ein letzter sehr starker Schwimmfuſs. Erreicht sehr beträchtliche Gröſse. Im oberen Silur von Groſsbritannien, Ösel, Böhmen, Nordamerika und im Old red Sandstone von Schottland.

2. Ordnung. **Xiphosura.** Schwertschwänze.[1])

Körper der Länge nach deutlich dreiteilig. Kopfschild sehr groſs und breit, auf der Unterseite mit einem in Scheren endigenden Antennenpaar und 6 kräftigen Gehfüſsen, deren Hüftglieder als Kiefer funktionieren. Metastoma durch zwei kleine Lappen hinter der Mundöffnung ersetzt. Thorax mit 6—7 Segmenten, welchen auf der Unterseite 6 Blattfüſse entsprechen. Die Rückensegmente sind entweder zu einem Stück verschmolzen oder frei und beweglich. Abdomen ohne Fuſsanhänge, aus 3 Segmenten und einem langen, beweglich eingelenkten Schwanzstachel oder aus letzterem allein bestehend.

1. Familie. **Hemiaspidae.**

Kopfschild meist mit Gesichtsnaht. Thorax aus 6 oder 5 freien, beweglichen, selten verschmolzenen Ringen; Hinterleib aus 3 oder mehr Segmenten und einem Schwanzstachel zusammengesetzt. Unterseite und Gliedmaſsen unbekannt.

Die hierher gehörigen Gattungen finden sich lediglich in paläozoischen Ablagerungen; sie stimmen auffallend mit der sogenannten »Trilobitenlarve« des lebenden *Limulus* überein und repräsentieren somit ein persistentes Jugendstadium des letzteren.

Bunodes Eichw. (*Exapinurus* Niesk.) (Fig. 1357) hat ein halbkreisförmiges Kopfschild ohne deutliche Augen und einen aus 6 beweglichen Segmenten bestehenden Rumpf. Abdomen mit 3 Segmenten. Ob. Silur. Ösel.

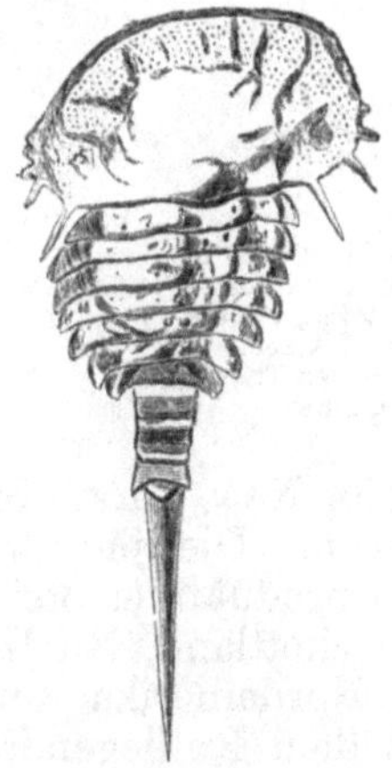

Fig. 1358.
Hemiaspis limuloides Woodw. Ob. Silur. Leintwardine. England. Nat. Gr. (Nach Woodward.)

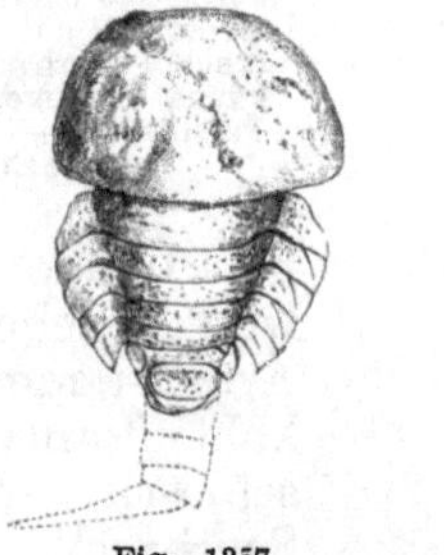

Fig. 1357.
Bunodes lunula var. Schrenki Nieszk. Ob. Silur. Rootziküll auf Ösel. Die hintersten Schwanzsegmente sind nach einem anderen Exemplar ergänzt. (Nach F. Schmidt.)

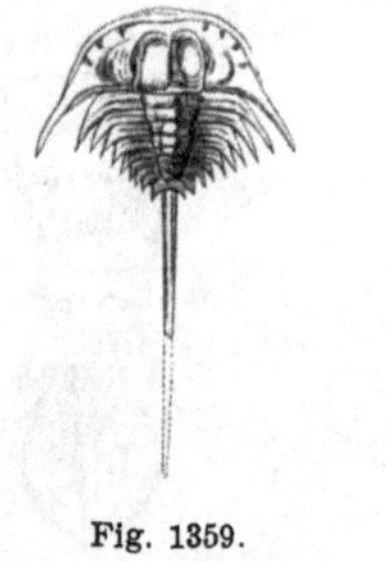

Fig. 1359.
Belinurus reginae Baily. Steinkohlenformation. Queen's County, Irland. Nat. Gr. (Nach Woodward.)

Hemiaspis Woodw. (Fig. 1358). Kopfschild seitlich gezackt. Abdomen mit langem Schwanzstachel. Ob. Silur. England.

---

[1]) *Hoeven, v. d.*, Recherches sur l'hist. nat. et l'anatomie des Limules. Leyden 1838. — *Dohrn, A.*, Zur Embryologie u. Morphologie des Limulus polyphemus. Jenaische Zeitschr. f. Med. u. Naturw. 1871. VI. — *Milne-Edwards, Alph.*, Recherches sur l'anatomie des Limules. Ann. Sciences nat. 5e sér. Zoology vol. XVII. 1873. — *Münster*, Graf, Beiträge zur Petrefaktenkunde. Bayreuth 1840 Heft III p. 26 u. Heft I p. 71. — *Packard, A. S.*, The Anatomy, Histology and Embryology of Limulus polyphemus. Anniversary Memoirs of the Boston Soc. of nat. hist. 1880.

Neolimulus Woodw., *Pseudoniscus* Nieszowski. Ob. Silur.

Belinurus Koenig (Fig. 1359). Kopfschild in der Mitte gewölbt, seitlich flach; Hinterecken in Stacheln ausgezogen. Rumpf mit Rhachis und Pleuren. Abdomen aus 3 verschmolzenen Segmenten bestehend, mit Endstachel. Old red und Steinkohlenformation.

Prestwichia Woodw. (*Euproops* M. u. W.) Wie *Belinurus*, aber Segmente des Thorax und Hinterleibs unbeweglich verbunden. Produktive Steinkohlenformation. England, Belgien, Hannover, Nordamerika.

2. Familie. **Limulidae.**

Kopfschild aufsen gewölbt, ein mittleres Stück durch Furchen von den Seiten geteilt, der Aufsenrand breit umgeschlagen. Augen grofs, facettiert, seitlich aufserdem zwei mediane Punktaugen. Thorax von einem einfachen, grofsen Rückenschild bedeckt. Abdomen nur durch einen langen Stachel vertreten.

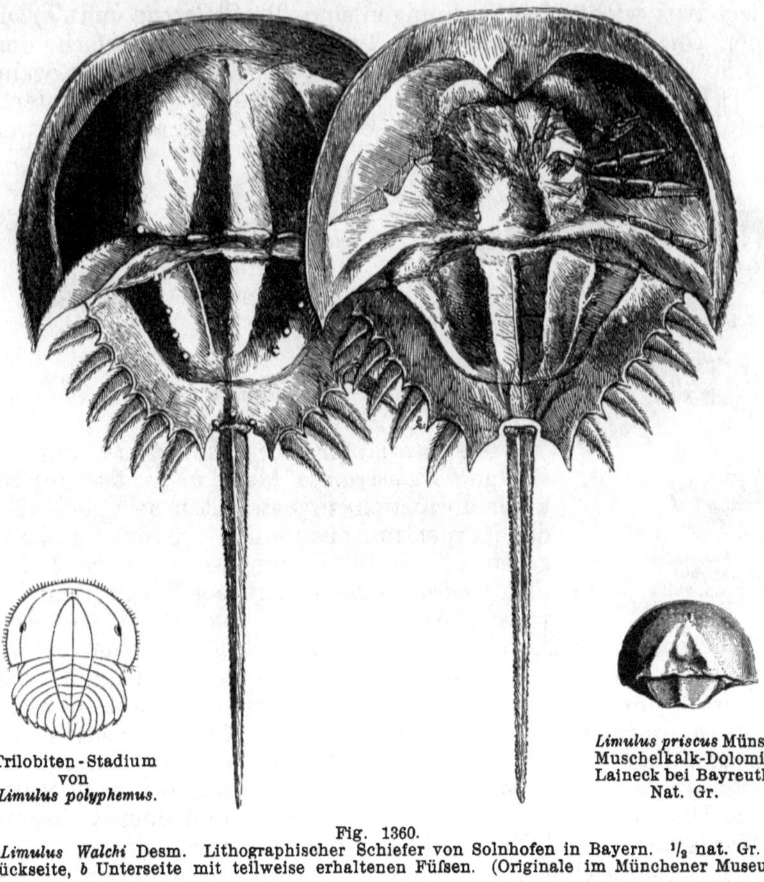

Trilobiten-Stadium von *Limulus polyphemus.*

Limulus priscus Münst. Muschelkalk-Dolomit. Laineck bei Bayreuth. Nat. Gr.

Fig. 1360.
Limulus Walchi Desm. Lithographischer Schiefer von Solnhofen in Bayern. $^1/_2$ nat. Gr. *a* Rückseite, *b* Unterseite mit teilweise erhaltenen Füfsen. (Originale im Münchener Museum.)

Die einzige hierhergehörige Gattung *Limulus* Müller (Fig. 1360) lebt noch jetzt an schlammigen Küsten von Nordamerika und Ostindien und erreicht bedeutende Gröfse. Unter dem Kopf befinden sich 6 mit Scheren bewaffnete Fufspaare, wovon das vorderste die Antennen der typischen Kruster ersetzt. Die blattartigen Füfse, welche die Kiemen bedecken, liegen unter dem Thorax. Eine kleine *Limulus*-Art wird schon aus dem Buntsandstein der Vogesen beschrieben. *L. Walchi* Desm. ist häufig und trefflich erhalten im lithographischen Schiefer von Bayern. Grofse Abdrücke von *L. Decheni* Zincken fanden sich im oligocänen Braunkohlensandstein von Teuchern bei Merseburg.

2. Unterstamm. **Tracheata.** Luftatmer.[1])

1. Klasse. **Myriopoda.** Tausendfüfsler.

Körper wurmförmig, ohne Flügel, aus zahlreichen Segmenten zusammengesetzt, wovon jedes ein (oder zwei) Fufspaare hat.

Bei den Myriopoden bildet der Kopf einen einfachen Abschnitt, der nur ausnahmsweise Teile der folgenden Körpersegmente aufnimmt. Die zwei wichtigsten Ordnungen sind die *Chilopoda* und *Diplopoda*. Bei den *Chilopoda* besitzt jedes Rumpfsegment eine einfache dorsale und eine ventrale Platte, an welcher ein Fufspaar befestigt ist, während die *Diplopoda* in jedem Segment mit Ausnahme der vordersten eine Dorsalplatte und zwei Ventralplatten mit zwei Beinpaaren aufweisen.

Fig. 1361. *Archidesmus Macnicoli* Peach. Devon. Forfarshire, Schottland. Nat. Gr. (Nach Peach.)

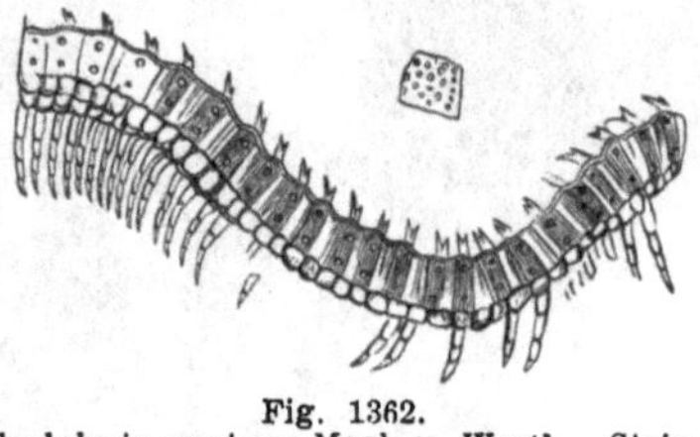

Fig. 1362. *Euphoberia armigera* Meek u. Worth. Steinkohlenformation. Mazon Creek, Illinois. Nat. Gr.

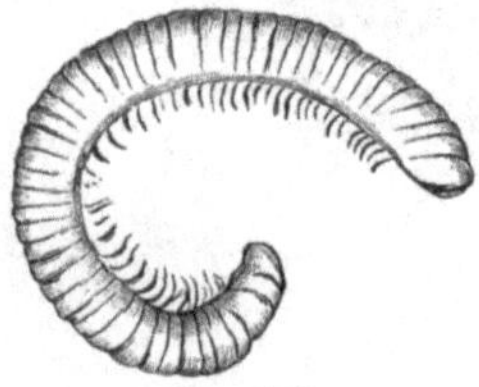

Fig. 1363. *Julus antiquus* Heyden. Miocäne Braunkohle. Rott bei Bonn. Nat. Gr. (Kopie.)

Als Vorläufer der *Chilopoda* dürfte die Gattung *Palaeocampa* Meek u. W. aus der Steinkohlenformation zu betrachten sein, bei welcher der Körper nur aus wenig Segmenten zusammengesetzt ist. Echte Chilopoden (*Cermatia, Lithobius, Scolopendra, Geophilus*) sind aus Bernstein und Süfswassergips von Aix in der Provence bekannt.

Die meisten paläozoischen Myriopoden bilden eine besondere Gruppe (*Archipolypoda* Scudder), bei denen sämtliche Rumpfsegmente zwei dorsale und zwei ventrale Platten mit zwei Beinpaaren besitzen. Hierher zahlreiche Gattungen, wovon zwei (*Archidesmus* Peach (Fig. 1361), *Kampecaris* Page) aus dem Old red von Schottland, die übrigen (*Acantherpestes, Euphoberia* M. W. (Fig. 1362), *Amynilispes, Trichiulus* Scudder, *Xylobius* Dawson) aus der Steinkohlenformation und dem Rotliegenden von Nordamerika und Europa (*Archiulus)* stammen.

Aus mesozoischen Ablagerungen ist eine einzige Form (*Julopsis cretacea* Heer) bekannt. Mehrere Diplopoden (*Julus* [Fig. 1363], *Craspedosoma, Polyxenus, Lophonotus*) finden sich im Tertiär, namentlich eingeschlossen in Bernstein.

---

[1]) Genauere Auskunft über Literatur, Systematik, Vorkommen und Abstammung der fossilen Tracheaten gibt *S. Scudder* in *Zittel*, Handbuch der Paläontologie Bd. II.

2. Klasse. **Arachnoidea.** Spinnen und Skorpione.

Kopf und Rumpfsegmente zu einem Cephalothorax verschmolzen, mit 4 Beinpaaren und einem präoralen Tasterpaar. Abdomen fufslos, zuweilen ein Postabdomen vorhanden. Augen einfach. Flügel fehlen. Entwicklung ohne Metamorphose.

Von den 8 Ordnungen, welche bei den lebenden Arachnoideen unterschieden werden, sind 6 auch in fossilem Zustand nachgewiesen, und zwar die Skorpione, Spinnen und Skorpionspinnen schon in paläozoischen Ablagerungen, wo sie von einer ausgestorbenen Ordnung (*Anthracomarti*) begleitet werden. Die gröfste Zahl fossiler Formen hat der Bernstein des Samlandes geliefert. Der Erhaltungszustand von Spinnen und Insekten in diesem fossilen Harz ist ein bewunderungswürdiger; die zartesten Teile, die kleinsten Mundorgane, die Spinndrüsen, die feinsten Härchen, ja sogar Spinngewebe sind von dem durchsichtigen Bernstein umflossen und fast ohne jede Veränderung aus der Vorzeit überliefert.

Die erste Ordnung (*Acari* oder Milben) enthält Formen, bei denen der Cephalothorax mit dem ungegliederten Hinterleib verschmolzen ist. Die fossilen Vertreter stammen aus Bernstein oder tertiären Süfswasserbildungen und gehören mit einer einzigen Ausnahme (*Ixodes*) zu noch jetzt existierenden Gattungen.

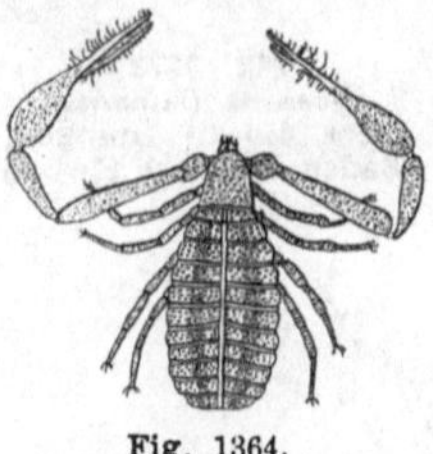

Fig. 1364. *Chelifer Hemprichti* Menge. Bernstein. $^{9}/_{1}$. Kopie.

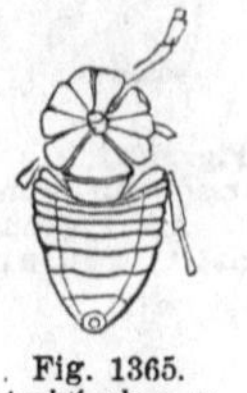

Fig. 1365. *Architarbus rotundatus* Scudder. Von der Unterseite. Karbon. Mazon-Creek, Illinois. Nat. Gr.

Fig. 1366. *Anthracomartus Völkelianus* Karsch. Steinkohlenformation. Neurode, Schlesien. Rückenseite in nat. Gr. (Nach Karsch.)

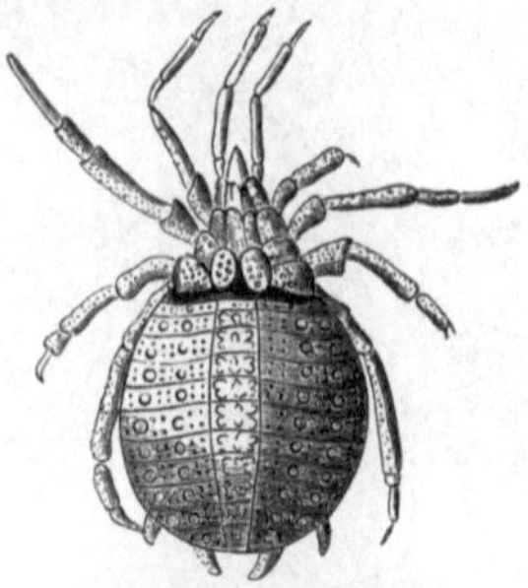

Fig. 1367. *Eophrynus Prestwichii* Buckl. sp. Steinkohlenformation. Coalbrookdale, England. Rückenseite in nat. Gr. (Nach Woodward.)

Eine zweite Ordnung (*Chelonethi* oder Afterskorpione) unterscheidet sich von den Milben durch segmentierten Hinterleib. Die lebende Gattung *Chelifer* (Fig. 1364) ist auch aus Bernstein fossil bekannt.

Als *Anthracomarti* bezeichnet Karsch eine ausgestorbene, auf die Steinkohlenformation beschränkte Ordnung, bei welcher Cephalothorax und Abdomen deutlich geschieden und das Abdomen aus 4—9 Segmenten zusammengesetzt sind. Der Cephalothorax zeigt auf der Unterseite häufig keilförmige Segmente. Hierher die Gattungen *Arthrolycosa* Harger, *Poliochera, Geraphrynus, Architarbus* Scudder (Fig. 1365), *Anthracomartus* Karsch (Fig. 1366), *Kreischeria* Gein., *Eophrynus* Woodw. (Fig. 1367), *Phalangiotarbus* Haase u. a.

Die Ordnung der *Pedipalpi* oder Skorpionspinnen zeichnet sich durch den Besitz eines mit Schwanzstachel versehenen Postabdomens aus. Cephalothorax und Abdomen sind deutlich geschieden. Fossil. Zwei karbonische Arten von *Geralinura* Scudder (Fig. 1368) und eine tertiäre Spezies von *Phrynus* bekannt.

Fig. 1368.
Geralinura (Thelyphonus) bohemica Kusta sp. Steinkohlenformation. Rakonitz, Böhmen. Nat. Gr. (Nach Kusta.)

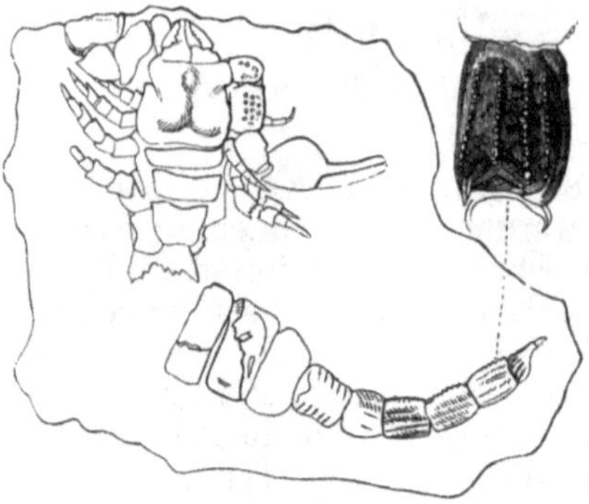

Fig. 1369.
Palaeophonus nuncius Thorell u. Lindstroem. Ob. Silur. Wisby, Gotland. Nat. Gr. (Nach Thorell.)

Fig. 1371.
Protolycosa anthracophila F. Roem. Steinkohlenformation. Myslowitz. Oberschlesien. (Nach F. Roemer.)

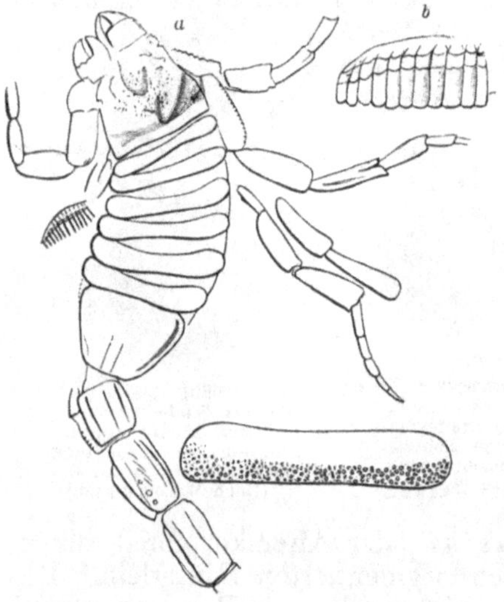

Fig. 1370.
Eoscorpius carbonarius Meek u. Worth. Steinkohlenformation. Mazon Creek, Illinois. *a* Exemplar in nat. Gr., *b* kammförmiger Anhang.

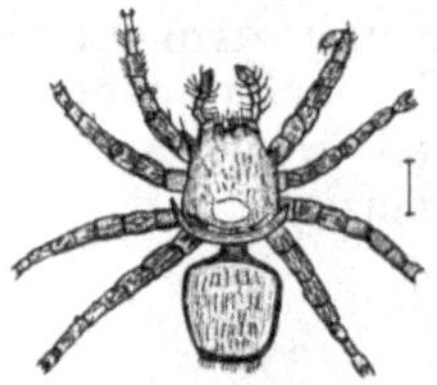

Fig. 1372.
Attoides eresiformis Brongt. Oligocän. Aix. Provence. $^{10}/_{1}$. (Nach Brongniart.)

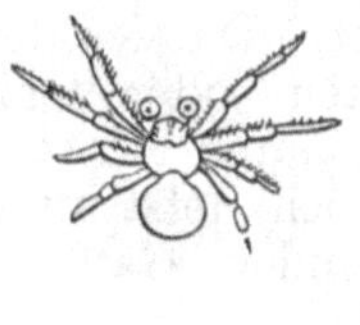

Fig. 1373.
Thomisus Öningensis Heer. Miocän, Öningen, Baden. $^{2}/_{1}$. (Nach Heer.)

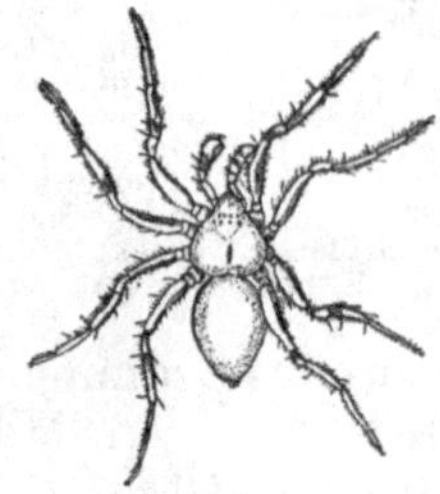

Fig. 1374.
Mizalia rostrata Koch u. Berendt. Bernstein. $^{3}/_{1}$. (Kopie.)

Bei der Ordnung der *Scorpiones* besteht der Hinterleib aus einem Präabdomen mit 7 und einem langen Postabdomen mit 6 Segmenten, wobei das letzte einen hohlen Giftstachel bildet. Hierher die ältesten fossilen Vertreter der *Arachnoidea*, die obersilurischen Gattungen *Palaeophonus* Thorell (Fig. 1369) und *Proscorpius* Whitf. In der Steinkohlenformation von England, Böhmen und Nordamerika finden sich *Eoscorpius* M.W. (Fig. 1370), *Centromachus* Thorell, *Cyclophthalmus* Corda. Im Bernstein ein *Tityus*.

Die Ordnung der *Opiliones* oder Afterspinnen unterscheidet sich von den echten *Araneae* oder Spinnen durch Verschmelzung von Cephalothorax und Abdomen. Zu den ersteren gehören eine Anzahl Formen aus dem Bernstein, sowie eine fremdartige Gattung *Stenarthron* aus dem lithographischen Schiefer. Zu den letzteren zahlreiche Gattungen, wovon einzelne, wie *Protolycosa* (Fig. 1371) schon in der Steinkohlenformation beginnen. Die Mehrzahl stammt jedoch aus dem oligocänen Bernstein, aus der Braunkohle von Rott, aus Süfswassermergeln von Aix in der Provence, aus oligocänen Süfswasserschichten von Florissant in Colorado und aus dem Miocän von Öningen.

Übersicht der zeitlichen Verbreitung der Arachnoideen.[1]

	Paläozoische Ära				Mesozoische Ära				Kaenozoische Ära					
										Oligocän				
	Silur	Devon	Karbon	Perm	Trias	Lias	Jura	Kreide	Eocän	Europa	Amerika	Miocän	Pliocän	Jetztzeit
Acari										33	1	2		*
Chelonethi										9				*
Anthracomarti			16											
Pedipalpi			2											*
Scorpiones	3		8							1				*
Opiliones										13				*
Araneae			2							182	29	15		*

3. Klasse. Insecta. (Hexapoda.) Insekten.

Körper im reifen Zustand aus drei Abschnitten (Kopf, Brust und Hinterleib) zusammengesetzt; meist zwei Paar Flügel vorhanden. Unter dem Rumpf drei Fufspaare. Entwicklung in der Regel durch Metamorphose.

Bei den Insekten sind die Kopfsegmente so innig verschmolzen, dafs deren Zahl schwer bestimmt werden kann; am Kopf befindet sich vorne ein Antennenpaar und aufserdem 3 Paar zu Mundteilen umgestaltete Anhänge. Die Brust enthält nie mehr als 3 Segmente, welche die Extremitäten tragen; am fufslosen Hinterleib zählt man 9—10 Segmente.

In der Systematik spielen die Flügel wegen ihrer aufserordentlichen Mannigfaltigkeit eine besonders wichtige Rolle.

---

[1]) Die beigefügten Zahlen beziehen sich auf die bis jetzt bekannten Arten jeder Ordnung oder Familie.

Die fossilen Insekten lassen sich meist ohne Schwierigkeiten in die noch jetzt existierenden Ordnungen der *Aptera, Orthoptera, Neuroptera, Hemiptera, Coleoptera, Diptera, Lepidoptera* und *Hymenoptera* einfügen, nur die paläozoischen zeigen eine geringere Differenzierung namentlich im Bau der Flügel und stehen einander näher als ihre späteren Nachkommen aus den entsprechenden Ordnungen. Scudder vereinigt darum diese primitiven Vorläufer zu einer besonderen Gruppe (*Palaeodictyoptera*) und stellt deren Vertreter unter der Bezeichnung *Orthopteroidea, Neuropteroidea, Hemipteroidea* und *Coleopteroidea* den typischen Orthopteren, Neuropteren etc. gegenüber. Die Untersuchungen Brongniarts über die reiche paläozoische Insektenfauna von Commentry führten jedoch zum Ergebnis, daſs bereits in der Steinkohlenformation in den verschiedenen Gruppen stark differenzierte Formen auftreten, welche hinter den noch jetzt existierenden wenig zurückbleiben.

1. Ordnung. **Aptera.**

Flügellose Insekten mit wenig differenzierter Segmentierung, Hinterleib mit rudimentären Anhängen. Keine Metamorphose.

Fig. 1375.
Petrobius seticornis Koch u. Berendt. Bernstein. Ost-Preuſsen. 2/1. (Kopie.)

Zu diesen niedrig organisierten Insekten gehören die Tysanuren und Collembolen. Von ersteren entdeckte Brongniart in der Steinkohlenformation von Commentry eine dem lebenden Zuckergast (*Lepisma*) nahestehende Form (*Dasyleptus Lucasi* Br.). Im Bernstein und im Oligocän von Florissant finden sich eine Anzahl Arten, die zu verschiedenen, zum Teil noch jetzt existierenden, zum Teil ausgestorbenen Gattungen gehören. (*Petrobius* [Fig. 1375], *Lepidion, Forbicina, Planocephalus* etc.)

2. Ordnung. **Orthoptera.** Geradflügler.

Vorderflügel pergamentartig, Hinterflügel dünner, fein geädert, einfaltbar. Die fünf Hauptnerven der Flügel samt ihren Verästelungen bis zum Auſsenrand reichend. Metamorphose unvollständig.

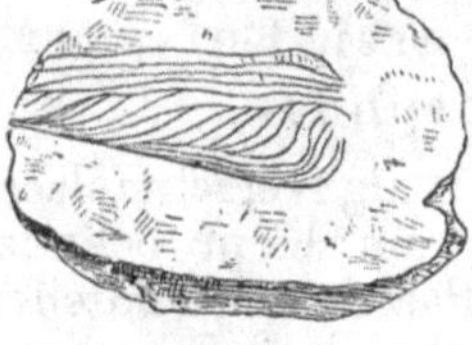

Fig. 1376.
Palaeoblattina Douvilléi Brongt. Mittel-Silur. Jurques, Calvados. (Nach Brongniart.) 2/3 nat. Gr.

Die paläozoischen Vertreter dieser Ordnung vereinigen häufig Merkmale, welche gegenwärtig auf verschiedene Familien verteilt sind; auch zeigt die Nervatur ihrer Flügel eine geringere Differenzierung als bei den jüngeren Orthopteren, und ebenso unterscheiden sich Vorder- und Hinterflügel weniger bestimmt voneinander. Ein isolierter Flügel aus dem mittleren Silur von Jurques, Calvados (*Palaeoblattina Douvilléi* Brongt. Fig. 1376) ist bis jetzt der älteste Überrest eines Insektes, gestattet jedoch keine genauere Bestimmung, dagegen enthält die Steinkohlenformation von Nordamerika und Europa eine groſse Anzahl von Gattungen und Arten, welche sich mehr oder weniger eng an die typischen *Orthoptera* anschlieſsen und teilweise riesige Dimensionen aufweisen. Die reichste Fundstätte derartiger Reste sind Commentry im Dep. Allier, die Gegend von Saarbrücken und Halle und Illinois in Nordamerika. Von vielen Gattungen kennt man nur isolierte Flügel. Zu den gröſsten und best erhaltenen Formen

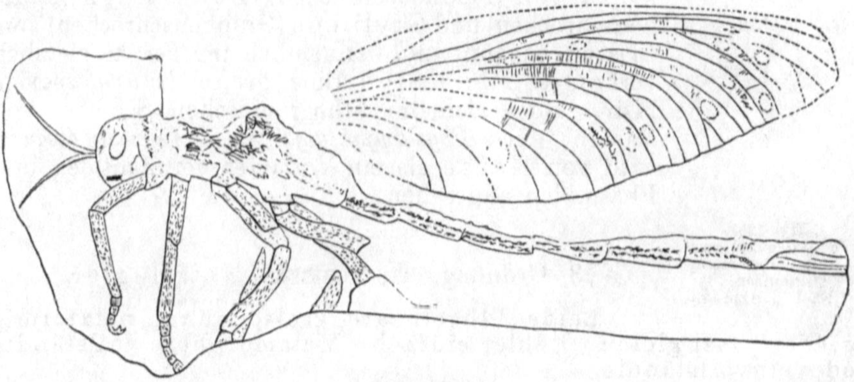

Fig. 1377.
Titanophasma Fayoli Brongt. Steinkohlenformation. Commentry, Allier. 1/4. (Nach Brongniart.)

aus der Steinkohlenformation gehören *Titanophasma* (Fig. 1377), *Protophasma* Brongt., *Aedoeophasma* Scudder (Fig. 1378) und *Paolia* Smith. Kleinere Formen sind *Mylacris, Lithomylacris, Etoblattina* (Fig. 1379) *Gerablattina*, Scudder, *Polioptenus* (Fig. 1380), *Dictyoneura* Goldbg., *Goldenbergia* Scudder.

Die Forficularien (Ohrwürmer) sind aus dem Lias von Aargau, aus dem Bernstein und dem Tertiär von Öningen, Aix, Monte Bolca und Florissant bekannt.

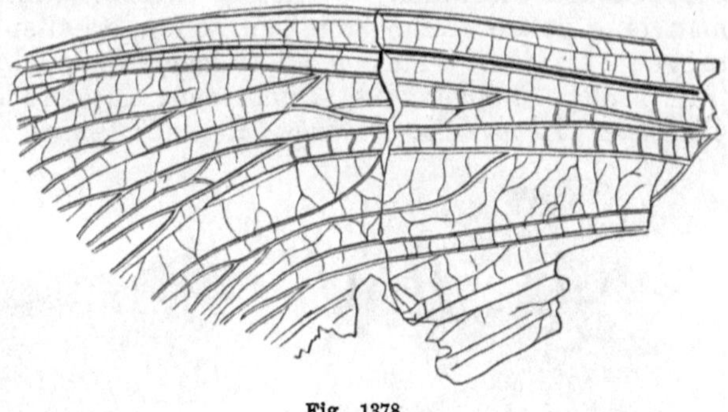

Fig. 1378.
Aedoeophasma anglica Scudd. Steinkohlenformation. England. 1/1.

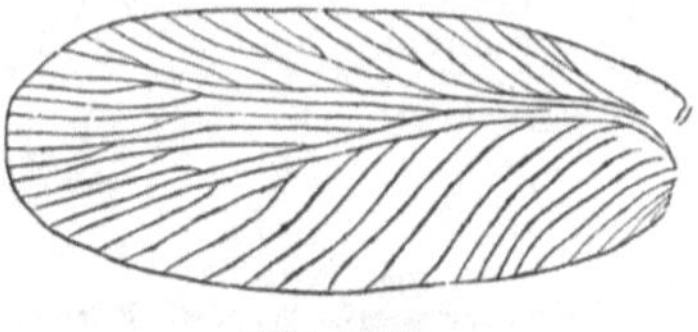

Fig. 1379.
Etoblattina manebachensis Goldenbg. sp. Steinkohlenformation. Manebach, Thüringen. 1/1.

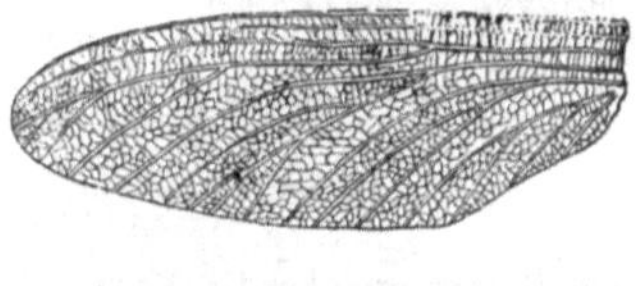

Fig. 1380.
Polioptenus elegans Goldenbg. sp. Steinkohlenformation. Saarbrücken. 1/1.

Die *Blattariae* (Schaben) beginnen in der Trias von Colorado (*Etoblattina, Spiroblattina, Neorthroblattina*) und Europa, finden sich auch ziemlich reichlich im Lias von Schambelen (Aargau) und im oberen Jura (Purbeckschichten) von England und Bayern (*Blattidium,*

Rithma, Mesoblattina, Blabera) und sind auſserdem im Bernstein und verschiedenen Tertiärlokalitäten nachgewiesen.

Fig. 1381. *Gryllus macrocerus* Germ. Bernstein. Ost-Preuſsen. $^3/_2$. (Nach Germar.)

Sehr spärlich kommen fossile Reste von Mantiden und Phasmiden im Tertiär vor, dagegen sind die Acrididen (Feldheuschrecken), Locustiden (Laubheuschrecken) und Grylliden (Grabheuschrecken) vom Lias an bekannt und namentlich im Tertiär ziemlich verbreitet (Fig. 1381). Eine groſse *Locusta speciosa* Mstr. findet sich im lithographischen Schiefer von Bayern; auch *Pygolampis gigantea* (*Chresmoda obscura*) wird von Haase als ein Vorläufer der Mantiden und Phasmiden angesehen.

3. Ordnung. **Neuroptera.** Netzflügler.

Beide Flügelpaare groſs, dünn, netzförmig geädert, fast gleich. Fühler einfach. Metamorphose vollständig oder unvollständig.

Wie bei den Orthopteren, zeichnen sich auch hier die paläozoischen Formen durch geringere Differenzierung aus und werden von Scudder *Neuropteroidea* genannt. Die ältesten Vertreter dieser Ordnung finden sich im Devon von Neu-Braunschweig (*Lithentomum, Xenoneura, Homothetus* Scudder). Aus der Steinkohlenformation von Commentry, Saarbrücken, Böhmen, Sachsen, Groſsbritannien und Illinois kennt man eine ganze Reihe zum Teil schön erhaltener Reste aus den Gattungen *Acridites*, *Palingenia*, *Genopteryx*, *Genentomum*, *Propteticus* (Fig. 1382), *Strephocladus*, *Lithomantis* (Fig. 1383), *Lithosialis*, *Brodia*, *Chrestotes*, *Hemeristia*, *Gerarus*, *Meganthotemum* etc.

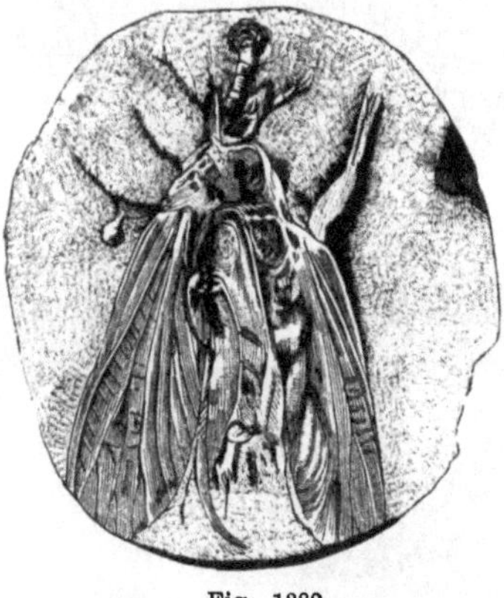

Fig. 1382. *Propteticus infernus* Scudd. Karbon. Illinois. $^3/_2$. (Nach Scudder.)

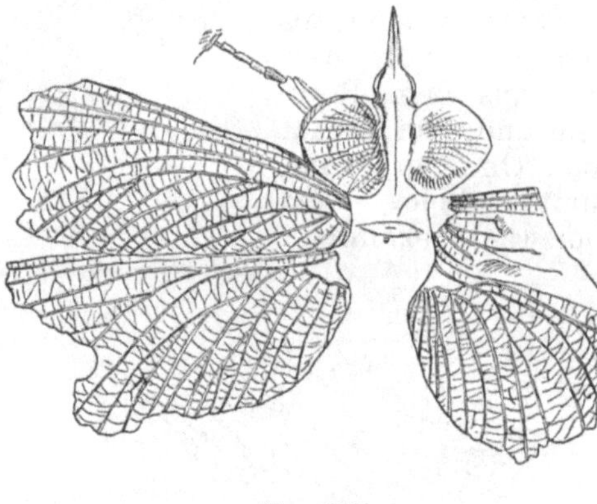

Fig. 1383. *Lithomantis carbonaria* Woodw. Karbon. Schottland. $^2/_3$. (Nach Woodward.)

Die Familie der *Termitidae* (Termiten) beginnt im Lias und ist im Tertiär, namentlich im Bernstein (130 Arten), im Oligocän von Florissant und im Miocän von Rott, Öningen, Radoboj stark verbreitet. Eine ungewöhnlich groſse Art *Gigantotermes (Apochrysa) excelsa* Haase findet sich schon im lithographischen Schiefer von Eichstätt.

Von Psociden und Perliden liefert namentlich der Bernstein fossile Vertreter; Ephemeriden erscheinen zuerst im lithographischen Schiefer und finden sich aufserdem im Bernstein (*Cronicus*) (Fig. 1384), bei Öningen und Florissant.

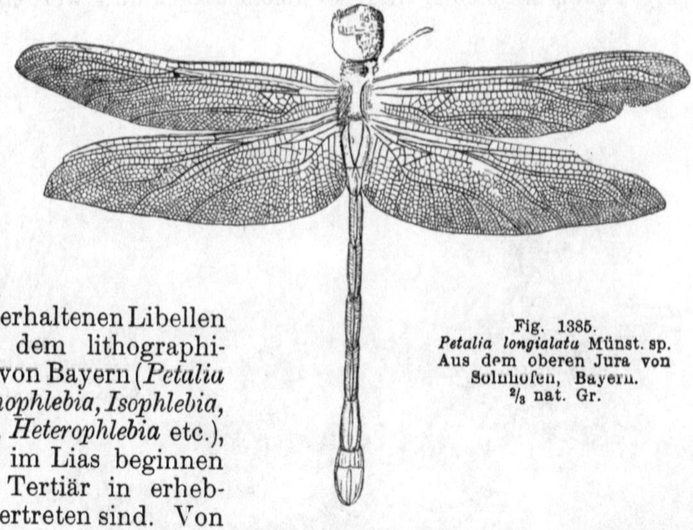

Fig. 1385.
Petalia longialata Münst. sp.
Aus dem oberen Jura von Solnhofen, Bayern.
2/3 nat. Gr.

Besonderes Interesse beanspruchen die zahlreichen und prachtvoll erhaltenen Libellen (*Odonata*) aus dem lithographischen Schiefer von Bayern (*Petalia* [Fig. 1385], *Stenophlebia*, *Isophlebia*, *Aeschna*, *Anax*, *Heterophlebia* etc.), welche bereits im Lias beginnen und auch im Tertiär in erheblicher Menge vertreten sind. Von Sialiden, Hemerobiden, Panorpiden und Phryganiden kennt man schon aus dem Jura, teilweise sogar schon aus der Trias fossile Reste, die sich im Tertiär beträchtlich vermehren. Die Röhren von Phryganiden bilden im Tertiär zuweilen Kalkschichten von 2—3 m Mächtigkeit (Indusienkalk der Auvergne).

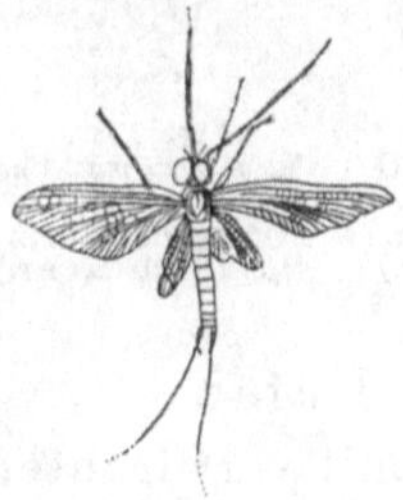

Fig. 1384.
Cronicus anomalus Pictet sp.
Bernstein. Ostpreufsen. 3/2.
(Nach Pictet.)

4. Ordnung. **Hemiptera.** Wanzen.

Vorderflügel lederartig oder häutig, gröfser und gröber geädert als die niemals gefalteten Hinterflügel. Mund mit Stechrüssel oder Saugschnabel. Metamorphose unvollständig.

Von paläozoischen Gattungen dürften *Eugereon* (Fig. 1386) und *Fulgorina* aus dem unteren Rotliegenden hierher gehören.

Von Aphiden (Blattläusen) finden sich die ältesten Reste im Wealden und zahlreiche Arten im Tertiär. Schildläuse (*Coccidae*), Laternenträger (*Fulgoridae*), Membraciden, Cicadelliden und Singcicaden kennt man vorzugsweise aus dem Tertiär, namentlich aus Bernstein, doch sind die meisten Familien auch schon im Lias und Jura durch spärliche Reste nachgewiesen; so namentlich die Singcicaden durch die Gattungen *Eocicada* und *Prolystra* im lithographischen Schiefer von Bayern.

Von den im Wasser lebenden Nepiden (*Scarabaeides* Fig. 1387), Hydrometriden, Reduviiden, Lygaeiden, Coreiden und Cimiciden kommen die ältesten Formen im Lias und oberen Jura

(*Scarabaeides*), die übrigen im Tertiär vor. Als Beispiele mögen die Gattungen *Naucoris* (Fig. 1388), *Harpactor* (Fig. 1389), *Cephalocoris* (Fig. 1390), *Berytopsis* und *Acanthosoma* genannt werden.

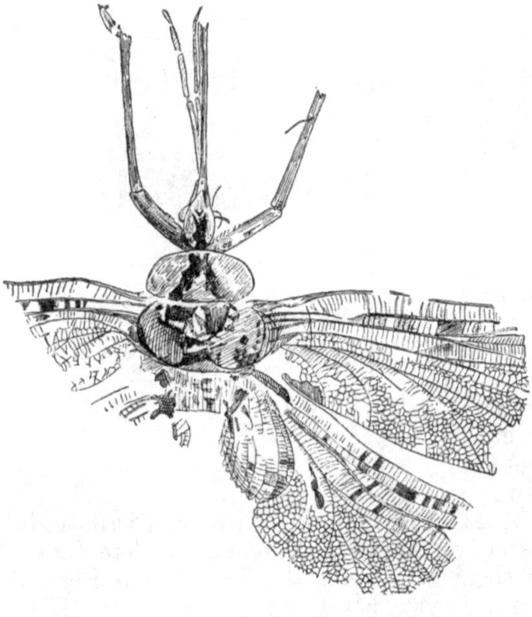

Fig. 1386. *Eugereon Böckingi* Dohrn. Rotes Totliegende. Birkenfeld, Rhein-Oldenburg. $^3/_4$. (Nach Dohrn.)

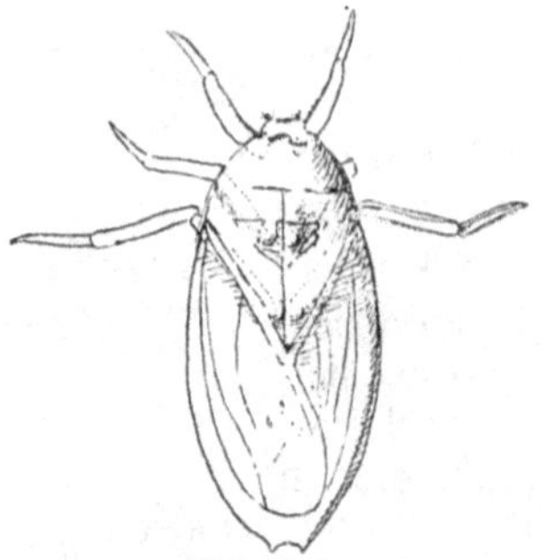

Fig. 1387. *Scarabaeides deperditus* Germ. Lithographischer Schiefer. Eichstätt, Bayern. $^2/_3$ nat. Gr.

Fig. 1388. *Naucoris dilatatus* Heer. Miocän. Öningen, Baden. $^1/_1$. (Nach Heer.)

Fig. 1389. *Harpactor maculipes* Heer. Miocän. Öningen, Baden. $^1/_1$. (Nach Heer.)

Fig. 1390. *Cephalocoris pilosus* Heer. Miocän. Öningen, Baden. $^3/_1$. Ergänzt. (Nach Heer.)

5. Ordnung. **Coleoptera.** Käfer.

Vorderflügel hornig, dick, mit verwischten Adern, Hinterflügel häutig, gefaltet, mit weitmaschigem Geäder. Mundwerkzeuge zum Kauen. Metamorphose vollständig.

Von fossilen Käfern sind bis jetzt nur spärliche Reste aus der Steinkohlenformation bekannt; dagegen spielen sie in den mesozoischen und tertiären Ablagerungen unter den Insekten eine hervorragende Rolle.

Aus der Trias von Vaduz und Rütihard bei Basel sind Curculioniden (*Curculionites*), Chrysomeliden (*Chrysomelites*) und Buprestiden nachgewiesen. Dieselben Familien kommen reichlicher im Rhät von Schweden und Hildesheim, im Lias von Schambelen (Aargau), Dobbertin (Mecklenburg) und England, im Dogger und Purbeck von England und im lithographischen Schiefer von Bayern vor und werden dort begleitet von Meloiden, Cisteliden, Cerambyciden, Scarabaeiden, Lampyriden, Elateriden, Dascylliden, Parniden, Byrrhiden, Nitidicliden, Coccinelliden, Staphyliniden, Dyctisciden, Carabiden und anderen Familien. Als die reichsten mesozoischen Fundorte wären Schambelen im Aargau, der

Dogger von Stonesfield und die Purbeckschichten von England hervorzuheben. Der lithographische Schiefer von Bayern enthält nur wenige und meist schlecht erhaltene Käfer (*Pseudohydrophilus, Chrysobothris*).

Fig. 1391.
Cyphon vetustus Gieb. Purbeck-Schichten. Vale of Vardour, England. 6/1. (Nach Brodie.)

Fig. 1392.
Cerylon striatum Brodie. Ob. Jura. Vale of Vardour. England 7/1. (Nach Brodie.)

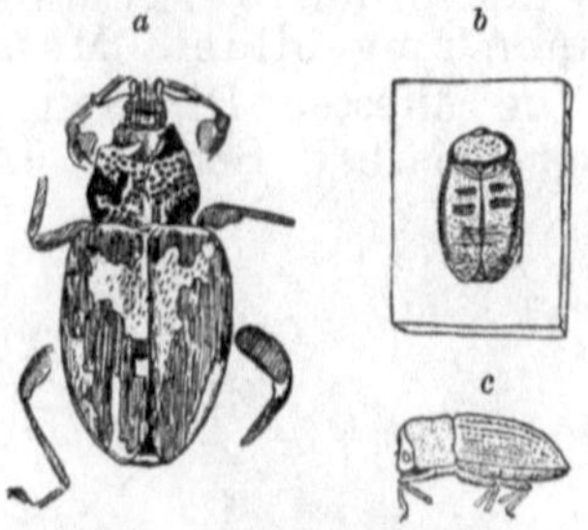

Fig. 1393.
Fossile Käfer aus dem oligocänen Gipsmergel von Aix, Provence.
a Hipporhinus Heeri Oustalet.
b Triphyllus Heeri Oustalet.
c Hylesinus facilis Heer.

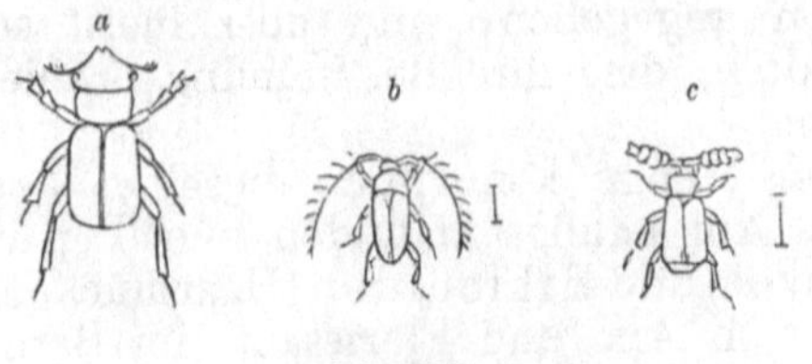

Fig. 1394.
Käfer aus dem Bernstein von Ost-Preufsen.
a Dorcasoides bilobus Motsch. 1/1.
b Ptiloductyloides stipulicornis Motsch. 3/1.
c Paussoides Mengei Motsch. 2/1.

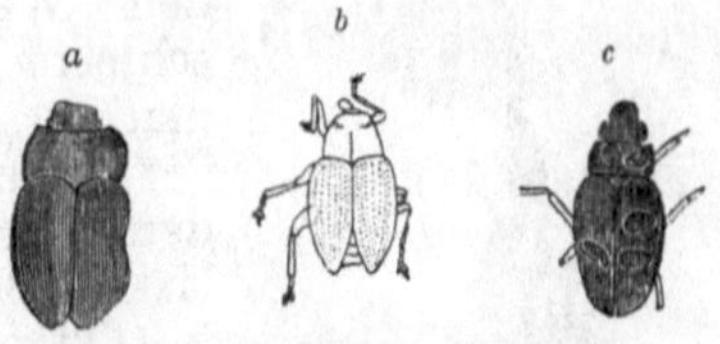

Fig. 1395.
Fossile Käfer aus der untermiocänen Braunkohle von Rott bei Bonn.
a Microzoum veteratum Heyden. 2/1.
b Larinus Bronni Heyden. 3/2.
c Philhydrus morticinus Heyden. 2/1.

Im Tertiär steigert sich die Zahl der Käfer bedeutend und zwar gehören dieselben ganz überwiegend zu noch jetzt existierenden Gattungen. Besonders reich sind die oligocänen Süfswasserschichten von Aix in der Provence (Fig. 1393), von Florissant in Colorado, ferner

Fig. 1396.
Käfer aus miocänem Süfswassermergel von Öningen, Baden.
a Lytta Aesculapi Heer. 1/2. *b, c Clerus Adonis* Heer. 1/1.
d Hister marmoratus Heer. 2/1. *e Nitidula maculigera* Heer. 2/1.
f Protactus Erichsoni Heer. 1/1. *g Escheria bella* Heer. 1/1.

der Bernstein von Ostpreufsen (Fig. 1394), die miocänen Braunkohlen von Rott (Fig. 1395), Sieblos, Westerwald, Kutschlin in Böhmen, die Süfswassermergel von Öningen in Baden (Fig. 1396), Radoboj in Kroatien, Sinigaglia in Italien u. a. O. Der Erhaltungszustand dieser fossilen Reste läfst häufig wenig zu wünschen übrig, wie die nebenstehenden Abbildungen zeigen.

6. Ordnung. **Diptera.** Zweiflügler.

Vorderflügel häutig, schmal, geädert, Hinterflügel zu einem Schwingkolben verkümmert. Mundteile zu Saug- oder Stechorganen umgebildet. Metamorphose vollkommen.

Die ältesten Dipteren werden aus dem Lias (*Macropeza*), dem lithographischen Schiefer (*Musca*, *Cheilosia*, *Empidia*), den Purbeck-

Fig. 1397. *Psilites bella* Heer. Miocän. Radoboj 1/1. (Nach Heer.)

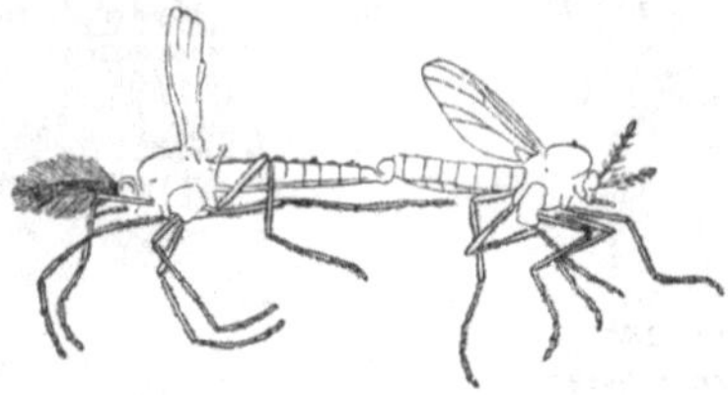

Fig. 1398. *Chironomus Megeri* Heer. Miocän. Öningen, Baden. 6/1. (Nach Heer.)

Fig. 1399. *Empis Melia* Heyd. Miocän. Rott am Rhein. 2/1. (Nach Heyden.)

schichten (*Corethrium*, *Cecidomium*, *Rhyphus*) und dem Wealden angegeben, sind aber meist so schlecht erhalten, dafs ihre Bestimmung problematisch bleibt.

In grofser Menge kennt man dieselben aus dem Tertiär. Am häufigsten finden sich Tipuliden (Schnaken) und Bibioniden (Haarmücken) im Oligocän von Aix und Florissant, im Bernstein und im Miocän von Öningen, Radoboj, Sicilien u. s. w. Von sonstigen Dipteren weisen die eigentlichen Fliegen (*Syrphidae*, *Muscidae*, *Ostridae*, *Agromyzidae*), die *Empidae* (Tanzfliegen), *Bombylidae* (Hummeln), *Nemestrinidae*, *Asilidae* (Raubfliegen), *Stratiomyidae* (Waffenfliegen), *Chironomidae* (Zuckmücken), *Culicidae* (Stechschnaken), *Mycetophilidae* (Pilzmücken) und *Cecidomyidae* (Gallmücken) eine Anzahl fossiler Vertreter auf.

Fig. 1400. *Palembolus florigerus* Scudd. Oligocän. Florissant, Colorado. 2/1. (Nach Scudder.)

7. Ordnung. **Lepidoptera.** Schmetterlinge.

Vorder- und Hinterflügel gleichartig, beschuppt, meist bunt gefärbt. Mundteile einen Rollrüssel bildend. Metamorphose vollständig.

Fig. 1401. *Prodryas Persephone* Scudd. Oligocän. Florissant, Colorado. 1/1. (Nach Scudder.)

Fossile Schmetterlinge gehören zu den seltensten Versteinerungen und sind bis jetzt auf das Tertiär beschränkt. Aus dem lithographischen Schiefer von Bayern wurde *Pseudosirex* (*Sphinx*) *Schröteri* von Oppenheim für einen Schmetterling gehalten, jedoch von Deichmüller als eine Holzwespe (Uroceride) erkannt.

Aus dem Tertiär kennt man von den meisten gröfseren Gruppen vereinzelte Vertreter. So sind namentlich Motten (*Microlepidoptera*) in ihren verschiedenen Entwicklungsstadien aus dem Bernstein bekannt. Von Phalaeniden kommen zwei Arten in Radoboj und eine dritte bei Aix vor und ebendaher sowie von Öningen sind auch Noctuiden und mehrere Bombyciden beschrieben. Von Nachtschwärmern (*Sphingidae*) kennt man *Sphinx* aus dem Bernstein, *Sesia* aus Aix. Die Tagfalter sind ungemein selten, doch enthalten die Süſswasserschichten von Aix, Rott, Radoboj und Florissant Reste von etwa einem halben Dutzend fossiler Gattungen.

8. Ordnung. **Hymenoptera.** Immen.

Vorderflügel gröſser als die Hinterflügel, dünn, häutig, mit wenigen und entfernten Adern. Mundteile beiſsend und leckend. Metamorphose vollständig.

Die ältesten Hymenopteren beginnen im Lias von Schambelen im Aargau und gehören zu den Phytophagen. Aus dem lithographischen Schiefer werden verschiedene Arten von *Apiaria*, *Belostomum* (Fig. 1390) und *Pseudosirex*, aus den Purbeckschichten Ameisen und *Myrmidium* beschrieben. Alle übrigen Reste stammen aus dem Tertiär

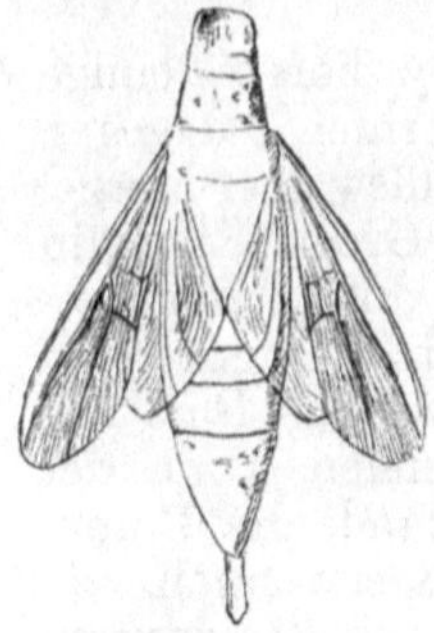

Fig. 1402. *Belostomum elongatum* Germ. Lithographischer Schiefer. Eichstätt, Bayern. 2/3 nat. Gr.

Fig. 1403. *Xylocopa senilis* Heer. Miocän. Öningen, Baden. 1/1. (Nach Heer.)

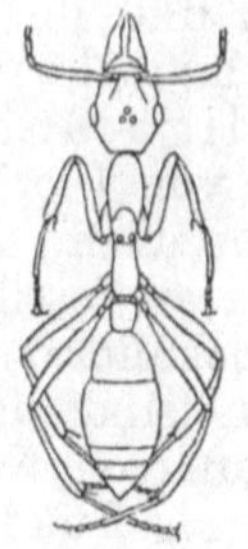

Fig. 1404. *Prionomyrmex longiceps* Mayr. Bernstein. Ost-Preuſsen. 2/1. (Nach Mayr.)

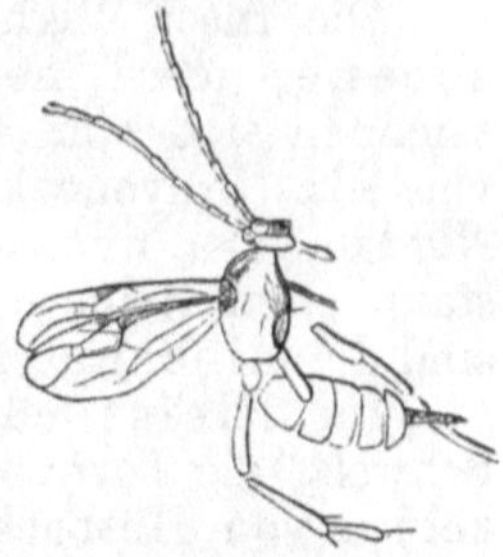

Fig. 1405. *Ichneumonites bellus* Heer. Miocän. Öningen, Baden. 5/2. (Nach Heer.)

und gehören zu den Blattwespen (Tenthrediniden), Holzwespen (Uroceriden), Gallwespen (*Cynipdeae*), Schlupfwespen (*Ichneumonidae*), Braconiden, Goldwespen (Chrysiden), Wespen (*Vespidae*), Bienen (*Apidae*), Ameisen (*Formicidae*) etc. Sie sind am zahlreichsten im Bernstein, im Süſswassermergel von Aix, Florissant, Öningen und Radoboj.

Zeitliche und räumliche Verbreitung der Insekten.

Nach Scudder waren im Jahr 1885 ca. 2600 fossile Insekten beschrieben, wovon 155 paläozoische, 475 mesozoische und 1972 tertiäre. Diese Zahlen haben sich seitdem namentlich durch Funde aus Commentry, Florissant und dem Bernstein erheblich vermehrt.

Das älteste fossile Insekt ist *Palaeoblattina* aus dem Silur von Jurques in Calvados. Nächstdem folgen einige devonische Orthopteren aus Nordamerika.

In gröſserer Zahl und Mannigfaltigkeit treten *Hexapoda* in der produktiven Steinkohlenformation auf und zwar stehen hier die Lokalitäten Commentry, Allier und Mazon Creek, Illinnois, obenan.

Andere Fundstellen für karbonische Insekten sind Zweibrücken, Wettin-Löbejün bei Halle, Manebach in Thüringen, die belgischen und britischen Steinkohlenreviere in Europa; Neu-Schottland und Pennsylvanien in Nordamerika.

Das permische System liefert (namentlich im Rotliegenden von Weifsig in Sachsen, Stockheim in Bayern und Lebach bei Saarbrücken) zwar nur wenige, aber zum Teil hochinteressante Formen, wie z. B. *Eugereon*. Aus der Trias beschreibt Heer einige *Orthoptera* aus verschiedenen Lokalitäten, sowie 2 Käfer aus Vaduz in Liechtenstein, zu denen noch etwa 20, erst neuerdings entdeckte, fast alle zu den Schaben gehörige Formen aus dem Süd-Park von Colorado kommen. Im Lias von Schambelen im Aargau, von Gloucestershire in England und Dobbertin in Mecklenburg liegt eine ziemlich reiche Insekten-Fauna begraben. Die Stonesfield-Schiefer (Dogger) enthalten nur wenige Formen; reiche Fundstätten dagegen sind die Purbeck-Schichten im südlichen England und vor allem der lithographische Schiefer des oberen Jura von Bayern, namentlich bei Eichstätt, Solnhofen und Kelheim. Sehr spärlich dagegen sind Insekten-Reste aus der Kreide (die meisten aus Böhmen).

Die Insel Wight und die Phosphorite des Quercy liefern einige eocäne, meist noch nicht näher beschriebene Formen, dagegen zeichnen sich von oligocänen Ablagerungen die Süfswasser-Mergel von Aix (Provence), von Florissant (Colorado), vom Green River in Nordamerika und vor allem der baltische Bernstein durch einen erstaunlichen Reichtum an fossilen Insekten aus. Kaum weniger reich sind die miocänen Lokalitäten Öningen, Radoboj, Parschlug, Rott u. a.

Im Pleistocän sind namentlich die interglazialen Tone der Schweiz, die Torfmoore von Nordfrankreich und England, die Braunkohlen von Hösbach als Fundstätten von Insekten zu erwähnen.

Beifolgende Tabelle zeigt die geologische Verbreitung der fossilen Insekten.

	Silur	Devon	Karbon	Perm	Trias	Lias	Jura	Kreide	Tertiär	Jetztzeit
Aptera	…	—	…	…	…	…	…	…	—	—
Orthoptera	?—	—	—	—	—	—	—	—	—	—
Neuroptera	…	…	—	—	—	—	—	—	—	—
Hemiptera	…	…	—	—	—	—	—	—	—	—
Coleoptera	…	…	…—	—	—	—	—	—	—	—
Diptera	…	…	…	…	…	—	—	—	—	—
Lepidoptera	…	…	…	…	…	…	…	…	—	—
Hymenoptera	…	…	…	…	…	—	—	—	—	—

Register.